Student's Solutions Manual

to accompany

Algebra and Trigonometry

Second Edition

John W. Coburn
St. Louis Community College at Florissant Valley

Written by
Rosemary M. Karr, Ph.D.
Collin County Community College

McGraw-Hill **Higher Education**

Boston   Burr Ridge, IL   Dubuque, IA   New York   San Francisco   St. Louis
Bangkok   Bogotá   Caracas   Kuala Lumpur   Lisbon   London   Madrid   Mexico City
Milan   Montreal   New Delhi   Santiago   Seoul   Singapore   Sydney   Taipei   Toronto

McGraw-Hill Higher Education

Student's Solutions Manual to accompany
ALGEBRA AND TRIGONOMETRY, SECOND EDITION
JOHN COBURN

Published by McGraw-Hill Higher Education, an imprint of The McGraw-Hill Companies, Inc., 1221 Avenue of the Americas, New York, NY 10020. Copyright © 2010 and 2007 by The McGraw-Hill Companies, Inc. All rights reserved.

No part of this publication may be reproduced or distributed in any form or by any means, or stored in a database or retrieval system, without the prior written consent of The McGraw-Hill Companies, Inc., including, but not limited to, network or other electronic storage or transmission, or broadcast for distance learning.

This book is printed on recycled, acid-free paper containing 10% post consumer waste.

1 2 3 4 5 6 7 8 9 0 QPD/QPD 0 9

ISBN: 978-0-07-723506-2
MHID: 0-07-723506-1

www.mhhe.com

Algebra and Trigonometry Second Edition

Table of Contents

Chapter R	A Review of Basic Concepts and Skills	1
Chapter 1	Equations and Inequalities	25
Chapter 2	Relations, Functions and Graphs	70
Chapter 3	Polynomial and Rational Functions	143
Chapter 4	Exponential and Logarithmic Functions	216
Chapter 5	Introduction to Trigonometric Functions	269
Chapter 6	Trigonometric Identities, Inverses and Equations	308
Chapter 7	Applications of Trigonometry	380
Chapter 8	Systems of Equations and Inequalities	425
Chapter 9	Matrices and Matrix Applications	475
Chapter 10	Analytical Geometry and Conic Sections	525
Chapter 11	Additional Topics in Algebra	608

Chapter R: A Review of Basic Concepts and Skills

R.1 Exercises

1. Proper subset of; element of

3. Positive; negative; 7; −7; principal

5. Order of operations requires multiplication before addition.

7. a. {1, 2, 3, 4, 5}
   b. { }

9. True

11. True

13. True

15. $\frac{4}{3} = 1.\overline{3}$

17. $2\frac{5}{9} = 2.\overline{5}$

19. $\sqrt{7} \approx 2.65$

21. $\sqrt{3} \approx 1.73$

23. a. i) {8, 7, 6}
    ii) {8, 7, 6}
    iii) {−1, 8, 7, 6}
    iv) $\{-1, 8, 0.75, \frac{9}{2}, 5.\overline{6}, 7, \frac{3}{5}, 6\}$
    v) { }
    vi) $\{-1, 8, 0.75, \frac{9}{2}, 5.\overline{6}, 7, \frac{3}{5}, 6\}$

    b. $\{-1, \frac{3}{5}, 0.75, \frac{9}{2}, 5.\overline{6}, 6, 7, 8\}$
    c.

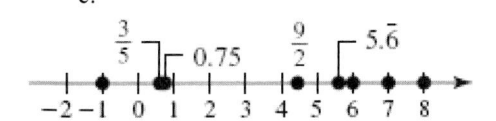

25. a. i) $\{\sqrt{49}, 2, 6, 4\}$
    ii) $\{\sqrt{49}, 2, 6, 0, 4\}$
    iii) $\{-5, \sqrt{49}, 2, -3, 6, -1, 0, 4\}$
    iv) $\{-5, \sqrt{49}, 2, -3, 6, -1, 0, 4\}$
    v) $\{\sqrt{3}, \pi\}$
    vi) $\{-5, \sqrt{49}, 2, -3, 6, -1, \sqrt{3}, 0, 4, \pi\}$

    b. $\{-5, -3, -1, 0, \sqrt{3}, 2, \pi, 4, 6, \sqrt{49}\}$
    c.

27. False; not all real numbers are irrational.

29. False; not all rational numbers are integers.

31. False; $\sqrt{25} = 5$ is not irrational.

33. c; IV

35. a; VI

37. d; III

39. Let a represent Kylie's age: $a \geq 6$ years.

41. Let n represent the number of incorrect words: $n \leq 2$ incorrect words.

43. $|-2.75| = 2.75$

45. $-|-4| = -4$

47. $\left|\frac{1}{2}\right| = \frac{1}{2}$

49. $\left|-\frac{3}{4}\right| = \frac{3}{4}$

51. $|-7.5 - 2.5| = |-10| = 10$;
    $|2.5 - (-7.5)| = |10| = 10$

53. −8 and 2

55. Negative

57. −n

1

R.1 Exercises

59. Undefined; since $12 \div 0 = k$, implies $k \cdot 0 = 12$.

61. Undefined, since $7 \div 0 = k$, implies $k \cdot 0 = 7$.

63. a. Positive
    b. Negative
    c. Negative
    d. Negative

65. $-\sqrt{\dfrac{121}{36}} = -\dfrac{11}{6}$

67. $\sqrt[3]{-8} = -2$

69. $9^2 = 81$ is closest.

71. $-24 - (-31) = -24 + 31 = 7$

73. $7.045 - 9.23 = -2.185$

75. $4\dfrac{5}{6} + \left(-\dfrac{1}{2}\right) = 4\dfrac{5}{6} + \left(-\dfrac{3}{6}\right) = 4\dfrac{2}{6} = 4\dfrac{1}{3}$

77. $\left(-\dfrac{2}{3}\right)\left(3\dfrac{5}{8}\right) = \left(-\dfrac{2}{3}\right)\left(\dfrac{29}{8}\right) = -\dfrac{58}{24} = -\dfrac{29}{12}$
    or $-2\dfrac{5}{12}$

79. $(12)(-3)(0) = 0$

81. $-60 \div 12 = -5$

83. $\dfrac{4}{5} \div (-8) = \dfrac{4}{5} \cdot \left(-\dfrac{1}{8}\right) = -\dfrac{4}{40} = -\dfrac{1}{10}$

85. $-\dfrac{2}{3} \div \dfrac{16}{21} = -\dfrac{2}{3} \cdot \dfrac{21}{16} = -\dfrac{42}{48} = -\dfrac{7}{8}$

87. $12 - 10 \div 2 \times 5 + (-3)^2$
    $= 12 - 10 \div 2 \times 5 + 9$
    $= 12 - 5 \times 5 + 9$
    $= 12 - 25 + 9$
    $= -4$

89. $\sqrt{\dfrac{9}{16}} - \dfrac{3}{5} \cdot \left(\dfrac{5}{3}\right)^2$
    $= \dfrac{3}{4} - \dfrac{3}{5} \cdot \dfrac{25}{9}$
    $= \dfrac{3}{4} - \dfrac{75}{45}$
    $= \dfrac{3}{4} - \dfrac{5}{3}$
    $= \dfrac{9}{12} - \dfrac{20}{12}$
    $= -\dfrac{11}{12}$

91. $\dfrac{4(-7) - 6^2}{6 - \sqrt{49}} = \dfrac{-28 - 36}{6 - 7} = \dfrac{-64}{-1} = 64$

93. $2475\left(1 + \dfrac{0.06}{4}\right)^{4 \cdot 10} = 4489.70$

95. $D = \dfrac{d \cdot n}{n + 2} = \dfrac{5 \cdot 12}{12 + 2} = \dfrac{60}{14} \approx 4.3$ cm

97. $50 + (-3)(6) = 50 - 18 = 32°$ F

99. $134 - (-45) = 134 + 45 = 179°$ F

101. $3\dfrac{1}{7} = \dfrac{22}{7} \approx 3.14286$;

    $\dfrac{355}{113} \approx 3.14159$;

    $\dfrac{62{,}832}{20{,}000} = 3.1416$;

    $\sqrt{10} \approx 3.1623$;

    $\pi \approx 3.141592654$;

    Tsu-Ch'ung-chih: $\dfrac{355}{113}$

103. Negative

Chapter R: A Review of Basic Concepts and Skills

R.2 Exercises

1. Constant

3. Coefficient

5. $-5+5=0$; $-5 \cdot \left(-\dfrac{1}{5}\right) = 1$

7. Two; 3 and -5

9. Two; 2 and $\dfrac{1}{4}$

11. Three; −2, 1 and −5

13. One; −1

15. $n-7$

17. $n+4$

19. $(n-5)^2$

21. $2n-13$

23. n^2+2n

25. $\dfrac{2}{3}n-5$

27. $3(n+5)-7$

29. Let w represent the width. Then $2w$ represents twice the width and $2w-3$ represents three meters less than twice the width.

31. Let b represent the speed of the bus. Then $b+15$ represents 15 mph more than the speed of the bus.

33. Let h represent the altitude of the helicopter. Let b represent the building's height.
$h = b + 150$

35. Let L represent the length. Let W represent the width.
$L = 2W + 20$

37. Let N represent the cost of a gallon of milk in 1990. Let M represent the cost of a gallon of milk in 2008.
$M = 2.5N$

39. Let g represent the number of gallons of insecticide. Let T represent the total charge.
$T = 12.50g + 50$

41. $4x - 2y$; $4(2) - 2(-3) = 8 + 6 = 14$

43. $-2x^2 + 3y^2$; $-2(2)^2 + 3(-3)^2$
$= -2(4) + 3(9) = -8 + 27 = 19$

45. $2y^2 + 5y - 3$; $2(-3)^2 + 5(-3) - 3$
$= 2(9) - 15 - 3 = 18 - 15 - 3 = 0$

47. $-2(3y+1)$;
$-2(3(-3)+1) = -2(-9+1) = -2(-8) = 16$

49. $3x^2 y$; $3(2)^2(-3) = 3(4)(-3) = -36$

51. $(-3x)^2 - 4xy - y^2$;
$(-3 \cdot 2)^2 - 4(2)(-3) - (-3)^2$
$= (-6)^2 - 8(-3) - 9 = 36 + 24 - 9 = 51$

53. $\dfrac{1}{2}x - \dfrac{1}{3}y$; $\dfrac{1}{2}(2) - \dfrac{1}{3}(-3) = 1 + 1 = 2$

55. $(3x - 2y)^2$;
$(3 \cdot 2 - 2(-3))^2 = (6+6)^2 = 12^2 = 144$

57. $\dfrac{-12y+5}{-3x+1}$; $\dfrac{-12(-3)+5}{-3(2)+1} = \dfrac{36+5}{-6+1} = \dfrac{-41}{5}$

59. $\sqrt{-12y} \cdot 4$;
$\sqrt{-12(-3)} \cdot 4 = \sqrt{36} \cdot 4 = 6 \cdot 4 = 24$

R.2 Exercises

61. $x^2 - 3x - 4$

x	Output
−3	$(-3)^2 - 3(-3) - 4 = 14$
−2	$(-2)^2 - 3(-2) - 4 = 6$
−1	$(-1)^2 - 3(-1) - 4 = 0$
0	$(0)^2 - 3(0) - 4 = -4$
1	$(1)^2 - 3(1) - 4 = -6$
2	$(2)^2 - 3(2) - 4 = -6$
3	$(3)^2 - 3(3) - 4 = -4$

−1 has an output of 0.

63. $-3(1-x) - 6$

x	Output
−3	$-3(1-(-3)) - 6 = -18$
−2	$-3(1-(-2)) - 6 = -15$
−1	$-3(1-(-1)) - 6 = -12$
0	$-3(1-(0)) - 6 = -9$
1	$-3(1-(1)) - 6 = -6$
2	$-3(1-(2)) - 6 = -3$
3	$-3(1-(3)) - 6 = 0$

3 has an output of 0.

65. $x^3 - 6x + 4$

x	Output
−3	$(-3)^3 - 6(-3) + 4 = -5$
−2	$(-2)^3 - 6(-2) + 4 = 8$
−1	$(-1)^3 - 6(-1) + 4 = 9$
0	$(0)^3 - 6(0) + 4 = 4$
1	$(1)^3 - 6(1) + 4 = -1$
2	$(2)^3 - 6(2) + 4 = 0$
3	$(3)^3 - 6(3) + 4 = 13$

2 has an output of 0.

67. a. $-5 + 7 = 7 + (-5) = 2$
    b. $-2 + n = n + (-2)$
    c. $-4.2 + a + 13.6 = a + (-4.2) + 13.6$
       $= a + 9.4$
    d. $7 + x - 7 = x + 7 - 7 = x$

69. a. $x + (-3.2) + \underline{3.2} = x$
    b. $n - \dfrac{5}{6} + \dfrac{5}{\underline{6}} = n$

71. $-5(x - 2.6) = -5x + 13$

73. $\dfrac{2}{3}\left(-\dfrac{1}{5}p + 9\right) = -\dfrac{2}{15}p + 6$

75. $3a + (-5a) = 3a - 5a = -2a$

77. $\dfrac{2}{3}x + \dfrac{3}{4}x = \dfrac{8}{12}x + \dfrac{9}{12}x = \dfrac{17}{12}x$

79. $3(a^2 + 3a) - (5a^2 + 7a)$
    $= 3a^2 + 9a - 5a^2 - 7a$
    $= -2a^2 + 2a$

81. $x^2 - (3x - 5x^2) = x^2 - 3x + 5x^2 = 6x^2 - 3x$

83. $(3a + 2b - 5c) - (a - b - 7c)$
    $= 3a + 2b - 5c - a + b + 7c = 2a + 3b + 2c$

85. $\dfrac{3}{5}(5n - 4) + \dfrac{5}{8}(n + 16)$
    $= 3n - \dfrac{12}{5} + \dfrac{5}{8}n + 10$
    $= \dfrac{24}{8}n - \dfrac{12}{5} + \dfrac{5}{8}n + \dfrac{50}{5}$
    $= \dfrac{29}{8}n + \dfrac{38}{5}$

87. $(3a^2 - 5a + 7) + 2(2a^2 - 4a - 6)$
    $= 3a^2 - 5a + 7 + 4a^2 - 8a - 12$
    $= 7a^2 - 13a - 5$

Chapter R: A Review of Basic Concepts and Skills

89. $R = \dfrac{kL}{d^2}$;

$R = \dfrac{(0.000025)(90)}{(0.015)^2} = \dfrac{0.00225}{0.000225} = 10$ ohms

91. Let j represent the speed of the jet. Let t represent the speed of the turbo-prop.
   (a) $t = \dfrac{1}{2}j$
   (b) $t = \dfrac{1}{2}(550) = 225$ mph

93. Let W represent the width. Let L represent the length.
   (a) $L = 2W + 3$
   (b) $L = 2(52) + 3 = 107$ ft

95. Let c represent the cost of the 1978 stamp. Let t represent the cost of the 2004 stamp.
   $t = c + 22$; $t = 15 + 22 = 37¢$

97. Let t represent the number of hours of labor. Let c represent the total cost.
   $c = 25t + 43.50$; $c = 25(1.5) + 43.50 = \$81.00$

99. a. positive odd integer

R.3 Exercises

1. Power

3. $20x$; 0

5. a. cannot be simplified, unlike terms.
   b. can be simplified, like bases.

7. $\dfrac{2}{3}n^2 \cdot 21n^5$
   $= \dfrac{2}{3}\left(\dfrac{21}{1}\right) \cdot n^2 \cdot n^5 = 14n^7$

9. $(-6p^2q)(2p^3q^3)$
   $= -6 \cdot 2 \cdot p^2 \cdot p^3 \cdot q \cdot q^3 = -12p^5q^4$

11. $(a^2)^4 \cdot (a^3)^2 \cdot b^2 \cdot b^5$
    $a^8 \cdot a^6 \cdot b^2 \cdot b^5 = a^{14}b^7$

13. $(6pq^2)^3 = 6^3(p)^3(q^2)^3 = 216p^3q^6$

15. $(3.2hk^2)^3 = (3.2)^3(h)^3(k^2)^3 = 32.768h^3k^6$

17. $\left(\dfrac{p}{2q}\right)^2 = \dfrac{(p)^2}{(2)^2(q)^2} = \dfrac{p^2}{4q^2}$

19. $(-0.7c^4)^2(10c^3d^2)^2$
    $= (-0.7)^2(c^4)^2(10)^2(c^3)^2(d^2)^2$
    $= 0.49c^8 \cdot 100c^6d^4$
    $= 49c^{14}d^4$

21. $\left(\dfrac{3}{4}x^3y\right)^2 = \left(\dfrac{3}{4}\right)^2(x^3)^2(y)^2 = \dfrac{9}{16}x^6y^2$

23. $\left(-\dfrac{3}{8}x\right)^2(16xy^2)$
    $= \left(-\dfrac{3}{8}\right)^2(x)^2(16xy^2)$
    $= \dfrac{9}{64}x^2 \cdot 16xy^2 = \dfrac{9}{4}x^3y^2$

25. a. $V = S^3$;
    $V = (3x^2)^3$
    $V = 3^3(x^2)^3$
    $V = 27x^6$
    b. $V = 27x^6$;
    $V = 27(2)^6$
    $V = 27(64)$
    $V = 1728$ units^3

27. $\dfrac{-6w^5}{-2w^2} = 3w^3$

29. $\dfrac{-12a^3b^5}{4a^2b^4} = -3ab$

R.3 Exercises

31. $\left(\dfrac{2}{3}\right)^{-3} = \dfrac{2^{-3}}{3^{-3}} = \dfrac{3^3}{2^3} = \dfrac{27}{8}$

33. $\dfrac{2}{h^{-3}} = 2h^3$

35. $(-2)^{-3} = \left(\dfrac{-1}{2}\right)^3 = \dfrac{-1}{8}$

37. $\left(\dfrac{-1}{2}\right)^{-3} = (-2)^3 = -8$

39. $\left(\dfrac{2p^4}{q^3}\right)^2 = \dfrac{2^2(p^4)^2}{(q^3)^2} = \dfrac{4p^8}{q^6}$

41. $\left(\dfrac{0.2x^2}{0.3y^3}\right)^3 = \dfrac{(0.2)^3(x^2)^3}{(0.3)^3(y^3)^3}$

$= \dfrac{0.008x^6}{0.027y^9} = \dfrac{8x^6}{27y^9}$

43. $\left(\dfrac{5m^2n^3}{2r^4}\right)^2 = \dfrac{(5)^2(m^2)^2(n^3)^2}{(2)^2(r^4)^2} = \dfrac{25m^4n^6}{4r^8}$

45. $\left(\dfrac{5p^2q^3r^4}{-2pq^2r^4}\right)^2 = \left(\dfrac{5pq}{-2}\right)^2$

$= \dfrac{5^2 p^2 q^2}{(-2)^2} = \dfrac{25p^2q^2}{4}$

46. $\left(\dfrac{9p^3q^2r^3}{12p^5qr^2}\right)^3 = \left(\dfrac{3qr}{4p^2}\right)^3$

$= \dfrac{3^3 q^3 r^3}{4^3(p^2)^3} = \dfrac{27q^3r^3}{64p^6}$

47. $\dfrac{9p^6q^4}{-12p^4q^6} = \dfrac{3p^2}{-4q^2}$

49. $\dfrac{20h^{-2}}{12h^5} = \dfrac{5}{3}h^{-2-5} = \dfrac{5}{3}h^{-7} = \dfrac{5}{3h^7}$

51. $\dfrac{(a^2)^3}{a^4 \cdot a^5} = \dfrac{a^6}{a^9} = \dfrac{1}{a^3}$

53. $\left(\dfrac{a^{-3}b}{c^{-2}}\right)^{-4} = \dfrac{a^{12}b^{-4}}{c^8} = \dfrac{a^{12}}{b^4c^8}$

55. $\dfrac{-6(2x^{-3})^2}{10x^{-2}} = \dfrac{-6(4x^{-6})}{10x^{-2}} = \dfrac{-24x^{-6}}{10x^{-2}}$

$= \dfrac{-12x^{-6-(-2)}}{5} = \dfrac{-12x^{-6+2}}{5} = \dfrac{-12x^{-4}}{5} = \dfrac{-12}{5x^4}$

57. $\dfrac{14a^{-3}bc^0}{-7(3a^2b^{-2}c)^3} = \dfrac{14a^{-3}bc^0}{-7(27a^6b^{-6}c^3)}$

$= \dfrac{14a^{-3}bc^0}{-189a^6b^{-6}c^3} = -\dfrac{2a^{-3-6}b^{1-(-6)}c^{0-3}}{27}$

$= \dfrac{-2a^{-9}b^{1+6}c^{-3}}{27} = \dfrac{-2b^7}{27a^9c^3}$

59. $4^0 + 5^0 = 1 + 1 = 2$

61. $2^{-1} + 5^{-1} = \dfrac{1}{2} + \dfrac{1}{5} = \dfrac{5}{10} + \dfrac{2}{10} = \dfrac{7}{10}$

63. $3^0 + 3^{-1} + 3^{-2} = 1 + \dfrac{1}{3} + \dfrac{1}{3^2}$

$= \dfrac{9}{9} + \dfrac{3}{9} + \dfrac{1}{9} = \dfrac{13}{9}$

65. $-5x^0 + (-5x)^0 = -5(1) + 1 = -5 + 1 = -4$

67. $6,600,000,000 = 6.6 \times 10^9$

69. $6.5 \times 10^{-9} = 0.0000000065$ m

71. $\dfrac{465,000,000}{17,500} = \dfrac{4.65 \times 10^8}{1.75 \times 10^4} = \dfrac{4.65}{1.75} \times \dfrac{10^8}{10^4}$

$= 2.657142857 \times 10^4 = 26571.42857$

≈ 26571 hours

$\dfrac{26571}{24} = 1107.125 \approx 1107$ days

Chapter R: A Review of Basic Concepts and Skills

73. $-35w^3 + 2w^2 + (-12w) + 14$
Polynomial; None of these; Degree 3

75. $5n^{-2} + 4n + \sqrt{17}$
Nonpolynomial because exponents are not whole numbers; NA; NA

77. $p^3 - \dfrac{2}{5}$
Polynomial; Binomial; Degree 3

79. $7w + 8.2 - w^3 - 3w^2$
$= -w^3 - 3w^2 + 7w + 8.2$
Lead coefficient: -1

81. $c^3 + 6 + 2c^2 - 3c = c^3 + 2c^2 - 3c + 6$
Lead coefficient: 1

83. $12 - \dfrac{2}{3}x^2 = -\dfrac{2}{3}x^2 + 12$
Lead coefficient: $-\dfrac{2}{3}$

85. $(3p^3 - 4p^2 + 2p - 7) + (p^2 - 2p - 5)$
$= 3p^3 - 4p^2 + 2p - 7 + p^2 - 2p - 5$
$= 3p^3 - 3p^2 - 12$

87. $(5.75b^2 + 2.6b - 1.9) + (2.1b^2 - 3.2b)$
$= 5.75b^2 + 2.6b - 1.9 + 2.1b^2 - 3.2b$
$= 7.85b^2 - 0.6b - 1.9$

89. $\left(\dfrac{3}{4}x^2 - 5x + 2\right) - \left(\dfrac{1}{2}x^2 + 3x - 4\right)$
$= \dfrac{3}{4}x^2 - 5x + 2 - \dfrac{1}{2}x^2 - 3x + 4$
$= \dfrac{3}{4}x^2 - 5x + 2 - \dfrac{2}{4}x^2 - 3x + 4$
$= \dfrac{1}{4}x^2 - 8x + 6$

91. $\begin{array}{r} q^6 + 2q^5 + q^4 + 2q^3 \\ -(\quad q^5 + 2q^4 + \quad q^2 + 2q) \\ \hline q^6 + q^5 - q^4 + 2q^3 - q^2 - 2q \end{array}$

93. $-3x(x^2 - x - 6) = -3x^3 + 3x^2 + 18x$

95. $(3r - 5)(r - 2)$
$= 3r^2 - 6r - 5r + 10 = 3r^2 - 11r + 10$

97. $(x - 3)(x^2 + 3x + 9)$
$= x^3 + 3x^2 + 9x - 3x^2 - 9x - 27 = x^3 - 27$

99. $(b^2 - 3b - 28)(b + 2)$
$= b^3 + 2b^2 - 3b^2 - 6b - 28b - 56$
$= b^3 - b^2 - 34b - 56$

101. $(7v - 4)(3v - 5)$
$= 21v^2 - 35v - 12v + 20$
$= 21v^2 - 47v + 20$

103. $(3 - m)(3 + m)$
$= 9 + 3m - 3m - m^2$
$= 9 - m^2$

105. $(p - 2.5)(p + 3.6)$
$= p^2 + 3.6p - 2.5p - 9$
$= p^2 + 1.1p - 9$

107. $\left(x + \dfrac{1}{2}\right)\left(x + \dfrac{1}{4}\right)$
$= x^2 + \dfrac{1}{4}x + \dfrac{1}{2}x + \dfrac{1}{8}$
$= x^2 + \dfrac{1}{4}x + \dfrac{2}{4}x + \dfrac{1}{8}$
$= x^2 + \dfrac{3}{4}x + \dfrac{1}{8}$

109. $\left(m + \dfrac{3}{4}\right)\left(m - \dfrac{3}{4}\right)$
$= m^2 - \dfrac{3}{4}m + \dfrac{3}{4}m - \dfrac{9}{16} = m^2 - \dfrac{9}{16}$

111. $(3x - 2y)(2x + 5y)$
$= 6x^2 + 15xy - 4xy - 10y^2$
$= 6x^2 + 11xy - 10y^2$

R.3 Exercises

113. $(4c+d)(3c+5d)$
$= 12c^2 + 20cd + 3cd + 5d^2$
$= 12c^2 + 23cd + 5d^2$

115. $(2x^2 + 5)(x^2 - 3)$
$= 2x^4 - 6x^2 + 5x^2 - 15$
$= 2x^4 - x^2 - 15$

117. $4m - 3$; Conjugate: $4m + 3$
$(4m-3)(4m+3)$
$= 16m^2 + 12m - 12m - 9 = 16m^2 - 9$

119. $7x - 10$; Conjugate: $7x + 10$
$(7x-10)(7x+10)$
$= 49x^2 + 70x - 70x - 100 = 49x^2 - 100$

121. $6 + 5k$; Conjugate: $6 - 5k$
$(6+5k)(6-5k)$
$= 36 - 30k + 30k - 25k^2 = 36 - 25k^2$

123. $x + \sqrt{6}$; Conjugate: $x - \sqrt{6}$
$(x+\sqrt{6})(x-\sqrt{6})$
$= x^2 - \sqrt{6}x + \sqrt{6}x - 6 = x^2 - 6$

125. $(x+4)^2 = x^2 + 2(4 \cdot x) + 16 = x^2 + 8x + 16$

127. $(4g+3)^2$
$= 16g^2 + 2(4g \cdot 3) + 9 = 16g^2 + 24g + 9$

129. $(4p - 3q)^2$
$= 16p^2 - 2(4p \cdot 3q) + 9q^2$
$= 16p^2 - 24pq + 9q^2$

131. $(4 - \sqrt{x})^2$
$= 16 - 2(4 \cdot \sqrt{x}) + (\sqrt{x})^2$
$= 16 - 8\sqrt{x} + x$

133. $(x-3)(y+2) = xy + 2x - 3y - 6$

135. $(k-5)(k+6)(k+2)$
$= (k-5)(k^2 + 2k + 6k + 12)$
$= (k-5)(k^2 + 8k + 12)$
$= k^3 + 8k^2 + 12k - 5k^2 - 40k - 60$
$= k^3 + 3k^2 - 28k - 60$

137. $M = 0.5t^4 + 3t^3 - 97t^2 + 348t$

t	M
1	$M = 0.5(1)^4 + 3(1)^3 - 97(1)^2 + 348(1)$ $= 254.5$
2	$M = 0.5(2)^4 + 3(2)^3 - 97(2)^2 + 348(2)$ $= 340$
3	$M = 0.5(3)^4 + 3(3)^3 - 97(3)^2 + 348(3)$ $= 292.5$
4	$M = 0.5(4)^4 + 3(4)^3 - 97(4)^2 + 348(4)$ $= 160$
5	$M = 0.5(5)^4 + 3(5)^3 - 97(5)^2 + 348(5)$ $= 2.5$

a. $M = 0.5(2)^4 + 3(2)^3 - 97(2)^2 + 348(2)$
$M = 0.5(16) + 3(8) - 97(4) + 696$
$M = 8 + 24 - 388 + 696$
$M = 340$ mg;
$M = 0.5(3)^4 + 3(3)^3 - 97(3)^2 + 348(3)$
$M = 0.5(81) + 3(27) - 97(9) + 1044$
$M = 40.5 + 81 - 873 + 1044$
$M = 292.5$ mg

b. Less, the amount is decreasing.

c. The drug will wear off after 5 hours.

139. $F = \dfrac{kPQ}{d^2}$
$F = kPQd^{-2}$

141. $\dfrac{5}{x^3} + \dfrac{3}{x^2} + \dfrac{2}{x^1} + 4 = 5x^{-3} + 3x^{-2} + 2x^{-1} + 4$

Chapter R: A Review of Basic Concepts and Skills

143. $R = (20-1x)(200+20x)$
$R = 4000 + 400x - 200x - 20x^2$
$R = 4000 + 200x - 20x^2$
Let x represent the number of $1 decreases.

x	R(x)
1	4180
2	4320
3	4420
4	4480
5	4500
6	4480
7	4420
8	4320
9	4180
10	4000

Using the table, maximum revenue occurs at $x = 5$. Thus, $20 - 1x = 20 - 5 = 15$
The most revenue will be earned when the price is $15.

145. $(3x^2 + kx + 1) - (kx^2 + 5x - 7) + (2x^2 - 4x - k)$
$= -x^2 - 3x + 2$
$3x^2 + kx + 1 - kx^2 - 5x + 7 + 2x^2 - 4x - k$
$= -x^2 - 3x + 2$
$(kx - kx^2 - k) + 5x^2 + 8 - 9x = -x^2 - 3x + 2$
$k(x - x^2 - 1) = -6x^2 + 6x - 6$

$k = \dfrac{-6(x^2 - x + 1)}{x - x^2 - 1}$
$k = \dfrac{-6(x^2 - x + 1)}{-(x^2 - x + 1)}$
$k = 6$

R.4 Exercises

1. Product

3. Binomial; Conjugate

5. Answers will vary;
$4x^2 - 36 = 4(x^2 - 9) = 4(x+3)(x-3)$

7. a. $-17x^2 + 51 = -17(x^2 - 3)$
b. $21b^3 - 14b^2 + 56b = 7b(3b^2 - 2b + 8)$
c. $-3a^4 + 9a^2 - 6a^3$
$= -3a^2(a^2 - 3 + 2a)$
$= -3a^2(a^2 + 2a - 3)$

9. a. $2a(a+2) + 3(a+2) = (a+2)(2a+3)$
b. $(b^2+3)3b + (b^2+3)2 = (b^2+3)(3b+2)$
c. $4m(n+7) - 11(n+7) = (n+7)(4m-11)$

11. a. $9q^3 + 6q^2 + 15q + 10$
$= (9q^3 + 6q^2) + (15q + 10)$
$= 3q^2(3q+2) + 5(3q+2)$
$= (3q+2)(3q^2 + 5)$
b. $h^5 - 12h^4 - 3h + 36$
$= (h^5 - 12h^4) - (3h - 36)$
$= h^4(h-12) - 3(h-12)$
$= (h-12)(h^4 - 3)$
c. $k^5 - 7k^3 - 5k^2 + 35$
$= (k^5 - 7k^3) - (5k^2 - 35)$
$= k^3(k^2 - 7) - 5(k^2 - 7)$
$= (k^2 - 7)(k^3 - 5)$

13. a. $-p^2 + 5p + 14 = -1(p^2 - 5p - 14)$
$-p^2 + 5p + 14 = -1(p-7)(p+2)$
b. $q^2 - 4q - 45 = (q-9)(q+5)$
c. $n^2 + 20 - 9n$
$= n^2 - 9n + 20 = (n-4)(n-5)$

15. a. $3p^2 - 13p - 10 = (3p+2)(p-5)$
b. $4q^2 + 7q - 15 = (4q-5)(q+3)$
c. $10u^2 - 19u - 15 = (5u+3)(2u-5)$

R.4 Exercises

17. a. $4s^2 - 25$
  $= (2s)^2 - (5)^2$
  $= (2s+5)(2s-5)$

  b. $9x^2 - 49$
  $= (3x)^2 - (7)^2$
  $= (3x+7)(3x-7)$

  c. $50x^2 - 72$
  $= 2(25x^2 - 36)$
  $= 2[(5x)^2 - (6)^2]$
  $= 2(5x+6)(5x-6)$

  d. $121h^2 - 144$
  $= (11h)^2 - (12)^2$
  $= (11h+12)(11h-12)$

  e. $b^2 - 5$
  $= (b+\sqrt{5})(b-\sqrt{5})$

19. a. $a^2 - 6a + 9 = (a-3)^2$
  b. $b^2 + 10b + 25 = (b+5)^2$
  c. $4m^2 - 20m + 25 = (2m-5)^2$
  d. $9n^2 - 42n + 49 = (3n-7)^2$

21. a. $8p^3 - 27 = (2p)^3 - (3)^3$
  $= (2p-3)(4p^2 + 6p + 9)$

  b. $m^3 + \dfrac{1}{8} = (m)^3 + \left(\dfrac{1}{2}\right)^3$
  $= \left(m + \dfrac{1}{2}\right)\left(m^2 - \dfrac{1}{2}m + \dfrac{1}{4}\right)$

  c. $g^3 - 0.027 = (g)^3 - (0.3)^3$
  $= (g-0.3)(g^2 + 0.3g + 0.09)$

  d. $-2t^4 + 54t = -2t(t^3 - 27)$
  $= -2t[(t)^3 - (3)^3]$
  $= -2t(t-3)(t^2 + 3t + 9)$

23. a. $x^4 - 10x^2 + 9$
  Let u represent x^2
  $= u^2 - 10u + 9$
  $= (u-9)(u-1)$
  $= (x^2 - 9)(x^2 - 1)$
  $= (x+3)(x-3)(x+1)(x-1)$

  b. $x^4 + 13x^2 + 36$
  Let u represent x^2
  $= u^2 + 13u + 36$
  $= (u+9)(u+4)$
  $= (x^2 + 9)(x^2 + 4)$

  c. $x^6 - 7x^3 - 8$
  Let u represent x^3
  $= u^2 - 7u - 8$
  $= (u-8)(u+1)$
  $= (x^3 - 8)(x^3 + 1)$
  $= (x-2)(x^2 + 2x + 4)(x+1)(x^2 - x + 1)$

25. a. $n^2 - 1 = (n+1)(n-1)$
  b. $n^3 - 1 = (n-1)(n^2 + n + 1)$
  c. $n^3 + 1 = (n+1)(n^2 - n + 1)$
  d. $28x^3 - 7x = 7x(4x^2 - 1)$
  $= 7x(2x+1)(2x-1)$

27. $a^2 + 7a + 10 = (a+5)(a+2)$

29. $2x^2 - 24x + 20$
  $= 2(x^2 - 12x + 20) = 2(x-2)(x-10)$

31. $64 - 9m^2 = -1(9m^2 - 64)$
  $= -1\left[(3m)^2 - 8^2\right] = -1(3m+8)(3m-8)$

33. $-9r + r^2 + 18 = r^2 - 9r + 18$
  $= (r-3)(r-6)$

35. $2h^2 + 7h + 6 = (2h+3)(h+2)$

37. $9k^2 - 24k + 16 = (3k-4)^2$

39. $-6x^3 + 39x^2 - 63x$
  $= -3x(2x^2 - 13x - 21)$
  $= -3x(2x-7)(x-3)$

Chapter R: A Review of Basic Concepts and Skills

41. $12m^2 - 40m + 4m^3 = 4m^3 + 12m^2 - 40m$
    $= 4m(m^2 + 3m - 10) = 4m(m+5)(m-2)$

43. $a^2 - 7a - 60 = (a+5)(a-12)$

45. $8x^3 - 125 = (2x)^3 - (5)^3$
    $= (2x-5)(4x^2 + 10x + 25)$

47. $m^2 + 9m - 24$, Prime

49. $x^3 - 5x^2 - 9x + 45$
    $= (x^3 - 5x^2) - (9x - 45)$
    $= x^2(x-5) - 9(x-5)$
    $= (x-5)(x^2 - 9)$
    $= (x-5)(x+3)(x-3)$

51. a. prime polynomial:
    H. $x^2 + 9$
    b. standard trinomial $a = 1$:
    E. $x^2 - 3x - 10$
    c. perfect square trinomial:
    C. $x^2 - 10x + 25$
    d. difference of cubes:
    F. $8s^3 - 125t^3$
    e. binomial square:
    B. $(x+3)^2$
    f. sum of cubes:
    A. $x^3 + 27$
    g. binomial conjugates:
    I. $(x-7)$ and $(x+7)$
    h. difference of squares:
    D. $x^2 - 144$
    i. standard trinomial $a \neq 1$:
    G. $2x^2 - x - 3$

53. $A = 2\pi r^2 + 2\pi rh$
    $A = 2\pi r(r+h)$
    $= 2\pi(35)(35+65)$
    $= 2\pi(35)(100)$
    $= 7000\pi$ cm^2; 21,991 cm^2

55. $V = \frac{1}{3}\pi R^2 h - \frac{1}{3}\pi r^2 h$
    $V = \frac{1}{3}\pi h(R^2 - r^2) = \frac{1}{3}\pi h(R+r)(R-r)$
    $V = \frac{1}{3}\pi(9)(5.1^2 - 4.9^2)$
    $V = 3\pi(26.01 - 24.01)$
    $V = 3\pi(2) = 6\pi$; 18.8 cm^3

57. $V = x^3 + 8x^2 + 15x$
    $V = x(x^2 + 8x + 15)$
    $= x(x+3)(x+5)$
    a. If the height is x inches then the width is $x + 3$ which would make the width 3 inches more than the height.
    b. If the height is x inches then the length is $x + 5$ which would make the length 5 inches more than the height.
    c. 2 ft = 24 in;
    $V = 24(24+5)(24+3) = 18,792$ ft^3

59. $L = L_0 \sqrt{1 - \left(\frac{v}{c}\right)^2}$
    $L = L_0 \sqrt{\left(1 + \frac{v}{c}\right)\left(1 - \frac{v}{c}\right)}$
    $L = 12\sqrt{(1 + 0.75)(1 - 0.75)}$
    $L = 12\sqrt{(1.75)(0.25)}$
    $L = 12\sqrt{0.4375} = 12\sqrt{0.0625(7)}$
    $= 12(0.25)\sqrt{7} = 3\sqrt{7} \approx 7.94$ inches

61. a. $\frac{1}{2}x^4 + \frac{1}{8}x^3 - \frac{3}{4}x^2 + 4$
    $= \frac{1}{8}(4x^4 + x^3 - 6x^2 + 32)$
    b. $\frac{2}{3}b^5 - \frac{1}{6}b^3 + \frac{4}{9}b^2 - 1$
    $= \frac{1}{18}(12b^5 - 3b^3 + 8b^2 - 18)$

R.5 Exercises

63. $192x^3 - 164x^2 - 270x$
    $= 2x(96x^2 - 82x - 135)$
    $= 2x(16x - 27)(6x + 5)$

65. $x^4 - 81 = (x^2 - 9)(x^2 + 9)$
    $= (x + 3)(x - 3)(x^2 + 9)$

67. $p^6 - 1 = (p^3)^2 - 1^2 = (p^3 + 1)(p^3 - 1)$
    $= (p + 1)(p^2 - p + 1)(p - 1)(p^2 + p + 1)$

69. $q^4 - 28q^2 + 75 = (q^2 - 25)(q^2 - 3)$
    $= (q + 5)(q - 5)(q + \sqrt{3})(q - \sqrt{3})$

R.5 Exercises

1. $1; -1$

3. common denominator

5. False; $x - (x + 1) = x - x - 1 = -1$; numerator should be -1

7. a. $\dfrac{a-7}{-3a+21} = \dfrac{a-7}{-3(a-7)} = -\dfrac{1}{3}$

   b. $\dfrac{2x+6}{4x^2-8x} = \dfrac{2(x+3)}{4x(x-2)} = \dfrac{x+3}{2x(x-2)}$

9. a. $\dfrac{x^2-5x-14}{x^2+6x-7} = \dfrac{(x-7)(x+2)}{(x+7)(x-1)}$
   Simplified

   b. $\dfrac{a^2+3a-28}{a^2-49} = \dfrac{(a+7)(a-4)}{(a+7)(a-7)} = \dfrac{a-4}{a-7}$

11. a. $\dfrac{x-7}{7-x} = \dfrac{-(7-x)}{7-x} = -1$

    b. $\dfrac{5-x}{x-5} = \dfrac{-(x-5)}{x-5} = -1$

13. a. $\dfrac{-12a^3b^5}{4a^2b^{-4}} = -3a^{3-2}b^{5-(-4)} = -3ab^9$

    b. $\dfrac{7x+21}{63} = \dfrac{7(x+3)}{63} = \dfrac{x+3}{9}$

    c. $\dfrac{y^2-9}{3-y} = \dfrac{(y+3)(y-3)}{-(y-3)} = -1(y+3)$

    d. $\dfrac{m^3n-m^3}{m^4-m^4n} = \dfrac{m^3(n-1)}{m^4(1-n)}$
       $= \dfrac{m^3(n-1)}{-m^4(n-1)} = \dfrac{-1}{m}$

15. a. $\dfrac{2n^3+n^2-3n}{n^3-n^2} = \dfrac{n(2n^2+n-3)}{n^2(n-1)}$
       $= \dfrac{n(2n+3)(n-1)}{n^2(n-1)} = \dfrac{2n+3}{n}$

    b. $\dfrac{6x^2+x-15}{4x^2-9} = \dfrac{(2x-3)(3x+5)}{(2x-3)(2x+3)}$
       $= \dfrac{3x+5}{2x+3}$

    c. $\dfrac{x^3+8}{x^2-2x+4} = \dfrac{(x+2)(x^2-2x+4)}{x^2-2x+4}$
       $= x+2$

    d. $\dfrac{mn^2+n^2-4m-4}{mn+n+2m+2}$
       $= \dfrac{(mn^2+n^2)-(4m+4)}{(mn+n)+(2m+2)}$
       $= \dfrac{n^2(m+1)-4(m+1)}{n(m+1)+2(m+1)}$
       $= \dfrac{(m+1)(n^2-4)}{(m+1)(n+2)}$
       $= \dfrac{(m+1)(n+2)(n-2)}{(m+1)(n+2)}$
       $= n-2$

Chapter R: A Review of Basic Concepts and Skills

17. $\dfrac{a^2-4a+4}{a^2-9} \cdot \dfrac{a^2-2a-3}{a^2-4}$

    $= \dfrac{(a-2)(a-2)}{(a+3)(a-3)} \cdot \dfrac{(a-3)(a+1)}{(a+2)(a-2)}$

    $= \dfrac{(a-2)(a+1)}{(a+3)(a+2)}$

19. $\dfrac{x^2-7x-18}{x^2-6x-27} \cdot \dfrac{2x^2+7x+3}{2x^2+5x+2}$

    $= \dfrac{(x-9)(x+2)}{(x-9)(x+3)} \cdot \dfrac{(2x+1)(x+3)}{(2x+1)(x+2)} = 1$

21. $\dfrac{p^3-64}{p^3-p^2} \div \dfrac{p^2+4p+16}{p^2-5p+4}$

    $= \dfrac{p^3-64}{p^3-p^2} \cdot \dfrac{p^2-5p+4}{p^2+4p+16}$

    $= \dfrac{(p-4)(p^2+4p+16)}{p^2(p-1)} \cdot \dfrac{(p-4)(p-1)}{(p^2+4p+16)}$

    $= \dfrac{(p-4)^2}{p^2}$

23. $\dfrac{3x-9}{4x+12} \div \dfrac{3-x}{5x+15} = \dfrac{3x-9}{4x+12} \cdot \dfrac{5x+15}{3-x}$

    $= \dfrac{3(x-3)}{4(x+3)} \cdot \dfrac{5(x+3)}{-(x-3)} = \dfrac{-15}{4}$

25. $\dfrac{a^2+a}{a^2-3a} \cdot \dfrac{3a-9}{2a+2} = \dfrac{a(a+1)}{a(a-3)} \cdot \dfrac{3(a-3)}{2(a+1)} = \dfrac{3}{2}$

27. $\dfrac{8}{a^2-25} \cdot (a^2-2a-35)$

    $= \dfrac{8}{(a+5)(a-5)} \cdot (a-7)(a+5) = \dfrac{8(a-7)}{a-5}$

29. $\dfrac{xy-3x+2y-6}{x^2-3x-10} \div \dfrac{xy-3x}{xy-5y}$

    $= \dfrac{(xy-3x)+(2y-6)}{x^2-3x-10} \cdot \dfrac{xy-5y}{xy-3x}$

    $= \dfrac{x(y-3)+2(y-3)}{(x-5)(x+2)} \cdot \dfrac{y(x-5)}{x(y-3)}$

    $= \dfrac{(y-3)(x+2)}{(x-5)(x+2)} \cdot \dfrac{y(x-5)}{x(y-3)}$

    $= \dfrac{y}{x}$

31. $\dfrac{m^2+2m-8}{m^2-2m} \div \dfrac{m^2-16}{m^2}$

    $= \dfrac{m^2+2m-8}{m^2-2m} \cdot \dfrac{m^2}{m^2-16}$

    $= \dfrac{(m+4)(m-2)}{m(m-2)} \cdot \dfrac{m^2}{(m+4)(m-4)}$

    $= \dfrac{m}{m-4}$

33. $\dfrac{y+3}{3y^2+9y} \cdot \dfrac{y^2+7y+12}{y^2-16} \div \dfrac{y^2+4y}{y^2-4y}$

    $= \dfrac{y+3}{3y(y+3)} \cdot \dfrac{(y+3)(y+4)}{(y+4)(y-4)} \cdot \dfrac{y^2-4y}{y^2+4y}$

    $= \dfrac{y+3}{3y(y+3)} \cdot \dfrac{(y+3)(y+4)}{(y+4)(y-4)} \cdot \dfrac{y(y-4)}{y(y+4)}$

    $= \dfrac{y+3}{3y(y+4)}$

35. $\dfrac{x^2-0.49}{x^2+0.5x-0.14} \div \dfrac{x^2-0.10x+0.21}{x^2-0.09}$

    $= \dfrac{x^2-0.49}{x^2+0.5x-0.14} \cdot \dfrac{x^2-0.09}{x^2-0.10x+0.21}$

    $= \dfrac{(x+0.7)(x-0.7)}{(x+0.7)(x-0.2)} \cdot \dfrac{(x+0.3)(x-0.3)}{(x-0.3)(x-0.7)}$

    $= \dfrac{x+0.3}{x-0.2}$

R.5 Exercises

37. $\dfrac{n^2 - \dfrac{4}{9}}{n^2 - \dfrac{13}{15}n + \dfrac{2}{15}} \div \dfrac{n^2 + \dfrac{4}{3}n + \dfrac{4}{9}}{n^2 - \dfrac{1}{25}}$

$= \dfrac{n^2 - \dfrac{4}{9}}{n^2 - \dfrac{13}{15}n + \dfrac{2}{15}} \cdot \dfrac{n^2 - \dfrac{1}{25}}{n^2 + \dfrac{4}{3}n + \dfrac{4}{9}}$

$= \dfrac{\left(n + \dfrac{2}{3}\right)\left(n - \dfrac{2}{3}\right)}{\left(n - \dfrac{1}{5}\right)\left(n - \dfrac{2}{3}\right)} \cdot \dfrac{\left(n + \dfrac{1}{5}\right)\left(n - \dfrac{1}{5}\right)}{\left(n + \dfrac{2}{3}\right)^2}$

$= \dfrac{n + \dfrac{1}{5}}{n + \dfrac{2}{3}}$

39. $\dfrac{3a^3 - 24a^2 - 12a + 96}{a^2 - 11a + 24} \div \dfrac{6a^2 - 24}{3a^3 - 81}$

$= \dfrac{3\left(a^3 - 8a^2 - 4a + 32\right)}{a^2 - 11a + 24} \cdot \dfrac{3a^3 - 81}{6a^2 - 24}$

$= \dfrac{3\left[\left(a^3 - 8a^2\right) - (4a - 32)\right]}{(a-8)(a-3)} \cdot \dfrac{3\left(a^3 - 27\right)}{6\left(a^2 - 4\right)}$

$= \dfrac{3\left[a^2(a-8) - 4(a-8)\right]}{(a-8)(a-3)} \cdot \dfrac{3(a-3)\left(a^2 + 3a + 9\right)}{6(a+2)(a-2)}$

$= \dfrac{3(a-8)\left(a^2 - 4\right)}{(a-8)(a-3)} \cdot \dfrac{3(a-3)\left(a^2 + 3a + 9\right)}{6(a+2)(a-2)}$

$= \dfrac{3(a-8)(a+2)(a-2)}{(a-8)(a-3)} \cdot \dfrac{3(a-3)\left(a^2 + 3a + 9\right)}{6(a+2)(a-2)}$

$= \dfrac{3\left(a^2 + 3a + 9\right)}{2}$

41. $\dfrac{4n^2 - 1}{12n^2 - 5n - 3} \cdot \dfrac{6n^2 + 5n + 1}{2n^2 + n} \cdot \dfrac{12n^2 - 17n + 6}{6n^2 - 7n + 2}$

$= \dfrac{(2n+1)(2n-1)}{(4n-3)(3n+1)} \cdot \dfrac{(3n+1)(2n+1)}{n(2n+1)} \cdot \dfrac{(4n-3)(3n-2)}{(3n-2)(2n-1)}$

$= \dfrac{2n+1}{n}$

43. $\dfrac{3}{8x^2} + \dfrac{5}{2x} = \dfrac{3}{8x^2} + \dfrac{20x}{8x^2} = \dfrac{3 + 20x}{8x^2}$

45. $\dfrac{7}{4x^2y^3} - \dfrac{1}{8xy^4} = \dfrac{7(2y)}{8x^2y^4} - \dfrac{x}{8x^2y^4} = \dfrac{14y - x}{8x^2y^4}$

47. $\dfrac{4p}{p^2 - 36} - \dfrac{2}{p - 6}$

$= \dfrac{4p}{(p-6)(p+6)} - \dfrac{2}{p-6}$

$= \dfrac{4p}{(p-6)(p+6)} - \dfrac{2(p+6)}{(p-6)(p+6)}$

$= \dfrac{4p - 2p - 12}{(p-6)(p+6)}$

$= \dfrac{2p - 12}{(p-6)(p+6)}$

$= \dfrac{2(p-6)}{(p-6)(p+6)}$

$= \dfrac{2}{p+6}$

49. $\dfrac{m}{m^2 - 16} + \dfrac{4}{4 - m}$

$= \dfrac{m}{(m+4)(m-4)} - \dfrac{4}{m-4}$

$= \dfrac{m}{(m+4)(m-4)} - \dfrac{4(m+4)}{(m+4)(m-4)}$

$= \dfrac{m - 4m - 16}{(m+4)(m-4)}$

$= \dfrac{-3m - 16}{(m+4)(m-4)}$

51. $\dfrac{2}{m-7} - 5 = \dfrac{2}{m-7} - \dfrac{5(m-7)}{m-7}$

$= \dfrac{2 - 5m + 35}{m - 7} = \dfrac{-5m + 37}{m - 7}$

Chapter R: A Review of Basic Concepts and Skills

53. $\dfrac{y+1}{y^2+y-30} - \dfrac{2}{y+6}$

$= \dfrac{y+1}{(y+6)(y-5)} - \dfrac{2(y-5)}{(y+6)(y-5)}$

$= \dfrac{y+1-2y+10}{(y+6)(y-5)} = \dfrac{-y+11}{(y+6)(y-5)}$

55. $\dfrac{1}{a+4} + \dfrac{a}{a^2-a-20}$

$= \dfrac{1}{a+4} + \dfrac{a}{(a+4)(a-5)}$

$= \dfrac{a-5}{(a+4)(a-5)} + \dfrac{a}{(a+4)(a-5)}$

$= \dfrac{a-5+a}{(a+4)(a-5)}$

$= \dfrac{2a-5}{(a+4)(a-5)}$

57. $\dfrac{3y-4}{y^2+2y+1} - \dfrac{2y-5}{y^2+2y+1}$

$= \dfrac{3y-4-(2y-5)}{y^2+2y+1}$

$= \dfrac{3y-4-2y+5}{y^2+2y+1}$

$= \dfrac{y+1}{(y+1)(y+1)}$

$= \dfrac{1}{y+1}$

59. $\dfrac{2}{m^2-9} + \dfrac{m-5}{m^2+6m+9}$

$= \dfrac{2}{(m+3)(m-3)} + \dfrac{m-5}{(m+3)^2}$

$= \dfrac{2(m+3)+(m-5)(m-3)}{(m+3)^2(m-3)}$

$= \dfrac{2m+6+m^2-8m+15}{(m+3)^2(m-3)}$

$= \dfrac{m^2-6m+21}{(m+3)^2(m-3)}$

61. $\dfrac{y+2}{5y^2+11y+2} + \dfrac{5}{y^2+y-6}$

$= \dfrac{y+2}{(5y+1)(y+2)} + \dfrac{5}{(y+3)(y-2)}$

$= \dfrac{1}{5y+1} + \dfrac{5}{(y+3)(y-2)}$

$= \dfrac{(y+3)(y-2)+5(5y+1)}{(5y+1)(y+3)(y-2)}$

$= \dfrac{y^2+y-6+25y+5}{(5y+1)(y+3)(y-2)}$

$= \dfrac{y^2+26y-1}{(5y+1)(y+3)(y-2)}$

63. a. $p^{-2} - 5p^{-1} = \dfrac{1}{p^2} - \dfrac{5}{p}; \dfrac{1-5p}{p^2}$

b. $x^{-2} + 2x^{-3} = \dfrac{1}{x^2} + \dfrac{2}{x^3}; \dfrac{x+2}{x^3}$

65. $\dfrac{\dfrac{5}{a}-\dfrac{1}{4}}{\dfrac{25}{a^2}-\dfrac{1}{16}} = \dfrac{\left(\dfrac{5}{a}-\dfrac{1}{4}\right)16a^2}{\left(\dfrac{25}{a^2}-\dfrac{1}{16}\right)16a^2} = \dfrac{80a-4a^2}{400-a^2}$

$= \dfrac{4a(20-a)}{(20+a)(20-a)} = \dfrac{4a}{20+a}$

67. $\dfrac{p+\dfrac{1}{p-2}}{1+\dfrac{1}{p-2}} = \dfrac{\left(p+\dfrac{1}{p-2}\right)(p-2)}{\left(1+\dfrac{1}{p-2}\right)(p-2)}$

$= \dfrac{p(p-2)+1}{p-2+1} = \dfrac{p^2-2p+1}{p-1}$

$= \dfrac{(p-1)(p-1)}{p-1}$

$= p-1$

R.5 Exercises

69. $\dfrac{\dfrac{2}{3-x}+\dfrac{3}{x-3}}{\dfrac{4}{x}+\dfrac{5}{x-3}} = \dfrac{\dfrac{-2}{x-3}+\dfrac{3}{x-3}}{\dfrac{4}{x}+\dfrac{5}{x-3}}$

$= \dfrac{\left(\dfrac{-2}{x-3}+\dfrac{3}{x-3}\right)x(x-3)}{\left(\dfrac{4}{x}+\dfrac{5}{x-3}\right)x(x-3)}$

$= \dfrac{-2x+3x}{4(x-3)+5x} = \dfrac{x}{4x-12+5x} = \dfrac{x}{9x-12}$

b. $\dfrac{1+2x^{-2}}{1-2x^{-2}} = \dfrac{1+\dfrac{2}{x^2}}{1-\dfrac{2}{x^2}}$

$= \dfrac{\left(1+\dfrac{2}{x^2}\right)x^2}{\left(1-\dfrac{2}{x^2}\right)x^2}$

$= \dfrac{x^2+2}{x^2-2}$

71. $\dfrac{\dfrac{2}{y^2-y-20}}{\dfrac{3}{y+4}-\dfrac{4}{y-5}} = \dfrac{\dfrac{2}{(y-5)(y+4)}}{\dfrac{3}{y+4}-\dfrac{4}{y-5}}$

$= \dfrac{\left(\dfrac{2}{(y-5)(y+4)}\right)(y-5)(y+4)}{\left(\dfrac{3}{y+4}-\dfrac{4}{y-5}\right)(y-5)(y+4)}$

$= \dfrac{2}{3(y-5)-4(y+4)}$

$= \dfrac{2}{3y-15-4y-16}$

$= \dfrac{2}{-y-31}$

$= \dfrac{-2}{y+31}$

73. a. $\dfrac{1+3m^{-1}}{1-3m^{-1}} = \dfrac{1+\dfrac{3}{m}}{1-\dfrac{3}{m}}$

$= \dfrac{\left(1+\dfrac{3}{m}\right)m}{\left(1-\dfrac{3}{m}\right)m}$

$= \dfrac{m+3}{m-3}$

75. $\dfrac{\dfrac{1}{f_1}+\dfrac{1}{f_2}}{\dfrac{f_2+f_1}{f_1 f_2}}$

77. $\dfrac{\dfrac{a}{x+h}-\dfrac{a}{x}}{h}$

$= \dfrac{\left(\dfrac{a}{x+h}-\dfrac{a}{x}\right)x(x+h)}{hx(x+h)}$

$= \dfrac{ax-a(x+h)}{hx(x+h)}$

$= \dfrac{ax-ax-ah}{hx(x+h)}$

$= \dfrac{-ah}{hx(x+h)}$

$= \dfrac{-a}{x(x+h)}$

Chapter R: A Review of Basic Concepts and Skills

79. $\dfrac{\dfrac{1}{2(x+h)^2} - \dfrac{1}{2x^2}}{h}$

$= \dfrac{\left(\dfrac{1}{2(x+h)^2} - \dfrac{1}{2x^2}\right)(x+h)^2(2x^2)}{h(x+h)^2(2x^2)}$

$= \dfrac{x^2 - (x+h)^2}{h(x+h)^2(2x^2)}$

$= \dfrac{x^2 - x^2 - 2xh - h^2}{h(x+h)^2(2x^2)}$

$= \dfrac{-2xh - h^2}{h(x+h)^2(2x^2)}$

$= \dfrac{-h(2x+h)}{h(x+h)^2(2x^2)}$

$= \dfrac{-(2x+h)}{2x^2(x+h)^2}$

81. $C = \dfrac{450P}{100 - P}$

P	$\dfrac{450P}{100-P}$
40	$\dfrac{450(40)}{100-40} = 300$
60	$\dfrac{450(60)}{100-60} = 675$
80	$\dfrac{450(80)}{100-80} = 1800$
90	$\dfrac{450(90)}{100-90} = 4050$
93	$\dfrac{450(93)}{100-93} \approx 5979$
95	$\dfrac{450(95)}{100-95} = 8550$
98	$\dfrac{450(98)}{100-98} = 22050$
100	$\dfrac{450(100)}{100-100} = error$

a. $C = \dfrac{450(40)}{100-40} = \$300$ million;

$C = \dfrac{450(85)}{100-85} = \$2550$ million

b. It would require many resources.

c. No

83. $P = \dfrac{50(7d^2 + 10)}{d^3 + 50}$

d	
	$P = \dfrac{50(7d^2 + 10)}{d^3 + 50}$
0	$P = \dfrac{50(7(0)^2 + 10)}{(0)^3 + 50} = 10$
1	$P = \dfrac{50(7(1)^2 + 10)}{(1)^3 + 50} = 16.67$
2	$P = \dfrac{50(7(2)^2 + 10)}{(2)^3 + 50} = 32.76$
3	$P = \dfrac{50(7(3)^2 + 10)}{(3)^3 + 50} = 47.40$
4	$P = \dfrac{50(7(4)^2 + 10)}{(4)^3 + 50} = 53.51$
5	$P = \dfrac{50(7(5)^2 + 10)}{(5)^3 + 50} = 52.86$
6	$P = \dfrac{50(7(6)^2 + 10)}{(6)^3 + 50} = 49.25$
7	$P = \dfrac{50(7(7)^2 + 10)}{(7)^3 + 50} = 44.91$
8	$P = \dfrac{50(7(8)^2 + 10)}{(8)^3 + 50} = 40.75$
9	$P = \dfrac{50(7(9)^2 + 10)}{(9)^3 + 50} = 37.03$
10	$P = \dfrac{50(7(10)^2 + 10)}{(10)^3 + 50} = 33.81$

Price rises rapidly for first four days, then begins a gradual decrease.
Yes, on the 35th day of trading.

R.6 Exercises

85.

t	$N = \dfrac{60t - 120}{t}$
3	$N = \dfrac{60(3) - 120}{3} = 20$
4	$N = \dfrac{60(4) - 120}{4} = 30$
5	$N = \dfrac{60(5) - 120}{5} = 36$
6	$N = \dfrac{60(6) - 120}{6} = 40$
7	$N = \dfrac{60(7) - 120}{7} = 42.9$
8	$N = \dfrac{60(8) - 120}{8} = 45$

$t = 8$ weeks

87. (b); $20 \cdot n \div 10 \cdot n = \dfrac{20n}{10} \cdot n = 2n^2$

All the others equal 2.

89. $\dfrac{1}{\dfrac{5}{2} + \dfrac{4}{3}} = \dfrac{1(6)}{\left(\dfrac{5}{2} + \dfrac{4}{3}\right)(6)} = \dfrac{6}{15 + 8} = \dfrac{6}{23}$

The reciprocal of the sum of their reciprocals is $\dfrac{6}{23}$.

$\dfrac{1}{\dfrac{b}{a} + \dfrac{d}{c}} = \dfrac{1(ac)}{\left(\dfrac{b}{a} + \dfrac{d}{c}\right)(ac)} = \dfrac{ac}{bc + ad}$

R.6 Exercises

1. Even

3. $\left(16^{\frac{1}{4}}\right)^3$

5. Answers will vary.

7. $\sqrt{x^2}$

   a. $\sqrt{(9)^2} = \sqrt{81} = 9$

   b. $\sqrt{(-10)^2} = \sqrt{100} = 10$

9. a. $\sqrt{49p^2} = \sqrt{(7p)^2} = 7|p|$

   b. $\sqrt{(x-3)^2} = |x-3|$

   c. $\sqrt{81m^4} = \sqrt{(9m^2)^2} = 9m^2$

   d. $\sqrt{x^2 - 6x + 9} = \sqrt{(x-3)^2} = |x-3|$

11. a. $\sqrt[3]{64} = \sqrt[3]{(4)^3} = 4$

   b. $\sqrt[3]{-125x^3} = \sqrt[3]{(-5x)^3} = -5x$

   c. $\sqrt[3]{216z^{12}} = \sqrt[3]{(6z^4)^3} = 6z^4$

   d. $\sqrt[3]{\dfrac{v^3}{-8}} = \sqrt[3]{\left(\dfrac{v}{-2}\right)^3} = \dfrac{v}{-2}$

13. a. $\sqrt[6]{64} = \sqrt[6]{(2)^6} = 2$

   b. $\sqrt[6]{-64}$ Not a real number

   c. $\sqrt[5]{243x^{10}} = \sqrt[5]{(3x^2)^5} = 3x^2$

   d. $\sqrt[5]{-243x^5} = \sqrt[5]{(-3x)^5} = -3x$

   e. $\sqrt[5]{(k-3)^5} = k - 3$

   f. $\sqrt[6]{(h+2)^6} = |h+2|$

15. a. $\sqrt[3]{-125} = \sqrt[3]{(-5)^3} = -5$

   b. $-\sqrt[4]{81n^{12}} = -\sqrt[4]{(3n^3)^4} = -3|n^3|$

   c. $\sqrt{-36}$ Not a real number

   d. $\sqrt{\dfrac{49v^{10}}{36}} = \sqrt{\left(\dfrac{7v^5}{6}\right)^2} = \dfrac{7|v^5|}{6}$

Chapter R: A Review of Basic Concepts and Skills

17. a. $8^{\frac{2}{3}} = \left(8^{1/3}\right)^2 = \sqrt[3]{8}^2 = 2^2 = 4$

   b. $\left(\frac{16}{25}\right)^{\frac{3}{2}} = \left[\left(\frac{16}{25}\right)^{\frac{1}{2}}\right]^3$
   $= \sqrt{\left(\frac{16}{25}\right)}^3 = \left(\frac{4}{5}\right)^3 = \frac{64}{125}$

   c. $\left(\frac{4}{25}\right)^{-\frac{3}{2}} = \left(\frac{25}{4}\right)^{\frac{3}{2}} = \left[\left(\frac{25}{4}\right)^{\frac{1}{2}}\right]^3$
   $= \sqrt{\left(\frac{25}{4}\right)}^3 = \left(\frac{5}{2}\right)^3 = \frac{125}{8}$

   d. $\left(\frac{-27p^6}{8q^3}\right)^{\frac{2}{3}} = \left[\left(\frac{-27p^6}{8q^3}\right)^{\frac{1}{3}}\right]^2$
   $= \sqrt[3]{\left(\frac{-27p^6}{8q^3}\right)}^2 = \left(\frac{-3p^2}{2q}\right)^2 = \frac{9p^4}{4q^2}$

19. a. $-144^{\frac{3}{2}} = -\left[(144)^{\frac{1}{2}}\right]^3 = -\sqrt{144}^3$
   $= -(12)^3 = -1728$

   b. $\left(-\frac{4}{25}\right)^{\frac{3}{2}} = \left[\left(-\frac{4}{25}\right)^{\frac{1}{2}}\right]^3 = \sqrt{\left(-\frac{4}{25}\right)}^3$
   Not a real number

   c. $(-27)^{-\frac{2}{3}} = \left(-\frac{1}{27}\right)^{\frac{2}{3}} = \left[\left(-\frac{1}{27}\right)^{\frac{1}{3}}\right]^2$
   $= \sqrt[3]{\left(-\frac{1}{27}\right)}^2 = \left(-\frac{1}{3}\right)^2 = \frac{1}{9}$

   d. $-\left(\frac{27x^3}{64}\right)^{-\frac{4}{3}} = -\left(\frac{64}{27x^3}\right)^{\frac{4}{3}}$
   $= -\left[\left(\frac{64}{27x^3}\right)^{\frac{1}{3}}\right]^4 = -\sqrt[3]{\left(\frac{64}{27x^3}\right)}^4$
   $= -\left(\frac{4}{3x}\right)^4 = \frac{-256}{81x^4}$

21. a. $\left(2n^2 p^{\frac{-2}{5}}\right)^5 = 32n^{10}p^{-2} = \frac{32n^{10}}{p^2}$

   b. $\left(\frac{8y^{\frac{3}{4}}}{64y^{\frac{3}{2}}}\right)^{\frac{1}{3}} = \frac{8^{\frac{1}{3}}y^{\frac{1}{4}}}{64^{\frac{1}{3}}y^{\frac{1}{2}}}$
   $= \frac{\sqrt[3]{8}y^{\frac{1}{4}-\frac{1}{2}}}{\sqrt[3]{64}} = \frac{2y^{\frac{-1}{4}}}{4} = \frac{1}{2y^{\frac{1}{4}}}$

23. a. $\sqrt{18m^2} = \sqrt{(3m)^2 \cdot 2} = 3m\sqrt{2}$

   b. $-2\sqrt[3]{-125p^3q^7} = -2\sqrt[3]{\left(-5pq^2\right)^3 \cdot q}$
   $= -2\left(-5pq^2\right)\sqrt[3]{q} = 10pq^2\sqrt[3]{q}$

   c. $\frac{3}{8}\sqrt[3]{64m^3n^5} = \frac{3}{8}\sqrt[3]{(4mn)^3 \cdot n^2}$
   $= \frac{3}{8}(4mn)\sqrt[3]{n^2} = \frac{3}{2}mn\sqrt[3]{n^2}$

   d. $\sqrt{32p^3q^6} = \sqrt{(16p^2q^6) \cdot 2p}$
   $\sqrt{(4pq^3)^2 \cdot 2p} = 4pq^3\sqrt{2p}$

   e. $\frac{-6+\sqrt{28}}{2} = \frac{-6+\sqrt{4 \cdot 7}}{2} = \frac{-6+2\sqrt{7}}{2}$
   $= \frac{-6}{2} + \frac{2\sqrt{7}}{2} = -3 + \sqrt{7}$

   f. $\frac{27-\sqrt{72}}{6} = \frac{27-\sqrt{36 \cdot 2}}{6} = \frac{27-6\sqrt{2}}{6}$
   $= \frac{27}{6} - \frac{6\sqrt{2}}{6} = \frac{9}{2} - \sqrt{2}$

R.6 Exercises

25. a. $2.5\sqrt{18a}\sqrt{2a^3} = 2.5\sqrt{36a^4}$
$= 2.5\sqrt{(6a^2)^2} = 2.5(6a^2) = 15a^2$

b. $-\dfrac{2}{3}\sqrt{3b}\sqrt{12b^2} = -\dfrac{2}{3}\sqrt{36b^2}\sqrt{b}$
$= -\dfrac{2}{3}(6b)\sqrt{b} = -4b\sqrt{b}$

c. $\sqrt{\dfrac{x^3y}{3}}\sqrt{\dfrac{4x^5y}{12y}} = \sqrt{\dfrac{4x^8y^2}{36y}} = \sqrt{\dfrac{x^8y}{9}}$
$= \sqrt{\dfrac{x^8}{9}}\sqrt{y} = \dfrac{x^4\sqrt{y}}{3}$

d. $\sqrt[3]{9v^2u}\sqrt[3]{3u^5v^2} = \sqrt[3]{27v^4u^6}$
$= \sqrt[3]{27u^6v^3}\sqrt[3]{v} = \sqrt[3]{(3u^2v)^3}\sqrt[3]{v} = 3u^2v\sqrt[3]{v}$

27. a. $\dfrac{\sqrt{8m^5}}{\sqrt{2m}} = \sqrt{\dfrac{8m^5}{2m}} = \sqrt{4m^4} = 2m^2$

b. $\dfrac{\sqrt[3]{108n^4}}{\sqrt[3]{4n}} = \sqrt[3]{\dfrac{108n^4}{4n}} = \sqrt[3]{27n^3} = 3n$

c. $\sqrt{\dfrac{45}{16x^2}} = \dfrac{\sqrt{9\cdot 5}}{\sqrt{16x^2}} = \dfrac{3\sqrt{5}}{4x}$

d. $12\sqrt[3]{\dfrac{81}{8z^9}} = 12\dfrac{\sqrt[3]{81}}{\sqrt[3]{8z^9}} = 12\dfrac{\sqrt[3]{27\cdot 3}}{2z^3}$
$= \dfrac{12(3)\sqrt[3]{3}}{2z^3} = \dfrac{18\sqrt[3]{3}}{z^3}$

29. a. $\sqrt[5]{32x^{10}y^{15}} = 2x^2y^3$

b. $x\sqrt[4]{x^5} = x\sqrt[4]{x^4\cdot x}$
$= x\cdot x\sqrt[4]{x} = x^2\sqrt[4]{x}$

c. $\sqrt[4]{\sqrt[3]{b}} = \sqrt[4]{b^{\frac{1}{3}}} = \left((b)^{\frac{1}{3}}\right)^{\frac{1}{4}}$
$= b^{\frac{1}{12}} = \sqrt[12]{b}$

d. $\dfrac{\sqrt[3]{6}}{\sqrt{6}} = \dfrac{6^{\frac{1}{3}}}{6^{\frac{1}{2}}} = 6^{\frac{1}{3}-\frac{1}{2}} = 6^{-\frac{1}{6}} = \dfrac{1}{\sqrt[6]{6}}$

or $\dfrac{\sqrt[6]{6^5}}{6}$

e. $\sqrt{b}\cdot\sqrt[4]{b} = b^{\frac{1}{2}}\cdot b^{\frac{1}{4}} = b^{\frac{2}{4}}\cdot b^{\frac{1}{4}} = b^{\frac{3}{4}}$

31. a. $12\sqrt{72} - 9\sqrt{98}$
$= 12\cdot 6\sqrt{2} - 9\cdot 7\sqrt{2}$
$= 72\sqrt{2} - 63\sqrt{2}$
$= 9\sqrt{2}$

b. $8\sqrt{48} - 3\sqrt{108}$
$= 8\cdot 4\sqrt{3} - 3\cdot 6\sqrt{3}$
$= 32\sqrt{3} - 18\sqrt{3}$
$= 14\sqrt{3}$

c. $7\sqrt{18m} - \sqrt{50m}$
$= 7\cdot 3\sqrt{2m} - 5\sqrt{2m}$
$= 21\sqrt{2m} - 5\sqrt{2m}$
$= 16\sqrt{2m}$

d. $2\sqrt{28p} - 3\sqrt{63p}$
$= 2\cdot 2\sqrt{7p} - 3\cdot 3\sqrt{7p}$
$= 4\sqrt{7p} - 9\sqrt{7p}$
$= -5\sqrt{7p}$

33. a. $3x\sqrt[3]{54x} - 5\sqrt[3]{16x^4}$
$= 3x\cdot 3\sqrt[3]{2x} - 5\cdot 2x\sqrt[3]{2x}$
$= 9x\sqrt[3]{2x} - 10x\sqrt[3]{2x}$
$= -x\sqrt[3]{2x}$

b. $\sqrt{4} + \sqrt{3x} - \sqrt{12x} + \sqrt{45}$
$= 2 + \sqrt{3x} - 2\sqrt{3x} + 3\sqrt{5}$
$= 2 - \sqrt{3x} + 3\sqrt{5}$

c. $\sqrt{72x^3} + \sqrt{50} - \sqrt{7x} + \sqrt{27}$
$= 6x\sqrt{2x} + 5\sqrt{2} - \sqrt{7x} + 3\sqrt{3}$

Chapter R: A Review of Basic Concepts and Skills

35. a. $\left(7\sqrt{2}\right)^2 = 49 \cdot 2 = 98$
    b. $\sqrt{3}\left(\sqrt{5}+\sqrt{7}\right) = \sqrt{15}+\sqrt{21}$
    c. $\left(n+\sqrt{5}\right)\left(n-\sqrt{5}\right) = n^2 - 5$
    d. $\left(6-\sqrt{3}\right)^2 = 36-12\sqrt{3}+3 = 39-12\sqrt{3}$

37. a. $\left(3+2\sqrt{7}\right)\left(3-2\sqrt{7}\right) = 9-4(7)$
       $= 9-28 = -19$
    b. $\left(\sqrt{5}-\sqrt{14}\right)\left(\sqrt{2}+\sqrt{13}\right)$
       $= \sqrt{10}+\sqrt{65}-\sqrt{28}-\sqrt{182}$
       $= \sqrt{10}+\sqrt{65}-2\sqrt{7}-\sqrt{182}$
    c. $\left(2\sqrt{2}+6\sqrt{6}\right)\left(3\sqrt{10}+\sqrt{7}\right)$
       $= 6\sqrt{20}+2\sqrt{14}+18\sqrt{60}+6\sqrt{42}$
       $= 12\sqrt{5}+2\sqrt{14}+36\sqrt{15}+6\sqrt{42}$

39. $x^2 - 4x + 1 = 0$
    a. $\left(2+\sqrt{3}\right)^2 - 4(2+\sqrt{3})+1 = 0$
       $4+4\sqrt{3}+3-8-4\sqrt{3}+1 = 0$
       $0 = 0$
       verified
    b. $\left(2-\sqrt{3}\right)^2 - 4\left(2-\sqrt{3}\right)+1 = 0$
       $4-4\sqrt{3}+3-8+4\sqrt{3}+1 = 0$
       $0 = 0$
       verified

41. $x^2 + 2x - 9 = 0$
    a. $\left(-1+\sqrt{10}\right)^2 + 2\left(-1+\sqrt{10}\right)-9 = 0$
       $1-2\sqrt{10}+10-2+2\sqrt{10}-9 = 0$
       $0 = 0$
       verified
    b. $\left(-1-\sqrt{10}\right)^2 + 2\left(-1-\sqrt{10}\right)-9 = 0$
       $1+2\sqrt{10}+10-2-2\sqrt{10}-9 = 0$
       $0 = 0$
       verified

43. a. $\dfrac{3}{\sqrt{12}} = \dfrac{3}{2\sqrt{3}} \cdot \dfrac{\sqrt{3}}{\sqrt{3}} = \dfrac{3\sqrt{3}}{6} = \dfrac{\sqrt{3}}{2}$
    b. $\sqrt{\dfrac{20}{27x^3}} = \dfrac{2\sqrt{5}}{3x\sqrt{3x}} \cdot \dfrac{\sqrt{3x}}{\sqrt{3x}} = \dfrac{2\sqrt{15x}}{9x^2}$
    c. $\sqrt{\dfrac{27}{50b}} = \dfrac{3\sqrt{3}}{5\sqrt{2b}} \cdot \dfrac{\sqrt{2b}}{\sqrt{2b}} = \dfrac{3\sqrt{6b}}{10b}$
    d. $\sqrt[3]{\dfrac{1}{4p}} = \dfrac{1}{\sqrt[3]{4p}} \cdot \dfrac{\sqrt[3]{2p^2}}{\sqrt[3]{2p^2}} = \dfrac{\sqrt[3]{2p^2}}{2p}$
    e. $\dfrac{5}{\sqrt[3]{a}} = \dfrac{5}{\sqrt[3]{a}} \cdot \dfrac{\sqrt[3]{a^2}}{\sqrt[3]{a^2}} = \dfrac{5 \cdot \sqrt[3]{a^2}}{a}$

45. a. $\dfrac{8}{3+\sqrt{11}} \cdot \dfrac{3-\sqrt{11}}{3-\sqrt{11}}$
       $= \dfrac{8\left(3-\sqrt{11}\right)}{9-11} = \dfrac{8\left(3-\sqrt{11}\right)}{-2}$
       $= -4\left(3-\sqrt{11}\right) = -12+4\sqrt{11} \approx 1.27$
    b. $\dfrac{6}{\sqrt{x}-\sqrt{2}} \cdot \dfrac{\sqrt{x}+\sqrt{2}}{\sqrt{x}+\sqrt{2}}$
       $= \dfrac{6\sqrt{x}+6\sqrt{2}}{x-2}$

47. a. $\dfrac{\sqrt{10}-3}{\sqrt{3}+\sqrt{2}} \cdot \dfrac{\sqrt{3}-\sqrt{2}}{\sqrt{3}-\sqrt{2}}$
       $= \dfrac{\sqrt{30}-\sqrt{20}-3\sqrt{3}+3\sqrt{2}}{3-2}$
       $= \sqrt{30}-2\sqrt{5}-3\sqrt{3}+3\sqrt{2}$
       ≈ 0.05
    b. $\dfrac{7+\sqrt{6}}{3-3\sqrt{2}} \cdot \dfrac{3+3\sqrt{2}}{3+3\sqrt{2}}$
       $= \dfrac{21+21\sqrt{2}+3\sqrt{6}+3\sqrt{12}}{9-18}$
       $= \dfrac{21+21\sqrt{2}+3\sqrt{6}+6\sqrt{3}}{-9}$
       $= \dfrac{7+7\sqrt{2}+\sqrt{6}+2\sqrt{3}}{-3}$
       ≈ -7.60

R.6 Exercises

49. $L = 1.13(W)^{\frac{1}{3}}$

$L = 1.13(400)^{\frac{1}{3}} \approx 8.33$ feet

51. $c^2 = a^2 + b^2$
$c^2 = 8^2 + 24^2$
$c^2 = 64 + 576$
$c^2 = 640$; $c = \sqrt{640} = 8\sqrt{10}$ m;
About 25.3 m

53. $T = 0.407 R^{\frac{3}{2}}$

a. $T = 0.407(93)^{\frac{3}{2}} \approx 365.02$ days

b. $T = 0.407(142)^{\frac{3}{2}} \approx 688.69$ days

c. $T = 0.407(36)^{\frac{3}{2}} \approx 87.91$ days

55. $V = 2\sqrt{6L}$

a. $V = 2\sqrt{6(54)} = 2\sqrt{324} = 36$ mph
b. $V = 2\sqrt{6(90)} = 2\sqrt{540} \approx 46.5$ mph

57. $S = \pi r \sqrt{r^2 + h^2}$;

$S = \pi(6)\sqrt{6^2 + 10^2}$

$S = 6\pi\sqrt{136}$

$S = 12\pi\sqrt{34}$

$S \approx 219.82$ m^2

59. a. $x^2 - 5$
$x^2 - (\sqrt{5})^2$
$(x + \sqrt{5})(x - \sqrt{5})$

b. $n^2 - 19$
$n^2 - (\sqrt{19})^2$
$(n + \sqrt{19})(n - \sqrt{19})$

61. a.
$\sqrt{3x} + \sqrt{9x} + \sqrt{27x} + \sqrt{81x} + \sqrt{243x} + \sqrt{729x}$
$= \sqrt{3x} + 3\sqrt{x} + 3\sqrt{3x} + 9\sqrt{x} + 9\sqrt{3x} + 27\sqrt{x}$
$= 13\sqrt{3x} + 39\sqrt{x}$

b. Answers will vary.

63. $\left(x^{\frac{1}{2}} + x^{-\frac{1}{2}}\right)^2 = \frac{9}{2}$;

$\sqrt{\left(x^{\frac{1}{2}} + x^{-\frac{1}{2}}\right)^2} = \sqrt{\frac{9}{2}}$

$x^{\frac{1}{2}} + x^{-\frac{1}{2}} = \frac{3}{\sqrt{2}}$;

$\frac{3}{\sqrt{2}} \cdot \frac{\sqrt{2}}{\sqrt{2}} = \frac{3\sqrt{2}}{2}$

Chapter R: A Review of Basic Concepts and Skills

Chapter R Practice Test

1. a. True
   b. True
   c. False; $\sqrt{2}$ cannot be expressed as a ratio of integers
   d. True

3. a. $\dfrac{7}{8} - \left(-\dfrac{1}{4}\right) = \dfrac{7}{8} + \dfrac{2}{8} = \dfrac{9}{8}$
   b. $-\dfrac{1}{3} - \dfrac{5}{6} = -\dfrac{2}{6} - \dfrac{5}{6} = -\dfrac{7}{6}$
   c. $-0.7 + 1.2 = 0.5$
   d. $1.3 + (-5.9) = 1.3 - 5.9 = -4.6$

5. $2000\left(1 + \dfrac{0.08}{12}\right)^{12 \cdot 10} \approx 4439.28$

7. a. $-2v^2 + 6v + 5$
   Terms: 3
   Coefficients: -2, 6, 5
   b. $\dfrac{c+2}{3} + c$
   Terms: 2
   Coefficients: $\dfrac{1}{3}$, 1

9. a. $x^3 - (2x - 9)$
   b. $2n - 3\left(\dfrac{n}{2}\right)^2$

11. a. $8v^2 + 4v - 7 + v^2 - v = 9v^2 + 3v - 7$
    b. $-4(3b - 2) + 5b$
       $= -12b + 8 + 5b = -7b + 8$
    c. $4x - (x - 2x^2) + x(3 - x)$
       $= 4x - x + 2x^2 + 3x - x^2$
       $= x^2 + 6x$

13. a. $\dfrac{5}{b^{-3}} = 5b^3$
    b. $\left(-2a^3\right)^2\left(a^2b^4\right)^3$
       $= \left(4a^6\right)\left(a^6 b^{12}\right)$
       $= 4a^{12}b^{12}$
    c. $\left(\dfrac{m^2}{2n}\right)^3 = \dfrac{m^6}{8n^3}$
    d. $\left(\dfrac{5p^2 q^3 r^4}{-2pq^2 r^4}\right)^2$
       $= \left(\dfrac{5pq}{-2}\right)^2$
       $= \dfrac{25}{4} p^2 q^2$

15. a. $(3x^2 + 5y)(3x^2 - 5y) = 9x^4 - 25y^2$
    b. $(2a + 3b)^2 = 4a^2 + 12ab + 9b^2$

Chapter R Practice Test

17. a. $\dfrac{x-5}{5-x} = \dfrac{-(5-x)}{5-x} = -1$

b. $\dfrac{4-n^2}{n^2-4n+4}$
$= \dfrac{-1(n^2-4)}{(n-2)(n-2)}$
$= \dfrac{-1(n+2)(n-2)}{(n-2)(n-2)}$
$= \dfrac{-1(n+2)}{(n-2)}$
$= \dfrac{n+2}{2-n}$

c. $\dfrac{x^3-27}{x^2+3x+9}$
$= \dfrac{(x-3)(x^2+3x+9)}{x^2+3x+9} = x-3$

d. $\dfrac{3x^2-13x-10}{9x^2-4}$
$= \dfrac{(3x+2)(x-5)}{(3x+2)(3x-2)}$
$= \dfrac{x-5}{3x-2}$

e. $\dfrac{x^2-25}{3x^2-11x-4} \div \dfrac{x^2+x-20}{x^2-8x+16}$
$= \dfrac{x^2-25}{3x^2-11x-4} \cdot \dfrac{x^2-8x+16}{x^2+x-20}$
$= \dfrac{(x+5)(x-5)}{(3x+1)(x-4)} \cdot \dfrac{(x-4)^2}{(x+5)(x-4)}$
$= \dfrac{x-5}{3x+1}$

f. $\dfrac{m+3}{m^2+m-12} - \dfrac{2}{5(m+4)}$
$= \dfrac{m+3}{(m+4)(m-3)} - \dfrac{2}{5(m+4)}$
$= \dfrac{5(m+3)-2(m-3)}{5(m+4)(m-3)}$
$= \dfrac{5m+15-2m+6}{5(m+4)(m-3)}$
$= \dfrac{3m+21}{5(m+4)(m-3)}$
$= \dfrac{3(m+7)}{5(m+4)(m-3)}$

19. $R = (30 - 0.5x)(40 + x)$
$R = 1200 + 10x - 0.5x^2$
$R = -0.5x^2 + 10x + 1200$

a.

x	$R = 1200 + 10x - 0.5x^2$
1	$R = 1200 + 10(1) - 0.5(1)^2 = 1209.50$
2	$R = 1200 + 10(2) - 0.5(2)^2 = 1218$
3	$R = 1200 + 10(3) - 0.5(3)^2 = 1225.50$
4	$R = 1200 + 10(4) - 0.5(4)^2 = 1232$
5	$R = 1200 + 10(5) - 0.5(5)^2 = 1237.50$
6	$R = 1200 + 10(6) - 0.5(6)^2 = 1242$
7	$R = 1200 + 10(7) - 0.5(7)^2 = 1245.50$
8	$R = 1200 + 10(8) - 0.5(8)^2 = 1248$
9	$R = 1200 + 10(9) - 0.5(9)^2 = 1249.50$
10	$R = 1200 + 10(10) - 0.5(10)^2 = 1250$
11	$R = 1200 + 10(11) - 0.5(11)^2 = 1249.50$

Ten decreases of 0.50 or $5.00

b. Maximum revenue is $1250.

Chapter 1: Equations and Inequalities

1.1 Technology Highlight

1. 12 pounds of premium ground beef; 40 pounds of peanuts

1.1 Exercises

1. Identity, unknown

3. Literal, two

5. Answers will vary.

7. $4x + 3(x-2) = 18 - x$
$4x + 3x - 6 = 18 - x$
$7x - 6 = 18 - x$
$8x - 6 = 18$
$8x = 24$
$x = 3$;
Check:
$4(3) + 3(3-2) = 18 - 3$
$12 + 3(1) = 15$
$12 + 3 = 15$
$15 = 15$

9. $21 - (2v + 17) = -7 - 3v$
$21 - 2v - 17 = -7 - 3v$
$-2v + 4 = -7 - 3v$
$v + 4 = -7$
$v = -11$;
Check:
$21 - (2(-11) + 17) = -7 - 3(-11)$
$21 - (-22 + 17) = -7 + 33$
$21 - (-5) = 26$
$21 + 5 = 26$
$26 = 26$

11. $8 - (3b + 5) = -5 + 2(b+1)$
$8 - 3b - 5 = -5 + 2b + 2$
$3 - 3b = -3 + 2b$
$-5b = -6$
$b = \dfrac{6}{5}$;
Check:
$8 - \left(3\left(\dfrac{6}{5}\right) + 5\right) = -5 + 2\left(\dfrac{6}{5} + 1\right)$
$8 - \left(\dfrac{18}{5} + \dfrac{25}{5}\right) = -5 + 2\left(\dfrac{6}{5} + \dfrac{5}{5}\right)$
$8 - \left(\dfrac{43}{5}\right) = -5 + 2\left(\dfrac{11}{5}\right)$
$\dfrac{40}{5} - \dfrac{43}{5} = \dfrac{-25}{5} + \dfrac{22}{5}$
$\dfrac{-3}{5} = \dfrac{-3}{5}$

13. $\dfrac{1}{5}(b + 10) - 7 = \dfrac{1}{3}(b - 9)$
$\dfrac{1}{5}b + 2 - 7 = \dfrac{1}{3}b - 3$
$\dfrac{1}{5}b - 5 = \dfrac{1}{3}b - 3$
$15\left(\dfrac{1}{5}b - 5\right) = 15\left(\dfrac{1}{3}b - 3\right)$
$3b - 75 = 5b - 45$
$-2b - 75 = -45$
$-2b = 30$
$b = -15$

15. $\dfrac{2}{3}(m + 6) = \dfrac{-1}{2}$
$\dfrac{2}{3}m + 4 = \dfrac{-1}{2}$
$6\left(\dfrac{2}{3}m + 4\right) = 6\left(\dfrac{-1}{2}\right)$
$4m + 24 = -3$
$4m = -27$
$m = -\dfrac{27}{4}$

1.1 Exercises

17. $\frac{1}{2}x+5=\frac{1}{3}x+7$

$6\left(\frac{1}{2}x+5\right)=6\left(\frac{1}{3}x+7\right)$

$3x+30=2x+42$

$x+30=42$

$x=12$

19. $\frac{x+3}{5}+\frac{x}{3}=7$

$15\left(\frac{x+3}{5}+\frac{x}{3}\right)=15(7)$

$3(x+3)+5x=105$

$3x+9+5x=105$

$8x+9=105$

$8x=96$

$x=12$

21. $15=-6-\frac{3p}{8}$

$21=-\frac{3p}{8}$

$\left(\frac{-8}{3}\right)(21)=\frac{-8}{3}\left(-\frac{3p}{8}\right)$

$-56=p$

23. $0.2(24-7.5a)-6.1=4.1$

$4.8-1.5a-6.1=4.1$

$-1.5a-1.3=4.1$

$-1.5a=5.4$

$a=-3.6$

25. $6.2v-(2.1v-5)=1.1-3.7v$

$6.2v-2.1v+5=1.1-3.7v$

$4.1v+5=1.1-3.7v$

$7.8v+5=1.1$

$7.8v=-3.9$

$v=-0.5$

27. $\frac{n}{2}+\frac{n}{5}=\frac{2}{3}$

$30\left(\frac{n}{2}+\frac{n}{5}\right)=30\left(\frac{2}{3}\right)$

$15n+6n=20$

$21n=20$

$n=\frac{20}{21}$

29. $3p-\frac{p}{4}-5=\frac{p}{6}-2p+6$

$12\left(3p-\frac{p}{4}-5\right)=12\left(\frac{p}{6}-2p+6\right)$

$36p-3p-60=2p-24p+72$

$33p-60=-22p+72$

$55p-60=72$

$55p=132$

$p=\frac{12}{5}$

31. $-3(4z+5)=-15z-20+3z$

$-12z-15=-15z-20+3z$

$-12z-15=-12z-20$

$-15\ne-20$

Contradiction; $\{\ \}$

33. $8-8(3n+5)=-5+6(1+n)$

$8-24n-40=-5+6+6n$

$-24n-32=1+6n$

$-30n=33$

$n=-\frac{11}{10}$

Conditional; $n=-\frac{11}{10}$

35. $-4(4x+5)=-6-2(8x+7)$

$-16x-20=-6-16x-14$

$-16x-20=-20-16x$

$0=0$

Identity; $\{x|x\in\square\}$

26

Chapter 1: Equations and Inequalities

37. $P = C + CM$
    $P = C(1+M)$
    $\dfrac{P}{1+M} = C$
    $C = \dfrac{P}{1+M}$

39. $C = 2\pi r$
    $\dfrac{C}{2\pi} = r$
    $r = \dfrac{C}{2\pi}$

41. $\dfrac{P_1 V_1}{T_1} = \dfrac{P_2 V_2}{T_2}$
    $T_1 T_2 \left(\dfrac{P_1 V_1}{T_1} \right) = T_1 T_2 \left(\dfrac{P_2 V_2}{T_2} \right)$
    $P_1 V_1 T_2 = T_1 P_2 V_2$
    $T_2 = \dfrac{T_1 P_2 V_2}{P_1 V_1}$

43. $V = \dfrac{4}{3}\pi r^2 h$
    $\dfrac{3}{4} V = \pi r^2 h$
    $\dfrac{3V}{4\pi r^2} = h$
    $h = \dfrac{3V}{4\pi r^2}$

45. $S_n = n\left(\dfrac{a_1 + a_n}{2}\right)$
    $\left(\dfrac{2}{a_1 + a_n}\right) \cdot S_n = \left(\dfrac{2}{a_1 + a_n}\right) \cdot n\left(\dfrac{a_1 + a_n}{2}\right)$
    $\dfrac{2S_n}{a_1 + a_n} = n$
    $n = \dfrac{2S_n}{a_1 + a_n}$

47. $S = B + \dfrac{1}{2} PS$
    $S - B = \dfrac{1}{2} PS$
    $2(S - B) = PS$
    $\dfrac{2(S-B)}{S} = P$

49. $Ax + By = C$
    $By = -Ax + C$
    $y = \dfrac{-A}{B} x + \dfrac{C}{B}$

51. $\dfrac{5}{6} x + \dfrac{3}{8} y = 2$
    $\dfrac{3}{8} y = -\dfrac{5}{6} x + 2$
    $\left(\dfrac{8}{3}\right)\left(\dfrac{3}{8} y\right) = \left(\dfrac{8}{3}\right)\left(-\dfrac{5}{6} x + 2\right)$
    $y = -\dfrac{20}{9} x + \dfrac{16}{3}$

53. $y - 3 = \dfrac{-4}{5}(x + 10)$
    $y - 3 = \dfrac{-4}{5} x - 8$
    $y = \dfrac{-4}{5} x - 5$

55. $3x + 2 = -19$
    $a = 3, b = 2, c = -19$
    $x = \dfrac{-19 - 2}{3}$
    $x = -7$

57. $-6x + 1 = 33$
    $a = -6, b = 1, c = 33$
    $x = \dfrac{33 - 1}{-6}$
    $x = -\dfrac{16}{3}$

1.1 Exercises

59. $7x - 13 = -27$
$a = 7, b = -13, c = -27$
$x = \dfrac{-27 - (-13)}{7}$
$x = -2$

61. $SA = 2\pi r^2 + 2\pi rh$
$1256 = 2(3.14)(8)^2 + 2(3.14)(8)h$
$1256 = 401.92 + 50.24h$
$854.08 = 50.24h$
$17 = h$
$h = 17 \text{cm}$

63. Let x represent the length of the second descent.
$2x + 198 = 1218$
$2x = 1218 - 198$
$2x = 1020$
$x = 510$
The second spelunker descended 510 feet.

65. Let L represent the length of the package.
$2(14 + 12) + L = 108$
$2(26) + L = 108$
$52 + L = 108$
$L = 56$
The package can be up to 56 inches long.

67. Let L represent the length of the Shimotsui bridge.
$364 + 2L = 6532$
$2L = 6168$
$L = 3084$
The Shimotsui bridge is 3084 feet long.

69. Let x represent the first consecutive even integer.
Let $x + 2$ represent the second consecutive even integer.
$2x + x + 2 = 146$
$3x + 2 = 146$
$3x = 144$
$x = 48$
The first integer is 48.
The second integer is 50.

71. Let x represent the first consecutive odd integer.
Let $x + 2$ represent the second consecutive odd integer.
$7x = 5(x + 2)$
$7x = 5x + 10$
$2x = 10$
$x = 5$
The first integer is 5.
The second integer is 7.

73. Let t represent the number of hours when Bruce overtakes Linda.
$D_{Linda} = D_{Bruce}$
$60(t + 0.5) = 75t$
$60t + 30 = 75t$
$30 = 15t$
$2 = t$
2 hours after 9:30am is 11:30am.

75. Let t represent the number of hours Jeff was driving in the construction zone.
$D_1 + D_2 = 72$
$30t + 60(1.5 - t) = 72$
$30t + 90 - 60t = 72$
$-30t + 90 = 72$
$-30t = -18$
$t = 0.6$ hour
$0.6(60) = 36$ minutes.

77. 2 quarts + 2 quarts = 4 quarts;
$2(1.00) + 2(0.00) = 2$
$\dfrac{2}{4} = 50\%$ juice
4 quart mixture of 50% orange juice

79. 8 lbs + 8 lbs = 16 lbs;
$8(2.50) + 8(1.10) = 28.8$
$\dfrac{\$28.80}{16} = \$1.80$ per pound
Sixteen pound mixture at a cost of $1.80 per pound

81. Let x represent the number of pounds of premium ground beef.
$3.10(x) + 2.05(8) = 2.68(x + 8)$
$3.10x + 16.4 = 2.68x + 21.44$
$0.42x + 16.4 = 21.44$
$0.42x = 5.04$
$x = 12$
12 pounds of premium ground beef

83. Let x represent the pounds of walnuts.
$0.84x + 1.20(20) = 1.04(x + 20)$
$0.84x + 24 = 1.04x + 20.8$
$-0.2x = -3.2$
$x = 16$
16 pounds of walnuts

85. Answers will vary.

Chapter 1: Equations and Inequalities

87. $P+Q+S = 40$
$P+R+U = 34$
$S+T+U = 30$
$Q+R = 26$
$Q+T = 23$
$R+T = 19$;

$Q+R = 26$
$\underline{-Q-T = -23}$
$R-T = 3$;

$R-T = 3$
$\underline{R+T = 19}$
$2R = 22$
$R = 11$;

$Q+R = 26$
$Q+11 = 26$
$Q = 15$;

$Q+T = 23$
$15+T = 23$
$T = 8$;

$P+R+U = 34$
$P+11+U = 34$
$P+U = 23$;

$P+Q+S = 40$
$P+15+S = 40$
$P+S = 25$;

$P+U = 23$
$\underline{-P-S = -25}$
$U-S = -2$;

$S+T+U = 30$
$S+8+U = 30$
$S+U = 22$;

$U-S = -2$
$\underline{S+U = 22}$
$2U = 20$
$U = 10$;

$S+U = 22$
$S+10 = 22$
$S = 12$;

$P+Q+S = 40$
$P+15+12 = 40$
$P = 13$;

$P+Q+R+S+T+U$
$= 13+15+11+12+8+10 = 69$

89. $-2-6^2 \div 4+8$
$= -2-36 \div 4+8$
$= -2-9+8$
$= -11+8$
$= -3$

91. a. $4x^2-9$
$= (2x+3)(2x-3)$

b. x^3-27
$= (x-3)(x^2+3x+9)$

1.2 Exercises

1. Set, interval

3. Intersection, union

5. Answers will vary.

7. $w \geq 45$

9. $250 < T < 450$

11. $y < 3$

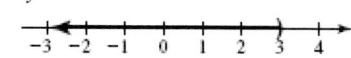

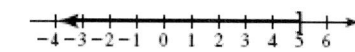

13. $m \leq 5$

15. $x \neq 1$

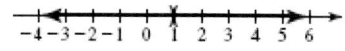

17. $5 > x > 2$

19. $\{x|x \geq -2\}; [-2, \infty)$

21. $\{x|-2 \leq x \leq 1\}; [-2,1]$

23. $5a-11 \geq 2a-5$
$3a \geq 6$
$a \geq 2$
$\{a|a \geq 2\}$, Interval notation: $a \in [2, \infty)$

25. $2(n+3)-4 \leq 5n-1$
$2n+6-4 \leq 5n-1$
$2n+2 \leq 5n-1$
$-3n \leq -3$
$n \geq 1$
$\{n|n \geq 1\}$, Interval notation: $n \in [1, \infty)$

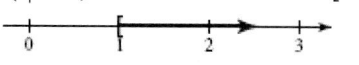

29

1.2 Exercises

27. $\dfrac{3x}{8}+\dfrac{x}{4}<-4$

$8\left(\dfrac{3x}{8}+\dfrac{x}{4}\right)<8(-4)$
$3x+2x<-32$
$5x<-32$
$x<-\dfrac{32}{5}$

$\left\{x\left|x<-\dfrac{32}{5}\right.\right\}$,

Interval notation: $x\in\left(-\infty,-\dfrac{32}{5}\right)$

29. $7-2(x+3)\ge 4x-6(x-3)$
$7-2x-6\ge 4x-6x+18$
$-2x+1\ge -2x+18$
$1\ge 18$ false
$\{\ \}$

31. $4(3x-5)+18<2(5x+1)+2x$
$12x-20+18<10x+2+2x$
$12x-2<12x+2$
$-2<2$ true
$\{x|x\in\mathbb{R}\}$

33. $-6(p-1)+2p\le -2(2p-3)$
$-6p+6+2p\le -4p+6$
$-4p+6\le -4p+6$
$6\le 6$ true
$\{p|p\in\mathbb{R}\}$

35. $A\cap B=\{2\}$
$A\cup B=\{-3,-2,-1,0,1,2,3,4,6,8\}$

37. $A\cap D=\{\ \}$
$A\cup D=\{-3,-2,-1,0,1,2,3,4,5,6,7\}$

39. $B\cap D=\{4,6\}$
$B\cup D=\{2,4,5,6,7,8\}$

41. $x<-2$ or $x>1$
$(-\infty,-2)\cup(1,\infty)$

43. $x<5$ and $x\ge -2$
$[-2,5)$

45. $x\ge 3$ and $x\le 1$
no solution

47. $4(x-1)\le 20$ or $x+6>9$
$4x-4\le 20$ or $x>3$
$4x\le 24$
$x\le 6$ or $x>3$
$x\in(-\infty,\infty)$

49. $-2x-7\le 3$ and $2x\le 0$
$-2x\le 10$ and $x\le 0$
$x\ge -5$ and $x\le 0$
$x\in[-5,0]$

51. $\dfrac{3}{5}x+\dfrac{1}{2}>\dfrac{3}{10}$ and $-4x>1$

$10\left(\dfrac{3}{5}x+\dfrac{1}{2}\right)>\left(\dfrac{3}{10}\right)10$ and $-4x>1$

$6x+5>3$ and $x<-\dfrac{1}{4}$
$6x>-2$ and $x<-\dfrac{1}{4}$
$x>-\dfrac{1}{3}$ and $x<-\dfrac{1}{4}$

$x\in\left(-\dfrac{1}{3},-\dfrac{1}{4}\right)$

Chapter 1: Equations and Inequalities

53. $\dfrac{3x}{8}+\dfrac{x}{4}<-3$ or $x+1>-5$

   $8\left(\dfrac{3x}{8}+\dfrac{x}{4}\right)<8(-3)$ or $x>-6$

   $3x+2x<-24$ or $x>-6$

   $5x<-24$ or $x>-6$

   $x<-\dfrac{24}{5}$ or $x>-6$

   $x\in(-\infty,\infty)$

55. $-3\le 2x+5<7$
   $-8\le 2x<2$
   $-4\le x<1$
   $x\in[-4,1)$

57. $-0.5\le 0.3-x\le 1.7$
   $-0.8\le -x\le 1.4$
   $0.8\ge x\ge -1.4$
   $x\in[-1.4, 0.8]$

59. $-7<-\dfrac{3}{4}x-1\le 11$

   $-6<-\dfrac{3}{4}x\le 12$

   $\left(-\dfrac{4}{3}\right)(-6)>\left(-\dfrac{4}{3}\right)\left(-\dfrac{3}{4}x\right)\ge\left(-\dfrac{4}{3}\right)12$

   $8>x\ge -16$
   $x\in[-16, 8)$

61. $\dfrac{12}{m}$
   $m\ne 0$
   $m\in(-\infty,0)\cup(0,\infty)$

63. $\dfrac{5}{y+7}$
   $y+7\ne 0$
   $y\ne -7$
   $y\in(-\infty,-7)\cup(-7,\infty)$

65. $\dfrac{a+5}{6a-3}$
   $6a-3\ne 0$
   $6a\ne 3$
   $a\ne \dfrac{1}{2}$
   $a\in\left(-\infty,\dfrac{1}{2}\right)\cup\left(\dfrac{1}{2},\infty\right)$

67. $\dfrac{15}{3x-12}$
   $3x-12\ne 0$
   $3x\ne 12$
   $x\ne 4$
   $x\in(-\infty,4)\cup(4,\infty)$

69. $\sqrt{x-2}$
   $x-2\ge 0$
   $x\ge 2$
   $x\in[2,\infty)$

71. $\sqrt{3n-12}$
   $3n-12\ge 0$
   $3n\ge 12$
   $n\ge 4$
   $n\in[4,\infty)$

73. $\sqrt{b-\dfrac{4}{3}}$
   $b-\dfrac{4}{3}\ge 0$
   $b\ge \dfrac{4}{3}$
   $b\in\left[\dfrac{4}{3},\infty\right)$

75. $\sqrt{8-4y}$
   $8-4y\ge 0$
   $-4y\ge -8$
   $y\le 2$
   $y\in(-\infty, 2]$

1.2 Exercises

77. a) $B = \dfrac{704W}{H^2}$

$BH^2 = 704W$

$\dfrac{BH^2}{704} = W$

$W = \dfrac{BH^2}{704}$

b) $W < \dfrac{BH^2}{704}$

$W < \dfrac{(27)(68)^2}{704}$

$W < 177.34$

Weight could be 177.34 pounds or less.

79. $\dfrac{82+76+65+71+x}{5} \geq 75$

$82+76+65+71+x \geq 375$

$294 + x \geq 375$

$x \geq 81$

81. $\dfrac{1125+850+625+400+b}{5} \geq 1000$

$1125+850+625+400+b \geq 5000$

$3000 + b \geq 5000$

$b \geq \$2000$

83. $0 < 20W < 150$

$0 < W < 7.5m$

85. $45 < \dfrac{9}{5}C + 32 < 85$

$13 < \dfrac{9}{5}C < 53$

$7.2° < C < 29.4°$

87. $20 + 4.50h < 11 + 6.00h$

$20 - 1.50h < 11$

$-1.50h < -9$

$h > 6$

89. Answers may vary.

91. $<$

93. $<$

95. $<$

97. $>$

99. $2n - 8$

101. $2\left(\dfrac{5}{9}x - 1\right) - \left(\dfrac{1}{6}x + 3\right)$

$= \dfrac{10}{9}x - 2 - \dfrac{1}{6}x - 3$

$= \dfrac{20}{18}x - 2 - \dfrac{3}{18}x - 3$

$= \dfrac{17}{18}x - 5$

1.3 Technology Highlight

1. Algebraic verification:

$3|x+1| - 2 \geq 7$

$3|x+1| \geq 9$

$|x+1| \geq 3$

$x + 1 \geq 3$ or $x + 1 \leq -3$

$x \geq 2$ or $x \leq -4$

$x \in (-\infty, -4] \cup [2, \infty)$

3. Algebraic verification:

$-1 \leq 4|x-3| - 1$

$0 \leq 4|x-3|$

$0 \leq |x-3|$

$|x-3| \geq 0$

Absolute value is always greater than or equal to zero.

$x \in \square$

Chapter 1: Equations and Inequalities

1.3 Exercises

1. Reverse

3. $-7; 7$

5. No solution; answers will vary.

7. $2|m-1|-7 = 3$
$2|m-1| = 10$
$|m-1| = 5$
$m-1 = 5$ or $m-1 = -5$
$m = 6$ or $m = -4$
$\{-4, 6\}$

9. $-3|x+5|+6 = -15$
$-3|x+5| = -21$
$|x+5| = 7$
$x+5 = 7$ or $x+5 = -7$
$x = 2$ or $x = -12$
$\{-12, 2\}$

11. $2|4v+5|-6.5 = 10.3$
$2|4v+5| = 16.8$
$|4v+5| = 8.4$
$4v+5 = 8.4$ or $4v+5 = -8.4$
$4v = 3.4$ or $4v = -13.4$
$v = 0.85$ or $v = -3.35$
$\{-3.35, 0.85\}$

13. $-|7p-3|+6 = -5$
$-|7p-3| = -11$
$|7p-3| = 11$
$7p-3 = 11$ or $7p-3 = -11$
$7p = 14$ or $7p = -8$
$p = 2$ or $p = \dfrac{-8}{7}$
$\left\{\dfrac{-8}{7}, 2\right\}$

15. $-2|b|-3 = -4$
$-2|b| = -1$
$|b| = \dfrac{1}{2}$
$b = \dfrac{1}{2}$ or $b = -\dfrac{1}{2}$
$\left\{-\dfrac{1}{2}, \dfrac{1}{2}\right\}$

17. $-2|3x|-17 = -5$
$-2|3x| = 12$
$|3x| = -6$
$\{\ \}$

19. $-3\left|\dfrac{w}{2}+4\right|-1 = -4$
$-3\left|\dfrac{w}{2}+4\right| = -3$
$\left|\dfrac{w}{2}+4\right| = 1$
$\dfrac{w}{2}+4 = 1$ or $\dfrac{w}{2}+4 = -1$
$\dfrac{w}{2} = -3$ or $\dfrac{w}{2} = -5$
$w = -6$ or $w = -10$
$\{-6, -10\}$

21. $8.7|p-7.5|-26.6 = 8.2$
$8.7|p-7.5| = 34.8$
$|p-7.5| = 4$
$p-7.5 = 4$ or $p-7.5 = -4$
$p = 11.5$ or $p = 3.5$
$\{3.5, 11.5\}$

23. $8.7|-2.5x|-26.6 = 8.2$
$8.7|-2.5x| = 34.8$
$|-2.5x| = 4$
$-2.5x = 4$ or $-2.5x = -4$
$x = -1.6$ or $x = 1.6$
$\{-1.6, 1.6\}$

1.3 Exercises

25. $|x-2| \le 7$
    $-7 \le x-2 \le 7$
    $-5 \le x \le 9$
    $x \in [-5, 9]$

27. $-3|m| - 2 > 4$
    $-3|m| > 6$
    $|m| < -2$
    Absolute value is never less than a negative number.
    $\varnothing$

29. $\dfrac{|5v+1|}{4} + 8 < 9$
    $\dfrac{|5v+1|}{4} < 1$
    $|5v+1| < 4$
    $-4 < 5v+1 < 4$
    $-5 < 5v < 3$
    $-1 < v < \dfrac{3}{5}$
    $v \in \left(-1, \dfrac{3}{5}\right)$

31. $3|p+4| + 5 < 8$
    $3|p+4| < 3$
    $|p+4| < 1$
    $-1 < p+4 < 1$
    $-5 < p < -3$
    $p \in (-5, -3)$

33. $|3b-11| + 6 \le 9$
    $|3b-11| < 3$
    $-3 \le 3b - 11 \le 3$
    $8 \le 3b \le 14$
    $\dfrac{8}{3} \le b \le \dfrac{14}{3}$
    $b \in \left[\dfrac{8}{3}, \dfrac{14}{3}\right]$

35. $|4-3z| + 12 < 7$
    $|4-3z| < -5$
    No solution

37. $\left|\dfrac{4x+5}{3} - \dfrac{1}{2}\right| \le \dfrac{7}{6}$
    $-\dfrac{7}{6} \le \dfrac{4x+5}{3} - \dfrac{1}{2} \le \dfrac{7}{6}$
    $6\left(-\dfrac{7}{6}\right) \le 6\left(\dfrac{4x+5}{3} - \dfrac{1}{2}\right) \le 6\left(\dfrac{7}{6}\right)$
    $-7 \le 8x + 10 - 3 \le 7$
    $-7 \le 8x + 7 \le 7$
    $-14 \le 8x \le 0$
    $-\dfrac{14}{8} \le x \le 0$
    $-\dfrac{7}{4} \le x \le 0$
    $\left[-\dfrac{7}{4}, 0\right]$

39. $|n+3| > 7$
    $n+3 > 7$ or $n+3 < -7$
    $n > 4$ or $n < -10$
    $n \in (-\infty, -10) \cup (4, \infty)$

41. $-2|w| - 5 \le -11$
    $-2|w| \le -6$
    $|w| \ge 3$
    $w \ge 3$ or $w \le -3$
    $w \in (-\infty, -3] \cup [3, \infty)$

43. $\dfrac{|q|}{2} - \dfrac{5}{6} \ge \dfrac{1}{3}$
    $6\left(\dfrac{|q|}{2} - \dfrac{5}{6}\right) \ge 6\left(\dfrac{1}{3}\right)$
    $3|q| - 5 \ge 2$
    $3|q| \ge 7$
    $|q| \ge \dfrac{7}{3}$
    $q \ge \dfrac{7}{3}$ or $q \le -\dfrac{7}{3}$
    $q \in \left(-\infty, -\dfrac{7}{3}\right] \cup \left[\dfrac{7}{3}, \infty\right)$

Chapter 1: Equations and Inequalities

45. $3|5-7d|+9 \geq 15$
$3|5-7d| \geq 6$
$|5-7d| \geq 2$
$5-7x \geq 2$ or $5-7x \leq -2$
$-7d \geq -3 \qquad -7d \leq -7$
$d \leq \dfrac{3}{7} \qquad d \geq 1$
$d \in \left(-\infty, \dfrac{3}{7}\right] \cup [1, \infty)$

47. $|4z-9|+6 \geq 4$
$|4z-9| \geq -2$
$z \in (-\infty, \infty)$

49. $4|5-2h|-9 > 11$
$4|5-2h| > 20$
$|5-2h| > 5$
$5-2h > 5$ or $5-2h < -5$
$-2h > 0 \qquad -2h < -10$
$h < 0 \qquad h > 5$
$h \in (-\infty, 0) \cup (5, \infty)$

51. $-3.9|4q-5|+8.7 \leq -22.5$
$-3.9|4q-5| \leq -31.2$
$|4q-5| \geq 8$
$4q-5 \geq 8$ or $4q-5 \leq -8$
$4q \geq 13 \qquad 4q \leq -3$
$q \geq \dfrac{13}{4} \qquad q \leq -\dfrac{3}{4}$
$q \geq 3.25 \qquad q \leq -0.75$
$q \in (-\infty, -0.75] \cup [3.25, \infty)$

53. $2 < \left|-3m+\dfrac{4}{5}\right| - \dfrac{1}{5}$
$\dfrac{11}{5} < \left|-3m+\dfrac{4}{5}\right|$
$\left|-3m+\dfrac{4}{5}\right| > \dfrac{11}{5}$
$-3m+\dfrac{4}{5} > \dfrac{11}{5}$ or $-3m+\dfrac{4}{5} < -\dfrac{11}{5}$
$-3m > \dfrac{7}{5} \qquad -3m < -3$
$m < -\dfrac{7}{15} \qquad m > 1$
$m \in \left(-\infty, \dfrac{-7}{15}\right) \cup (1, \infty)$

55. $|d-x| \leq L$
4 ft = 48 in.
$|d-48| \leq 3$
$d-48 \leq 3$ and $d-48 \geq -3$
$d \leq 51$ and $d \geq 45$
$45 \leq d \leq 51$ in.

57. $|h-35,050| \leq 2,550$
$h-35050 \leq 2550$ and $h-35050 \geq -2550$
$h \leq 37600 \qquad h \geq 32500$
$32,500 \leq h \leq 37,600$; yes, if between 32,500 feet and 37,600 feet, inclusive.

59. $|d-394| - 20 > 164$
$|d-394| > 184$
$d-394 > 184$ or $d-394 < -184$
$d > 578$ or $d < 210$;
$d < 210$ or $d > 578$
Less than 210 feet to go over the net, more than 578 feet to go under the net.

61. (a) $|s-37.58| \leq 3.35$
(b) $s-37.58 \leq 3.35$ and $s-37.58 \geq -3.35$
$s \leq 40.93$ and $s \geq 34.23$
$34.23 \leq s \leq 40.93$
$[34.23, 40.93]$

Mid-Chapter Check

63. (a) $|s-125| \leq 23$
    (b) $-23 \leq s-125 \leq 23$
    $102 \leq s \leq 148$
    $[102, 148]$

65. a. $|d-42.7| < 0.03$
    b. $|d-73.78| < 1.01$
    c. $|d-57.150| < 0.127$
    d. $|d-2171.05| < 12.05$
    e. golf: $t = \dfrac{2(0.03)}{42.7} \approx 0.0014$;
    baseball: $t = \dfrac{2(1.01)}{73.78} \approx 0.0274$;
    billiard: $t = \dfrac{2(0.127)}{57.150} \approx 0.0044$;
    bowling: $t = \dfrac{2(12.05)}{2171.05} \approx 0.0111$;
    Golf balls.

67. a. $x = 4$
    b. $\left[\dfrac{4}{3}, 4\right]$
    c. $x = 0$
    d. $\left[-\infty, \dfrac{3}{5}\right]$
    e. $\{\ \}$

69. $18x^3 + 21x^2 - 60x$
    $3x(6x^2 + 7x - 20)$
    $3x(2x+5)(3x-4)$

71. $\dfrac{-1}{3+\sqrt{3}}$
    $\dfrac{-1}{3+\sqrt{3}} \cdot \dfrac{3-\sqrt{3}}{3-\sqrt{3}}$
    $\dfrac{-3+\sqrt{3}}{9-3\sqrt{3}+3\sqrt{3}-3}$
    $\dfrac{-3+\sqrt{3}}{6} \approx -0.21$

Chapter 1 Mid-Chapter Check

1. a. $\dfrac{r}{3} + 5 = 2$
    $\dfrac{r}{3} = -3$
    $r = -9$

    b. $5(2x-1)+4 = 9x-7$
    $10x - 5 + 4 = 9x - 7$
    $10x - 1 = 9x - 7$
    $x = -6$

    c. $m - 2(m+3) = 1-(m+7)$
    $m - 2m - 6 = 1 - m - 7$
    $-m - 6 = -m - 6$
    $0 = 0$
    Identity; $x \in \mathbb{R}$

    d. $\dfrac{1}{5}y + 3 = \dfrac{3}{2}y - 2$
    $10\left(\dfrac{1}{5}y+3\right) = 10\left(\dfrac{3}{2}y-2\right)$
    $2y + 30 = 15y - 20$
    $-13y + 30 = -20$
    $-13y = -50$
    $y = \dfrac{50}{13}$

    e. $\dfrac{1}{2}(5j-2) = \dfrac{3}{2}(j-4) + j$
    $\dfrac{5}{2}j - 1 = \dfrac{3}{2}j - 6 + j$
    $\dfrac{5}{2}j - 1 = \dfrac{5}{2}j - 6$
    $-1 = -6$
    Contradiction; $\{\ \}$

    f. $0.6(x-3) + 0.3 = 1.8$
    $0.6x - 1.8 + 0.3 = 1.8$
    $0.6x - 1.5 = 1.8$
    $0.6x = 3.3$
    $x = 5.5$

Chapter 1: Equations and Inequalities

3. $S = 2\pi x^2 + \pi x^2 y$
$S = x^2(2\pi + \pi y)$
$\dfrac{S}{2\pi + \pi y} = x^2$
$\dfrac{S}{\pi(2+y)} = x^2$
$\sqrt{\dfrac{S}{\pi(2+y)}} = x$

5. a. $\dfrac{3x+1}{2x-5}$
$2x - 5 \neq 0$
$2x \neq 5$
$x \neq \dfrac{5}{2}$
$x \in \left(-\infty, \dfrac{5}{2}\right) \cup \left(\dfrac{5}{2}, 0\right)$

b. $\sqrt{17-6x}$
$17 - 6x \geq 0$
$-6x \geq -17$
$x \leq \dfrac{17}{6}$
$x \in \left(-\infty, \dfrac{17}{6}\right]$

7. a. $3|q+4| - 2 < 10$
$3|q+4| < 12$
$|q+4| < 4$
$-4 < q+4 < 4$
$-8 < q < 0$
$x \in (-8, 0)$

b. $\left|\dfrac{x}{3} + 2\right| + 5 \leq 5$
$\left|\dfrac{x}{3} + 2\right| \leq 0$
$\dfrac{x}{3} + 2 = 0$
$\dfrac{x}{3} = -2$
$x = -6$
$\{-6\}$

9. $\dfrac{x}{30} + \dfrac{115-x}{50} = 2 + \dfrac{50}{60}$
$\dfrac{x}{30} + \dfrac{115-x}{50} = \dfrac{17}{6}$
$150\left(\dfrac{x}{30} + \dfrac{115-x}{50}\right) = 150\left(\dfrac{17}{6}\right)$
$5x + 3(115 - x) = 425$
$5x + 345 - 3x = 425$
$2x = 80$
$x = 40$ miles;
$\dfrac{40}{30} = 1\dfrac{1}{3}$ hours or 1 hour 20 minutes

Reinforcing Basic Concepts

1. $|x - 2| = 5$
$x - 2 = -5$ or $x - 2 = 5$
$x = -3$ or $x = 7$

3. $|2x - 3| \geq 5$
$2x - 3 \geq 5$ or $2x - 3 \leq -5$
$2x \geq 8$ or $2x \leq -2$
$x \geq 4$ or $x \leq -1$
$x \in (-\infty, -1] \cup [4, \infty)$

1.4 Exercises

1.4 Exercises

1. $3 - 2i$

3. $2, 3\sqrt{2}$

5. b is correct.

7.
   a. $\sqrt{-16} = 4i$
   b. $\sqrt{-49} = 7i$
   c. $\sqrt{27} = \sqrt{9(3)} = 3\sqrt{3}$
   d. $\sqrt{72} = \sqrt{36(2)} = 6\sqrt{2}$

9.
   a. $-\sqrt{-18} = -\sqrt{-1(9)(2)} = -3i\sqrt{2}$
   b. $-\sqrt{-50} = -\sqrt{-1(25)(2)} = -5i\sqrt{2}$
   c. $3\sqrt{-25} = 3(5i) = 15i$
   d. $2\sqrt{-9} = 2(3i) = 6i$

11.
    a. $\sqrt{-19} = i\sqrt{19}$
    b. $\sqrt{-31} = i\sqrt{31}$
    c. $\sqrt{\dfrac{-12}{25}} = \dfrac{\sqrt{-1(4)3}}{\sqrt{25}} = \dfrac{2\sqrt{3}}{5}i$
    d. $\sqrt{\dfrac{-9}{32}} = \dfrac{\sqrt{-9}}{\sqrt{32}} \cdot \dfrac{\sqrt{2}}{\sqrt{2}} = \dfrac{3\sqrt{2}}{\sqrt{64}}i = \dfrac{3\sqrt{2}}{8}i$

13.
    a. $\dfrac{2+\sqrt{-4}}{2} = \dfrac{2+2i}{2} = 1+i$
       $a=1, b=1$
    b. $\dfrac{6+\sqrt{-27}}{3} = \dfrac{6+3i\sqrt{3}}{3} = 2+\sqrt{3}\,i$
       $a=2, b=\sqrt{3}$

15.
    a. $\dfrac{8+\sqrt{-16}}{2} = \dfrac{8+4i}{2} = 4+2i$
       $a=4, b=2$
    b. $\dfrac{10-\sqrt{-50}}{5} = \dfrac{10-5i\sqrt{2}}{5} = 2-\sqrt{2}\,i$
       $a=2, b=-\sqrt{2}$

17.
    a. $5 = 5+0i$
       $a=5, b=0$
    b. $3i = 0+3i$
       $a=0, b=3$

19.
    a. $2\sqrt{-81} = 2(9i) = 0+18i = 18i$
       $a=0, b=18$
    b. $\dfrac{\sqrt{-32}}{8} = \dfrac{4\sqrt{2}}{8}i = 0+\dfrac{\sqrt{2}}{2}i = \dfrac{\sqrt{2}}{2}i$
       $a=0, b=\dfrac{\sqrt{2}}{2}$

21.
    a. $4+\sqrt{-50} = 4+5\sqrt{2}\,i$
       $a=4, b=5\sqrt{2}$
    b. $-5+\sqrt{-27} = -5+3\sqrt{3}\,i$
       $a=-5, b=3\sqrt{3}$

23.
    a. $\dfrac{14+\sqrt{-98}}{8} = \dfrac{14+7i\sqrt{2}}{8} = \dfrac{7}{4}+\dfrac{7\sqrt{2}}{8}i$
       $a=\dfrac{7}{4}, b=\dfrac{7\sqrt{2}}{8}$
    b. $\dfrac{5+\sqrt{-250}}{10} = \dfrac{5+5i\sqrt{10}}{10} = \dfrac{1}{2}+\dfrac{\sqrt{10}}{2}i$
       $a=\dfrac{1}{2}, b=\dfrac{\sqrt{10}}{2}$

25.
    a. $(12-\sqrt{-4})+(7+\sqrt{-9})$
       $= (12-2i)+(7+3i)$
       $= 19+i$
    b. $(3+\sqrt{-25})+(-1-\sqrt{-81})$
       $= (3+5i)+(-1-9i)$
       $= 2-4i$
    c. $(11+\sqrt{-108})-(2-\sqrt{-48})$
       $= 11+\sqrt{-108}-2+\sqrt{-48}$
       $= 11+\sqrt{-1(36)(3)}-2+\sqrt{-1(16)(3)}$
       $= 9+6\sqrt{3}\,i+4\sqrt{3}\,i$
       $= 9+10\sqrt{3}\,i$

27.
    a. $(2+3i)+(-5-i)$
       $= 2+3i-5-i$
       $= -3+2i$
    b. $(5-2i)+(3+2i)$
       $= 5-2i+3+2i$
       $= 8$
    c. $(6-5i)-(4+3i)$
       $= 6-5i-4-3i$
       $= 2-8i$

Chapter 1: Equations and Inequalities

29. a. $(3.7 + 6.1i) - (1 + 5.9i)$
    $= 3.7 + 6.1i - 1 - 5.9i$
    $= 2.7 + 0.2i$

    b. $\left(8 + \frac{3}{4}i\right) - \left(-7 + \frac{2}{3}i\right)$
    $= 8 + \frac{3}{4}i + 7 - \frac{2}{3}i$
    $= 15 + \frac{1}{12}i$

    c. $\left(-6 - \frac{5}{8}i\right) + \left(4 + \frac{1}{2}i\right)$
    $= -6 - \frac{5}{8}i + 4 + \frac{1}{2}i$
    $= -2 - \frac{1}{8}i$

31. a. $5i \cdot (-3i)$
    $= -15i^2$
    $= 15$

    b. $4i \cdot (-4i)$
    $= -16i^2$
    $= 16$

33. a. $-7i(5 - 3i)$
    $= -35i + 21i^2$
    $= -21 - 35i$

    b. $6i(-3 + 7i)$
    $= -18i + 42i^2$
    $= -42 - 18i$

35. a. $(-3 + 2i)(2 + 3i)$
    $= -6 - 9i + 4i + 6i^2$
    $= -12 - 5i$

    b. $(3 + 2i)(1 + i)$
    $= 3 + 3i + 2i + 2i^2$
    $= 1 + 5i$

37. a. conjugate $4 - 5i$
    $= (4 + 5i)(4 - 5i)$
    $= 16 - 20i + 20i - 25i^2$
    $= 16 + 25$
    $= 41$

    b. conjugate $3 + i\sqrt{2}$
    $= (3 + i\sqrt{2})(3 - i\sqrt{2})$
    $= 9 - 3\sqrt{2}i + 3\sqrt{2}i - 2i^2$
    $= 9 + 2$
    $= 11$

39. a. conjugate $-7i$
    $(7i)(-7i)$
    $= -49i^2$
    $= 49$

    b. conjugate $\frac{1}{2} + \frac{2}{3}i$
    $\left(\frac{1}{2} + \frac{2}{3}i\right)\left(\frac{1}{2} - \frac{2}{3}i\right)$
    $= \frac{1}{4} - \frac{1}{3}i + \frac{1}{3}i - \frac{4}{9}i^2$
    $= \frac{25}{36}$

41. a. $(4 - 5i)(4 + 5i)$
    $= 16 + 20i - 20i - 25i^2$
    $= 41$

    b. $(7 - 5i)(7 + 5i)$
    $= 49 + 35i - 35i - 25i^2$
    $= 74$

43. a. $(3 - i\sqrt{2})(3 + i\sqrt{2})$
    $= 9 + 3i\sqrt{2} - 3i\sqrt{2} - 2i^2$
    $= 11$

    b. $\left(\frac{1}{6} + \frac{2}{3}i\right)\left(\frac{1}{6} - \frac{2}{3}i\right)$
    $= \frac{1}{36} - \frac{1}{9}i + \frac{1}{9}i - \frac{4}{9}i^2$
    $= \frac{17}{36}$

45. a. $(2 + 3i)^2$
    $= (2 + 3i)(2 + 3i)$
    $= 4 + 6i + 6i + 9i^2$
    $= -5 + 12i$

    b. $(3 - 4i)^2$
    $= (3 - 4i)(3 - 4i)$
    $= 9 - 12i - 12i + 16i^2$
    $= -7 - 24i$

47. a. $(-2 + 5i)^2$
    $= (-2 + 5i)(-2 + 5i)$
    $= 4 - 10i - 10i + 25i^2$
    $= -21 - 20i$

    b. $(3 + i\sqrt{2})^2$
    $= (3 + i\sqrt{2})(3 + i\sqrt{2})$
    $= 9 + 3i\sqrt{2} + 3i\sqrt{2} + 2i^2$
    $= 7 + 6\sqrt{2}\,i$

1.4 Exercises

49. $x^2 + 36 = 0, x = -6$;
$(-6)^2 + 36 = 0$
$36 + 36 = 0$
$72 \neq 0$ no

51. $x^2 + 49 = 0, x = -7i$;
$(-7i)^2 + 49 = 0$
$49i^2 + 49 = 0$
$-49 + 49 = 0$
$0 = 0$ yes

53. $(x-3)^2 = -9, x = 3 - 3i$;
$(3 - 3i - 3)^2 = -9$
$(-3i)^2 = -9$
$9i^2 = -9$
$-9 = -9$ yes

55. $x^2 - 2x + 5 = 0, x = 1 - 2i$;
$(1-2i)^2 - 2(1-2i) + 5 = 0$
$1 - 4i + 4i^2 - 2 + 4i + 5 = 0$
$4 + 4i^2 = 0$
$4 - 4 = 0$
$0 = 0$ yes

57. $x^2 - 4x + 9 = 0, x = 2 + i\sqrt{5}$;
$(2 + i\sqrt{5})^2 - 4(2 + i\sqrt{5}) + 9 = 0$
$4 + 4i\sqrt{5} + 5i^2 - 8 - 4i\sqrt{5} + 9 = 0$
$5 + 5i^2 = 0$
$5 - 5 = 0$
$0 = 0$ yes

59. $x^2 - 2x + 17 = 0, x = 1 + 4i, 1 - 4i$;
$(1 + 4i)^2 - 2(1 + 4i) + 17 = 0$
$1 + 8i + 16i^2 - 2 - 8i + 17 = 0$
$16 + 16i^2 = 0$
$16 - 16 = 0$
$0 = 0$
$1 + 4i$ is a solution.
$(1 - 4i)^2 - 2(1 - 4i) + 17 = 0$
$1 - 8i + 16i^2 - 2 + 8i + 17 = 0$
$16 + 16i^2 = 0$
$16 - 16 = 0$
$0 = 0$
$1 - 4i$ is a solution.

61. a. $i^{48} = (i^4)^{12} = (1)^{12} = 1$
b. $i^{26} = (i^4)^6 i^2 = (1)^6 (-1) = -1$
c. $i^{39} = (i^4)^9 i^3 = (1)^9 (-i) = -i$
d. $i^{53} = (i^4)^{13} i^1 = (1)^{13} (i) = i$

63. a. $\dfrac{-2}{\sqrt{-49}} = \dfrac{-2}{7i} \cdot \dfrac{i}{i} = \dfrac{-2i}{7i^2} = \dfrac{2}{7}i$
b. $\dfrac{4}{\sqrt{-25}} = \dfrac{4}{5i} \cdot \dfrac{i}{i} = \dfrac{4i}{5i^2} = \dfrac{-4}{5}i$

65. a. $\dfrac{7}{3+2i} \cdot \dfrac{3-2i}{3-2i} = \dfrac{21-14i}{9-4i^2} = \dfrac{21-14i}{13}$
$= \dfrac{21}{13} - \dfrac{14}{13}i$
b. $\dfrac{-5}{2-3i} \cdot \dfrac{2+3i}{2+3i} = \dfrac{-10-15i}{4-9i^2} = \dfrac{-10-15i}{13}$
$= \dfrac{-10}{13} - \dfrac{15}{13}i$

67. a. $\dfrac{3+4i}{4i} \cdot \dfrac{i}{i} = \dfrac{3i+4i^2}{4i^2} = \dfrac{-4+3i}{-4} = 1 - \dfrac{3}{4}i$
b. $\dfrac{2-3i}{3i} \cdot \dfrac{i}{i} = \dfrac{2i-3i^2}{3i^2} = \dfrac{3+2i}{-3} = -1 - \dfrac{2}{3}i$

69. $|a + bi| = \sqrt{a^2 + b^2}$
a. $|2 + 3i| = \sqrt{(2)^2 + (3)^2} = \sqrt{13}$
b. $|4 - 3i| = \sqrt{(4)^2 + (-3)^2} = 5$
c. $|3 + \sqrt{2}\,i| = \sqrt{(3)^2 + (\sqrt{2})^2} = \sqrt{11}$

71. $5 + \sqrt{15}\,i + 5 - \sqrt{15}\,i = 10$
$10 = 10$
verified;
$(5 + \sqrt{15}\,i)(5 - \sqrt{15}\,i) = 40$
$25 - 5\sqrt{15}\,i + 5\sqrt{15}\,i - 15i^2 = 40$
$40 = 40$
verified

Chapter 1: Equations and Inequalities

73. $Z = R + iX_L - iX_C$
    $Z = 7 + i(6) - i(11) = 7 - 5i \ \Omega$

75. $V = IZ$
    $V = (3-2i)(5+5i)$
    $V = 15 + 15i - 10i - 10i^2$
    $V = 25 + 5i$ volts

77. $Z = \dfrac{Z_1 Z_2}{Z_1 + Z_2}$
    $Z = \dfrac{(1+2i)(3-2i)}{1+2i+3-2i}$
    $Z = \dfrac{3 - 2i + 6i - 4i^2}{4}$
    $Z = \dfrac{7 + 4i}{4}$
    $Z = \dfrac{7}{4} + i \ \Omega$

79. a. $x^2 + 36$
    $(x+6i)(x-6i)$
    b. $m^2 + 3$
    $(m+i\sqrt{3})(m-i\sqrt{3})$
    c. $n^2 + 12$
    $(n+2i\sqrt{3})(n-2i\sqrt{3})$
    d. $4x^2 + 49$
    $(2x+7i)(2x-7i)$

81. $i^{17}(3-4i) - 3i^3(1+2i)^2$
    $i(3-4i) + 3i(1+2i)^2$
    $3i - 4i^2 + 3i(1+4i+4i^2)$
    $3i + 4 + 3i(1+4i-4)$
    $3i + 4 + 3i(4i-3)$
    $3i + 4 + 12i^2 - 9i$
    $-6i + 4 - 12$
    $-8 - 6i$

83. a. $P = 4s, A = s^2$
    b. $P = 2L + 2W, A = LW$
    c. $P = a+b+c, A = \dfrac{bh}{2}$
    d. $C = \pi d, A = \pi r^2$

85. John takes $\dfrac{200}{10} = 20$ seconds.
    Rick takes $\dfrac{200}{9} = 22.\overline{2}$ seconds.
    Even with a 2 second head start, John will finish first.

1.5 Exercises

1. Descending, 0

3. Quadratic, 1

5. GCF factoring;
   $4x^2 - 5x = 0$
   $x(4x-5) = 0$
   $x = 0$ or $4x - 5 = 0$
   $\qquad\qquad 4x = 5$
   $\qquad\qquad x = \dfrac{5}{4}$

7. $2x - 15 - x^2 = 0$
   $-x^2 + 2x - 15 = 0$
   Quadratic; $a = -1, b = 2, c = -15$

9. $\dfrac{2}{3}x - 7 = 0$
   not quadratic

11. $\dfrac{1}{4}x^2 = 6x$
    $\dfrac{1}{4}x^2 - 6x = 0$
    Quadratic; $a = \dfrac{1}{4}, b = -6, c = 0$

13. $2x^2 + 7 = 0$
    Quadratic; $a = 2, b = 0, c = 7$

41

1.5 Exercises

15. $-3x^2 + 9x - 5 + 2x^3 = 0$
Not quadratic

17. $(x-1)^2 + (x-1) + 4 = 9$
$x^2 - 2x + 1 + x - 1 - 5 = 0$
$x^2 - x - 5 = 0$
Quadratic; $a = 1, b = -1, c = -5$

19. $x^2 - 15 = 2x$
$x^2 - 2x - 15 = 0$
$(x-5)(x+3) = 0$
$x - 5 = 0$ or $x + 3 = 0$
$x = 5$ or $x = -3$

21. $m^2 = 8m - 16$
$m^2 - 8m + 16 = 0$
$(m-4)(m-4) = 0$
$m - 4 = 0$
$m = 4$

23. $5p^2 - 10p = 0$
$5p(p-2) = 0$
$5p = 0$ or $p - 2 = 0$
$p = 0$ or $p = 2$

25. $-14h^2 = 7h$
$-14h^2 - 7h = 0$
$-7h(2h+1) = 0$
$-7h = 0$ or $2h + 1 = 0$
$h = 0$ or $2h = -1$
$h = 0$ or $h = \dfrac{-1}{2}$

27. $a^2 - 17 = -8$
$a^2 - 9 = 0$
$(a+3)(a-3) = 0$
$a + 3 = 0$ or $a - 3 = 0$
$a = -3$ or $a = 3$

29. $g^2 + 18g + 70 = -11$
$g^2 + 18g + 81 = 0$
$(g+9)(g+9) = 0$
$g + 9 = 0$
$g = -9$

31. $m^3 + 5m^2 - 9m - 45 = 0$
$m^2(m+5) - 9(m+5) = 0$
$(m+5)(m^2 - 9) = 0$
$(m+5)(m+3)(m-3) = 0$
$m + 5 = 0$ or $m + 3 = 0$ or $m - 3 = 0$
$m = -5$ or $m = -3$ or $m = 3$

33. $(c-12)c - 15 = 30$
$c^2 - 12c - 15 = 30$
$c^2 - 12c - 45 = 0$
$(c-15)(c+3) = 0$
$c - 15 = 0$ or $c + 3 = 0$
$c = 15$ or $c = -3$

35. $9 + (r-5)r = 33$
$9 + r^2 - 5r = 33$
$r^2 - 5r - 24 = 0$
$(r-8)(r+3) = 0$
$r - 8 = 0$ or $r + 3 = 0$
$r = 8$ or $r = -3$

37. $(t+4)(t+7) = 54$
$t^2 + 11t + 28 = 54$
$t^2 + 11t - 26 = 0$
$(t+13)(t-2) = 0$
$t + 13 = 0$ or $t - 2 = 0$
$t = -13$ or $t = 2$

39. $2x^2 - 4x - 30 = 0$
$2(x^2 - 2x - 15) = 0$
$2(x-5)(x+3) = 0$
$x - 5 = 0$ or $x + 3 = 0$
$x = 5$ or $x = -3$

41. $2w^2 - 5w = 3$
$2w^2 - 5w - 3 = 0$
$(2w+1)(w-3) = 0$
$2w + 1 = 0$ or $w - 3 = 0$
$2w = -1$ or $w = 3$
$w = -\dfrac{1}{2}$ or $w = 3$

43. $m^2 = 16$
$m = \pm 4$

Chapter 1: Equations and Inequalities

45. $y^2 - 28 = 0$
$y^2 = 28$
$y = \pm\sqrt{28}$
$y = \pm 2\sqrt{7} \approx \pm 5.29$

47. $p^2 + 36 = 0$
$p^2 = -36$
$p = \pm\sqrt{-36}$
No real solutions

49. $x^2 = \dfrac{21}{16}$
$x = \pm \dfrac{\sqrt{21}}{4} \approx \pm 1.15$

51. $(n-3)^2 = 36$
$n - 3 = \pm 6$
$n = 6 + 3$ or $n = -6 + 3$
$n = 9$ or $n = -3$

53. $(w+5)^2 = 3$
$w + 5 = \pm\sqrt{3}$
$w = -5 \pm \sqrt{3}$
$w \approx -3.27$ or $w \approx -6.73$

55. $(x-3)^2 + 7 = 2$
$(x-3)^2 = -5$
$x - 3 = \pm\sqrt{-5}$
No real solutions

57. $(m-2)^2 = \dfrac{18}{49}$
$m - 2 = \pm \dfrac{\sqrt{18}}{7}$
$m = 2 \pm \dfrac{3\sqrt{2}}{7}$
$m \approx 2.61$ or $m \approx 1.39$

59. $x^2 + 6x + \underline{9}$
$(x+3)^2$

61. $n^2 + 3n + \dfrac{9}{4}$
$\left(n + \dfrac{3}{2}\right)^2$

63. $p^2 + \dfrac{2}{3}p + \dfrac{1}{9}$
$\left(p + \dfrac{1}{3}\right)^2$

65. $x^2 + 6x = -5$
$x^2 + 6x + 9 = -5 + 9$
$(x+3)^2 = 4$
$x + 3 = \pm 2$
$x = -3 \pm 2$
$x = -1$ or $x = -5$

67. $p^2 - 6p + 3 = 0$
$p^2 - 6p = -3$
$p^2 - 6p + 9 = -3 + 9$
$(p-3)^2 = 6$
$p - 3 = \pm\sqrt{6}$
$p = 3 \pm \sqrt{6}$
$p \approx 5.45$ or $p \approx 0.55$

69. $p^2 + 6p = -4$
$p^2 + 6p + 9 = -4 + 9$
$(p+3)^2 = 5$
$p + 3 = \pm\sqrt{5}$
$p = -3 \pm \sqrt{5}$
$p \approx -0.76$ or $p \approx -5.24$

71. $m^2 + 3m = 1$
$m^2 + 3m + \dfrac{9}{4} = 1 + \dfrac{9}{4}$
$\left(m + \dfrac{3}{2}\right)^2 = \dfrac{13}{4}$
$m + \dfrac{3}{2} = \pm \dfrac{\sqrt{13}}{2}$
$m = -\dfrac{3}{2} \pm \dfrac{\sqrt{13}}{2}$
$m \approx 0.30$ or $m \approx -3.30$

1.5 Exercises

73. $n^2 = 5n + 5$
$n^2 - 5n = 5$
$n^2 - 5n + \dfrac{25}{4} = 5 + \dfrac{25}{4}$
$\left(n - \dfrac{5}{2}\right)^2 = \dfrac{45}{4}$
$n - \dfrac{5}{2} = \pm\dfrac{\sqrt{45}}{2}$
$n = \dfrac{5}{2} \pm \dfrac{3\sqrt{5}}{2}$
$n \approx 5.85$ or $n \approx -0.85$

75. $2x^2 = -7x + 4$
$2x^2 + 7x = 4$
$x^2 + \dfrac{7}{2}x = 2$
$x^2 + \dfrac{7}{2}x + \dfrac{49}{16} = 2 + \dfrac{49}{16}$
$\left(x + \dfrac{7}{4}\right)^2 = \dfrac{81}{16}$
$x + \dfrac{7}{4} = \pm\dfrac{9}{4}$
$x = -\dfrac{7}{4} \pm \dfrac{9}{4}$
$x = \dfrac{1}{2}$ or $x = -4$

77. $2n^2 - 3n - 9 = 0$
$2n^2 - 3n = 9$
$n^2 - \dfrac{3}{2}n = \dfrac{9}{2}$
$n^2 - \dfrac{3}{2}n + \dfrac{9}{16} = \dfrac{9}{2} + \dfrac{9}{16}$
$\left(n - \dfrac{3}{4}\right)^2 = \dfrac{81}{16}$
$n - \dfrac{3}{4} = \pm\dfrac{9}{4}$
$n = \dfrac{3}{4} \pm \dfrac{9}{4}$
$n = 3$ or $n = -\dfrac{3}{2}$

79. $4p^2 - 3p - 2 = 0$
$4p^2 - 3p = 2$
$p^2 - \dfrac{3}{4}p = \dfrac{1}{2}$
$p^2 - \dfrac{3}{4}p + \dfrac{9}{64} = \dfrac{1}{2} + \dfrac{9}{64}$
$\left(p - \dfrac{3}{8}\right)^2 = \dfrac{41}{64}$
$p - \dfrac{3}{8} = \pm\dfrac{\sqrt{41}}{8}$
$p = \dfrac{3}{8} \pm \dfrac{\sqrt{41}}{8}$
$p \approx 1.18$ or $p \approx -0.43$

81. $m^2 = 7m - 4$
$m^2 - 7m = -4$
$m^2 - 7m + \dfrac{49}{4} = \dfrac{49}{4} - 4$
$\left(m - \dfrac{7}{2}\right)^2 = \dfrac{33}{4}$
$m - \dfrac{7}{2} = \dfrac{\pm\sqrt{33}}{2}$
$m = \dfrac{7}{2} \pm \dfrac{\sqrt{33}}{2}$
$m \approx 6.37$ or $m \approx 0.63$

83. $x^2 - 3x = 18$
$x^2 - 3x - 18 = 0$
$(x - 6)(x + 3) = 0$
$x - 6 = 0$ or $x + 3 = 0$
$x = 6$ or $x = -3$

85. $4m^2 - 25 = 0$
$4m^2 = 25$
$m^2 = \dfrac{25}{4}$
$m = \pm\dfrac{5}{2}$

Chapter 1: Equations and Inequalities

87. $4n^2 - 8n - 1 = 0$
$a = 4, b = -8, c = -1$
$$n = \frac{-(-8) \pm \sqrt{(-8)^2 - 4(4)(-1)}}{2(4)}$$
$$n = \frac{8 \pm \sqrt{80}}{8}$$
$$n = \frac{8 \pm 4\sqrt{5}}{8}$$
$$n = \frac{2 \pm \sqrt{5}}{2}$$
$n \approx 2.12$ or $n \approx -0.12$

89. $6w^2 - w = 2$
$6w^2 - w - 2 = 0$
$(2w+1)(3w-2) = 0$
$2w + 1 = 0$ or $3w - 2 = 0$
$2w = -1$ or $3w = 2$
$w = -\dfrac{1}{2}$ or $w = \dfrac{2}{3}$

91. $4m^2 = 12m - 15$
$4m^2 - 12m + 15 = 0$
$a = 4, b = -12, c = 15$
$$m = \frac{-(-12) \pm \sqrt{(-12)^2 - 4(4)(15)}}{2(4)}$$
$$m = \frac{12 \pm \sqrt{-96}}{8}$$
$$m = \frac{12 \pm 4\sqrt{6}\,i}{8}$$
$$m = \frac{3 \pm \sqrt{6}\,i}{2}$$
$$m = \frac{3}{2} \pm \frac{\sqrt{6}}{2}i$$
$m \approx 1.5 \pm 1.22i$

93. $4n^2 - 9 = 0$
$4n^2 = 9$
$n^2 = \dfrac{9}{4}$
$n = \pm \dfrac{3}{2}$

95. $5w^2 = 6w + 8$
$5w^2 - 6w - 8 = 0$
$(5w+4)(w-2) = 0$
$5w + 4 = 0$ or $w - 2 = 0$
$5w = -4$ or $w = 2$
$w = -\dfrac{4}{5}$ or $w = 2$

97. $3a^2 - a + 2 = 0$
$a = 3, b = -1, c = 2$
$$a = \frac{-(-1) \pm \sqrt{(-1)^2 - 4(3)(2)}}{2(3)}$$
$$a = \frac{1 \pm \sqrt{-23}}{6}$$
$$a = \frac{1 \pm \sqrt{23}\,i}{6}$$
$$a = \frac{1}{6} \pm \frac{\sqrt{23}}{6}i$$
$a \approx 0.1\overline{6} \pm 0.80i$

99. $5p^2 = 6p + 3$
$5p^2 - 6p - 3 = 0$
$a = 5, b = -6, c = -3$
$$p = \frac{-(-6) \pm \sqrt{(-6)^2 - 4(5)(-3)}}{2(5)}$$
$$p = \frac{6 \pm \sqrt{96}}{10}$$
$$p = \frac{6 \pm 4\sqrt{6}}{10}$$
$$p = \frac{3 \pm 2\sqrt{6}}{5}$$
$$p = \frac{3}{5} \pm \frac{2\sqrt{6}}{5}$$
$p \approx 1.58$ or $p \approx -0.38$

1.5 Exercises

101. $5w^2 - w = 1$
$5w^2 - w - 1 = 0$
$a = 5, b = -1, c = -1$
$w = \dfrac{-(-1) \pm \sqrt{(-1)^2 - 4(5)(-1)}}{2(5)}$
$w = \dfrac{1 \pm \sqrt{21}}{10}$
$w = \dfrac{1}{10} \pm \dfrac{\sqrt{21}}{10}$
$w \approx 0.56 \text{ or } w \approx -0.36$

103. $2a^2 + 5 = 3a$
$2a^2 - 3a + 5 = 0$
$a = 2, b = -3, c = 5$
$a = \dfrac{-(-3) \pm \sqrt{(-3)^2 - 4(2)(5)}}{2(2)}$
$a = \dfrac{3 \pm \sqrt{-31}}{4}$
$a = \dfrac{3 \pm \sqrt{31}\, i}{4}$
$a = \dfrac{3}{4} \pm \dfrac{\sqrt{31}}{4} i$
$a \approx 0.75 \pm 1.39i$

105. $2p^2 - 4p + 11 = 0$
$a = 2, b = -4, c = 11$
$p = \dfrac{-(-4) \pm \sqrt{(-4)^2 - 4(2)(11)}}{2(2)}$
$p = \dfrac{4 \pm \sqrt{-72}}{4}$
$p = \dfrac{4 \pm 6\sqrt{2}\, i}{4}$
$p = 1 \pm \dfrac{3\sqrt{2}}{2} i$
$p \approx 1 \pm 2.12i$

107. $w^2 + \dfrac{2}{3}w = \dfrac{1}{9}$
$9\left[w^2 + \dfrac{2}{3}w = \dfrac{1}{9} \right]$
$9w^2 + 6w = 1$
$9w^2 + 6w - 1 = 0$
$a = 9, b = 6, c = -1$
$w = \dfrac{-(6) \pm \sqrt{(6)^2 - 4(9)(-1)}}{2(9)}$
$w = \dfrac{-6 \pm \sqrt{72}}{18}$
$w = \dfrac{-6 \pm 6\sqrt{2}}{18}$
$w = \dfrac{-1 \pm \sqrt{2}}{3}$
$w = \dfrac{-1}{3} \pm \dfrac{\sqrt{2}}{3}$
$w \approx 0.14 \text{ or } w \approx -0.80$

109. $0.2a^2 + 1.2a + 0.9 = 0$
$a = 0.2, b = 1.2, c = 0.9$
$a = \dfrac{-(1.2) \pm \sqrt{(1.2)^2 - 4(0.2)(0.9)}}{2(0.2)}$
$a = \dfrac{-1.2 \pm \sqrt{0.72}}{0.4}$
$a = \dfrac{-1.2 \pm 0.6\sqrt{2}}{0.4}$
$a = \dfrac{-6 \pm 3\sqrt{2}}{2}$
$a = \dfrac{-6}{2} \pm \dfrac{3\sqrt{2}}{2}$
$a = -3 \pm \dfrac{3\sqrt{2}}{2}$
$a \approx -0.88 \text{ or } a \approx -5.12$

Chapter 1: Equations and Inequalities

111. $\dfrac{2}{7}p^2 - 3 = \dfrac{8}{21}p$

$21\left[\dfrac{2}{7}p^2 - 3 = \dfrac{8}{21}p\right]$

$6p^2 - 63 = 8p$
$6p^2 - 8p - 63 = 0$
$a = 6, b = -8, c = -63$

$p = \dfrac{-(-8) \pm \sqrt{(-8)^2 - 4(6)(-63)}}{2(6)}$

$p = \dfrac{8 \pm \sqrt{1576}}{12}$

$p = \dfrac{8 \pm 2\sqrt{394}}{12}$

$p = \dfrac{4 \pm \sqrt{394}}{6}$

$p = \dfrac{4}{6} \pm \dfrac{\sqrt{394}}{6}$

$p = \dfrac{2}{3} \pm \dfrac{\sqrt{394}}{6}$

$p \approx 3.97$ or $p \approx -2.64$

113. $-3x^2 + 2x + 1 = 0$
$a = -3, b = 2, c = 1$
$(2)^2 - 4(-3)(1) = 16$
two rational solutions

115. $-4x + x^2 + 13 = 0$
$x^2 - 4x + 13 = 0$
$a = 1, b = -4, c = 13$
$(-4)^2 - 4(1)(13) = -36$
two complex solutions

117. $15x^2 - x - 6 = 0$
$a = 15, b = -1, c = -6$
$(-1)^2 - 4(15)(-6) = 361$
two rational solutions

119. $-4x^2 + 6x - 5 = 0$
$a = -4, b = 6, c = -5$
$(6)^2 - 4(-4)(-5) = -44$
two complex solutions

121. $2x^2 + 8 = -9x$
$2x^2 + 9x + 8 = 0$
$a = 2, b = 9, c = 8$
$(9)^2 - 4(2)(8) = 17$
two irrational solutions

123. $4x^2 + 12x = -9$
$4x^2 + 12x + 9 = 0$
$a = 4, b = 12, c = 9$
$(12)^2 - 4(4)(9) = 0$
one repeated solution

125. $-6x + 2x^2 + 5 = 0$
$2x^2 - 6x + 5 = 0$
$a = 2, b = -6, c = 5$

$x = \dfrac{-(-6) \pm \sqrt{(-6)^2 - 4(2)(5)}}{2(2)}$

$x = \dfrac{6 \pm \sqrt{-4}}{4}$

$x = \dfrac{6 \pm 2i}{4}$

$x = \dfrac{3}{2} \pm \dfrac{1}{2}i$

1.5 Exercises

127. $5x^2 + 5 = -5x$

$5x^2 + 5x + 5 = 0$
$a = 5, b = 5, c = 5$

$x = \dfrac{-(5) \pm \sqrt{(5)^2 - 4(5)(5)}}{2(5)}$

$x = \dfrac{-5 \pm \sqrt{-75}}{10}$

$x = \dfrac{-5 \pm 5\sqrt{3}\, i}{10}$

$x = -\dfrac{1}{2} \pm \dfrac{\sqrt{3}}{2} i$

129. $-2x^2 = -5x + 11$

$0 = 2x^2 - 5x + 11$
$a = 2, b = -5, c = 11$

$x = \dfrac{-(-5) \pm \sqrt{(-5)^2 - 4(2)(11)}}{2(2)}$

$x = \dfrac{5 \pm \sqrt{-63}}{4}$

$x = \dfrac{5 \pm 3\sqrt{7}\, i}{4}$

$x = \dfrac{5}{4} \pm \dfrac{3\sqrt{7}}{4} i$

131. $h = -16t^2 + vt$

$16t^2 - vt + h = 0$
$a = 16, b = -v, c = h$

$t = \dfrac{-(-v) \pm \sqrt{(-v)^2 - 4(16)(h)}}{2(16)}$

$t = \dfrac{v \pm \sqrt{v^2 - 64h}}{32}$

133. $-16t^2 + 96t + 408 = 0$

$16t^2 - 96t - 408 = 0$
$8(2t^2 - 12t - 51) = 0$
$a = 2, b = -12, c = -51$

$t = \dfrac{-(-12) \pm \sqrt{(-12)^2 - 4(2)(-51)}}{2(2)}$

$t = \dfrac{12 \pm \sqrt{552}}{4}$

$t = \dfrac{12 \pm 2\sqrt{138}}{4}$

$t = \dfrac{6 \pm \sqrt{138}}{2}$

$t \approx 8.87$ seconds

135. $R = x\left(40 - \dfrac{1}{3}x\right)$

$900 = 40x - \dfrac{1}{3}x^2$

$\dfrac{1}{3}x^2 - 40x + 900 = 0$

$x^2 - 120x + 2700 = 0$
$a = 1, b = -120, c = 2700$

$x = \dfrac{-(-120) \pm \sqrt{(-120)^2 - 4(1)(2700)}}{2(1)}$

$x = \dfrac{120 \pm \sqrt{3600}}{2}$

$x = \dfrac{120 \pm 60}{2}$

$x = 90$ or $x = 30$
30 thousand ovens

Chapter 1: Equations and Inequalities

137.a. $P = -x^2 + 122x - 1965 - (2x + 35)$
$P = -x^2 + 120x - 2000$

b. $x^2 - 120x + 2000 = 0$
$(x - 100)(x - 20) = 0$
$x - 100 = 0$ or $x - 20 = 0$
$x = 100$ or $x = 20$
10,000 toys

139. $260 = -16t^2 + 144t$
$16t^2 - 144t + 260 = 0$
$4t^2 - 36t + 65 = 0$
$(2t - 13)(2t - 5) = 0$
$2t - 13 = 0$ or $2t - 5 = 0$
$2t = 13$ or $2t = 5$
$t = \frac{13}{2}$ seconds or $t = \frac{5}{2}$ seconds
$t = 6.5$ seconds or $t = 2.5$ seconds

141. $3750 = 17.4x^2 + 36.1x + 83.3$
$0 = 17.4x^2 + 36.1x - 3666.7$
$a = 17.4, b = 36.1, c = -3666.7$
$x = \dfrac{-36.1 + \sqrt{(36.1)^2 - 4(17.4)(-3666.7)}}{2(17.4)}$
$x = \dfrac{-36.1 + \sqrt{256505.53}}{34.8}$
$x = \dfrac{-36.1 + 506.4637499}{34.8}$
$x = \dfrac{470.3637499}{34.8}$
$x \approx 13.5$
$1995 + 13.5 = 2008.5$
In the year 2008.

143. Let w represent the width of the doubles court.
Let $2w + 6$ represent the length of the doubles court.
$w(2w + 6) = 2808$
$2w^2 + 6w - 2808 = 0$
$w^2 + 3w - 1404 = 0$
$(w + 39)(w - 36) = 0$
$w + 39 = 0$ or $w - 36 = 0$
$w = -39$ or $w = 36$
The width is 36 feet.
The length is 78 feet.

145.a. $x^2 + 6x - 16 = 0$
$b = 6, c = -16$
$b^2 - 4ac$
$6^2 - 4a(-16)$
$= 36 + 64a =$ perfect square
If $a = 7$,
$= 36 + 64(7) = 484$ (perfect square);
$7x^2 + 6x - 16 = 0$

b. $x^2 + 5x - 14 = 0$
$b = 5, c = -14$
$b^2 - 4ac$
$5^2 - 4a(-14)$
$= 25 + 56a =$ perfect square
If $a = 6$,
$= 25 + 56(6) = 361$ (perfect square);
$6x^2 + 5x - 14 = 0$

c. $x^2 - x - 6 = 0$
$b = -1, c = -6$
$b^2 - 4ac$
$(-1)^2 - 4a(-6)$
$= 1 + 24a =$ perfect square
If $a = 5$,
$= 1 + 24(5) = 121$ (perfect square);
$5x^2 + x - 6 = 0$

1.5 Exercises

147. $z^2 - 3iz = -10$

$z^2 - 3iz + 10 = 0$
$a = 1, b = -3i, c = 10$

$z = \dfrac{-(-3i) \pm \sqrt{(-3i)^2 - 4(1)(10)}}{2(1)}$

$z = \dfrac{3i \pm \sqrt{9i^2 - 40}}{2}$

$z = \dfrac{3i \pm \sqrt{-49}}{2}$

$z = \dfrac{3i \pm 7i}{2}$

$z = 5i$ or $z = -2i$

149. $4iz^2 + 5z + 6i = 0$

$a = 4i, b = 5, c = 6i$

$z = \dfrac{-(5) \pm \sqrt{(5)^2 - 4(4i)(6i)}}{2(4i)}$

$z = \dfrac{-5 \pm \sqrt{25 - 96i^2}}{8i}$

$z = \dfrac{-5 \pm \sqrt{121}}{8i}$

$z = \dfrac{-5 \pm 11}{8i}$

$z = \dfrac{6}{8i}$ or $z = \dfrac{-16}{8i}$ $\left(\text{Recall } \dfrac{1}{i} = -i\right)$

$z = -\dfrac{3}{4}i$ or $z = 2i$

151. $0.5z^2 + (7+i)z + (6+7i) = 0$

$a = 0.5, b = 7+i, c = 6+7i$

$z = \dfrac{-(7+i) \pm \sqrt{(7+i)^2 - 4(0.5)(6+7i)}}{2(0.5)}$

$z = \dfrac{-7 - i \pm \sqrt{49 + 14i + i^2 - 12 - 14i}}{1}$

$z = -7 - i \pm \sqrt{36}$
$z = -7 - i \pm 6$
$z = -1 - i$ or $z = -13 - i$

153. a. $P = 2L + 2W$, $A = LW$

b. $P = 2\pi r$, $A = \pi r^2$

c. $A = \dfrac{1}{2}h(b_1 + b_2)$, $P = c + h + b_1 + b_2$

d. $A = \dfrac{1}{2}bh$, $P = a + b + c$

155. Let x represent the number of good seats sold.
Let $900 - x$ represent the number of cheap seats sold.

$30x + 20(900 - x) = 25,000$

$30x + 18,000 - 20x = 25,000$

$10x = 7,000$

$x = 700$

700, $30 tickets
200, $20 tickets

Chapter 1: Equations and Inequalities

1.6 Exercises

1. Excluded

3. Extraneous

5. Answers will vary.

7. $22x = x^3 - 9x^2$
   $0 = x^3 - 9x^2 - 22x$
   $0 = x(x^2 - 9x - 22)$
   $0 = x(x-11)(x+2)$
   $x = 0$ or $x - 11 = 0$ or $x + 2 = 0$
   $x = 0, x = -2, x = 11$

9. $3x^3 = -7x^2 + 6x$
   $3x^3 + 7x^2 - 6x = 0$
   $x(3x^2 + 7x - 6) = 0$
   $x(3x - 2)(x + 3) = 0$
   $x = 0$ or $3x - 2 = 0$ or $x + 3 = 0$
   $\qquad\qquad 3x = 2 \quad$ or $\quad x = -3$
   $\qquad\qquad x = \dfrac{2}{3}$
   $x = 0, x = -3, x = \dfrac{2}{3}$

11. $2x^4 - 3x^3 = 9x^2$
    $2x^4 - 3x^3 - 9x^2 = 0$
    $x^2(2x^2 - 3x - 9) = 0$
    $x^2(2x + 3)(x - 3) = 0$
    $x^2 = 0$ or $2x + 3 = 0$ or $x - 3 = 0$
    $x = 0 \qquad 2x = -3 \qquad x = 3$
    $\qquad\qquad x = -\dfrac{3}{2}$
    $x = 0, x = -\dfrac{3}{2}, x = 3$

13. $2x^4 - 16x = 0$
    $2x(x^3 - 8) = 0$
    $2x(x - 2)(x^2 + 2x + 4) = 0$
    $2x = 0$ or $x - 2 = 0$ or $x^2 + 2x + 4 = 0$
    $x = 0$ or $x = 2$ or $x = \dfrac{-2 \pm \sqrt{(2)^2 - 4(1)(4)}}{2(1)}$
    $\qquad\qquad x = \dfrac{-2 \pm \sqrt{-12}}{2}$
    $\qquad\qquad x = \dfrac{-2 \pm 2\sqrt{3}i}{2}$
    $\qquad\qquad x = -1 \pm i\sqrt{3}$
    $x = 0, x = 2, x = -1 \pm i\sqrt{3}$

15. $x^3 - 4x = 5x^2 - 20$
    $x^3 - 5x^2 - 4x + 20 = 0$
    $x^2(x - 5) - 4(x - 5) = 0$
    $(x - 5)(x^2 - 4) = 0$
    $(x - 5)(x + 2)(x - 2) = 0$
    $x - 5 = 0$ or $x + 2 = 0$ or $x - 2 = 0$
    $\quad x = 5$ or $\quad x = -2$ or $\quad x = 2$
    $x = 5, x = 2, x = -2$

17. $4x - 12 = 3x^2 - x^3$
    $x^3 - 3x^2 + 4x - 12 = 0$
    $x^2(x - 3) + 4(x - 3) = 0$
    $(x - 3)(x^2 + 4) = 0$
    $x - 3 = 0$ or $x^2 + 4 = 0$
    $\quad x = 3$ or $\quad x^2 = -4$
    $x = 3, x = \pm 2i$

19. $2x^3 - 12x^2 = 10x - 60$
    $2x^3 - 12x^2 - 10x + 60 = 0$
    $2(x^3 - 6x^2 - 5x + 30) = 0$
    $2[x^2(x - 6) - 5(x - 6)] = 0$
    $2(x - 6)(x^2 - 5) = 0$
    $x - 6 = 0$ or $x^2 - 5 = 0$
    $\quad x = 6$ or $\quad x^2 = 5$
    $x = 6, x = \pm\sqrt{5}$

1.6 Exercises

21. $x^4 - 7x^3 + 4x^2 = 28x$
    $x^4 - 7x^3 + 4x^2 - 28x = 0$
    $x(x^3 - 7x^2 + 4x - 28) = 0$
    $x[x^2(x-7) + 4(x-7)] = 0$
    $x(x-7)(x^2 + 4) = 0$
    $x = 0$ or $x - 7 = 0$ or $x^2 + 4 = 0$
    $\quad\quad\quad x = 7$ or $\quad x^2 = -4$
    $x = 0, x = 7, x = \pm 2i$

23. $x^4 - 81 = 0$
    $(x^2 + 9)(x^2 - 9) = 0$
    $x^2 + 9 = 0$ or $x^2 - 9 = 0$
    $x^2 = -9$ or $\quad x^2 = 9$
    $x = \pm 3i, x = \pm 3$

25. $x^4 - 256 = 0$
    $(x^2 + 16)(x^2 - 16) = 0$
    $x^2 + 16 = 0$ or $x^2 - 16 = 0$
    $x^2 = -16$ or $\quad x^2 = 16$
    $x = \pm 4i, x = \pm 4$

27. $x^6 - 2x^4 - x^2 + 2 = 0$
    $x^4(x^2 - 2) - 1(x^2 - 2) = 0$
    $(x^2 - 2)(x^4 - 1) = 0$
    $(x^2 - 2)(x^2 + 1)(x^2 - 1) = 0$
    $(x^2 - 2)(x^2 + 1)(x+1)(x-1) = 0$
    $x^2 - 2 = 0$ or $x^2 + 1 = 0$
    $\quad\quad\quad$ or $x + 1 = 0$ or $x - 1 = 0$
    $x^2 = 2$ or $x^2 = -1$
    $\quad\quad\quad$ or $x = -1$ or $x = 1$
    $x = \pm\sqrt{2}, x = \pm i, x = -1, x = 1$

29. $x^5 - x^3 - 8x^2 + 8 = 0$
    $x^3(x^2 - 1) - 8(x^2 - 1) = 0$
    $(x^2 - 1)(x^3 - 8) = 0$
    $(x+1)(x-1)(x-2)(x^2 + 2x + 4) = 0$
    $x + 1 = 0$ or $x - 1 = 0$
    $\quad$ or $x - 2 = 0$ or $x^2 + 2x + 4 = 0$
    $x = -1$ or $x = 1$ or $x = 2$
    $\quad$ or $x = \dfrac{-2 \pm \sqrt{(2)^2 - 4(1)(4)}}{2(1)}$
    $\quad\quad x = \dfrac{-2 \pm \sqrt{-12}}{2}$
    $\quad\quad x = \dfrac{-2 \pm 2i\sqrt{3}}{2}$
    $x = \pm 1, x = 2, x = -1 \pm i\sqrt{3}$

31. $x^6 - 1 = 0$
    $(x^3 + 1)(x^3 - 1) = 0$
    $(x+1)(x^2 - x + 1)(x-1)(x^2 + x + 1) = 0$
    $x + 1 = 0$ or $x^2 - x + 1 = 0$
    or $x - 1 = 0$ or $x^2 - x + 1 = 0$;
    $x = -1$
    or $x = \dfrac{-(-1) \pm \sqrt{(-1)^2 - 4(1)(1)}}{2(1)} = \dfrac{1 \pm \sqrt{-3}}{2} = \dfrac{1 \pm i\sqrt{3}}{2}$
    or $x = 1$
    or $x = \dfrac{-(1) \pm \sqrt{1^2 - 4(1)(1)}}{2(1)} = \dfrac{-1 \pm \sqrt{-3}}{2} = \dfrac{-1 \pm i\sqrt{3}}{2}$;
    $x = \pm 1, x = \dfrac{1}{2} \pm \dfrac{i\sqrt{3}}{2}, x = -\dfrac{1}{2} \pm \dfrac{i\sqrt{3}}{2}$

33. $\dfrac{2}{x} + \dfrac{1}{x+1} = \dfrac{5}{x^2 + x}$
    $\dfrac{2}{x} + \dfrac{1}{x+1} = \dfrac{5}{x(x+1)}$
    $x(x+1)\left[\dfrac{2}{x} + \dfrac{1}{x+1} = \dfrac{5}{x(x+1)}\right]$
    $2x + 2 + x = 5$
    $3x = 3$
    $x = 1$

Chapter 1: Equations and Inequalities

35. $\dfrac{21}{a+2} = \dfrac{3}{a-1}$

$(a+2)(a-1)\left[\dfrac{21}{a+2} = \dfrac{3}{a-1}\right]$

$21a - 21 = 3a + 6$
$18a = 27$
$a = \dfrac{27}{18} = \dfrac{3}{2}$

37. $\dfrac{1}{3y} - \dfrac{1}{4y} = \dfrac{1}{y^2}$

$12y^2\left[\dfrac{1}{3y} - \dfrac{1}{4y} = \dfrac{1}{y^2}\right]$

$4y - 3y = 12$
$y = 12$

39. $x + \dfrac{14}{x-7} = 1 + \dfrac{2x}{x-7}$

$(x-7)\left[x + \dfrac{14}{x-7} = 1 + \dfrac{2x}{x-7}\right]$

$x(x-7) + 14 = 1(x-7) + 2x$
$x^2 - 7x + 14 = x - 7 + 2x$
$x^2 - 7x + 14 = 3x - 7$
$x^2 - 10x + 21 = 0$
$(x-7)(x-3) = 0$
$x - 7 = 0 \text{ or } x - 3 = 0$
$x = 7 \quad \text{ or } x = 3$
$x = 3; x = 7$ is extraneous

41. $\dfrac{6}{n+3} + \dfrac{20}{n^2+n-6} = \dfrac{5}{n-2}$

$\dfrac{6}{n+3} + \dfrac{20}{(n+3)(n-2)} = \dfrac{5}{n-2}$

$(n+3)(n-2)\left[\dfrac{6}{n+3} + \dfrac{20}{(n+3)(n-2)} = \dfrac{5}{n-2}\right]$

$6(n-2) + 20 = 5(n+3)$
$6n - 12 + 20 = 5n + 15$
$6n + 8 = 5n + 15$
$n = 7$

43. $\dfrac{a}{2a+1} - \dfrac{2a^2+5}{2a^2-5a-3} = \dfrac{3}{a-3}$

$\dfrac{a}{2a+1} - \dfrac{2a^2+5}{(2a+1)(a-3)} = \dfrac{3}{a-3}$

$(2a+1)(a-3)\left[\dfrac{a}{2a+1} - \dfrac{2a^2+5}{(2a+1)(a-3)} = \dfrac{3}{a-3}\right]$

$a(a-3) - (2a^2+5) = 3(2a+1)$
$a^2 - 3a - 2a^2 - 5 = 6a + 3$
$-a^2 - 3a - 5 = 6a + 3$
$0 = a^2 + 9a + 8$
$(a+8)(a+1) = 0$
$a + 8 = 0 \text{ or } a + 1 = 0$
$a = -8 \quad \text{ or } a = -1$

45. $\dfrac{1}{f} = \dfrac{1}{f_1} + \dfrac{1}{f_2}$

$f f_1 f_2 \left[\dfrac{1}{f} = \dfrac{1}{f_1} + \dfrac{1}{f_2}\right]$

$f_1 f_2 = f f_2 + f f_1$
$f_1 f_2 = f(f_2 + f_1)$
$\dfrac{f_1 f_2}{f_1 + f_2} = f$

47. $I = \dfrac{E}{R+r}$

$(R+r)\left[I = \dfrac{E}{R+r}\right]$

$IR + Ir = E$
$Ir = E - IR$
$r = \dfrac{E - IR}{I} \text{ or } r = \dfrac{E}{I} - R$

1.6 Exercises

49. $V = \dfrac{1}{3}\pi r^2 h$

    $3V = \pi r^2 h$

    $\dfrac{3V}{\pi r^2} = h$

51. $V = \dfrac{4}{3}\pi r^3$

    $3V = 4\pi r^3$

    $\dfrac{3V}{4\pi} = r^3$

53. a. $-3\sqrt{3x-5} = -9$

    $\sqrt{3x-5} = 3$
    $3x - 5 = 9$
    $3x = 14$
    $x = \dfrac{14}{3}$

    b. $x = \sqrt{3x+1} + 3$
    $x - 3 = \sqrt{3x+1}$
    $(x-3)^2 = \left(\sqrt{3x+1}\right)^2$
    $x^2 - 6x + 9 = 3x + 1$
    $x^2 - 9x + 8 = 0$
    $(x-8)(x-1) = 0$
    $x - 8 = 0$ or $x - 1 = 0$
    $x = 8$ or $x = 1$
    $x = 8$; $x = 1$ is extraneous.

55. a. $2 = \sqrt[3]{3m-1}$
    $8 = 3m - 1$
    $9 = 3m$
    $3 = m$

    b. $2\sqrt[3]{7-3x} - 3 = -7$
    $2\sqrt[3]{7-3x} = -4$
    $\sqrt[3]{7-3x} = -2$
    $7 - 3x = -8$
    $-3x = -15$
    $x = 5$

    c. $\dfrac{\sqrt[3]{2m+3}}{-5} + 2 = 3$

    $\dfrac{\sqrt[3]{2m+3}}{-5} = 1$

    $\sqrt[3]{2m+3} = -5$
    $2m + 3 = -125$
    $2m = -128$
    $m = -64$

    d. $\sqrt[3]{2x-9} = \sqrt[3]{3x+7}$
    $2x - 9 = 3x + 7$
    $-x = 16$
    $x = -16$

57. a. $\sqrt{x-9} + \sqrt{x} = 9$
    $\sqrt{x-9} = 9 - \sqrt{x}$
    $\left(\sqrt{x-9}\right)^2 = \left(9 - \sqrt{x}\right)^2$
    $x - 9 = 81 - 18\sqrt{x} + x$
    $-90 = -18\sqrt{x}$
    $5 = \sqrt{x}$
    $25 = x$

    b. $\sqrt{x+9} + \sqrt{x-7} = 8$
    $\sqrt{x+9} = 8 - \sqrt{x-7}$
    $\left(\sqrt{x+9}\right)^2 = \left(8 - \sqrt{x-7}\right)^2$
    $x + 9 = 64 - 16\sqrt{x-7} + x - 7$
    $x + 9 = 57 - 16\sqrt{x-7} + x$
    $-48 = -16\sqrt{x-7}$
    $3 = \sqrt{x-7}$
    $9 = x - 7$
    $16 = x$

Chapter 1: Equations and Inequalities

c. $\sqrt{x-2} - \sqrt{2x} = -2$
$\sqrt{x-2} = \sqrt{2x} - 2$
$\left(\sqrt{x-2}\right)^2 = \left(\sqrt{2x} - 2\right)^2$
$x - 2 = 2x - 4\sqrt{2x} + 4$
$-x - 6 = -4\sqrt{2x}$
$x + 6 = 4\sqrt{2x}$
$(x+6)^2 = \left(4\sqrt{2x}\right)^2$
$x^2 + 12x + 36 = 16(2x)$
$x^2 + 12x + 36 = 32x$
$x^2 - 20x + 36 = 0$
$(x-2)(x-18) = 0$
$x - 2 = 0$ or $x - 18 = 0$
$x = 2$ or $x = 18$

d. $\sqrt{12x+9} - \sqrt{24x} = -3$
$\sqrt{12x+9} = \sqrt{24x} - 3$
$\left(\sqrt{12x+9}\right)^2 = \left(\sqrt{24x} - 3\right)^2$
$12x + 9 = 24x - 6\sqrt{24x} + 9$
$-12x = -6\sqrt{24x}$
$2x = \sqrt{24x}$
$(2x)^2 = \left(\sqrt{24x}\right)^2$
$4x^2 = 24x$
$4x^2 - 24x = 0$
$4x(x-6) = 0$
$4x = 0$ or $x - 6 = 0$
$x = 0$ or $x = 6$
$x = 6; x = 0$ is extraneous

59. $x^{\frac{3}{5}} + 17 = 9$
$x^{\frac{3}{5}} = -8$
$\left(x^{\frac{3}{5}}\right)^{\frac{5}{3}} = (-8)^{\frac{5}{3}}$
$x = -32$

61. $0.\overline{3}x^{\frac{5}{2}} - 39 = 42$
$\frac{1}{3}x^{\frac{5}{2}} = 81$
$x^{\frac{5}{2}} = 243$
$\left(x^{\frac{5}{2}}\right)^{\frac{2}{5}} = (243)^{\frac{2}{5}}$
$x = 9$

63. $2(x+5)^{\frac{2}{3}} - 11 = 7$
$2(x+5)^{\frac{2}{3}} = 18$
$(x+5)^{\frac{2}{3}} = 9$
$\left((x+5)^{\frac{2}{3}}\right)^{\frac{3}{2}} = 9^{\frac{3}{2}}$
$x + 5 = 27$ or $x + 5 = -27$
$x = 22$ $x = -32$

65. $x^{\frac{2}{3}} - 2x^{\frac{1}{3}} - 15 = 0$
Let $u = x^{\frac{1}{3}}$
$u^2 = x^{\frac{2}{3}}$;
$u^2 - 2u - 15 = 0$
$(u-5)(u+3) = 0$
$u - 5 = 0$ or $u + 3 = 0$
$u = 5$ or $u = -3$
$x^{\frac{1}{3}} = 5$ or $x^{\frac{1}{3}} = -3$
$\left(x^{\frac{1}{3}}\right)^3 = (5)^3$ or $\left(x^{\frac{1}{3}}\right)^3 = (-3)^3$
$x = 125$ or $x = -27$

67. $x^4 - 24x^2 - 25 = 0$
Let $u = x^2$, then $u^2 = x^4$;
$u^2 - 24u - 25 = 0$
$(u-25)(u+1) = 0$
$u - 25 = 0$ or $u + 1 = 0$
$u = 25$ or $u = -1$;
$x^2 = 25$ or $x^2 = -1$
$x = \pm 5$ or $x = \pm i$

1.6 Exercises

69. $(x^2-3)^2 + (x^2-3) - 2 = 0$

Let $u = x^2 - 3$
$u^2 = (x^2-3)^2$;

$u^2 + u - 2 = 0$
$(u-1)(u+2) = 0$
$u - 1 = 0$ or $u + 2 = 0$
$u = 1$ or $u = -2$
$x^2 - 3 = 1$ or $x^2 - 3 = -2$
$x^2 = 4$ or $x^2 = 1$
$x = \pm 2$ or $x = \pm 1$

71. $x^{-2} - 3x^{-1} - 4 = 0$

Let $u = x^{-1}$
$u^2 = x^{-2}$;

$u^2 - 3u - 4 = 0$
$(u-4)(u+1) = 0$
$u - 4 = 0$ or $u + 1 = 0$
$u = 4$ or $u = -1$
$x^{-1} = 4$ or $x^{-1} = -1$
$(x^{-1})^{-1} = (4)^{-1}$ or $(x^{-1})^{-1} = (-1)^{-1}$
$x = \dfrac{1}{4}$ or $x = -1$

73. $x^{-4} - 13x^{-2} + 36 = 0$

Let $u = x^{-2}$
$u^2 = x^{-4}$;

$u^2 - 13u + 36 = 0$
$(u-9)(u-4) = 0$
$u - 9 = 0$ or $u - 4 = 0$
$u = 9$ or $u = 4$
$x^{-2} = 9$ or $x^{-2} = 4$
$\dfrac{1}{x^2} = 9$ or $\dfrac{1}{x^2} = 4$
$x^2 = \dfrac{1}{9}$ or $x^2 = \dfrac{1}{4}$
$x = \pm\dfrac{1}{3}$ or $x = \pm\dfrac{1}{2}$

75. $x + 4 = 7\sqrt{x+4}$

Let $u = (x+4)^{\frac{1}{2}}$
$u^2 = x + 4$;

$u^2 = 7u$
$u^2 - 7u = 0$
$u(u-7) = 0$
$u = 0$ or $u - 7 = 0$
$u = 0$ or $u = 7$
$\sqrt{x+4} = 0$ or $\sqrt{x+4} = 7$
$x + 4 = 0$ or $x + 4 = 49$
$x = -4$ or $x = 45$

77. $2\sqrt{x+10} + 8 = 3(x+10)$

Let $u = (x+10)^{\frac{1}{2}}$
$u^2 = x + 10$;

$2u + 8 = 3u^2$
$0 = 3u^2 - 2u - 8$
$0 = (3u+4)(u-2)$
$3u + 4 = 0$ or $u - 2 = 0$
$3u = -4$ or $u = 2$
$u = -\dfrac{4}{3}$ or $u = 2$
$\sqrt{x+10} = -\dfrac{4}{3}$ or $\sqrt{x+10} = 2$
$x + 10 = \dfrac{16}{9}$ or $x + 10 = 4$
$x = -\dfrac{74}{9}$ or $x = -6$
$x = -6$; $x = -\dfrac{74}{9}$ is extraneous

Chapter 1: Equations and Inequalities

79. a. $S = \pi r \sqrt{r^2 + h^2}$

   $\dfrac{S}{\pi r} = \sqrt{r^2 + h^2}$

   $\left(\dfrac{S}{\pi r}\right)^2 = r^2 + h^2$

   $\left(\dfrac{S}{\pi r}\right)^2 - r^2 = h^2$

   $\sqrt{\left(\dfrac{S}{\pi r}\right)^2 - r^2} = h$

   b. $S = \pi(6)\sqrt{(6)^2 + (10)^2}$

   $S = 6\pi\sqrt{36 + 100}$

   $S = 6\pi\sqrt{136}$

   $S = 12\pi\sqrt{34}$ m^2

81. Let x represent the number.

   $x^3 + 2x^2 = 18 + 9x$

   $x^3 + 2x^2 - 9x - 18 = 0$

   $x^2(x+2) - 9(x+2) = 0$

   $(x+2)(x^2 - 9) = 0$

   $(x+2)(x+3)(x-3) = 0$

   $x + 2 = 0$ or $x + 3 = 0$ or $x - 3 = 0$

   $x = -2$ or $x = -3$ or $x = 3$

   $x = -2$, $x = \pm 3$

83. Let x represent the first integer.
   Let $x + 2$ represent the second integer.
   Let $x + 4$ represent the third integer.

   $4(x+4) + x^4 = (x+2)^2 + 24$

   $4x + 16 + x^4 = x^2 + 4x + 4 + 24$

   $4x + 16 + x^4 = x^2 + 4x + 28$

   $x^4 - x^2 - 12 = 0$

   $(x^2 - 4)(x^2 + 3) = 0$

   $x^2 - 4 = 0$ or $x^2 + 3 = 0$

   $x^2 = 4$ or $x^2 = -3$

   $x = \pm 2$ or Not Real;

   if $x = 2, x + 2 = 4, x + 4 = 6$;

   if $x = -2, x + 2 = 0, x + 4 = 2$;

   $x = 2, 4, 6$ or $x = -2, 0, 2$

85. Let w represent the width.

   $w(w+2) = 143$

   $w^2 + 2w = 143$

   $w^2 + 2w - 143 = 0$

   $(w - 11)(w + 13) = 0$

   $w - 11 = 0$ or $w + 13 = 0$

   $w = 11$ or $w = -13$

   11 inches by 13 inches

87. $24\pi r = \dfrac{2}{3}\pi r^3 + \pi r^2(6)$

   $0 = \dfrac{2}{3}\pi r^3 + 6\pi r^2 - 24\pi r$

   $3(0) = 3\left(\dfrac{2}{3}\pi r^3 + 6\pi r^2 - 24\pi r\right)$

   $0 = 2\pi r^3 + 18\pi r^2 - 72\pi r$

   $0 = 2\pi r(r^2 + 9r - 36)$

   $0 = 2\pi r(r - 3)(r + 12)$

   $2\pi r = 0$ or $r - 3 = 0$ or $r + 12 = 0$

   $r = 0$ or $r = 3$ or $r = -12$

   $r = 3$ m;

   $r = 0$m and $r = 12$m do not fit the context.

89. Let x represent the number of decreases in price.

   $(70 - 2x)(15 + 3x) = 2250$

   $1050 + 210x - 30x - 6x^2 = 2250$

   $6x^2 - 180x + 1200 = 0$

   $x^2 - 30x + 200 = 0$

   $(x - 10)(x - 20) = 0$

   $x - 10 = 0$ or $x - 20 = 0$

   $x = 10$ or $x = 20$

   10, $2 decreases results in a price of $50 and a sale of 45 shoes.

   20, $2 decreases results in a price of $30 and a sale of 75 shoes.

1.6 Exercises

91. $h = -16t^2 + vt + k$
$h = -16t^2 + 176t - 480$

  a. $h = -16(4)^2 + 176(4) - 480$
  $h = -32$ feet
  32 feet below the rim.

  b. $-480 = -16t^2 + 176t - 480$
  $0 = -16t^2 + 176t$
  $0 = -16t(t-11)$
  $-16t = 0$ or $t - 11 = 0$
  $t = 0$ or $t = 11$
  The pebble returns after 11 seconds.

  c. $h = -16(5)^2 + 176(5) - 480 = 0;$
  $h = -16(6)^2 + 176(6) - 480 = 0;$
  The pebble is at the canyon's rim.

93. $\dfrac{1}{20} + \dfrac{1}{30} = \dfrac{1}{x}$

$60x\left(\dfrac{1}{20} + \dfrac{1}{30}\right) = 60x\left(\dfrac{1}{x}\right)$

$3x + 2x = 60$
$5x = 60$
$x = 12$ minutes

95. Let v represent the rate Tom can row in still water.
Then $v + 4$ is the rate downstream,
$v - 4$ is the rate upstream.
$t_{up} + t_{down} = 3$

$\dfrac{5}{v-4} + \dfrac{5}{v+4} = 3$

$(v+4)(v-4)\left(\dfrac{5}{v-4} + \dfrac{5}{v+4}\right) = 3(v+4)(v-4)$

$5(v+4) + 5(v-4) = 3(v^2 - 16)$
$5v + 20 + 5v - 20 = 3v^2 - 48$
$10v = 3v^2 - 48$
$0 = 3v^2 - 10v - 48$
$0 = (3v+8)(v-6)$
$3v + 8 = 0$ or $v - 6 = 0$
$v = -\dfrac{8}{3}$ $v = 6;$
$v = 6$ mph

97. $C = \dfrac{92P}{100 - P}$

$100 = \dfrac{92P}{100 - P}$

$(100 - P)\left[100 = \dfrac{92P}{100 - P}\right]$

$10000 - 100P = 92P$
$10000 = 192P$
$52.1\% = P$

99. $T = 0.407R^{\frac{3}{2}}$

  a. $88 = 0.407R^{\frac{3}{2}}$
  $216.22 \approx R^{\frac{3}{2}}$
  $(216.22)^{\frac{2}{3}} \approx \left(R^{\frac{3}{2}}\right)^{\frac{2}{3}}$
  $R \approx 36$ million miles

  b. $225 = 0.407R^{\frac{3}{2}}$
  $552.83 \approx R^{\frac{3}{2}}$
  $(552.83)^{\frac{2}{3}} \approx \left(R^{\frac{3}{2}}\right)^{\frac{2}{3}}$
  $R \approx 67$ million miles

  c. $365 = 0.407R^{\frac{3}{2}}$
  $896.81 \approx R^{\frac{3}{2}}$
  $(896.81)^{\frac{2}{3}} \approx \left(R^{\frac{3}{2}}\right)^{\frac{2}{3}}$
  $R \approx 93$ million miles

  d. $687 = 0.407R^{\frac{3}{2}}$
  $1687.96 \approx R^{\frac{3}{2}}$
  $(1687.96)^{\frac{2}{3}} \approx \left(R^{\frac{3}{2}}\right)^{\frac{2}{3}}$
  $R \approx 142$ million miles

Chapter 1: Equations and Inequalities

e. $4333 = 0.407 R^{\frac{3}{2}}$

$10646.19 \approx R^{\frac{3}{2}}$

$(10646.19)^{\frac{2}{3}} \approx \left(R^{\frac{3}{2}}\right)^{\frac{2}{3}}$

$R \approx 484$ million miles

f. $10759 = 0.407 R^{\frac{3}{2}}$

$26434.89 \approx R^{\frac{3}{2}}$

$(26434.89)^{\frac{2}{3}} \approx \left(R^{\frac{3}{2}}\right)^{\frac{2}{3}}$

$R \approx 887$ million miles

101. The constant "3" was not multiplied by the LCD;

$3 - \dfrac{8}{x+3} = \dfrac{1}{x}$

$3x(x+3) - 8x = x+3$

$3x^2 + 9x - 8x = x+3$

$3x^2 + x = x+3$

$3x^2 = 3$

$x^2 = 1$

$x = \pm 1$

103. $\dfrac{\sqrt{x-1}}{x^2 - 4}$

$x - 1 \geq 0$ and $x^2 - 4 \neq 0$

$x \geq 1$ and $(x+2)(x-2) \neq 0$

$x \geq 1$ and $x+2 \neq 0$ and $x - 2 \neq 0$

$x \geq 1$ and $x \neq -2$ and $x \neq 2$

$x \in [1,2) \cup (2, \infty)$

105.a. $|x^2 - 2x - 25| = 10$

$x^2 - 2x - 25 = 10$ or $x^2 - 2x - 25 = -10$

$x^2 - 2x - 35 = 0$ or $x^2 - 2x - 15 = 0$

$(x-7)(x+5) = 0$ or $(x-5)(x+3) = 0$

$x - 7 = 0$ or $x + 5 = 0$ or $x - 5 = 0$ or $x + 3 = 0$

$x = 7$ or $x = -5$ or $x = 5$ or $x = -3$

$x = -5, -3, 5, 7$

b. $|x^2 - 5x - 10| = 4$

$x^2 - 5x - 10 = 4$ or $x^2 - 5x - 10 = -4$

$x^2 - 5x - 14 = 0$ or $x^2 - 5x - 6 = 0$

$(x-7)(x+2) = 0$ or $(x-6)(x+1) = 0$

$x - 7 = 0$ or $x + 2 = 0$ or $x - 6 = 0$ or $x + 1 = 0$

$x = 7$ or $x = -2$ or $x = 6$ or $x = 1$

$x = -2, -1, 6, 7$

c. $|x^2 - 4| = x + 2$

$x^2 - 4 = x + 2$ or $x^2 - 4 = -(x+2)$

$x^2 - x - 6 = 0$ $\quad$ $x^2 - 4 = -x - 2$

$(x-3)(x+2) = 0$ $\quad$ $x^2 + x - 2 = 0$

$x - 3 = 0$ or $x + 2 = 0$ $\quad$ $(x+2)(x-1) = 0$

$x = 3$ or $x = -2$ $\quad$ $x + 2 = 0$ or $x - 1 = 0$

$\quad x = -2, x = 1$

$x = -2, 1, 3$

d. $|x^2 - 9| = -x + 3$

$x^2 - 9 = -x + 3$ or $x^2 - 9 = -(-x+3)$

$x^2 + x - 12 = 0$ $\quad$ $x^2 - 9 = x - 3$

$(x+4)(x-3) = 0$ $\quad$ $x^2 - x - 6 = 0$

$x + 4 = 0$ or $x - 3 = 0$ $\quad$ $(x-3)(x+2) = 0$

$x = -4$ $\quad x = 3$ $\quad$ $x - 3 = 0$ or $x + 2 = 0$

$\quad x = 3, x = -2$

$x = -4, -2, 3$

Chapter 1 Summary and Concept Review

e. $|x^2 - 7x| = -x + 7$

$x^2 - 7x = -x + 7 \quad$ or $\quad x^2 - 7x = -(-x+7)$
$x^2 - 6x - 7 = 0 \qquad\qquad x^2 - 7x = x - 7$
$(x-7)(x+1) = 0 \qquad\quad x^2 - 8x + 7 = 0$
$x - 7 = 0$ or $x + 1 = 0 \quad (x-7)(x-1) = 0$
$x = 7 \quad x = -1 \qquad\qquad x - 7 = 0 \quad x - 1 = 0$
$\qquad\qquad\qquad\qquad\qquad x = 7, x = 1$

$x = -1, 1, 7$

f. $|x^2 - 5x - 2| = x + 5$

$x^2 - 5x - 2 = x + 5 \quad$ or $\quad x^2 - 5x - 2 = -(x+5)$
$x^2 - 6x - 7 = 0 \qquad\qquad x^2 - 5x - 2 = -x - 5$
$(x-7)(x+1) = 0 \qquad\quad x^2 - 4x + 3 = 0$
$x - 7 = 0$ or $x + 1 = 0 \quad (x-3)(x-1) = 0$
$x = 7 \quad x = -1 \qquad\qquad x - 3 = 0 \quad x - 1 = 0$
$\qquad\qquad\qquad\qquad\qquad x = 3, x = 1$

$x = -1, 1, 3, 7$

107. $x^2 + 10^2 = 12^2$
$x^2 + 100 = 144$
$x^2 = 44$
$x = \pm\sqrt{44}$
$x = \pm 2\sqrt{11}$
$x = 2\sqrt{11}$ cm

109. $2x - 3 < 7$ and $x + 2 > 1$
$2x < 10 \qquad$ and $x > -1$
$x < 5 \qquad\quad$ and $x > -1$
$-1 < x < 5$

Chapter 1 Summary and Concept Review

1. a. $6x - (2 - x) = 4(x - 5)$
$6(-6) - (2 - (-6)) = 4(-6 - 5)$
$-36 - (2 + 6) = 4(-11)$
$-36 - 8 = -44$
$-44 = -44$; yes

b. $\dfrac{3}{4}b + 2 = \dfrac{5}{2}b + 16$
$\dfrac{3}{4}(-8) + 2 = \dfrac{5}{2}(-8) + 16$
$-6 + 2 = -20 + 16$
$-4 = -4$
yes

c. $4d - 2 = -\dfrac{1}{2} + 3d$
$4\left(\dfrac{3}{2}\right) - 2 = -\dfrac{1}{2} + 3\left(\dfrac{3}{2}\right)$
$6 - 2 = -\dfrac{1}{2} + \dfrac{9}{2}$
$4 = 4$
yes

3. $3(2n - 6) + 1 = 7$
$6n - 18 + 1 = 7$
$6n - 17 = 7$
$6n = 24$
$n = 4$

5. $\dfrac{1}{2}x + \dfrac{2}{3} = \dfrac{3}{4}$
$12\left[\dfrac{1}{2}x + \dfrac{2}{3} = \dfrac{3}{4}\right]$
$6x + 8 = 9$
$6x = 1$
$x = \dfrac{1}{6}$

Chapter 1: Equations and Inequalities

7. $-\dfrac{g}{6} = 3 - \dfrac{1}{2} - \dfrac{5g}{12}$

   $12\left[-\dfrac{g}{6} = 3 - \dfrac{1}{2} - \dfrac{5g}{12}\right]$

   $-2g = 36 - 6 - 5g$
   $3g = 30$
   $g = 10$

9. $P = 2L + 2W$
   $P - 2W = 2L$
   $\dfrac{P - 2W}{2} = L$

11. $2x - 3y = 6$
    $-3y = -2x + 6$
    $y = \dfrac{2}{3}x - 2$

13. $3(4) + \dfrac{1}{2}\pi(1.5)^2$

    $12 + \dfrac{9}{8}\pi \text{ ft}^2 \approx 15.5 \text{ ft}^2$

15. $a \geq 35$

17. $s \leq 65$

19. $7x > 35$
    $x > 5$
    $(5, \infty)$

21. $2(3m - 2) \leq 8$
    $6m - 4 \leq 8$
    $6m \leq 12$
    $m \leq 2$
    $(-\infty, 2]$

23. $-4 < 2b + 8$ and $3b - 5 > -32$
    $-12 < 2b$ and $3b > -27$
    $-6 < b$ and $b > -9$
    $b > -6$ and $b > -9$
    $(-6, \infty)$

25. a. $\dfrac{7}{n-3}$
    $n - 3 \neq 0$
    $n \neq 3$
    $(-\infty, 3) \cup (3, \infty)$

b. $\dfrac{5}{2x - 3}$
    $2x - 3 \neq 0$
    $2x \neq 3$
    $x \neq \dfrac{3}{2}$
    $\left(-\infty, \dfrac{3}{2}\right) \cup \left(\dfrac{3}{2}, \infty\right)$

c. $\sqrt{x + 5}$
    $x + 5 \geq 0$
    $x \geq -5$
    $[-5, \infty)$

d. $\sqrt{-3n + 18}$
    $-3n + 18 \geq 0$
    $-3n \geq -18$
    $n \leq 6$
    $(-\infty, 6]$

27. $7 = |x - 3|$
    $x - 3 = 7$ or $x - 3 = -7$
    $x = 10$ or $x = -4$
    $\{-4, 10\}$

29. $|-2x + 3| = 13$
    $-2x + 3 = 13$ or $-2x + 3 = -13$
    $-2x = 10$ or $-2x = -16$
    $x = -5$ $\qquad$ $x = 8$
    $\{-5, 8\}$

31. $-3|x + 2| - 2 < -14$
    $-3|x + 2| < -12$
    $|x + 2| > 4$
    $x + 2 > 4$ or $x + 2 < -4$
    $x > 2$ or $x < -6$
    $x \in (-\infty, -6) \cup (2, \infty)$

33. $|3x + 5| = -4$
    Absolute value can never be negative.
    $\{\ \}$

35. $2|x + 1| > -4$
    $|x + 1| > -2$
    Absolute value is always greater than a negative number.
    $(-\infty, \infty)$

Chapter 1 Summary and Concept Review

37. $\dfrac{|3x-2|}{2} + 6 \geq 10$

$\dfrac{|3x-2|}{2} \geq 4$

$|3x-2| \geq 8$

$3x - 2 \geq 8$ or $3x - 2 \leq -8$

$3x \geq 10$ or $3x \leq -6$

$x \geq \dfrac{10}{3}$ or $x \leq -2$

$(-\infty, -2] \cup \left[\dfrac{10}{3}, \infty\right)$

39. $\sqrt{-72} = \sqrt{-1(36)(2)} = 6\sqrt{2}\,i$

41. $\dfrac{-10 + \sqrt{-50}}{5} = \dfrac{-10 + \sqrt{-1(25)(2)}}{5}$

$= \dfrac{-10 + 5\sqrt{2}\,i}{5} = -2 + \sqrt{2}\,i$

43. $i^{57} = (i^4)^{14}\, i = i$

45. $\dfrac{5i}{1-2i} \cdot \dfrac{1+2i}{1+2i} = \dfrac{5i + 10i^2}{1 + 2i - 2i - 4i^2}$

$= \dfrac{-10 + 5i}{5} = -2 + i$

47. $(2 + 3i)(2 - 3i) = 4 - 6i + 6i - 9i^2 = 13$

49. $x^2 - 9 = -34, x = 5i$;

$(5i)^2 - 9 = -34$
$25i^2 - 9 = -34$
$-25 - 9 = -34$
$-34 = -34$ verified;

$(-5i)^2 - 9 = -34$
$25i^2 - 9 = -34$
$-25 - 9 = -34$
$-34 = -34$ verified

51. a. $-3 = 2x^2$

$2x^2 + 3 = 0$

$a = 2, b = 0, c = 3$

b. $7 = -2x + 11$ is not quadratic

c. $99 = x^2 - 8x$

$x^2 - 8x - 99 = 0$

$a = 1, b = -8, c = -99$

d. $20 = 4 - x^2$

$x^2 + 16 = 0$

$a = 1, b = 0, c = 16$

53. a. $x^2 - 9 = 0$

$x^2 = 9$

$x = \pm 3$

b. $2(x-2)^2 + 1 = 11$

$2(x-2)^2 = 10$

$(x-2)^2 = 5$

$x - 2 = \pm\sqrt{5}$

$x = 2 \pm \sqrt{5}$

c. $3x^2 + 15 = 0$

$3x^2 = -15$

$x^2 = -5$

$x = \pm\sqrt{5}\,i$

d. $-2x^2 + 4 = -46$

$-2x^2 = -50$

$x^2 = 25$

$x = \pm 5$

55. a. $x^2 - 4x = -9$

$x^2 - 4x + 9 = 0$

$a = 1, b = -4, c = 9$

$x = \dfrac{-(-4) \pm \sqrt{(-4)^2 - 4(1)(9)}}{2(1)}$

$x = \dfrac{4 \pm \sqrt{-20}}{2}$

$x = \dfrac{4 \pm 2\sqrt{5}\,i}{2}$

$x = 2 \pm \sqrt{5}\,i$

$x \approx 2 \pm 2.24\,i$

Chapter 1: Equations and Inequalities

b. $4x^2 + 7 = 12x$
$4x^2 - 12x + 7 = 0$
$a = 4, b = -12, c = 7$
$x = \dfrac{-(-12) \pm \sqrt{(-12)^2 - 4(4)(7)}}{2(4)}$
$x = \dfrac{12 \pm \sqrt{32}}{8}$
$x = \dfrac{12 \pm 4\sqrt{2}}{8}$
$x = \dfrac{3 \pm \sqrt{2}}{2}$
$x \approx 2.21 \text{ or } x \approx 0.79$

c. $2x^2 - 6x + 5 = 0$
$a = 2, b = -6, c = 5$
$x = \dfrac{-(-6) \pm \sqrt{(-6)^2 - 4(2)(5)}}{2(2)}$
$x = \dfrac{6 \pm \sqrt{-4}}{4}$
$x = \dfrac{6 \pm 2i}{4}$
$x = \dfrac{3}{2} \pm \dfrac{1}{2}i$

57. a. $120 = -16t^2 + 64t + 80$
$16t^2 - 64t + 40 = 0$
$2t^2 - 8t + 5 = 0$
$a = 2, b = -8, c = 5$
$t = \dfrac{-(-8) \pm \sqrt{(-8)^2 - 4(2)(5)}}{2(2)}$
$t = \dfrac{8 \pm \sqrt{24}}{4}$
$t = \dfrac{8 \pm 2\sqrt{6}}{4}$
$t = \dfrac{4 \pm \sqrt{6}}{2}$
$t \approx 3.22 \text{ or } t \approx 0.78$
0.8 seconds

b. 3.2 seconds

c. $0 = -16t^2 + 64t + 80$
$0 = -16(t^2 - 4t - 5)$
$0 = (t - 5)(t + 1)$
$t - 5 = 0 \text{ or } t + 1 = 0$
$t = 5 \quad \text{or } t = -1$
5 seconds

59. Let x represent the time for the smaller pump.
$\dfrac{1}{x-3} + \dfrac{1}{x} = \dfrac{1}{2}$
$2x(x-3)\left[\dfrac{1}{x-3} + \dfrac{1}{x} = \dfrac{1}{2}\right]$
$2x + 2(x-3) = x(x-3)$
$2x + 2x - 6 = x^2 - 3x$
$0 = x^2 - 7x + 6$
$0 = (x-6)(x-1)$
$x - 6 = 0 \text{ or } x - 1 = 0$
$x = 6 \quad \text{ or } x = 1$
It takes the smaller pump 6 hours.

61. $3x^3 + 5x^2 = 2x$
$3x^3 + 5x^2 - 2x = 0$
$x(3x^2 + 5x - 2) = 0$
$x(3x - 1)(x + 2) = 0$
$x = 0 \text{ or } 3x - 1 = 0 \text{ or } x + 2 = 0$
$\quad\quad\quad\quad 3x = 1 \quad \text{ or } \quad x = -2$
$\quad\quad\quad\quad x = \dfrac{1}{3}$
$x = -2, x = 0, x = \dfrac{1}{3}$

63. $x^4 - \dfrac{1}{16} = 0$
$\left(x^2 + \dfrac{1}{4}\right)\left(x^2 - \dfrac{1}{4}\right) = 0$
$x^2 + \dfrac{1}{4} = 0 \text{ or } x^2 - \dfrac{1}{4} = 0$
$x^2 = -\dfrac{1}{4} \quad \text{ or } \quad x^2 = \dfrac{1}{4}$
$x = \pm \dfrac{1}{2}i \quad \text{ or } \quad x = \pm \dfrac{1}{2}$
$x = \pm \dfrac{1}{2}, x = \pm \dfrac{1}{2}i$

Chapter 1 Summary and Concept Review

65. $\dfrac{3h}{h+3} - \dfrac{7}{h^2+3h} = \dfrac{1}{h}$

$\dfrac{3h}{h+3} - \dfrac{7}{h(h+3)} = \dfrac{1}{h}$

$h(h+3)\left[\dfrac{3h}{h+3} - \dfrac{7}{h(h+3)} = \dfrac{1}{h}\right]$

$3h^2 - 7 = h+3$

$3h^2 - h - 10 = 0$

$(3h+5)(h-2) = 0$

$3h+5 = 0 \quad \text{or} \quad h-2 = 0$

$h = -\dfrac{5}{3} \quad \text{or} \quad h = 2$

67. $\dfrac{\sqrt{x^2+7}}{2} + 3 = 5$

$\dfrac{\sqrt{x^2+7}}{2} = 2$

$\sqrt{x^2+7} = 4$

$x^2 + 7 = 16$

$x^2 = 9$

$x = \pm 3$

69. $\sqrt{3x+4} = 2 - \sqrt{x+2}$

$(\sqrt{3x+4})^2 = (2-\sqrt{x+2})^2$

$3x+4 = 4 - 4\sqrt{x+2} + x+2$

$2x - 2 = -4\sqrt{x+2}$

$2(x-1) = -4\sqrt{x+2}$

$x - 1 = -2\sqrt{x+2}$

$(x-1)^2 = (-2\sqrt{x+2})^2$

$x^2 - 2x + 1 = 4(x+2)$

$x^2 - 2x + 1 = 4x + 8$

$x^2 - 6x - 7 = 0$

$(x-7)(x+1) = 0$

$x - 7 = 0 \text{ or } x+1 = 0$

$x = 7 \quad \text{or } x = -1$

$x = -1 \,;\, x = 7$ is extraneous.

71. $-2(5x+2)^{\frac{2}{3}} + 17 = -1$

$-2(5x+2)^{\frac{2}{3}} = -18$

$(5x+2)^{\frac{2}{3}} = 9$

$\left[(5x+2)^{\frac{2}{3}}\right]^{\frac{3}{2}} = 9^{\frac{3}{2}}$

$5x+2 = 27 \text{ or } 5x+2 = -27$

$5x = 25 \quad \text{or} \quad 5x = -29$

$x = 5 \quad \text{or} \quad x = -5.8$

73. $x^4 - 7x^2 = 18$

$x^4 - 7x^2 - 18 = 0$

$(x^2-9)(x^2+2) = 0$

$x^2 - 9 = 0 \text{ or } x^2 + 2 = 0$

$x^2 = 9 \qquad x^2 = -2$

$x = \pm 3 \qquad x = \pm i\sqrt{2}$

$x = -3, x = 3, x = -i\sqrt{2}, x = i\sqrt{2}$

75. Let w represent the width.
Let $w + 3$ represent the length.
$w(w+3) = 54$
$w^2 + 3w - 54 = 0$
$(w+9)(w-6) = 0$
$w+9 = 0 \text{ or } w-6 = 0$
$w = -9 \quad \text{or } w = 6$
6 inches by 9 inches
width, 6 in; length, 9 in

77. Let x represent the number of $2 decreases.
$(50-2x)(40+5x) = 2520$
$2000 + 250x - 80x - 10x^2 = 2520$
$0 = 10x^2 - 170x + 520$
$0 = x^2 - 17x + 52$
$0 = (x-4)(x-13)$
$x - 4 = 0 \text{ or } x - 13 = 0$
$x = 4 \quad \text{ or } x = 13$
50 – 2(4)=$42 or 50–2(13)=$24

Chapter 1: Equations and Inequalities

Chapter 1 Mixed Review

1. a. $\dfrac{10}{\sqrt{x-8}}$
   $x - 8 > 0$
   $x > 8$
   $x \in (8, \infty)$

   b. $\dfrac{-5}{3x+4}$
   $3x + 4 \neq 0$
   $3x \neq -4$
   $x \neq -\dfrac{4}{3}$
   $x \in \left(-\infty, \dfrac{-4}{3}\right) \cup \left(\dfrac{-4}{3}, \infty\right)$

3. a. $-2x^3 + 4x^2 = 50x - 100$
   $0 = 2x^3 - 4x^2 + 50x - 100$
   $0 = 2(x^3 - 2x^2 + 25x - 50)$
   $0 = 2\left[x^2(x-2) + 25(x-2)\right]$
   $0 = 2(x-2)(x^2 + 25)$
   $x - 2 = 0$ or $x^2 + 25 = 0$
   $x = 2$ or $x^2 = -25$
   or $x = \pm 5i$;
   $x = 2$, $x = \pm 5i$

   b. $-3x^4 - 375x = 0$
   $-3x(x^3 + 125) = 0$
   $-3x(x+5)(x^2 - 5x + 25) = 0$
   $-3x = 0$ or $x + 5 = 0$ or $x^2 - 5x + 25 = 0$
   $x = 0$ or $x = -5$
   or $x = \dfrac{-(-5) \pm \sqrt{(-5)^2 - 4(1)(25)}}{2(1)}$
   $x = \dfrac{5 \pm \sqrt{-75}}{2}$
   $x = \dfrac{5 \pm 5i\sqrt{3}}{2} = \dfrac{5}{2} \pm \dfrac{5i\sqrt{3}}{2}$;
   $x = 0, x = -5, x = \dfrac{5}{2} \pm \dfrac{5i\sqrt{3}}{2}$

   c. $-2|3x+1| = -12$
   $|3x+1| = 6$
   $3x + 1 = 6$ or $3x + 1 = -6$
   $3x = 5 \qquad 3x = -7$
   $x = \dfrac{5}{3} \qquad x = -\dfrac{7}{3}$;
   $x = -\dfrac{7}{3}, x = \dfrac{5}{3}$

   d. $-3\left|\dfrac{x}{3} - 5\right| \leq -12$
   $\left|\dfrac{x}{3} - 5\right| \geq 4$
   $\dfrac{x}{3} - 5 \geq 4$ or $\dfrac{x}{3} - 5 \leq -4$
   $\dfrac{x}{3} \geq 9$ or $\dfrac{x}{3} \leq 1$
   $x \geq 27$ or $x \leq 3$
   $(-\infty, 3] \cup [27, \infty)$

   e. $v^{\frac{4}{3}} = 81$
   $\left(v^{\frac{4}{3}}\right)^{\frac{3}{4}} = 81^{\frac{3}{4}}$
   $v = \pm 27$

   f. $-2(x+1)^{\frac{1}{4}} = -6$
   $(x+1)^{\frac{1}{4}} = 3$
   $\left[(x+1)^{\frac{1}{4}}\right]^4 = 3^4$
   $x + 1 = 81$
   $x = 80$

5. $3x + 4y = -12$
   $4y = -3x - 12$
   $y = -\dfrac{3}{4}x - 3$

65

Chapter 1 Mixed Review

7. a. $5x-(2x-3)+3x=-4(5+x)+3$
$5x-2x+3+3x=-20-4x+3$
$3+6x=-17-4x$
$10x=-20$
$x=-2$

b. $\dfrac{n}{5}-2=2-\dfrac{5}{3}-\dfrac{4}{15}n$
$15\left[\dfrac{n}{5}-2=2-\dfrac{5}{3}-\dfrac{4}{15}n\right]$
$3n-30=30-25-4n$
$3n-30=5-4n$
$7n=35$
$n=5$

9. $x^2-18x+77=0$
$(x-7)(x-11)=0$
$x-7=0$ or $x-11=0$
$x=7$ or $x=11$

11. $4x^2-5=19$
$4x^2=24$
$x^2=6$
$x=\pm\sqrt{6}$

13. $25x^2+16=40x$
$25x^2-40x+16=0$
$(5x-4)(5x-4)=0$
$5x-4=0$
$5x=4$
$x=\dfrac{4}{5}$

15. $2x^4-50=0$
$2(x^4-25)=0$
$2(x^2+5)(x^2-5)=0$
$x^2+5=0$ or $x^2-5=0$
$x^2=-5$ or $x^2=5$
$x=\pm\sqrt{5}\,i$ or $x=\pm\sqrt{5}$

17. a. $\sqrt{2v-3}+3=v$
$\sqrt{2v-3}=v-3$
$2v-3=v^2-6v+9$
$0=v^2-8v+12$
$0=(v-6)(v-2)$
$v-6=0$ or $v-2=0$
$v=6$ or $v=2$
$v=6$; $v=2$ is extraneous

b. $\sqrt[3]{x^2-9}+\sqrt[3]{x-11}=0$
$\sqrt[3]{x^2-9}=-\sqrt[3]{x-11}$
$x^2-9=-(x-11)$
$x^2+x-20=0$
$(x-4)(x+5)=0$
$x-4=0$ or $x+5=0$
$x=4$ or $x=-5$

c. $\sqrt{x+7}-\sqrt{2x}=1$
$\sqrt{x+7}=1+\sqrt{2x}$
$\left(\sqrt{x+7}\right)^2=\left(1+\sqrt{2x}\right)^2$
$x+7=1+2\sqrt{2x}+2x$
$-x+6=2\sqrt{2x}$
$(-x+6)^2=\left(2\sqrt{2x}\right)^2$
$x^2-12x+36=4(2x)$
$x^2-12x+36=8x$
$x^2-20x+36=0$
$(x-2)(x-18)=0$
$x-2=0$ or $x-18=0$
$x=2$ or $x=-18$;
$x=2$; $x=18$ is extraneous

19. $\dfrac{2(75)+2(79)+x}{5}=78$
$2(75)+2(79)+x=390$
$150+158+x=390$
$x=82$ inches
$6'10''$

Chapter 1: Equations and Inequalities

Chapter 1 Practice Test

1. a. $-\frac{2}{3}x - 5 = 7 - (x+3)$
   $-\frac{2}{3}x - 5 = 7 - x - 3$
   $-\frac{2}{3}x - 5 = 4 - x$
   $\frac{1}{3}x = 9$
   $x = 27$

   b. $-5.7 + 3.1x = 14.5 - 4(x+1.5)$
   $-5.7 + 3.1x = 14.5 - 4x - 6$
   $-5.7 + 3.1x = 8.5 - 4x$
   $7.1x = 14.2$
   $x = 2$

   c. $P = C + kC$
   $P = C(1+k)$
   $\frac{P}{1+k} = C$

   d. $2|2x+5| - 17 = -11$
   $2|2x+5| = 6$
   $|2x+5| = 3$
   $2x+5 = 3$ or $2x+5 = -3$
   $2x = -2$ or $2x = -8$
   $x = -1$ or $x = -4$

3. a. $-\frac{2}{5}x + 7 < 19$
   $-\frac{2}{5}x < 12$
   $\left(-\frac{5}{2}\right)\left(-\frac{2}{5}x\right) > \left(-\frac{5}{2}\right)(12)$
   $x > -30$

   b. $-1 < 3 - x \leq 8$
   $-4 < -x \leq 5$
   $4 > x \geq -5$
   $-5 \leq x < 4$

   c. $\frac{1}{2}x + 3 < 9$ or $\frac{2}{3}x - 1 \geq 3$
   $\frac{1}{2}x < 6$ or $\frac{2}{3}x \geq 4$
   $x < 12$ or $x \geq 6$
   $x \in \mathbb{R}$

   d. $\frac{1}{2}|x-3| + \frac{5}{4} = \frac{7}{4}$
   $\frac{1}{2}|x-3| = \frac{2}{4}$
   $|x-3| = 1$
   $x - 3 = 1$ or $x - 3 = -1$
   $x = 4$ or $x = 2$

   e. $-\frac{2}{3}|x+1| - 5 < -7$
   $-\frac{2}{3}|x+1| < -2$
   $|x+1| > 3$
   $x+1 > 3$ or $x+1 < -3$
   $x > 2$ or $x < -4$

5. $z^2 - 7z - 30 = 0$
   $(z-10)(z+3) = 0$
   $z - 10 = 0$ or $z + 3 = 0$
   $z = 10$ or $z = -3$

7. $(x-1)^2 + 3 = 0$
   $(x-1)^2 = -3$
   $x - 1 = \pm i\sqrt{3}$
   $x = 1 \pm i\sqrt{3}$

9. $3x^2 - 20x = -12$
   $3x^2 - 20x + 12 = 0$
   $(3x-2)(x-6) = 0$
   $3x - 2 = 0$ or $x - 6 = 0$
   $3x = 2$ or $x = 6$
   $x = \frac{2}{3}$ or $x = 6$

Chapter 1 Calculator Exploration and Discovery, and Strengthening Core Skills

11. $\dfrac{2}{x-3} + \dfrac{2x}{x+2} = \dfrac{x^2+16}{x^2-x-16}$

$(x-3)(x+2)\left[\dfrac{2}{x-3} + \dfrac{2x}{x+2} = \dfrac{x^2+16}{(x-3)(x+2)}\right]$

$2(x+2) + 2x(x-3) = x^2 + 16$

$2x + 4 + 2x^2 - 6x = x^2 + 16$

$2x^2 - 4x + 4 = x^2 + 16$

$x^2 - 4x - 12 = 0$

$(x-6)(x+2) = 0$

$x - 6 = 0$ or $x + 2 = 0$

$x = 6$ or $x = -2$

$x = 6, x = -2$ is extraneous

13. $\sqrt{x} + 1 = \sqrt{2x-7}$

$(\sqrt{x}+1)^2 = (\sqrt{2x-7})^2$

$x + 2\sqrt{x} + 1 = 2x - 7$

$2\sqrt{x} = x - 8$

$(2\sqrt{x})^2 = (x-8)^2$

$4x = x^2 - 16x + 64$

$0 = x^2 - 20x + 64$

$0 = (x-4)(x-16)$

$x - 4 = 0$ or $x - 16 = 0$

$x = 4 \qquad x = 16$

Check:

$\sqrt{4} + 1 = \sqrt{2(4)-7}$

$2 + 1 = \sqrt{1}$

$3 \neq 1$

Check:

$\sqrt{16} + 1 = \sqrt{2(16)-7}$

$4 + 1 = \sqrt{32-7}$

$5 = \sqrt{25}$

$5 = 5$

$x = 16$; $x = 4$ is extraneous

15. $P = (120 - 2x)(3 + 0.10x)$

$P = 360 + 12x - 6x - 0.2x^2$

$P = -0.2x^2 + 6x + 360$

a. $405 = -0.2x^2 + 6x + 360$

$0.2x^2 - 6x + 45 = 0$

$2x^2 - 60x + 450 = 0$

$x^2 - 30x + 225 = 0$

$(x - 15)^2 = 0$

$x = 15$

$3 + 0.10(15) = \$4.50$ per tin

b. $120 - 2(15) = 90$ tins

17. $\dfrac{-8 + \sqrt{-20}}{6} = \dfrac{-8 + \sqrt{-4(5)}}{6} = \dfrac{-8 + 2\sqrt{5}\,i}{6}$

$= -\dfrac{4}{3} + \dfrac{\sqrt{5}}{3}i$

19. a. $\left(\dfrac{1}{2} + \dfrac{\sqrt{3}}{2}i\right) + \left(\dfrac{1}{2} - \dfrac{\sqrt{3}}{2}i\right) = 1$

b. $\left(\dfrac{1}{2} + \dfrac{\sqrt{3}}{2}i\right) - \left(\dfrac{1}{2} - \dfrac{\sqrt{3}}{2}i\right)$

$= \dfrac{1}{2} + \dfrac{\sqrt{3}}{2}i - \dfrac{1}{2} + \dfrac{\sqrt{3}}{2}i = i\sqrt{3}$

c. $\left(\dfrac{1}{2} + \dfrac{\sqrt{3}}{2}i\right)\cdot\left(\dfrac{1}{2} - \dfrac{\sqrt{3}}{2}i\right)$

$= \dfrac{1}{4} - \dfrac{\sqrt{3}}{4}i + \dfrac{\sqrt{3}}{4}i - \dfrac{3}{4}i^2 = 1$

21. $(3i + 5)(5 - 3i) = 15i - 9i^2 + 25 - 15i = 34$

Chapter 1: Equations and Inequalities

23. a. $2x^2 - 20x + 49 = 0$
$2x^2 - 20x = -49$
$x^2 - 10x = -\dfrac{49}{2}$
$x^2 - 10x + 25 = -\dfrac{49}{2} + 25$
$(x-5)^2 = \dfrac{1}{2}$
$x - 5 = \pm\sqrt{\dfrac{1}{2}}$
$x - 5 = \pm\sqrt{\dfrac{1}{2}}\sqrt{\dfrac{2}{2}}$
$x = 5 \pm \dfrac{\sqrt{2}}{2}$

b. $2x^2 - 5x = -4$
$x^2 - \dfrac{5}{2}x = -2$
$x^2 - \dfrac{5}{2}x + \dfrac{25}{16} = -2 + \dfrac{25}{16}$
$\left(x - \dfrac{5}{4}\right)^2 = \dfrac{-7}{16}$
$x - \dfrac{5}{4} = \pm\dfrac{\sqrt{7}}{4}i$
$x = \dfrac{5}{4} \pm \dfrac{\sqrt{7}}{4}i$

25. $F \approx 0.3W^{\frac{3}{4}}$

a. $F \approx 0.3(1296)^{\frac{3}{4}}$
$F \approx 64.8$ g

b. $19.2 \approx 0.3W^{\frac{3}{4}}$
$64 \approx W^{\frac{3}{4}}$
$(64)^{\frac{4}{3}} \approx \left(W^{\frac{3}{4}}\right)^{\frac{4}{3}}$
256 g $\approx W$

Chapter 1 Calculator Exploration and Discovery

1. They differ by 0.2.

3. They differ by $\sqrt{2}$ or ≈ 1.41.

Strengthening Core Skills

1. $2x^2 - 5x - 7 = 0$
$a = 2, b = -5, c = -7$
$x_1 = \dfrac{7}{2}, x_2 = -1$
$\dfrac{7}{2} + (-1) = \dfrac{5}{2} = -\dfrac{b}{a};$
$\dfrac{7}{2} \cdot (-1) = \dfrac{-7}{2} = \dfrac{c}{a}$

3. $x^2 - 10x + 37 = 0$
$a = 1, b = -10, c = 37$
$x_1 = 5 + 2\sqrt{3}\,i, x_2 = 5 - 2\sqrt{3}\,i$
$(5 + 2\sqrt{3}\,i) + (5 - 2\sqrt{3}\,i) = 10 = \dfrac{-b}{a};$
$(5 + 2\sqrt{3}\,i)(5 - 2\sqrt{3}\,i) = 25 + 12 = 37 = \dfrac{c}{a}$

2.1 Exercises

Technology Highlight

1. $y = \pm 4.8; y = \pm 3.6$, Answers will vary.

2.1 Exercises

1. First, second

3. Radius, center

5. Answers will vary.

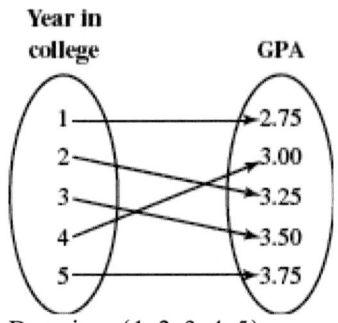

7.
Year in college → **GPA**
1 → 2.75
2 → 3.00
3 → 3.25
4 → 3.50
5 → 3.75

Domain = {1, 2, 3, 4, 5}
Range = {2.75, 3.00, 3.25, 3.50, 3.75}

9. D = {1, 3, 5, 7, 9}
R = {2, 4, 6, 8, 10}

11. D = {4, −1, 2, −3}
R = {0, 5, 4, 2, 3}

13. $y = -\dfrac{2}{3}x + 1$

x	y
−6	$-\dfrac{2}{3}(-6) + 1 = 4 + 1 = 5$
−3	$-\dfrac{2}{3}(-3) + 1 = 2 + 1 = 3$
0	$-\dfrac{2}{3}(0) + 1 = 0 + 1 = 1$
3	$-\dfrac{2}{3}(3) + 1 = -2 + 1 = -1$
6	$-\dfrac{2}{3}(6) + 1 = -4 + 1 = -3$
8	$-\dfrac{2}{3}(8) + 1 = -\dfrac{16}{3} + 1 = -\dfrac{13}{3}$

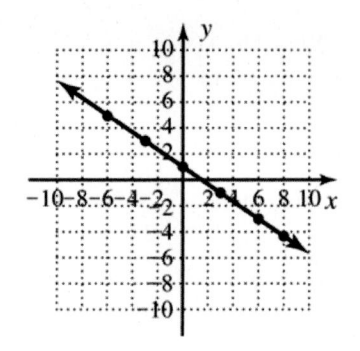

15. $x + 2 = |y|$

x	y
−2	0
0	2, −2
1	3, −3
3	5, −5
6	8, −8
7	9, −9

$-2 + 2 = |y|$ $0 + 2 = |y|$
$0 = |y|$ $2 = |y|$
$0 = y;$ $\pm 2 = y;$

$1 + 2 = |y|$ $3 + 2 = |y|$
$3 = |y|$ $5 = |y|$
$\pm 3 = y;$ $\pm 5 = y;$

$6 + 2 = |y|$ $7 + 2 = |y|$
$8 = |y|$ $9 = |y|$
$\pm 8 = y;$ $\pm 9 = y;$

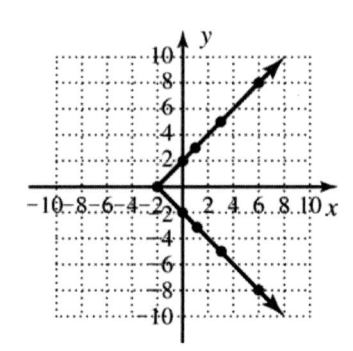

Chapter 2: Relations, Functions and Graphs

17. $y = x^2 - 1$

x	y
-3	$(-3)^2 - 1 = 9 - 1 = 8$
-2	$(-2)^2 - 1 = 4 - 1 = 3$
0	$(0)^2 - 1 = 0 - 1 = -1$
2	$(2)^2 - 1 = 4 - 1 = 3$
3	$(3)^2 - 1 = 9 - 1 = 8$
4	$(4)^2 - 1 = 16 - 1 = 15$

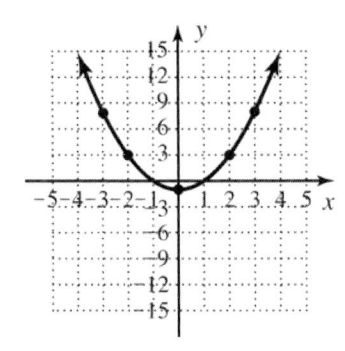

19. $y = \sqrt{25 - x^2}$

x	y
-4	$\sqrt{25 - (-4)^2} = \sqrt{25 - 16} = \sqrt{9} = 3$
-3	$\sqrt{25 - (-3)^2} = \sqrt{25 - 9} = \sqrt{16} = 4$
0	$\sqrt{25 - (0)^2} = \sqrt{25} = 5$
2	$\sqrt{25 - (2)^2} = \sqrt{25 - 4} = \sqrt{21}$
3	$\sqrt{25 - (3)^2} = \sqrt{25 - 9} = \sqrt{16} = 4$
4	$\sqrt{25 - (4)^2} = \sqrt{25 - 16} = \sqrt{9} = 3$

21. $x - 1 = y^2$

$y = \pm\sqrt{x - 1}$

x	y
10	$\sqrt{(10) - 1} = \sqrt{9} = \pm 3$
5	$\sqrt{(5) - 1} = \sqrt{4} = \pm 2$
4	$\sqrt{(4) - 1} = \pm\sqrt{3}$
2	$\sqrt{(2) - 1} = \sqrt{1} = \pm 1$
1.25	$\sqrt{(1.25) - 1} = \sqrt{0.25} = \pm 0.5$
1	$\sqrt{(1) - 1} = \sqrt{0} = 0$

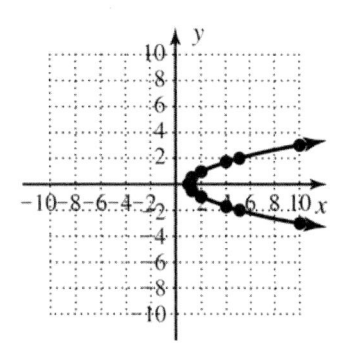

23. $y = \sqrt[3]{x + 1}$

x	y
-9	$\sqrt[3]{(-9) + 1} = \sqrt[3]{-8} = -2$
-2	$\sqrt[3]{(-2) + 1} = \sqrt[3]{-1} = -1$
-1	$\sqrt[3]{(-1) + 1} = \sqrt[3]{0} = 0$
0	$\sqrt[3]{(0) + 1} = \sqrt[3]{1} = 1$
4	$\sqrt[3]{(4) + 1} = \sqrt[3]{5}$
7	$\sqrt[3]{(7) + 1} = \sqrt[3]{8} = 2$

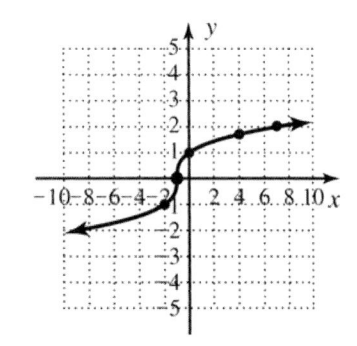

2.1 Exercises

25. $M = \left(\dfrac{x_1+x_2}{2}, \dfrac{y_1+y_2}{2}\right)$

    $M = \left(\dfrac{1+5}{2}, \dfrac{8+(-6)}{2}\right)$

    $M = \left(\dfrac{6}{2}, \dfrac{2}{2}\right)$

    $M = (3, 1)$

27. $M = \left(\dfrac{x_1+x_2}{2}, \dfrac{y_1+y_2}{2}\right)$

    $M = \left(\dfrac{-4.5+3.1}{2}, \dfrac{9.2+(-9.8)}{2}\right)$

    $M = \left(\dfrac{-1.4}{2}, \dfrac{-0.6}{2}\right)$

    $M = (-0.7, -0.3)$

29. $M = \left(\dfrac{x_1+x_2}{2}, \dfrac{y_1+y_2}{2}\right)$

    $M = \left(\dfrac{\frac{1}{5}+\left(\frac{-1}{10}\right)}{2}, \dfrac{\frac{-2}{3}+\frac{3}{4}}{2}\right)$

    $M = \left(\dfrac{\frac{1}{10}}{2}, \dfrac{\frac{1}{12}}{2}\right)$

    $M = \left(\dfrac{1}{20}, \dfrac{1}{24}\right)$

31. $(-5, -4)\ (5, 2)$

    $M = \left(\dfrac{x_1+x_2}{2}, \dfrac{y_1+y_2}{2}\right)$

    $M = \left(\dfrac{-5+5}{2}, \dfrac{-4+2}{2}\right)$

    $M = \left(\dfrac{0}{2}, \dfrac{-2}{2}\right)$

    $M = (0, -1)$

33. $(-4, -4)\ (2, 4)$

    $M = \left(\dfrac{x_1+x_2}{2}, \dfrac{y_1+y_2}{2}\right)$

    $M = \left(\dfrac{-4+2}{2}, \dfrac{-4+4}{2}\right)$

    $M = \left(\dfrac{-2}{2}, \dfrac{0}{2}\right)$

    $M = (-1, 0)$

    The center of the circle is $(-1, 0)$.

35. $(-5, -4)\ (5, 2)$

    $d = \sqrt{(x_2-x_1)^2+(y_2-y_1)^2}$

    $d = \sqrt{(5-(-5))^2+(2-(-4))^2}$

    $d = \sqrt{(10)^2+(6)^2}$

    $d = \sqrt{100+36}$

    $d = \sqrt{136}$

    $d = 2\sqrt{34}$

37. $(-4, -4)\ (2, 4)$

    $d = \sqrt{(x_2-x_1)^2+(y_2-y_1)^2}$

    $d = \sqrt{(2-(-4))^2+(4-(-4))^2}$

    $d = \sqrt{6^2+8^2}$

    $d = \sqrt{36+64}$

    $d = \sqrt{100}$

    $d = 10$

39. $(5, 2)\ (0, -3)$

    $m = \dfrac{-3-2}{0-5} = \dfrac{-5}{-5} = 1$;

    $(0, -3)\ (4, -4)$

    $m = \dfrac{-4-(-3)}{4-0} = \dfrac{-4+3}{4} = \dfrac{-1}{4}$;

    $(5, 2)\ (4, -4)$

    $m = \dfrac{-4-2}{4-5} = \dfrac{-6}{-1} = 6$

    Not a right triangle. Lines are not perpendicular. Slopes: 1; $\dfrac{-1}{4}$; 6

Chapter 2: Relations, Functions and Graphs

41. $(-4, 3)\ (-7, -1)$
$m = \dfrac{-1-3}{-7-(-4)} = \dfrac{-4}{-7+4} = \dfrac{-4}{-3} = \dfrac{4}{3}$;
$(-7, -1)\ (3, -2)$
$m = \dfrac{-2-(-1)}{3-(-7)} = \dfrac{-2+1}{3+7} = \dfrac{-1}{10}$;
$(-4, 3)\ (3, -2)$
$m = \dfrac{-2-3}{3-(-4)} = \dfrac{-5}{7}$
Not a right triangle. Lines are not perpendicular. Slopes: $\dfrac{4}{3}$; $\dfrac{-1}{10}$; $\dfrac{-5}{7}$

43. $(-3, 2)\ (-1, 5)$
$m = \dfrac{5-2}{-1-(-3)} = \dfrac{3}{-1+3} = \dfrac{3}{2}$;
$(-3, 2)\ (-6, 4)$
$m = \dfrac{4-2}{-6-(-3)} = \dfrac{2}{-6+3} = -\dfrac{2}{3}$
Right triangle because these two lines are perpendicular. Slopes: $\dfrac{3}{2}$; $\dfrac{-2}{3}$

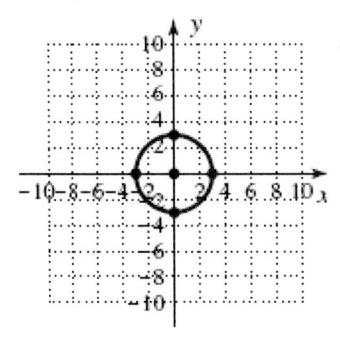

45. Center $(0,0)$, radius 3
$x^2 + y^2 = 9$

47. Center $(5,0)$, radius $\sqrt{3}$
$(x-5)^2 + y^2 = 3$

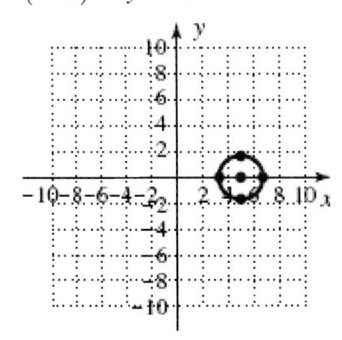

49. Center $(4, -3)$, radius 2
$(x-4)^2 + (y+3)^2 = 4$

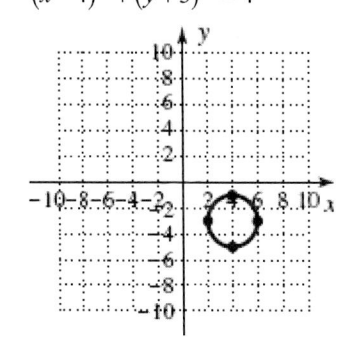

51. Center $(-7, -4)$, radius $\sqrt{7}$
$(x+7)^2 + (y+4)^2 = 7$

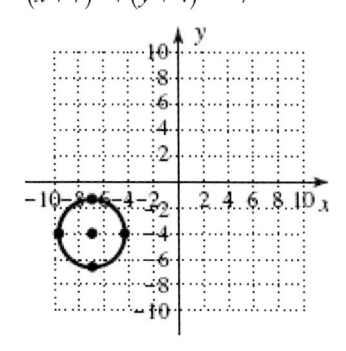

53. Center $(1, -2)$, radius $2\sqrt{3}$
$(x-1)^2 + (y+2)^2 = 12$

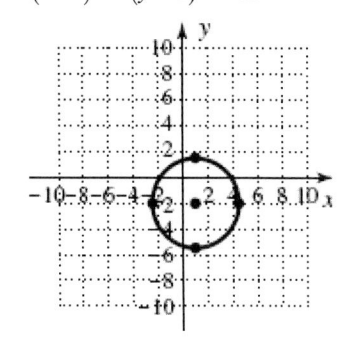

2.1 Exercises

55. Center (4,5), diameter $4\sqrt{3}$

$\text{radius} = \frac{1}{2} \cdot \text{diameter}$

$r = \frac{1}{2}(4\sqrt{3}) = 2\sqrt{3}$

$(x-4)^2 + (y-5)^2 = (2\sqrt{3})^2$

$(x-4)^2 + (y-5)^2 = 12$

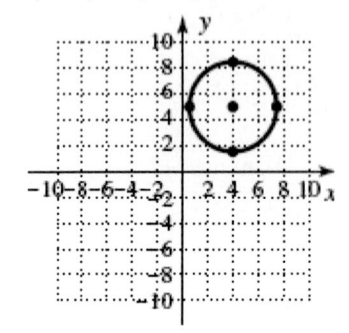

57. Center at (7,1),
graph contains the point (1, −7)

$(x-7)^2 + (y-1)^2 = r^2$;

$(1-7)^2 + (-7-1)^2 = r^2$

$36 + 64 = r^2$

$100 = r^2$;

$(x-7)^2 + (y-1)^2 = 100$

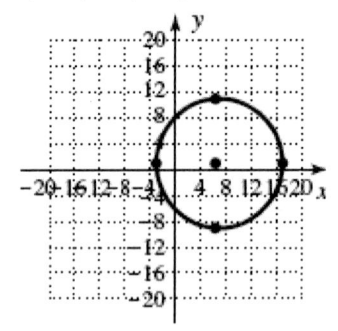

59. Center at (3,4),
graph contains the point (7,9)

$(x-3)^2 + (y-4)^2 = r^2$;

$(7-3)^2 + (9-4)^2 = r^2$

$16 + 25 = r^2$

$41 = r^2$;

$(x-3)^2 + (y-4)^2 = 41$

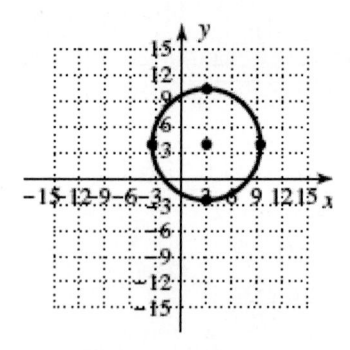

61. Diameter has endpoints (5,1) and (5,7);
midpoint of diameter = center of circle

$\left(\frac{5+5}{2}, \frac{1+7}{2}\right) = (5,4)$;

radius = distance from center to endpt

$r = \sqrt{(5-5)^2 + (1-4)^2} = 3$;

$(x-5)^2 + (y-4)^2 = 9$

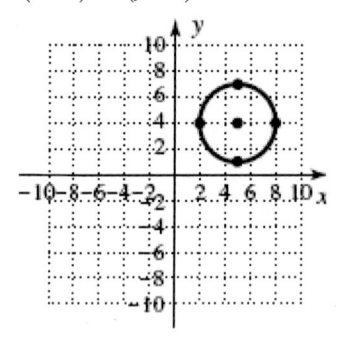

63. Center: (2,3), $r = 2$

$D: x \in [0,4]$

$R: y \in [1,5]$

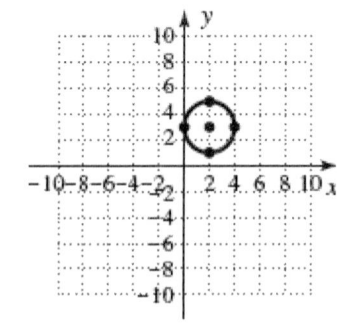

74

Chapter 2: Relations, Functions and Graphs

65. Center: $(-1,2), r = 2\sqrt{3}$
    $D: x \in \left[-1-2\sqrt{3}, -1+2\sqrt{3}\right]$
    $R: y \in \left[2-2\sqrt{3}, 2+2\sqrt{3}\right]$

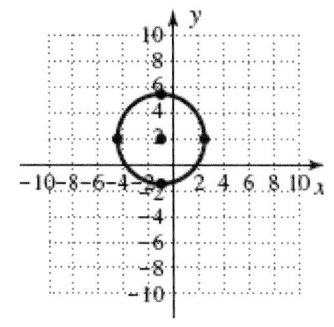

67. Center: $(-4,0), r = 9$
    $D: x \in [-13, 5]$
    $R: y \in [-9, 9]$

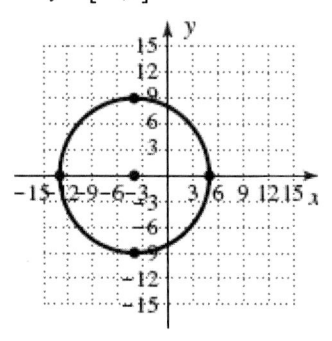

69. $x^2 + y^2 - 10x - 12y + 4 = 0$
    $x^2 - 10x + y^2 - 12y = -4$
    $x^2 - 10x + 25 + y^2 - 12y + 36 = -4 + 25 + 36$
    $(x-5)^2 + (y-6)^2 = 57$
    Center: $(5,6)$, Radius: $r = \sqrt{57}$

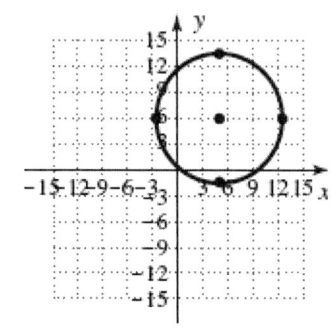

71. $x^2 + y^2 - 10x + 4y + 4 = 0$
    $x^2 - 10x + y^2 + 4y = -4$
    $x^2 - 10x + 25 + y^2 + 4y + 4 = -4 + 25 + 4$
    $(x-5)^2 + (y+2)^2 = 25$
    Center: $(5,-2)$, Radius: $r = 5$

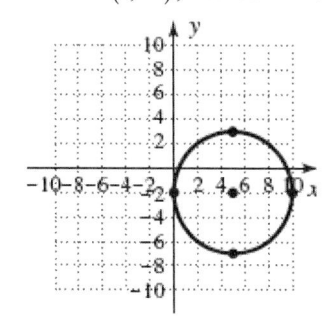

73. $x^2 + y^2 + 6y - 5 = 0$
    $x^2 + y^2 + 6y = 5$
    $x^2 + y^2 + 6y + 9 = 5 + 9$
    $x^2 + (y+3)^2 = 14$
    Center: $(0,-3)$, Radius: $r = \sqrt{14}$

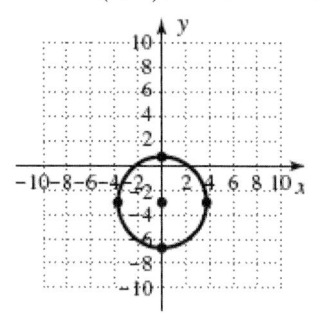

75. $x^2 + y^2 + 4x + 10y + 18 = 0$
    $x^2 + 4x + y^2 + 10y = -18$
    $x^2 + 4x + 4 + y^2 + 10y + 25 = -18 + 4 + 25$
    $(x+2)^2 + (y+5)^2 = 11$
    Center: $(-2,-5)$, Radius: $r = \sqrt{11}$

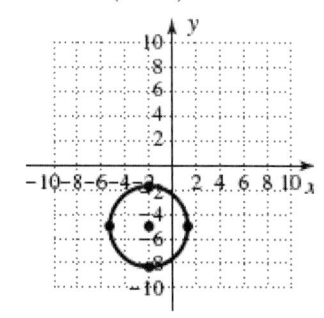

2.1 Exercises

77. $x^2 + y^2 + 14x + 12 = 0$
$x^2 + 14x + y^2 = -12$
$x^2 + 14x + 49 + y^2 = -12 + 49$
$(x+7)^2 + y^2 = 37$
Center: $(-7, 0)$, Radius: $r = \sqrt{37}$

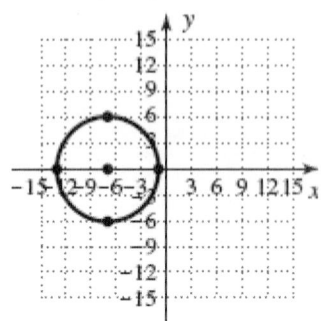

79. $2x^2 + 2y^2 - 12x + 20y + 4 = 0$
$x^2 + y^2 - 6x + 10y + 2 = 0$
$x^2 - 6x + y^2 + 10y = -2$
$x^2 - 6x + 9 + y^2 + 10y + 25 = -2 + 9 + 25$
$(x-3)^2 + (y+5)^2 = 32$
Center: $(3, -5)$, Radius: $r = 4\sqrt{2}$

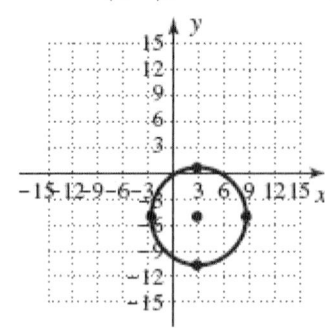

81. $s = 12.5t + 59$
   a. Let $t = 1, s = 12.5(1) + 59 = 71.5$;
   Let $t = 2, s = 12.5(2) + 59 = 84$;
   Let $t = 3, s = 12.5(3) + 59 = 96.5$;
   Let $t = 5, s = 12.5(5) + 59 = 121.5$;
   Let $t = 7, s = 12.5(7) + 59 = 146.5$;
   $(1, 71.5), (2, 84), (3, 96.5), (5, 121.5), (7, 146.5)$

   b. Let $t = 8, s = 12.5(8) + 59 = 159$
   Average amount spend in 2008 is $159.

   c. Let $s = 196$,
   $196 = 12.5t + 59$
   $137 = 12.5t$
   $10.96 = t$
   In 2011, annual spending surpasses $196.

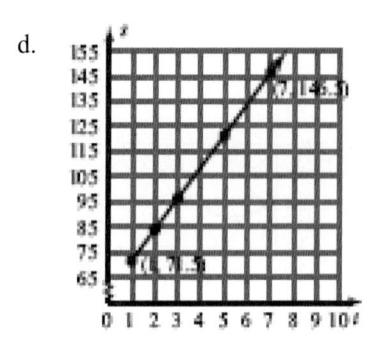

   d.

83. a. $(x-5)^2 + (y-12)^2 = 25^2$
   $(x-5)^2 + (y-12)^2 = 625$
   b. $d = \sqrt{(15-5)^2 + (36-12)^2}$
   $d = \sqrt{10^2 + 24^2} = \sqrt{676} = 26$
   No, radar cannot pick up the liner's sister ship.

85. Red: $(x-2)^2 + (y-2)^2 = 4$;
Center: $(2,2)$, Radius: 2
Blue: $(x-2)^2 + y^2 = 16$;
Center: $(2,0)$, Radius: 4
Area of blue: $\pi(16) - \pi(4) = 12\pi$ units^2

Chapter 2: Relations, Functions and Graphs

87. $x^2 + y^2 + 8x - 6y = 0$

$x^2 + 8x + y^2 - 6y = 0$

$x^2 + 8x + 16 + y^2 - 6y + 9 = 0 + 16 + 9$

$(x+4)^2 + (y-3)^2 = 25$;

$x^2 + y^2 - 10x + 4y = 0$

$x^2 - 10x + y^2 + 4y = 0$

$x^2 - 10x + 25 + y^2 + 4y + 4 = 0 + 25 + 4$

$(x-5)^2 + (y+2)^2 = 29$;

Distance between centers: $(-4, 3), (5, -2)$

$d = \sqrt{(-4-5)^2 + (3-(-2))^2}$

$= \sqrt{81 + 25} = \sqrt{106} \approx 10.30$;

Sum of the radii: $5 + \sqrt{29} \approx 10.39$

No, Distance between the centers is less than the sum of the radii.

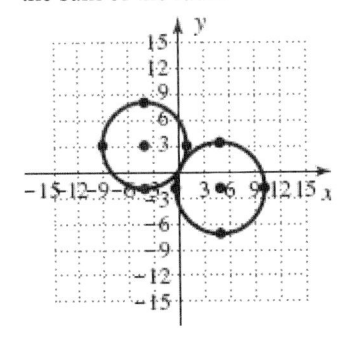

89. Answers will vary.

91. a. $x^2 + y^2 - 12x + 4y + 40 = 0$

$x^2 - 12x + y^2 + 4y = -40$

$x^2 - 12x + 36 + y^2 + 4y + 4 = -40 + 36 + 4$

$(x-6)^2 + (y+2)^2 = 0$

Center $(6, -2)$, $r = 0$, degenerate case

b. $x^2 + y^2 - 2x - 8y - 8 = 0$

$x^2 - 2x + y^2 - 8y = 8$

$x^2 - 2x + 1 + y^2 - 8y + 16 = 8 + 1 + 16$

$(x-1)^2 + (y-4)^2 = 25$

Center $(1, 4)$, $r = 5$

c. $x^2 + y^2 - 6x - 10y + 35 = 0$

$x^2 - 6x + y^2 - 10y = -35$

$x^2 - 6x + 9 + y^2 - 10y + 25 = -35 + 9 + 25$

$(x-3)^2 + (y-5)^2 = -1$

Center $(3, 5)$, $r^2 = -1$, degenerate case

93. a. 0
    b. not possible
    c. 0.3 ;many answers possible
    d. not possible
    e. not possible
    f. $\sqrt{3}$;many answers possible

95. $1 - \sqrt{n+3} = -n$

$-\sqrt{n+3} = -n - 1$

$\sqrt{n+3} = n + 1$

$(\sqrt{n+3})^2 = (n+1)^2$

$n + 3 = n^2 + 2n + 1$

$0 = n^2 + n - 2$

$0 = (n+2)(n-1)$

$n + 2 = 0$ or $n - 1 = 0$

$n = -2$ or $n = 1$

Check: $n = -2$

$1 - \sqrt{-2+3} = -(-2)$

$1 - \sqrt{1} = 2$

$0 \neq 2$;

Check: $n = 1$

$1 - \sqrt{1+3} = -1$

$1 - \sqrt{4} = -1$

$-1 = -1$;

$n = 1$ is a solution, $n = -2$ is extraneous.

2.2 Exercises

2.2 Technology Highlight

Exercise 1: $Y_1 = \frac{2}{3}x + 1$; $(-1.5, 0)$, $(0, 1)$

2.2 Exercises

1. 0; 0.

3. negative, downward

5. yes; slopes are not equal $m_1 \neq m_2$; No; $m_1 \cdot m_2 \neq -1$

7. $2x + 3y = 6$
$3y = -2x + 6$
$y = -\frac{2}{3}x + 2$

x	y
−6	$-\frac{2}{3}(-6) + 2 = 4 + 2 = 6$
−3	$-\frac{2}{3}(-3) + 2 = 2 + 2 = 4$
0	$-\frac{2}{3}(0) + 2 = 0 + 2 = 2$
3	$-\frac{2}{3}(3) + 2 = -2 + 2 = 0$

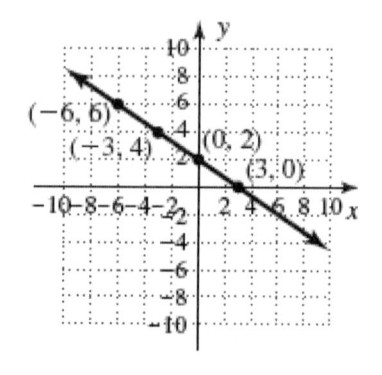

9. $y = \frac{3}{2}x + 4$

x	y
−2	$\frac{3}{2}(-2) + 4 = -3 + 4 = 1$
0	$\frac{3}{2}(0) + 4 = 0 + 4 = 4$
2	$\frac{3}{2}(2) + 4 = 3 + 4 = 7$
4	$\frac{3}{2}(4) + 4 = 6 + 4 = 10$

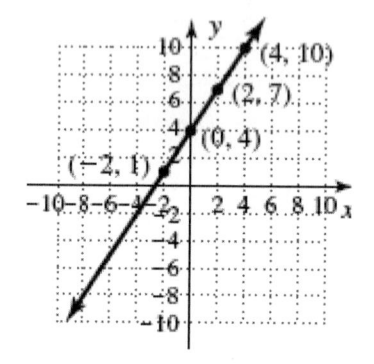

11. $y = \frac{3}{2}x + 4$

$-0.5 = \frac{3}{2}(-3) + 4$

$-0.5 = -\frac{9}{2} + 4$

$-0.5 = -0.5$;

$\frac{19}{4} = \frac{3}{2}\left(\frac{1}{2}\right) + 4$

$\frac{19}{4} = \frac{3}{4} + 4$

$\frac{19}{4} = \frac{19}{4}$

Chapter 2: Relations, Functions and Graphs

13. $3x + y = 6$

   x-intercept: $(2, 0)$
   $3x + 0 = 6$
   $3x = 6$
   $x = 2$
   y-intercept: $(0, 6)$
   $3(0) + y = 6$
   $y = 6$

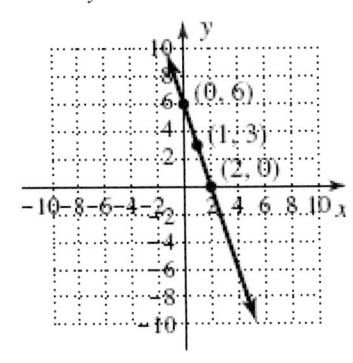

15. $5y - x = 5$

   x-intercept: $(-5, 0)$
   $5(0) - x = 5$
   $-x = 5$
   $x = -5$
   y-intercept: $(0, 1)$
   $5y - 0 = 5$
   $5y = 5$
   $y = 1$

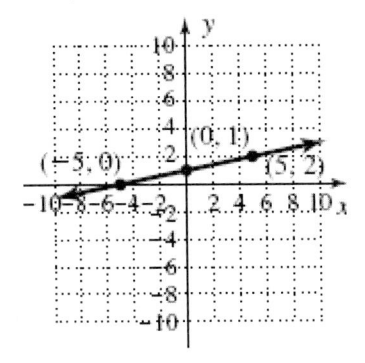

17. $-5x + 2y = 6$

   x-intercept: $\left(-\dfrac{6}{5}, 0\right)$
   $-5x + 2(0) = 6$
   $-5x = 6$
   $x = -\dfrac{6}{5}$
   y-intercept: $(0, 3)$
   $-5(0) + 2y = 6$
   $2y = 6$
   $y = 3$

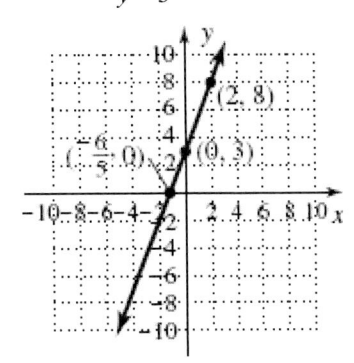

19. $2x - 5y = 4$

   x-intercept: $(2, 0)$
   $2x - 5(0) = 4$
   $2x = 4$
   $x = 2$
   y-intercept: $\left(0, -\dfrac{4}{5}\right)$
   $2(0) - 5y = 4$
   $-5y = 4$
   $y = -\dfrac{4}{5}$

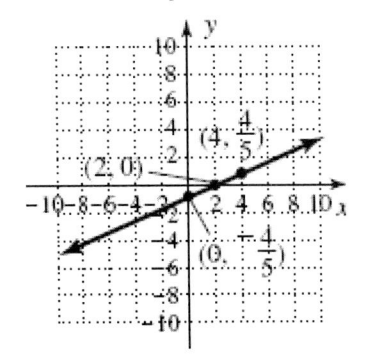

2.2 Exercises

21. $2x + 3y = -12$
 x-intercept: $(-6, 0)$
 $2x + 3(0) = -12$
 $2x = -12$
 $x = -6$
 y-intercept: $(0, -4)$
 $2(0) + 3y = -12$
 $3y = -12$
 $y = -4$

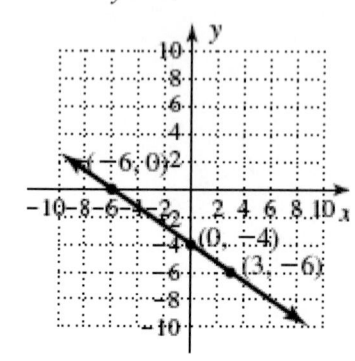

23. $y = -\dfrac{1}{2}x$
 $y = -\dfrac{1}{2}(2)$
 $y = -1$
 $(2, -1)$;
 $y = -\dfrac{1}{2}x$
 $y = -\dfrac{1}{2}(4)$
 $y = -2$
 $(4, -2)$;
 $y = -\dfrac{1}{2}x$
 $y = -\dfrac{1}{2}(0)$
 $y = 0$
 $(0, 0)$

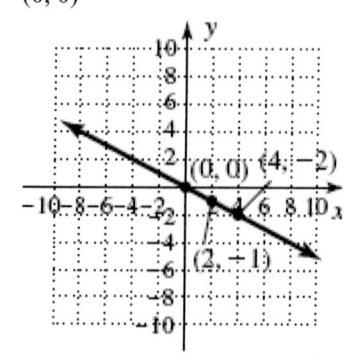

25. $y - 25 = 50x$
 $y - 25 = 50(-1)$
 $y - 25 = -50$
 $y = -25$
 $(-1, -25)$;
 $y - 25 = 50x$
 $y - 25 = 50(1)$
 $y - 25 = 50$
 $y = 75$
 $(1, 75)$

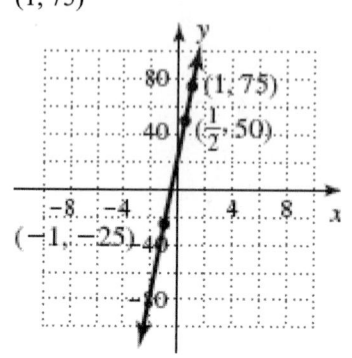

27. $y = -\dfrac{2}{5}x - 2$
 x-intercept: $(-5, 0)$
 $0 = -\dfrac{2}{5}x - 2$
 $2 = -\dfrac{2}{5}x$
 $\left(-\dfrac{5}{2}\right)(2) = \left(-\dfrac{5}{2}\right)\left(-\dfrac{2}{5}x\right)$
 $-5 = x$
 $(-5, 0)$;
 y-intercept: $(0, -2)$
 $y = -\dfrac{2}{5}(0) - 2$
 $y = -2$
 $(0, -2)$

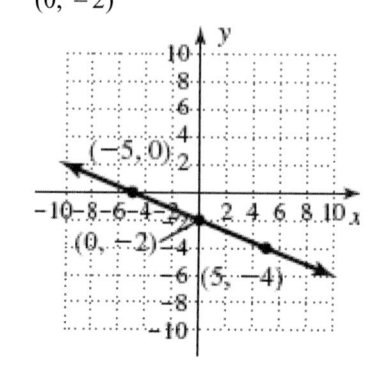

80

Chapter 2: Relations, Functions and Graphs

29. $2y - 3x = 0$
$2y - 3(2) = 0$
$2y - 6 = 0$
$2y = 6$
$y = 3$
(2, 3);
$2y - 3x = 0$
$2y - 3(4) = 0$
$2y - 12 = 0$
$2y = 12$
$y = 6$
(4, 6);
$2y - 3x = 0$
$2y - 3(0) = 0$
$2y = 0$
$y = 0$
(0, 0)

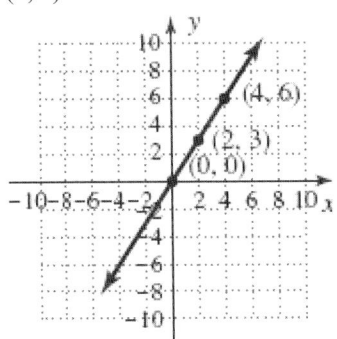

31. $3y + 4x = 12$
x-intercept: (3, 0)
$3(0) + 4x = 12$
$4x = 12$
$x = 3$
y-intercept: (0, 4)
$3y + 4(0) = 12$
$3y = 12$
$y = 4$

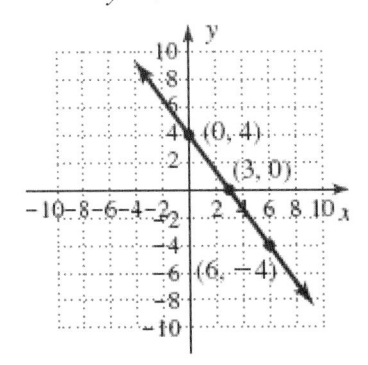

33. $m = \dfrac{6-5}{4-3} = \dfrac{1}{1} = 1$

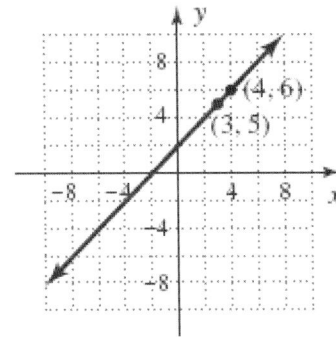

(2,4), (1,3)

35. $m = \dfrac{3-(-5)}{10-4} = \dfrac{8}{6} = \dfrac{4}{3}$

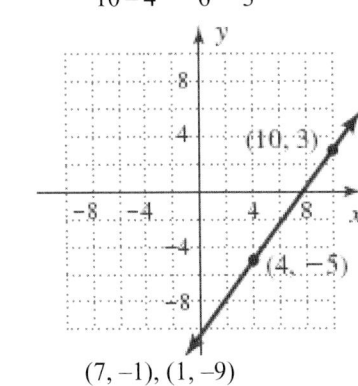

(7, –1), (1, –9)

37. $m = \dfrac{-8-7}{1-(-3)} = \dfrac{-15}{4} = -\dfrac{15}{4}$

$(1,-8), \left(-1,-\dfrac{1}{2}\right)$

39. $m = \dfrac{2-6}{4-(-3)} = \dfrac{-4}{7} = -\dfrac{4}{7}$

$(-10,10), (11,-2)$

41. a.
$m = \dfrac{500-250}{4-2} = \dfrac{250}{2} = 125$
Cost increased $125,000 per 1000 square feet.

b. $375,000

2.2 Exercises

43. a. $m = \dfrac{270-90}{12-4} = \dfrac{180}{8} = 22.5$

    Distance increases 22.5 miles per hour.

    b. 186 miles

45. a. $m = \dfrac{165-142}{70-64} = \dfrac{23}{6}$

    A person weighs 23 pounds more for each additional 6 inches in height.

    b. $\dfrac{23}{6} \approx 3.8$ pounds

47. Convert 48 feet to inches: $48(12) = 576$;

    $(0, -6)$ represents position of the sewer line at edge of house;

    $(576, -18)$ represents position of sewer line at the main line.

    $m = \dfrac{-18-(-6)}{576-0} = \dfrac{-12}{576} = -\dfrac{1}{48}$

    The sewer line is one inch deeper for each 48 inches in length.

49. $x = -3$
    $x + 0y = -3$
    $x + 0(4) = -3$
    $x = -3$
    $(-3, 4)$;
    $x + 0y = -3$
    $x + 0(-4) = -3$
    $x = -3$
    $(-3, -4)$

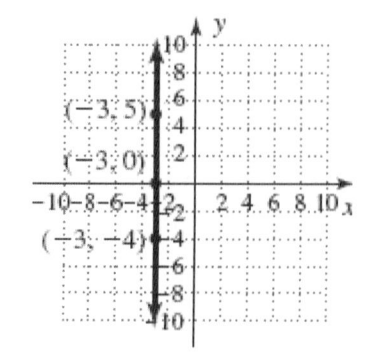

51. $x = 2$
    $x + 0y = 2$
    $x + 0(2) = 2$
    $x = 2$
    $(2, 0)$
    $x + 0y = 2$
    $x + 0(-2) = 2$
    $x = 2$
    $(2, 0)$

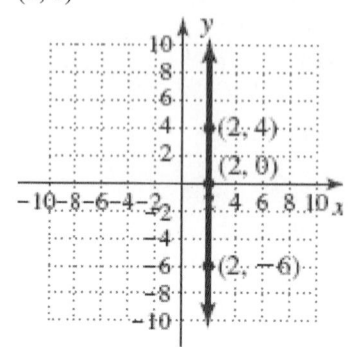

53. $L_1 : x = 2$
    $L_2 : y = 4$
    Point of intersection: $(2, 4)$

55. a. Choose any two points (t, j).
    $(0, 9), (10, 9)$
    $m = \dfrac{9-9}{10-0} = \dfrac{0}{10} = 0$

    Which indicates there is no increase or decrease in the number of Supreme Court justices.

    b. Choose any two points (t, n).
    $(0, 0), (10, 1)$
    $m = \dfrac{1-0}{10-0} = \dfrac{1}{10}$

    Which indicates that over the last 5 decades, one non-white or non-female justice has been added to the court every ten years.

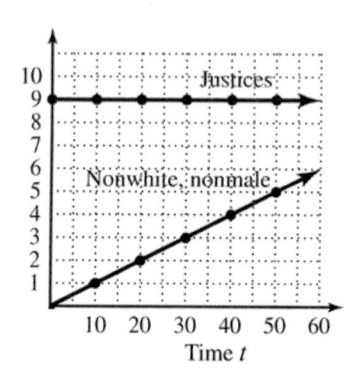

Chapter 2: Relations, Functions and Graphs

57. $L_1: m = \dfrac{6-0}{0-(-2)} = \dfrac{6}{2} = 3$

   $L_2: m = \dfrac{5-8}{0-1} = \dfrac{-3}{-1} = 3$

   Parallel

59. $L_1: m = \dfrac{-4-1}{-3-0} = \dfrac{-5}{-3} = \dfrac{5}{3}$

   $L_2: m = \dfrac{4-0}{-4-0} = \dfrac{4}{-4} = -1$

   Neither

61. $L_1: m = \dfrac{7-3}{8-6} = \dfrac{4}{2} = 2$

   $L_2: m = \dfrac{2-0}{7-6} = \dfrac{2}{1} = 2$

   Parallel

63. $(5, 2)\ (0, -3)$

   $m = \dfrac{-3-2}{0-5} = \dfrac{-5}{-5} = 1$;

   $(0, -3)\ (4, -4)$

   $m = \dfrac{-4-(-3)}{4-0} = \dfrac{-4+3}{4} = \dfrac{-1}{4}$;

   $(5, 2)\ (4, -4)$

   $m = \dfrac{-4-2}{4-5} = \dfrac{-6}{-1} = 6$

   Not a right triangle. Lines are not perpendicular. Slopes: 1; $\dfrac{-1}{4}$; 6

65. $(-4, 3)\ (-7, -1)$

   $m = \dfrac{-1-3}{-7-(-4)} = \dfrac{-4}{-7+4} = \dfrac{-4}{-3} = \dfrac{4}{3}$;

   $(-7, -1)\ (3, -2)$

   $m = \dfrac{-2-(-1)}{3-(-7)} = \dfrac{-2+1}{3+7} = \dfrac{-1}{10}$;

   $(-4, 3)\ (3, -2)$

   $m = \dfrac{-2-3}{3-(-4)} = \dfrac{-5}{7}$

   Not a right triangle. Lines are not perpendicular. Slopes: $\dfrac{4}{3}$; $\dfrac{-1}{10}$; $\dfrac{-5}{7}$

67. $(-3, 2)\ (-1, 5)$

   $m = \dfrac{5-2}{-1-(-3)} = \dfrac{3}{-1+3} = \dfrac{3}{2}$;

   $(-3, 2)\ (-6, 4)$

   $m = \dfrac{4-2}{-6-(-3)} = \dfrac{2}{-6+3} = -\dfrac{2}{3}$

   Right triangle because these two lines are perpendicular. Slopes: $\dfrac{3}{2}$; $\dfrac{-2}{3}$

69. $L = 0.11T + 74.2$

   a. $L(20) = 0.11(20) + 74.2 = 76.4$ years

   b. $77.5 = 0.11T + 74.2$
   $3.3 = 0.11T$
   $30 = T$
   $1980 + 30 = 2010$

71. $V = 8500 - 1250y$

   a. $V = 8500 - 1250(4) = \$3500$

   b. $2250 = 8500 - 1250y$
   $-6250 = -1250y$
   $5 = y$
   5 years

73. Let h represent the water level, in inches. Let t represent the time, in months.
   $h = -3t + 300$

   a. $h = -3(9) + 300 = 273$ in.

   b. Convert feet to inches: $20(12) = 240$;
   $240 = -3t + 300$
   $-60 = -3t$
   $20 = t$
   20 months

75. Slope of FM 1960: $\dfrac{38}{12}$;

   Slope of FM 380: $\dfrac{30}{9.5}$;

   Since $\dfrac{38}{12} \neq \dfrac{30}{9.5}$, the roads are not parallel and yes, the roads will meet.

2.2 Exercises

77. $y = 144x + 621$

    a. $y = 144(22) + 621$
       $y = 3789$
       $3,789$

    b. $5250 = 144x + 621$
       $4629 = 144x$
       $32.15 \approx x$
       $1980 + 32 = 2012$
       Year 2012

79. $y = -\dfrac{7}{15}x + 32$

    a. $y = -\dfrac{7}{15}(20) + 32$
       $y = \dfrac{-28}{3} + 32$
       $y = 22\dfrac{2}{3}$
       23%

    b. $20 = -\dfrac{7}{15}x + 32$
       $-12 = -\dfrac{7}{15}x$
       $-180 = -7x$
       $25.7 = x$
       $1980 + 25.7 = 2005.7$
       During the year 2005

81. $4y + 2x = -5$
    $4y = -2x - 5$
    $y = -\dfrac{1}{2}x - \dfrac{5}{4}$;
    $3y + ax = -2$
    $3y = -ax - 2$
    $y = -\dfrac{a}{3}x - \dfrac{2}{3}$;
    $-\dfrac{a}{3} \cdot -\dfrac{1}{2} = -1$
    $\dfrac{a}{6} = -1$
    $a = -6$

83. $t_n = t_1 + (n-1)d$

    a. $n = 21, t_1 = 2, d = 9 - 2 = 7$
       $t_{21} = 2 + (21-1)7 = 142$

    b. $n = 31, t_1 = 7, d = 4 - 7 = -3$
       $t_{31} = 7 + (31-1)(-3) = -83$

    c. $n = 27, t_1 = 5.10, d = 5.25 - 5.10 = 0.15$
       $t_{27} = 5.10 + (27-1)(0.15) = 9$

    d. $n = 17, t_1 = \dfrac{3}{2}, d = \dfrac{9}{4} - \dfrac{3}{2} = \dfrac{3}{4}$
       $t_{17} = \dfrac{3}{2} + (17-1)\left(\dfrac{3}{4}\right) = \dfrac{27}{2}$

85. $P = 2L + 2W$
    Perimeter of a rectangle;
    $V = LWH$
    Volume of a rectangular prism;
    $V = \pi r^2 h$
    Volume of a cylinder;
    $C = 2\pi r$
    Circumference of a circle

87.

	Distance	Rate	Time
Westbound Boat	D	15	t
Eastbound Boat	$70 - D$	20	t

$\begin{cases} D = 15t \\ 70 - D = 20t \end{cases}$

$70 - 15t = 20t$
$70 = 35t$
$2 = t$
2 hours

Chapter 2: Relations, Functions and Graphs

2.3 Exercises

1. $-\dfrac{7}{4}$; (0, 3)

3. 2.5

5. Answers will vary.

7. $4x + 5y = 10$
$5y = -4x + 10$
$y = -\dfrac{4}{5}x + 2$

x	$y = -\dfrac{4}{5}x + 2$
-5	$y = -\dfrac{4}{5}(-5) + 2 = 4 + 2 = 6$
-2	$y = -\dfrac{4}{5}(-2) + 2 = \dfrac{8}{5} + 2 = \dfrac{18}{5}$
0	$y = -\dfrac{4}{5}(0) + 2 = 0 + 2 = 2$
1	$y = -\dfrac{4}{5}(1) + 2 = -\dfrac{4}{5} + 2 = \dfrac{6}{5}$
3	$y = -\dfrac{4}{5}(3) + 2 = -\dfrac{12}{5} + 2 = -\dfrac{2}{5}$

9. $-0.4x + 0.2y = 1.4$
$0.2y = 0.4x + 1.4$
$y = 2x + 7$

x	$y = 2x + 7$
-5	$y = 2(-5) + 7 = -10 + 7 = -3$
-2	$y = 2(-2) + 7 = -4 + 7 = 3$
0	$y = 2(0) + 7 = 0 + 7 = 7$
1	$y = 2(1) + 7 = 2 + 7 = 9$
3	$y = 2(3) + 7 = 6 + 7 = 13$

11. $\dfrac{1}{3}x + \dfrac{1}{5}y = -1$
$\dfrac{1}{5}y = -\dfrac{1}{3}x - 1$
$y = -\dfrac{5}{3}x - 5$

x	$y = -\dfrac{5}{3}x - 5$
-5	$y = -\dfrac{5}{3}(-5) - 5 = \dfrac{25}{3} - 5 = \dfrac{10}{3}$
-2	$y = -\dfrac{5}{3}(-2) - 5 = \dfrac{10}{3} - 5 = -\dfrac{5}{3}$
0	$y = -\dfrac{5}{3}(0) - 5 = 0 - 5 = -5$
1	$y = -\dfrac{5}{3}(1) - 5 = -\dfrac{5}{3} - 5 = -\dfrac{20}{3}$
3	$y = -\dfrac{5}{3}(3) - 5 = -5 - 5 = -10$

13. $6x - 3y = 9$
$-3y = -6x + 9$
$y = 2x - 3$
New Coefficient: 2
New Constant: -3

15. $-0.5x - 0.3y = 2.1$
$-0.3y = 0.5x + 2.1$
$y = \dfrac{-5}{3}x - 7$
New Coefficient: $\dfrac{-5}{3}$
New Constant: -7

17. $\dfrac{5}{6}x + \dfrac{1}{7}y = -\dfrac{4}{7}$
$\dfrac{1}{7}y = -\dfrac{5}{6}x - \dfrac{4}{7}$
$y = -\dfrac{35}{6}x - 4$
New Coefficient: $-\dfrac{35}{6}$
New Constant: -4

2.3 Exercises

19. $y = -\dfrac{4}{3}x + 5$

x	$y = -\dfrac{4}{3}x + 5$
0	$y = -\dfrac{4}{3}(0) + 5 = 0 + 5 = 5$
3	$y = -\dfrac{4}{3}(3) + 5 = -4 + 5 = 1$
6	$y = -\dfrac{4}{3}(6) + 5 = -8 + 5 = -3$

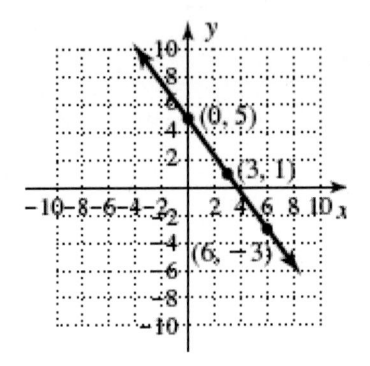

23. $y = -\dfrac{1}{6}x + 4$

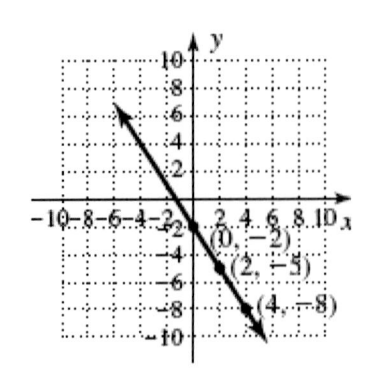

x	$y = -\dfrac{1}{6}x + 4$
-6	$y = -\dfrac{1}{6}(-6) + 4 = 1 + 5 = 5$
0	$y = -\dfrac{1}{6}(0) + 4 = 0 + 4 = 4$
6	$y = -\dfrac{1}{6}(6) + 4 = -1 + 4 = 3$

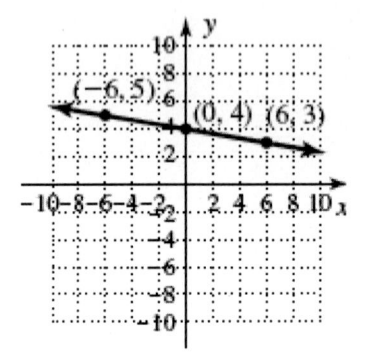

21. $y = -\dfrac{3}{2}x - 2$

x	$y = -\dfrac{3}{2}x - 2$
0	$y = -\dfrac{3}{2}(0) - 2 = 0 - 2 = -2$
2	$y = -\dfrac{3}{2}(2) - 2 = -3 - 2 = -5$
4	$y = -\dfrac{3}{2}(4) - 2 = -6 - 2 = -8$

25. $3x + 4y = 12$

x-intercept: (4, 0)   y-intercept: (0, 3)

$3x + 4(0) = 12$ $3(0) + 4y = 12$

$\quad 3x = 12$ $\quad 4y = 12$

$\quad\; x = 4$ $\quad\;\; y = 3$

a. $m = \dfrac{0 - 3}{4 - 0} = -\dfrac{3}{4}$

b. $y = -\dfrac{3}{4}x + 3$

c. The coefficient of x is the slope and the constant is the y-intercept.

86

Chapter 2: Relations, Functions and Graphs

27. $2x - 5y = 10$

    x-intercept: $(5, 0)$ y-intercept: $(0, -2)$

    $2x - 5(0) = 10$ $2(0) - 5y = 10$

         $2x = 10$ $-5y = 10$

           $x = 5$ $y = -2$

    a. $m = \dfrac{0-(-2)}{5-0} = \dfrac{2}{5}$

    b. $y = \dfrac{2}{5}x - 2$

    c. The coefficient of x is the slope and the constant is the y-intercept.

29. $4x - 5y = -15$

    x-intercept: $\left(-\dfrac{15}{4}, 0\right)$ y-intercept: $(0, 3)$

    $4x - 5(0) = -15$

         $4x = -15$

          $x = -\dfrac{15}{4}$

    $4(0) - 5y = -15$

        $-5y = -15$

          $y = 3$

    a. $m = \dfrac{0-3}{-\dfrac{15}{4}-0} = \dfrac{-3}{-\dfrac{15}{4}} = \dfrac{12}{15} = \dfrac{4}{5}$

    b. $y = \dfrac{4}{5}x + 3$

    c. The coefficient of x is the slope and the constant is the y-intercept.

31. $2x + 3y = 6$

    $3y = -2x + 6$

    $y = -\dfrac{2}{3}x + 2$

    $m = -\dfrac{2}{3}$; y-intercept $(0, 2)$

33. $5x + 4y = 20$

    $4y = -5x + 20$

    $y = -\dfrac{5}{4}x + 5$

    $m = -\dfrac{5}{4}$; y-intercept $(0, 5)$

35. $x = 3y$

    $y = \dfrac{1}{3}x$

    $m = \dfrac{1}{3}$; y-intercept $(0, 0)$

37. $3x + 4y - 12 = 0$

    $4y = -3x + 12$

    $y = -\dfrac{3}{4}x + 3$

    $m = -\dfrac{3}{4}$; y-intercept $(0, 3)$

39. $m = \dfrac{2}{3}$; y-intercept $(0, 1)$

    $y = mx + b$

    $y = \dfrac{2}{3}x + 1$

41. $m = 3$; y-intercept $(0, 3)$

    $y = mx + b$

    $y = 3x + 3$

43. $m = 3$; y-intercept $(0, 2)$

    $y = mx + b$

    $y = 3x + 2$

45. $m = 250$; $(14, 4000)$

    $y - y_1 = m(x - x_1)$

    $y - 4000 = 250(x - 14)$

    $y - 4000 = 250x - 3500$

    $y = 250x + 500$

    $f(x) = 250x + 500$

47. $m = \dfrac{75}{2}$; $(24, 1050)$

    $y - y_1 = m(x - x_1)$

    $y - 1050 = \dfrac{75}{2}(x - 24)$

    $y - 1050 = \dfrac{75}{2}x - 900$

    $y = \dfrac{75}{2}x + 150$

    $f(x) = \dfrac{75}{2}x + 150$

2.3 Exercises

49. $m = 2$; $(5, -3)$
$$y - y_1 = m(x - x_1)$$
$$y + 3 = 2(x - 5)$$
$$y + 3 = 2x - 10$$
$$y = 2x - 13$$

51. $3x + 5y = 20$
$$5y = -3x + 20$$
$$y = -\frac{3}{5}x + 4$$

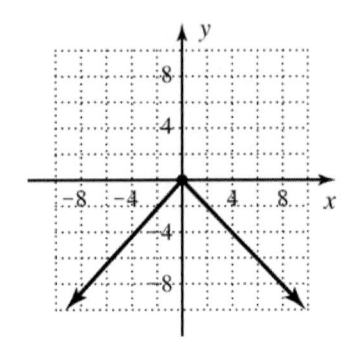

53. $2x - 3y = 15$
$$-3y = -2x + 15$$
$$y = \frac{2}{3}x - 5$$

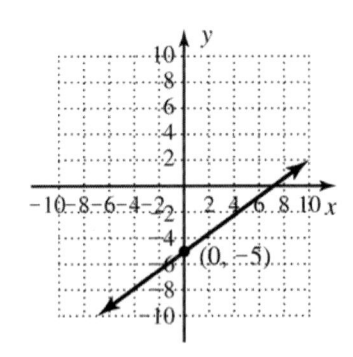

55. $y = \frac{2}{3}x + 3$

$m = \frac{2}{3}$; y-intercept $(0, 3)$

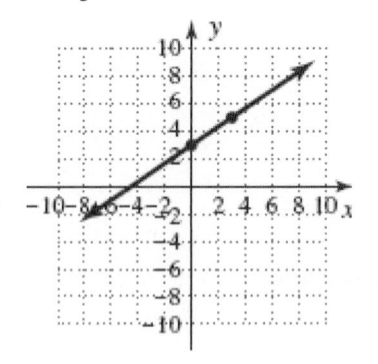

57. $y = -\frac{1}{3}x + 2$

$m = \frac{-1}{3}$; y-intercept $(0, 2)$

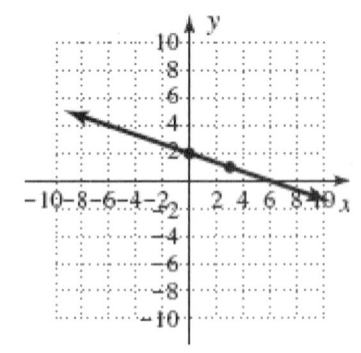

59. $y = 2x - 5$

$m = 2$; y-intercept $(0, -5)$

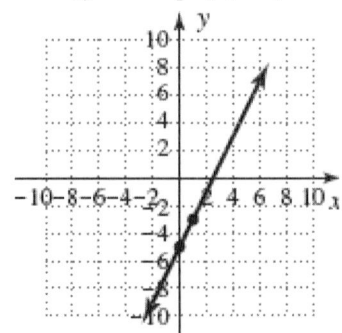

Chapter 2: Relations, Functions and Graphs

61. $f(x) = \dfrac{1}{2}x - 3$

    $m = \dfrac{1}{2}$; y-intercept $(0, -3)$

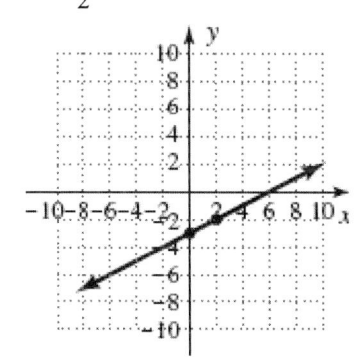

63. $2x - 5y = 10$

    $-5y = -2x + 10$

    $y = \dfrac{2}{5}x - 2$

    $m = \dfrac{2}{5}$; $(-5, 2)$

    $y - y_1 = m(x - x_1)$

    $y - 2 = \dfrac{2}{5}(x - (-5))$

    $y - 2 = \dfrac{2}{5}x + 2$

    $y = \dfrac{2}{5}x + 4$

65. $5y - 3x = 9$

    $5y = 3x + 9$

    $y = \dfrac{3}{5}x + \dfrac{9}{5}$

    $m = -\dfrac{5}{3}$; $(6, -3)$;

    $y - y_1 = m(x - x_1)$

    $y - (-3) = -\dfrac{5}{3}(x - 6)$

    $y + 3 = -\dfrac{5}{3}x + 10$

    $y = -\dfrac{5}{3}x + 7$

67. $12x + 5y = 65$

    $5y = -12x + 65$

    $y = -\dfrac{12}{5}x + 13$

    $m = -\dfrac{12}{5}$; $(-2, -1)$

    $y - y_1 = m(x - x_1)$

    $y + 1 = -\dfrac{12}{5}(x + 2)$

    $y + 1 = -\dfrac{12}{5}x - \dfrac{24}{5}$

    $y = -\dfrac{12}{5}x - \dfrac{29}{5}$

69. $y = -3$ has slope of zero.

    Slope of any line parallel to this line has the same slope, 0.

    $y = mx + b$

    $5 = 0(2) + b$

    $5 = b$;

    $y = 0x + 5$

    $y = 5$

71. $4y - 5x = 8$

    $4y = 5x + 8$

    $y = \dfrac{5}{4}x + 2$;

    $5y + 4x = -15$

    $5y = -4x - 15$

    $y = -\dfrac{4}{5}x - 3$

    perpendicular

73. $2x - 5y = 20$

    $-5y = -2x + 20$

    $y = \dfrac{2}{5}x - 4$;

    $4x - 3y = 18$

    $-3y = -4x + 18$

    $y = \dfrac{4}{3}x - 6$

    Neither

2.3 Exercises

75. $-4x+6y=12$
$6y=4x+12$
$y=\dfrac{2}{3}x+2;$
$2x+3y=6$
$3y=-2x+6$
$y=-\dfrac{2}{3}x+2$
Neither

77. $(0,1),(4,-2)$
$m=\dfrac{-2-1}{4-0}=-\dfrac{3}{4}$

a. $y-(-4)=-\dfrac{3}{4}(x-2)$
$y+4=-\dfrac{3}{4}x+\dfrac{3}{2}$
$y=-\dfrac{3}{4}x-\dfrac{5}{2}$

b. $y-(-4)=\dfrac{4}{3}(x-2)$
$y+4=\dfrac{4}{3}x-\dfrac{8}{3}$
$y=\dfrac{4}{3}x-\dfrac{20}{3}$

79. $(-4,0),(5,4)$
$m=\dfrac{4-0}{5-(-4)}=\dfrac{4}{9}$

a. $y-3=\dfrac{4}{9}(x-(-1))$
$y-3=\dfrac{4}{9}(x+1)$
$y-3=\dfrac{4}{9}x+\dfrac{4}{9}$
$y=\dfrac{4}{9}x+\dfrac{31}{9}$

b. $y-3=\dfrac{-9}{4}(x-(-1))$
$y-3=\dfrac{-9}{4}(x+1)$
$y-3=\dfrac{-9}{4}x-\dfrac{9}{4}$
$y=\dfrac{-9}{4}x+\dfrac{3}{4}$

81. $(-2,3),(4,0)$
$m=\dfrac{0-3}{4-(-2)}=\dfrac{-3}{6}=\dfrac{-1}{2}$

a. $y-(-2)=\dfrac{-1}{2}(x-0)$
$y+2=\dfrac{-1}{2}x$
$y=\dfrac{-1}{2}x-2$

b. $y-(-2)=2(x-0)$
$y+2=2x$
$y=2x-2$

83. $m=2;\ P_1=(2,-5)$
$y-y_1=m(x-x_1)$
$y+5=2(x-2)$
$y+5=2x-4$
$y=2x-9$

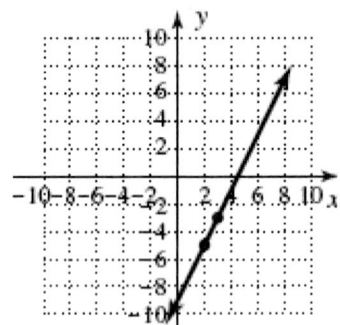

Chapter 2: Relations, Functions and Graphs

85. $P_1(3,-4), P_2(11,-1)$

$m = \dfrac{-1-(-4)}{11-3} = \dfrac{3}{8}$;

$y - y_1 = m(x - x_1)$

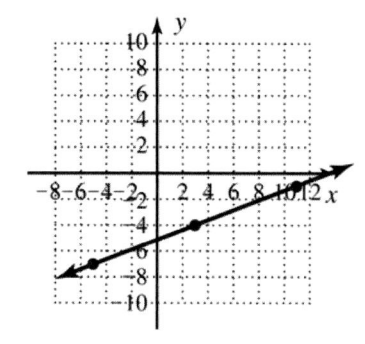

$y - (-4) = \dfrac{3}{8}(x - 3)$

$y + 4 = \dfrac{3}{8}x - \dfrac{9}{8}$

$y = \dfrac{3}{8}x - \dfrac{41}{8}$

87. $m = 0.5$; $P_1 = (1.8, -3.1)$

$y - y_1 = m(x - x_1)$

$y + 3.1 = 0.5(x - 1.8)$

$y + 3.1 = 0.5x - 0.9$

$y = 0.5x - 4$

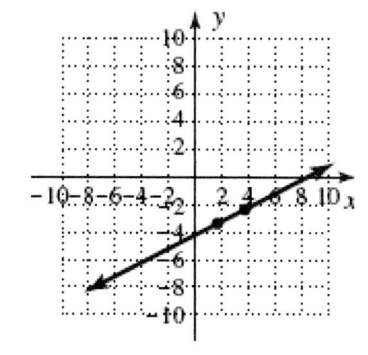

89. $m = \dfrac{6}{5}$; $(4, 2)$

$y - y_1 = m(x - x_1)$

$y - 2 = \dfrac{6}{5}(x - 4)$

For each 5000 additional sales, income rises $6000.

91. $m = -20$; $(0.5, 100)$

$y - y_1 = m(x - x_1)$

$y - 100 = -20(x - 0.5)$

For every hour of television, a student's final grade falls 20%.

93. $m = \dfrac{35}{2}$; $(0.5, 10)$

$y - y_1 = m(x - x_1)$

$y - 10 = \dfrac{35}{2}(x - 0.5)$

Every 2 inches of rainfall increases the number of cattle raised per acre by 35.

95. C

97. A

99. B

101. D

103. $ax + by = c$

$by = -ax + c$

$y = -\dfrac{a}{b}x + \dfrac{c}{b}$;

Slope $-\dfrac{a}{b}$, y-intercept $\left(0, \dfrac{c}{b}\right)$

a. $3x + 4y = 8$

$m = -\dfrac{a}{b} = -\dfrac{3}{4}$;

$y-\text{int} = \dfrac{c}{b} = \dfrac{8}{4} = 2, (0,2)$

2.3 Exercises

b. $2x+5y=-15$

$m = -\dfrac{a}{b} = -\dfrac{2}{5}$;

$y-\text{int} = \dfrac{c}{b} = -\dfrac{15}{5} = -3, (0,-3)$

c. $5x-6y=-12$

$m = -\dfrac{5}{-6} = \dfrac{5}{6}$;

$y-\text{int} = \dfrac{c}{b} = \dfrac{-12}{-6} = 2, (0,2)$

d. $3y-5x=9$

$m = -\dfrac{a}{b} = -\dfrac{-5}{3} = \dfrac{5}{3}$;

$y-\text{int} = \dfrac{c}{b} = \dfrac{9}{3} = 3, (0,3)$

105.a. As the temperature increases 5°C, the velocity of sound waves increases 3 m/s. At a temperature of 0°C, the velocity is 331 m/s.

b. $V(20) = \dfrac{3}{5}(20) + 331 = 343$ m/s

c. $361 = \dfrac{3}{5}C + 331$

$30 = \dfrac{3}{5}C$

$50 = C$

50°C

107.a. $m = \dfrac{190-150}{6-0} = \dfrac{40}{6} = \dfrac{20}{3}$

$V(t) = \dfrac{20}{3}t + 150$

b. Every three years, the coin increased in value by $20. The initial value was $150.

109.a. $m = \dfrac{51-9}{2001-1995} = \dfrac{42}{6} = 7$

$N(t) = 7t+9$

b. Every 1 year, the number of homes hooked to the internet increases by 7 million.

c. $0 = 7t+9$

$-9 = 7t$

$-\dfrac{9}{7} = t$

$-1.29 = t$

1.29 years prior to 1995 is 1993.

111. $m = \dfrac{1320000-740000}{2000-1990}$

$= \dfrac{580000}{10} = 58000$

$P(t) = 58000t + 740000$

Grows 58,000 every year.

$P(17) = 58000(17) + 740000 = 1726000$

113. Answers will vary.

115.a. $ax+by=c$

Find x-intercept by letting $y = 0$.

$ax+b(0) = c$

$x = \dfrac{c}{a}$

$\left(\dfrac{c}{a}, 0\right)$;

Find y-intercept by letting $x = 0$.

$a(0)+by=c$

$y = \dfrac{c}{b}$

$\left(0, \dfrac{c}{b}\right)$

The intercept method works most efficiently when a and b are factors of c.

Chapter 2: Relations, Functions and Graphs

b. Solve $ax+by=c$ for y.
$ax+by=c$
$by=-ax+c$
$y=-\dfrac{a}{b}x+\dfrac{c}{b}$;
$m=-\dfrac{a}{b}$; y-intercept $\left(0,\dfrac{c}{b}\right)$

The slope-intercet method works most efficiently when b is a factor of c.

117. $3x^2-10x=9$
$3x^2-10-9=0$
$x=\dfrac{10\pm\sqrt{(-10)^2-4(3)(-9)}}{2(3)}$
$x=\dfrac{10\pm\sqrt{100+108}}{6}$
$x=\dfrac{10\pm\sqrt{208}}{6}$
$x=\dfrac{10\pm 4\sqrt{13}}{6}$
$x=\dfrac{5\pm 2\sqrt{13}}{3}$
$x\approx 4.07$ or $x\approx -0.74$

119. $A=\pi r^2$
Larger circle: Smaller Circle
$A=\pi(10)^2$ $A=\pi(8)^2$
$A=100\pi$ $A=64\pi$
$100\pi-64\pi=36\pi\approx 113.10$ yds^2

2.4 Exercises

1. First

3. Range

5. Answers will vary.

7. Function

9. Not a function. The Shaq is paired with two heights.

11. Not a function, 4 is paired with 2 and -5.

13. Function

15. Function

17. Not a function, -2 is paired with 3 and -4.

19. Function

21. Function

23. Not a function, 0 is paired with 4 and -4.

25. Function

27. Not a function, 5 is paired with -1 and 1.

29. Function

31.

x	$y=x$
-2	$y=-2$
-1	$y=-1$
0	$y=0$
1	$y=1$
2	$y=2$

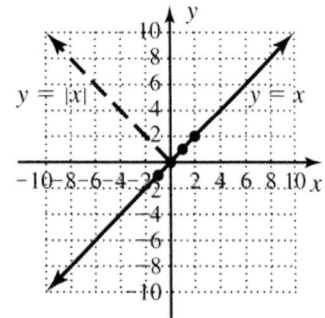

Function

2.4 Exercises

33.

x	$y=(x+2)^2$
−4	$y=(-4+2)^2=4$
−3	$y=(-3+2)^2=1$
−2	$y=(-2+2)^2=0$
−1	$y=(-1+2)^2=1$
0	$y=(0+2)^2=4$
1	$y=(1+2)^2=9$

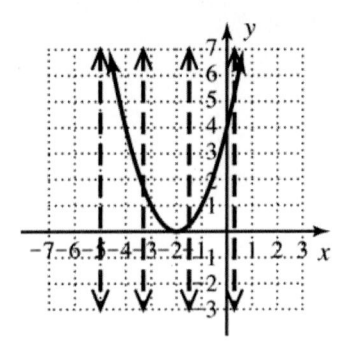

Function

35. Function; $x \in [-4,-5]$ $y \in [-2,3]$

37. Function; $x \in [-4,\infty)$ $y \in [-4,\infty)$

39. Function; $x \in [-4,4]$ $y \in [-5,-1]$

41. Function; $x \in (-\infty,\infty)$ $y \in (-\infty,\infty)$

43. Not a function; $x \in [-3,5]$ $y \in [-3,3]$

45. Not a function; $x \in (-\infty,3]$ $y \in (-\infty,\infty)$

47. $f(x)=\dfrac{3}{x-5}$
$x-5=0$
$x=5$
$x \in (-\infty,5) \cup (5,\infty)$

49. $h(a)=\sqrt{3a+5}$
$3a+5 \geq 0$
$3a \geq -5$
$a \geq -\dfrac{5}{3}$
$a \in \left[-\dfrac{5}{3},\infty\right)$

51. $v(x)=\dfrac{x+2}{x^2-25}$
$x^2-25=0$
$x^2=25$
$x=\pm 5$
$x \in (-\infty,-5) \cup (-5,5) \cup (5,\infty)$

53. $u=\dfrac{v-5}{v^2-18}$
$v^2-18=0$
$v^2=18$
$v=\pm 3\sqrt{2}$
$v \in \left(-\infty,-3\sqrt{2}\right) \cup \left(-3\sqrt{2},3\sqrt{2}\right) \cup \left(3\sqrt{2},\infty\right)$

55. $y=\dfrac{17}{25}x+123$
$x \in (-\infty,\infty)$

57. $m=n^2-3n-10$
$n \in (-\infty,\infty)$

59. $y=2|x|+1$
$x \in (-\infty,\infty)$

61. $y_1=\dfrac{x}{x^2-3x-10}$
$x^2-3x-10=0$
$(x-5)(x+2)=0$
$x=5$ or $x=-2$
$x \in (-\infty,-2) \cup (-2,5) \cup (5,\infty)$

Chapter 2: Relations, Functions and Graphs

63. $y = \dfrac{\sqrt{x-2}}{2x-5}$, $x \geq 2$

    $2x - 5 = 0$
    $2x = 5$
    $x = \dfrac{5}{2}$

    $x \in \left[2, \dfrac{5}{2}\right) \cup \left(\dfrac{5}{2}, \infty\right)$

65. $f(x) = \sqrt{\dfrac{5}{x-2}}$

    Since the radicand must be non-negative, solve the inequality: $\dfrac{5}{x-2} \geq 0, x \neq 2$

    Use test points to each side of 2.

    If $x = 0, \dfrac{5}{0-2} \geq 0$ false

    If $x = 3, \dfrac{5}{3-2} \geq 0$ true

    Domain: $x \in (2, \infty)$

67. $h(x) = \dfrac{-2}{\sqrt{4+x}}$

    Since the radicand must be non-negative and the denominator cannot equal zero, solve the inequality: $4 + x > 0, x > -4$.

    Domain: $x \in (-4, \infty)$

69. $f(x) = \dfrac{1}{2}x + 3$

    $f(-6) = \dfrac{1}{2}(-6) + 3 = -3 + 3 = 0$;

    $f\left(\dfrac{3}{2}\right) = \dfrac{1}{2}\left(\dfrac{3}{2}\right) + 3 = \dfrac{3}{4} + 3 = \dfrac{15}{4}$;

    $f(2c) = \dfrac{1}{2}(2c) + 3 = c + 3$

71. $f(x) = 3x^2 - 4x$

    $f(-6) = 3(-6)^2 - 4(-6) = 108 + 24 = 132$;

    $f\left(\dfrac{3}{2}\right) = 3\left(\dfrac{3}{2}\right)^2 - 4\left(\dfrac{3}{2}\right) = 3\left(\dfrac{9}{4}\right) - 6$
    $= \dfrac{27}{4} - 6 = \dfrac{3}{4}$;

    $f(2c) = 3(2c)^2 - 4(2c) = 3(4c^2) - 8c$
    $= 12c^2 - 8c$

73. $h(x) = \dfrac{3}{x}$

    $h(3) = \dfrac{3}{(3)} = 1$;

    $h\left(-\dfrac{2}{3}\right) = \dfrac{3}{\left(-\dfrac{2}{3}\right)} = -\dfrac{9}{2}$;

    $h(3a) = \dfrac{3}{3a} = \dfrac{1}{a}$

75. $h(x) = \dfrac{5|x|}{x}$

    $h(3) = \dfrac{5|3|}{3} = \dfrac{5(3)}{3} = 5$;

    $h\left(-\dfrac{2}{3}\right) = \dfrac{5\left|-\dfrac{2}{3}\right|}{-\dfrac{2}{3}} = \dfrac{5\left(\dfrac{2}{3}\right)}{-\dfrac{2}{3}} = -5$;

    $h(3a) = \dfrac{5|3a|}{3a} = \dfrac{15|a|}{3a} = \dfrac{5|a|}{a}$;

    -5 if $a < 0$; 5 if $a > 0$

77. $g(r) = 2\pi r$

    $g(0.4) = 2\pi(0.4) = 0.8\pi$;

    $g\left(\dfrac{9}{4}\right) = 2\pi\left(\dfrac{9}{4}\right) = \dfrac{9}{2}\pi$;

    $g(h) = 2\pi(h) = 2\pi h$;

79. $g(r) = \pi r^2$

    $g(0.4) = \pi(0.4)^2 = 0.16\pi$;

    $g\left(\dfrac{9}{4}\right) = \pi\left(\dfrac{9}{4}\right)^2 = \dfrac{81}{16}\pi$;

    $g(h) = \pi(h)^2 = \pi h^2$

81. $p(x) = \sqrt{2x+3}$

    $p(0.5) = \sqrt{2(0.5)+3} = \sqrt{1+3} = \sqrt{4} = 2$;

    $p\left(\dfrac{9}{4}\right) = \sqrt{2\left(\dfrac{9}{4}\right)+3} = \sqrt{\dfrac{9}{2}+3} = \sqrt{\dfrac{15}{2}} = \dfrac{\sqrt{30}}{2}$;

    $p(a) = \sqrt{2(a)+3} = \sqrt{2a+3}$

2.4 Exercises

83. $p(x) = \dfrac{3x^2 - 5}{x^2}$

$p(0.5) = \dfrac{3(0.5)^2 - 5}{(0.5)^2} = \dfrac{3(0.25) - 5}{0.25}$

$= \dfrac{0.75 - 5}{0.25} = \dfrac{-4.25}{0.25} = -17$

$p\left(\dfrac{9}{4}\right) = \dfrac{3\left(\dfrac{9}{4}\right)^2 - 5}{\left(\dfrac{9}{4}\right)^2} = \dfrac{3\left(\dfrac{81}{16}\right) - 5}{\dfrac{81}{16}}$

$= \dfrac{\dfrac{243}{16} - 5}{\dfrac{81}{16}} = \dfrac{\dfrac{163}{16}}{\dfrac{81}{16}} = \dfrac{163}{81}$;

$p(a) = \dfrac{3(a)^2 - 5}{(a)^2} = \dfrac{3a^2 - 5}{a^2}$

85. a. D: $\{-1, 0, 1, 2, 3, 4, 5\}$
    b. R: $\{-2, -1, 0, 1, 2, 3, 4\}$
    c. $f(2) = 1$
    d. $f(-1) = 4$

87. a. $x \in [-5, 5]$
    b. $y \in [-3, 4]$
    c. $f(2) = -2$
    d. when $y = 1$, $x = 0$ and $x = -4$.

89. a. $x \in [-3, \infty)$
    b. $y \in (-\infty, 4]$
    c. $f(2) = 2$
    d. when $y = 2$, $x = 2$ and $x = -2$

91. $W(H) = \dfrac{9}{2}H - 151$

    a. $W(75) = \dfrac{9}{2}(75) - 151 = 186.5$ lb

    b. $W(72) = \dfrac{9}{2}(72) - 151 = 173$ lb
    $210 - 173 = 37$ lb

93. $A = \dfrac{1}{2}B + I - 1$
    $\triangle PQR$
    $P(-3, 1), Q(3, 9), R(7, 6)$
    $m = \dfrac{9 - 1}{3 - (-3)} = \dfrac{4}{3}$
    $y - 1 = \dfrac{4}{3}(x + 3)$
    $y - 1 = \dfrac{4}{3}x + 4$
    $y = \dfrac{4}{3}x + 5$

    $(0, 5)$ lies on PQ;
    Lattice points are points that join vertical and horizontal grids in a Cartesian coordinate system.
    There are four lattice points on the boundary; three vertices and point $(0, 5)$, thus $B = 8$. There are 24 lattice points in the interior of the triangle, thus $I = 24$.

    $A = \dfrac{1}{2}(8) + 22 - 1 = 25$ units^2

95. a. $N(g) = 2.5g$

    b. $g \in [0, 5]$; $N \in [0, 12.5]$

97. a. $D \in [0, \infty)$

    b. $V(7.5) = 100\pi(7.5) = 750\pi$

    c. $V\left(\dfrac{8}{\pi}\right) = 100\pi\left(\dfrac{8}{\pi}\right) = 800$ cm^3

99. a. $c(t) = 42.50t + 50$

    b. $c(2.5) = 42.50(2.5) + 50 = \$156.25$

    c. $262.50 = 42.50t + 50$
    $212.50 = 42.50t$
    5 hr $= t$

    d. $500 = 42.50t + 50$
    $450 = 42.50t$
    10.6 hr $\approx t$
    $t \in [0, 10.6]$; $c \in [0, 500]$

Chapter 2: Relations, Functions and Graphs

101. a. Yes.
 Each "x" is paired with exactly one "y".

 b. 10 P.M.

 c. 0.9 m

 d. 7 P.M. and 1 A.M.

103. a. Average rate of change from 1920 to 1940, use (20,3.2) and (40,2.2).
 $\frac{\Delta fertility}{\Delta time} = \frac{2.2-3.2}{40-20} = -\frac{1}{20}$; Negative;
 Fertility is decreasing by one child every 20 years.

 b. Average rate of change from 1940 to 1950, use (40,2.2) and (50,3.0).
 $\frac{\Delta fertility}{\Delta time} = \frac{3.0-2.2}{50-40} = \frac{0.8}{10}$; Positive;
 Fertility is increasing by less than one child every 10 years.

 c. from 1980 to 1990, use (80,1.8) and (90,2.0).
 $\frac{\Delta fertility}{\Delta time} = \frac{2.0-1.8}{90-80} = \frac{0.2}{10}$; The fertility rate was increasing four times as fast from 1940 to 1950.

105. The y-values of the negative x integers would become positive.
 All points would be in Quadrants I and III.

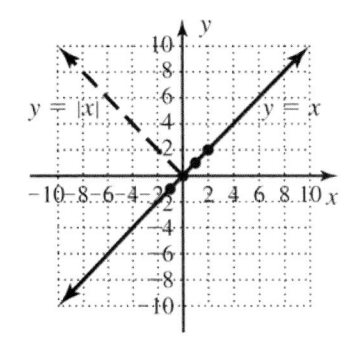

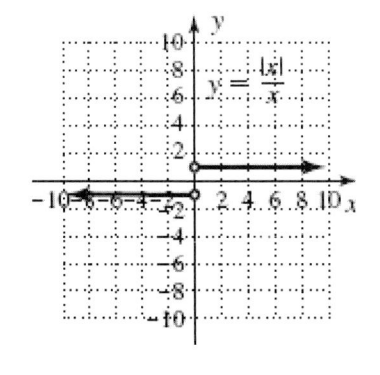

107. a. $y = \frac{x-3}{x+2}, x \neq -2$
 Domain: $x \in (-\infty, -2) \cup (-2, \infty)$;
 $(x+2)y = (x+2)\left(\frac{x-3}{x+2}\right)$
 $xy + 2y = x - 3$
 $xy - x = -2y - 3$
 $x(y-1) = -2y - 3$
 $x = \frac{-2y-3}{y-1} = \frac{2y+3}{1-y}, y \neq 1$
 Range: $y \in (-\infty, 1) \cup (1, \infty)$

 b. $y = x^2 - 3$
 Domain: $x \in \mathbb{R}$;
 $y = x^2 - 3$
 $y + 3 = x^2$
 $\pm\sqrt{y+3} = x$;
 $y + 3 \geq 0$
 $y \geq -3$
 Range: $y \in [-3, \infty)$

109. a. $\sqrt{24} + 6\sqrt{54} - \sqrt{6}$
 $= 2\sqrt{6} + 6 \cdot 3\sqrt{6} - \sqrt{6}$
 $= 2\sqrt{6} + 18\sqrt{6} - \sqrt{6}$
 $= 19\sqrt{6}$

 b. $(2+\sqrt{3})(2-\sqrt{3})$
 $= 4 - 2\sqrt{3} + 2\sqrt{3} - 3$
 $= 1$

111. a. $x^3 - 3x^2 - 25x + 75$
 $= (x^3 - 3x^2) - (25x - 75)$
 $= x^2(x-3) - 25(x-3)$
 $= (x-3)(x^2 - 25)$
 $= (x-3)(x-5)(x+5)$

 b. $2x^2 - 13x - 24 = (2x+3)(x-8)$

 c. $8x^3 - 125 = (2x-5)(4x^2 + 10x + 25)$

Mid-Chapter Check

Chapter 2 Mid-Chapter Check

1. $4x - 3y = 12$
   $-3y = -4x + 12$
   $y = \dfrac{4}{3}x - 4$

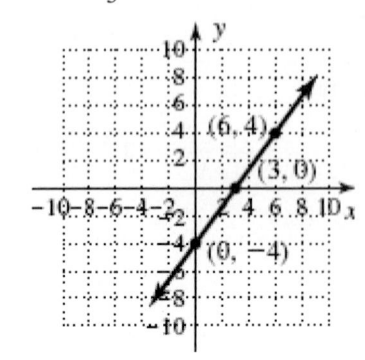

   [Graph showing line through (6,4), (3,0), (0,−4)]

3. $m = \dfrac{-0.5 - (-2)}{2003 - 2002} = \dfrac{1.5}{1} = 1.5$;
   Positive, loss is decreasing, profit is increasing.
   Data.com's loss decreases by 1.5 million dollars per year.

5. $x = -3$; not a function. Input -3 is paired with more than one output.

7. a. $h(2) = 0$
   b. $x \in [-3, 5]$
   c. $x = -1$ when $h(x) = -3$
   d. $y \in [-4, 5]$

9. $m = \dfrac{3}{4}$; $(1, 2)$
   $y - y_1 = m(x - x_1)$
   $y - 2 = \dfrac{3}{4}(x - 1)$
   $y - 2 = \dfrac{3}{4}x - \dfrac{3}{4}$
   $y = \dfrac{3}{4}x + \dfrac{5}{4}$
   $F(p) = \dfrac{3}{4}p + \dfrac{5}{4}$

   For every 4000 pheasants, the fox population increases by 300.
   $F(20) = \dfrac{3}{4}(20) + \dfrac{5}{4} = 15 + 1.25 = 16.25$
   Fox population is 1625 when the pheasant population is 20,000.

Chapter 2 Reinforcing Basic Concepts

1. $P_1(0,5)$; $P_2(6,7)$

   a. $m = \dfrac{7-5}{6-0} = \dfrac{2}{6} = \dfrac{1}{3}$; increasing

   b. $y - 5 = \dfrac{1}{3}(x - 0)$

   c. $y = \dfrac{1}{3}x + 5$

   d. $y = \dfrac{1}{3}x + 5$
   $-\dfrac{1}{3}x + y = 5$
   $x - 3y = -15$

   e. x-intercept: $(-15, 0)$ y-intercept: $(0, 5)$
   $x - 3(0) = -15$ $0 - 3y = -15$
   $x = -15$ $-3y = -15$
                        $y = 5$

   [Graph showing line with positive slope 1/3]

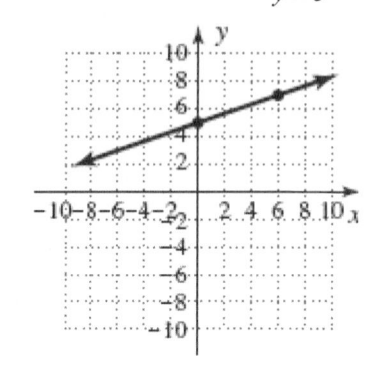

Chapter 2: Relations, Functions and Graphs

3. $P_1(3,2)$; $P_2(9,5)$

   a. $m = \dfrac{5-2}{9-3} = \dfrac{3}{6} = \dfrac{1}{2}$; increasing

   b. $y - 2 = \dfrac{1}{2}(x - 3)$

   c. $y - 2 = \dfrac{1}{2}x - \dfrac{3}{2}$
   $y = \dfrac{1}{2}x + \dfrac{1}{2}$

   d. $y = \dfrac{1}{2}x + \dfrac{1}{2}$
   $-\dfrac{1}{2}x + y = \dfrac{1}{2}$
   $x - 2y = -1$

   e. x-intercept: $(-1, 0)$ y-intercept: $\left(0, \dfrac{1}{2}\right)$

   $x - 2(0) = -1 \qquad 0 - 2y = -1$
   $x = -1 \qquad\qquad y = \dfrac{1}{2}$

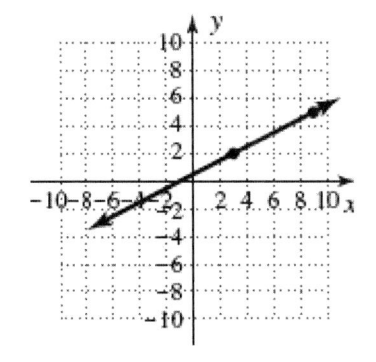

5. $P_1(-2,5)$; $P_2(6,-1)$

   a. $m = \dfrac{-1-5}{6-(-2)} = \dfrac{-6}{8} = -\dfrac{3}{4}$; decreasing

   b. $y - 5 = -\dfrac{3}{4}(x + 2)$

   c. $y - 5 = -\dfrac{3}{4}x - \dfrac{3}{2}$
   $y = -\dfrac{3}{4}x + \dfrac{7}{2}$

   d. $y = -\dfrac{3}{4}x + \dfrac{7}{2}$
   $\dfrac{3}{4}x + y = \dfrac{7}{2}$
   $3x + 4y = 14$

   e. x-intercept: $\left(\dfrac{14}{3}, 0\right)$ y-intercept: $\left(0, \dfrac{7}{2}\right)$

   $3x + 4(0) = 14$
   $3x = 14$
   $x = \dfrac{14}{3}$

   $3(0) + 4y = 14$
   $4y = 14$
   $y = \dfrac{7}{2}$

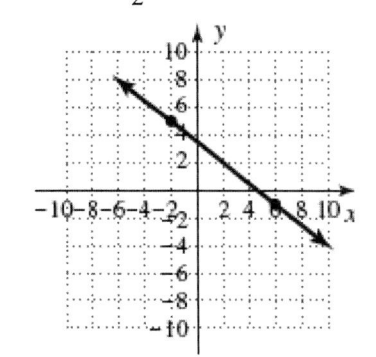

2.5 Exercises

2.5 Technology Highlight

Exercise 1: $x \approx -2.87$, $x \approx 0.87$,
   min: $y = -7$ at $(-1, -7)$, no max

Exercise 3: $x \approx 1.35$, $x \approx 6.65$,
   min: $y = -7$ at $(4, -7)$, no max

Exercise 5: $x = -2$, $x = 0$, $x \approx 2.41$,
   min: $y = -3.20$ at $(-1.47, -3.20)$,
   min: $y \approx -9.51$ at $(1.67, -9.51)$,
   max: $y = 0$ at $(0, 0)$

2.5 Exercises

1. Linear; bounce

3. Increasing

5. Answers will vary.

7.

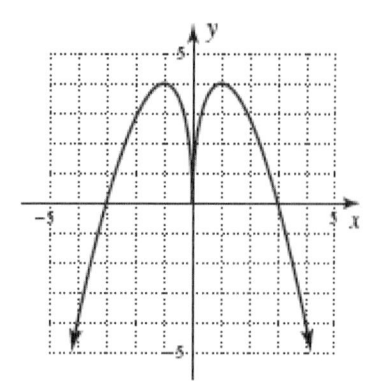

9. $f(x) = -7|x| + 3x^2 + 5$
$f(k) = -7|k| + 3(k)^2 + 5;$
$f(-k) = -7|-k| + 3(-k)^2 + 5$
$= -7|k| + 3(k)^2 + 5 = f(k);$
Even

11. $g(x) = \frac{1}{3}x^4 - 5x^2 + 1$
$g(k) = \frac{1}{3}(k)^4 - 5(k)^2 + 1$
$= \frac{1}{3}k^4 - 5k^2 + 1;$
$g(-k) = \frac{1}{3}(-k)^4 - 5(-k)^2 + 1$
$= \frac{1}{3}k^4 - 5k^2 + 1;$
$g(k) = g(-k)$
Even

13.

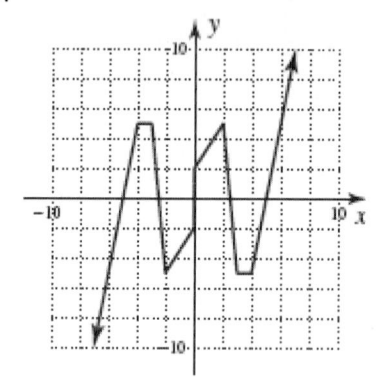

15. $f(x) = 4\sqrt[3]{x} - x$
$f(k) = 4\sqrt[3]{k} - k$
$f(-k) = 4\sqrt[3]{-k} - (-k)$
$= -4\sqrt[3]{k} + k = -(4\sqrt[3]{k} - k);$
$f(k) = -f(k)$
Odd

17. $p(x) = 3x^3 - 5x^2 + 1$
$p(k) = 3(k)^3 - 5(k)^2 + 1$
$= 3k^3 - 5k^2 + 1$
$p(-k) = 3(-k)^3 - 5(-k)^2 + 1$
$= -3k^3 - 5k^2 + 1$
$p(k) \neq -p(k);$ Not Odd

19. $w(x) = x^3 - x^2$
$w(-x) = (-x)^3 - (-x)^2$
$= -x^3 - x^2;$ neither

Chapter 2: Relations, Functions and Graphs

21. 20. $p(x) = 2\sqrt[3]{x} - \frac{1}{4}x^3$

   $p(-x) = 2\sqrt[3]{(-x)} - \frac{1}{4}(-x)^3$

   $= -2\sqrt[3]{x} + \frac{1}{4}x^3 = -\left(2\sqrt[3]{x} - \frac{1}{4}x^3\right)$; odd

23. $v(x) = x^3 + 3|x|$

   $v(-x) = (-x)^3 + 3|-x|$

   $= -x^3 + 3|x|$; neither

25. $f(x) = x^3 - 3x^2 - x + 3$

   Verify Zeros: Let $f(x) = 0$

   $0 = x^2(x-3) - (x-3)$

   $0 = (x-3)(x^2 - 1)$

   $0 = (x-3)(x+1)(x-1)$

   Zeros: $(-1,0), (1,0), (3,0)$

   For $f(x) \geq 0$, $x \in [-1,1], [3, \infty)$

27. $f(x) = x^4 - 2x^2 + 1$

   Verify Zeros: Let $f(x) = 0$

   $0 = x^4 - 2x^2 + 1$

   $0 = (x^2 - 1)(x^2 - 1)$

   $0 = (x+1)(x-1)(x+1)(x-1)$

   Zeros: $(-1,0), (1,0)$

   For $f(x) > 0$, $x \in (-\infty, -1) \cup (-1, 1) \cup (1, \infty)$

29. $p(x) = \sqrt[3]{x-1} - 1$

   $p(x) \geq 0$ for $x \in [2, \infty)$

31. $f(x) = (x-1)^3 - 1$

   $f(x) \leq 0$ for $x \in (-\infty, 2]$

33. $f(x)\uparrow: (-3,1) \cup (4,6)$

   $f(x)\downarrow: (-\infty, -3), (1,4)$

   Constant: None

35. $f(x)\uparrow: (1,4)$

   $f(x)\downarrow: (-2,1) \cup (4, \infty)$

   Constant: $(-\infty, -2)$

37. $p(x) = 0.5(x+2)^3$

   a. $p(x)\uparrow: x \in (-\infty, \infty)$
      $p(x)\downarrow$: None
   b. down, up

39. $y = p(x)$

   a. $p(x)\uparrow: x \in (-3,0) \cup (3, \infty)$
      $p(x)\downarrow: x \in (-\infty, -3) \cup (0,3)$
   b. up, up

41. $H(x) = -5|x-2| + 5$

   a. $x \in (-\infty, \infty)$
      $y \in (-\infty, 5]$
   b. $(1, 0), (3, 0)$
   c. $H(x) \geq 0: x \in [1,3]$
      $H(x) \leq 0: x \in (-\infty, 1] \cup [3, \infty)$
   d. $H(x)\uparrow: x \in (-\infty, 2)$
      $H(x)\downarrow: x \in (2, \infty)$
   e. local maximum: $y = 2$ at $(2, 5)$

43. $y = g(x)$

   a. $x \in (-\infty, \infty)$
      $y \in (-\infty, \infty)$
   b. $(-1,0), (5, 0)$
   c. $g(x) \geq 0: x \in [-1, \infty)$
      $g(x) \leq 0: x \in (-\infty, -1] \cup \{5\}$
   d. $g(x)\uparrow: x \in (-\infty, 1) \cup (5, \infty)$
      $g(x)\downarrow: x \in (1,5)$
   e. local maximum: $y = 6$ at $(1,6)$
      local minimum: $y = 0$ at $(5, 0)$

45. $y = Y_2$

   a. $x \in (-\infty, \infty)$
      $y \in (-\infty, 3]$
   b. $(0, 0), (2, 0)$
   c. $Y_2 \geq 0: x \in [0,2]$
      $Y_2 \leq 0: x \in (-\infty, 0] \cup [2, \infty)$
   d. $Y_2\uparrow: x \in (-\infty, 1)$
      $Y_2\downarrow: x \in (1, \infty)$
   e. local maximum: $y = 3$ at $(1, 3)$

2.5 Exercises

47. $p(x) = (x+3)^3 + 1$
   a. $x \in \mathbb{R}, y \in \mathbb{R}$
   b. $x = -4$
   c. $p(x) \geq 0: x \in [-4, \infty)$;
      $p(x) \leq 0: x \in (-\infty, -4]$
   d. $p(x) \uparrow: x \in (-\infty, -3) \cup (-3, \infty)$
      $p(x) \downarrow$: never decreasing
   e. Local max: none
      Local min: none

49. $y = \frac{1}{3}\sqrt{4x^2 - 36}$
   a. $x \in (-\infty, -3] \cup [3, \infty)$
      $y \in [0, \infty)$
   b. $(-3, 0), (3, 0)$
   c. $f(x) \uparrow: x \in (3, \infty)$
      $f(x) \downarrow: x \in (-\infty, -3)$
   d. Even

51. a. $x \in [0, 260]$
      $y \in [0, 80]$
   b. 80 feet
   c. 120 feet
   d. Yes
   e. (0, 120)
   f. (120, 260)

53. $f(x) = x^{\frac{2}{3}} - 1$
   a. $x \in (-\infty, \infty)$
      $y \in [-1, \infty)$
   b. $(-1, 0), (1, 0)$
   c. $f(x) \geq 0: x \in (-\infty, -1] \cup [1, \infty)$
      $f(x) < 0: x \in (-1, 1)$
   d. $f(x) \uparrow: x \in (0, \infty)$
      $f(x) \downarrow: x \in (-\infty, 0)$
   e. Minimum: $(0, -1)$

55. a. $D: t \in [72, 96]$
       $R: I \in [7.25, 16]$
    b. $I(t) \uparrow$ for $t \in (72, 74) \cup (77, 81) \cup (83, 84) \cup (93, 94)$
       $I(t) \downarrow$ for $t \in (74, 75) \cup (81, 83) \cup (84, 86) \cup (90, 93) \cup (94, 95)$
       $I(t)$ constant for $t \in (75, 77) \cup (86, 90) \cup (95, 96)$
    c. Maximum: (74, 9.25), (81, 16) (global max), (84, 13), (94, 8.5)
       Minimum: (72, 7.5), (83, 12.75), (93, 7.2)
    d. Increase: 1980 to 1981
       Decrease: 1982 to 1983 or 1985 to 1986

57.

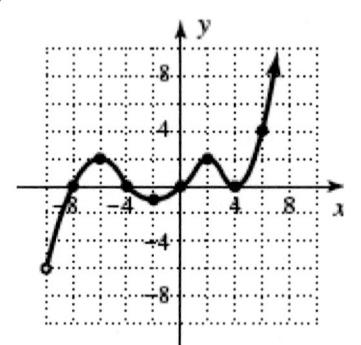

Zeroes: $(-8, 0), (-4, 0), (0, 0), (4, 0)$
Maximum: $(-6, 2), (2, 2)$
Minimum: $(-2, -1), (4, 0)$

59. $f(x) = x^3$
    a. $\frac{\Delta f}{\Delta x} = \frac{f(-1) - f(-2)}{-1 - (-2)} = \frac{-1 - (-8)}{1} = 7$
    b. $\frac{\Delta f}{\Delta x} = \frac{f(2) - f(1)}{2 - 1} = \frac{8 - 1}{1} = 7$
    c. They are the same.
    d. Slopes of the lines are the same.

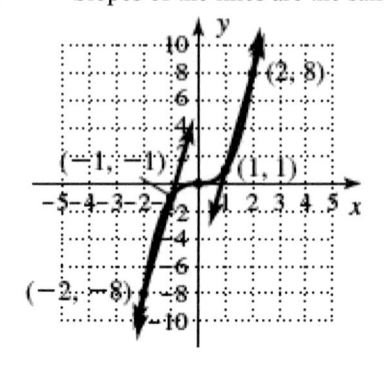

Chapter 2: Relations, Functions and Graphs

61. $h(t) = -16t^2 + 192t$

   a. $h(1) = -16(1)^2 + 192(1) = 176$ ft

   b. $h(2) = -16(2)^2 + 192(2) = 320$ ft

   c. $\dfrac{\Delta h}{\Delta t} = \dfrac{h(2) - h(1)}{2 - 1} = \dfrac{320 - 176}{1}$
   $= 144$ ft/sec

   d. $\dfrac{\Delta h}{\Delta t} = \dfrac{h(11) - h(10)}{11 - 10} = \dfrac{176 - 320}{1}$
   $= -144$ ft/sec
   The arrow is going down.

63. $v = \sqrt{2gs}$, $v = \sqrt{2(32)s} = 8\sqrt{s}$

   a. $v = \sqrt{2(32)(5)} = \sqrt{320} = 17.89$ ft/sec;
   $v = \sqrt{2(32)(10)} = \sqrt{640} = 25.30$ ft/sec

   b. $v = \sqrt{2(32)(15)} = \sqrt{960} = 30.98$ ft/sec;
   $v = \sqrt{2(32)(20)} = \sqrt{1280} = 35.78$ ft/sec

   c. Between $s = 5$ and $s = 10$

   d. $\dfrac{\Delta v}{\Delta s} = \dfrac{v(10) - v(5)}{10 - 5} = \dfrac{25.3 - 17.89}{5}$
   $= 1.482$ ft/sec;
   $\dfrac{\Delta v}{\Delta s} = \dfrac{v(20) - v(15)}{20 - 15} = \dfrac{35.78 - 30.98}{5}$
   $= 0.96$ ft/sec

65. $f(x) = 2x - 3$

   $\dfrac{\Delta f}{\Delta x} = \dfrac{f(x+h) - f(x)}{h}$
   $= \dfrac{[2(x+h) - 3] - (2x - 3)}{h}$
   $= \dfrac{2x + 2h - 3 - 2x + 3}{h}$
   $= \dfrac{2h}{h} = 2$

67. $h(x) = x^2 + 3$

   $\dfrac{\Delta f}{\Delta x} = \dfrac{h(x+h) - h(x)}{h} = \dfrac{[(x+h)^2 + 3] - (x^2 + 3)}{h}$
   $= \dfrac{x^2 + 2xh + h^2 + 3 - x^2 - 3}{h}$
   $= \dfrac{2xh + h^2}{h} = \dfrac{h(2x+h)}{h} = 2x + h$

69. $g(x) = x^2 + 2x - 3$

   $\dfrac{\Delta g}{\Delta x} = \dfrac{g(x+h) - g(x)}{h}$
   $= \dfrac{[(x+h)^2 + 2(x+h) - 3] - (x^2 + 2x - 3)}{h}$
   $= \dfrac{x^2 + 2xh + h^2 + 2x + 2h - 3 - x^2 - 2x + 3}{h}$
   $= \dfrac{2xh + h^2 + 2h}{h} = \dfrac{h(2x + h + 2)}{h} = 2x + 2 + h$

71. $f(x) = \dfrac{2}{x}$

   $\dfrac{\Delta f}{\Delta x} = \dfrac{f(x+h) - f(x)}{h}$
   $= \dfrac{\dfrac{2}{x+h} - \dfrac{2}{x}}{h} = \dfrac{\dfrac{2x - 2(x+h)}{x(x+h)}}{h}$
   $= \dfrac{\dfrac{2x - 2x - 2h}{x(x+h)}}{h} = \dfrac{-2h}{x(x+h)} \cdot \dfrac{1}{h} = \dfrac{-2}{x(x+h)}$

73. a. $g(x) = x^2 + 2x$

   $\dfrac{\Delta g}{\Delta x} = \dfrac{g(x+h) - g(x)}{h}$
   $= \dfrac{[(x+h)^2 + 2(x+h)] - (x^2 + 2x)}{h}$
   $= \dfrac{x^2 + 2xh + h^2 + 2x + 2h - x^2 - 2x}{h}$
   $= \dfrac{2xh + h^2 + 2h}{h} = \dfrac{h(2x + h + 2)}{h} = 2x + 2 + h$

   b. For $[-3.0, -2.9]$, $x = -3.0$ and $h = 0.1$
   Rate of change:
   $2(-3.0) + 2 + 0.1 = -3.9$

2.5 Exercises

c. For [0.50, 0.51], $x = 0.50$ and $h = 0.01$
Rate of change:
$2(0.50) + 2 + 0.01 = 3.01$

d.

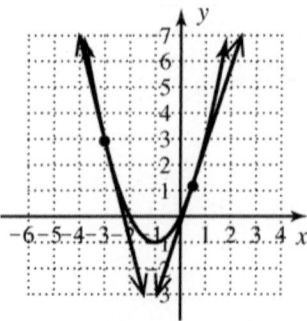

The rates of change have opposite signs, with the secant line to the left being more steep.

75. a. $g(x) = x^3 + 1$

$$\frac{\Delta g}{\Delta x} = \frac{g(x+h) - g(x)}{h}$$

$$= \frac{[(x+h)^3 + 1] - (x^3 + 1)}{h}$$

$$= \frac{x^3 + 3x^2h + 3xh^2 + h^3 + 1 - x^3 - 1}{h}$$

$$= \frac{3x^2h + 3xh^2 + h^3}{h}$$

$$= \frac{h(3x^2 + 3xh + h^2)}{h} = 3x^2 + 3xh + h^2$$

b. For [−2.1, −2], $x = -2.1$ and $h = 0.1$
Rate of change:
$3(-2.1)^2 + 3(-2.1)(0.1) + (0.1)^2 = 12.61$

c. For [0.40, 0.41], $x = 0.40$ and $h = 0.01$
Rate of change:
$3(0.40)^2 + 3(0.40)(0.01) + (0.01)^2 \approx 0.49$

d.

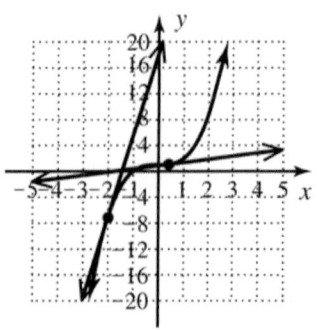

Both lines have a positive slope, but the line at $x = -2$ is much steeper.

77. $d(x) = 1.5\sqrt{x}$

$$\frac{\Delta d}{\Delta x} = \frac{d(x+h) - d(x)}{h}$$

$$= \frac{1.5\sqrt{x+h} - 1.5\sqrt{x}}{h}$$

a. For [9, 9.01], $x = 9$ and $h = 0.01$
Rate of change:
$$\frac{1.5\sqrt{9 + 0.01} - 1.5\sqrt{9}}{0.01} \approx 0.25$$

b. For [225, 225.01], $x = 225$ and $h = 0.01$
Rate of change:
$$\frac{1.5\sqrt{225 + 0.01} - 1.5\sqrt{225}}{0.01} \approx 0.05$$

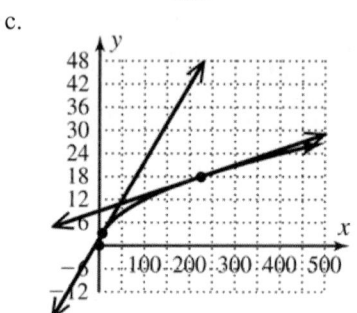

c.

As height increases, you can see farther, the sight distance is increasing much slower.

79. No; No; Answers will vary.

81. Answers will vary.

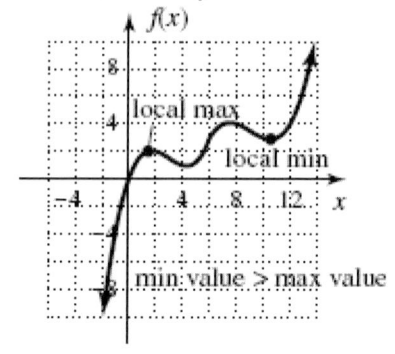

Chapter 2: Relations, Functions and Graphs

83. $x^2 - 8x - 20 = 0$
    a. $(x-10)(x+2) = 0$
       $x = 10; \quad x = -2$
    b. $(x^2 - 8x) - 20 = 0$
       $(x^2 - 8x + 16) - 20 - 16 = 0$
       $(x-4)^2 - 36 = 0$
       $(x-4)^2 = 36$
       $x - 4 = \pm 6$
       $x = 4 \pm 6$
       $x = 10; \quad x = -2$
    c. $x = \dfrac{8 \pm \sqrt{(-8)^2 - 4(1)(-20)}}{2(1)}$
       $x = \dfrac{8 \pm \sqrt{64 + 80}}{2}$
       $x = \dfrac{8 \pm \sqrt{144}}{2}$
       $x = \dfrac{8 \pm 12}{2}$
       $x = 10; \quad x = -2$

85. $y = \dfrac{2}{3}x - 1$

2.6 Technology Highlight

Exercise 1: Shifted right 3 units; answers will vary.

2.6 Exercises

1. Stretch; compression

3. (–5, –9); upward

5. Answers will vary.

7. $f(x) = x^2 + 4x$
   a. quadratic
   b. up/up, Vertex (–2,–4),
      Axis of symmetry $x = -2$,
      x–intercepts (–4, 0) and (0,0),
      y–intercept (0,0)
   c. D: $x \in \square$, R: $y \in [-4, \infty)$

9. $p(x) = x^2 - 2x - 3$
   a. quadratic
   b. up/up, Vertex (1,–4),
      Axis of symmetry $x = 1$,
      x–intercepts (–1, 0) and (3,0),
      y–intercept (0,–3)
   c. D: $x \in \square$, R: $y \in [-4, \infty)$

11. $f(x) = x^2 - 4x - 5$
    a. quadratic
    b. up/up, Vertex (2,–9),
       Axis of symmetry $x = 2$,
       x–intercepts (–1, 0) and (5,0),
       y–intercept (0,–5)
    c. D: $x \in \square$, R: $y \in [-9, \infty)$

13. $p(x) = 2\sqrt{x+4} - 2$
    a. square root
    b. up to the right, Initial point (–3,–4),
       x–intercept (–3, 0),
       y–intercept (0,2)
    c. D: $x \in [-4, \infty)$, R: $y \in [-2, \infty)$

15. $r(x) = -3\sqrt{4-x} + 3$
    a. square root
    b. down to the left, Initial point (4,3),
       x–intercept (3, 0),
       y–intercept (0,–3)
    c. D: $x \in (-\infty, 4]$, R: $y \in (-\infty, 3]$

17. $g(x) = 2\sqrt{4-x}$
    a. square root
    b. up to the left, Initial point (4,0),
       x–intercept (4, 0),
       y–intercept (0,4)
    c. D: $x \in (-\infty, 4]$, R: $y \in [0, \infty)$

19. $p(x) = 2|x+1| - 4$
    a. absolute value
    b. up/up, Vertex (–1,–4),
       Axis of symmetry $x = -1$,
       x–intercepts (–3, 0) and (1,0),
       y–intercept (0,–2)
    c. D: $x \in \square$, R: $y \in [-4, \infty)$

2.6 Exercises

21. $r(x) = -2|x+1| + 6$
    a. absolute value
    b. down/down, Vertex (–1,6),
       Axis of symmetry $x = -1$,
       x–intercepts (–4, 0) and (2,0),
       y–intercept (0,4)
    c. D: $x \in \mathbb{R}$, R: $y \in (-\infty, 6]$

23. $g(x) = -3|x| + 6$
    a. absolute value
    b. down/down, Vertex (0,6),
       Axis of symmetry $x = 0$,
       x–intercepts (–2, 0) and (2,0),
       y–intercept (0,6)
    c. D: $x \in \mathbb{R}$, R: $y \in (-\infty, 6]$

25. $f(x) = -(x-1)^3$
    a. cubic
    b. up/down, Inflection point (1,0),
       x–intercept (1, 0),
       y–intercept (0,1)
    c. D: $x \in \mathbb{R}$, R: $y \in \mathbb{R}$

27. $h(x) = x^3 + 1$
    a. cubic
    b. down/up, Inflection point (0,1),
       x–intercept (–1, 0),
       y–intercept (0,1)
    c. D: $x \in \mathbb{R}$, R: $y \in \mathbb{R}$

29. $q(x) = \sqrt[3]{x-1} - 1$
    a. cube root
    b. down/up, Inflection point (1,–1),
       x–intercept (2, 0),
       y–intercept (0,–2)
    c. D: $x \in \mathbb{R}$, R: $y \in \mathbb{R}$

31. Function family: Square root
    x–intercept: (–3, 0)
    y–intercept: (0, 2)
    Initial point: (–4, –2)
    End behavior: Up on right

33. Function family: Cubic
    x–intercept: (–2, 0)
    y–intercept: (0, –2)
    Inflection point: (–1, –1)
    End behavior: Up/down

35. $f(x) = \sqrt{x}$; $g(x) = \sqrt{x} + 2$; $h(x) = \sqrt{x} - 3$

x	f(x)	g(x)	h(x)
0	0	2	–3
4	2	4	–1
9	3	5	0
16	4	6	1
25	5	7	2

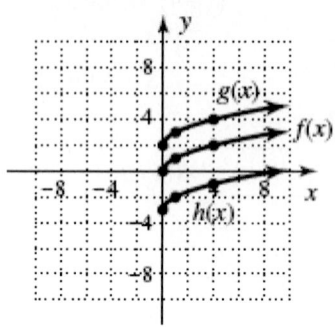

From the parent graph $f(x) = \sqrt{x}$, $g(x)$ shifts
up 2 units and $h(x)$ shifts down 3 units.

37. $p(x) = |x|$; $q(x) = |x| - 5$; $r(x) = |x| + 2$

x	p(x)	q(x)	r(x)
–2	2	–3	4
–1	1	–4	3
0	0	–5	2
1	1	–4	3
2	2	–3	4

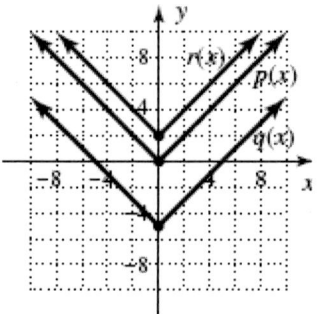

From the parent graph $p(x) = |x|$, $q(x)$ shifts
down 5 units and $r(x)$ shifts up 2 units.

106

Chapter 2: Relations, Functions and Graphs

39. $f(x) = x^3 - 2$
Shifts down 2 units.

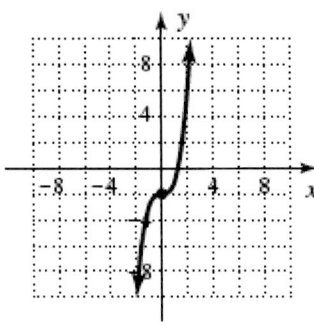

41. $h(x) = x^2 + 3$
Shifts up 3 units.

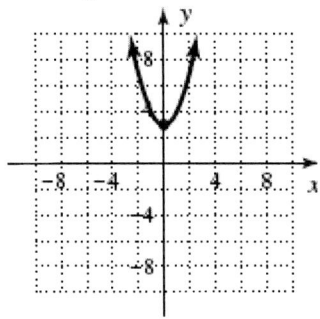

43. $p(x) = x^2$; $q(x) = (x+3)^2$

x	$p(x) = x^2$	$q(x) = (x+3)^2$
−5	25	4
−3	9	0
−1	1	4
1	1	16
3	9	36

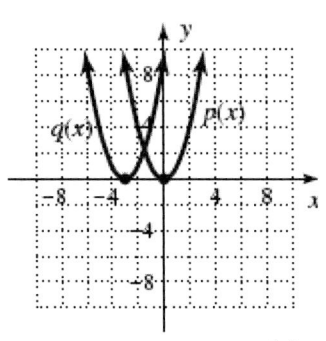

From the parent graph $p(x) = x^2$, $q(x)$ shifts left 3 units.

45. $Y_1 = |x|$; $Y_2 = |x - 1|$

x	$Y_1 = |x|$	$Y_2 = |x-1|$
−2	2	3
−1	1	2
0	0	1
1	1	0
2	2	1

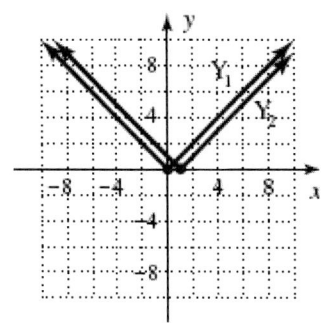

From the parent graph $Y_1 = |x|$, Y_2 shifts right 1 unit.

47. $p(x) = (x-3)^2$
Shifts right 3 units.

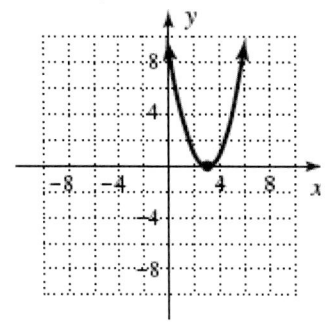

49. $h(x) = |x+3|$
Shifts left 3 units.

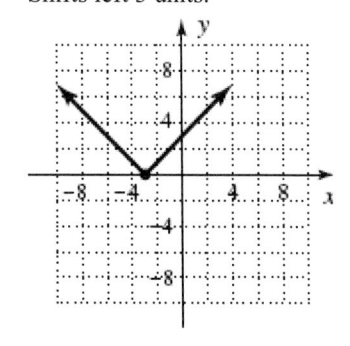

2.6 Exercises

50. $f(x) = \sqrt[3]{x+2}$
Shifts left 2 units.

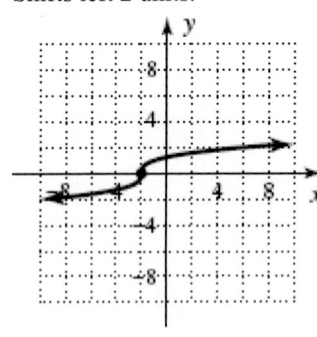

51. $g(x) = -|x|$
Reflects across the x–axis.

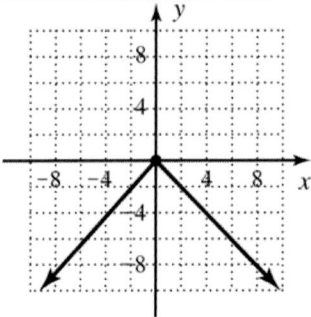

53. $f(x) = \sqrt[3]{-x}$
Reflects across the y–axis.

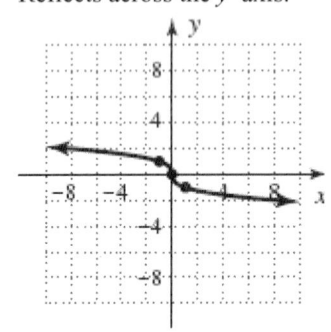

55. $p(x) = x^2$; $q(x) = 2x^2$; $r(x) = \dfrac{1}{2}x^2$

x	p(x)	q(x)	r(x)
-2	4	8	2
-1	1	2	½
0	0	0	0
1	1	2	½
2	4	8	2

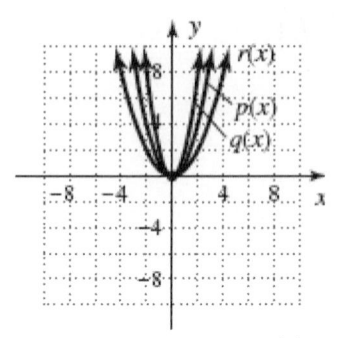

From the parent graph $p(x) = x^2$, $q(x)$ stretches upward and $r(x)$ compresses downward.

57. $Y_1 = |x|$; $Y_2 = 3|x|$; $Y_3 = \dfrac{1}{3}|x|$

x	Y_1	Y_2	Y_3
-2	2	6	2/3
-1	1	3	1/3
0	0	0	0
1	1	3	1/3
2	2	6	2/3

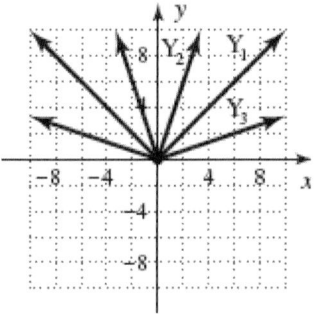

From the parent graph $Y_1 = |x|$, Y_2 stretches upward and Y_3 compresses downward.

Chapter 2: Relations, Functions and Graphs

59. $f(x) = 4\sqrt[3]{x}$
Stretches upward and downward.

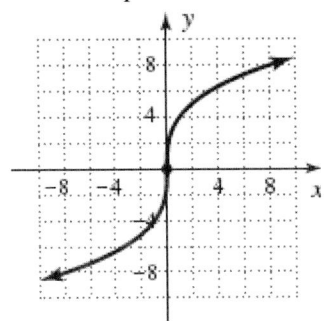

61. $p(x) = \dfrac{1}{3}x^3$
Compresses downward.

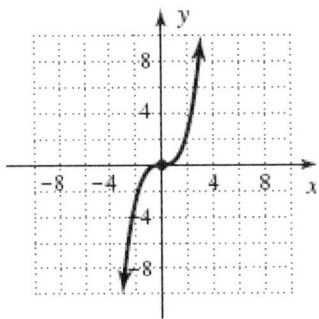

63. $f(x) = \dfrac{1}{2}x^3$; g

65. $f(x) = -(x-3)^2 + 2$; i

67. $f(x) = |x+4| + 1$; e

69. $f(x) = -\sqrt{x+6} - 1$; j

71. $f(x) = (x-4)^2 - 3$; l

73. $f(x) = \sqrt{x+3} - 1$; c

75. $f(x) = \sqrt{x+2} - 1$
Left 2, down 1
Initial point: (–2, –1)

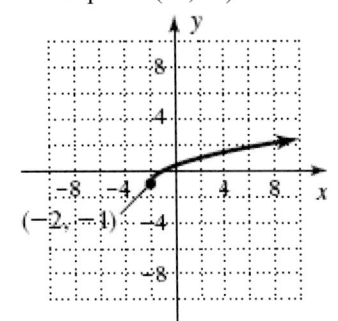

77. $h(x) = -(x+3)^2 - 2$
Left 3, reflected across x–axis, down 2
Vertex: (–3, –2)

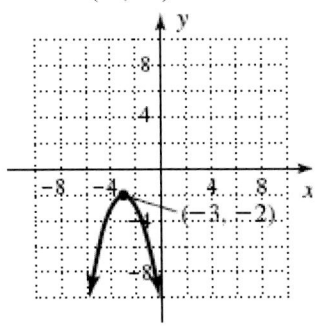

79. $p(x) = (x+3)^3 - 1$
Left 3, down 1
Inflection point: (–3, –1)

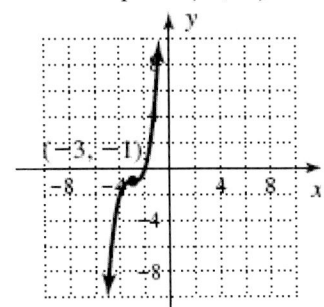

2.6 Exercises

81. $Y_1 = \sqrt[3]{x+1} - 2$
Left 1, down 2
Inflection point: $(-1, -2)$

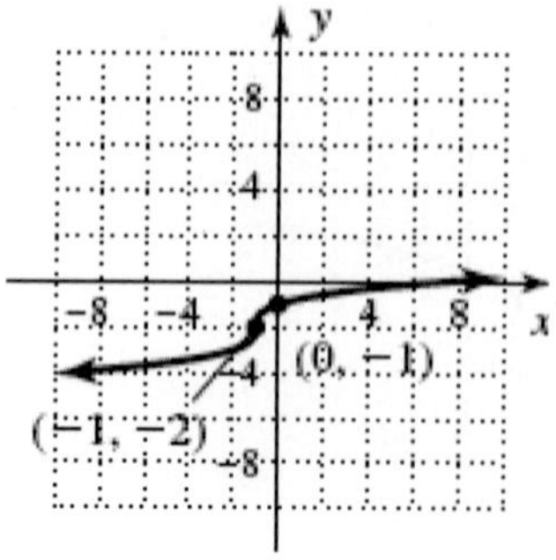

83. $f(x) = -|x+3| - 2$
Left 3, reflected across x–axis, down 2
Vertex: $(-3, -2)$

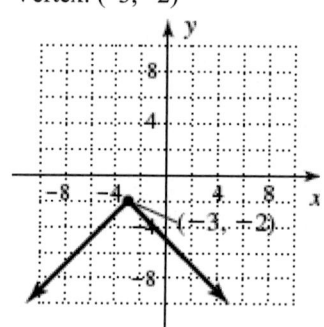

85. $h(x) = -2(x+1)^2 - 3$
Left 1, stretched vertically, reflected across x–axis, down 3
Vertex: $(-1, -3)$

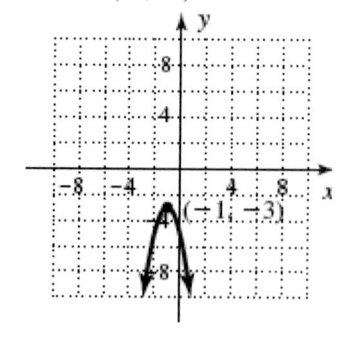

87. $p(x) = -\dfrac{1}{3}(x+2)^3 - 1$
Left 2, compressed vertically, reflected across x–axis, down 1
Inflection point: $(-2, -1)$

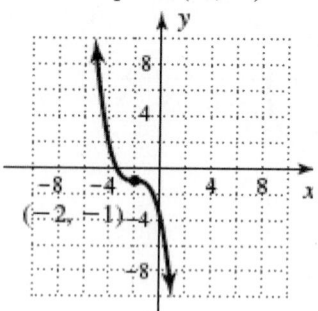

89. $Y_1 = -2\sqrt{-x-1} + 3$
Reflected across y–axis, left 1, reflected across x–axis, stretched vertically, up 3
Initial point: $(-1, 3)$

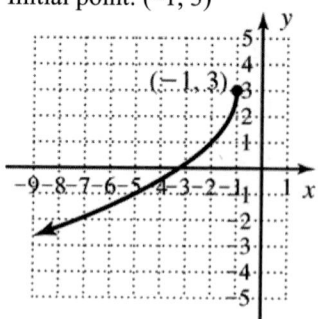

91. $h(x) = \dfrac{1}{5}(x-3)^2 + 1$
Right 3, compressed vertically, up 1
Vertex: $(3, 1)$

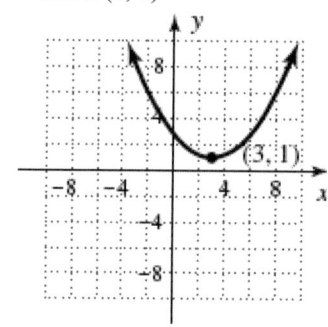

Chapter 2: Relations, Functions and Graphs

93. a. $f(x-2)$

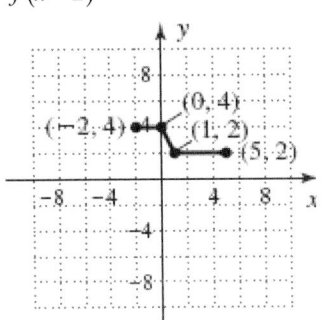

b. $-f(x)-3$

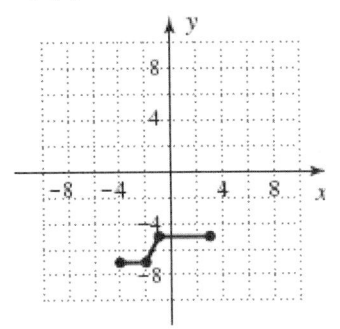

c. $\frac{1}{2}f(x+1)$

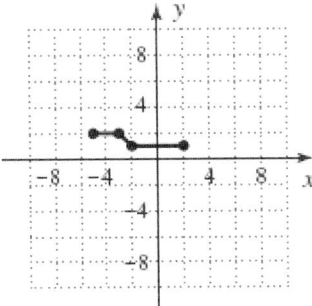

d. $f(-x)+1$

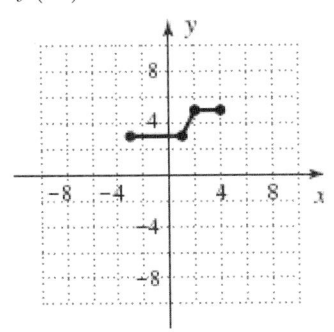

95. a. $h(x)+3$

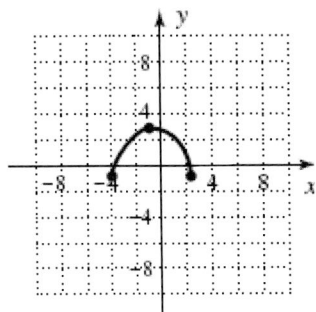

b. $-h(x-2)$

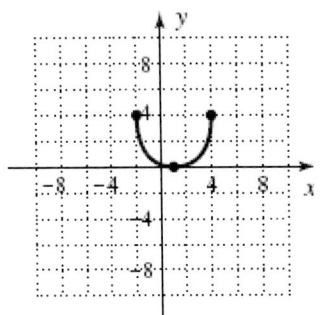

c. $h(x-2)-1$

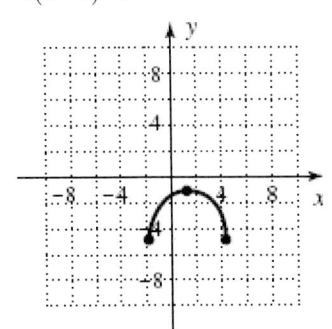

d. $\frac{1}{4}h(x)+5$

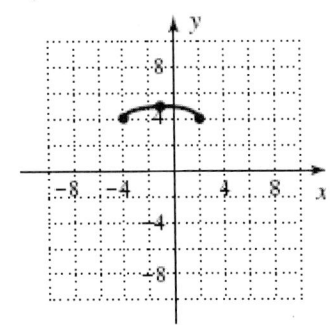

2.6 Exercises

97. Vertex: (2, 0)
    Point: (0, −4)
    $y = a(x-h)^2 + k$
    $-4 = a(0-2)^2 + 0$
    $-4 = 4a$
    $-1 = a$;
    $y = -(x-2)^2$

99. Node: (−3, 0)
    Point: (6, 4.5)
    $y = a\sqrt{x-h} + k$
    $4.5 = a\sqrt{6-(-3)} + 0$
    $4.5 = 3a$
    $1.5 = a$;
    $y = 1.5\sqrt{x+3}$

101. Vertex: (−4, 0)
     Point: (1, 4)
     $y = a|x-h| + k$
     $4 = a|1+4| + 0$
     $4 = 5a$
     $\dfrac{4}{5} = a$;
     $y = \dfrac{4}{5}|x+4|$

103. $V = \dfrac{4}{3}\pi r^3$

$\dfrac{4}{3}\pi \approx 4.2$

$V(r) \approx 4.2r^3$

Volume estimate: 70 in^3
$V = \dfrac{4}{3}\pi r^3$
$V = \dfrac{4}{3}\pi(2.5)^3$
$V = \dfrac{4}{3}\pi(15.625) \approx 65.4 \text{ in}^3$
Yes

105. $T(x) = \dfrac{1}{4}\sqrt{x}$

The graph can be obtained from $y = \sqrt{x}$ if it is compressed vertically.

$T(81) = \dfrac{1}{4}\sqrt{81} = \dfrac{1}{4}(9) = 2.25 \text{ sec}$

This point is on the graph.

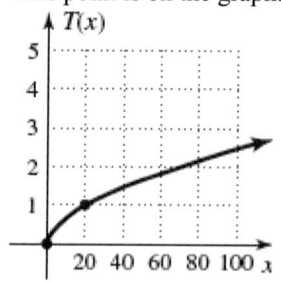

Chapter 2: Relations, Functions and Graphs

107. $P(v) = \dfrac{8}{125}v^3$

   a. The graph can be obtained from $y = v^3$ if it is compressed vertically.

   b.

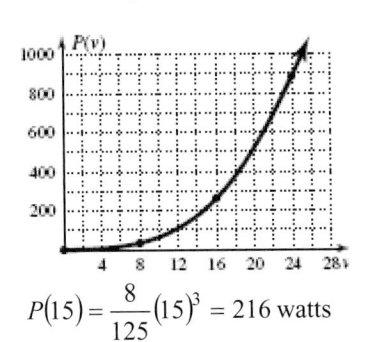

   $P(15) = \dfrac{8}{125}(15)^3 = 216$ watts

   c. About 15.6, 161.5, Power increases dramatically at higher windspeeds.

109. $d(t) = 2t^2$

   a. Vertical stretch by a factor of 2

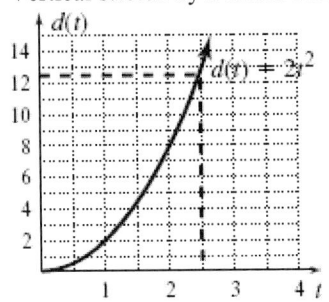

   b. $d(2.5) = 2(2.5)^2 = 2(6.25) = 12.5$ ft

   c. 5, 13, distance fallen per unit time increases very fast.

111. $f(x) = |x|$ and $g(x) = 2\sqrt{x}$

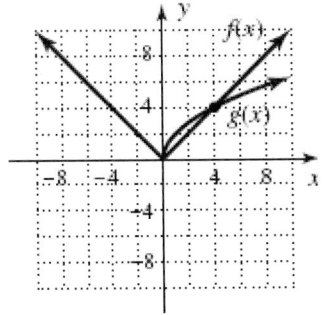

   Interval: $x \in (0, 4)$
   $x = 1$
   $f(1) = |1| = 1$ and $g(1) = 2\sqrt{1} = 2$
   $g(h) > f(h)$

   Interval: $x \in (4, \infty)$
   $x = 9$
   $f(9) = |9| = 9$ and $g(1) = 2\sqrt{9} = 6$
   $g(k) < f(k)$

113. $f(x) = x^2 - 4$
   $F(x) = |x^2 - 4|$

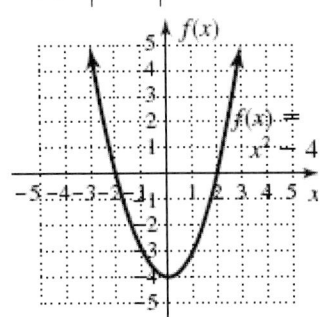

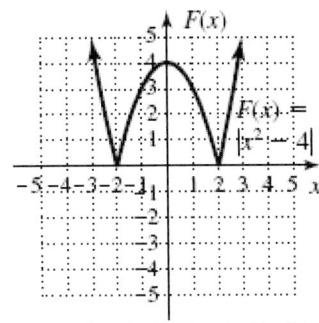

   Any points in QIII and IV will reflected across the x–axis and thus move to QI and II.

115. $P = 32 + 32 + 38 + 24 + 6 + 8 = 140$ in.
   $A = 32(32) + 24(6) = 1024 + 144 = 1168$ in^2

117. $f(x) = (x-4)^2 + 3$
   Quadratic, opens upward, Vertex (4,3)
   $f(x) \downarrow : (-\infty, 4)$;
   $f(x) \uparrow : (4, \infty)$

2.7 Exercises

2.7 Technology Highlight

Exercise 1: They are approaching 4; not defined.

2.7 Exercises

1. Continuous

3. Smooth

5. Each piece must be continuous on the corresponding interval, and the function values at the endpoints of each interval must be equal. Answers will vary.

7. a. $f(x) = \begin{cases} x^2 - 6x + 10 & 0 \leq x \leq 5 \\ \dfrac{3}{2}x - \dfrac{5}{2} & 5 < x \leq 9 \end{cases}$

   b. $y \in [1, 11]$

9. $h(x) = \begin{cases} -2 & x < -2 \\ |x| & -2 \leq x < 3 \\ 5 & x \geq 3 \end{cases}$

   $h(-5) = -2$;
   $h(-2) = |-2| = 2$;
   $h\left(-\dfrac{1}{2}\right) = \left|-\dfrac{1}{2}\right| = \dfrac{1}{2}$;
   $h(0) = |0| = 0$;
   $h(2.999) = |2.999| = 2.999$;
   $h(3) = 5$

11. $p(x) = \begin{cases} 5 & x < -3 \\ x^2 - 4 & -3 \leq x \leq 3 \\ 2x + 1 & x > 3 \end{cases}$

    $p(-5) = 5$;
    $p(-3) = (-3)^2 - 4 = 9 - 4 = 5$;
    $p(-2) = (-2)^2 - 4 = 4 - 4 = 0$;
    $p(0) = (0)^2 - 4 = 0 - 4 = -4$;
    $p(3) = (3)^2 - 4 = 9 - 4 = 5$;
    $p(5) = 2(5) + 1 = 10 + 1 = 11$

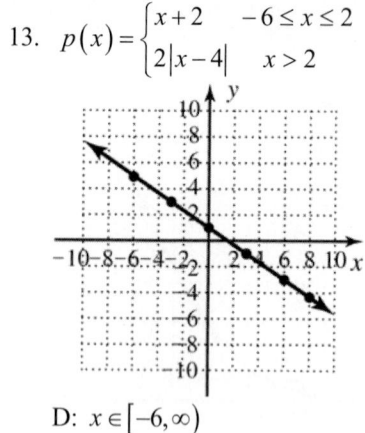

13. $p(x) = \begin{cases} x + 2 & -6 \leq x \leq 2 \\ 2|x - 4| & x > 2 \end{cases}$

    D: $x \in [-6, \infty)$
    R: $y \in [-4, \infty)$

15. $g(x) = \begin{cases} -(x-1)^2 + 5 & -2 \leq x \leq 4 \\ 2x - 12 & x > 4 \end{cases}$

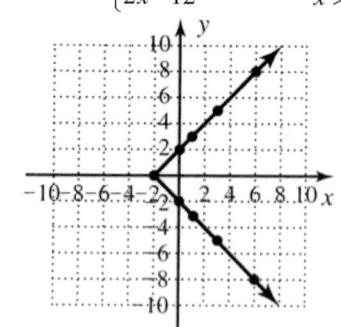

    D: $x \in [-2, \infty)$
    R: $y \in [-4, \infty)$

17. $p(x) = \begin{cases} \dfrac{1}{2}x + 1 & x \neq 4 \\ 2 & x = 4 \end{cases}$

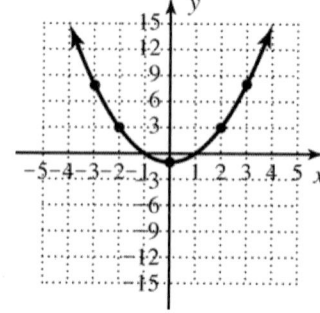

    D: $x \in (-\infty, \infty)$
    R: $y \in (-\infty, 3) \cup (3, \infty)$

Chapter 2: Relations, Functions and Graphs

19. $H(x) = \begin{cases} -x+3 & x < 1 \\ -|x-5|+6 & 1 \leq x < 9 \end{cases}$

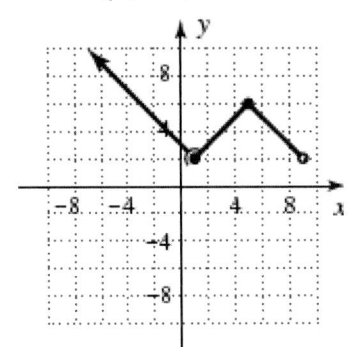

$D: x \in (-\infty, 9)$
$R: y \in [2, \infty)$

21. $f(x) = \begin{cases} -x-3 & x < -3 \\ 9-x^2 & -3 \leq x < 2 \\ 4 & x \geq 2 \end{cases}$

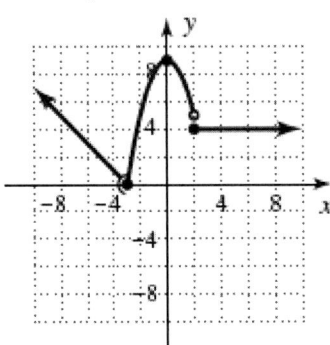

$D: x \in (-\infty, \infty)$
$R: y \in [0, \infty)$

23. $f(x) = \begin{cases} \dfrac{x^2-9}{x+3} & x \neq -3 \\ c & x = -3 \end{cases}$

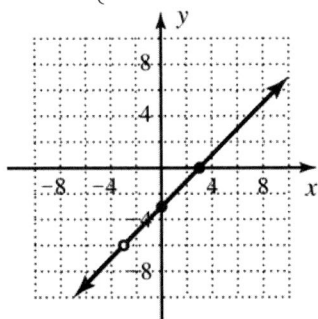

$D: x \in (-\infty, \infty)$
$R: y \in (-\infty, -6) \cup (-6, \infty)$
Discontinuity at $x = -3$
Redefine $f(x) = -6$ at $x = -3$; $c = -6$

25. $f(x) = \begin{cases} \dfrac{x^3-1}{x-1} & x \neq 1 \\ c & x = 1 \end{cases}$

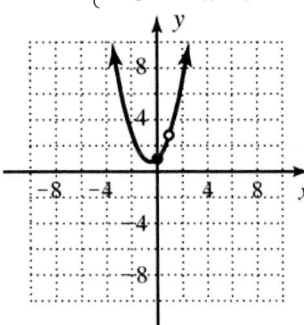

$D: x \in (-\infty, \infty)$
$R: y \in [0.75, \infty)$
Discontinuity at $x = 1$
Redefine $f(x) = 3$ at $x = 1$; $c = 3$

27. Left line contains the points $(-4, -3)$ and $(2, 0)$.
$m = \dfrac{0-(-3)}{2-(-4)} = \dfrac{1}{2}$;
$y - 0 = \dfrac{1}{2}(x-2)$
$y = \dfrac{1}{2}x - 1$;
Right line contains the points $(2,0)$ and $(3,3)$.
$m = \dfrac{3-0}{3-2} = 3$;
$y - 0 = 3(x-2)$
$y = 3x - 6$;

$f(x) = \begin{cases} \dfrac{1}{2}x - 1 & -4 \leq x < 2 \\ 3x - 6 & x \geq 2 \end{cases}$

29. The first equation is a quadratic with vertex $(-1, -4)$, opening up.
$y = (x+1)^2 - 4$
$y = x^2 + 2x - 3$;
The line is bounded by $(1,2)$ and contains $(4,5)$.
$m = \dfrac{5-2}{4-1} = 1$
$y - 2 = 1(x-1)$
$y = x + 1$;

$p(x) = \begin{cases} x^2 + 2x - 3 & x \leq 1 \\ x + 1 & x > 1 \end{cases}$

115

2.7 Exercises

31. $|x| = \begin{cases} -x & x < 0 \\ x & x \geq 0 \end{cases}$

$f(x) = \dfrac{|x|}{x}$

Graph is discontinuous at $x = 0$.

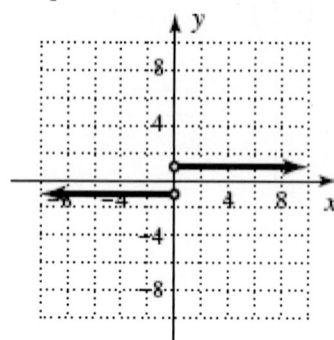

If $x < 0$, $f(x) = -1$.
If $x > 0$, $f(x) = 1$.

33. a. $S(t) = \begin{cases} -t^2 + 6t & 0 \leq t \leq 5 \\ 500 & t > 5 \end{cases}$

b. $S(t) \in [0, 9]$

35. $P(t) = \begin{cases} -0.03t^2 + 1.28t + 1.68 & 0 \leq t \leq 30 \\ 1.89t - 43.5 & t > 30 \end{cases}$

a. $P(5) = -0.03(5)^2 + 1.28(5) + 1.68 = 7.33$

$P(15) = -0.03(15)^2 + 1.28(15) + 1.68 = 14.13$

$P(25) = -0.03(25)^2 + 1.28(25) + 1.68 = 14.93$

$P(35) = 1.89(35) - 43.5 = 22.65$

$P(45) = 1.89(45) - 43.5 = 41.55$

$P(55) = 1.89(55) - 43.5 = 60.45$

b. Each piece gives a slightly different value due to rounding of coefficients in each model. At $t = 30$ we use the "first" piece: $P(30) = 13.08$.

37. $C(h) = \begin{cases} 0.09h & 0 \leq h \leq 1000 \\ 0.18h - 90 & h > 1000 \end{cases}$

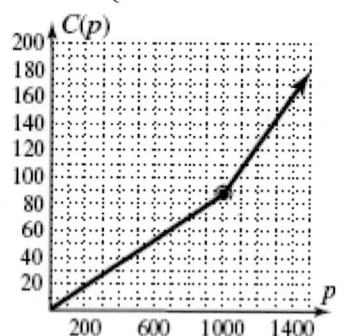

$C(1200) = 0.18(1200) - 90 = 216 - 90 = \$126$

39. $C(t) = \begin{cases} 0.75t & 0 \leq t \leq 25 \\ 1.5t - 18.75 & t > 25 \end{cases}$

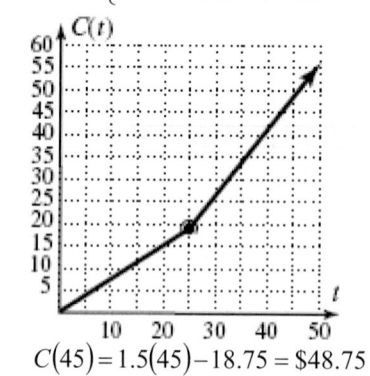

$C(45) = 1.5(45) - 18.75 = \$48.75$

Chapter 2: Relations, Functions and Graphs

41. $S(t) = \begin{cases} -1.35t^2 + 31.9t + 152 & 0 \le t \le 12 \\ 2.5t^2 - 80.6t + 950 & 12 < t \le 22 \end{cases}$

$S(25) = 2.5(25)^2 - 80.6(25) + 950$
$= 2.5(625) - 2015 + 950 = 497.5$
$\approx \$498$ billion;

$S(28) = 2.5(28)^2 - 80.6(28) + 950$
$= 2.5(784) - 2256.8 + 950 = 653.2$
$\approx \$653$ billion;

$S(30) = 2.5(30)^2 - 80.6(30) + 950$
$= 2.5(900) - 2418 + 950 = 782$
$\approx \$782$ billion

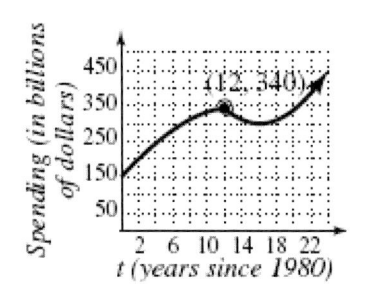

43. $C(m) = \begin{cases} 3.3m & 0 \le m \le 30 \\ 3.3(30) + 7(m-30) & m > 30 \end{cases}$

$C(m) = \begin{cases} 3.3m & 0 \le m \le 30 \\ 7m - 111 & m > 30 \end{cases}$

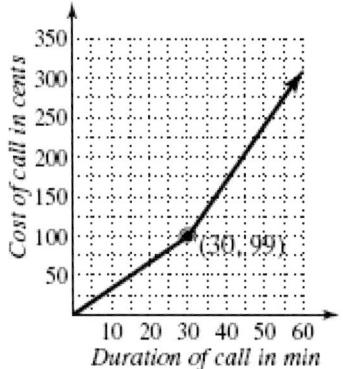

$C(46) = 7(46) - 111 = \$2.11$

45. $C(a) = \begin{cases} 0 & a < 2 \\ 2 & 2 \le a < 13 \\ 5 & 13 \le a < 20 \\ 7 & 20 \le a < 65 \\ 5 & a \ge 65 \end{cases}$

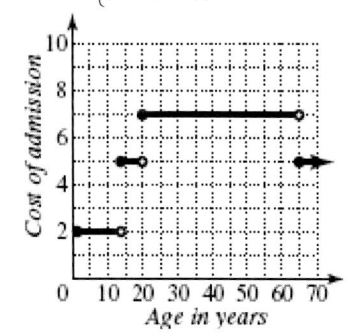

One grandparent:
$C(70) = 5$;
Two adults:
$C(44) = 7; C(45) = 7$;
Three teenagers:
$3 \cdot 5 = 15$;
Two children:
$2 \cdot 2 = 4$;
One infant: 0
Total Cost: $5 + 7 + 7 + 15 + 4 + 0 = \$38$

47. a. $C(w) = 17\lceil w - 1 \rceil + 80$
    For an envelope weighing between 0 and 1 oz, the cost is $0.80. Each step interval increases by 0.17.
    b. $0 < w \le 13$
    c. 80 cents
    d. 165 cents
    e. 165 cents
    f. 165 cents
    g. 182 cents

2.7 Exercises

49. $h(x) = |x-2| - |x+3|$

x	$h(x) = |x-2| - |x+3|$
-5	$h(-5) = |-5-2| - |-5+3| = 7 - 2 = 5$
-4	$h(-4) = |-4-2| - |-4+3| = 6 - 1 = 5$
-3	$h(-3) = |-3-2| - |-3+3| = 5 - 0 = 5$
-2	$h(-2) = |-2-2| - |-2+3| = 4 - 1 = 3$
-1	$h(-1) = |-1-2| - |-1+3| = 3 - 2 = 1$
0	$h(0) = |0-2| - |0+3| = 2 - 3 = -1$
1	$h(1) = |1-2| - |1+3| = 1 - 4 = -3$
2	$h(2) = |2-2| - |2+3| = 0 - 5 = -5$
3	$h(3) = |3-2| - |3+3| = 1 - 6 = -5$
4	$h(4) = |4-2| - |4+3| = 2 - 7 = -5$
5	$h(5) = |5-2| - |5+3| = 3 - 8 = -5$

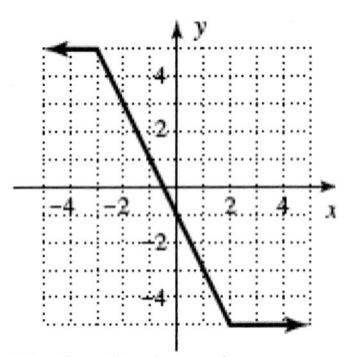

The function is continuous.

$$h(x) = \begin{cases} 5 & x \leq -3 \\ -2x - 1 & -3 < x < 2 \\ -5 & x \geq 2 \end{cases}$$

51. $Y_1 = \dfrac{x+2}{x+2}$, $Y_2 = \dfrac{|x+2|}{x+2}$

Y_1 has a removable discontinuity at $x = -2$.
Y_2 is discontinuous at $x = -2$.

53. $\dfrac{3}{x-2} + 1 = \dfrac{30}{x^2 - 4}$

$\left(\dfrac{3}{x-2} + 1 = \dfrac{30}{(x-2)(x+2)} \right)(x-2)(x+2)$

$3(x+2) + 1(x-2)(x+2) = 30$

$3x + 6 + x^2 - 4 = 30$

$x^2 + 3x - 28 = 0$

$(x+7)(x-4) = 0$

$x = -7; \quad x = 4$

55. a. $a^2 + b^2 = c^2$

$8^2 + b^2 = 12^2$

$64 + b^2 = 144$

$b^2 = 80$

$b = 4\sqrt{5}$ cm

b. $A = \dfrac{1}{2} bh$

$A = \dfrac{1}{2}(4\sqrt{5})(8)$

$A = 16\sqrt{5}$ cm^2

c. $V = \left(\dfrac{bh}{2} \right) h$

$V = (16\sqrt{5})(20) = 320\sqrt{5}$ cm^3

Chapter 2: Relations, Functions and Graphs

2.8 Technology Highlight

Exercise 1: $Y_1 = \sqrt{x}$ and $Y_2 = x+7$
Yes, graph shifts 7 units to the left.

2.8 Exercises

1. $(f+g)(x)$; $A \cap B$

3. Intersection; $g(x)$

5. Answers will vary.

7. a. Domain:
$f(x) = 2x^2 - x - 3; x \in \square$;
$g(x) = x^2 + 5x; x \in \square$;
$h(x) = f(x) - g(x); x \in \square$
$h(-2) = f(-2) - g(-2)$

   b. $= 2(-2)^2 - (-2) - 3 - \left((-2)^2 + 5(-2)\right)$
   $= 7 - (-6) = 13$

9. $h(x) = f(x) - g(x)$
   a. $h(x) = 2x^2 - x - 3 - (x^2 + 5x)$
   $= 2x^2 - x - 3 - x^2 - 5x$
   $= x^2 - 6x - 3$
   b. $h(-2) = (-2)^2 - 6(-2) - 3 = 13$
   c. Same result

11. a. Domain of $f(x) = \sqrt{x-3}$
    $x - 3 \geq 0$
    $x \geq 3$; $[3, \infty)$
    Domain of $g(x): x \in \square$;
    Domain of $h(x): x \in [3, \infty)$
    b. $h(x) = (f+g)(x)$
    $= f(x) + g(x)$
    $= \sqrt{x-3} + 2x^3 - 54$
    c. $h(4) = \sqrt{4-3} + 2(4)^3 - 54 = 75$;
    $h(2) = \sqrt{2-3} + 2(2)^3 - 54$
    $= \sqrt{-1} + 16 - 54$
    $\sqrt{-1}$ is not a real number;
    2 is not in the domain of $h(x)$.

13. a. Domain of $p(x) = \sqrt{x+5}$
    $x + 5 \geq 0$
    $x \geq -5$; $x \in [-5, \infty)$
    Domain of $q(x) = \sqrt{3-x}$
    $3 - x \geq 0$
    $-x \geq -3$
    $x \leq 3$; $x \in (-\infty, 3]$
    Domain of $r(x): x \in [-5, 3]$
    b. $r(x) = (p+q)(x)$
    $= p(x) + q(x)$
    $= \sqrt{x+5} + \sqrt{3-x}$
    c. $r(2) = \sqrt{2+5} + \sqrt{3-2} = \sqrt{7} + 1$
    $r(4) = \sqrt{4+5} + \sqrt{3-4} = \sqrt{9} + \sqrt{-1}$
    $\sqrt{-1}$ is not a real number;
    4 is not in the domain of $r(x)$.

15. a. Domain of $f(x) = \sqrt{x+4}$
    $x + 4 \geq 0$
    $x \geq -4$; $x \in [-4, \infty)$
    Domain of $g(x) = 2x + 3 : x \in \square$
    Domain of $h(x): x \in [-4, \infty)$
    b. $h(x) = (f \cdot g)(x)$
    $= f(x) \cdot g(x)$
    $= \sqrt{x+4}(2x+3)$
    c. $h(-4) = \sqrt{-4+4}(2(-4)+3) = 0$;
    $h(21) = \sqrt{21+4}(2(21)+3) = 225$

17. a. Domain of $p(x) = \sqrt{x+1}$
    $x + 1 \geq 0$
    $x \geq -1$; $x \in [-1, \infty)$
    Domain of $q(x) = \sqrt{7-x}$
    $7 - x \geq 0$
    $-x \geq -7$
    $x \leq 7$; $x \in (-\infty, 7]$
    Domain of $r(x): x \in [-1, 7]$
    b. $r(x) = (p \cdot q)(x)$
    $= p(x) \cdot q(x)$
    $= \sqrt{x+1} \cdot \sqrt{7-x}$
    $= \sqrt{-x^2 + 6x + 7}$

2.8 Exercises

c. $r(15) = \sqrt{-(15)^2 + 6(15) + 7} = \sqrt{-128}$
   $\sqrt{-128}$ is not a real number;
   15 is not in the domain of $r(x)$.
   $r(3) = \sqrt{-(3)^2 + 6(3) + 7} = \sqrt{16} = 4$

19. a. Domain of $f(x) = x^2 - 16 : x \in \mathbb{R}$
    Domain of $g(x) = x + 4 : x \in \mathbb{R}$
    Domain of $h(x) = \dfrac{x^2 - 16}{x + 4}, x \neq -4$
    $x \in (-\infty, -4) \cup (-4, \infty)$

   b. $h(x) = \dfrac{f}{g}(x) = \dfrac{x^2 - 16}{x + 4}$
    $h(x) = \dfrac{(x+4)(x-4)}{x+4} = x - 4; \; x \neq -4$

21. a. Domain of
    $f(x) = x^3 + 4x^2 - 2x - 8 : x \in \mathbb{R}$
    Domain of $g(x) = x + 4, x \in \mathbb{R}$
    Domain of
    $h(x) = \dfrac{x^3 + 4x^2 - 2x - 8}{x + 4}, x \neq -4$
    $x \in (-\infty, -4) \cup (-4, \infty)$

   b. $h(x) = \dfrac{f}{g}(x) = \dfrac{x^3 + 4x^2 - 2x - 8}{x + 4}$
    $h(x) = \dfrac{x^2(x+4) - 2(x+4)}{x + 4}$
    $= \dfrac{(x+4)(x^2 - 2)}{x + 4} = x^2 - 2; \; x \neq -4$

23. a. Domain of $f(x) = x^3 - 7x^2 + 6x : x \in \mathbb{R}$
    Domain of $g(x) = x - 1 : x \in \mathbb{R}$
    Domain of
    $h(x) = \dfrac{x^3 - 7x^2 + 6x}{x - 1}, x \neq 1$
    $x \in (-\infty, 1) \cup (1, \infty)$

   b. $h(x) = \dfrac{f}{g}(x) = \dfrac{x^3 - 7x^2 + 6x}{x - 1}$
    $h(x) = \dfrac{x(x^2 - 7x + 6)}{x - 1}$
    $= \dfrac{x(x - 6)(x - 1)}{x - 1} = x(x - 6)$
    $= x^2 - 6x; \; x \neq 1$

25. a. Domain of $f(x) = x + 1 : x \in \mathbb{R}$
    Domain of $g(x) = x - 5 : x \in \mathbb{R}$
    Domain of
    $h(x) = \dfrac{x + 1}{x - 5}, x \neq 5$
    $x \in (-\infty, 5) \cup (5, \infty)$

   b. $h(x) = \dfrac{f}{g}(x) = \dfrac{x + 1}{x - 5}; \; x \neq 1$

27. a. Domain of $p(x) = 2x - 3 : x \in \mathbb{R}$
    Domain of $q(x) = \sqrt{-2 - x}$,
    $-2 - x \geq 0$
    $-x \geq 2$
    $x \leq -2; \; x \in (-\infty, -2]$
    Domain of $r(x) = \dfrac{2x - 3}{\sqrt{-2 - x}}$,
    $-2 - x > 0$
    $-x > 2$
    $x < -2; \; x \in (-\infty, -2)$

   b. $r(x) = \dfrac{p}{q}(x) = \dfrac{2x - 3}{\sqrt{-2 - x}}$

   c. $r(6) = \dfrac{2(6) - 3}{\sqrt{-2 - 6}} = \dfrac{9}{\sqrt{-8}}$
    $\sqrt{-8}$ is not a real number;
    6 is not in the domain of $r(x)$.
    $r(-6) = \dfrac{2(-6) - 3}{\sqrt{-2 + 6}} = \dfrac{-15}{\sqrt{4}} = -\dfrac{15}{2}$

Chapter 2: Relations, Functions and Graphs

29. a. Domain of $p(x) = x - 5 : x \in \mathbb{R}$
    Domain of $q(x) = \sqrt{x-5}$,
    $x - 5 \geq 0$
    $x \geq 5;\ x \in [5, \infty)$
    Domain of $r(x) = \dfrac{x-5}{\sqrt{x-5}}$,
    $x - 5 > 0$
    $x > 5;\ x \in (5, \infty)$

    b. $r(x) = \dfrac{p}{q}(x) = \dfrac{x-5}{\sqrt{x-5}}$

    c. $r(6) = \dfrac{6-5}{\sqrt{6-5}} = \dfrac{1}{\sqrt{1}} = 1$
    $r(-6) = \dfrac{-6-5}{\sqrt{-6-5}} = \dfrac{-11}{\sqrt{-11}}$
    $\sqrt{-11}$ is not a real number;
    -6 is not in the domain of $r(x)$.

31. a. Domain of $p(x) = x^2 - 36 : x \in \mathbb{R}$
    Domain of $q(x) = \sqrt{2x+13}$,
    $2x + 13 \geq 0$
    $2x \geq -13$
    $x \geq -\dfrac{13}{2};\ x \in \left[-\dfrac{13}{2}, \infty\right)$
    Domain of $r(x) = \dfrac{x^2 - 36}{\sqrt{2x+13}}$,
    $2x + 13 > 0$
    $2x > -13$
    $x > -\dfrac{13}{2};\ x \in \left(-\dfrac{13}{2}, \infty\right)$

    b. $r(x) = \dfrac{p}{q}(x) = \dfrac{x^2 - 36}{\sqrt{2x+13}}$

    c. $r(6) = \dfrac{6^2 - 36}{\sqrt{2(6)+13}} = \dfrac{0}{\sqrt{25}} = 0$
    $r(-6) = \dfrac{(-6)^2 - 36}{\sqrt{2(-6)+13}} = \dfrac{0}{\sqrt{1}} = 0$

33. a. $f(x) = \dfrac{6x}{x-3},\ g(x) = \dfrac{3x}{x+2}$
    $h(x) = \dfrac{f(x)}{g(x)} = \dfrac{\dfrac{6x}{x-3}}{\dfrac{3x}{x+2}}$
    $= \dfrac{6x}{x-3} \div \dfrac{3x}{x+2} = \dfrac{6x}{x-3} \cdot \dfrac{x+2}{3x}$
    $= \dfrac{2(x+2)}{x-3} = \dfrac{2x+4}{x-3}$

    b. Domain of $h(x) = \dfrac{2x+4}{x-3}, x \neq 3$
    $x \in (-\infty, 3) \cup (3, \infty)$

    c. $x + 2 \neq 0$
    $x \neq -2;$
    $\dfrac{3x}{x+2} \neq 0$
    $x \neq 0$

35. $f(x) = 2x + 3$ and $g(x) = x - 2$
    Sum:
    $f(x) + g(x) = 2x + 3 + x - 2 = 3x + 1$
    Domain contains all values of x.
    $D: x \in (-\infty, \infty)$
    Difference:
    $f(x) - g(x) = 2x + 3 - (x - 2)$
    $= 2x + 3 - x + 2 = x + 5$
    Domain contains all values of x.
    $D: x \in (-\infty, \infty)$
    Product:
    $f(x) \cdot g(x) = (2x+3)(x-2)$
    $= 2x^2 - 4x + 3x - 6$
    $= 2x^2 - x - 6$
    Domain contains all values of x.
    $D: x \in (-\infty, \infty)$
    Quotient:
    $\dfrac{f(x)}{g(x)} = \dfrac{2x+3}{x-2}$
    $x - 2 \neq 0$
    $x \neq 2$
    $D: x \in (-\infty, 2) \cup (2, \infty)$

2.8 Exercises

37. $f(x) = x^2 + 7$ and $g(x) = 3x - 2$
Sum:
$f(x) + g(x) = x^2 + 7 + 3x - 2 = x^2 + 3x + 5$
Domain contains all values of x.
$D: x \in (-\infty, \infty)$
Difference:
$f(x) - g(x) = x^2 + 7 - (3x - 2)$
$= x^2 + 7 - 3x + 2$
$= x^2 - 3x + 9$
Domain contains all values of x.
$D: x \in (-\infty, \infty)$
Product:
$f(x) \cdot g(x) = (x^2 + 7)(3x - 2)$
$= 3x^3 - 2x^2 + 21x - 14$
Domain contains all values of x.
$D: x \in (-\infty, \infty)$
Quotient:
$\dfrac{f(x)}{g(x)} = \dfrac{x^2 + 7}{3x - 2}$
$3x - 2 \neq 0$
$3x \neq 2$
$x \neq \dfrac{2}{3}$
$D: x \in \left(-\infty, \dfrac{2}{3}\right) \cup \left(\dfrac{2}{3}, \infty\right)$

39. $f(x) = x^2 + 2x - 3$ and $g(x) = x - 1$
Sum:
$f(x) + g(x) = x^2 + 2x - 3 + x - 1$
$= x^2 + 3x - 4$
Domain contains all values of x.
$D: x \in (-\infty, \infty)$
Difference:
$f(x) - g(x) = x^2 + 2x - 3 - (x - 1)$
$= x^2 + 2x - 3 - x + 1$
$= x^2 + x - 2$
Domain contains all values of x.
$D: x \in (-\infty, \infty)$
Product:
$f(x) \cdot g(x) = (x^2 + 2x - 3)(x - 1)$
$= x^3 - x^2 + 2x^2 - 2x - 3x + 3$
$= x^3 + x^2 - 5x + 3$

Domain contains all values of x.
$D: x \in (-\infty, \infty)$
Quotient:
$\dfrac{f(x)}{g(x)} = \dfrac{x^2 + 2x - 3}{x - 1}$
$= \dfrac{(x + 3)(x - 1)}{x - 1} = x + 3$
$x - 1 \neq 0$
$x \neq 1$
$D: x \in (-\infty, 1) \cup (1, \infty)$

41. $f(x) = 3x + 1$ and $g(x) = \sqrt{x - 3}$
Sum:
$f(x) + g(x) = 3x + 1 + \sqrt{x - 3}$
$x - 3 \geq 0$
$x \geq 3$
$D: x \in [3, \infty)$
Difference:
$f(x) - g(x) = 3x + 1 - \sqrt{x - 3}$
$x - 3 \geq 0$
$x \geq 3$
$D: x \in [3, \infty)$
Product:
$f(x) \cdot g(x) = (3x + 1)\sqrt{x - 3}$
$x - 3 \geq 0$
$x \geq 3$
$D: x \in [3, \infty)$
Quotient:
$\dfrac{f(x)}{g(x)} = \dfrac{3x + 1}{\sqrt{x - 3}}$
$x - 3 > 0$
$x > 3$
$D: x \in (3, \infty)$

122

Chapter 2: Relations, Functions and Graphs

43. $f(x) = 2x^2$ and $g(x) = \sqrt{x+1}$
Sum:
$f(x) + g(x) = 2x^2 + \sqrt{x+1}$
$x + 1 \geq 0$
$x \geq -1$
$D: x \in [-1, \infty)$
Difference:
$f(x) - g(x) = 2x^2 - \sqrt{x+1}$
$x + 1 \geq 0$
$x \geq -1$
$D: x \in [-1, \infty)$
Product:
$f(x) \cdot g(x) = 2x^2 \sqrt{x+1}$
$x + 1 \geq 0$
$x \geq -1$
$D: x \in [-1, \infty)$
Quotient:
$\dfrac{f(x)}{g(x)} = \dfrac{2x^2}{\sqrt{x+1}}$
$x + 1 > 0$
$x > -1$
$D: x \in (-1, \infty)$

45. $f(x) = \dfrac{2}{x-3}$ and $g(x) = \dfrac{5}{x+2}$
Sum:
$f(x) + g(x) = \dfrac{2}{x-3} + \dfrac{5}{x+2}$
$= \dfrac{2(x+2) + 5(x-3)}{(x-3)(x+2)}$
$= \dfrac{2x + 4 + 5x - 15}{(x-3)(x+2)}$
$= \dfrac{7x - 11}{(x-3)(x+2)}$
$x - 3 \neq 0 \quad x + 2 \neq 0$
$x \neq 3 \quad x \neq -2$
$D: x \in (-\infty, -2) \cup (-2, 3) \cup (3, \infty)$
Difference:
$f(x) - g(x) = \dfrac{2}{x-3} - \dfrac{5}{x+2}$
$= \dfrac{2(x+2) - 5(x-3)}{(x-3)(x+2)}$

$= \dfrac{2x + 4 - 5x + 15}{(x-3)(x+2)}$
$= \dfrac{-3x + 19}{(x-3)(x+2)}$
$x - 3 \neq 0 \quad x + 2 \neq 0$
$x \neq 3 \quad x \neq -2$
$D: x \in (-\infty, -2) \cup (-2, 3) \cup (3, \infty)$
Product:
$f(x) \cdot g(x) = \left(\dfrac{2}{x-3}\right)\left(\dfrac{5}{x+2}\right)$
$= \dfrac{10}{(x-3)(x+2)}$
$= \dfrac{10}{x^2 - x - 6}$
$x - 3 \neq 0 \quad x + 2 \neq 0$
$x \neq 3 \quad x \neq -2$
$D: x \in (-\infty, -2) \cup (-2, 3) \cup (3, \infty)$
Quotient:
$\dfrac{f(x)}{g(x)} = \dfrac{\frac{2}{x-3}}{\frac{5}{x+2}} = \left(\dfrac{2}{x-3}\right)\left(\dfrac{x+2}{5}\right)$
$= \dfrac{2(x+2)}{5(x-3)} = \dfrac{2x+4}{5x-15}$
$x - 3 \neq 0 \quad x + 2 \neq 0$
$x \neq 3 \quad x \neq -2$
$D: x \in (-\infty, -2) \cup (-2, 3) \cup (3, \infty)$

47. $f(x) = x^2 - 5x - 14$
$f(-2) = (-2)^2 - 5(-2) - 14 = 4 + 10 - 14 = 0;$
$f(7) = (7)^2 - 5(7) - 14 = 49 - 35 - 14 = 0;$
$f(2) = (2)^2 - 5(2) - 14 = 4 - 10 - 14 = -20;$
$f(a-2) = (a-2)^2 - 5(a-2) - 14$
$= a^2 - 4a + 4 - 5a + 10 - 14$
$= a^2 - 9a$

2.8 Exercises

49. $f(x) = \sqrt{x+3}$ and $g(x) = 2x - 5$
   (a) $h(x) = (f \circ g)(x) = f[g(x)]$
   $= \sqrt{g(x) + 3}$
   $= \sqrt{(2x-5) + 3}$
   $= \sqrt{2x - 2}$
   (b) $H(x) = (g \circ f)(x) = g[f(x)]$
   $= 2(f(x)) - 5$
   $= 2\sqrt{x+3} - 5$
   (c) $2x - 2 \geq 0$
   $2x \geq 2$
   $x \geq 1$
   Domain of h: $x \in [1, \infty)$
   $x + 3 \geq 0$
   $x \geq -3$
   Domain of H: $x \in [-3, \infty)$

51. $f(x) = \sqrt{x-3}$ and $g(x) = 3x + 4$
   (a) $h(x) = (f \circ g)(x)$
   $h(x) = f[g(x)]$
   $h(x) = \sqrt{g(x) - 3}$
   $= \sqrt{3x + 4 - 3}$
   $= \sqrt{3x + 1}$
   (b) $H(x) = (g \circ f)(x)$
   $H(x) = g[f(x)]$
   $H(x) = 3(f(x)) + 4$
   $= 3\sqrt{x-3} + 4$
   (c) $3x + 1 \geq 0$
   $3x \geq -1$
   $x \geq -\dfrac{1}{3}$
   Domain of h: $\left\{x \mid x \geq -\dfrac{1}{3}\right\}$
   or $\left[-\dfrac{1}{3}, \infty\right)$;
   $x - 3 \geq 0$
   $x \geq 3$
   Domain of H: $\{x \mid x \geq 3\}$
   or $[3, \infty)$

53. $f(x) = x^2 - 3x$ and $g(x) = x + 2$
   (a) $h(x) = (f \circ g)(x)$
   $h(x) = f[g(x)]$
   $h(x) = (g(x))^2 - 3(g(x))$
   $= (x+2)^2 - 3(x+2)$
   $= x^2 + 4x + 4 - 3x - 6$
   $= x^2 + x - 2$
   (b) $H(x) = (g \circ f)(x)$
   $H(x) = g[f(x)]$
   $H(x) = (f(x)) + 2$
   $= x^2 - 3x + 2$
   (c) Domain of h: $(-\infty, \infty)$
   Domain of H: $(-\infty, \infty)$

55. $f(x) = x^2 + x - 4$ and $g(x) = x + 3$
   (a) $h(x) = (f \circ g)(x)$
   $h(x) = f[g(x)]$
   $h(x) = (g(x))^2 + g(x) - 4$
   $= (x+3)^2 + x + 3 - 4$
   $= x^2 + 6x + 9 + x - 1$
   $= x^2 + 7x + 8$
   (b) $H(x) = (g \circ f)(x)$
   $H(x) = g[f(x)]$
   $H(x) = f(x) + 3$
   $= x^2 + x - 4 + 3$
   $= x^2 + x - 1$
   (c) Domain of h: $(-\infty, \infty)$
   Domain of H: $(-\infty, \infty)$

Chapter 2: Relations, Functions and Graphs

57. $f(x) = |x| - 5$ and $g(x) = -3x + 1$
    (a) $h(x) = (f \circ g)(x)$
    $h(x) = f[g(x)]$
    $h(x) = |g(x)| - 5$
    $= |-3x + 1| - 5$
    (b) $H(x) = (g \circ f)(x)$
    $H(x) = g[f(x)]$
    $H(x) = -3(f(x)) + 1$
    $= -3(|x| - 5) + 1$
    $= -3|x| + 15 + 1$
    $= -3|x| + 16$
    (c) Domain of h: $(-\infty, \infty)$
    Domain of H: $(-\infty, \infty)$

59. $f(x) = \dfrac{2x}{x+3}$ and $g(x) = \dfrac{5}{x}$
    (a)
    $(f \circ g)(x)$: For $g(x)$ to be defined, $x \neq 0$.
    For $f[g(x)] = \dfrac{2g(x)}{g(x) + 3}$,
    $g(x) \neq -3$ so $x \neq -\dfrac{5}{3}$.
    Domain: $\left\{x \mid x \neq 0, x \neq -\dfrac{5}{3}\right\}$
    (b)
    $(g \circ f)(x)$: For $f(x)$ to be defined, $x \neq -3$.
    For $g[f(x)] = \dfrac{5}{f(x)}$,
    $f(x) \neq 0$ so $x \neq 0$.
    Domain: $\{x \mid x \neq 0, x \neq -3\}$
    (c) $(f \circ g)(x) = f[g(x)]$
    $= \dfrac{2(g(x))}{g(x) + 3} = \dfrac{2\left(\dfrac{5}{x}\right)}{\dfrac{5}{x} + 3} = \dfrac{\dfrac{10}{x}}{\dfrac{5 + 3x}{x}}$
    $= \dfrac{10x}{x(5 + 3x)} = \dfrac{10}{5 + 3x}$
    $(g \circ f)(x) = g[f(x)]$
    $= \dfrac{5}{f(x)} = \dfrac{5}{\dfrac{2x}{x+3}} = \dfrac{5(x+3)}{2x} = \dfrac{5x + 15}{2x}$

61. $f(x) = \dfrac{4}{x}$ and $g(x) = \dfrac{1}{x - 5}$
    (a)
    $(f \circ g)(x)$: For $g(x)$ to be defined, $x \neq 5$.
    For $f[g(x)] = \dfrac{4}{g(x)}$,
    $g(x) \neq 0$ and $g(x)$ is never zero.
    Domain: $\{x \mid x \neq 5\}$
    (b)
    $(g \circ f)(x)$: For $f(x)$ to be defined, $x \neq 0$.
    For $g[f(x)] = \dfrac{1}{f(x) - 5}$,
    $f(x) \neq 5$ so $x \neq \dfrac{4}{5}$.
    Domain: $\left\{x \mid x \neq 0, x \neq \dfrac{4}{5}\right\}$
    (c) $h(x) = (f \circ g)(x)$
    $h(x) = f[g(x)]$
    $h(x) = \dfrac{4}{g(x)}$
    $= \dfrac{4}{\dfrac{1}{x - 5}}$
    $= 4(x - 5)$
    $= 4x - 20$
    $H(x) = (g \circ f)(x)$
    $H(x) = g[f(x)]$
    $H(x) = \dfrac{1}{f(x) - 5}$
    $= \dfrac{1}{\dfrac{4}{x} - 5}$
    $= \dfrac{1}{\dfrac{4 - 5x}{x}}$
    $= \dfrac{x}{4 - 5x}$

2.8 Exercises

63. $f(x) = x^2 - 8$ and $g(x) = x + 2$
    $h(x) = (f \circ g)(x)$
    a. $(f \circ g)(x) = f[g(x)]$
    $= (g(x))^2 - 8$
    $= (x+2)^2 - 8$
    $= x^2 + 4x + 4 - 8$
    $= x^2 + 4x - 4;$
    $h(x) = x^2 + 4x - 4$
    $h(5) = (5)^2 + 4(5) - 4 = 25 + 20 - 4 = 41$
    b. $g(5) = 5 + 2 = 7$
    $f[g(5)] = f(7)$
    $= (7)^2 - 8 = 49 - 8 = 41$

65. $h(x) = \left(\sqrt{x-2} + 1\right)^3 - 5$
    Answers may vary.
    $g(x) = \sqrt{x-2} + 1, f(x) = x^3 - 5$

67. $f(x) = 2x - 1, g(x) = x^2 - 1,$
    $h(x) = x + 4$
    a. $p(x) = f\left[g\left([h(x)]\right)\right]$
    $p(x) = f\left[(x+4)^2 - 1\right]$
    $= 2\left[(x+4)^2 - 1\right] - 1$
    $= 2(x+4)^2 - 2 - 1$
    $= 2(x+4)^2 - 3$
    b. $q(x) = g\left[f\left([h(x)]\right)\right]$
    $q(x) = g\left[2(x+4) - 1\right]$
    $= g[2x + 8 - 1] = g[2x + 7]$
    $= (2x+7)^2 - 1$

69. a. $C(5) = 6000$
    b. $T(8) = 3000$
    c. $C(9) + T(9) = 6000 + 2000 = 8000$
    d. $C(9) - T(9) = 6000 - 2000 = 4000$

71. a. $R(2) = \$1$ billion
    b. $C(8) = \$5$ billion
    c. $R(t) = C(t)$
       Broke even 2003, 2007, 2010
    d. $C(t) > R(t):$
       $t \in (2000, 2003) \cup (2007, 2010)$
    e. $R(t) > C(t), t \in (2003, 2007)$
    f. $R(5) - C(5) = 5 - 1 = \$4$ billion

73. a. $(f+g)(-4) = f(-4) + g(-4)$
    $= 5 + (-1) = 4$
    b. $(f \cdot g)(1) = f(1) \cdot g(1)$
    $= 0(3) = 0$
    c. $(f-g)(4) = f(4) - g(4)$
    $= 5 - 3 = 2$
    d. $(f+g)(0) = f(0) + g(0)$
    $= 1 + 2 = 3$
    e. $\left(\dfrac{f}{g}\right)(2) = \dfrac{f(2)}{g(2)} = \dfrac{-1}{3}$
    f. $(f \cdot g)(-2) = f(-2) \cdot g(-2)$
    $= 3(2) = 6$
    g. $(g \cdot f)(2) = g(2) \cdot f(2)$
    $= 3(-1) = -3$
    h. $(f-g)(-1) = f(-1) - g(-1)$
    $= 2 - 1 = 1$
    i. $(f+g)(8) = f(8) + g(8)$
    $= -1 + 2 = 1$
    j. $\left(\dfrac{f}{g}\right)(7) = \dfrac{f(7)}{g(7)} = \dfrac{1}{0}$ undefined
    k. $(g \circ f)(4) = g(f(4))$
    $= g(5) = \dfrac{1}{2} = 0.5$
    l. $(f \circ g)(4) = f(g(4))$
    $= f(3) = 2$

75. $h(x) = f(x) - g(x)$
    $= 5 - \left(\dfrac{2}{3}x + 1\right) = 5 - \dfrac{2}{3}x - 1$
    $= -\dfrac{2}{3}x + 4$

77. $h(x) = f(x) - g(x)$
    $= (5x - x^2) - x = 4x - x^2$

Chapter 2: Relations, Functions and Graphs

79. $A = 40\pi r + 2\pi r^2$
$A = 2\pi r(20 + r)$
$A(r) = (f \cdot g)(r)$
$f(r) = 2\pi r, g(r) = 20 + r$
$A(5) = 2\pi(5)(20+5) = 10\pi(25) = 250\pi$ units^2

81. Revenue: $R(x) = 40,000x$
Cost: $C(x) = 108,000 + 28,000x$
a. $P(x) = R(x) - C(x)$
$= 40,000x - 108,000 - 28,000x$
$= 12,000x - 108,000$
b. Break even when $P(x) = 0$
$12,000x - 108,000 = 0$
$12,000x = 108,000$
$x = 9$
9 boats must be sold to break even.

83. a. $P(n) = R(n) - C(n)$
$P(n) = 11.45n - 0.1n^2$
b. $P(12) = 11.45(12) - 0.1(12)^2$
$= 137.4 - 14.4 = \$123$
c. $P(60) = 11.45(60) - 0.1(60)^2$
$= 687 - 360 = \$327$
d. At $n = 115$, costs exceed revenue, $C(115) > R(115)$.

85. $f(x) = 0.5x - 14$; $g(x) = 2x + 23$
$h(x) = (f \circ g)(x) = f[g(x)]$
$h(x) = 0.5(g(x)) - 14$
$= 0.5(2x + 23) - 14$
$= x + 11.5 - 14$
$= x - 2.5$;
$h(13) = 13 - 2.5 = 10.5$

87. $T(x) = 41.6x$; $R(x) = 10.9x$
(a) $T(100) = 41.6(100) = 4160$ baht
(b) $R(4160) = 10.9(4160) = 45,344$
rRinggit
(c) $M(x) = (R \circ T)(x) = R[T(x)]$
$M(x) = 10.9(T(x))$
$= 10.9(41.6x)$
$= 453.44x$;
$M(100) = 453.44(100) = 45344$ ringgit
Parts B and C agree.

89. $r(t) = 3t$; $A = \pi r^2$
(a) $r(2) = 3(2) = 6$ ft
(b) $A(6) = \pi(6)^2 = 36\pi$ ft^2
(c) $A(t) = (A \circ r)(t) = A[r(t)]$
$A(t) = \pi(r(t))^2$
$= \pi(3t)^2$
$= 9\pi t^2$;
$A(2) = 9\pi(2)^2 = 36\pi$ ft^2
The answers do agree.

91. $C(x) = 0.0345x^4 - 0.8996x^3 + 7.5383x^2 - 21.7215x + 40$
$L(x) = -0.0345x^4 + 0.8996x^3 - 7.5383x^2 + 21.7215x + 10$
(a) Using the grapher, 1995 to 1996; 1999 to 2004
(b) Using the grapher, 30 seats; 1995
(c) Using the grapher, 20 seats; 1997
(d) Using the grapher, the total number in the senate (50); the number of additional seats held by the majority.

2.8 Exercises

93. $f(x) = \sqrt{1-x}$ and $g(x) = \sqrt{x-2}$
    Using the grapher,
    $(f+g)(x)$ cannot be found because their domains do not overlap.

95. $f(x) = (x-3)^2 + 2, g(x) = 4|x-3|-5$

x	$f(x)$	$g(x)$	$(f-g)(x)$
−2	27	15	12
−1	18	11	7
0	11	7	4
1	6	3	3
2	3	−1	4
3	2	−5	7
4	3	−1	4
5	6	3	3
6	11	7	4
7	18	11	7
8	27	15	12

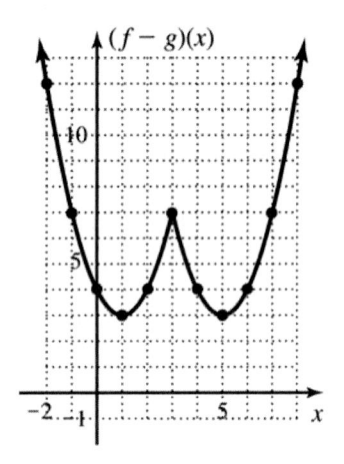

97. $f(x) = \sqrt{x}$; $g(x) = \sqrt[3]{x}$; $h(x) = |x|$
    (a)

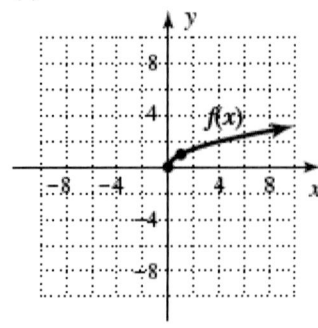

    (b)

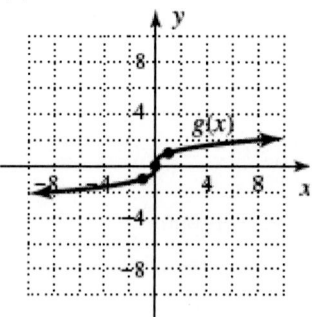

    (c)

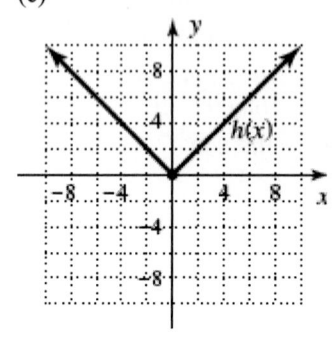

99. $-2x + 3y = 9$
    $3y = 2x + 9$
    $y = \dfrac{2}{3}x + 3$
    $m = \dfrac{2}{3}$;

    Slope of a line perpendicular is $-\dfrac{3}{2}$.
    y− intercept (0,0);
    Equation: $y = -\dfrac{3}{2}x$

128

Chapter 2: Relations, Functions and Graphs

Chapter 2 Summary and Review

1.

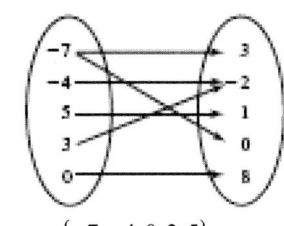

   $x \in \{-7, -4, 0, 3, 5\}$
   $y \in \{-2, 0, 1, 3, 8\}$

3. $(19, 25), (-14, -31)$
   $d = \sqrt{(-14-19)^2 + (-31-25)^2}$
   $= \sqrt{1089 + 3136} = \sqrt{4225} = 65$
   65 miles

5. $x^2 + y^2 = 16$
   Center (0,0), Radius 4

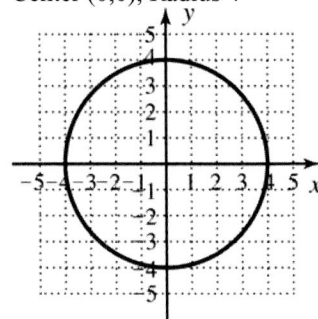

7. $(-3, 0)$ and $(0, 4)$
   To find the center, find the midpoint.
   $\left(\dfrac{-3+0}{2}, \dfrac{0+4}{2}\right) = \left(-\dfrac{3}{2}, 2\right)$
   To find the radius, find the distance between $\left(-\dfrac{3}{2}, 2\right)$ and $(0, 4)$
   $d = \sqrt{\left(0 - \left(-\dfrac{3}{2}\right)\right)^2 + (4-2)^2}$
   $= \sqrt{\dfrac{9}{4} + 4} = \sqrt{\dfrac{25}{4}} = \dfrac{5}{2} = 2.5$
   Radius: 2.5
   Equation: $\left(x + \dfrac{3}{2}\right)^2 + (y-2)^2 = 6.25$

9. a. L_1: $(-2, 0)$ and $(0, 6)$
   $m = \dfrac{6-0}{0-(-2)} = \dfrac{6}{2} = 3$
   L_2: $(1, 8)$ and $(0, 5)$
   $m = \dfrac{5-8}{0-1} = \dfrac{-3}{-1} = 3$
   Parallel

   b. L_1: $(1, 10)$ and $(-1, 7)$
   $m = \dfrac{7-10}{-1-1} = \dfrac{-3}{-2} = \dfrac{3}{2}$
   L_2: $(-2, -1)$ and $(1, -3)$
   $m = \dfrac{-3-(-1)}{1-(-2)} = \dfrac{-2}{3}$
   Perpendicular

11. a. $2x + 3y = 6$
    x–intercept: (3, 0) y–intercept: (0, 2)
    $2x + 3(0) = 6 \qquad 2(0) + 3y = 6$
    $2x = 6 \qquad\qquad 3y = 6$
    $x = 3 \qquad\qquad y = 2$

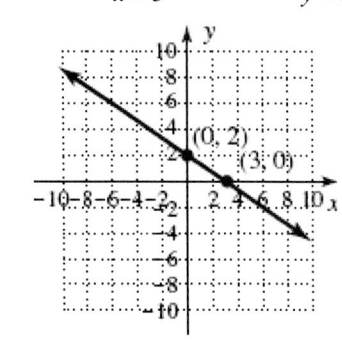

Summary and Review

b. $y = \dfrac{4}{3}x - 2$

x–intercept: $\left(\dfrac{3}{2}, 0\right)$ y–intercept: $(0, -2)$

$0 = \dfrac{4}{3}x - 2$ $y = \dfrac{4}{3}(0) - 2$

$2 = \dfrac{4}{3}x$ $y = -2$

$\dfrac{6}{4} = x$

$\dfrac{3}{2} = x$

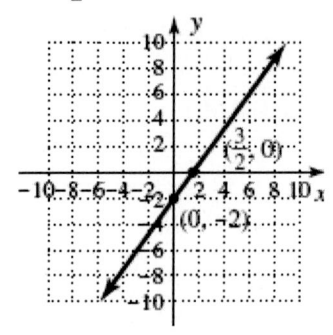

13. $(-5, -4)$ $(7, 2)$ $(0, 16)$

$m = \dfrac{16 - 2}{0 - 7} = \dfrac{14}{-7} = -2$;

$m = \dfrac{2 - (-4)}{7 - (-5)} = \dfrac{6}{12} = \dfrac{1}{2}$

Yes

15. a. $4x + 3y - 12 = 0$

$3y = -4x + 12$

$y = -\dfrac{4}{3}x + 4$

$m = -\dfrac{4}{3}$; y–intercept $(0, 4)$

b. $5x - 3y = 15$

$-3y = -5x + 15$

$y = \dfrac{5}{3}x - 5$

$m = \dfrac{5}{3}$; y–intercept $(0, -5)$

17. a. $m = \dfrac{2}{3}$; $(1, 4)$

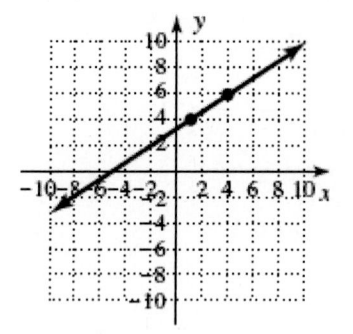

b. $m = -\dfrac{1}{2}$; $(-2, 3)$

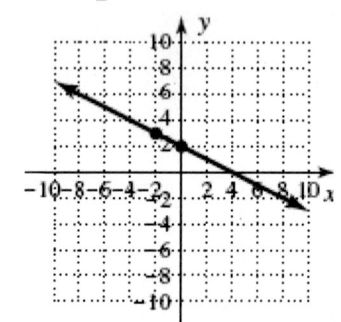

19. $(1, 2)$ and $(-3, 5)$

$m = \dfrac{5 - 2}{-3 - 1} = -\dfrac{3}{4}$

$y - 2 = -\dfrac{3}{4}(x - 1)$

$y - 2 = -\dfrac{3}{4}x + \dfrac{3}{4}$

$y = -\dfrac{3}{4}x + \dfrac{11}{4}$

Chapter 2: Relations, Functions and Graphs

21. $m = \dfrac{2}{5}$; y–intercept $(0, 2)$

    $y = \dfrac{2}{5}x + 2$

    When the rabbit population increases by 500, the wolf population increases by 200.

23. a. $f(x) = \sqrt{4x+5}$

    $4x + 5 \geq 0$

    $4x \geq -5$

    $x \geq -\dfrac{5}{4}$

    $x \in \left[-\dfrac{5}{4}, \infty\right)$

    b. $g(x) = \dfrac{x-4}{x^2 - x - 6}$

    $x^2 - x - 6 = 0$

    $(x-3)(x+2) = 0$

    $x - 3 = 0$ or $x + 2 = 0$

    $x = 3$ or $x = -2$

    These values must be excluded because they cause division by zero.

    $x \in (-\infty, -2) \cup (-2, 3) \cup (3, \infty)$

25. It is a function.

27. $D: x \in (-\infty, \infty)$

    $R: y \in [-5, \infty)$

    $f(x)\uparrow: x \in (2, \infty)$

    $f(x)\downarrow: x \in (-\infty, 2)$

    $f(x) > 0: x \in (-\infty, -1) \cup (5, \infty)$

    $f(x) < 0: x \in (-1, 5)$

29. $D: x \in (-\infty, \infty)$

    $R: y \in (-\infty, \infty)$

    $f(x)\uparrow: x \in (-\infty, -3) \cup (1, \infty)$

    $f(x)\downarrow: x \in (-3, 1)$

    $f(x) > 0: x \in (-5, -1) \cup (4, \infty)$

    $f(x) < 0: x \in (-\infty, -5) \cup (-1, 4)$

31. a. $\dfrac{f(x_2) - f(x_1)}{x_2 - x_1} = \dfrac{\sqrt{5+4} - \sqrt{-3+4}}{5 - (-3)}$

    $= \dfrac{3-1}{8} = \dfrac{1}{4}$

    Graph is rising to the right.

    b. $\dfrac{j(x+h) - j(x)}{h}$

    $= \dfrac{(x+h)^2 - (x+h) - (x^2 - x)}{h}$

    $= \dfrac{x^2 + 2xh + h^2 - x - h - x^2 + x}{h}$

    $= \dfrac{2xh + h^2 - h}{h} = 2x - 1 + h$

    $x = 2, h = 0.01$

    $2(2) - 1 + 0.01 = 3.01$

33. Squaring function
    a. up on left/up on the right
    b. x–intercepts: $(-4,0)$, $(0,0)$
       y–intercept: $(0,0)$
    c. Vertex: $(-2,-4)$
    d. $x \in (-\infty, \infty)$, $y \in [-4, \infty)$

35. Cubing function
    a. down on left/up on right
    b. x–intercepts: $(-2,0)$, $(-1,0)$, $(4,0)$
       y–intercept: $(0,2)$
    c. Inflection point: $(1,0)$
    d. $x \in (-\infty, \infty)$, $y \in (-\infty, \infty)$

Summary and Review

37. Cube root
    a. up on left/ down on right
    b. x–intercept: (1,0)
       y–intercept: (0,1)
    c. Inflection: (1,0)
    d. $x \in (-\infty, \infty), y \in (-\infty, \infty)$

39. $f(x) = 2|x+3|$; Absolute Value

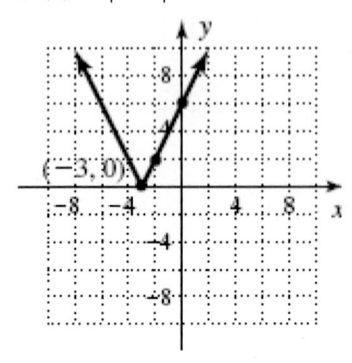

41. $f(x) = \sqrt{x-5} + 2$; Square Root

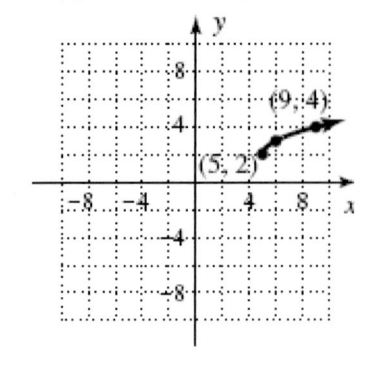

43. a. $f(x-2)$
       Right 2

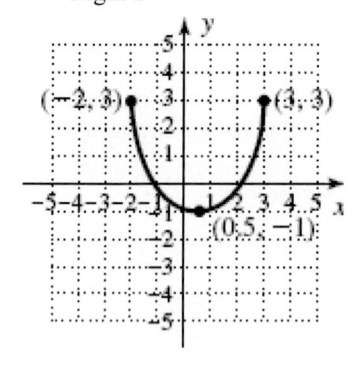

    b. $-f(x) + 4$
       Reflect, up 4

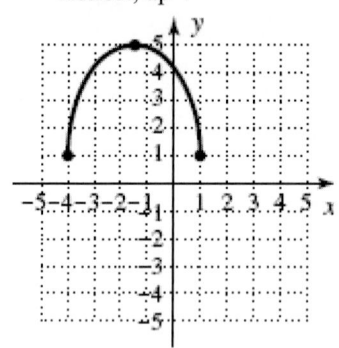

    c. $\dfrac{1}{2} f(x)$
       Compressed down

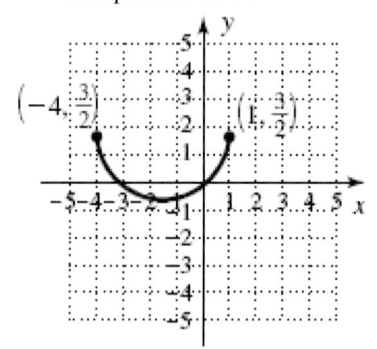

Chapter 2: Relations, Functions and Graphs

45. $h(x) = \begin{cases} \dfrac{x^2 - 2x - 15}{x+3} & x \neq -3 \\ -6 & x = -3 \end{cases}$

$x \in (-\infty, \infty)$
$y \in (-\infty, -8) \cup (-8, \infty)$
Discontinuity at $x = -3$
Define $h(x) = -8$ at $x = -3$

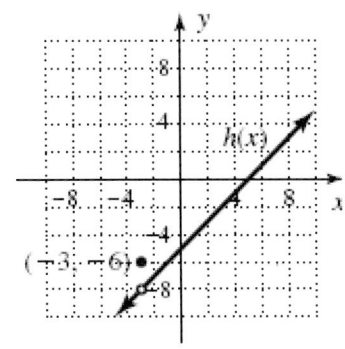

47. $q(x) = \begin{cases} 2\sqrt{-x-3} - 4 & x \leq -3 \\ -2|x| + 2 & -3 < x < 3 \\ 2\sqrt{x-3} - 4 & x \geq 3 \end{cases}$

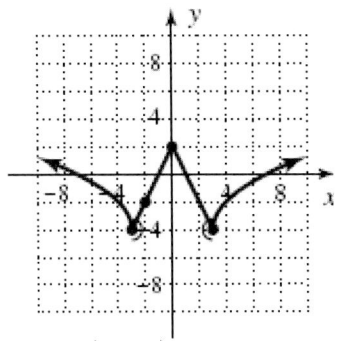

$D: x \in (-\infty, \infty)$
$R: y \in [-4, \infty)$

49. $f(x) = x^2 + 4x$ and $g(x) = 3x - 2$
$(f+g)(a) = f(a) + g(a)$
$= a^2 + 4a + 3a - 2$
$= a^2 + 7a - 2$

51. $f(x) = x^2 + 4x$ and $g(x) = 3x - 2$
$\left(\dfrac{f}{g}\right)(x) = \dfrac{x^2 + 4x}{3x - 2}$
$D: x \in \left(-\infty, \dfrac{2}{3}\right) \cup \left(\dfrac{2}{3}, \infty\right)$

53. $p(x) = 4x - 3$; $q(x) = x^2 + 2x$;
$(q \circ p)(3) = q[p(3)]$
$p(3) = 4(3) - 3 = 12 - 3 = 9$
$q(9) = (9)^2 + 2(9) = 81 + 18 = 99$

55. $h(x) = \sqrt{3x - 2} + 1$;
$f(x) = \sqrt{x} + 1$;
$g(x) = 3x - 2$

57. $r(t) = 2t + 3$
$A(t) = \pi(2t + 3)^2$

Chapter 2 Mixed Review

1. $4x + 3y = 12$
   $3y = -4x + 12$
   $y = -\dfrac{4}{3}x + 4$

3. a. $f(x) = \dfrac{x+1}{x^2 - 5x + 4}$
   $x^2 - 5x + 4 = 0$
   $(x-4)(x-1) = 0$
   $x - 4 = 0$ or $x - 1 = 0$
   $x = 4$ or $x = 1$
   These values are restricted because they cause division by zero.
   Domain: $(-\infty, 1) \cup (1, 4) \cup (4, \infty)$

   b. $g(x) = \dfrac{1}{\sqrt{2x-3}}$
   Set the radicand greater than zero. (Zero must be excluded because the radical is in the denominator.
   $2x - 3 > 0$
   $2x > 3$
   $x > \dfrac{3}{2}$
   Domain: $\left(\dfrac{3}{2}, \infty\right)$

5. $m = -\dfrac{3}{2}$; y–intercept $(0, -2)$
   $y = -\dfrac{3}{2}x - 2$

7. $L_1 : (-3, 7), (2, 2)$
   Slope: $\dfrac{2-7}{2-(-3)} = -1$;
   $L_2 : (2, 2), (5, 5)$
   Slope: $\dfrac{5-2}{5-2} = 1$;
   Lines are perpendicular. Vertex of right angle is (2, 2).
   Radius: distance between $(-3, 7)$ and $(2, 2)$.
   $d = \sqrt{(2-(-3))^2 + (2-7)^2} = \sqrt{50}$;
   Center $(2, 2)$, radius $\sqrt{50}$
   Equation: $(x-2)^2 + (y-2)^2 = 50$

9. $y = \dfrac{3}{5}x - 2$
   y–intercept $(0, -2)$

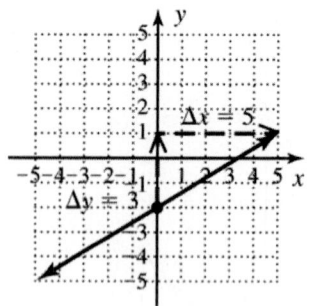

11. a. $p(x) = -2x^2 + 8x$

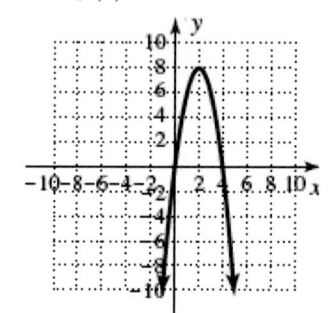

   Rate of change is positive in $[-2, -1]$ since p is increasing in $(-\infty, 2)$.
   The rate of change in $[1, 2]$ will be less than the rate of change in $[-2, -1]$.
   $\dfrac{\Delta p}{\Delta x} = \dfrac{p(2) - p(1)}{2-1} = \dfrac{8-6}{1} = 2$;
   $\dfrac{\Delta p}{\Delta x} = \dfrac{p(-1) - p(-2)}{-1-(-2)} = \dfrac{-10-(-24)}{1} = 14$

   b. $A(t) = 1000e^{0.07t}$
   For $[10, 10.01]$,
   $\dfrac{1000e^{0.07(10.01)} - 1000e^{0.07(10)}}{10.01 - 10} \approx 141.0$;
   For $[15, 15.01]$,
   $\dfrac{1000e^{0.07(15.01)} - 1000e^{0.07(15)}}{15.01 - 15} \approx 200.1$;
   For $[20, 20.01]$,
   $\dfrac{1000e^{0.07(20.01)} - 1000e^{0.07(20)}}{20.01 - 20} \approx 284.0$;
   In the interval: $[15, 15.01]$

Chapter 2: Relations, Functions and Graphs

13. $f(x) = \dfrac{3}{x^2 - 1}, g(x) = 3x - 2$

    $(f \circ g)(x) = \dfrac{3}{(3x-2)^2 - 1}$

    $= \dfrac{3}{9x^2 - 12x + 4 - 1} = \dfrac{3}{9x^2 - 12x + 3}$

    $= \dfrac{3}{3(3x^2 - 4x + 1)} = \dfrac{1}{3x^2 - 4x + 1}$

    To find domain, $3x^2 - 4x + 1 = 0$
    $(3x - 1)(x - 1) = 0$
    $x = \dfrac{1}{3}, x = 1$

    Domain: $\left(-\infty, \dfrac{1}{3}\right) \cup \left(\dfrac{1}{3}, 1\right) \cup (1, \infty)$

15. $f(x) = x^2 + 1, g(x) = 3x - 2$

    $\dfrac{f(x+h) - f(x)}{h}$

    $= \dfrac{\left[(x+h)^2 + 1\right] - \left[x^2 + 1\right]}{h}$

    $= \dfrac{x^2 + 2xh + h^2 + 1 - x^2 - 1}{h}$

    $= \dfrac{2xh + h^2}{h} = \dfrac{h(2x+h)}{h} = 2x + h$;

    $\dfrac{g(x+h) - g(x)}{h}$

    $= \dfrac{[3(x+h) - 2] - [3x - 2]}{h}$

    $= \dfrac{3x + 3h - 2 - 3x + 2}{h} = \dfrac{3h}{h} = 3$;

    For small h, $2x + h = 3$

    when $x \approx \dfrac{3}{2}$

17. a. $D: x \in (-\infty, 6]$
       $R: y \in (-\infty, 3]$
    b. Min: $(3, -3)$
       Max: $y = 3$ for $x \in (-6, -3)$; $(6, 0)$
    c. $g(x)\uparrow: x \in (-\infty, -6) \cup (3, 6)$
       $g(x)\downarrow: x \in (-3, 3)$
       $g(x)$ constant: $x \in (-6, -3)$
    d. $g(x) > 0: x \in (-7, -1)$
       $g(x) < 0: x \in (-\infty, -7) \cup (-1, 6)$

19. x–intercepts: $(-1, 0), (1.5, 0)$
    y–intercept: $(0, 3)$
    $f(x) = a(x+1)(x-1.5)$
    $f(x) = a\left(x^2 - \dfrac{1}{2}x - \dfrac{3}{2}\right)$
    $3 = a\left(0^2 - \dfrac{1}{2}(0) - \dfrac{3}{2}\right)$
    $3 = -\dfrac{3}{2}a$
    $-2 = a;$
    $f(x) = -2x^2 + x + 3$

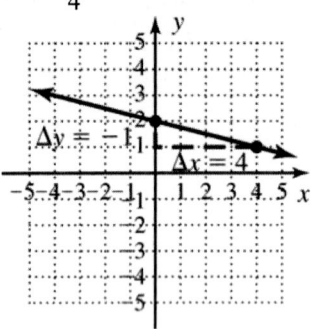

Chapter 2 Practice Test

Chapter 2 Practice Test

1. a. $x = y^2 + 2y$
    b. $y = \sqrt{5-2x}$
    c. $|y| + 1 = x$
    d. $y = x^2 + 2x$

    a and c are non–functions, do not pass the vertical line test.

3. $x + 4y = 8$
    $4y = -x + 8$
    $y = -\dfrac{1}{4}x + 2$

    [graph of line with $\Delta y = -1$, $\Delta x = 4$]

5. $6x + 5y = 3$
    $6x + 5y = 3$
    $5y = -6x + 3$
    $y = -\dfrac{6}{5}x + \dfrac{3}{5}$

    Slope: $-\dfrac{6}{5}$

    Point (2,–2), slope $-\dfrac{6}{5}$

    $y - (-2) = -\dfrac{6}{5}(x - 2)$
    $y + 2 = -\dfrac{6}{5}x + \dfrac{12}{5}$
    $y = -\dfrac{6}{5}x + \dfrac{2}{5}$

7. L1: $x = -3$
    L2: $y = 4$

9. a. $W(24) = 300$
    b. $h = 30$ when $W(h) = 375$
    c. (20, 250) and (40, 500)

    $m = \dfrac{500 - 250}{40 - 20} = \dfrac{250}{20} = \dfrac{25}{2}$

    $W(h) = \dfrac{25}{2}h$

    d. Wages are $12.50 per hour.
    e. $h \in [0, 40]$
    $w \in [0, 500]$

11. $f(x) = \dfrac{2 - x^2}{x^2}$

    a. $f\left(\dfrac{2}{3}\right) = \dfrac{2 - \left(\dfrac{2}{3}\right)^2}{\left(\dfrac{2}{3}\right)^2} = \dfrac{2 - \left(\dfrac{4}{9}\right)}{\dfrac{4}{9}}$

    $= \dfrac{\dfrac{14}{9}}{\dfrac{4}{9}} = \dfrac{14}{9} \div \dfrac{4}{9} = \dfrac{7}{2}$

    b. $f(a+3) = \dfrac{2 - (a+3)^2}{(a+3)^2}$

    $= \dfrac{2 - (a^2 + 6a + 9)}{a^2 + 6a + 9} = \dfrac{2 - a^2 - 6a - 9}{a^2 + 6a + 9}$

    $= \dfrac{-a^2 - 6a - 7}{a^2 + 6a + 9}$

    c. $f(1+2i) = \dfrac{2 - (1+2i)^2}{(1+2i)^2}$

    $= \dfrac{2 - (1 + 4i + 4i^2)}{1 + 4i + 4i^2} = \dfrac{2 - 1 - 4i - 4i^2}{1 + 4i - 4}$

    $= \dfrac{1 - 4i + 4}{-3 + 4i} = \dfrac{5 - 4i}{-3 + 4i}$

    $= \dfrac{5 - 4i}{-3 + 4i} \cdot \dfrac{-3 - 4i}{-3 - 4i} = \dfrac{-15 - 20i + 12i + 16i^2}{9 - 16i^2}$

    $= \dfrac{-15 - 8i - 16}{9 + 16} = \dfrac{-31 - 8i}{25}$

    $= -\dfrac{31}{25} - \dfrac{8}{25}i$

Chapter 2: Relations, Functions and Graphs

13. $S(t) = 2t^2 - 3t$
    a. No, new company and sales should be growing.
    b. For $[5,6]$, $S(5) = 2(5)^2 - 3(5) = 35$
       $S(6) = 2(6)^2 - 3(6) = 54$
       Rate of Change: $\dfrac{54-35}{6-5} = 19$
       For $[6,7]$, $S(7) = 2(7)^2 - 3(7) = 77$
       Rate of Change: $\dfrac{77-54}{7-6} = 23$
    c. $\dfrac{2(t+h)^2 - 3(t+h) - (2t^2 - 3t)}{h}$
       $= \dfrac{2(t^2 + 2th + h^2) - 3t - 3h - 2t^2 + 3t}{h}$
       $= \dfrac{2t^2 + 4th + 2h^2 - 3h - 2t^2}{h}$
       $= \dfrac{4th + 2h^2 - 3h}{h} = 4t - 3 + 2h$
       For small h:
       $4(10) - 3 = 37$, $4(18) - 3 = 69$,
       $4(24) - 3 = 93$
       For small h, sales volume is approximately
       $\dfrac{37{,}000 \text{ units}}{1 \text{ mo}}$ in month 10,
       $\dfrac{69{,}000 \text{ units}}{1 \text{ mo}}$ in month 18,
       $\dfrac{93{,}000 \text{ units}}{1 \text{ mo}}$ in month 24

15. $g(x) = -(x+3)^2 - 2$
    Left 3, reflected across x–axis, down 2

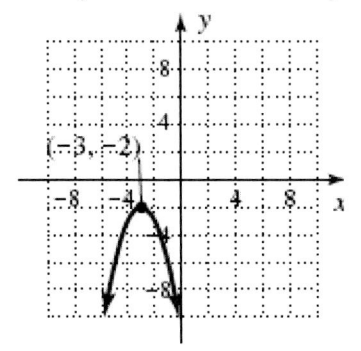

17. a. $D: x \in [-4, \infty)$
       $R: y \in [-3, \infty)$
    b. $f(-1) \approx 2.2$
    c. $f(x) < 0 : x \in (-4, -3)$
       $f(x) > 0 : x \in (-3, \infty)$
    d. $f(x) \uparrow : (-4, \infty)$
       $f(x) \downarrow$: none
    e. Parent graph: $y = \sqrt{x}$
       Graph shifts left 4, down 3
       $y = a\sqrt{x+4} - 3$
       $3 = a\sqrt{0+4} - 3$
       $3 = a\sqrt{4} - 3$
       $3 = 2a - 3$
       $6 = 2a$
       $3 = a$
       $y = 3\sqrt{x+4} - 3$

19.

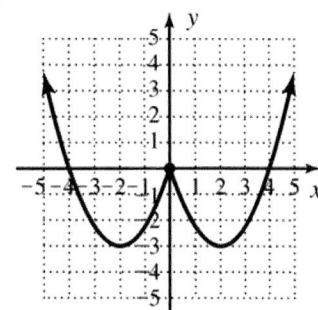

137

Cumulative Review Chapters 1–2

Ch 2 Calculator Exploration

Exercise 1: $y = -5(x+4)^2 + 6; (-4, 6)$

Ch. 2 Strengthening Core Skills

Exercise 1: $f(x) = x^2 - 8x - 12$

$\dfrac{b}{2a} = \dfrac{-8}{2(1)} = -4$

$g(x) = x + 4$

$h(x) = f[g(x)] = f(x+4)$

$= (x+4)^2 - 8(x+4) - 12$

$= x^2 + 8x + 16 - 8x - 32 - 12$

$= x^2 - 28$

$x^2 - 28 = 0$

$x^2 = 28$

$x = \pm 2\sqrt{7}$;

$4 \pm 2\sqrt{7}$

Exercise 3: $f(x) = 2x^2 - 10x + 11$

$\dfrac{b}{2a} = \dfrac{-10}{2(2)} = -\dfrac{5}{2}$

$g(x) = x + \dfrac{5}{2}$

$h(x) = f[g(x)] = f\left(x + \dfrac{5}{2}\right)$

$= 2\left(x + \dfrac{5}{2}\right)^2 - 10\left(x + \dfrac{5}{2}\right) + 11$

$= 2\left(x^2 + 5x + \dfrac{25}{4}\right) - 10x - \dfrac{50}{2} + 11$

$= 2x^2 + 10x + \dfrac{50}{4} - 10x - \dfrac{50}{2} + 11$

$= 2x^2 - \dfrac{3}{2}$

$2x^2 - \dfrac{3}{2} = 0$

$2x^2 = \dfrac{3}{2}$

$x^2 = \dfrac{3}{4}$

$x = \pm \dfrac{\sqrt{3}}{2}$

$\dfrac{5}{2} \pm \dfrac{\sqrt{3}}{2}$

Cumulative Review Chapters 1–2

1. $(x^3 - 5x^2 + 2x - 10) \div (x - 5)$

   $= \dfrac{x^2(x-5) + 2(x-5)}{x-5}$

   $= \dfrac{(x-5)(x^2+2)}{x-5}$

   $= x^2 + 2$

3. $A = \pi r^2$

   $69 = \pi r^2$

   $\dfrac{69}{\pi} = r^2$

   $21.96 \approx r^2$

   $4.686 \approx r;$

   $C = 2\pi r$

   $C = 2\pi(4.686)$

   $C \approx 29.45$ cm

5. $-2(3-x) + 5x = 4(x+1) - 7$

   $-6 + 2x + 5x = 4x + 4 - 7$

   $7x - 6 = 4x - 3$

   $3x = 3$

   $x = 1$

7. a. $(-4, 7)$ and $(2, 5)$

   $m = \dfrac{7-5}{-4-2} = \dfrac{2}{-6} = -\dfrac{1}{3}$

   b. $3x - 5y = 20$

   $-5y = -3x + 20$

   $y = \dfrac{3}{5}x - 4$

   $m = \dfrac{3}{5}$

138

Chapter 2: Relations, Functions and Graphs

9. $(-3, 2)$; $m = \dfrac{1}{2}$

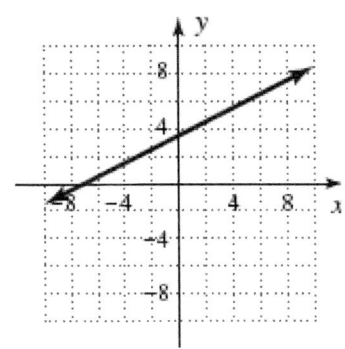

$y - 2 = \dfrac{1}{2}(x + 3)$

$y - 2 = \dfrac{1}{2}x + \dfrac{3}{2}$

$y = \dfrac{1}{2}x + \dfrac{7}{2}$

11. $f(x) = 3x^2 - 6x$ and $g(x) = x - 2$

$(f \cdot g)(x) = f(x) \cdot g(x)$
$= (3x^2 - 6x)(x - 2)$
$= 3x^3 - 6x^2 - 6x^2 + 12x$
$= 3x^3 - 12x^2 + 12x$

$(f \div g)(x) = \dfrac{f(x)}{g(x)}$

$= \dfrac{3x^2 - 6x}{x - 2}$

$= \dfrac{3x(x - 2)}{x - 2}$

$= 3x;\ x \ne 2;$

$(g \circ f)(-2) = g[f(-2)]$;

$f(-2) = 3(-2)^2 - 6(-2) = 24$;

$g(24) = 24 - 2 = 22$

13. $f(x) = \begin{cases} x^2 - 4 & x < 2 \\ x - 1 & 2 \le x \le 8 \end{cases}$

   a. $D: x \in (-\infty, 8]$
      $R: y \in [-4, \infty)$
   b. $f(-3) = (-3)^2 - 4 = 9 - 4 = 5$;
      $f(-1) = (-1)^2 - 4 = 1 - 4 = -3$;
      $f(1) = (1)^2 - 4 = 1 - 4 = -3$;
      $f(2) = 2 - 1 = 1$;
      $f(3) = 3 - 1 = 2$
   c. $(-2, 0)$
   d. $f(x) < 0: x \in (-2, 2)$
      $f(x) > 0: x \in (-\infty, -2) \cup [2, 8]$
   e. Max: $(8, 7)$
      Min: $(0, -4)$
   f. $f(x)\uparrow: x \in (0, 8)$
      $f(x)\downarrow: x \in (-\infty, 0)$

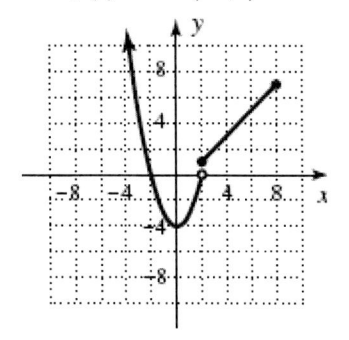

15. a. $\dfrac{-2}{x^2 - 3x - 10} + \dfrac{1}{x + 2}$

   $= \dfrac{-2}{(x - 5)(x + 2)} + \dfrac{1}{x + 2}$

   $= \dfrac{-2}{(x - 5)(x + 2)} + \dfrac{1(x - 5)}{(x - 5)(x + 2)}$

   $= \dfrac{-2 + x - 5}{(x - 5)(x + 2)}$

   $= \dfrac{x - 7}{(x - 5)(x + 2)}$

   b. $\dfrac{b^2}{4a^2} - \dfrac{c}{a} = \dfrac{b^2}{4a^2} - \dfrac{4ac}{4a^2} = \dfrac{b^2 - 4ac}{4a^2}$

Cumulative Review Chapters 1–2

17. a. $N \subset Z \subset W \subset Q \subset R$
    False
    b. $W \subset N \subset Z \subset Q \subset R$
    False
    c. $N \subset W \subset Z \subset Q \subset R$
    True
    d. $N \subset R \subset Z \subset Q \subset W$
    False

19. $2x^2 + 49 = -20x$
    $2x^2 + 20x + 49 = 0$
    $2x^2 + 20x = -49$
    $x^2 + 10x = \dfrac{-49}{2}$
    $x^2 + 10x + 25 = -\dfrac{49}{2} + 25$
    $(x+5)^2 = \dfrac{1}{2}$
    $x + 5 = \pm\sqrt{\dfrac{1}{2}}$
    $x + 5 = \pm\dfrac{\sqrt{2}}{2}$
    $x = -5 \pm \dfrac{\sqrt{2}}{2}$;
    $x \approx -4.293$
    $x \approx -5.707$

21. Let w represent the width.
    Let l represent the length.
    $A = lw$
    $1457 = (w + 16)w$
    $0 = w^2 + 16w - 1457$
    $0 = (w - 31)(w + 47)$
    $w = 31$ cm; $l = 47$ cm

23. a. $6x^2 - 7x = 20$
    $6x^2 - 7x - 20 = 0$
    $(3x + 4)(2x - 5) = 0$
    $x = -\dfrac{4}{3}; \quad x = \dfrac{5}{2}$

    b. $x^3 + 5x^2 - 15 = 3x$
    $x^3 + 5x^2 - 3x - 15 = 0$
    $(x^3 + 5x^2) - (3x + 15) = 0$
    $x^2(x + 5) - 3(x + 5) = 0$
    $(x + 5)(x^2 - 3) = 0$
    $x = -5; \quad x = \sqrt{3}; \quad x = -\sqrt{3}$

25. $(-4, 5), (4, -1), (0, 8)$
    $d = \sqrt{(-4-4)^2 + (5+1)^2}$
    $d = \sqrt{(-8)^2 + (6)^2}$
    $d = \sqrt{100}$
    $d = 10$;
    $d = \sqrt{(4-0)^2 + (-1-8)^2}$
    $d = \sqrt{(4)^2 + (-9)^2}$
    $d = \sqrt{97}$
    $d \approx 9.85$;
    $d = \sqrt{(-4-0)^2 + (5-8)^2}$
    $d = \sqrt{(-4)^2 + (-3)^2}$
    $d = \sqrt{25}$
    $d = 5$;
    $P = 10 + \sqrt{97} + 5 = 15 + \sqrt{97}$
    $\approx 15 + 9.85 \approx 24.85$ units
    No it is not a right triangle.
    $5^2 + \left(\sqrt{97}\right)^2 \neq 10^2$

Modeling with Technology 1: Linear and Quadratic Equation Models

MWT I

1. Positive

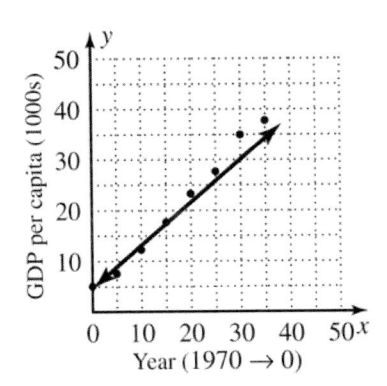

3. a. Linear
   b. Negative

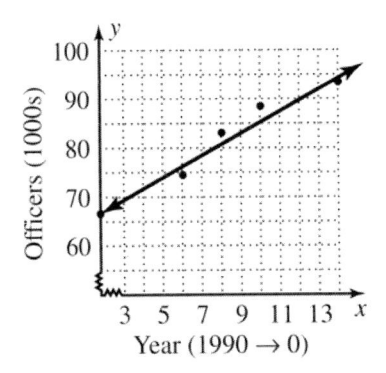

5. a.
   b. Positive 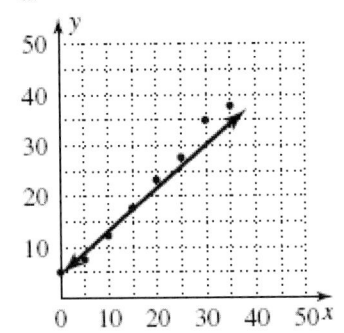
   c. $m \approx 1$

7. a. 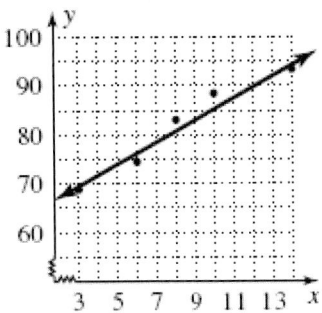
   b. Positive
   c. (3, 74.5) (11, 93.4)
   $$m = \frac{93.4 - 74.5}{11 - 3} = \frac{18.9}{8} = 2.36$$
   $$y - y_1 = m(x - x_1)$$
   $$y - 74.5 = 2.36(x - 3)$$
   $$y - 74.5 = 2.36x - 7.08$$
   $$y = 2.36x + 67.42$$
   With grapher: $y = 2.4x + 69.4$
   $f(2) = 2.4(2) + 69.4 = 74.2$ thousand
   $f(18) = 2.4(18) + 69.4 = 112,600$

9. a. 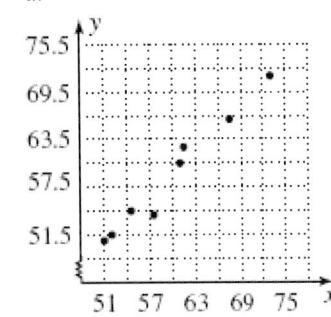
   b. Linear
   c. Positive
   d. (73, 71.5) (51, 50.75)
   $$m = \frac{71.5 - 50.75}{73 - 51} = \frac{20.75}{22} = 0.94$$
   $$y - y_1 = m(x - x_1)$$
   $$y - 71.5 = 0.94(x - 73)$$
   $$y - 71.5 = 0.94x - 68.62$$
   $$y = 0.94x + 2.88$$
   With grapher: $y = 0.96x + 1.55$
   $f(65) = 0.96(65) + 1.55 = 63.95$ in.

MWT 1 Exercises

11. a.

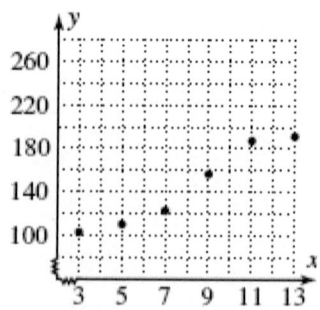

    [scatter plot: x from 3 to 13, y from 100 to 260]

    b. Linear
    c. Positive
    d. With grapher: $y = 9.55x + 70.42$

    $f(21) = 9.55(21) + 70.42 = 271,000$

    The number of patents are up because the slope is larger.

13. a.

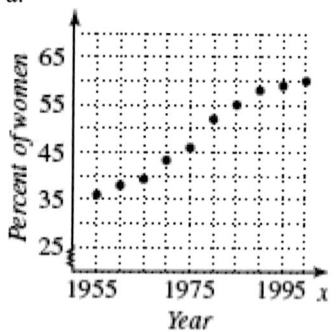

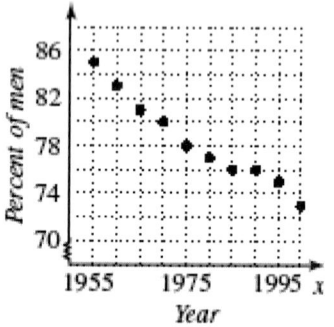

    [scatter plot: Percent of women vs Year, 1955-1995, y from 25 to 65]

    [scatter plot: Percent of men vs Year, 1955-1995, y from 70 to 86]

    b. Women: Linear
       Men: Linear
    c. Women: Positive
       Men: Negative
    d. The percentage of females in the work force is increasing faster than the percentage of males because the absolute value of the slope is greater.

15. a. Linear

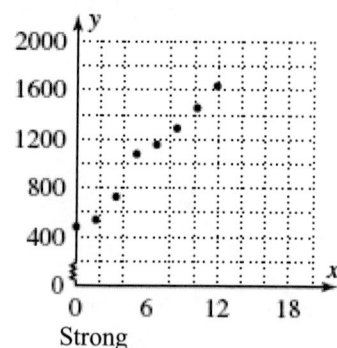

    [scatter plot: x from 0 to 18, y from 0 to 2000]

    Strong

    b. $y = 108.2x + 330.2$
    c. $f(13) = 108.2(13) + 330.2$
       $= 1736.8$ billion
       $f(21) = 108.2(21) + 330.2$
       $= 2602.4$ billion

17. a. Quadratic
       $h(t) = -14.5t^2 + 90t$
    b. $v = 90$ ft/sec
    c. $-14.5 = -\dfrac{1}{2}g$
       $29 = g$; Venus

Chapter 3: Polynomial and Rational Functions

3.1 Technology Highlight

Exercise 1: 1.35, 6.65

Exercise 3: $-2.87, 0.87$

3.1 Exercises

1. $\dfrac{25}{2}$

3. $0, f(x)$

5. Answers will vary.

7. $f(x) = x^2 + 4x - 5$
$f(x) = (x^2 + 4x + 4) - 5 - 4$
$f(x) = (x+2)^2 - 9;$

$x = \dfrac{-4 \pm \sqrt{(4)^2 - 4(1)(-5)}}{2(1)}$

$x = \dfrac{-4 \pm \sqrt{36}}{2}$

$x = \dfrac{-4 \pm 6}{2}$

$x = 1;\ x = -5$

Left 2, down 9
x-intercepts: $(1, 0), (-5, 0)$
y-intercept: $(0, -5)$
Vertex: $(-2, -9)$

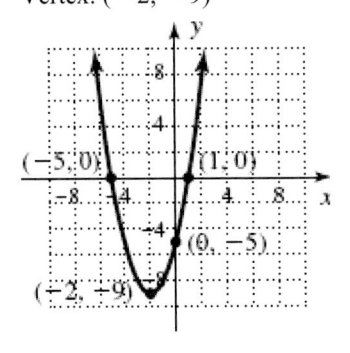

9. $h(x) = -x^2 + 2x + 3$
$h(x) = -(x^2 - 2x + 1) + 3 + 1$
$h(x) = -(x-1)^2 + 4;$

$x = \dfrac{-2 \pm \sqrt{(2)^2 - 4(-1)(3)}}{2(-1)}$

$x = \dfrac{-2 \pm \sqrt{16}}{-2}$

$x = \dfrac{-2 \pm 4}{-2}$

$x = -1;\ x = 3$

Reflected in x-axis, right 1, up 4
x-intercepts: $(-1, 0), (3, 0)$
y-intercept: $(0, 3)$
Vertex: $(1, 4)$

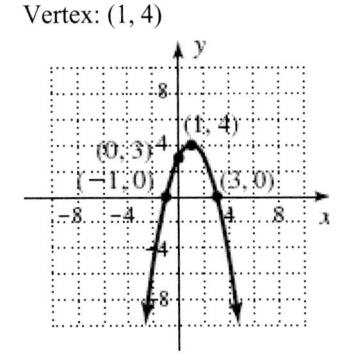

3.1 Exercises

11. $Y_1 = 3x^2 + 6x - 5$
$Y_1 = 3(x^2 + 2x) - 5$
$Y_1 = 3(x^2 + 2x + 1) - 5 - 3$
$Y_1 = 3(x+1)^2 - 8$;

$x = \dfrac{-6 \pm \sqrt{(6)^2 - 4(3)(-5)}}{2(3)}$

$x = \dfrac{-6 \pm \sqrt{96}}{6}$

$x \approx 0.6; \quad x \approx -2.6$
Left 1, down 8, stretched vertically
x-intercepts: $(0.6, 0), (-2.6, 0)$
y-intercept: $(0, -5)$
Vertex: $(-1, -8)$

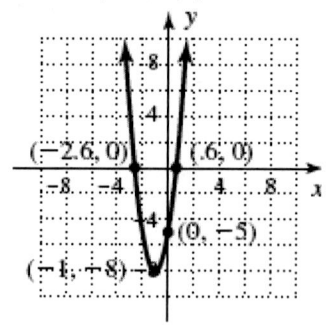

13. $f(x) = -2x^2 + 8x + 7$
$f(x) = -2(x^2 - 4x) + 7$
$f(x) = -2(x^2 - 4x + 4) + 7 + 8$
$f(x) = -2(x-2)^2 + 15$;

$x = \dfrac{-8 \pm \sqrt{(8)^2 - 4(-2)(7)}}{2(-2)}$

$x = \dfrac{-8 \pm \sqrt{120}}{-4}$

$x \approx -0.7 \quad x \approx 4.7$

Reflected in x-axis, right 2, up 15, stretched vertically
x-intercepts: $(-0.7, 0), (4.7, 0)$
y-intercept: $(0, 7)$
Vertex: $(2, 15)$

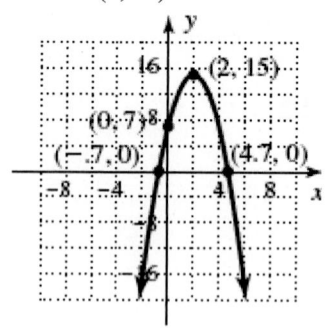

15. $p(x) = 2x^2 - 7x + 3$

$p(x) = 2\left(x^2 - \dfrac{7}{2}x\right) + 3$

$p(x) = 2\left(x^2 - \dfrac{7}{2}x + \dfrac{49}{16}\right) + 3 - \dfrac{49}{8}$

$p(x) = 2\left(x - \dfrac{7}{4}\right)^2 - \dfrac{25}{8}$;

$x = \dfrac{7 \pm \sqrt{(-7)^2 - 4(2)(3)}}{2(2)}$

$x = \dfrac{7 \pm \sqrt{25}}{4}$

$x = \dfrac{7 \pm 5}{4}$

$x = 3; \quad x = \dfrac{1}{2}$

Right $\dfrac{7}{4}$, down $\dfrac{25}{8}$, stretched vertically

x-intercepts: $(3, 0), \left(\dfrac{1}{2}, 0\right)$

y-intercept: $(0, 3)$

Vertex: $\left(\dfrac{7}{4}, -\dfrac{25}{8}\right)$

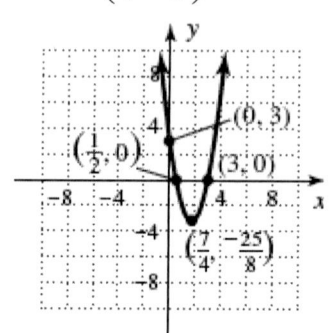

144

Chapter 3: Polynomial and Rational Functions

17. $f(x) = -3x^2 - 7x + 6$

$f(x) = -3\left(x^2 + \dfrac{7}{3}x\right) + 6$

$f(x) = -3\left(x^2 + \dfrac{7}{3}x + \dfrac{49}{36}\right) + 6 + \dfrac{49}{12}$

$f(x) = -3\left(x + \dfrac{7}{6}\right)^2 + \dfrac{121}{12};$

$x = \dfrac{7 \pm \sqrt{(-7)^2 - 4(-3)(6)}}{2(-3)}$

$x = \dfrac{7 \pm \sqrt{121}}{-6}$

$x = \dfrac{7 \pm 11}{-6}$

$x = -3; \quad x = \dfrac{2}{3}$

Reflected in x-axis, left $\dfrac{7}{6}$, up $\dfrac{121}{12}$, stretched vertically

x-intercepts: $(-3, 0)$, $\left(\dfrac{2}{3}, 0\right)$

y-intercept: $(0, 6)$

Vertex: $\left(-\dfrac{7}{6}, \dfrac{121}{12}\right)$

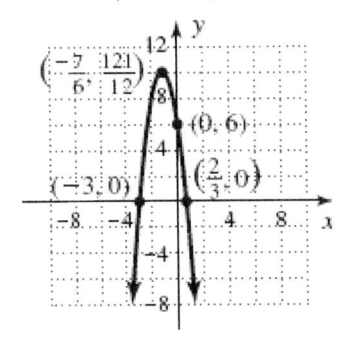

19. $p(x) = x^2 - 5x + 2$

$p(x) = \left(x^2 - 5x + \dfrac{25}{4}\right) + 2 - \dfrac{25}{4}$

$p(x) = \left(x - \dfrac{5}{2}\right)^2 - \dfrac{17}{4};$

$x = \dfrac{5 \pm \sqrt{(-5)^2 - 4(1)(2)}}{2(1)}$

$x = \dfrac{5 \pm \sqrt{17}}{2}$

$x \approx 4.56; \quad x \approx 0.44$

Right $\dfrac{5}{2}$, down $\dfrac{17}{4}$

x-intercepts: $(4.6, 0)$, $(0.4, 0)$

y-intercept: $(0, 2)$

Vertex: $\left(\dfrac{5}{2}, -\dfrac{17}{4}\right)$

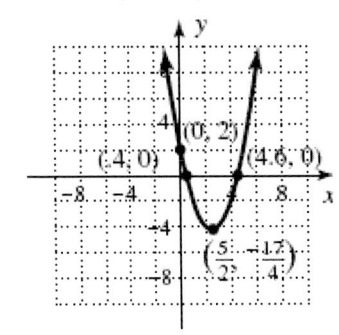

3.1 Exercises

21. $f(x) = x^2 + 2x - 6$
$f(x) = (x^2 + 2x) - 6$
$f(x) = (x^2 + 2x + 1) - 6 - 1$
$f(x) = (x+1)^2 - 7;$
$(x+1)^2 - 7 = 0$
$(x+1)^2 = 7$
$x + 1 = \pm\sqrt{7}$
$x = -1 \pm \sqrt{7}$
$x \approx 1.6; \quad x \approx -3.6$
Left 1, down 7
x-intercepts: (1.6, 0), (-3.6, 0)
y-intercept: (0, -6)
Vertex: (-1, -7)

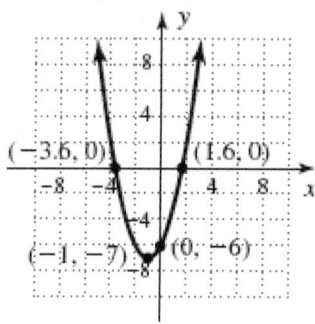

23. $h(x) = -x^2 + 4x + 2$
$h(x) = -(x^2 - 4x) + 2$
$h(x) = -(x^2 - 4x + 4) + 2 + 4$
$h(x) = -(x-2)^2 + 6;$
$-(x-2)^2 + 6 = 0$
$-(x-2)^2 = -6$
$(x-2)^2 = 6$
$x - 2 = \pm\sqrt{6}$
$x = 2 \pm \sqrt{6}$
$x \approx 4.4; \quad x \approx -0.4$

Reflected across x-axis, right 2, up 6,
x-intercepts: (4.4, 0), (-0.4, 0)
y-intercept: (0, 2)
Vertex: (2, 6)

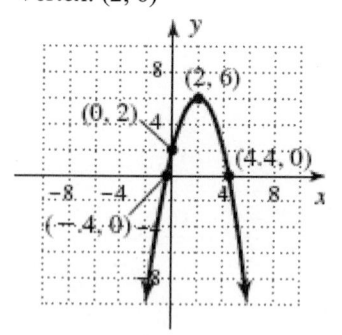

25. $Y_1 = 0.5x^2 + 3x + 7$
$Y_1 = 0.5(x^2 + 6x) + 7$
$Y_1 = 0.5(x^2 + 6x + 9) + 7 - 4.5$
$Y_1 = 0.5(x+3)^2 + 2.5;$
$0.5(x+3)^2 + 2.5 = 0$
$0.5(x+3)^2 = -2.5$
$(x+3)^2 = -5$
Left 3, up 2.5, compressed vertically
No x-intercepts
y-intercept: (0, 7)
Vertex: $\left(-3, \dfrac{5}{2}\right)$

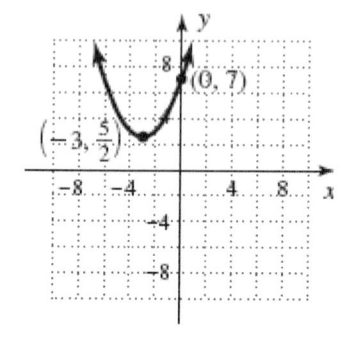

146

Chapter 3: Polynomial and Rational Functions

27. $Y_1 = -2x^2 + 10x - 7$
$Y_1 = -2(x^2 - 5x) - 7$
$Y_1 = -2\left(x^2 - 5x + \dfrac{25}{4}\right) - 7 + \dfrac{50}{4}$
$Y_1 = -2\left(x - \dfrac{5}{2}\right)^2 + \dfrac{11}{2}$;

$-2\left(x - \dfrac{5}{2}\right)^2 + \dfrac{11}{2} = 0$

$-2\left(x - \dfrac{5}{2}\right)^2 = -\dfrac{11}{2}$

$\left(x - \dfrac{5}{2}\right)^2 = \dfrac{11}{4}$

$x - \dfrac{5}{2} = \pm\dfrac{\sqrt{11}}{2}$

$x = \dfrac{5}{2} \pm \dfrac{\sqrt{11}}{2}$

$x \approx 4.2$; $x \approx 0.8$

Reflected across x-axis, right $\dfrac{5}{2}$, up $\dfrac{11}{2}$, stretched vertically

x-intercepts: (4.2, 0), (0.8, 0)

y-intercept: (0, −7)

Vertex: $\left(\dfrac{5}{2}, \dfrac{11}{2}\right)$

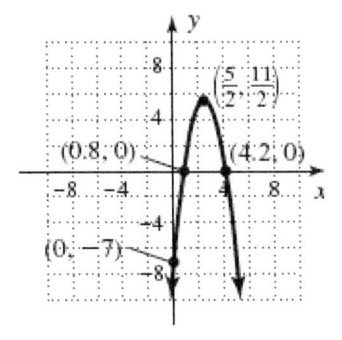

29. $f(x) = 4x^2 - 12x + 3$
$f(x) = 4(x^2 - 3x) + 3$
$f(x) = 4\left(x^2 - 3x + \dfrac{9}{4}\right) + 3 - 9$
$f(x) = 4\left(x - \dfrac{3}{2}\right)^2 - 6$;

$4\left(x - \dfrac{3}{2}\right)^2 - 6 = 0$

$4\left(x - \dfrac{3}{2}\right)^2 = 6$

$\left(x - \dfrac{3}{2}\right)^2 = \dfrac{3}{2}$

$x - \dfrac{3}{2} = \pm\dfrac{\sqrt{3}}{\sqrt{2}}$

$x = \dfrac{3}{2} \pm \dfrac{\sqrt{6}}{2}$

$x \approx 2.7$; $x \approx 0.3$

Right $\dfrac{3}{2}$, down 6, stretched vertically

x-intercepts: (2.7, 0), (0.3, 0)

y-intercept: (0, 3)

Vertex: $\left(\dfrac{3}{2}, -6\right)$

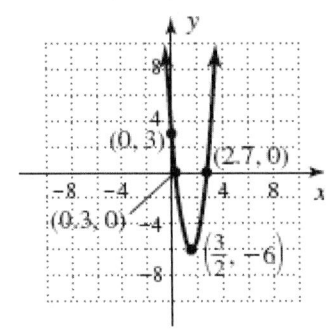

3.1 Exercises

31. $p(x) = \dfrac{1}{2}x^2 + 3x - 5$

$p(x) = \dfrac{1}{2}(x^2 + 6x) - 5$

$p(x) = \dfrac{1}{2}(x^2 + 6x + 9) - 5 - \dfrac{9}{2}$

$p(x) = \dfrac{1}{2}(x+3)^2 - \dfrac{19}{2};$

$\dfrac{1}{2}(x+3)^2 - \dfrac{19}{2} = 0$

$\dfrac{1}{2}(x+3)^2 = \dfrac{19}{2}$

$(x+3)^2 = 19$

$x + 3 = \pm\sqrt{19}$

$x = -3 \pm \sqrt{19}$

$x \approx 1.4 \quad x \approx -7.4$

Left 3, down $\dfrac{19}{2}$, compressed vertically

x-intercepts: (1.4, 0), (−7.4, 0)
y-intercept: (0, −5)
Vertex: $\left(-3, \dfrac{-19}{2}\right)$

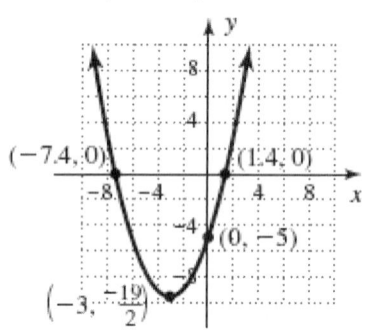

33. Compare to the graph of $y = x^2$, this graph is shifted right 2 and down 1: $y = a(x-2)^2 - 1$ where a is positive. Choose a point on the graph, using $(3,0)$

$y = a(x-2)^2 - 1$

$0 = a(3-2)^2 - 1$

$0 = a - 1$

$1 = a$

Equation: $y = 1(x-2)^2 - 1$

35. Compare to the graph of $y = x^2$, this graph is reflected across the x-axis, shifted to the left 2 and up 4: $y = a(x+2)^2 - 4$.

Choose a point on the graph, using $(0,0)$

$0 = a(0+2)^2 + 4$

$0 = a(4) + 4$

$-4 = 4a$

$a = -1$

Equation: $y = -1(x+2)^2 + 4$

37. Compare to the graph of $y = x^2$, this graph is reflected across the x-axis, shifted left 2 and up 3:

$y = a(x+2)^2 + 3$.

Choose a point on the graph, using $(0,-3)$

$-3 = a(0+2)^2 + 3$

$-3 = 4a + 3$

$-6 = 4a$

$\dfrac{-3}{2} = a$

Equation: $y = -\dfrac{3}{2}(x+2)^2 + 3$

39. i.   a. $y = (x+3)^2 - 5$

$(x+3)^2 - 5 = 0$

$(x+3)^2 = 5$

$x + 3 = \pm\sqrt{5}$

$x = -3 \pm \sqrt{5}$

b. $x = -3 \pm \sqrt{\dfrac{-5}{1}}$

$x = -3 \pm \sqrt{5}$

ii.   a. $y = -(x-4)^2 + 3$

$-(x-4)^2 + 3 = 0$

$-(x-4)^2 = -3$

$(x-4)^2 = 3$

$x - 4 = \pm\sqrt{3}$

$x = 4 \pm \sqrt{3}$

148

Chapter 3: Polynomial and Rational Functions

b. $x = 4 \pm \sqrt{-\dfrac{3}{-1}}$

$x = 4 \pm \sqrt{3}$

iii. a. $y = 2(x+4)^2 - 7$

$2(x+4)^2 - 7 = 0$

$2(x+4)^2 = 7$

$(x+4)^2 = \dfrac{7}{2}$

$x + 4 = \pm\sqrt{\dfrac{7}{2}}$

$x = -4 \pm \dfrac{\sqrt{14}}{2}$

b. $x = -4 \pm \sqrt{-\dfrac{-7}{2}}$

$x = -4 \pm \sqrt{\dfrac{7}{2}}$

$x = -4 \pm \dfrac{\sqrt{14}}{2}$

iv. a. $y = -3(x-2)^2 + 6$

$-3(x-2)^2 + 6 = 0$

$-3(x-2)^2 = -6$

$(x-2)^2 = 2$

$x - 2 = \pm\sqrt{2}$

$x = 2 \pm \sqrt{2}$

b. $x = 2 \pm \sqrt{-\dfrac{6}{-3}}$

$x = 2 \pm \sqrt{2}$

v. a. $s(t) = 0.2(t+0.7)^2 - 0.8$

$0.2(t+0.7)^2 - 0.8 = 0$

$0.2(t+0.7)^2 = 0.8$

$(t+0.7)^2 = 4$

$t + 0.7 = \pm 2$

$t = -0.7 \pm 2$

$t = -2.7; \ t = 1.3$

b. $t = -0.7 \pm \sqrt{-\dfrac{-0.8}{0.2}}$

$t = -0.7 \pm \sqrt{4}$

$t = -0.7 \pm 2$

$t = -2.7; t = 1.3$

vi. a. $r(t) = -0.5(t-0.6)^2 + 2$

$-0.5(t-0.6)^2 + 2 = 0$

$-0.5(t-0.6)^2 = -2$

$(t-0.6)^2 = 4$

$t - 0.6 = \pm 2$

$t = 0.6 \pm 2$

$t = -1.4; \ t = 2.6$

b. $t = 0.6 \pm \sqrt{-\dfrac{2}{-0.5}}$

$t = 0.6 \pm \sqrt{4}$

$t = 0.6 \pm 2$

$t = -1.4; t = 2.6$

41. $P(x) = -10x^2 + 3500x - 66000$

a. (0, −66000) When no cars are produced, there is a profit loss of $66,000.

b. $P(x) = -10x^2 + 3500x - 66000$

$-10x^2 + 3500x - 66000 = 0$

$-10(x^2 - 350 + 6600) = 0$

$-10(x - 20)(x - 330) = 0$

$x = 20; \ x = 330$

(20, 0) and (330, 0)

No profit will be made if less than 20 cars or more than 330 cars are produced.

c. $x = \dfrac{-b}{2a} = \dfrac{-3500}{-20} = 175$ cars

d. $P(175) = -10(175)^2 + 3500(175) - 66000$

$P(175) = \$240{,}250$

149

3.1 Exercises

43. $d(x) = x^2 - 12x$

   a. $x = \dfrac{-b}{2a} = \dfrac{12}{2} = 6$ miles

   b. $d(6) = (6)^2 - 12(6) = -36$
      3600 feet

   c. $d(4) = (4)^2 - 12(4) = -32$
      3200 feet

   d. $x^2 - 12x = 0$
      $x(x - 12) = 0$
      $x = 0;\ x = 12$
      12 miles

45. $P(x) = -0.5x^2 + 175x - 3300$

   a. $(0, -3300)$ If no appliances are sold, the loss will be $3300.

   b. $-0.5x^2 + 175x - 3300 = 0$
      $-0.5(x^2 - 350x + 6600) = 0$
      $-0.5(x - 20)(x - 330) = 0$
      $x = 20;\ x = 330$
      $(20, 0)$ and $(330, 0)$
      If less than 20 or more than 330 appliances are made and sold, there will be no profit.

   c. $0 \le x \le 200$ Greatest number of appliances to be produced each day is 200.

   d. $x = \dfrac{-b}{2a} = \dfrac{175}{1} = 175$;
      $P(175) = -0.5(175)^2 + 175(175) - 3300$
      $= \$12{,}012.50$

47. $h(t) = -16t^2 + 176t$

   a.
      $h(2) = -16(2)^2 + 176(2) = 288$ feet

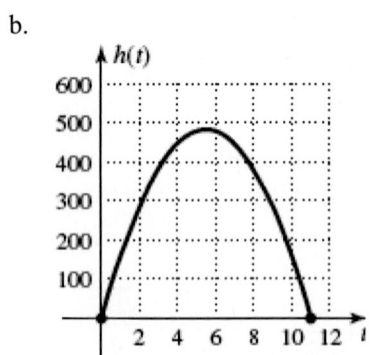

   b.

   c. $x = \dfrac{-b}{2a} = \dfrac{-176}{-32} = 5.5$ sec
      $h(5.5) = -16(5.5)^2 + 176(5.5) = 484$ feet

   d. $16t^2 - 176t = 0$
      $16t(t - 11) = 0$
      $t = 11$ sec

49. a. $h(t) = -16t^2 + 32t = 5$

   b. $t = 0.5$
      $h(0.5) = -16(0.5)^2 + 32(0.5) + 5$
      $= 17$ ft
      $t = 1.5$
      $h(1.5) = -16(1.5)^2 + 32(1.5) + 5$
      $= 17$ ft

   c. The person is 17 ft height at 0.5 sec and is 17 feet height at 1.5 sec, so max height must occur between $t = 0.5$ and $t = 1.5$.

   d. $h(t) = -16t^2 + 32t + 5$
      $t = -\dfrac{32}{2(-16)}$
      $= 1$ sec

   e. $h(1) = -16(1)^2 + 32(1) + 5$
      $= 21$ ft

Chapter 3: Polynomial and Rational Functions

f. $h(t) = -16t^2 + 32t + 5$

$$t = \frac{-32 \pm \sqrt{32^2 - 4(-16)(5)}}{2(-16)}$$

$$= \frac{-32 \pm \sqrt{1344}}{-32}$$

$$= \frac{-32 \pm (36.66)}{-32}$$

$$= \frac{-32 - (36.66)}{-32}$$

$$\approx 2.2 \text{ sec}$$

51. $C(x) = 16x - 63$

$R(x) = -x^2 + 326x - 7463$
$P(x) = R(x) - C(x)$
$P(x) = -x^2 + 326x - 7463 - 16x + 63$
$P(x) = -x^2 + 310x - 7400;$

$x = \frac{-b}{2a} = \frac{-310}{-2} = 155$

155,000 bottles;
$P(155) = -(155)^2 + 310(155) - 7400 = 16625$
$16,625

53. Let x represent the width.

Let $\dfrac{384 - 4x}{2}$ represent the length

$x\left(\dfrac{384 - 4x}{2}\right) = 192x - 2x^2$

a. Opens downward, x-coordinate of

vertex: $x = \dfrac{-192}{2(-2)} = 48$ ft;

$\dfrac{384 - 4(48)}{2} = 96$ ft

b. $\dfrac{96}{3} = 32;$

32 ft x 48 ft

55. $x = 2 \pm 3i$

$f(x) = (x - (2 + 3i))(x - (2 - 3i))$
$f(x) = (x - 2 - 3i)(x - 2 + 3i)$
$f(x) = ((x - 2)^2 - (3i)^2)$
$f(x) = x^2 - 4x + 4 - 9i^2$
$f(x) = x^2 - 4x + 4 + 9$
$f(x) = x^2 - 4x + 13$

57. a. radicand will be negative – two complex zeroes
b. radicand will be positive – two real zeroes
c. radicand is zero – one real zero
d. two real, rational zeroes
e. two real, irrational zeroes

59. $\dfrac{x^2 - 4x + 4}{x^2 + 3x - 10} \cdot \dfrac{x^2 - 25}{x^2 - 10x + 25}$

$x = \dfrac{(x-2)^2}{(x+5)(x-2)} \cdot \dfrac{(x-5)(x+5)}{(x-5)^2}$

$= \dfrac{x-2}{x-5}$

61. $f(x) = 3x^2 + 7x - 6;\ f(x) \leq 0$

$3x^2 + 7x - 6 = 0$
$(3x - 2)(x + 3) = 0$

$x = \dfrac{2}{3};\ x = -3$

Concave up

$x \in \left[-3, \dfrac{2}{3}\right]$

151

3.2 Exercises

3.2 Exercises

1. synthetic; zero

3. $P(c)$, remainder

5. If polynomial P(x) is divided by the linear factor x-c, the remainder is identical to P(c).

7. $\dfrac{x^3 - 5x^2 - 4x + 23}{x-2}$

$$\begin{array}{r} x^2 - 3x - 10 \\ x-2 \overline{\smash{\big)}\, x^3 - 5x^2 - 4x + 23} \\ \underline{x^3 - 2x^2} \\ -3x^2 - 4x \\ \underline{-3x^2 + 6x} \\ -10x + 23 \\ \underline{-10x + 20} \\ 3 \end{array}$$

$x^3 - 5x^2 - 4x + 23 = (x-2)(x^2 - 3x - 10) + 3$

9. $(2x^3 + 5x^2 + 4x + 17) \div (x+3)$

$$\begin{array}{r} 2x^2 - x + 7 \\ x+3 \overline{\smash{\big)}\, 2x^3 + 5x^2 + 4x + 17} \\ \underline{2x^3 + 6x^2} \\ -1x^2 + 4x \\ \underline{-x^2 - 3x} \\ 7x + 17 \\ \underline{7x + 21} \\ -4 \end{array}$$

$2x^3 + 5x^2 + 4x + 17 = (x+3)(2x^2 - x + 7) - 4$

11. $(x^3 - 8x^2 + 11x + 20) \div (x-5)$

$$\begin{array}{r} x^2 - 3x - 4 \\ x-5 \overline{\smash{\big)}\, x^3 - 8x^2 + 11x + 20} \\ \underline{x^3 - 5x^2} \\ -3x^2 + 11x \\ \underline{-3x^2 + 15x} \\ -4x + 20 \\ \underline{-4x + 20} \\ \end{array}$$

$(x^3 - 8x^2 + 11x + 20) = (x-5)(x^2 - 3x - 4) + 0$

13. $\dfrac{2x^2 - 5x - 3}{x - 3}$

$\underline{3|}\,2 \quad -5 \quad -3$
$\, 6 \quad\ \ 3$
$\,\overline{2 \quad\ \ 1 \quad\ \ 0}$

a) $\dfrac{2x^2 - 5x - 3}{x-3} = (2x+1) + \dfrac{0}{x-3}$

b) $2x^2 - 5x - 3 = (x-3)(2x+1) + 0$

15. $(x^3 - 7x^2 + 6x + 8) \div (x-2)$

$\underline{2|}\,1 \quad -7 \quad\ \ 6 \quad\ \ 8$
$\, 2 \ -10 \ -8$
$\,\overline{1 \quad -5 \quad -4 \quad\ \ 0}$

a) $\dfrac{x^3 - 7x^2 + 16x + 8}{x-2} = (x^2 - 5x - 4) + \dfrac{0}{x-2}$

b) $x^3 - 7x^2 + 6x + 8 = (x-2)(x^2 - 5x - 4) + 0$

17. $\dfrac{x^3 - 5x^2 - 4x + 23}{x-2}$

$\underline{2|}\,1 \quad -5 \quad -4 \quad\ \ 23$
$\, 2 \quad -6 \ -20$
$\,\overline{1 \ -3 \quad -10 \quad\ \ 3}$

a) $\dfrac{x^3 - 5x^2 - 4x + 23}{x-2} = (x^2 - 3x - 10) + \dfrac{3}{x-2}$

b) $x^3 - 5x^2 - 4x + 23 = (x-2)(x^2 - 3x - 10) + 3$

19. $(2x^3 - 5x^2 - 11x - 17) \div (x-4)$

$\underline{4|}\,2 \quad -5 \quad -11 \quad -17$
$\, 8 \quad\ \ 12 \quad\ \ 4$
$\,\overline{2 \quad\ \ 3 \quad\ \ 1 \quad -13}$

a) $\dfrac{2x^3 - 5x^2 - 11x - 17}{x-4} = (2x^2 + 3x + 1) - \dfrac{13}{x-4}$

b) $2x^3 - 5x^2 - 11x - 17 = (x-4)(2x^2 + 3x + 1) - 13$

21. $(x^3 + 5x^2 + 7) \div (x+1)$

$(x^3 + 5x^2 + 0x + 7) \div (x+1)$

$\underline{-1|}\,1 \quad 5 \quad\ \ 0 \quad\ \ 7$
$\, -1 \ -4 \quad\ \ 4$
$\,\overline{1 \quad\ 4 \quad -4 \quad\ 11}$

$x^3 + 5x^2 + 7 = (x+1)(x^2 + 4x - 4) + 11$

152

Chapter 3: Polynomial and Rational Functions

23. $(x^3 - 13x - 12) \div (x - 4)$
    $(x^3 - 0x^2 - 13x - 12) \div (x - 4)$

    $\underline{4|}$ 1 0 -13 -12
     4 16 12
     1 4 3 0

    $x^3 - 13x - 12 = (x - 4)(x^2 + 4x + 3) + 0$

25. $\dfrac{3x^3 - 8x + 12}{x - 1}$

    $(3x^3 + 0x^2 - 8x + 12) \div (x - 1)$

    $\underline{1|}$ 3 0 -8 12
     3 3 -5
     3 3 -5 7

    $3x^3 - 8x + 12 = (x - 1)(3x^2 + 3x - 5) + 7$

27. $(n^3 + 27) \div (n + 3)$
    $(n^3 + 0n^2 + 0n + 27) \div (n + 3)$

    $\underline{-3|}$ 1 0 0 27
     -3 9 -27
     1 -3 9 0

    $n^3 + 27 = (n + 3)(n^2 - 3n + 9) + 0$

29. $(x^4 + 3x^3 - 16x - 8) \div (x - 2)$
    $(x^4 + 3x^3 + 0x^2 - 16x - 8) \div (x - 2)$

    $\underline{2|}$ 1 3 0 -16 -8
     2 10 20 8
     1 5 10 4 0

    $x^4 + 3x^3 - 16x - 8$
    $= (x - 2)(x^3 + 5x^2 + 10x + 4) + 0$

31. $\dfrac{2x^3 + 7x^2 - x + 26}{x^2 + 0x + 3}$

    $ 2x + 7$
    $x^2 + 0x + 3 \overline{\smash{)} 2x^3 + 7x^2 - x + 26}$
    $ \underline{2x^3 + 0x^2 + 6x}$
    $ 7x^2 - 7x + 26$
    $ \underline{7x^2 + 0x + 21}$
    $ -7x + 5$

    $\dfrac{2x^3 + 7x^2 - x + 26}{x^2 + 3} = (2x + 7) + \dfrac{-7x + 5}{x^2 + 3}$

33. $\dfrac{x^4 - 5x^2 - 4x + 7}{x^2 - 1}$

    $ x^2 - 4$
    $x^2 + 0x - 1 \overline{\smash{)} x^4 + 0x^3 - 5x^2 - 4x + 7}$
    $ \underline{x^4 + 0x^3 - x^2}$
    $ -4x^2 - 4x + 7$
    $ \underline{-4x^2 + 0x + 4}$
    $ -4x + 3$

    $\dfrac{x^4 - 5x^2 - 4x + 7}{x^2 - 1} = (x^2 - 4) + \dfrac{-4x + 3}{x^2 - 1}$

35. $P(x) = x^3 - 6x^2 + 5x + 12$

    a. $P(-2) = -30$

    $\underline{-2|}$ 1 -6 5 12
     -2 16 -42
     1 -8 21 $\underline{|-30}$

    b. $P(5) = 12$

    $\underline{5|}$ 1 -6 5 12
     5 -5 0
     1 -1 0 $\underline{|12}$

37. $P(x) = 2x^3 - x^2 - 19x + 4$

    a. $P(-3) = -2$

    $\underline{-3|}$ 2 -1 -19 4
     -6 21 -6
     2 -7 2 $\underline{|-2}$

    b. $P(2) = -22$

    $\underline{2|}$ 2 -1 -19 4
     4 6 -26
     2 3 -13 $\underline{|-22}$

39. $P(x) = x^4 - 4x^2 + x + 1$

    a. $P(-2) = -1$

    $\underline{-2|}$ 1 0 -4 1 1
     -2 4 0 -2
     1 -2 0 1 $\underline{|-1}$

    b. $P(2) = 3$

    $\underline{2|}$ 1 0 -4 1 1
     2 4 0 2
     1 2 0 1 $\underline{|3}$

3.2 Exercises

41. $P(x) = 2x^3 - 7x + 33$

    a. $P(-2)$

    $\underline{-2|}\ 2\ \ \ 0\ \ -7\ \ \ 33$
    $\ -4\ \ \ 8\ \ -2$
    $\ 2\ -4\ \ \ 1\ \ \ 31$

    b. $P(-3) = 0$

    $\underline{-3|}\ 2\ \ \ 0\ \ -7\ \ \ 33$
    $\ -6\ \ 18\ -33$
    $\ 2\ -6\ \ 11\ \ \ \ 0$

43. $Px = 2x^3 + 3x^2 - 9x - 10$

    a. $P\left(\dfrac{3}{2}\right) = -10$

    $\underline{\tfrac{3}{2}|}\ 2\ \ \ 3\ \ -9\ \ -10$
    $\phantom{\tfrac{3}{2}|\ 2}\ \ \ 3\ \ \ 9\ \ \ \ 0$
    $\phantom{\tfrac{3}{2}|}\ 2\ \ \ 6\ \ \ 0\ \ |-10$

    b. $P\left(-\dfrac{5}{2}\right) = 0$

    $\underline{-\tfrac{5}{2}|}\ 2\ \ \ 3\ \ -9\ \ -10$
    $\phantom{-\tfrac{5}{2}|\ 2}\ -5\ \ \ 5\ \ \ 10$
    $\phantom{-\tfrac{5}{2}|}\ 2\ -2\ \ -4\ \ \ |\ 0$

45. $f(x) = x^3 - 3x^2 - 13x + 15$

    $\underline{-3|}\ 1\ \ -3\ \ -13\ \ \ 15$
    a. $\ -3\ \ \ 18\ \ -15$
    $\ 1\ -6\ \ \ 5\ \ \ \ 0$
    yes, $(x + 3)$ is a factor since remainder is 0.

    $\underline{5|}\ 1\ \ -3\ \ -13\ \ \ 15$
    b. $\ \ \ 5\ \ \ 10\ \ -15$
    $\ 1\ \ \ 2\ \ -3\ \ \ \ 0$
    yes, $(x - 5)$ is a factor since remainder is 0.

47. $f(x) = x^3 - 6x^2 + 3x + 10$

    $\underline{-2|}\ 1\ -6\ \ \ 3\ \ \ \ 10$
    a. $\ -2\ \ 16\ -38$
    $\ 1\ -8\ \ 19\ -28$
    no, $(x + 2)$ is not a factor since remainder is not 0.

    $\underline{5|}\ 1\ -6\ \ \ 3\ \ \ \ 10$
    b. $\ \ \ 5\ -5\ -10$
    $\ 1\ -1\ -2\ \ \ \ 0$
    yes, $(x - 5)$ is a factor since remainder is 0.

49. $f(x) = -x^3 + 7x - 6$

    $\underline{-3|}\ -1\ \ \ 0\ \ \ 7\ \ -6$
    a. $\ \ \ 3\ \ -9\ \ \ 6$
    $\ -1\ \ \ 3\ \ -2\ \ \ 0$
    yes, $(x + 3)$ is a factor since remainder is 0.

    $\underline{2|}\ -1\ \ \ 0\ \ \ 7\ \ -6$
    b. $\ -2\ -4\ \ \ 6$
    $\ -1\ -2\ \ \ 3\ \ \ 0$
    yes, $(x - 2)$ is a factor since remainder is 0.

51. $P(x) = x^3 + 2x^2 - 5x - 6;\ \ x = -3$

    verified

    $\underline{-3|}\ 1\ \ \ \ 2\ \ -5\ \ -6$
    $\ -3\ \ \ 3\ \ \ 6$
    $\ 1\ -1\ \ -2\ \ |\ 0$

    $P(-3) = 0$

53. $P(x) = x^3 - 7x + 6;\ \ x = 2$

    verified

    $\underline{2|}\ 1\ \ \ 0\ \ -7\ \ \ 6$
    $\ \ \ 2\ \ \ 4\ \ -6$
    $\ 1\ \ \ 2\ \ -3\ \ |\ 0$

    $P(2) = 0$

55. $P(x) = 9x^3 + 18x^2 - 4x - 8$

    $\underline{\tfrac{2}{3}|}\ 9\ \ \ 18\ \ -4\ \ -8$
    $\phantom{\tfrac{2}{3}|\ 9}\ \ \ 6\ \ \ 16\ \ \ 8$
    $\phantom{\tfrac{2}{3}|}\ 9\ \ \ 24\ \ \ 12\ \ \ 0$

    $P\left(\dfrac{2}{3}\right) = 0$

Chapter 3: Polynomial and Rational Functions

57. $-2, 3, -5$; degree 3
$P(x) = (x+2)(x-3)(x+5)$
$P(x) = (x^2 - x - 6)(x+5)$
$P(x) = x^3 + 5x^2 - x^2 - 5x - 6x - 30$
$P(x) = x^3 + 4x^2 - 11x - 30$

59. $-2, \sqrt{3}, -\sqrt{3}$; degree 3
$P(x) = (x+2)(x-\sqrt{3})(x+\sqrt{3})$
$P(x) = (x+2)(x^2 + \sqrt{3}x - \sqrt{3}x - 3)$
$P(x) = (x+2)(x^2 - 3)$
$P(x) = x^3 - 3x + 2x^2 - 6$
$P(x) = x^3 + 2x^2 - 3x - 6$

61. $-5, 2\sqrt{3}, -2\sqrt{3}$; degree 3
$P(x) = (x+5)(x-2\sqrt{3})(x+2\sqrt{3})$
$P(x) = (x+5)(x^2 + 2\sqrt{3}x - 2\sqrt{3}x - 12)$
$P(x) = (x+5)(x^2 - 12)$
$P(x) = x^3 - 12x + 5x^2 - 60$
$P(x) = x^3 + 5x^2 - 12x - 60$

63. $1, -2, \sqrt{10}, -\sqrt{10}$; degree 4
$P(x) = (x-1)(x+2)(x-\sqrt{10})(x+\sqrt{10})$
$P(x) = (x^2 + x - 2)(x^2 + \sqrt{10}x - \sqrt{10}x - 10)$
$P(x) = (x^2 + x - 2)(x^2 - 10)$
$P(x) = x^4 - 10x^2 + x^3 - 10x - 2x^2 + 20$
$P(x) = x^4 + x^3 - 12x^2 - 10x + 20$

65. $P(x) = x^3 - 5x^2 - 2x + 24$
$\underline{-2|}\ 1 \quad -5 \quad -2 \quad 24$
$\ \ -2 \quad 14 \quad -24$
$\ 1 \quad -7 \quad 12 \quad 0$
$P(x) = (x+2)(x^2 - 7x + 12)$
$P(x) = (x+2)(x-3)(x-4)$

67. $p(x) = x^4 + 2x^3 - 12x^2 - 18x + 27$
$\underline{-3|}\ 1 \quad 2 \quad -12 \quad -18 \quad 27$
$\ -3 \quad 3 \quad 27 \quad -27$
$\ 1 \quad -1 \quad -9 \quad 9 \quad 0$
$p(x) = (x+3)(x^3 - x^2 - 9x + 9)$
$p(x) = (x+3)(x^2(x-1) - 9(x-1))$
$p(x) = (x+3)(x-1)(x^2 - 9)$
$p(x) = (x+3)(x-1)(x+3)(x-3)$
$p(x) = (x+3)^2 (x-1)(x-3)$

69. $f(x) = 2x^3 + 11x^2 - x - 30$
$\underline{\frac{3}{2}|}\ 2 \quad 11 \quad -1 \quad -30$
$\phantom{\frac{3}{2}|2\ }\ 3 \quad 21 \quad 30$
$\phantom{\frac{3}{2}|}\ 2 \quad 14 \quad 20 \quad 0$
$f(x) = \left(x - \frac{3}{2}\right)(2x^2 + 14x + 20)$
$f(x) = \left(x - \frac{3}{2}\right) 2(x^2 + 7x + 10)$
$f(x) = \left(x - \frac{3}{2}\right) 2(x+2)(x+5)$
$f(x) = 2\left(x - \frac{3}{2}\right)(x+2)(x+5)$

71. $p(x) = x^3 - 3x^2 - 9x + 27$
$p(x) = x^2(x-3) - 9(x-3)$
$p(x) = (x-3)(x^2 - 9)$
$p(x) = (x-3)(x+3)(x-3)$
$p(x) = (x+3)(x-3)^2$

3.2 Exercises

73. $p(x) = x^3 - 6x^2 + 12x - 8$
    Possible Factors of 8, $\pm 1, \pm 2, \pm 4, \pm 8$
    $p(x) = (x-2)(x^2 - 4x + 4)$
    $p(x) = (x-2)(x-2)(x-2)$
    $p(x) = (x-2)^3$

75. $p(x) = (x^2 - 6x + 9)(x^2 - 9)$
    $p(x) = (x-3)(x-3)(x+3)(x-3)$
    $p(x) = (x+3)(x-3)^3$

77. $p(x) = (x^3 + 4x^2 - 9x - 36)(x^2 + x - 12)$
    $p(x) = (x^2(x+4) - 9(x+4))(x+4)(x-3)$
    $p(x) = (x+4)(x^2 - 9)(x+4)(x-3)$
    $p(x) = (x+4)(x+3)(x-3)(x+4)(x-3)$
    $p(x) = (x+3)(x-3)^2(x+4)^2$

79. $640 = 4x^3 - 84x^2 + 432x$
    $160 = x^3 - 21x^2 + 108x$
    $0 = x^3 - 21x^2 + 108x - 160$

    $\underline{4|}\; 1 \quad -21 \quad 108 \quad -160$
    $\phantom{\underline{4|}\; 1 \quad}\; 4 \quad -68 \quad 160$
    $\phantom{\underline{4|}\;}\; 1 \quad -17 \quad\; 40 \quad\;\; |\; 0$

    $0 = (x-4)(x^2 - 17x + 40)$
    4 inch squares,
    $24 - 8 = 16$ in.
    $18 - 8 = 10$ in.
    Dimensions of box: 16 in. x 10 in. x 4 in.

81. $P(w) = -0.1w^4 + 2w^3 - 14w^2 + 52w + 5$
    a. week 10, 22.5 thousand

    $P(5) = -0.1(5)^4 + 2(5)^3 - 14(5)^2 + 52(5) + 5 = 102.5$
    $P(10) = -0.1(10)^4 + 2(10)^3 - 14(10)^2 + 52(10) + 5 = 125$

    b. one week before closing, 36 thousand
    $P(1) = -0.1(1)^4 + 2(1)^3 - 14(1)^2 + 52(1) + 5 = 44.9$
    $P(11) = -0.1(11)^4 + 2(11)^3 - 14(11)^2 + 52(11) + 5 = 80.9$

    c. week 9
    $P(7) = -0.1(7)^4 + 2(7)^3 - 14(7)^2 + 52(7) + 5 = 128.9$
    $P(8) = -0.1(8)^4 + 2(8)^3 - 14(8)^2 + 52(8) + 5 = 139.4$
    $P(9) = -0.1(9)^4 + 2(9)^3 - 14(9)^2 + 52(9) + 5 = 140.9$
    $P(10) = -0.1(10)^4 + 2(10)^3 - 14(10)^2 + 52(10) + 5 = 125$

83. $v(x) = x^3 + 11x^2 + 24x$
    a. $v(3) = 198$

    $\underline{3|}\; 1 \quad 11 \quad 24 \quad\;\; 0$
    $\phantom{\underline{3|}\;}\quad\;\;\; 3 \quad 42 \quad 198$
    $\phantom{\underline{3|}\;}\; 1 \quad 14 \quad 66 \quad 198$

    Volume: 198 ft^3

    b. $100 = x^3 + 11x^2 + 24x$
    $0 = x^3 + 11x^2 + 24x - 100$

    $\underline{2|}\; 1 \quad 11 \quad 24 \quad -100$
    $\phantom{\underline{2|}\; 1 \quad}\; 2 \quad 26 \quad\;\; 100$
    $\phantom{\underline{2|}\;}\; 1 \quad 13 \quad 50 \quad\;\;\; 0$

    Height: 2 ft

    c. $y = x^3 + 11x^2 + 24x - 1000$
    Use graphing calculator to find the zero: (6.8437621, 0) Depth: about 7 ft

85. $f(x) = x^3 - 3x^2 - 5x + k$

    $\underline{-2|}\; 1 \quad -3 \quad -5 \quad\;\; k$
    $\phantom{\underline{-2|}\;\;\;}\; -2 \quad\;\; 10 \quad -10$
    $\phantom{\underline{-2|}\;}\; 1 \quad -5 \quad\;\;\; 5 \quad\;\;\; 0$

    $k - 10 = 0$
    $k = 10$

87. $p(x) = x^3 - 3x^2 + k + 10$

    $\underline{2|}\; 1 \quad -3 \quad\;\; k \quad\;\;\; 10$
    $\phantom{\underline{2|}\; 1 \quad}\; 2 \quad -2 \quad\; 2k-4$
    $\phantom{\underline{2|}\;}\; 1 \quad -1 \quad k-2 \quad\;\; 0$

    $2k - 4 = -10$
    $2k = -6$
    $k = -3$

Chapter 3: Polynomial and Rational Functions

89. $f(x) = (x-2i)(x+2i)(x-3)$
$f(x) = (x^2+4)(x-3)$
$f(x) = x^3 - 3x^2 + 4x - 12$

$\underline{3|}\ 1\ \ -3\ \ \ 4\ \ \ -12$
$\ \ \ \ \ \ \ \ \ \ \ \ \ 3\ \ \ 0\ \ \ \ 12$
$\ \ \ \ \ \ 1\ \ \ 0\ \ \ 4\ \ \ \ 0$

$x^2 + 4 = 0$
$x^2 = -4$
$x = \pm 2i$

The theorems also apply to complex zeroes of polynomials.

91. (a) $1^3 + 2^3 + 3^3 = 1 + 8 + 27 = 36$
$S_3 = 36$

$\underline{3|}\ 1\ \ 2\ \ \ 1\ \ \ \ 0\ \ \ \ 0$
$\ \ \ \ \ \ \ \ \ \ 3\ \ 15\ \ 48\ \ 144$
$\ \ \ \ \ \ 1\ \ 5\ \ 16\ \ 48\ \ \underline{|144}$

$144 \div 4 = 36$

(b) $1^3 + 2^3 + 3^3 + 4^3 + 5^3$
$= 1 + 8 + 27 + 64 + 125 = 225$
$S_5 = 225$

$\underline{5|}\ 1\ \ 2\ \ \ 1\ \ \ \ 0\ \ \ \ 0$
$\ \ \ \ \ \ \ \ \ \ 5\ \ 35\ 180\ \ 900$
$\ \ \ \ \ \ 1\ \ 7\ \ 36\ \ 180\ \underline{|900}$

$900 \div 4 = 225$

93.

	D	r	t
John	1275	5	$\frac{1275}{5} = 255$
Rick	1025	4	$\frac{1025}{4} = 256.25$

John reaches the finish line in 25 secs while Rick reaches the finish line in 256.25 sec. Yes, John wins.

95. $(0, 5000), (5, 12000)$
$m = \frac{12000 - 5000}{5 - 0} = \frac{7000}{5} = 1400$
$G(t) = 1400t + 5000$ where t is the number of years since 2005.

3.3 Technology Highlight

1. They give an approximate location for each zero.

3. Outputs change sign at each zero.

3.3 Exercises

1. Coefficients

3. $a - bi$

5. b; 4 is not a factor of 6.

7. $P(x) = x^4 + 5x^2 - 36$
$P(x) = (x^2 - 4)(x^2 + 9)$
$P(x) = (x-2)(x+2)(x+3i)(x-3i)$
Zeroes: $x = 2, x = -2, x = 3i, x = -3i$

9. $Q(x) = x^4 - 16$
$Q(x) = (x^2 + 4)(x^2 - 4)$
$Q(x) = (x+2i)(x-2i)(x-2)(x+2)$
Zeroes: $x = -2, x = 2, x = 2i, x = -2i$

11. $P(x) = x^3 + x^2 - x - 1$
$P(x) = x^2(x+1) - (x+1)$
$P(x) = (x+1)(x^2 - 1)$
$P(x) = (x+1)(x+1)(x-1)$
Zeroes: $x = -1, x = -1, x = 1$

13. $Q(x) = x^3 - 5x^2 - 25x + 125$
$Q(x) = x^2(x-5) - 25(x-5)$
$Q(x) = (x-5)(x^2 - 25)$
$Q(x) = (x-5)(x+5)(x-5)$
Zeroes: $x = 5, x = -5, x = 5$

15. $p(x) = (x^2 - 10x + 25)(x^2 + 4x - 45)(x+9)$
$p(x) = (x-5)^2(x+9)(x-5)(x+9)$
$p(x) = (x-5)^3(x+9)^2$
Zeroes: $x = 5$, multiplicity 3,
$x = -9$, multiplicity 2

3.3 Exercises

17. $P(x) = (x^2 - 5x - 14)(x^2 - 49)(x + 2)$
    $P(x) = (x - 7)(x + 2)(x - 7)(x + 7)(x + 2)$
    $P(x) = (x - 7)^2 (x + 2)^2 (x + 7)$
    Zeroes: $x = 7$, multiplicity 2,
    $x = -2$, multiplicity 2,
    $x = -7$, multiplicity 1

19. Degree 3, $x = 3, x = 2i$, $(x = -2i)$
    $P(x) = (x - 3)(x - 2i)(x + 2i)$
    $P(x) = (x - 3)(x^2 + 4)$
    $P(x) = x^3 - 3x^2 + 4x - 12$

21. Degree 4, $x = -1, x = 2, x = i$, $(x = -i)$
    $P(x) = (x + 1)(x - 2)(x - i)(x + i)$
    $P(x) = (x^2 - x - 2)(x^2 + 1)$
    $P(x) = x^4 - x^3 - 2x^2 + x^2 - x - 2$
    $P(x) = x^4 - x^3 - x^2 - x - 2$

23. Degree 4, $x = 3, x = 2i$, $(x = 3, x = -2i)$
    $P(x) = (x - 3)(x - 3)(x - 2i)(x + 2i)$
    $P(x) = (x^2 - 6x + 9)(x^2 + 4)$
    $P(x) = x^4 + 4x^2 - 6x^3 - 24x + 9x^2 + 36$
    $P(x) = x^4 - 6x^3 + 13x^2 - 24x + 36$

25. Degree 4, $x = -1, x = 1 + 2i$,
    $(x = -1, x = 1 - 2i)$
    $P(x) = (x + 1)(x + 1)(x - (1 + 2i))(x - (1 - 2i))$
    $P(x) = (x^2 + 2x + 1)((x - 1) - 2i)((x - 1) + 2i)$
    $P(x) = (x^2 + 2x + 1)((x - 1)^2 - 4i^2)$
    $P(x) = (x^2 + 2x + 1)((x - 1)^2 + 4)$
    $P(x) = (x^2 + 2x + 1)(x^2 - 2x + 1 + 4)$
    $P(x) = (x^2 + 2x + 1)(x^2 - 2x + 5)$
    $P(x) = x^4 - 2x^3 + 5x^2 + 2x^3 - 4x^2$
    $\quad + 10x + x^2 - 2x + 5$
    $P(x) = x^4 + 2x^2 + 8x + 5$

27. Degree 4, $x = -3, x = 1 + i\sqrt{2}$,
    $(x = -3, x = 1 - i\sqrt{2})$
    $P(x) = (x + 3)(x + 3)\left(x - \left(1 + i\sqrt{2}\right)\right)\left(x - \left(1 - i\sqrt{2}\right)\right)$
    $P(x) = (x^2 + 6x + 9)\left((x - 1) - i\sqrt{2}\right)\left((x - 1) + i\sqrt{2}\right)$
    $P(x) = (x^2 + 6x + 9)\left((x - 1)^2 - i^2\sqrt{4}\right)$
    $P(x) = (x^2 + 6x + 9)\left((x - 1)^2 + 2\right)$
    $P(x) = (x^2 + 6x + 9)(x^2 - 2x + 1 + 2)$
    $P(x) = (x^2 + 6x + 9)(x^2 - 2x + 3)$
    $P(x) = x^4 - 2x^3 + 3x^2 + 6x^3 - 12x^2$
    $\quad + 18x + 9x^2 - 18x + 27$
    $P(x) = x^4 + 4x^3 + 27$

29. $f(x) = x^3 + 2x^2 - 8x - 5$
    a. $[-4, -3]$, yes
    $f(-4)$
    $= (-4)^3 + 2(-4)^2 - 8(-4) - 5 = -5$;
    $f(-3)$
    $= (-3)^3 + 2(-3)^2 - 8(-3) - 5 = 10$
    b. $[2, 3]$, yes
    $f(2) = (2)^3 + 2(2)^2 - 8(2) - 5 = -5$;
    $f(3) = (3)^3 + 2(3)^2 - 8(3) - 5 = 16$

31. $h(x) = 2x^3 + 13x^2 + 3x - 36$
    a. $[1, 2]$, yes
    $h(1) = 2(1)^3 + 13(1)^2 + 3(1) - 36 = -18$
    $h(2) = 2(2)^3 + 13(2)^2 + 3(2) - 36 = 38$
    b. $[-3, -2]$, yes
    $h(-3)$
    $= 2(-3)^3 + 13(-3)^2 + 3(-3) - 36 = 18$
    $h(-2)$
    $= 2(-2)^3 + 13(-2)^2 + 3(-2) - 36 = -6$

33. $f(x) = 4x^3 - 19x - 15$
    $\dfrac{\{\pm 1, \pm 15, \pm 3, \pm 5\}}{\{\pm 1, \pm 4, \pm 2\}}$;
    $\left\{\pm 1, \pm 15, \pm 3, \pm 5, \pm \dfrac{1}{4}, \pm \dfrac{15}{4},\right.$
    $\left.\pm \dfrac{3}{4}, \pm \dfrac{5}{4}, \pm \dfrac{1}{2}, \pm \dfrac{15}{2}, \pm \dfrac{3}{2}, \pm \dfrac{5}{2}\right\}$

Chapter 3: Polynomial and Rational Functions

35. $h(x) = 2x^3 - 5x^2 - 28x + 15$

    $\dfrac{\{\pm 1, \pm 15, \pm 3, \pm 5\}}{\{\pm 1, \pm 2\}}$;

    $\left\{\pm 1, \pm 15, \pm 3, \pm 5, \pm \dfrac{1}{2}, \pm \dfrac{15}{2}, \pm \dfrac{3}{2}, \pm \dfrac{5}{2}\right\}$

37. $p(x) = 6x^4 - 2x^3 + 5x^2 - 28$

    $\dfrac{\{\pm 1, \pm 28, \pm 2, \pm 14, \pm 4, \pm 7\}}{\{\pm 1, \pm 6, \pm 2, \pm 3\}}$;

    $\left\{\pm 1, \pm 28, \pm 2, \pm 14, \pm 4, \pm 7, \pm \dfrac{1}{6}, \pm \dfrac{14}{3}, \pm \dfrac{1}{3}, \pm \dfrac{7}{3}, \pm \dfrac{2}{3},\right.$

    $\left.\pm \dfrac{7}{6}, \pm \dfrac{1}{2}, \pm \dfrac{7}{2}, \pm \dfrac{28}{3}, \pm \dfrac{4}{3}\right\}$

39. $Y_1 = 32t^3 - 52t^2 + 17t + 3$

    $\dfrac{\{\pm 1, \pm 3\}}{\{\pm 1, \pm 32, \pm 2, \pm 16, \pm 4, \pm 8\}}$;

    $\left\{\pm 1, \pm \dfrac{1}{32}, \pm \dfrac{1}{2}, \pm \dfrac{1}{16}, \pm \dfrac{1}{4}, \pm \dfrac{1}{8},\right.$

    $\left.\pm 3, \pm \dfrac{3}{32}, \pm \dfrac{3}{2}, \pm \dfrac{3}{16}, \pm \dfrac{3}{4}, \pm \dfrac{3}{8}\right\}$

41. $f(x) = x^3 - 13x + 12$

    Possible rational zeroes:

    $\dfrac{\{\pm 1, \pm 12, \pm 2, \pm 6, \pm 3, \pm 4\}}{\{\pm 1\}}$;

    $\{\pm 1, \pm 12, \pm 2, \pm 6, \pm 3, \pm 4\}$

    $\begin{array}{r|rrrr} -4 & 1 & 0 & -13 & 12 \\ & & -4 & 16 & -12 \\ \hline & 1 & -4 & 3 & \underline{|0} \end{array}$

    $f(x) = (x+4)(x^2 - 4x + 3)$
    $f(x) = (x+4)(x-1)(x-3)$
    $x = -4, 1, 3$

43. $h(x) = x^3 - 19x - 30$

    Possible rational zeroes:

    $\dfrac{\{\pm 1, \pm 30, \pm 2, \pm 15, \pm 3, \pm 10, \pm 5, \pm 6\}}{\{\pm 1\}}$;

    $\{\pm 1, \pm 30, \pm 2, \pm 15, \pm 3, \pm 10, \pm 5, \pm 6\}$

    $\begin{array}{r|rrrr} -3 & 1 & 0 & -19 & -30 \\ & & -3 & 9 & 30 \\ \hline & 1 & -3 & -10 & \underline{|0} \end{array}$

    $h(x) = (x+3)(x^2 - 3x - 10)$
    $h(x) = (x+3)(x+2)(x-5)$
    $x = -3, -2, 5$

45. $p(x) = x^3 - 2x^2 - 11x + 12$

    Possible rational zeroes:

    $\dfrac{\{\pm 1, \pm 12, \pm 2, \pm 6, \pm 3, \pm 4\}}{\{\pm 1\}}$;

    $\{\pm 1, \pm 12, \pm 2, \pm 6, \pm 3, \pm 4\}$

    $\begin{array}{r|rrrr} -3 & 1 & -2 & -11 & 12 \\ & & -3 & 15 & -12 \\ \hline & 1 & -5 & 4 & \underline{|0} \end{array}$

    $p(x) = (x+3)(x^2 - 5x + 4)$
    $p(x) = (x+3)(x-1)(x-4)$
    $x = -3, 1, 4$

47. $Y_1 = x^3 - 6x^2 - x + 30$

    Possible rational zeroes:

    $\dfrac{\{\pm 1, \pm 30, \pm 2, \pm 15, \pm 3, \pm 10, \pm 5, \pm 6\}}{\{\pm 1\}}$;

    $\{\pm 1, \pm 30, \pm 2, \pm 15, \pm 3, \pm 10, \pm 5, \pm 6\}$

    $\begin{array}{r|rrrr} -2 & 1 & -6 & -1 & 30 \\ & & -2 & 16 & -30 \\ \hline & 1 & -8 & 15 & \underline{|0} \end{array}$

    $Y_1 = (x+2)(x^2 - 8x + 15)$
    $Y_1 = (x+2)(x-3)(x-5)$
    $x = -2, 3, 5$

49. $Y_3 = x^4 - 15x^2 + 10x + 24$

    Possible rational zeroes:

    $\dfrac{\{\pm 1, \pm 24, \pm 2, \pm 12, \pm 3, \pm 8, \pm 4, \pm 6\}}{\{\pm 1\}}$;

    $\{\pm 1, \pm 24, \pm 2, \pm 12, \pm 3, \pm 8, \pm 4, \pm 6\}$

    $\begin{array}{r|rrrrr} -4 & 1 & 0 & -15 & 10 & 24 \\ & & -4 & 16 & -4 & -24 \\ \hline & 1 & -4 & 1 & 6 & \underline{|0} \end{array}$

    $\begin{array}{r|rrrr} -1 & 1 & -4 & 1 & 6 \\ & & -1 & 5 & -6 \\ \hline & 1 & -5 & 6 & \underline{|0} \end{array}$

    $Y_3 = (x+4)(x+1)(x^2 - 5x + 6)$
    $Y_3 = (x+4)(x+1)(x-2)(x-3)$
    $x = -4, -1, 2, 3$

3.3 Exercises

51. $f(x) = x^4 + 7x^3 - 7x^2 - 55x - 42$
Possible rational zeroes:
$$\frac{\{\pm 1, \pm 42, \pm 2, \pm 21, \pm 3, \pm 14, \pm 6, \pm 7\}}{\{\pm 1\}};$$
$\{\pm 1, \pm 42, \pm 2, \pm 21, \pm 3, \pm 14, \pm 6, \pm 7\}$

```
-7 | 1   7   -7   -55   -42
   |    -7    0    49    42
     1   0   -7   -6   |0
```
```
-2 | 1   0   -7   -6
   |    -2    4    6
     1  -2   -3   |0
```
$f(x) = (x+7)(x+2)(x^2 - 2x - 3)$
$f(x) = (x+7)(x+2)(x+1)(x-3)$
$x = -7, -2, -1, 3$

53. $f(x) = 4x^3 - 7x + 3$
Possible rational zeroes: $\dfrac{\{\pm 1, \pm 3\}}{\{\pm 1, \pm 4, \pm 2\}}$

```
1 | 4   0   -7    3
  |     4    4   -3
    4   4   -3   |0
```
$f(x) = (x-1)(4x^2 + 4x - 3)$
$f(x) = (x-1)(2x+3)(2x-1)$
$x = \dfrac{-3}{2}, \dfrac{1}{2}, 1$

55. $h(x) = 4x^3 + 8x^2 - 3x - 9$
Possible rational zeroes: $\dfrac{\{\pm 1, \pm 9, \pm 3\}}{\{\pm 1, \pm 4, \pm 2\}}$
$\left\{\pm 1, \pm 9, \pm 3, \pm\dfrac{1}{4}, \pm\dfrac{9}{4}, \pm\dfrac{3}{4}, \pm\dfrac{1}{2}, \pm\dfrac{9}{2}, \pm\dfrac{3}{2}\right\}$

```
1 | 4   8   -3   -9
  |     4   12    9
    4  12    9   |0
```
$h(x) = (x-1)(4x^2 + 12x + 9)$
$h(x) = (x-1)(2x+3)^2$
$x = \dfrac{-3}{2}, 1$

57. $Y_1 = 2x^3 - 3x^2 - 9x + 10$
Possible rational zeroes: $\dfrac{\{\pm 1, \pm 10, \pm 2, \pm 5\}}{\{\pm 1, \pm 2\}}$
$\left\{\pm 1, \pm 10, \pm 2, \pm 5, \pm\dfrac{1}{2}, \pm\dfrac{5}{2}\right\}$

```
1 | 2   -3   -9    10
  |      2   -1   -10
    2   -1  -10   |0
```
$Y_1 = (x-1)(2x^2 - x - 10)$
$Y_1 = (x-1)(x+2)(2x-5)$
$x = -2, 1, \dfrac{5}{2}$

59. $p(x) = 2x^4 + 3x^3 - 9x^2 - 15x - 5$
Possible rational zeroes: $\dfrac{\{\pm 1, \pm 5\}}{\{\pm 1, \pm 2\}}$
$\left\{\pm 1, \pm 5, \pm\dfrac{1}{2}, \pm\dfrac{5}{2}\right\}$

```
-1 | 2    3   -9   -15   -5
   |     -2   -1    10    5
     2    1  -10    -5   |0
```
$p(x) = (x+1)(2x^3 + x^2 - 10x - 5)$
$p(x) = (x+1)(x^2(2x+1) - 5(2x+1))$
$p(x) = (x+1)(2x+1)(x^2 - 5)$
$p(x) = (x+1)(2x+1)(x-\sqrt{5})(x+\sqrt{5})$
$x = -1, \dfrac{-1}{2}, \sqrt{5}, -\sqrt{5}$

Chapter 3: Polynomial and Rational Functions

61. $r(x) = 3x^4 - 5x^3 + 14x^2 - 20x + 8$

Possible rational zeroes: $\dfrac{\{\pm 1, \pm 8, \pm 2, \pm 4\}}{\{\pm 1, \pm 3\}}$

$\left\{\pm 1, \pm 8, \pm 2, \pm 4, \pm \dfrac{1}{3}, \pm \dfrac{8}{3}, \pm \dfrac{2}{3}, \pm \dfrac{4}{3}\right\}$

```
1 | 3   -5   14   -20    8
  |      3   -2   12    -8
  | 3   -2   12    -8    0
```

$r(x) = (x-1)(3x^3 - 2x^2 + 12x - 8)$
$r(x) = (x-1)(x^2(3x-2) + 4(3x-2))$
$r(x) = (x-1)(3x-2)(x^2 + 4)$
$r(x) = (x-1)(3x-2)(x-2i)(x+2i)$

$x = 1, \dfrac{2}{3}, \pm 2i$

63. $f(x) = 2x^4 - 9x^3 + 4x^2 + 21x - 18$

Possible rational zeroes:
$\dfrac{\{\pm 1, \pm 18, \pm 2, \pm 9, \pm 3, \pm 6\}}{\{\pm 1, \pm 2\}}$

$\left\{\pm 1, \pm 18, \pm 2, \pm 9, \pm 3, \pm 6, \pm \dfrac{1}{2}, \pm \dfrac{9}{2}, \pm \dfrac{3}{2}\right\}$

```
1 | 2   -9    4    21   -18
  |      2   -7   -3    18
  | 2   -7   -3    18    0

2 | 2   -7   -3    18
  |      4   -6   -18
  | 2   -3   -9     0
```

$f(x) = (x-1)(x-2)(2x^2 - 3x - 9)$
$f(x) = (x-1)(x-2)(x-3)(2x+3)$

$x = 1, 2, 3, \dfrac{-3}{2}$

65. $h(x) = 3x^4 + 2x^3 - 9x^2 + 4$

Possible rational zeroes: $\dfrac{\{\pm 1, \pm 4, \pm 2\}}{\{\pm 1, \pm 3\}}$

$\left\{\pm 1, \pm 4, \pm 2, \pm \dfrac{1}{3}, \pm \dfrac{4}{3}, \pm \dfrac{2}{3}\right\}$

```
 1 | 3    2   -9    0    4
   |      3    5   -4   -4
   | 3    5   -4   -4    0

-2 | 3    5   -4   -4
   |     -6    2    4
   | 3   -1   -2    0
```

$h(x) = (x-1)(x+2)(3x^2 - x - 2)$
$h(x) = (x-1)(x+2)(3x+2)(x-1)$

$x = -2, 1, \dfrac{-2}{3}$

67. $P(x) = 2x^4 + 3x^3 - 24x^2 - 68x - 48$

Possible rational zeroes:
$\dfrac{\{\pm 1, \pm 48, \pm 2, \pm 24, \pm 3, \pm 16, \pm 4, \pm 12, \pm 6, \pm 8\}}{\{\pm 1, \pm 2\}}$

$\left\{\pm 1, \pm 48, \pm 2, \pm 24, \pm 3, \pm 16, \pm 4, \pm 12, \pm 6, \pm 8, \pm \dfrac{1}{2}, \pm \dfrac{3}{2}\right\}$

```
-2 | 2    3   -24   -68   -48
   |     -4    12    44    48
   | 2   -1   -22   -24    0

 4 | 2   -1   -22   -24
   |      8    28    24
   | 2    7     6     0
```

$2x^2 + 7x + 6 = (2x+3)(x+2)$

$P(x) = (x+2)^2(x-4)(2x+3)$

Zeroes: $x = -2$, multiplicity 2
$x = 4$, multiplicity 1
$x = -\dfrac{3}{2}$, multiplicity 1

3.3 Exercises

69. $r(x) = 3x^4 - 20x^3 + 34x^2 + 12x - 45$

Possible rational zeroes:

$$\frac{\{\pm 1, \pm 45, \pm 3, \pm 15, \pm 5, \pm 9\}}{\{\pm 1, \pm 3\}}$$

$\{\pm 1, \pm 45, \pm 3, \pm 15, \pm 5, \pm 9,$
$\pm \frac{1}{3}, \pm \frac{5}{3}\}$

```
-1 | 3  -20   34   12  -45
        -3    23  -57   45
   ──────────────────────
     3  -23   57  -45    0

 3 | 3  -23   57  -45
         9   -42   45
   ──────────────────
     3  -14   15    0
```

$3x^2 - 14x + 15 = (3x - 5)(x - 3)$

$r(x) = (x + 1)(x - 3)^2(3x - 5)$

Zeroes: $x = 3$, multiplicity 2
$x = -1$, multiplicity 1
$x = \frac{5}{3}$, multiplicity 1

71. $Y_1 = x^5 + 6x^2 - 49x + 42$

Possible rational zeroes:

$$\frac{\{\pm 1, \pm 42, \pm 2, \pm 21, \pm 3, \pm 14, \pm 6, \pm 7\}}{\{\pm 1\}}$$

$\{\pm 1, \pm 42, \pm 2, \pm 21, \pm 3, \pm 14, \pm 6, \pm 7\}$

```
 1 | 1   0   0   6  -49   42
         1   1   1   7  -42
   ────────────────────────
     1   1   1   7  -42    0

 2 | 1   1   1   7  -42
         2   6  14   42
   ────────────────────
     1   3   7  21    0
```

$Y_1 = (x - 1)(x - 2)(x^3 + 3x^2 + 7x + 21)$
$Y_1 = (x - 1)(x - 2)(x^2(x + 3) + 7(x + 3))$
$Y_1 = (x - 1)(x - 2)(x + 3)(x^2 + 7)$
$Y_1 = (x - 1)(x - 2)(x + 3)(x + \sqrt{7}\,i)(x - \sqrt{7}\,i)$

$x = 1, 2, -3, \pm\sqrt{7}\,i$

73. $P(x) = 3x^5 + x^4 + x^3 + 7x^2 - 24x + 12$

Possible rational zeroes:

$$\frac{\{\pm 1, \pm 12, \pm 2, \pm 6, \pm 3, \pm 4\}}{\{\pm 1, \pm 3\}}$$

$\{\pm 1, \pm 12, \pm 2, \pm 6, \pm 3, \pm 4, \pm \frac{1}{3}, \pm \frac{2}{3}, \pm \frac{4}{3}\}$

```
 1 | 3   1   1   7  -24   12
         3   4   5   12  -12
   ────────────────────────
     3   4   5  12  -12    0

-2 | 3   4   5   12  -12
        -6   4  -18   12
   ────────────────────
     3  -2   9   -6    0
```

$P(x) = (x - 1)(x + 2)(3x^3 - 2x^2 + 9x - 6)$
$P(x) = (x - 1)(x + 2)(x^2(3x - 2) + 3(3x - 2))$
$P(x) = (x - 1)(x + 2)(3x - 2)(x^2 + 3)$
$P(x) = (x - 1)(x + 2)(3x - 2)(x + \sqrt{3}\,i)(x - \sqrt{3}\,i)$

$x = -2, \frac{2}{3}, 1, \pm\sqrt{3}\,i$

75. $Y_1 = x^4 - 5x^3 + 20x - 16$

Possible rational zeroes: $\dfrac{\{\pm 1, \pm 16, \pm 2, \pm 8, \pm 4\}}{\{\pm 1\}}$

$\{\pm 1, \pm 16, \pm 2, \pm 8, \pm 4\}$

```
 1 | 1  -5   0   20  -16
         1  -4   -4   16
   ────────────────────
     1  -4  -4   16    0
```

$Y_1 = (x - 1)(x^3 - 4x^2 - 4x + 16)$
$Y_1 = (x - 1)(x^2(x - 4) - 4(x - 4))$
$Y_1 = (x - 1)(x - 4)(x^2 - 4)$
$Y_1 = (x - 1)(x - 4)(x + 2)(x - 2)$

$x = 1, 2, 4, -2$

Chapter 3: Polynomial and Rational Functions

77. $r(x) = x^4 + 2x^3 - 5x^2 - 4x + 6$

   Possible rational zeroes: $\dfrac{\{\pm 1, \pm 6, \pm 2, \pm 3\}}{\{\pm 1\}}$

   $\{\pm 1, \pm 6, \pm 2, \pm 3\}$

   ```
   1 | 1   2   -5   -4    6
     |     1    3   -2   -6
     |----------------------
       1   3   -2   -6  | 0
   ```

   $r(x) = (x-1)(x^3 + 3x^2 - 2x - 6)$
   $r(x) = (x-1)(x^2(x+3) - 2(x+3))$
   $r(x) = (x-1)(x+3)(x^2 - 2)$
   $r(x) = (x+3)(x-1)(x+\sqrt{2})(x-\sqrt{2})$

   $x = -3, 1, \pm\sqrt{2}$

79. $p(x) = 2x^4 - x^3 + 3x^2 - 3x - 9$

   Possible rational zeroes: $\dfrac{\{\pm 1, \pm 9, \pm 3\}}{\{\pm 1, \pm 2\}}$

   $\left\{\pm 1, \pm 9, \pm 3, \pm\dfrac{1}{2}, \pm\dfrac{9}{2}, \pm\dfrac{3}{2}\right\}$

   ```
   -1 | 2   -1    3   -3   -9
      |     -2    3   -6    9
      |--------------------------
        2   -3    6   -9  | 0
   ```

   $p(x) = (x+1)(2x^3 - 3x^2 + 6x - 9)$
   $p(x) = (x+1)(x^2(2x-3) + 3(2x-3))$
   $p(x) = (x+1)(2x-3)(x^2 + 3)$
   $p(x) = (x+1)(2x-3)(x+\sqrt{3}\,i)(x-\sqrt{3}\,i)$

   $x = -1, \dfrac{3}{2}, \pm\sqrt{3}\,i$

81. $f(x) = 2x^5 - 7x^4 + 13x^3 - 23x^2 + 21x - 6$

   Possible rational zeroes: $\dfrac{\{\pm 1, \pm 6, \pm 2, \pm 3\}}{\{\pm 1, \pm 2\}}$

   $\left\{\pm 1, \pm 6, \pm 2, \pm 3, \pm\dfrac{1}{2}, \pm\dfrac{3}{2}\right\}$

   ```
   1 | 2   -7   13   -23    21   -6
     |      2   -5     8   -15    6
     |-------------------------------
       2   -5    8   -15     6  | 0
   ```

   ```
   2 | 2   -5    8   -15    6
     |      4   -2    12   -6
     |-----------------------------
       2   -1    6    -3  | 0
   ```

   $f(x) = (x-1)(x-2)(2x^3 - x^2 + 6x - 3)$
   $f(x) = (x-1)(x-2)(x^2(2x-1) + 3(2x-1))$
   $f(x) = (x-1)(x-2)(2x-1)(x^2 + 3)$
   $f(x) = (x-1)(x-2)(2x-1)(x+\sqrt{3}\,i)(x-\sqrt{3}\,i)$

   $x = \dfrac{1}{2}, 1, 2, \pm\sqrt{3}\,i$

83. $f(x) = x^4 - 2x^3 + 4x - 8$

   a. Possible rational zeroes:
      $\dfrac{\{\pm 1, \pm 8, \pm 2, \pm 4\}}{\{\pm 1\}}$
      $\{\pm 1, \pm 8, \pm 2, \pm 4\}$

   b. Zeroes of unity: none, neither 1 nor -1 is a zero
      $(1 - 2 + 4 - 8 \neq 0), (1 + 2 - 4 - 8 \neq 0)$

   c. # of positive zeroes: 3 or 1 zeroes
      # of negative zeroes: 1 root

   d. Bounds: zeroes must lie between -2 and 2.

   ```
   -2 | 1   -2    0     4    -8
      |     -2    8   -16    24
      |-------------------------------
        1   -4    8   -12  | 16
   ```

   ```
   2 | 1   -2    0    4   -8
     |      2    0    0    8
     |--------------------------
       1    0    0    4  | 0
   ```

3.3 Exercises

85. $h(x) = x^5 + x^4 - 3x^3 + 5x + 2$
    a. Possible rational zeroes: $\dfrac{\{\pm 1, \pm 2\}}{\{\pm 1\}}$
       $\{\pm 1, \pm 2\}$
    b. Zeroes of unity: -1 is a root
       $(1 + 1 - 3 + 5 + 2 \neq 0)$,
       $(-1 + 1 + 3 - 5 + 2 = 0)$
    c. # of positive zeroes: 2 or 0 zeroes
       # of negative zeroes: 3 or 1 zeroes
    d. Bounds: zeroes must lie between -3 and 2.

    ```
    -3 | 1   1  -3   0    5    2
       |    -3   6  -9   27  -96
       | 1  -2   3  -9   32 |-94
    ```
    ```
     2 | 1   1  -3   0    5    2
       |     2   6   6   12   34
       | 1   3   3   6   17 | 36
    ```

87. $p(x) = x^5 - 3x^4 + 3x^3 - 9x^2 - 4x + 12$
    a. Possible rational zeroes:
       $\{\pm 1, \pm 12, \pm 2, \pm 6, \pm 3, \pm 4\}$
    b. Zeroes of unity: $x = 1$ and $x = -1$ are zeroes.
       $(1 - 3 + 3 - 9 - 4 + 12 = 0)$,
       $(-1 - 3 - 3 - 9 + 4 + 12 = 0)$
    c. # of positive zeroes: 4, 2, or 0 zeroes
       # of negative zeroes: 1 root
    d. Bounds: zeroes must lie between -1 and 4.

    ```
    -1 | 1  -3   3  -9  -4   12
       |    -1   4  -7  16  -12
       | 1  -4   7 -16  12 |  0
    ```
    ```
     4 | 1  -3   3  -9  -4   12
       |     4   4  28  76  288
       | 1   1   7  19  72 |300
    ```

89. $r(x) = 2x^4 + 7x^2 + 11x - 20$
    a. Possible rational zeroes:
       $\dfrac{\{\pm 1, \pm 20, \pm 2, \pm 10, \pm 4, \pm 5\}}{\{\pm 1, \pm 2\}}$
       $\left\{\pm 1, \pm 20, \pm 2, \pm 10, \pm 4, \pm 5, \pm \dfrac{1}{2}, \pm \dfrac{5}{2}\right\}$
    b. Zeroes of unity: $x = 1$ is a root.
       $(2 + 7 + 11 - 20 = 0)$,
       $(2 + 7 - 11 - 20 \neq 0)$
    c. # of positive zeroes: 1 root
       # of negative zeroes: 1 root
    d. Bounds: zeroes must lie between -2 and 1.

    ```
    -2 | 2   0   7   11  -20
       |    -4   8  -30   38
       | 2  -4  15  -19 | 18
    ```
    ```
     1 | 2   0   7   11  -20
       |     2   2    9   20
       | 2   2   9   20 |  0
    ```

91. $f(x) = 4x^3 - 16x^2 - 9x + 36$

Possible Positive zeroes	Possible Negative zeroes	Possible Complex zeroes	Total number of zeroes
2	1	0	3
0	1	2	3

    Possible rational zeroes:
    $\dfrac{\{\pm 1, \pm 36, \pm 2, \pm 18, \pm 3, \pm 12, \pm 4, \pm 9, \pm 6\}}{\{\pm 1, \pm 4, \pm 2\}}$;
    $\left\{\pm 1, \pm 36, \pm 2, \pm 18, \pm 3, \pm 12, \pm 4, \pm 9, \pm 6, \pm \dfrac{1}{4}, \pm \dfrac{1}{2}, \pm \dfrac{9}{2}, \pm \dfrac{3}{4}, \pm \dfrac{9}{4}, \pm \dfrac{3}{2}\right\}$

    ```
     4 | 4  -16  -9   36
       |     16   0  -36
       | 4    0  -9 |  0
    ```

    $f(x) = (x - 4)(4x^2 - 9)$
    $f(x) = (x - 4)(2x - 3)(2x + 3)$
    $x = \dfrac{-3}{2}, \dfrac{3}{2}, 4$

Chapter 3: Polynomial and Rational Functions

93. $h(x) = 6x^3 - 73x^2 + 10x + 24$

Possible Positive zeroes	Possible Negative zeroes	Possible Complex zeroes	Total number of zeroes
2	1	0	3
0	1	2	3

Possible rational zeroes:
$\dfrac{\{\pm 1, \pm 24, \pm 2, \pm 12, \pm 3, \pm 8, \pm 4, \pm 6\}}{\{\pm 1, \pm 6, \pm 2, \pm 3\}}$;

$\left\{\pm 1, \pm 24, \pm 2, \pm 12, \pm 3, \pm 8, \pm 4, \pm 6, \pm \dfrac{1}{6}, \pm \dfrac{1}{3}, \pm \dfrac{1}{2}, \pm \dfrac{4}{3}, \pm \dfrac{2}{3}, \pm \dfrac{3}{2}, \pm \dfrac{8}{3}\right\}$

```
12 | 6   -73   10    24
         72   -12   -24
     6   -1   -2    | 0
```

$h(x) = (x-12)(6x^2 - x - 2)$
$h(x) = (x-12)(3x-2)(2x+1)$

$x = \dfrac{-1}{2}, \dfrac{2}{3}, 12$

95. $p(x) = 4x^4 + 40x^3 - 97x^2 - 10x + 24$

Possible Positive zeroes	Possible Negative zeroes	Possible Complex zeroes	Total number of zeroes
2	2	0	4
0	2	2	4
2	0	2	4
0	0	4	4

Possible rational zeroes:
$\dfrac{\{\pm 1, \pm 24, \pm 2, \pm 12, \pm 3, \pm 8, \pm 4, \pm 6\}}{\{\pm 1, \pm 4, \pm 2\}}$

$\left\{\pm 1, \pm 24, \pm 2, \pm 12, \pm 3, \pm 8, \pm 4, \pm 6, \pm \dfrac{1}{4}, \pm \dfrac{1}{2}, \pm \dfrac{3}{4}, \pm \dfrac{3}{2}\right\}$

```
2 | 4   40   -97   -10   24
        8    96    -2   -24
    4   48   -1   -12   | 0
```

$p(x) = (x-2)(4x^3 + 48x^2 - 1x - 12)$
$p(x) = (x-2)(4x^2(x+12) - 1(x+12))$
$p(x) = (x-2)(x+12)(4x^2 - 1)$
$p(x) = (x-2)(x+12)(2x-1)(2x+1)$

$x = -12, \dfrac{-1}{2}, \dfrac{1}{2}, 2$

97. $z = a + bi : |z| = \sqrt{a^2 + b^2}$

(a) $|3 + 4i| := \sqrt{(3)^2 + (4)^2} = 5$

(b) $|-5 + 12i| = \sqrt{(-5)^2 + (12)^2} = 13$

(c) $|1 + \sqrt{3}\,i| = \sqrt{(1)^2 + (\sqrt{3})^2} = 2$

99. $f(x) = 4x^3 - 12x^2 - 24x + 32$

Possible rational zeroes:
$\dfrac{\{\pm 1, \pm 32, \pm 2, \pm 16, \pm 4, \pm 8\}}{\{\pm 1, \pm 4, \pm 2\}}$;

$\left\{\pm 1, \pm 32, \pm 2, \pm 16, \pm 4, \pm 8, \pm \dfrac{1}{4}, \pm \dfrac{1}{2}\right\}$

```
-2 | 4   -12   -24   32
        -8    40   -32
     4  -20   16    | 0
```

$f(x) = (x+2)(4x^2 - 20x + 16)$
$f(x) = 4(x+2)(x^2 - 5x + 4)$
$f(x) = 4(x+2)(x-4)(x-1)$
$x = -2, 1, 4$

Yes; grapher shows maximum and minimum values occur at the zeroes of f.

101. $g(x) = 4x^3 - 18x^2 + 2x + 24$

Possible rational zeroes:
$\dfrac{\{\pm 1, \pm 24, \pm 2, \pm 12, \pm 3, \pm 8, \pm 4, \pm 6\}}{\{\pm 1, \pm 4, \pm 2\}}$;

$\left\{\pm 1, \pm 24, \pm 2, \pm 12, \pm 3, \pm 8, \pm 4, \pm 6, \pm \dfrac{1}{4}, \pm \dfrac{1}{2}, \pm \dfrac{3}{4}, \pm \dfrac{3}{2}\right\}$

```
-1 | 4   -18   2    24
        -4    22  -24
     4  -22   24   | 0
```

$g(x) = (x+1)(4x^2 - 22x + 24)$
$g(x) = 2(x+1)(2x^2 - 11x + 12)$
$g(x) = 2(x+1)(2x-3)(x-4)$

$x = -1, \dfrac{3}{2}, 4$

Yes; grapher shows maximum and minimum values occur at the zeroes of g.

3.3 Exercises

103. $v = x \cdot x \cdot (x-1) = x^3 - x^2$

(a) $x^3 - x^2 = 48$
$x^3 - x^2 - 48 = 0$
Possible rational zeroes:
$\dfrac{\{\pm 1, \pm 48, \pm 2, \pm 24, \pm 3, \pm 16, \pm 4, \pm 12, \pm 6, \pm 8\}}{\{\pm 1\}}$;
$\{\pm 1, \pm 48, \pm 2, \pm 24, \pm 3, \pm 16, \pm 4, \pm 12, \pm 6, \pm 8\}$

$\underline{4 | 1 \quad -1 \quad 0 \quad -48}$
$ \quad\quad 4 \quad 12 \quad 48$
$ 1 \quad 3 \quad 12 \quad 0$

$x = 4$
$4\text{ cm} \times 4\text{ cm} \times 4\text{ cm}$

(b) $x^3 - x^2 = 100$
$x^3 - x^2 - 100 = 0$
Possible rational zeroes:
$\{\pm 1, \pm 100, \pm 2, \pm 50, \pm 4, \pm 25, \pm 5, \pm 20, \pm 10\}$

$\underline{5 | 1 \quad -1 \quad 0 \quad -100}$
$ \quad\quad 5 \quad 20 \quad 100$
$ 1 \quad 4 \quad 20 \quad | \underline{0}$

$\underline{5 | 2 \quad -4 \quad 0 \quad -150}$
$ \quad\quad 10 \quad 30 \quad 150$
$ 2 \quad 6 \quad 30 \quad 0$

$x = 5$
$5\text{cm} \times 5\text{ cm} \times 5\text{ cm}$

105. V = LWH
$2w(w)(w-2) = 150$
$2w^3 - 4w^2 - 150 = 0$
$2(w^3 - 2w^2 - 75) = 0$
Possible rational zeroes:
$\{\pm 1, \pm 75, \pm 3, \pm 25, \pm 5, \pm 15\}$

$\underline{5 | 2 \quad -4 \quad 0 \quad -150}$
$ \quad\quad 10 \quad 30 \quad 150$
$ 2 \quad 6 \quad 30 \quad | \underline{0}$

$w = 5;\ 2w = 10;\ w - 2 = 3$
length 10 in., width 5 in., height 3 in.

107. $f(x) = \dfrac{1}{4}x^4 - 6x^3 + 42x^2 - 72x - 64$

$0 = \dfrac{1}{4}x^4 - 6x^3 + 42x^2 - 72x - 64$

$0 = x^4 - 24x^3 + 168x^2 - 288x - 256$
Using a grapher:
$x = 4, 8$, between 12 and 13
1994, 1998, 2002; 5 years

109. $f(x) = -0.4192x^4 + 18.9663x^3 - 319.9714x^2$
$ + 2384.2x - 6615.8$
To solve $f(x) = 0$, find zeros using the graphing calculator.

a. $x = 8.97$ m, $x = 11.29$ m,
$x = 12.05$ m, $x = 12.94$ m

b. Find maximum (9.70, 3.71)
9.7 m will maximize the efficiency of the boat with rating 3.7.

111. $P(x) = 0.2x^3 - 0.24x^2 - 1.04x + 2.68$

a.
$\underline{-10 | 0.02 \quad -0.24 \quad -1.04 \quad 2.68}$
$ \quad\quad 0.2 \quad 4.4 \quad -33.6$
$ 0.02 \quad -0.44 \quad 3.36 \quad -30.92$

alternate signs, -10 is a lower bound

b.
$\underline{10 | 0.02 \quad -0.24 \quad -1.04 \quad 2.68}$
$ \quad\quad 0.2 \quad -0.4 \quad -14.4$
$ 0.02 \quad -0.04 \quad -1.44 \quad -11.72$

no

c. about 14.88

Chapter 3: Polynomial and Rational Functions

113.A.
  a. $p(x) = x^2 + 25$
$$p(x) = (x+5i)(x-5i)$$
  b. $q(x) = x^2 + 9$
$$q(x) = (x+3i)(x-3i)$$
  c. $r(x) = x^2 + 7$
$$r(x) = (x+i\sqrt{7})(x-i\sqrt{7})$$

B.
  a. $x^2 - 7 = 0$
$$(x+\sqrt{7})(x-\sqrt{7}) = 0$$
$$x+\sqrt{7} = 0 \text{ or } x-\sqrt{7} = 0$$
$$x = -\sqrt{7} \text{ or } x = \sqrt{7}$$

  b. $x^2 - 12 = 0$
$$(x+\sqrt{12})(x-\sqrt{12}) = 0$$
$$x+\sqrt{12} = 0 \text{ or } x-\sqrt{12} = 0$$
$$x = -\sqrt{12} \text{ or } x = \sqrt{12}$$
$$x = -2\sqrt{3} \text{ or } x = 2\sqrt{3}$$

  c. $x^2 - 18 = 0$
$$(x+\sqrt{18})(x-\sqrt{18}) = 0$$
$$x+\sqrt{18} = 0 \text{ or } x-\sqrt{18} = 0$$
$$x = -\sqrt{18} \text{ or } x = \sqrt{18}$$
$$x = -3\sqrt{2} \text{ or } x = 3\sqrt{2}$$

115.a. $C(z) = z^3 + (1-4i)z^2 + (-6-4i)z + 24i$

$z = 4i$;

$$\begin{array}{r|rrrr} 4i & 1 & 1-4i & -6-4i & 24i \\ & & 4i & 4i & -24i \\ \hline & 1 & 1 & -6 & \underline{|0} \end{array}$$

$$C(z) = (z-4i)(z^2 + z - 6)$$
$$C(z) = (z-4i)(z+3)(z-2)$$

b. $C(x) = x^3 + (5-9i)x^2 + (4-45i)x - 36i$;

$z = 9i$;

$$\begin{array}{r|rrrr} 9i & 1 & 5-9i & 4-45i & -36i \\ & & 9i & 45i & 36i \\ \hline & 1 & 5 & 4 & \underline{|0} \end{array}$$

$$C(z) = (z-9i)(z^2 + 5z + 4)$$
$$C(z) = (z-9i)(z+4)(z+1)$$

c. $C(z) = z^3 + (-2-3i)z^2 + (5+6i)z - 15i$;

$z = 3i$;

$$\begin{array}{r|rrrr} 3i & 1 & -2-3i & 5+6i & -15i \\ & & 3i & -6i & 15i \\ \hline & 1 & -2 & 5 & \underline{|0} \end{array}$$

$$C(z) = (z-3i)(z^2 - 2z + 5);$$

$$z = \frac{-(-2) \pm \sqrt{(-2)^2 - 4(1)(5)}}{2(1)}$$

$$= \frac{2 \pm \sqrt{-16}}{2} = 1 \pm 2i;$$

$$C(z) = (z-3i)(z-1-2i)(z-1+2i)$$

d. $C(z) = z^3 + (-4-i)z^2 + (29+4i)z - 29i$

$z = i$;

$$\begin{array}{r|rrrr} i & 1 & -4-i & 29+4i & -29i \\ & & i & -4i & 29i \\ \hline & 1 & -4 & 29 & \underline{|0} \end{array}$$

$$C(z) = (z-i)(z^2 - 4z + 29);$$

$$z = \frac{-(-4) \pm \sqrt{(-4)^2 - 4(1)(29)}}{2(1)}$$

$$= \frac{4 \pm \sqrt{-100}}{2} = 2 \pm 5i;$$

$$C(z) = (z-i)(z-2-5i)(z-2+5i)$$

3.3 Exercises

e. $C(z) = z^3 + (-2-6i)z^2 + (4+12i)z - 24i$

$z = 6i$;

$$\begin{array}{r|rrrr} 6i & 1 & -2-6i & 4+12i & -24i \\ & & 6i & -12i & 24i \\ \hline & 1 & -2 & 4 & \underline{|0} \end{array}$$

$C(z) = (z-6i)(z^2 - 2z + 4)$;

$z = \dfrac{-(-2) \pm \sqrt{(-2)^2 - 4(1)(4)}}{2(1)}$

$= \dfrac{2 \pm \sqrt{-12}}{2} = 1 \pm \sqrt{3}\,i$;

$C(z) = (z-6i)(z-1-\sqrt{3}\,i)(z-1+\sqrt{3}\,i)$

f. $C(z) = z^3 + (-6+4i)z^2 + (11-24i)z + 44i$

$z = -4i$;

$$\begin{array}{r|rrrr} -4i & 1 & -6+4i & 11-24i & 44i \\ & & -4i & 24i & -44i \\ \hline & 1 & -6 & 11 & \underline{|0} \end{array}$$

$C(z) = (z+4i)(z^2 - 6z + 11)$;

$z = \dfrac{-(-6) \pm \sqrt{(-6)^2 - 4(1)(11)}}{2(1)}$

$= \dfrac{6 \pm \sqrt{-8}}{2} = 3 \pm \sqrt{2}\,i$;

$C(z) = (z+4i)(z-3-\sqrt{2}\,i)(z-3+\sqrt{2}\,i)$

g. $C(z) = z^3 + (-2-i)z^2 + (5+4i)z + (-6+3i)$;

$z = 2-i$;

$$\begin{array}{r|rrrr} 2-i & 1 & -2-i & 5+4i & -6+3i \\ & & 2-i & -2-4i & 6-3i \\ \hline & 1 & -2i & 3 & \underline{|0} \end{array}$$

$C(z) = (z-2+i)(z^2 - 2iz + 3)$;

$z = \dfrac{-(-2i) \pm \sqrt{(-2i)^2 - 4(1)(3)}}{2(1)}$

$= \dfrac{2i \pm \sqrt{-16}}{2} = i \pm 2i = 3i$ or $-i$;

$C(z) = (z-2+i)(z-3i)(z+i)$

h. $C(z) = z^3 - 2z^2 + (19+6i)z + (-20+30i)$;

$z = 2-3i$;

$$\begin{array}{r|rrrr} 2-3i & 1 & -2 & 19+6i & -20+30i \\ & & 2-3i & -9-6i & 20-30i \\ \hline & 1 & -3i & 10 & \underline{|0} \end{array}$$

$C(z) = (z-2+3i)(z^2 - 3iz + 10)$;

$z = \dfrac{-(-3i) \pm \sqrt{(-3i)^2 - 4(1)(10)}}{2(1)}$

$= \dfrac{3i \pm \sqrt{-49}}{2} = \dfrac{3i \pm 7i}{2} = 5i$ or $-2i$;

$C(z) = (z-2+3i)(z-5i)(z+2i)$

117. Let x represent the width.

Let $\dfrac{1200-4x}{2}$ represent the length

$x\left(\dfrac{1200-4x}{2}\right) = 600x - 2x^2$

a. Opens downward, x-coordinate of vertex: $x = \dfrac{-600}{2(-2)} = 150$ ft;

$\dfrac{1200-4(150)}{2} = 300$ ft

b. $\dfrac{300}{3} = 100$;

$100(150) = 15{,}000$ ft^2

119. Node $(-4, -2)$

$r(x) = a\sqrt{x+4} - 2$

Passing through $(0, 2)$

$2 = a\sqrt{0+4} - 2$

$4 = 2a$

$2 = a$;

$r(x) = 2\sqrt{x+4} - 2$

Chapter 3: Polynomial and Rational Functions

3.4 Exercises

1. zero, m

3. Bounce, flatter

5. Answers will vary.

7. polynomial, degree 3

9. not a polynomial, sharp turns

11. polynomial, degree 2

13. up/down

15. down/down

17. down/up, $(0, -2)$

19. down/down, $(0, -6)$

21. up/down, $(0, 6)$

23. (a) even
    (b) -3, odd; -1, even; 3, odd
    (c) $f(x) = (x+3)(x+1)^2(x-3)$
    (d) D: $x \in \mathbb{R}$, R: $y \in [-9, \infty)$

25. (a) even
    (b) -3, odd; -1, odd; 2, odd; 4, odd
    (c) deg 4; $f(x) = -(x+3)(x+1)(x-2)(x-4)$
    (d) D: $x \in \mathbb{R}$, R: $y \in (-\infty, 25]$

27. (a) odd
    (b) -1, even; 3, odd
    (c) deg 3; $f(x) = -(x+1)^2(x-3)$
    (d) D: $x \in \mathbb{R}$, R: $y \in \mathbb{R}$

29. degree 6, up/up, $(0, -12)$

31. degree 5, up/down, $(0, -24)$

33. degree 6, up/up, $(0, -192)$

35. degree 5, up/down, $(0, 2)$

37. b

39. e

41. c

43. $f(x) = (x+3)(x+1)(x-2)$
    end behavior: down/up
    x-intercepts: $(-3,0), (-1,0)$, and $(2,0)$;
    crosses at all x-intercepts
    $f(0) = (0+3)(0+1)(0-2) = -6$
    y-intercept: $(0,-6)$

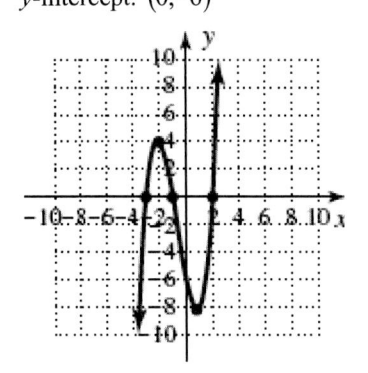

45. $p(x) = -(x+1)^2(x-3)$
    end behavior: up/down
    x-intercepts: $(-1,0)$ and $(3,0)$;
    crosses at $(3,0)$, bounces at $(-1,0)$
    $p(0) = -(0+1)^2(0-3) = 3$
    y-intercept: $(0,3)$

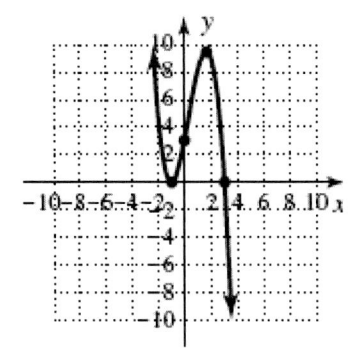

169

3.4 Exercises

47. $Y_1 = (x+1)^2(3x-2)(x+3)$
end behavior: up/up
x-intercepts: $(-1,0), \left(\frac{2}{3},0\right)$ and $(-3,0)$;
crosses at $(-3,0)$ and $\left(\frac{2}{3},0\right)$,
bounces at $(-1,0)$
$Y_1 = (0+1)^2(3(0)-2)(0+3) = -6$
y-intercept: $(0,-6)$

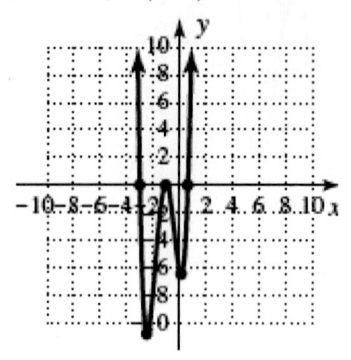

49. $r(x) = -(x+1)^2(x-2)^2(x-1)$
end behavior: up/down
x-intercepts: $(-1,0), (2,0)$ and $(1,0)$;
crosses at $(1,0)$, bounces at $(-1,0)$ and $(2,0)$
$r(0) = -(0+1)^2(0-2)^2(0-1) = 4$
y-intercept: $(0,4)$

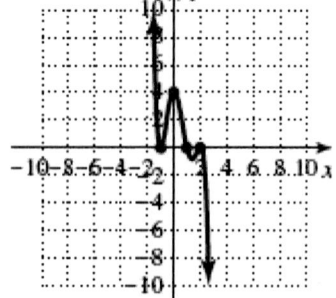

51. $f(x) = (2x+3)(x-1)^3$
end behavior: up/up
x-intercepts: $\left(-\frac{3}{2},0\right)$ and $(1,0)$;
crosses at all x-intercepts
$f(0) = (2(0)+3)(0-1)^3 = -3$
y-intercept: $(0,-3)$

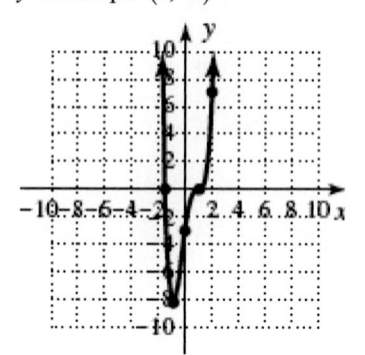

53. $h(x) = (x+1)^3(x-3)(x-2)$
end behavior: down/up
x-intercepts: $(-1,0), (3,0)$ and $(2,0)$;
crosses at all x-intercepts
$h(0) = (0+1)^3(0-3)(0-2) = 6$
y-intercept: $(0,6)$

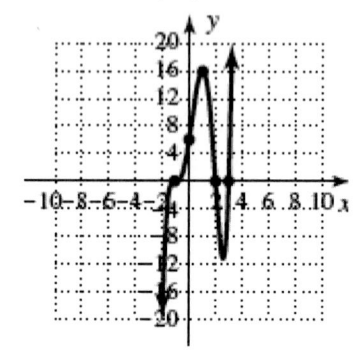

Chapter 3: Polynomial and Rational Functions

55. $Y_3 = (x+1)^3(x-1)^2(x-2)$
    end behavior: up/up
    x-intercepts: $(-1,0), (1,0)$ and $(2,0)$;
    crosses at $(-1,0)$ and $(2,0)$, bounces at $(1,0)$;
    $Y_3 = (0+1)^3(0-1)^2(0-2) = -2$
    y-intercept: $(0,-2)$

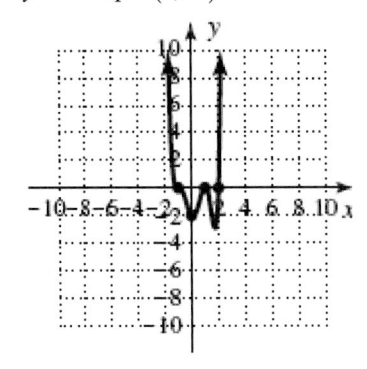

57. $y = x^3 + 3x^2 - 4$
    end behavior: down/up
    Possible rational roots: $\{\pm 1, \pm 4, \pm 2\}$
    $y = (x+2)^2(x-1)$
    x-intercepts: $(-2,0)$ and $(1,0)$
    crosses at $(1,0)$, bounces at $(-2,0)$;
    $y = 0^3 + 3(0)^2 - 4 = -4$
    y-intercept: $(0,-4)$

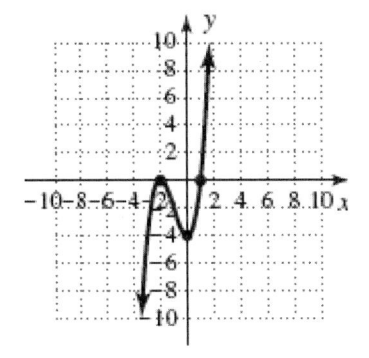

59. $f(x) = x^3 - 3x^2 - 6x + 8$
    end behavior: down/up
    Possible rational roots: $\{\pm 1, \pm 8, \pm 2, \pm 4\}$
    $f(x) = (x+2)(x-1)(x-4)$
    x-intercepts: $(-2,0), (1,0)$ and $(4,0)$
    crosses at all x-intercepts;
    $f(0) = 0^3 - 3(0)^2 - 6(0) + 8 = 8$
    y-intercept: $(0,8)$

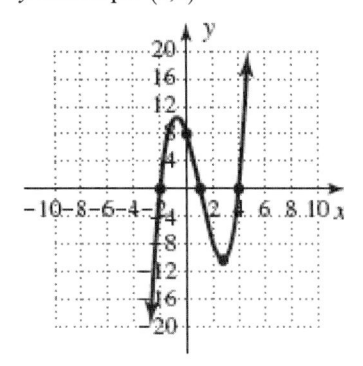

61. $h(x) = -x^3 - x^2 + 5x - 3$
    end behavior: up/down
    Possible rational roots: $\{\pm 1, \pm 3\}$
    $h(x) = -1(x+3)(x-1)^2$
    x-intercepts: $(-3,0)$ and $(1,0)$
    crosses at $(-3,0)$, bounces at $(1,0)$;
    $h(0) = -0^3 - (0)^2 + 5(0) - 3 = -3$
    y-intercept: $(0,-3)$

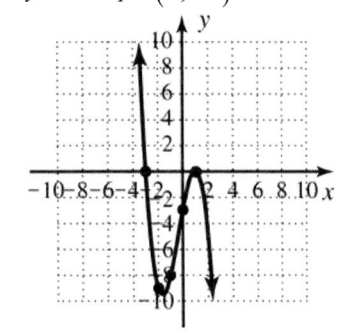

3.4 Exercises

63. $p(x) = -x^4 + 10x^2 - 9$
    end behavior: down/down
    $p(x) = -1(x^2 - 9)(x^2 - 1)$
    $p(x) = -1(x+3)(x-3)(x+1)(x-1)$
    x-intercepts:
    $(-3,0), (3,0), (-1,0)$ and $(1,0)$
    crosses at all x-intercepts;
    $p(0) = -0^4 + 10(0)^2 - 9 = -9$
    y-intercept: $(0,-9)$

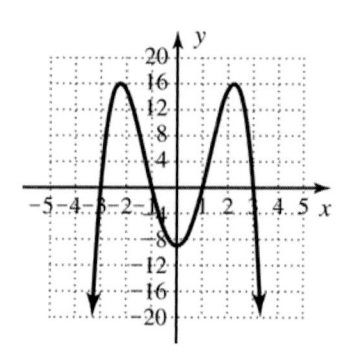

65. $r(x) = x^4 - 9x^2 - 4x + 12$
    end behavior: up/up
    Possible rational roots:
    $\{\pm 1, \pm 12, \pm 2, \pm 6, \pm 3, \pm 4\}$
    $r(x) = (x+2)^2(x-1)(x-3)$
    x-intercepts: $(-2,0), (1,0)$ and $(3,0)$
    crosses at $(1,0)$ and $(3,0)$, bounces at $(-2,0)$;
    $r(0) = 0^4 - 9(0)^2 - 4(0) + 12 = 12$
    y-intercept: $(0,12)$

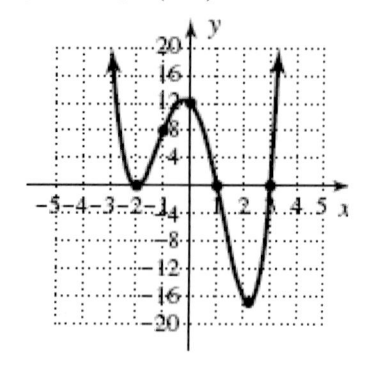

67. $Y_1 = x^4 - 6x^3 + 8x^2 + 6x - 9$
    end behavior: up/up
    Possible rational roots: $\{\pm 1, \pm 9, \pm 3\}$
    $Y_1 = (x+1)(x-1)(x-3)^2$
    x-intercepts: $(-1,0), (1,0)$, and $(3,0)$
    crosses at $(-1,0)$ and $(1,0)$, bounces at $(3,0)$;
    $Y_1 = 0^4 - 6(0)^3 + 8(0)^2 + 6(0) - 9 = -9$
    y-intercept: $(0,-9)$

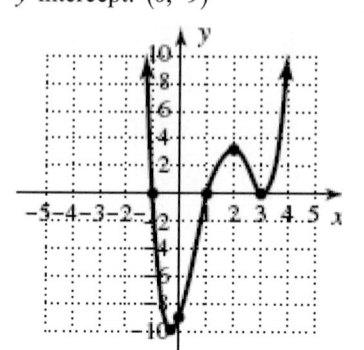

69. $Y_3 = 3x^4 + 2x^3 - 36x^2 + 24x + 32$
    end behavior: up/up
    Possible rational roots:
    $\{\pm 1, \pm 32, \pm 2, \pm 16, \pm 4, \pm 8\}$
    $Y_3 = (x+4)(3x+2)(x-2)^2$
    x-intercepts:
    $(-4,0), \left(-\dfrac{2}{3},0\right)$, and $(2,0)$
    crosses at $(-4,0)$ and $\left(-\dfrac{2}{3},0\right)$,
    bounces at $(2,0)$;
    $Y_3 = 3(0)^4 + 2(0)^3 - 36(0)^2 + 24(0) + 32 = 32$
    y-intercept: $(0,32)$

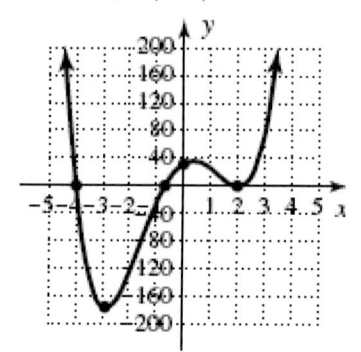

Chapter 3: Polynomial and Rational Functions

71. $F(x) = 2x^4 + 3x^3 - 9x^2$

    $F(x) = x^2(2x^2 + 3x - 9)$

    end behavior: up/up

    Possible rational roots: $\dfrac{\{\pm 1, \pm 9, \pm 3\}}{\{\pm 1, \pm 2\}}$;

    $\left\{\pm 1, \pm 9, \pm 3, \pm \dfrac{1}{2}, \pm \dfrac{9}{2}, \pm \dfrac{3}{2}\right\}$

    $F(x) = x^2(x+3)(2x-3)$

    x-intercepts:

    $(0,0), (-3,0),$ and $\left(\dfrac{3}{2}, 0\right)$

    crosses at $(-3,0)$ and $\left(\dfrac{3}{2}, 0\right)$ bounces at $(0,0)$;

    $F(0) = 2(0)^4 + 3(0)^3 - 9(0)^2 = 0$

    y-intercept: $(0,0)$

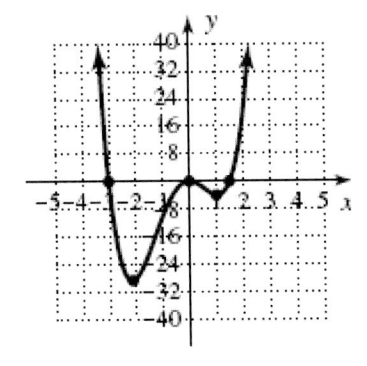

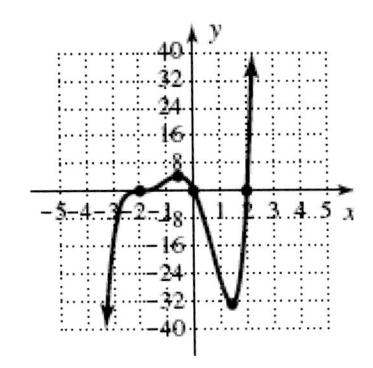

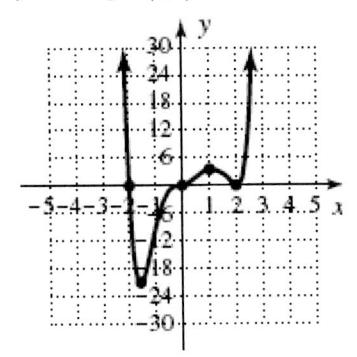

73. $f(x) = x^5 + 4x^4 - 16x^2 - 16x$

    $f(x) = x(x^4 + 4x^3 - 16x - 16)$

    end behavior: down/up

    Possible rational roots: $\{\pm 1, \pm 16, \pm 2, \pm 8, \pm 4\}$

    $f(x) = x(x+2)^3(x-2)$

    x-intercepts: $(0,0), (-2,0),$ and $(2,0)$

    crosses at all x-intercepts;

    $f(0) = (0)^5 + 4(0)^4 - 16(0)^2 - 16(0) = 0$

    y-intercept: $(0,0)$

75. $h(x) = x^6 - 2x^5 - 4x^4 + 8x^3$

    $h(x) = x^3(x^3 - 2x^2 - 4x + 8)$

    $h(x) = x^3(x^2(x-2) - 4(x-2))$

    $h(x) = x^3(x-2)(x^2-4)$

    $h(x) = x^3(x-2)(x+2)(x-2)$

    end behavior: up/up

    x-intercepts: $(0,0), (-2,0)$ and $(2,0)$

    crosses at $(-2,0)$ and $(0,0)$, bounces at $(2,0)$;

    $h(0) = (0)^6 - 2(0)^5 - 4(0)^4 + 8(0)^3 = 0$

    y-intercept: $(0,0)$

173

3.4 Exercises

77. $h(x) = x^5 + 4x^4 - 9x - 36$
$h(x) = (x+4)(x-\sqrt{3})(x+\sqrt{3})(x^2+3)$
$h(x) = (x+4)(x-\sqrt{3})(x+\sqrt{3})(x-\sqrt{3}i)(x+\sqrt{3}i)$
y-intercept: $(0, -36)$

79. $f(x) = 2x^5 + 5x^4 - 10x^3 - 25x^2 + 12x + 30$
$f(x) = 2\left(x+\frac{5}{2}\right)(x-\sqrt{2})(x+\sqrt{2})(x-\sqrt{3})(x+\sqrt{3})$
y-intercept: $(0, 30)$

81. $P(x) = a(x+4)(x-1)(x-3)$;
y-intercept; $(0,2)$
$2 = a(0+4)(0-1)(0-3)$
$2 = 12a$
$\frac{1}{6} = a$;
$P(x) = \frac{1}{6}(x+4)(x-1)(x-3)$
$P(x) = \frac{1}{6}(x^3 - 13x + 12)$

83. $P(x) = (x+3)(x+1)(x-2)(x-4)$
$P(x) = (x^2 + 4x + 3)(x^2 - 6x + 8)$
$P(x) = x^4 - 6x^3 + 8x^2 + 4x^3 - 24x^2 + 32x$
$\quad\quad + 3x^2 - 18x + 24$
$P(x) = x^4 - 2x^3 - 13x^2 + 14x + 24$

85. $v(t) = -t^4 + 25t^3 - 192t^2 + 432t$

a. $v(2) = -(2)^4 + 25(2)^3 - 192(2)^2 + 432(2) = 280$
280 vehicles above average;
$v(6) = -(6)^4 + 25(6)^3 - 192(6)^2 + 432(6) = -216$
216 vehicles below average;
$v(11) = -(11)^4 + 25(11)^3 - 192(11)^2 + 432(11) = 154$
154 vehicles below average

b. $0 = -t^4 + 25t^3 - 192t^2 + 432t$
$0 = -t(t^3 - 25t^2 + 192t - 432)$
Possible rational zeroes:
$\{\pm 1, \pm 432, \pm 2, \pm 216, \pm 3, \pm 144, \pm 4, \pm 108, \pm 6, \pm 72,$
$\pm 8, \pm 54, \pm 9, \pm 48, \pm 12, \pm 36, \pm 16, \pm 27, \pm 18, \pm 24\}$
$0 = t(t-4)(t-9)(t-12)$
$t = 0, t = 4, t = 9, t = 12$
6 am, 10 am, 3 pm, 6 pm

c. $x \in [-2, 13, 1], y \in [-300, 300, 30]$

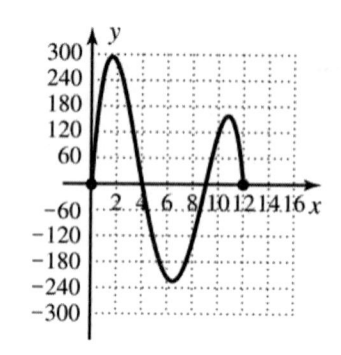

Chapter 3: Polynomial and Rational Functions

87. a. 3
    b. $9 - 4 = 5$
    c. $B(x) = a(x-4)(x-9)$;
    y-intercept: $(1,6)$;
    $6 = a(1-4)(1-9)$
    $\frac{1}{4} = a$;
    $B(x) = \frac{1}{4}x(x-4)(x-9)$
    $B(8) = \frac{1}{4}(8)(8-4)(8-9) = -\$80,000$

89. a. $f(x) \to \infty, f(x) \to -\infty$
    b. $g(x) \to \infty, g(x) \to -\infty$,
    $x^4 \geq 0$ for all x.

91. $x^5 - x^4 - x^3 + x^2 - 2x + 3 = 0$
    Possible rational roots: $\{\pm 1, \pm 3\}$
    Testing these four roots by synthetic division shows there are no rational roots.
    Verified

93. $h(x) = (f \circ g)(x) = \left(\frac{1}{x}\right)^2 - 2\left(\frac{1}{x}\right)$
    $= \frac{1}{x^2} - \frac{2}{x} = \frac{1-2x}{x^2}$;
    $D: x \in \{x | x \neq 0\}$;
    $H(x) = (g \circ f)(x) = \frac{1}{x^2 - 2x}$;
    $D: x \in \{x | x \neq 0, x \neq 2\}$

95. a. $-(2x+5) - (6-x) + 3 = x - 3(x+2)$
    $-2x - 5 - 6 + x + 3 = x - 3x - 6$
    $-x - 8 = -2x - 6$
    $x = 2$

    b. $\sqrt{x+1} + 3 = \sqrt{2x} + 2$
    $\sqrt{x+1} = \sqrt{2x} - 1$
    $(\sqrt{x+1})^2 = (\sqrt{2x} - 1)^2$
    $x + 1 = 2x - 2\sqrt{2x} + 1$
    $-x = -2\sqrt{2x}$
    $(-x)^2 = (-2\sqrt{2x})^2$
    $x^2 = 4(2x)$
    $x^2 - 8x = 0$
    $x(x-8) = 0$
    $x = 0$ or $x - 8 = 0$
    $x = 8$
    $x = 8$ ($x = 0$ does not check)

    c. $\frac{2}{x-3} + 5 = \frac{21}{x^2 - 9} + 4$
    $\frac{2}{x-3} + 5 = \frac{21}{(x+3)(x-3)} + 4$
    $(x-3)(x+3)\left[\frac{2}{x-3} + 5 = \frac{21}{(x+3)(x-3)} + 4\right]$
    $2(x+3) + 5(x^2 - 9) = 21 + 4(x^2 - 9)$
    $2x + 6 + 5x^2 - 45 = 21 + 4x^2 - 36$
    $2x + 5x^2 - 39 = 4x^2 - 15$
    $x^2 + 2x - 24 = 0$
    $(x+6)(x-4) = 0$
    $x + 6 = 0$ or $x - 4 = 0$
    $x = -6$ or $x = 4$

Mid-Chapter Check

Mid-Chapter Check

1. a. $x^3 + 8x^2 + 7x - 14 = (x^2 + 6x - 5)(x + 2) - 4$

$$\begin{array}{r} x^2 + 6x - 5 \\ x+2 \overline{\smash{)}x^3 + 8x^2 + 7x - 14} \\ \underline{-(x^3 + 2x^2)} \\ 6x^2 + 7x \\ \underline{-(6x^2 + 12x)} \\ -5x - 14 \\ \underline{-(-5x - 10)} \\ -4 \end{array}$$

   b. $\dfrac{x^3+8x^2+7x-14}{x+2} = x^2 + 6x - 5 - \dfrac{4}{x+2}$;

3. $f(-2) = 7$

$$\begin{array}{r|rrrrr} -2 & -3 & 0 & 7 & -8 & 11 \\ & & 6 & -12 & 10 & -4 \\ \hline & -3 & 6 & -5 & 2 & \boxed{7} \end{array}$$

5. $g(2) = (2)^3 - 6(2) - 4 = -8$;
   $g(3) = (3)^3 - 6(3) - 4 = 5$;
   They have opposite signs.

7. $h(x) = x^4 + 3x^3 + 10x^2 + 6x - 20$
   Possible Rational Roots:
   $\{\pm 1, \pm 20, \pm 2, \pm 10, \pm 4, \pm 5\}$;
   $h(x) = (x+2)(x-1)(x^2 + 2x + 10)$
   $x = -2, x = 1, x = -1 \pm 3i$

9. $q(x) = x^3 + 5x^2 + 2x - 8$
   end behavior: down/up
   Possible rational roots: $\{\pm 1, \pm 8, \pm 2, \pm 4\}$
   $q(x) = (x+4)(x+2)(x-1)$
   x-intercepts: $(-4,0), (-2,0), (1,0)$
   crosses at all x-intercepts;
   $q(0) = 0^3 + 5(0)^2 + 2(0) - 8 = -8$
   y-intercept: $(0,-8)$

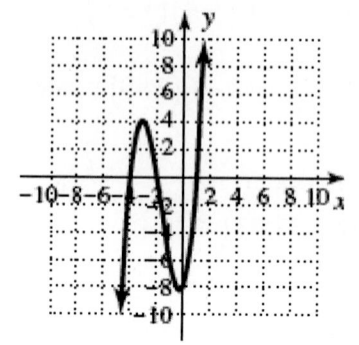

Reinforcing Basic Concepts

1. 1.532

Chapter 3: Polynomial and Rational Functions

3.5 Technology Highlight

1. $3,420,000; undefined since cost becomes negative.

3. very closely

3.5 Exercises

1. as $x \to -\infty, y \to 2$

3. denominator, numerator

5. about $x = 98$

7. $V(x) = \dfrac{1}{(x-1)} + 2$
   a. as $x \to \infty, y \to 2$;
      as $x \to -\infty, y \to 2$;
   b. as $x \to -1^-, y \to -\infty$;
      as $x \to -1^+, y \to \infty$;

9. $Q(x) = \dfrac{1}{(x+2)^2} + 1$
   a. as $x \to \infty, y \to 1$;
      as $x \to -\infty, y \to 1$;
   b. as $x \to -2^-, y \to \infty$;
      as $x \to -2^+, y \to \infty$;

11. reciprocal quadratic,
    $S(x) = \dfrac{1}{(x+1)^2} - 2$

13. reciprocal function,
    $Q(x) = \dfrac{1}{(x+1)} - 2$

15. reciprocal quadratic,
    $f(x) = \dfrac{1}{(x+2)^2} - 5$

17. $y \to -2$

19. $y \to -\infty$

21. $x \to -1$, $y \to \pm\infty$

23. $x - 3 = 0$
    $x = 3$
    $D: x \in (-\infty, 3) \cup (3, \infty)$

25. $x^2 - 9 = 0$
    $x^2 = 9$
    $x = 3, x = -3$
    $D: x \in (-\infty, -3) \cup (-3, 3) \cup (3, \infty)$

27. $2x^2 + 3x - 5 = 0$
    $(2x+5)(x-1) = 0$
    $2x+5 = 0$ or $x-1 = 0$
    $2x = -5$ or $x = 1$
    $x = -\dfrac{5}{2}$ or $x = 1$
    $D: x \in \left(-\infty, -\dfrac{5}{2}\right) \cup \left(-\dfrac{5}{2}, 1\right) \cup (1, \infty)$

29. $x^2 + x + 1 = 0, b^2 - 4ac < 0$
    no vertical asymptotes
    $D: x \in (-\infty, \infty)$

31. $x^2 - x - 6 = 0$
    $(x-3)(x+2) = 0$
    $x - 3 = 0$ or $x + 2 = 0$
    $x = 3$ or $x = -2$
    yes   yes

33. $x^2 - 6x + 9 = 0$
    $(x-3)(x-3) = 0$
    $x - 3 = 0$
    $x = 3$
    no

35. $x^3 + 2x^2 - 4x - 8 = 0$
    $x^2(x+2) - 4(x+2) = 0$
    $(x+2)(x^2 - 4) = 0$
    $(x+2)(x+2)(x-2) = 0$
    $x + 2 = 0$ or $x - 2 = 0$
    $x = -2$ or $x = 2$
    no   yes

3.5 Exercises

37. $Y_1 = \dfrac{2x-3}{x^2+1}$
   (a) $HA: y = 0$
   (b) $2x - 3 = 0$
   $x = \dfrac{3}{2}$
   crosses at $\left(\dfrac{3}{2}, 0\right)$

39. $r(x) = \dfrac{4x^2 - 9}{x^2 - 3x - 18}$
   (a) $HA: y = 4$
   (b) $4x^2 - 9 = 4(x^2 - 3x - 18)$
   $4x^2 - 9 = 4x^2 - 12x - 72$
   $12x = -63$
   $12x = -63$
   $x = -\dfrac{63}{12} = -\dfrac{21}{4}$
   crosses at $\left(-\dfrac{21}{4}, 4\right)$

41. $p(x) = \dfrac{3x^2 - 5}{x^2 - 1}$
   (a) $HA: y = 3$
   (b) $3x^2 - 5 = 3(x^2 - 1)$
   $3x^2 - 5 = 3x^2 - 3$
   does not cross

43. $f(x) = \dfrac{x^2 - 3x}{x^2 - 5}$
   $f(x) = \dfrac{x(x-3)}{x^2 - 5}$
   x-intercepts: $(0, 0)$ cross, $(3, 0)$ cross;
   y-intercept: $(0, 0)$

45. $g(x) = \dfrac{x^2 + 3x - 4}{x^2 - 1}$
   $g(x) = \dfrac{(x+4)(x-1)}{(x+1)(x-1)}$
   x-intercept: $(-4, 0)$ cross;
   y-intercept: $(0, 4)$

47. $h(x) = \dfrac{x^3 - 6x^2 + 9x}{4 - x^2}$
   $h(x) = \dfrac{x(x^2 - 6x + 9)}{4 - x^2}$
   $h(x) = \dfrac{x(x-3)(x-3)}{(2+x)(2-x)}$
   x-intercepts: $(0, 0)$ cross, $(3, 0)$ bounce;
   y-intercept: $(0, 0)$

49. $f(x) = \dfrac{x+3}{x-1}$
   $f(0) = \dfrac{(0)+3}{(0)-1} = -3;$
   y-intercept: $(0, -3)$;
   $x - 1 = 0$
   vertical asymptote: $x = 1$
   x-intercept: $(-3, 0)$
   horizontal asymptote: $y = 1$
   deg num = deg den

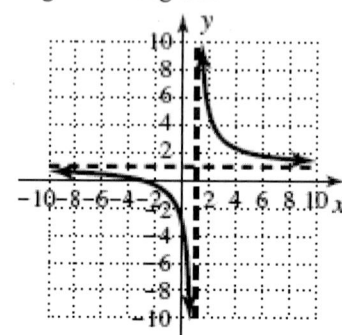

178

Chapter 3: Polynomial and Rational Functions

51. $F(x) = \dfrac{8x}{x^2+4}$

$F(0) = \dfrac{8(0)}{(0)^2+4} = 0;$

y-intercept: (0,0);

$x^2+4 \neq 0$

vertical asymptote: none

x-intercept: $(0,0)$

horizontal asymptote: $y = 0$

deg num < deg den

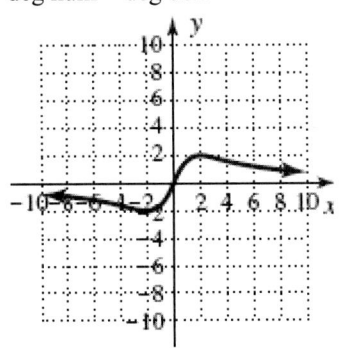

53. $p(x) = \dfrac{-2x^2}{x^2-4}$

$p(0) = \dfrac{-2(0)^2}{(0)^2-4} = 0;$

y-intercept: (0,0);

$x^2-4 = 0$

$(x+2)(x-2) = 0$

vertical asymptote: $x = -2$ and $x = 2$

x-intercept: $(0,0)$

horizontal asymptote: $y = -2$

deg num = deg den

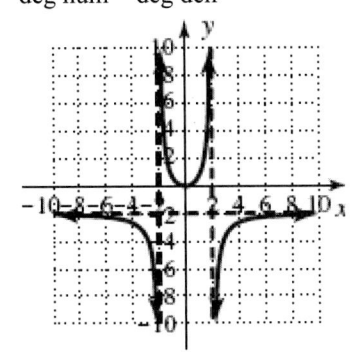

55. $q(x) = \dfrac{2x-x^2}{x^2+4x-5}$

$q(0) = \dfrac{2(0)-(0)^2}{(0)^2+4(0)-5} = 0;$

y-intercept: (0,0);

$x^2+4x-5 = 0$

$(x+5)(x-1) = 0$

vertical asymptotes: $x = -5$ and $x = 1$

$2x-x^2 = 0$

$x(2-x) = 0$

$x = 0$ or $x = 2$

x-intercepts: $(0,0), (2,0)$

horizontal asymptote: $y = -1$

deg num = deg den

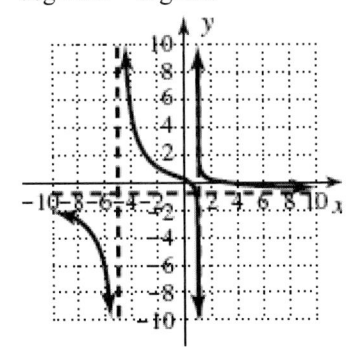

57. $h(x) = \dfrac{-3x}{x^2-6x+9}$

$h(0) = \dfrac{-3(0)}{(0)^2-6(0)+9} = 0;$

y-intercept: (0,0);

$x^2-6x+9 = 0$

$(x-3)(x-3) = 0$

vertical asymptote: $x = 3$

x-intercept: $(0,0)$

horizontal asymptote: $y = 0$

deg num < deg den

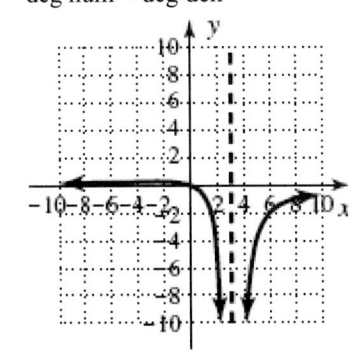

3.5 Exercises

59. $Y_1 = \dfrac{x-1}{x^2-3x-4}$

$Y_1 = \dfrac{(0)-1}{(0)^2-3(0)-4} = \dfrac{1}{4}$;

y-intercept: $\left(0, \dfrac{1}{4}\right)$;

$x^2 - 3x - 4 = 0$
$(x-4)(x+1) = 0$
vertical asymptotes: $x = 4$ and $x = -1$
x-intercept: $(1, 0)$
horizontal asymptote: $y = 0$
deg num < deg den

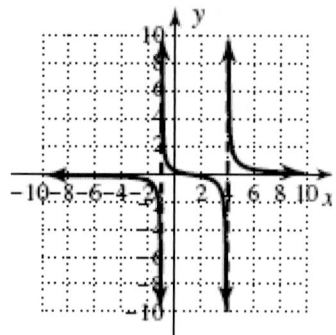

61. $s(x) = \dfrac{4x^2}{2x^2+4}$

$s(0) = \dfrac{4(0)^2}{2(0)^2+4} = 0$;

y-intercept: $(0, 0)$;

$2x^2 + 4 \neq 0$
vertical asymptotes: none
x-intercept: $(0, 0)$
horizontal asymptote: $y = 2$
deg num = deg den

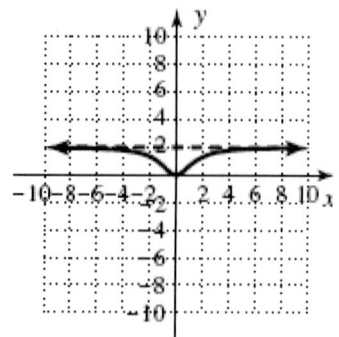

63. $Y_1 = \dfrac{x^2-4}{x^2-1}$

$Y_1 = \dfrac{(0)^2-4}{(0)^2-1} = 4$;

y-intercept: $(0, 4)$;

$Y_1 = \dfrac{(x+2)(x-2)}{(x+1)(x-1)}$

vertical asymptotes: $x = -1$ and $x = 1$
x-intercepts: $(-2, 0)$ and $(2, 0)$
horizontal asymptote: $y = 1$
deg num = deg den

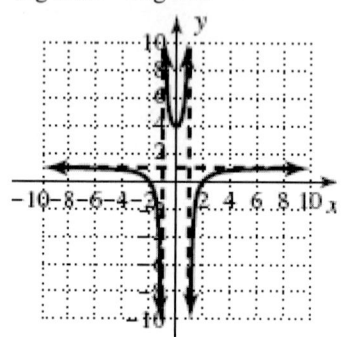

65. $v(t) = \dfrac{-2x}{x^3+2x^2-4x-8}$

$v(0) = \dfrac{-2(0)}{(0)^3+2(0)^2-4(0)-8} = 0$

y-intercept: $(0, 0)$;

$v(t) = \dfrac{-2x}{x^2(x+2)-4(x+2)}$

$v(t) = \dfrac{-2x}{(x+2)(x^2-4)} = \dfrac{-2x}{(x+2)^2(x-2)}$

vertical asymptotes: $x = -2$ and $x = 2$
x-intercepts: $(0, 0)$
horizontal asymptote: $y = 0$
deg num < deg den

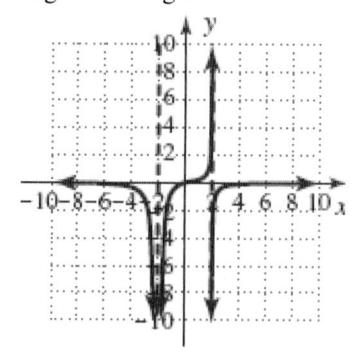

Chapter 3: Polynomial and Rational Functions

67. VA: $x = -2, x = 3$
    HA: $y = 1$
    $$f(x) = \frac{(x-4)(x+1)}{(x+2)(x-3)}$$

69. VA: $x = -3, x = 3$
    HA: $y = -1$
    $$f(x) = \frac{x^2 - 4}{9 - x^2}$$

71. $D(x) = \dfrac{63x}{x^2 + 20}$

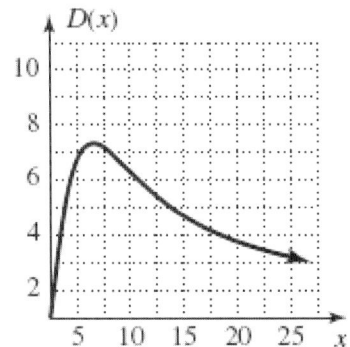

    a. Population density approaches zero far from town.
    b. 10 miles, 20 miles
    c. 4.5 miles, 704

73. $C(p) = \dfrac{80p}{100 - p}$

    a. $C(20) = \dfrac{80(20)}{100 - 20} = 20$; $20,000
    $C(50) = \dfrac{80(50)}{100 - 50} = 80$; $80,000
    $C(80) = \dfrac{80(80)}{100 - 80} = 320$; $320,000
    Cost increases dramatically

    b.

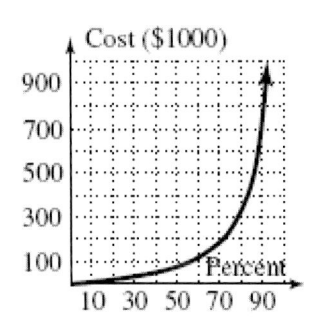

    c. As $p \to 100^-$, $C \to \infty$

75. $C(h) = \dfrac{2h^2 + h}{h^3 + 70}$

    a. According to the graph, 5 hours; about 0.28
    b. $\dfrac{\Delta C}{\Delta h} = \dfrac{C(10) - C(8)}{10 - 8} = \dfrac{0.196 - 0.234}{2}$
    $\dfrac{\Delta C}{\Delta h} = -0.019$;
    $\dfrac{\Delta C}{\Delta h} = \dfrac{C(22) - C(20)}{22 - 20} = \dfrac{0.0924 - 0.102}{2}$
    $\dfrac{\Delta C}{\Delta h} = -0.005$
    As number of hours increases, the rate of change decreases.
    c. Horizontal asymptote:
    As $h \to \infty$, $C \to 0^+$

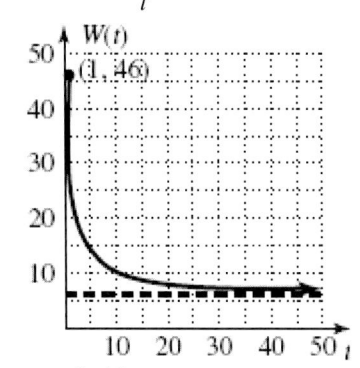

77. $W(t) = \dfrac{6t + 40}{t}$

    a. 2; 10
    b. 10; 20
    c. On the average, the number of words remembered for life is 6.

3.5 Exercises

79. a. $C(x) = \dfrac{40 + 3x}{160 + 4x}$

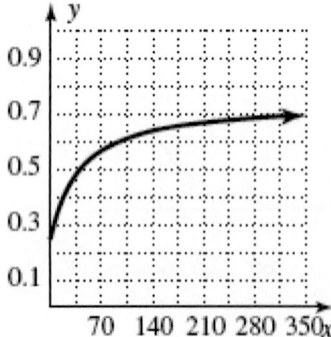

   b. 35%, 62.5%, 160 gallons
   c. 160 gallons; 200 gallons
   d. 70%, 75%

81. $A(x) = \dfrac{125x + 50000}{x}$; $[0, 5000]$

   a. $C(500) = \$225$;
      $C(1000) = \$175$

   b. $150 = \dfrac{125x + 50000}{x}$
      $150x = 125x + 50000$
      $25x = 50000$
      $x = 2000$ heaters

   c. $137.50 = \dfrac{125x + 50000}{x}$
      $137.50x = 125x + 50000$
      $12.50x = 50000$
      $x = 4000$ heaters

   d. The horizontal asymptote at $y = 125$ means the average cost approaches $125 as monthly production gets very large. Due to the limitations on production (maximum of 5000 heaters) the average cost will never fall below $A(5000) = 135$.

83. $G(n) = \dfrac{336 + n(95)}{4 + n}$

   a. $90 = \dfrac{336 + n(95)}{4 + n}$
      $90(4 + n) = 336 + n(95)$
      $360 + 90n = 336 + 95n$
      $24 = 5n$
      $\dfrac{24}{5} = n$
      5 tests

   b. $93 = \dfrac{336 + n(95)}{4 + n}$
      $93(4 + n) = 336 + n(95)$
      $372 + 93n = 336 + 95n$
      $36 = 2n$
      $18 = n$

   c. HA: $y = 95$
      $95 = \dfrac{336 + n(95)}{4 + n}$
      $95(4 + n) = 336 + n(95)$
      $380 + 95n = 336 + 95n$
      $380 \neq 336$
      The horizontal asymptote at $y = 95$ means her average grade will approach 95 as the number of tests taken increases; no.

   d. $93 = \dfrac{336 + n(100)}{4 + n}$
      $93(4 + n) = 336 + n(100)$
      $372 + 93n = 336 + 100n$
      $36 = 7n$
      $n \approx 6$

182

Chapter 3: Polynomial and Rational Functions

85. a. $\dfrac{\Delta C}{\Delta x} = \dfrac{\dfrac{250(61)}{100-61} - \dfrac{250(60)}{100-60}}{61-60} = 16.0;$

   $\dfrac{\Delta C}{\Delta x} = \dfrac{\dfrac{250(71)}{100-71} - \dfrac{250(70)}{100-70}}{71-70} = 28.7;$

   $\dfrac{\Delta C}{\Delta x} = \dfrac{\dfrac{250(81)}{100-81} - \dfrac{250(80)}{100-80}}{81-80} = 65.8;$

   $\dfrac{\Delta C}{\Delta x} = \dfrac{\dfrac{250(91)}{100-91} - \dfrac{250(90)}{100-90}}{91-90} = 277.8;$

   b. 12.7, 37.1, 212.0

   c. $\dfrac{\Delta C}{\Delta x} = \dfrac{\dfrac{350(61)}{100-61} - \dfrac{350(60)}{100-60}}{61-60} = 22.4;$

   $\dfrac{\Delta C}{\Delta x} = \dfrac{\dfrac{350(71)}{100-71} - \dfrac{350(70)}{100-70}}{71-70} = 40.2;$

   $\dfrac{\Delta C}{\Delta x} = \dfrac{\dfrac{350(81)}{100-81} - \dfrac{350(80)}{100-80}}{81-80} = 92.1;$

   $\dfrac{\Delta C}{\Delta x} = \dfrac{\dfrac{350(91)}{100-91} - \dfrac{350(90)}{100-90}}{91-90} = 388.9;$

   17.8, 51.9, 296.8
   Answers will vary.

87. a. $V(x) = \dfrac{3x^2 - 16x - 20}{x^2 - 3x - 10}$

   $x^2 - 3x - 10 \overline{\smash{\big)}\, 3x^2 - 16x - 20}$
   $\underline{3x^2 - 9x - 30}$
   $-7x + 10$

   quotient $= 3$

   $q(x) = 3$, horizontal asymptote at $y = 3$.
   $r(x) = -7x + 10$, graph crosses HA at $x = \dfrac{10}{7}$

   b. $v(x) = \dfrac{-2x^2 + 4x + 13}{x^2 - 2x - 3}$

   $x^2 - 2x - 3 \overline{\smash{\big)}\, -2x^2 + 4x + 13}$
   $\underline{-2x^2 + 4x + 6}$
   7

   quotient $= -2$

   $q(x) = -2$, horizontal asymptote at $y = -2$.
   $r(x) = 7$, no zeroes-graph will not cross.

89. $3x - 4y = 12$
   $-4y = -3x + 12$
   $y = \dfrac{3}{4}x - 3$; slope is $\dfrac{3}{4}$;

   Slope of perpendicular is $-\dfrac{4}{3}$;

   $y - (-3) = -\dfrac{4}{3}(x - 2)$
   $y + 3 = -\dfrac{4}{3}x + \dfrac{8}{3}$
   $y = -\dfrac{4}{3}x - \dfrac{1}{3}$

91. $f(4) = 39;$

   $\begin{array}{r|rrrr} 4 & 2 & -7 & 5 & 3 \\ & & 8 & 4 & 36 \\ \hline & 2 & 1 & 9 & \underline{|39} \end{array}$

   $f\left(\dfrac{3}{2}\right) = \dfrac{3}{2};$

   $\begin{array}{r|rrrr} \tfrac{3}{2} & 2 & -7 & 5 & 3 \\ & & 3 & -6 & -\tfrac{3}{2} \\ \hline & 2 & -4 & -1 & \underline{|\tfrac{3}{2}} \end{array}$

   $f(2) = 1$

   $\begin{array}{r|rrrr} 2 & 2 & -7 & 5 & 3 \\ & & 4 & -6 & -2 \\ \hline & 2 & -3 & -1 & \underline{|1} \end{array}$

3.6 Exercises

3.6 Technology Highlight

1. $(-2, -4)$

3. $(-1, 3)$

3.6 Exercises

1. Nonremovable

3. Two

5. Answers will vary.

7. $f(x) = \dfrac{(x+2)(x-2)}{x+2}$;

   $x + 2 \neq 0$
   $x \neq -2$;

   $f(x) = \begin{cases} \dfrac{x^2 - 4}{x+2}; & x \neq -2 \\ -4; & x = -2 \end{cases}$

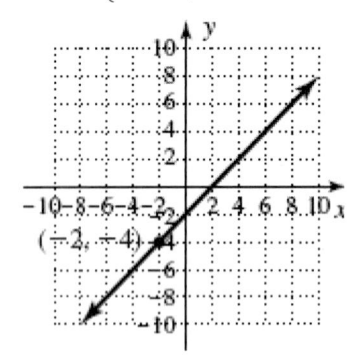

9. $g(x) = \dfrac{(x-3)(x+1)}{x+1}$;

   $x + 1 \neq 0$
   $x \neq -1$;

   $g(x) = \begin{cases} \dfrac{x^2 - 2x - 3}{x+1}; & x \neq -1 \\ -4; & x = -1 \end{cases}$

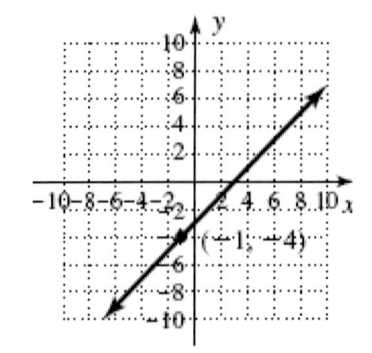

11. $h(x) = \dfrac{x(3-2x)}{2x-3} = \dfrac{-x(2x-3)}{2x-3}$

    $2x - 3 \neq 0$
    $x \neq \dfrac{3}{2}$;

    $h(x) = \begin{cases} \dfrac{3x - 2x^2}{2x - 3}; & x \neq \dfrac{3}{2} \\ -\dfrac{3}{2}; & x = \dfrac{3}{2} \end{cases}$

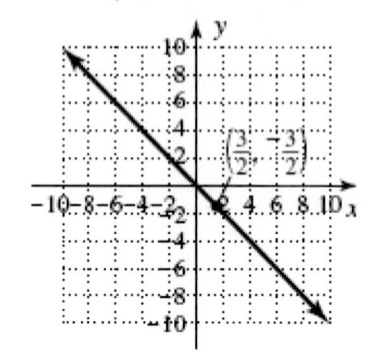

13. $p(x) = \dfrac{(x-2)(x^2 + 2x + 4)}{x - 2}$;

    $x - 2 \neq 0$
    $x \neq 2$;

    $p(x) = \begin{cases} \dfrac{x^3 - 8}{x - 2}; & x \neq 2 \\ 12; & x = 2 \end{cases}$

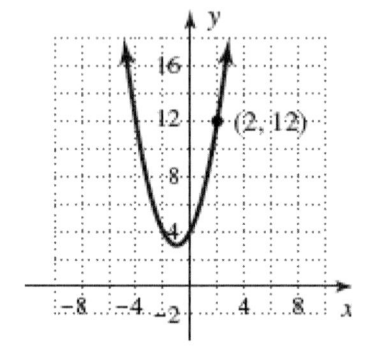

Chapter 3: Polynomial and Rational Functions

15. $q(x) = \dfrac{x^3 - 7x - 6}{x+1}$;

    $x + 1 \neq 0$
    $x \neq -1$;

    $q(x) = \begin{cases} \dfrac{x^3 - 7x - 6}{x+1} & x \neq -1 \\ -4 & x = -1 \end{cases}$

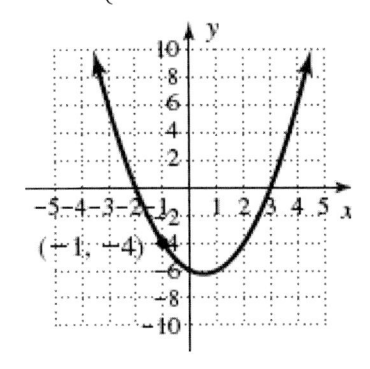

17. $r(x) = \dfrac{x^2(x+3) - (x+3)}{(x+3)(x-1)} = \dfrac{(x+3)(x^2-1)}{(x+3)(x-1)}$

    $= \dfrac{(x+3)(x+1)(x-1)}{(x+3)(x-1)}$

    $r(x) = \begin{cases} \dfrac{x^3 + 3x^2 - x - 3}{x^2 + 2x - 3} & ;\ x \neq -3, x \neq 1 \\ -2 & ;\ x = -3 \\ 2 & ;\ x = 1 \end{cases}$

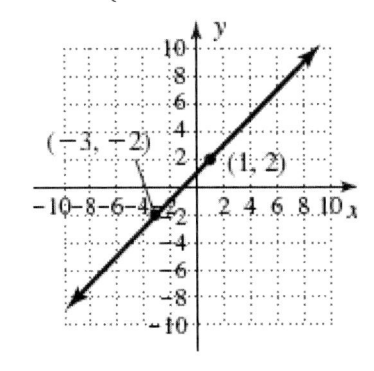

19. $Y_1 = \dfrac{x^2 - 4}{x}$

    $x^2 - 4 = 0$
    $x^2 = 4$
    $x = \pm 2$

    x-intercepts: $(-2, 0)$ and $(2, 0)$;
    y-intercept: none;

    $Y_1 = \dfrac{x^2}{x} - \dfrac{4}{x} = x - \dfrac{4}{x}$

    $q(x) = x$

    Oblique Asymptote: $y = x$
    Vertical Asymptote: $x = 0$

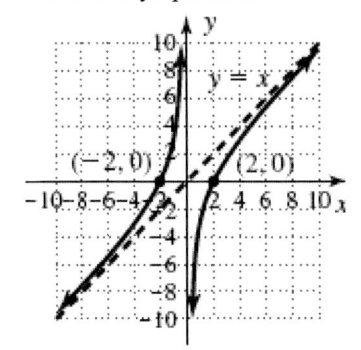

21. $v(x) = \dfrac{3 - x^2}{x}$

    $3 - x^2 = 0$
    $3 = x^2$
    $\pm\sqrt{3} = x$

    x-intercepts: $(-\sqrt{3}, 0)$ and $(\sqrt{3}, 0)$
    y-intercept: none;

    $v(x) = \dfrac{3}{x} - \dfrac{x^2}{x} = \dfrac{3}{x} - x$

    $q(x) = -x$

    Oblique Asymptote: $y = -x$
    Vertical Asymptote: $x = 0$

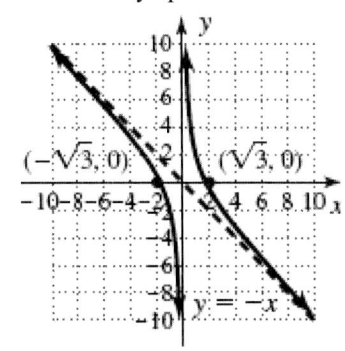

3.6 Exercises

23. $w(x) = \dfrac{x^2+1}{x}$

$x^2+1 \neq 0$ (complex solutions)
x-intercepts: none
y-intercept: none;

$w(x) = \dfrac{x^2}{x} + \dfrac{1}{x} = x + \dfrac{1}{x}$

$q(x) = x$
Oblique Asymptote: $y = x$
Vertical Asymptote: $x = 0$

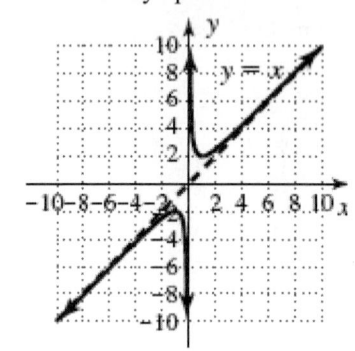

25. $h(x) = \dfrac{x^3 - 2x^2 + 3}{x^2}$

$x^3 - 2x^2 + 3 = 0$

Possible rational roots: $\dfrac{\{\pm 1, \pm 3\}}{\{\pm 1\}}$;

$\pm 1, \pm 3$
x-intercept: $(-1, 0)$
y-intercept: none;

$h(x) = \dfrac{x^3}{x^2} - \dfrac{2x^2}{x^2} + \dfrac{3}{x^2} = x - 2 + \dfrac{3}{x^2}$

$q(x) = x - 1$
Oblique Asymptote: $y = x - 2$
Vertical Asymptote: $x = 0$

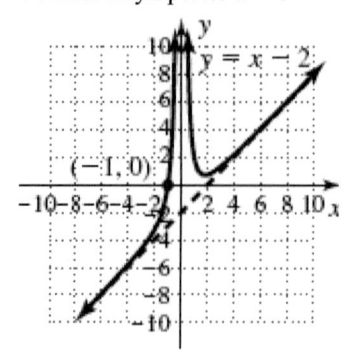

27. $Y_1 = \dfrac{x^3 + 3x^2 - 4}{x^2}$

$x^3 + 3x^2 - 4 = 0$

Possible rational roots: $\dfrac{\{\pm 1, \pm 4, \pm 2\}}{\{\pm 1\}}$;

$\pm 1, \pm 4, \pm 2$
x-intercepts: $(1, 0); (-2, 0)$
y-intercept: none;

$Y_1 = \dfrac{x^3}{x^2} + \dfrac{3x^2}{x^2} - \dfrac{4}{x^2} = x + 3 - \dfrac{4}{x^2}$

$q(x) = x + 3$
Oblique Asymptote: $y = x + 3$
Vertical Asymptote: $x = 0$

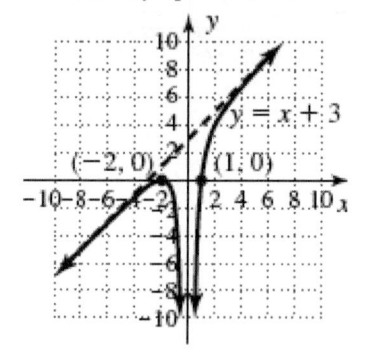

29. $f(x) = \dfrac{x^3 - 3x + 2}{x^2}$

$x^3 - 3x + 2 = 0$

Possible rational roots: $\dfrac{\{\pm 1, \pm 2\}}{\{\pm 1\}}$;

$\pm 1, \pm 2$
x-intercepts: $(-2, 0)$ and $(1, 0)$
y-intercept: none;

$f(x) = \dfrac{x^3}{x^2} - \dfrac{3x}{x^2} + \dfrac{2}{x^2} = x - \dfrac{3}{x} + \dfrac{2}{x^2}$

$q(x) = x$
Oblique Asymptote: $y = x$
Vertical Asymptote: $x = 0$

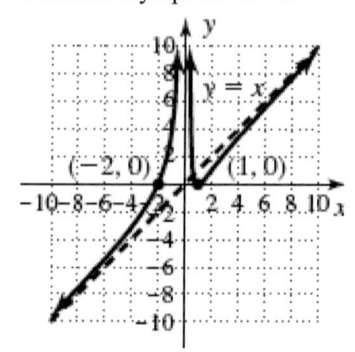

Chapter 3: Polynomial and Rational Functions

31. $Y_3 = \dfrac{x^3 - 5x^2 + 4}{x^2}$

    $x^3 - 5x^2 + 4 = 0$

    Possible rational roots: $\dfrac{\{\pm 1, \pm 4, \pm 2\}}{\{\pm 1\}}$;

    $\pm 1, \pm 4, \pm 2$

    $Y_3 = (x-1)(x^2 - 4x - 4)$;

    $x = \dfrac{-(-4) \pm \sqrt{(-4)^2 - 4(1)(-4)}}{2(1)}$

    $x = \dfrac{4 \pm \sqrt{32}}{2}$

    $x = \dfrac{4 \pm 4\sqrt{2}}{2}$

    $x = 2 \pm 2\sqrt{2}$

    x-intercepts: $(1,0)$, $(2+\sqrt{2},0)$ and $(2-\sqrt{2},0)$

    y-intercept: none;

    $Y_3 = \dfrac{x^3}{x^2} - \dfrac{5x^2}{x^2} + \dfrac{4}{x^2} = x - 5 + \dfrac{4}{x^2}$

    $q(x) = x - 5$

    Oblique Asymptote: $y = x - 5$

    Vertical Asymptote: $x = 0$

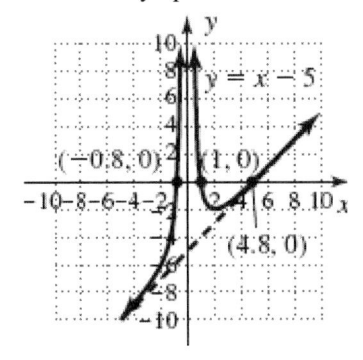

33. $r(x) = \dfrac{x^3 - x^2 - 4x + 4}{x^2}$

    $x^3 - x^2 - 4x + 4 = 0$

    $x^2(x-1) - 4(x-1) = 0$

    $(x-1)(x^2 - 4) = 0$

    $(x-1)(x+2)(x-2) = 0$

    $x - 1 = 0$ or $x + 2 = 0$ or $x - 2 = 0$

    $x = 1$ or $x = -2$ or $x = 2$

    x-intercepts: $(-2, 0)$ and $(1, 0)$ and $(2, 0)$

    y-intercept: none;

    $r(x) = \dfrac{x^3}{x^2} - \dfrac{x^2}{x^2} - \dfrac{4x}{x^2} + \dfrac{4}{x^2} = x - 1 - \dfrac{4}{x} + \dfrac{4}{x^2}$

    $q(x) = x - 1$

    Oblique Asymptote: $y = x - 1$

    Vertical Asymptote: $x = 0$

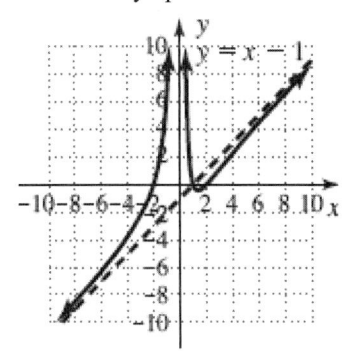

35. $g(x) = \dfrac{x^2 + 4x + 4}{x + 3}$

    $x^2 + 4x + 4 = 0$

    $(x+2)(x+2) = 0$

    $x + 2 = 0$

    $x = -2$

    x-intercept: $(-2, 0)$

    y-intercept: none;

    $\begin{array}{r} x+1 \\ x+3 \overline{\smash{)}\, x^2 + 4x + 4} \\ \underline{-(x^2 + 3x)} \\ x + 4 \\ \underline{-(x+3)} \\ 1 \end{array}$

    Oblique Asymptote: $y = x + 1$

    $x + 3 = 0$

    Vertical Asymptote: $x = -3$

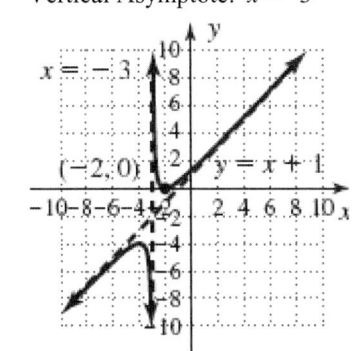

3.6 Exercises

37. $f(x) = \dfrac{x^2+1}{x+1}$

$x^2 + 1 \neq 0$ (complex solutions)

x-intercepts: none

y-intercept: $(0,1)$;

$$\begin{array}{r} x-1 \\ x+1 \overline{\smash{)}\, x^2+0x+1} \\ \underline{-(x^2+x)} \\ -x+1 \\ \underline{-(-x-1)} \\ 2 \end{array}$$

Oblique Asymptote: $y = x-1$

$x+1=0$

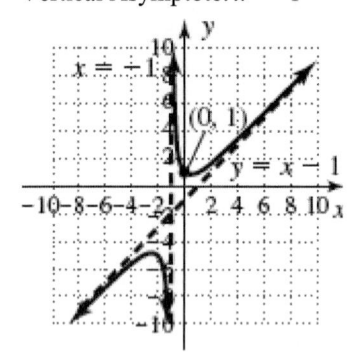

Vertical Asymptote: $x = -1$

39. $Y_3 = \dfrac{x^2-4}{x+1}$

$x^2 - 4 = 0$

$x^2 = 4$

$x = \pm 2$

x-intercepts: $(-2,0)$ and $(2,0)$;

y-intercept: $(0,-4)$;

$$\begin{array}{r} x-1 \\ x+1 \overline{\smash{)}\, x^2+0x-4} \\ \underline{-(x^2+x)} \\ -x-4 \\ \underline{-(-x-1)} \\ -3 \end{array}$$

Oblique Asymptote: $y = x-1$

$x+1=0$

Vertical Asymptote: $x = -1$

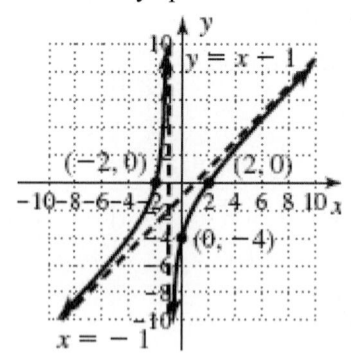

41. $v(x) = \dfrac{x^3-4x}{x^2-1}$

$x(x^2-4) = 0$

$x(x+2)(x-2) = 0$

$x = 0$ or $x+2 = 0$ or $x-2=0$

$x = 0$ or $x = -2$ or $x = 2$

x-intercepts: $(-2,0), (2,0)$ and $(0,0)$

y-intercept: $(0,0)$;

$$\begin{array}{r} x \\ x^2-1 \overline{\smash{)}\, x^3-4x} \\ \underline{-(x^3-x)} \\ -3x \end{array}$$

Oblique Asymptote: $y = x$

$x^2 - 1 = 0$

$(x+1)(x-1) = 0$

$x+1 = 0$ or $x-1 = 0$

$x = -1$ or $x = 1$

Vertical Asymptote: $x = -1$ or $x = 1$

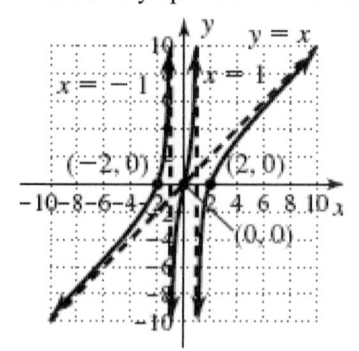

Chapter 3: Polynomial and Rational Functions

43. $w(x) = \dfrac{16x - x^3}{x^2 + 4}$

    $x(16 - x^2) = 0$
    $x(4 + x)(4 - x) = 0$
    $x = 0$ or $4 + x = 0$ or $4 - x = 0$
    $x = 0$ or $x = -4$ or $x = 4$
    x-intercepts: $(-4,0), (4,0)$ and $(0,0)$
    y-intercept: $(0,0)$;

    $$\begin{array}{r} -x \\ x^2 + 4 \overline{\smash{)}-x^3 + 16x} \\ \underline{-(-x^3 - 4x)} \\ 20x \end{array}$$

    Oblique Asymptote: $y = -x$
    $x^2 + 4 \neq 0$ (complex solutions)
    Vertical Asymptote: none

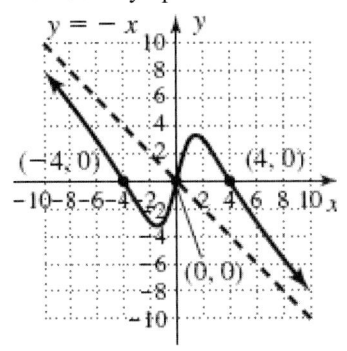

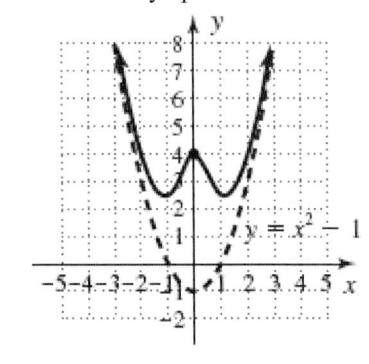

45. $W(x) = \dfrac{x^3 - 3x + 2}{x^2 - 9}$

    $x^3 - 3x + 2 = 0$
    Possible rational roots: $\dfrac{\pm 1, \pm 2}{\pm 1}$;
    $\pm 1, \pm 2$
    x-intercept: $(-2, 0)$ and $(1, 0)$
    y-intercept: $\left(0, -\dfrac{2}{9}\right)$;

    $$\begin{array}{r} x \\ x^2 - 9 \overline{\smash{)}x^3 - 3x + 2} \\ \underline{-(x^3 - 9x)} \\ 6x + 2 \end{array}$$

    Oblique Asymptote: $y = x$

    $x^2 - 9 = 0$
    $(x + 3)(x - 3) = 0$
    $x + 3 = 0$ or $x - 3 = 0$
    $x = -3$ or $x = 3$
    Vertical Asymptote: $x = -3$ or $x = 3$

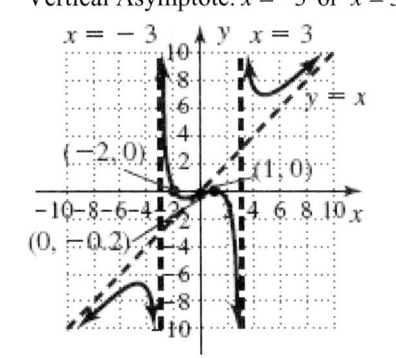

47. $p(x) = \dfrac{x^4 + 4}{x^2 + 1}$

    $x^4 + 4 = 0$
    Possible rational roots: $\dfrac{\pm 1, \pm 4, \pm 2}{\pm 1}$;
    $\pm 1, \pm 4, \pm 2$
    $x^4 + 4 \neq 0$ (complex solutions)
    x-intercept: none
    y-intercept: $(0, 4)$;

    $$\begin{array}{r} x^2 - 1 \\ x^2 + 1 \overline{\smash{)}x^4 + 0x^2 + 4} \\ \underline{-(x^4 + x^2)} \\ -x^2 + 4 \\ \underline{-(-x^2 - 1)} \\ 5 \end{array}$$

    Oblique Asymptote: $y = x^2 - 1$
    $x^2 + 1 \neq 0$ (complex solutions)
    Vertical Asymptote: none

189

3.6 Exercises

49. $q(x) = \dfrac{10+9x^2-x^4}{x^2+5}$

$10+9x^2-x^4 = 0$

$(10-x^2)(1+x^2) = 0$

$10-x^2 = 0$ or $1+x^2 \neq 0$

$10 = x^2$

$\pm\sqrt{10} = x$

x-intercepts: $(-\sqrt{10}, 0)$ and $(\sqrt{10}, 0)$

y-intercept: $(0, 2)$;

$$\begin{array}{r} -x^2 + 14 \\ x^2+5 \overline{\smash{\big)} -x^4+9x^2+10} \\ \underline{-(-x^4-5x^2)} \\ 14x^2+10 \\ \underline{-(14x^2+70)} \\ -60 \end{array}$$

Oblique Asymptote: $y = -x^2 + 14$

$x^2 + 5 \neq 0$ (complex solutions)

Vertical Asymptote: none

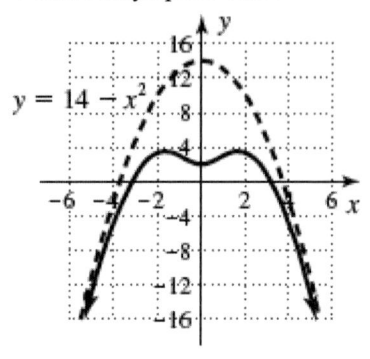

51. $f(x) = \dfrac{x^3}{x} + \dfrac{500}{x} = x^2 + \dfrac{500}{x}$

Oblique Asymptote: $y = x^2$

Minimum: 119.1

53. $A(a) = \dfrac{1}{2}\left(\dfrac{ka^2}{a-h}\right)$

$A(a) = \dfrac{1}{2}\left(\dfrac{6a^2}{a-5}\right)$

$A(a) = \dfrac{3a^2}{a-5}$

a. Oblique Asymptote: $y = 3a + 15$

$a - 5 = 0$

Vertical Asymptote: $a = 5$

b. $A(11) = \dfrac{3(11)^2}{11-5} = 60.5$

c. $(10, 0)$

55. a. $A(x) = \dfrac{4x^2+53x+250}{x}$

Vertical Asymptote: $x = 0$

Oblique Asymptote: $q(x) = 4x + 53$

b. Cost: $307, $372, $445

Avg Cost: $307, $186, $148.33

c. 8, $116.25

d. verified

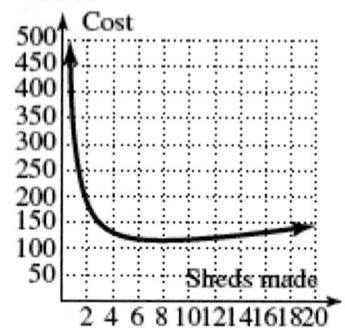

57. a. $S(x, y) = 2x^2 + 4xy$;

$V(x, y) = x^2 y$

b. $12 = x^2 y$

$\dfrac{12}{x^2} = y$;

$S(x) = 2x^2 + 4x\left(\dfrac{12}{x^2}\right)$

$= 2x^2 + \dfrac{48}{x} = \dfrac{2x^3 + 48}{x}$

c. $S(x)$ is asymptotic to $y = 2x^2$

d. $x = 2$ ft 3.5 in; $y = 2$ ft 3.5 in

190

Chapter 3: Polynomial and Rational Functions

59. a. $A(x, y) = xy$;
    $R(x, y) = (x - 2.5)(y - 2)$
    b. $60 = (x - 2.5)(y - 2)$
    $\dfrac{60}{x - 2.5} = y - 2$
    $\dfrac{60}{x - 2.5} + 2 = y$
    $\dfrac{2x + 55}{x - 2.5} = y$;
    $A(x) = x\left(\dfrac{60}{x - 2.5} + 2\right)$
    $A(x) = \dfrac{60x}{x - 2.5} + 2x$
    $A(x) = \dfrac{60x}{x - 2.5} + 2x\left(\dfrac{x - 2.5}{x - 2.5}\right)$
    $A(x) = \dfrac{60x + 2x^2 - 5x}{x - 2.5} = \dfrac{2x^2 + 55x}{x - 2.5}$
    c. $A(x)$ is asymptotic to $y = 2x + 60$
    d. $x \approx 11.16$ in.;
    $y \approx 8.93$ in.

61. a. $V = \pi r^2 h$;
    $\dfrac{V}{\pi r^2} = h$
    b. $S = 2\pi r^2 + 2\pi r\left(\dfrac{V}{\pi r^2}\right) = 2\pi r^2 + \dfrac{2V}{r}$
    c. $S = 2\pi r^2 + \dfrac{2V}{r} = \dfrac{2\pi r^3 + 2V}{r}$
    d. $\dfrac{1200}{\pi r^2} = h$
    $r \approx 5.76$ cm, $h \approx 11.51$ cm;
    $S \approx 625.13$ cm^3

63. Answers will vary.

65. $S = \dfrac{\pi r^3 + 2V}{r}$;
    $S = \dfrac{\pi r^3 + 180}{r}$;
    $90 = \dfrac{\pi r^3 + 180}{r}$
    $90r = \pi r^3 + 180$
    $0 = \pi r^3 - 90r + 180$
    Using grapher, $r \approx 3.1$ in., $h \approx 3.0$ in.

67. $-3x + 4y = -16$
    $4y = 3x - 16$
    $y = \dfrac{3}{4}x - 4$; $m = \dfrac{3}{4}$; $(0, -4)$

69. a. $\left(\overline{AB}\right)^2 = 12^2 + 5^2$
    $\overline{AB} = \sqrt{169} = 13$;
    Perimeter $= 12 + 5 + 13 = 30$ cm
    b. $\left(\overline{CB}\right)^2 = \overline{AB} \cdot \overline{DB}$
    $5^2 = 13 \cdot \overline{DB}$
    $\dfrac{25}{13} = \overline{DB}$;
    $\left(\overline{CD}\right)^2 + \left(\overline{DB}\right)^2 = 5^2$
    $\left(\overline{CD}\right)^2 + \left(\dfrac{25}{13}\right)^2 = 5^2$
    $\left(\overline{CD}\right)^2 = \dfrac{3600}{169}$
    $\overline{CD} = \dfrac{60}{13}$ cm
    c. $A = \dfrac{1}{2}(13)\left(\dfrac{60}{13}\right) = 30$ cm^2
    d. $A_{BDC} = \dfrac{1}{2}\left(\dfrac{60}{13}\right)\left(\dfrac{25}{13}\right) = \dfrac{750}{169} \approx 4.4$ cm^2;
    $A_{ADC} = 30 - 4.4 = \dfrac{4320}{169} \approx 25.6$ cm^2

3.7 Exercises

3.7 Technology Highlight

1. $P(x)<0: x\in(-3.1,-1.7)\cup(1.3,2.4)$

3.7 Exercises

1. Vertical, multiplicity

3. Empty

5. Answers will vary.

7. $f(x)=-x^2+4x;\quad f(x)>0$
   $-x^2+4x=0$
   $-x(x-4)=0$
   $x=0;\quad x=4$
   Concave down
   $x\in(0,4)$

9. $h(x)=x^2+4x-5;\quad h(x)\geq 0$
   $x^2+4x-5=0$
   $(x+5)(x-1)=0$
   $x=-5;\quad x=1$
   Concave up
   $x\in(-\infty,-5]\cup[1,\infty)$

11. $q(x)=2x^2-5x-7;\quad q(x)<0$
    $2x^2-5x-7=0$
    $(2x-7)(x+1)=0$
    $x=\dfrac{7}{2};\quad x=-1$
    Concave up
    $x\in\left(-1,\dfrac{7}{2}\right)$

13. $7\geq x^2$
    $7=x^2$
    $\pm\sqrt{7}=x$
    $x\in\left[-\sqrt{7},\sqrt{7}\right]$

15. $x^2+3x\leq 6$
    $x^2+3x-6=0$
    $x=\dfrac{-3\pm\sqrt{3^2-4(1)(-6)}}{2(1)}$
    $x=\dfrac{-3\pm\sqrt{9+24}}{2}$
    $x=\dfrac{-3\pm\sqrt{33}}{2}$
    Concave up
    $x\in\left(-\infty,\dfrac{-3-\sqrt{33}}{2}\right]\cup\left[\dfrac{-3+\sqrt{33}}{2},\infty\right)$

17. $3x^2\geq -2x+5$
    $3x^2+2x-5=0$
    $(3x+5)(x-1)=0$
    $x=\dfrac{-5}{3};\quad x=1$
    Concave up
    $x\in\left(-\infty,\dfrac{-5}{3}\right]\cup[1,\infty)$

19. $s(x)=x^2-8x+16;\quad s(x)\geq 0$
    $x^2-8x+16=0$
    $(x-4)(x-4)=0$
    $x=4$
    Concave up
    $x\in(-\infty,\infty)$

21. $r(x)=4x^2+12x+9;\quad r(x)<0$
    $4x^2+12x+9=0$
    $(2x+3)(2x+3)=0$
    $x=-\dfrac{3}{2}$
    Concave up
    No solution

Chapter 3: Polynomial and Rational Functions

23. $g(x) = -x^2 + 10x - 25$; $g(x) < 0$
    $-x^2 + 10x - 25 = 0$
    $-(x^2 - 10x + 25) = 0$
    $-(x-5)(x-5) = 0$
    $x = 5$
    Concave down
    $x \in (-\infty, 5) \cup (5, \infty)$

25. $-x^2 > 2$
    $-x^2 = 2$
    $x^2 = -2$
    $x = \sqrt{-2}$
    No x-intercepts
    Concave down
    No solution

27. $x^2 - 2x > -5$
    $x^2 - 2x + 5 = 0$
    $x = \dfrac{2 \pm \sqrt{(-2)^2 - 4(1)(5)}}{2(1)}$
    $x = \dfrac{2 \pm \sqrt{4 - 20}}{2}$
    $x = \dfrac{2 \pm \sqrt{-16}}{2}$
    No x-intercepts
    Concave up
    $x \in (-\infty, \infty)$

29. $p(x) = 2x^2 - 6x + 9$; $p(x) \geq 0$
    $2x^2 - 6x + 9 = 0$
    $x = \dfrac{6 \pm \sqrt{(-6)^2 - 4(2)(9)}}{2(2)}$
    $x = \dfrac{6 \pm \sqrt{36 - 72}}{4}$
    $x = \dfrac{6 \pm \sqrt{-36}}{4}$
    No x-intercepts
    Concave up
    $x \in (-\infty, \infty)$

31. $h(x) = \sqrt{x^2 - 25}$
    $x^2 - 25 \geq 0$
    To find zeroes, solve
    $x^2 = 25$
    $x = \pm 5$
    Use a number line diagram, plot (-5, 0) and (5, 0). Sketch a parabola opening upward. The graph is above the x-axis when domain is $x \in (-\infty, -5] \cup [5, \infty)$

33. $q(x) = \sqrt{x^2 - 5x}$
    To find zeroes, solve
    $x^2 - 5x = 0$
    $x(x - 5) = 0$
    $x = 0$ or $x = 5$
    Use a number line diagram, plot (0, 0) and (5, 0). Sketch a parabola opening upward. The graph is above the x-axis when domain is: $x \in (-\infty, 0] \cup [5, \infty)$

35. $t(x) = \sqrt{-x^2 + 3x - 4}$
    To find the zeroes, solve
    $-x^2 + 3x - 4 = 0$
    $a = -1, b = 3, c = -4$
    $x = \dfrac{-3 \pm \sqrt{(-3)^2 - 4(-1)(-4)}}{2(-1)}$
    $x = \dfrac{-3 \pm \sqrt{-7}}{-1}$
    No solution

37. $(x+3)(x-5) < 0$

    pos   neg   pos
    ──○────○──
      -3   5

    $x \in (-3, 5)$

39. $(x+1)^2(x-4) \geq 0$

    neg   neg   pos
    ──●────○──
      -1   4

    $x \in [4, \infty) \cup \{-1\}$

193

3.7 Exercises

41. $(x+2)^3(x-2)^2(x-4) \geq 0$

   pos | neg | neg | pos
   -2   2   4

   $x \in (-\infty, -2] \cup \{2\} \cup [4, \infty)$

42. $(x-1)^3(x+2)^2(x-3) \leq 0$

   pos | pos | neg | pos
   -2   1   3

   $x \in [1,3] \cup \{-2\}$

43. $x^2 + 4x + 1 < 0$;

   $x = \dfrac{-(4) \pm \sqrt{(4)^2 - 4(1)(1)}}{2(1)} = \dfrac{-4 \pm \sqrt{12}}{2}$

   $= \dfrac{-4 \pm 2\sqrt{3}}{2} = -2 \pm \sqrt{3}$;

   pos | neg | pos
   $-2-\sqrt{3}$ $-2+\sqrt{3}$

   $x \in \left(-2-\sqrt{3}, -2+\sqrt{3}\right)$

45. $x^3 + x^2 - 5x + 3 \leq 0$

   Possible rational roots: $\dfrac{\{\pm 1, \pm 3\}}{\{\pm 1\}}$;

   $\{\pm 1, \pm 3\}$

   $\underline{1|}\ \ 1\ \ \ 1\ \ -5\ \ \ \ 3$
   $\ \ \ \ \ \ \ \ \ \ \ \ 1\ \ \ \ 2\ -3$
   $\ \ \ \ \ \ \ 1\ \ \ 2\ -3\ \ \ |0$

   $(x-1)(x^2 + 2x - 3) \leq 0$
   $(x-1)(x+3)(x-1) \leq 0$
   $(x+3)(x-1)^2 \leq 0$

   neg | pos | pos
   -3   1

   $x \in (-\infty, -3] \cup \{1\}$

47. $x^3 - 7x + 6 > 0$

   Possible rational roots: $\dfrac{\{\pm 1, \pm 6, \pm 2, \pm 3\}}{\{\pm 1\}}$;

   $\{\pm 1, \pm 6, \pm 2, \pm 3\}$

   $\underline{1|}\ \ 1\ \ \ 0\ -7\ \ \ \ 6$
   $\ \ \ \ \ \ \ \ \ \ \ \ 1\ \ \ 1\ -6$
   $\ \ \ \ \ \ \ 1\ \ \ 1\ -6\ \ \ |0$

   $(x-1)(x^2 + x - 6) > 0$
   $(x-1)(x+3)(x-2) > 0$

   neg | pos | neg | pos
   -3   1   2

   $x \in (-3, 1) \cup (2, \infty)$

49. $x^4 - 10x^2 > -9$
   $x^4 - 10x^2 + 9 > 0$
   $(x^2 - 1)(x^2 - 9) > 0$
   $(x+1)(x-1)(x+3)(x-3) > 0$

   pos | neg | pos | neg | pos
   -3   -1   1   3

   $x \in (-\infty, -3) \cup (-1, 1) \cup (3, \infty)$

51. $x^4 - 9x^2 > 4x - 12$
   $x^4 - 9x^2 - 4x + 12 > 0$
   Possible rational roots:
   $\dfrac{\{\pm 1, \pm 12, \pm 2, \pm 6, \pm 3, \pm 4\}}{\{\pm 1\}}$;

   $\{\pm 1, \pm 12, \pm 2, \pm 6, \pm 3, \pm 4\}$

   $\underline{1|}\ \ 1\ \ \ 0\ -9\ \ -4\ \ \ \ 12$
   $\ \ \ \ \ \ \ \ \ \ \ \ 1\ \ \ 1\ -8\ -12$
   $\ \ \ \ \ \ \ 1\ \ \ 1\ -8\ -12\ \ |0$

   $\underline{3|}\ \ 1\ \ \ 1\ -8\ -12$
   $\ \ \ \ \ \ \ \ \ \ \ \ 3\ \ 12\ \ 12$
   $\ \ \ \ \ \ \ 1\ \ \ 4\ \ \ 4\ \ \ |0$

   $(x-1)(x-3)(x^2 + 4x + 4) > 0$
   $(x-1)(x-3)(x+2)^2 > 0$

   pos | pos | neg | pos
   -2   1   3

   $x \in (-\infty, -2) \cup (-2, 1) \cup (3, \infty)$

Chapter 3: Polynomial and Rational Functions

53. $x^4 - 6x^3 \leq -8x^2 - 6x + 9$
    $x^4 - 6x^3 + 8x^2 + 6x - 9 \leq 0$
    Possible rational roots: $\dfrac{\{\pm 1, \pm 9, \pm 3\}}{\{\pm 1\}}$;
    $\{\pm 1, \pm 9, \pm 3\}$

    $\begin{array}{r|rrrrr} -1 & 1 & -6 & 8 & 6 & -9 \\ & & -1 & 7 & -15 & 9 \\ \hline & 1 & -7 & 15 & -9 & \underline{|0} \end{array}$

    $\begin{array}{r|rrrr} 1 & 1 & -7 & 15 & -9 \\ & & 1 & -6 & 9 \\ \hline & 1 & -6 & 9 & \underline{|0} \end{array}$

    $(x+1)(x-1)(x^2 - 6x + 9) \leq 0$
    $(x+1)(x-1)(x-3)^2 \leq 0$

    pos neg pos pos
    ——●———○———●——
     -1   1   3

    $x \in [-1, 1] \cup \{3\}$

55. $\dfrac{x+3}{x-2} \leq 0$

    pos neg pos
    ——●———○——
     -3   2

    $x \in [-3, 2)$

57. $\dfrac{x+1}{x^2 + 4x + 4} < 0$

    $\dfrac{x+1}{(x+2)^2} < 0$

    neg neg pos
    ——○———○——
     -2   -1

    $x \in (-\infty, -2) \cup (-2, -1)$

59. $\dfrac{2-x}{x^2 - x - 6} \geq 0$

    $\dfrac{2-x}{(x-3)(x+2)} \geq 0$

    pos neg pos neg
    ——○———●———○——
     -2   2   3

    $x \in (-\infty, -2) \cup [2, 3)$

61. $\dfrac{2x - x^2}{x^2 + 4x - 5} < 0$

    $\dfrac{x(2-x)}{(x+5)(x-1)} < 0$

    neg pos neg pos neg
    ——○———○———○———○——
     -5   0   1   2

    $x \in (-\infty, -5) \cup (0, 1) \cup (2, \infty)$

63. $\dfrac{x^2 - 4}{x^3 - 13x + 12} \geq 0$

    Possible rational roots of denominator:
    $\dfrac{\{\pm 1, \pm 12, \pm 2, \pm 6, \pm 3, \pm 4\}}{\{\pm 1\}}$;
    $\{\pm 1, \pm 12, \pm 2, \pm 6, \pm 3, \pm 4\}$

    $\begin{array}{r|rrrr} 1 & 1 & 0 & -13 & 12 \\ & & 1 & 1 & -12 \\ \hline & 1 & 1 & -12 & \underline{|0} \end{array}$

    $x^3 - 13x + 12 = (x-1)(x^2 + x - 12)$
    $= (x-1)(x+4)(x-3)$;

    $\dfrac{(x+2)(x-2)}{(x-1)(x+4)(x-3)} \geq 0$

    neg pos neg pos neg pos
    ——○———●———○———●———○——
     -4   -2   1   2   3

    $x \in (-4, -2] \cup (1, 2] \cup (3, \infty)$

65. $\dfrac{x^2 + 5x - 14}{x^3 + x^2 - 5x + 3} > 0$

    Possible rational roots of denominator:
    $\dfrac{\{\pm 1, \pm 3\}}{\{\pm 1\}}$; $\{\pm 1, \pm 3\}$;

    $\begin{array}{r|rrrr} 1 & 1 & 1 & -5 & 3 \\ & & 1 & 2 & -3 \\ \hline & 1 & 2 & -3 & \underline{|0} \end{array}$

    $x^3 + x^2 - 5x + 3 = (x-1)(x^2 + 2x - 3)$
    $= (x-1)(x+3)(x-1)$;

    $\dfrac{(x+7)(x-2)}{(x-1)^2(x+3)} > 0$

    neg pos neg neg pos
    ——●———○———○———○——
     -7   -3   1   2

    $x \in (-7, -3) \cup (2, \infty)$

195

3.7 Exercises

67. $\dfrac{2}{x-2} \le \dfrac{1}{x}$

$\dfrac{2}{x-2} - \dfrac{1}{x} \le 0$

$\dfrac{2x - x + 2}{x(x-2)} \le 0$

$\dfrac{x+2}{x(x-2)} \le 0$

neg pos neg pos
 -2   0   2

$x \in (-\infty, -2] \cup (0, 2)$

69. $\dfrac{x-3}{x+17} > \dfrac{1}{x-1}$

$\dfrac{x-3}{x+17} - \dfrac{1}{x-1} > 0$

$\dfrac{(x-3)(x-1) - 1(x+17)}{(x+17)(x-1)} > 0$

$\dfrac{x^2 - 4x + 3 - x - 17}{(x+17)(x-1)} > 0$

$\dfrac{x^2 - 5x - 14}{(x+17)(x-1)} > 0$

$\dfrac{(x-7)(x+2)}{(x+17)(x-1)} > 0$

pos neg pos neg pos
-17   -2   1   7

$x \in (-\infty, -17) \cup (-2, 1) \cup (7, \infty)$

71. $\dfrac{x+1}{x-2} \ge \dfrac{x+2}{x+3}$

$\dfrac{x+1}{x-2} - \dfrac{x+2}{x+3} \ge 0$

$\dfrac{(x+1)(x+3) - (x+2)(x-2)}{(x-2)(x+3)} \ge 0$

$\dfrac{x^2 + 4x + 3 - x^2 + 4}{(x-2)(x+3)} \ge 0$

$\dfrac{4x+7}{(x-2)(x+3)} \ge 0$

neg pos neg pos
 -3 -7/4   2

$x \in \left(-3, -\dfrac{7}{4}\right] \cup (2, \infty)$

72. $\dfrac{x-3}{x-6} \le \dfrac{x+1}{x+4}$

$\dfrac{x-3}{x-6} - \dfrac{x+1}{x+4} \le 0$

$\dfrac{(x-3)(x+4) - (x+1)(x-6)}{(x-6)(x+4)} \le 0$

$\dfrac{x^2 + x - 12 - x^2 + 5x + 6}{(x-6)(x+4)} \le 0$

$\dfrac{6x - 6}{(x-6)(x+4)} \le 0$

$\dfrac{6(x-1)}{(x-6)(x+4)} \le 0$

neg pos neg pos
 -4   1   6

$x \in (-\infty, -4) \cup [1, 6)$

73. $\dfrac{x+2}{x^2+9} > 0$

$x^2 + 9$ has no real roots

neg pos
 -2

$x \in (-2, \infty)$

75. $\dfrac{x^3+1}{x^2+1} > 0$

$\dfrac{(x+1)(x^2 - x + 1)}{x^2 + 1} > 0$

$x^2 - x + 1$, $x^2 + 1$ have no real roots

neg pos
 -1

$x \in (-1, \infty)$

77. $\dfrac{x^4 - 5x^2 - 36}{x^2 - 2x + 1} > 0$

$\dfrac{(x^2 - 9)(x^2 + 4)}{(x-1)^2} > 0$

$\dfrac{(x+3)(x-3)(x^2+4)}{(x-1)^2} > 0$

$x^2 + 4$ has no real roots

pos neg neg pos
 -3   1   3

$x \in (-\infty, -3) \cup (3, \infty)$

Chapter 3: Polynomial and Rational Functions

79. $x^2 - 2x \geq 15$
    $x^2 - 2x - 15 \geq 0$
    $(x-5)(x+3) \geq 0$
    $x \in (-\infty, -3] \cup [5, \infty)$

81. $x^3 \geq 9x$
    $x^3 - 9x \geq 0$
    $x(x^2 - 9) \geq 0$
    $x(x+3)(x-3) \geq 0$
    $x \in [-3, 0] \cup [3, \infty)$

83. $-4x + 12 < -x^3 + 3x^2$
    $x^3 - 3x^2 - 4x + 12 < 0$
    $x^2(x-3) - 4(x-3) < 0$
    $(x-3)(x^2 - 4) < 0$
    $(x-3)(x+2)(x-2) < 0$
    $x \in (-\infty, -2) \cup (2, 3)$

85. $\dfrac{x^2 - x - 6}{x^2 - 1} \geq 0$
    $\dfrac{(x+2)(x-3)}{(x+1)(x-1)} \geq 0$
    $x \in (-\infty, -2] \cup (-1, 1) \cup [3, \infty)$

87. b

89. b

91. a. $D = -(4p^3 + 27(p+1)^2)$
    $D = -(4p^3 + 27(p^2 + 2p + 1))$
    $D = -(4p^3 + 27p^2 + 54p + 27)$
    verified

    b. $-(4p^3 + 27p^2 + 54p + 27) = 0$
    Possible rational roots: $\dfrac{\{\pm 1, \pm 3, \pm 9, \pm 27\}}{\{\pm 1, \pm 2, \pm 4\}}$

    $D = -(p+3)^2\left(p + \dfrac{3}{4}\right)$

    $p = -3, q = -3 + 1 = -2$
    $p = -\dfrac{3}{4}, q = -\dfrac{3}{4} + 1 = \dfrac{1}{4}$

    c. $-(p+3)^2\left(p + \dfrac{3}{4}\right) > 0$

    $(-\infty, -3) \cup \left(-3, -\dfrac{3}{4}\right)$

    d. Verified

93. $d(x) = k(x^3 - 192x + 1024)$

    a. $\dfrac{k(x^3 - 3(8)^2 x + 2(8)^3)}{k} < 189$

    $x^3 - 192x + 1024 < 189$
    $x^3 - 192x + 835 < 0$
    Possible rational roots:
    $\pm 1, \pm 835, \pm 5, \pm 167$
    $(x - 5)(x^2 + 5x - 167) < 0$
    $x \in (5, 8]$

    b. $(4)^3 - 192(4) + 1024 = 320$ units

    c. $\dfrac{k(x^3 - 3(8)^2 x + 2(8)^3)}{k} > 475$

    $x^3 - 192x + 1024 > 475$
    $x^3 - 192x + 549 > 0$
    Possible rational roots:
    $\dfrac{\{\pm 1, \pm 3, \pm 9, \pm 61, \pm 183, \pm 549\}}{\{\pm 1\}}$
    $(x - 3)(x^2 + 3x - 183) > 0$
    $x \in [0, 3)$

    d. $\dfrac{k(x^3 - 3(8)^2 x + 2(8)^3)}{k} \leq 648$

    $x^3 - 192x + 1024 \leq 648$
    $x^3 - 192x + 376 \leq 0$
    Possible rational roots:
    $\dfrac{\{\pm 1, \pm 2, \pm 4, \pm 8, \pm 47, \pm 94, \pm 188, \pm 376\}}{\{\pm 1\}}$
    $(x - 2)(x^2 + 2x - 188) \leq 0$
    2 feet

3.7 Exercises

95. a. $R = \dfrac{2D}{t_1 + t_2}$

$40 = \dfrac{2(80)}{t_1 + t_2}$

$1 = \dfrac{4}{t_1 + t_2}$

$1 = \dfrac{4}{\dfrac{80}{r_1} + \dfrac{80}{r_2}}$

$1 = \dfrac{4r_1 r_2}{80r_1 + 80r_2}$

$80r_1 + 80r_2 = 4r_1 r_2$

$20r_1 + 20r_2 = r_1 r_2$

$20r_2 - r_1 r_2 = -20r_1$

$r_2(20 - r_1) = -20r_1$

$r_2 = \dfrac{-20r_1}{20 - r_1}$

$r_2 = \dfrac{20r_1}{r_1 - 20}$

Verified

b. Horizontal: $r_2 = 20$, as r_1 increases, r_2 decreases to maintain $R = 40$.
Vertical: $r_1 = 20$, as r_1 decreases, r_2 increases to maintain $R = 40$.

c. $\dfrac{20r_1}{r_1 - 20} > r_1$

$\dfrac{20r_1}{r_1 - 20} - r_1 > 0$

$\dfrac{20r_1}{r_1 - 20} - \dfrac{r_1(r_1 - 20)}{r_1 - 20} > 0$

$\dfrac{20r_1 - r_1^2 + 20r_1}{r_1 - 20} > 0$

$\dfrac{40r_1 - r_1^2}{r_1 - 20} > 0$

$\dfrac{r_1(40 - r_1)}{r_1 - 20} > 0$

Critical points: 0, 20, 40
$r_1 \in (20, 40)$

97. $R(t) = 0.01t^2 + 0.1t + 30$

a. $0.01t^2 + 0.1t + 30 < 42$
$0.01t^2 + 0.1t - 12 < 0$
$t^2 + 10t - 1200 < 0$
$(t + 40)(t - 30) < 0$
$[0°, 30°)$

b. $R(t) = 0.01t^2 + 0.1t + 20$
$0.01t^2 + 0.1t + 30 > 36$
$0.01t^2 + 0.1t - 6 > 0$
$t^2 + 10t - 600 > 0$
$(t - 20)(t + 30) > 0$
$(20°, \infty)$

c. $0.01t^2 + 0.1t + 30 > 60$
$0.01t^2 + 0.1t - 30 > 0$
$t^2 + 10t - 3000 > 0$
$(t + 60)(t - 50) > 0$
$(50°, \infty)$

99. a. $\dfrac{2n^3 + 3n^2 + n}{6} \geq 30$

$2n^3 + 3n^2 + n \geq 180$

$2n^3 + 3n^2 + n - 180 \geq 0$

Possible rational roots:
$\{\pm 1, \pm 180, \pm 2, \pm 90, \pm 3, \pm 60, \pm 4, \pm 45, \pm 5, \pm 36,$

$\pm 6, \pm 30, \pm 9, \pm 20, \pm 10, \pm 18, \pm 12, \pm 15, \pm \dfrac{1}{2},$

$\pm \dfrac{3}{2}, \pm \dfrac{45}{2}, \pm \dfrac{5}{2}, \pm \dfrac{9}{2}, \pm \dfrac{15}{2}\}$

$(n - 4)(2n^2 + 11n + 45) \geq 0$

$n \geq 4$

Chapter 3: Polynomial and Rational Functions

b. $\dfrac{2n^3 + 3n^2 + n}{6} \le 285$

$2n^3 + 3n^2 + n \le 1710$

$2n^3 + 3n^2 + n - 1710 \le 0$

Possible rational roots:

$\{\pm 1, \pm 1710, \pm 2, \pm 855, \pm 3, \pm 570, \pm 5, \pm 342,$
$\pm 6, \pm 285, \pm 9, \pm 190, \pm 10, \pm 171, \pm 15,$
$\pm 114, \pm 18, \pm 95, \pm 19, \pm 90, \pm 30, \pm 57,$
$\pm 38, \pm 45, \pm \dfrac{1}{2}, \pm \dfrac{855}{2}, \pm \dfrac{3}{2}, \pm \dfrac{5}{2},$
$\pm \dfrac{285}{2}, \pm \dfrac{9}{2}, \pm \dfrac{171}{2}, \pm \dfrac{15}{2}, \pm \dfrac{95}{2},$
$\pm \dfrac{19}{2}, \pm \dfrac{57}{2}, \pm \dfrac{45}{2}\}$

$(n-9)(2n^2 + 21n + 190) \le 0$

$n \le 9$

c. $\dfrac{2n^3 + 3n^2 + n}{6} \le 999$

$2n^3 + 3n^2 + n \le 5994$

$2n^3 + 3n^2 + n - 5994 \le 0$

Possible rational roots:

$\{\pm 1, \pm 5994, \pm 2, \pm 2997, \pm 3, \pm 1998, \pm 6, \pm 999, \pm 9,$
$\pm 666, \pm 18, \pm 333, \pm 27, \pm 222, \pm 37, \pm 162, \pm 54,$
$\pm 111, \pm 74, \pm 81, \pm \dfrac{1}{2}, \pm \dfrac{3}{2}, \pm \dfrac{999}{2}, \pm \dfrac{9}{2}, \pm \dfrac{333}{2},$
$\pm \dfrac{27}{2}, \pm \dfrac{37}{2}, \pm \dfrac{111}{2}, \pm \dfrac{81}{2};\}$

Not factorable

$\dfrac{2(13)^3 + 3(13)^2 + (13)}{6} \le 999$

$819 \le 999$

$n = 13$

101.a. yes, $x^2 \ge 0$

b. yes, $\dfrac{x^2}{x^2 + 1} \ge 0$

103. $x(x+2)(x-1)^2 > 0;\ \dfrac{x(x+2)}{(x-1)^2} > 0$

105. $R(x) = \dfrac{x^2 - 16x + 28}{(x-8)^2}$

$R(x) = \dfrac{(x-14)(x-2)}{(x-8)^2}$

Solve: $\dfrac{(x-14)(x-2)}{(x-8)^2} < 0$

$R(x) < 0$ for $x \in (2, 8) \cup (8, 14)$

107. $f(x) = \dfrac{x^2 + 2x - 8}{x + 4}$

$f(x) = \dfrac{(x+4)(x-2)}{x+4} = x - 2$

$f(x) = -6$ when $x = -4$

$F(x) = \begin{cases} f(x) & x \ne -4 \\ -6 & x = -4 \end{cases}$

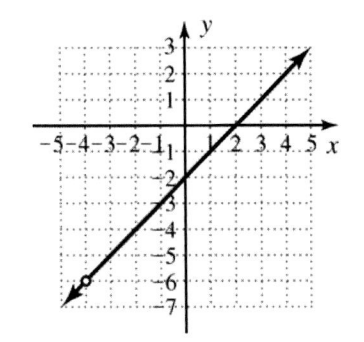

109. $3x + 1 < 10$ and $x^2 - 3 < 1$

$3x < 9$ and $x^2 - 4 < 0$

$x < 3$ and $(x+2)(x-2) < 0$

3.8 Exercises

1. Constant

3. $y = \dfrac{k}{x^2}$

5. Answers will vary.

7. $d = kr$

9. $F = ka$

11. $y = kx$
    $0.6 = k(24)$
    $0.025 = k$
    $y = 0.025x$

x	$f(x) = 0.025x$
500	$f(500) = 0.025(500) = 12.5$
650	$16.25 = 0.025x$ $650 = x$
750	$f(750) = 0.025(750) = 18.75$

13. $w = kh$
    $344.25 = k(37.5)$
    $9.18 = k$;
    $w = 9.18h$
    $w = 9.18(35)$
    $w = \$321.30$
    k represents the hourly wage.

15. a. $s = kh$
    $192 = k(47)$
    $\dfrac{192}{47} = k$;
    $s = \dfrac{192}{47}h$

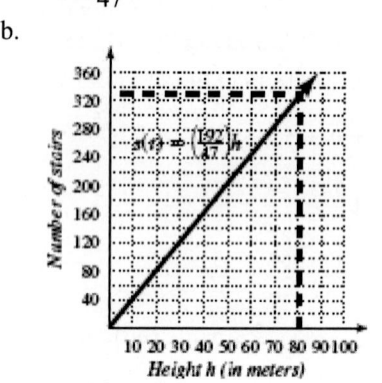

    b.

    c. $s = 330$ stairs

    d. $s = \dfrac{192}{47}(81) \approx 331$; Yes

17. $A = kS^2$

19. $P = kc^2$

21. $p = kq^2$
    $280 = k(50)^2$
    $\dfrac{280}{(50)^2} = k$
    $0.112 = k$;
    $p = 0.112q^2$

q	$p(q) = 0.112q^2$
45	$p(45) = 0.112(45)^2 = 226.8$
55	$338.8 = 0.112q^2$ $3025 = q^2$ $55 = q$
70	$p(70) = 0.112(70)^2 = 548.8$

Chapter 3: Polynomial and Rational Functions

23. $A = ks^2$
$3528 = k(14\sqrt{3})^2$
$3528 = 588k$
$\dfrac{3528}{588} = k$
$6 = k$;
$A = 6s^2$;
$A = 6(303,600)^2$;
$A = 553,037,760,000 \text{ cm}^2$
$A = 55,303,776 \text{ m}^2$

25. a. $d = kt^2$
$169 = k(3.25)^2$
$169 = 10.5625k$
$16 = k$;
$d = 16t^2$

b.

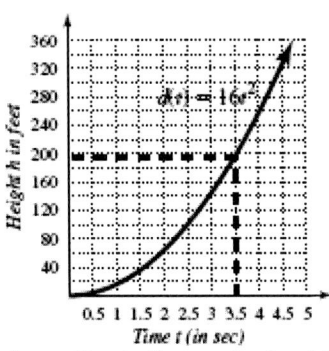

c. According to the graph, about 3.5 seconds

d. $196 = 16t^2$
$12.25 = t^2$
$3.5 \sec = t$
Yes, it was close.

e. $121 = 16t^2$
$7.5625 = t^2$
$2.75 = t$
2.75 seconds

27. $F = \dfrac{k}{d^2}$

29. $S = \dfrac{k}{L}$

31. $Y = \dfrac{k}{Z^2}$
$1369 = \dfrac{k}{3^2}$
$12321 = k$;
$Y = \dfrac{12321}{Z^2}$

Z	Y
37	$Y(37) = \dfrac{12321}{37^2} = 9$
74	$2.25 = \dfrac{12321}{Z^2}$ $2.25Z^2 = 12321$ $Z = 74$
111	$Y(111) = \dfrac{12321}{111^2} = 1$

33. $w = \dfrac{k}{r^2}$
$75 = \dfrac{k}{(6400)^2}$
$3072000000 = k$;
$w = \dfrac{3072000000}{r^2}$
$w = \dfrac{3072000000}{(8000)^2}$
$w = 48 \text{ kg}$

3.8 Exercises

35. $I = krt$

37. $A = kh(B+b)$

39. $V = ktr^2$

41. $C = \dfrac{kR}{S^2}$

$21 = \dfrac{k(7)}{(1.5)^2}$

$47.25 = 7k$

$6.75 = k$;

$C = \dfrac{6.75R}{S^2}$

R	S	C
120	6	22.5
200	12.5	8.64
350	15	10.5

$22.5 = \dfrac{6.75(120)}{S^2}$

$22.5S^2 = 810$

$S = 6$;

$C = \dfrac{6.75(200)}{(12.5)^2} = \dfrac{1350}{156.25} = 8.64$;

$10.5 = \dfrac{6.75R}{(15)^2}$

$2362.5 = 6.75R$

$350 = R$

43. $E = kmv^2$

$200 = k(1)(20)^2$

$0.5 = k$;

$E = 0.5mv^2$;

$E = 0.5(1)(35)^2$

$E = 612.5$ joules

45. $R(A) = \sqrt[3]{A} - 1$

$f(x) = \sqrt[3]{x}$; Cube root family

Amount A	Rate r
1.0	0.0
1.05	0.016
1.10	0.032
1.15	0.048
1.20	0.063
1.25	0.077

$R(A) = \sqrt[3]{1.17} - 1 = 0.054 = 5.4\%$

Interest Rate: 5.4%

47. $T = \dfrac{k}{V}$

$4 = \dfrac{k}{12}$

$48 = k$;

$T = \dfrac{48}{V}$;

$T = \dfrac{48}{1.5}$

$T = 32$ volunteers

Chapter 3: Polynomial and Rational Functions

49. $M = kE$
$16 = k(96)$
$\dfrac{16}{96} = k$
$\dfrac{1}{6} = k$;
$M = \dfrac{1}{6}E$;
$M = \dfrac{1}{6}(250)$
$M \approx 41.7$ kg

51. $D = k\sqrt{S}$
$108 = k\sqrt{25}$
$21.6 = k$;
$D = 21.6\sqrt{S}$;
$D = 21.6\sqrt{45}$
$D \approx 144.9$ ft

53. $C = kLD$
$76.50 = k(36)\left(\dfrac{1}{4}\right)$
$76.50 = 9k$
$8.5 = k$;
$C = 8.5LD$;
$C = 8.5(24)\left(\dfrac{3}{8}\right)$
$C = \$76.50$

55. $C = \dfrac{kp_1p_2}{d^2}$
$300 = \dfrac{k(300000)(420000)}{430^2}$
$55470000 = 1.26 \times 10^{11} k$
$4.4 \times 10^{-4} = k$;
$C = \dfrac{(4.4 \times 10^{-4})p_1p_2}{d^2}$
$C = \dfrac{(4.4 \times 10^{-4})(170000)(550000)}{430^2} \approx 222.5$
about 223 calls

57. $V = k \cdot l \cdot w^2$
$12.27 = k \cdot (3.75) \cdot (2.50)^2$
$\dfrac{12.27}{(3.75) \cdot (2.50)^2} = k$;

   a. $V = \dfrac{12.27}{3.75(2.50)^2} \cdot (4.65) \cdot (3.10)^2$
   $V \approx 23.39$ cm^3

   b. $\dfrac{23.39}{12.27} \approx 1.91$ or 191%

59. a. $M = k(w)h^2\left(\dfrac{1}{L}\right)$

   b. $270 = k(18)(2)^2\left(\dfrac{1}{8}\right)$
   $270 = 9k$
   $30 = k$;
   $M = 30(18)(2)^2\left(\dfrac{1}{12}\right) = 180$ lb

3.8 Exercises

61. $f(x) = k\dfrac{1}{x}$

    $\dfrac{\Delta y}{\Delta x} = \dfrac{f(0.6) - f(0.5)}{0.6 - 0.5} = -\dfrac{10}{3}$

    $g(x) = k\dfrac{1}{x^2}$

    $\dfrac{\Delta y}{\Delta x} = \dfrac{g(0.6) - g(0.5)}{0.6 - 0.5} = -\dfrac{110}{9}$

    From $x = 0.7$ to $x = 0.8$, the rate of decrease will be less because as x approaches infinity, y approaches 0.

    $x \to \infty,\ y \to 0^+$

63. $I = \dfrac{k}{d^2}$

    a. $I = \dfrac{k}{5^2}$

    $25I = k$;

    $2I = \dfrac{25I}{d^2}$

    $d^2 = \dfrac{25I}{2I}$

    $d^2 = \dfrac{25}{2}$

    $d = \sqrt{\dfrac{25}{2}} \approx 3.5$ ft

    b. $I = \dfrac{k}{12^2}$

    $144I = k$;

    $3I = \dfrac{144I}{d^2}$

    $d^2 = \dfrac{144I}{3I}$

    $d^2 = \dfrac{144}{3}$

    $d = \sqrt{\dfrac{144}{3}} \approx 6.9$ ft

65. $x^3 + 4x^2 + 8x = 0$

    $x(x^2 + 4x + 8) = 0$;

    $a = 1,\ b = 4,\ c = 8$

    $x = \dfrac{-4 \pm \sqrt{(4)^2 - 4(1)(8)}}{2(1)}$

    $x = \dfrac{-4 \pm \sqrt{16 - 32}}{2}$

    $x = \dfrac{-4 \pm \sqrt{-16}}{2}$

    $x = \dfrac{-4 \pm 4i}{2}$;

    $x = -2 \pm 2i;\ x = 0$

67. $f(x) = -2|x - 3| + 5$

    Right 3, up 5, reflected across the x-axis.

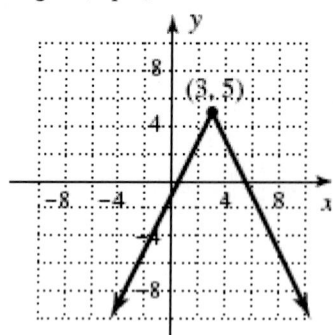

Chapter 3: Polynomial and Rational Functions

Chapter 3 Summary and Concept Review

1. $f(x) = x^2 + 8x + 15$

    $0 = x^2 + 8x + 15$
    $0 = (x^2 + 8x + 16) + 15 - 16$
    $0 = (x+4)^2 - 1$
    $0 = (x+4)^2 - 1$
    $1 = (x+4)^2$
    $\pm 1 = x + 4$
    $x = -4 \pm 1$

    x-intercepts: $(-5, 0)$ and $(-3, 0)$
    Vertex: $(-4, -1)$

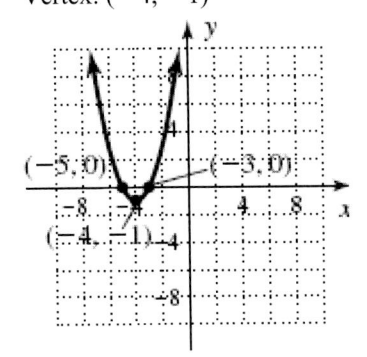

3. $f(x) = 4x^2 - 12x + 3$

    $0 = 4x^2 - 12x + 3$
    $0 = 4(x^2 - 3x) + 3$
    $0 = 4\left(x^2 - 3x + \dfrac{9}{4}\right) + 3 - 9$
    $0 = 4\left(x - \dfrac{3}{2}\right)^2 - 6$
    $0 = 4\left(x - \dfrac{3}{2}\right)^2 - 6$
    $6 = 4\left(x - \dfrac{3}{2}\right)^2$
    $\dfrac{3}{2} = \left(x - \dfrac{3}{2}\right)^2$
    $x - \dfrac{3}{2} = \sqrt{\dfrac{3}{2}}$
    $x - \dfrac{3}{2} = \pm \dfrac{\sqrt{6}}{2}$
    $x = \dfrac{3}{2} \pm \dfrac{\sqrt{6}}{2}$

    x-intercepts: $(2.7, 0)$ and $(0.3, 0)$;
    y-intercept: $(0, 3)$
    $f(0) = 4(0)^2 - 12(0) + 3 = 3$
    Vertex: $\left(\dfrac{3}{2}, -6\right)$

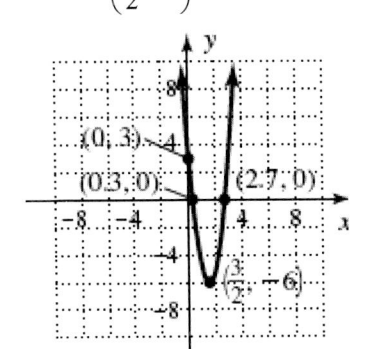

5. $\dfrac{x^3 + 4x^2 - 5x - 6}{x - 2}$

    $$\begin{array}{r}
    x^2 + 6x + 7 \\
    x-2 \overline{\smash{\big)}\, x^3 + 4x^2 - 5x - 6} \\
    \underline{-(x^3 - 2x^2)} \\
    6x^2 - 5x \\
    \underline{-(6x^2 - 12x)} \\
    7x - 6 \\
    \underline{-(7x - 14)} \\
    8
    \end{array}$$

    $q(x) = x^2 + 6x + 7$
    $R = 8$

7. Since $R = 0$, -7 is a root and $x + 7$ is a factor.

    $\begin{array}{r|rrrrr}
    -7 & 2 & 13 & -6 & 9 & 14 \\
       &   & -14 & 7 & -7 & -14 \\ \hline
       & 2 & -1 & 1 & 2 & \underline{|0}
    \end{array}$

9. $p(x) = x^3 + 2x^2 - 11x - 12$

    Possible rational roots: $\pm 1, \pm 12, \pm 2, \pm 6, \pm 3, \pm 4$

    $\begin{array}{r|rrrr}
    -4 & 1 & 2 & -11 & -12 \\
       &   & -4 & 8 & 12 \\ \hline
       & 1 & -2 & -3 & \underline{|0}
    \end{array}$

    $p(x) = (x+4)(x^2 - 2x - 3)$
    $p(x) = (x+4)(x+1)(x-3)$

205

Chapter 3 Summary and Concept Review

11. $P(x) = 4x^3 + 8x^2 - 3x - 1$

$$\underline{\frac{1}{2}\big| 4 \quad 8 \quad -3 \quad -1}$$
$$\phantom{\frac{1}{2}\big|4} 2 \quad 5 \quad 1$$
$$\phantom{\frac{1}{2}\big|} 4 \quad 10 \quad 2 \underline{|0}$$

Since $R = 0$, $\frac{1}{2}$ is a root and $\left(x - \frac{1}{2}\right)$ is a factor.

13. $h(x) = x^3 + 9x^2 + 13x - 10$

$$\underline{-7|1 \quad 9 \quad 13 \quad -10}$$
$$\phantom{-7|00}-7 \quad -14 \quad 7$$
$$\phantom{-7|0} 1 \quad 2 \quad -1 \underline{|-3}$$

$h(-7) = -3$

15. $C(x) = (x-1)^2 (x+2i)(x-2i)$
$C(x) = (x^2 - 2x + 1)(x^2 - 4i^2)$
$C(x) = (x^2 - 2x + 1)(x^2 + 4)$
$C(x) = x^4 + 4x^2 - 2x^3 - 8x + x^2 + 4$
$C(x) = x^4 - 2x^3 + 5x^2 - 8x + 4$

17. $p(x) = 4x^3 - 16x^2 + 11x + 10$
Possible rational roots:
$\dfrac{\{\pm 1, \pm 10, \pm 2, \pm 5\}}{\{\pm 1, \pm 2, \pm 4\}}$;

$\left\{\pm 1, \pm 10, \pm 2, \pm 5, \pm\dfrac{1}{2}, \pm\dfrac{5}{2}, \pm\dfrac{1}{4}, \pm\dfrac{5}{4}\right\}$

19. $P(x) = 2x^3 - 3x^2 - 17x - 12$
Possible rational roots:
$\dfrac{\{\pm 1, \pm 12, \pm 2, \pm 6, \pm 3, \pm 4\}}{\{\pm 1\}}$

$$\underline{4|2 \quad -3 \quad -17 \quad -12}$$
$$\phantom{4|0} 8 \quad 20 \quad 12$$
$$\phantom{4|} 2 \quad 5 \quad 3 \quad 0$$

$P(x) = (x - 4)(2x^2 + 5x + 3)$
$P(x) = (x - 4)(x + 1)(2x + 3)$

21. $P(x) = x^4 - 3x^3 - 8x^2 + 12x + 6$
$[-2, -1]$
$P(-2) = (-2)^4 - 3(-2)^3 - 8(-2)^2 + 12(-2) + 6 = -10$;
$P(-1) = (-1)^4 - 3(-1)^3 - 8(-1)^2 + 12(-1) + 6 = -10$;
$[1, 2]$
$P(1) = (1)^4 - 3(1)^3 - 8(1)^2 + 12(1) + 6 = 8$;
$P(2) = (2)^4 - 3(2)^3 - 8(2)^2 + 12(2) + 6 = -10$;
$[2, 3]$
$P(3) = (3)^4 - 3(3)^3 - 8(3)^2 + 12(3) + 6 = -30$;
$[4, 5]$
$P(4) = (4)^4 - 3(4)^3 - 8(4)^2 + 12(4) + 6 = -10$;
$P(5) = (5)^4 - 3(5)^3 - 8(5)^2 + 12(5) + 6 = 116$
Sign changes in intervals: $[1, 2]$, $[4, 5]$, verified

23. $f(x) = -3x^5 + 2x^4 + 9x - 4$
$f(0) = -3(0)^5 + 2(0)^4 + 9(0) - 4 = -4$
degree 5; up/down; $(0, -4)$

25. $p(x) = (x+1)^3 (x-2)^2$
end behavior: down/up
bounce at $(2, 0)$; cross at $(-1, 0)$
$p(0) = (0+1)^3 (0-2)^2 = 4$
y-intercept: $(0, 4)$

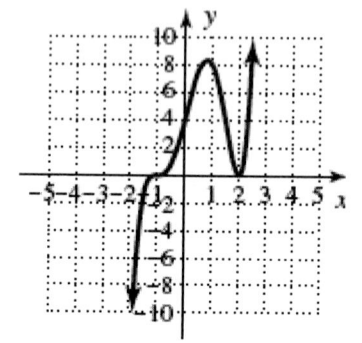

Chapter 3: Polynomial and Rational Functions

27. $h(x) = x^4 - 6x^3 + 8x^2 + 6x - 9$
    end behavior: up/up
    Possible rational roots: $\dfrac{\{\pm 1, \pm 9, \pm 3\}}{\{\pm 1\}}$
    $h(x) = (x+1)(x-1)(x-3)^2$
    bounce at $(3,0)$; cross at $(-1, 0)$ and $(1,0)$
    y-intercept: $(0, -9)$

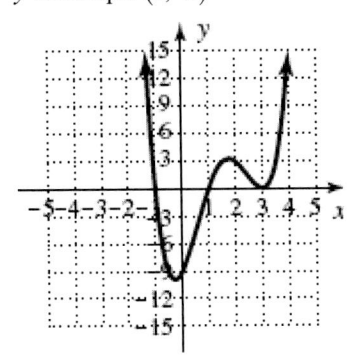

29. $V(x) = \dfrac{x^2 - 9}{x^2 - 3x - 4}$
    $V(x) = \dfrac{(x+3)(x-3)}{(x-4)(x+1)}$
    a. $\{x \mid x \in R, x \neq -1, 4\}$
    b. HA: $y = 1$
       (deg num = deg den)
       VA: $x = -1, x = 4$
    c. $V(0) = \dfrac{0^2 - 9}{0^2 - 3(0) - 4} = \dfrac{9}{4}$
       y-intercept $\left(0, \dfrac{9}{4}\right)$;
       x-intercepts : $(-3, 0)$ and $(3, 0)$
    d. $V(1) = \dfrac{1^2 - 9}{1^2 - 3(1) - 4} = \dfrac{4}{3}$

31. $v(x) = \dfrac{x^2 - 4x}{x^2 - 4}$
    $v(0) = \dfrac{(0)^2 - 4(0)}{(0)^2 - 4} = 0$;
    y-intercept: $(0, 0)$
    $v(x) = \dfrac{x(x-4)}{(x+2)(x-2)}$;

vertical asymptotes: $x = -2$ and $x = 2$
x-intercepts: $(0, 0)$ and $(4, 0)$
horizontal asymptote: $y = 1$
(deg num = deg den)

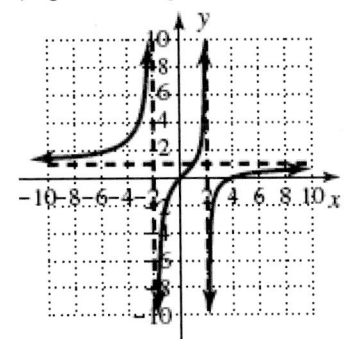

33. $V(x) = \dfrac{(x+3)(x-4)}{(x+2)(x-3)}$
    $V(x) = \dfrac{x^2 - x - 12}{x^2 - x - 6}$;
    $V(0) = \dfrac{(0)^2 - (0) - 12}{(0)^2 - (0) - 6} = 2$

35. $h(x) = \dfrac{x^3 - 2x^2 - 9x + 18}{x - 2}$
    $h(x) = \dfrac{x^2(x-2) - 9(x-2)}{x - 2}$
    $h(x) = \dfrac{(x-2)(x^2 - 9)}{x - 2}$
    $h(x) = \dfrac{(x-2)(x+3)(x-3)}{x - 2}$
    If $x = 2$, $x^2 - 9 = (2)^2 - 9 = -5$
    Removable discontinuity at $(2, -5)$.

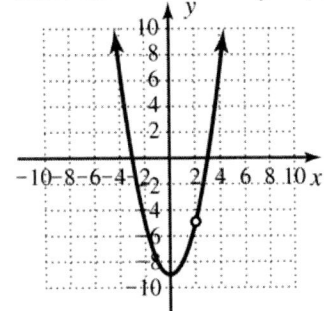

207

Chapter 3 Summary and Concept Review

37. $h(x) = \dfrac{x^2 - 2x}{x-3}$

$h(0) = \dfrac{(0)^2 - 2(0)}{(0)-3} = 0;$

y-intercept: $(0,0)$

$h(x) = \dfrac{x(x-2)}{x-3};$

vertical asymptote: $x = 3$
x-intercepts: $(0,0)$ and $(2,0)$
horizontal asymptote: none
(deg num > deg den)
oblique asymptote: $y = x+1$

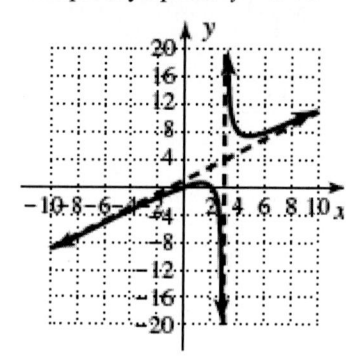

39. $A(x) = \dfrac{x^2 - 2x + 6}{x}$

   a.

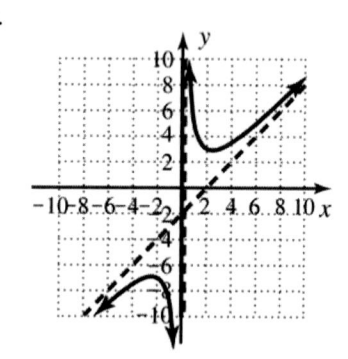

   b. about 2450 favors
   c. $A(2.45) \approx 2.90$
      about $2.90 each

41. $\dfrac{x^2 - 3x - 10}{x - 2} \geq 0$

$\dfrac{(x-5)(x+2)}{x-2} \geq 0$

neg   pos   neg   pos
   -2   2   5

Outputs are positive for $x \in [-2, 2) \cup [5, \infty)$

43. $y = k\sqrt[3]{x};$

$52.5 = k\sqrt[3]{27}$

$\dfrac{52.5}{3} = k$

$17.5 = k;$

$y = 17.5\sqrt[3]{x};$

x	y
216	105
0.343	12.25
729	157.5

45. $t = \dfrac{kuv}{w};$

$30 = \dfrac{k(2)(3)}{5}$

$t = \dfrac{25uv}{w};$

$t = \dfrac{25(8)(12)}{15} = 160;$

Chapter 3: Polynomial and Rational Functions

Chapter 3 Mixed Review

1. Vertex $\left(\dfrac{1}{2},\dfrac{9}{2}\right)$

   $y = a\left(x - \dfrac{1}{2}\right)^2 + \dfrac{9}{2}$, $(2,0)$

   $0 = a\left(2 - \dfrac{1}{2}\right)^2 + \dfrac{9}{2}$

   $-\dfrac{9}{2} = a\left(\dfrac{3}{2}\right)^2$

   $-2 = a$;

   $y = -2\left(x - \dfrac{1}{2}\right)^2 + \dfrac{9}{2}$

3. $C(s) = \dfrac{1}{180}s^2 - \dfrac{8}{9}s + \dfrac{680}{9}$

   The s value of the vertex: $\dfrac{-\left(-\dfrac{8}{9}\right)}{2\left(\dfrac{1}{180}\right)} = 80$

   $C(80) = \dfrac{1}{180}(80)^2 - \dfrac{8}{9}(80) + \dfrac{680}{9} = 40$

   80 GB, $40.00

5. $\dfrac{x^4 - 3x^2 + 5x - 1}{x + 2}$

   ```
   -2 | 1   0   -3   5   -1
      |    -2    4  -2   -6
        1  -2    1   3  |-7
   ```

   $q(x) = x^3 - 2x^2 + x + 3$
   $R = -7$

7. $P(x) = 6x^3 - 23x^2 - 40x + 31$

   (a) $P(-1) = 42$
   ```
   -1 | 6  -23  -40   31
      |    -6   29   11
        6  -29  -11 |42
   ```

   (b) $P(1) = -26$
   ```
   1 | 6  -23  -40   31
     |      6  -17  -57
       6  -17  -57 |-26
   ```

   (c) $P(5) = 6$
   ```
   5 | 6  -23  -40   31
     |     30   35  -25
       6    7   -5  | 6
   ```

9. a. $6x^3 + x^2 - 20x - 12 = 0$
   Possible rational roots:
   $\left\{\pm 1, \pm 12, \pm 2, \pm 6, \pm 3, \pm 4,\right.$
   $\left.\pm\dfrac{1}{6}, \pm\dfrac{1}{3}, \pm\dfrac{1}{2}, \pm\dfrac{2}{3}, \pm\dfrac{3}{2}, \pm\dfrac{4}{3}\right\}$

   $x = 9$ and $x = \dfrac{8}{3}$ CANNOT be roots.

   b. $P(x) = x^4 - x^3 + 7x^2 - 9x - 18$
   Possible rational roots:
   $\{\pm 1, \pm 18, \pm 2, \pm 9, \pm 3, \pm 6\}$

   ```
   2 | 1  -1   7  -9  -18
     |     2   2  18   18
       1   1   9   9  | 0
   -1| 1   1   9   9
     |    -1   0  -9
       1   0   9  | 0
   ```

   $P(x) = (x - 2)(x + 1)(x^2 + 9)$
   $P(x) = (x - 2)(x + 1)(x + 3i)(x - 3i)$
   $x = 2, x = -1, x = -3i, x = 3i$

11. $p(x) = \dfrac{x^2 - 2x}{x^2 - 2x + 1}$

    $p(0) = \dfrac{(0)^2 - 2(0)}{(0)^2 - 2(0) + 1} = 0$

    y-intercept: $(0,0)$

    $p(x) = \dfrac{x(x - 2)}{(x - 1)^2}$;

    vertical asymptote: $x = 1$
    x-intercepts: $(0,0)$ and $(2,0)$
    horizontal asymptote: $y = 1$

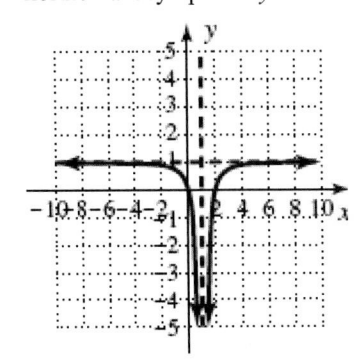

209

Chapter 3 Mixed Review

13. $r(x) = \dfrac{x^3 - 13x + 12}{x^2}$

    $r(0) = \dfrac{(0)^3 - 13(0) + 12}{(0)^2} =$ undefined

    y-intercept: none
    Possible rational roots:
    $\{\pm 1, \pm 12, \pm 2, \pm 6, \pm 3, \pm 4\}$

    $r(x) = \dfrac{(x+4)(x-1)(x-3)}{x^2}$;

    vertical asymptote: $x = 0$
    x-intercepts: $(-4, 0), (1, 0)$ and $(3, 0)$
    horizontal asymptote: none

    $r(x) = x - \dfrac{13}{x} + \dfrac{12}{x^2}$

    oblique asymptote: $y = x$

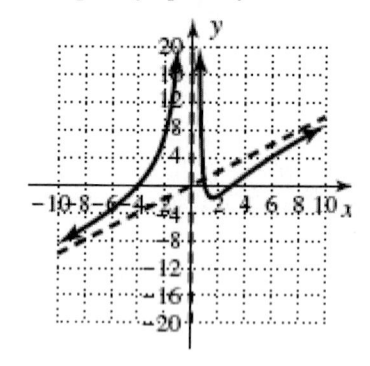

15. $x^3 - 4x < 12 - 3x^2$

    $x^3 + 3x^2 - 4x - 12 < 0$
    Possible rational roots:
    $\{\pm 1, \pm 12, \pm 2, \pm 6, \pm 3, \pm 4\}$
    $(x+2)(x-2)(x+3) < 0$

    neg pos neg pos
    -3 -2   2

    $x \in (-\infty, -3) \cup (-2, 2)$

17. a. $V(s) = (24 - 2x)(16 - 2x)(x)$
    $= (384 - 80x + 4x^2)(x)$
    $= 384x - 80x^2 + 4x^3$
    $= 4x^3 - 80x^2 + 384x$

    b. $512 = 4x^3 - 80x^2 + 384x$
    $0 = 4x^3 - 80x^2 + 384x - 512$
    $0 = x^3 - 20x^2 + 96x - 128$

    c. For $0 < x < 8$, possible rational zeroes are: 1, 2, and 4

    d. $x = 4$ inches

    $\underline{4|}\ 1\ -20\ \ 96\ -128$
    $\ 4\ -64\ \ 128$
    $\ 1\ -16\ \ 32\ \ \ 0$

    e. $(x-4)(x^2 - 16x + 32)$

    $x = \dfrac{-(-16) \pm \sqrt{(-16)^2 - 4(1)(32)}}{2(1)}$

    $x = \dfrac{16 \pm \sqrt{128}}{2} = 8 - 4\sqrt{2} \approx 2.34$ inches

19. $R = kL\left(\dfrac{1}{A}\right)$

Chapter 3: Polynomial and Rational Functions

Chapter 3 Practice Test

1. a. $f(x) = -x^2 + 10x - 16$
   $f(x) = -(x^2 - 10x) - 16$
   $f(x) = -(x^2 - 10x + 25) - 16 + 25$
   $f(x) = -(x-5)^2 + 9$;
   Vertex: (5, 9), opens downward.
   $f(0) = -0^2 + 10(0) - 16 = -16$
   y-intercept (0, −16)
   $0 = -x^2 + 10x - 16$
   $x^2 - 10x + 16 = 0$
   $(x-8)(x-2) = 0$
   $x = 8$ or $x = 2$
   x-intercepts (8,0) and (2,0)

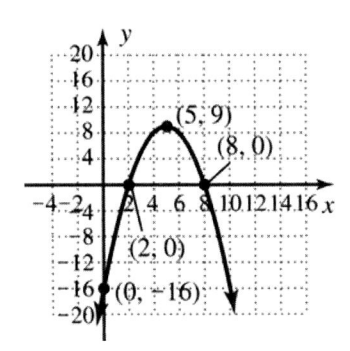

   b. $g(x) = \frac{1}{2}x^2 + 4x + 16$
   $g(x) = \frac{1}{2}(x^2 + 8x) + 16$
   $g(x) = \frac{1}{2}(x^2 + 8x + 16) + 16 - 8$
   $g(x) = \frac{1}{2}(x+4)^2 + 8$;
   Vertex: (−4, 8), opens upward.
   $g(0) = \frac{1}{2}(0)^2 + 4(0) + 16 = 16$
   y-intercept (0, 16)
   $0 = \frac{1}{2}x^2 + 4x + 16$
   $0 = x^2 + 8x + 32$
   $b^2 - 4ac = 64 - 4(1)(32) < 0$
   No x-intercepts

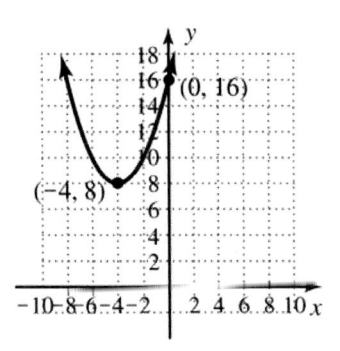

3. $d(t) = t^2 - 14t$
   a. $d(4) = (4)^2 - 14(4) = -40$
      40 ft
      $d(6) = (6)^2 - 14(6) = -48$
      48 ft
   b. $d(t) = t^2 - 14t + 49 - 49$
      $d(t) = (t-7)^2 - 49$
      49 ft
   c. $2(7) = 14$ seconds

Chapter 3 Practice Test

5. $\dfrac{x^3 + 4x^2 - 5x - 20}{x+2} = x^2 + 2x - 9 + \dfrac{-2}{x+2}$

$\begin{array}{r|rrrr} -2 & 1 & 4 & -5 & -20 \\ & & -2 & -4 & 18 \\ \hline & 1 & 2 & -9 & \underline{|-2} \end{array}$

7. $f(x) = 2x^3 + 4x^2 - 5x + 2$
$f(-3) = -1$

$\begin{array}{r|rrrr} -3 & 2 & 4 & -5 & 2 \\ & & -6 & 6 & -3 \\ \hline & 2 & -2 & 1 & \underline{|-1} \end{array}$

9. $Q(x) = (x^2 - 3x + 2)(x^3 - 2x^2 - x + 2)$
$Q(x) = (x-2)(x-1)(x^2(x-2) - (x-2))$
$Q(x) = (x-2)(x-1)(x-2)(x^2 - 1)$
$Q(x) = (x-2)(x-1)(x-2)(x+1)(x-1)$
$Q(x) = (x-2)^2 (x-1)^2 (x+1)$
2 multiplicity 2
1 multiplicity 2, -1 multiplicity 1

11. $f(x) = \dfrac{1}{2}x^3 - 7x^2 + 28x - 32$

(a) $0 = \dfrac{1}{2}x^3 - 7x^2 + 28x - 32$

$0 = x^3 - 14x^2 + 56x - 64$
Possible rational roots:
$\{\pm 1, \pm 64, \pm 2, \pm 32, \pm 4, \pm 16, \pm 8\}$

$\begin{array}{r|rrrr} 2 & 1 & -14 & 56 & -64 \\ & & 2 & -24 & 64 \\ \hline & 1 & -12 & 32 & 0 \end{array}$

$0 = (x-2)(x^2 - 12x + 32)$
$0 = (x-2)(x-4)(x-8)$
$x = 2, x = 4, x = 8$
1992, 1994, 1998

(b) 4 years (1992-1994, 1998-2000)
(c) surplus of $2.5 million

13. $g(x) = x^4 - 9x^2 - 4x + 12$
end behavior: up/up
Possible rational roots:
$\dfrac{\{\pm 1, \pm 12, \pm 2, \pm 6, \pm 3, \pm 4\}}{\{\pm 1\}}$

$\begin{array}{r|rrrrr} -2 & 1 & 0 & -9 & -4 & 12 \\ & & -2 & 4 & 10 & -12 \\ \hline & 1 & -2 & -5 & 6 & \underline{|0} \end{array}$

$\begin{array}{r|rrrr} -2 & 1 & -2 & -5 & 6 \\ & & -2 & 8 & -6 \\ \hline & 1 & -4 & 3 & \underline{|0} \end{array}$

$g(x) = (x+2)^2 (x^2 - 4x + 3)$
$g(x) = (x+2)^2 (x-1)(x-3)$
-2 multiplicity 2, 1 multiplicity 1, 3 multiplicity 1
bounce at $(-2, 0)$; cross at $(1, 0)$ and $(3, 0)$
$g(0) = 0^4 - 9(0)^2 - 4(0) + 12 = 12$
y-intercept: $(0, 12)$

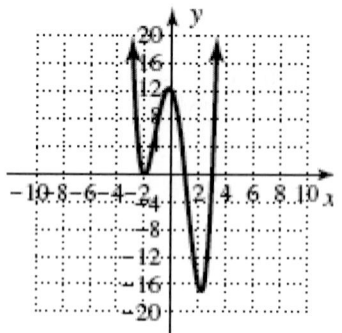

Chapter 3: Polynomial and Rational Functions

15. $C(x) = \dfrac{300x}{100-x}$
    a. VA: $x = 100$; removal of 100% of the contaminants
    b. From 80% to 85%:
       $C(85) = \dfrac{300(85)}{100-(85)} = 1700$;
       $1,700,000$;
       $C(80) = \dfrac{300(80)}{100-(80)} = 1200$;
       $1700 - 1200 = 500$, $500,000$;
       From 90% to 95%:
       $C(95) = \dfrac{300(95)}{100-(95)} = 5700$;
       $5,700,000$
       $C(90) = \dfrac{300(90)}{100-(90)} = 2700$;
       $5700 - 2700 = 3000$; $3,000,000$;
       It becomes cost prohibitive to remove all the contaminants.
    c. $2200 = \dfrac{300x}{100-x}$
       $2200(100 - x) = 300x$
       $220000 - 2200x = 300x$
       $220000 = 2500x$
       $88 = x$
       $x = 88\%$

17. $\overline{C(x)} = \dfrac{2x^2 + 25x + 128}{x}$
    Using grapher: $x = 8$; 800 items
    Minimizes costs

19. $C(h) = \dfrac{2h^2 + 5h}{h^3 + 55}$
    a. 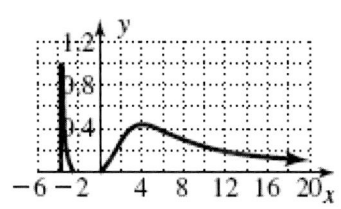
    b. $h^3 + 55 = 0$
       $h^3 = -55$
       $h = -\sqrt[3]{55}$, no
    c. $C(2) = \dfrac{2(2)^2 + 5(2)}{(2)^3 + 55} \approx 0.286 = 28.6\%$;
       $C(8) = \dfrac{2(8)^2 + 5(8)}{(8)^3 + 55} \approx 0.296 = 29.6\%$
    d. $\dfrac{2h^2 + 5h}{h^3 + 55} < 0.2$
       Using grapher: ≈ 11.7 hours
    e. Using grapher: 4 hours, 43.7%
    f. A trace amount of the chemical will remain in the bloodstream.

Chapter 3 Calculator Exploration

1. $Y_1 = (x^3 - 6x^2 + 32)(x^2 + 1)$
   $= (x-4)^2 (x+2)(x^2 + 1)$
   $Y_2 = x^3 - 6x^2 + 32 = (x-4)^2 (x+2)$
   $Y_3 = x + 2$

3. They do not affect the solution.

Cumulative Review Chapters R-3

Chapter 3 Strengthening Core Skills

1. $x^3 - 3x - 18 \leq 0$
$\{\pm 1, \pm 18, \pm 2, \pm 9, \pm 3, \pm 6\}$
$\{\pm 1\}$

$\underline{3} | \; 1 \quad 0 \quad -3 \quad -18$
$3 \quad \; 9 \quad \; 18$
$1 \quad 3 \quad \; 6 \quad | \underline{0}$

$(x-3)(x^2 + 3x + 6) \leq 0$
$x \in (-\infty, 3]$

3. $x^3 - 13x + 12 < 0$
$\{\pm 1, \pm 12, \pm 2, \pm 6, \pm 3, \pm 4\}$
$\{\pm 1\}$

$\underline{-4} | \; 1 \quad 0 \quad -13 \quad 12$
$-4 \quad \; 16 \quad -12$
$1 \quad -4 \quad \; 3 \quad | \underline{0}$

$(x+4)(x^2 - 4x + 3) < 0$
$(x-3)(x-1)(x+4) < 0$
$x \in (-\infty, -4) \cup (1, 3)$

5. $x^4 - x^2 - 12 > 0$
$(x^2 - 4)(x^2 + 3) > 0$
$(x-2)(x+2)(x^2 + 3) > 0$
$(x^2 + 3)$ does not affect the solution set.
$x \in (-\infty, -2) \cup (2, \infty)$

Cumulative Review Chapters R-3

1. $\dfrac{1}{R} = \dfrac{1}{R_1} + \dfrac{1}{R_2}$

$RR_1 R_2 \left[\dfrac{1}{R}\right] = \left[\dfrac{1}{R_1} + \dfrac{1}{R_2}\right] RR_1 R_2$

$R_1 R_2 = RR_2 + RR_1$
$R_1 R_2 = R(R_2 + R_1)$
$\dfrac{R_1 R_2}{R_1 + R_2} = R$

3. a. $x^3 - 1$
$= (x-1)(x^2 + x + 1)$

b. $x^3 - 3x^2 - 4x + 12$
$= x^2(x-3) - 4(x-3)$
$= (x-3)(x^2 - 4)$
$= (x-3)(x+2)(x-2)$

5. $x + 3 < 5$ or $5 - x < 4$
$x < 2 \quad$ or $\; -x < -1$
$x < 2 \quad$ or $\; x > 1$
$x \in (-\infty, \infty)$

7. $(2-3i)^2 - 4(2-3i) + 13 = 0$
$4 - 12i + 9i^2 - 8 + 12i + 13 = 0$
$4 - 12i - 9 - 8 + 12i + 13 = 0$
$0 = 0$
Verified

9. $(1, 17), (61, 28)$

$m = \dfrac{28 - 17}{61 - 1} = \dfrac{11}{60};$

$y - 17 = \dfrac{11}{60}(x - 1)$

$y - 17 = \dfrac{11}{60}x - \dfrac{11}{60}$

$y = \dfrac{11}{60}x + \dfrac{1009}{60};$

$y = \dfrac{11}{60}(121) + \dfrac{1009}{60} = 39$ minutes;

Driving time increases 11 minutes every 60 days.

11. $y = 1.18x^2 - 10.99x + 4.6$;
Using grapher, the profit is first earned in the 9th month.

Chapter 3: Polynomial and Rational Functions

13. $f(x) = \sqrt[3]{2x-3}$;
    $x = \sqrt[3]{2y-3}$
    $x^3 = 2y - 3$
    $x^3 + 3 = 2y$
    $\dfrac{x^3+3}{2} = y$
    $f^{-1}(x) = \dfrac{x^3+3}{2}$
    $(f \circ f^{-1})(x) = \sqrt[3]{2\left(\dfrac{x^3+3}{2}\right)-3}$
    $= \sqrt[3]{x^3+3-3} = \sqrt[3]{x^3} = x$;
    $(f^{-1} \circ f)(x) = \dfrac{\left(\sqrt[3]{2x-3}\right)^3+3}{2}$
    $= \dfrac{2x-3+3}{2} = \dfrac{2x}{2} = x$;
    Verified

15. $F(x) = -f(x+1) + 2$
    Reflected in x-axis, left 1, up 2

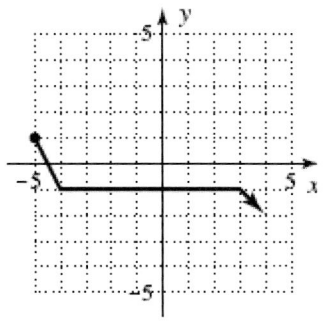

17. $Y = \dfrac{kX}{Z^2}$;
    $10 = \dfrac{k(32)}{(4)^2}$
    $5 = k$;
    $Y = \dfrac{5X}{Z^2}$;
    $1.4 = \dfrac{5x}{(15)^2}$
    $x = 63$

19. $f(x) = x^3 - 3x^2 - 6x + 8$
    Possible rational roots: $\{\pm 1, \pm 8, \pm 2, \pm 4\}$

    $\underline{1|}\ \ 1\ \ -3\ \ -6\ \ \ \ 8$
    $\ \ \ \ \ \ \ \ \ \ \ \ \ \ \ 1\ \ -2\ \ -8$
    $\ \ \ \ \ \ \ \ 1\ \ -2\ \ -8\ \ |\underline{0}$

    $f(x) = (x-1)(x^2 - 2x - 8)$
    $f(x) = (x-1)(x+2)(x-4)$
    $f(x) = (x-1)(x+2)(x-4)$

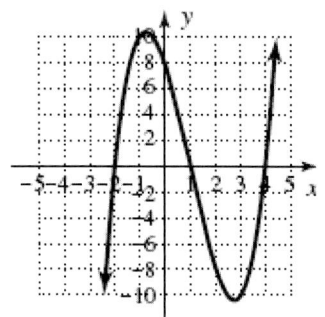

215

4.1 Exercises

4.1 Technology Highlight

1. a. $f(x) = 2x+1$;
   $x = 2y+1$
   $x-1 = 2y$
   $\dfrac{x-1}{2} = y$
   $f^{-1}(x) = \dfrac{x-1}{2}$

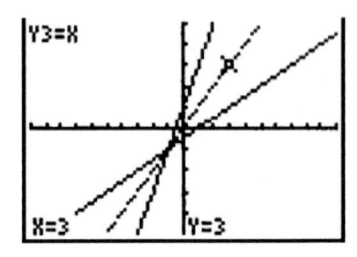

   b, c verified using a graphing calculator
   d.

3. a. $h(x) = \dfrac{x}{x+1}$;
   $x = \dfrac{y}{y+1}$
   $x(y+1) = y$
   $xy + x = y$
   $xy - y = -x$
   $y(x-1) = -x$
   $y = \dfrac{-x}{x-1}$
   $f^{-1}(x) = \dfrac{-x}{x-1} = \dfrac{x}{1-x}$

   b, c verified using a graphing calculator
   d.

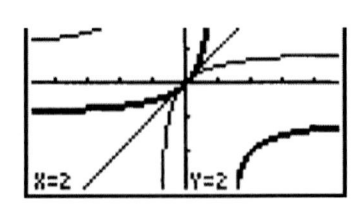

4.1 Exercises

1. Second; one

3. $(-11, -2), (-5, 0), (1, 2), (19, 4)$

5. False, answers will vary.

7. One-to-one

9. One-to-one

11. Not a function

13. One-to-one

15. Not one-to-one

17. Not one-to-one; $y = 7$ is paired with $x = -2$ and $x = 2$.

19. One-to-one

21. One-to-one

23. Not one-to-one; for $p(t) > 5$, one y corresponds to two x-values.

25. One-to-one

27. One-to-one

29. $f(x) = \{(-2, 1), (-1, 4), (0, 5), (2, 9), (5, 15)\}$
    $f^{-1}(x) = \{(1, -2), (4, -1), (5, 0), (9, 2), (15, 5)\}$

31. $v(x) = \{(-4, 3), (-3, 2), (0, 1), (5, 0), (12, -1), (21, -2), (32, -3)\}$
    $v^{-1}(x) = \{(3, -4), (2, -3), (1, 0), (0, 5), (-1, 12), (-2, 21), (-3, 32)\}$

33. $f(x) = x+5$
    $y = x+5$;
    $x = y+5$
    $x-5 = y$
    $f^{-1}(x) = x-5$

Chapter 4: Exponential and Logarithmic Functions

35. $p(x) = -\dfrac{4}{5}x$

    $y = -\dfrac{4}{5}x$;

    $x = -\dfrac{4}{5}y$

    $-\dfrac{5}{4}x = y$

    $p^{-1}(x) = -\dfrac{5}{4}x$

37. $f(x) = 4x + 3$

    Multiply by 4, add 3
    Inverse:
    Subtract 3, divide by 4

    $f^{-1}(x) = \dfrac{x-3}{4}$

39. $Y_1 = \sqrt[3]{x-4}$

    Subtract 4, take cube root
    Inverse:
    Cube x, add 4
    $Y_1^{-1} = x^3 + 4$

41. $f(x) = \sqrt[3]{x-2}$

    a. $f(10) = \sqrt[3]{10-2} = \sqrt[3]{8} = 2$;
    $f(-6) = \sqrt[3]{-6-2} = \sqrt[3]{-8} = -2$;
    $f(1) = \sqrt[3]{1-2} = \sqrt[3]{-1} = -1$;
    $(-6,-2),(1,-1),(10,2)$

    b. $f(x) = \sqrt[3]{x-2}$;
    Interchange x and y to find the inverse.
    $x = \sqrt[3]{y-2}$
    $x^3 = y - 2$
    $x^3 + 2 = y$
    $f^{-1}(x) = x^3 + 2$

    c. $f^{-1}(-2) = (-2)^3 + 2 = -6$;
    $f^{-1}(-1) = (-1)^3 + 2 = 1$;
    $f^{-1}(2) = (2)^3 + 2 = 10$

43. $f(x) = x^3 + 1$

    a. $f(0) = (0)^3 + 1 = 1$;
    $f(1) = (1)^3 + 1 = 2$;
    $f(-1) = (-1)^3 + 1 = 0$;
    $(0,1),(1,2),(-1,0)$

    b. $f(x) = x^3 + 1$;
    Interchange x and y to find the inverse.
    $x = y^3 + 1$
    $x - 1 = y^3$
    $\sqrt[3]{x-1} = y$
    $f^{-1}(x) = \sqrt[3]{x-1}$

    c. $f^{-1}(1) = \sqrt[3]{1-1} = 0$;
    $f^{-1}(2) = \sqrt[3]{2-1} = 1$;
    $f^{-1}(0) = \sqrt[3]{0-1} = -1$

45. $f(x) = \dfrac{8}{x+2}$

    a. $f(0) = \dfrac{8}{0+2} = 4$;
    $f(2) = \dfrac{8}{2+2} = 2$;
    $f(6) = \dfrac{8}{6+2} = 1$;
    $(0,4),(2,2),(6,1)$

    b. $f(x) = \dfrac{8}{x+2}$;
    Interchange x and y to find the inverse.
    $x = \dfrac{8}{y+2}$
    $x(y+2) = 8$
    $xy + 2x = 8$
    $xy = 8 - 2x$
    $y = \dfrac{8}{x} - 2$
    $f^{-1}(x) = \dfrac{8}{x} - 2$

4.1 Exercises

c. $f^{-1}(4) = \frac{8}{4} - 2 = 0$;

$f^{-1}(2) = \frac{8}{2} - 2 = 2$;

$f^{-1}(1) = \frac{8}{1} - 2 = 6$

47. $f(x) = \frac{x}{x+1}$

a. $f(0) = \frac{0}{0+1} = 0$;

$f(1) = \frac{1}{1+1} = \frac{1}{2}$;

$f(-2) = \frac{-2}{-2+1} = 2$;

$(0,0), \left(1, \frac{1}{2}\right), (-2, 2)$

b. $f(x) = \frac{x}{x+1}$;

Interchange x and y to find the inverse.

$x = \frac{y}{y+1}$

$x(y+1) = y$

$xy + x = y$

$xy - y = -x$

$y(x-1) = -x$

$y = \frac{-x}{x-1}$

$y = \frac{x}{1-x}$

$f^{-1}(x) = \frac{x}{1-x}$

c. $f^{-1}(0) = \frac{0}{1-0} = 0$;

$f^{-1}\left(\frac{1}{2}\right) = \frac{\frac{1}{2}}{1-\frac{1}{2}} = 1$;

$f^{-1}(2) = \frac{2}{1-2} = -2$

49. $f(x) = (x+5)^2$

a. Parabola with vertex (-5,0)
Restricting domain to $x \geq -5$ leaves right branch of $f(x) = (x+5)^2$ with range $y \geq 0$

b. For $x \geq -5$

$f(x) = (x+5)^2$

$y = (x+5)^2$

Interchange x and y to find the inverse.

$x = (y+5)^2$

$\pm\sqrt{x} = \sqrt{(y+5)^2}$

$\pm\sqrt{x} = y + 5$

use $\sqrt{x}$ since $x \geq -5$

$\sqrt{x} - 5 = y$

$f^{-1}(x) = \sqrt{x} - 5$,

Domain $x \in [0, \infty)$, Range $y \in [-5, \infty)$

51. $v(x) = \frac{8}{(x-3)^2}$

a. Restricting domain to $x > 3$, range $y > 0$

b. $v(x) = \frac{8}{(x-3)^2}$

Interchange x and y to find the inverse.

$x = \frac{8}{(y-3)^2}$

$x(y-3)^2 = 8$

$(y-3)^2 = \frac{8}{x}$

$y - 3 = \pm\sqrt{\frac{8}{x}}$

use $+\sqrt{\frac{8}{x}}$ since $x > 3$

$y = 3 + \sqrt{\frac{8}{x}}$

$v^{-1}(x) = 3 + \sqrt{\frac{8}{x}}$,

Domain $x \in (0, \infty)$, Range $y \in (3, \infty)$

218

Chapter 4: Exponential and Logarithmic Functions

53. $p(x) = (x+4)^2 - 2$

   a. Restricting domain to $x \geq -4$, range $y \geq -2$

   b. $p(x) = (x+4)^2 - 2$
   Interchange x and y to find the inverse.
   $x = (y+4)^2 - 2$
   $x + 2 = (y+4)^2$
   $\pm\sqrt{x+2} = y + 4$
   use $\sqrt{x+2}$ since $x \geq -4$
   $\sqrt{x+2} - 4 = y$
   $p^{-1}(x) = \sqrt{x+2} - 4$
   Domain $x \in [-2, \infty)$, Range $y \in [-4, \infty)$

55. $f(x) = -2x + 5$; $g(x) = \dfrac{x-5}{-2}$

   $(f \circ g)(x) = f[g(x)]$
   $= -2(g(x)) + 5$
   $= -2\left(\dfrac{x-5}{-2}\right) + 5 = x - 5 + 5 = x$;
   $(g \circ f)(x) = g[f(x)]$
   $= \dfrac{f(x) - 5}{-2}$
   $= \dfrac{-2x + 5 - 5}{-2}$
   $= \dfrac{-2x}{-2}$
   $= x$

57. $f(x) = \sqrt[3]{x+5}$; $g(x) = x^3 - 5$
   $(f \circ g)(x) = f[g(x)]$
   $= \sqrt[3]{g(x) + 5}$
   $= \sqrt[3]{x^3 - 5 + 5}$
   $= \sqrt[3]{x^3}$
   $= x$;
   $(g \circ f)(x) = g[f(x)]$
   $= (f(x))^3 - 5$
   $= \left(\sqrt[3]{x+5}\right)^3 - 5$
   $= x + 5 - 5$
   $= x$

59. $f(x) = \dfrac{2}{3}x - 6$; $g(x) = \dfrac{3}{2}x + 9$
   $(f \circ g)(x) = f[g(x)]$
   $= \dfrac{2}{3}g(x) - 6$
   $= \dfrac{2}{3}\left(\dfrac{3}{2}x + 9\right) - 6$
   $= x + 6 - 6$
   $= x$;
   $(g \circ f)(x) = g[f(x)]$
   $= \dfrac{3}{2}f(x) + 9$
   $= \dfrac{3}{2}\left(\dfrac{2}{3}x - 6\right) + 9$
   $= x - 9 + 9$
   $= x$

61. $f(x) = x^2 - 3$; $x \geq 0$; $g(x) = \sqrt{x+3}$
   $(f \circ g)(x) = f[g(x)]$
   $= (g(x))^2 - 3$
   $= \left(\sqrt{x+3}\right)^2 - 3$
   $= x + 3 - 3$
   $= x$;
   $(g \circ f)(x) = g[f(x)]$
   $= \sqrt{f(x) + 3}$
   $= \sqrt{x^2 - 3 + 3}$
   $= \sqrt{x^2}$
   $= x$

4.1 Exercises

63. $f(x) = 3x - 5$
$y = 3x - 5$
$x = 3y - 5$
$x + 5 = 3y$
$\dfrac{x+5}{3} = y$
$f^{-1}(x) = \dfrac{x+5}{3}$
$(f \circ f^{-1})(x) = f[f^{-1}(x)]$
$= 3(f^{-1}(x)) - 5$
$= 3\left(\dfrac{x+5}{3}\right) - 5$
$= x + 5 - 5$
$= x;$
$(f^{-1} \circ f)(x) = f^{-1}[f(x)]$
$= \dfrac{f(x)+5}{3}$
$= \dfrac{3x-5+5}{3}$
$= \dfrac{3x}{3}$
$= x$

65. $f(x) = \dfrac{x-5}{2}$
$y = \dfrac{x-5}{2}$
$x = \dfrac{y-5}{2}$
$2x = y - 5$
$2x + 5 = y$
$f^{-1}(x) = 2x + 5$
$(f \circ f^{-1})(x) = f[f^{-1}(x)]$
$= \dfrac{f^{-1}(x) - 5}{2}$
$= \dfrac{2x + 5 - 5}{2}$
$= \dfrac{2x}{2}$
$= x;$

$(f^{-1} \circ f)(x) = f^{-1}[f(x)]$
$= 2(f(x)) + 5$
$= 2\left(\dfrac{x-5}{2}\right) + 5$
$= x - 5 + 5$
$= x$

67. $f(x) = \dfrac{1}{2}x - 3$
$y = \dfrac{1}{2}x - 3$
$x = \dfrac{1}{2}y - 3$
$x + 3 = \dfrac{1}{2}y$
$2x + 6 = y$
$f^{-1}(x) = 2x + 6$
$(f \circ f^{-1})(x) = f[f^{-1}(x)]$
$= \dfrac{1}{2}(f^{-1}(x)) - 3$
$= \dfrac{1}{2}(2x + 6) - 3$
$= x + 3 - 3$
$= x;$
$(f^{-1} \circ f)(x) = f^{-1}[f(x)]$
$= 2(f(x)) + 6$
$= 2\left(\dfrac{1}{2}x - 3\right) + 6$
$= x - 6 + 6$
$= x$

Chapter 4: Exponential and Logarithmic Functions

69. $f(x) = x^3 + 3$

$y = x^3 + 3$

$x = y^3 + 3$

$x - 3 = y^3$

$\sqrt[3]{x-3} = y$

$f^{-1}(x) = \sqrt[3]{x-3}$

$(f \circ f^{-1})(x) = f[f^{-1}(x)]$

$= (f^{-1}(x))^3 + 3$

$= (\sqrt[3]{x-3})^3 + 3$

$= x - 3 + 3$

$= x;$

$(f^{-1} \circ f)(x) = f^{-1}[f(x)]$

$= \sqrt[3]{f(x) - 3}$

$= \sqrt[3]{x^3 + 3 - 3}$

$= \sqrt[3]{x^3}$

$= x$

71. $f(x) = \sqrt[3]{2x+1}$

$y = \sqrt[3]{2x+1}$

$x = \sqrt[3]{2y+1}$

$x^3 = 2y + 1$

$x^3 - 1 = 2y$

$\dfrac{x^3 - 1}{2} = y$

$f^{-1}(x) = \dfrac{x^3 - 1}{2}$

$(f \circ f^{-1})(x) = f[f^{-1}(x)]$

$= \sqrt[3]{2(f^{-1}(x)) + 1}$

$= \sqrt[3]{2\left(\dfrac{x^3-1}{2}\right) + 1}$

$= \sqrt[3]{x^3 - 1 + 1}$

$= \sqrt[3]{x^3}$

$= x;$

$(f^{-1} \circ f)(x) = f^{-1}[f(x)]$

$= \dfrac{(f(x))^3 - 1}{2}$

$= \dfrac{(\sqrt[3]{2x+1})^3 - 1}{2}$

$= \dfrac{2x + 1 - 1}{2}$

$= \dfrac{2x}{2}$

$= x$

73. $f(x) = \dfrac{(x-1)^3}{8}$

$y = \dfrac{(x-1)^3}{8}$

$x = \dfrac{(y-1)^3}{8}$

$8x = (y-1)^3$

$\sqrt[3]{8x} = y - 1$

$2\sqrt[3]{x} + 1 = y$

$f^{-1}(x) = 2\sqrt[3]{x} + 1$

$(f \circ f^{-1})(x) = f[f^{-1}(x)]$

$= \dfrac{(f^{-1}(x) - 1)^3}{8}$

$= \dfrac{(2\sqrt[3]{x} + 1 - 1)^3}{8}$

$= \dfrac{(2\sqrt[3]{x})^3}{8}$

$= \dfrac{8x}{8}$

$= x;$

$(f^{-1} \circ f)(x) = f^{-1}[f(x)]$

$= 2\sqrt[3]{f(x)} + 1$

$= 2\sqrt[3]{\dfrac{(x-1)^3}{8}} + 1$

$= 2\left(\dfrac{x-1}{2}\right) + 1$

$= x - 1 + 1$

$= x$

4.1 Exercises

75. $f(x) = \sqrt{3x+2}$,
$x \in \left[-\frac{2}{3}, \infty\right), y \in [0, \infty)$
$y = \sqrt{3x+2}$
$x = \sqrt{3y+2}$
$x^2 = 3y + 2$
$x^2 - 2 = 3y$
$\frac{x^2 - 2}{3} = y$
$f^{-1}(x) = \frac{x^2-2}{3}; x \geq 0; y \in \left[-\frac{2}{3}, \infty\right)$
$(f \circ f^{-1})(x) = f(f^{-1}(x))$
$= \sqrt{3(f^{-1}(x)) + 2}$
$= \sqrt{3\left(\frac{x^2-2}{3}\right) + 2}$
$= \sqrt{x^2 - 2 + 2}$
$= \sqrt{x^2}$
$= |x|$
$= x; \text{ since } x \geq 0$
$(f^{-1} \circ f)(x) = f^{-1}[f(x)]$
$= \frac{(f(x))^2 - 2}{3}$
$= \frac{(\sqrt{3x+2})^2 - 2}{3}$
$= \frac{3x + 2 - 2}{3}$
$= \frac{3x}{3}$
$= x$

77. $p(x) = 2\sqrt{x-3}$
$x \in [3, \infty), y \in [0, \infty)$
$y = 2\sqrt{x-3}$
$x = 2\sqrt{y-3}$
$\frac{x}{2} = \sqrt{y-3}$
$\frac{x^2}{4} = y - 3$
$\frac{x^2}{4} + 3 = y$
$p^{-1}(x) = \frac{x^2}{4} + 3; x \geq 0 ; y \in [3, \infty)$
$(p \circ p^{-1})(x) = p(p^{-1}(x))$
$= 2\sqrt{p^{-1}(x) - 3}$
$= 2\sqrt{\frac{x^2}{4} + 3 - 3}$
$= 2\sqrt{\frac{x^2}{4}}$
$= 2\left(\frac{x}{2}\right)$
$= x;$
$(p^{-1} \circ p)(x) = p^{-1}[p(x)]$
$= \frac{(p(x))^2}{4} + 3$
$= \frac{(2\sqrt{x-3})^2}{4} + 3$
$= \frac{4(x-3)}{4} + 3$
$= x - 3 + 3$
$= x$

Chapter 4: Exponential and Logarithmic Functions

79. $v(x) = x^2 + 3; x \geq 0, y \in [3, \infty)$
$y = x^2 + 3$
$x = y^2 + 3$
$x - 3 = y^2$
$\sqrt{x-3} = y$
$v^{-1}(x) = \sqrt{x-3}$; $x \geq 3, y \in [0, \infty)$
$(v \circ v^{-1})(x) = v[v^{-1}(x)]$
$= (v^{-1}(x))^2 + 3$
$= (\sqrt{x-3})^2 + 3$
$= x - 3 + 3$
$= x$;
$(v^{-1} \circ v)(x) = v^{-1}[v(x)]$
$= \sqrt{v(x) - 3}$
$= \sqrt{x^2 + 3 - 3}$
$= \sqrt{x^2}$
$= |x|$
$= x$; since $x \geq 0$

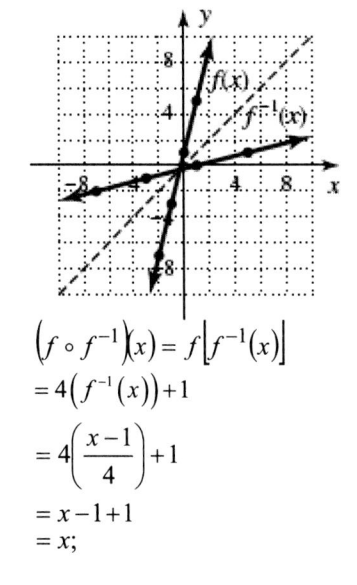

81. $f(x) = 4x + 1$; $f^{-1}(x) = \dfrac{x-1}{4}$

$(f \circ f^{-1})(x) = f[f^{-1}(x)]$
$= 4(f^{-1}(x)) + 1$
$= 4\left(\dfrac{x-1}{4}\right) + 1$
$= x - 1 + 1$
$= x$;

$(f^{-1} \circ f)(x) = f^{-1}[f(x)]$
$= \dfrac{f(x) - 1}{4}$
$= \dfrac{4x + 1 - 1}{4}$
$= \dfrac{4x}{4}$
$= x$

83. $f(x) = \sqrt[3]{x+2}$; $f^{-1}(x) = x^3 - 2$

$(f \circ f^{-1})(x) = f[f^{-1}(x)]$
$= \sqrt[3]{f^{-1}(x) + 2}$
$= \sqrt[3]{x^3 - 2 + 2}$
$= \sqrt[3]{x^3}$
$= x$;

$(f^{-1} \circ f)(x) = f^{-1}[f(x)]$
$= (f(x))^3 - 2$
$= (\sqrt[3]{x+2})^3 - 2$
$= x + 2 - 2$
$= x$

4.1 Exercises

85. $f(x) = 0.2x+1$; $f^{-1}(x) = 5x-5$

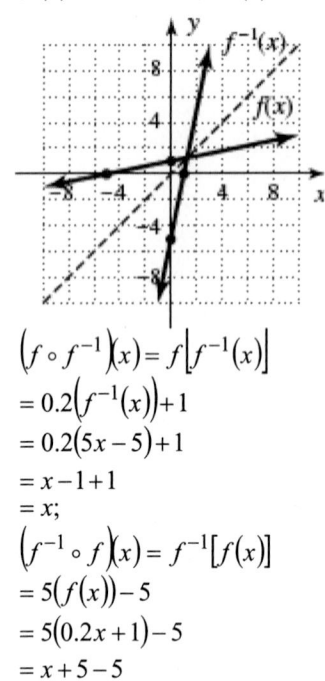

$(f \circ f^{-1})(x) = f[f^{-1}(x)]$
$= 0.2(f^{-1}(x))+1$
$= 0.2(5x-5)+1$
$= x-1+1$
$= x$;
$(f^{-1} \circ f)(x) = f^{-1}[f(x)]$
$= 5(f(x))-5$
$= 5(0.2x+1)-5$
$= x+5-5$
$= x$

87. $f(x) = (x+2)^2; x \geq -2$; $f^{-1}(x) = \sqrt{x}-2$

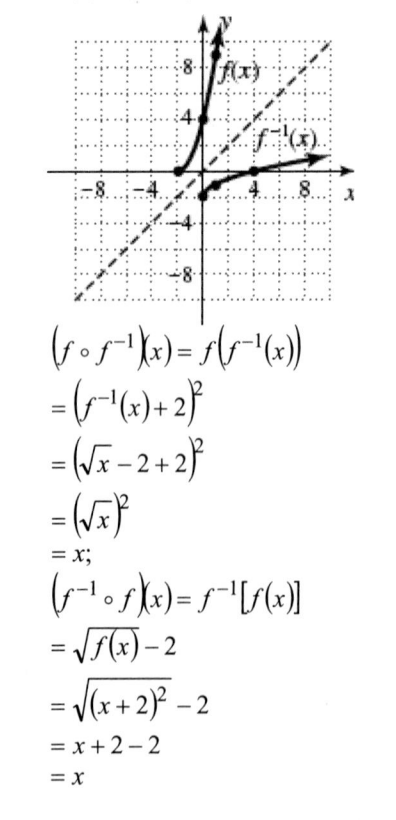

$(f \circ f^{-1})(x) = f(f^{-1}(x))$
$= (f^{-1}(x)+2)^2$
$= (\sqrt{x}-2+2)^2$
$= (\sqrt{x})^2$
$= x$;
$(f^{-1} \circ f)(x) = f^{-1}[f(x)]$
$= \sqrt{f(x)}-2$
$= \sqrt{(x+2)^2}-2$
$= x+2-2$
$= x$

89. $f(x)$ $\qquad$ $f^{-1}(x)$
$D: x \in [0,\infty)$ $D: x \in [-2,\infty)$
$R: y \in [-2,\infty)$ $R: y \in [0,\infty)$

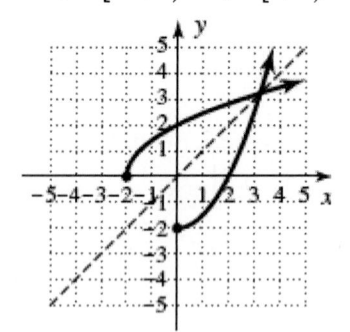

91. $f(x)$ $\qquad$ $f^{-1}(x)$
$D: x \in (0,\infty)$ $D: x \in (-\infty,\infty)$
$R: y \in (-\infty,\infty)$ $R: y \in (0,\infty)$

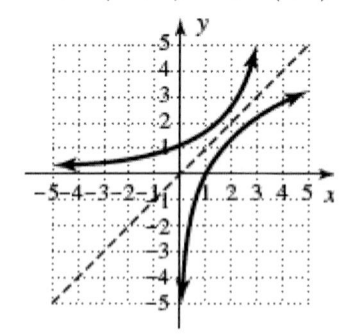

93. $f(x)$ $\qquad$ $f^{-1}(x)$
$D: x \in (-\infty,4]$ $D: x \in (-\infty,4]$
$R: y \in (-\infty,4]$ $R: y \in (-\infty,4]$

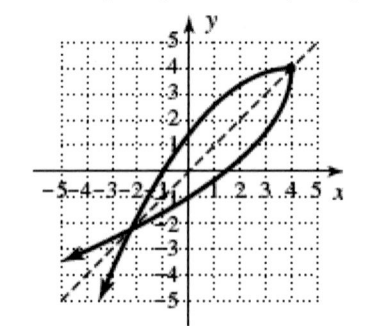

Chapter 4: Exponential and Logarithmic Functions

95. $f(x) = \frac{1}{2}x - 8.5$

   a. $f(80) = \frac{1}{2}(80) - 8.5 = 31.5 \text{ cm}$

   b. $y = \frac{1}{2}x - 8.5$
   $x = \frac{1}{2}y - 8.5$
   $x + 8.5 = \frac{1}{2}y$
   $2x + 17 = y$
   $f^{-1}(x) = 2x + 17$
   $f^{-1}(31.5) = 2(31.5) + 17 = 80$
   It gives the distance of the projector from screen.

97. $f(x) = -\frac{7}{2}x + 59$

   a. $f(35) = -\frac{7}{2}(35) + 59 = -63.5°\text{F}$

   b. $y = -\frac{7}{2}x + 59$
   $x = -\frac{7}{2}y + 59$
   $x - 59 = -\frac{7}{2}y$
   $-\frac{2}{7}(x - 59) = y$
   $f^{-1}(x) = -\frac{2}{7}(x - 59)$
   Independent: temperature
   Dependent: altitude

   c. $f^{-1}(-18) = -\frac{2}{7}(-18 - 59)$
   $= -\frac{2}{7}(-77) = 22$
   The approximate altitude is 22000 feet.

99. $f(x) = 16x^2; x \geq 0$

   a. $f(3) = 16(3)^2 = 16(9) = 144 \text{ ft}$

   b. $y = 16x^2$
   $x = 16y^2$
   $\frac{x}{16} = y^2$
   $\frac{\sqrt{x}}{4} = y$
   $f^{-1}(x) = \frac{\sqrt{x}}{4}$;
   Independent: distance fallen
   Dependent: time fallen

   c. $f^{-1}(784) = \frac{\sqrt{784}}{4} = \frac{28}{4} = 7 \text{ sec}$

101. $f(x) = \frac{1}{3}\pi x^3$

   a. $f(30) = \frac{1}{3}\pi(30)^3 = 9000\pi \approx 28260 \text{ ft}^3$

   b. $y = \frac{1}{3}\pi x^3$
   $x = \frac{1}{3}\pi y^3$
   $3x = \pi y^3$
   $\frac{3x}{\pi} = y^3$
   $\sqrt[3]{\frac{3x}{\pi}} = y$
   $f^{-1}(x) = \sqrt[3]{\frac{3x}{\pi}}$;
   Independent: volume
   Dependent: height

   c. $f^{-1}(763.02) = \sqrt[3]{\frac{3(763.02)}{\pi}} = 9 \text{ ft}$

4.1 Exercises

103. $f(x) = \{(x, y) | y = 3x - 6\}$

    a. $f(2) = 3(2) - 6 = 0, \ (2, 0);$
$f(0) = 3(0) - 6 = -6, \ (0, -6);$
$f(1) = 3(1) - 6 = -3, \ (1, -3);$
$f(3) = 3(3) - 6 = 3, \ (3, 3);$
$f(-1) = 3(-1) - 6 = -9, \ (-1, -9)$

    b. $(0, 2), (-6, 0), (-3, 1), (3, 3), (-9, -1)$

$f^{-1}(x) = \left\{(x, y) \Big| y = \dfrac{x}{3} + 2\right\}$

$f^{-1}(0) = \dfrac{0}{3} + 2 = 2, \ (0, 2);$

$f^{-1}(-6) = \dfrac{-6}{3} + 2 = 0, \ (-6, 0);$

$f^{-1}(-3) = \dfrac{-3}{3} + 2 = 1, \ (-3, 1);$

$f^{-1}(3) = \dfrac{3}{3} + 2 = 3, \ (3, 3);$

$f^{-1}(-9) = \dfrac{-9}{3} + 2 = -1, \ (-9, -1)$

105. $f(x) = \dfrac{2}{3}\left(x - \dfrac{1}{2}\right)^5 + \dfrac{4}{5}$

$y = \dfrac{2}{3}\left(x - \dfrac{1}{2}\right)^5 + \dfrac{4}{5}$

$x = \dfrac{2}{3}\left(y - \dfrac{1}{2}\right)^5 + \dfrac{4}{5}$

$x - \dfrac{4}{5} = \dfrac{2}{3}\left(y - \dfrac{1}{2}\right)^5$

$\dfrac{3}{2}\left(x - \dfrac{4}{5}\right) = \left(y - \dfrac{1}{2}\right)^5$

$\sqrt[5]{\dfrac{3}{2}\left(x - \dfrac{4}{5}\right)} = y - \dfrac{1}{2}$

$\sqrt[5]{\dfrac{3}{2}\left(x - \dfrac{4}{5}\right)} + \dfrac{1}{2} = y$

    d. $f^{-1}(x) = \sqrt[5]{\dfrac{3}{2}\left(x - \dfrac{4}{5}\right)} + \dfrac{1}{2}$

107. $f(x) = x^2 - x - 2; \ f(x) \leq 0$

$x^2 - x - 2 = 0$
$(x - 2)(x + 1) = 0$
$x = 2; \ x = -1$
Concave up
$x \in [-1, 2]$

109. a. Perimeter of a rectangle:
$P = 2l + 2w$

    b. Area of a circle:
$A = \pi r^2$

    c. Volume of a cylinder:
$V = \pi r^2 h$

    d. Volume of a cone:
$V = \dfrac{1}{3} \pi r^2 h$

    e. Circumference of a circle:
$C = 2\pi r$

    f. Area of a triangle:
$A = \dfrac{1}{2} bh$

    g. Area of a trapezoid:
$A = \dfrac{1}{2}(b_1 + b_2)h$

    h. Volume of a sphere:
$V = \dfrac{4}{3}\pi r^3$

    i. Pythagorean Theorem:
$a^2 + b^2 = c^2$

Chapter 4: Exponential and Logarithmic Functions

4.2 Technology Highlight

1. $3^x = 22$; $x \approx 2.8$

3. $e^{x-1} = 9$; $x \approx 3.2$

4.2 Exercises

1. b^x, b, b, x

3. $a, 1$

5. False; for $|b| < 1$ and $x_2 > x_1, b^{x_2} < b^{x_1}$ so the function is decreasing.

7. $P(t) = 2500 \cdot 4^t$;
   $P(2) = 2500 \cdot 4^2 = 40000$;
   $P\left(\dfrac{1}{2}\right) = 2500 \cdot 4^{\frac{1}{2}} = 5000$;
   $P\left(\dfrac{3}{2}\right) = 2500 \cdot 4^{\frac{3}{2}} = 20000$;
   $P(\sqrt{3}) = 2500 \cdot 4^{\sqrt{3}} \approx 27589.162$

9. $f(x) = 0.5 \cdot 10^x$;
   $f(3) = 0.5 \cdot 10^3 = 500$;
   $f\left(\dfrac{1}{2}\right) = 0.5 \cdot 10^{\frac{1}{2}} \approx 1.581$;
   $f\left(\dfrac{2}{3}\right) = 0.5 \cdot 10^{\frac{2}{3}} \approx 2.321$;
   $f(\sqrt{7}) = 0.5 \cdot 10^{\sqrt{7}} \approx 221.168$

11. $V(n) = 10{,}000\left(\dfrac{2}{3}\right)^n$;
    $V(0) = 10{,}000\left(\dfrac{2}{3}\right)^0 = 10000$;
    $V(4) = 10{,}000\left(\dfrac{2}{3}\right)^4 \approx 1975.309$;
    $V(4.7) = 10{,}000\left(\dfrac{2}{3}\right)^{4.7} \approx 1487.206$;
    $V(5) = 10{,}000\left(\dfrac{2}{3}\right)^5 \approx 1316.872$

13. $y = 3^x$
    y-intercept: $(0, 1)$

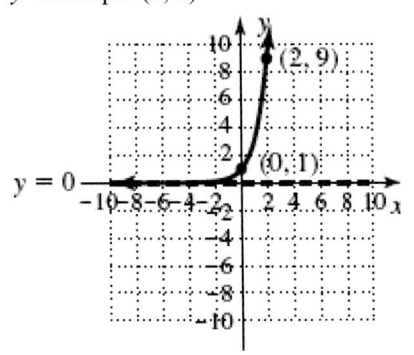

    increasing

15. $y = \left(\dfrac{1}{3}\right)^x$
    y-intercept: $(0, 1)$

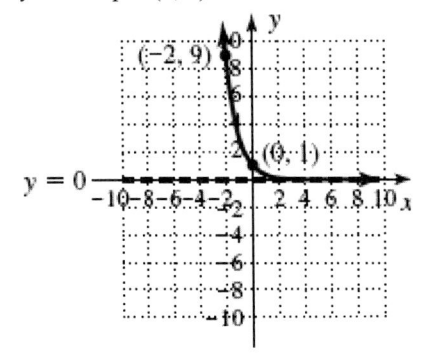

    decreasing

227

4.2 Exercises

17. $y = 3^x + 2$
    up 2

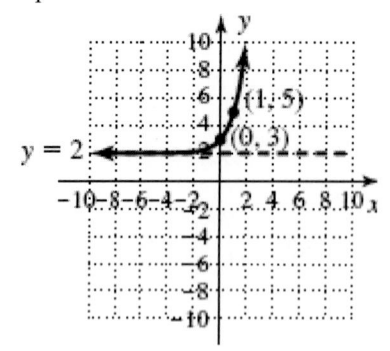

19. $y = 3^{x+3}$
    left 3

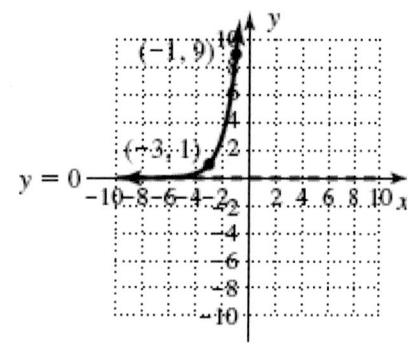

21. $y = 2^{-x}$
    reflected in the y-axis

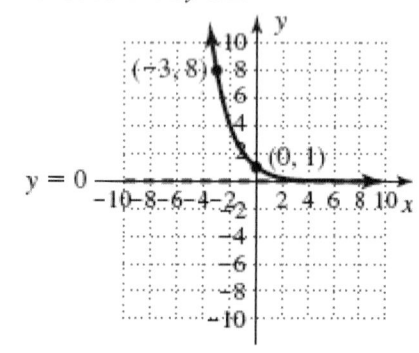

23. $y = 2^{-x} + 3$
    reflected in the y-axis, up 3

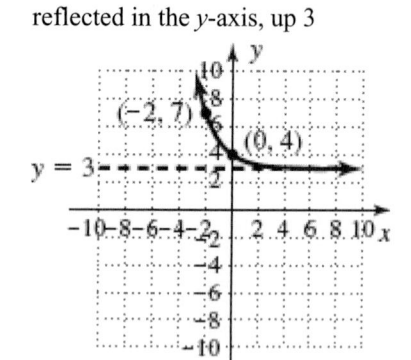

25. $y = 2^{x+1} - 3$
    left 1, down 3

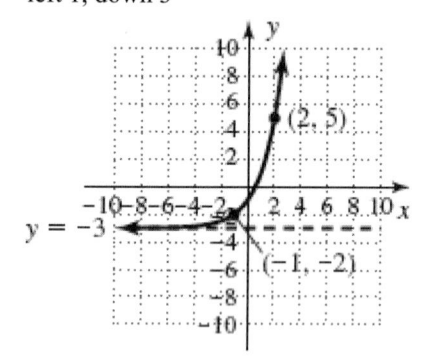

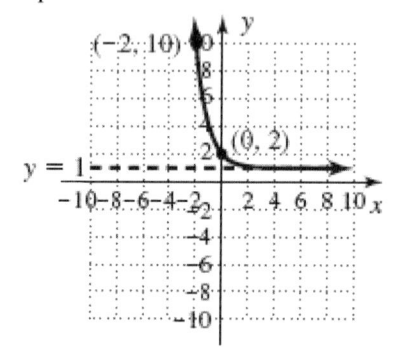

27. $y = \left(\dfrac{1}{3}\right)^x + 1$
    up 1

Chapter 4: Exponential and Logarithmic Functions

29. $y = \left(\dfrac{1}{3}\right)^{x-2}$

    right 2

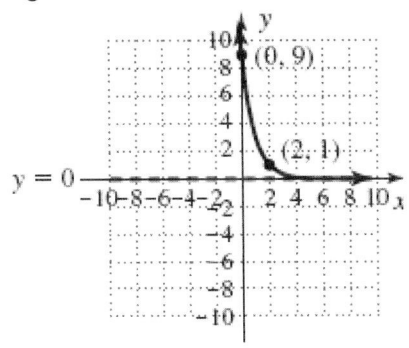

47. $f(x) = e^{x+3} - 2$

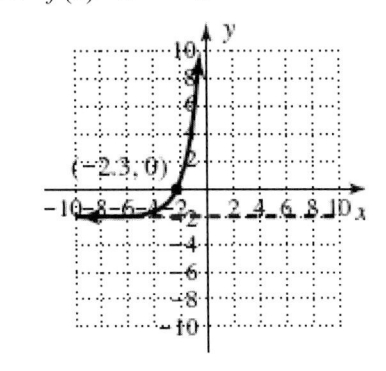

31. $y = \left(\dfrac{1}{3}\right)^{x} - 2$

    down 2

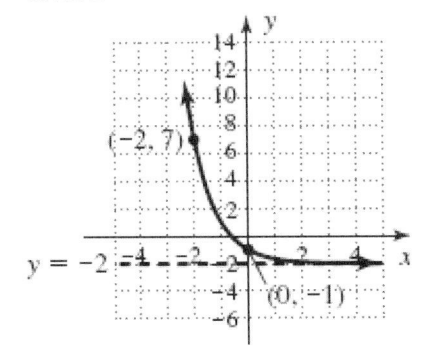

49. $r(t) = -e^t + 2$

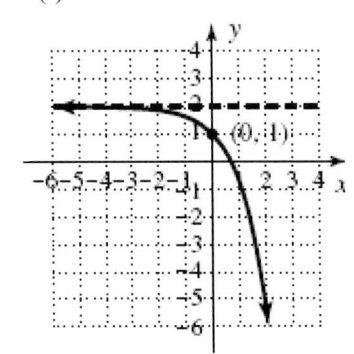

33. e; $y = 5^{-x}$

35. a; $y = 3^{-x+1}$

37. b; $y = 2^{x+1} - 2$

51. $p(x) = e^{-x+2} - 1$

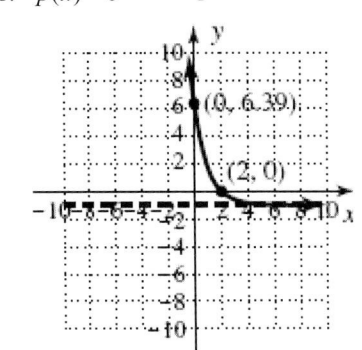

39. $e^1 \approx 2.718282$

41. $e^2 \approx 7.389056$

43. $e^{1.5} \approx 4.481689$

45. $e^{\sqrt{2}} \approx 4.113250$

4.2 Exercises

53. $10^x = 1000$
$10^x = 10^3$
$x = 3$

55. $25^x = 125$
$5^{2x} = 5^3$
$2x = 3$
$x = \dfrac{3}{2}$

57. $8^{x+2} = 32$
$2^{3(x+2)} = 2^5$
$3x + 6 = 5$
$3x = -1$
$x = -\dfrac{1}{3}$

59. $32^x = 16^{x+1}$
$2^{5x} = 2^{4(x+1)}$
$5x = 4x + 4$
$x = 4$

61. $\left(\dfrac{1}{5}\right)^x = 125$
$\left(\dfrac{1}{5}\right)^x = \left(\dfrac{1}{5}\right)^{-3}$
$x = -3$

63. $\left(\dfrac{1}{3}\right)^{2x} = 9^{x-6}$
$\left(\dfrac{1}{3}\right)^{2x} = \left(\dfrac{1}{3}\right)^{-2(x-6)}$
$2x = -2x + 12$
$4x = 12$
$x = 3$

65. $\left(\dfrac{1}{9}\right)^{x-5} = 3^{3x}$
$\left(\dfrac{1}{3}\right)^{2(x-5)} = \left(\dfrac{1}{3}\right)^{-1(3x)}$
$2x - 10 = -3x$
$5x = 10$
$x = 2$

67. $25^{3x} = 125^{x-2}$
$5^{6x} = 5^{3(x-2)}$
$6x = 3x - 6$
$3x = -6$
$x = -2$

69. $\dfrac{e^4}{e^{2-x}} = e^3 e^1$
$e^{4-(2-x)} = e^4$
$4 - (2 - x) = 4$
$4 - 2 + x = 4$
$2 + x = 4$
$x = 2$

71. $\left(e^{2x-4}\right)^3 = \dfrac{e^{x+5}}{e^2}$
$e^{6x-12} = e^{x+5-2}$
$6x - 12 = x + 3$
$5x - 12 = 3$
$5x = 15$
$x = 3$

Chapter 4: Exponential and Logarithmic Functions

73. $P(t) = 1000 \cdot 3^t$

   (a) 12 hr = $\frac{1}{2}$ day

   $P\left(\frac{1}{2}\right) = 1000 \cdot 3^{\frac{1}{2}} \approx 1732$;

   $P(1) = 1000 \cdot 3^1 = 3000$;

   $P\left(\frac{3}{2}\right) = 1000 \cdot 3^{\frac{3}{2}} \approx 5196$;

   $P(2) = 1000 \cdot 3^2 = 9000$

   (b) yes
   (c) as $t \to \infty, P \to \infty$
   (d)

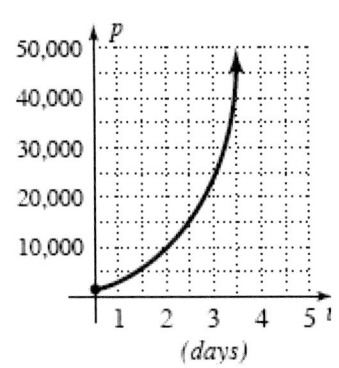

75. $T(x) = T_R + (T_0 - T_R)e^{kx}$

   $T_R = 73°, T_0 = -10°, k \approx -0.031$
   $T(x) = 73 + (-10 - 73)e^{-0.031x}$
   $35 = 73 + (-10 - 73)e^{-0.031x}$

   Using calculator and table,
   $t \approx 25$ min, $25 - 15 = 10$ minutes after guests arrive

77. $V(t) = V_0 \cdot \left(\frac{4}{5}\right)^t$

   (a) $V(1) = 125000 \cdot \left(\frac{4}{5}\right)^1 = \$100,000$

   (b) $64000 = 125000 \cdot \left(\frac{4}{5}\right)^t$

   $\frac{64}{125} = \left(\frac{4}{5}\right)^t$

   $\left(\frac{4}{5}\right)^3 = \left(\frac{4}{5}\right)^t$

   $t = 3$ yr

79. $V(t) = V_0 \cdot \left(\frac{5}{6}\right)^t$

   (a) $V(5) = 216000 \cdot \left(\frac{5}{6}\right)^5 \approx \$86,806$

   (b) $125000 = 216000 \cdot \left(\frac{5}{6}\right)^t$

   $\frac{125}{216} = \left(\frac{5}{6}\right)^t$

   $\left(\frac{5}{6}\right)^3 = \left(\frac{5}{6}\right)^t$

   $t = 3$ yr

81. $R(t) = R_0 \cdot 2^t$

   (a) $R(4) = 2.5 \cdot 2^4 = \$40$ million

   (b) $320 = 2.5 \cdot 2^t$
   $128 = 2^t$
   $2^7 = 2^t$
   $t = 7$ yr

83. $T(x) = 0.85^x$

   $T(7) = 0.85^7 = 0.32058 \approx 32\%$,
   transparent

85. $T(11) = 0.85^{11} = 0.167734 \approx 17\%$,
   transparent

4.2 Exercises

87. $P(t) = P_0(1.05)^t$
$P(10) = 20000(1.05)^{10} \approx \$32,578$

89. $Q(t) = Q_0\left(\dfrac{1}{2}\right)^{\frac{t}{h}}$

(a) $Q(24) = 64\left(\dfrac{1}{2}\right)^{\frac{24}{8}} = 8$ grams

(b) $1 = 64\left(\dfrac{1}{2}\right)^{\frac{t}{8}}$

$\dfrac{1}{64} = \left(\dfrac{1}{2}\right)^{\frac{t}{8}}$

$\left(\dfrac{1}{2}\right)^6 = \left(\dfrac{1}{2}\right)^{\frac{t}{8}}$

$6 = \dfrac{t}{8}$

$t = 48$ minutes

91. $f(20) = \left(\dfrac{1}{2}\right)^{20} = 9.5 \times 10^{-7}$;
Answers will vary.

93. $5^{3x} = 27$, find 5^{2x}
$(5^x)^3 = 3^3$
$5^x = 3^1$
$(5^x)^2 = 3^2$
$5^{2x} = 9$

95. $\left(\dfrac{1}{2}\right)^{x+1} = \dfrac{1}{3}$, find $\left(\dfrac{1}{2}\right)^{-x}$

$\dfrac{1}{2}\left(\dfrac{1}{2}\right)^x = \dfrac{1}{3}$

$\left(\dfrac{1}{2}\right)^x = \dfrac{2}{3}$

$\left(\left(\dfrac{1}{2}\right)^x\right)^{-1} = \left(\dfrac{2}{3}\right)^{-1}$

$\left(\dfrac{1}{2}\right)^{-x} = \dfrac{3}{2}$

97. $\left(1 + \dfrac{1}{x}\right)^x$

a. $\dfrac{f(x+0.01) - f(x)}{x+0.01 - x}$

$= \dfrac{\left(1 + \dfrac{1}{x+0.01}\right)^{x+0.01} - \left(1+\dfrac{1}{x}\right)^x}{0.01}$

TABLE:
At $x = 1$, 0.3842;
At $x = 4$, 0.0564;
At $x = 10$, 0.0114;
At $x = 20$, 0.0031
The rate of growth seems to be approaching 0.

b. Using TABLE At $e = 2.718281828...$
$x = 16,608$

c. yes, the secant lines are becoming virtually horizontal $(y = e)$

99. $D: x \in [-2, \infty), R: y \in [-1, \infty)$

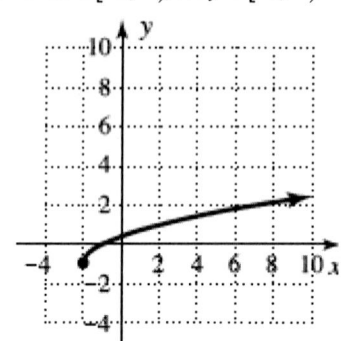

101. a. Volume of a sphere: $\dfrac{4}{3}\pi r^3$

b. Area of a triangle: $\dfrac{1}{2}bh$

c. Volume of a rectangular prism: lwh

d. Pythagorean theorem: $a^2 + b^2 = c^2$

Chapter 4: Exponential and Logarithmic Functions

4.3 Exercises

1. $\log_b x$, b, b, greater

3. $(1,0)$; 0

5. 5; answers will vary

7. $3 = \log_2 8$
   $2^3 = 8$

9. $-1 = \log_7 \frac{1}{7}$
   $7^{-1} = \frac{1}{7}$

11. $0 = \log_9 1$
    $9^0 = 1$

13. $\frac{1}{3} = \log_8 2$
    $8^{\frac{1}{3}} = 2$

15. $1 = \log_2 2$
    $2^1 = 2$

17. $\log_7 49 = 2$
    $7^2 = 49$

19. $\log_{10} 100 = 2$
    $10^2 = 100$

21. $\log_e (54.598) \approx 4$
    $e^4 \approx 54.598$

23. $4^3 = 64$
    $\log_4 64 = 3$

25. $3^{-2} = \frac{1}{9}$
    $\log_3 \left(\frac{1}{9}\right) = -2$

27. $e^0 = 1$
    $0 = \log_e 1$

29. $\left(\frac{1}{3}\right)^{-3} = 27$
    $\log_{\frac{1}{3}} 27 = -3$

31. $10^3 = 1000$
    $\log 1000 = 3$

33. $10^{-2} = \frac{1}{100}$
    $\log \frac{1}{100} = -2$

35. $4^{\frac{3}{2}} = 8$
    $\log_4 8 = \frac{3}{2}$

37. $4^{\frac{-3}{2}} = \frac{1}{8}$
    $\log_4 \frac{1}{8} = \frac{-3}{2}$

39. $\log_4 4$
    $= 1$

41. $\log_{11} 121 = x$
    $11^x = 121$
    $11^x = 11^2$
    $x = 2$

43. $\log_e e = \log_e e^1 = 1$

45. $\log_4 2 = x$
    $4^x = 2$
    $2^{2x} = 2^1$
    $2x = 1$
    $x = \frac{1}{2}$

47. $\log_7 \frac{1}{49} = x$
    $7^x = \frac{1}{49}$
    $7^x = 7^{-2}$
    $x = -2$

4.3 Exercises

49. $\log_e \frac{1}{e^2} = \log_e e^{-2} = -2$

51. $\log 50 = 1.6990$

53. $\ln 1.6 = 0.4700$

55. $\ln 225 = 5.4161$

57. $\log \sqrt{37} = 0.7841$

59. $f(x) = \log_2 x + 3$
    Shift up 3

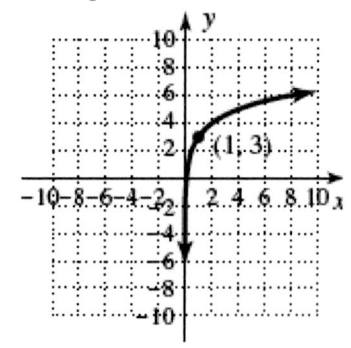

61. $h(x) = \log_2 (x-2) + 3$
    Shift right 2, up 3

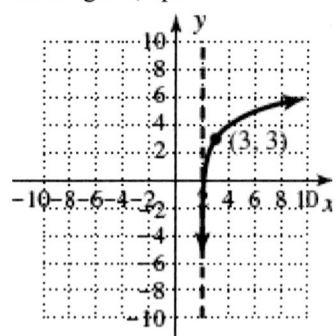

63. $q(x) = \ln(x+1)$
    Shift left 1

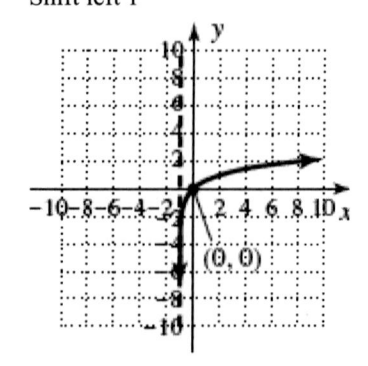

65. $Y_1 = -\ln(X+1)$
    Reflected across x–axis, shift left 1

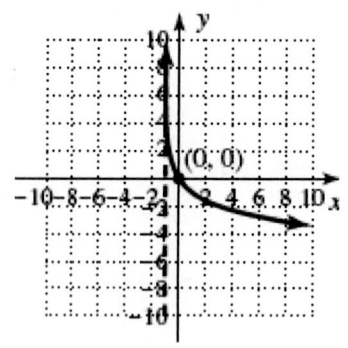

67. $y = \log_b (x+2)$, II

69. $y = 1 - \log_b x$, VI

71. $y = \log_b x + 2$, V

73. $y = \log_6 \left(\frac{x+1}{x-3} \right)$

    $\frac{x+1}{x-3} > 0, x \neq 3$

    critical values: -1 and 3

    $x \in (-\infty, -1) \cup (3, \infty)$

75. $y = \log_5 \sqrt{2x-3}$
    $2x - 3 > 0$
    $2x > 3$
    $x > \frac{3}{2}$
    $x \in \left(\frac{3}{2}, \infty \right)$

77. $y = \log(9 - x^2)$
    $9 - x^2 > 0$;
    $(3+x)(3-x) > 0$
    critical values: 3 and -3

    $x \in (-3, 3)$

Chapter 4: Exponential and Logarithmic Functions

79. $f(x) = -\log_{10} x$
 $x = 7.94 \times 10^{-5}$
 $f(7.94 \times 10^{-5}) = -\log_{10}(7.94 \times 10^{-5})$
 pH ≈ 4.1; acid

81. $M(I) = \log\left(\dfrac{I}{I_0}\right)$

 a. $I = 50{,}000 I_0$
 $M(50000 I_0) = \log\left(\dfrac{50000 I_0}{I_0}\right)$
 $M(50000 I_0) = \log(50000) \approx 4.7$

 b. $I = 75{,}000 I_0$
 $M(75000 I_0) = \log\left(\dfrac{75000 I_0}{I_0}\right)$
 $M(75000 I_0) = \log(75000) \approx 4.9$

83. $M(I) = \log\left(\dfrac{I}{I_0}\right)$

 1989: $6.2 = \log\left(\dfrac{I}{I_0}\right)$
 $10^{6.2} = \dfrac{I}{I_0}$
 $I = 10^{6.2} I_0$;

 2006: $6.7 = \log\left(\dfrac{I}{I_0}\right)$
 $10^{6.7} = \dfrac{I}{I_0}$
 $I = 10^{6.7} I_0$;

 Comparing the 1989 earthquakes to the 2006
 earthquakes: $\dfrac{10^{6.7} I_0}{10^{6.2} I_0} \approx 3.2$ times

85. $M(I) = 6 - 2.5 \cdot \log\left(\dfrac{I}{I_0}\right)$

 a. $I = 27 \cdot I_0$
 $M(27 I_0) = 6 - 2.5 \cdot \log\left(\dfrac{27 I_0}{I_0}\right)$
 ≈ 2.4

 b. $I = 85 \cdot I_0$
 $M(85 I_0) = 6 - 2.5 \cdot \log\left(\dfrac{85 I_0}{I_0}\right)$
 ≈ 1.2

87. $D(I) = 10 \cdot \log\left(\dfrac{I}{I_0}\right)$

 a. $I = 10^{-14}$
 $D(10^{-14}) = 10 \cdot \log\left(\dfrac{10^{-14}}{10^{-16}}\right) = 20$ dB

 b. $I = 10^{-4}$
 $D(10^{-4}) = 10 \cdot \log\left(\dfrac{10^{-4}}{10^{-16}}\right) = 120$ dB

89. $D(I) = 10 \cdot \log\left(\dfrac{I}{I_0}\right)$;

 Aircompressor: $D(I) = 110$
 $110 = 10 \cdot \log\left(\dfrac{I}{I_0}\right)$
 $\dfrac{110}{10} = \log\left(\dfrac{I}{I_0}\right)$
 $11 = \log\left(\dfrac{I}{I_0}\right)$
 $10^{11} = \dfrac{I}{I_0}$
 $I = 10^{11} I_0$;

 Hair Dryer: $D(I) = 75$
 $75 = 10 \cdot \log\left(\dfrac{I}{I_0}\right)$
 $\dfrac{75}{10} = \log\left(\dfrac{I}{I_0}\right)$
 $7.5 = \log\left(\dfrac{I}{I_0}\right)$
 $10^{7.5} = \dfrac{I}{I_0}$
 $I = 10^{7.5} I_0$;

 Comparison: $\dfrac{10^{11} I_0}{10^{7.5} I_0} \approx 3162$ times

4.3 Exercises

91. $H = (30T + 8000) \cdot \ln\left(\dfrac{P_0}{P}\right)$

$T = -10, P = 34, P_0 = 76$

$H = (30(-10) + 8000) \cdot \ln\left(\dfrac{76}{34}\right)$

$H \approx 6194$ meters

93. $H = (30T + 8000) \cdot \ln\left(\dfrac{P_0}{P}\right)$

 a. $T = 8, P = 39.3, P_0 = 76$

 $H = (30(8) + 8000) \cdot \ln\left(\dfrac{76}{39.3}\right)$

 $H \approx 5{,}434$ meters

 b. $T = 12, P = 47.1, P_0 = 76$

 $H = (30(12) + 8000) \cdot \ln\left(\dfrac{76}{47.1}\right)$

 $H \approx 4{,}000$ meters

95. $N(A) = 1500 + 315 \cdot \ln(A)$

 (a) $N(10) = 1500 + 315 \cdot \ln(10)$
 $= 2225$ items

 (b) $N(50) = 1500 + 315 \cdot \ln(50)$
 $= 2732$ items

 (c) $\approx \$117{,}000$

 (d) $\dfrac{\Delta N}{\Delta A} = \dfrac{8}{1}$

 $\dfrac{N(39.4) - N(39.3)}{39.4 - 39.3} = \dfrac{8}{1}$

97. $C(x) = 42 \ln x - 270$

 (a) $C(2500) = 42 \ln 2500 - 270$
 ≈ 58.6 cfm

 (b) $40 = 42 \ln x - 270$
 $310 = 42 \ln x$
 $\dfrac{310}{42} = \ln x$
 $e^{\frac{310}{42}} = x$
 $x \approx 1{,}605$ ft^2

99. $P(x) = 95 - 14 \cdot \log_2(x)$

 a. 1 day
 $P(1) = 95 - 14 \cdot \log_2(1) = 95\%$

 b. 4 days
 $P(4) = 95 - 14 \cdot \log_2(4) = 67\%$

 c. 16 days
 $P(16) = 95 - 14 \cdot \log_2(16) = 39\%$

101. $f(x) = -\log_{10} x$

 $x = 5.1 \times 10^{-5}$

 $f(5.1 \times 10^{-5}) = -\log_{10}(5.1 \times 10^{-5})$

 pH ≈ 4.3 ; acid

103. a. Threshold of audibility
 0 dB

 b. Lawn Mower
 90 dB

 c. Whisper
 15 dB

 d. Loud rock concert
 120 dB

 e. Lively party
 100 dB

 f. Jet engine
 140 dB

 Many sources give the threshold of pain as 120dB; answers will vary.

Chapter 4: Exponential and Logarithmic Functions

105.a. $\log_{64} \dfrac{1}{16} = x$

Convert to exponential form:

$64^x = \dfrac{1}{16}$

$4^{3x} = 4^{-2}$

$3x = -2$

$x = \dfrac{-2}{3}$

b. $\log_{\frac{4}{9}}\left(\dfrac{27}{8}\right) = x$

Convert to exponential form:

$\left(\dfrac{4}{9}\right)^x = \dfrac{27}{8}$

$\left(\dfrac{2}{3}\right)^{2x} = \left(\dfrac{2}{3}\right)^{-3}$

$2x = -3$

$x = \dfrac{-3}{2}$

c. $\log_{0.25} 32 = x$

$(0.25)^x = 32$

$\left(\dfrac{1}{4}\right)^x = 2^5$

$\left(4^{-1}\right)^x = 2^5$

$\left(2^{-2}\right)^x = 2^5$

$2^{-2x} = 2^5$

$-2x = 5$

$x = \dfrac{-5}{2}$

107. $g(x) = \sqrt[3]{x+2} - 1$

D: $x \in R$
R: $y \in R$

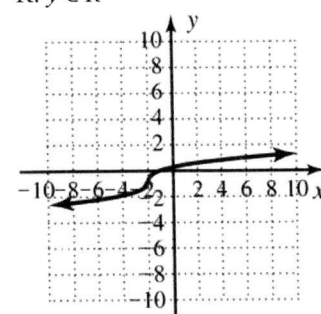

108.a. $x^3 - 8$
$= (x-2)(x^2 + 2x + 4)$

b. $a^2 - 49$
$= (a+7)(a-7)$

c. $n^2 - 10n + 25$
$= (n-5)(n-5)$
$= (n-5)^2$

d. $2b^2 - 7b + 6$
$= (2b-3)(b-2)$

109. $x \in (-\infty, -5)$;

$f(x) = (x+5)(x-4)^2$

$f(x) = (x+5)(x^2 - 8x + 16)$

$f(x) = x^3 - 8x^2 + 16x + 5x^2 - 40x + 80$

$f(x) = x^3 - 3x^2 - 24x + 80$

Chapter 4 Mid-Chapter Check

1. a. $27^{\frac{2}{3}} = 9$

   $\dfrac{2}{3} = \log_{27} 9$

   b. $81^{\frac{5}{4}} = 243$

   $\dfrac{5}{4} = \log_{81} 243$

3. a. $4^{2x} = 32^{x-1}$

   $(2^2)^{2x} = (2^5)^{x-1}$

   $2^{4x} = 2^{5x-5}$

   $4x = 5x - 5$

   $x = 5$

   b. $\left(\dfrac{1}{3}\right)^{4b} = 9^{2b-5}$

   $(3^{-1})^{4b} = (3^2)^{2b-5}$

   $3^{-4b} = 3^{4b-10}$

   $-4b = 4b - 10$

   $-8b = -10$

   $b = \dfrac{5}{4}$

5. $V(t) = V_0 \left(\dfrac{9}{8}\right)^t$

   a. $V(3) = 50{,}000 \left(\dfrac{9}{8}\right)^3 = \$71{,}191.41$

   b. 6 yr

7. $f(x) = \sqrt{x-3} + 1$

   $D: x \in [3, \infty); R: y \in [1, \infty);$

   $f(x) = \sqrt{x-3} + 1$

   Interchange x and y.

   $x = \sqrt{y-3} + 1$

   $x - 1 = \sqrt{y-3}$

   $(x-1)^2 = y - 3$

   $(x-1)^2 + 3 = y$

   $f^{-1}(x) = (x-1)^2 + 3$

   $D: x \in [1, \infty); R: y \in [3, \infty)$

9. (a) $\dfrac{2}{3} = \log_{27} 9$

   $27^{\frac{2}{3}} = 9$

   $(3^3)^{\frac{2}{3}} = 9$

   $3^2 = 9$, verified

   (b) $1.4 \approx \ln 4.0552$

   $e^{1.4} \approx 4.0552$, verified on calculator

Reinforcing Basic Concepts

1. $14 - 11.8 = 2.2;\ 10^{2.2} \approx 158$

   About 158 times

3. $7.5 - 3.4 = 4.1;\ 10^{4.1} \approx 12{,}589$

   About 12,589 times

5. $9.1 - 4.5 = 4.6;\ 10^{4.6} \approx 39{,}811$

   About 39,811 times

Chapter 4: Exponential and Logarithmic Functions

4.4 Exercises

1. e

3. Extraneous

5. $\ln(4x+3) + \ln 2 = 3.2$
   $\ln 2(4x+3) = 3.2$
   $\ln(8x+6) = 3.2$
   $e^{3.2} = 8x+6$
   $e^{3.2} - 6 = 8x$
   $\dfrac{e^{3.2}-6}{8} = x$
   $x = 2.316566275$

7. $\ln x = 3.4$
   $e^{\ln x} = e^{3.4}$
   $x = e^{3.4}$
   $x \approx 29.964$

9. $\log x = \dfrac{1}{4}$
   $10^{\log x} = 10^{\frac{1}{4}}$
   $x = 10^{\frac{1}{4}}$
   $x \approx 1.778$

11. $e^x = 9.025$
    $\ln e^x = \ln 9.025$
    $x = \ln 9.025$
    $x \approx 2.200$

13. $10^x = 18.197$
    $\log 10^x = \log 18.197$
    $x = \log 18.197$
    $x \approx 1.260$

15. $4e^{x-2} + 5 = 70$
    $4e^{x-2} = 65$
    $e^{x-2} = 16.25$
    $\ln e^{x-2} = \ln 16.25$
    $x - 2 = \ln 16.25$
    $x = 2 + \ln 16.25$
    $x \approx 4.7881$

17. $10^{x+5} - 228 = -150$
    $10^{x+5} = 78$
    $\log 10^{x+5} = \log 78$
    $x + 5 = \log 78$
    $x = -5 + \log 78$
    $x \approx -3.1079$

19. $-150 = 290.8 - 190e^{-0.75x}$
    $-440.8 = -190e^{-0.75x}$
    $\dfrac{-440.8}{-190} = e^{-0.75x}$
    $\dfrac{58}{25} = e^{-0.75x}$
    $\ln\left(\dfrac{58}{25}\right) = \ln e^{-0.75x}$
    $\ln\left(\dfrac{58}{25}\right) = -0.75x$
    $\dfrac{\ln\left(\dfrac{58}{25}\right)}{-0.75} = x$
    $x \approx -1.1221$

21. $3\ln(x+4) - 5 = 3$
    $3\ln(x+4) = 8$
    $\ln(x+4) = \dfrac{8}{3}$
    $x + 4 = e^{\frac{8}{3}}$
    $x = e^{\frac{8}{3}} - 4$
    $x \approx 10.3919$

23. $-1.5 = 2\log(5-x) - 4$
    $2.5 = 2\log(5-x)$
    $1.25 = \log(5-x)$
    $10^{1.25} = 10^{\log(5-x)}$
    $10^{1.25} = 5 - x$
    $x = 5 - 10^{1.25}$
    $x \approx -12.7828$

4.4 Exercises

25. $\frac{1}{2}\ln(2x+5)+3 = 3.2$

$\frac{1}{2}\ln(2x+5) = 0.2$

$\ln(2x+5) = 0.4$

$e^{\ln(2x+5)} = e^{0.4}$

$2x+5 = e^{0.4}$

$2x = e^{0.4} - 5$

$x = \frac{e^{0.4}-5}{2}$

$x \approx -1.7541$

27. $\ln(2x)+\ln(x-7)$

$= \ln(2x(x-7))$

$= \ln(2x^2 - 14x)$

29. $\log(x+1)+\log(x-1)$

$= \log((x+1)(x-1))$

$= \log(x^2-1)$

31. $\log_3 28 - \log_3 7$

$= \log_3\left(\frac{28}{7}\right)$

$= \log_3(4)$

33. $\log x - \log(x+1)$

$= \log\left(\frac{x}{x+1}\right)$

35. $\ln(x-5) - \ln x$

$= \ln\left(\frac{x-5}{x}\right)$

37. $\ln(x^2-4) - \ln(x+2)$

$= \ln\left(\frac{x^2-4}{x+2}\right)$

$= \ln\left(\frac{(x+2)(x-2)}{x+2}\right)$

$= \ln(x-2)$

39. $\log_2 7 + \log_2 6$

$= \log_2(7 \cdot 6)$

$= \log_2 42$

41. $\log_5(x^2-2x) + \log_5 x^{-1}$

$= \log_5(x^{-1}(x^2-2x))$

$= \log_5(x-2)$

43. $\log 8^{x+2} = (x+2)\log 8$

45. $\ln 5^{2x-1} = (2x-1)\ln 5$

47. $\log\sqrt{22} = \log 22^{\frac{1}{2}} = \frac{1}{2}\log 22$

49. $\log_5 81 = \log_5 3^4 = 4\log_5 3$

51. $\log(a^3 b) = \log a^3 + \log b = 3\log a + \log b$

53. $\ln(x\sqrt[4]{y}) = \ln x + \ln y^{\frac{1}{4}}$

$= \ln x + \frac{1}{4}\ln y$

55. $\ln\left(\frac{x^2}{y}\right) = \ln x^2 - \ln y$

$= 2\ln x - \ln y$

57. $\log\left(\sqrt{\frac{x-2}{x}}\right) = \log\left(\frac{x-2}{x}\right)^{\frac{1}{2}}$

$= \frac{1}{2}\log\left(\frac{x-2}{x}\right)$

$= \frac{1}{2}[\log(x-2) - \log x]$

Chapter 4: Exponential and Logarithmic Functions

59. $\ln\left(\dfrac{7x\sqrt{3-4x}}{2(x-1)^3}\right)$

    $= \ln\left(7x\sqrt{3-4x}\right) - \ln\left(2(x-1)^3\right)$

    $= \ln 7x + \ln\sqrt{3-4x} - \left[\ln 2 + \ln(x-1)^3\right]$

    $= \ln 7x + \ln(3-4x)^{\frac{1}{2}} - \ln 2 - \ln(x-1)^3$

    $= \ln 7 + \ln x + \dfrac{1}{2}\ln(3-4x) - \ln 2 - 3\ln(x-1)$

61. $\log_7 60 = \dfrac{\ln 60}{\ln 7} = 2.104076884$

63. $\log_5 152 = \dfrac{\ln 152}{\ln 5} \approx 3.121512475$

65. $\log_3 1.73205 = \dfrac{\log 1.73205}{\log 3}$

    ≈ 0.499999576

67. $\log_{0.5} 0.125 = \dfrac{\log 0.125}{\log 0.5} = 3$

69. $f(x) = \log_3 x = \dfrac{\log x}{\log 3}$;

    $f(5) = \dfrac{\log 5}{\log 3} \approx 1.4650$;

    $f(15) = \dfrac{\log 15}{\log 3} \approx 2.4650$;

    $f(45) = \dfrac{\log 45}{\log 3} \approx 3.4650$;

    Outputs increase by 1; $f(3^3 \cdot 5) \approx 4.465$

71. $h(x) = \log_9 x = \dfrac{\log x}{\log 9}$;

    $h(2) = \dfrac{\log 2}{\log 9} \approx 0.3155$;

    $h(4) = \dfrac{\log 4}{\log 9} \approx 0.6309$;

    $h(8) = \dfrac{\log 8}{\log 9} \approx 0.9464$;

    Outputs are multiples of 0.3155;
    $h(2^4) = 4(0.3155) \approx 1.2619$

73. $\log 4 + \log(x-7) = 2$

    $\log 4(x-7) = 2$

    $4x - 28 = 10^2$

    $4x = 128$

    $x = 32$;

    Check:

    $\log 4 + \log(32-7) = 2$

    $\log 4 + \log 25 = 2$

    $\log 100 = 2$

    $\log 10^2 = 2$

    $2 = 2$

75. $\log(2x-5) - \log 78 = -1$

    $\log\left(\dfrac{2x-5}{78}\right) = -1$

    $\dfrac{2x-5}{78} = 10^{-1}$

    $\dfrac{2x-5}{78} = \dfrac{1}{10}$

    $2x - 5 = \dfrac{78}{10}$

    $2x = 12.8$

    $x = 6.4$;

    Check:

    $\log(2(6.4) - 5) - \log 78 = -1$

    $\log(7.8) - \log 78 = -1$

    $\log\left(\dfrac{7.8}{78}\right) = -1$

    $\log(0.1) = -1$

    $\log 10^{-1} = -1$

    $-1 = -1$

4.4 Exercises

77. $\log(x-15) - 2 = -\log x$
$\log(x-15) + \log x = 2$
$\log x(x-15) = 2$
$x(x-15) = 10^2$
$x^2 - 15x = 100$
$x^2 - 15x - 100 = 0$
$(x-20)(x+5) = 0$
$x - 20 = 0$ or $x + 5 = 0$
$x = 20$ or $x = -5$;
Check $x = 20$:
$\log(20-15) - 2 = -\log 20$
$\log(5) - 2 = -\log 20$
$-1.3010 = -1.3010$;
Check $x = -5$:
$\log(-5-15) - 2 = -\log(-5)$
-5 is not in the domain;
$x = 20$, $x = -5$ is extraneous

79. $\log(2x+1) = 1 - \log x$
$\log(2x+1) + \log x = 1$
$\log x(2x+1) = 1$
$x(2x+1) = 10^1$
$2x^2 + x = 10$
$2x^2 + x - 10 = 0$
$(2x+5)(x-2) = 0$
$2x + 5 = 0$ or $x - 2 = 0$
$x = \dfrac{-5}{2}$ or $x = 2$;
Check $x = -\dfrac{5}{2}$:
$\log\left(2\left(-\dfrac{5}{2}\right)+1\right) = 1 - \log\left(-\dfrac{5}{2}\right)$
$\log(-4) = 1 - \log\left(-\dfrac{5}{2}\right)$
$-\dfrac{5}{2}$ is not in the domain;
Check $x = 2$:
$\log(2(2)+1) = 1 - \log(2)$
$\log(5) = 1 - \log(2)$
$0.69897 = 0.69897$;
$x = 2$, $x = -\dfrac{5}{2}$ is extraneous

81. $\log(5x+2) = \log 2$
$5x + 2 = 2$
$5x = 0$
$x = 0$

83. $\log_4(x+2) - \log_4 3 = \log_4(x-1)$
$\log_4\left(\dfrac{x+2}{3}\right) = \log_4(x-1)$
$\dfrac{x+2}{3} = x - 1$
$x + 2 = 3x - 3$
$-2x = -5$
$x = \dfrac{5}{2}$

85. $\ln(8x-4) = \ln 2 + \ln x$
$\ln(8x-4) = \ln(2x)$
$8x - 4 = 2x$
$6x = 4$
$x = \dfrac{2}{3}$

87. $\log(2x-1) + \log 5 = 1$
Write in exponential form:
$\log(10x-5) = 1$
$10^1 = 10x - 5$
$15 = 10x$
$x = \dfrac{3}{2}$

89. $\log_2 9 + \log_2(x+3) = 3$
Write in exponential form:
$\log_2(9x+27) = 3$
$2^3 = 9x + 27$
$8 = 9x + 27$
$-19 = 9x$
$x = \dfrac{-19}{9}$

91. $\ln(x+7) + \ln 9 = 2$
Write in exponential form:
$\ln(9x+63) = 2$
$e^2 = 9x + 63$
$e^2 - 63 = 9x$
$x = \dfrac{e^2 - 63}{9}$

Chapter 4: Exponential and Logarithmic Functions

93. $\log(x+8) + \log x = \log(x+18)$
Write in exponential form:
$\log(x^2 + 8x) = \log(x+18)$
$x^2 + 8x = x + 18$
$x^2 + 7x - 18 = 0$
$(x+9)(x-2) = 0$
$x+9 = 0$ or $x-2 = 0$
$x = -9$ or $x = 2$
$x = 2$, -9 is extraneous

95. $\ln(2x+1) = 3 + \ln 6$
$e^{3+\ln 6} = 2x+1$
$e^{3+\ln 6} - 1 = 2x$
$\dfrac{e^{3+\ln 6} - 1}{2} = x$
$\dfrac{e^3 e^{\ln 6} - 1}{2} = x$
$\dfrac{e^3(6) - 1}{2} = x$
$\dfrac{6e^3 - 1}{2} = x$
$x = 3e^3 - \dfrac{1}{2}$
$x \approx 59.75661077$

97. $\log(-x-1) = \log(5x) - \log x$
$\log(-x-1) = \log 5$
$-x-1 = 5$
$-x = 6$
$x = -6$
$x = --6$ is extraneous, No Solution

99. $\ln(2t+7) = \ln(3) - \ln(t+1)$
$\ln(2t+7) = \ln\left(\dfrac{3}{t+1}\right)$
$2t+7 = \dfrac{3}{t+1}$
$(t+1)(2t+7) = \left(\dfrac{3}{t+1}\right)(t+1)$
$2t^2 + 9t + 7 = 3$
$2t^2 + 9t + 4 = 0$
$(2t+1)(t+4) = 0$
$2t+1 = 0$ or $t+4 = 0$
$2t = -1$ or $t = -4$
$t = -\dfrac{1}{2}$, -4 is extraneous

101. $\log(x-1) - \log x = \log(x-3)$
$\log \dfrac{x-1}{x} = \log(x-3)$
$\dfrac{x-1}{x} = x-3$
$x-1 = x(x-3)$
$x-1 = x^2 - 3x$
$0 = x^2 - 4x + 1$
$a = 1, b = -4, c = 1$
$x = \dfrac{-(-4) \pm \sqrt{(-4)^2 - 4(1)(1)}}{2(1)}$
$x = \dfrac{4 \pm \sqrt{12}}{2}$
$x = \dfrac{4 \pm 2\sqrt{3}}{2}$
$x = 2 \pm \sqrt{3}$
$x = 2 + \sqrt{3}$, $x = 2 - \sqrt{3}$ is extraneous

103. $7^{x+2} = 231$
$\ln 7^{x+2} = \ln 231$
$(x+2)\ln 7 = \ln 231$
$x+2 = \dfrac{\ln 231}{\ln 7}$
$x = \dfrac{\ln 231}{\ln 7} - 2$
$x \approx 0.7968$

105. $5^{3x-2} = 128{,}965$
$\ln 5^{3x-2} = \ln 128965$
$(3x-2)\ln 5 = \ln 128965$
$3x - 2 = \dfrac{\ln 128695}{\ln 5}$
$3x = \dfrac{\ln 128695}{\ln 5} + 2$
$x = \dfrac{\ln 128965}{3\ln 5} + \dfrac{2}{3}$
$x \approx 3.1038$

4.4 Exercises

107. $2^{x+1} = 3^x$
$\ln 2^{x+1} = \ln 3^x$
$(x+1)\ln 2 = x \ln 3$
$x \ln 2 + \ln 2 = x \ln 3$
$x \ln 2 - x \ln 3 = -\ln 2$
$x(\ln 2 - \ln 3) = -\ln 2$
$x = \dfrac{-\ln 2}{\ln 2 - \ln 3}$
$x = \dfrac{\ln 2}{\ln 3 - \ln 2}$
$x \approx 1.7095$

109. $5^{2x+1} = 9^{x+1}$
$\ln 5^{2x+1} = \ln 9^{x+1}$
$(2x+1)\ln 5 = (x+1)\ln 9$
$2x \ln 5 + \ln 5 = x \ln 9 + \ln 9$
$2x \ln 5 - x \ln 9 = \ln 9 - \ln 5$
$x(2\ln 5 - \ln 9) = \ln 9 - \ln 5$
$x = \dfrac{\ln 9 - \ln 5}{2\ln 5 - \ln 9}$
$x \approx 0.5753$

111. $\dfrac{250}{1+4e^{-0.06x}} = 200$
$250 = 200(1+4e^{-0.06x})$
$\dfrac{250}{200} = 1 + 4e^{-0.06x}$
$\dfrac{1}{4} = 4e^{-0.06x}$
$\dfrac{1}{16} = e^{-0.06x}$
$\ln \dfrac{1}{16} = \ln e^{-0.06x}$
$\ln \dfrac{1}{16} = -0.06x$
$\dfrac{\ln \dfrac{1}{16}}{-0.06} = x$
$x \approx 46.2$

113. $P = \dfrac{C}{1+ae^{-kt}}$
$P(1+ae^{-kt}) = C$
$1 + ae^{-kt} = \dfrac{C}{P}$
$ae^{-kt} = \dfrac{C}{P} - 1$
$e^{-kt} = \dfrac{\dfrac{C}{P}-1}{a}$
$\ln e^{-kt} = \ln\left(\dfrac{\dfrac{C}{P}-1}{a}\right)$
$-kt = \ln\left(\dfrac{\dfrac{C}{P}-1}{a}\right)$
$t = \dfrac{\ln\left(\dfrac{\dfrac{C}{P}-1}{a}\right)}{-k}$;
$C = 450$, $a = 8$, $P = 400$, $k = 0.075$
$t = \dfrac{\ln\left(\dfrac{\dfrac{450}{400}-1}{8}\right)}{-0.075} \approx 55.45$

Chapter 4: Exponential and Logarithmic Functions

115. $P(t) = \dfrac{750}{1+24e^{-0.075t}}$

   a. $P(0) = \dfrac{750}{1+24e^{-0.075(0)}}$
$P(0) = 30$ fish

   b. $300 = \dfrac{750}{1+24e^{-0.075t}}$

$300(1+24e^{-0.075t}) = 750$

$1+24e^{-0.075t} = \dfrac{750}{300}$

$24e^{-0.075t} = \dfrac{3}{2}$

$e^{-0.075t} = \dfrac{1}{16}$

$\ln e^{-0.075t} = \ln \dfrac{1}{16}$

$-0.075t = \ln \dfrac{1}{16}$

$t = \dfrac{\ln \dfrac{1}{16}}{-0.075}$

$t \approx 37$ months

117. $H = (30T+8{,}000)\ln\left(\dfrac{P_0}{P}\right)$, $P_0 = 76$

   a. $H = 18250, T = -75$

$18{,}250 = (30(-75)+8{,}000)\ln\left(\dfrac{76}{P}\right)$

$18{,}250 = 5{,}750 \ln\left(\dfrac{76}{P}\right)$

$\dfrac{18{,}250}{5{,}750} = \ln\left(\dfrac{76}{P}\right)$

$e^{\frac{73}{23}} = \dfrac{76}{P}$

$Pe^{\frac{73}{23}} = 76$

$P = \dfrac{76}{e^{\frac{73}{23}}}$

$P \approx 3.2$ cmHg

119. $T = T_R + (T_0 - T_R)e^{-kh}$

$32 = -20 + (75 - (-20))e^{-0.012h}$

$52 = 95e^{-0.012h}$

$\dfrac{52}{95} = e^{-0.012h}$

$\ln \dfrac{52}{95} = \ln e^{-0.012h}$

$\ln \dfrac{52}{95} = -0.012h$

$\dfrac{\ln \dfrac{52}{95}}{-0.012} = h$

$h \approx 50.2$ min

121. $T = k \ln \dfrac{V_n}{V_f}$

$3 = 5 \ln \dfrac{28500}{V_f}$

$\dfrac{3}{5} = \ln \dfrac{28500}{V_f}$

$e^{\frac{3}{5}} = \dfrac{28500}{V_f}$

$V_f e^{\frac{3}{5}} = 28500$

$V_f = \dfrac{28500}{e^{\frac{3}{5}}}$

$V_f = \$15{,}641$

123. $T(p) = \dfrac{-\ln p}{k}$

   a. $k = 0.072$

$T(0.65) = \dfrac{-\ln 0.65}{0.072} \approx 5.98$

About 6 hours

   b. $24 = \dfrac{-\ln P}{0.072}$

$24(0.072) = -\ln P$

$1.728 = -\ln P$

$-1.728 = \ln P$

$e^{-1.728} = P$

$P \approx 0.1776$ or 18.0%

4.4 Exercises

125. $V_s = V_e \ln\left(\dfrac{M_s}{M_s - M_f}\right)$

$6 = 8\ln\left(\dfrac{100}{100 - M_f}\right)$

$\dfrac{6}{8} = \ln\left(\dfrac{100}{100 - M_f}\right)$

$\dfrac{3}{4} = \ln\left(\dfrac{100}{100 - M_f}\right)$

$e^{\frac{3}{4}} = \dfrac{100}{100 - M_f}$

$e^{\frac{3}{4}}(100 - M_f) = 100$

$100e^{\frac{3}{4}} - M_f e^{\frac{3}{4}} = 100$

$100e^{\frac{3}{4}} = 100 + M_f e^{\frac{3}{4}}$

$100e^{\frac{3}{4}} - 100 = M_f e^{\frac{3}{4}}$

$\dfrac{100e^{\frac{3}{4}} - 100}{e^{\frac{3}{4}}} = M_f$

$M_f = 52.76$ tons

127. $P(t) = 5.9 + 12.6\ln t$
  a. $P(5) = 5.9 + 12.6\ln 5 = 26$ planes
  b. $34 = 5.9 + 12.6\ln t$
  $28.1 = 12.6\ln t$
  $\dfrac{28.1}{12.6} = \ln t$
  $e^{\frac{28.1}{12.6}} = t$
  $t \approx 9$ days

129. Answers will vary.

131. a. d
  b. e
  c. b
  d. f
  e. a
  f. c

133. $3e^{2x} - 4e^x - 7 = -3$
  Let $u = e^x$
  $3u^2 - 4u - 4 = 0$
  $(3u + 2)(u - 2) = 0$
  $3u + 2 = 0$ or $u - 2 = 0$
  $3u = -2$ or $u = 2$
  $u = -\dfrac{2}{3}$ or $u = 2$
  $e^x = -\dfrac{2}{3}$ or $e^x = 2$
  $\ln e^x = \ln\left(-\dfrac{2}{3}\right)$ or $\ln e^x = \ln 2$
  $x \neq \ln\left(-\dfrac{2}{3}\right)$ or $x = \ln 2$
  $x \approx 0.69314718$

135. a. $f(x) = 3^{x-2}$; $g(x) = \log_3 x + 2$
  $(f \circ g)(x) = 3^{(\log_3 x + 2) - 2} = 3^{\log_3 x} = x$;
  $(g \circ f)(x) = \log_3\left(3^{x-2}\right) + 2 =$
  $(x - 2)\log_3 3 + 2 = x - 2 + 2 = x$

  b. $f(x) = e^{x-1}$; $g(x) = \ln x + 1$
  $(f \circ g)(x) = e^{(\ln x + 1) - 1} = e^{\ln x} = x$;
  $(g \circ f)(x) = \ln\left(e^{x-1}\right) + 1 =$
  $(x - 1)\ln e + 1 = x - 1 + 1 = x$

Chapter 4: Exponential and Logarithmic Functions

137.a. $y = e^{x\ln 2} = e^{\ln 2^x} = 2^x$;

$y = 2^x$
$\ln y = x \ln 2$
$e^{\ln y} = e^{x\ln 2}$
$y = e^{x\ln 2}$

b. $y = b^x$
$\ln y = \ln b^x$
$\ln y = x \ln b$
$e^{\ln y} = e^{x\ln b}$
$y = e^{xr}$ for $r = \ln b$

139. Answers will vary.

141. b

143. $r(x) = \dfrac{x^2 - 4}{x - 1}$

$r(x) = \dfrac{(x+2)(x-2)}{x-1}$

VA: $x = 1$
HA: none (deg num > deg den)

$$\begin{array}{r}x+1\\x-1\overline{)x^2+0x-4}\\\underline{-(x^2-x)}\\x-4\\\underline{-(x-1)}\\-3\end{array}$$

Oblique Asymptote: $y = x + 1$
x-intercepts: $(-2, 0)$ and $(2, 0)$;
$r(0) = \dfrac{0^2 - 4}{0 - 1} = 4$
y-intercept: $(0, 4)$

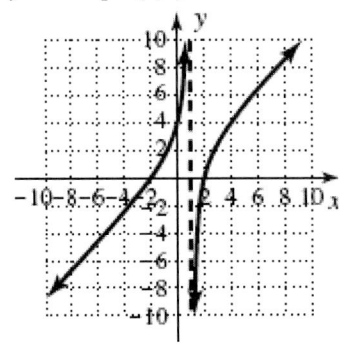

4.5 Technology Highlight

1. $A = P\left(1 + \dfrac{r}{n}\right)^{nt}$

Doubling time, find x when $y = 2000$

$Y_1 = 1000\left(1 + \dfrac{0.08}{4}\right)^{4x} \approx 8.75$ yr;

$Y_1 = 1000\left(1 + \dfrac{0.08}{12}\right)^{12x} \approx 8.69$ yr;

$Y_1 = 1000\left(1 + \dfrac{0.08}{365}\right)^{365x} \approx 8.665$ yr;

$Y_1 = 1000\left(1 + \dfrac{0.08}{365 \cdot 24}\right)^{365 \cdot 24 x} \approx 8.664$ yr

8.75 yr compounded quarterly; 8.69 yr compounded monthly; 8.665 yr compounded daily; 8.664 yr compounded hourly

3. No. Examples will vary.

4.5 Exercises

1. Compound

3. $Q_0 e^{-rt}$

5. Answers will vary.

7. $I = prt$;

   9 months $= \dfrac{3}{4}$ year;

   $229.50 = p(0.0625)(0.75)$

   $\dfrac{229.50}{(0.0625)(0.75)} = p$

   $\$4896 = p$

9. $I = prt$

   $297.50 - 260 = 260r\left(\dfrac{3}{52}\right)$

   $37.5 = 15r$

   $\dfrac{37.5}{15} = r$

   $2.50 = r$

   $r = 250\%$

11. $A = p(1 + rt)$

    $2500 = p\left(1 + 0.0625\left(\dfrac{31}{12}\right)\right)$

    $2500 = p\left(\dfrac{223}{192}\right)$

    $p \approx \$2152.47$

13. $A = p(1 + rt)$

    $149925 = 120000(1 + 0.0475t)$

    $\dfrac{1999}{1600} = 1 + 0.0475t$

    $\dfrac{399}{1600} = 0.0475t$

    $5.25 \text{ years} = t$

15. $I = prt$

    $40 = 200r\left(\dfrac{13}{52}\right)$

    $40 = 50r$

    $0.80 = r$

    $r = 80\%$

17. $A = p(1+r)^t$

    $48428 = 38000(1 + 0.0625)^t$

    $\dfrac{12107}{9500} = (1 + 0.0625)^t$

    $\ln\dfrac{12107}{9500} = \ln(1 + 0.0625)^t$

    $\ln\dfrac{12107}{9500} = t\ln(1 + 0.0625)$

    $\dfrac{\ln\dfrac{12107}{9500}}{\ln(1 + 0.0625)} = t$

    $t \approx 4$ years

19. $A = p(1+r)^t$

    $4575 = 1525(1 + 0.071)^t$

    $3 = (1 + 0.071)^t$

    $\ln 3 = \ln(1 + 0.071)^t$

    $\ln 3 = t\ln(1 + 0.071)$

    $\dfrac{\ln 3}{\ln(1 + 0.071)} = t$

    $t \approx 16$ years

21. $P = \dfrac{A}{(1+r)^t}$

    $P = \dfrac{10000}{(1 + 0.0575)^5}$

    $P \approx \$7561.33$

23. $A = p\left(1 + \dfrac{r}{n}\right)^{nt}$

    $129500 = 90000\left(1 + \dfrac{0.07125}{52}\right)^{52t}$

    $\dfrac{259}{180} = \left(1 + \dfrac{0.07125}{52}\right)^{52t}$

    $\ln\left(\dfrac{259}{180}\right) = \ln(1.001370192)^{52t}$

    $\ln\left(\dfrac{259}{180}\right) = 52t\ln(1.001370192)$

    $\dfrac{\ln\left(\dfrac{259}{180}\right)}{52\ln(1.001370192)} = t$

    $t \approx 5$ years

Chapter 4: Exponential and Logarithmic Functions

25. $A = p\left(1 + \dfrac{r}{n}\right)^{nt}$

    $10000 = 5000\left(1 + \dfrac{0.0925}{365}\right)^{365t}$

    $2 = (1.000253425)^{365t}$

    $\ln 2 = \ln(1.000253425)^{365t}$

    $\ln 2 = 365t \ln(1.000253425)$

    $\dfrac{\ln 2}{365 \ln(1.000253425)} = t$

    $t \approx 7.5$ years

27. $A = p\left(1 + \dfrac{r}{n}\right)^{nt}$

    $A = 10\left(1 + \dfrac{0.10}{10}\right)^{10(10)} \approx \$27.04$, No

29. $A = p\left(1 + \dfrac{r}{n}\right)^{nt}$

    (a) $A = 175000\left(1 + \dfrac{0.0875}{2}\right)^{2(4)}$

    $\approx \$246496.05$, No

    (b) $r \approx 9.12\%$

31. $A = pe^{rt}$

    $2500 = 1750 e^{0.045t}$

    $\dfrac{10}{7} = e^{0.045t}$

    $\ln\left(\dfrac{10}{7}\right) = \ln e^{0.045t}$

    $\ln\left(\dfrac{10}{7}\right) = 0.045t \ln e$

    $\ln\left(\dfrac{10}{7}\right) = 0.045t$

    $\dfrac{\ln\left(\dfrac{10}{7}\right)}{0.045} = t$

    $t \approx 7.9$ years

33. $A = pe^{rt}$

    $10000 = 5000 e^{0.0925t}$

    $2 = e^{0.0925t}$

    $\ln 2 = \ln e^{0.0925t}$

    $\ln 2 = 0.0925t \ln e$

    $\dfrac{\ln 2}{0.0925} = t$

    $t \approx 7.5$ years

35. $A = pe^{rt}$

    (a) $A = 12500 e^{0.086(5)} = 19215.72$ euros, No

    (b) $20000 = 12500 e^{r(5)}$

    $\dfrac{8}{5} = e^{5r}$

    $\ln\left(\dfrac{8}{5}\right) = \ln e^{5r}$

    $\ln\left(\dfrac{8}{5}\right) = 5r \ln e$

    $\dfrac{\ln\left(\dfrac{8}{5}\right)}{5} = r$

    $r \approx 9.4\%$

37. $A = pe^{rt}$

    (a) $A = 12000 e^{0.055(7)} \approx 17635.37$ euros, No

    (b) $20000 = P e^{0.055(7)}$

    $\dfrac{20000}{e^{0.055(7)}} = P$

    $P \approx 13{,}609$ euros

4.5 Exercises

39. $T = \dfrac{1}{r} \cdot \ln\left(\dfrac{A}{P}\right)$

$8 = \dfrac{1}{0.05} \cdot \ln\left(\dfrac{A}{200000}\right)$

$0.4 = \ln\left(\dfrac{A}{200000}\right)$

By definition, $\ln x = y$ iff $e^y = x$

$e^{0.4} = \dfrac{A}{200000}$

$200000 e^{0.4} = A$

No, $298364.94;

$8 = \dfrac{1}{0.05} \cdot \ln\left(\dfrac{350000}{P}\right)$

$0.4 = \ln\left(\dfrac{350000}{P}\right)$

By definition, $\ln x = y$ iff $e^y = x$

$e^{0.4} = \dfrac{350000}{P}$

$\dfrac{350000}{e^{0.4}} = P$

$P = \$234{,}612.01$

41. $A = \dfrac{p\left[(1+R)^{nt} - 1\right]}{R}$

$10000 = \dfrac{90\left[\left(1+\dfrac{0.0775}{12}\right)^{12t} - 1\right]}{\dfrac{0.0775}{12}}$

$\dfrac{775}{12} = 90\left[\left(1+\dfrac{0.0775}{12}\right)^{12t} - 1\right]$

$\dfrac{155}{216} = \left(1+\dfrac{0.0775}{12}\right)^{12t} - 1$

$\dfrac{371}{216} = \left(1+\dfrac{0.0775}{12}\right)^{12t}$

$\ln\left(\dfrac{371}{216}\right) = \ln\left(1+\dfrac{0.0775}{12}\right)^{12t}$

$\ln\left(\dfrac{371}{216}\right) = 12t \ln\left(1+\dfrac{0.0775}{12}\right)$

$\dfrac{\ln\left(\dfrac{371}{216}\right)}{12 \ln\left(1+\dfrac{0.0775}{12}\right)} = t$

≈ 7 years

43. $A = \dfrac{p\left[(1+R)^{nt} - 1\right]}{R}$

$30000 = \dfrac{50\left[\left(1+\dfrac{0.062}{12}\right)^{12t} - 1\right]}{\dfrac{0.062}{12}}$

$155 = 50\left[\left(1+\dfrac{0.062}{12}\right)^{12t} - 1\right]$

$3.1 = \left(1+\dfrac{0.062}{12}\right)^{12t} - 1$

$4.1 = \left(1+\dfrac{0.062}{12}\right)^{12t}$

$\ln 4.1 = \ln\left(1+\dfrac{0.062}{12}\right)^{12t}$

$\ln(4.1) = 12t \ln\left(1+\dfrac{0.062}{12}\right)$

$\dfrac{\ln(4.1)}{12 \ln\left(1+\dfrac{0.062}{12}\right)} = t$

≈ 23 years

Chapter 4: Exponential and Logarithmic Functions

45. $A = \dfrac{p\left[(1+R)^{nt} - 1\right]}{R}$

   (a) $A = \dfrac{250\left[\left(1 + \dfrac{0.085}{12}\right)^{12(5)} - 1\right]}{\dfrac{0.085}{12}}$

   $\approx \$18610.61$, No

   (b) $22500 = \dfrac{p\left[\left(1 + \dfrac{0.085}{12}\right)^{12(5)} - 1\right]}{\dfrac{0.085}{12}}$

   $159.375 = p\left[\left(1 + \dfrac{0.085}{12}\right)^{12(5)} - 1\right]$

   $\dfrac{159.375}{\left[\left(1 + \dfrac{0.085}{12}\right)^{12(5)} - 1\right]} = p$

   $p \approx \$302.25$

47. $A = p + prt$

   a. $A - p = prt$

   $\dfrac{A - p}{pr} = t$

   b. $A = p(1 + rt)$

   $\dfrac{A}{1 + rt} = p$

49. $A = P\left(1 + \dfrac{r}{n}\right)^{nt}$

   a. $\dfrac{A}{P} = \left(1 + \dfrac{r}{n}\right)^{nt}$

   $\sqrt[nt]{\dfrac{A}{P}} = 1 + \dfrac{r}{n}$

   $\sqrt[nt]{\dfrac{A}{P}} - 1 = \dfrac{r}{n}$

   $n\left(\sqrt[nt]{\dfrac{A}{P}} - 1\right) = r$

   b. $\ln\left(\dfrac{A}{P}\right) = \ln\left(1 + \dfrac{r}{n}\right)^{nt}$

   $\ln\left(\dfrac{A}{P}\right) = nt \ln\left(1 + \dfrac{r}{n}\right)$

   $\dfrac{\ln\left(\dfrac{A}{P}\right)}{n \ln\left(1 + \dfrac{r}{n}\right)} = t$

51. $Q(t) = Q_0 e^{rt}$

   a. $\dfrac{Q(t)}{e^{rt}} = Q_0$

   b. $\dfrac{Q(t)}{Q_0} = e^{rt}$

   $\ln\left(\dfrac{Q(t)}{Q_0}\right) = \ln e^{rt}$

   $\ln\left(\dfrac{Q(t)}{Q_0}\right) = rt \ln e$

   $\dfrac{\ln\left(\dfrac{Q(t)}{Q_0}\right)}{r} = t$

53. $P = \dfrac{AR}{1 - (1 + R)^{-nt}}$

   $P = \dfrac{125000\left(\dfrac{0.055}{12}\right)}{1 - \left(1 + \dfrac{0.055}{12}\right)^{-12(30)}}$

   $P \approx \$709.74$

4.5 Exercises

55. $Q(t) = Q_0 e^{rt}$
    (a) $2000 = 1000 e^{r(12)}$
    $2 = e^{12r}$
    $\ln 2 = \ln e^{12r}$
    $\ln 2 = 12r \ln e$
    $\dfrac{\ln 2}{12} = r$
    $r \approx 5.78\%$
    (b) $200000 = 1000 e^{(0.0578)t}$
    $200 = e^{(0.0578)t}$
    $\ln 200 = \ln e^{(0.0578)t}$
    $\ln 200 = 0.0578t \ln e$
    $\dfrac{\ln 200}{0.0578} = t$
    $t \approx 91.67$ hours

57. $r = \dfrac{\ln 2}{t}$
    $r = \dfrac{\ln 2}{8}$
    $r \approx 0.087$ or $r \approx 8.7\%$;
    $Q(t) = Q_0 e^{-rt}$
    $0.5 = Q_0 e^{-0.087(3)}$
    $\dfrac{0.5}{e^{-0.087(3)}} = Q_0$
    $Q_0 \approx 0.65$ grams

59. $r = \dfrac{\ln 2}{t}$
    $r = \dfrac{\ln 2}{432}$;
    $Q(t) = Q_0 e^{-rt}$
    $2.7 = 10 e^{-\frac{\ln 2}{432}t}$
    $0.27 = e^{-\frac{\ln 2}{432}t}$
    $\ln 0.27 = \ln e^{-\frac{\ln 2}{432}t}$
    $\ln 0.27 = -\dfrac{\ln 2}{432} t \ln e$
    $\dfrac{\ln 0.27}{-\dfrac{\ln 2}{432}} = t$
    ≈ 816 years

61. $T = -8267 \cdot \ln p$
    $17255 = -8267 \cdot \ln p$
    $\dfrac{17255}{-8267} = \ln p$
    $e^{\frac{17255}{8267}} = e^{\ln p}$
    $e^{-\frac{17255}{8267}} = p$
    $p \approx 0.124$
    About 12.4 %

63. $A = pe^{rt}$
    $A = 10000 e^{0.062(120)} = \$17,027,502.21$
    Answers will vary.

65. $A = p\left(1 + \dfrac{r}{n}\right)^{nt}$
    $25000 = 6000\left(1 + \dfrac{r}{365}\right)^{365(18)}$
    $\dfrac{25}{6} = \left(1 + \dfrac{r}{365}\right)^{6570}$
    $\sqrt[6570]{\dfrac{25}{6}} = 1 + \dfrac{r}{365}$
    $\sqrt[6570]{\dfrac{25}{6}} - 1 = \dfrac{r}{365}$
    $365\left[\sqrt[6570]{\dfrac{25}{6}} - 1\right] = r$
    $r \approx 7.93\%$

67. $2000^2 + 1580^2 = x^2$
    $x \approx 2548.8$ meters

69. $P(x) = (x-3)(x+1)(x-(1+2i))(x-(1-2i))$
    $P(x) = (x^2 - 2x - 3)((x-1)^2 - 4i^2)$
    $P(x) = (x^2 - 2x - 3)(x^2 - 2x + 1 + 4)$
    $P(x) = (x^2 - 2x - 3)(x^2 - 2x + 5)$
    $P(x) = x^4 - 2x^3 + 5x^2 - 2x^3 + 4x^2$
    $\quad -10x - 3x^2 + 6x - 15$
    $P(x) = x^4 - 4x^3 + 6x^2 - 4x - 15$

Chapter 4: Exponential and Logarithmic Functions

Chapter 4 Summary and Concept Review

1. $h(x) = -|x-2| + 3$; No

3. $s(x) = \sqrt{x-1} + 5$; Yes

5. $f(x) = x^2 - 2, \ x \geq 0$
$$y = x^2 - 2$$
$$x = y^2 - 2$$
$$x + 2 = y^2$$
$$\sqrt{x+2} = y$$
$$f^{-1}(x) = \sqrt{x+2}$$
$$(f \circ f^{-1})(x) = f[f^{-1}(x)]$$
$$= (f^{-1}(x))^2 - 2$$
$$= (\sqrt{x+2})^2 - 2$$
$$= x + 2 - 2$$
$$= x;$$
$$(f^{-1} \circ f)(x) = f^{-1}[f(x)]$$
$$= \sqrt{f(x) + 2}$$
$$= \sqrt{x^2 - 2 + 2}$$
$$= \sqrt{x^2}$$
$$= x$$

7. $f(x)$:
$$\begin{cases} D: x \in [-4, \infty) \\ R: y \in [0, \infty) \end{cases}$$
$f^{-1}(x)$:
$$\begin{cases} D: x \in [0, \infty) \\ R: y \in [-4, \infty) \end{cases}$$

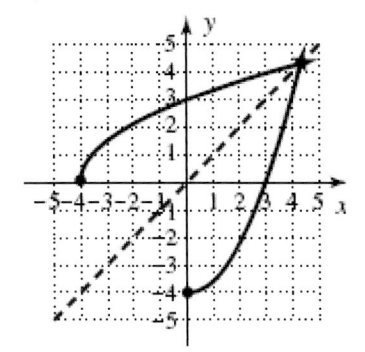

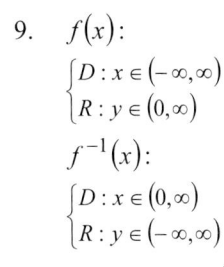

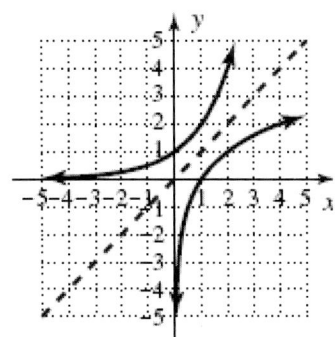

9. $f(x)$:
$$\begin{cases} D: x \in (-\infty, \infty) \\ R: y \in (0, \infty) \end{cases}$$
$f^{-1}(x)$:
$$\begin{cases} D: x \in (0, \infty) \\ R: y \in (-\infty, \infty) \end{cases}$$

11. $y = 2^x + 3$
Asymptote: $y = 3$

Chapter 4 Summary and Concept Review

13. $y = -e^{x+1} - 2$
Left 1, reflected across the x-axis, down 2,

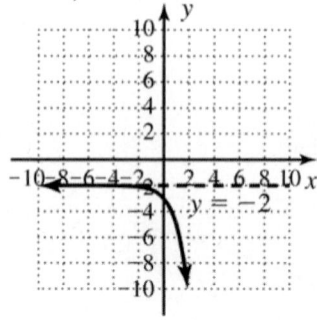

15. $4^x = \dfrac{1}{16}$
$4^x = 4^{-2}$
$x = -2$

17. $20000 = 142000 \cdot (0.85)^t$
$\dfrac{10}{71} = 0.85^t$
$\ln\left(\dfrac{10}{71}\right) = \ln 0.85^t$
$\ln\left(\dfrac{10}{71}\right) = t \ln 0.85$
$\dfrac{\ln\left(\dfrac{10}{71}\right)}{\ln 0.85} = t$
About 12.1 years

19. $\log_5 \dfrac{1}{125} = -3$
$5^{-3} = \dfrac{1}{125}$

21. $5^2 = 25$
$\log_5 25 = 2$

23. $3^4 = 81$
$\log_3 81 = 4$

25. $\ln \dfrac{1}{e} = x$
$e^x = \dfrac{1}{e}$
$e^x = e^{-1}$
$x = -1$

27. $f(x) = \log_2 x$
Asymptote: $x = 0$

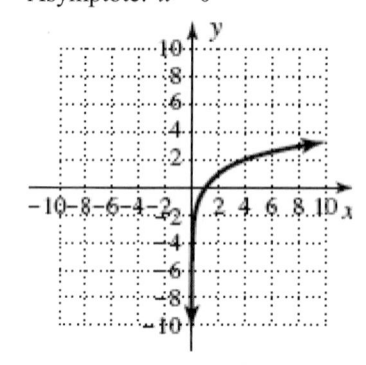

29. $f(x) = 2 + \ln(x - 1)$
Asymptote: $x = 1$

Chapter 4: Exponential and Logarithmic Functions

31. $g(x) = \log\sqrt{2x+3}$
    $2x+3 > 0$
    $2x > -3$
    $x > -\dfrac{3}{2}$
    Domain: $x \in (-\dfrac{3}{2}, \infty)$

33. a. $\ln x = 32$
       $e^{32} = x$
    b. $\log x = 2.38$
       $10^{2.38} = x$
    c. $e^x = 9.8$
       $\ln e^x = \ln 9.8$
       $x = \ln 9.8$
    d. $10^x = \sqrt{7}$
       $\log 10^x = \log\sqrt{7}$
       $x = \log\sqrt{7}$

35. a. $\ln 7 + \ln 6$
       $\ln 42$
    b. $\log_9 2 + \log_9 15$
       $\log_9 30$
    c. $\ln(x+3) - \ln(x-1)$
       $\ln\left(\dfrac{x+3}{x-1}\right)$
    d. $\log x + \log(x+1)$
       $\log(x^2 + x)$

37. a. $\ln\left(x\sqrt[4]{y}\right)$
       $= \ln x + \ln y^{\frac{1}{4}}$
       $= \ln x + \dfrac{1}{4}\ln y$
    b. $\ln\left(\sqrt[3]{pq}\right)$
       $= \ln p^{\frac{1}{3}} + \ln q$
       $= \dfrac{1}{3}\ln p + \ln q$
    c. $\log\left(\dfrac{\sqrt[3]{x^5 y^4}}{\sqrt{x^5 y^3}}\right)$
       $= \log\left(\sqrt[3]{x^5 y^4}\right) - \log\sqrt{x^5 y^3}$
       $= \log x^{\frac{5}{3}} y^{\frac{4}{3}} - \log x^{\frac{5}{2}} y^{\frac{3}{2}}$
       $= \log x^{\frac{5}{3}} + \log y^{\frac{4}{3}} - \log x^{\frac{5}{2}} - \log y^{\frac{3}{2}}$
       $= \dfrac{5}{3}\log x + \dfrac{4}{3}\log y - \dfrac{5}{2}\log x - \dfrac{3}{2}\log y$
    d. $\log\left(\dfrac{4\sqrt[3]{p^5 q^4}}{\sqrt{p^3 q^2}}\right)$
       $= \log 4\sqrt[3]{p^5 q^4} - \log\sqrt{p^3 q^2}$
       $= \log 4p^{\frac{5}{3}} q^{\frac{4}{3}} - \log p^{\frac{3}{2}} q$
       $= \log 4 + \log p^{\frac{5}{3}} + \log q^{\frac{4}{3}} - \left(\log p^{\frac{3}{2}} + \log q\right)$
       $= \log 4 + \dfrac{5}{3}\log p + \dfrac{4}{3}\log q - \dfrac{3}{2}\log p - \log q$

Chapter 4 Summary and Concept Review

39. $2^x = 7$
$\ln 2^x = \ln 7$
$x \ln 2 = \ln 7$
$x = \dfrac{\ln 7}{\ln 2}$

41. $e^{x-2} = 3^x$
$\ln e^{x-2} = \ln 3^x$
$x - 2 = x \ln 3$
$x - x \ln 3 = 2$
$x(1 - \ln 3) = 2$
$x = \dfrac{2}{1 - \ln 3}$

43. $\log x + \log(x - 3) = 1$
$\log x(x - 3) = 1$
$10^1 = x(x - 3)$
$0 = x^2 - 3x - 10$
$0 = (x - 5)(x + 2)$
$x = 5$ or $x = -2$
$5, -2$ is extraneous

45. $R(h) = \dfrac{\ln(2)}{h}$

    a. $R(3.9) = \dfrac{\ln(2)}{3.9}$
$\approx 17.77\%$

    b. $0.0289 = \dfrac{\ln(2)}{h}$
$0.0289h = \ln 2$
$h = \dfrac{\ln 2}{0.0289}$
About 23.98 days

47. $I = Prt$
$27.75 = 600r\left(\dfrac{3}{12}\right)$
$4\left(\dfrac{27.75}{600}\right) = r$
$r = 0.185$
18.5%

49. $A = \dfrac{p\left[(1+R)^{nt} - 1\right]}{R}$

    (a) $A = \dfrac{260\left[\left(1 + \dfrac{0.075}{12}\right)^{12(4)} - 1\right]}{\dfrac{0.075}{12}}$

$A \approx \$14501.72$,
No

    (b) $15000 = \dfrac{p\left[\left(1 + \dfrac{0.075}{12}\right)^{12(4)} - 1\right]}{\dfrac{0.075}{12}}$

$93.75 = p\left[\left(1 + \dfrac{0.075}{12}\right)^{12(4)} - 1\right]$

$\dfrac{93.75}{\left[\left(1 + \dfrac{0.075}{12}\right)^{12(4)} - 1\right]} = p$

$p \approx \$268.93$

Chapter 4: Exponential and Logarithmic Functions

Chapter 4 Mixed Review

1. a. $\log_2 30$

   $\dfrac{\log 30}{\log 2} \approx 4.9069$

   b. $\log_{0.25} 8$

   $\dfrac{\log 8}{\log 0.25} = -1.5$

   c. $\log_8 2$

   $\dfrac{\log 2}{\log 8} = \dfrac{1}{3}$

3. a. $\log_{10} 20^2$

   $= 2\log_{10} 20$

   b. $\log 10^{0.05x}$

   $= 0.05x \log 10$

   $= 0.05x$

   c. $\ln 2^{x-3}$

   $= (x-3)\ln 2$

5. $y = 5 \cdot 2^{-x}$

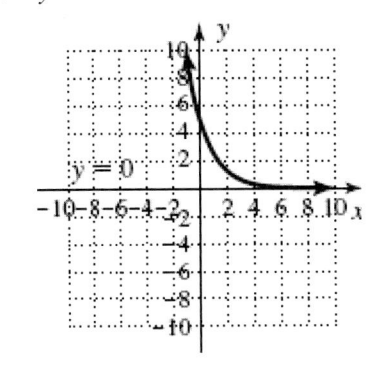

7. $y = \log_2(-x) - 4$

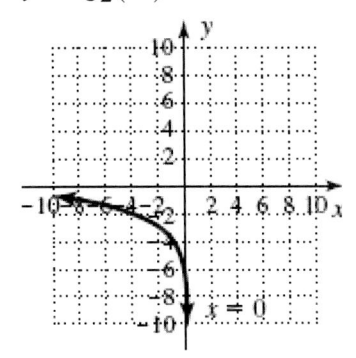

9. a. $\log_5 625 = 4$

   $5^4 = 625$

   b. $\ln 0.15x = 0.45$

   $e^{0.45} = 0.15x$

   c. $\log(0.1 \times 10^8) = 7$

   $10^7 = 0.1 \times 10^8$

11. $g(x) = \sqrt{x-1} + 2$

    a. $D: x \in [1, \infty), R: y \in [2, \infty)$

    b. $g(x) = \sqrt{x-1} + 2$

    Interchange x and y.

    $x = \sqrt{y-1} + 2$

    $x - 2 = \sqrt{y-1}$

    $(x-2)^2 = y - 1$

    $(x-2)^2 + 1 = y$

    $g^{-1}(x) = (x-2)^2 + 1$

    $D: x \in [2, \infty), R: y \in [1, \infty)$

    c. Answers will vary.

Chapter 4 Mixed Review

13. $10^{x-4} = 200$
$\log 10^{x-4} = \log 200$
$(x-4)\log 10 = \log 2 \cdot 10^2$
$x - 4 = \log 2 + \log 10^2$
$x - 4 = \log 2 + 2\log 10$
$x - 4 = \log 2 + 2$
$x = 6 + \log 2$

15. $\log_2(2x-5) + \log_2(x-2) = 4$
$\log_2(2x-5)(x-2) = 4$
$2^4 = (2x-5)(x-2)$
$16 = 2x^2 - 9x + 10$
$0 = 2x^2 - 9x - 6$
$a = 2, b = -9, c = -6$
$x = \dfrac{-(-9) \pm \sqrt{(-9)^2 - 4(2)(-6)}}{2(2)}$
$x = \dfrac{9 \pm \sqrt{129}}{4}$
$x = \dfrac{9 + \sqrt{129}}{4}$; $x = \dfrac{9 - \sqrt{129}}{4}$ is extraneous

17. $6.5 = \log\left(\dfrac{I}{2 \times 10^{11}}\right)$
$10^{6.5} = \dfrac{I}{2 \times 10^{11}}$
$10^{6.5}(2 \times 10^{11}) = I$
$2 \cdot 10^{0.5} \cdot 10^{17} = I$
$2 \cdot \sqrt{10} \cdot 10^{17} = I$
$I \approx 6.3 \times 10^{17}$

19. $r(n) = 2(0.8)^n$
$r(6) = 2(0.8)^6 = 0.524$
0.52 m;

n	$r(n) = 2(0.8^n)$
1	1.6 m
2	1.28 m
3	1.02 m
4	0.82 m
5	0.66 m
6	0.52 m

Chapter 4: Exponential and Logarithmic Functions

Chapter 4 Practice Test

1. $\log_3 81 = 4$
   $3^4 = 81$

3. $\log_b \left(\dfrac{\sqrt{x^5} y^3}{z} \right)$
   $= \log_b \sqrt{x^5} y^3 - \log_b z$
   $= \log_b x^{\frac{5}{2}} y^3 - \log_b z$
   $= \log_b x^{\frac{5}{2}} + \log_b y^3 - \log_b z$
   $= \dfrac{5}{2} \log_b x + 3 \log_b y - \log_b z$

5. $5^{x-7} = 125$
   $5^{x-7} = 5^3$
   $x - 7 = 3$
   $x = 10$

7. $\log_a 45$
   $= \log_a (3^2 \cdot 5)$
   $= \log_a 3^2 + \log_a 5$
   $= 2 \log_a 3 + \log_a 5$
   $= 2(0.48) + 1.72$
   $= 2.68$

9. $g(x) = -2^{x-1} + 3$
   HA: $y = 3$

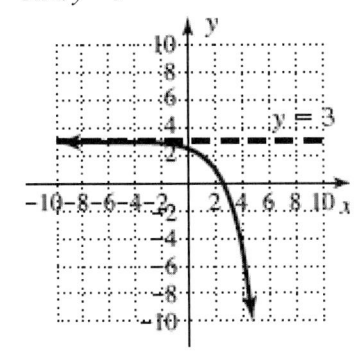

11. a. $\log_3 100$
    $= \dfrac{\log 100}{\log 3}$
    $= \dfrac{\log 10^2}{\log 3}$
    $= \dfrac{2 \log 10}{\log 3}$
    $= \dfrac{2}{\log 3}$
    ≈ 4.19

    b. $\log_6 0.235$
    $= \dfrac{\log 0.235}{\log 6}$
    ≈ -0.81

13. $3^{x-1} = 89$
    $\ln 3^{x-1} = \ln 89$
    $(x-1) \ln 3 = \ln 89$
    $x - 1 = \dfrac{\ln 89}{\ln 3}$
    $x = 1 + \dfrac{\ln 89}{\ln 3}$

15. $3000 = 8000(0.82)^t$
    $\dfrac{3}{8} = (0.82)^t$
    $\ln \left(\dfrac{3}{8} \right) = \ln (0.82)^t$
    $\ln \left(\dfrac{3}{8} \right) = t \ln (0.82)$
    $\dfrac{\ln \left(\dfrac{3}{8} \right)}{\ln 0.82} = t$
    $t \approx 5$ years

Cumulative Review Chapters 1 to 4

17. $Q(t) = -2600 + 1900 \ln t$
    $3000 = -2600 + 1900 \ln t$
    $5600 = 1900 \ln t$
    $\dfrac{56}{19} = \ln t$
    $e^{\frac{56}{19}} = e^{\ln t}$
    $e^{\frac{56}{19}} = t$
    $t \approx 19.1$ months

19. $A = \dfrac{p[(1+R)^{nt} - 1]}{R}$

    (a) $A = \dfrac{50\left[\left(1 + \dfrac{0.0825}{12}\right)^{12(5)} - 1\right]}{\dfrac{0.0825}{12}}$

    $A \approx \$3697.88$
    No

    (b) $4000 = \dfrac{p\left[\left(1 + \dfrac{0.0825}{12}\right)^{12(5)} - 1\right]}{\dfrac{0.0825}{12}}$

    $27.5 = p\left[\left(1 + \dfrac{0.0825}{12}\right)^{60} - 1\right]$

    $\dfrac{27.5}{\left[\left(1 + \dfrac{0.0825}{12}\right)^{60} - 1\right]} = p$

    $p \approx \$54.09$

Chapter 4: Calculator Exploration and Discovery

1. $a = 25$, $b = 0.5$, $c = 2500$

3. b

5. $b = 0.6$

7. Verified

Strengthening Core Skills

1. Answers will vary.

3. Answers will vary.

Cumulative Review Chapters 1 to 4

1. $x^2 - 4x + 53 = 0$
   $a = 1, b = -4, c = 53$
   $x = \dfrac{-(-4) \pm \sqrt{(-4)^2 - 4(1)(53)}}{2(1)}$
   $x = \dfrac{4 \pm \sqrt{-196}}{2}$
   $x = \dfrac{4 \pm 14i}{2}$
   $x = 2 \pm 7i$

3. $(4+5i)^2 - 8(4+5i) + 41 = 0$
   $-9 + 40i - 32 - 40i + 41 = 0$
   $0 = 0$

5. $f(x) = x^3 - 2$, $g(x) = \sqrt[3]{x+2}$;
   $f(g(x)) = \left(\sqrt[3]{x+2}\right)^3 - 2 = x + 2 + x = x$;
   $g(f(x)) = \sqrt[3]{x^3 - 2 + 2} = \sqrt[3]{x^3} = x$
   Since $(f \circ g)(x) = (g \circ f)(x)$, they are inverse functions.

Chapter 4: Exponential and Logarithmic Functions

7. $1991 \to$ year 1
   (a) $(1, 3100), (9, 6740)$
   $$m = \frac{6740 - 3100}{9 - 1} = 455$$
   $$y - 3100 = 455(x - 1)$$
   $$y - 3100 = 455x - 455$$
   $$y = 455x + 2645$$
   $$T(t) = 455t + 2645$$

   (b) $\dfrac{\Delta T}{\Delta t} = \dfrac{455}{1}$, triple births increase by 455 each year.

   (c) In 1996, $T(6) = 455(6) + 2645 = 5375$ sets of triplets
   In 2007,
   $t = 17, T(17) = 455(17) + 2645 = 10{,}380$ sets of triplets

9. $h(x) = \begin{cases} -4 & -10 \leq x < -2 \\ -x^2 & -2 \leq x < 3 \\ 3x - 18 & x \geq 3 \end{cases}$

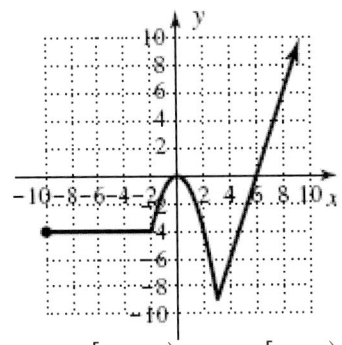

   $D: x \in [-10, \infty), R: y \in [-9, \infty)$;
   $h(x) \uparrow: (-2, 0) \cup (3, \infty)$
   $h(x) \downarrow: (0, 3)$

11. $f(x) = x^4 - 3x^3 - 12x^2 + 52x - 48$
    Possible rational roots:
    $$\frac{\{\pm 1, \pm 48, \pm 2, \pm 24, \pm 3, \pm 16, \pm 4, \pm 12, \pm 6, \pm 8\}}{\{\pm 1\}};$$
    $\{\pm 1, \pm 48, \pm 2, \pm 24, \pm 3, \pm 16, \pm 4, \pm 12, \pm 6, \pm 8\}$

    $\underline{3\,|}\;\;1\;\;-3\;\;-12\;\;\;52\;\;-48$
    $\;\;\;\;\;\;3\;\;\;\;\;\;0\;\;\;-36\;\;\;\;48$
    $\;\;1\;\;\;\;0\;\;-12\;\;\;16\;\;\;\;\underline{|\,0}$

    $\underline{2\,|}\;\;1\;\;\;\;0\;\;-12\;\;\;16$
    $\;\;\;\;\;\;2\;\;\;\;\;\;4\;\;\;-16$
    $\;\;1\;\;\;\;2\;\;\;-8\;\;\;\;\underline{|\,0}$

    $f(x) = (x - 3)(x - 2)(x^2 + 2x - 8)$
    $f(x) = (x - 3)(x - 2)(x - 2)(x + 4)$
    $x = 3, x = 2$ (multiplicity 2), $x = -4$

13. $V = \dfrac{1}{2} \pi b^2 a$
    $$\frac{2V}{\pi a} = b^2$$
    $$\sqrt{\frac{2V}{\pi a}} = b$$

15. a) $f(x) = \dfrac{2x + 3}{5}$
    $$y = \frac{2x + 3}{5}$$
    $$x = \frac{2y + 3}{5}$$
    $$5x = 2y + 3$$
    $$5x - 3 = 2y$$
    $$\frac{5x - 3}{2} = y$$
    $$f^{-1}(x) = \frac{5x - 3}{2}$$

   b) graph

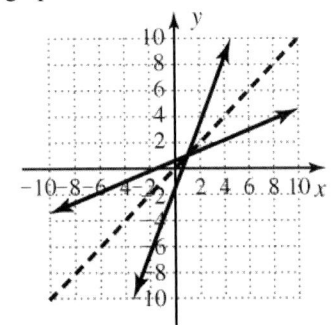

261

Cumulative Review Chapters 1 to 4

c) $f(f^{-1}(x)) = f\left(\dfrac{5x-3}{2}\right)$

$= \dfrac{2\left(\dfrac{5x-3}{2}\right)+3}{5}$

$= \dfrac{5x-3+3}{5}$

$= \dfrac{5x}{5}$

$f(f^{-1}(x)) = x$

$f^{-1}(f(x)) = f^{-1}\left(\dfrac{2x+3}{5}\right)$

$= \dfrac{5\left(\dfrac{2x+3}{5}\right)-3}{2}$

$= \dfrac{2x+3-3}{2}$

$= \dfrac{2x}{2}$

$f^{-1}(f(x)) = x$

17. $\ln(x+3) + \ln(x-2) = \ln 24$
$\ln(x+3)(x-2) = \ln 24$
$(x+3)(x-2) = 24$
$x^2 + x - 6 = 24$
$x^2 + x - 30 = 0$
$(x+6)(x-5) = 0$
$x+6 = 0$ or $x-5 = 0$
$x = -6$ or $x = 5$
$x = 5$, $x = -6$ is an extraneous root

19. a) Sportwagon:
$H(3000) = 123\ln(3000) - 897$
≈ 88 hp
Minivan:
$H(3000) = 193\ln(3000) - 1464$
≈ 81 hp

b) $123\ln r - 897 = 193\ln r - 1464$
$123\ln r + 567 = 193\ln r$
$567 = 193\ln r - 123\ln r$
$567 = 70\ln r$
$\dfrac{567}{70} = \ln r$
$e^{\frac{567}{70}} = r$
$r \approx 3294$ rpm

c) Sportwagon:
$H(5600) = 123\ln(5600) - 897$
≈ 164.6 hp
Minivan:
$H(5800) = 193\ln(5800) - 1464$
≈ 208.46 hp
Minivan, 208 hp @ 5800 rpm

Modeling with Technology 2:
Exponential, Logarithmic, and Other Regression Models

MWT II

1. e

3. a

5. d

7. Linear

9. Exponential

11. Logistic

13. Exponential

15. As time increases, the amount of radioactivity decreases but it will never truly reach 0 or a negative value. Due to this and the shape, exponential with $b < 1$ and $k > 0$ is the best choice.

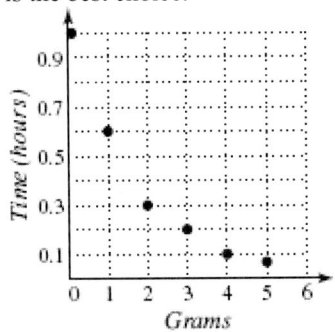

$y \approx 1.042(0.5626)^x$

17. Sales will increase rapidly, then level off as the market is saturated with ads and advertising becomes less effective, possibly modeled by a logarithmic function.
$y \approx 120.4938 + 217.2705 \ln x$

19.a.

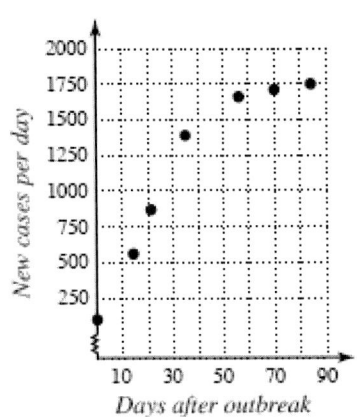

Logistic

b. about 1750

c. $y = \dfrac{1719}{1 + 10.2e^{-0.11x}}$

21. $96.35 = (9.4)1.6^x$

$\dfrac{96.35}{9.4} = 1.6^x$

$\ln\left(\dfrac{96.35}{9.4}\right) = \ln 1.6^x$

$\ln\left(\dfrac{96.35}{9.4}\right) = x \ln 1.6$

$\dfrac{\ln\left(\dfrac{96.35}{9.4}\right)}{\ln 1.6} = x$

$x \approx 4.95$

23. $4.8x^{2.5} = 468.75$

$x^{2.5} = \dfrac{468.75}{4.8}$

$\left(x^{2.5}\right)^{\frac{2}{5}} = \left(\dfrac{468.75}{4.8}\right)^{\frac{2}{5}}$

$x = 6.25$

25. $52 = 63.9 - 6.8 \ln x$

$-11.9 = -6.8 \ln x$

$1.75 = \ln x$

$e^{1.75} = e^{\ln x}$

$e^{1.75} = x$

$x = 5.75$

MWT 2 Exercises

27. $52 = \dfrac{67}{1+20e^{-0.62x}}$

$\left(1+20e^{-0.62x}\right)\left[52 = \dfrac{67}{1+20e^{-0.62x}}\right]$

$\left(1+20e^{-0.62x}\right)52 = 67$

$1+20e^{-0.62x} = \dfrac{67}{52}$

$20e^{-0.62x} = \dfrac{15}{52}$

$e^{-0.62x} = \dfrac{3}{208}$

$\ln e^{-0.62x} = \ln\left(\dfrac{3}{208}\right)$

$-0.62x \ln e = \ln\left(\dfrac{3}{208}\right)$

$x = \dfrac{\ln\left(\dfrac{3}{208}\right)}{-0.62}$

$x \approx 6.84$

29. Logarithmic, $y = -27.4 + 13.5 \ln x$

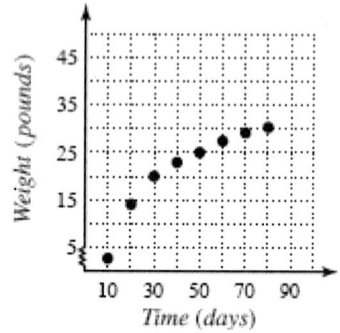

a. $y = -27.4 + 13.5 \ln 15 \approx 9.2$ pounds

b. $18 = -27.4 + 13.5 \ln x$
$45.4 = 13.5 \ln x$
$\dfrac{454}{135} = \ln x$
$e^{\left(\frac{454}{135}\right)} = e^{\ln x}$
$x \approx 29$ days

c. $y = -27.4 + 13.5 \ln 100 \approx 34.8$ pounds

31. Lograthmic, $y = 78.8 - 10.3 \ln x$

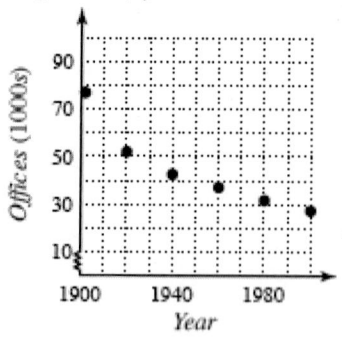

a. $y = 78.8 - 10.3 \ln 15 \approx 51$
$\approx 51,000$ post offices

b. $34 = 78.8 - 10.3 \ln x$
$-44.8 = -10.3 \ln x$
$\dfrac{448}{103} = \ln x$
$e^{\left(\frac{448}{103}\right)} = e^{\ln x}$
$x \approx 77$ years
1900+77=1977

c. $y = 78.8 - 10.3 \ln 110 \approx 30.4$
$\approx 30,400$ post offices

33. Exponential, $y = 50.21(1.07)^x$

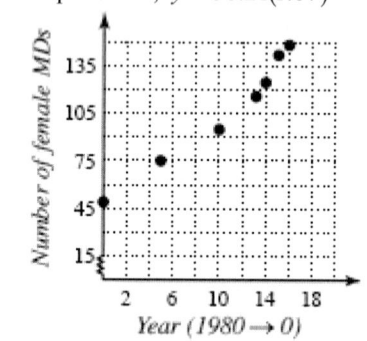

a. $y = 50.21(1.07)^8 \approx 86.270$
$\approx 86,270$ female MD's

b. $y = 50.21(1.07)^{25} \approx 272.511$
$\approx 272,511$ female MD's

Modeling with Technology 2:
Exponential, Logarithmic, and Other Regression Models

c. $100 = 50.21(1.07)^x$

$\dfrac{10000}{5021} = 1.07^x$

$\ln\left(\dfrac{10000}{5021}\right) = \ln 1.07^x$

$\ln\left(\dfrac{10000}{5021}\right) = x \ln 1.07$

$\dfrac{\ln\left(\dfrac{10000}{5021}\right)}{\ln 1.07} = x$

$x \approx 10.2$

$1980 + 10.2 = 1990.2$, year 1990

35. Exponential, $y = 346.79(0.94)^x$

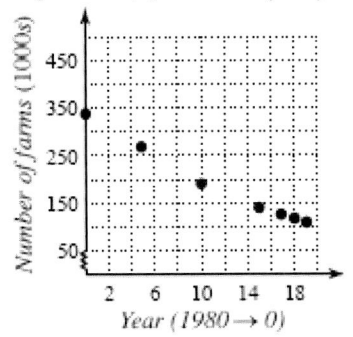

a. $y = 346.79(0.94)^{13} \approx 155.142$
$\approx 155{,}142$ farms

b. $y = 346.79(0.94)^{24} \approx 78.548$
$\approx 78{,}548$ farms

c. $150 = 346.79(0.94)^x$

$\dfrac{150}{346.79} = 0.94^x$

$\ln\left(\dfrac{150}{346.79}\right) = \ln 0.94^x$

$\ln\left(\dfrac{150}{346.79}\right) = x \ln 0.94$

$\dfrac{\ln\left(\dfrac{150}{346.79}\right)}{\ln 0.94} = x$

$x \approx 13.5$

$1980 + 13.5 = 1993.5$, year 1993

37. Quadratic, $y \approx 0.576x^2 - 8.879x + 394$

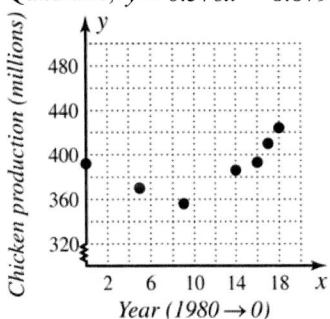

a. $y \approx 0.576(7)^2 - 8.879(7) + 394 \approx 360$
about 360 million

b. $y \approx 0.576(24)^2 - 8.879(24) + 394 \approx 513$
about 513 million

c. from 1984 to 1990

39. Linear, $y \approx 6.555x + 165.308$

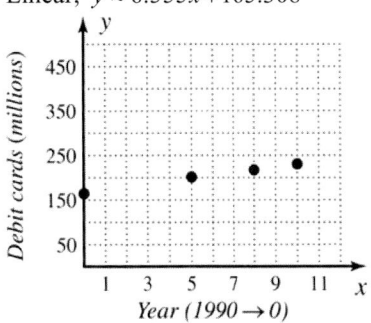

a. $y \approx 6.555(9) + 165.308$
about 224 million

b. $y \approx 6.555(15) + 165.308$
about 264 million

c. $300 \approx 6.555x + 165.308$
$134.692 \approx 6.555x$
$20.5 \approx x$
year $1990 + 20.5 = 2010$

MWT 2 Exercises

41. Linear, $P(t) = 0.51t + 22.51$

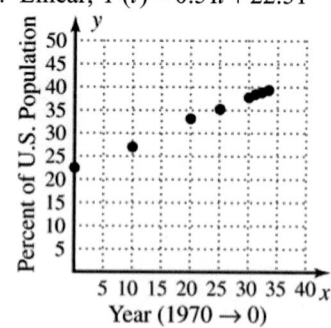

$P(35) = 0.51(35) + 22.51 = 40.36\%$;
2005; 40.4%
$P(40) = 0.51(40) + 22.51 = 42.91\%$;
2010; 43%

43. Linear, $y = 509.18x - 7.96$

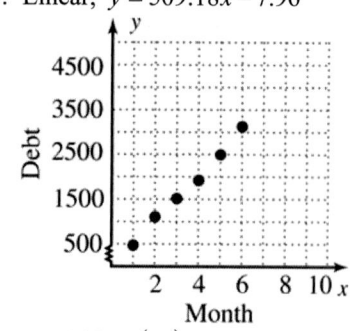

$y = 509.18(12) - 7.96 \approx \$6102.2$;

Debt by the end of December will be about $6100;
$10000 = 509.18x - 7.96$
$10007.96 = 509.18x$
$19.7 \approx x$;
The debt load will exceed $10,000 by the next July.

45. Exponential, $y = (103.83)1.0595^x$

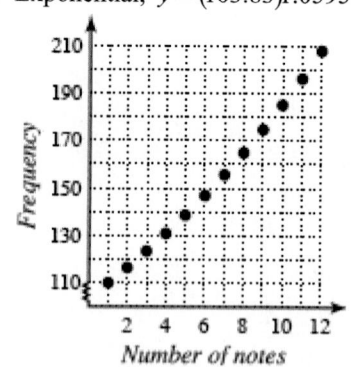

a. $y = (103.83)1.0595^{13} \approx 220$
b. $370.00 = (103.83)1.0595^x$
$3.563517288 = 1.0595^x$
$\ln 3.563517288 = \ln 1.0595^x$
$\ln 3.563517288 = x \ln 1.0595$
$x \approx 22$
The 22nd note, or F#.
c. Frequency doubles, yes.

47.

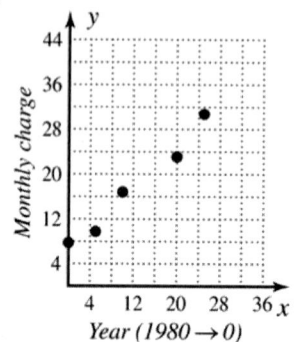

Exponential
$y \approx 8.02(1.0564)^x$,
$y \approx 8.02(1.0564)^{30}$
$y = \$41.59$;
$y \approx 8.02(1.0564)^{35}$
$= \$54.72$

266

Modeling with Technology 2:
Exponential, Logarithmic, and Other Regression Models

49.

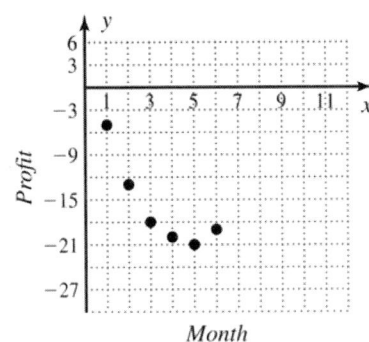

Quadratic, $y \approx 1.18x^2 - 10.99x + 4.60$;
Using grapher, the profit is first earned in the 8th month.

51. Logistic: $y = \dfrac{222.133}{1 + 32.280e^{-0.336x}}$

The logistic model seems to "fit" the data better.

$y \approx \dfrac{222.133}{1 + 32.280e^{-0.336(7)}} \approx 55$ million;

Logistic: 172 million,

$y \approx \dfrac{222.133}{1 + 32.280e^{-0.336(15)}} \approx 184$ million;

$y \approx \dfrac{222.133}{1 + 32.280e^{-0.336(20)}} \approx 214$ million;

$220 = \dfrac{222.133}{1 + 32.280e^{-0.336x}}$

$1 + 32.280e^{-0.336x} = \dfrac{222.133}{220}$

$32.280e^{-0.336x} = \dfrac{222.133}{220} - 1$

$e^{-0.336x} = \dfrac{\dfrac{222.133}{220} - 1}{32.280}$

$x \approx \dfrac{\ln\left(\dfrac{\dfrac{222.133}{220} - 1}{32.280}\right)}{-0.336} \approx 24$

in 2014

53.

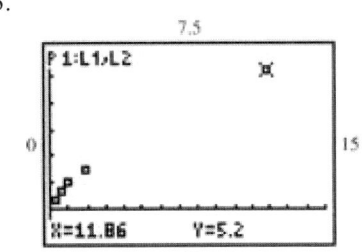

Power regression;
$y \approx x^{0.665}$

a. $y \approx (29.46)^{0.665} \approx 9.5$ AU

b. $19.2 \approx x^{0.665}$
   84.8 yr $\approx x$

MWT 2 Exercises

55.

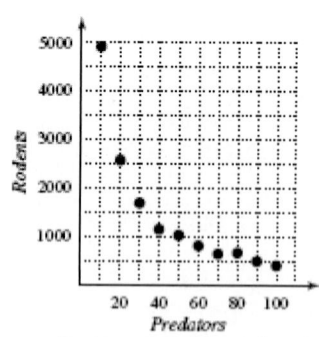

a. Scatter plot shows data is obviously nonlinear; no sudden increase in rodent population is expected or reasonable. Power regression, $y \approx 58555.89(x^{-1.056})$

$y \approx 58555.89(150^{-1.056}) \approx 295$

295 rodents

c. $3000 \approx 58555.892(x^{-1.056})$

$0.051 \approx (x^{-1.056})$

$17 \approx x$

57. a. Linear, $w = 1.24L - 15.83$

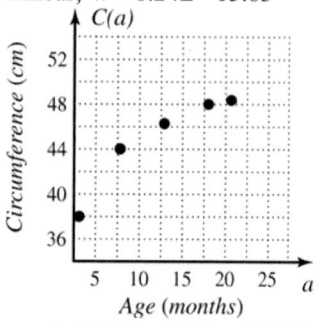

$w = 1.24(39) - 15.83 \approx 32.5$ lb

$28 = 1.24L - 15.83$

$L \approx 35.3$ in

b. Logarithmic
$C(a) \approx 37.9694 + 3.4229 \ln a$

$C(27) = 37.9694 + 3.4229 \ln 27$

≈ 49.3 cm

c. $50 = 37.9694 + 3.4229 \ln a$

$12.0306 = 3.4229 \ln a$

$3.514738964 = \ln a$

$e^{3.514738964} = a$

$a \approx 34$

About 34 months

Chapter 5: Introduction to Trigonometric Functions

5.1 Exercises

1. Complementary; 180; less; greater

3. $r\theta$; $\frac{1}{2}r^2\theta$; radians

5. Answers will vary.

7. a. Complement = $90° - 12.5° = 77.5°$
   b. Supplement = $180° - 149.2° = 30.8°$

9. $\alpha = 90° - 37° = 53°$

11. $42°30' = 42° + \left(\frac{30}{60}\right)° = 42.5°$

13. $67°33'19'' = 67° + \left(\frac{33}{60}\right)° + \left(\frac{19}{3,600}\right)°$
    $= 67.555°$

15. $285°00'09'' = 285° + \left(\frac{09}{3,600}\right)° = 285.0025°$

17. $45°45'45'' = 45° + \left(\frac{45}{60}\right)° + \left(\frac{45}{3,600}\right)°$
    $= 45.7625°$

19. $20.25° = 20° + 0.25(60)' = 20°15'00''$

21. $67.307° = 67° + 0.307(60)' = 67°18.42'$
    $= 67°18' + 0.42(60)'' = 67°18'25.2''$

23. $275.33° = 275° + 0.33(60)' = 275°19.8'$
    $= 275°19' + 0.8(60)'' = 275°19'48''$

25. $5.4525° = 5° + 0.4525(60)' = 5° + 27.15'$
    $= 5° + 27' + 0.15(60)'' = 5°27'9''$

27. No; $19 + 16 < 40$.

29. $\alpha = 180° - (53° + 58°) = 69°$

31. $\angle A = 180° - (90° + 65°) = 25°$

33. Let x be the height of the helicopter.

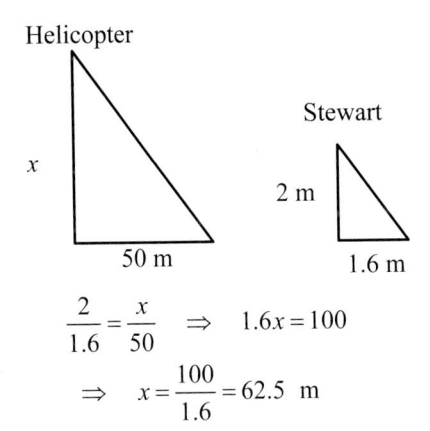

    $\frac{2}{1.6} = \frac{x}{50} \Rightarrow 1.6x = 100$

    $\Rightarrow x = \frac{100}{1.6} = 62.5$ m

35. $82 = \sqrt{2} \cdot a;\ a = \frac{82}{\sqrt{2}} = 41\sqrt{2} \approx 58$ ft
    Height of the firetruck: 10 ft
    Total height: $58 + 10 = 68$ ft

37. $\theta = 75°$; $\theta + 360k$
    $k = -2; 75 + 360(-2) = -645°$;
    $k = -1; 75 + 360(-1) = -285°$;
    $k = 1; 75 + 360(1) = 435°$;
    $k = 2; 75 + 360(2) = 795°$;
    $-645°, -285°, 435°, 795°$

39. $\theta = -45°$; $\theta + 360k$
    $k = -2; -45 + 360(-2) = -765°$;
    $k = -1; -45 + 360(-1) = -405°$;
    $k = 1; -45 + 360(1) = 315°$;
    $k = 2; -45 + 360(2) = 675°$;
    $-765°, -405°, 315°, 675°$

41. $s = r\theta = 280(3.5) = 980$ m

43. $s = r\theta$; $2,007 = 2,676 \cdot \theta$
    $\theta = \frac{2,007}{2,676} = 0.75$ rad

45. $s = r\theta$; $4,146.9 = r \cdot \frac{3\pi}{4}$
    $r = \frac{4,146.9}{\frac{3\pi}{4}} = 4,146.9 \cdot \frac{4}{3\pi} \approx 1,760$ yd

5.1 Exercises

47. $s = r\theta = 2 \cdot \dfrac{4\pi}{3} = \dfrac{8\pi}{3}$ mi

49. $s = r\theta$; $252.35 = 980 \cdot \theta$
    $\theta = \dfrac{252.35}{980} = 0.2575$ rad

51. Convert 320° to radians first:
    $320° \cdot \dfrac{\pi \text{ rad}}{180°} = \dfrac{16\pi}{9}$ rad
    $s = r\theta$; $52.5 = r \cdot \dfrac{16\pi}{9}$
    $r = \dfrac{52.5}{\frac{16\pi}{9}} \approx 9.4$ km

53. $A = \dfrac{1}{2}r^2\theta = \dfrac{1}{2}(6.8)^2(5) = 115.6$ km²

55. $A = \dfrac{1}{2}r^2\theta$; $1080 = \dfrac{1}{2}(60)^2 \cdot \theta = 1800 \cdot \theta$
    $\theta = \dfrac{1080}{1800} = 0.6$ rad

57. $A = \dfrac{1}{2}r^2\theta$; $16.5 = \dfrac{1}{2}r^2 \cdot \dfrac{7\pi}{6} = \dfrac{7\pi}{12}r^2$
    $r^2 = \dfrac{16.5}{\frac{7\pi}{12}} \approx 9.004$; $r \approx 3$ m
    (We discard the negative answer since r is a distance.)

59. $r = 5$ cm; $\theta = 1.5$ rad
    $s = r\theta$; $s = 5(1.5) = 7.5$ cm
    $A = \dfrac{1}{2}r^2\theta$; $A = \dfrac{1}{2}(5)^2(1.5) = 18.75$ cm²

61. $r = 10$ m; $s = 43$ m
    $s = r\theta$; $43 = 10 \cdot \theta$; $\theta = \dfrac{43}{10} = 4.3$ rad
    $A = \dfrac{1}{2}r^2\theta$; $A = \dfrac{1}{2}(10)^2(4.3) = 215$ m²

63. $A = 864$ mm²; $\theta = 3$ rad
    $A = \dfrac{1}{2}r^2\theta$; $864 = \dfrac{1}{2}r^2 \cdot 3 = \dfrac{3}{2}r^2$
    $r^2 = 864 \cdot \dfrac{2}{3} = 576$; $r = 24$ mm;
    $s = r\theta = (24)(3) = 72$ mm

65. $360° \cdot \dfrac{\pi \text{ rad}}{180°} = 2\pi$ rad

67. $45° \cdot \dfrac{\pi \text{ rad}}{180°} = \dfrac{\pi}{4}$ rad

69. $210° \cdot \dfrac{\pi \text{ rad}}{180°} = \dfrac{7\pi}{6}$ rad

71. $-120° \cdot \dfrac{\pi \text{ rad}}{180°} = -\dfrac{2\pi}{3}$ rad

73. $27° \cdot \dfrac{\pi \text{ rad}}{180°} \approx 0.4712$ rad

75. $227.9° \cdot \dfrac{\pi \text{ rad}}{180°} \approx 3.9776$ rad

77. $\dfrac{\pi}{3}$ rad $\cdot \dfrac{180°}{\pi \text{ rad}} = 60°$

79. $\dfrac{\pi}{6}$ rad $\cdot \dfrac{180°}{\pi \text{ rad}} = 30°$

81. $\dfrac{2\pi}{3}$ rad $\cdot \dfrac{180°}{\pi \text{ rad}} = 120°$

83. 4π rad $\cdot \dfrac{180°}{\pi \text{ rad}} = 720°$

85. $\dfrac{11\pi}{12}$ rad $\cdot \dfrac{180°}{\pi \text{ rad}} = 165°$

87. 3.2541 rad $\cdot \dfrac{180°}{\pi \text{ rad}} \approx 186.4°$

89. 3 rad $\cdot \dfrac{180°}{\pi \text{ rad}} \approx 171.9°$

91. -2.5 rad $\cdot \dfrac{180°}{\pi \text{ rad}} \approx -143.2°$

93. $a = 15, b = 8, c = 17$
    $h = \dfrac{8(15)}{17} \approx 7.06$ cm; $m = \dfrac{8^2}{17} \approx 3.76$ cm
    $n = \dfrac{15^2}{17} \approx 13.24$ cm

Chapter 5: Introduction to Trigonometric Functions

95. $40.3° - 26.4° = 13.9°$, so $13.9°$ separates the cities. Convert to radians:
$13.9° \cdot \dfrac{\pi \text{ rad}}{180°} = 0.2426$ rad
Find arc length if $r = 3,960$, $\theta = 0.2426$:
$s = r\theta$; $s = (3,960)(0.2426) = 960.7$ miles apart

96. $42.5° - 9.3° = 33.2°$, so $33.2°$ separates the cities. Convert to radians:
$33.2° \cdot \dfrac{\pi \text{ rad}}{180°} = 0.5794$ rad
Find arc length if $r = 3,960$, $\theta = 0.5794$:
$s = r\theta$; $s = (3,960)(0.5794) = 2,294.6$ mi

97. a. $r = 12$ m; $\theta = 40° \cdot \dfrac{\pi \text{ rad}}{180°} \approx 0.698$ rad
$A = \dfrac{1}{2}r^2\theta$; $A = \dfrac{1}{2}(12)^2(0.698) \approx 50.3$ m^2

b. For $A = 100.6$ m^2 and $r = 12$ m, find θ.
$100.6 = \dfrac{1}{2}(12)^2 \cdot \theta = 72\theta$
$\theta = \dfrac{100.6}{72} \approx 1.4$ rad $\cdot \dfrac{180°}{\pi \text{ rad}} \approx 80°$

c. For $A = 100.6$ m^2 and $\theta = 0.698$ rad, find r.
$100.6 = \dfrac{1}{2}r^2(0.698)$; $r^2 = \dfrac{100.6}{0.349} = 288.3$
$r \approx 17$ m (We discard the negative answer since r is a distance.)

99. a. $\omega = \dfrac{\frac{3}{4}\text{ rev}}{\text{sec}} \cdot \dfrac{2\pi \text{ rad}}{1 \text{ rev}} = 1.5\pi \dfrac{\text{rad}}{\text{sec}}$

b. $V = r\omega$;
$V = (56 \text{ in.})\left(1.5\pi \dfrac{\text{rad}}{\text{sec}}\right) \approx 263.9 \dfrac{\text{in.}}{\text{sec}}$
Convert to mi./hr.
$\left(\dfrac{263.9 \text{ in.}}{\text{sec}}\right)\left(\dfrac{1 \text{ mi}}{5,280(12)\text{in}}\right) \cdot \left(\dfrac{3,600 \text{ sec}}{1 \text{ hr}}\right)$
$\approx 15 \dfrac{\text{mi}}{\text{hr}}$

101. a. $\omega = \dfrac{20 \text{ rev}}{\text{min}} \cdot \dfrac{2\pi \text{ rad}}{\text{rev}} = 40\pi \dfrac{\text{rad}}{\text{min}}$

b. $V = r\omega$
$V = 3 \text{ in.} \cdot \dfrac{40\pi \text{ rad}}{\text{min}} = 120\pi \dfrac{\text{in.}}{\text{min}}$
Convert to ft/sec
$\left(\dfrac{120\pi \text{ in.}}{\text{sec}}\right)\left(\dfrac{1 \text{ min}}{60 \text{ sec}}\right)\left(\dfrac{1 \text{ ft}}{12 \text{ in.}}\right)$
$\approx 0.52 \dfrac{\text{ft}}{\text{sec}}$

c. dist. = speed $\cdot$ time
$6 \text{ ft} = 0.52 \dfrac{\text{ft}}{\text{sec}} \cdot t$
$t = \dfrac{6}{0.52} \approx 11.5$ sec

103. a. Each concentric line represents 250 m in elevation, and 4 lines separate A and B, so the change in elevation is $4(250) = 1,000$ m.

b. $\dfrac{1 \text{ cm}}{625 \text{ m}} = \dfrac{1.6 \text{ cm}}{x \text{ m}}$
$x = 1.6(625) = 1,000$ m

c.

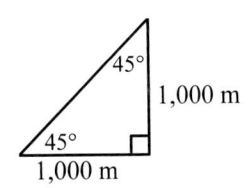

Trail length = $1,000\sqrt{2} \approx 1,414.2$ m

105. In the next 0.5 hour, each plane will go 50 miles. The angle between their paths is $90°$.

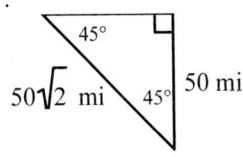

This is a 45-45-90 triangle, so the distance between them is $50\sqrt{2}$ mi or about 70.7 mi apart.

5.1 Exercises

107.a. $\left(\dfrac{1 \text{ rev}}{7.15 \text{ days}}\right)\left(\dfrac{2\pi \text{ rad}}{1 \text{ rev}}\right) \approx 0.8788 \dfrac{\text{rad}}{\text{day}}$;

$\left(\dfrac{0.8788 \text{ rad}}{\text{day}}\right)\left(\dfrac{180°}{\pi \text{ rad}}\right) \approx 50.3°/\text{day}$

b. $\left(\dfrac{0.8788 \text{ rad}}{\text{day}}\right)\left(\dfrac{1 \text{ day}}{24 \text{ hr}}\right) \approx 0.0366 \dfrac{\text{rad}}{\text{hr}}$

c. $V = r\omega = (656,000 \text{ mi})\left(0.0366 \dfrac{\text{rad}}{\text{hr}}\right)$

$\cdot \left(\dfrac{1 \text{ hr}}{3,600 \text{ sec}}\right) \approx 6.67 \dfrac{\text{mi}}{\text{sec}}$

109. Answers will vary.

111.a. Adult bike:
Linear velocity of pedal sprocket:
$\left(\dfrac{50 \text{ rev}}{\text{min}}\right)\left(\dfrac{2\pi \text{ rad}}{\text{rev}}\right) = 100\pi \dfrac{\text{rad}}{\text{min}}$

$V_p = (4 \text{ in.})\left(\dfrac{100\pi \text{ rad}}{\text{min}}\right) = 400\pi \dfrac{\text{in.}}{\text{min}}$

This will be the same as the linear velocity of the wheel sprocket, so we can use it to find the angular velocity:

$400\pi \dfrac{\text{in.}}{\text{min}} = (2 \text{ in.})\omega_w$

$\omega_w = 200\pi \dfrac{\text{rad}}{\text{min}}$

This is the same as the angular velocity of the tire, so we can use it to find the tire's linear velocity, which is the speed of the bike.

$V_t = (13 \text{ in.})\left(\dfrac{200\pi \text{ rad}}{\text{min}}\right) = 2,600\pi \dfrac{\text{in.}}{\text{min}}$

Kid's bike: (Same calculations)

$V_b = (2.5 \text{ in})\left(\dfrac{100\pi \text{ rad}}{\text{min}}\right) = 250\pi \dfrac{\text{in}}{\text{min}}$

$250\pi \dfrac{\text{in.}}{\text{min}} = (1.5 \text{ in.})\omega_w$

$\omega_w = \dfrac{250\pi}{1.5} = \dfrac{500\pi \text{ rad}}{3 \text{ min}}$

$V_t = (9 \text{ in.})\left(\dfrac{500\pi \text{ rad}}{3 \text{ min}}\right) = 1,500\pi \dfrac{\text{in.}}{\text{min}}$

The difference in speeds between the bikes is $1,100\pi$ in/min, so in 2 minutes, the adult bike will go $2,200\pi$ inches further.

$(2,200\pi \text{ in.})\left(\dfrac{1 \text{ yd}}{36 \text{ in.}}\right) \approx 192 \text{ yd}$

b. We need to basically do the kid's bike calculations from part a backwards, starting with a linear velocity of $2,600\pi$ in./min.

$2,600\pi \dfrac{\text{in.}}{\text{min}} = (9 \text{ in.})\omega_w$

$\omega_w = \dfrac{2,600\pi}{9} = 907.5 \dfrac{\text{rad}}{\text{min}}$

Linear velocity of wheel sprocket:

$V_w = (1.5 \text{ in.})\left(907.5 \dfrac{\text{rad}}{\text{min}}\right) = 1,361.25 \dfrac{\text{in.}}{\text{min}}$

This equals the linear velocity of the pedal sprocket so we can use it to find the angular velocity:

$1,361.25 \dfrac{\text{in.}}{\text{min}} = (2.5 \text{ in.})\omega_p$

$\omega_p = \dfrac{1,361.25}{2.5} = 544.5 \dfrac{\text{rad}}{\text{min}}$

Convert to revolutions per min:

$\left(\dfrac{544.5 \text{ rad}}{\text{min}}\right)\left(\dfrac{1 \text{ rev}}{2\pi \text{ rad}}\right) \approx 86.7 \text{ rpm}$

113. Use $A = P\left(1+\dfrac{r}{n}\right)^{nt}$ with $A = 1,500$,

$P = 1,000$, $n = 12$, and $t = 5$. Solve for r.

$1,500 = 1,000\left(1+\dfrac{r}{12}\right)^{60}$

$1.5 = \left(1+\dfrac{r}{12}\right)^{60}$

$1.5^{1/60} = 1+\dfrac{r}{12}$

$1.5^{1/60} - 1 = \dfrac{r}{12}$

$r = 12\left(1.5^{1/60} - 1\right) \approx 0.0814$

Interest rate is 8.14%.

115. The vertex of the parabola is $(2, -4)$, so the equation is $f(x) = a(x-2)^2 - 4$.
$(0, -3)$ is on the graph, so $f(0) = -3$:

$f(0) = a(0-2)^2 - 4 = -3$

$4a - 4 = -3$; $\quad 4a = 1$; $\quad a = \dfrac{1}{4}$

$f(x) = \dfrac{1}{4}(x-2)^2 - 4$

Chapter 5: Introduction to Trigonometric Functions

5.2 Exercises

1. $\theta = \tan^{-1} x$

3. opposite; hypotenuse

5. To find the measure of all three angles and all three sides

Note that the diagrams in 7 – 11 are not drawn to scale.

7.

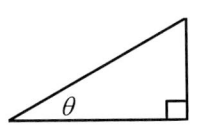

$x^2 + 5^2 = 13^2; \quad x = \sqrt{169 - 25} = 12$
$\sec\theta = \dfrac{13}{5}; \quad \sin\theta = \dfrac{12}{13}; \quad \csc\theta = \dfrac{13}{12};$
$\tan\theta = \dfrac{12}{5}; \quad \cot\theta = \dfrac{5}{12}$

9.

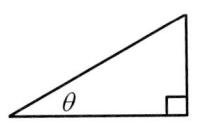

$x^2 = 13^2 + 84^2 = 7{,}225; \quad x = 85$
$\cot\theta = \dfrac{13}{84}; \quad \sin\theta = \dfrac{84}{85}; \quad \csc\theta = \dfrac{85}{84}$
$\cos\theta = \dfrac{13}{85}; \quad \sec\theta = \dfrac{85}{13}$

11.

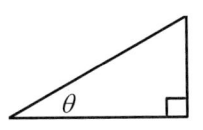

$x^2 = 11^2 + 2^2; \quad x = \sqrt{121 + 4} = \sqrt{125} = 5\sqrt{5}$
$\tan\theta = \dfrac{11}{2}; \quad \sin\theta = \dfrac{11}{5\sqrt{5}}; \quad \csc\theta = \dfrac{5\sqrt{5}}{11}$
$\cos\theta = \dfrac{2}{5\sqrt{5}}; \quad \sec\theta = \dfrac{5\sqrt{5}}{2}$

13. $B = 90° - 30° = 60°$
$\sin 30° = \dfrac{a}{196}; \quad a = 196\sin 30° = 98$ cm
$\cos 30° = \dfrac{b}{196}; \quad b = 196\cos 30° = 98\sqrt{3}$

Angle	Side
$A = 30°$	$a = 98$ cm
$B = 60°$	$b = 98\sqrt{3}$ cm
$C = 90°$	$c = 196$ cm

15. $B = 90° - 45° = 45°$
$\sin 45° = \dfrac{9.9}{c}; \quad c\sin 45° = 9.9; \quad c = \dfrac{9.9}{\sin 45°}$
$c = \dfrac{9.9}{\sqrt{2}/2} = \dfrac{19.8}{\sqrt{2}} = \dfrac{19.8\sqrt{2}}{2} = 9.9\sqrt{2}$ mm
$\cos 45° = \dfrac{a}{9.9\sqrt{2}}; \quad a = 9.9\sqrt{2}\cos 45°$
$a = 9.9\sqrt{2}\cdot\dfrac{\sqrt{2}}{2} = 9.9$

Angle	Side
$A = 45°$	$a = 9.9$ mm
$B = 45°$	$b = 9.9$ mm
$C = 90°$	$c = 9.9\sqrt{2}$ mm

17. $B = 90° - 22° = 68°$
$\sin 22° = \dfrac{14}{c}; \quad c\sin 22° = 14; \quad c = \dfrac{14}{\sin 22°}$
$c \approx 37.37$ m
$\tan 22° = \dfrac{14}{b}; \quad b\tan 22° = 14; \quad b = \dfrac{14}{\tan 22°}$
$b \approx 34.65$ m

Angle	Side
$A = 22°$	$a = 14$ m
$B = 68°$	$b \approx 34.65$ m
$C = 90°$	$c \approx 37.37$ m

19. $A = 90° - 58° = 32°$
$\cos 58° = \dfrac{5.6}{c}; \quad c\cos 58° = 5.6$
$c = \dfrac{5.6}{\cos 58°}; \quad c \approx 10.57$ mi
$\tan 58° = \dfrac{b}{5.6}; \quad b = 5.6\tan 58° \approx 8.96$ mi

Angle	Side
$A = 32°$	$a = 5.6$ mi
$B = 58°$	$b \approx 8.96$ mi
$C = 90°$	$c \approx 10.57$ mi

5.2 Exercises

21. $B = 90° - 65° = 25°$

    $\sin 65° = \dfrac{625}{c}$; $c \sin 65° = 625$; $c = \dfrac{625}{\sin 65°}$

    $c \approx 689.61$ mm

    $\tan 65° = \dfrac{625}{b}$; $b \tan 65° = 625$; $b = \dfrac{625}{\tan 65°}$

    $b \approx 291.44$ mm

Angle	Side
$A = 65°$	$a = 625$ mm
$B = 25°$	$b \approx 291.44$ mm
$C = 90°$	$c \approx 689.61$ mm

23. $\sin 27° = 0.4540$

25. $\tan 40° = 0.8391$

27. $\sec 40.9° = 1.3230$

29. $\sin 65° = 0.9063$

31. $A = \sin^{-1}(0.4540) \approx 27°$

33. $\theta = \tan^{-1}(0.8390) \approx 40°$

35. $B = \cos^{-1}\left(\dfrac{1}{1.3230}\right) \approx 40.9°$

37. $A = \sin^{-1}(0.9063) \approx 65°$

39. $\alpha = \tan^{-1}(0.9896) \approx 44.7°$

41. $\alpha = \sin^{-1}(0.3453) \approx 20.2°$

43. $\tan \theta = \dfrac{6}{18}$; $\theta = \tan^{-1}\left(\dfrac{1}{3}\right) \approx 18.4°$

45. $\tan \gamma = \dfrac{19.5}{18.7}$; $\gamma = \tan^{-1}\left(\dfrac{19.5}{18.7}\right) \approx 46.2°$

47. $\cos B = \dfrac{20}{42}$; $B = \cos^{-1}\left(\dfrac{20}{42}\right) \approx 61.6°$

49.

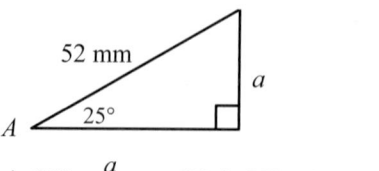

    $\sin 25° = \dfrac{a}{52}$; $a = 52 \sin 25° \approx 21.98$ mm

51.

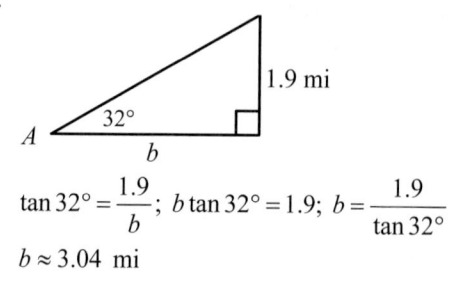

    $\tan 32° = \dfrac{1.9}{b}$; $b \tan 32° = 1.9$; $b = \dfrac{1.9}{\tan 32°}$

    $b \approx 3.04$ mi

53.

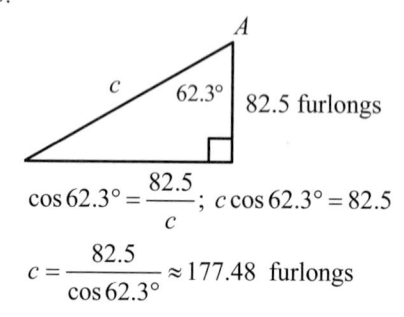

    $\cos 62.3° = \dfrac{82.5}{c}$; $c \cos 62.3° = 82.5$

    $c = \dfrac{82.5}{\cos 62.3°} \approx 177.48$ furlongs

55. $\sin 25° \approx 0.4266$; $\cos 65° \approx 0.4266$
    They have like values.

57. $\tan 5° \approx 0.0875$; $\cot 85° \approx 0.0875$
    They have like values.

59. $\sin 47° = \cos 43°$

61. $\cot 69° = \tan 21°$

63.

θ	30°
$\sin \theta$	$\frac{1}{2}$
$\cos \theta$	$\frac{\sqrt{3}}{2}$
$\tan \theta$	$\frac{\sqrt{3}}{3}$
$\sin(90-\theta)$	$\frac{\sqrt{3}}{2}$
$\cos(90-\theta)$	$\frac{1}{2}$

θ	30°
$\tan(90-\theta)$	$\sqrt{3}$
$\csc \theta$	2
$\sec \theta$	$\frac{2\sqrt{3}}{3}$
$\cot \theta$	$\sqrt{3}$

65. $\sqrt{6} \csc 15° = \sqrt{6} \sec 75° = \sqrt{6}\left(\sqrt{6} + \sqrt{2}\right)$
    $= 6 + \sqrt{12} = 6 + 2\sqrt{3}$

67. $\cot^2 15° = \tan^2 75° = \left(2 + \sqrt{3}\right)^2$
    $= 4 + 4\sqrt{3} + 3 = 7 + 4\sqrt{3}$

Chapter 5: Introduction to Trigonometric Functions

69. $\sin\theta = \dfrac{2A}{ab}$

    $\sin\theta = \dfrac{2(38.9)}{(17)(24)}$; $\theta = \sin^{-1}\left(\dfrac{2(38.9)}{(17)(24)}\right)$

    $\theta \approx 11.0°$
    Repeat for β using 24 and 8 for a and b.

    $\sin\beta = \dfrac{2(38.9)}{8(24)}$; $\beta = \sin^{-1}\left(\dfrac{2(38.9)}{8(24)}\right) \approx 23.9°$

    $\gamma = 180° - (11.0° + 23.9°) = 145.1°$

71.

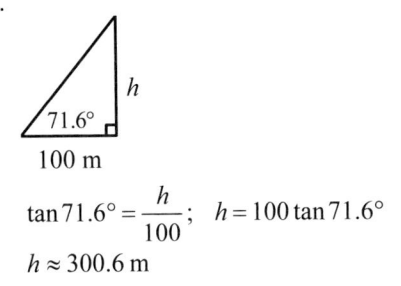

    $\tan 71.6° = \dfrac{h}{100}$; $h = 100\tan 71.6°$
    $h \approx 300.6$ m

73.

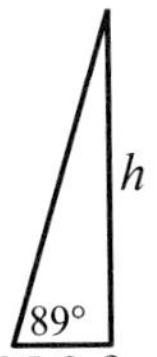

    $\tan 89° = \dfrac{h}{25.9}$; $h = 25.9\tan 89°$
    $h \approx 1{,}483.8$ ft

75. $\tan 83° = \dfrac{d}{50}$; $d = 50\tan 83° \approx 407.22$ ft

    $\dfrac{407.22 \text{ ft}}{2.35 \text{ sec}} \cdot \dfrac{1 \text{ mi}}{5{,}280 \text{ ft}} \cdot \dfrac{3{,}600 \text{ sec}}{1 \text{ hr}} = 118.1$ mph

77. Let's first find the distances $h_s, h_1,$ and h_2 in the diagram below, then answer the questions.

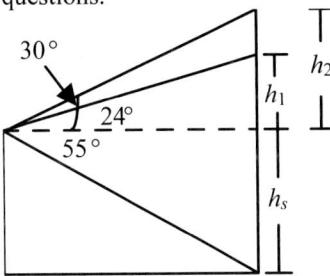

    $\tan 55° = \dfrac{h_s}{175}$; $h_s = 175\tan 55° \approx 250$ yd

    $\tan 24° = \dfrac{h_1}{175}$; $h_1 = 175\tan 24° \approx 77.9$ yd

    $\tan 30° = \dfrac{h_2}{175}$; $h_2 = 175\tan 30° \approx 101$ yd

    a. $h_s \approx 250$ yd is the height of the south rim.
    b. $h_s + h_2 \approx 351$ yd is the height of the north rim.
    c. $h_2 - h_1 \approx 23.1$ yd is how far the climbers have to go to the top.

79. Let h_t be the height of the tower and h_r be the height of the restaurant.

    $\tan 74.6° = \dfrac{h_t}{500}$; $h_t = 500\tan 74.6°$
    $h_t \approx 1{,}815.2$ ft;

    $\tan 66.5° = \dfrac{h_r}{500}$; $h_r = 500\tan 66.5°$
    $\approx 1{,}149.9$ ft
    Difference: 665.3 ft.

81. $\cos 34° = \dfrac{320}{Z}$; $Z\cos 34° = 320$

    $Z = \dfrac{320}{\cos 34°} \approx 386.0\ \Omega$

5.2 Exercises

83. a. Five contour lines, so change in elevation is $5(175) = 875$ m.

    b. $\dfrac{2.4 \text{ cm}}{x \text{ m}} = \dfrac{1 \text{ cm}}{500 \text{ m}}$; $x = 2.4(500) = 1200$ m

    c.

    [Right triangle with horizontal leg 1200, vertical leg 875, and angle θ at the lower-left.]

    $\tan\theta = \dfrac{875}{1200}$; $\theta = \tan^{-1}\left(\dfrac{875}{1200}\right) \approx 36.1°$

    $d^2 = 1200^2 + 875^2$; $d = \sqrt{2,205,625}$

    $d \approx 1485$ m

85. $\tan 42° = \dfrac{h}{500}$; $h = 500\tan 42° \approx 450$ ft

87. a. The triangle at the base of the box is isosceles with sides x, so the dotted diagonal on the bottom has length $x\sqrt{2}$ (45-45-90 triangle). The triangle formed by that diagonal, the diagonal across the box, and one edge of the box is right, and we can apply the Pythagorean Theorem:

    $\left(x\sqrt{2}\right)^2 + x^2 = 35^2$; $2x^2 + x^2 = 1225$;

    $3x^2 = 1225$; $x^2 \approx 408.3$; $x \approx 20.2$ cm

    b. Now we can find the angle using cosine:

    $\cos\theta = \dfrac{20.2\sqrt{2}}{35}$;

    $\theta = \cos^{-1}\left(\dfrac{20.2\sqrt{2}}{35}\right) \approx 35.3°$

88. a. Let x be the dotted diagonal of the bottom.

    $x^2 = 50^2 + 70^2$; $x = \sqrt{7400}$ cm

    Now use the triangle formed by the two diagonals (90 cm and $\sqrt{7400}$ cm) and the back edge of the box (x).

    $\sqrt{7400}^2 + x^2 = 90^2$; $x^2 = 90^2 - 7400$

    $x = \sqrt{700} \approx 26.5$ cm

    b. $\cos\theta = \dfrac{\sqrt{7400}}{90}$; $\theta = \cos^{-1}\left(\dfrac{\sqrt{7400}}{90}\right)$

    $\theta \approx 17.1°$

89. $\cot u = \dfrac{x}{h}$; $x = h\cot u$

    $\cot v = \dfrac{x-d}{h}$; $\cot v = \dfrac{h\cot u - d}{h}$

    $h\cot v = h\cot u - d$

    $d = h\cot u - h\cot v = h(\cot u - \cot v)$

    $h = \dfrac{d}{\cot u - \cot v}$

91. a. If $\theta = 39.5°$, the complementary angle at the bottom of the right triangle is $50.5°$.

    $\sin 50.5° = \dfrac{r}{3960}$; $r = 3960\sin 50.5°$

    $r \approx 3055.6$ mi

    b. The closest measure between the longitudes is $169°$: $(180 - 116) + (180 - 75)$.

    $s = 3,055.6(169°)\left(\dfrac{\pi \text{ rad}}{180°}\right) \approx 9012.8$ mi

    c. 9012.8 mi $\cdot \dfrac{1 \text{ hr}}{1250 \text{ mi}} = 7.21$ hr, or about 7 hr, 13 min

93. a. Local maximums: $(-5, 2)$, $(2, 3)$
    Local minimums: $(-7, -2)$, $(-2, -1)$, $(6, -3)$

    b. Zeros: $x = -6, -3, -1, 4$

    c. $T(x)\downarrow$ on $(-5, -2)$ and $(2, 6)$
    $T(x)\uparrow$ on $(-7, -5)$ and $(-2, 2)$

    d. $T(x) > 0$ on $(-6, -3)$ and $(-1, 4)$
    $T(x) < 0$ on $[-7, -6)$, $(-3, -1)$ and $(4, 6]$

95. The diagonal of one side forms a 45-45-90 triangle with legs 38 in, so the hypotenuse (diagonal) is $38\sqrt{2} \approx 53.74$ in.
    The diagonal through the center of the box forms a right triangle with legs 38 in and $38\sqrt{2}$ in, so we can use the Pythagorean Theorem to find D:

    $D^2 = 38^2 + \left(38\sqrt{2}\right)^2 = 4,332$

    $D = \sqrt{4,332} \approx 65.82$ in.

Chapter 5: Introduction to Trigonometric Functions

5.3 Exercises

1. origin; x-axis

3. positive; clockwise

5. Answers will vary.

7.

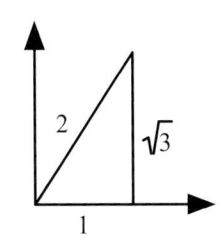

The lengths were obtained using the special triangle relationships for 30-60-90. The slope of the line is $\sqrt{3}$ since the rise is $\sqrt{3}$ and the run is 1. The equation is $y = \sqrt{3}x$. We'll choose the point $(3, 3\sqrt{3})$. Then $r = \sqrt{3^2 + (3\sqrt{3})^2} = \sqrt{36} = 6$.
$\sin 60° = \dfrac{3\sqrt{3}}{6} = \dfrac{\sqrt{3}}{2}$; $\cos 60° = \dfrac{3}{6} = \dfrac{1}{2}$
$\tan 60° = \dfrac{3\sqrt{3}}{3} = \sqrt{3}$. These match our known values.

9.

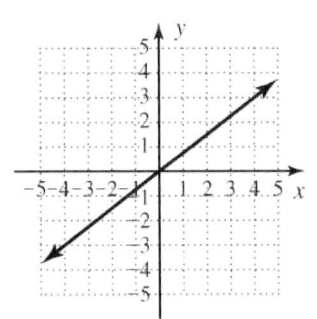

QI and QIII. For QI we chose (4, 3). Then $r = \sqrt{3^2 + 4^2} = \sqrt{25} = 5$.
$\sin\theta = \dfrac{3}{5}$; $\cos\theta = \dfrac{4}{5}$; $\tan\theta = \dfrac{3}{4}$
For QIII, we chose (−4, −3); r is still 5.
$\sin\theta = -\dfrac{3}{5}$; $\cos\theta = -\dfrac{4}{5}$; $\tan\theta = \dfrac{-3}{-4} = \dfrac{3}{4}$

11.

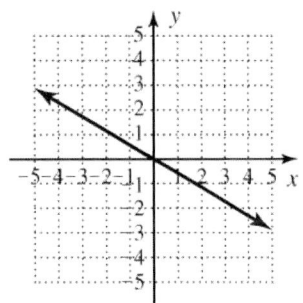

QII and QIV. For QII, we chose $(-3, \sqrt{3})$.
$r = \sqrt{(-3)^2 + (\sqrt{3})^2} = \sqrt{12} = 2\sqrt{3}$
$\sin\theta = \dfrac{\sqrt{3}}{2\sqrt{3}} = \dfrac{1}{2}$; $\cos\theta = \dfrac{-3}{2\sqrt{3}} = -\dfrac{\sqrt{3}}{2}$
$\tan\theta = \dfrac{\sqrt{3}}{-3} = -\dfrac{1}{\sqrt{3}}$
For QIV, we chose $(3, -\sqrt{3})$; r is $2\sqrt{3}$.
$\sin\theta = \dfrac{-\sqrt{3}}{2\sqrt{3}} = -\dfrac{1}{2}$; $\cos\theta = \dfrac{3}{2\sqrt{3}} = \dfrac{\sqrt{3}}{2}$
$\tan\theta = \dfrac{-\sqrt{3}}{3} = -\dfrac{1}{\sqrt{3}}$

13. $r = \sqrt{8^2 + 15^2} = \sqrt{289} = 17$
$\sin\theta = \dfrac{15}{17}$; $\csc\theta = \dfrac{17}{15}$; $\cos\theta = \dfrac{8}{17}$
$\sec\theta = \dfrac{17}{8}$; $\tan\theta = \dfrac{15}{8}$; $\cot\theta = \dfrac{8}{15}$

15. $r = \sqrt{(-20)^2 + 21^2} = \sqrt{841} = 29$
$\sin\theta = \dfrac{21}{29}$; $\csc\theta = \dfrac{29}{21}$; $\cos\theta = -\dfrac{20}{29}$
$\sec\theta = -\dfrac{29}{20}$; $\tan\theta = -\dfrac{21}{20}$; $\cot\theta = -\dfrac{20}{21}$

17. $r = \sqrt{(7.5)^2 + (-7.5)^2} = \sqrt{2(7.5)^2} = 7.5\sqrt{2}$
$\sin\theta = -\dfrac{7.5}{7.5\sqrt{2}} = -\dfrac{\sqrt{2}}{2}$; $\csc\theta = -\dfrac{2}{\sqrt{2}}$
$\cos\theta = \dfrac{7.5}{7.5\sqrt{2}} = \dfrac{\sqrt{2}}{2}$; $\sec\theta = \dfrac{2}{\sqrt{2}}$
$\tan\theta = -1$; $\cot\theta = -1$

5.3 Exercises

19. $r = \sqrt{4^2 + \left(\frac{4\sqrt{3}}{3}\right)^2} = \sqrt{16 + \frac{48}{9}} = \sqrt{\frac{64}{3}} = \frac{8}{\sqrt{3}}$

$\sin\theta = \frac{4\sqrt{3}}{8/\sqrt{3}} = \frac{1}{2}$; $\csc\theta = 2$

$\cos\theta = \frac{4}{8/\sqrt{3}} = \frac{\sqrt{3}}{2}$; $\sec\theta = \frac{2}{\sqrt{3}}$

$\tan\theta = \frac{1}{\sqrt{3}}$; $\cot\theta = \sqrt{3}$

21. $r = \sqrt{2^2 + 8^2} = \sqrt{68} = 2\sqrt{17}$

$\sin\theta = \frac{8}{2\sqrt{17}} = \frac{4}{\sqrt{17}}$; $\csc\theta = \frac{\sqrt{17}}{4}$

$\cos\theta = \frac{2}{2\sqrt{17}} = \frac{1}{\sqrt{17}}$; $\sec\theta = \sqrt{17}$

$\tan\theta = \frac{8}{2} = 4$; $\cot\theta = \frac{2}{8} = \frac{1}{4}$

23. Based on similar triangles, we can multiply both coordinates by 4 to clear decimals: $(-15, -10)$

$r = \sqrt{(-15)^2 + (-10)^2} = \sqrt{325} = 5\sqrt{13}$

$\sin\theta = -\frac{10}{5\sqrt{13}} = -\frac{2}{\sqrt{13}}$; $\csc\theta = -\frac{\sqrt{13}}{2}$

$\cos\theta = -\frac{15}{5\sqrt{13}} = -\frac{3}{\sqrt{13}}$; $\sec\theta = -\frac{\sqrt{13}}{3}$

$\tan\theta = \frac{2}{3}$; $\cot\theta = \frac{3}{2}$

25. Based on similar triangles, we can multiply both coordinates by 9 to clear fractions:

$(-5, 6)$. $r = \sqrt{(-5)^2 + 6^2} = \sqrt{61}$

$\sin\theta = \frac{6}{\sqrt{61}}$; $\csc\theta = \frac{\sqrt{61}}{6}$

$\cos\theta = -\frac{5}{\sqrt{61}}$; $\sec\theta = -\frac{\sqrt{61}}{5}$

$\tan\theta = -\frac{6}{5}$; $\cot\theta = -\frac{5}{6}$

27. Based on similar triangles, we can multiply both coordinates by 4 to clear fractions:

$(1, -2\sqrt{5})$. $r = \sqrt{1^2 + (-2\sqrt{5})^2} = \sqrt{21}$

$\sin\theta = -\frac{2\sqrt{5}}{\sqrt{21}}$; $\csc\theta = -\frac{\sqrt{21}}{2\sqrt{5}}$

$\cos\theta = \frac{1}{\sqrt{21}}$; $\sec\theta = \sqrt{21}$

$\tan\theta = -2\sqrt{5}$; $\cot\theta = -\frac{1}{2\sqrt{5}}$

29. Every point on the terminal side looks like $(0, k)$, and $r = \sqrt{0^2 + k^2} = |k| = k$, $k > 0$ since $\theta = 90°$

$\sin 90° = \frac{k}{k} = 1$; $\cos 90° = \frac{0}{k} = 0$;

$\tan 90° = \frac{k}{0}$ Undefined

$\csc 90° = 1$; $\sec 90° = \frac{k}{0}$ Undefined;

$\cot 90° = \frac{0}{k} = 0$

31. QII: $\theta_r = 180° - 120° = 60°$

33. QII: $\theta_r = 180° - 135° = 45°$

35. QIV: $\theta_r = 0 - (-45°) = 45°$

37. QII: $\theta_r = 180° - 112° = 68°$

39. QII: Coterminal with 140°. $\theta_r = 180° - 140° = 40°$

41. $-168.4° + 360° = 191.6°$ QIII
$\theta_r = 191.6° - 180° = 11.6°$

43. QII

45. QII

47. QIV: $\theta_r = 360° - 330° = 30°$

$\sin\theta = -\frac{1}{2}$; $\cos\theta = \frac{\sqrt{3}}{2}$; $\tan\theta = -\frac{1}{\sqrt{3}}$

49. QIV: $\theta_r = 0 - (-45°) = 45°$

$\sin\theta = -\frac{\sqrt{2}}{2}$; $\cos\theta = \frac{\sqrt{2}}{2}$; $\tan\theta = -1$

Chapter 5: Introduction to Trigonometric Functions

51. QIII: $\theta_r = 240° - 180° = 60°$
    $\sin\theta = -\dfrac{\sqrt{3}}{2}$; $\cos\theta = -\dfrac{1}{2}$; $\tan\theta = \sqrt{3}$

53. $-150° + 360° = 210°$. QIII: $210° - 180° = 30°$.
    $\sin\theta = -\dfrac{1}{2}$; $\cos\theta = -\dfrac{\sqrt{3}}{2}$; $\tan\theta = \dfrac{1}{\sqrt{3}}$

55. $x = 4, r = 5$; $4^2 + y^2 = 5^2$; $y = \pm\sqrt{25-16}$
    $y = \pm 3$. Since $\sin\theta < 0$, $y = -3$. QIV
    $\sin\theta = -\dfrac{3}{5}$; $\csc\theta = -\dfrac{5}{3}$; $\sec\theta = \dfrac{5}{4}$;
    $\tan\theta = -\dfrac{3}{4}$; $\cot\theta = -\dfrac{4}{3}$

57. $r = 37, y = -35$. Since $\csc\theta < 0$, we know $\sin\theta < 0$, and $\tan\theta > 0$ tells us we're in QIII.
    $x^2 + (-35)^2 = 37^2$; $x = \pm\sqrt{37^2 - (-35)^2}$
    $= \pm\sqrt{144} = \pm 12$ Choose $x = -12$
    $\sin\theta = -\dfrac{35}{37}$; $\cos\theta = -\dfrac{12}{37}$; $\sec\theta = -\dfrac{37}{12}$
    $\tan\theta = \dfrac{35}{12}$; $\cot\theta = \dfrac{12}{35}$

59. $\csc\theta > 0$, so $\sin\theta > 0$, and $\cos\theta > 0$ as well, so QI. $y = 1, r = 3$.
    $x^2 + 1^2 = 3^2$; $x = \sqrt{9-1} = 2\sqrt{2}$
    $\sin\theta = \dfrac{1}{3}$; $\cos\theta = \dfrac{2\sqrt{2}}{3}$; $\sec\theta = \dfrac{3}{2\sqrt{2}}$
    $\tan\theta = \dfrac{1}{2\sqrt{2}}$; $\cot\theta = 2\sqrt{2}$

61. $\sin\theta < 0$ and $\sec\theta < 0$, and $\cos\theta < 0$ so we're in QIII. $y = -7, r = 8$.
    $x^2 + (-7)^2 = 8^2$; $x = -\sqrt{64-49} = -\sqrt{15}$
    $\csc\theta = -\dfrac{8}{7}$; $\cos\theta = -\dfrac{\sqrt{15}}{8}$; $\sec\theta = -\dfrac{8}{\sqrt{15}}$
    $\tan\theta = \dfrac{7}{\sqrt{15}}$; $\cot\theta = \dfrac{\sqrt{15}}{7}$

63. $52° + 360°k$
    $52° + 360° = 412°$; $52° + 720° = 772°$
    $52° - 360° = -308°$; $52° - 720° = -668°$

65. $87.5° + 360°k$
    $87.5° + 360° = 447.5°$; $87.5° + 720°$
    $= 807.5°$; $87.5° - 360° = -272.5°$;
    $87.5° - 720° = -632.5°$

67. $225° + 360°k$
    $225° + 360° = 585°$; $225° + 720° = 945°$;
    $225° - 360° = -135°$; $225° - 720° = -495°$

69. $-107° + 360°k$
    $-107° + 360° = 253°$; $-107° + 720° = 613°$;
    $-107° - 360° = -467°$; $-107° - 720° = -827°$

71. $\sin 120° = \dfrac{\sqrt{3}}{2}$ (QII, Ref. angle = 60°);
    $-240° + 360° = 120°$; $\cos(-240°) = -\dfrac{1}{2}$;
    $480° - 360° = 120°$; $\tan 480° = -\sqrt{3}$

73. $\sin -30° = -\dfrac{1}{2}$; (QIV, Ref. angle = 30°);
    $-390° + 360° = -30°$; $\cos -390° = \dfrac{\sqrt{3}}{2}$;
    $690° - 720° = -30°$; $\tan 690° = -\dfrac{1}{\sqrt{3}}$

75. $600° - 360° = 240°$; QIII, Ref. angle = 60°;
    $\sin\theta = -\dfrac{\sqrt{3}}{2}$; $\cos\theta = -\dfrac{1}{2}$; $\tan\theta = \sqrt{3}$

77. $-840° + 3(360)° = 240°$; QIII, Ref. angle = 60°;
    $\sin\theta = -\dfrac{\sqrt{3}}{2}$; $\cos\theta = -\dfrac{1}{2}$; $\tan\theta = \sqrt{3}$

79. $570° - 360° = 210°$; QIII, ref. angle = 30°
    $\sin\theta = -\dfrac{1}{2}$; $\cos\theta = -\dfrac{\sqrt{3}}{2}$; $\tan\theta = \dfrac{1}{\sqrt{3}}$

81. $-1230° + 4(360°) = 210°$; QIII, ref. angle = 30°
    $\sin\theta = -\dfrac{1}{2}$; $\cos\theta = -\dfrac{\sqrt{3}}{2}$; $\tan\theta = \dfrac{1}{\sqrt{3}}$

83. $719° - 360° = 359°$; QIV, negative
    $\sin 719° = -0.0175$

85. $-419° + 720° = 301°$; QIV, negative
    $\tan(-419°) = -1.6643$

5.3 Exercises

87. $681° - 360° = 321°$; QIV, negative
    $\csc 681° = -1.5890$

89. $805° - 720° = 85°$; QI, positive
    $\cos 805° = 0.0872$

91. a. $A = ab\sin\theta = (9)(21)\sin 50°$
    ≈ 144.78 units^2
    b. Enter the function $Y_1 = 9*21\sin x$ and set up a table with TblStart = 50 and ΔTbl = 1: The first value over 150 is at 53°.
    c. For 90°, the parallelogram is a rectangle with area $A = ab\sin 90° = ab$.
    d. Divide the parallelogram in half with a diagonal to get a triangle. The area given two sides and the angle between them is then $A = \frac{1}{2}ab\sin\theta = \frac{ab}{2}\sin\theta$.

93. $\theta = 60° + 360°k$; $\theta = 300° + 360°k$

95. $\theta = 240° + 360°k$; $\theta = 300° + 360°k$

97. $\sin^{-1} 0.8754 = 61.1°$; $180° - 61.1° = 118.8°$
    $\theta = 61.1° + 360°k$; $\theta = 118.9° + 360°k$

99. $\tan^{-1}(-2.3512) = -67.0°$
    $-67.0° + 180° = 113°$; $113° + 180° = 293°$
    $\theta = 113.0° + 360°k$; $\theta = 293.0° + 360°k$

101. Five complete turns: $5(360°) = 1800°$
     Back to 3 o'clock: 90°. Total: 1890°
     All coterminal angles: $90° + 360°k$

103. Assuming he was on his feet at the start, after 2.5 revolutions, he'd go in the water head first. $2(360°) + 180° = 900°$.

105. The angle between the terminal side and the x-axis can be found using a right triangle with opposite 2 and adjacent 6:
     $\tan\theta = \frac{2}{6}$; $\theta = \tan^{-1}\left(\frac{1}{3}\right) \approx 18.4°$
     The total revolution is this much shy of two full turns: $720° - 18.4° = 701.6°$

107. Area of triangle:
     $A_t = \frac{1}{2}ab\sin\theta = \frac{1}{2}(18)(18)\sin 150° = 81$
     Area of sector: (shaded plus triangle)
     $A_s = \frac{1}{2}r^2\theta = \frac{1}{2}(18)^2\left(150° \cdot \frac{\pi \text{ rad}}{180°}\right) \approx 424.12$
     Shaded area is difference between the two:
     $A = 424.12 - 81 = 343.12$ in^2

109. Answers will vary.

111. a. 3 sec = 36 revolutions = $36(360°)$ = 12,960°.
     b. $C = 2\pi r = 2\pi(20) = 40\pi \approx 125.66$ in.
     c. 10 sec = 120 revolutions
        $120 \text{ rev} \cdot \frac{125.66 \text{ in.}}{\text{rev}} \approx 15,080$ in.
     d. $\frac{15,080 \text{ in.}}{10 \text{ sec}} \cdot \frac{3600 \text{ sec}}{1 \text{ hr}} \cdot \frac{1 \text{ mi}}{12(5280) \text{ in.}}$
        ≈ 85.68 mph

113. $\tan 78° = \frac{x}{117}$
     $117 \tan 78° = x$
     $550.4 \approx x$;
     Approximate height of monument:
     $550.4 + 5 = 555.4$ feet

115. $4x - 5y = 15$
     $y = \frac{4}{5}x - 3$
     Slope $= -\frac{5}{4}$,
     $y - (-3) = -\frac{5}{4}(x - 4)$
     $y + 3 = -\frac{5}{4}x + 5$
     $y = -\frac{5}{4}x + 2$

Chapter 5: Introduction to Trigonometric Functions

5.4 Exercises

1. x; y; origin

3. x; y; $\dfrac{y}{x}$; $\sec t$; $\csc t$; $\cot t$

5. Answers will vary.

7. $x^2 + (-0.8)^2 = 1$; $x^2 + 0.64 = 1$
   $x^2 = 1 - 0.64 = 0.36$
   $x = \pm 0.6$; QIII, so choose $x = -0.6$
   $(-0.6, -0.8)$

9. $\left(\dfrac{5}{13}\right)^2 + y^2 = 1$; $\dfrac{25}{169} + y^2 = 1$
   $y^2 = 1 - \dfrac{25}{169} = \dfrac{144}{169}$
   $y = \pm\dfrac{12}{13}$; QIV, so choose $y = -\dfrac{12}{13}$
   $\left(\dfrac{5}{13}, -\dfrac{12}{13}\right)$

11. $\left(\dfrac{\sqrt{11}}{6}\right)^2 + y^2 = 1$; $\dfrac{11}{36} + y^2 = 1$
    $y^2 = 1 - \dfrac{11}{36} = \dfrac{25}{36}$
    $y = \pm\dfrac{5}{6}$; QI, so choose $y = \dfrac{5}{6}$
    $\left(\dfrac{\sqrt{11}}{6}, \dfrac{5}{6}\right)$

12. $x^2 + \left(-\dfrac{\sqrt{13}}{7}\right)^2 = 1$; $x^2 + \dfrac{13}{49} = 1$
    $x^2 = 1 - \dfrac{13}{49} = \dfrac{36}{49}$
    $x^2 = \pm\dfrac{6}{7}$; QIII, so choose $x = -\dfrac{6}{7}$
    $\left(-\dfrac{6}{7}, -\dfrac{\sqrt{13}}{7}\right)$

13. $\left(-\dfrac{\sqrt{11}}{4}\right)^2 + y^2 = 1$; $\dfrac{11}{16} + y^2 = 1$
    $y^2 = 1 - \dfrac{11}{16} = \dfrac{5}{16}$
    $y = \pm\dfrac{\sqrt{5}}{4}$; QII, so choose $y = \dfrac{\sqrt{5}}{4}$
    $\left(-\dfrac{\sqrt{11}}{4}, \dfrac{\sqrt{5}}{4}\right)$

15. $x^2 + (-0.2137)^2 = 1$; $x^2 + 0.0457 = 1$
    $x^2 = 1 - 0.0457$; $x = \pm\sqrt{1 - 0.0457}$
    $x = \pm 0.9769$; QIII, so choose $x = -0.9769$
    $(-0.9769, -0.2137)$

17. $x^2 + (0.1198)^2 = 1$; $x^2 + 0.0144 = 1$
    $x^2 = 1 - 0.0144$; $x = \pm\sqrt{1 - 0.0144}$
    $x = \pm 0.9928$; QII, so choose $x = -0.9928$
    $(-0.9928, 0.1198)$

19. $\left(-\dfrac{\sqrt{3}}{2}\right)^2 + \left(\dfrac{1}{2}\right)^2 = \dfrac{3}{4} + \dfrac{1}{4} = \dfrac{4}{4} = 1$
    Other points: $\left(\dfrac{\sqrt{3}}{2}, \dfrac{1}{2}\right)$ (QI),
    $\left(-\dfrac{\sqrt{3}}{2}, -\dfrac{1}{2}\right)$ (QIII), $\left(\dfrac{\sqrt{3}}{2}, -\dfrac{1}{2}\right)$ (QIV)

21. $\left(\dfrac{\sqrt{11}}{6}\right)^2 + \left(-\dfrac{5}{6}\right)^2 = \dfrac{11}{36} + \dfrac{25}{36} = \dfrac{36}{36} = 1$
    Other points: $\left(\dfrac{\sqrt{11}}{6}, \dfrac{5}{6}\right)$ (QI)
    $\left(-\dfrac{\sqrt{11}}{6}, \dfrac{5}{6}\right)$ (QII), $\left(-\dfrac{\sqrt{11}}{6}, -\dfrac{5}{6}\right)$ (QIII)

23. $(0.3325)^2 + (0.9431)^2 = 0.1106 + 0.8894 = 1$
    Other points: $(-0.3325, 0.9431)$ (QII)
    $(-0.3325, -0.9431)$ (QIII),
    $(0.3325, -0.9431)$ (QIV)

25. $(0.9937)^2 + (-0.1121)^2 = 0.9874 + 0.0126 = 1$
    Other points: $(0.9937, 0.1121)$ (QI),
    $(-0.9937, 0.1121)$ (QII)
    $(-0.9937, -0.1121)$ (QIII)

5.4 Exercises

27.

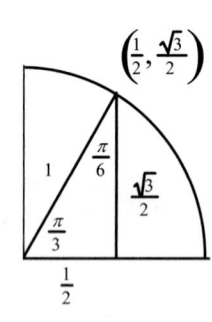

29. $\dfrac{5\pi}{4} - \pi = \dfrac{5\pi}{4} - \dfrac{4\pi}{4} = \dfrac{\pi}{4}$; $\dfrac{5\pi}{4}$ is in QIII, so the point is $\left(-\dfrac{\sqrt{2}}{2}, -\dfrac{\sqrt{2}}{2}\right)$.

31. $-\dfrac{5\pi}{6} - (-\pi) = -\dfrac{5\pi}{6} + \dfrac{6\pi}{6} = \dfrac{\pi}{6}$; $-\dfrac{5\pi}{6}$ is in QIII, so the point is $\left(-\dfrac{\sqrt{3}}{2}, -\dfrac{1}{2}\right)$.

33. $3\pi - \dfrac{11\pi}{4} = \dfrac{12\pi}{4} - \dfrac{11\pi}{4} = \dfrac{\pi}{4}$; $\dfrac{11\pi}{4}$ is in QII, so the point is $\left(-\dfrac{\sqrt{2}}{2}, \dfrac{\sqrt{2}}{2}\right)$.

35. $\dfrac{25\pi}{6} - 4\pi = \dfrac{25\pi}{6} - \dfrac{24\pi}{6} = \dfrac{\pi}{6}$; $\dfrac{25\pi}{6}$ is in Q1, so the point is $\left(\dfrac{\sqrt{3}}{2}, \dfrac{1}{2}\right)$.

37. The reference angle for each angle is $\dfrac{\pi}{4}$.
   a. $\sin\left(\dfrac{\pi}{4}\right) = \dfrac{\sqrt{2}}{2}$ (QI)
   b. $\sin\left(\dfrac{3\pi}{4}\right) = \dfrac{\sqrt{2}}{2}$ (QII)
   c. $\sin\left(\dfrac{5\pi}{4}\right) = -\dfrac{\sqrt{2}}{2}$ (QIII)
   d. $\sin\left(\dfrac{7\pi}{4}\right) = -\dfrac{\sqrt{2}}{2}$ (QIV)
   e. $\sin\left(\dfrac{9\pi}{4}\right) = \dfrac{\sqrt{2}}{2}$ (QI)
   f. $\sin\left(-\dfrac{\pi}{4}\right) = -\dfrac{\sqrt{2}}{2}$ (QIV)
   g. $\sin\left(-\dfrac{5\pi}{4}\right) = \dfrac{\sqrt{2}}{2}$ (QII)
   h. $\sin\left(-\dfrac{11\pi}{4}\right) = -\dfrac{\sqrt{2}}{2}$ (QIII)

39. Note that these are all quadrantal angles.
   a. $\cos \pi = -1$
   b. $\cos 0 = 1$
   c. $\cos\left(\dfrac{\pi}{2}\right) = 0$
   d. $\cos\left(\dfrac{3\pi}{2}\right) = 0$

41. The reference arc for each number is $\dfrac{\pi}{6}$.
   a. $\cos\left(\dfrac{\pi}{6}\right) = \dfrac{\sqrt{3}}{2}$ (QI)
   b. $\cos\left(\dfrac{5\pi}{6}\right) = -\dfrac{\sqrt{3}}{2}$ (QII)
   c. $\cos\left(\dfrac{7\pi}{6}\right) = -\dfrac{\sqrt{3}}{2}$ (QIII)
   d. $\cos\left(\dfrac{11\pi}{6}\right) = \dfrac{\sqrt{3}}{2}$ (QIV)
   e. $\cos\left(\dfrac{13\pi}{6}\right) = \dfrac{\sqrt{3}}{2}$ (QI)
   f. $\cos\left(-\dfrac{\pi}{6}\right) = \dfrac{\sqrt{3}}{2}$ (QIV)
   g. $\cos\left(-\dfrac{5\pi}{6}\right) = -\dfrac{\sqrt{3}}{2}$ (QIII)
   h. $\cos\left(-\dfrac{23\pi}{6}\right) = \dfrac{\sqrt{3}}{2}$ (QI)

Chapter 5: Introduction to Trigonometric Functions

43. Note that these are all quadrantal angles.
   a. $\tan \pi = \dfrac{0}{-1} = 0$
   b. $\tan 0 = \dfrac{0}{1} = 0$
   c. $\tan\left(\dfrac{\pi}{2}\right) = \dfrac{1}{0}$ This is undefined.
   d. $\tan\left(\dfrac{3\pi}{2}\right) = \dfrac{-1}{0}$ This is undefined.

45. $\sin t = 0.6;\ \cos t = -0.8;$
   $\tan t = \dfrac{0.6}{-0.8} = -0.75;\ \cot t = \dfrac{1}{-0.75} = -1.\overline{3}$
   $\sec t = \dfrac{1}{-0.8} = -1.25;\ \csc t = \dfrac{1}{0.6} = 1.\overline{6}$

47. $\sin t = -\dfrac{12}{13};\ \cos t = \dfrac{-5}{13};$
   $\tan t = \dfrac{-\tfrac{12}{13}}{-\tfrac{5}{13}} = \dfrac{12}{5};\ \cot t = \dfrac{1}{\tfrac{12}{5}} = \dfrac{5}{12};$
   $\sec t = \dfrac{1}{-\tfrac{5}{13}} = -\dfrac{13}{5};\ \csc t = \dfrac{1}{-\tfrac{12}{13}} = -\dfrac{13}{12}$

49. $\sin t = \dfrac{\sqrt{11}}{6};\ \cos t = \dfrac{5}{6};$
   $\tan t = \dfrac{\tfrac{\sqrt{11}}{6}}{\tfrac{5}{6}} = \dfrac{\sqrt{11}}{5};$
   $\cot t = \dfrac{1}{\tfrac{\sqrt{11}}{5}} = \dfrac{5}{\sqrt{11}} = \dfrac{5\sqrt{11}}{11};$
   $\sec t = \dfrac{1}{\tfrac{5}{6}} = \dfrac{6}{5};$
   $\csc t = \dfrac{1}{\tfrac{\sqrt{11}}{6}} = \dfrac{6}{\sqrt{11}} = \dfrac{6\sqrt{11}}{11}$

51. $\sin t = \dfrac{\sqrt{21}}{5};\ \cos t = -\dfrac{2}{5};$
   $\tan t = \dfrac{\tfrac{\sqrt{21}}{5}}{-\tfrac{2}{5}} = -\dfrac{\sqrt{21}}{2};$
   $\cot t = \dfrac{1}{-\tfrac{\sqrt{21}}{2}} = -\dfrac{2}{\sqrt{21}} = \dfrac{-2\sqrt{21}}{21};$
   $\sec t = \dfrac{1}{-\tfrac{2}{5}} = -\dfrac{5}{2};$
   $\csc t = \dfrac{1}{\tfrac{\sqrt{21}}{5}} = \dfrac{5}{\sqrt{21}} = \dfrac{5\sqrt{21}}{21}$

53. $\sin t = -\dfrac{2\sqrt{2}}{3};\ \cos t = -\dfrac{1}{3};$
   $\tan t = \dfrac{-\tfrac{2\sqrt{2}}{3}}{-\tfrac{1}{3}} = 2\sqrt{2};\ \cot t = \dfrac{1}{2\sqrt{2}} = \dfrac{\sqrt{2}}{4};$
   $\sec t = \dfrac{1}{-\tfrac{1}{3}} = -3;$
   $\csc t = \dfrac{1}{-\tfrac{2\sqrt{2}}{3}} = -\dfrac{3}{2\sqrt{2}} = -\dfrac{3\sqrt{2}}{4}$

55. $\sin t = \dfrac{\sqrt{3}}{2};\ \cos t = \dfrac{1}{2};$
   $\tan t = \dfrac{\tfrac{\sqrt{3}}{2}}{\tfrac{1}{2}} = \sqrt{3};\ \cot t = \dfrac{1}{\sqrt{3}} = \dfrac{\sqrt{3}}{3};$
   $\sec t = \dfrac{1}{\tfrac{1}{2}} = 2;\ \csc t = \dfrac{1}{\tfrac{\sqrt{3}}{2}} = \dfrac{2}{\sqrt{3}} = \dfrac{2\sqrt{3}}{3}$

5.4 Exercises

57. $\sin t = \dfrac{\sqrt{2}}{2}$; $\cos t = -\dfrac{\sqrt{2}}{2}$;

$\tan t = \dfrac{\frac{\sqrt{2}}{2}}{-\frac{\sqrt{2}}{2}} = -1$; $\cot t = \dfrac{1}{-1} = -1$;

$\sec t = \dfrac{1}{-\frac{\sqrt{2}}{2}} = -\dfrac{2}{\sqrt{2}} = -\dfrac{2\sqrt{2}}{2} = -\sqrt{2}$;

$\csc t = \dfrac{1}{\frac{\sqrt{2}}{2}} = \dfrac{2}{\sqrt{2}} = \dfrac{2\sqrt{2}}{2} = \sqrt{2}$

59. QI; $\sin 0.75 \approx 0.7$

61. QIV; $\cos 0.75 \approx 0.7$

63. QI; $\tan 0.8 = \dfrac{\sin 0.8}{\cos 0.8} \approx 1$

65. QII; $\csc 2.0 = \dfrac{1}{\sin 2.0} \approx \dfrac{1}{0.9} \approx 1.1$

67. $\cos\left(\dfrac{5\pi}{8}\right) \approx -0.4$; QII

69. $\tan\left(\dfrac{8\pi}{5}\right) \approx -3.1$; QIV

71. $\sin\left(\dfrac{2\pi}{3}\right) = \dfrac{\sqrt{3}}{2}$

73. $\cos\left(\dfrac{7\pi}{6}\right) = -\dfrac{\sqrt{3}}{2}$

75. $\tan\left(\dfrac{2\pi}{3}\right) = \dfrac{\sin\left(\frac{2\pi}{3}\right)}{\cos\left(\frac{2\pi}{3}\right)} = \dfrac{\frac{\sqrt{3}}{2}}{-\frac{1}{2}} = -\sqrt{3}$

77. $\sin\left(\dfrac{\pi}{2}\right) = 1$

79. $\sec t = -\sqrt{2} \Rightarrow \cos t = -\dfrac{1}{\sqrt{2}} = -\dfrac{\sqrt{2}}{2}$

This occurs at $t = \dfrac{3\pi}{4}$ and $\dfrac{5\pi}{4}$.

81. $\tan t$ undefined $\Rightarrow \cos t = 0$

This occurs at $t = \dfrac{\pi}{2}$ and $\dfrac{3\pi}{2}$.

83. $\cos t = -\dfrac{\sqrt{2}}{2}$ occurs at $t = \dfrac{3\pi}{4}$ and $\dfrac{5\pi}{4}$

85. $\sin t = 0$ occurs at $t = 0, \pi$

87. a. Since $\cos t > 0$ and $\sin t < 0$, t is in QIV; $-t$ is in QI and has coordinates $\left(\dfrac{3}{4}, \dfrac{4}{5}\right)$.

b. $t + \pi$ is in QII and has coordinates $\left(-\dfrac{3}{4}, \dfrac{4}{5}\right)$.

89. 0.8 is in QI. The additional value is in QII, and is $\pi - 0.8 = 2.3416$.

91. 4.5 is in QIII. The additional value is in QII, and is $2\pi - 4.5 = 1.7832$.

93. 0.4 is in QI. The additional value is in QIII, and is $\pi + 0.4 = 3.5416$.

95. $(x, y, r) = \left(\dfrac{x}{r}, \dfrac{y}{r}, 1\right)$

a. $\left(\dfrac{x}{r}, \dfrac{y}{r}, 1\right) = \left(\dfrac{5}{13}, \dfrac{12}{13}, 1\right)$

$\left(\dfrac{5}{13}\right)^2 + \left(\dfrac{12}{13}\right)^2 = \dfrac{25}{169} + \dfrac{144}{169} = 1$

$\sin t = \dfrac{12}{13}$; $\cos t = \dfrac{5}{13}$;

$\tan t = \dfrac{12}{5}$; $\csc t = \dfrac{13}{12}$;

$\sec t = \dfrac{13}{5}$; $\cot t = \dfrac{5}{12}$

Chapter 5: Introduction to Trigonometric Functions

b. $\left(\dfrac{x}{r}, \dfrac{y}{r}, 1\right) = \left(\dfrac{7}{25}, \dfrac{24}{25}, 1\right)$

$\left(\dfrac{7}{25}\right)^2 + \left(\dfrac{24}{25}\right)^2 = \dfrac{49}{625} + \dfrac{576}{625} = 1$

$\sin t = \dfrac{24}{25}; \cos t = \dfrac{7}{25};$

$\tan t = \dfrac{24}{7}; \csc t = \dfrac{25}{24};$

$\sec t = \dfrac{25}{7}; \cot t = \dfrac{7}{24}$

c. $\left(\dfrac{x}{r}, \dfrac{y}{r}, 1\right) = \left(\dfrac{12}{37}, \dfrac{35}{37}, 1\right)$

$\left(\dfrac{12}{37}\right)^2 + \left(\dfrac{35}{37}\right)^2 = \dfrac{144}{1369} + \dfrac{1225}{1369} = 1$

$\sin t = \dfrac{35}{37}; \cos t = \dfrac{12}{37};$

$\tan t = \dfrac{35}{12}; \csc t = \dfrac{37}{35};$

$\sec t = \dfrac{37}{12}; \cot t = \dfrac{12}{35}$

d. $\left(\dfrac{x}{r}, \dfrac{y}{r}, 1\right) = \left(\dfrac{9}{41}, \dfrac{40}{41}, 1\right)$

$\left(\dfrac{9}{41}\right)^2 + \left(\dfrac{40}{41}\right)^2 = \dfrac{81}{1681} + \dfrac{1600}{1681} = 1$

$\sin t = \dfrac{40}{41}; \cos t = \dfrac{9}{41};$

$\tan t = \dfrac{40}{9}; \csc t = \dfrac{41}{40};$

$\sec t = \dfrac{41}{9}; \cot t = \dfrac{9}{40}$

97. a. The circumference of the roller is $2\pi r = 2\pi$ ft, so 2π ft corresponds to 1 revolution, or 2π radians.

$5 \text{ ft} \cdot \dfrac{2\pi \text{ rad}}{2\pi \text{ ft}} = 5 \text{ rad}$

b. 5 rad corresponds to 5 ft, so 30 rad corresponds to 30 ft.

99. a. The circumference of the spool is $2\pi r = 2\pi$ dm, so 2π dm corresponds to 1 revolution, or 2π radians.

$5 \text{ rad} \cdot \dfrac{2\pi \text{ dm}}{2\pi \text{ rad}} = 5 \text{ dm}$

b. If 5 rad corresponds to 5 dm, then 2π rad corresponds to 2π (≈ 6.28) dm.

101. a. Use $s = r\theta$ with $r = 1$ AU, $\theta = 2.5$ rad.
$s = (1 \text{ AU})(2.5 \text{ rad}) = 2.5$ AU.

b. If 2.5 AU corresponds to 2.5 rad, then 1 revolution (2π rad) corresponds to 2π, or about 6.28 AU.

103. Yes, the distance equals the circumference.

105. Since sine and cosine are determined by coordinates of points on a circle of radius 1, they have to be between -1 and 1, so the range for both is $[-1, 1]$.

107. a. $2t \approx 2.2$
b. $t \approx 1.1$, which is in QI.
c. $\cos(1.1) \approx 0.5$
d. $\cos(2t) = -0.6$; $2\cos t = 2(0.5)$; No

109. $(-3, -4), (5, 2)$

a. $d = \sqrt{(-3-5)^2 + (-4-2)^2}$
$d = \sqrt{(-8)^2 + (-6)^2} = \sqrt{64 + 36} = \sqrt{100} = 10$

b. $\left(\dfrac{-3+5}{2}, \dfrac{-4+2}{2}\right) = (1, -1)$

c. $m = \dfrac{-4-2}{-3-5} = \dfrac{-6}{-8} = \dfrac{3}{4}$

111. a. $2|x+1| - 3 = 7$
$2|x+1| = 10$
$|x+1| = 5$
$x + 1 = -5$ or $x + 1 = 5$
$x = -6$ or $x = 4$

b. $2\sqrt{x+1} - 3 = 7$
$2\sqrt{x+1} = 10$
$\sqrt{x+1} = 5$
$\left(\sqrt{x+1}\right)^2 = 5^2$
$x + 1 = 25$
$x = 24$

Chapter 5 Mid-Chapter Check

1. a. $36°06'36'' = \left(36 + \dfrac{6}{60} + \dfrac{36}{3,600}\right)°$
   $= 36.11°$ N

   $115°04'48'' = \left(115 + \dfrac{4}{60} + \dfrac{48}{3,600}\right)°$
   $= 115.08°$ W

   b. $s = r\theta$; $s = 3,960(36.11°)\left(\dfrac{\pi \ rad}{180°}\right)$
   $\approx 2,495.7$ mi

3. a. $\cot 60° = \dfrac{\cos 60°}{\sin 60°} = \dfrac{1/2}{\sqrt{3}/2} = \dfrac{1}{\sqrt{3}}$

   b. $\sin\left(\dfrac{7\pi}{4}\right) = -\dfrac{\sqrt{2}}{2}$ (QIV)

5. $\left(-\dfrac{\sqrt{5}}{3}\right)^2 + y^2 = 1$; $y^2 = 1 - \dfrac{5}{9} = \dfrac{4}{9}$

   $y = \pm\sqrt{\dfrac{4}{9}} = \pm\dfrac{2}{3}$. QIII, so choose $-\dfrac{2}{3}$.

   $\sin\theta = -\dfrac{2}{3}$; $\cos\theta = -\dfrac{\sqrt{5}}{3}$

   $\tan\theta = \dfrac{-2/3}{-\sqrt{5}/3} = \dfrac{2}{\sqrt{5}}$; $\cot\theta = \dfrac{\sqrt{5}}{2}$

   $\sec\theta = \dfrac{1}{-\sqrt{5}/3} = -\dfrac{3}{\sqrt{5}}$; $\csc\theta = -\dfrac{3}{2}$

7. $b = 7\sqrt{3}$ cm, $c = 14$ cm

9. a. QIV

   b. $2\pi - 5.94 \approx 0.343$

   c. $\sin t$, $\tan t$ are negative in QIV.

Reinforcing Basic Concepts

1. $\left(-\dfrac{1}{2}, \dfrac{\sqrt{3}}{2}\right)$, $\cos t = -\dfrac{1}{2}$, $\sin t = \dfrac{\sqrt{3}}{2}$

3. QIV, negative since $y < 0$

5.5 Technology Highlights

1. $Y_2(0.00025) \approx 0.8639$
   Xmin = 0
   Xmax = 1/1336
   Xscl = 1/113,360
   Ymin = −1
   Ymax = 1
   Yscl = 0.25

Chapter 5: Introduction to Trigonometric Functions

5.5 Exercises

1. increasing

3. $(-\infty,\infty)$; $[-1, 1]$

5. Answers will vary.

7.

t	$\cos t$
π	-1
$\dfrac{7\pi}{6}$	$\dfrac{-\sqrt{3}}{2}$
$\dfrac{5\pi}{4}$	$\dfrac{-\sqrt{2}}{2}$
$\dfrac{4\pi}{3}$	$\dfrac{-1}{2}$
$\dfrac{3\pi}{2}$	0
$\dfrac{5\pi}{3}$	$\dfrac{1}{2}$
$\dfrac{7\pi}{4}$	$\dfrac{\sqrt{2}}{2}$
$\dfrac{11\pi}{6}$	$\dfrac{\sqrt{3}}{2}$
2π	1

9. a. $t = \left(\dfrac{\pi}{6} + 10\pi\right)$, II

   b. $t = -\dfrac{\pi}{4}$, V

   c. $t = -\dfrac{15\pi}{4}$; IV

   d. $t = 13\pi$; I

   e. $t = \dfrac{21\pi}{2}$; III

11. $y = \sin t$ for $t \in \left[-\dfrac{3\pi}{2}, \dfrac{\pi}{2}\right]$

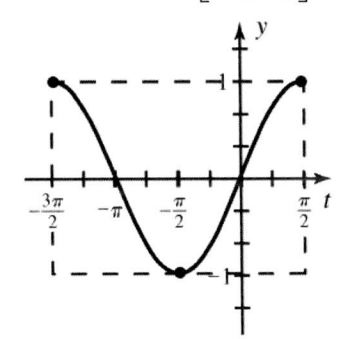

13. $y = \cos t$ for $t \in \left[-\dfrac{\pi}{2}, 2\pi\right]$

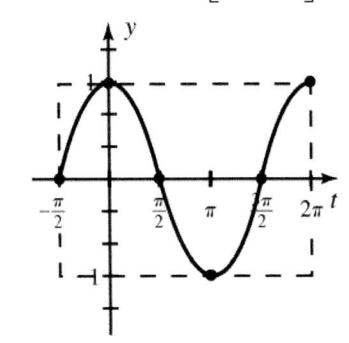

15. $y = 3\sin t$
    Amplitude 3, Period 2π

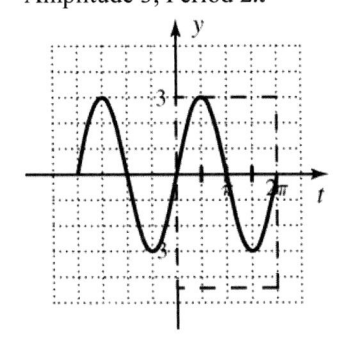

287

5.5 Exercises

17. $y = -2\cos t$

    Amplitude 2, Period 2π

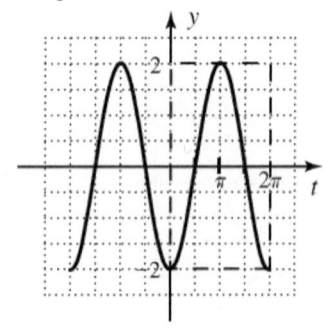

19. $y = \frac{1}{2}\sin t$

    Amplitude $\frac{1}{2}$, Period 2π

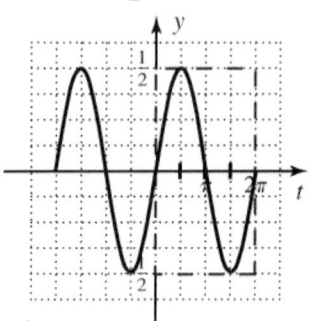

21. $y = -\sin(2t)$

    Amplitude 1, Period $\frac{2\pi}{2} = \pi$

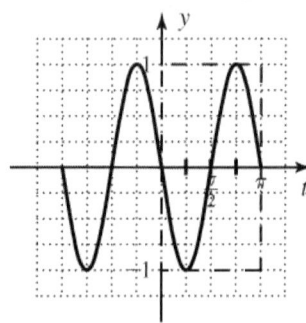

23. $y = 0.8\cos(2t)$

    Amplitude 0.8, Period $\frac{2\pi}{2} = \pi$

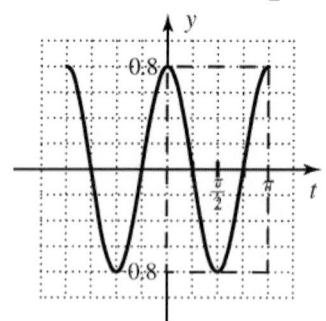

25. $f(t) = 4\cos\left(\frac{1}{2}t\right)$

    Amplitude 4, Period $\frac{2\pi}{\frac{1}{2}} = 4\pi$

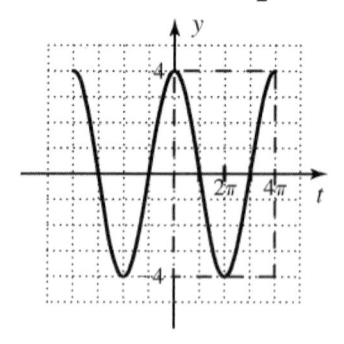

27. $f(t) = 3\sin(4\pi t)$

    Amplitude 3, Period $\frac{2\pi}{4\pi} = \frac{1}{2}$

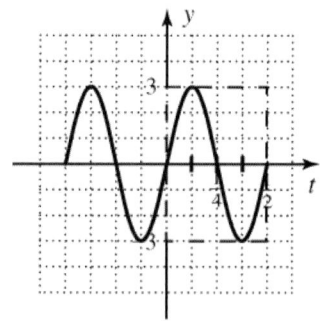

Chapter 5: Introduction to Trigonometric Functions

29. $y = 4\sin\left(\dfrac{5\pi}{3}t\right)$

    Amplitude 4, Period $\dfrac{2\pi}{\frac{5\pi}{3}} = 2\pi \cdot \dfrac{3}{5\pi} = \dfrac{6}{5}$

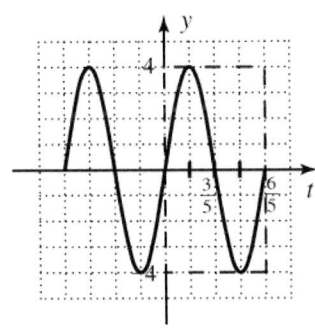

31. $f(t) = 2\sin(256\pi\, t)$

    Amplitude 2, Period $\dfrac{2\pi}{256\pi} = \dfrac{1}{128}$

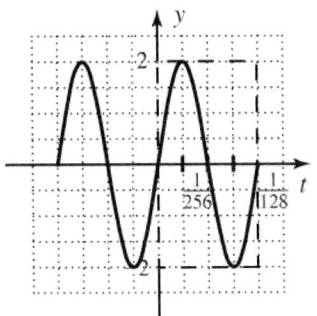

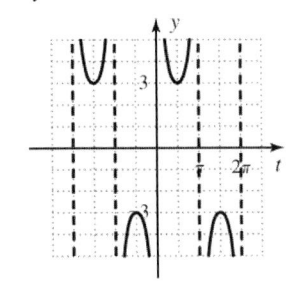

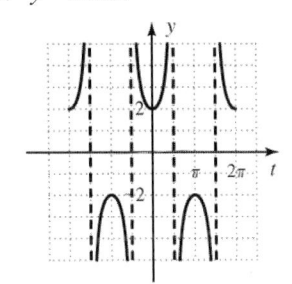

33. $y = 3\csc t$

35. $y = 2\sec t$

37. $y = -2\cos(4t)$

    Amplitude 2, Period $\dfrac{2\pi}{4} = \dfrac{\pi}{2}$. Graph goes through $(0, -2)$ and matches graph k.

39. $y = 3\sin(2t)$

    Amplitude 3, Period $\dfrac{2\pi}{2} = \pi$. Graph goes through $(0, 0)$ and matches graph f.

41. $y = 2\csc\left(\dfrac{1}{2}t\right)$

    No amplitude, Period $\dfrac{2\pi}{\frac{1}{2}} = 4\pi$. Graph has max's and mins at height 2 and matches graph h.

43. $f(t) = \dfrac{3}{4}\cos(0.4t)$

    Amplitude $\dfrac{3}{4}$, Period $\dfrac{2\pi}{0.4} = 5\pi$. Graph goes through $\left(0, \dfrac{3}{4}\right)$ and matches graph b.

5.5 Exercises

45. $y = \sec(8\pi t)$

No amplitude, Period $\dfrac{2\pi}{8\pi} = \dfrac{1}{4}$. Graph has max's and mins at height 1 and matches graph j.

47. $y = 4\sin(144\pi t)$

Amplitude 4, Period $\dfrac{2\pi}{144\pi} = \dfrac{1}{72}$. Graph goes through (0, 0) and matches graph d.

49. The amplitude is $\dfrac{3}{4}$, and the period is $\dfrac{\pi}{4}$.

$\dfrac{\pi}{4} = \dfrac{2\pi}{B} \Rightarrow \pi B = 8\pi \Rightarrow B = 8$. This is a cosine graph that goes through $\left(0, -\dfrac{3}{4}\right)$, so

$A = -\dfrac{3}{4}$. $y = -\dfrac{3}{4}\cos(8t)$

51. The max's and mins are at height 0.2, and the first portion to the right of the y-axis is below the x-axis, so $A = -0.2$. The period is 4π, so $\dfrac{2\pi}{B} = 4\pi \Rightarrow 4\pi B = 2\pi$

$\Rightarrow B = \dfrac{2\pi}{4\pi} = \dfrac{1}{2}$. $y = -0.2\csc\left(\dfrac{1}{2}t\right)$

53. The amplitude is 6 and the graph goes through (0, 6), so $A = 6$. The period is 3, so

$\dfrac{2\pi}{B} = 3 \Rightarrow 3B = 2\pi \Rightarrow B = \dfrac{2\pi}{3}$.

$y = 6\cos\left(\dfrac{2\pi}{3}t\right)$

55. The red graph is $y = -\cos x$, and the blue is $y = \sin x$. The graphs cross at $x = \dfrac{3\pi}{4}$ and $\dfrac{7\pi}{4}$.

57. The red graph is $y = -2\cos x$, and the blue is $y = 2\sin(3x)$. The graphs cross at

$x = \dfrac{3\pi}{8}, \dfrac{3\pi}{4}, \dfrac{7\pi}{8}, \dfrac{11\pi}{8}, \dfrac{7\pi}{4}$ and $\dfrac{15\pi}{8}$.

59. $\sin^2\theta + \cos^2\theta = 1$; $\left(\dfrac{15}{113}\right)^2 + \cos^2\theta = 1$

$\dfrac{225}{12{,}769} + \cos^2\theta = 1$

$\cos^2\theta = 1 - \dfrac{225}{12{,}769} = \dfrac{12{,}544}{12{,}769}$

$\cos\theta = \pm\sqrt{\dfrac{12{,}544}{12{,}769}} = \pm\dfrac{112}{113}$

QI, so choose $\cos t = \dfrac{112}{113}$. The Pythagorean triple is (15, 112, 113).

61. a. The height from crest to trough is 3 ft.
b. The first cycle ends at $x = 80$, so the wavelength is 80 mi.
c. The amplitude is 1.5, the period is 80,

so $A = 1.5$, $\dfrac{2\pi}{B} = 80 \Rightarrow 80B = 2\pi$

$\Rightarrow B = \dfrac{\pi}{40}$. The equation is

$h = 1.5\cos\left(\dfrac{\pi}{40}x\right)$

63. a. The amplitude is 4 and the graph goes through (0, –4), so $A = -4$. The period is 24, so

$\dfrac{2\pi}{B} = 24 \Rightarrow 24B = 2\pi \Rightarrow B = \dfrac{\pi}{12}$.

The equation is $D = -4\cos\left(\dfrac{\pi}{12}t\right)$.

b. $D(11) = -4\cos\left(\dfrac{11\pi}{12}\right) \approx 3.86$

c. Midnight corresponds to $t = 18$. At $t = 18$, the deviation is 0, so the temperature is 72°.

Chapter 5: Introduction to Trigonometric Functions

65. a. The amplitude is 15, so $A = 15$. The period is 2, so $\frac{2\pi}{B} = 2 \Rightarrow B = \pi$. The equation is $D = 15\cos(\pi t)$.
    b. The period is 2, so the height at $t = 6.5$ is the same as at $t = 4.5$, which is zero. The tail is at center.
    c. Only one cycle is completed every two seconds, so the shark is probably swimming at a leisurely pace.

67. a. Graph a: the energy is highest when closest to the Sun, and this is at $t = 0$ for graph a.
    b. This graph is at height 62.5 at about $t =$ 76 days.
    c. The period is 96 days.

69. a. Wavelength: $\dfrac{2\pi}{\frac{\pi}{240}} = 2\pi \cdot \dfrac{240}{\pi} = 480$ nm
    This is in the blue range.
    b. $\dfrac{2\pi}{\frac{\pi}{310}} = 2\pi \cdot \dfrac{310}{\pi} = 620$ nm
    This is in the orange range.

71. $A = 30$, period $= 1/25$, so $\dfrac{2\pi}{\omega} = \dfrac{1}{25}$
    $\Rightarrow \omega = 50\pi$. The equation is
    $I = 30\sin(50\pi t)$.
    $I(0.045) = 30\sin(50\pi(0.045)) \approx 21.2$ amps

73. All the functions graphed in this section have average value zero.

t	0	$\frac{\pi}{2}$	π	$\frac{3\pi}{2}$	2π
y	3	5	3	1	3

    The average value is $\dfrac{(1+5)}{2} = 3$. The graph is shifted up by 3 because of the +3 on the end of the function. The average value of $y = -2\cos t + 1$ is 1. The amplitude is "centered" on the average value.

75. The function with the largest coefficient of t has the shortest period: $g(t)$.

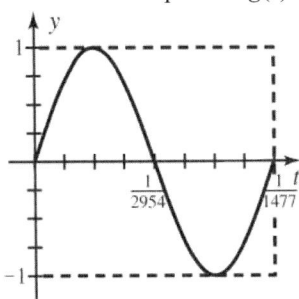

77. This is a 30-60-90 triangle, so the longer leg is $\sqrt{3}$ times the shorter. The shorter leg is $\dfrac{100}{\sqrt{3}}$ yd. The hypotenuse is twice as long, or $\dfrac{200}{\sqrt{3}} \approx 115.5$ yd.

79. a. $z_1 + z_2 = (1+i) + (2-5i) = 3 - 4i$
    b. $z_1 - z_2 = (1+i) - (2-5i) = -1 + 6i$
    c. $z_1 z_2 = (1+i)(2-5i) = 2 - 3i - 5i^2$
       $= 2 - 3i - 5(-1) = 2 - 3i + 5 = 7 - 3i$
    d. $\dfrac{z_2}{z_1} = \dfrac{2-5i}{1+i} \cdot \dfrac{1-i}{1-i} = \dfrac{2-7i+5i^2}{1-i^2}$
       $= \dfrac{2-7i+5(-1)}{1-(-1)} = \dfrac{-3-7i}{2}$

5.6 Exercises

5.6 Technology Highlight

1. At every x where cos x = 0, tan x is undefined. (There is an asymptotic behavior at these zeroes.)

5.6 Exercises

1. π; $P = \dfrac{\pi}{B}$

3. odd; $-f(t)$; -0.268

5. a. Use the formula $\cot t = \dfrac{\cos t}{\sin t}$
   b. They are the reciprocals of tan t values.

7.
t	π	$\dfrac{7\pi}{6}$	$\dfrac{5\pi}{4}$	$\dfrac{4\pi}{3}$	$\dfrac{3\pi}{2}$
tan t	0	$\dfrac{1}{\sqrt{3}}$	1	$\sqrt{3}$	Undefined

9. $\dfrac{\pi}{2} \approx 1.6$; $\dfrac{\pi}{4} \approx 0.8$; $\dfrac{\pi}{6} \approx 0.5$; $\sqrt{2} \approx 1.4$
   $\dfrac{\sqrt{2}}{2} \approx 0.7$; $\dfrac{2}{\sqrt{3}} \approx 1.2$

11. a. $\tan\left(-\dfrac{\pi}{4}\right) = \dfrac{\frac{\sqrt{2}}{2}}{-\frac{\sqrt{2}}{2}} = -1$ (QIV)

    b. $\cot\left(\dfrac{\pi}{6}\right) = \dfrac{\frac{\sqrt{3}}{2}}{\frac{1}{2}} = \sqrt{3}$ (QI)

    c. $\cot\left(\dfrac{3\pi}{4}\right) = \dfrac{\frac{-\sqrt{2}}{2}}{\frac{\sqrt{2}}{2}} = -1$ (QII)

    d. $\tan\left(\dfrac{\pi}{3}\right) = \dfrac{\frac{\sqrt{3}}{2}}{\frac{1}{2}} = \sqrt{3}$ (QI)

13. a. $\tan\left(\dfrac{7\pi}{4}\right) = -1$, so $\tan^{-1}(-1) = \dfrac{7\pi}{4}$

    b. $\cot\left(\dfrac{7\pi}{6}\right) = \sqrt{3}$, so $\cot^{-1}\sqrt{3} = \dfrac{7\pi}{6}$

    c. $\cot\left(\dfrac{5\pi}{3}\right) = -\dfrac{1}{\sqrt{3}}$, so $\cot^{-1}\left(-\dfrac{1}{\sqrt{3}}\right) = \dfrac{5\pi}{3}$

    d. $\tan\left(\dfrac{3\pi}{4}\right) = -1$, so $\tan^{-1}(-1) = \dfrac{3\pi}{4}$

15.
t	π	$\dfrac{7\pi}{6}$	$\dfrac{5\pi}{4}$	$\dfrac{4\pi}{3}$	$\dfrac{3\pi}{2}$
cot t	Undefined	$\sqrt{3}$	1	$\dfrac{1}{\sqrt{3}}$	0

17. There are many different choices: three nearby are $\dfrac{11\pi}{24} - \pi = -\dfrac{13\pi}{24}$, $\dfrac{11\pi}{24} + \pi = \dfrac{35\pi}{24}$, and $\dfrac{11\pi}{24} + 2\pi = \dfrac{59\pi}{24}$.

19. There are many different choices: three nearby are $1.5 - \pi \approx -1.6$, $1.5 + \pi \approx 4.6$, and $1.5 + 2\pi \approx 7.8$.

21. $t = \left(\dfrac{\pi}{10}\right)$; $\tan t \approx 0.3249$. The period is π, so all solutions are given by $\dfrac{\pi}{10} + \pi k, k \in Z$.

23. $t = \left(\dfrac{\pi}{12}\right)$; $\cot t \approx 3.732$; $2 + \sqrt{3} \approx 3.732$
    The period is π, so all solutions are given by $\dfrac{\pi}{12} + \pi k, k \in Z$.

Chapter 5: Introduction to Trigonometric Functions

25. $f(t) = 2\tan t; [-2\pi, 2\pi]$

    Period = π. Asymptotes at $x = -\dfrac{3\pi}{2}, -\dfrac{\pi}{2}, \dfrac{\pi}{2}$ and $\dfrac{3\pi}{2}$. Zeros at $x = -2\pi, -\pi, 0, \pi, -2\pi$.

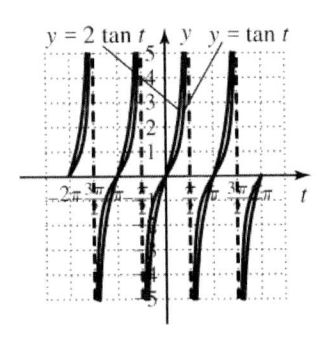

27. $h(t) = 3\cot t; [-2\pi, 2\pi]$

    Period = π. Asymptotes at $x = -2\pi, -\pi, 0, \pi, -2\pi$. Zeros at $x = -\dfrac{3\pi}{2}, -\dfrac{\pi}{2}, \dfrac{\pi}{2}, \dfrac{3\pi}{2}$.

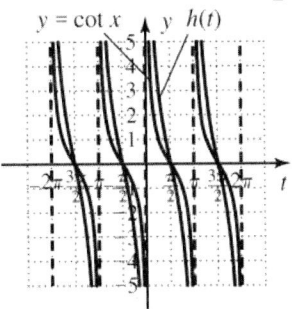

29. $y = \tan(2t); \left[-\dfrac{\pi}{2}, \dfrac{\pi}{2}\right]$

    Period = $\dfrac{\pi}{2}$. Asymptotes at $x = -\dfrac{\pi}{4}, \dfrac{\pi}{4}$. Zeros at $x = -\dfrac{\pi}{2}, 0, \dfrac{\pi}{2}$.

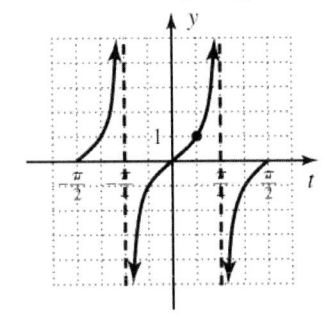

31. $y = \cot(4t); \left[-\dfrac{\pi}{4}, \dfrac{\pi}{4}\right]$

    Period = $\dfrac{\pi}{4}$. Asymptotes at $x = -\dfrac{\pi}{4}, 0, \dfrac{\pi}{4}$. Zeros at $x = -\dfrac{\pi}{8}, \dfrac{\pi}{8}$.

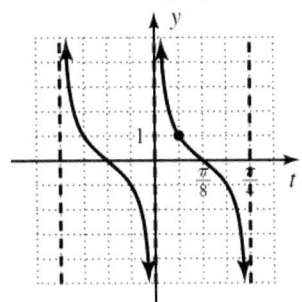

33. $y = 2\tan(4t); \left[-\dfrac{\pi}{4}, \dfrac{\pi}{4}\right]$

    Period = $\dfrac{\pi}{4}$. Asymptotes at $x = -\dfrac{\pi}{8}, \dfrac{\pi}{8}$. Zeros at $x = -\dfrac{\pi}{4}, 0, \dfrac{\pi}{4}$.

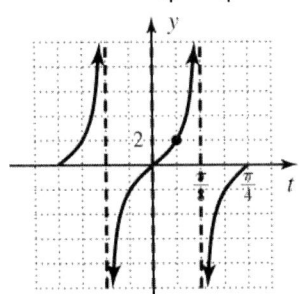

35. $y = 5\cot\left(\dfrac{1}{3}t\right); [-3\pi, 3\pi]$

    Period = $\dfrac{\pi}{\frac{1}{3}} = 3\pi$. Asymptotes at $x = -3\pi, 0, 3\pi$. Zeros at $x = -\dfrac{3\pi}{2}, \dfrac{3\pi}{2}$

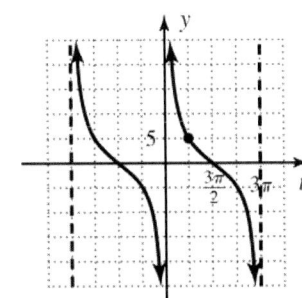

5.6 Exercises

37. $y = 3\tan(2\pi t); \left[-\frac{1}{2}, \frac{1}{2}\right]$

Period = $\frac{\pi}{2\pi} = \frac{1}{2}$. Asymptotes at

$x = -\frac{1}{4}, \frac{1}{4}$.

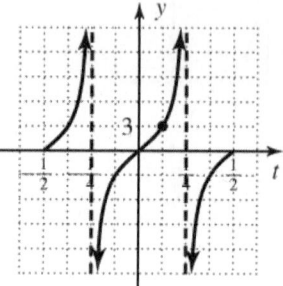

Zeros at $x = -\frac{1}{2}, 0, \frac{1}{2}$.

39. $f(t) = 2\cot(\pi t); [-1, 1]$

Period = $\frac{\pi}{\pi} = 1$. Asymptotes at $x = -1, 0, 1$.

Zeros at $x = -\frac{1}{2}, \frac{1}{2}$.

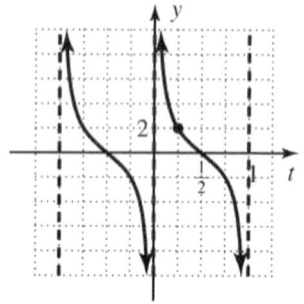

41. The period is 2π, so $\frac{\pi}{B} = 2\pi \Rightarrow B = \frac{1}{2}$.

So the equation is $y = A\tan\left(\frac{1}{2}t\right)$, and

$\left(\frac{\pi}{2}, 3\right)$ is on the graph, so $3 = A\tan\left(\frac{1}{2} \cdot \frac{\pi}{2}\right)$

$\Rightarrow 3 = A\tan\left(\frac{\pi}{4}\right) = A$. The equation is

$y = 3\tan\left(\frac{1}{2}t\right)$.

43. The period is $\frac{3}{2}$, so $\frac{\pi}{B} = \frac{3}{2} \Rightarrow B = \frac{2\pi}{3}$.

The equation is $y = A\cot\left(\frac{2\pi}{3}t\right)$, and

$\left(\frac{1}{4}, 2\sqrt{3}\right)$ is on the graph, so

$2\sqrt{3} = A\cot\left(\frac{2\pi}{3} \cdot \frac{1}{4}\right) = A\cot\left(\frac{\pi}{6}\right) = \sqrt{3}A$ and

$A = 2$. $y = 2\cot\left(\frac{2\pi}{3}t\right)$ is the equation.

45. Graphing $Y_1 = \cos(3t)$ and $Y_2 = \tan t$, we see

the graphs intersect at $t = \frac{\pi}{8}$ (≈ 0.3926) and

$\frac{3\pi}{8}$ (≈ 1.1781).

47. Plug in $u = 40°$, $v = 65°$, $d = 100$.

$h = \frac{100}{\cot 40° - \cot 65°} \approx 137.8$ ft

49. The asymptotes occur where the output is infinite, so the two asymptotes provided by the table are at –6 and 6. This means $P = 12$,

and $\frac{\pi}{B} = 12 \Rightarrow B = \frac{\pi}{12}$. The asymptotes

will occur at $6 + 12k$, $k \in Z$. The equation

will look like $y = A\tan\left(\frac{\pi}{12}x\right)$. If we use the

point (3, 5.2) to find A:

$5.2 = A\tan\left(\frac{\pi}{12} \cdot 3\right) \Rightarrow A = 5.2$. (Note that if

you choose a different point, the result will differ somewhat.) So the equation is

$y = 5.2\tan\left(\frac{\pi}{12}x\right)$. Using this model,

$y(2) = 5.2\tan\left(\frac{\pi}{12} \cdot 2\right) \approx 3.002$ and

$y(-2) = 5.2\tan\left(\frac{\pi}{12} \cdot -2\right) \approx -3.002$. These

results agree well with results from the table.

Chapter 5: Introduction to Trigonometric Functions

51. The asymptote will be at 90° and the zero is at $\theta = 0$, so the period is 180°, and
$\dfrac{180°}{B} = 180° \Rightarrow B = 1$. $y = A\tan\theta$. Using the point (30°, 6.9), we get
$6.9 = A\tan 30° = A \cdot \dfrac{1}{\sqrt{3}} \Rightarrow A = 11.95$.
The equation is $y = 11.95\tan\theta$. The asymptotes are at $90° + 180°k$, $k \in Z$.
Note that $y(45°) = 11.95\tan 45° = 11.95$. When the pen is at that angle, it forms a 45°-45°-90° triangle with the other leg equal to the length of the pen, so the pen is about 12 cm in length.

53. a. Perimeter (circumference) of a circle is $P = 2\pi r = 2\pi(10) = 20\pi$ cm ≈ 62.8 cm.
   b. When $n = 4$ it's a square; the radius of the circle is half the length of a side, so the sides have length 20 cm and the perimeter is $4(20) = 80$ cm.
   c. Plug $r = 10$ and each value of n into the given formula.

n	10	20	30	100
P	64.984	63.354	63.063	62.853

   As n gets large, the perimeter approaches 20π, about 62.8 cm.

55. a.

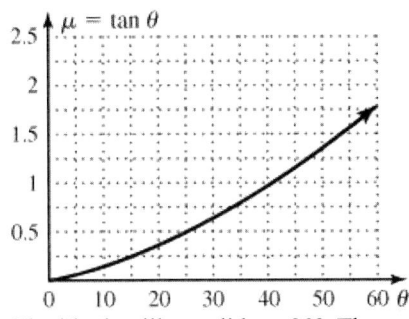

    The block will not slide at 30°. The smallest angle is about 35°.
   b. $\mu = \tan 46.5° = 1.05$
   c. This would require an angle steeper than 68.2°, which is quite steep. Something like soft rubber on sandstone might have a coefficient that high.

57. a. $\tan(80°) = 5.67$ units
   b. $\tan^{-1} 16.35 = 86.5°$
   c. Yes, it can be any length. The range of tangent is $(-\infty, \infty)$.
   d. As θ gets close to 90°, tangent of the angle increases without bound, as does the length of the line segment.

59. Make a table of values for the function.
$D = 5\tan\left(\dfrac{\pi}{8}t\right)$.

t	2	3	3.5	3.8
D	5	12.1	25.1	63.5

t	3.9	3.99
D	127.3	1,273.23

[2, 3]: $\dfrac{D(3) - D(2)}{3 - 2} = 12.1 - 5 \approx 7.1 \dfrac{\text{m}}{\text{sec}}$;

[3, 3.5]: $\dfrac{D(3.5) - D(3)}{3.5 - 3} = \dfrac{25.1 - 12.1}{.5} \approx 26 \dfrac{\text{m}}{\text{sec}}$;

[3.5, 3.8]: $\dfrac{D(3.8) - D(3.5)}{3.8 - 3.5} = \dfrac{63.5 - 25.1}{0.3} \approx 128 \dfrac{\text{m}}{\text{sec}}$

The velocity of the beam is increasing dramatically.

[3.9, 3.99]: $\dfrac{D(3.99) - D(3.9)}{3.99 - 3.9} = \dfrac{1{,}273.23 - 127.3}{0.09}$
$\approx 12{,}733 \dfrac{\text{m}}{\text{sec}}$

61. a. $h(0) = 0$; y-intercept: (0,0)
    $3x^2 - 9x = 0$; $3x(x - 3) = 0$; $x = 0, 3$
    x-intercepts: (0,0), (3,0)
    $2x^2 - 8 = 0$; $2x^2 = 8$; $x^2 = 4$; $x = \pm 2$
    Vertical asymptotes: $x = 2, -2$
    Horizontal asymptote: $y = 3/2$
   b. $t(0)$ is undefined: no y-intercept
    $x + 1 = 0$; $x = -1$; x-intercept: $(-1, 0)$
    $x^2 - 4x = 0$; $x(x - 4) = 0$; $x = 0, 4$
    Vertical asymptotes: $x = 0, 4$
    Horizontal asymptote: $y = 0$
   c. $p(0) = -\dfrac{1}{2}$; y-intercept $\left(0, -\dfrac{1}{2}\right)$.
    $x^2 - 1 = 0$; $x = -1, 1$;
    x-intercepts: $(-1, 0)$, $(1, 0)$
    $x + 2 = 0$; $x = -2$;
    Vertical asymptote: $x = -2$
    Horizontal asymptote: none
    $\dfrac{x^2 - 1}{x + 2} = x - 2 + \dfrac{3}{x + 2}$
    Slant asymptote: $y = x - 2$

63. $10 = 15e^{-0.055t}$; $\dfrac{10}{15} = e^{-0.055t}$
    $\ln\left(\dfrac{2}{3}\right) = -0.055t$; $t = \dfrac{\ln(2/3)}{-0.055} \approx 7.37$ hr

295

5.7 Exercises

5.7 Technology Highlight

1. $y = -2\cos(\pi t) + 1$
   $t = \dfrac{1}{3}, \dfrac{5}{3}, \dfrac{7}{3}$

3. $y = \dfrac{3}{2}\tan(2x) - 1$
   $t \approx 0.2940,\ 1.8648$

5.7 Exercises

1. $y = A\sin(Bt + C) + D$;
   $y = A\cos(Bt + C) + D$

3. $0 \le Bt + C < 2\pi$

5. Answers will vary.

7. a. $A = 50,\ P = 24$
   b. $f(14) \approx -25$
   c. $f(x) \ge 20$ on $[1.6, 10.4]$.

9. a. $A = 200,\ P = 3$
   b. $f(2) \approx -175$
   c. $f(x) \le -100$ on $[1.75, 2.75]$.

11. $A = \dfrac{100 - 20}{2} = 40;\ D = \dfrac{100 + 20}{2} = 60$
    $B = \dfrac{2\pi}{30} = \dfrac{\pi}{15};\ y = 40\sin\left(\dfrac{\pi}{15}t\right) + 60$

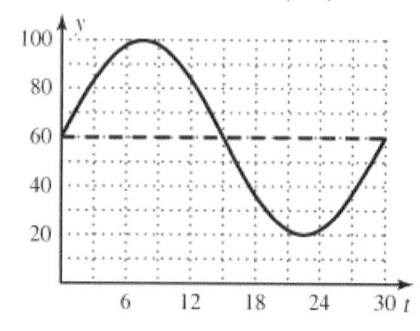

13. $A = \dfrac{20 - 4}{2} = 8;\ D = \dfrac{20 + 4}{2} = 12$
    $B = \dfrac{2\pi}{360} = \dfrac{\pi}{180};\ y = 8\sin\left(\dfrac{\pi}{180}t\right) + 12$

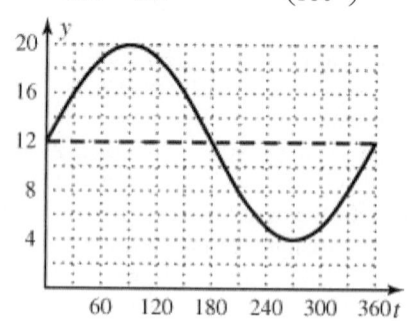

15. a. $A = \dfrac{39 - 29}{2} = 5;\ D = \dfrac{39 + 29}{2} = 34$
    $B = \dfrac{2\pi}{24} = \dfrac{\pi}{12};\ y = 5\sin\left(\dfrac{\pi}{12}t\right) + 34$

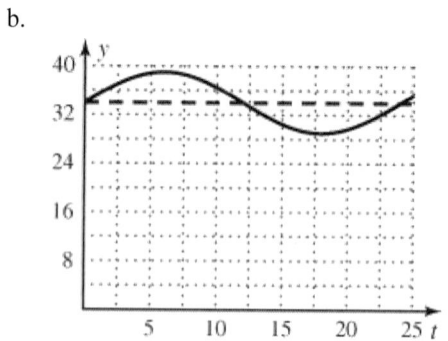

    b.

    c. At about $t = 13.5$ (1:30 A.M.) and $t = 22.5$ (10:30 A.M.)

Chapter 5: Introduction to Trigonometric Functions

17. a. $A = \dfrac{18.8-6}{2} = 6.4$; $D = \dfrac{18.8+6}{2} = 12.4$

    $B = \dfrac{2\pi}{12} = \dfrac{\pi}{6}$ ($P = 12$ since 12 months in a year.) $y = -6.4\cos\left(\dfrac{\pi}{6}t\right) + 12.4$

    Note that we want a cosine function since the low occurs at $t = 0$.

    b.

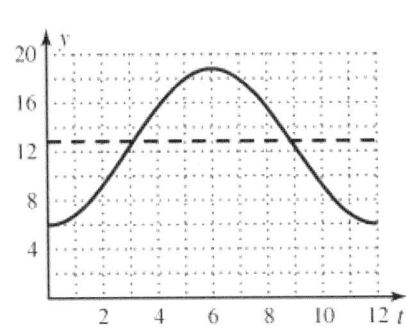

    c. The graph is above height 15 from about $t = 3.8$ to $t = 8.2$, which is a span of 4.4 months, or about 134 days.

19. a. $P = \dfrac{2\pi}{\tfrac{2\pi}{11}} = 11$ years

    b.

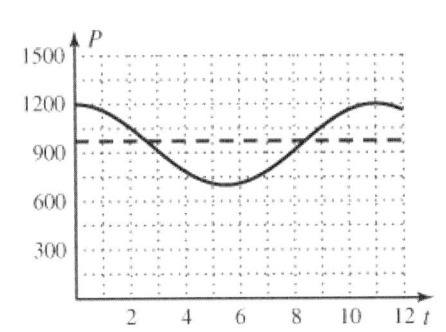

    c. The maximum is 1,200 and the minimum is 700.
    d. The height of the graph is below 740 from about $t = 4.5$ to 6.5, a span of 2 years.

21. The period is 11 years, and the average value occurs $\dfrac{1}{4}$ way through a period. This is at $t = 2.75$, so we need to shift 2.75 units to the right.

    $P(t) = 250\cos\left[\dfrac{2\pi}{11}(t - 2.75)\right] + 950$

    or $P(t) = 250\sin\left(\dfrac{2\pi}{11}t\right) + 950$

23. $A = 120$; avg. value = 0; $P = \dfrac{2\pi}{\tfrac{\pi}{12}} = 24$; no vertical shift; horizontal shift is 6 units right;

    PI: $0 \leq \dfrac{\pi}{12}(t-6) < 2\pi$

    $0 \leq t - 6 < 24$

    $6 \leq t < 30$

25. $A = 1$; avg. value = 0; $P = \dfrac{2\pi}{\tfrac{\pi}{6}} = 12$; no vertical shift; horizontal shift is $\dfrac{\tfrac{\pi}{3}}{\tfrac{\pi}{6}} = 2$ units right;

    PI: $0 \leq \dfrac{\pi}{6}t - \dfrac{\pi}{3} < 2\pi$

    $\dfrac{\pi}{3} \leq \dfrac{\pi}{6}t < \dfrac{7\pi}{3}$

    $2 \leq t < 14$

27. $A = 1$; avg. value = 0; $P = \dfrac{2\pi}{\tfrac{\pi}{4}} = 8$; no vertical shift; horizontal shift is $\dfrac{\tfrac{\pi}{6}}{\tfrac{\pi}{4}} = \dfrac{2}{3}$ unit right;

    PI: $0 \leq \dfrac{\pi}{4}t - \dfrac{\pi}{6} < 2\pi$

    $\dfrac{\pi}{6} \leq \dfrac{\pi}{4}t < \dfrac{13\pi}{6}$

    $\dfrac{2}{3} \leq t < \dfrac{26}{3}$

29. $A = 24.5$; avg. value = 15.5; $P = \dfrac{2\pi}{\tfrac{\pi}{10}} = 20$; vertical shift is 15.5 units up; horizontal shift is 2.5 units right;

    PI: $0 \leq \dfrac{\pi}{10}(t-2.5) < 2\pi$

    $0 \leq t - 2.5 < 20$

    $2.5 \leq t < 22.5$

297

5.7 Exercises

31. $A = 28$; avg. value $= 92$; $P = \dfrac{2\pi}{\frac{\pi}{6}} = 12$;

    vertical shift is 92 units up; horizontal shift is $\dfrac{\frac{5\pi}{12}}{\frac{\pi}{6}} = \dfrac{5}{2}$ units right;

    PI: $0 \le \dfrac{\pi}{6}t - \dfrac{5\pi}{12} < 2\pi$

    $\dfrac{5\pi}{12} \le \dfrac{\pi}{6}t < \dfrac{29\pi}{12}$

    $\dfrac{5}{2} \le t < \dfrac{29}{2}$

33. $A = 2{,}500$; avg. value $= 3{,}150$; $P = \dfrac{2\pi}{\frac{\pi}{4}} = 8$;

    vertical shift is 3,150 units up; horizontal shift is $\dfrac{\frac{\pi}{12}}{\frac{\pi}{4}} = \dfrac{1}{3}$ unit left;

    PI: $0 \le \dfrac{\pi}{4}t + \dfrac{\pi}{12} < 2\pi$

    $-\dfrac{\pi}{12} \le \dfrac{\pi}{4}t < \dfrac{23\pi}{12}$

    $-\dfrac{1}{3} \le t < \dfrac{23}{3}$

35. Max and min are 600 and 100, so
    $A = \dfrac{600 - 100}{2} = 250$. Avg. value is 350.
    $P = 24$, so $B = \dfrac{2\pi}{24} = \dfrac{\pi}{12}$.
    $y = 250 \sin\left(\dfrac{\pi}{12}t\right) + 350$

37. Max and min are 18 and 8, so
    $A = \dfrac{18 - 8}{2} = 5$. The primary cycle would start at -25, so the horizontal shift is 25 units left. The avg. value is 13. $P = 100$, so
    $B = \dfrac{2\pi}{100} = \dfrac{\pi}{50}$.
    $y = 5\sin\left(\dfrac{\pi}{50}(t + 25)\right) + 13$
    $= 5\sin\left(\dfrac{\pi}{50}t + \dfrac{\pi}{2}\right) + 13$

39. Max and min are 3 and 11, so
    $A = \dfrac{11 - 3}{2} = 4$. The primary cycle begins at -45, so the horizontal shift is 45 units left. The avg. value is 7. $P = 360$, so
    $B = \dfrac{2\pi}{360} = \dfrac{\pi}{180}$.
    $y = 4\sin\left(\dfrac{\pi}{180}(t + 45)\right) + 7$
    $= 4\sin\left(\dfrac{\pi}{180}t + \dfrac{\pi}{4}\right) + 7$

41. $f(t) = 25 \sin\left[\dfrac{\pi}{4}(t - 2)\right] + 55$

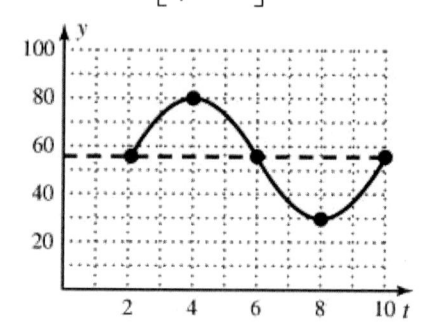

43. $h(t) = 3\sin(4t - \pi)$

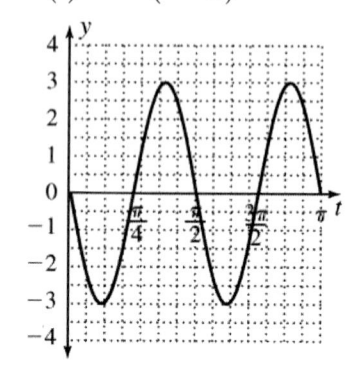

45. Since $f = \dfrac{1}{P}$, $P = \dfrac{1}{f}$. Since we also know that $P = \dfrac{2\pi}{B}$, then $\dfrac{1}{f} = \dfrac{2\pi}{B} \Rightarrow B = 2\pi f$.
    So $A \sin(Bt) = A \sin[(2\pi f)t]$.

Chapter 5: Introduction to Trigonometric Functions

47. a. $P = \dfrac{2\pi}{\frac{\pi}{2}} = 4$ sec; $f = \dfrac{1}{P} = \dfrac{1}{4}$ cycle/sec

    b. $d(2.5) = 6\sin\left(\dfrac{\pi}{2}(2.5)\right) = -4.24$ cm. 2.5 is just past halfway through the period, so it's moving away from the equilibrium point.

    c. $d(3.5) = 6\sin\left(\dfrac{\pi}{2}(3.5)\right) = -4.24$ cm. 3.5 is just short of the end of the period, so it's moving toward the equilibrium point.

    d. $|d(1.5) - d(1)| = |4.24 - 6| = 1.76$ cm. The average velocity is $\dfrac{1.76 \text{ cm}}{0.5 \text{ sec}} = 3.52 \dfrac{\text{cm}}{\text{sec}}$. The weight reaches the equilibrium point at $t = 2$, so it's still speeding up between 1.5 and 2.

49. The amplitude is 15 and the period is 1.6, so $B = \dfrac{2\pi}{1.6} = 1.25\pi = \dfrac{5\pi}{4}$. $d(t) = 15\cos\left(\dfrac{5\pi}{4}t\right)$
    Note that we use cosine because the pendulum is at max distance at time 0.

51. Red: The period appears to be about 0.0068, so $f = \dfrac{1}{0.0068} \approx 147$. According to the chart, this looks like D_3.
    Blue: $P \approx 0.0088$, so $f = \dfrac{1}{0.0088} \approx 114$. According to the chart, this looks like $A\#_3$.

53. D_3: $f = 146.84$ and $P = \dfrac{1}{146.84} \approx 0.0068$ sec. $y = \sin[146.84(2\pi t)]$
    G_4: $f = 392$ and $P = \dfrac{1}{392} \approx 0.00255$ sec. $y = \sin[392(2\pi t)]$

55. a. Caracas:
    $D(15) = \dfrac{1.3}{2}\sin\left(\dfrac{2\pi}{365}(15-79)\right) + 12$
    ≈ 11.4 hr
    Tokyo:
    $D(15) = \dfrac{4.8}{2}\sin\left(\dfrac{2\pi}{365}(15-79)\right) + 12$
    ≈ 9.9 hr

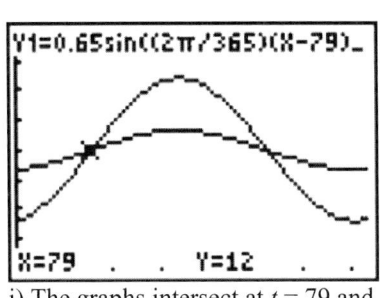

    b.
    i) The graphs intersect at $t = 79$ and 261.5, so they have the same number of hours on the 79th and 261st days.
    ii) The graph for Caracas is below 11.5 for $t < 28$ and $t > 312$, so there are 28 + (365–312) = 81 days with less than 11.5 hours. For Tokyo, it's $t < 67$ and $t > 274$, so there are 67 + (365–274) = 158 days.

57. a. Adds 12 hours. The sinusoidal behavior is actually on hours more/less than average of 12 hours of light.
    b. Means 12 hours of light and dark on March 20th. (Solstice)
    c. How many extra hours deviation from average. In the north, the planet is tilted closer toward the sun or farther from the Sun, depending on date. Variations will be greater.

59. 3.7 is in QIII; $3.7 - \pi \approx 0.5584$

61. $-1 + i\sqrt{5} + \left(-1 - i\sqrt{5}\right) = -2$
    $-1 + i\sqrt{5} - \left(-1 - i\sqrt{5}\right) = 2i\sqrt{5}$
    $\left(-1 + i\sqrt{5}\right)\left(-1 - i\sqrt{5}\right) = 1 - 5i^2 = 6$
    $\dfrac{-1 + i\sqrt{5}}{-1 - i\sqrt{5}} \cdot \dfrac{-1 + i\sqrt{5}}{-1 + i\sqrt{5}} = \dfrac{1 - 2i\sqrt{5} + 5i^2}{6}$
    $= \dfrac{-4 - 2i\sqrt{5}}{6} = -\dfrac{2}{3} - \dfrac{i\sqrt{5}}{3}$

5.6 Exercises

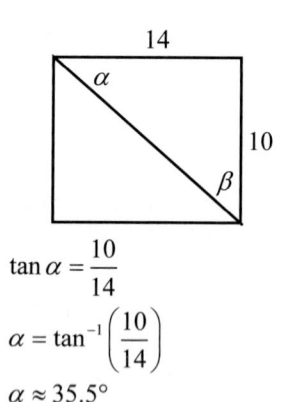

Summary and Concept Review

1. $147 + \left(\dfrac{36}{60}\right) + \dfrac{48}{3600} = 147.61\overline{3}°$

3. Let x = the length of the bottom, y = the length of the other leg. Note that the hypotenuse of the smallest triangle is 5. (Pythagorean triple).
$\dfrac{5}{3} = \dfrac{16.875}{y}$; $5y = 50.625$; $y = 10.125$.
$16.875^2 = 10.125^2 + x^2$; $x = \sqrt{182.25} = 13.5$
10.125 by 13.5 by 16.875

5. $\dfrac{2\pi}{3} \cdot \dfrac{180°}{\pi \text{ rad}} = 120°$

7. $s = r\theta$; $s = 5(57°)\left(\dfrac{\pi \text{ rad}}{180°}\right) \approx 4.97$ units

9. $s = r\theta = 15(1.7) = 25.5$ cm;
$A = \dfrac{1}{2}r^2\theta = \dfrac{1}{2}(15)^2(1.7) = 191.25$ cm^2

11. $A = \dfrac{1}{2}r^2\theta$; $152 = \dfrac{1}{2}(8)^2\theta = 32\theta$;
$\theta = \dfrac{152}{32} = 4.75$ rad;
$s = r\theta = 8(4.75) = 38$ m

13. a. $A = 0.80$
    b. $A = \cos^{-1}(0.4340) \approx 64.3°$

15. $B = 90° - 49° = 41°$
$\sin 49° = \dfrac{89}{c}$; $c \sin 49° = 89$; $c = \dfrac{89}{\sin 49°}$
$c \approx 117.93$ in.
$\tan 49° = \dfrac{89}{b}$; $b = \dfrac{89}{\tan 49°} \approx 77.37$ in.

Angles	Sides
$A = 49°$	$a = 89$ in.
$B = 41°$	$b \approx 77.37$ in.
$C = 90°$	$c \approx 117.93$ in.

17. $\sin 15° = \dfrac{h}{20}$; $h = 20\sin 15° \approx 5.18$ m

19.

$\tan \alpha = \dfrac{10}{14}$
$\alpha = \tan^{-1}\left(\dfrac{10}{14}\right)$
$\alpha \approx 35.5°$
$\tan \beta = \dfrac{14}{10}$
$\tan \beta = \dfrac{14}{10}$
$\beta = \tan^{-1}\left(\dfrac{14}{10}\right)$
$\beta \approx 54.5°$;

21. $-152° + 360° = 208°$; QIII, ref. angle = $208° - 180° = 28°$
$521° - 360° = 161°$; QII, ref. angle = $180° - 161° = 19°$
$210°$; QIII, ref. angle = $210° - 180° = 30°$

23. a. $x = 4, r = 5$; $4^2 + y^2 = 5^2$;
$y = -\sqrt{25-16} = -\sqrt{9} = -3$; QIV
$\sin\theta = -\dfrac{3}{5}$; $\csc\theta = -\dfrac{5}{3}$; $\sec\theta = \dfrac{5}{4}$
$\tan\theta = -\dfrac{3}{4}$; $\cot\theta = -\dfrac{4}{3}$

b. $x = 5, y = -12$; $r = \sqrt{5^2 + (-12)^2}$
$r = \sqrt{169} = 13$; QIV
$\cot\theta = -\dfrac{5}{12}$; $\sin\theta = -\dfrac{12}{13}$; $\csc\theta = -\dfrac{13}{12}$
$\cos\theta = \dfrac{5}{13}$; $\sec\theta = \dfrac{13}{5}$

25. $y^2 + \left(\dfrac{\sqrt{13}}{7}\right)^2 = 1$; $y^2 = 1 - \dfrac{13}{49} = \dfrac{36}{49}$
$y = -\dfrac{6}{7}$; $\left(-\dfrac{\sqrt{13}}{7}, -\dfrac{6}{7}\right)$,
$\left(-\dfrac{\sqrt{13}}{7}, \dfrac{6}{7}\right)$, $\left(\dfrac{\sqrt{13}}{7}, \dfrac{6}{7}\right)$

Chapter 5: Introduction to Trigonometric Functions

27. $\csc t = \dfrac{2}{\sqrt{3}} \Rightarrow \sin t = \dfrac{\sqrt{3}}{2}$; $t = \dfrac{\pi}{3}, \dfrac{2\pi}{3}$

29. a. The circumference of the drum is $2\pi r = 2\pi$ yd, so 6π ft corresponds to 1 revolution or 2π radians.
    $$59 \text{ ft} \cdot \dfrac{2\pi \text{ rad}}{6\pi \text{ ft}} = \dfrac{59}{3} \approx 19.67 \text{ rad}$$
    b. Each radian corresponds to 3 feet, so 25 rad.

31. $y = 3\sec t$; No amplitude, $P = 2\pi$

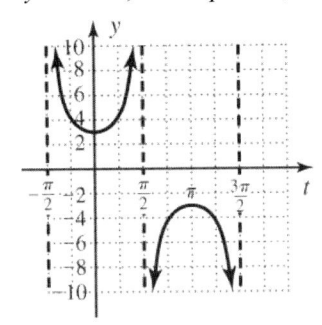

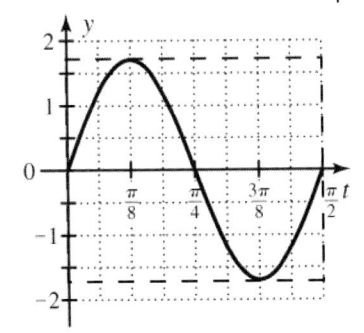

33. $y = 1.7\sin(4t)$; $A = 1.7$, $P = \dfrac{2\pi}{4} = \dfrac{\pi}{2}$

35. $g(t) = 3\sin(398\pi t)$; $A = 3$, $P = \dfrac{2\pi}{398\pi} = \dfrac{1}{199}$

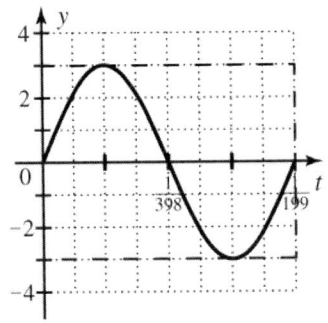

37. The max's and mins are at height 4 and –4, so $A = 4$. $P = \dfrac{2}{3}$, so $B = \dfrac{2\pi}{\frac{2}{3}} = 3\pi$.
    $$y = 4\csc(3\pi t)$$

39. $\tan\left(\dfrac{7\pi}{4}\right) = \dfrac{\frac{\sqrt{2}}{2}}{-\frac{\sqrt{2}}{2}} = -1$;
    $$\cot\left(\dfrac{\pi}{3}\right) = \dfrac{\frac{1}{2}}{\frac{\sqrt{3}}{2}} = \dfrac{1}{\sqrt{3}}$$

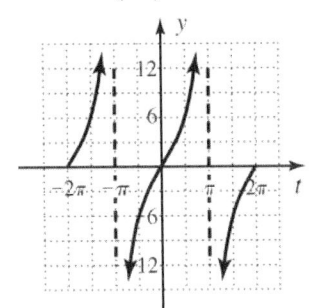

41. $y = 6\tan\left(\dfrac{1}{2}t\right)$

43. The period is π, so three additional solutions are $1.55 + \pi \approx 4.69$, $1.55 + 2\pi \approx 7.83$ and $1.55 + 3\pi \approx 10.97$. There are many others. $1.55 + k\pi$ radians, $k \in \mathbb{Z}$

45. $h = \dfrac{144}{\cot 25° - \cot 40°} \approx 151.14$ m

Calculator Exploration & Discovery

47. a. $A = 240$; vert. shift = 520 units up
$P = \dfrac{2\pi}{\frac{\pi}{6}} = 12$; horiz. shift = 3 units right

b.

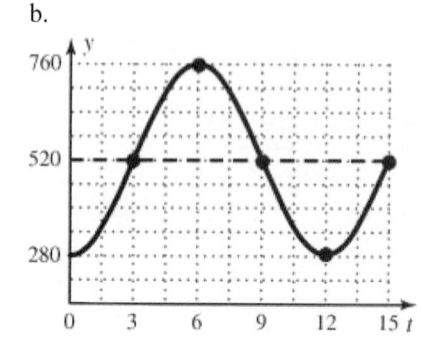

[Graph showing a sinusoidal curve with y-values ranging around 280 to 760, centered at 520, with t-axis from 0 to 15]

49. $A = 125$; vertical shift = 175 units up
$P = 24$ (half cycle from 9 to 21), so
$B = \dfrac{2\pi}{24} = \dfrac{\pi}{12}$. Horiz. shift = 3 units right
for cosine. $y = 125\cos\left[\dfrac{\pi}{12}(t-3)\right] + 175$

51. a. $A = \dfrac{2.26 - 0.44}{2} = 0.91$;
$D = \dfrac{2.26 + 0.4}{2} = 1.35$
$B = \dfrac{2\pi}{12} = \dfrac{\pi}{6}$ ($P = 12$ since 12 months per year.)
$P(t) = 0.91\sin\left(\dfrac{\pi}{6}t\right) + 1.35$

b. $P(5) = 0.91\sin\left(\dfrac{5\pi}{6}\right) + 1.35 \approx 1.81$ in. (August)

$P(9) = 0.91\sin\left(\dfrac{9\pi}{6}\right) + 1.35 \approx 0.44$ in. (December)

Mixed Review

1. a. $A = 10$
   b. avg. value = 15
   c. $P = 6$
   d. $f(4) = 20$

3. $t = \dfrac{2\pi}{3}, \dfrac{4\pi}{3}$

5. $220° + 0.81\overline{38}(60)' = 220° + 48.830\overline{3}'$
$= 220° + 48' + 0.830\overline{3}(60)'' \approx 220°48'50''$

7. 45-45-90 triangle: cuts are $12\sqrt{2} \approx 16.97''$
Wall is 5 of these lengths across, so
$60\sqrt{2}'' \approx 84.9''$

9. $r = \sqrt{\left(-4\sqrt{3}\right)^2 + (-4)^2} = \sqrt{64} = 8$
Let α = the angle between the terminal side and the negative x-axis
$\tan\alpha = \dfrac{4}{4\sqrt{3}} = \dfrac{1}{\sqrt{3}} \Rightarrow \alpha = \dfrac{\pi}{6}$
Then $\theta = \pi + \dfrac{\pi}{6} = \dfrac{7\pi}{6}$
$s = r\theta = 8\left(\dfrac{7\pi}{6}\right) = \dfrac{56\pi}{6} = \dfrac{28\pi}{3} \approx 29.3$ units
$A = \dfrac{1}{2}r^2\theta = \dfrac{1}{2}(8)^2\left(\dfrac{7\pi}{6}\right) = \dfrac{224\pi}{6}$
$= \dfrac{112\pi}{3} \approx 117.3$ units^2

Chapter 5: Introduction to Trigonometric Functions

11. $86 + \dfrac{54}{60} + \dfrac{54}{3600} = 86.915°$

13. $r^2 = 15^2 + (-8)^2 = 289;\ r = 17$
    $\sin\theta = -\dfrac{8}{17};\ \csc\theta = -\dfrac{17}{8};\ \cos\theta = \dfrac{15}{17}$
    $\sec\theta = \dfrac{17}{15};\ \tan\theta = -\dfrac{8}{15};\ \cot\theta = -\dfrac{15}{8}$

15. $\sin\theta = \dfrac{100}{115.47};\ \theta = \sin^{-1}\left(\dfrac{100}{115.47}\right) \approx 60°$

17. a. $\omega = \dfrac{3\ \text{rev}}{\text{min}} \cdot \dfrac{2\pi\ \text{rad}}{\text{rev}} = 6\pi\ \tfrac{\text{rad}}{\text{sec}}$

    b. $V = r\omega = 20(6\pi) = 120\pi \approx 377\ \tfrac{\text{cm}}{\text{sec}}$

19. a. $A = 5,\ P = \dfrac{2\pi}{2} = \pi$, vertical shift 8 units down, no horizontal shift, primary interval $= [0, \pi)$

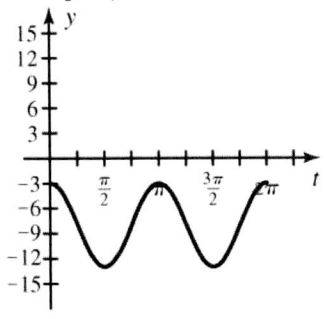

    b. $A = \dfrac{7}{2},\ P = \dfrac{2\pi}{\pi/2} = 4$, no vertical shift, horizontal shift = 1 unit right, primary interval = [1, 5)

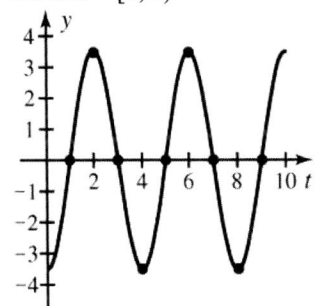

    c. $P = \dfrac{\pi}{1/4} = 4\pi$, no horizontal shift, no amplitude, no vertical shift, $(-2\pi, 2\pi)$

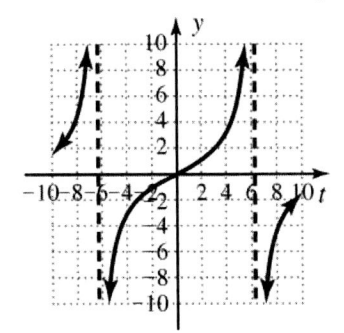

    d. $P = 2\pi$, horizontal shift = $\dfrac{\pi}{2}$ right, no vertical shift, no amplitude, PI: $(-\pi, \pi)$

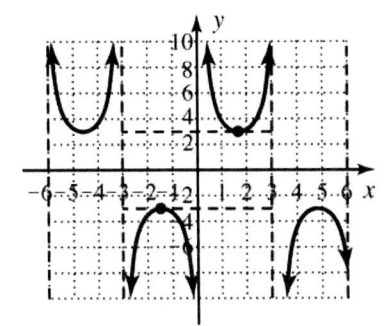

303

Practice Test

1. Complement: $90° - 35° = 55°$
   Supplement: $180° - 35° = 145°$

3. a. $\theta_r = 225° - 180° = 45°$

   b. $-510° + 720° = 210°$;
   $\theta_r = 210° - 180° = 30°$

   c. $\theta_r = \dfrac{7\pi}{6} - \pi = \dfrac{\pi}{6}$

   d. $\dfrac{25\pi}{3} - 8\pi = \dfrac{\pi}{3}$; $\theta_r = \dfrac{\pi}{3}$

5. Let d_1 and d_2 be the distance from Four Corners to point P and the length of Colorado's southern border respectively.

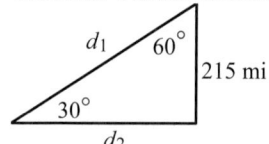

   a. $\sin 30° = \dfrac{215}{d_1}$; $d_1 = \dfrac{215}{\sin 30°} \approx 430$ mi

   b. $\tan 60° = \dfrac{d_2}{215}$; $d_2 = 215 \tan 60° \approx 372$ mi

7. $x = 2, r = 5$; $y^2 + 2^2 = 5^2$; $y = -\sqrt{21}$ (QIV)
   $\sec\theta = \dfrac{5}{2}$; $\sin\theta = -\dfrac{\sqrt{21}}{5}$; $\csc\theta = -\dfrac{5}{\sqrt{21}}$
   $\tan\theta = -\dfrac{\sqrt{21}}{2}$; $\cot\theta = -\dfrac{2}{\sqrt{21}}$

9. a. $s = r\theta = 75(172.5°)\left(\dfrac{\pi \text{ rad}}{180°}\right) \approx 225.8'$
   $225.8' = 225' + 0.8(12)'' = 225' \, 9.6''$

   b. $\omega = \dfrac{172.5°}{20 \text{ sec}} \cdot \dfrac{\pi \text{ rad}}{180°} = \dfrac{23\pi}{480} \approx 0.1505 \dfrac{\text{rad}}{\text{sec}}$

   c. $V = r\omega = 75(0.1505) \approx 11.29 \dfrac{\text{ft}}{\text{sec}} \approx 7.7 \dfrac{\text{mi}}{\text{hr}}$

11. $d^2 + 57^2 = 88^2$; $d = \sqrt{88^2 - 57^2} \approx 67$ cm
    $\cos\theta = \dfrac{57}{88}$; $\theta = \cos^{-1}\left(\dfrac{57}{88}\right) \approx 49.6°$

13. a. $t = \dfrac{7\pi}{6}$

    b. $\sec t = \dfrac{2\sqrt{3}}{3} \Rightarrow \cos t = \dfrac{\sqrt{3}}{2}$; $t = \dfrac{11\pi}{6}$

    c. $t = \dfrac{3\pi}{4}$

15. a. Domain: all real numbers
       Range: $y \in [-2, 2]$
       $P = \dfrac{2\pi}{\pi/5} = 10$; $A = 2$

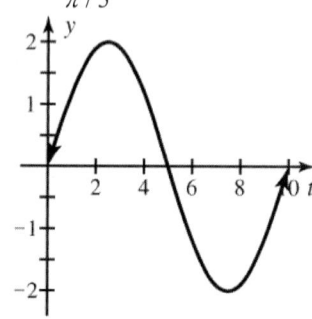

Chapter 5: Introduction to Trigonometric Functions

b. Domain: $t : t \neq \dfrac{\pi}{2}(2k+1)$ where k is any integer.
Range: $(-\infty, -1] \cup [1, \infty)$
$P = 2\pi$, no amplitude

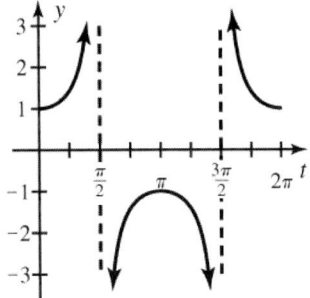

c. Domain: $3t \neq \dfrac{\pi}{2}(2k+1)$
so $t \neq \dfrac{\pi}{6}(2k+1)$ for any integer k
Range: all real numbers
$P = \dfrac{\pi}{3}$, no amplitude

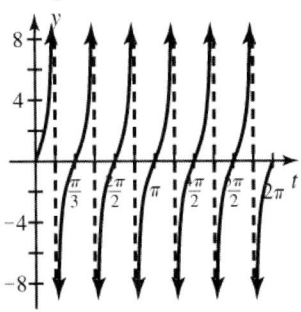

17. $3.5(360°) = 1260°$

19. Max and min are 20 and 5, so
$A = \dfrac{20-5}{2} = 7.5$, $D = \dfrac{20+5}{2} = 12.5$
$P = 12$, so $B = \dfrac{2\pi}{12} = \dfrac{\pi}{6}$. Max would ordinarily occur ¼ way through a period, which is 3, and the max is at 6, so the horiz. shift is 3 units right.
$y = 7.5 \sin\left[\dfrac{\pi}{6}(t-3)\right] + 12.5$
or $y = 7.5 \sin\left(\dfrac{\pi}{6}t - \dfrac{\pi}{2}\right) + 12.5$

a. $\sin^{-1}(-0.7568) \approx -0.86$. In QIII, $\pi + 0.86 \approx 4$

b. $\sec t = -1.5 \Rightarrow \cos t = -\dfrac{1}{1.5} = -\dfrac{2}{3}$
$\cos^{-1}\left(-\dfrac{2}{3}\right) \approx 2.3$

Calculator Exploration & Discovery

1. Answers will vary.

Cumulative Review: Chapters 1-5

Strengthening Core Skills

1. These values can all be found in Chapter 6.

t	0	$\frac{\pi}{6}$	$\frac{\pi}{4}$	$\frac{\pi}{3}$	$\frac{\pi}{2}$
$\sin t = y$	0	$\frac{1}{2}$	$\frac{\sqrt{2}}{2}$	$\frac{\sqrt{3}}{2}$	1
$\cos t = x$	1	$\frac{\sqrt{3}}{2}$	$\frac{\sqrt{2}}{2}$	$\frac{1}{2}$	0
$\tan t = \frac{y}{x}$	0	$\frac{\sqrt{3}}{3}$	1	$\sqrt{3}$	—

	$\frac{2\pi}{3}$	$\frac{3\pi}{4}$	$\frac{5\pi}{6}$	π	$\frac{7\pi}{6}$	$\frac{5\pi}{4}$
	$\frac{\sqrt{3}}{2}$	$\frac{\sqrt{2}}{2}$	$\frac{1}{2}$	0	$\frac{-1}{2}$	$\frac{-\sqrt{2}}{2}$
	$\frac{-1}{2}$	$\frac{-\sqrt{2}}{2}$	$\frac{-\sqrt{3}}{2}$	-1	$\frac{-\sqrt{3}}{2}$	$\frac{-\sqrt{2}}{2}$
	$-\sqrt{3}$	-1	$\frac{-\sqrt{3}}{3}$	0	$\frac{\sqrt{3}}{3}$	1

3. a. $\sqrt{6}\sin t - 2 = 1$
$\sqrt{6}\sin t = 3$
$\sin t = \frac{3}{\sqrt{6}} > 1$, no solution

b. $-3\sqrt{2}\cos t + \sqrt{2} = 0$
$-3\sqrt{2}\cos t = -\sqrt{2}$
$\cos t = \frac{1}{3}, t \approx 1.2310, t \approx 5.0522$

c. $3\tan t + \frac{1}{2} = -\frac{1}{4}$
$3\tan t = -\frac{3}{4}$
$\tan t = -\frac{1}{4}, t \approx 6.0382, t \approx 2.8966$

d. $2\sec t = -5$; $\sec t = -\frac{5}{2}$; $\cos t = -\frac{2}{5}$
$t = \cos^{-1}\left(-\frac{2}{5}\right) \approx 1.9823$ or
$t = 2\pi - 1.9823 \approx 4.3009$

Cumulative Review: Chapters 1-5

1. $2|x+1| - 3 < 5$; $2|x+1| < 8$; $|x+1| < 4$
$-4 < x+1 < 4$; $-5 < x < 3$

3.

$d = \sqrt{80^2 + 39^2} = 89$
$\theta = \tan^{-1}\left(\frac{80}{39}\right) \approx 64°$; $90° - 64° = 26°$

5. $\sin t = -\frac{\sqrt{7}}{4}$; $\csc t = -\frac{4}{\sqrt{7}} = -\frac{4\sqrt{7}}{7}$;
$\cos t = \frac{3}{4}$; $\sec t = \frac{4}{3}$;
$\tan t = -\frac{\sqrt{7}}{3}$; $\cot t = -\frac{3}{\sqrt{7}} = -\frac{3\sqrt{7}}{7}$

Chapter 5: Introduction to Trigonometric Functions

7. a. $2x - 3 \geq 0$; $2x \geq 3$; $x \geq \dfrac{3}{2}$

    $D: x \in \left[\dfrac{3}{2}, \infty\right)$; $R: y \in [0, \infty)$

    b. $x^2 - 49 = 0$; $x^2 = 49$; $x = \pm 7$
    $D: \{x \mid x \in \mathbb{R}, x \neq \pm 7\}$ or
    $(-\infty, -7) \cup (-7, 7) \cup (7, \infty)$
    $R: y \in \mathbb{R}$

9. a. Local max: $(-2, 4)$; Endpoint max: $(4, 0)$; Local min: $(2, -4)$
    Endpoint min: $(-4, 0)$

    b. $f \geq 0$ for $x \in [-4, 0] \cup \{4\}$
    $f < 0$ for $x \in (0, 4)$

    c. $f \uparrow$ for $x \in (-4, -2) \cup (2, 4)$
    $f \downarrow$ for $x \in (-2, 2)$

    d. f is odd (symmetric about origin)

11. $\tan 60° = \dfrac{h}{66}$; $h = 66 \tan 60° \approx 114.3$ ft

13. Shift the graph of $y = \dfrac{1}{x}$ one unit left and two units down.

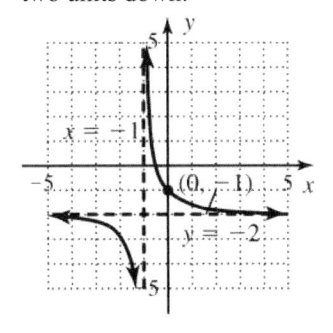

15. $r = \sqrt{(-9)^2 + 40^2} = 41$

    $\sin\theta = \dfrac{40}{41}$; $\csc\theta = \dfrac{41}{40}$; $\cos\theta = -\dfrac{9}{41}$

    $\sec\theta = -\dfrac{41}{9}$; $\tan\theta = -\dfrac{40}{9}$; $\cot\theta = -\dfrac{9}{40}$

    $\theta = \cos^{-1}\left(-\dfrac{9}{41}\right) \approx 102.7°$

17. a. $s = r\theta = 15(1.2) = 18$

    b. $A = \dfrac{1}{2}(15)^2(1.2) = 135$ m²

19. Max and min are 2 and –1, so
    $A = \dfrac{2 - (-1)}{2} = \dfrac{3}{2}$, $D = \dfrac{2 + (-1)}{2} = \dfrac{1}{2}$

    $P = \dfrac{\pi}{2}$, so $B = \dfrac{2\pi}{\pi/2} = 4$. Max would ordinarily occur ¼ way through a period, or at $\dfrac{\pi}{8}$. It actually occurs at $\dfrac{\pi}{4}$, so the horiz. shift is $\dfrac{\pi}{8}$ to the right.

    $y = \dfrac{3}{2}\sin\left[4\left(t - \dfrac{\pi}{8}\right)\right] + \dfrac{1}{2}$ or

    $y = \dfrac{3}{2}\sin\left(4t - \dfrac{\pi}{2}\right) + \dfrac{1}{2}$

21.

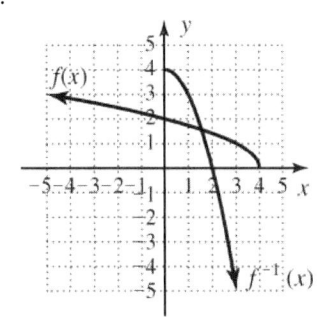

23. $3x - 4y = 8$; $-4y = 8 - 3x$; $y = \dfrac{8}{-4} - \dfrac{3}{-4}x$

    $y = -2 + \dfrac{3}{4}x = \dfrac{3}{4}x - 2$; $m = \dfrac{3}{4}$, y-intercept: $(0, -2)$

25. $2275 = 1000e^{r(12)}$; $e^{12r} = \dfrac{2275}{1000} = 2.275$

    $12r = \ln 2.275$; $r = \dfrac{\ln 2.275}{12} \approx 0.0685$

    About 6.85%

6.1 Exercises

1. $\sin\theta, \sec\theta, \cos\theta$

3. One, false

5. $\dfrac{\cos x}{\sin x} - \dfrac{\sin x}{\sec x}$

   $= \dfrac{\cos x \sec x - \sin^2 x}{\sin x \sec x} = \dfrac{1 - \sin^2 x}{\sin x \sec x}$;

   Answers will vary.

7. Answers may vary.

   $\tan x = \dfrac{\sin x}{\cos x}$;

   $\tan x = \dfrac{\sec x}{\csc x}$;

   $\dfrac{\sin x}{\cos x} = \dfrac{\sec x}{\csc x}$;

   $\dfrac{1}{\cot x} = \dfrac{\sec x}{\csc x}$;

   $\dfrac{1}{\cot x} = \dfrac{\sin x}{\cos x}$

9. $1 + \tan^2 x = \sec^2 x$;

   $1 = \sec^2 x - \tan^2 x$;

   $\tan^2 x = \sec^2 x - 1$;

   $1 = (\sec x + \tan x)(\sec x - \tan x)$

   $\tan x = \pm\sqrt{\sec^2 x - 1}$

11. $\sin x \cot x = \cos x$

    $\sin x \left(\dfrac{\cos x}{\sin x}\right) = \cos x$

    $\cos x = \cos x$

13. $\sec^2 x \cot^2 x = \csc^2 x$

    $\dfrac{1}{\cos^2 x}\left(\dfrac{\cos^2 x}{\sin^2 x}\right) = \csc^2 x$

    $\dfrac{1}{\sin^2 x} = \csc^2 x$

    $\csc^2 x = \csc^2 x$

15. $\cos x(\sec x - \cos x) = \sin^2 x$

    $\cos x \sec x - \cos^2 x = \sin^2 x$

    $\cos x \cdot \dfrac{1}{\cos x} - \cos^2 x = \sin^2 x$

    $1 - \cos^2 x = \sin^2 x$

    $\sin^2 x = \sin^2 x$

17. $\sin x(\csc x - \sin x) = \cos^2 x$

    $\sin x \csc x - \sin^2 x = \cos^2 x$

    $\sin x \cdot \dfrac{1}{\sin x} - \sin^2 x = \cos^2 x$

    $1 - \sin^2 x = \cos^2 x$

    $\cos^2 x = \cos^2 x$

19. $\tan x(\csc x + \cot x) = \sec x + 1$

    $\tan x \csc x + \tan x \cot x = \sec x + 1$

    $\dfrac{\sin x}{\cos x} \cdot \dfrac{1}{\sin x} + \dfrac{\sin x}{\cos x} \cdot \dfrac{\cos x}{\sin x} = \sec x + 1$

    $\dfrac{1}{\cos x} + 1 = \sec x + 1$

    $\sec x + 1 = \sec x + 1$

21. $\tan^2 x \csc^2 x - \tan^2 x = 1$

    $\tan^2 x(\csc^2 x - 1) = 1$

    $\tan^2 x(\cot^2 x) = 1$

    $\dfrac{\sin^2 x}{\cos^2 x}\left(\dfrac{\cos^2 x}{\sin^2 x}\right) = 1$

    $1 = 1$

23. $\dfrac{\sin x \cos x + \sin x}{\cos x + \cos^2 x} = \tan x$

    $\dfrac{\sin x(\cos x + 1)}{\cos x(1 + \cos x)} = \tan x$

    $\dfrac{\sin x}{\cos x} = \tan x$

    $\tan x = \tan x$

25. $\dfrac{1 + \sin x}{\cos x + \cos x \sin x} = \sec x$

    $\dfrac{1(1 + \sin x)}{\cos x(1 + \sin x)} = \sec x$

    $\dfrac{1}{\cos x} = \sec x$

    $\sec x = \sec x$

308

Chapter 6: Trigonometric Identities, Inverses and Equations

27. $\dfrac{\sin x \tan x + \sin x}{\tan x + \tan^2 x} = \cos x$

    $\dfrac{\sin x(\tan x + 1)}{\tan x(1 + \tan x)} = \cos x$

    $\dfrac{\sin x}{\tan x} = \cos x$

    $\dfrac{\sin x}{\frac{\sin x}{\cos x}} = \cos x$

    $\dfrac{\sin x \cos x}{\sin x} = \cos x$

    $\cos x = \cos x$

29. $\dfrac{(\sin x + \cos x)^2}{\cos x} = \sec x + 2\sin x$

    $\dfrac{\sin^2 x + 2\sin x \cos x + \cos^2 x}{\cos x} =$

    $\dfrac{\sin^2 x + \cos^2 x + 2\sin x \cos x}{\cos x} =$

    $\dfrac{1 + 2\sin x \cos x}{\cos x} =$

    $\dfrac{1}{\cos x} + \dfrac{2\sin x \cos x}{\cos x} =$

    $\dfrac{1}{\cos x} + 2\sin x =$

    $\sec x + 2\sin x = \sec x + 2\sin x$

31. $(1+\sin x)[1+\sin(-x)] = \cos^2 x$

    $(1+\sin x)(1-\sin x) = \cos^2 x$

    $1 - \sin^2 x = \cos^2 x$

    $\cos^2 x = \cos^2 x$

33. $\dfrac{(\csc x - \cot x)(\csc x + \cot x)}{\tan x} = \cot x$

    $\dfrac{\csc^2 x - \cot^2 x}{\tan x} = \cot x$

    $\dfrac{1}{\tan x} = \cot x$

    $\cot x = \cot x$

35. $\dfrac{\cos^2 x}{\sin x} + \dfrac{\sin x}{1} = \csc x$

    $\dfrac{\cos^2 x}{\sin x} + \dfrac{\sin^2 x}{\sin x} = \csc x$

    $\dfrac{\cos^2 x + \sin^2 x}{\sin x} = \csc x$

    $\dfrac{1}{\sin x} = \csc x$

    $\csc x = \csc x$

37. $\dfrac{\tan x}{\csc x} - \dfrac{\sin x}{\cos x} = \dfrac{\sin x - 1}{\cot x}$

    $\dfrac{\tan x \cos x}{\csc x \cos x} - \dfrac{\sin x \csc x}{\csc x \cos x} = \dfrac{\sin x - 1}{\cot x}$

    $\dfrac{\tan x \cos x - \sin x \csc x}{\csc x \cos x} = \dfrac{\sin x - 1}{\cot x}$

    $\dfrac{\dfrac{\sin x}{\cos x} \cdot \cos x - \sin x \cdot \dfrac{1}{\sin x}}{\csc x \cos x} = \dfrac{\sin x - 1}{\cot x}$

    $\dfrac{\sin x - 1}{\csc x \cos x} = \dfrac{\sin x - 1}{\cot x}$

    $\dfrac{\sin x - 1}{\dfrac{1}{\sin x} \cdot \cos x} = \dfrac{\sin x - 1}{\cot x}$

    $\dfrac{\sin x - 1}{\dfrac{\cos x}{\sin x}} = \dfrac{\sin x - 1}{\cot x}$

    $\dfrac{\sin x - 1}{\cot x} = \dfrac{\sin x - 1}{\cot x}$

6.1 Exercises

39. $\dfrac{\sec x}{\sin x} - \dfrac{\csc x}{\sec x} = \tan x$

$\dfrac{\sec^2 x}{\sin x \sec x} - \dfrac{\csc x \sin x}{\sin x \sec x} = \tan x$

$\dfrac{\sec^2 x - \csc x \sin x}{\sin x \sec x} = \tan x$

$\dfrac{\sec^2 x - \dfrac{1}{\sin x} \cdot \sin x}{\sin x \sec x} = \tan x$

$\dfrac{\sec^2 x - 1}{\sin x \sec x} = \tan x$

$\dfrac{\tan^2 x}{\sin x \sec x} = \tan x$

$\dfrac{\tan^2 x}{(\sin x) \cdot \dfrac{1}{\cos x}} = \tan x$

$\dfrac{\tan^2 x}{\tan x} = \tan x$

$\tan x = \tan x$

41. $\tan x$ in terms of $\sin x$

$\tan x = \dfrac{\sin x}{\cos x}$;

Since $\cos^2 x = 1 - \sin^2 x$

$\cos x = \pm\sqrt{1 - \sin^2 x}$

$\tan x = \dfrac{\sin x}{\pm\sqrt{1 - \sin^2 x}}$

43. $\sec x$ in terms of $\cot x$

Since $\sec^2 x = \tan^2 x + 1$

$\sec^2 x = \dfrac{1}{\cot^2 x} + 1$

$\sec x = \pm\sqrt{\dfrac{1}{\cot^2 x} + 1}$

45. $\cot x$ in terms of $\sin x$

Since $\cot^2 x = \csc^2 x - 1$

$\cot x = \pm\sqrt{\csc^2 x - 1}$

$\cot x = \pm\sqrt{\dfrac{1}{\sin^2 x} - 1}$

$\cot x = \pm\sqrt{\dfrac{1 - \sin^2 x}{\sin^2 x}}$

$\cot x = \dfrac{\pm\sqrt{1 - \sin^2 x}}{\sin x}$

47. $\cos\theta = -\dfrac{20}{29}$ with θ in QII

$29^2 = 20^2 + y^2$

$21 = y$;

$\sec\theta = -\dfrac{29}{20}$, since cosine and secant are reciprocals.

$\tan^2\theta = \sec^2\theta - 1$

$\tan^2\theta = \left(\dfrac{-29}{20}\right)^2 - 1$

$\tan^2\theta = \dfrac{841}{400} - \dfrac{400}{400}$

$\tan^2\theta = \dfrac{441}{400}$

$\tan\theta = \pm\dfrac{21}{20}$,

since $\tan\theta$ is negative in QII we choose

$\tan\theta = \dfrac{-21}{20}$ so $\cot\theta = \dfrac{-20}{21}$;

$\tan\theta = \dfrac{\sin\theta}{\cos\theta}$

$\dfrac{-21}{20} = \dfrac{\sin\theta}{-\dfrac{20}{29}}$

$\dfrac{-21}{20} \cdot \dfrac{-20}{29} = \sin\theta$

$\sin\theta = \dfrac{21}{29}$;

$\csc\theta = \dfrac{29}{21}$

Chapter 6: Trigonometric Identities, Inverses and Equations

49. $\tan\theta = \dfrac{15}{8}$ with θ in QIII

$h^2 = 15^2 + 8^2$
$h = 17;$

$\cot\theta = \dfrac{8}{15};$

$\sec^2\theta = 1 + \tan^2\theta$

$\sec^2\theta = 1 + \left(\dfrac{15}{8}\right)^2$

$\sec^2\theta = 1 + \dfrac{225}{64}$

$\sec^2\theta = \dfrac{289}{64}$

$\sec\theta = \pm\dfrac{17}{8},$

Since $\sec\theta$ is negative in QIII $\sec\theta = \dfrac{-17}{8}$

So $\cos\theta = \dfrac{-8}{17};$

$\sin^2\theta = 1 - \cos^2\theta$

$\sin^2\theta = 1 - \left(\dfrac{-8}{17}\right)^2$

$\sin^2\theta = 1 - \dfrac{64}{289}$

$\sin^2\theta = \dfrac{225}{289}$

$\sin\theta = \pm\dfrac{15}{17},$ $\sin\theta$ is negative in QIII

$\sin\theta = \dfrac{-15}{17}$ so $\csc\theta = \dfrac{-17}{15}$

51. $\cot\theta = \dfrac{x}{5}$ with θ in QI

$x^2 + 5^2 = h^2$
$\sqrt{x^2 + 25} = h;$

$\tan\theta = \dfrac{5}{x};$

$\sec^2\theta = \tan^2\theta + 1$

$\sec^2\theta = \left(\dfrac{5}{x}\right)^2 + 1$

$\sec^2\theta = \dfrac{25}{x^2} + 1$

$\sec^2\theta = \dfrac{25 + x^2}{x^2}$

$\sec\theta = \pm\dfrac{\sqrt{25+x^2}}{x},$

since $\sec\theta$ is positive in QI

$\sec\theta = \dfrac{\sqrt{25+x^2}}{x},$ $\cos\theta = \dfrac{x}{\sqrt{25+x^2}};$

$\csc\theta = 1 + \cot^2\theta$

$\csc\theta = 1 + \left(\dfrac{x}{5}\right)^2$

$\csc\theta = 1 + \dfrac{x^2}{25}$

$\csc^2\theta = \dfrac{25+x^2}{25}$

$\csc\theta = \pm\dfrac{\sqrt{25+x^2}}{5}$

Since $\csc\theta$ is positive in QI

$\csc\theta = \dfrac{\sqrt{25+x^2}}{5};$

$\sin\theta = \dfrac{5}{\sqrt{25+x^2}}$

6.1 Exercises

53. $\sin\theta = -\dfrac{7}{13}$ with θ in QIII

$\sqrt{13^2 - 7^2} = x$
$x = 2\sqrt{30}$;

$\csc\theta = -\dfrac{13}{7}$;

$\cos^2\theta = 1 - \sin^2\theta$

$\cos^2\theta = 1 - \left(\dfrac{-7}{13}\right)^2$

$\cos^2\theta = \dfrac{120}{169}$

$\cos\theta = \pm\dfrac{2\sqrt{30}}{13}$,

since $\cos\theta$ is negative in QIII

$\cos\theta = -\dfrac{2\sqrt{30}}{13}$,

$\sec\theta = \dfrac{-13}{2\sqrt{30}}$;

$\tan\theta = \dfrac{\sin\theta}{\cos\theta}$

$\tan\theta = \dfrac{\dfrac{-7}{13}}{\dfrac{-2\sqrt{30}}{13}}$

$\tan\theta = \dfrac{-7}{13} \cdot \dfrac{13}{-2\sqrt{30}} = \dfrac{7}{2\sqrt{30}}$

$\cot\theta = \dfrac{2\sqrt{30}}{7}$

55. $\sec\theta = -\dfrac{9}{7}$ with θ in QII

$y = \sqrt{9^2 - 7^2}$
$y = 4\sqrt{2}$;

$\cos\theta = -\dfrac{7}{9}$;

$\sin^2\theta = 1 - \cos^2\theta$

$\sin^2\theta = 1 - \left(\dfrac{-7}{9}\right)^2$

$\sin^2\theta = \dfrac{32}{81}$

$\sin\theta = \pm\dfrac{4\sqrt{2}}{9}$, $\sin\theta$ is positive in QII

$\sin\theta = \dfrac{4\sqrt{2}}{9}$, $\csc\theta = \dfrac{9}{4\sqrt{2}}$;

$\tan\theta = \dfrac{\sin\theta}{\cos\theta}$

$\tan\theta = \dfrac{\dfrac{4\sqrt{2}}{9}}{\dfrac{-7}{9}} = \dfrac{4\sqrt{2}}{9} \cdot \dfrac{-9}{7} = \dfrac{-4\sqrt{2}}{7}$;

$\cot\theta = \dfrac{-7}{4\sqrt{2}}$

57. $\cos\left(\dfrac{\pi}{4}\right) + \cos\theta \ne \cos\left(\dfrac{\pi}{4} + \theta\right)$

Answers will vary.
We will substitute a convenient value to prove the equation is false, namely $\theta = \dfrac{\pi}{4}$.

$\cos\left(\dfrac{\pi}{4}\right) + \cos\left(\dfrac{\pi}{4}\right) \ne \cos\left(\dfrac{\pi}{4} + \dfrac{\pi}{4}\right)$

$\dfrac{\sqrt{2}}{2} + \dfrac{\sqrt{2}}{2} \ne \cos\left(\dfrac{\pi}{2}\right)$

$\sqrt{2} \ne 0$

59. $\tan(2\theta) \ne 2\tan\theta$
Answers will vary.
We will substitute a convenient value to prove the equation is false, namely $\theta = \dfrac{\pi}{4}$.

$\tan\left(2 \cdot \dfrac{\pi}{4}\right) \ne 2\tan\left(\dfrac{\pi}{4}\right)$

undefined $\ne 2$

61. $\cos^2\theta - \sin^2\theta \ne -1$
Answers will vary.
We will substitute a convenient value to prove the equation is false, namely $\theta = 0$.
$\cos^2 0 - \sin^2 0 \ne -1$
$1 - 0 \ne -1$
$1 \ne -1$

63. $E = \dfrac{I\cos\theta}{r^2}$; $90° - 40° = 50°$

$E = \dfrac{800\cos 50°}{(2)^2}$

$E = \dfrac{800\cos 50°}{4}$

$E \approx 128.6$ lumens/m^2

312

Chapter 6: Trigonometric Identities, Inverses and Equations

65. $\cos^3 x = (\cos x)(\cos^2 x)$
    $= \cos x(1 - \sin^2 x)$

67. $\tan x + \tan^3 x = \tan x(1 + \tan^2 x)$
    $= \tan x(\sec^2 x)$

69. $\tan^2 x \sec x - 4\tan^2 x$
    $= \tan^2 x(\sec x - 4)$
    $= (\sec x - 4)(\tan^2 x)$
    $= (\sec x - 4)(\sec^2 x - 1)$
    $= (\sec x - 4)(\sec x - 1)(\sec x + 1)$

71. $\cos^2 x \sin x - \cos^2 x$
    $= \cos^2 x(\sin x - 1)$
    $= (1 - \sin^2 x)(\sin x - 1)$
    $= (1 + \sin x)(1 - \sin x)(\sin x - 1)$
    $= (1 + \sin x)(1 - \sin x)(-1)(1 - \sin x)$
    $= -1(1 + \sin x)(1 - \sin x)^2$

73. $A = nr^2 \dfrac{\sin\left(\dfrac{\pi}{n}\right)}{\cos\left(\dfrac{\pi}{n}\right)}$

    a. $A = nr^2 \tan\left(\dfrac{\pi}{n}\right)$

    b. $A = 4(4)^2 \tan\left(\dfrac{\pi}{4}\right)$
       $A = 4(16)(1)$
       $A = 64 \text{ m}^2$

    c. $A = 12(4)^2 \tan\left(\dfrac{\pi}{12}\right)$
       $A = 12(16)\tan\left(\dfrac{\pi}{12}\right)$
       $A \approx 51.45 \text{ m}^2$

75. $(m_2 - m_1)\cos\theta = \sin\theta + m_1 m_2 \sin\theta$
    $(m_2 - m_1)\cos\theta = \sin\theta(1 + m_1 m_2)$
    $\dfrac{m_2 - m_1}{1 + m_1 m_2} = \dfrac{\sin\theta}{\cos\theta}$
    $\tan\theta = \dfrac{m_2 - m_1}{1 + m_1 m_2}$

77. $\tan\theta = \dfrac{1 + m_1 m_2}{m_2 - m_1}$
    $\tan\theta = \dfrac{1 + 3(-2)}{-2 - 3}$
    $\tan\theta = 1$
    $\theta = 45°$

79.
    $f(\theta) = -2\sin^4\theta + \sqrt{3}\sin^3\theta + 2\sin^2\theta - \sqrt{3}\sin\theta$
    $= \sin\theta(-2\sin^3\theta + \sqrt{3}\sin^2\theta + 2\sin\theta - \sqrt{3})$
    $= \sin\theta(-2\sin^3\theta + 2\sin\theta + \sqrt{3}\sin^2\theta - \sqrt{3})$
    $= \sin\theta[(-2\sin\theta)(\sin^2\theta - 1) + \sqrt{3}(\sin^2\theta - 1)]$
    $= \sin\theta[(\sin^2\theta - 1)(-2\sin\theta + \sqrt{3})]$
    $= \sin\theta(\sin\theta + 1)(\sin\theta - 1)(-2\sin\theta + \sqrt{3})$
    $\sin\theta = 0, \sin\theta = -1, \sin\theta = 1, \sin\theta = \dfrac{\sqrt{3}}{2}$
    x-intercepts in $[0, 2\pi)$ at:
    $0, \dfrac{\pi}{3}, \dfrac{\pi}{2}, \dfrac{2\pi}{3}, \pi, \dfrac{3\pi}{2}$

81. $\tan 77° = \dfrac{h}{265}$
    $265 \tan 77° = h$
    About 1148 ft

83. $y = 2\sin(2t)$ for $t \in [0, 2\pi)$
    Amplitude: 2
    Period: $\dfrac{2\pi}{2} = \pi$
    Ref Rect: $2A = 4$ by $P = \pi$ units
    Since $P_0 = \pi$, $t = 0, \dfrac{\pi}{4}, \dfrac{\pi}{2}, \dfrac{3\pi}{4}$, and π.

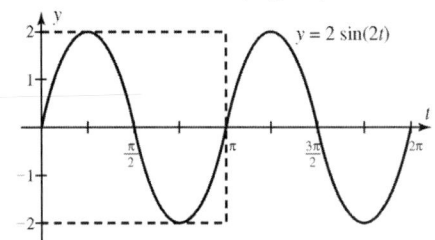

6.2 Exercises

6.2 Exercises

1. Substituted

3. Complicated, simplify, build

5. Because we do not know if the equation is true.

7. $\sec x + \tan x$
$= \dfrac{1}{\cos x} + \dfrac{\sin x}{\cos x}$
$= \dfrac{1 + \sin x}{\cos x}$

9. $(1 - \sin^2 x)\sec x$
$= \cos^2 x \left(\dfrac{1}{\cos x}\right)$
$= \cos x$

11. $\dfrac{\sin x - \sin x \cos x}{\sin^2 x}$
$= \dfrac{\sin x (1 - \cos x)}{\sin^2 x}$
$= \dfrac{1 - \cos x}{\sin x}$

13. $\cos^2 x \tan^2 x = 1 - \cos^2 x$
$\cos^2 x \left(\dfrac{\sin^2 x}{\cos^2 x}\right) =$
$\sin^2 x =$
$1 - \cos^2 x = 1 - \cos^2 x$

15. $\tan x + \cot x = \sec x \csc x$
$\dfrac{\sin x}{\cos x} + \dfrac{\cos x}{\sin x} =$
$\dfrac{\sin^2 x}{\cos x \sin x} + \dfrac{\cos^2 x}{\cos x \sin x} =$
$\dfrac{\sin^2 x + \cos^2 x}{\cos x \sin x} =$
$\dfrac{1}{\cos x \sin x} =$
$\dfrac{1}{\cos x} \cdot \dfrac{1}{\sin x} =$
$\sec x \csc x = \sec x \csc x$

17. $\dfrac{\cos x}{\tan x} = \csc x - \sin x$
$= \dfrac{1}{\sin x} - \sin x$
$= \dfrac{1 - \sin^2 x}{\sin x}$
$= \dfrac{\cos^2 x}{\sin x}$
$= \dfrac{\cos x \cos x}{\sin x}$
$= \dfrac{\cos x}{\dfrac{\sin x}{\cos x}}$
$= \dfrac{\cos x}{\tan x}$

19. $\dfrac{\cos \theta}{1 - \sin \theta} = \sec \theta + \tan \theta$
$= \dfrac{1}{\cos \theta} + \dfrac{\sin \theta}{\cos \theta}$
$= \dfrac{1 + \sin \theta}{\cos \theta}$
$= \dfrac{1 + \sin \theta}{\cos \theta} \cdot \dfrac{1 - \sin \theta}{1 - \sin \theta}$
$= \dfrac{1 - \sin^2 \theta}{\cos \theta (1 - \sin \theta)}$
$= \dfrac{\cos^2 \theta}{\cos \theta (1 - \sin \theta)}$
$= \dfrac{\cos \theta}{1 - \sin \theta}$

314

Chapter 6: Trigonometric Identities, Inverses and Equations

21. $\dfrac{1-\sin x}{\cos x} = \dfrac{\cos x}{1+\sin x}$

$\dfrac{1-\sin x}{\cos x} \cdot \dfrac{(1+\sin x)}{(1+\sin x)} =$

$\dfrac{1-\sin^2 x}{\cos x(1+\sin x)} =$

$\dfrac{\cos^2 x}{\cos x(1+\sin x)} =$

$\dfrac{\cos x}{1+\sin x} = \dfrac{\cos x}{1+\sin x}$

23. $\dfrac{\csc x}{\cos x} - \dfrac{\cos x}{\csc x} = \dfrac{\cot^2 x + \sin^2 x}{\cot x}$

$\dfrac{\csc^2 x - \cos^2 x}{\cos x \csc x} =$

$\dfrac{\csc^2 x - (1-\sin^2 x)}{\cos x\left(\dfrac{1}{\sin x}\right)} =$

$\dfrac{\csc^2 x - 1 + \sin^2 x}{\cot x} =$

$\dfrac{(\csc^2 x - 1) + \sin^2 x}{\cot x} =$

$\dfrac{\cot^2 x + \sin^2 x}{\cot x} = \dfrac{\cot^2 x + \sin^2 x}{\cot x}$

25. $\dfrac{\sin x}{1+\sin x} - \dfrac{\sin x}{1-\sin x} = -2\tan^2 x$

$\dfrac{\sin x(1-\sin x) - \sin x(1+\sin x)}{(1+\sin x)(1-\sin x)} =$

$\dfrac{\sin x - \sin^2 x - \sin x - \sin^2 x}{1-\sin^2 x} =$

$\dfrac{-2\sin^2 x}{\cos^2 x} =$

$-2\tan^2 x = -2\tan^2 x$

27. $\dfrac{\cot x}{1+\csc x} - \dfrac{\cot x}{1-\csc x} = 2\sec x$

$\dfrac{\cot x(1-\csc x) - \cot x(1+\csc x)}{(1+\csc x)(1-\csc x)} =$

$\dfrac{\cot x - \cot x \csc x - \cot x - \cot x \csc x}{1-\csc^2 x} =$

$\dfrac{-2\cot x \csc x}{-\cot^2 x} =$

$\dfrac{2\cot x \csc x}{\cot^2 x} =$

$\dfrac{2\csc x}{\cot x} =$

$\dfrac{2}{\sin x} \div \dfrac{\cos x}{\sin x} =$

$\dfrac{2}{\sin x} \cdot \dfrac{\sin x}{\cos x} =$

$\dfrac{2}{\cos x} =$

$2\sec x = 2\sec x$

29. $\dfrac{\sec^2 x}{1+\cot^2 x} = \tan^2 x$

$\dfrac{\sec^2 x}{\csc^2 x} =$

$\dfrac{\dfrac{1}{\cos^2 x}}{\dfrac{1}{\sin^2 x}} =$

$\dfrac{1}{\cos^2 x} \div \dfrac{1}{\sin^2 x} =$

$\dfrac{1}{\cos^2 x} \cdot \dfrac{\sin^2 x}{1} =$

$\dfrac{\sin^2 x}{\cos^2 x} =$

$\tan^2 x = \tan^2 x$

6.2 Exercises

31. $\sin^2 x \left(\cot^2 x - \csc^2 x \right) = -\sin^2 x$

$\sin^2 x \cot^2 x - \sin^2 x \csc^2 x =$

$\sin^2 x \cdot \dfrac{\cos^2 x}{\sin^2 x} - \sin^2 x \cdot \dfrac{1}{\sin^2 x} =$

$\cos^2 x - 1 =$

$-1\left(1 - \cos^2 x \right) =$

$-\sin^2 x = -\sin^2 x$

33. $\cos x \cot x + \sin x = \csc x$

$\cos x \cdot \dfrac{\cos x}{\sin x} + \sin x =$

$\dfrac{\cos^2 x}{\sin x} + \sin x =$

$\dfrac{\cos^2 x + \sin^2 x}{\sin x} =$

$\dfrac{1}{\sin x} =$

$\csc x =$

35. $\dfrac{\sec x}{\cot x + \tan x} = \sin x$

$\dfrac{\dfrac{1}{\cos x}}{\dfrac{\cos x}{\sin x} + \dfrac{\sin x}{\cos x}} =$

$\dfrac{\dfrac{1}{\cos x}(\sin x)(\cos x)}{\left(\dfrac{\cos x}{\sin x} + \dfrac{\sin x}{\cos x} \right)(\sin x)(\cos x)} =$

$\dfrac{\sin x}{\cos^2 x + \sin^2 x} =$

$\dfrac{\sin x}{1} =$

$\sin x = \sin x$

37. $\dfrac{\sin x - \csc x}{\csc x} = -\cos^2 x$

$\dfrac{\sin x}{\csc x} - \dfrac{\csc x}{\csc x} =$

$\dfrac{\sin x}{\dfrac{1}{\sin x}} - 1 =$

$\sin^2 x - 1 =$

$-\cos^2 x = -\cos^2 x$

39. $\dfrac{1}{\csc x - \sin x} = \tan x \sec x$

$\dfrac{1}{\dfrac{1}{\sin x} - \sin x} =$

$\dfrac{1}{\dfrac{1}{\sin x} - \sin x} \cdot \dfrac{(\sin x)}{(\sin x)} =$

$\dfrac{\sin x}{1 - \sin^2 x} =$

$\dfrac{\sin x}{\cos^2 x} =$

$\dfrac{\sin x}{\cos x} \cdot \dfrac{1}{\cos x} =$

$\tan x \sec x = \tan x \sec x$

41. $\dfrac{1 + \sin x}{1 - \sin x} = (\tan x + \sec x)^2$

$\dfrac{1 + \sin x}{1 - \sin x} \cdot \dfrac{1 + \sin x}{1 + \sin x} =$

$\dfrac{1 + 2 \sin x + \sin^2 x}{1 - \sin^2 x} =$

$\dfrac{1 + 2 \sin x + \sin^2 x}{\cos^2 x} =$

$\dfrac{1}{\cos^2 x} + 2 \dfrac{\sin x}{\cos x} \cdot \dfrac{1}{\cos x} + \dfrac{\sin^2 x}{\cos^2 x} =$

$\sec^2 x + 2 \tan x \sec x + \tan^2 x =$

$(\sec x + \tan x)(\sec x + \tan x) =$

$(\sec x + \tan x)^2 =$

$(\tan x + \sec x)^2 = (\tan x + \sec x)^2$

Chapter 6: Trigonometric Identities, Inverses and Equations

43. $\dfrac{\cos x - \sin x}{1 - \tan x} = \dfrac{\cos x + \sin x}{1 + \tan x}$

$\dfrac{\cos x - \sin x}{1 - \tan x} \cdot \dfrac{\cos x + \sin x}{\cos x + \sin x} =$

$\dfrac{(\cos x - \sin x)(\cos x + \sin x)}{\cos x + \sin x - \sin x - \dfrac{\sin^2 x}{\cos x}} =$

$\dfrac{(\cos x - \sin x)(\cos x + \sin x)}{\cos x \left(1 - \dfrac{\sin^2 x}{\cos^2 x}\right)} =$

$\dfrac{(\cos x - \sin x)(\cos x + \sin x)}{\cos x (1 - \tan^2 x)} =$

$\dfrac{(\cos x - \sin x)(\cos x + \sin x)}{\cos x (1 - \tan x)(1 + \tan x)} =$

$\dfrac{(\cos x - \sin x)(\cos x + \sin x)}{(\cos x - \sin x)(1 + \tan x)} =$

$\dfrac{\cos x + \sin x}{1 + \tan x} = \dfrac{\cos x + \sin x}{1 + \tan x}$

45. $\dfrac{\tan^2 x - \cot^2 x}{\tan x - \cot x} = \csc x \sec x$

$\dfrac{(\tan x + \cot x)(\tan x - \cot x)}{(\tan x - \cot x)} =$

$\tan x + \cot x =$

$\dfrac{\sin x}{\cos x} + \dfrac{\cos x}{\sin x} =$

$\dfrac{\sin^2 x + \cos^2 x}{\cos x \sin x} =$

$\dfrac{1}{\cos x \sin x} =$

$\dfrac{1}{\cos x} \cdot \dfrac{1}{\sin x} =$

$\sec x \csc x =$

$\csc x \sec x = \csc x \sec x$

47. $\dfrac{\cot x}{\cot x + \tan x} = 1 - \sin^2 x$

$\dfrac{\dfrac{\cos x}{\sin x}}{\dfrac{\cos x}{\sin x} + \dfrac{\sin x}{\cos x}} =$

$\dfrac{\dfrac{\cos x}{\sin x}}{\dfrac{\cos x}{\sin x} + \dfrac{\sin x}{\cos x}} \cdot \dfrac{(\cos x)(\sin x)}{(\cos x)(\sin x)} =$

$\dfrac{\cos^2 x}{\cos^2 x + \sin^2 x} =$

$\dfrac{\cos^2 x}{1} =$

$1 - \sin^2 x = 1 - \sin^2 x$

49. $\dfrac{\sec^4 x - \tan^4 x}{\sec^2 x + \tan^2 x} = 1$

$\dfrac{(\sec^2 x + \tan^2 x)(\sec^2 x - \tan^2 x)}{(\sec^2 x + \tan^2 x)} =$

$\sec^2 x - \tan^2 x =$

$1 = 1$

51. $\dfrac{\cos^4 x - \sin^4 x}{\cos^2 x} = 2 - \sec^2 x$

$\dfrac{(\cos^2 x - \sin^2 x)(\cos^2 x + \sin^2 x)}{\cos^2 x} =$

$\dfrac{(\cos^2 x - \sin^2 x)(1)}{\cos^2 x} =$

$\dfrac{\cos^2 x}{\cos^2 x} - \dfrac{\sin^2 x}{\cos^2 x} =$

$1 - \tan^2 x =$

$1 - (\sec^2 x - 1) =$

$1 - \sec^2 x + 1 =$

$2 - \sec^2 x = 2 - \sec^2 x$

6.2 Exercises

53. $(\sec x + \tan x)^2 = \dfrac{(\sin x + 1)^2}{\cos^2 x}$

$\sec^2 x + 2\sec x \tan x + \tan^2 x =$

$\dfrac{1}{\cos^2 x} + 2\left(\dfrac{1}{\cos x}\right)\left(\dfrac{\sin x}{\cos x}\right) + \dfrac{\sin^2 x}{\cos^2 x} =$

$\dfrac{1}{\cos^2 x} + \dfrac{2\sin x}{\cos^2 x} + \dfrac{\sin^2 x}{\cos^2 x} =$

$\dfrac{1 + 2\sin x + \sin^2 x}{\cos^2 x} =$

$\dfrac{(1+\sin x)^2}{\cos^2 x} =$

$\dfrac{(\sin x + 1)^2}{\cos^2 x} = \dfrac{(\sin x + 1)^2}{\cos^2 x}$

55. $\dfrac{\cos x}{\sin x} + \dfrac{\sin x}{\cos x} + \dfrac{\csc x}{\sec x} = \dfrac{\sec x + \cos x}{\sin x}$

$\dfrac{\cos^2 x \sec x + \sin^2 x \sec x + \csc x \sin x \cos x}{\sin x \cos x \sec x} =$

$\dfrac{\sec x(\cos^2 x + \sin^2 x) + (1)\cos x}{\sin x \cos x \sec x} =$

$\dfrac{\sec x + \cos x}{\sin x \cos x \sec x} =$

$\dfrac{\sec x + \cos x}{\sin x} = \dfrac{\sec x + \cos x}{\sin x}$

57. $\dfrac{\sin^4 x - \cos^4 x}{\sin^3 x + \cos^3 x} = \dfrac{\sin x - \cos x}{1 - \sin x \cos x}$

Factor numerator as difference of two squares, denominator as sum of two cubes

$\dfrac{(\sin^2 x + \cos^2 x)(\sin^2 x - \cos^2 x)}{(\sin x + \cos x)(\sin^2 x - \sin x \cos x + \cos^2 x)} =$

$\dfrac{(1)(\sin x + \cos x)(\sin x - \cos x)}{(\sin x + \cos x)(\sin^2 x + \cos^2 x - \sin x \cos x)} =$

$\dfrac{\sin x - \cos x}{1 - \sin x \cos x} = \dfrac{\sin x - \cos x}{1 - \sin x \cos x}$

59. a. $d^2 = (20 + x\cos\theta)^2 + (20 - x\sin\theta)^2$

$= 400 + 40x\cos\theta + x^2\cos^2\theta$
$\quad + 400 - 40x\sin\theta + x^2\sin^2\theta$
$= 800 + 40x(\cos\theta - \sin\theta)$
$\quad + x^2(\cos^2\theta + \sin^2\theta)$
$= 800 + 40x(\cos\theta - \sin\theta) + x^2$

b. $d^2 = (20 + x\cos\theta)^2 + (20 - x\sin\theta)^2$

The distance between the first row and the 8th row is $3 \cdot 7 = 21$ feet.

$d^2 = (20 + 21\cos 18°)^2$
$\quad + (20 - 21\sin 18°)^2$

$d^2 \approx 1{,}780.313$

$d \approx 42.2$ ft

61. a. $h^2 = \left(\sqrt{\cot x}\right)^2 + \left(\sqrt{\tan x}\right)^2$

$h^2 = \cot x + \tan x$

$h = \sqrt{\cot x + \tan x}$

$h = \sqrt{\cot 1.5 + \tan 1.5}$

$h \approx 3.76$ units

b. $h^2 = \cot x + \tan x$

$h^2 = \dfrac{\cos x}{\sin x} + \dfrac{\sin x}{\cos x}$

$h^2 = \dfrac{\cos^2 x + \sin^2 x}{\sin x \cos x}$

$h^2 = \dfrac{1}{\sin x \cos x}$

$h^2 = \dfrac{1}{\sin x} \cdot \dfrac{1}{\cos x}$

$h^2 = \csc x \sec x$

$h = \sqrt{\csc x \sec x}$;

$h = \sqrt{\csc(1.5)\sec(1.5)}$

$h \approx 3.76$ units ; yes

Chapter 6: Trigonometric Identities, Inverses and Equations

63. Using Pythagorean Theorem:
$D^2 = (20 + x\cos\theta)^2 + (x\sin\theta)^2$
$D^2 = 400 + 40x\cos\theta + x^2\cos^2\theta + x^2\sin^2\theta$
$D^2 = 400 + 40x\cos\theta + x^2(\cos^2\theta + \sin^2\theta)$
$D^2 = 400 + 40x\cos\theta + x^2$
The opposite side of θ can be represented by $x\sin\theta$, which is equivalent to the base of the triangle that contains side D.
$D^2 = 400 + 40(21)\cos(18°) + 21^2$
$D^2 = 1639.89$
$D = 40.5$ ft

65. $\sin\alpha = \dfrac{I_1\cos\theta}{\sqrt{(I_1\cos\theta)^2 + (I_2\sin\theta)^2}}$

$\sin\alpha = \dfrac{I_1\cos\theta}{\sqrt{(I_1\cos\theta)^2 + (I_1\sin\theta)^2}}$

$\sin\alpha = \dfrac{I_1\cos\theta}{\sqrt{I_1^2\cos^2\theta + I_1^2\sin^2\theta}}$

$= \dfrac{I_1\cos\theta}{\sqrt{I_1^2(\cos^2\theta + \sin^2\theta)}}$

$= \dfrac{I_1\cos\theta}{\sqrt{I_1^2(1)}}$

$= \dfrac{I_1\cos\theta}{I_1}$

$= \cos\theta$

67. Answers will vary.

69. $\sin^4 x + 2\sin^2 x\cos^2 x + \cos^4 x = 1$
$(\sin^2 x + \cos^2 x)^2 = 1$
$(1)^2 = 1$
$1 = 1$

71. $\left(\dfrac{\sqrt{7}}{4}\right)^2 + \left(\dfrac{3}{4}\right)^2$

$= \dfrac{7}{16} + \dfrac{9}{16}$

$= \dfrac{16}{16}$

$= 1$;

$\sin t = \dfrac{3}{4}; \cos t = \dfrac{\sqrt{7}}{4}; \tan t = \dfrac{3}{\sqrt{7}}$

73. $f(x) = -2|x - 3| + 6$
Right 3, Reflected in x axis, stretched by a factor of 2, Up 6
Vertex: $(3, 6)$

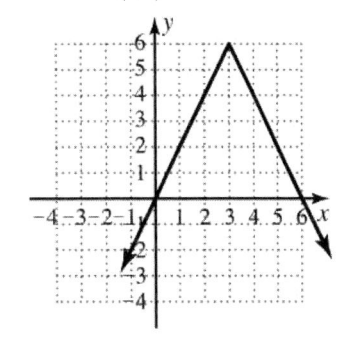

319

6.3 Exercises

6.3 Exercises

1. False; QII

3. Repeat, opposite

5. Answers will vary.

7. $\cos 105° = \cos(45° + 60°)$
$= \cos 45° \cos 60° - \sin 45° \sin 60°$
$= \left(\dfrac{\sqrt{2}}{2}\right)\left(\dfrac{1}{2}\right) - \left(\dfrac{\sqrt{2}}{2}\right)\left(\dfrac{\sqrt{3}}{2}\right) = \dfrac{\sqrt{2} - \sqrt{6}}{4}$

9. $\cos\left(\dfrac{7\pi}{12}\right) = \cos\left(\dfrac{\pi}{3} + \dfrac{\pi}{4}\right)$
$= \cos\left(\dfrac{\pi}{3}\right)\cos\left(\dfrac{\pi}{4}\right) - \sin\left(\dfrac{\pi}{3}\right)\sin\left(\dfrac{\pi}{4}\right)$
$= \dfrac{1}{2}\left(\dfrac{\sqrt{2}}{2}\right) - \left(\dfrac{\sqrt{3}}{2}\right)\left(\dfrac{\sqrt{2}}{2}\right) = \dfrac{\sqrt{2} - \sqrt{6}}{4}$

11. a. $\cos(45° + 30°)$
$= \cos 45° \cos 30° - \sin 45° \sin 30°$
$= \dfrac{\sqrt{2}}{2} \cdot \dfrac{\sqrt{3}}{2} - \dfrac{\sqrt{2}}{2} \cdot \dfrac{1}{2}$
$= \dfrac{\sqrt{6} - \sqrt{2}}{4}$

   b. $\cos(120° - 45°)$
$= \cos 120° \cos 45° + \sin 120° \sin 45°$
$= \dfrac{-1}{2} \cdot \dfrac{\sqrt{2}}{2} + \dfrac{\sqrt{3}}{2} \cdot \dfrac{\sqrt{2}}{2}$
$= \dfrac{-\sqrt{2} + \sqrt{6}}{4}$
$= \dfrac{\sqrt{6} - \sqrt{2}}{4}$

13. $\cos(7\theta)\cos(2\theta) + \sin(7\theta)\sin(2\theta)$
$= \cos(7\theta - 2\theta)$
$= \cos(5\theta)$

15. $\cos 183° \cos 153° + \sin 183° \sin 153°$
$= \cos(183° - 153°)$
$= \cos(30°)$
$= \dfrac{\sqrt{3}}{2}$

17. $\sin \alpha = \dfrac{-4}{5}$, $\tan \beta = \dfrac{-5}{12}$

$\sqrt{5^2 - 4^2} = 3$; $\cos \alpha = \dfrac{3}{5}$;

$\sqrt{5^2 + 12^2} = 13$; $\sin \beta = \dfrac{5}{13}$, $\cos \beta = \dfrac{-12}{13}$;

$\cos(\alpha + \beta) = \cos \alpha \cos \beta - \sin \alpha \sin \beta$
$= \dfrac{3}{5} \cdot \left(\dfrac{-12}{13}\right) - \left(\dfrac{-4}{5}\right)\left(\dfrac{5}{13}\right)$
$= \dfrac{-36}{65} + \dfrac{20}{65} = \dfrac{-16}{65}$

19. $\cos 57° = \sin(90° - 57°) = \sin 33°$

Recall: $\sin\left(\dfrac{\pi}{2} - t\right) = \cos t$

21. $\tan\left(\dfrac{5\pi}{12}\right) = \cot\left(\dfrac{\pi}{2} - \dfrac{5\pi}{12}\right) = \cot\left(\dfrac{\pi}{12}\right)$

Recall: $\cot\left(\dfrac{\pi}{2} - t\right) = \tan t$

23. $\sin\left(\dfrac{\pi}{6} - \theta\right) = \cos\left(\dfrac{\pi}{2} - \left(\dfrac{\pi}{6} - \theta\right)\right)$
$= \cos\left(\dfrac{\pi}{2} - \dfrac{\pi}{6} + \theta\right)$
$= \cos\left(\dfrac{\pi}{3} + \theta\right)$

25. $\sin(3x)\cos(5x) + \cos(3x)\sin(5x)$
$= \sin(3x + 5x)$
$= \sin(8x)$

27. $\dfrac{\tan(5\theta) - \tan(2\theta)}{1 + \tan(5\theta)\tan(2\theta)}$
$= \tan(5\theta - 2\theta)$
$= \tan(3\theta)$

29. $\sin 137° \cos 47° - \cos 137° \sin 47°$
$= \sin(137° - 47°)$
$= \sin 90°$
$= 1$

Chapter 6: Trigonometric Identities, Inverses and Equations

31. $\dfrac{\tan\left(\dfrac{11\pi}{21}\right) - \tan\left(\dfrac{4\pi}{21}\right)}{1 + \tan\left(\dfrac{11\pi}{21}\right)\tan\left(\dfrac{4\pi}{21}\right)}$

$= \tan\left(\dfrac{11\pi}{21} - \dfrac{4\pi}{21}\right) = \tan\left(\dfrac{\pi}{3}\right) = \sqrt{3}$

33. $\cos\alpha = \dfrac{-7}{25}$, $\cot\beta = \dfrac{15}{8}$;

$y = \sqrt{25^2 - 7^2} = 24$; $h = \sqrt{15^2 + 8^2} = 17$;

$\sin\alpha = \dfrac{24}{25}$; $\sin\beta = \dfrac{-8}{17}$; $\cos\beta = \dfrac{-15}{17}$;

$\tan\alpha = \dfrac{-24}{7}$; $\tan\beta = \dfrac{8}{15}$

a. $\sin(\alpha + \beta) = \sin\alpha\cos\beta + \cos\alpha\sin\beta$

$= \left(\dfrac{24}{25}\right)\left(\dfrac{-8}{17}\right) + \left(\dfrac{-7}{25}\right)\left(\dfrac{-15}{17}\right) = \dfrac{-87}{425}$

b. $\tan(\alpha + \beta) = \dfrac{\tan\alpha + \tan\beta}{1 - \tan\alpha\tan\beta}$

$= \dfrac{\dfrac{-24}{7} + \dfrac{8}{15}}{1 - \left(\dfrac{-24}{7}\right)\left(\dfrac{8}{15}\right)} = \dfrac{-304}{297}$

35. $\sin 105° = \sin(45° + 60°)$

$= \sin 45°\cos 60° + \cos 45°\sin 60°$

$= \left(\dfrac{\sqrt{2}}{2}\right)\left(\dfrac{1}{2}\right) + \left(\dfrac{\sqrt{2}}{2}\right)\left(\dfrac{\sqrt{3}}{2}\right)$

$= \dfrac{\sqrt{2} + \sqrt{6}}{4} = \dfrac{\sqrt{6} + \sqrt{2}}{4}$

37. $\sin\left(\dfrac{5\pi}{12}\right) = \sin\left(\dfrac{\pi}{6} + \dfrac{\pi}{4}\right)$

$= \sin\left(\dfrac{\pi}{6}\right)\cos\left(\dfrac{\pi}{4}\right) + \cos\left(\dfrac{\pi}{6}\right)\sin\left(\dfrac{\pi}{4}\right)$

$= \left(\dfrac{1}{2}\right)\left(\dfrac{\sqrt{2}}{2}\right) + \dfrac{\sqrt{3}}{2}\left(\dfrac{\sqrt{2}}{2}\right)$

$= \dfrac{\sqrt{2} + \sqrt{6}}{4} = \dfrac{\sqrt{6} + \sqrt{2}}{4}$

39. $\tan 150° = \tan(180° - 30°)$

$= \dfrac{\tan 180° - \tan 30°}{1 + \tan 180°\tan 30°}$

$= \dfrac{0 - \dfrac{\sqrt{3}}{3}}{1 + 0\left(\dfrac{\sqrt{3}}{3}\right)} = \dfrac{-\sqrt{3}}{3}$

41. $\tan\left(\dfrac{2\pi}{3}\right) = \tan\left(\dfrac{\pi}{3} + \dfrac{\pi}{3}\right)$

$= \dfrac{\tan\left(\dfrac{\pi}{3}\right) + \tan\left(\dfrac{\pi}{3}\right)}{1 - \tan\left(\dfrac{\pi}{3}\right)\tan\left(\dfrac{\pi}{3}\right)}$

$= \dfrac{\sqrt{3} + \sqrt{3}}{1 - (\sqrt{3})(\sqrt{3})} = \dfrac{2\sqrt{3}}{-2} = -\sqrt{3}$

43. a. $\sin(45° - 30°)$

$= \sin 45°\cos 30° - \cos 45°\sin 30°$

$= \left(\dfrac{\sqrt{2}}{2}\right)\left(\dfrac{\sqrt{3}}{2}\right) - \left(\dfrac{\sqrt{2}}{2}\right)\left(\dfrac{1}{2}\right)$

$= \dfrac{\sqrt{6} - \sqrt{2}}{4}$

b. $\sin(135° - 120°)$

$= \sin 135°\cos 120° - \cos 135°\sin 120°$

$= \left(\dfrac{\sqrt{2}}{2}\right)\left(\dfrac{-1}{2}\right) - \left(\dfrac{-\sqrt{2}}{2}\right)\left(\dfrac{\sqrt{3}}{2}\right)$

$= \dfrac{-\sqrt{2}}{4} + \dfrac{\sqrt{6}}{4} = \dfrac{\sqrt{6} - \sqrt{2}}{4}$

6.3 Exercises

45. Recall from # 35,
$$\cos 105° = \frac{\sqrt{2}-\sqrt{6}}{4}$$
and, $\sin 105° = \frac{\sqrt{6}+\sqrt{2}}{4}$;
$\sin 255° = \sin(150°+105°)$
$= \sin 150° \cos 105° + \cos 150° \sin 105°$
$= \left(\frac{1}{2}\right)\left(\frac{\sqrt{2}-\sqrt{6}}{4}\right) + \left(\frac{-\sqrt{3}}{2}\right)\left(\frac{\sqrt{6}+\sqrt{2}}{4}\right)$
$= \frac{\sqrt{2}}{8} - \frac{\sqrt{6}}{8} - \frac{\sqrt{18}}{8} - \frac{\sqrt{6}}{8}$
$= \frac{\sqrt{2}}{8} - \frac{\sqrt{6}}{8} - \frac{3\sqrt{2}}{8} - \frac{\sqrt{6}}{8}$
$= \frac{-2\sqrt{2}}{8} - \frac{2\sqrt{6}}{8} = \frac{-\sqrt{2}-\sqrt{6}}{4}$

47. $\sin \alpha = \frac{12}{13}$, $\tan \beta = \frac{35}{12}$;
$x = \sqrt{13^2 - 12^2} = 5$; $h = \sqrt{35^2 + 12^2} = 37$;
$\cos \alpha = \frac{5}{13}$; $\tan \alpha = \frac{12}{5}$; $\cos \beta = \frac{12}{37}$;
$\sin \beta = \frac{35}{37}$;

a. $\sin(\alpha + \beta) = \sin \alpha \cos \beta + \cos \alpha \sin \beta$
$= \frac{12}{13}\left(\frac{12}{37}\right) + \frac{5}{13}\left(\frac{35}{37}\right) = \frac{319}{481}$

b. $\cos(\alpha - \beta) = \cos \alpha \cos \beta + \sin \alpha \sin \beta$
$= \frac{5}{13}\left(\frac{12}{37}\right) + \frac{12}{13}\left(\frac{35}{37}\right) = \frac{480}{481}$

c. $\tan(\alpha + \beta) = \frac{\tan \alpha + \tan \beta}{1 - \tan \alpha \tan \beta}$
$= \frac{\frac{12}{5} + \frac{35}{12}}{1 - \frac{12}{5}\left(\frac{35}{12}\right)} = \frac{-319}{360}$

49. $\sin \alpha = \frac{28}{53}$, $\cos \beta = \frac{-13}{85}$;
$x = \sqrt{53^2 - 28^2} = 45$; $y = \sqrt{85^2 - 13^2} = 84$
$\cos \alpha = \frac{-45}{53}$; $\tan \alpha = \frac{-28}{45}$; $\sin \beta = \frac{84}{85}$;
$\tan \beta = \frac{-84}{13}$;

a. $\sin(\alpha - \beta) = \sin \alpha \cos \beta - \cos \alpha \sin \beta$
$= \frac{28}{53}\left(\frac{-13}{85}\right) - \left(\frac{-45}{53}\right)\left(\frac{84}{85}\right) = \frac{3416}{4505}$

b. $\cos(\alpha + \beta) = \cos \alpha \cos \beta - \sin \alpha \sin \beta$
$= \frac{-45}{53}\left(\frac{-13}{85}\right) - \left(\frac{28}{53}\right)\left(\frac{84}{85}\right) = \frac{-1767}{4505}$

c. $\tan(\alpha - \beta) = \frac{\tan \alpha - \tan \beta}{1 + \tan \alpha \tan \beta}$
$= \frac{\frac{-28}{45} - \frac{-84}{13}}{1 + \left(\frac{-28}{45}\right)\left(\frac{-84}{13}\right)} = \frac{3416}{2937}$

51. $h = \sqrt{12^2 + 5^2} = 13$

a. $\sin A = \sin(30° + \theta)$
$= \sin 30° \cos \theta + \cos 30° \sin \theta$
$= \frac{1}{2}\left(\frac{12}{13}\right) + \left(\frac{\sqrt{3}}{2}\right)\left(\frac{5}{13}\right) = \frac{12 + 5\sqrt{3}}{26}$

b. $\cos A = \cos(30° + \theta)$
$= \cos 30° \cos \theta - \sin 30° \sin \theta$
$= \frac{\sqrt{3}}{2}\left(\frac{12}{13}\right) - \frac{1}{2}\left(\frac{5}{13}\right) = \frac{12\sqrt{3} - 5}{26}$

c. $\tan A = \frac{\sin A}{\cos A}$
$= \frac{\frac{12 + 5\sqrt{3}}{26}}{\frac{12\sqrt{3} - 5}{26}} = \frac{12 + 5\sqrt{3}}{12\sqrt{3} - 5}$

Chapter 6: Trigonometric Identities, Inverses and Equations

53. Show $\theta = \alpha + \beta$
    Third angle of 1st triangle: $90 - \alpha$
    Third angle of the 3rd triangle: $90 - \beta$
    Supplementary angles:
    $90 - \alpha + \theta + 90 - \beta = 180$
    $\theta = \alpha + \beta$;
    $h_1 = \sqrt{32^2 + 24^2} = 40$
    $h_2 = \sqrt{45^2 + 28^2} = 53$
    $\sin \alpha = \dfrac{24}{40}$; $\cos \alpha = \dfrac{32}{40}$; $\sin \beta = \dfrac{28}{53}$;
    $\cos \beta = \dfrac{45}{53}$;

    a. $\sin \theta = \sin(\alpha + \beta)$
       $= \sin \alpha \cos \beta + \cos \alpha \sin \beta$
       $= \dfrac{24}{40}\left(\dfrac{45}{53}\right) + \left(\dfrac{32}{40}\right)\left(\dfrac{28}{53}\right) = \dfrac{247}{265}$

    b. $\cos \theta = \cos(\alpha + \beta)$
       $= \cos \alpha \cos \beta - \sin \alpha \sin \beta$
       $= \left(\dfrac{32}{40}\right)\left(\dfrac{45}{53}\right) - \left(\dfrac{24}{40}\right)\left(\dfrac{28}{53}\right) = \dfrac{96}{265}$

    c. $\tan \theta = \dfrac{\sin \theta}{\cos \theta} = \dfrac{\frac{247}{265}}{\frac{96}{265}} = \dfrac{247}{96}$

55. $\sin(\pi - \alpha) = \sin \alpha$
    $\sin \pi \cos \alpha - \cos \pi \sin \alpha =$
    $0 \cos \alpha - (-1)\sin \alpha =$
    $\sin \alpha = \sin \alpha$

57. $\cos\left(x + \dfrac{\pi}{4}\right) = \dfrac{\sqrt{2}}{2}(\cos x - \sin x)$
    $\cos x \cos\left(\dfrac{\pi}{4}\right) - \sin x \sin\left(\dfrac{\pi}{4}\right) =$
    $(\cos x)\dfrac{\sqrt{2}}{2} - (\sin x)\dfrac{\sqrt{2}}{2} =$
    $\dfrac{\sqrt{2}}{2}(\cos x - \sin x) = \dfrac{\sqrt{2}}{2}(\cos x - \sin x)$

59. $\tan\left(x + \dfrac{\pi}{4}\right) = \dfrac{1 + \tan x}{1 - \tan x}$
    $\dfrac{\tan x + \tan\left(\dfrac{\pi}{4}\right)}{1 - \tan x \tan\left(\dfrac{\pi}{4}\right)} =$
    $\dfrac{\tan x + 1}{1 - \tan x} =$
    $\dfrac{1 + \tan x}{1 - \tan x} = \dfrac{1 + \tan x}{1 - \tan x}$

61. $\cos(\alpha + \beta) + \cos(\alpha - \beta) = 2\cos \alpha \cos \beta$
    $\cos \alpha \cos \beta - \sin \alpha \sin \beta$
    $\quad + \cos \alpha \cos \beta + \sin \alpha \sin \beta =$
    $2 \cos \alpha \cos \beta = 2\cos \alpha \cos \beta$

63. $\cos(2t) = \cos^2 t - \sin^2 t$
    $\cos(t + t) =$
    $\cos t \cos t - \sin t \sin t =$
    $\cos^2 t - \sin^2 t = \cos^2 t - \sin^2 t$

65. $\sin(3t) = -4\sin^3 t + 3\sin t$
    $\sin(2t + t) =$
    $\sin(2t)\cos t + \cos(2t)\sin t =$
    $(2\sin t \cos t)\cos t + (\cos^2 t - \sin^2 t)\sin t =$
    $2\sin t \cos^2 t + \sin t \cos^2 t - \sin^3 t =$
    $3\sin t \cos^2 t - \sin^3 t =$
    $3\sin t(1 - \sin^2 t) - \sin^3 t =$
    $3\sin t - 3\sin^3 t - \sin^3 t =$
    $-4\sin^3 t + 3\sin t = -4\sin^3 t + 3\sin t$

67. $\cos\left(x - \dfrac{\pi}{4}\right) = \dfrac{\sqrt{2}}{2}(\cos x + \sin x)$
    $\cos x \cos\left(\dfrac{\pi}{4}\right) + \sin x \sin\left(\dfrac{\pi}{4}\right) =$
    $\cos x\left(\dfrac{\sqrt{2}}{2}\right) + \sin x\left(\dfrac{\sqrt{2}}{2}\right) =$
    $\dfrac{\sqrt{2}}{2}(\cos x + \sin x) = \dfrac{\sqrt{2}}{2}(\cos x + \sin x)$

6.3 Exercises

69. $F = \dfrac{Wk}{c}\tan(p-\theta)$

$F = \dfrac{Wk}{c}\tan\left(\dfrac{\pi}{6}-\dfrac{\pi}{4}\right)$

$F = \dfrac{Wk}{c}\cdot\dfrac{\tan\left(\dfrac{\pi}{6}\right)-\tan\left(\dfrac{\pi}{4}\right)}{1+\tan\left(\dfrac{\pi}{6}\right)\tan\left(\dfrac{\pi}{4}\right)}$

$F = \dfrac{Wk}{c}\cdot\dfrac{\dfrac{1}{\sqrt{3}}-1}{1+\left(\dfrac{1}{\sqrt{3}}\right)(1)}$

$F = \dfrac{Wk}{c}\cdot\dfrac{1-\sqrt{3}}{\sqrt{3}+1}$

$F = \dfrac{Wk}{c}\cdot\dfrac{1-\sqrt{3}}{1+\sqrt{3}}$

71. $R = \dfrac{\cos s\cos t}{\omega C\sin(s+t)}$

$= \dfrac{\cos s\cos t}{\omega C(\sin s\cos t+\cos s\sin t)}$

$= \dfrac{\cos s\cos t\cdot\dfrac{1}{\cos s\cos t}}{\omega C(\sin s\cos t+\cos s\sin t)\cdot\dfrac{1}{\cos s\cos t}}$

$= \dfrac{1}{\overline{\omega}C\left(\dfrac{\sin s\cos t}{\cos s\cos t}+\dfrac{\cos s\sin t}{\cos s\cos t}\right)}$

$= \dfrac{1}{\overline{\omega}C\left(\dfrac{\sin s}{\cos s}+\dfrac{\sin t}{\cos t}\right)}$

$= \dfrac{1}{\overline{\omega}C(\tan s+\tan t)}$

73. $\dfrac{A}{B} = \dfrac{\tan\theta}{\tan(90°-\theta)}$

$\dfrac{A}{B} = \tan\theta\cdot\dfrac{1}{\tan(90°-\theta)}$

$\dfrac{A}{B} = \dfrac{\sin\theta}{\cos\theta}\cdot\dfrac{1}{\dfrac{\sin(90°-\theta)}{\cos(90°-\theta)}}$

$\dfrac{A}{B} = \dfrac{\sin\theta}{\cos\theta}\cdot\dfrac{\cos(90°-\theta)}{\sin(90°-\theta)}$

$\dfrac{A}{B} = \dfrac{\sin\theta(\cos 90°\cos\theta+\sin 90°\sin\theta)}{\cos\theta(\sin 90°\cos\theta-\cos 90°\sin\theta)}$

$\dfrac{A}{B} = \dfrac{\sin\theta(0\cos\theta+1\sin\theta)}{\cos\theta(1\cos\theta-0\sin\theta)}$

$\dfrac{A}{B} = \dfrac{\sin\theta(\sin\theta)}{\cos\theta(\cos\theta)}$

$\dfrac{A}{B} = \dfrac{\sin^2\theta}{\cos^2\theta}$

$\dfrac{A}{B} = \tan^2\theta$

75. $P(t) = A\sin(2\pi\,ft)+A\sin\left(2\pi\,ft+\dfrac{\pi}{2}\right)$

$= A\left[\sin(2\pi\,ft)+\sin\left(2\pi\,ft+\dfrac{\pi}{2}\right)\right]$

$= A\left[\sin(2\pi\,ft)+\cos(2\pi\,ft)\right]$

Verified using sum identity for sine

77. $f(x) = \sin x$

$\dfrac{f(x+h)-f(x)}{h} = \dfrac{\sin(x+h)-\sin x}{h}$

$= \dfrac{\sin x\cos h+\cos x\sin h-\sin x}{h}$

$= \dfrac{\sin x\cos h-\sin x+\cos x\sin h}{h}$

$= \dfrac{\sin x(\cos h-1)+\cos x\sin h}{h}$

$= \sin x\left(\dfrac{\cos h-1}{h}\right)+\cos x\dfrac{(\sin h)}{h}$

Chapter 6: Trigonometric Identities, Inverses and Equations

79. $\cos 1665°$; $\dfrac{1665}{360} = 4\dfrac{5}{8}$

    4 multiples of $360°$, with

    $\dfrac{5}{8}(360°) = 225°$ remaining

    $\cos 1665° = \cos(225° + 360°(4))$

    $= \cos(225°) = \dfrac{-\sqrt{2}}{2}$

81. $\sin\left(\dfrac{41\pi}{6}\right)$; $\dfrac{41\pi}{6} \div 2\pi = \dfrac{41}{12} = 3\dfrac{5}{12}$

    3 multiples of 2π, with

    $\dfrac{5}{12}(2\pi) = \dfrac{5\pi}{6}$ remaining

    $\sin\left(\dfrac{41\pi}{6}\right) = \sin\left(\dfrac{5\pi}{6} + 2\pi(3)\right)$

    $= \sin\left(\dfrac{5\pi}{6}\right) = \dfrac{1}{2}$

83. $D = d$, so $D^2 = d^2$

    Using the distance formula between the points $(\cos\alpha, \sin\alpha)$ and $(\cos\beta, \sin\beta)$:

    $D^2 = (\cos\alpha - \cos\beta)^2 + (\sin\alpha - \sin\beta)^2$

    $D^2 = \cos^2\alpha - 2\cos\alpha\cos\beta + \cos^2\beta$
    $\quad + \sin^2\alpha - 2\sin\alpha\sin\beta + \sin^2\beta$

    $D^2 = \cos^2\alpha + \sin^2\alpha + \cos^2\beta + \sin^2\beta$
    $\quad - 2\cos\alpha\cos\beta - 2\sin\alpha\sin\beta$

    $D^2 = 2 - 2\cos\alpha\cos\beta - 2\sin\alpha\sin\beta$;

    Using the distance formula between the points $(\cos(\alpha - \beta), \sin(\alpha - \beta))$ and $(1, 0)$:

    $d^2 = \sin^2(\alpha - \beta) + [\cos(\alpha - \beta) - 1]^2$

    $d^2 = \sin^2(\alpha - \beta) + \cos^2(\alpha - \beta)$
    $\quad - 2\cos(\alpha - \beta) + 1$

    $d^2 = 1 - 2\cos(\alpha - \beta) + 1$

    $d^2 = 2 - 2\cos(\alpha - \beta)$;

    $D^2 = d^2$ so

    $2 - 2\cos\alpha\cos\beta - 2\sin\alpha\sin\beta = 2 - 2\cos(\alpha - \beta)$

    $-2\cos\alpha\cos\beta - 2\sin\alpha\sin\beta = -2\cos(\alpha - \beta)$

    $\dfrac{-2\cos\alpha\cos\beta - 2\sin\alpha\sin\beta}{-2} = \dfrac{-2\cos(\alpha - \beta)}{-2}$

    $\cos\alpha\cos\beta + \sin\alpha\sin\beta = \cos(\alpha - \beta)$

85. a. $y = 3\sin\left(\dfrac{\pi}{8}x - \dfrac{\pi}{3}\right)$

    Period $= \dfrac{2\pi}{\dfrac{\pi}{8}} = 2\pi \cdot \dfrac{8}{\pi} = 16$

    The graph will go through $\dfrac{\pi}{8}$ of a complete cycle every 2π units.

    b. $y = 4\tan\left(2x + \dfrac{\pi}{4}\right)$

    Period $= \dfrac{\pi}{2}$

    The graph will go through 2 times of a complete cycle every π units.

87. $\sin 40° = \dfrac{h}{30}$

    $30\sin 40° = h$

    $19.3 \text{ ft} \approx h$

6.4 Exercises

6.4 Exercises

1. Sum, $\alpha = \beta$

3. $2x, x$

5. Answers will vary.

7. $\sin\theta = \dfrac{5}{13}$; θ in QII

$\cos(2\theta) = 1 - 2\sin^2\theta$

$= 1 - 2\left(\dfrac{5}{13}\right)^2 = 1 - \dfrac{50}{169}$

$\cos(2\theta) = \dfrac{119}{169}$;

$\dfrac{119}{169} = 2\cos^2\theta - 1$

$\dfrac{288}{169} = 2\cos^2\theta$

$\dfrac{144}{169} = \cos^2\theta$

$\pm\dfrac{12}{13} = \cos\theta$;

Since QII, $\cos\theta = \dfrac{-12}{13}$;

$\sin(2\theta) = 2\sin\theta\cos\theta$

$= 2\left(\dfrac{5}{13}\right)\left(\dfrac{-12}{13}\right)$

$\sin(2\theta) = \dfrac{-120}{169}$;

$\tan(2\theta) = \dfrac{2\tan\theta}{1 - \tan^2\theta}$

$= \dfrac{2\left(\dfrac{-5}{12}\right)}{1 - \left(\dfrac{-5}{12}\right)^2} = \dfrac{\dfrac{-10}{12}}{1 - \dfrac{25}{144}} = \dfrac{\dfrac{-10}{12}}{\dfrac{119}{144}} = \dfrac{-120}{119}$

9. $\cos\theta = \dfrac{-9}{41}$; θ in QII

$\cos(2\theta) = 2\cos^2\theta - 1$

$= 2\left(\dfrac{-9}{41}\right)^2 - 1 = 2\left(\dfrac{81}{1681}\right) - 1 = \dfrac{162}{1681} - 1$

$\cos(2\theta) = \dfrac{-1519}{1681}$;

$\cos(2\theta) = 1 - 2\sin^2\theta$

$\dfrac{-1519}{1681} = 1 - 2\sin^2\theta$

$\dfrac{-3200}{1681} = -2\sin^2\theta$

$\dfrac{1600}{1681} = \sin^2\theta$

$\pm\dfrac{40}{41} = \sin\theta$, QII $\to +\dfrac{40}{41}$;

$\sin(2\theta) = 2\sin\theta\cos\theta$

$= 2\left(\dfrac{40}{41}\right)\left(\dfrac{-9}{41}\right)$

$\sin(2\theta) = \dfrac{-720}{1681}$;

$\tan(2\theta) = \dfrac{2\tan\theta}{1 - \tan^2\theta}$

$= \dfrac{2\left(\dfrac{40}{-9}\right)}{1 - \left(\dfrac{40}{-9}\right)^2} = \dfrac{\dfrac{-80}{9}}{1 - \dfrac{1600}{81}} = \dfrac{\dfrac{-80}{9}}{\dfrac{-1519}{81}} = \dfrac{720}{1519}$

Chapter 6: Trigonometric Identities, Inverses and Equations

11. $\tan\theta = \dfrac{13}{84}, \theta$ in QIII

$\tan(2\theta) = \dfrac{2\tan\theta}{1-\tan^2\theta}$

$= \dfrac{2\left(\dfrac{13}{84}\right)}{1-\left(\dfrac{13}{84}\right)^2} = \dfrac{\dfrac{13}{42}}{\dfrac{6887}{7056}} = \dfrac{2184}{6887}$;

Using the identity
$1+\tan^2\theta = \sec^2\theta$

$1+\left(\dfrac{13}{84}\right)^2 = \sec^2\theta$

$\dfrac{7225}{7056} = \sec^2\theta$

$\pm\dfrac{85}{84} = \sec\theta$, QIII $\to \dfrac{-85}{84}$

And $\cos\theta = \dfrac{1}{\sec\theta}$

$= \dfrac{1}{\dfrac{-85}{84}} = \dfrac{-84}{85}$;

$\cos(2\theta) = 2\cos^2\theta - 1$

$= 2\left(\dfrac{-84}{85}\right)^2 - 1 = \dfrac{6887}{7225}$;

$\cos(2\theta) = 1 - 2\sin^2\theta$

$\dfrac{6887}{7225} = 1 - 2\sin^2\theta$

$-\dfrac{338}{7225} = -2\sin^2\theta$

$\dfrac{169}{7225} = \sin^2\theta$

$\pm\dfrac{13}{85} = \sin\theta$; QIII $\to -\dfrac{13}{85}$;

$\sin(2\theta) = 2\sin\theta\cos\theta$

$= 2\left(\dfrac{-13}{85}\right)\left(\dfrac{-84}{85}\right) = \dfrac{2184}{7225}$

13. $\sin\theta = \dfrac{48}{73}$; $\cos\theta < 0$, so θ in QII

$\cos(2\theta) = 1 - 2\sin^2\theta = 1 - 2\left(\dfrac{48}{73}\right)^2 = \dfrac{721}{5329}$

$\cos(2\theta) = 2\cos^2\theta - 1$

$\dfrac{721}{5329} = 2\cos^2\theta - 1$

$\dfrac{6050}{5329} = 2\cos^2\theta$

$\dfrac{3025}{5329} = \cos^2\theta$

$\pm\dfrac{55}{73} = \cos\theta$, QIII $\to \dfrac{-55}{73}$;

$\sin(2\theta) = 2\sin\theta\cos\theta$

$= 2\left(\dfrac{48}{73}\right)\left(\dfrac{-55}{73}\right) = \dfrac{-5280}{5329}$

$\tan(2\theta) = \dfrac{2\tan\theta}{1-\tan^2\theta}$

$= \dfrac{2\left(\dfrac{48}{-55}\right)}{1-\left(\dfrac{48}{-55}\right)^2} = \dfrac{\dfrac{96}{-55}}{\dfrac{721}{3025}} = -\dfrac{5280}{721}$

6.4 Exercises

15. $\csc\theta = \dfrac{5}{3}$; $\sec\theta < 0$, so θ in QII

$\sin(\theta) = \dfrac{1}{\csc\theta} = \dfrac{1}{\frac{5}{3}} = \dfrac{3}{5}$; $\sin\theta = \dfrac{3}{5}$;

$\cos(2\theta) = 1 - 2\sin^2\theta = 1 - 2\left(\dfrac{3}{5}\right)^2 = \dfrac{7}{25}$;

$\cos(2\theta) = 2\cos^2\theta - 1$

$\dfrac{7}{25} = 2\cos^2\theta - 1$

$\dfrac{32}{25} = 2\cos^2\theta$

$\dfrac{16}{25} = \cos^2\theta$

$\pm\dfrac{4}{5} = \cos\theta$, QII $\to \dfrac{-4}{5}$;

$\sin(2\theta) = 2\sin\theta\cos\theta$

$= 2\left(\dfrac{3}{5}\right)\left(\dfrac{-4}{5}\right) = \dfrac{-24}{25}$;

$\tan(2\theta) = \dfrac{2\tan\theta}{1 - \tan^2\theta}$

$= \dfrac{2\left(\dfrac{3}{-4}\right)}{1 - \left(\dfrac{3}{-4}\right)^2} = \dfrac{\dfrac{-3}{2}}{\dfrac{7}{16}} = -\dfrac{24}{7}$

17. $\sin(2\theta) = \dfrac{24}{25}$; 2θ in QII

$\sqrt{25^2 - 24^2} = 7$; $\cos(2\theta) = \dfrac{-7}{25}$, (QII)

For 2θ in QII we have

$\dfrac{\pi}{2} < 2\theta < \pi$

$\dfrac{\pi}{4} < \theta < \dfrac{\pi}{2}$, θ in QI

$\sin\left(\dfrac{2\theta}{2}\right) = +\sqrt{\dfrac{1 - \cos 2\theta}{2}}$

$\sin\theta = \sqrt{\dfrac{1 - \left(\dfrac{-7}{25}\right)}{2}} = \sqrt{\dfrac{\frac{32}{25}}{2}} = \dfrac{4}{5}$;

$\cos\left(\dfrac{2\theta}{2}\right) = +\sqrt{\dfrac{1 + \cos 2\theta}{2}}$

$\cos\theta = \sqrt{\dfrac{1 + \left(\dfrac{-7}{25}\right)}{2}} = \sqrt{\dfrac{\frac{18}{25}}{2}} = \dfrac{3}{5}$;

$\tan\theta = \dfrac{\frac{4}{5}}{\frac{3}{5}} = \dfrac{4}{3}$

Chapter 6: Trigonometric Identities, Inverses and Equations

19. $\cos(2\theta) = -\dfrac{41}{841}$; 2θ in QII

    For 2θ in QII, we have

    $\dfrac{\pi}{2} < 2\theta < \pi$

    $\dfrac{\pi}{4} < \theta < \dfrac{\pi}{2}$, θ in QI

    $\cos(2\theta) = 2\cos^2\theta - 1$

    $\dfrac{-41}{841} = 2\cos^2\theta - 1$

    $\dfrac{800}{841} = 2\cos^2\theta$

    $\dfrac{400}{841} = \cos^2\theta$

    $\pm\dfrac{20}{29} = \cos\theta$, QI $\to \dfrac{20}{29}$;

    $\cos(2\theta) = 1 - 2\sin^2\theta$

    $\dfrac{-41}{841} = 1 - 2\sin^2\theta$

    $\dfrac{-882}{841} = -2\sin^2\theta$

    $\dfrac{441}{841} = \sin^2\theta$

    $\pm\dfrac{21}{29} = \sin\theta$, QI $\to \dfrac{21}{29}$;

    $\tan\theta = \dfrac{\tfrac{21}{29}}{\tfrac{20}{29}} = \dfrac{21}{20}$

21. $\sin(3\theta) = 3\sin\theta - 4\sin^3\theta$

    $\sin(2\theta + \theta) =$

    $\sin(2\theta)\cos\theta + \cos(2\theta)\sin\theta =$

    $(2\sin\theta\cos\theta)\cos\theta +$
    $\quad (\cos^2\theta - \sin^2\theta)\sin\theta =$

    $2\sin\theta\cos^2\theta + \cos^2\theta\sin\theta - \sin^3\theta =$

    $2\sin\theta(1 - \sin^2\theta)$
    $\quad + (1 - \sin^2\theta)\sin\theta - \sin^3\theta =$

    $2\sin\theta - 2\sin^3\theta + \sin\theta - \sin^3\theta - \sin^3\theta =$

    $3\sin\theta - 4\sin^3\theta = 3\sin\theta - 4\sin^3\theta$

    Verified.

23. $\dfrac{\cos 75° \sin 75°}{\cos\alpha \sin\beta}$

    $= \dfrac{1}{2}[\sin(\alpha + \beta) - \sin(\alpha - \beta)]$

    $\cos 75° \sin 75°$

    $= \dfrac{1}{2}[\sin(75° + 75°) - \sin(75° - 75°)]$

    $= \dfrac{1}{2}[\sin(150°) - \sin(0°)] = \dfrac{1}{2}\left[\dfrac{1}{2} - 0\right] = \dfrac{1}{4}$

25. $1 - 2\sin^2\left(\dfrac{\pi}{8}\right)$

    $\cos(2\theta) = 1 - 2\sin^2\theta$

    $\cos\left(\dfrac{\pi}{4}\right) = 1 - 2\sin^2\left(\dfrac{\pi}{8}\right) = \dfrac{\sqrt{2}}{2}$

27. $\dfrac{2\tan 22.5°}{1 - \tan^2 22.5°}$

    $\tan(2\theta) = \dfrac{2\tan\theta}{1 - \tan^2\theta}$

    $\tan 45° = \dfrac{2\tan 22.5°}{1 - \tan^2 22.5°} = 1$

29. $9\sin(3x)\cos(3x)$

    $= \dfrac{9}{2}[2\sin(3x)\cos(3x)]$

    $= \dfrac{9}{2}\sin[2(3x)]$

    $= \dfrac{9}{2}\sin(6x)$

    $= 4.5\sin(6x)$

6.4 Exercises

31. $\sin^2 x \cos^2 x$

$\dfrac{1-\cos(2x)}{2} \cdot \dfrac{1+\cos(2x)}{2} = \dfrac{1-\cos^2(2x)}{4}$

$= \dfrac{1}{4}\left(1-\cos^2(2x)\right)$

$= \dfrac{1}{4}\left(1-\dfrac{1+\cos(4x)}{2}\right)$

$= \dfrac{1}{4}-\dfrac{1+\cos(4x)}{8}$

$= \dfrac{1}{4}-\dfrac{1}{8}-\dfrac{\cos(4x)}{8}$

$= \dfrac{1}{8}-\dfrac{\cos(4x)}{8}$

$= \dfrac{1}{8}-\dfrac{1}{8}\cos(4x)$

33. $3\cos^4 x = 3\left[\dfrac{1+\cos(2x)}{2}\right]^2$

$= \dfrac{3}{4}\left[1+2\cos(2x)+\cos^2(2x)\right]$

$= \dfrac{3}{4}\left[1+2\cos(2x)+\dfrac{1+\cos(4x)}{2}\right]$

$= \dfrac{3}{4}+\dfrac{3}{2}\cos(2x)+\dfrac{3}{8}+\dfrac{3\cos(4x)}{8}$

$= \dfrac{9}{8}+\dfrac{3}{2}\cos(2x)+\dfrac{3}{8}\cos(4x)$

35. $2\sin^6 x = 2\left[\dfrac{1-\cos(2x)}{2}\right]^3$

$= \dfrac{1}{4}[1-\cos(2x)][1-\cos(2x)][1-\cos(2x)]$

$= \dfrac{1}{4}\left[1-2\cos(2x)+\cos^2(2x)\right][1-\cos(2x)]$

$= \dfrac{1}{4}\left[1-2\cos(2x)+\dfrac{1+\cos(4x)}{2}\right][1-\cos(2x)]$

$= \dfrac{1}{4}\left[\dfrac{3}{2}-2\cos(2x)+\dfrac{1}{2}\cos(4x)\right][1-\cos(2x)]$

$= \dfrac{1}{4}\left[\dfrac{3}{2}-2\cos(2x)+\dfrac{1}{2}\cos(4x)-\dfrac{3}{2}\cos(2x)\right.$

$\left. +2\cos^2(2x)-\dfrac{1}{2}\cos(2x)\cos(4x)\right]$

$= \dfrac{1}{4}\left[\dfrac{3}{2}-\dfrac{7}{2}\cos(2x)+\dfrac{1}{2}\cos(4x)+\dfrac{2(1+\cos(4x))}{2}\right.$

$\left. -\dfrac{1}{2}\cos(2x)\cos(4x)\right]$

$= \dfrac{1}{4}\left[\dfrac{5}{2}-\dfrac{7}{2}\cos(2x)+\dfrac{3}{2}\cos(4x)\right.$

$\left. -\dfrac{1}{2}\cos(2x)\cos(4x)\right]$

$= \dfrac{5}{8}-\dfrac{7}{8}\cos(2x)+\dfrac{3}{8}\cos(4x)$

$-\dfrac{1}{8}\cos(2x)\cos(4x)$

37. $\theta = 22.5°$

$\sin 22.5° = \sin\left(\dfrac{45°}{2}\right) = \sqrt{\dfrac{1-\cos 45°}{2}}$

$= \sqrt{\dfrac{1-\dfrac{\sqrt{2}}{2}}{2}} = \dfrac{\sqrt{2-\sqrt{2}}}{2}$;

$\cos 22.5° = \cos\left(\dfrac{45°}{2}\right) = \sqrt{\dfrac{1+\cos 45°}{2}}$

$= \sqrt{\dfrac{1+\dfrac{\sqrt{2}}{2}}{2}} = \dfrac{\sqrt{2+\sqrt{2}}}{2}$;

$\tan 22.5° = \tan\left(\dfrac{45°}{2}\right) = \dfrac{1-\cos 45°}{\sin 45°}$

$= \dfrac{1-\dfrac{\sqrt{2}}{2}}{\dfrac{\sqrt{2}}{2}} = \dfrac{2-\sqrt{2}}{\sqrt{2}} = \dfrac{2\sqrt{2}-2}{2} = \sqrt{2}-1$

Chapter 6: Trigonometric Identities, Inverses and Equations

39. $\theta = \dfrac{\pi}{12}$

$$\sin\left(\dfrac{\pi}{12}\right) = \sin\dfrac{\left(\dfrac{\pi}{6}\right)}{2} = \sqrt{\dfrac{1-\cos\left(\dfrac{\pi}{6}\right)}{2}}$$

$$= \sqrt{\dfrac{1-\dfrac{\sqrt{3}}{2}}{2}} = \dfrac{\sqrt{2-\sqrt{3}}}{2} \; ;$$

$$\cos\left(\dfrac{\pi}{12}\right) = \cos\dfrac{\left(\dfrac{\pi}{6}\right)}{2} = \sqrt{\dfrac{1+\cos\left(\dfrac{\pi}{6}\right)}{2}}$$

$$= \sqrt{\dfrac{1+\dfrac{\sqrt{3}}{2}}{2}} = \dfrac{\sqrt{2+\sqrt{3}}}{2} \; ;$$

$$\tan\left(\dfrac{\pi}{12}\right) = \tan\dfrac{\left(\dfrac{\pi}{6}\right)}{2} = \dfrac{1-\cos\left(\dfrac{\pi}{6}\right)}{\sin\left(\dfrac{\pi}{6}\right)}$$

$$= \dfrac{1-\dfrac{\sqrt{3}}{2}}{\dfrac{1}{2}} = \dfrac{2-\sqrt{3}}{1} = 2-\sqrt{3}$$

41. $\theta = 67.5°$

$$\sin 67.5° = \sin\left(\dfrac{135°}{2}\right) = \sqrt{\dfrac{1-\cos 135°}{2}}$$

$$= \sqrt{\dfrac{1-\dfrac{\left(-\sqrt{2}\right)}{2}}{2}} = \sqrt{\dfrac{1+\dfrac{\sqrt{2}}{2}}{2}} = \dfrac{\sqrt{2+\sqrt{2}}}{2} \; ;$$

$$\cos 67.5° = \cos\left(\dfrac{135°}{2}\right) = \sqrt{\dfrac{1+\cos 135°}{2}}$$

$$= \sqrt{\dfrac{1+\left(\dfrac{-\sqrt{2}}{2}\right)}{2}} = \dfrac{\sqrt{2-\sqrt{2}}}{2} \; ;$$

$$\tan 67.5° = \tan\left(\dfrac{135°}{2}\right) = \dfrac{1-\cos 135°}{\sin 135°}$$

$$= \dfrac{1-\left(\dfrac{-\sqrt{2}}{2}\right)}{\dfrac{\sqrt{2}}{2}} = \dfrac{2+\sqrt{2}}{\sqrt{2}} = \dfrac{2\sqrt{2}+2}{2}$$

$$= \sqrt{2}+1$$

43. $\theta = \dfrac{3\pi}{8}$

$$\sin\left(\dfrac{3\pi}{8}\right) = \sin\dfrac{\left(\dfrac{3\pi}{4}\right)}{2} = \sqrt{\dfrac{1-\left(\dfrac{-\sqrt{2}}{2}\right)}{2}}$$

$$= \sqrt{\dfrac{1+\dfrac{\sqrt{2}}{2}}{2}} = \dfrac{\sqrt{2+\sqrt{2}}}{2} \; ;$$

$$\cos\left(\dfrac{3\pi}{8}\right) = \cos\dfrac{\left(\dfrac{3\pi}{4}\right)}{2} = \sqrt{\dfrac{1+\left(\dfrac{-\sqrt{2}}{2}\right)}{2}}$$

$$= \sqrt{\dfrac{1-\dfrac{\sqrt{2}}{2}}{2}} = \dfrac{\sqrt{2-\sqrt{2}}}{2} \; ;$$

$$\tan\left(\dfrac{3\pi}{8}\right) = \tan\dfrac{\left(\dfrac{3\pi}{4}\right)}{2} = \dfrac{1-\left(\dfrac{-\sqrt{2}}{2}\right)}{\dfrac{\sqrt{2}}{2}}$$

$$= \dfrac{1+\dfrac{\sqrt{2}}{2}}{\dfrac{\sqrt{2}}{2}} = \dfrac{2+\sqrt{2}}{\sqrt{2}} = \sqrt{2}+1$$

6.4 Exercises

45. $\sin 11.25° = \sin\left(\dfrac{22.5°}{2}\right)$

$= \sqrt{\dfrac{1-\cos 22.5°}{2}} = \dfrac{\sqrt{2-\sqrt{2+\sqrt{2}}}}{2}$

Recall from problem #37:

$\cos 22.5° = \cos\left(\dfrac{45°}{2}\right) = \sqrt{\dfrac{1+\cos 45°}{2}}$

$= \sqrt{\dfrac{1+\dfrac{\sqrt{2}}{2}}{2}} = \dfrac{\sqrt{2+\sqrt{2}}}{2}$

47. $\sin\left(\dfrac{\pi}{24}\right) = \sin\left(\dfrac{\frac{\pi}{12}}{2}\right) = \sqrt{\dfrac{1-\dfrac{\sqrt{2+\sqrt{3}}}{2}}{2}}$

$= \sqrt{\dfrac{2-\sqrt{2+\sqrt{3}}}{4}} = \dfrac{\sqrt{2-\sqrt{2+\sqrt{3}}}}{2}$

Recall from problem #39:

$\cos\left(\dfrac{\pi}{12}\right) = \cos\left(\dfrac{\frac{\pi}{6}}{2}\right) = \sqrt{\dfrac{1+\cos\left(\dfrac{\pi}{6}\right)}{2}}$

$= \sqrt{\dfrac{1+\dfrac{\sqrt{3}}{2}}{2}} = \dfrac{\sqrt{2+\sqrt{3}}}{2}$

49. $\sqrt{\dfrac{1+\cos 30°}{2}} = \cos\left(\dfrac{30°}{2}\right) = \cos 15°$

51. $\sqrt{\dfrac{1-\cos(4\theta)}{1+\cos(4\theta)}} = \tan\left(\dfrac{4\theta}{2}\right) = \tan(2\theta)$

53. $\dfrac{\sin(2x)}{1+\cos(2x)} = \tan\left(\dfrac{2x}{2}\right) = \tan x$

55. $\sin\theta = \dfrac{12}{13}$, θ is obtuse

$\cos^2\theta = 1-\sin^2\theta = 1-\left(\dfrac{12}{13}\right)^2 = \dfrac{25}{169}$

$\cos\theta = -\dfrac{5}{13}$ since QII;

$\sin\left(\dfrac{\theta}{2}\right) = \sqrt{\dfrac{1-\left(\dfrac{-5}{13}\right)}{2}}$

$= \sqrt{\dfrac{\frac{18}{13}}{2}} = \sqrt{\dfrac{9}{13}} = \dfrac{3}{\sqrt{13}}$;

$\cos\left(\dfrac{\theta}{2}\right) = \sqrt{\dfrac{1+\left(\dfrac{-5}{13}\right)}{2}}$

$= \sqrt{\dfrac{\frac{8}{13}}{2}} = \sqrt{\dfrac{4}{13}} = \dfrac{2}{\sqrt{13}}$;

$\tan\left(\dfrac{\theta}{2}\right) = \dfrac{\sin\left(\dfrac{\theta}{2}\right)}{\cos\left(\dfrac{\theta}{2}\right)} = \dfrac{\frac{3}{\sqrt{13}}}{\frac{2}{\sqrt{13}}} = \dfrac{3}{2}$

Chapter 6: Trigonometric Identities, Inverses and Equations

57. $\cos\theta = -\dfrac{4}{5}$, θ in QII

$\dfrac{\pi}{2} < \theta < \pi$

$\dfrac{\pi}{4} < \dfrac{\theta}{2} < \dfrac{\pi}{2}$; QI

$\cos\left(\dfrac{\theta}{2}\right) = \sqrt{\dfrac{1+\left(\dfrac{-4}{5}\right)}{2}}$

$= \sqrt{\dfrac{\dfrac{1}{5}}{2}} = \sqrt{\dfrac{1}{10}} = \dfrac{1}{\sqrt{10}}$;

$\sin\left(\dfrac{\theta}{2}\right) = \sqrt{\dfrac{1-\left(\dfrac{-4}{5}\right)}{2}}$

$= \sqrt{\dfrac{\dfrac{9}{5}}{2}} = \dfrac{3}{\sqrt{10}}$;

$\tan\left(\dfrac{\theta}{2}\right) = \dfrac{\sin\left(\dfrac{\theta}{2}\right)}{\cos\left(\dfrac{\theta}{2}\right)} = \dfrac{\dfrac{3}{\sqrt{10}}}{\dfrac{1}{\sqrt{10}}} = 3$

59. $\tan\theta = \dfrac{-35}{12}$, θ in QII

$\sqrt{35^2 + 12^2} = 37$;

$\dfrac{\pi}{2} < \theta < \pi$

$\dfrac{\pi}{4} < \dfrac{\theta}{2} < \dfrac{\pi}{2}$; QI

$\sin\left(\dfrac{\theta}{2}\right) = \sqrt{\dfrac{1-\left(\dfrac{-12}{37}\right)}{2}} = \sqrt{\dfrac{49}{74}} = \dfrac{7}{\sqrt{74}}$;

$\cos\left(\dfrac{\theta}{2}\right) = -\sqrt{\dfrac{1+\left(\dfrac{-12}{37}\right)}{2}} = -\sqrt{\dfrac{\dfrac{25}{37}}{2}} = \dfrac{5}{\sqrt{74}}$;

$\tan\left(\dfrac{\theta}{2}\right) = \dfrac{\sin\left(\dfrac{\theta}{2}\right)}{\cos\left(\dfrac{\theta}{2}\right)} = \dfrac{\dfrac{7}{\sqrt{74}}}{\dfrac{5}{\sqrt{74}}} = \dfrac{7}{5}$

61. $\sin\theta = \dfrac{15}{113}$; θ is acute

$\cos^2\theta = 1 - \sin^2\theta$

$\cos^2\theta = 1 - \left(\dfrac{15}{113}\right)^2 = \dfrac{12544}{12769}$

$\cos\theta = \dfrac{112}{113}$;

$\cos\left(\dfrac{\theta}{2}\right) = \sqrt{\dfrac{1+\dfrac{112}{113}}{2}} = \sqrt{\dfrac{\dfrac{225}{113}}{2}} = \dfrac{15}{\sqrt{226}}$;

$\sin\left(\dfrac{\theta}{2}\right) = \sqrt{\dfrac{1-\dfrac{112}{113}}{2}} = \sqrt{\dfrac{\dfrac{1}{113}}{2}} = \dfrac{1}{\sqrt{226}}$;

$\tan\left(\dfrac{\theta}{2}\right) = \dfrac{\sin\left(\dfrac{\theta}{2}\right)}{\cos\left(\dfrac{\theta}{2}\right)} = \dfrac{\dfrac{1}{\sqrt{226}}}{\dfrac{15}{\sqrt{226}}} = \dfrac{1}{15}$

63. $\cot\theta = \dfrac{21}{20}$; $\pi < \theta < \dfrac{3\pi}{2}$

$\dfrac{\pi}{2} < \dfrac{\theta}{2} < \dfrac{3\pi}{4}$

$\sqrt{21^2 + 20^2} = 29$;

$\sin\left(\dfrac{\theta}{2}\right) = \sqrt{\dfrac{1-\left(\dfrac{-21}{29}\right)}{2}}$

$= \sqrt{\dfrac{\dfrac{50}{29}}{2}} = \sqrt{\dfrac{25}{29}} = \dfrac{5}{\sqrt{29}}$;

$\cos\left(\dfrac{\theta}{2}\right) = -\sqrt{\dfrac{1+\left(\dfrac{-21}{29}\right)}{2}} = -\sqrt{\dfrac{\dfrac{8}{29}}{2}} = \dfrac{-2}{\sqrt{29}}$;

$\tan\left(\dfrac{\theta}{2}\right) = \dfrac{\sin\left(\dfrac{\theta}{2}\right)}{\cos\left(\dfrac{\theta}{2}\right)} = \dfrac{\dfrac{5}{\sqrt{29}}}{\dfrac{-2}{\sqrt{29}}} = \dfrac{-5}{2}$

6.4 Exercises

65.
$$\sin(-4\theta)\sin(8\theta) = \frac{1}{2}[\cos(-4\theta - 8\theta) - \cos(-4\theta + 8\theta)]$$
$$= \frac{1}{2}[\cos(-12\theta) - \cos(4\theta)]$$
Recall $\cos(-x) = \cos x$
$$= \frac{1}{2}[\cos(12\theta) - \cos(4\theta)]$$

67. $2\cos\left(\frac{7t}{2}\right)\cos\left(\frac{3t}{2}\right)$
$$= 2\left(\frac{1}{2}\right)\left[\cos\left(\frac{7t}{2} - \frac{3t}{2}\right) + \cos\left(\frac{7t}{2} + \frac{3t}{2}\right)\right]$$
$$= \cos(2t) + \cos(5t)$$

69. $2\cos(1979\pi t)\cos(439\pi t)$
$$= 2\left(\frac{1}{2}\right)[\cos(1979\pi t - 439\pi t) + \cos(1979\pi t + 439\pi t)]$$
$$= \cos(1540\pi t) + \cos(2418\pi t)$$

71. $2\cos 15° \sin 135°$
$$= 2\left(\frac{1}{2}\right)[\sin(15° + 135°) - \sin(15° - 135°)]$$
$$= \sin(150°) - \sin(-120°)$$
$$= \sin(150°) + \sin(120°)$$
$$= \frac{1}{2} + \frac{\sqrt{3}}{2}$$
$$= \frac{1 + \sqrt{3}}{2}$$

73. $\sin\left(\frac{7\pi}{12}\right)\sin\left(-\frac{\pi}{12}\right)$
$$= \frac{1}{2}\left[\cos\left(\frac{7\pi}{12} - \left(\frac{-\pi}{12}\right)\right) - \cos\left(\frac{7\pi}{12} + \left(\frac{-\pi}{12}\right)\right)\right]$$
$$= \frac{1}{2}\left[\cos\left(\frac{2\pi}{3}\right) - \cos\left(\frac{\pi}{2}\right)\right]$$
$$= \frac{1}{2}\left[\frac{-1}{2} - 0\right]$$
$$= \frac{-1}{4}$$

75. $\sin(14k) + \sin(41k)$
$$= 2\sin\left(\frac{14k + 41k}{2}\right)\cos\left(\frac{14k - 41k}{2}\right)$$
$$= 2\sin\left(\frac{55k}{2}\right)\cos\left(\frac{-27k}{2}\right)$$
$$= 2\sin\left(\frac{55k}{2}\right)\cos\left(\frac{27k}{2}\right)$$

77. $\cos\left(\frac{7x}{6}\right) - \cos\left(\frac{5x}{6}\right)$
$$= -2\sin\left(\frac{\frac{7x}{6} + \frac{5x}{6}}{2}\right)\sin\left(\frac{\frac{7x}{6} - \frac{5x}{6}}{2}\right)$$
$$= -2\sin\left(\frac{6x}{6}\right)\sin\left(\frac{x}{6}\right)$$
$$= -2\sin x \sin\left(\frac{x}{6}\right)$$

79. $\cos(852\pi t) + \cos(1209\pi t)$
$$= 2\cos\left(\frac{852\pi t + 1209\pi t}{2}\right)\cos\left(\frac{852\pi t - 1209\pi t}{2}\right)$$
$$= 2\cos\left(\frac{2061\pi t}{2}\right)\cos\left(\frac{-357\pi t}{2}\right)$$
$$= 2\cos\left(\frac{2061\pi t}{2}\right)\cos\left(\frac{357\pi t}{2}\right)$$

81. $\sin\left(\frac{17}{12}\pi\right) - \sin\left(\frac{13\pi}{12}\right)$
$$= 2\cos\left(\frac{\frac{17}{12}\pi + \frac{13}{12}\pi}{2}\right)\sin\left(\frac{\frac{17}{12}\pi - \frac{13}{12}\pi}{2}\right)$$
$$= 2\cos\left(\frac{5}{4}\pi\right)\sin\left(\frac{1}{6}\pi\right)$$
$$= 2\left(\frac{-\sqrt{2}}{2}\right)\left(\frac{1}{2}\right) = \frac{-\sqrt{2}}{2}$$

Chapter 6: Trigonometric Identities, Inverses and Equations

83. $\dfrac{2\sin x \cos x}{\cos^2 x - \sin^2 x} = \tan(2x)$

$\dfrac{\sin 2x}{\cos 2x} =$

$\tan(2x) = \tan(2x)$
Verified.

85. $(\sin x + \cos x)^2 = 1 + \sin(2x)$

$\sin^2 x + 2\sin x \cos x + \cos^2 x =$

$\sin^2 x + \cos^2 x + 2\sin x \cos x =$

$1 + 2\sin x \cos x =$

$1 + \sin(2x) = 1 + \sin(2x)$
Verified.

87. $\cos(8\theta) = \cos^2(4\theta) - \sin^2(4\theta)$

$\cos(2 \cdot 4\theta) =$

$\cos^2(4\theta) - \sin^2(4\theta) = \cos^2(4\theta) - \sin^2(4\theta)$
Verified.

89. $\dfrac{\cos(2\theta)}{\sin^2 \theta} = \cot^2 \theta - 1$

$\dfrac{\cos^2 \theta - \sin^2 \theta}{\sin^2 \theta} =$

$\dfrac{\cos^2 \theta}{\sin^2 \theta} - 1 =$

$\cot^2 \theta - 1 = \cot^2 \theta - 1$
Verified.

91. $\tan(2\theta) = \dfrac{2}{\cot \theta - \tan \theta}$

$\dfrac{(2\tan \theta)\left(\dfrac{1}{\tan \theta}\right)}{(1 - \tan^2 \theta)\dfrac{1}{\tan \theta}} =$

$\dfrac{2}{\dfrac{1}{\tan \theta} - \tan \theta} =$

$\dfrac{2}{\cot \theta - \tan \theta} =$
Verified.

93. $\tan x + \cot x = 2\csc(2x)$

$= \dfrac{2}{\sin(2x)}$

$= \dfrac{2}{2\sin x \cos x}$

$= \dfrac{1}{\sin x \cos x}$

$= \dfrac{\sin^2 x + \cos^2 x}{\sin x \cos x}$

$= \dfrac{\sin^2 x}{\sin x \cos x} + \dfrac{\cos^2 x}{\sin x \cos x}$

$= \dfrac{\sin x}{\cos x} + \dfrac{\cos x}{\sin x}$

$= \tan x + \cot x$
Verified.

95. $\cos^2\left(\dfrac{x}{2}\right) - \sin^2\left(\dfrac{x}{2}\right) = \cos x$

$\cos\left(2 \cdot \left(\dfrac{x}{2}\right)\right) =$

$\cos x = \cos x$
Verified.

97. $1 - \sin^2(2\theta) = 1 - 4\sin^2 \theta + 4\sin^4 \theta$

$= (1 - 2\sin^2 \theta)^2$

$= (\cos(2\theta))^2$

$= \cos^2(2\theta)$

$= 1 - \sin^2(2\theta)$
Verified.

99. $\dfrac{\sin(120\pi t) + \sin(80\pi t)}{\cos(120\pi t) - \cos(80\pi t)} = -\cot(20\pi t)$

$\dfrac{2\sin(100\pi t)\cos(20\pi t)}{-2\sin(100\pi t)\sin(20\pi t)} =$

$-\cot(20\pi t) = -\cot(20\pi t)$
Verified.

6.4 Exercises

101. $\sin^2\alpha + (1-\cos\alpha)^2 = \left[2\sin\left(\dfrac{\alpha}{2}\right)\right]^2$

$\sin^2\alpha + 1 - 2\cos\alpha + \cos^2\alpha =$
$\sin^2\alpha + \cos^2\alpha + 1 - 2\cos\alpha =$
$1 + 1 - 2\cos\alpha =$
$2 - 2\cos\alpha =$
$2(1-\cos\alpha) =$
$4\left(\dfrac{1-\cos\alpha}{2}\right) =$
$4\sin^2\left(\dfrac{\alpha}{2}\right) =$
$\left[2\sin\left(\dfrac{\alpha}{2}\right)\right]^2 = \left[2\sin\left(\dfrac{\alpha}{2}\right)\right]^2$

103. $\alpha = \beta$

$\sin(2\alpha) = \sin(\alpha+\alpha)$
$= \sin\alpha\cos\alpha + \cos\alpha\sin\alpha$
$= \sin\alpha\cos\alpha + \sin\alpha\cos\alpha$
$= 2\sin\alpha\cos\alpha$;
$\tan(2\alpha) = \tan(\alpha+\alpha)$
$= \dfrac{\tan\alpha + \tan\alpha}{1 - \tan\alpha\tan\alpha}$
$= \dfrac{2\tan\alpha}{1 - \tan^2\alpha}$

105. Subtract the identities:

$\begin{cases} \cos\alpha\cos\beta + \sin\alpha\sin\beta = \cos(\alpha-\beta) \\ \cos\alpha\cos\beta - \sin\alpha\sin\beta = \cos(\alpha+\beta) \end{cases}$

$2\sin\alpha\sin\beta = \cos(\alpha-\beta) - \cos(\alpha+\beta)$
Divide by 2:
$\sin\alpha\sin\beta = \dfrac{1}{2}[\cos(\alpha-\beta) - \cos(\alpha+\beta)]$

107. $M = \csc\left(\dfrac{\theta}{2}\right)$

a. $\csc\left(\dfrac{30°}{2}\right) = \dfrac{1}{\sin\left(\dfrac{30°}{2}\right)}$

$= \dfrac{1}{\sqrt{\dfrac{1-\dfrac{\sqrt{3}}{2}}{2}}} = \dfrac{1}{\sqrt{\dfrac{2-\sqrt{3}}{2}}}$

$M = \dfrac{2}{\sqrt{2-\sqrt{3}}}$; $M \approx 3.9$

b. $\csc\left(\dfrac{45°}{2}\right) = \dfrac{1}{\sin\left(\dfrac{45°}{2}\right)}$

$= \dfrac{1}{\sqrt{\dfrac{1-\dfrac{\sqrt{2}}{2}}{2}}} = \dfrac{1}{\sqrt{\dfrac{2-\sqrt{2}}{2}}}$

$M = \dfrac{2}{\sqrt{2-\sqrt{2}}}$; $M \approx 2.6$

c. $2 = \csc\left(\dfrac{\theta}{2}\right)$

$2 = \dfrac{1}{\sin\left(\dfrac{\theta}{2}\right)}$

$2\sin\left(\dfrac{\theta}{2}\right) = 1$

$\sin\left(\dfrac{\theta}{2}\right) = \dfrac{1}{2}$

$\sqrt{\dfrac{1-\cos\theta}{2}} = \dfrac{1}{2}$

$\dfrac{1-\cos\theta}{2} = \dfrac{1}{4}$

$1 - \cos\theta = \dfrac{1}{2}$

$-\cos\theta = -\dfrac{1}{2}$

$\cos\theta = \dfrac{1}{2}$

$\theta = 60°$

Chapter 6: Trigonometric Identities, Inverses and Equations

109. $r(\theta) = \dfrac{1}{32} v^2 \sin(2\theta)$

    a. $r(22.5°) = \dfrac{1}{32}(96)^2 \sin 45°$

        $= \dfrac{1}{32}(9216)\sin 45°$

        $= 288 \sin 45°$

        $= 288\left(\dfrac{1}{\sqrt{2}}\right) = \dfrac{288\sqrt{2}}{2} = 144\sqrt{2}$;

        $r(45°) = \dfrac{1}{32}(96)^2 \sin 90°$

        $= 288$

        Number of ft short of maximum:
        $288 - 144\sqrt{2}$ ft ≈ 84.3 ft

    b. $r(67.5°) = \dfrac{1}{32}(96)^2 \sin 135°$

        $= 288 \sin 135°$

        $= 288\left(\dfrac{\sqrt{2}}{2}\right) = 144\sqrt{2}$

        Number of ft short of maximum:
        $288 - 144\sqrt{2}$ ft ≈ 84.3 ft

111. $y(t) = 2\cos(2150\pi t)\cos(268\pi t)$

    $\cos\alpha \cos\beta = \dfrac{1}{2}[\cos(\alpha - \beta) + \cos(\alpha + \beta)]$;

    $= 2 \cdot \dfrac{1}{2}[\cos(2150\pi t - 268\pi t) + \cos(2150\pi t + 268\pi t)]$

    $= [\cos(1882\pi t) + \cos(2418\pi t)]$

    $= \cos(2418\pi t) + \cos(1882\pi t)$

    $= \cos[2\pi(1209)t] + \cos[2\pi(941)t]$

    The * key

113. $d(t) = \left|6\sin\left(\dfrac{\pi t}{60}\right)\right|$

    $= \left|6\sin\left(\dfrac{1}{2}\dfrac{\pi t}{30}\right)\right| = \left|(6)\left(\pm\sqrt{\dfrac{1 - \cos\left(\dfrac{\pi t}{30}\right)}{2}}\right)\right|$

    $= 6\sqrt{\dfrac{1 - \cos\left(\dfrac{\pi t}{30}\right)}{2}} = \sqrt{36 \cdot \dfrac{1 - \cos\left(\dfrac{\pi t}{30}\right)}{2}}$

    $= \sqrt{18\left[1 - \cos\left(\dfrac{\pi t}{30}\right)\right]}$

    $d(t) = \sqrt{18\left[1 - \cos\left(\dfrac{\pi t}{30}\right)\right]}$

115. a. $f(\theta) = \sin(2\theta - 90°) + 1$
        $= \sin(2\theta)\cos 90° - \cos(2\theta)\sin(90°) + 1$
        $= 0 - \cos(2\theta) + 1$
        $= 1 - \cos(2\theta)$

    b. $g(\theta) = 2\sin^2\theta = 1 - \cos(2\theta)$
        $= 1 - (\cos^2\theta - \sin^2\theta)$
        $= 1 - \cos^2\theta + \sin^2\theta$
        $= \sin^2\theta + \sin^2\theta$
        $= 2\sin^2\theta$
        $= 1 - \cos(2\theta)$

    c. $k(\theta) = 1 + \sin^2\theta - \cos^2\theta$
        $= 1 - \cos^2\theta + \sin^2\theta$
        $= \sin^2\theta + \sin^2\theta$
        $= 2\sin^2\theta$
        $= 1 - \cos(2\theta)$

    d. $h(\theta) = 1 - \cos(2\theta)$

6.4 Exercises

117. $\cos 15°$
Half-angle identity:
$$\cos\left(\frac{30°}{2}\right) = \sqrt{\frac{1+\cos 30°}{2}}$$
$$= \sqrt{\frac{1+\frac{\sqrt{3}}{2}}{2}} = \frac{\sqrt{2+\sqrt{3}}}{2};$$

Difference identity:
$\cos 15° = \cos(45° - 30°)$
$= \cos 45° \cos 30° + \sin 45° \sin 30°$
$= \frac{\sqrt{2}}{2} \cdot \frac{\sqrt{3}}{2} + \frac{\sqrt{2}}{2} \cdot \frac{1}{2}$
$= \frac{\sqrt{6}}{4} - \frac{\sqrt{2}}{4} = \frac{\sqrt{6}+\sqrt{2}}{4}$

a. $\frac{\sqrt{2+\sqrt{3}}}{2} \approx 0.9659$

$\frac{\sqrt{6}+\sqrt{2}}{4} \approx 0.9659$

b. $\frac{\sqrt{2+\sqrt{3}}}{2} = \frac{\sqrt{6}+\sqrt{2}}{4}$

$\left(\frac{\sqrt{2+\sqrt{3}}}{2}\right)^2 = \left(\frac{\sqrt{6}+\sqrt{2}}{4}\right)^2$

$\frac{2+\sqrt{3}}{4} = \frac{6+2\sqrt{12}+2}{16}$

$\frac{2+\sqrt{3}}{4} = \frac{8+4\sqrt{3}}{16}$

$\frac{2+\sqrt{3}}{4} = \frac{2+\sqrt{3}}{4}$

119. Must be a unit circle with θ in radians. Must use a right triangle definition of tangent:
$$\tan\left(\frac{\theta}{2}\right) = \frac{\text{opposite side}}{\text{adjacent side}} = \frac{\sin \theta}{1+\cos \theta}$$

121. $x^4 + x^3 - 8x^2 - 6x + 12 = 0$
Possible rational roots:
$$\frac{\{\pm 1, \pm 12, \pm 2, \pm 6, \pm 3, \pm 4,\}}{\pm 1}$$

$\begin{array}{r|rrrrr} -2 & 1 & 1 & -8 & -6 & 12 \\ & & -2 & 2 & 12 & -12 \\ \hline & 1 & -1 & -6 & 6 & \underline{|0} \end{array}$

$\begin{array}{r|rrrr} 1 & 1 & -1 & -6 & 6 \\ & & 1 & 0 & -6 \\ \hline & 1 & 0 & -6 & \underline{|0} \end{array}$

$(x+2)(x-1)(x^2-6) = 0$
$x^2 - 6 = 0$
$x^2 = 6$
$x = \pm\sqrt{6}, x = 1, x = -2$

123. $\left(\frac{16}{65}\right)^2 + \left(\frac{63}{65}\right)^2 = \frac{256}{4225} + \frac{3969}{4225} = \frac{4225}{4225} = 1$

$\tan \theta = \frac{63}{16}; \sec \theta = \frac{65}{16}$

$1 + \tan^2 \theta = \sec^2 \theta$

$1 + \left(\frac{63}{16}\right)^2 = \left(\frac{65}{16}\right)^2$

$1 + \frac{3969}{256} = \frac{4225}{256}$

$\frac{256}{256} + \frac{3969}{256} = \frac{4225}{256}$

Chapter 6: Trigonometric Identities, Inverses and Equations

Chapter 6 Mid Chapter Check

1. $\sin x(\csc x - \sin x) = \cos^2 x$
   $\sin x \csc x - \sin^2 x =$
   $\dfrac{\sin x}{\sin x} - (1 - \cos^2 x) =$
   $1 - 1 + \cos^2 x =$
   $\cos^2 x = \cos^2 x$

3. $\dfrac{2\sin x}{\sec x} - \dfrac{\cos x}{\csc x} = \cos x \sin x$
   $\dfrac{2\sin x}{\frac{1}{\cos x}} - \dfrac{\cos x}{\frac{1}{\sin x}} =$
   $2\sin x \cos x - \sin x \cos x =$
   $\sin x \cos x =$
   $\cos x \sin x = \cos x \sin x$

5. a. $\dfrac{\sin^3 x + \cos^3 x}{\sin x + \cos x} = 1 - \sin x \cos x$
   $\dfrac{(\sin x + \cos x)(\sin^2 x - \sin x \cos x + \cos^2 x)}{(\sin x + \cos x)} =$
   $1 - \sin x \cos x =$

   b. $\dfrac{1 + \sec s}{\csc x} - \dfrac{1 + \cos x}{\cot x} = 0$
   $\dfrac{1 + \frac{1}{\cos x}}{\frac{1}{\sin x}} - \dfrac{1 + \cos x}{\frac{\cos x}{\sin x}} = 0$
   $\dfrac{\sin x \cos x + \sin x}{\cos x} - \dfrac{\sin x + \sin x \cos x}{\cos x} =$
   $\dfrac{\sin x \cos x + \sin x - \sin x - \sin x \cos x}{\cos x} =$
   $0 = 0$

7. $\sin \alpha = \dfrac{56}{65}$, $\tan \beta = \dfrac{-80}{39}$
   $\sin^2 \alpha = 1 - \cos^2 \alpha$
   $\left(\dfrac{56}{65}\right)^2 - 1 = -\cos^2 \alpha$
   $\dfrac{-1089}{4225} = -\cos^2 \alpha$
   $\cos^2 \alpha = \dfrac{1089}{4225}$
   $\cos \alpha = \pm \dfrac{33}{65}$
   $\cos \alpha = \dfrac{-33}{65}$;
   $\tan \alpha = \dfrac{\sin \alpha}{\cos \alpha}$
   $\tan \alpha = \dfrac{\frac{56}{65}}{\frac{-33}{65}} = \dfrac{-56}{33}$;

   $\tan^2 \beta + 1 = \sec^2 \beta$
   $\left(\dfrac{-80}{39}\right)^2 + 1 = \dfrac{1}{\cos^2 \beta}$
   $\dfrac{7921}{1521} = \dfrac{1}{\cos^2 \beta}$
   $7921 \cos 2\beta = 1521$
   $\cos^2 \beta = \dfrac{1521}{7921}$
   $\cos \beta = \pm \dfrac{39}{89}$
   $\cos \beta = \dfrac{-39}{89}$;
   $\sin^2 \beta = 1 - \left(\dfrac{-39}{89}\right)^2$
   $\sin^2 \beta = \dfrac{6400}{7921}$
   $\sin \beta = \pm \dfrac{80}{89}$
   $\sin \beta = \dfrac{80}{89}$

   a. $\sin(\alpha - \beta) = \sin \alpha \cos \beta - \cos \alpha \sin \beta$
   $= \left(\dfrac{56}{65}\right)\left(\dfrac{-39}{89}\right) - \left(\dfrac{-33}{65}\right)\left(\dfrac{80}{89}\right) = \dfrac{456}{5785}$

339

Chapter 6 Mid Chapter Check

b. $\cos(\alpha + \beta) = \cos\alpha\cos\beta - \sin\alpha\sin\beta$

$= \left(\dfrac{-33}{65}\right)\left(\dfrac{-39}{89}\right) - \left(\dfrac{56}{65}\right)\left(\dfrac{80}{89}\right) = -\dfrac{3193}{5785}$

c. $\tan(\alpha - \beta) = \dfrac{\left(\dfrac{-56}{33}\right) - \left(\dfrac{-80}{39}\right)}{1 + \left(\dfrac{-56}{33}\right)\left(\dfrac{-80}{39}\right)} = \dfrac{456}{5767}$

9. $\cos\theta = \dfrac{-15}{17}$, θ in QII

$\dfrac{\pi}{2} < \theta < \pi$

$\dfrac{\pi}{4} < \dfrac{\theta}{2} < \dfrac{\pi}{2}$ in QI

$\sin\left(\dfrac{\theta}{2}\right) = \pm\sqrt{\dfrac{1 - \cos\theta}{2}}$

$= \sqrt{\dfrac{1 - \left(\dfrac{-15}{17}\right)}{2}} = \sqrt{\dfrac{\dfrac{32}{17}}{2}} = \sqrt{\dfrac{16}{17}} = \dfrac{4}{\sqrt{17}}$;

In QI

$\cos\left(\dfrac{\theta}{2}\right) = +\sqrt{\dfrac{1 + \cos\theta}{2}}$

$= \sqrt{\dfrac{1 + \dfrac{-15}{17}}{2}} = \sqrt{\dfrac{\dfrac{2}{17}}{2}} = \dfrac{1}{\sqrt{17}}$

Reinforcing Basic Concepts

1. $\sin^2\theta + \cos^2\theta = 1$

$\dfrac{\sin^2\theta + \cos^2\theta}{\sin^2\theta} = \dfrac{1}{\sin^2\theta}$

$\dfrac{\sin^2\theta}{\sin^2\theta} + \dfrac{\cos^2\theta}{\sin^2\theta} = \dfrac{1}{\sin^2\theta}$

$1 + \cot^2\theta = \csc^2\theta$;

$\sin^2\theta + \cos^2\theta = 1$

$\dfrac{\sin^2\theta + \cos^2\theta}{\cos^2\theta} = \dfrac{1}{\cos^2\theta}$

$\dfrac{\sin^2\theta}{\cos^2\theta} + \dfrac{\cos^2\theta}{\cos^2\theta} = \dfrac{1}{\cos^2\theta}$

$\tan^2\theta + 1 = \sec^2\theta$

6.5 Technology Highlight

Exercise 1: Using grapher:
$Y1 = \cos x$;
$Y2 = \cos^{-1} x$

Chapter 6: Trigonometric Identities, Inverses and Equations

6.5 Exercises

1. Horizontal line, one, one

3. $[-1,1]$, $\left[-\dfrac{\pi}{2},\dfrac{\pi}{2}\right]$

5. $\cos^{-1}\left(\dfrac{1}{5}\right)$

7. $\sin^{-1}(0)=0$; $\sin\left(\dfrac{\pi}{6}\right)=\sin 30°=\dfrac{1}{2}$;

   $\sin^{-1}\left(-\dfrac{1}{2}\right)=-\dfrac{\pi}{6}$;

   $\sin^{-1}(-1)=-\dfrac{\pi}{2}$

9. $\sin^{-1}\left(\dfrac{\sqrt{2}}{2}\right)$:

   y is the number or angle whose sine is $\dfrac{\sqrt{2}}{2}$

   $\sin^{-1}\left(\dfrac{\sqrt{2}}{2}\right)=y$ where $-\dfrac{\pi}{2}\le y\le\dfrac{\pi}{2}$

   $\sin y=\dfrac{\sqrt{2}}{2}$

   $y=\dfrac{\pi}{4}$

11. $\sin^{-1}1$:
    y is the number or angle whose sine is 1
    $\sin y=1$
    $\sin^{-1}1=\dfrac{\pi}{2}$

13. $\arcsin 0.8892=1.0956$

    $1.0956\left(\dfrac{180}{\pi}\right)\approx 62.8°$

15. $\sin^{-1}\left(\dfrac{1}{\sqrt{7}}\right)=0.3876$

    $0.3876\left(\dfrac{180}{\pi}\right)=22.2°$

17. $\sin\left[\sin^{-1}\left(\dfrac{\sqrt{2}}{2}\right)\right]=\dfrac{\sqrt{2}}{2}$

    since $\dfrac{\sqrt{2}}{2}\in[-1,1]$

19. $\arcsin\left[\sin\left(\dfrac{\pi}{3}\right)\right]=\dfrac{\pi}{3}$

    since $\dfrac{\pi}{3}\in\left[\dfrac{-\pi}{2},\dfrac{\pi}{2}\right]$

21. $\sin^{-1}(\sin 135°)=45°$
    since $45°\in[-90°,90°]$ and
    $\sin 135°=\sin 45°$

23. $\sin(\sin^{-1}68205)=0.8205$
    since $0.8205\in[-1,1]$

25. $\cos^{-1}1=0$; $\cos\left(\dfrac{\pi}{6}\right)=\dfrac{\sqrt{3}}{2}$;

    $\arccos\left(-\dfrac{1}{2}\right)=120°$;

    $\cos^{-1}(-1)=\pi$

27. $\cos^{-1}\left(\dfrac{1}{2}\right)$:

    y is the number or angle whose cosine is $\dfrac{1}{2}$

    $\cos^{-1}y=\dfrac{1}{2}$

    $\cos^{-1}\left(\dfrac{1}{2}\right)=\dfrac{\pi}{3}$

29. $\cos^{-1}(-1)$:
    y is the # or angle whose cosine is -1
    $\cos y=-1$
    $\cos^{-1}(-1)=\pi$

31. $\arccos 0.1352\approx 82.2°$

    $82.2\left(\dfrac{\pi}{180}\right)=1.4352$

6.5 Exercises

33. $\cos^{-1}\left(\dfrac{\sqrt{5}}{3}\right) = 41.8°$

    $41.8\left(\dfrac{\pi}{180}\right) = 0.7297$

35. $\arccos\left[\cos\left(\dfrac{\pi}{4}\right)\right] = \dfrac{\pi}{4}$

    since $\dfrac{\pi}{4} \in [0, \pi]$

37. $\cos(\cos^{-1} 0.5560) = 0.5560$
    since $0.5560 \in [-1, 1]$

39. $\cos\left[\cos^{-1}\left(\dfrac{-\sqrt{2}}{2}\right)\right] = \dfrac{-\sqrt{2}}{2}$

    since $\dfrac{-\sqrt{2}}{2} \in [-1, 1]$

41. $\cos^{-1}\left[\cos\left(\dfrac{5\pi}{4}\right)\right] = \dfrac{3\pi}{4}$

    since $\dfrac{3\pi}{4} \in [0, \pi]$

    $\cos\dfrac{5\pi}{4} = -\cos\dfrac{\pi}{4} = \cos\dfrac{3\pi}{4}$

43.

$\tan 0 = 0$	$\tan^{-1} 0$ $\underline{0}$
$\tan\left(-\dfrac{\pi}{3}\right) = \underline{-\sqrt{3}}$	$\arctan(-\sqrt{3}) = -\dfrac{\pi}{3}$
$\tan 30° = \dfrac{\sqrt{3}}{3}$	$\arctan\left(\dfrac{\sqrt{3}}{3}\right) = \underline{30°}$
$\tan\left(\dfrac{\pi}{3}\right) = \underline{\sqrt{3}}$	$\tan^{-1}(\sqrt{3}) = \underline{\dfrac{\pi}{3}}$

45. $\tan^{-1}\left(\dfrac{-\sqrt{3}}{3}\right) = -30° = \dfrac{-\pi}{6}$

47. $\arctan(\sqrt{3}) = 60° = \dfrac{\pi}{3}$

49. $\tan^{-1}(-2.05) \approx -64.0$

    $-64.0\left(\dfrac{\pi}{180}\right) = -1.1170$

51. $\arctan\left(\dfrac{29}{24}\right) = 54.1°$

    $54.1\left(\dfrac{\pi}{180}\right) = 0.9441$

53. $\sin^{-1}\left[\cos\left(\dfrac{2\pi}{3}\right)\right] = \dfrac{-\pi}{6}$

    $\cos\left(\dfrac{2\pi}{3}\right) = \dfrac{-1}{2}$

    $\sin^{-1}\left(\dfrac{-1}{2}\right) = \dfrac{-\pi}{6}$

55. $\tan\left[\arccos\left(\dfrac{\sqrt{3}}{2}\right)\right]$

    $\arccos\left(\dfrac{\sqrt{3}}{2}\right) = \dfrac{\pi}{6}$

    $\tan\left(\dfrac{\pi}{6}\right) = \dfrac{1}{\sqrt{3}} = \dfrac{\sqrt{3}}{3}$

57. $\csc\left[\sin^{-1}\left(\dfrac{\sqrt{2}}{2}\right)\right]$

    $\sin^{-1}\left(\dfrac{\sqrt{2}}{2}\right) = 45°$ or $\dfrac{\pi}{4}$

    $\csc\left(\dfrac{\pi}{4}\right) = \dfrac{1}{\sin\left(\dfrac{\pi}{4}\right)} = \sqrt{2}$

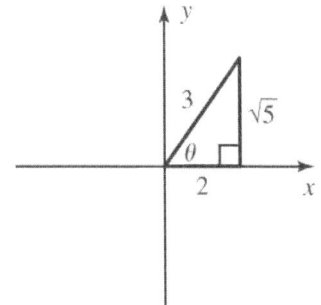

Chapter 6: Trigonometric Identities, Inverses and Equations

59. $\arccos[\sin(-30°)]$

    $\sin(-30°) = \dfrac{-1}{2}$

    $\arccos\left(\dfrac{-1}{2}\right) = -30°$

61. $\tan(\sin^{-1} 1)$

    $\sin^{-1} 1 = \dfrac{\pi}{2}$

    $\tan\left(\dfrac{\pi}{2}\right)$ cannot be evaluated because

    $x = \dfrac{\pi}{2}$ is a vertical asymptote for tan x. $\dfrac{\pi}{2}$ is not in the domain of tan x.

63. $\sin^{-1}\left(\csc\dfrac{\pi}{4}\right)$

    $\csc\dfrac{\pi}{4} = \sqrt{2} > 1;$

    Not in domain of $\sin^{-1} x$

65. a) $\sin\theta = \dfrac{0.3}{0.5} = \dfrac{3}{5}$

    b) $\cos\theta = \dfrac{0.4}{0.5} = \dfrac{4}{5}$

    c) $\tan\theta = \dfrac{0.3}{0.4} = \dfrac{3}{4}$

67. a) $\sin\theta = \dfrac{\sqrt{x^2-36}}{x}$

    b) $\cos\theta = \dfrac{6}{x}$

    c) $\tan\theta = \dfrac{\sqrt{x^2-36}}{6}$

69. $\sin\left[\cos^{-1}\left(\dfrac{-7}{25}\right)\right] = \dfrac{24}{25}$

    $x^2 + 7^2 = 25^2$
    $x^2 + 49 = 625$
    $x^2 = 576$
    $x = 24$

71. $\sin\left[\tan^{-1}\left(\dfrac{\sqrt{5}}{2}\right)\right] = \dfrac{\sqrt{5}}{3}$

    $\sqrt{5}^2 + 2^2 = x^2$
    $5 + 4 = x^2$
    $9 = x^2$
    $3 = x$

6.5 Exercises

73. $\cot\left[\arcsin\left(\dfrac{3x}{5}\right)\right] = \dfrac{\sqrt{25-9x^2}}{3x}$

$y^2 + (3x)^2 = 5^2$
$y^2 + 9x^2 = 25$
$y^2 = 25 - 9x^2$
$y = \sqrt{25-9x^2}$

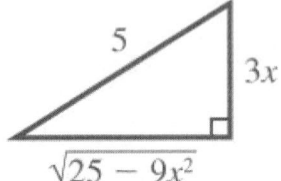

(right triangle with hypotenuse 5, vertical leg $3x$, horizontal leg $\sqrt{25-9x^2}$)

75. $\cos\left[\sin^{-1}\left(\dfrac{x}{\sqrt{12+x^2}}\right)\right]$

$= \dfrac{\sqrt{12}}{\sqrt{25+x^2}} = \sqrt{\dfrac{12}{12+x^2}}$;

$x^2 + y^2 = \sqrt{12+x^2}^2$
$y^2 = 12 + x^2 - x^2$
$y^2 = 12$
$y = \sqrt{12}$

(right triangle with hypotenuse $\sqrt{12+x^2}$, vertical leg x, horizontal leg $\sqrt{12}$)

77. $\sec^{-1} 1 = 0$;

$\sec\left(\dfrac{\pi}{3}\right) = 2$;

$\text{arc sec}\left(\dfrac{2}{\sqrt{3}}\right) = 30°$;

$\sec(\pi) = -1$

79. $\text{arc csc } x = \arcsin\left(\dfrac{1}{x}\right)$

$\text{arc csc } 2 = \sin^{-1}\left(\dfrac{1}{2}\right) = 30° = \dfrac{\pi}{6}$

81. $\cot^{-1}\sqrt{3} = \tan^{-1}\left(\dfrac{1}{\sqrt{3}}\right) = 30° = \dfrac{\pi}{6}$

83. $\text{arc sec } 5.789 = \cos^{-1}\left(\dfrac{1}{5.789}\right) = 80.1°$

85. $\sec^{-1}\sqrt{7} = \cos^{-1}\dfrac{1}{\sqrt{7}} = 67.8°$

87. $F_N = mg\cos\theta$
$m = 225 \text{ g} = 0.225 \text{ kg}$

a) Find F_N for $\theta = 15°$ and $\theta = 45°$
$F_N = 0.225(9.8)\cos 15°$
$= 2.13 \text{ N}$;
$F_N = 0.225(9.8)\cos 45°$
1.56 N

b) Find θ for F_N for 1 N and $F_N = 2$ N
$1 = 0.225(9.8)\cos\theta \qquad 2 = 0.225(9.8)\cos\theta$
$1 = 2.205\cos\theta \qquad 2 = 2.205\cos\theta$
$\dfrac{1}{2.205} = \cos\theta \qquad \dfrac{2}{2.205} = \cos\theta$
$\cos^{-1}\left(\dfrac{1}{2.205}\right) = \theta \qquad \cos^{-1}\left(\dfrac{2}{2.205}\right) = \theta$
$63° = \theta \qquad 24.9° = \theta$

Chapter 6: Trigonometric Identities, Inverses and Equations

89. $\tan\theta = \dfrac{5.35}{20}$

$\theta = \tan^{-1}\left(\dfrac{5.35}{20}\right)$

$\theta \approx 14.98$

$2\theta \approx 30°$

91. $\tan\theta = \dfrac{150}{48}$

$\theta = \tan^{-1}\left(\dfrac{150}{48}\right)$

$\theta \approx 72.3°$

Straight line distance:

$48^2 + 150^2 = c^2$

$2304 + 22500 = c^2$

$24804 = c^2$

$157.5 \text{ yds} \approx c$

93. a) $\theta = \alpha - \beta$

$\tan\alpha = \dfrac{75}{d}$

$\alpha = \tan^{-1}\left(\dfrac{75}{d}\right)$;

$\tan\beta = \dfrac{50}{d}$

$\beta = \tan^{-1}\left(\dfrac{50}{d}\right)$;

$\theta = \tan^{-1}\left(\dfrac{75}{d}\right) - \tan^{-1}\left(\dfrac{50}{d}\right)$

b) $d \in (39.2, 95.7)$

c) $\theta = 11.5°$ at $d \approx 61.2$ ft

95. a) $\theta = \alpha - \beta$

$\tan\alpha = \dfrac{94}{d}$

$\alpha = \tan^{-1}\left(\dfrac{94}{d}\right)$;

$\tan\beta = \dfrac{70}{d}$

$\beta = \tan^{-1}\left(\dfrac{70}{d}\right)$;

$\theta = \tan^{-1}\left(\dfrac{94}{d}\right) - \tan^{-1}\left(\dfrac{70}{d}\right)$

b) $\theta \approx 8.4°$ at $d \approx 81.1$ ft

97. $\cos\theta = \dfrac{3960}{150 + 3960}$

a) $\theta = \cos^{-1}\left(\dfrac{3960}{150+3960}\right) = 15.5°$ or

≈ 0.2705 rad

b) $d^2 = (x+r)^2 - r^2$

$= x^2 + 2xr + r^2 - r^2 = x^2 + 2xr$

$d \approx 1100$ miles

$s = 3960 \cdot 0.2705 = 1071.2$

$d - s \approx 29$ miles

99. a) $x = v_0 \cos\theta\, t$

$x = 70\cos 10(6)$

$x \approx 413.6$ ft away

b) $y = 0 + 70\sin(10)(6) - 16(6)^2$

$= 420\sin 10 - 576$

≈ -503 ft

c) $503^2 + 413.6^2 = c^2$

$\sqrt{253009 + 171064.96} = c$

$c \approx 651.2$ ft

101. $\sin 2\theta = 2\sin\theta\cos\theta$

$= 2\left(\dfrac{6}{\sqrt{85}}\right)\left(\dfrac{7}{\sqrt{85}}\right)$

$= \dfrac{84}{85}$

103. $f(x) \le 0$

$f(x) = x^3 - 9x$

$= x(x^2 - 9)$

$= x(x-3)(x+3)$

$x = 0; x = 3; x = -3$

$(-\infty, -3] \cup [0, 3]$

6.6 Exercises

6.6 Technology Highlight

Exercise 1:
$Y_1 = (1+\sin x)^2 + \cos(2x);$
$Y_2 = 4\cos x(1+\sin x);$
$x \approx -5.1126 + 2\pi k;$
$x \approx -2.1545 + 2\pi k$

6.6 Exercises

1. Principal, $[0, 2\pi)$, real

3. $\dfrac{\pi}{4}; \dfrac{\pi}{4}; \dfrac{3\pi}{4}; \dfrac{\pi}{4}+2\pi k;, \dfrac{3\pi}{4}+2\pi k$

5. Answers will vary.

7. $\sin x = \dfrac{-3}{4}$
   $y = \sin x$
   $y = \dfrac{-3}{4}$
   a) Principal root: QIV
   b) 2 roots

9. $y = \tan x$
   $y = -1.5$
   a) Principal root: QIV
   b) 2 roots

11.

θ	$\sin\theta$	$\cos\theta$	$\tan\theta$
0	0	1	0
$\dfrac{\pi}{6}$	$\dfrac{1}{2}$	$\dfrac{\sqrt{3}}{2}$	$\dfrac{\sqrt{3}}{3}$
$\dfrac{\pi}{3}$	$\dfrac{\sqrt{3}}{2}$	$\dfrac{1}{2}$	$\sqrt{3}$
$\dfrac{\pi}{2}$	1	0	Und
$\dfrac{2\pi}{3}$	$\dfrac{\sqrt{3}}{2}$	$-\dfrac{1}{2}$	$-\sqrt{3}$
$\dfrac{5\pi}{6}$	$\dfrac{1}{2}$	$-\dfrac{\sqrt{3}}{2}$	$-\dfrac{\sqrt{3}}{3}$
π	0	-1	0
$\dfrac{7\pi}{6}$	$-\dfrac{1}{2}$	$-\dfrac{\sqrt{3}}{2}$	$\dfrac{\sqrt{3}}{3}$
$\dfrac{4\pi}{3}$	$-\dfrac{\sqrt{3}}{2}$	$-\dfrac{1}{2}$	$\sqrt{3}$

13. $2\cos x = \sqrt{2}$
    $\cos x = \dfrac{\sqrt{2}}{2}$
    $x = \cos^{-1}\dfrac{\sqrt{2}}{2}$
    $x = \dfrac{\pi}{4}$

15. $-4\sin x = 2\sqrt{2}$
    $\sin x = \dfrac{-\sqrt{2}}{2}$
    $x = \sin^{-1}\left(\dfrac{-\sqrt{2}}{2}\right)$
    $x = \dfrac{-\pi}{4}$

17. $\sqrt{3}\tan x = 1$
    $\tan x = \dfrac{1}{\sqrt{3}}$
    $x = \tan^{-1}\dfrac{1}{\sqrt{3}}$
    $x = \dfrac{\pi}{6}$

Chapter 6: Trigonometric Identities, Inverses and Equations

19. $2\sqrt{3} \sin x = -3$

    $\sin x = \dfrac{-3}{2\sqrt{3}}$

    $\sin x = \dfrac{-3\sqrt{3}}{6}$

    $\sin x = \dfrac{-\sqrt{3}}{2}$

    $x = \sin^{-1}\left(\dfrac{-\sqrt{3}}{2}\right)$

    $x = \dfrac{-\pi}{3}$

21. $-6 \cos x = 6$
    $\cos x = -1$
    $x = \cos^{-1}(-1)$
    $x = \pi$

23. $\dfrac{7}{8} \cos x = \dfrac{7}{16}$

    $\cos x = \dfrac{\frac{7}{16}}{\frac{7}{8}}$

    $x = \cos^{-1}\left(\dfrac{1}{2}\right)$

    $x = \dfrac{\pi}{3}$

25. $2 = 4 \sin \theta$

    $\dfrac{1}{2} = \sin \theta$

    $\sin^{-1}\left(\dfrac{1}{2}\right) = \theta$

    $\dfrac{\pi}{6} = \theta$

27. $-5\sqrt{3} = 10 \cos \theta$

    $\dfrac{-\sqrt{3}}{2} = \cos \theta$

    $\cos^{-1}\left(\dfrac{-\sqrt{3}}{2}\right) = \theta$

    $\dfrac{5\pi}{6} = \theta$

29. $9 \sin x - 3.5 = 1$
    $9 \sin x = 4.5$

    $\sin x = \dfrac{1}{2}$, QI or QII

    $x = \sin^{-1}\left(\dfrac{1}{2}\right)$

    $x = \dfrac{\pi}{6}$ or $\pi - \dfrac{\pi}{6} = \dfrac{5\pi}{6}$

    $x = \dfrac{\pi}{6}, \dfrac{5\pi}{6}$

31. $8 \tan x + 7\sqrt{3} = -\sqrt{3}$
    $8 \tan x = -8\sqrt{3}$
    $\tan x = -\sqrt{3}$, QII or QIV
    $x = \tan^{-1}\left(-\sqrt{3}\right)$

    $x = \pi - \dfrac{\pi}{3} = \dfrac{2\pi}{3}$ or $2\pi - \dfrac{\pi}{3} = \dfrac{5\pi}{3}$

    $x = \dfrac{2\pi}{3}, \dfrac{5\pi}{3}$

33. $\dfrac{2}{3} \cot x - \dfrac{5}{6} = \dfrac{-3}{2}$

    $\dfrac{2}{3} \cot x = \dfrac{-2}{3}$

    $\cot x = -1$, QII or QIV

    $x = \cot^{-1}(-1)$

    $x = \pi - \dfrac{\pi}{4} = \dfrac{3\pi}{4}$, $x = 2\pi - \dfrac{\pi}{4} = \dfrac{7\pi}{4}$

    $x = \dfrac{3\pi}{4}, \dfrac{7\pi}{4}$

35. $4 \cos^2 x = 3$

    $\cos^2 x = \dfrac{3}{4}$

    $\cos x = \dfrac{\pm \sqrt{3}}{2}$

    $x = \cos^{-1}\left(\pm\dfrac{\sqrt{3}}{2}\right)$

    $x = \dfrac{\pi}{6}, \dfrac{5\pi}{6}, \dfrac{7\pi}{6}, \dfrac{11\pi}{6}$

6.6 Exercises

37. $-7\tan^2 x = -21$
    $\tan^2 x = 3$
    $\tan x = \pm\sqrt{3}$
    $x = \tan^{-1}(\pm\sqrt{3})$
    $x = \dfrac{\pi}{3}, \dfrac{2\pi}{3}, \dfrac{4\pi}{3}, \dfrac{5\pi}{3}$

39. $-4\csc^2 x = -8$
    $\csc^2 x = 2$
    $\csc x = \pm\sqrt{2}$
    $x = \csc^{-1}(\pm\sqrt{2})$
    $x = \dfrac{\pi}{4}, \dfrac{3\pi}{4}, \dfrac{5\pi}{4}, \dfrac{7\pi}{4}$

41. $4\sqrt{2}\sin^2 x = 4\sqrt{2}$
    $\sin^2 x = 1$
    $\sin x = \pm 1$
    $x = \sin^{-1}(1)$ or $x = \sin^{-1}(-1)$
    $x = \dfrac{\pi}{2}, \dfrac{3\pi}{2}$

43. $3\cos^2\theta + 14\cos\theta - 5 = 0$
    Let $u = \cos\theta, u^2 = \cos^2\theta$
    $3u^2 + 14u - 5 = 0$
    $(3u-1)(u+5) = 0$
    $u = \dfrac{1}{3}$ or $u = -5$
    $\cos\theta = \dfrac{1}{3}$ $\cos\theta = -5$
    Extraneous because $-1 \leq \cos\theta \leq 1$
    $\theta = \cos^{-1}\left(\dfrac{1}{3}\right)$
    $\theta = 1.2310 + 2\pi k$ or
    $\theta = 5.0522 + 2\pi k$

45. $2\cos x \sin x - \cos x = 0$
    $\cos x(2\sin x - 1) = 0$
    $\cos x = 0$ or $2\sin x - 1 = 0$
    $x = \dfrac{\pi}{2}$ or $x = \dfrac{3\pi}{2}$ $2\sin x = 1$
    $x = \dfrac{\pi}{2} + \pi k$ $\sin x = \dfrac{1}{2}$
    $x = \dfrac{\pi}{6}$ or $x = \dfrac{5\pi}{6}$
    $x = \dfrac{\pi}{6} + 2\pi k$
    or $x = \dfrac{5\pi}{6} + 2\pi k$

47. $\sec^2 x - 6\sec x = 16$
    $\sec^2 x - 6\sec x - 16 = 0$
    $(\sec x + 2)(\sec x - 8) = 0$
    $\sec x + 2 = 0$ or $\sec x - 8 = 0$
    $\sec x = -2$ $\sec x = 8$
    $x = \sec^{-1}(-2)$ $x = \sec^{-1}(8)$
    $x = \cos^{-1}\left(\dfrac{-1}{2}\right)$ $x = \cos^{-1}\left(\dfrac{1}{8}\right)$
    $x = \dfrac{2\pi}{3} + 2\pi k$ or $x = 1.4455 + 2\pi k$
    $x = \dfrac{4\pi}{3} + 2\pi k$ $x = 4.8377 + 2\pi k$

49. $4\sin^2 x - 1 = 0$
    $(2\sin x - 1)(2\sin x + 1) = 0$
    $2\sin x = 1$ or $2\sin x + 1 = 0$
    $\sin x = \dfrac{1}{2}$ $2\sin x = -1$
    $x = \sin^{-1}\left(\dfrac{1}{2}\right)$ $\sin x = \dfrac{-1}{2}$
    $x = \sin^{-1}\left(\dfrac{-1}{2}\right)$
    $x = \dfrac{\pi}{6} + 2\pi k$ $x = \dfrac{11\pi}{6} + 2\pi k$;
    or $x = \dfrac{5\pi}{6} + 2\pi k$ $x = \dfrac{7\pi}{6} + 2\pi k$;
    $x = \dfrac{\pi}{6} + \pi k; x = \dfrac{5\pi}{6} + \pi k$

348

Chapter 6: Trigonometric Identities, Inverses and Equations

51. $-2\sin x = \sqrt{2}$
$\sin x = \dfrac{-\sqrt{2}}{2}$
$\sin^{-1}(\sin x) = \sin^{-1}\left(\dfrac{-\sqrt{2}}{2}\right)$
$x = \dfrac{5\pi}{4} + 2\pi k$ or $x = \dfrac{7\pi}{4} + 2\pi k$

53. $-4\cos x = 2\sqrt{2}$
$\cos x = \dfrac{-\sqrt{2}}{2}$
$\cos^{-1}(\cos x) = \cos^{-1}\left(\dfrac{-\sqrt{2}}{2}\right)$
$x = \cos^{-1}\left(\dfrac{-\sqrt{2}}{2}\right)$
$x = \dfrac{3\pi}{4} + 2\pi k$, QII
$x = \dfrac{5\pi}{4} + 2\pi k$, QIII

55. $\sqrt{3}\tan x = -\sqrt{3}$
$\tan x = -1$
$\tan^{-1}(\tan x) = \tan^{-1}(-1)$
$x = \dfrac{3\pi}{4} + \pi k$, QII or QIV

57. $6\cos(2x) = -3$
$\cos(2x) = \dfrac{-1}{2}$
$\cos^{-1}(\cos 2x) = \cos^{-1}\left(\dfrac{-1}{2}\right)$
$2x = \dfrac{2\pi}{3} + 2\pi k$, QII
$x = \dfrac{\pi}{3} + \pi k$;
$2x = \dfrac{4\pi}{3} + 2\pi k$, QIII
$x = \dfrac{2\pi}{3} + \pi k$

59. $\sqrt{3}\tan 2x = -\sqrt{3}$
$\tan 2x = -1$
$\tan^{-1}(\tan 2x) = \tan^{-1}(-1)$
$2x = \dfrac{3\pi}{4} + \pi k$, QII or QIV
$x = \dfrac{3\pi}{8} + \dfrac{\pi}{2}k$

61. $-2\sqrt{3}\cos\left(\dfrac{1}{3}x\right) = 2\sqrt{3}$
$\cos\left(\dfrac{1}{3}x\right) = -1$
$\cos^{-1}\left[\cos\left(\dfrac{1}{3}x\right)\right] = \cos^{-1}(-1)$
$\dfrac{1}{3}x = \pi + 2\pi k$
$x = 3\pi + 6\pi k$

63. $\sqrt{2}\cos x \sin(2x) - 3\cos x = 0$
$\cos x\left(\sqrt{2}\sin(2x) - 3\right) = 0$
$\cos x = 0$ or $\sqrt{2}\sin(2x) = 3$
$\sin(2x) = \dfrac{3}{\sqrt{2}} > 1$
Extraneous
$x = \dfrac{\pi}{2} + 2\pi k$
or $\dfrac{3\pi}{2} + 2\pi k$
Can be combined
$x = \dfrac{\pi}{2} + \pi k, k \in Z$

349

6.6 Exercises

65. $\cos(3x)\csc(2x) - 2\cos(3x) = 0$
$\cos(3x)(\csc(2x) - 2) = 0$
$\cos(3x) = 0$
$3x = \dfrac{\pi}{2} + 2\pi k$ or $3x = \dfrac{3\pi}{2} + 2\pi k$
$x = \dfrac{\pi}{6} + \dfrac{2}{3}\pi k$ $\quad x = \dfrac{\pi}{2} + \dfrac{2}{3}\pi k$;
Can be combined
$x = \dfrac{\pi}{6} + \dfrac{\pi}{3}k$;
OR
$\csc(2x) - 2 = 0$
$\csc(2x) = 2$
$\dfrac{1}{\sin(2x)} = 2$
$\sin(2x) = \dfrac{1}{2}$
$2x = \dfrac{\pi}{6} + 2\pi k$ or $2x = \dfrac{5\pi}{6} + 2\pi k$
$x = \dfrac{\pi}{12} + \pi k$ $\quad x = \dfrac{5\pi}{12} + \pi k$

67. $3\cos x = 1$
$\cos x = \dfrac{1}{3}$
$\cos^{-1}(\cos x) = \cos^{-1}\left(\dfrac{1}{3}\right)$
  a. $x \approx 1.2310$
  b. $1.2310 + 2\pi k$, QI
     $2\pi - 1.2310 + 2\pi k = 5.0522 + 2\pi k$, QIV

69. $\sqrt{2}\sec x + 3 = 7$
$\sec x = \dfrac{4}{\sqrt{2}}$
$\cos x = \dfrac{\sqrt{2}}{4}$
$\cos^{-1}(\cos x) = \cos^{-1}\left(\dfrac{\sqrt{2}}{4}\right)$
  a. $x \approx 1.2094$
  b. $1.2094 + 2\pi k$, QI
     $2\pi - 1.2094 = 5.0738$;
     $5.0738 + 2\pi k$, QIV

71. $\dfrac{1}{2}\sin(2\theta) = \dfrac{1}{3}$
$\sin(2\theta) = \dfrac{2}{3}$
$\sin^{-1}(\sin(2\theta)) = \sin^{-1}\left(\dfrac{2}{3}\right)$
  a. $2\theta \approx 0.7297$
     $\theta \approx 0.3649$
  b. $2\theta = 0.7297 + 2\pi k$
     $\theta = 0.3649 + \pi k$, QI;
     $\pi - 0.7297 = 2.4119$
     $2\theta = 2.4119 + 2\pi k$
     $\theta = 1.2059 + \pi k$

73. $-5\cos(2\theta) - 1 = 0$
$\cos(2\theta) = \dfrac{-1}{5}$
$\cos^{-1}(\cos(2\theta)) = \cos^{-1}\left(\dfrac{-1}{5}\right)$
  a. $2\theta \approx 1.7722$
     $\theta \approx 0.8861$
  b. $2\theta = 1.7722 + 2\pi k$
     $\theta = 0.8861 + \pi k$, QII;
     $\pi + \cos^{-1}(0.2) = 4.5110$, QIII;
     $2\theta = 4.5110 + 2\pi k$
     $\theta = 2.2555 + \pi k$

75. $\cos^2 x - \sin^2 x = \dfrac{1}{2}$
$\cos(2x) = \dfrac{1}{2}$
$2x = \cos^{-1}\left(\dfrac{1}{2}\right)$
$2x = \dfrac{\pi}{3} + 2\pi k$
$x = \dfrac{\pi}{6} + \pi k$, QI and QIII;
$2\pi - \dfrac{\pi}{3} = \dfrac{5\pi}{3}$;
$2x = \dfrac{5\pi}{3} + 2\pi k$
$x = \dfrac{5\pi}{6} + \pi k$, QII and QIV

Chapter 6: Trigonometric Identities, Inverses and Equations

77. $2\cos\left(\dfrac{1}{2}x\right)\cos x - 2\sin\left(\dfrac{1}{2}x\right)\sin x = 1$

    $2\left[\cos\left(\dfrac{1}{2}x\right)\cos x - \sin\left(\dfrac{1}{2}x\right)\sin x\right] = 1$

    $\cos\left(\dfrac{1}{2}x + x\right) = \dfrac{1}{2}$

    $\cos^{-1}\left[\cos\left(\dfrac{3}{2}x\right)\right] = \cos^{-1}\left(\dfrac{1}{2}\right)$

    $\dfrac{3}{2}x = \dfrac{\pi}{3}$;

    $\dfrac{3}{2}x = \dfrac{\pi}{3} + 2\pi k$

    $x = \dfrac{2\pi}{9} + \dfrac{4\pi}{3}k$, QI

    $\dfrac{3}{2}x = \dfrac{5\pi}{3} + 2\pi k$

    $x = \dfrac{10\pi}{9} + \dfrac{4\pi}{3}k$, QIV

79. $(\cos\theta + \sin\theta)^2 = 1$

    $\cos^2\theta + 2\sin\theta\cos\theta + \sin^2\theta = 1$

    $1 + 2\sin\theta\cos\theta = 1$

    $2\sin\theta\cos\theta = 0$

    $\sin(2\theta) = 0$

    $\sin^{-1}[\sin(2\theta)] = \sin^{-1}(0)$

    $2\theta = 0 + 2\pi k$ or $\quad 2\theta = \pi + 2\pi k$

    $\theta = \pi k \qquad\qquad \theta = \dfrac{\pi}{2} + \pi k$

    These can be combined as $\theta = \dfrac{\pi}{2}k$

81. $\cos(2\theta) + 2\sin^2\theta - 3\sin\theta = 0$

    $1 - 2\sin^2\theta + 2\sin^2\theta - 3\sin\theta = 0$

    $-3\sin\theta = -1$

    $\sin\theta = \dfrac{1}{3}$

    $\sin^{-1}(\sin\theta) = \sin^{-1}\left(\dfrac{1}{3}\right)$

    $\theta \approx 0.3398 + 2\pi k$, QI;

    $\pi - 0.3398 = 2.8018$

    $\theta \approx 2.8018 + 2\pi k$, QII

83. $5\cos x - x = 3$

    $Y_1 = 5\cos x - x$

    $Y_2 = 3$

    $x \approx 0.7290$

85. $\cos^2(2x) + x = 3$

    $Y_1 = \cos^2(2x) + x$

    $Y_2 = 3$

    $x \approx 2.6649$

87. $x^2 + \sin(2x) = 1$

    $Y_1 = x^2 + \sin(2x)$

    $Y_2 = 1$

    $x \approx 0.4566$

88. $\cos(2x) - x^2 = -5$

    $Y_1 = \cos(2x) - x^2$

    $Y_2 = -5$

    $x \approx 2.1406$

89. $R = \dfrac{5}{49}v^2\sin(2\theta)$

    $16 = \dfrac{5}{49}(15)^2\sin(2\theta)$

    $\dfrac{784}{1125} = \sin(2\theta)$

    $\sin^{-1}\left(\dfrac{784}{1125}\right) = \sin^{-1}(\sin(2\theta))$

    $44.2° \approx 2\theta$;

    $2\theta = 44.2$

    $\theta = 22.1°$, QI;

    $180° - 44.2° = 135.8°$

    $2\theta = 135.8°$

    $\theta = 67.9°$, QII

91. $A(\theta) = 9.8\sin\theta$

    $0 = 9.8\sin\theta$

    $0 = \sin\theta$

    $0° = \theta$

    The ramp is horizontal.

351

6.6 Exercises

93. $A(\theta) = 9.8 \sin \theta$
    $5 = 9.8 \sin \theta$
    $\dfrac{25}{49} = \sin \theta$
    $\sin^{-1}\left(\dfrac{25}{49}\right) = \sin^{-1}(\sin \theta)$
    $30.7° \approx \theta$;
    $4.5 = 9.8 \sin \theta$
    $\dfrac{45}{98} = \sin \theta$
    $27.3° \approx \theta$
    Smaller

95. $\sin \alpha = k \sin \beta$
    $\alpha = 90° - 55° = 35°$;
    $\sin 35° = 1.33 \sin \beta$
    $0.4313 \approx \sin \beta$
    $\sin^{-1}(0.4313) \approx \sin^{-1}(\sin \beta)$
    $25.5° \approx \beta$

97. $\sin \alpha = k \sin \beta$
    $\alpha = (90° - 40°)$
    $\sin(50°) = k \sin 34.3°$
    $1.36 \approx k$;
    $\sin \alpha = 1.36 \sin 15°$
    $\sin \alpha \approx 0.3520$
    $\sin^{-1}(\sin \alpha) \approx \sin^{-1}(0.3520)$
    $\alpha = 20.6°$

99. $y = 5 \sin\left(\dfrac{1}{2}x\right) + 7$
    a. Since distance $x = 0$,
       y-int: 7 inches
    b. $9.5 = 5 \sin\left(\dfrac{1}{2}x\right) + 7$
       $2.5 = 5 \sin\left(\dfrac{1}{2}x\right)$
       $\dfrac{1}{2} = \sin\left(\dfrac{1}{2}x\right)$
       $\sin^{-1}\left(\dfrac{1}{2}\right) = \sin^{-1}\left[\sin\left(\dfrac{1}{2}x\right)\right]$
       QI
       $\dfrac{\pi}{6} = \dfrac{1}{2}x$
       $\dfrac{\pi}{3} = x$

    $x \approx 1.05$ in.
    QII
    $\dfrac{1}{2}x = \dfrac{5\pi}{6}$
    $x = \dfrac{5\pi}{3}$
    $x \approx 5.24$ in.

101. $A = \dfrac{1}{2}r^2(\theta - \sin \theta)$
     $12 = \dfrac{1}{2}(10)^2(\theta - \sin \theta)$
     $Y_1 = 12$
     $Y_2 = \dfrac{1}{2}(10)^2(\theta - \sin \theta)$
     $\theta \approx 1.1547$

103. $5 \cos x - x = -x$
     $Y_1 = 5 \cos x - x$
     $Y_2 = -x$,
     $5 \cos x - x = -x$
     $5 \cos x = 0$
     $\cos x = 0$
     $x = \dfrac{\pi}{2} + \pi k$
     Intersection method; zero method.
     Explanations will vary.

105. $f(2+i) = (2+i)^2 - 4(2+i) + 5$
     $= 4 + 4i + i^2 - 8 - 4i + 5$
     $= 4 + 4i - 1 - 8 - 4i + 5$
     $= 0$

107.a. $\tan\left[\sin^{-1}\left(-\dfrac{1}{2}\right)\right] = \tan(-30°) = -\dfrac{1}{\sqrt{3}}$
     b. $\sin[\tan^{-1}(-1)] = \dfrac{-\sqrt{2}}{2}$
        $\sin\left(-\dfrac{\pi}{4}\right) = -\dfrac{\sqrt{2}}{2}$

Chapter 6: Trigonometric Identities, Inverses and Equations

6.7 Exercises

1. $\sin^2 x + \cos^2 x = 1$, $1 + \tan^2 x = \sec^2 x$, $1 + \cot^2 x = \csc^2 x$

3. Factor, grouping

5. Answers will vary.

7. $\sin x + \cos x = \dfrac{\sqrt{6}}{2}$

   $(\sin x + \cos x)^2 = \left(\dfrac{\sqrt{6}}{2}\right)^2$

   $\sin^2 x + 2\sin x \cos x + \cos^2 x = \dfrac{3}{2}$

   $\sin^2 x + \cos^2 x + 2\sin x \cos x = \dfrac{3}{2}$

   $1 + 2\sin x \cos x = \dfrac{3}{2}$

   $2\sin x \cos x = \dfrac{1}{2}$

   $\sin 2x = \dfrac{1}{2}$

   Quadrant I:
   $2x = \dfrac{\pi}{6} + 2\pi k$

   $x = \dfrac{\pi}{12} + \pi k$

   $k = 0, x = \dfrac{\pi}{12}; k = 1, x = \dfrac{13\pi}{12}$

   Quadrant II:
   $2x = \dfrac{5\pi}{6} + 2\pi k$

   $x = \dfrac{5\pi}{12} + \pi k$

   $k = 0, x = \dfrac{5\pi}{12}; k = 1, x = \dfrac{17\pi}{12}$;

   $x = \dfrac{\pi}{12}, x = \dfrac{5\pi}{12}$

   $\left(x = \dfrac{13\pi}{12}, x = \dfrac{17\pi}{12} \text{ are extraneous}\right)$

9. $\tan x - \sec x = -1$
   $\tan x = \sec x - 1$
   $\tan^2 x = (\sec x - 1)^2$
   $\tan^2 x = \sec^2 x - 2\sec x + 1$
   $\tan^2 x = 1 + \tan^2 x - 2\sec x + 1$
   $-2 = -2\sec x$
   $\sec x = 1$
   $\cos x = 1$
   $x = 0$

11. $\cos x + \sin x = \dfrac{4}{3}$

    $(\cos x + \sin x)^2 = \left(\dfrac{4}{3}\right)^2$

    $\cos^2 x + 2\cos x \sin x + \sin^2 x = \dfrac{16}{9}$

    $1 + 2\cos x \sin x = \dfrac{16}{9}$

    $2\cos x \sin x = \dfrac{7}{9}$

    $\sin 2x = \dfrac{7}{9}$

    $2x = \sin^{-1}\left(\dfrac{7}{9}\right)$

    $2x = 0.8911, \text{QI} \quad \text{or} \quad 2x = \pi - 0.89112, \text{QII}$
    $x = 0.4456 \qquad\qquad\qquad 2x = 2.2505$
    $\qquad\qquad\qquad\qquad\qquad x = 1.1252$

13. $\cot x \csc x - 2\cot x - \csc x + 2 = 0$
    $(\cot x \csc x - 2\cot x) - (\csc x - 2) = 0$
    $\cot x(\csc x - 2) - (\csc x - 2) = 0$
    $(\csc x - 2)(\cot x - 1) = 0$
    $\csc x = 2 \qquad \text{or} \qquad \cot x = 1$

    QI: $x = \dfrac{\pi}{6}$ \qquad\qquad QI: $x = \dfrac{\pi}{4}$

    QII: $x = \pi - \dfrac{\pi}{6} = \dfrac{5\pi}{6}$; QIII $x = \pi + \dfrac{\pi}{4} = \dfrac{5\pi}{4}$

    $\dfrac{\pi}{4}, \dfrac{5\pi}{4}, \dfrac{\pi}{6}, \dfrac{5\pi}{6}$

6.7 Exercises

15. $3\tan^2 x \cos x - 3\cos x + 2 = 2\tan^2 x$
$3\tan^2 x \cos x - 3\cos x + 2 - 2\tan^2 x = 0$
$3\cos x(\tan^2 x - 1) + 2(1 - \tan^2 x) = 0$
$3\cos x(\tan^2 x - 1) - 2(\tan^2 x - 1) = 0$
$(\tan^2 x - 1)(3\cos x - 2) = 0$
First factor:
$\tan^2 x = 1$
$\tan x = \pm 1$
QI: $x = \dfrac{\pi}{4}$
QII: $x = \dfrac{3\pi}{4}$
QIII: $x = \dfrac{3\pi}{2} - \dfrac{\pi}{4} = \dfrac{5\pi}{4}$
QIV: $x = 2\pi - \dfrac{\pi}{4} = \dfrac{7\pi}{4}$
Second factor:
$3\cos x = 2$
$\cos x = \dfrac{2}{3} > 0$ in QI and QIV
QI: $x = \cos^{-1}\left(\dfrac{2}{3}\right) = 0.8411$
QIV: $x = 2\pi - 0.8411 = 5.4421$
$\dfrac{\pi}{4}, \dfrac{3\pi}{4}, \dfrac{5\pi}{4}, \dfrac{7\pi}{4}, 0.8411, 5.4421$

17. $\dfrac{1 + \cot^2 x}{\cot^2 x} = 2$
$\dfrac{\csc^2 x}{\cot^2 x} = 2$
$\dfrac{\csc x}{\cot x} = \pm\sqrt{2}$
$\dfrac{\frac{1}{\sin x}}{\frac{\cos x}{\sin x}} = \pm\sqrt{2}$
$\dfrac{1}{\cos x} = \pm\sqrt{2}$
$\cos x = \pm\dfrac{\sqrt{2}}{2}$, QI, QII, QIII, QIV
$x = \cos^{-1}\left(\pm\dfrac{\sqrt{2}}{2}\right)$
$x = \dfrac{\pi}{4}, \dfrac{5\pi}{4}$; Positive in QI, QIV
$x = \dfrac{3\pi}{4}, \dfrac{7\pi}{4}$; Negative in QII, QIII
$\dfrac{\pi}{4}, \dfrac{3\pi}{4}, \dfrac{5\pi}{4}, \dfrac{7\pi}{4}$

19. $3\cos(2x) + 7\sin x - 5 = 0$
$3(1 - 2\sin^2 x) + 7\sin x - 5 = 0$
$3 - 6\sin^2 x + 7\sin x - 5 = 0$
$-6\sin^2 x + 7\sin x - 2 = 0$
$6\sin^2 x - 7\sin x + 2 = 0$
$(2\sin x - 1)(3\sin x - 2) = 0$
First factor:
$2\sin x - 1 = 0$
$2\sin x = 1$
$\sin x = \dfrac{1}{2} > 0$ in QI and QII
$x = \dfrac{\pi}{6}, \dfrac{5\pi}{6}$;
Second factor:
$3\sin x - 2 = 0$
$\sin x = \dfrac{2}{3} > 0$ in QI and QII
QI: $x = 0.7297$
QII: $x = \pi - 0.7297 = 2.4103$
$\dfrac{\pi}{6}, \dfrac{5\pi}{6}, 0.7297, 2.4119$

Chapter 6: Trigonometric Identities, Inverses and Equations

21. $2\sin^2\left(\dfrac{x}{2}\right) - 3\cos\left(\dfrac{x}{2}\right) = 0$

$2\left(1 - \cos^2\left(\dfrac{x}{2}\right)\right) - 3\cos\left(\dfrac{x}{2}\right) = 0$

$2 - 2\cos^2\left(\dfrac{x}{2}\right) - 3\cos\left(\dfrac{x}{2}\right) = 0$

$2\cos^2\left(\dfrac{x}{2}\right) + 3\cos\left(\dfrac{x}{2}\right) - 2 = 0$

$\left(2\cos\left(\dfrac{x}{2}\right) - 1\right)\left(\cos\left(\dfrac{x}{2}\right) + 2\right) = 0$

First factor:

$2\cos\left(\dfrac{x}{2}\right) = 1$

$\cos\left(\dfrac{x}{2}\right) = \dfrac{1}{2}$

$\cos\left(\dfrac{x}{2}\right) > 0$ in QI and QIV

$\dfrac{x}{2} = \dfrac{\pi}{3}$

QI: $x = \dfrac{2\pi}{3}$

QIV: $\dfrac{x}{2} = 2\pi - \dfrac{\pi}{3} = \dfrac{5\pi}{3}$

$x = \dfrac{10\pi}{3}$ Not in interval.

Second factor:

$\cos\left(\dfrac{x}{2}\right) = -2$

Undefined

$\left\{\dfrac{2\pi}{3}\right\}$

23. $\cos(3x) + \cos(5x)\cos(2x)$
$+ \sin(5x)\sin(2x) - 1 = 0$

$\cos(3x) + \cos(5x - 2x) - 1 = 0$

$\cos(3x) + \cos(3x) - 1 = 0$

$2\cos(3x) = 1$

$\cos(3x) = \dfrac{1}{2} > 0$ in QI and QIV

QI: $3x = \dfrac{\pi}{3}$

$x = \dfrac{\pi}{9}$

QIV: $3x = \dfrac{5\pi}{3}$

$x = \dfrac{5\pi}{9}$

$\dfrac{\pi}{9} + \dfrac{2\pi}{3}k, \dfrac{5\pi}{9} + \dfrac{2\pi}{3}k; k = 0, 1, 2$

25. $\sec^4 x - 2\sec^2 x \tan^2 x + \tan^4 x = \tan^2 x$

$\left(\sec^2 x - \tan^2 x\right)^2 = \tan^2 x$

$1^2 = \tan^2 x$

$\tan x = \pm 1$

$x = \tan^{-1}(\pm 1)$

$x = \dfrac{\pi}{4}, \dfrac{3\pi}{4}, \dfrac{5\pi}{4}, \dfrac{7\pi}{4}$; QI, QII, QIII, QIV

6.7 Exercises

27. $250\sin\left(\dfrac{\pi}{6}x+\dfrac{\pi}{3}\right)-125=0$

$250\sin\left(\dfrac{\pi}{6}x+\dfrac{\pi}{3}\right)=125$

$\sin\left(\dfrac{\pi}{6}x+\dfrac{\pi}{3}\right)=\dfrac{1}{2}$

Let $u=\left(\dfrac{\pi}{6}x+\dfrac{\pi}{3}\right)$

Period: $\dfrac{2\pi}{\frac{\pi}{6}}=12 \to [0,12);$

$\sin u = \dfrac{1}{2} > 0$ in QI and QII

$u=\sin^{-1}\left(\dfrac{1}{2}\right)$

$u=\dfrac{\pi}{6},\dfrac{5\pi}{6};$

QI: $\dfrac{\pi}{6}x+\dfrac{\pi}{3}=\dfrac{\pi}{6}+2\pi k$

$\dfrac{\pi}{6}x=\dfrac{-\pi}{6}+2\pi k$

$x=-1+12k$

$k=0, x=-1$

$k=1, x=11;$

$\dfrac{\pi}{6}x+\dfrac{\pi}{3}=\dfrac{5\pi}{6}+2\pi k$, QII

$\dfrac{\pi}{6}x=\dfrac{\pi}{2}+2\pi k$

$x=3+12k$

If $k=0, x=3;$

Period: $\dfrac{2\pi}{\frac{\pi}{6}}=12 \to [0,12)$

$x=3, x=11$

29. $1235\cos\left(\dfrac{\pi}{12}x-\dfrac{\pi}{4}\right)+772=1750$

$1235\cos\left(\dfrac{\pi}{12}x-\dfrac{\pi}{4}\right)=970$

$\cos\left(\dfrac{\pi}{12}x-\dfrac{\pi}{4}\right)=0.7919$

Let $u=\left(\dfrac{\pi}{12}x-\dfrac{\pi}{4}\right)$

$\cos u = 0.7919$

$\cos^{-1}(\cos u)=\cos^{-1}(0.7919)$

$u=\cos^{-1}(0.7919)$

$u \approx 0.6569;$

$\dfrac{\pi}{12}x-\dfrac{\pi}{4} \approx 0.6569$ QI

$\dfrac{\pi}{12}x \approx 1.4423$

$x \approx 5.5091;$

QIV

$\dfrac{\pi}{12}x-\dfrac{\pi}{4} \approx -\cos^{-1}(0.7919)$

$x \approx 0.4909$

Period: $\dfrac{2\pi}{\frac{\pi}{12}}=24 \to [0,24);$

$x \approx 0.4909, \ x \approx 5.5091$

Chapter 6: Trigonometric Identities, Inverses and Equations

31. $\cos x - \sin x = \dfrac{\sqrt{2}}{2}$

    $\cos^2 x - 2\sin x \cos x + \sin^2 x = \dfrac{1}{2}$

    $1 - 2\sin x \cos x = \dfrac{1}{2}$

    $-2\sin x \cos x = \dfrac{-1}{2}$

    $2\sin x \cos x = \dfrac{1}{2}$

    $\sin 2x = \dfrac{1}{2} > 0$; QI and QII

    $2x = \sin^{-1}\left(\dfrac{1}{2}\right)$

    $2x = \dfrac{\pi}{6} + 2\pi k$ or $2x = \dfrac{5\pi}{6} + 2\pi k$

    $x = \dfrac{\pi}{12} + \pi k$ $\qquad x = \dfrac{5\pi}{12} + \pi k$

    If $k = 0, x = \dfrac{\pi}{12}$ $\qquad$ If $k = 0, x = \dfrac{5\pi}{12}$

    If $k = 1, x = \dfrac{13\pi}{12}$ $\qquad$ If $k = 0, x = \dfrac{17\pi}{12}$

    Extraneous: $\dfrac{13\pi}{12}, \dfrac{5\pi}{12}$

    $\dfrac{\pi}{12}, \dfrac{17\pi}{12}$

33. $\dfrac{1 - \cos^2 x}{\tan^2 x} = \dfrac{\sqrt{3}}{2}$

    $\dfrac{\sin^2 x}{\tan^2 x} = \dfrac{\sqrt{3}}{2}$

    $\dfrac{\sin^2 x}{\dfrac{\sin^2 x}{\cos^2 x}} = \dfrac{\sqrt{3}}{2}$

    $\cos^2 x = \dfrac{\sqrt{3}}{2}$

    $\cos x = \pm\sqrt{\dfrac{\sqrt{3}}{2}}$; QI, QII, QIII, QIV

    $x = \cos^{-1}\left(\pm\sqrt{\dfrac{\sqrt{3}}{2}}\right)$

    QI: $x = 0.3747$
    QII: $x = 2.7669$
    QIII: $\pi + 0.3747 = 3.5163$
    QIV: $2\pi - 0.3747 = 5.9085$

35. $\csc x + \cot x = 1$

    $\csc x = 1 - \cot x$

    $(\csc x)^2 = (1 - \cot x)^2$

    $\csc^2 x = 1 - 2\cot x + \cot^2 x$

    $1 + \cot^2 x = 1 - 2\cot x + \cot^2 x$

    $0 = -2\cot x$

    $2\cot x = 0$

    $\cot x = 0$

    $\dfrac{\pi}{2}; \left(\dfrac{3\pi}{2} \text{ is extraneous}\right)$

37. $\sec x \cos\left(\dfrac{\pi}{2} - x\right) = -1$

    $\sec x \sin x = -1$

    $\dfrac{1}{\cos x}\sin x = -1$

    $\tan x = -1$ in QII and QIV

    QII: $\pi - \dfrac{\pi}{4} = \dfrac{3\pi}{4}$

    QIV: $2\pi - \dfrac{\pi}{4} = \dfrac{7\pi}{4}$

6.7 Exercises

39. $\sec^2 x \tan\left(\dfrac{\pi}{2} - x\right) = 4$

$\dfrac{1}{\cos^2 x} \cdot \cot x = 4$

$\dfrac{1}{\cos^2 x} \cdot \dfrac{\cos x}{\sin x} = 4$

$\dfrac{1}{\cos x \sin x} = 4$

$\cos x \sin x = \dfrac{1}{4}$

$2 \cos x \sin x = \dfrac{1}{2}$

$\sin 2x = \dfrac{1}{2} > 0$ in QI and QII

QI: $2x = \dfrac{\pi}{6} + 2\pi k$; $x = \dfrac{\pi}{12} + \pi k$

QII: $2x = \dfrac{5\pi}{6} + 2\pi k$; $x = \dfrac{5\pi}{12} + \pi k$

$x = \dfrac{\pi}{12} + \pi = \dfrac{13\pi}{12}$

$x = \dfrac{5\pi}{12} + \pi = \dfrac{17\pi}{12}$;

$k = 0, x = \dfrac{\pi}{12}, x = \dfrac{5\pi}{12}$

$k = 1, x = \dfrac{13\pi}{12}, x = \dfrac{17\pi}{12}$

$\dfrac{\pi}{12}, \dfrac{5\pi}{12}, \dfrac{13\pi}{12}, \dfrac{17\pi}{12}$

41. $y = \dfrac{D - x \cos \theta}{\sin \theta}$

I. $L_1 : y = -x + 5$
$L_2 : y = x$

a. Point of intersection: $\left(\dfrac{5}{2}, \dfrac{5}{2}\right)$

b. $D = \sqrt{a^2 + b^2}$
$D = \sqrt{2.5^2 + 2.5^2}$
$D = \sqrt{6.25 + 6.25}$
$D = \sqrt{12.5}$;
$\theta = \tan^{-1}\left(\dfrac{b}{a}\right)$
$\theta = \tan^{-1}\left(\dfrac{2.5}{2.5}\right)$
$\theta = \tan^{-1}(1)$

$\theta = \dfrac{\pi}{4}$;

$y = \dfrac{\sqrt{12.5} - x \cos\left(\dfrac{\pi}{4}\right)}{\sin\left(\dfrac{\pi}{4}\right)}$

c. Verified.

II. $L_1 : y = -\dfrac{1}{2}x + 5$
$L_2 : y = 2x$

a. Point of Intersection: $(2,4)$

b. $D = \sqrt{2^2 + 4^2}$
$D = \sqrt{4 + 16}$
$D = \sqrt{20}$
$D = 2\sqrt{5}$;
$\theta = \tan^{-1}\left(\dfrac{4}{2}\right)$
$\theta = \tan^{-1}(2)$
$\theta \approx 1.1071$
$y = \dfrac{2\sqrt{5} - x \cos 1.1071}{\sin 1.1071}$

c. Verified.

III. $L_1 : y = \dfrac{-\sqrt{3}}{3}x + \dfrac{4\sqrt{3}}{3}$
$L_2 : y = \sqrt{3}x$

a. Point of intersection: $\left(1, \sqrt{3}\right)$

b. $D = \sqrt{(1)^2 + \left(\sqrt{3}\right)^2}$
$D = \sqrt{1 + 3}$
$D = \sqrt{4}$
$D = 2$;
$\theta = \tan^{-1}\left(\dfrac{\sqrt{3}}{1}\right)$

$\theta = \dfrac{\pi}{3}$;

$y = \dfrac{2 - x \cos\left(\dfrac{\pi}{3}\right)}{\sin\left(\dfrac{\pi}{3}\right)}$

c. Verified.

358

Chapter 6: Trigonometric Identities, Inverses and Equations

43. $v = \pi r^2 h \sin \theta$

    $\theta = \dfrac{\pi}{2}$

    $90° - \alpha = \theta$

    $90 - 5° = \theta$

    $r = 10, h = 25$, angle of deflection: $x = 5°$

    a. $V = \pi r^2 h \sin \theta$

    $V = \pi (10)^2 (25) \sin\left(\dfrac{\pi}{2}\right)$

    $V = 2500\pi \sin\left(\dfrac{\pi}{2}\right)$

    $V = 2500\pi \text{ ft}^3$ or $V \approx 7853.9816 \text{ ft}^3$

    b. $V = \pi(10)^2(25)\sin(85)$

    $V = 2500\pi \sin(85)$

    $V \approx 7824.09 \text{ ft}^3$

    c. 98% of $7853.98 = 7696.90$

    $7696.90 = 2500\pi \sin(\theta)$

    $0.98 = \sin(\theta)$

    $\sin^{-1}(0.98) = \theta$

    $78.5° = \theta$

45. $D(t) = 36 \sin\left(\dfrac{\pi}{4} t - \dfrac{9}{4}\right) + 44$

    a. Mid Sept. corresponds to $t = 4.5$

    $D(4.5) = 36 \sin\left(\dfrac{\pi}{4}(4.5) - \dfrac{9}{4}\right) + 44$

    $D(4.5) \approx 78.53 \text{ m}^3 / \sec$

    b. Using a grapher: August to November
    Algebraically:

    $50 = 36 \sin\left(\dfrac{\pi}{6} t - \dfrac{9}{4}\right) + 44$

    $6 = 36 \sin\left(\dfrac{\pi}{4} t - \dfrac{9}{4}\right)$

    $\dfrac{1}{6} = \sin\left(\dfrac{\pi}{4} t - \dfrac{9}{4}\right)$; Period = 12

    Let $u = \dfrac{\pi}{4} t - \dfrac{9}{4}$

    $\dfrac{1}{6} = \sin u$

    $\sin u > 0$ in QI and QII

    $\sin^{-1}\left(\dfrac{1}{6}\right) = \sin^{-1}(\sin u)$

    $u = 0.1674$ or $u = \pi - 0.1674$
    $u = 2.9741$

    $\dfrac{\pi}{4} t - \dfrac{9}{4} = 0.1674 \qquad \dfrac{\pi}{4} t - \dfrac{9}{4} = 2.9741$

    $t = 3.0779$ (Aug) $\qquad t = 6.6515$ (Nov)

    For June through February, the discharge rate is over $50 \text{ m}^3/\sec$, in Aug., Sept., Oct., and Nov.

47. $S(x) = 1600 \cos\left(\dfrac{\pi}{6} x - \dfrac{\pi}{12}\right) + 5100$

    a. $S(7) = 1600 \cos\left(\dfrac{\pi}{6}(7) - \dfrac{\pi}{12}\right) + 5100$

    $S(7) \approx \$3554.52$

    b. Using a grapher: May, June, July and August
    Algebraically:

    $4000 = 1600 \cos\left(\dfrac{\pi}{6} x - \dfrac{\pi}{12}\right) + 5100$

    $-1100 = 1600 \cos\left(\dfrac{\pi}{6} x - \dfrac{\pi}{12}\right)$

    $\dfrac{-11}{16} = \cos\left(\dfrac{\pi}{6} x - \dfrac{\pi}{12}\right)$

    Let $u = \dfrac{\pi}{6} x - \dfrac{\pi}{12}$

    $\cos u < 0$ in QII and QIII

    $\dfrac{\pi}{6} x - \dfrac{\pi}{12} = 2.3288$

    $x \approx 4.9478$

    $x = 5, x = 6, 7, 8$

    Or

    $\dfrac{\pi}{6} x - \dfrac{\pi}{12} = \pi + 0.8128$

    $x \approx 8.0522$

    May, June, July, August

359

6.7 Exercises

49. $T(x) = 9\cos\left(\dfrac{\pi}{6}x\right) + 15$

   a. Mid March corresponds to $x = 3.5$

   $T(3.5) = 9\cos\left[\dfrac{\pi}{6}(3.5)\right] + 15$

   $T(3.5) \approx 12.67$ in.

   b. Using a grapher,

   $10.5 = 9\cos\left(\dfrac{\pi}{6}x\right) + 15$

   $-4.5 = 9\cos\left(\dfrac{\pi}{6}x\right)$

   $\dfrac{-1}{2} = \cos\left(\dfrac{\pi}{6}x\right)$

   Let $u = \dfrac{\pi}{6}x$

   $\cos u < 0$ in QII and QIII

   $u = \dfrac{2\pi}{3}$ or $u = \dfrac{4\pi}{3}$

   $\dfrac{\pi}{6}x = \dfrac{2\pi}{3}$ $\dfrac{\pi}{6}x = \dfrac{4\pi}{3}$

   $x = 4$ $x = 8$

   $x = 4, x = 5, x = 6, x = 7, x = 8$

   The average thickness is at most 10.5 inches in April, May, June, July and August.

51. $G(x) = 21\cos\left(\dfrac{2\pi}{365}x + \dfrac{\pi}{2}\right) + 29$

   a. March 21 corresponds to $x = 80$

   $G(80) = 21\cos\left[\dfrac{2\pi}{365}(80) + \dfrac{\pi}{2}\right] + 29$

   $G(80) \approx 8.39$ gallons

   b. Using a grapher,

   $40 = 21\cos\left(\dfrac{2\pi}{365}x + \dfrac{\pi}{2}\right) + 29$

   $\dfrac{11}{21} = \cos\left(\dfrac{2\pi}{365}x + \dfrac{\pi}{2}\right)$

   Let $u = \dfrac{2\pi}{365}x + \dfrac{\pi}{2}$

   $\cos u > 0$ in QI and QIV

$u = 1.0195$

$\dfrac{2\pi}{365}x + \dfrac{\pi}{2} = 1.0195$

$x = -32.0257 + 365k$

At $k = 1$, $x = 332.9743$

Or

$u = 2\pi - 1.0195 = 5.2637$

$\dfrac{2\pi}{365}x + \dfrac{\pi}{2} = 5.2637$

$x = 214.5257$

$x \approx 214$ to day 333

53. $B(x) = 58\cos\left(\dfrac{\pi}{6}x + \pi\right) + 126$

   a. $B(0) = 58\cos\left[\dfrac{\pi}{6}(0) + \pi\right] + 126$

   $B(x) = 68$ bpm

   b. $B(5) = 58\cos\left[\dfrac{\pi}{6}(5) + \pi\right] + 126$

   $B(5) \approx 176.2$ bpm

   c. Using a grapher,

   $Y_1 = 58\cos\left(\dfrac{\pi}{6}x + \pi\right) + 126$

   $Y_2 = 170$

   From about 4.6 min to 7.4 min.

55. Answers will vary.

   (a) For example: $y = 19\cos\left(\pi - \dfrac{\pi}{6}x\right) + 53$

   (b) For example: $y = -21\sin\left(\dfrac{2\pi}{365}x\right) + 29$

Chapter 6: Trigonometric Identities, Inverses and Equations

57. Option I:
    h = height (side opposite θ)
    x = length and width (square)
    Surface Area:
    $2x^2 + 4xh = 1288$
    $x^2 + 2xh = 644$;
    Edges:
    $4h + 4x + 4x = 176$
    $4h + 8x = 176$
    $h + 2x = 44$
    $h = 44 - 2x$;
    $x^2 + 2x(44 - 2x) = 644$
    $x^2 + 88x - 4x^2 = 644$
    $-3x^2 + 88x = 644$
    $0 = 3x^2 - 88x + 644$
    $0 = (3x - 46)(x - 14)$
    $x = \dfrac{46}{3}$ or
    $x = 14$; $h = 44 - 2(14) = 16$
    14 cm x 14 cm x 16 cm
    Option II:
    Choosing base to be on the "side", length of base diagonal:
    Base diagonal:
    $\sqrt{14^2 + 16^2} = \sqrt{452} = 2\sqrt{113}$
    $\cos\theta = \dfrac{2\sqrt{113}}{18\sqrt{2}}$
    $\theta \approx 33.4°$
    (a) Length of base diagonal:
    $\sqrt{14^2 + 14^2} = 14\sqrt{2}$;
    $\sqrt{(14\sqrt{2})^2 + 16^2} = d$
    $\sqrt{648} = d$
    $18\sqrt{2} = d$
    $25.5 \text{ cm} \approx d$
    (b) $\cos\theta = \dfrac{14\sqrt{2}}{18\sqrt{2}}$
    $\cos\theta = \dfrac{7}{9}$
    $\theta \approx 38.9°$

59. $f(x) = x^4 - 3x^3 + 4x$
    End behavior: up/up
    $f(x) = x(x^3 - 3x^2 + 4)$
    Possible rational roots:
    $\dfrac{\{\pm 1, \pm 4, \pm 2\}}{\{\pm 1\}}$

    $\begin{array}{r|rrrr} -1 & 1 & -3 & 0 & 4 \\ & & -1 & 4 & -4 \\ \hline & 1 & -4 & 4 & \underline{|0} \end{array}$

    $f(x) = x(x+1)(x^2 - 4x + 4)$
    $f(x) = x(x+1)(x-2)^2$
    Bounce at 2, cut at 0 and -1

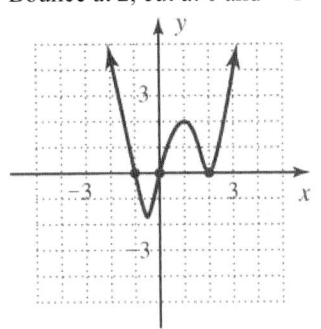

61. Let β represent the angle formed from the base of the tower to the top of the tower.
    $\tan\beta = \dfrac{1450}{1000}$
    $\tan^{-1}(\tan\beta) = \tan^{-1}\left(\dfrac{1450}{1000}\right)$
    $\beta = 55.41°$;
    Let α represent the angle formed from the base of the tower to the top of the antenna.
    $\tan\alpha = \dfrac{1730}{1000}$
    $\tan^{-1}(\tan\alpha) = \tan^{-1}\left(\dfrac{1730}{1000}\right)$
    $\alpha = 59.97°$;
    $\theta = \alpha - \beta = 59.97 - 55.41 = 4.56°$

Summary and Concept Review

1. $\sin x(\csc x - \sin x) = \cos^2 x$
   $\sin x \csc x - \sin^2 x =$
   $\sin x\left(\dfrac{1}{\sin x}\right) - \sin^2 x =$
   $1 - \sin^2 x =$
   $\cos^2 x = \cos^2 x$

3. $\dfrac{(\sec x - \tan x)(\sec x + \tan x)}{\csc x} = \sin x$
   $\dfrac{\sec^2 x + \sec x \tan x - \sec x \tan x - \tan^2 x}{\csc x} =$
   $\dfrac{\sec^2 x - \tan^2 x}{\csc x} =$
   $\dfrac{1 + \tan^2 x - \tan^2 x}{\csc x} =$
   $\dfrac{1}{\csc x} =$
   $\sin x = \sin x$

5. $\cos\theta = \dfrac{-12}{37}$; θ in QIII
   $\sqrt{37^2 - (-12)^2} = 35$
   $\sin\theta = -\dfrac{35}{37}$ (θ in QIII);
   $\tan\theta = \dfrac{-35}{-12} = \dfrac{35}{12}$;
   $\cot\theta = \dfrac{12}{35}$;
   $\sec\theta = \dfrac{1}{\cos\theta} = \dfrac{1}{\frac{-12}{37}} = \dfrac{-37}{12}$;
   $\csc\theta = \dfrac{1}{\sin\theta} = \dfrac{1}{\frac{-35}{37}} = \dfrac{-37}{35}$

7. $\csc x + \cot x$
   $= \dfrac{1}{\sin x} + \dfrac{\cos x}{\sin x}$
   $= \dfrac{1}{\sin x} + \dfrac{\cos x}{\sin x}$
   $= \dfrac{1 + \cos x}{\sin x}$
   Reverse steps. Answers will vary.

9. $\dfrac{\csc^2 x(1 - \cos^2 x)}{\tan^2 x} = \cot^2 x$
   $\dfrac{\csc^2 x(\sin^2 x)}{\tan^2 x} =$
   $\dfrac{1}{\tan^2 x} =$
   $\cot^2 x = \cot^2 x$

11. $\dfrac{\sin^4 x - \cos^4 x}{\sin x \cos x} = \tan x - \cot x$
    $\dfrac{(\sin^2 x - \cos^2 x)(\sin^2 x + \cos^2 x)}{\sin x \cos x} =$
    $\dfrac{(\sin^2 x - \cos^2 x)(1)}{\sin x \cos x} =$
    $\dfrac{\sin^2 x}{\sin x \cos x} - \dfrac{\cos^2 x}{\sin x \cos x} =$
    $\dfrac{\sin x}{\cos x} - \dfrac{\cos x}{\sin x} =$
    $\tan x - \cot x = \tan x - \cot x$

Chapter 6: Trigonometric Identities, Inverses and Equations

13. a. $\cos 75° = \cos(30° + 45°)$
$= \cos 30° \cos 45° - \sin 30° \sin 45°$
$= \dfrac{\sqrt{3}}{2} \cdot \dfrac{\sqrt{2}}{2} - \dfrac{1}{2} \cdot \dfrac{\sqrt{2}}{2}$
$= \dfrac{\sqrt{6}}{4} - \dfrac{\sqrt{2}}{4} = \dfrac{\sqrt{6}-\sqrt{2}}{4}$

b. $\tan\left(\dfrac{\pi}{12}\right) = \tan\left(\dfrac{\pi}{3} - \dfrac{\pi}{4}\right)$
$= \dfrac{\tan\left(\dfrac{\pi}{3}\right) - \tan\left(\dfrac{\pi}{4}\right)}{1 + \tan\left(\dfrac{\pi}{3}\right)\tan\left(\dfrac{\pi}{4}\right)}$
$= \dfrac{\sqrt{3}-1}{1+(\sqrt{3})(1)} = \dfrac{\sqrt{3}-1}{\sqrt{3}+1} \cdot \dfrac{\sqrt{3}-1}{\sqrt{3}-1}$
$= \dfrac{3-\sqrt{3}-\sqrt{3}+1}{3-\sqrt{3}+\sqrt{3}-1} = \dfrac{4-2\sqrt{3}}{2} = 2-\sqrt{3}$

15. a. $\cos 109° \cos 71° - \sin 109° \sin 71°$
$= \cos(109° + 71°)$
$\cos 180° = -1$

b. $\sin 139° \cos 19° - \cos 139° \sin 19°$
$= \sin(139° - 19°)$
$= \sin 120°$
$= \dfrac{\sqrt{3}}{2}$

17. a. $\cos 1170°$
$1170° - 3(360°) = 1170° - 1080° = 90°$
$\cos 1170° = \cos(1080° + 90°)$
$= \cos(1080°)\cos(90°) - \sin 1080° \sin 90°$
$= \cos 90° = 0$

b. $\sin\left(\dfrac{57\pi}{4}\right)$
$\dfrac{57\pi}{4} = \dfrac{56\pi}{4} + \dfrac{\pi}{4} = 7(2\pi) + \dfrac{\pi}{4}$
$\sin\left(14\pi + \dfrac{\pi}{4}\right) =$
$= \sin(14\pi)\cos\left(\dfrac{\pi}{4}\right) + \cos(14\pi)\sin\left(\dfrac{\pi}{4}\right)$
$= \sin\dfrac{\pi}{4} = \dfrac{\sqrt{2}}{2}$

19. $\tan 15° = \tan(45° - 30°)$
$= \dfrac{\tan 45° - \tan 30°}{1 + \tan 45° \tan 30°}$
$= \dfrac{1 - \dfrac{1}{\sqrt{3}}}{1 + 1\left(\dfrac{1}{\sqrt{3}}\right)} = \dfrac{\dfrac{\sqrt{3}-1}{\sqrt{3}}}{\dfrac{\sqrt{3}+1}{\sqrt{3}}}$
$= \dfrac{\sqrt{3}-1}{\sqrt{3}} \cdot \dfrac{\sqrt{3}}{\sqrt{3}+1} = \dfrac{\sqrt{3}-1}{\sqrt{3}+1};$
$\tan 15° = \tan(135° - 120°)$
$= \dfrac{\tan 135° - \tan 120°}{1 + \tan 135° \tan 120°}$
$= \dfrac{-1 + \sqrt{3}}{1 + (-1)(-\sqrt{3})} = \dfrac{-1+\sqrt{3}}{1+\sqrt{3}} = \dfrac{\sqrt{3}-1}{\sqrt{3}+1}$
Both expressions yield the same results.

21. a. $\cos\theta = \dfrac{13}{85}; \theta$ in QIV
$13^2 + y^2 = 85^2$
$y^2 = 85^2 - 13^2$
$y^2 = 7056$
$y = 84;$
$\sin(2\theta) = 2\sin\theta\cos\theta$
$= 2\left(\dfrac{-84}{85}\right)\left(\dfrac{13}{85}\right) = \dfrac{-2184}{7225};$
$\cos(2\theta) = 2\cos^2\theta - 1$
$= 2\left(\dfrac{13}{85}\right)^2 - 1 = \dfrac{-6887}{7225};$
$\tan(2\theta) = \dfrac{\sin 2\theta}{\cos 2\theta}$
$= \dfrac{\dfrac{-2184}{7225}}{\dfrac{-6887}{7225}} = \dfrac{2184}{6887}$

Summary and Concept Review

b. $\csc\theta = \dfrac{-29}{20}$; θ in QIII

$x^2 + (-20)^2 = 29^2$
$x^2 + 400 = 841$
$x^2 = 441$
$x = -21$;
$\sin(2\theta) = 2\sin\theta\cos\theta$
$= 2\left(\dfrac{-20}{29}\right)\left(\dfrac{-21}{29}\right) = \dfrac{840}{841}$;
$\cos(2\theta) = \cos^2\theta - \sin^2\theta$
$= \left(\dfrac{-21}{29}\right)^2 - \left(\dfrac{-20}{29}\right)^2$
$= \dfrac{441}{841} - \dfrac{400}{841} = \dfrac{41}{841}$;
$\tan(2\theta) = \dfrac{2\tan\theta}{1-\tan^2\theta}$
$= \dfrac{2\left(\dfrac{-20}{-21}\right)}{1-\left(\dfrac{-20}{-21}\right)^2} = \dfrac{\dfrac{40}{21}}{1-\dfrac{400}{441}}$
$= \dfrac{\left(\dfrac{40}{21}\right)}{\dfrac{441-400}{441}} = \dfrac{40}{21} \cdot \dfrac{21^2}{41}$
$= \dfrac{40 \cdot 21}{41} = \dfrac{840}{41}$

23. a. $\cos^2 22.5^\circ - \sin^2 22.5^\circ$
$= \cos[2(22.5^\circ)]$
$= \cos 45^\circ = \dfrac{\sqrt{2}}{2}$

b. $1 - 2\sin^2\left(\dfrac{\pi}{12}\right) = \cos\left(2 \cdot \dfrac{\pi}{12}\right)$
$= \cos\left(\dfrac{\pi}{6}\right) = \dfrac{\sqrt{3}}{2}$

25. a. $\cos\theta = \dfrac{24}{25}$; $0^\circ < \theta < 360^\circ$, θ in QIV
$270^\circ < \theta < 360^\circ$
$\dfrac{270^\circ}{2} < \dfrac{\theta}{2} < \dfrac{360^\circ}{2}$
$135^\circ < \dfrac{\theta}{2} < 180^\circ$
$\cos\left(\dfrac{\theta}{2}\right) = -\sqrt{\dfrac{1+\cos\theta}{2}}$
$= -\sqrt{\dfrac{1+\dfrac{24}{25}}{2}} = -\sqrt{\dfrac{49}{25} \cdot \dfrac{1}{2}}$
$= -\sqrt{\dfrac{49}{50}} = \dfrac{-7}{5\sqrt{2}}$, $\left(\dfrac{\theta}{2}\text{ in QII}\right)$;
$\sin\left(\dfrac{\theta}{2}\right) = \sqrt{\dfrac{1-\cos\theta}{2}}$
$= \sqrt{\dfrac{1-\dfrac{24}{25}}{2}} = \sqrt{\dfrac{1}{25} \cdot \dfrac{1}{2}}$
$= \sqrt{\dfrac{1}{50}} = \dfrac{1}{5\sqrt{2}}$, $\dfrac{\theta}{2}$ in QII

Chapter 6: Trigonometric Identities, Inverses and Equations

b. $\csc\theta = \dfrac{-65}{33}$; θ in QIV

$-90° < \theta < 0°$

$-\dfrac{90°}{2} < \dfrac{\theta}{2} < \dfrac{0°}{2}$

$-45° < \dfrac{\theta}{2} < 0°$;

$\sin\theta = -\dfrac{33}{65}$;

$\sin^2\theta + \cos^2\theta = 1$

$\left(\dfrac{-33}{65}\right)^2 + \cos^2\theta = 1$

$\cos^2\theta = 1 - \left(\dfrac{-33}{65}\right)^2 = \dfrac{3136}{65^2}$

$\cos\theta = \dfrac{56}{65}$ (in QII);

$\sin\left(\dfrac{\theta}{2}\right) = -\sqrt{\dfrac{1-\cos\theta}{2}}$

$= \sqrt{\dfrac{1-\dfrac{56}{65}}{2}} = -\sqrt{\dfrac{9}{65}\cdot\dfrac{1}{2}}$

$= -\sqrt{\dfrac{9}{130}} = \dfrac{-3}{\sqrt{130}}$, $\left(\dfrac{\theta}{2}\text{ in QIV}\right)$;

$\cos\left(\dfrac{\theta}{2}\right) = \sqrt{\dfrac{1+\cos\theta}{2}} = \sqrt{\dfrac{1+\dfrac{56}{65}}{2}}$

$= \sqrt{\dfrac{121}{65}\cdot\dfrac{1}{2}} = \sqrt{\dfrac{121}{130}} = \dfrac{11}{\sqrt{130}}$

$\left(\dfrac{\theta}{2}\text{ in QIV}\right)$

27. $\cos(3x) + \cos x = 0$

$2\left[\cos\left(\dfrac{3x+x}{2}\right)\cos\left(\dfrac{3x-x}{2}\right)\right] = 0$

$2\cos(2x)\cos x = 0$

$2\cos 2x = 0$ or $\cos x = 0$

$\cos(2x) = 0$ $\qquad x = \dfrac{\pi}{2} + \pi k; k \in Z$

$2x = \dfrac{\pi}{2} + \pi k; k \in Z$

$x = \dfrac{\pi}{4} + \dfrac{\pi}{2}k; k \in Z$

29. $y = \sin^{-1}\left(\dfrac{\sqrt{2}}{2}\right)$

$y = \dfrac{\pi}{4}$ or $45°$

31. $y = \arccos\left(-\dfrac{\sqrt{3}}{2}\right)$

$y = \dfrac{5\pi}{6}$ or $150°$

33. $y = \sin^{-1}(0.8892)$

$y = 1.0956$ or $62.8°$

35. $\sin\left[\sin^{-1}\left(\dfrac{1}{2}\right)\right] = \dfrac{1}{2}$

37. $\cos[\cos^{-1}(2)]$ = undefined

39. $\arccos[\cos(-60°)]$

$= \arccos\left(\dfrac{1}{2}\right) = \dfrac{\pi}{3}$ or $60°$

41. $\sin\left[\cos^{-1}\left(\dfrac{12}{37}\right)\right] = \dfrac{35}{37}$

$12^2 + y^2 = 37^2$

$y = \sqrt{37^2 - 12^2} = 35$

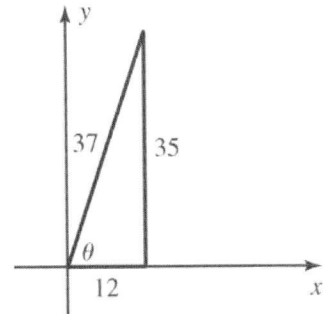

Summary and Concept Review

43. $\cot\left[\sin^{-1}\left(\dfrac{x}{\sqrt{81+x^2}}\right)\right] = \dfrac{9}{x}$

$x^2 + a^2 = \left(\sqrt{81+x^2}\right)^2$

$a^2 = 81 + x^2 - x^2$

$a^2 = 81$

$a = 9$

[Triangle diagram with hypotenuse $\sqrt{81+x^2}$, horizontal leg 9, vertical leg x, angle θ]

45. $7\sqrt{3} \sec\theta = x$

$\sec\theta = \dfrac{x}{7\sqrt{3}}$

$\theta = \sec^{-1}\left(\dfrac{x}{7\sqrt{3}}\right)$

47. $2\sin x = \sqrt{2}$

$\sin x = \dfrac{\sqrt{2}}{2}$

a) Principal root: $\dfrac{\pi}{4}$

$\sin^{-1}(\sin x) = \sin^{-1}\left(\dfrac{\sqrt{2}}{2}\right)$

$x = \dfrac{\pi}{4}$

b) $[0, 2\pi); \left\{\dfrac{\pi}{4}, \dfrac{3\pi}{4}\right\}$

Because $\dfrac{\sqrt{2}}{2}$ is positive, angles are in QI & QII.

c) All real roots: $x = \dfrac{\pi}{4} + 2\pi k, k \in Z$ or

$x = \dfrac{3\pi}{4} + 2\pi k, k \in Z$

49. $8\tan x + 7\sqrt{3} = -\sqrt{3}$

$8\tan x = -8\sqrt{3}$

$\tan x = -\sqrt{3}$

$\tan^{-1}(\tan x) = \tan^{-1}(-\sqrt{3})$

$x = \dfrac{2\pi}{3}$

a) Principal root: $\dfrac{-\pi}{3}$

$\dfrac{2\pi}{3} - \pi = \dfrac{-\pi}{3}$

b) $[0, 2\pi); \left\{\dfrac{2\pi}{3}, \dfrac{5\pi}{3}\right\}$

Because $-\sqrt{3}$ is negative, angles are in QII & QIV.

$2\pi - \dfrac{\pi}{3} = \dfrac{6\pi}{3} - \dfrac{\pi}{3} = \dfrac{5\pi}{3}$.

c) All real roots: $\dfrac{2\pi}{3} + k\pi, k \in Z$

51. $\dfrac{2}{5}\sin(2\theta) = \dfrac{1}{4}$

$\sin(2\theta) = \dfrac{5}{8}$

$\sin^{-1}(2\theta) = \sin^{-1}\left(\dfrac{5}{8}\right)$

Because $\dfrac{5}{8}$ is positive, angles are in QI & QII.

$2\theta = 0.6751$

$\theta = 3.376$;

$2\theta = \pi - 0.6751$

$\theta = \dfrac{\pi - 0.6751}{2}$

$\theta = 1.2332$

a) Principal root: 0.3376
b) $\{0.3376, 1.2332, 3.4792, 4.3748\}$

$\pi + 0.3376 = 3.4792$;

$\pi + 1.2332 = 4.3748$

c) All real roots:

$0.3376 + \pi k$ or $1.2332 + \pi k; k \in Z$

Chapter 6: Trigonometric Identities, Inverses and Equations

53. $A = \dfrac{1}{2}r^2(\theta - \sin\theta)$

    $12 = \dfrac{1}{2}(10)^2(\theta - \sin\theta)$

    $\dfrac{6}{25} = \theta - \sin\theta$

    By grapher, $\theta = 1.1547$

55. $3\cos(2x) + 7\sin x - 5 = 0$

    $3(1 - 2\sin^2 x) + 7\sin x - 5 = 0$

    $3 - 6\sin^2 x + 7\sin x - 5 = 0$

    $-6\sin^2 x + 7\sin x - 2 = 0$

    $6\sin^2 x - 7\sin x + 2 = 0$

    $(3\sin x - 2)(2\sin x - 1) = 0$

    $3\sin x = 2$ or $2\sin x = 1$

    $\sin x = \dfrac{2}{3}$ $\sin x = \dfrac{1}{2}$

    $\sin^{-1}(\sin x) = \sin^{-1}\left(\dfrac{2}{3}\right)$

    $x = 0.7297$;
    OR
    $\sin x$ is positive, angle is in QI and QII.

    $\sin x = \dfrac{1}{2}$

    $\sin^{-1}(\sin x) = \sin^{-1}\left(\dfrac{1}{2}\right)$

    $x = \dfrac{\pi}{6}$

    $\pi - \dfrac{\pi}{6} = \dfrac{5\pi}{6}$;

    $[0, 2\pi)$; $\pi - 0.7297 = 2.4119$;

    $\left\{0.7297, 2.4119, \dfrac{\pi}{6}, \dfrac{5\pi}{6}\right\}$

57. $\csc x + \cot x = 1$

    $(\csc x)^2 = (1 - \cot x)^2$

    $\csc^2 x = 1 - 2\cot x + \cot^2 x$

    $1 + \cot^2 x = 1 - 2\cot x + \cot^2 x$

    $0 = -2\cot x$

    $\cot x = 0$

    $x = \dfrac{\pi}{2}$

59. $80\cos\left(\dfrac{\pi}{3}x + \dfrac{\pi}{4}\right) - 40\sqrt{2} = 0$

    Period: $\dfrac{2\pi}{\frac{\pi}{3}} = 6 \to [0, 6)$

    $\cos\left(\dfrac{\pi}{3}x + \dfrac{\pi}{4}\right) = \dfrac{40\sqrt{2}}{80}$

    QI or QIV $\left(2\pi - \dfrac{\pi}{4} = \dfrac{7\pi}{4}\right)$

    $\cos^{-1}\left[\cos\left(\dfrac{\pi}{3}x + \dfrac{\pi}{4}\right)\right] = \cos^{-1}\left(\dfrac{\sqrt{2}}{2}\right)$

    $\dfrac{\pi}{3}x + \dfrac{\pi}{4} = \dfrac{\pi}{4}$ or $\dfrac{\pi}{3}x + \dfrac{\pi}{4} = \dfrac{7\pi}{4}$

    $\dfrac{\pi}{3}x = 0$ $\dfrac{\pi}{3}x = \dfrac{3\pi}{2}$

    $x = 0$ $x = \dfrac{9}{2}$

    $\left\{0, \dfrac{9}{2}\right\}$

Chapter 6 Mixed Review

1. $\csc\theta = \dfrac{\sqrt{117}}{6}$; θ in QII

   $\sqrt{(\sqrt{117})^2 - 6^2} = 9$

   $\sin\theta = \dfrac{6}{\sqrt{117}}$, $\sec\theta = \dfrac{-\sqrt{117}}{9}$,

   $\tan\theta = \dfrac{-6}{9} = \dfrac{-2}{3}$, $\cos\theta = \dfrac{-9}{\sqrt{117}}$,

   $\csc\theta = \dfrac{\sqrt{117}}{6}$, $\cot\theta = \dfrac{-9}{6} = \dfrac{-3}{2}$

3. $\tan 255° = \tan(225° + 30°)$

   $= \dfrac{\tan 225° + \tan 30°}{1 - \tan 225° \tan 30°}$

   $= \dfrac{1 + \dfrac{1}{\sqrt{3}}}{1 - (1)\left(\dfrac{1}{\sqrt{3}}\right)} = \dfrac{\sqrt{3}+1}{\sqrt{3}-1} \cdot \dfrac{\sqrt{3}+1}{\sqrt{3}+1}$

   $= \dfrac{3 + 2\sqrt{3} + 1}{3 - 1} = \dfrac{4 + 2\sqrt{3}}{2} = 2 + \sqrt{3}$

5. $\tan\left[\text{arc csc}\left(\dfrac{10}{x}\right)\right]$

   $\tan\theta = \dfrac{x}{\sqrt{100 - x^2}}$

   (triangle with hypotenuse 10, opposite side x, adjacent side $\sqrt{100 - x^2}$, angle θ)

7. $-100\sin\left(\dfrac{\pi}{4}x - \dfrac{\pi}{6}\right) + 80 = 100$

   $-100\sin\left(\dfrac{\pi}{4}x - \dfrac{\pi}{6}\right) = 20$; [0, 8)

   $\sin\left(\dfrac{\pi}{4}x - \dfrac{\pi}{6}\right) = \dfrac{-1}{5}$

   $\sin^{-1}\left(\sin\left(\dfrac{\pi}{4}x - \dfrac{\pi}{6}\right)\right) = \sin^{-1}\left(\dfrac{-1}{5}\right)$

   $= \dfrac{\pi}{4}x - \dfrac{\pi}{6} = -0.2014$

   $\dfrac{\pi}{4}x = 0.3222$

   $x \approx 0.4103$

   QIII or QIV

   Or

   QIII: $\pi + 0.2014 = 3.3429$

   $\dfrac{\pi}{4}x - \dfrac{\pi}{6} = 3.3429$

   $\dfrac{\pi}{4}x = 3.8665$

   $x \approx 4.9230$

9. a) $R = \dfrac{1}{16}v^2 \sin\theta\cos\theta$

   $R = \dfrac{2}{2} \cdot \dfrac{1}{16}v^2 \sin\theta\cos\theta$

   $R = 2 \cdot \dfrac{1}{32}v^2 \sin\theta\cos\theta$

   $R = \dfrac{1}{32}v^2 \sin(2\theta)$

   b) $R = \dfrac{1}{32}v^2 \sin\left(2\left(\dfrac{\pi}{2} - \theta\right)\right)$

   $R = \dfrac{1}{32}v^2 \sin(\pi - 2\theta)$

   $R = \dfrac{1}{32}v^2 \sin(-2\theta)$

   $R = \dfrac{1}{32}v^2 \sin(2\theta)$

Chapter 6: Trigonometric Identities, Inverses and Equations

11. $2\cos^2\left(\dfrac{\pi}{12}\right) - 1$

    $= \cos\left(2\left(\dfrac{\pi}{12}\right)\right) = \cos\left(\dfrac{\pi}{6}\right) = \dfrac{\sqrt{3}}{2}$

13. $\dfrac{(\cos t + \sin t)^2}{\tan t} = \cot t + 2\cos^2 t$

    $\dfrac{\cos^2 t + 2\cos t \sin t + \sin^2 t}{\tan t} =$

    $\dfrac{1 + 2\cos t \sin t}{\tan t} =$

    $\dfrac{1}{\tan t} + \dfrac{2\cos t \sin t}{\tan t} =$

    $\cot t + \dfrac{2\cos t \sin t}{\frac{\sin t}{\cos t}} =$

    $\cot t + 2\cos^2 t = \cot t + 2\cos^2 t$

15. $y = \operatorname{arcsec}(-\sqrt{2}) = \arccos\left(\dfrac{-1}{\sqrt{2}}\right)$

    $135°$ or $\dfrac{3\pi}{4}$

17. $y = \arctan\sqrt{3}$

    $60°$ or $\dfrac{\pi}{3}$

19. $\dfrac{x}{10} = \tan\theta$

    $\tan^{-1}\left(\dfrac{x}{10}\right) = \tan^{-1}(\tan\theta)$

    $\theta = \tan^{-1}\left(\dfrac{x}{10}\right)$

21. a) $D(t) = \left|8\sin\left(\dfrac{\pi t}{12}\right)\right| + 2$

    Using a grapher,
    6ft: 2 am, 2 pm and 10 am, 10 pm
    10ft : 6 am, 6 pm

    b) $D(4) = \left|8\sin\left(\dfrac{4\pi}{12}\right)\right| + 2$

    ≈ 8.9 ft

23. $\sin 172.5° - \sin 52.5°$

    $\begin{cases} A + B = 172.5 \\ A - B = 52.5 \end{cases}$

    $2A = 225$

    $A = \dfrac{225°}{2}$; $B = 172.5 - \dfrac{225}{2} = 60°$

    a) $\sin 172.5° - \sin 52.5°$

    $= \left[\sin\left(\dfrac{225}{2} + 60\right) - \sin\left(\dfrac{225}{2} - 60\right)\right]$

    $= 2\cdot\dfrac{1}{2}\left[\sin\left(\dfrac{225}{2} + 60\right) - \sin\left(\dfrac{225}{2} - 60\right)\right]$

    $= 2\cos\left(\dfrac{225°}{2}\right)\sin 60°$

    $= 2\left(-\sqrt{\dfrac{1 + \cos 225}{2}}\right)\left(\dfrac{\sqrt{3}}{2}\right)$

    $= 2\left(-\sqrt{\dfrac{1 - \dfrac{\sqrt{2}}{2}}{2}}\right)\left(\dfrac{\sqrt{3}}{2}\right)$

    $= \dfrac{-\sqrt{3}\sqrt{2-\sqrt{2}}}{2}$

Chapter 6 Mixed Review

b) $\cos 172.5° + \cos 52.5°$

From part a, $A = \dfrac{225°}{2}, B = 60°$;

$2 \cos\left(\dfrac{225°}{2}\right) \cos 60°$

$= 2\left(-\sqrt{\dfrac{1-\dfrac{\sqrt{2}}{2}}{2}}\right)\left(\dfrac{1}{2}\right) = -\sqrt{\dfrac{2-\sqrt{2}}{4}}$

$= \dfrac{-\sqrt{2-\sqrt{2}}}{2}$

25. a) $\sin\left(\dfrac{13\pi}{24}\right) \cos\left(\dfrac{7\pi}{24}\right)$

$= \dfrac{1}{2}\left[\sin\left(\dfrac{13\pi}{24} + \dfrac{7\pi}{24}\right) + \sin\left(\dfrac{13\pi}{24} - \dfrac{7\pi}{24}\right)\right]$

$= \dfrac{1}{2}\left[\sin\left(\dfrac{5\pi}{6}\right) + \sin\left(\dfrac{\pi}{4}\right)\right]$

$= \dfrac{1}{2}\left[\dfrac{1}{2} + \dfrac{\sqrt{2}}{2}\right] = \dfrac{1+\sqrt{2}}{4}$

b) $\sin\left(\dfrac{13\pi}{24}\right) \sin\left(\dfrac{7\pi}{24}\right)$

$= \dfrac{1}{2}\left[\cos\left(\dfrac{13\pi}{24} - \dfrac{7\pi}{24}\right) - \cos\left(\dfrac{13\pi}{24} + \dfrac{7\pi}{24}\right)\right]$

$= \dfrac{1}{2}\left[\cos\left(\dfrac{\pi}{4}\right) - \cos\left(\dfrac{5\pi}{6}\right)\right]$

$= \dfrac{1}{2}\left[\dfrac{\sqrt{2}}{2} - \left(\dfrac{-\sqrt{3}}{2}\right)\right]$

$= \dfrac{\sqrt{2}}{4} + \dfrac{\sqrt{3}}{4} = \dfrac{\sqrt{2}+\sqrt{3}}{4}$

Chapter 6 Practice Test

1. $\dfrac{(\csc x - \cot x)(\csc x + \cot x)}{\sec x} = \cos x$

$\dfrac{\csc^2 x + \csc x \cot x - \csc x \cot x - \cot^2 x}{\sec x} =$

$\dfrac{\csc^2 x - \cot^2 x}{\sec x} =$

$\dfrac{(1 + \cot^2 x) - \cot^2 x}{\sec x} =$

$\dfrac{1}{\sec x} =$

$\cos x = \cos x$

3. $\cos\theta = \dfrac{48}{73}, \theta$ in QIV

$\sqrt{73^2 - 48^2} = 55$;

$\sin\theta = \dfrac{-55}{73}, \sec\theta = \dfrac{73}{48}, \cot\theta = \dfrac{-48}{55}$

$\tan\theta = \dfrac{-55}{48}, \csc\theta = \dfrac{-73}{55}$

5. $\cos 81° \cos 36° + \sin 81° \sin 36°$
$= \cos(81° - 36°)$
$= \cos(45°)$
$= \dfrac{\sqrt{2}}{2}$

7. $\sin\left(x + \dfrac{\pi}{4}\right) - \sin\left(x - \dfrac{\pi}{4}\right) = \sqrt{2} \cos x$

$\sin x \cos\left(\dfrac{\pi}{4}\right) + \cos x \sin\left(\dfrac{\pi}{4}\right)$

$-\left[\sin x \cos\left(\dfrac{\pi}{4}\right) - \cos x \sin\left(\dfrac{\pi}{4}\right)\right] =$

$\sin x \cos\left(\dfrac{\pi}{4}\right) + \cos x \sin\left(\dfrac{\pi}{4}\right)$

$-\sin x \cos\left(\dfrac{\pi}{4}\right) + \cos x \sin\left(\dfrac{\pi}{4}\right) =$

$2 \cos x \sin\left(\dfrac{\pi}{4}\right) =$

$2 \cos x \left(\dfrac{\sqrt{2}}{2}\right) =$

$\sqrt{2} \cos x = \sqrt{2} \cos x$

Chapter 6: Trigonometric Identities, Inverses and Equations

9. $2\cos^2 75° - 1$
$= \cos 2(75°) = \cos 150° = \dfrac{-\sqrt{3}}{2}$

11. $A = \dfrac{1}{2} bc \sin \alpha$

$A = \dfrac{1}{2}(8)(10) \sin 22.5°$

$A = 40 \sin\left(\dfrac{45°}{2}\right)$

$A = 40\left(\sqrt{\dfrac{1-\cos 45°}{2}}\right)$

$A = 40\sqrt{\dfrac{1-\dfrac{\sqrt{2}}{2}}{2}}$

$A = 40\sqrt{\dfrac{2-\sqrt{2}}{4}}$

$A = 40 \cdot \dfrac{\sqrt{2-\sqrt{2}}}{2}$

$A = 20\sqrt{2-\sqrt{2}}$

13. a) $y = \tan^{-1}\left(\dfrac{1}{\sqrt{3}}\right)$
$y = 30°$

b) $y = \sin\left[\sin^{-1}\left(\dfrac{1}{2}\right)\right]$
$y = \dfrac{1}{2}$

c) $y = \arccos(\cos 30°)$
$y = 30°$

15. $\cos\left[\tan^{-1}\left(\dfrac{56}{33}\right)\right]$

$\sqrt{56^2 + 33^3} = 65$

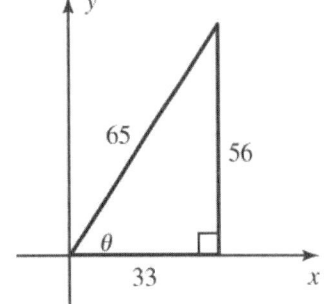

$\cos\theta = \dfrac{33}{65}$

17. I. $8\cos x = -4\sqrt{2}$

$\cos x = \dfrac{-\sqrt{2}}{2}$ QII or QIII

a. $\cos^{-1}\left(\dfrac{-\sqrt{2}}{2}\right) = \dfrac{3\pi}{4}$

b. $\left\{\dfrac{3\pi}{4}, \dfrac{5\pi}{4}\right\}$

c. $\left\{\dfrac{3\pi}{4} + 2k\pi\right\} \cup \left\{\dfrac{5\pi}{4} + 2k\pi\right\}$

II. $\sqrt{3}\sec x + 2 = 4$

$\sec x = \dfrac{2}{\sqrt{3}}$

$\dfrac{1}{\cos x} = \dfrac{2}{\sqrt{3}}$

$\cos x = \dfrac{\sqrt{3}}{2}$ (QI or QIV)

a. $\cos^{-1}\left(\dfrac{\sqrt{3}}{2}\right) = \dfrac{\pi}{6}$

b. $\left\{\dfrac{\pi}{6}, \dfrac{11\pi}{6}\right\}$

c. $\left\{\dfrac{\pi}{6} + 2k\pi\right\} \cup \left\{\dfrac{11\pi}{6} + 2k\pi\right\}$

Chapter 6 Practice Test

19. a. $Y_1 = 3\cos(2x-1)$
    $Y_2 = \sin x, x \in [-\pi, \pi]$
    $\{-1.6875, -0.3413, 1.1321, 2.8967\}$

   b. $Y_1 = 2\sqrt{x}-1$
   $Y_2 = 3\cos^2 x$
   $x \in [0, 2\pi]$
   $\{0.9671, 2.6110, 3.4538\}$

21. $3\sin(2x) + \cos x = 0$
    $3(2\sin x \cos x) + \cos x = 0$
    $\cos x[6\sin x + 1] = 0$
    $\cos x = 0$ or $\quad 6\sin x + 1 = 0$
    $x = \cos^{-1}(0) \quad\quad 6\sin x = -1$
    $x = \dfrac{\pi}{2}$ or $\dfrac{3\pi}{2} \quad \sin x = -\dfrac{1}{6}$
    $\quad\quad\quad\quad\quad\quad\quad x = -0.1674$
    Principal root: 0.1674
    QIII or QIV
    $\pi + 0.1674 = 3.3090$
    $2\pi - 0.1674 = 6.1158$
    $\left\{\dfrac{\pi}{2}, 3.3090, \dfrac{3\pi}{2}, 6.1158\right\}$

23. $R(x) = 7.5\cos\left(\dfrac{\pi}{6}x + \dfrac{4\pi}{3}\right) + 12.5$

   a. $R(9) = 7.5\cos\left(\dfrac{\pi}{6}\cdot 9 + \dfrac{4\pi}{3}\right)$
   $+12.5 = 6$ or $\$6,000$

   b. Using grapher, January $x=1$ through July ($x=7$)

25. $2\cos(1979\pi\, t)\cos(439\pi\, t)$
    $= \dfrac{1}{2}[\cos(1979\pi\, t + 439\pi\, t)$
    $\;\;+ \cos(1979\pi\, t - 439\pi\, tr)]$
    $= \dfrac{1}{2}[\cos(2418\pi\, t) + \cos(1540\pi\, t)]$

Calculator Exploration & Discovery

Exercise 1:
$Y_1 = \cos(14t); Y_2 = \cos(8t)$
$\cos(14t) + \cos(8t)$
$= 2\cos\left(\dfrac{14t+8t}{2}\right)\cos\left(\dfrac{14t-8t}{2}\right)$

   a. $Y_R = 2\cos(11t)\cos(3t)$
   b. $14 - 8 = 6$ beats
   c. $\dfrac{14-8}{2} = 3$, use $Y_2 = \pm 2\cos(3x)$

Exercise 3:
$Y_1 = \cos(14t); Y_2 = \cos(6t)$
$\cos(14t) + \cos(6t)$
$= 2\cos\left(\dfrac{14t+6t}{2}\right)\cos\left(\dfrac{14t-6t}{2}\right)$

   a. $Y_R = 2\cos(10t)\cos(4t)$
   b. $14 - 6 = 8$ beats
   c. $\dfrac{14-6}{2} = 4$, use $Y_2 = \pm 2\cos(4x)$

Chapter 6: Trigonometric Identities, Inverses and Equations

Strengthening Core Skills

Exercise 1:

$f(x) = 3\sin x + 2; f(x) > 3.7, x \in [0, 2\pi)$

Sine wave, amplitude 3, shifted 2 units up, sketch $y = 3.7$, solutions to $f(x)$ occur in QI and QIII, with solutions to $f(x) > 3.7$ between these solutions. Substitute 3.7 for $f(x)$ and isolating the sine function.

$3.7 = 3\sin x + 2$
$1.7 = 3\sin x$
$0.5667 \approx \sin x$
QI, $x = \sin^{-1}(0.5667) \approx 0.6025$
QIII, $x = [\pi - \sin^{-1}(0.5667)]$
$x = 2.5391$
$x \in (0.6025, 2.5391)$

Exercise 3:

$h(x) = 125\sin\left(\dfrac{\pi}{6}x - \dfrac{\pi}{2}\right) + 175;$

$h(x) \leq 150, x \in [0, 12)$

Sine wave, period $\dfrac{2\pi}{\left(\dfrac{\pi}{6}\right)} = 12$ days,

amplitude 125, shifted $\dfrac{-C}{B} = -\dfrac{\dfrac{-\pi}{2}}{\dfrac{\pi}{6}} = 3$

units to the right and 175 units up
Sketch $y = 150$, solutions to $h(x) \leq 150$ occur in QI and QIII, with solutions. outside this interval. Substitute 150 for $h(x)$ and isolate the sine function.

$150 = 125\sin\left(\dfrac{\pi}{6}x - \dfrac{\pi}{2}\right) + 175$

$-0.2 = \sin\left(\dfrac{\pi}{6}x - \dfrac{\pi}{2}\right)$

QI, $x = \left(\sin^{-1}(-0.2) + \dfrac{\pi}{2}\right)\left(\dfrac{6}{\pi}\right) = 2.6154$

QIII

$x = \left(\pi - \sin^{-1}(-0.2) + \dfrac{\pi}{2}\right)\left(\dfrac{6}{\pi}\right) = 9.3846$

$x \in [0, 2.6154] \cup [9.3847, 12]$

Cumulative Review: Chapters 1-6

1. $P(-13, 84)$
   $\sqrt{84^2 + 13^2} = 85$;
   $\sin\theta = \dfrac{84}{85}$, $\csc\theta = \dfrac{85}{84}$, $\cos\theta = \dfrac{-13}{85}$,
   $\sec\theta = \dfrac{-85}{13}$, $\tan\theta = \dfrac{-84}{13}$, $\cot\theta = \dfrac{-13}{84}$

3. $g(x) = x^2 - 4x + 1$
   $g(2+\sqrt{3}) = (2+\sqrt{3})^2 - 4(2+\sqrt{3}) + 1$
   $= 4 + 4\sqrt{3} + 3 - 8 - 4\sqrt{3} + 1$
   $= 0$
   Verified

5. $\tan(36°56') = \dfrac{x}{26400}$
   $26400 \tan(36°56') = x$
   $19846 \approx x$;
   $20{,}320 - 19846 = 474$
   About 474 ft

7. $h(x) = \dfrac{x-1}{x^2 - 4}$
   $h(x) = \dfrac{x-1}{(x+2)(x-2)}$
   V.A.: $x = -2, x = 2$
   H.A.: $y = 0$
   (deg num < deg den)
   $h(0) = \dfrac{0-1}{0^2 - 4} = \dfrac{1}{4}$
   y-intercept: $\left(0, \dfrac{1}{4}\right)$
   x-intercept: $(1, 0)$

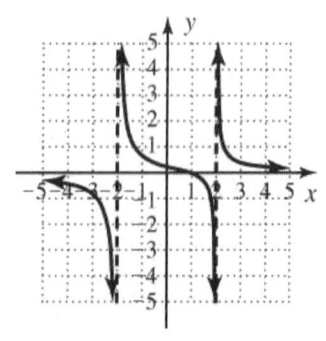

9. $r = 45$ cm, $\dfrac{5 \text{ rev}}{\sec}$ (1 rev = 2π radians)
   $\omega = 5(2\pi) = 10\pi$
   $v = r \cdot \omega$
   $= 45(10\pi) = 450\pi$ cm per sec
   $= 450(\pi)$ cm per sec
   ≈ 1413 cm per sec
   $\dfrac{450\pi \text{ cm}}{1 \sec} \cdot \dfrac{1 \text{ km}}{100{,}000 \text{ cm}} \cdot \dfrac{3600 \sec}{1 \text{ hr}}$
   $= 50.89$ km/hr

11. $-3\left|x - \dfrac{1}{2}\right| + 5 \geq -10$
    $-3\left|x - \dfrac{1}{2}\right| \geq -15$
    $\left|x - \dfrac{1}{2}\right| \leq 5$
    $x - \dfrac{1}{2} \leq 5$ or $x - \dfrac{1}{2} \geq -5$
    $x \leq 5.5$ $x \geq -4.5$
    $\left[\dfrac{-9}{2}, \dfrac{11}{2}\right]$

13. $(0, 31), (30, 16)$
    a. $m = \dfrac{31 - 16}{0 - 30} = \dfrac{15}{-30} = \dfrac{-1}{2}$
       $y = \dfrac{-1}{2}x + 31$
    b. Every 2 years, the amount of emissions decreases by 1 million tons.
    c. 1985 is 15 years (since 1970)
       $y = \dfrac{-1}{2}(15) + 31 = 23.5$ million tons;
       2010 is 40 years (since 1970)
       $y = \dfrac{-1}{2}(40) + 31 = 11$ million tons

Chapter 6: Trigonometric Identities, Inverses and Equations

15. $f(x) = 325\cos\left(\dfrac{\pi}{6}x - \dfrac{\pi}{2}\right) + 168$

    Find x when $f(x) > 330.5$,
    cosine wave,
    period $\dfrac{2\pi}{\left(\dfrac{\pi}{6}\right)} = 12$, amplitude 325, shifted

    $\dfrac{-C}{B} = -\dfrac{\frac{-\pi}{2}}{\frac{\pi}{6}} = 3$ units to the right and 168
    units up. $y = 330.5$, solutions to
    $f(x) > 330.5$ occur in QI and QIII, with
    solutions between these solutions.
    Substitute 330.5 for $f(x)$ and isolate the
    cosine function.

    $330.5 = 325\cos\left(\dfrac{\pi}{6}x - \dfrac{\pi}{2}\right) + 168$

    $0.5 = \cos\left(\dfrac{\pi}{6}x - \dfrac{\pi}{2}\right)$

    QI, $x = \left(\cos^{-1}(0.5) + \dfrac{\pi}{2}\right)\left(\dfrac{6}{\pi}\right) = 5$

    QIII,
    $x = \left(\pi - \left(\cos^{-1}(0.5) + \dfrac{\pi}{2}\right)\right)\left(\dfrac{6}{\pi}\right) =$
    $= \left(\pi - \left(\dfrac{\pi}{3} + \dfrac{\pi}{2}\right)\right)\left(\dfrac{6}{\pi}\right) = 1$

    $x \in (1, 5)$

17. $R(x) = (9 - 0.25x)(20 + 1x)$
    $R(x) = 180 + 9x - 5x - 0.25x^2$
    $R(x) = -0.25x^2 + 4x + 180$
    Using a grapher, maximum occurs at $x = 8$.
    8 decreases $(9 - 0.25(8)) = 7$, price of \$7.

19. $\dfrac{\cos x + 1}{\tan^2 x} = \dfrac{\cos x}{\sec x - 1}$

    $= \dfrac{\cos x(\sec x + 1)}{(\sec x - 1)(\sec x + 1)}$

    $= \dfrac{1 + \cos x}{\sec^2 x - 1}$

    $= \dfrac{\cos x + 1}{\tan^2 x}$

21. $\sin(2\theta) = \sin(\theta + \theta)$
    $= \sin\theta\cos\theta + \cos\theta\sin\theta$
    $= \dfrac{11}{\sqrt{202}} \cdot \dfrac{9}{\sqrt{202}} + \dfrac{9}{\sqrt{202}} \cdot \dfrac{11}{\sqrt{202}}$
    $= \dfrac{198}{202} = \dfrac{99}{101}$

23. a. $\dfrac{32.5 + 21.7}{2} = \dfrac{54.2}{2} = 27.1$;

    $\dfrac{32.5 - 21.7}{2} = \dfrac{10.8}{2} = 5.4$;

    $12 = \dfrac{2\pi}{B}$

    $B = \dfrac{2\pi}{12} = \dfrac{\pi}{6}$

    $5.4\sin\left(\dfrac{\pi}{6}x - \dfrac{2\pi}{3}\right) + 27.1$

    b. Using a grapher, from early May until late August.

25. a. Volume of a cylinder
    b. Volume of a rectangular solid
    c. Circumference of a circle
    d. Area of a triangle

MWT 3 Exercises

MWT III

1. Minimum: $(9, 25)$
   Maximum: $(3, 75)$
   Period: 12 min
   $B = \dfrac{2\pi}{12} = \dfrac{\pi}{6}$
   $C = \dfrac{3\pi}{2} - \dfrac{\pi}{6}(9) = 0$
   $A = \dfrac{75-25}{2} = 25$
   $D = \dfrac{75+25}{2} = 50$
   $y = 25\sin\left(\dfrac{\pi}{6}x\right) + 50$

3. Minimum: $(15, 3)$
   Maximum: $(3, 7.5)$
   Period: 24 hours
   $B = \dfrac{2\pi}{24} = \dfrac{\pi}{12}$
   $C = \dfrac{3\pi}{2} - \dfrac{\pi}{12}\left(\dfrac{15}{1}\right) = \dfrac{\pi}{4}$
   $A = \dfrac{7.5-3}{2} = 2.25$
   $D = \dfrac{7.5+3}{2} = 5.25$
   $y = 2.25\sin\left(\dfrac{\pi}{12}x + \dfrac{\pi}{4}\right) + 5.25$

5. Minimum: $(5, 279)$
   Maximum: $(11, 1285)$
   Period: 12 years
   $B = \dfrac{2\pi}{12} = \dfrac{\pi}{6}$
   $C = \dfrac{3\pi}{2} - \dfrac{\pi}{6}(5) = \dfrac{2\pi}{3}$
   $A = \dfrac{1285-279}{2} = 503$
   $D = \dfrac{1285+279}{2} = 782$
   $y = 503\sin\left(\dfrac{\pi}{6}x + \dfrac{2\pi}{3}\right) + 782$

7. Minimum: $(1, 65)$
   Maximum: $(7, 104.2)$
   Period: 12
   a. $B = \dfrac{2\pi}{12} = \dfrac{\pi}{6}$
   $C = \dfrac{3\pi}{2} - \dfrac{\pi}{6}(1) = \dfrac{4\pi}{3}$
   $A = \dfrac{104.2-65}{2} = 19.6$
   $D = \dfrac{104.2+65}{2} = 84.6$
   $T(x) = 19.6\sin\left(\dfrac{\pi}{6}x + \dfrac{4\pi}{3}\right) + 84.6$
   b. $T(9) = 19.6\sin\left(\dfrac{\pi}{6}(9) + \dfrac{4\pi}{3}\right) + 84.6$
   $\approx 94.4°F$
   c. Using the table on the grapher, beginning of May $(x \approx 5.1)$ to end of August $(x \approx 8.9)$.

9. a. $A = \dfrac{99-98.2}{2} = 0.4$
   $D = \dfrac{99+98.2}{2} = 98.6$
   $B = \dfrac{2\pi}{24} = \dfrac{\pi}{12}$
   $C = \dfrac{3\pi}{2} - \dfrac{\pi}{12}(5) = \dfrac{13\pi}{12}$
   $T(x) = 0.4\sin\left(\dfrac{\pi}{12}x + \dfrac{13\pi}{12}\right) + 98.6$
   b. Using the table on the grapher, 11am and 11pm.
   c. Using the table on the grapher, from $x = 1$ to $x = 9$, about 8 hours.

Modeling with Technology 3: Trigonometric Equation Models

11. $f(x) = A\tan(Bx + C)$
 $P = 12$
 $P = \dfrac{\pi}{B}$
 $12 = \dfrac{\pi}{B}$
 $B = \dfrac{\pi}{12}$
 Using $(6, 0)$, phase shift would be -6.
 $-6 = \dfrac{-C}{B}$
 $-6 = \dfrac{-C}{\dfrac{\pi}{12}}$
 $\dfrac{-\pi}{2} = -C$
 $\dfrac{\pi}{2} = C$
 Using $(4, 3)$
 $3 = A\tan\left[\dfrac{\pi}{12}(4) + \dfrac{\pi}{2}\right]$
 $3 = A\tan\left(\dfrac{\pi}{3} + \dfrac{\pi}{2}\right)$
 $3 = A\tan\left(\dfrac{5\pi}{6}\right)$
 $3 = \dfrac{-1}{\sqrt{3}}A$
 $-3\sqrt{3} = A$;
 $f(x) = -3\sqrt{3}\tan\left(\dfrac{\pi}{12}x + \dfrac{\pi}{2}\right)$;

 a. $f(2.5) = -3\sqrt{3}\tan\left[\dfrac{\pi}{12}(2.5) + \dfrac{\pi}{2}\right]$
 $f(2.5) \approx 6.77$
 b. Using the grapher, when $f(x) = 16$, the value of $x \approx 1.20$

13. $H(d) = A\tan(Bx + C)$
 Note a period of $P = 48$
 $P = \dfrac{\pi}{|B|}$
 $48 = \dfrac{\pi}{B}$
 $B = \dfrac{\pi}{48}$
 Using $(0, 0)$ to be the "center" of the function, there is no phase shift.
 Thus $C = 0$.
 a. Using data point $(18, 10)$,
 $10 = A\tan\left(\dfrac{\pi}{48}(18)\right)$
 $10 = A\tan\left(\dfrac{3\pi}{8}\right)$
 $4.14 = A$;
 $H(d) = 4.14\tan\left(\dfrac{\pi}{48}d\right)$
 b. $H(19) = 4.14\tan\left(\dfrac{\pi}{48}(19)\right) \approx 12.2$ cm
 c. $30 = 4.14\tan\left(\dfrac{\pi}{48}d\right)$
 $\dfrac{30}{4.14} = \tan\left(\dfrac{\pi}{48}d\right)$
 $\tan^{-1}\left(\dfrac{30}{4.14}\right) = \dfrac{\pi}{48}d$
 $d \approx 21.9$ mi

377

MWT 3 Exercises

15. a) $y \approx 49.26\sin(0.213x - 1.104) + 51.43$
    b) Minimum: $(28, 2)$
       Maximum: $(13, 100)$
       Period: 31 days
       $B = \dfrac{2\pi}{31} \approx 0.203$
       $C = \dfrac{3\pi}{2} - \dfrac{2\pi}{31}(28) \approx -0.963$
       $A = \dfrac{100-2}{2} = 49$
       $D = \dfrac{100+2}{2} = 51$
       $y = 49\sin(0.203x - 0.963) + 51$
    c) Day 31: ≈ 5.6

17. a) $y \approx 5.88\sin(0.523x - 0.521) + 16.00$
    b) Minimum: $(10, 10)$
       Maximum: $(4, 22)$
       Period: 12 months
       $B = \dfrac{2\pi}{12} = \dfrac{\pi}{6} \approx 0.524$
       $C = \dfrac{3\pi}{2} - \dfrac{\pi}{6}(10) \approx -0.524$
       $A = \dfrac{22-10}{2} = \dfrac{12}{2} = 6$
       $D = \dfrac{22+10}{2} = 16$
       $y = 6\sin(0.524x - 0.524) + 16$
    c) Month 9: ≈ 0.12

19. a. $T(m) = 15.328\sin(0.461m - 1.610) + 85.244$

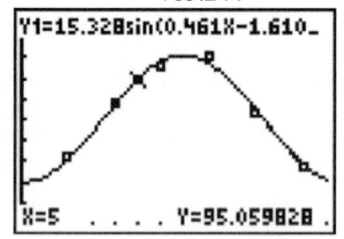

    Y1=15.328sin(0.461X-1.610_
    X=5 .... Y=95.059828

    b. $T(1) = 15.328\sin(0.461(1) - 1.610) + 85.244 = 71.259 \approx 71$
       $T(3) = 15.328\sin(0.461(3) - 1.610) + 85.244 = 81.79 \approx 82$
       $T(5) = 15.328\sin(0.461(5) - 1.610) + 85.244 = 95.06 \approx 95$
       $T(7) = 15.328\sin(0.461(7) - 1.610) + 85.244 = 100.56 \approx 101$
       $T(9) = 15.328\sin(0.461(9) - 1.610) + 85.244 = 93.93 \approx 94$
       $T(11) = 15.328\sin(0.461(11) - 1.610) + 85.244 = 80.43 \approx 80$
    c. Maximum difference is about 1° in months 6 and 8.

21. a. Reno:
       $R(t) \approx 0.452\sin(0.396t + 1.831) + 0.750$
    b. The graphs intersect at $t \approx 2.6$ and $t \approx 10.5$.
       Reno gets more rainfall than Cheyenne for about 4 months of the year:
       $2.6 + (12 - 10.5) = 4.1$

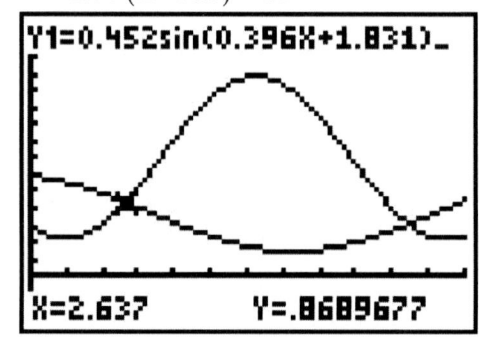

    Y1=0.452sin(0.396X+1.831)_
    X=2.637   Y=.8689677

Modeling with Technology 3: Trigonometric Equation Models

23. a. $f(x) = 49.659 \sin(0.214x - 0.689) + 48.329$

   b. $f(20) = 49.659 \sin(0.214(20) - 0.689) + 48.329 \approx 26.756 \approx 26.8\%$

   c. $P = 31$; Maximum: $(10, 99)$,
   Minimum: $(25, 0)$
   $A = 49.659$, $B = 0.214$, $C = 0.689$,
   $D = 48.329$
   $A = \dfrac{99-0}{2} = 49.5$
   $D = \dfrac{99}{2} = 49.5$
   $B = \dfrac{2\pi}{31} \approx 0.203$
   $C = \dfrac{3\pi}{2} - 0.203(25) = -0.363$
   $f(x) = 49.5 \sin\left(\dfrac{2\pi}{31}x - \dfrac{7\pi}{62}\right) + 49.5$

   Values for A, B, and D are very close.
   Some variation in C: -0.363 vs -0.689

25. $D(t) = A\cos(Bt)$

   a) Distance: 2000 miles
   2 hours $(P = 120)$
   $B = \dfrac{2\pi}{120} = \dfrac{\pi}{60}$
   $D(t) = 2000 \cos\left(\dfrac{\pi}{60}t\right)$

   b) $0 = 2000 \cos\left(\dfrac{\pi}{60}t\right)$
   $0 = \cos\left(\dfrac{\pi}{60}t\right)$
   $\cos^{-1}(0) = \dfrac{\pi}{60}t$
   $\dfrac{\pi}{2} = \dfrac{\pi}{60}t$
   $t = 30$ min

   c) $D(t) = 2000 \cos\left(\dfrac{\pi}{60} \cdot 257\right)$
   $= 2000 \cos(13.456)$
   $= 2000(0.629)$
   $= 1258.6$
   North, 1258.6 mi

27. $\dfrac{m-D}{A} = \dfrac{m - \left(\dfrac{M+m}{2}\right)}{\dfrac{M-m}{2}}$
   $= \dfrac{2m - M - m}{M - m}$
   $= \dfrac{m - M}{M - m}$
   $= -1$
   Ex. 1: $\dfrac{0.17 - 1.935}{1.765} = -1$
   Ex: 2: $\dfrac{2500 - 6000}{3500} = -1$

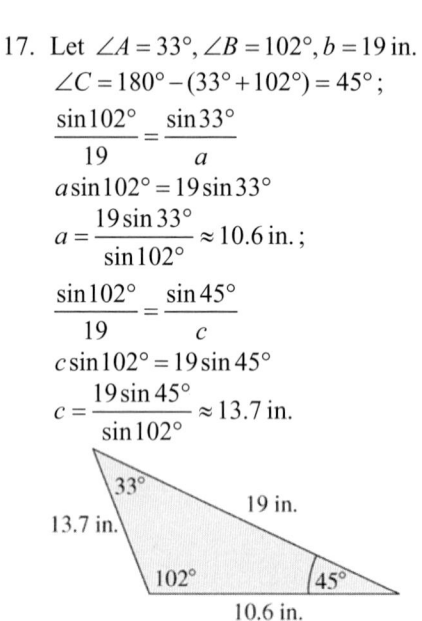

7.1 Exercises

7.1 Exercises

1. ambiguous

3. I; II

5. Answers will vary.

7. $\dfrac{\sin 32°}{15} = \dfrac{\sin 18.5°}{a}$
$a \sin 32° = 15 \sin 18.5°$
$a = \dfrac{15 \sin 18.5°}{\sin 32°} \approx 8.98$

9. $\dfrac{\sin 63°}{21.9} = \dfrac{\sin C}{18.6}$
$21.9 \sin C = 18.6 \sin 63°$
$\sin C = \dfrac{18.6 \sin 63°}{21.9}$
$C = \sin^{-1}\left(\dfrac{18.6 \sin 63°}{21.9}\right) \approx 49.2°$

11. $\dfrac{\sin C}{48.5} = \dfrac{\sin 19°}{43.2}$
$43.2 \sin C = 48.5 \sin 19°$
$\sin C = \dfrac{48.5 \sin 19°}{43.2}$
$C = \sin^{-1}\left(\dfrac{48.5 \sin 19°}{43.2}\right) \approx 21.4°$

13. $\angle C = 180° - (38° + 64°) = 78°$;
$\dfrac{\sin 38°}{75} = \dfrac{\sin 64°}{b}$
$b \sin 38° = 75 \sin 64°$
$b = \dfrac{75 \sin 64°}{\sin 38°} \approx 109.5$ cm ;
$\dfrac{\sin 78°}{c} = \dfrac{\sin 38°}{75}$
$c \sin 38° = 75 \sin 78°$
$c = \dfrac{75 \sin 78°}{\sin 38°} \approx 119.2$ cm

15. $\angle C = 180° - (30° + 60°) = 90°$;
$\dfrac{\sin 60°}{10\sqrt{3}} = \dfrac{\sin 30°}{a}$
$a \sin 60° = 10\sqrt{3} \sin 30°$
$a = \dfrac{10\sqrt{3} \sin 30°}{\sin 60°} = 10$ in. ;
$\dfrac{\sin 60°}{10\sqrt{3}} = \dfrac{\sin 90°}{c}$
$c \sin 60° = 10\sqrt{3} \sin 90°$
$c = \dfrac{10\sqrt{3} \sin 90°}{\sin 60°} = 20$ in.

17. Let $\angle A = 33°$, $\angle B = 102°$, $b = 19$ in.
$\angle C = 180° - (33° + 102°) = 45°$;
$\dfrac{\sin 102°}{19} = \dfrac{\sin 33°}{a}$
$a \sin 102° = 19 \sin 33°$
$a = \dfrac{19 \sin 33°}{\sin 102°} \approx 10.6$ in. ;
$\dfrac{\sin 102°}{19} = \dfrac{\sin 45°}{c}$
$c \sin 102° = 19 \sin 45°$
$c = \dfrac{19 \sin 45°}{\sin 102°} \approx 13.7$ in.

19. $\angle C = 180° - (45° + 45°) = 90°$
$\dfrac{\sin 90°}{15\sqrt{2}} = \dfrac{\sin 45°}{a}$
$a \sin 90° = 15\sqrt{2} \sin 45°$
$a = \dfrac{15\sqrt{2} \sin 45°}{\sin 90°} = 15$ mi
$b = 15$ mi

Chapter 7: Applications of Trigonometry

21. $\angle A = 180° - (103.4° + 19.6°) = 57°$
    $\dfrac{\sin 57°}{42.7} = \dfrac{\sin 103.4°}{b}$
    $b \sin 57° = 42.7 \sin 103.4°$
    $b = \dfrac{42.7 \sin 103.4°}{\sin 57°} \approx 49.5 \text{ km}$;
    $\dfrac{\sin 57°}{42.7} = \dfrac{\sin 19.6°}{c}$
    $c \sin 57° = 42.7 \sin 19.6°$
    $c = \dfrac{42.7 \sin 19.6°}{\sin 57°} \approx 17.1 \text{ km}$

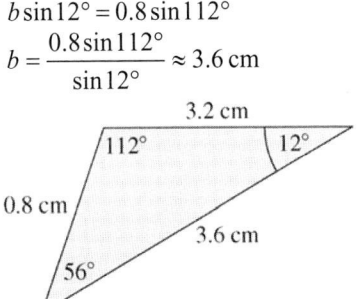

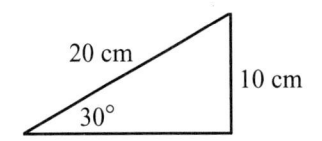

23. Let $\angle A = 56°$, $\angle B = 112°$, $c = 0.8$ cm
    $\angle C = 180° - (56° + 112°) = 12°$;
    $\dfrac{\sin 12°}{0.8} = \dfrac{\sin 56°}{a}$
    $a \sin 12° = 0.8 \sin 56°$
    $a = \dfrac{0.8 \sin 56°}{\sin 12°} \approx 3.2 \text{ cm}$;
    $\dfrac{\sin 12°}{0.8} = \dfrac{\sin 112°}{b}$
    $b \sin 12° = 0.8 \sin 112°$
    $b = \dfrac{0.8 \sin 112°}{\sin 12°} \approx 3.6 \text{ cm}$

25. a.

    The right triangle is a 30°-60°-90° triangle, so the short side is half the hypotenuse, or 10 cm.

    b. If side a is 8 cm, it won't reach the base, so no triangle is possible.

    c.

    Two triangles possible for $a = 12$.

    d.

    One triangle possible for $a = 25$.

27. $\dfrac{\sin 67°}{385} = \dfrac{\sin A}{490}$; $385 \sin A = 490 \sin 67°$
    $\sin A = \dfrac{490 \sin 67°}{385} = 1.17$. Not possible.

29. $\dfrac{\sin 30°}{12.9} = \dfrac{\sin C}{25.8}$; $12.9 \sin C = 25.8 \sin 30°$
    $\sin C = \dfrac{25.8 \sin 30°}{12.9} = 1$; $C = 90°$. (This tells us that there's only one triangle.)
    $B = 180° - (30° + 90°) = 60°$
    This is a 30°-60°-90° triangle, so
    $b = 12.9\sqrt{3}$ mi

7.1 Exercises

31. $\dfrac{\sin B}{67} = \dfrac{\sin 59°}{58}$; $58\sin B = 67\sin 59°$

    $\sin B = \dfrac{67\sin 59°}{58} \approx 0.9902$

    $B = \sin^{-1} 0.9902 \approx 82°$
    or $B = 180° - 82° = 98°$.
    For $B = 82°$:
    $A = 180° - (59° + 82°) = 39°$

    $\dfrac{\sin 39°}{a} = \dfrac{\sin 59°}{58}$; $a\sin 59° = 58\sin 39°$

    $a = \dfrac{58\sin 39°}{\sin 59°} \approx 42.6$ mi ;

    For $B = 98°$:
    $A = 180° - (98° + 59°) = 23°$

    $\dfrac{\sin 23°}{a} = \dfrac{\sin 59°}{58}$; $a\sin 59° = 58\sin 23°$

    $a = \dfrac{58\sin 23°}{\sin 59°} \approx 26.4$ mi

33. $\dfrac{\sin 59°}{58} = \dfrac{\sin B}{67}$; $58\sin B = 67\sin 59°$

    $\sin B = \dfrac{67\sin 59°}{58} \approx 0.9902$

    $B = \sin^{-1} 0.9902 \approx 82°$ or
    $B = 180° - 82° = 98°$
    For $B = 82°$:
    $A = 180° - (82° + 59°) = 39°$;

    $\dfrac{\sin 39°}{a} = \dfrac{\sin 59°}{58}$; $a\sin 59° = 58\sin 39°$

    $a = \dfrac{58\sin 39°}{\sin 59°} = 42.6$ ft ;

    For $B = 98°$:
    $A = 180° - (98° + 59°) = 23°$

    $\dfrac{\sin 23°}{a} = \dfrac{\sin 59°}{58}$; $a\sin 59° = 58\sin 23°$

    $a = \dfrac{58\sin 23°}{\sin 59°} \approx 26.4$ ft

35. $\dfrac{\sin 38°}{6.7} = \dfrac{\sin A}{10.9}$; $6.7\sin A = 10.9\sin 38°$

    $\sin A = \dfrac{10.9\sin 38°}{6.7} = 1.002$. Not possible

37. $\dfrac{\sin 62°}{2.6 \times 10^{25}} = \dfrac{\sin A}{2.9 \times 10^{25}}$

    $2.6 \times 10^{25} \sin A = 2.9 \times 10^{25} \sin 62°$

    $\sin A = \dfrac{2.9 \times 10^{25} \sin 62°}{2.6 \times 10^{25}} \approx 0.9848$

    $A \approx 80.0°$;
    $B \approx 180° - (80.0° + 62°) = 38°$

    $\dfrac{\sin 62°}{2.6 \times 10^{25}} = \dfrac{\sin 38°}{b}$

    $b\sin 62° = 2.9 \times 10^{25} \sin 38°$

    $b = \dfrac{2.9 \times 10^{25} \sin 38°}{\sin 62°} \approx 2.0 \times 10^{25}$ mi

39. $\dfrac{\sin A}{12} = \dfrac{\sin 48°}{27}$; $27\sin A = 12\sin 48°$

    $\sin A = \dfrac{12\sin 48°}{27}$; $A = \sin^{-1}\left(\dfrac{12\sin 48°}{27}\right)$

    $A \approx 19.3°$;
    Another possible angle: $180° - 19.3° = 160.7$; $48° + 160.7° = 208.7° > 180°$
    No second solution possible

41. $\dfrac{\sin 57°}{35.6} = \dfrac{\sin C}{40.2}$; $35.6\sin C = 40.2\sin 57°$

    $\sin C = \dfrac{40.2\sin 57°}{35.6}$; $C = \sin^{-1}\left(\dfrac{40.2\sin 57°}{35.6}\right)$

    $C \approx 71.3°$;
    Another possible angle:
    $180° - 71.3° = 108.7°$;
    $108.7° + 57° = 165.7° < 180°$; Two possible solutions.

43. $\dfrac{\sin A}{280} = \dfrac{\sin 15°}{52}$; $52\sin A = 280\sin 15°$

    $\sin A = \dfrac{280\sin 15°}{52} = 1.39$. Not possible

Chapter 7: Applications of Trigonometry

45. $135° = 3(45°)$, so we get
$\sin 135° = 3\sin 45° - 4\sin^3 45° =$
$= 3 \cdot \dfrac{\sqrt{2}}{2} - 4\left(\dfrac{\sqrt{2}}{2}\right)^3 = \dfrac{3\sqrt{2}}{2} - 4\left(\dfrac{2\sqrt{2}}{8}\right)$
$= \dfrac{3\sqrt{2}}{2} - \dfrac{2\sqrt{2}}{2} = \dfrac{\sqrt{2}}{2}$
The reference angle for 135° is 45°, and 135° is in QII, so $\sin 135° = \dfrac{\sqrt{2}}{2}$.

47. We are given $\theta = 20°$. Let α be the angle with vertex at Sorus and β be the angle with vertex at the Sun.
$\dfrac{\sin 20°}{51} = \dfrac{\sin \alpha}{82}$; $82\sin 20° = 51\sin \alpha$
$\sin \alpha = \dfrac{82\sin 20°}{51} \approx 0.5499$
$\alpha = \sin^{-1} 0.5499 = 33.4°$ or
$\alpha = 180° - 33.4° = 146.6°$
When $\alpha = 33.4°$, the distance is the further of the two; let d_1 represent this distance.
$\beta = 180° - (33.4° + 20°) = 126.6°$
$\dfrac{\sin 126.6°}{d_1} = \dfrac{\sin 20°}{51}$
$d_1 \sin 20° = 51\sin 126.6°$
$d_1 = \dfrac{51\sin 126.6°}{\sin 20°} \approx 119.7$ million miles
When $\alpha = 146.6°$, the distance is the closer of the two: let d_2 represent this distance.
$\beta = 180° - (146.6° + 20°) = 13.4°$
$\dfrac{\sin 13.4°}{d_2} = \dfrac{\sin 20°}{51}$
$d_2 \sin 20° = 51\sin 13.4°$
$d_2 = \dfrac{51\sin 13.4°}{\sin 20°} \approx 34.6$ million miles

49. a. $\dfrac{\sin 35°}{8} = \dfrac{\sin B}{15}$; $8\sin B = 15\sin 35°$
$\sin B = \dfrac{15\sin 35°}{8} = 1.08$ Not possible
A radar with a range of 8 mi. will not detect the ship.

b. $\dfrac{\sin 35°}{12} = \dfrac{\sin B}{15}$; $12\sin B = 15\sin 35°$
$\sin B = \dfrac{15\sin 35°}{12} \approx 0.7170$
$B = \sin^{-1} 0.7170 \approx 45.8°$ or
$B = 180° - 45.8 = 134.2°$.
The closest point of detection will be when $B = 134.2°$, in which case the third angle is
$180° - (35° + 134.2°) = 10.8°$.
$\dfrac{\sin 10.8°}{d} = \dfrac{\sin 35°}{12}$
$d\sin 35° = 12\sin 10.8°$
$d = \dfrac{12\sin 10.8°}{\sin 35°} \approx 3.9$ mi

51. Segment *SR* is 55 km.
$\dfrac{\sin 40°}{55} = \dfrac{\sin \angle P}{80}$; $55\sin \angle P = 80\sin 40°$
$\sin \angle P = \dfrac{80\sin 40°}{55} \approx 0.9350$; $\angle P \approx 69.2°$
$\angle VRP = 180° - (40° + 69.2°) = 70.8°$
Let d_1 = the distance from *V* to *P*.
$\dfrac{\sin 70.8°}{d_1} = \dfrac{\sin 40°}{55}$; $d_1 \sin 40° = 55\sin 70.8°$
$V \leftrightarrow P$ $d_1 = \dfrac{55\sin 70.8°}{\sin 40°} \approx 80.8$ km
Since $\angle P = 69.2°$,
$\angle VSR = 180° - 69.2° = 110.8°$.
Then $\angle VRS = 180° - (110.8° + 40°) = 29.2°$.
Let d_2 = the distance from *V* to *S*.
$\dfrac{\sin 29.2°}{d_2} = \dfrac{\sin 40°}{55}$; $d_2 \sin 40° = 55\sin 29.2°$
$V \leftrightarrow S$ $d_2 = \dfrac{55\sin 29.2°}{\sin 40°} \approx 41.7$ km

7.1 Exercises

53. Let B be the angle at the target.

   a. $\dfrac{\sin 55°}{180} = \dfrac{\sin B}{246}$

   $180 \sin B = 246 \sin 55°$

   $\sin B = \dfrac{246 \sin 55°}{180} \approx 1.1$, Not possible

   The arrow won't reach the target.

   b. $\dfrac{\sin 55°}{a} = \dfrac{\sin 90°}{246}$

   $a \sin 90° = 246 \sin 55°$

   $a \approx 201.5$ ft

   c. We first need to find the distance $d_2 - d_1$ in the diagram below:

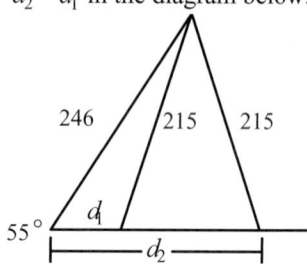

   Let C = the angle at the archer.

   $\dfrac{\sin 55°}{215} = \dfrac{\sin B}{246}$

   $215 \sin B = 246 \sin 55°$

   $\sin B = \dfrac{246 \sin 55°}{215} \approx 0.9373$

   $B = \sin^{-1} 0.9373 \approx 69.6°$ or

   $B = 180° - 69.6° = 110.4°$

   When $B = 69.6°$, $C = 180° - (69.6° + 55°) = 55.4°$.

   $\dfrac{\sin 55°}{215} = \dfrac{\sin 55.4°}{d_2}$

   $d_2 \sin 55° = 215 \sin 55.4°$

   $d_2 = \dfrac{215 \sin 55.4°}{\sin 55°} \approx 216$ ft

   When $B = 110.4°$, $C = 180° - (110.4° + 55°) = 14.6°$.

   $\dfrac{\sin 55°}{215} = \dfrac{\sin 14.6°}{d_1}$

   $d_1 \sin 55° = 215 \sin 14.6°$

   $d_1 = \dfrac{215 \sin 14.6°}{\sin 55°} \approx 66$ ft

   The target is in range for $216 - 66 = 150$ ft. Moving at 10 ft/sec, the target will be in range for about 15 seconds.

55. $\dfrac{\sin 26°}{8} = \dfrac{\sin A}{12}$; $8 \sin A = 12 \sin 26°$

   $\sin A = \dfrac{12 \sin 26°}{8} \approx 0.6576$

   $A = \sin^{-1} 0.6576 \approx 41.1°$ or $A = 180° - 41.1° = 138.9°$. Two triangles are possible.
   For $A = 41.1°$, $C_1 = 180° - (41.1° + 26°) = 112.9°$.

   $\dfrac{\sin 112.9°}{c_1} = \dfrac{\sin 26°}{8}$; $c_1 \sin 26° = 8 \sin 112.9°$

   $c_1 = \dfrac{8 \sin 112.9°}{\sin 26°} \approx 16.8$ cm

Angles	Sides
$A_1 \approx 41.1°$	$a = 12$ cm
$B = 26°$	$b = 8$ cm
$C_1 \approx 112.9°$	$c_1 \approx 16.8$ cm

   For $A_2 = 138.9°$, $C_2 = 180° - (138.9° + 26°) = 15.1°$.

   $\dfrac{\sin 15.1°}{c_2} = \dfrac{\sin 26°}{8}$; $c_2 \sin 26° = 8 \sin 15.1°$

   $c_2 = \dfrac{8 \sin 15.1°}{\sin 26°} \approx 4.8$ cm

Angles	Sides
$A_2 \approx 138.9°$	$a = 12$ cm
$B = 26°$	$b = 8$ cm
$C_2 = 15.1°$	$c_2 \approx 4.8$ cm

Chapter 7: Applications of Trigonometry

57. From the grid, $a = 9$, $c = 5$. Consider the right triangle in the diagram as drawn: the shorter leg has length 4.
$\tan C = \dfrac{4}{9}$; $C = \tan^{-1}\left(\dfrac{4}{9}\right) \approx 24°$

Now use the Law of Sines with $a = 9$, $c = 5$, $C = 24°$.
$\dfrac{\sin 24°}{5} = \dfrac{\sin A}{9}$; $5\sin A = 9\sin 24°$
$\sin A = \dfrac{9\sin 24°}{5} \approx 0.7321$; $A \approx 47.0°$
or $A = 180° - 47.0° = 133.0°$.
For $A = 47.0°$, $B = 180° - (47.0° + 24°) = 109.0°$.
$\dfrac{\sin 109.0°}{b} = \dfrac{\sin 24°}{5}$; $b\sin 24° = 5\sin 109.0°$
$b = \dfrac{5\sin 109.0°}{\sin 24°} \approx 11.6$

Angles	Sides
$A_1 \approx 47.0°$	$a = 9$ cm
$B_1 \approx 109.0°$	$b_1 \approx 11.6$ cm
$C \approx 24°$	$c = 5$ cm

For $A = 133.0°$, $B = 180° - (133.0° + 24°) = 23.0°$.
$\dfrac{\sin 23.0°}{b} = \dfrac{\sin 24°}{5}$; $b\sin 24° = 5\sin 23.0°$
$b = \dfrac{5\sin 23.0°}{\sin 24°} \approx 4.8$

Angles	Sides
$A_2 \approx 133.0°$	$a = 9$ cm
$B_2 \approx 23.0°$	$b_2 \approx 4.8$ cm
$C \approx 24°$	$c = 5$ cm

59. First, find $\angle B = 180° - (32° + 53°) = 95°$.
$\dfrac{\sin 95°}{42} = \dfrac{\sin 32°}{c}$
$c\sin 95° = 42\sin 32°$
$c = \dfrac{42\sin 32°}{\sin 95°} \approx 22.3$ ft;
$\dfrac{\sin 95°}{42} = \dfrac{\sin 53°}{a}$
$a\sin 95° = 42\sin 53°$
$a = \dfrac{42\sin 53°}{\sin 95°} \approx 33.7$ ft

61. The third angle is $180° - (96° + 58°) = 26°$.
Rhymes to Tarryson:
$\dfrac{\sin 26°}{27.2} = \dfrac{\sin 96°}{\overline{RT}}$
$\overline{RT}\sin 26° = 27.2\sin 96°$
$\overline{RT} = \dfrac{27.2\sin 96°}{\sin 26°} \approx 61.7$ km;
Sexton to Tarryson:
$\dfrac{\sin 26°}{27.2} = \dfrac{\sin 58°}{\overline{ST}}$
$\overline{ST}\sin 26° = 27.2\sin 58°$
$\overline{ST} = \dfrac{27.2\sin 58°}{\sin 26°} \approx 52.6$ km

63. The third angle is $180° - (39° + 58°) = 83°$. The shortest side is across from the 39° angle, so let d be that distance.
$\dfrac{\sin 83°}{5} = \dfrac{\sin 39°}{d}$
$d\sin 83° = 5\sin 39°$
$d = \dfrac{5\sin 39°}{\sin 83°} \approx 3.2$ mi

7.1 Exercises

65. In the diagram provided, we need to find h.

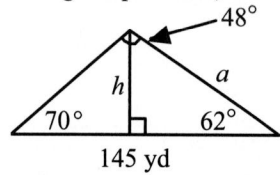

First, find a:
$$\frac{\sin 48°}{145} = \frac{\sin 70°}{a}$$
$$a \sin 48° = 145 \sin 70°$$
$$a = \frac{145 \sin 70°}{\sin 48°} \approx 183.35 \text{ yd}$$

Now use the right triangle on the right to find h:
$$\sin 62° = \frac{h}{183.35}$$
$$h = 183.35 \sin 62° \approx 161.9 \text{ yd}$$

67. Let a = the side across from the 63° angle and d = the base of the triangle.
$$\frac{\sin 27°}{5} = \frac{\sin 63°}{a}$$
$$a \sin 27° = 5 \sin 63°$$
$$a = \frac{5 \sin 63°}{\sin 27°} \approx 9.8 \text{ cm};$$
$$\frac{\sin 27°}{5} = \frac{\sin 90°}{d}$$
$$d \sin 27° = 5 \sin 90°$$
$$d = \frac{5 \sin 90°}{\sin 27°} \approx 11 \text{ cm}$$

The diameter of the circle is 11 cm, the base of the triangle. It is a right triangle.

69. a.

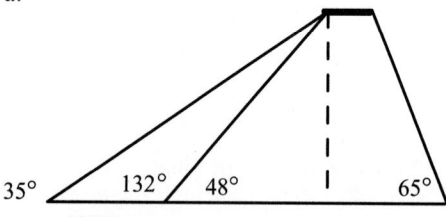

The small angle at the top of the left hand triangle is $180 - (35+132) = 13°$. Let s be the slant height of the west side, h the vertical height (dashed line).
$$\frac{\sin 13°}{1250} = \frac{\sin 35°}{s}; \quad s \sin 13° = 1250 \sin 35°$$
$$s = \frac{1250 \sin 35°}{\sin 13°} \approx 3187 \text{ m}$$

b. $\sin 48° = \dfrac{h}{3187}; \quad h = 3187 \sin 48°$ m
$$h \approx 2368 \text{ m}$$

The east side forms a right triangle with the vertical height (2368) and a 65° angle.
$$\sin 65° = \frac{2368}{h_e}; \quad h_e = \frac{2368}{\sin 65°} \approx 2613$$

71. The base of the triangle is $10.2\sqrt{3}$ cm, and the hypotenuse is 20.4 cm. Using opposite over hypotenuse,
$$\sin 60° = \frac{10.2\sqrt{3}}{20.4} \text{ and } \sin 30° = \frac{10.2}{20.4}, \text{ so}$$
$$\frac{\sin 60°}{\sin 30°} = \frac{\frac{10.2\sqrt{3}}{20.4}}{\frac{10.2}{20.4}} = \sqrt{3}$$

We know that $\sin 45° = \dfrac{1}{\sqrt{2}}$ and $\sin 90° = 1$,
so $\dfrac{\sin 90°}{\sin 45°} = \dfrac{1}{\frac{1}{\sqrt{2}}} = \sqrt{2}$

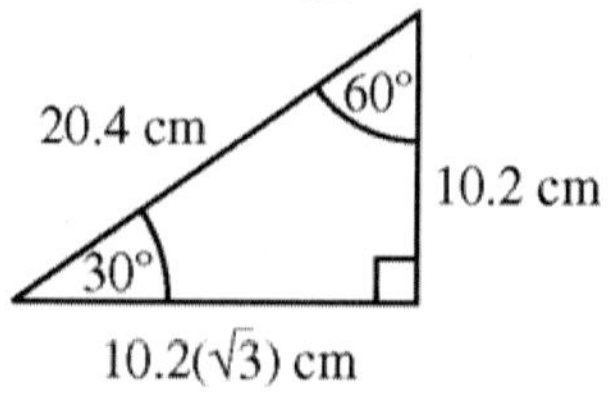

Chapter 7: Applications of Trigonometry

73. Plug in $a = 45$, $A = 19°$, $B = 31°$

$$\frac{45+b}{45-b} = \frac{\tan\left[\frac{1}{2}(19°+31°)\right]}{\tan\left[\frac{1}{2}(19°-31°)\right]} = \frac{\tan 25°}{\tan(-6°)} \approx -4.44$$

$\frac{45+b}{45-b} = -4.44$; $45+b = -4.44(45-b)$

$45+b = -199.8 + 4.44b$

$-3.44b = -244.8$; $b \approx 71.2$ cm

Note that $C = 180° - (19° + 31°) = 130°$.
Plug in $a = 45$, $A = 19°$, $C = 130°$

$$\frac{45+c}{45-c} = \frac{\tan\left[\frac{1}{2}(19°+130°)\right]}{\tan\left[\frac{1}{2}(19°-130°)\right]}$$

$$= \frac{\tan 74.5°}{\tan(-55.5°)} \approx -2.48$$

$\frac{45+c}{45-c} = -2.48$; $45+c = -2.48(45-c)$

$45+c = -111.6 + 2.48c$

$-1.48c = -156.6$; $c = 105.8$ cm

75. A diagram of the first sighting:

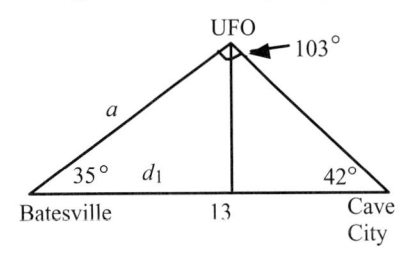

We can find side a using the law of sines, then use it to find d_1, which is the distance from the UFO's initial location to Batesville.

$$\frac{\sin 103°}{13} = \frac{\sin 42°}{a}$$

$a \sin 103° = 13 \sin 42°$

$a = \frac{13 \sin 42°}{\sin 103°} \approx 8.9275$ mi

$\cos 35° = \frac{d_1}{8.9275}$

$d_1 = 8.9275 \cos 35° \approx 7.3130$ mi

It will be helpful later to find the height:

$\sin 35° = \frac{h}{8.9275}$; $h \approx 5.1206$

Second sighting:

$\tan 24° = \frac{5.1206}{d_2}$; $d_2 = \frac{5.1206}{\tan 24°} \approx 11.5011$ mi

The UFO's linear distance traveled is
$11.5011 - 7.3130 = 4.1881$ mi

$\frac{4.1881 \text{ mi}}{1.2 \text{ sec}} \cdot \frac{3{,}600 \text{ sec}}{\text{hr}} \approx 12{,}564 \frac{\text{mi}}{\text{hr}}$

77. $\tan^2 x - \sin^2 x = \tan^2 x \sin^2 x$

$\dfrac{\sin^2 x}{\cos^2 x} - \sin^2 x =$

$\dfrac{\sin^2 x}{\cos^2 x} - \dfrac{\sin^2 x \cos^2 x}{\cos^2 x} =$

$\dfrac{\sin^2 x - \sin^2 x \cos^2 x}{\cos^2 x} =$

$\dfrac{\sin^2 x (1 - \cos^2 x)}{\cos^2 x} =$

$\dfrac{\sin^2 x \sin^2 x}{\cos^2 x} =$

$\dfrac{\sin^2 x}{\cos^2 x} \sin^2 x =$

$\tan^2 x \sin^2 x = \tan^2 x \sin^2 x$

79. a. $m = \dfrac{2-(-3)}{4-(-5)} = \dfrac{5}{9}$

$y - 2 = \dfrac{5}{9}(x-4); \quad y - 2 = \dfrac{5}{9}x - \dfrac{20}{9}$

$y = \dfrac{5}{9}x - \dfrac{2}{9}$

b. $d = \sqrt{(2-(-3))^2 + (4-(-5))^2}$

$= \sqrt{25 + 81} = \sqrt{106}$ units

7.2 Exercises

1. cosines

3. Pythagorean

5. a. Law of Cosines Only:
$a^2 = 37^2 + 52^2 - 2(37)(52)\cos 17°$
$a^2 \approx 393.1; \quad a \approx 19.8$ m
$52^2 = 37^2 + 393.1 - 2(37)(19.8)\cos C$
$2704 = 1369 + 393.1 - 1465.2 \cos C$
$2704 = 1369 + 393.1 - 1465.2 \cos C$
$\cos C = \dfrac{941.9}{-1465.2}$
$C = \cos^{-1}\left(\dfrac{941.9}{-1465.2}\right) \approx 130.0°$
$B = 180 - (130 + 17) = 33.0°$
Law of Sines:
After we know that $a = 19.8$ m:
$\dfrac{\sin B}{37} = \dfrac{\sin 17°}{19.8}; \quad 19.8 \sin B = 37 \sin 17°$
$\sin B = \dfrac{37 \sin 17°}{19.8}; \quad B = \sin^{-1}\left(\dfrac{37 \sin 17°}{19.8}\right)$
$B \approx 33.1°, \quad C = 180 - (31.117) = 129.9°$

b. The second method is simpler, Law of Sines.

7. Yes

9. No; there will be two unknowns in any of the three forms.

11. Yes

13. $a^2 = b^2 + c^2 - 2bc \cos A$
$52.4^2 = 50^2 + 26.6^2 - 2(50)(26.6)\cos 80°$
$2745.76 \approx 2745.7$
$b^2 = a^2 + c^2 - 2ac \cos B$
$50^2 = 52.4^2 + 26.6^2 - 2(52.4)(26.6)\cos 70°$
$2500 \approx 2499.9$
$c^2 = a^2 + b^2 - 2ab \cos C$
$26.6^2 = 50^2 + 52.4^2 - 2(50)(52.4)\cos 30°$
$707.6 \approx 707.8$
With some rounding, all result in equality.

Chapter 7: Applications of Trigonometry

15. $4^2 = 5^2 + 6^2 - 2(5)(6)\cos B$
    $16 = 61 - 60\cos B;\ -45 = -60\cos B$
    $\cos B = \dfrac{45}{60};\ B = \cos^{-1}\left(\dfrac{45}{60}\right) \approx 41.4°$

17. $a^2 = 9^2 + 7^2 - 2(9)(7)\cos 52° \approx 52.43$
    $a = \sqrt{52.43} \approx 7.24$

19. $10^2 = 12^2 + 15^2 - 2(12)(15)\cos A$
    $100 = 369 - 360\cos A;\ -269 = -360\cos A$
    $\cos A = \dfrac{-269}{-360};\ A = \cos^{-1}\left(\dfrac{269}{360}\right) \approx 41.6°$

21. $c^2 = 75^2 + 32^2 - 2(75)(32)\cos 38° = 2866.55$
    $c = \sqrt{2866.55} \approx 53.5$ cm
    $\dfrac{\sin 38°}{53.5} = \dfrac{\sin B}{32};\ 53.5\sin B = 32\sin 38°$
    $\sin B = \dfrac{32\sin 38°}{53.5};\ B = \sin^{-1}\left(\dfrac{32\sin 38°}{53.5}\right)$
    $B \approx 21.6°;\ A = 180 - (21.6 + 38) = 120.4°$

23. $b^2 = 12.9^2 + 25.8^2 - 2(12.9)(25.8)\cos 30°$
    $b^2 \approx 255.59; b \approx 16$ mi
    $\dfrac{\sin 30°}{16} = \dfrac{\sin A}{12.9};\ 16\sin A = 12.9\sin 30°$
    $\sin A = \dfrac{12.9\sin 30°}{16};\ A = \sin^{-1}\left(\dfrac{12.9\sin 30°}{16}\right)$
    $A \approx 23.8°;\ C = 180 - (30 + 23.8) = 126.2°$

25. $c^2 = 538^2 + 465^2 - 2(538)(465)\cos 29°$
    $c^2 \approx 68,061.78; c \approx 260.9$ mm
    $\dfrac{\sin 29°}{260.9} = \dfrac{\sin B}{465};\ 260.9\sin B = 465\sin 29°$
    $\sin B = \dfrac{465\sin 29°}{260.9};\ B = \sin^{-1}\left(\dfrac{465\sin 29°}{260.9}\right)$
    $B \approx 59.8°;\ A = 180 - (59.8 + 29) = 91.2°$

    [Triangle diagram: vertices A, B, C; side $AB = 260.9$ mm, side $BC = 538$ mm, side $AC = 465$ mm; angle at $B = 59.8°$, angle at $A = 91.2°$, angle at $C = 29°$]

27. $a^2 = b^2 + c^2 - 2bc\cos A$
    $675 = 108 + 300 - 360\cos A$
    $267 = -360\cos A;\ \cos A = \dfrac{267}{-360}$
    $A = \cos^{-1}\left(\dfrac{267}{-360}\right) \approx 137.9°$
    $\dfrac{\sin 137.9°}{15\sqrt{3}} = \dfrac{\sin B}{6\sqrt{3}};\ 15\sqrt{3}\sin B = 6\sqrt{3}\sin 137.9°$
    $\sin B = \dfrac{6\sqrt{3}\sin 137.9°}{15\sqrt{3}}$
    $B = \sin^{-1}\left(\dfrac{6\sqrt{3}\sin 137.9°}{15\sqrt{3}}\right) \approx 15.6°$
    $C = 180 - (15.6 + 137.9) = 26.5°$

29. $32.8^2 = 24.9^2 + 12.4^2 - 2(24.9)(12.4)\cos A$
    $1075.84 = 773.77 - 617.52\cos A$
    $302.07 = -617.52\cos A;\ \cos A = \dfrac{302.07}{-617.52}$
    $A = \cos^{-1}\left(\dfrac{302.07}{-617.52}\right) \approx 119.3°;$
    $\dfrac{\sin 119.3°}{32.8} = \dfrac{\sin B}{24.9};\ 32.8\sin B = 24.9\sin 119.3°$
    $\sin B = \dfrac{24.9\sin 119.3°}{32.8}$
    $B = \sin^{-1}\left(\dfrac{24.9\sin 119.3°}{32.8}\right) \approx 41.5°$
    $C = 180 - (41.5 + 119.3) = 19.2°$

7.2 Exercises

31. $(4.1 \times 10^{25})^2 = (2.3 \times 10^{25})^2 + (2.9 \times 10^{25})^2$
    $\qquad - 2(2.3 \times 10^{25})(2.9 \times 10^{25}) \cos A$
    $1.7 \times 10^{51} = 1.4 \times 10^{51} - 1.3 \times 10^{51} \cos A$
    $3.0 \times 10^{50} = -1.3 \times 10^{51} \cos A$
    $\cos A = \dfrac{3.0 \times 10^{50}}{-1.3 \times 10^{51}}; \; A = \cos^{-1}\left(\dfrac{3.0 \times 10^{50}}{-1.3 \times 10^{51}}\right)$
    $A \approx 103.3°$
    $\dfrac{\sin 103.3°}{4.1 \times 10^{25}} = \dfrac{\sin C}{2.9 \times 10^{25}}$
    $4.1 \times 10^{25} \sin C = 2.9 \times 10^{25} \sin 103.3°$
    $\sin C = \dfrac{2.9 \times 10^{25} \sin 103.3°}{4.1 \times 10^{25}}$
    $C = \sin^{-1}\left(\dfrac{2.9 \times 10^{25} \sin 103.3°}{4.1 \times 10^{25}}\right) \approx 43.5°$
    $B = 180 - (43.5 + 103.3) = 33.2°$

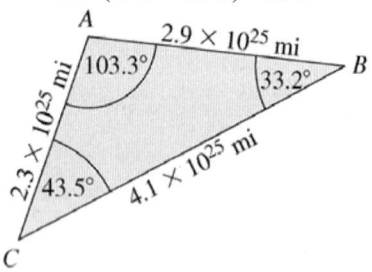

    [Triangle figure: vertices A, B, C with angles $103.3°$ at A, $33.2°$ at B, $43.5°$ at C; sides 2.9×10^{25} mi (AB), 4.1×10^{25} mi (BC), 2.3×10^{25} mi (AC)]

33. $(12\sqrt{3})^2 = 12.9^2 + 9.2^2 - 2(12.9)(9.2) \cos A$
    $432 = 251.05 - 237.36 \cos A$
    $180.95 = -237.36 \cos A; \; \cos A = \dfrac{180.95}{-237.36}$
    $A = \cos^{-1}\left(\dfrac{180.95}{-237.36}\right) \approx 139.7°$
    $\dfrac{\sin 139.7°}{12\sqrt{3}} = \dfrac{\sin B}{12.9}$
    $12\sqrt{3} \sin B = 12.9 \sin 139.7°$
    $\sin B = \dfrac{12.9 \sin 139.7°}{12\sqrt{3}}$
    $B = \sin^{-1}\left(\dfrac{12.9 \sin 139.7°}{12\sqrt{3}}\right) \approx 23.7°$
    $C = 180 - (23.7 + 139.7) = 16.6°$

35. $a^2 = b^2 + c^2 - 2bc \cos A$
    $a^2 - b^2 - c^2 = -2bc \cos A$
    $\dfrac{a^2 - b^2 - c^2}{-2bc} = \cos A$
    $\dfrac{b^2 + c^2 - a^2}{2bc} = \cos A$
    Adapting the new formula to the given triangle, where we should solve for angle C first, we get
    $\cos C = \dfrac{a^2 + b^2 - c^2}{2ab}$
    $\cos C = \dfrac{39^2 + 37^2 - 52^2}{2(39)(37)} \approx 0.0644$
    $C = \cos^{-1} 0.0644 \approx 86.3°$

37. $m^2 = 1435^2 + 692^2 - 2(1435)(692) \cos 99°$
    $m^2 \approx 2,848774; \; m \approx 1688$ mi

39. $198^2 = 354^2 + 423^2 - 2(354)(423) \cos P$
    $39,204 = 304,245 - 299,484 \cos P$
    $-265,041 = -299,484 \cos P$
    $\cos P = \dfrac{-265,041}{-299,484}$
    $P = \cos^{-1}\left(\dfrac{-265,041}{-299,484}\right) \approx 27.7°$
    The heading is 27.7° north of west or a heading of 297.7°.

41. $d^2 = 1.8^2 + 2.6^2 - 2(1.8)(2.6) \cos 51°$
    $d = \sqrt{10 - 9.36 \cos 51°}$ mi
    $= \sqrt{10 - 9.36 \cos 51°}(5280) = 10,703.6$ ft
    It cannot be constructed.

Chapter 7: Applications of Trigonometry

43. After 5 hours, the distances are 5(450) = 2250 miles, and 5(425) = 2125 miles. The angle between paths is 45°.
$d^2 = 2250^2 + 2125^2 - 2(2250)(2125)\cos 45°$
$d^2 \approx 2,816,416.405;\ d \approx 1678.2$ mi

45. Call the point at the bottom left corner of the board P. Triangle PAB is a 45-45-90 triangle with legs 4, so side AB is $4\sqrt{2}$. Using the Pythagorean Theorem on triangle PBC, $BC^2 = 10^2 + 4^2$; $BC = \sqrt{116}$. Side AC is 6, so the perimeter is
$6 + 4\sqrt{2} + \sqrt{116} \approx 22.4$ cm
Again using right triangle PBC,
$\tan C = \frac{4}{10};\ C = \tan^{-1}\frac{4}{10} \approx 21.8°$
$\frac{\sin 21.8°}{4\sqrt{2}} = \frac{\sin B}{6};\ 4\sqrt{2}\sin B = 6\sin 21.8°$
$\sin B = \frac{6\sin 21.8°}{4\sqrt{2}};\ B = \sin^{-1}\left(\frac{6\sin 21.8°}{4\sqrt{2}}\right)$
$B \approx 23.2°;\ A = 180 - (21.8 + 23.2) = 135°$

47. $20^2 = 12^2 + 9^2 - 2(12)(9)\cos C$
$400 = 225 - 216\cos C$
$175 = -216\cos C;\ \cos C = \frac{175}{-216}$
$C = \cos^{-1}\left(\frac{175}{-216}\right) \approx 144.1°$
$\frac{\sin 144.1°}{20} = \frac{\sin B}{9};\ 20\sin B = 9\sin 144.1°$
$\sin B = \frac{9\sin 144.1°}{20};\ B = \sin^{-1}\left(\frac{9\sin 144.1°}{20}\right)$
$B \approx 15.3°$
$A \approx 180 - (144.1 + 15.3) = 20.6°$

49. A regular pentagon can be made from five triangles, each with an angle of $\frac{360}{5} = 72°$

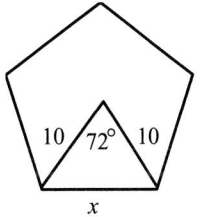

$x^2 = 10^2 + 10^2 - 2(10)(10)\cos 72°$
$x^2 \approx 138.1966;\ x \approx 11.756$
Perimeter = 5(11.756) = 58.78 cm

51. Side AC is the hypotenuse of a right triangle with right angle at (3, 0) that has legs 3 and 4, so its length is 5. Side CB is the hypotenuse of a right triangle with right angle at (12, 0) that has legs 12 and 5 so its length is 13. The third side is the hypotenuse of a right triangle with sides 1 and 9, so its length is $\sqrt{9^2 + 1^2} = \sqrt{82}$.
$13^2 = 5^2 + \sqrt{82}^2 - 2(5)(\sqrt{82})\cos A$
$169 = 107 - 10\sqrt{82}\cos A$
$62 = -10\sqrt{82}\cos A;\ \cos A = \frac{62}{-10\sqrt{82}}$
$A = \cos^{-1}\left(\frac{62}{-10\sqrt{82}}\right) \approx 133.2°$
$\frac{\sin 133.2°}{13} = \frac{\sin B}{5};\ 13\sin B = 5\sin 133.2°$
$\sin B = \frac{5\sin 133.2°}{13};\ B = \sin^{-1}\left(\frac{5\sin 133.2°}{13}\right)$
$B \approx 16.3°;\ C = 180 - (133.2 + 16.3) = 30.5°$

7.2 Exercises

53. Diagonal: $\sqrt{20^2 + 30^2} = \sqrt{1300} \approx 36.06$

    $\tan \alpha = \dfrac{20}{30}$

    $\alpha = \tan^{-1}\left(\dfrac{2}{3}\right) \approx 33.7°$;

    $A = \dfrac{1}{2}bc \sin \alpha$

    $A = \dfrac{1}{2}\sqrt{1300}\,(15)\sin 33.7°$

    ≈ 150 square feet

55. $42° + 65° + x = 180°$

    $x = 73°$;

    $A = \dfrac{c^2 \sin A \sin B}{2 \sin C}$

    $A = \dfrac{299^2 \sin 42° \sin 65°}{2 \sin 73°} \approx 28346.7$;

    a. $\dfrac{28346.7}{43560} \approx 0.65$ or 65%

    b. $3{,}000{,}000(0.65) = \$1{,}950{,}000$

57. $p = \dfrac{1289 + 1063 + 922}{2} = 1637$

    $A = \sqrt{1637(1637-1289)(1637-922)(1637-1063)}$

    $A \approx 483{,}529$ km^2

59. The sum of the two smaller sides is 889, which is less than the longer one.

61. $53.9 = 78\cos 25° + 37\cos 117° \approx 53.9$

    $a^2 = b^2 + c^2 - 2bc\cos A$

    $b^2 = a^2 + c^2 - 2ac\cos B$

    Substitute the right side of the first expression in for a^2 in the second:

    $b^2 = (b^2 + c^2 - 2bc\cos A) + c^2 - 2ac\cos B$

    $0 = 2c^2 - 2bc\cos A - 2ac\cos B$

    (Divide both sides by 2c)

    $0 = c - b\cos A - a\cos B$

    $-c = -b\cos A - a\cos B$

    $c = b\cos A + a\cos B$

63. $2\log_2 4 + 2\log_2 3 - 2\log_2 6$

    $= \log_2 4^2 + \log_2 3^2 - \log_2 6^2$

    $= \log_2\left(\dfrac{16 \cdot 9}{36}\right) = \log_2 4 = \log_2 2^2 = 2$

65. $y = -5, r = 13$; $x = \sqrt{13^2 - 5^2} = 12$, positive since cosine is positive.

    $\csc x = -\dfrac{13}{5}$; $\cos x = \dfrac{12}{13}$; $\sec x = \dfrac{13}{12}$

    $\tan x = -\dfrac{5}{12}$; $\cot x = -\dfrac{12}{5}$

Technology Highlight

Exercise 1: They would be equal; verified

Exercise 2: The component values will "switch places" compared to $\theta = 30°$; verified

Exercise 3: $|\mathbf{v}| = 9.5$; $|\mathbf{v}| = 9.5$ for all values of θ

Chapter 7: Applications of Trigonometry

7.3 Exercises

1. Scalar

3. Directed line

5. Answers will vary.

7.

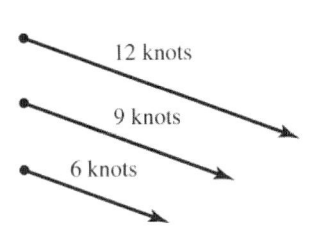

9.

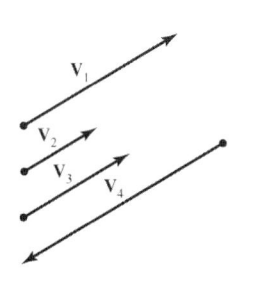

11.

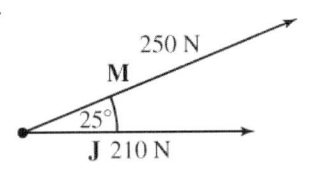

13.

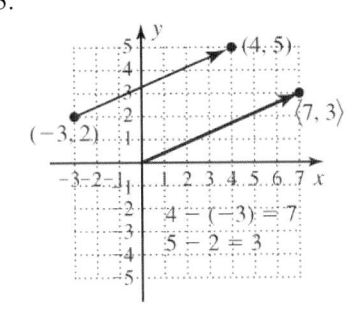

15.

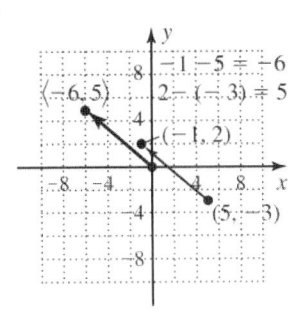

17. Terminal point = $(-2+7, -3+2) = (5, -1)$; $|\mathbf{v}| = \sqrt{7^2 + 2^2} = \sqrt{53}$

19. Terminal point = $(2-3, 6-5) = (-1, 1)$; $|\mathbf{v}| = \sqrt{(-3)^2 + (-5)^2} = \sqrt{34}$

21. a.

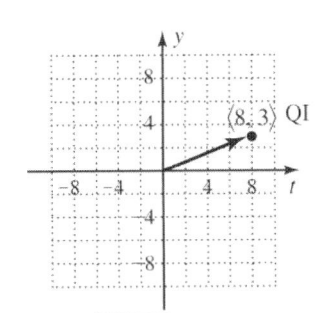

   b. $|\mathbf{v}| = \sqrt{8^2 + 3^2} = \sqrt{73}$

   c. $\tan\theta = \frac{3}{8}$; $\theta = \tan^{-1}\left(\frac{3}{8}\right) \approx 20.6°$

23. a.

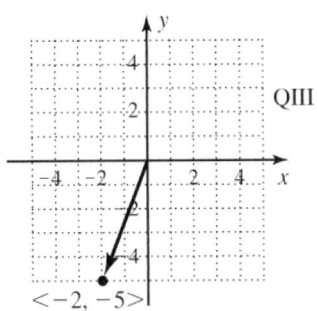

   b. $|\mathbf{v}| = \sqrt{(-2)^2 + (-5)^2} = \sqrt{29}$

   c. $\tan\theta = \frac{-5}{-2}$; $\theta = \tan^{-1}\left(\frac{5}{2}\right) \approx 68.2°$

7.3 Exercises

25. $a = 12\cos 25° \approx 10.9$; $b = 12\sin 25° \approx 5.1$
 $\langle -10.9, 5.1 \rangle$

27. $a = 140.5\cos 41° \approx 106.0$
 $b = 140.5\sin 41° \approx 92.2$
 $\langle 106.0, -92.2 \rangle$

29. $a = 10\cos 15° \approx 9.7$; $b = 10\sin 15° \approx 2.6$
 $\langle -9.7, -2.6 \rangle$

31. a. $\mathbf{u} + \mathbf{v} = \langle 2 + (-3), 3 + 6 \rangle = \langle -1, 9 \rangle$

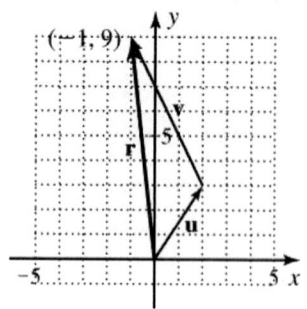

 b. $\mathbf{u} - \mathbf{v} = \langle 2 - (-3), 3 - 6 \rangle = \langle 5, -3 \rangle$

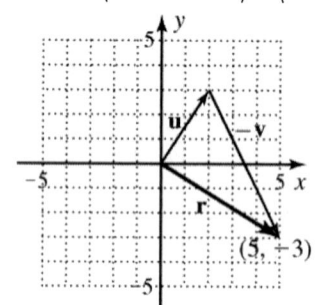

 c. $2\mathbf{u} + 1.5\mathbf{v} = \langle 4, 6 \rangle + \langle -4.5, 9 \rangle = \langle -0.5, 15 \rangle$

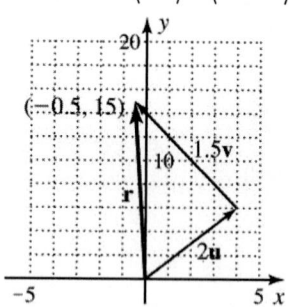

 d. $\mathbf{u} - 2\mathbf{v} = \langle 2, 3 \rangle - \langle -6, 12 \rangle = \langle 8, -9 \rangle$

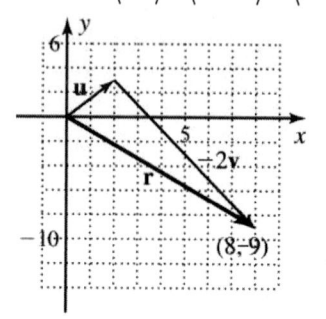

33. a. $\mathbf{u} + \mathbf{v} = \langle 7 + 1, -2 + 6 \rangle = \langle 8, 4 \rangle$

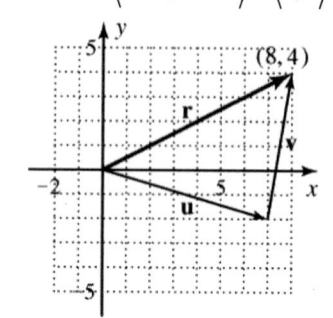

 b. $\mathbf{u} - \mathbf{v} = \langle 7 - 1, -2 - 6 \rangle = \langle 6, -8 \rangle$

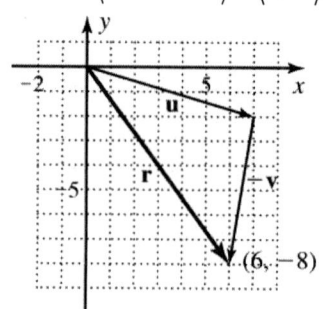

Chapter 7: Applications of Trigonometry

c. $2\mathbf{u}+1.5\mathbf{v} = \langle 14,-4\rangle + \langle 1.5,9\rangle = \langle 15.5,5\rangle$

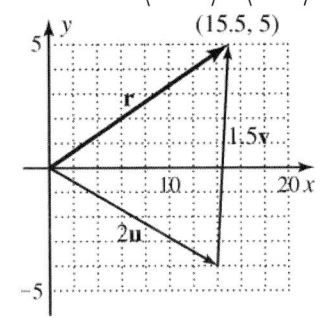

c. $2\mathbf{u}+1.5\mathbf{v} = \langle -8,4\rangle + \langle 1.5,6\rangle = \langle -6.5,10\rangle$

d. $\mathbf{u}-2\mathbf{v} = \langle 7,-2\rangle - \langle 2,12\rangle = \langle 5,-14\rangle$

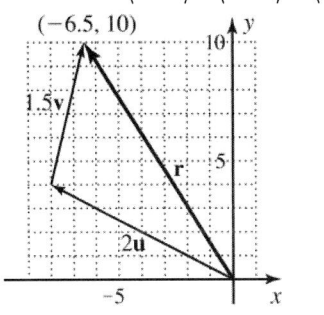

d. $\mathbf{u}-2\mathbf{v} = \langle -4,2\rangle - \langle 2,8\rangle = \langle -6,-6\rangle$

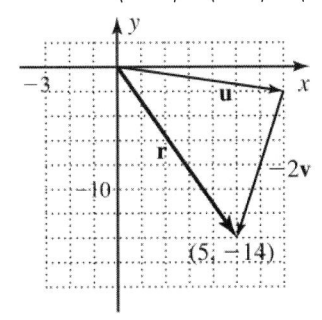

35. a. $\mathbf{u}+\mathbf{v} = \langle -4+1, 2+4\rangle = \langle -3,6\rangle$

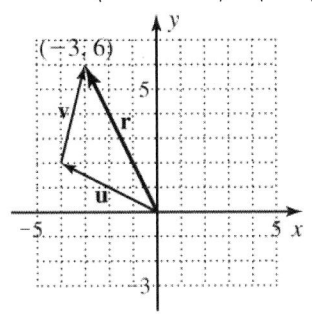

    b. $\mathbf{u}-\mathbf{v} = \langle -4-1, 2-4\rangle = \langle -5,-2\rangle$

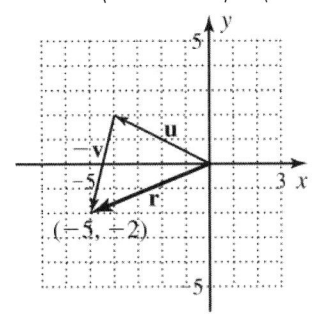

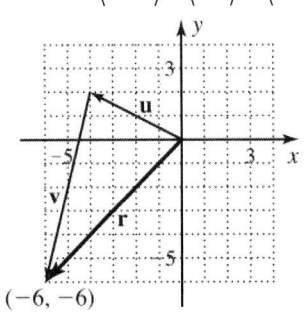

37. True

39. False $(\mathbf{c}+\mathbf{d} = \mathbf{h})$

41. True

43. $\mathbf{u}+\mathbf{v} = \langle 1+7, 4+2\rangle = \langle 8,6\rangle$
    $\mathbf{u}-\mathbf{v} = \langle 1-7, 4-2\rangle = \langle -6,2\rangle$

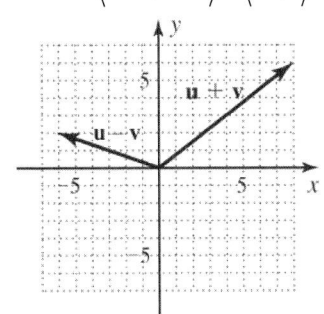

7.3 Exercises

45. $\mathbf{u}+\mathbf{v} = \langle -1+(-8), -3+(-3) \rangle = \langle -9, -6 \rangle$
$\mathbf{u}-\mathbf{v} = \langle -1-(-8), -3-(-3) \rangle = \langle 7, 0 \rangle$

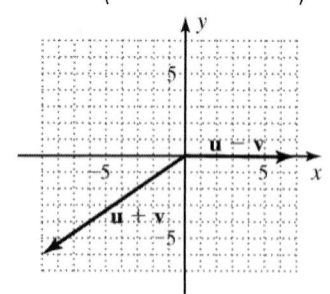

47. $\mathbf{u}+\mathbf{v} = \langle -5+2, -3+(-3) \rangle = \langle -3, -6 \rangle$
$\mathbf{u}-\mathbf{v} = \langle -5-2, -3-(-3) \rangle = \langle -7, 0 \rangle$

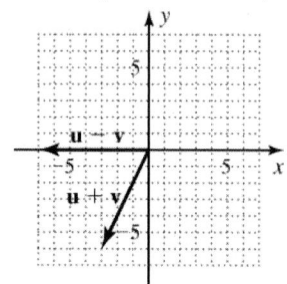

49.

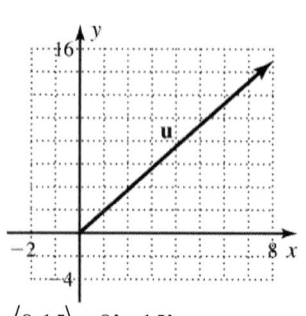

$\langle 8, 15 \rangle = 8\mathbf{i} + 15\mathbf{j}$
$|\mathbf{u}| = \sqrt{8^2 + 15^2} = \sqrt{289} = 17$

51.

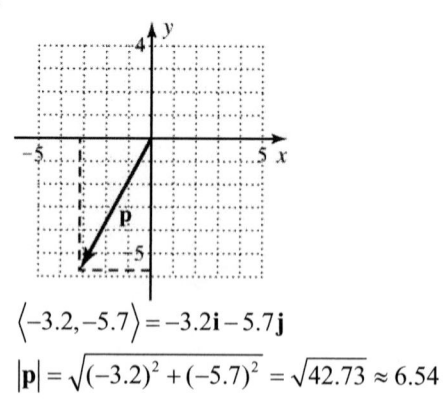

$\langle -3.2, -5.7 \rangle = -3.2\mathbf{i} - 5.7\mathbf{j}$
$|\mathbf{p}| = \sqrt{(-3.2)^2 + (-5.7)^2} = \sqrt{42.73} \approx 6.54$

53. a.

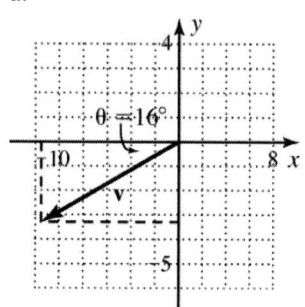

b. $a = 12\cos 16° \approx 11.5$
$b = 12\sin 16° \approx 3.3$
$\mathbf{v} = \langle -11.5, -3.3 \rangle$

c. $\mathbf{v} = -11.5\mathbf{i} - 3.3\mathbf{j}$

Chapter 7: Applications of Trigonometry

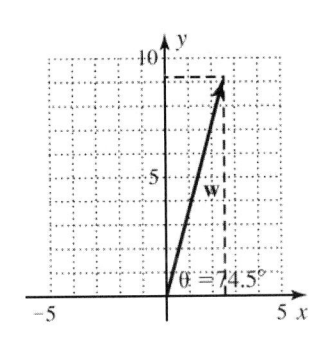

55. a.

b. $a = 9.5\cos 74.5° \approx 2.5$
$b = 9.5\sin 74.5° \approx 9.2$
$\mathbf{w} = \langle 2.5, 9.2 \rangle$

c. $\mathbf{w} = 2.5\mathbf{i} + 9.2\mathbf{j}$

57. a. $\mathbf{v}_1 + \mathbf{v}_2 = (2-4)\mathbf{i} + (-3+5)\mathbf{j} = -2\mathbf{i} + 2\mathbf{j}$
Mag. $= \sqrt{(-2)^2 + 2^2} = \sqrt{8} = 2\sqrt{2}$
$\theta_r = \tan^{-1}\left(\dfrac{2}{-2}\right) = -45°$; In QII,
$\theta = 135°$

b. $\mathbf{v}_1 - \mathbf{v}_2 = (2-(-4))\mathbf{i} + (-3-5)\mathbf{j} = 6\mathbf{i} - 8\mathbf{j}$
Mag. $= \sqrt{6^2 + (-8)^2} = 10$
$\theta_r = \tan^{-1}\left(\dfrac{-8}{6}\right) \approx -53.1°$; In QIV,
$\theta = 306.9°$

c. $2\mathbf{v}_1 + 1.5\mathbf{v}_2 = 4\mathbf{i} - 6\mathbf{j} + -6\mathbf{i} + 7.5\mathbf{j}$
$= -2\mathbf{i} + 1.5\mathbf{j}$
Mag. $= \sqrt{(-2)^2 + (1.5)^2} = \sqrt{6.25} = 2.5$
$\theta_r = \tan^{-1}\left(\dfrac{1.5}{-2}\right) \approx -36.9°$; In QII,
$\theta = 143.1°$

d. $\mathbf{v}_1 - 2\mathbf{v}_2 = 2\mathbf{i} - 3\mathbf{j} - (-8\mathbf{i} + 10\mathbf{j})$
$= 10\mathbf{i} - 13\mathbf{j}$
Mag. $= \sqrt{10^2 + (-13)^2} \approx 16.4$
$\theta_r = \tan^{-1}\left(\dfrac{-13}{10}\right) \approx -52.4°$; In QIV,
$\theta = 307.6°$

59. a. $\mathbf{v}_1 + \mathbf{v}_2 = 5\sqrt{2}\mathbf{i} + 7\mathbf{j} + (-3\sqrt{2}\mathbf{i} - 5\mathbf{j})$
$= 2\sqrt{2}\mathbf{i} + 2\mathbf{j}$
Mag. $= \sqrt{(2\sqrt{2})^2 + 2^2} \approx 3.5$
$\theta = \tan^{-1}\left(\dfrac{2}{2\sqrt{2}}\right) \approx 35.3°$

b. $\mathbf{v}_1 - \mathbf{v}_2 = 5\sqrt{2}\mathbf{i} + 7\mathbf{j} - (-3\sqrt{2}\mathbf{i} - 5\mathbf{j})$
$= 8\sqrt{2}\mathbf{i} + 12\mathbf{j}$
Mag. $= \sqrt{(8\sqrt{2})^2 + 12^2} \approx 16.5$
$\theta = \tan^{-1}\left(\dfrac{12}{8\sqrt{2}}\right) \approx 46.7°$

c. $2\mathbf{v}_1 + 1.5\mathbf{v}_2 = 10\sqrt{2}\mathbf{i} + 14\mathbf{j} +$
$(-4.5\sqrt{2}\mathbf{i} - 7.5\mathbf{j}) = 5.5\sqrt{2}\mathbf{i} + 6.5\mathbf{j}$
Mag. $= \sqrt{(5.5\sqrt{2})^2 + (6.5)^2} \approx 10.1$
$\theta = \tan^{-1}\left(\dfrac{6.5}{5.5\sqrt{2}}\right) \approx 39.9°$

d. $\mathbf{v}_1 - 2\mathbf{v}_2 = 5\sqrt{2}\mathbf{i} + 7\mathbf{j} - (-6\sqrt{2}\mathbf{i} - 10\mathbf{j})$
$= 11\sqrt{2}\mathbf{i} + 17\mathbf{j}$
Mag. $= \sqrt{(11\sqrt{2})^2 + 17^2} \approx 23.0$
$\theta = \tan^{-1}\left(\dfrac{17}{11\sqrt{2}}\right) \approx 47.5°$

61. a. $\mathbf{v}_1 + \mathbf{v}_2 = 12\mathbf{i} + 4\mathbf{j} + (-4\mathbf{i}) = 8\mathbf{i} + 4\mathbf{j}$
Mag. $= \sqrt{8^2 + 4^2} \approx 8.9$
$\theta = \tan^{-1}\left(\dfrac{4}{8}\right) \approx 26.6°$

b. $\mathbf{v}_1 - \mathbf{v}_2 = 12\mathbf{i} + 4\mathbf{j} - (-4\mathbf{i}) = 16\mathbf{i} + 4\mathbf{j}$
Mag. $= \sqrt{16^2 + 4^2} \approx 16.5$
$\theta = \tan^{-1}\left(\dfrac{4}{16}\right) \approx 14.0°$

c. $2\mathbf{v}_1 + 1.5\mathbf{v}_2 = 24\mathbf{i} + 8\mathbf{j} + (-6\mathbf{i}) = 18\mathbf{i} + 8\mathbf{j}$
Mag. $= \sqrt{18^2 + 8^2} \approx 19.7$
$\theta = \tan^{-1}\left(\dfrac{8}{18}\right) \approx 24.0°$

d. $\mathbf{v}_1 - 2\mathbf{v}_2 = 12\mathbf{i} + 4\mathbf{j} - (-8\mathbf{i}) = 20\mathbf{i} + 4\mathbf{j}$
Mag. $= \sqrt{20^2 + 4^2} \approx 20.4$
$\theta = \tan^{-1}\left(\dfrac{4}{20}\right) \approx 11.3°$

7.3 Exercises

63. $|\mathbf{u}| = \sqrt{7^2 + 24^2} = 25$; Unit vector =
$\left\langle \dfrac{7}{25}, \dfrac{24}{25} \right\rangle$. Mag. = $\sqrt{\left(\dfrac{7}{25}\right)^2 + \left(\dfrac{24}{25}\right)^2} = 1$

65. $|\mathbf{p}| = \sqrt{(-20)^2 + 21^2} = 29$; $\mathbf{u} = \left\langle -\dfrac{20}{29}, \dfrac{21}{29} \right\rangle$
$|\mathbf{u}| = \sqrt{\left(-\dfrac{20}{29}\right)^2 + \left(\dfrac{21}{29}\right)^2} = 1$

67. Mag. = $\sqrt{20^2 + (-21)^2} = 29$; $\mathbf{u} = \dfrac{20}{29}\mathbf{i} - \dfrac{21}{29}\mathbf{j}$
$|\mathbf{u}| = \sqrt{\left(\dfrac{20}{29}\right)^2 + \left(-\dfrac{21}{29}\right)^2} = 1$

69. Mag. = $\sqrt{3.5^2 + 12^2} = 12.5$;
$\mathbf{u} = \dfrac{3.5}{12.5}\mathbf{i} + \dfrac{12}{12.5}\mathbf{j} = \dfrac{7}{25}\mathbf{i} + \dfrac{24}{25}\mathbf{j}$
$|\mathbf{u}| = \sqrt{\left(\dfrac{7}{25}\right)^2 + \left(\dfrac{24}{25}\right)^2} = 1$

71. $|\mathbf{v}_1| = \sqrt{13^2 + 3^2} = \sqrt{178}$;
$\mathbf{u} = \left\langle \dfrac{13}{\sqrt{178}}, \dfrac{3}{\sqrt{178}} \right\rangle$
$|\mathbf{u}| = \sqrt{\left(\dfrac{13}{\sqrt{178}}\right)^2 + \left(\dfrac{3}{\sqrt{178}}\right)^2} = 1$

73. Mag. = $\sqrt{6^2 + 11^2} = \sqrt{157}$
$\mathbf{u} = \dfrac{6}{\sqrt{157}}\mathbf{i} + \dfrac{11}{\sqrt{157}}\mathbf{j}$
$|\mathbf{u}| = \sqrt{\left(\dfrac{6}{\sqrt{157}}\right)^2 + \left(\dfrac{11}{\sqrt{157}}\right)^2} = 1$

75. $|\mathbf{p}| = \sqrt{2^2 + 7^2} = \sqrt{53}$; $\cos 52° = \dfrac{|\mathbf{r}|}{\sqrt{53}}$
$|\mathbf{r}| = \sqrt{53} \cos 52° \approx 4.48$
$|\mathbf{q}| = \sqrt{10^2 + 4^2} = \sqrt{116} = 2\sqrt{29}$
$\mathbf{r} = 4.48 \left\langle \dfrac{10}{2\sqrt{29}}, \dfrac{4}{2\sqrt{29}} \right\rangle$
$= 4.48 \left\langle \dfrac{5}{\sqrt{29}}, \dfrac{2}{\sqrt{29}} \right\rangle \approx \langle 4.16, 1.66 \rangle$

77. $|\mathbf{p}| = \sqrt{4^2 + (-6)^2} = \sqrt{52}$; $\cos 36° = \dfrac{|\mathbf{r}|}{\sqrt{52}}$
$|\mathbf{r}| = \sqrt{52} \cos 36° \approx 5.83$
$|\mathbf{q}| = \sqrt{8^2 + (-3)^2} = \sqrt{73}$
$\mathbf{r} = 5.83 \left\langle \dfrac{8}{\sqrt{73}}, \dfrac{-3}{\sqrt{73}} \right\rangle \approx \langle 5.46, -2.05 \rangle$

79. $|\mathbf{v}| = \sqrt{5^2 + 9^2 + 10^2} = \sqrt{206} \approx 14.4$

81. Find the vertical component of $\mathbf{W}_2$:
$a = 700 \sin 32°$
Find the angle that makes the vertical component of $\mathbf{W}_1 = 700 \sin 32°$:
$700 \sin 32° = 900 \sin \theta$; $\sin \theta = \dfrac{700 \sin 32°}{900}$
$\theta = \sin^{-1}\left(\dfrac{700 \sin 32°}{900}\right) \approx 24.3°$

Chapter 7: Applications of Trigonometry

83. Horizontal: $a = 100\cos 37° \approx 79.9 \frac{ft}{sec}$
    Vertical: $b = 100\sin 37° \approx 60.2 \frac{ft}{sec}$

85. The plane vector makes a 75° angle with the positive x-axis, and the wind vector makes a 10° angle with the positive x-axis. Find the components of each:
    Plane: $a = 250\cos 75° \approx 64.7$
    $b = 250\sin 75° \approx 241.5$
    Wind: $a = 35\cos 10° \approx 34.5$
    $b = 35\sin 10° \approx 6.1$
    Resultant: $\langle 64.7 + 34.5, 241.5 + 6.1 \rangle$
    $= \langle 99.2, 247.6 \rangle$
    Mag. $= \sqrt{99.2^2 + 247.6^2} \approx 266.7$ mph
    $\theta = \tan^{-1}\left(\frac{99.2}{247.6}\right) \approx 21.8°$ from positive x-axis:
    Heading = 68.2°

87. $x = 85\cos 15° \approx 82.10$
    $y = 85\sin 15° \approx 22.00$
    (82.10 cm, 22.00 cm)

89. $1 \cdot \mathbf{u} = 1 \cdot \langle a, b \rangle = \langle 1 \cdot a, 1 \cdot b \rangle = \langle a, b \rangle = \mathbf{u}$

91. $\mathbf{u} - \mathbf{v} = \langle a, b \rangle - \langle c, d \rangle = \langle a - c, b - d \rangle$
    $= \langle a + (-c), b + (-d) \rangle = \langle a, b \rangle + \langle -c, -d \rangle$
    $= \mathbf{u} + (-\mathbf{v})$

93. $(ck)\mathbf{u} = ck\langle a, b \rangle = \langle cka, ckb \rangle = c\langle ka, kb \rangle$
    $= c(k\mathbf{u}) = \langle cka, ckb \rangle = \langle kca, kcb \rangle$
    $= k\langle ca, cb \rangle = k(c\mathbf{u})$

95. $\mathbf{u} + (-\mathbf{u}) = \langle a, b \rangle + \langle -a, -b \rangle = \langle a - a, b - b \rangle$
    $= \langle 0, 0 \rangle$

97. $(c+k)\mathbf{u} = (c+k)\langle a, b \rangle$
    $= \langle (c+k)a, (c+k)b \rangle$
    $= \langle ca + ka, cb + kb \rangle = \langle ca, cb \rangle + \langle ka, kb \rangle$
    $c\langle a, b \rangle + k\langle a, b \rangle = c\mathbf{u} + k\mathbf{u}$

99. Find the components of each vector, then add all horiz. and vert. components.
    $\mathbf{p} = \langle 1, 3 \rangle$; $\mathbf{r} = \langle 3, 3 \rangle$; $\mathbf{s} = \langle 4, -1 \rangle$
    $\mathbf{t} = \langle 2, -4 \rangle$; $\mathbf{u} = \langle -4, -3 \rangle$; $\mathbf{v} = \langle -6, 2 \rangle$
    Horizontal: $1 + 3 + 4 + 2 + -4 + -6 = 0$
    Vertical: $3 + 3 + -1 + -4 + -3 + 2 = 0$

101. Answers will vary. One possibility: Place the first segment at 0°; it will end at (45, 0). Place the second to reach the point (51, 39.6), and the third to reach (80, 20). In this case, the second segment has components $\langle 6, 39.6 \rangle$ and $\theta = \tan^{-1}\left(\frac{39.6}{6}\right) \approx 81.4°$, while the third segment has components $\langle 29, -19.6 \rangle$ and $\theta = \tan^{-1}\left(\frac{-19.6}{29}\right) \approx -34°$.

103. a. $\ln(2(3) - 7) = \ln(-1)$ not a real number

   b. $\frac{5}{3-3}$ not possible

   c. $\sqrt{\frac{1}{3}(3) - 5} = \sqrt{-4}$ not a real number

105. $g(x) = x^3 - 7x$
    $g(x) = x(x^2 - 7) = x(x + \sqrt{7})(x - \sqrt{7})$
    $x = 0, x = \pm\sqrt{7}$

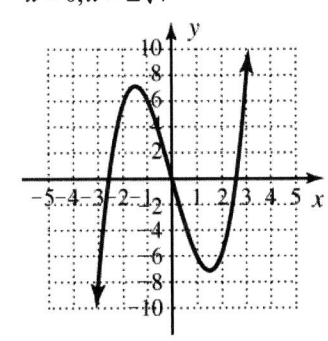

Reinforcing Basic Concepts

Mid-Chapter Check

1. $\dfrac{\sin A}{a} = \dfrac{\sin B}{b}$; $a\sin B = b\sin A$

   $\sin B = \dfrac{b\sin A}{a}$

3. $a^2 = 207^2 + 250^2 - 2(250)(207)\cos 31°$

   $a^2 = 16{,}632.2$; $a \approx 129$ m

   $\dfrac{\sin 31}{129} = \dfrac{\sin B}{250}$; $129\sin B = 250\sin 31°$

   $\sin B = \dfrac{250\sin 31°}{129}$; $B = \sin^{-1}\left(\dfrac{250\sin 31°}{129}\right)$

   $B \approx 86.5°$; $C = 180 - (31 + 86.5) = 62.5°$ 5.

   $\dfrac{\sin 44°}{2.1} = \dfrac{\sin C}{2.8}$; $2.1\sin C = 2.8\sin 44°$

   $\sin C = \dfrac{2.8\sin 44°}{2.1}$; $C = \sin^{-1}\left(\dfrac{2.8\sin 44°}{2.1}\right)$

   $C \approx 67.9°$ or $180 - 67.9 = 112.1°$

   For $C = 67.9°$:

   $B = 180 - (44 + 67.9) = 68.1°$

   $\dfrac{\sin 44°}{2.1} = \dfrac{\sin 68.1°}{b}$

   $b\sin 44° = 2.1\sin 68.1°$

   $b = \dfrac{2.1\sin 68.1°}{\sin 44°} \approx 2.8$ km

   For $C = 112.1°$:

   $B = 180 - (112.1 + 44) = 23.9°$

   $\dfrac{\sin 44°}{2.1} = \dfrac{\sin 23.9°}{b}$; $b\sin 44° = 2.1\sin 23.9°$

   $b = \dfrac{2.1\sin 23.9°}{\sin 44°} \approx 1.2$ km

7. $\dfrac{75}{\sin 25°} = \dfrac{h}{\sin 20°}$; $h\sin 25° = 75\sin 20°$

   $h = \dfrac{75\sin 20°}{\sin 25°} \approx 60.7$ ft

9. Adding the appropriate radii to get lengths:

   $21^2 = 13^2 + 16^2 - 2(13)(16)\cos\beta$

   $441 = 425 - 416\cos\beta$

   $16 = -416\cos\beta$; $\cos\beta = \dfrac{16}{-416}$

   $\beta = \cos^{-1}\left(-\dfrac{16}{416}\right) \approx 92.2°$

   $\dfrac{\sin 92.2°}{21} = \dfrac{\sin\alpha}{16}$; $21\sin\alpha = 16\sin 92.2°$

   $\sin\alpha = \dfrac{16\sin 92.2°}{21}$; $\alpha = \sin^{-1}\left(\dfrac{16\sin 92.2°}{21}\right)$

   $\alpha \approx 49.6°$; $\gamma = 180 - (92.2 + 49.6) = 38.2°$

Reinforcing Basic Concepts

1. $\dfrac{\sin 35°}{11.6} = \dfrac{\sin B}{20}$; $11.6\sin B = 20\sin 35°$

   $\sin B = \dfrac{20\sin 35°}{11.6}$; $B = \sin^{-1}\left(\dfrac{20\sin 35°}{11.6}\right)$

   $B \approx 81.5°$; $C \approx 180 - (81.5 + 35) = 63.5°$

   The measurements are very close.

Chapter 7: Applications of Trigonometry

7.4 Exercises

1. equilibrium, zero

3. orthogonal

5. Answers will vary.

7. $\mathbf{F} = \mathbf{F}_1 + \mathbf{F}_2 = \langle -8+2, -3-5 \rangle = \langle -6, -8 \rangle$
   $-1\mathbf{F} = \langle 6, 8 \rangle$

9. $\mathbf{F} = \mathbf{F}_1 + \mathbf{F}_2 + \mathbf{F}_3 = \langle -2+2+5, -7-7+4 \rangle$
   $\mathbf{F} = \langle 5, -10 \rangle; \quad -1\mathbf{F} = \langle -5, 10 \rangle$

11. $\mathbf{F} = \mathbf{F}_1 + \mathbf{F}_2 = (5+1)\mathbf{i} + (-2+10)\mathbf{j} = 6\mathbf{i} + 8\mathbf{j}$
    $-1\mathbf{F} = -6\mathbf{i} - 8\mathbf{j}$

13. $\mathbf{F} = \mathbf{F}_1 + \mathbf{F}_2 + \mathbf{F}_3 = (2.5 - 0.3)\mathbf{i}$
    $+ (4.7 + 6.9 - 12)\mathbf{j} = 2.2\mathbf{i} - 0.4\mathbf{j}$
    $-1\mathbf{F} = -2.2\mathbf{i} + 0.4\mathbf{j}$

15. $\mathbf{F}_1 = \langle 10\cos 104°, 10\sin 104° \rangle = \langle -2.42, 9.70 \rangle$
    $\mathbf{F}_2 = \langle 6\cos 25°, 6\sin 25° \rangle = \langle 5.44, 2.54 \rangle$
    $\mathbf{F}_3 = \langle 9\cos(-20°), 9\sin(-20°) \rangle = \langle 8.46, -3.08 \rangle$
    $\mathbf{F} = \langle -2.42+5.44+8.46, 9.70+2.54-3.08 \rangle$
    $\mathbf{F} = \langle 11.48, 9.16 \rangle; \quad -1\mathbf{F} = \langle -11.48, -9.16 \rangle$

17. $\mathbf{F}_1 + \mathbf{F}_2 = \langle 19+5, 10+17 \rangle = \langle 24, 27 \rangle$
    $\mathbf{F}_3 = \langle -24, -27 \rangle$

19. $\mathbf{F}_1 = \langle 2210\cos 40°, 2210\sin 40° \rangle$
    $= \langle 1693.0, 1420.6 \rangle$
    $\mathbf{F}_2 = \langle 2500\cos 130°, 2500\sin 130° \rangle$
    $= \langle -1607.0, 1915.1 \rangle$
    $\mathbf{F}_1 + \mathbf{F}_2 = \langle 86.0, 3335.7 \rangle$
    $\mathbf{F}_3 = \langle -86, -3335.7 \rangle$
    $|\mathbf{F}_3| = \sqrt{(-86)^2 + (-3335.7)^2} \approx 3336.8$;
    $\theta_r = \tan^{-1}\left(\dfrac{-3335.7}{-86}\right) \approx 88.5$; In QIII,
    268.5°

21. $\text{comp}_\mathbf{v}\mathbf{u} = 50\cos 42° = 37.16$ kg

23. $\text{comp}_\mathbf{v}\mathbf{u} = 1525\cos 65° = 644.49$ lbs

25. $\text{comp}_\mathbf{v}\mathbf{u} = 3010\cos 30° = 2606.74$ kg

27. **G** makes an angle of 55° with the incline (**v**)
    $\text{comp}_\mathbf{v}\mathbf{G} = 500\cos 55° \approx 286.79$ lb

29. Let β = the angle between **G** and the incline, and let θ = the angle of incline.
    $325\cos\beta = 225; \quad \cos\beta = \dfrac{225}{325}$
    $\beta = \cos^{-1}\left(\dfrac{225}{325}\right) \approx 46.2°$
    $\theta = 90 - 46.2 = 43.8°$

31. $W = (15\,m)(75\,N) = 1125$ N-m

33. $R = \dfrac{175^2 \sin 45° \cos 45°}{16} \approx 957.0$ ft

35. The component of force in the direction of movement is $250\cos 30°$ lb.
    $W = (300)(250\cos 30°) = 64{,}951.9$ ft-lb

37. $45{,}000 = |\mathbf{F}|\cos 5° \cdot 100$
    $|\mathbf{F}| = \dfrac{45{,}000}{100\cos 5°} = 451.72$ lb

39. $W = 30\cos 20° \cdot 100 \approx 2819.08$ N-m

41. $|\mathbf{F}| = \sqrt{15^2 + 10^2} \approx 18.0$
    $\theta_f = \tan^{-1}\left(\dfrac{10}{15}\right) \approx 33.7°$
    $\theta_v = \tan^{-1}\left(\dfrac{5}{50}\right) \approx 5.7°$
    Angle between vectors: 28.0°
    $\text{comp}_\mathbf{v}\mathbf{F} = |\mathbf{F}|\cos\theta = 18.0\cos 28.0° \approx 15.9$
    $|\mathbf{v}| = \sqrt{50^2 + 5^2} \approx 50.2$
    $W = 15.9(50.2) \approx 800$ ft-lb

7.4 Exercises

43. $|\mathbf{F}| = \sqrt{8^2 + 2^2} \approx 8.2$

    $\theta_f = \tan^{-1}\left(\dfrac{2}{8}\right) \approx 14.0°$

    $\theta_v = \tan^{-1}\left(\dfrac{-1}{15}\right) \approx -3.8°$

    Angle between vectors: $17.8°$
    $\mathbf{comp_v F} = 8.2\cos 17.8° \approx 7.8$
    $|\mathbf{v}| = \sqrt{(-1)^2 + 15^2} \approx 15.0$
    $W = 7.8(15) \approx 117$ ft-lb

45. $\mathbf{F} \cdot \mathbf{v} = \langle 15, 10 \rangle \cdot \langle 50, 5 \rangle = 15 \cdot 50 + 10 \cdot 5 = 800$
    Verified

47. $\mathbf{F} \cdot \mathbf{v} = \langle 8, 2 \rangle \cdot \langle 15, -1 \rangle = 8 \cdot 15 + 2 \cdot -1 = 118$
    Verified

49. a. $\mathbf{p} \cdot \mathbf{q} = 5 \cdot 3 + 2 \cdot 7 = 29$
    b. $|\mathbf{p}| = \sqrt{5^2 + 2^2} = \sqrt{29}$
    $|\mathbf{q}| = \sqrt{3^2 + 7^2} = \sqrt{58}$
    $\theta = \cos^{-1}\left(\dfrac{29}{\sqrt{29}\sqrt{58}}\right) = 45°$

51. a. $\mathbf{p} \cdot \mathbf{q} = (-2)(-6) + 3(-4) = 0$
    b. $\theta = \cos^{-1}\left(\dfrac{0}{|\mathbf{p}||\mathbf{q}|}\right) = \cos^{-1} 0 = 90°$

53. a. $\mathbf{p} \cdot \mathbf{q} = \left(7\sqrt{2}\right)\left(2\sqrt{2}\right) + (-3)(9) = 1$
    b. $|\mathbf{p}| = \sqrt{\left(7\sqrt{2}\right)^2 + \left(2\sqrt{2}\right)^2} = \sqrt{106}$
    $|\mathbf{q}| = \sqrt{(-3)^2 + 9^2} = \sqrt{90}$
    $\theta = \cos^{-1}\left(\dfrac{1}{\sqrt{106}\sqrt{90}}\right) \approx 89.4°$

55. $\mathbf{u} \cdot \mathbf{v} = 7(4) + (-2)(14) = 0$ Yes

57. $\mathbf{u} \cdot \mathbf{v} = (-6)(-8) + (-3)(15) = 3$ No

59. $\mathbf{u} \cdot \mathbf{v} = (-2)(9) + (-6)(-3) = 0$ Yes

61. $|\mathbf{v}| = \sqrt{7^2 + 1^2} = \sqrt{50}$
    $\mathbf{u} \cdot \mathbf{v} = 3(7) + 5(1) = 26$
    $\mathbf{comp_v u} = \dfrac{26}{\sqrt{50}} \approx 3.68$

63. $|\mathbf{v}| = \sqrt{0^2 + (-10)^2} = 10$
    $\mathbf{u} \cdot \mathbf{v} = (-7)(0) + 4(-10) = -40$
    $\mathbf{comp_v u} = \dfrac{-40}{10} = -4$

65. $|\mathbf{v}| = \sqrt{6^2 + \left(5\sqrt{3}\right)^2} \approx \sqrt{111}$
    $\mathbf{u} \cdot \mathbf{v} = \left(7\sqrt{2}\right)6 + (-3)\left(5\sqrt{3}\right) \approx 42\sqrt{2} - 15\sqrt{3}$
    $\mathbf{comp_v u} = \dfrac{42\sqrt{2} - 15\sqrt{3}}{\sqrt{111}} \approx 3.17$

67. a. $|\mathbf{v}| = \sqrt{8^2 + 3^2} = \sqrt{73}$
    $\mathbf{u} \cdot \mathbf{v} = 2(8) + 6(3) = 34$
    $\mathbf{proj_v u} = \left(\dfrac{34}{73}\right)\langle 8, 3 \rangle \approx \langle 3.73, 1.40 \rangle$
    b. $\mathbf{u_1} = \langle 3.73, 1.40 \rangle$; $\mathbf{u_2} = \mathbf{u} - \mathbf{u_1}$
    $= \langle 2 - 3.73, 6 - 1.40 \rangle = \langle -1.73, 4.60 \rangle$

69. a. $|\mathbf{v}| = \sqrt{(-6)^2 + 1^2} = \sqrt{37}$
    $\mathbf{u} \cdot \mathbf{v} = (-2)(-6) + (-8)(1) = 4$
    $\mathbf{proj_v u} = \left(\dfrac{4}{37}\right)\langle -6, 1 \rangle \approx \langle -0.65, 0.11 \rangle$
    b. $\mathbf{u_1} = \langle -0.65, 0.11 \rangle$; $\mathbf{u_2} = \mathbf{u} - \mathbf{u_1}$
    $= \langle -2 + 0.65, -8 - 0.11 \rangle = \langle -1.35, -8.11 \rangle$

71. a. $|\mathbf{v}| = \sqrt{12^2 + 2^2} = \sqrt{148}$
    $\mathbf{u} \cdot \mathbf{v} = 10(12) + 5(2) = 130$
    $\mathbf{proj_v u} = \left(\dfrac{130}{148}\right)(12\mathbf{i} + 2\mathbf{j})$
    $\approx 10.54\mathbf{i} + 1.76\mathbf{j}$
    b. $\mathbf{u_1} = 10.54\mathbf{i} + 1.76\mathbf{j}$; $\mathbf{u_2} = \mathbf{u} - \mathbf{u_1}$
    $= (10 - 10.54)\mathbf{i} + (5 - 1.76)\mathbf{j}$
    $= -0.54\mathbf{i} + 3.24\mathbf{j}$

Chapter 7: Applications of Trigonometry

73. a. $x = (250\cos 60°)(3) = 375$ ft
$y = (250\sin 60°)(3) - 16(3)^2 \approx 505.52$ ft

   b. $y = (250\sin 60°)t - 16t^2 = 250$
$-16t^2 + 216.51t - 250 = 0$
Solve using quadratic formula:
$t \approx 1.27$ sec, 12.26 sec

75. a. $x = (200\cos 45°)(3) \approx 424.26$ ft
$y = (200\sin 45°)(3) - 16(3)^2 \approx 280.26$ ft

   b. $y = (200\sin 45°)t - 16t^2 = 250$
$-16t^2 + 141.42t - 250 = 0$
Solve using quadratic formula:
$t \approx 2.44$ sec, 6.40 sec

77. $y = (90\sin 65°)(1.2) - 16(1.2)^2 \approx 74.84$ ft
To find another time, set height equal to 74.84: $y = (90\sin 65°)t - 16t^2 = 74.84$
$-16t^2 + 81.57t - 74.84 = 0$
Solve using quadratic formula:
$t \approx 1.2, 3.9$; After 3.9 seconds, which is about 2.7 seconds later.

79. $\mathbf{w} \cdot (\mathbf{u} + \mathbf{v}) = \langle e, f \rangle \cdot \langle a+c, b+d \rangle$
$= e(a+c) + f(b+d) = ea + ec + fb + fd$
$= (ea + fb) + (ec + fd)$
$= \langle e, f \rangle \cdot \langle a, b \rangle + \langle e, f \rangle \cdot \langle c, d \rangle$
$= \mathbf{w} \cdot \mathbf{u} + \mathbf{w} \cdot \mathbf{v}$

81. $\mathbf{0} \cdot \mathbf{u} = \langle 0, 0 \rangle \cdot \langle a, b \rangle = 0(a) + 0(b) = 0$
$\mathbf{u} \cdot \mathbf{0} = \langle a, b \rangle \cdot \langle 0, 0 \rangle = a(0) + b(0) = 0$

83. $\mathbf{u} \cdot \mathbf{v} = 1(5) + 5(2) = 15$
$|\mathbf{u}| = \sqrt{1^2 + 5^2} = \sqrt{26}$; $|\mathbf{v}| = \sqrt{5^2 + 2^2} = \sqrt{29}$
$\cos\theta = \dfrac{15}{\sqrt{26}\sqrt{29}}$
$\theta = \cos^{-1}\left(\dfrac{15}{\sqrt{26}\sqrt{29}}\right) \approx 56.9°$
Slope of $1\mathbf{i} + 5\mathbf{j} = \dfrac{\Delta y}{\Delta x} = \dfrac{5}{1} = 5$
Slope of $5\mathbf{i} + 2\mathbf{j} = \dfrac{\Delta y}{\Delta x} = \dfrac{2}{5}$
$\tan\theta = \dfrac{\frac{2}{5} - 5}{1 + \frac{2}{5} \cdot 5} = \dfrac{-23/5}{3} = -\dfrac{23}{15}$
$\theta = \tan^{-1}\left(-\dfrac{23}{15}\right) = -56.9$
The angle between is $56.9°$. Answers to last part of question will vary.

85. $2.9e^{-0.25t} + 7.6 = 438$
$2.9e^{-0.25t} = 430.4$
$e^{-0.25t} = \dfrac{430.4}{2.9}$
$\ln e^{-0.25t} = \ln\left(\dfrac{430.4}{2.9}\right)$
$-0.25t = \ln\left(\dfrac{430.4}{2.9}\right)$
$t = \dfrac{\ln\left(\dfrac{430.4}{2.9}\right)}{-0.25} \approx -20$

87. $a^2 = 172^2 + 250^2 - 2(172)(250)\cos 32°$
$a \approx 138.4$ m;
$\dfrac{\sin C}{172} = \dfrac{\sin 32°}{138.4}$
$\sin C = \dfrac{172 \sin 32°}{138.4}$
$C = \sin^{-1}\left(\dfrac{172 \sin 32°}{138.4}\right)$
$C \approx 41.2°$
$180° - 41.2° - 32° = 106.8°$

Angles	Sides
$A = 32°$	138.4 m
$B \approx 106.8°$	250 m
$C \approx 41.2°$	172 m

$P = 138.4 + 250 + 172 = 560.4$ m
$A = \dfrac{1}{2}(250)(172)\sin 32° \approx 11393.3$ m^2

7.5 Exercises

1. modulus; argument

3. multiply; add

5. $|z| = \sqrt{(-1)^2 + (-\sqrt{3})^2} = \sqrt{4} = 2$

   $\theta_r = \tan^{-1}\left(\dfrac{-\sqrt{3}}{-1}\right) = 60°$; In QIII, $\theta = 240°$

   $-1 - \sqrt{3}i = 2(\cos 240° + i\sin 240°)$

7.

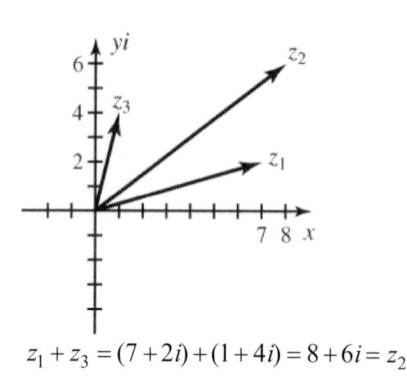

$z_1 + z_3 = (7 + 2i) + (1 + 4i) = 8 + 6i = z_2$

9.

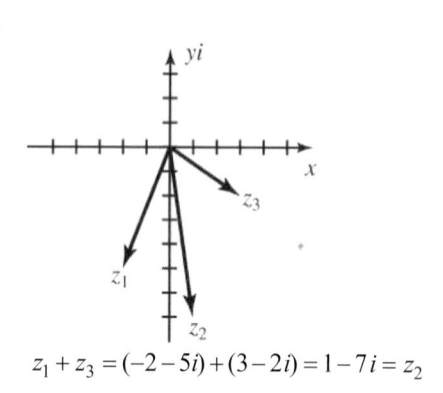

$z_1 + z_3 = (-2 - 5i) + (3 - 2i) = 1 - 7i = z_2$

11.

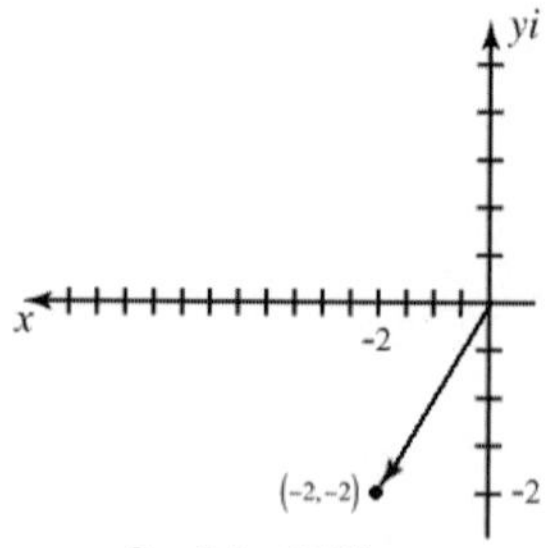

$z = -2 - 2i$; QIII

$r = \sqrt{(-2)^2 + (-2)^2} = \sqrt{8} = 2\sqrt{2}$

$\theta_r = \tan^{-1}\left(\dfrac{-2}{-2}\right) = 45°$. In QIII, $\theta = 225°$

$z = 2\sqrt{2}(\cos 225° + i\sin 225°)$

13.

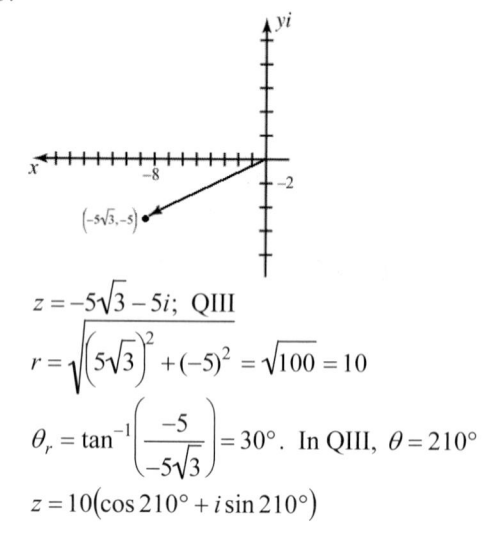

$z = -5\sqrt{3} - 5i$; QIII

$r = \sqrt{\left(5\sqrt{3}\right)^2 + (-5)^2} = \sqrt{100} = 10$

$\theta_r = \tan^{-1}\left(\dfrac{-5}{-5\sqrt{3}}\right) = 30°$. In QIII, $\theta = 210°$

$z = 10(\cos 210° + i\sin 210°)$

15.

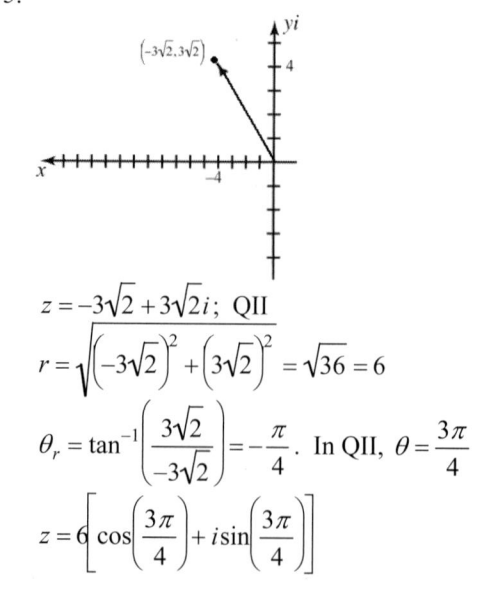

$z = -3\sqrt{2} + 3\sqrt{2}i$; QII

$r = \sqrt{\left(-3\sqrt{2}\right)^2 + \left(3\sqrt{2}\right)^2} = \sqrt{36} = 6$

$\theta_r = \tan^{-1}\left(\dfrac{3\sqrt{2}}{-3\sqrt{2}}\right) = -\dfrac{\pi}{4}$. In QII, $\theta = \dfrac{3\pi}{4}$

$z = 6\left[\cos\left(\dfrac{3\pi}{4}\right) + i\sin\left(\dfrac{3\pi}{4}\right)\right]$

Chapter 7: Applications of Trigonometry

17.

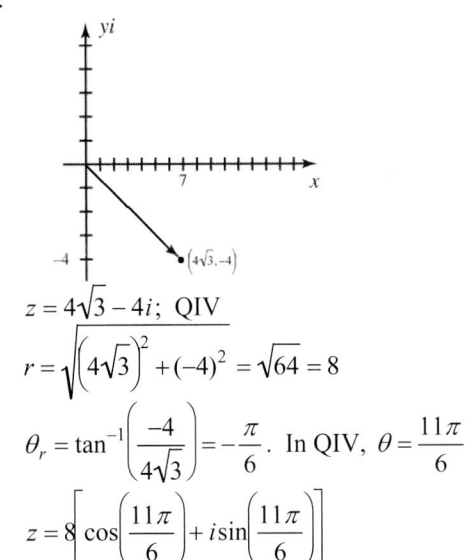

$z = 4\sqrt{3} - 4i$; QIV

$r = \sqrt{\left(4\sqrt{3}\right)^2 + (-4)^2} = \sqrt{64} = 8$

$\theta_r = \tan^{-1}\left(\dfrac{-4}{4\sqrt{3}}\right) = -\dfrac{\pi}{6}$. In QIV, $\theta = \dfrac{11\pi}{6}$

$z = 8\left[\cos\left(\dfrac{11\pi}{6}\right) + i\sin\left(\dfrac{11\pi}{6}\right)\right]$

19.

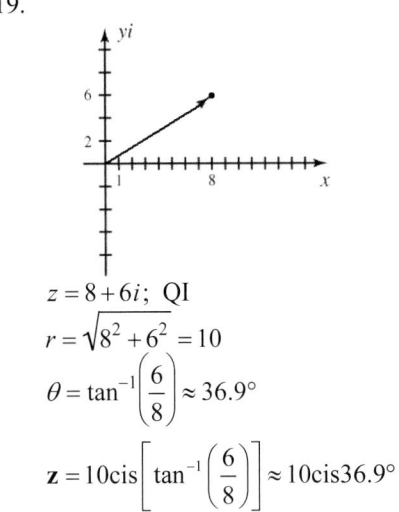

$z = 8 + 6i$; QI

$r = \sqrt{8^2 + 6^2} = 10$

$\theta = \tan^{-1}\left(\dfrac{6}{8}\right) \approx 36.9°$

$\mathbf{z} = 10\text{cis}\left[\tan^{-1}\left(\dfrac{6}{8}\right)\right] \approx 10\text{cis}\, 36.9°$

21.

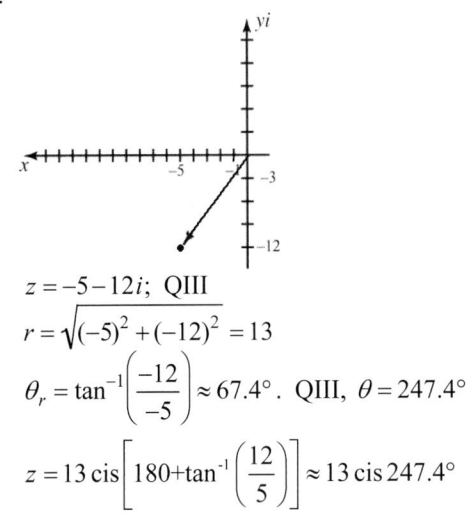

$z = -5 - 12i$; QIII

$r = \sqrt{(-5)^2 + (-12)^2} = 13$

$\theta_r = \tan^{-1}\left(\dfrac{-12}{-5}\right) \approx 67.4°$. QIII, $\theta = 247.4°$

$z = 13\,\text{cis}\left[180 + \tan^{-1}\left(\dfrac{12}{5}\right)\right] \approx 13\,\text{cis}\, 247.4°$

23.

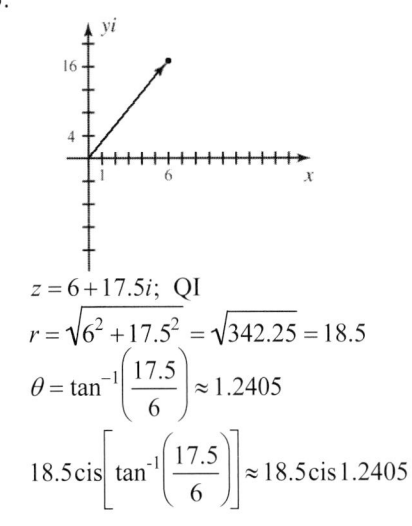

$z = 6 + 17.5i$; QI

$r = \sqrt{6^2 + 17.5^2} = \sqrt{342.25} = 18.5$

$\theta = \tan^{-1}\left(\dfrac{17.5}{6}\right) \approx 1.2405$

$18.5\,\text{cis}\left[\tan^{-1}\left(\dfrac{17.5}{6}\right)\right] \approx 18.5\,\text{cis}\, 1.2405$

25.

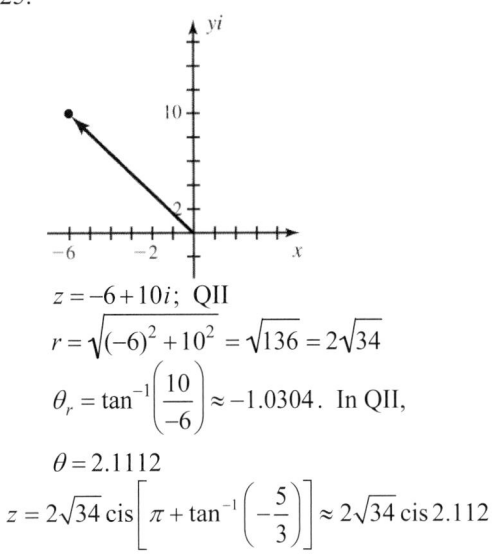

$z = -6 + 10i$; QII

$r = \sqrt{(-6)^2 + 10^2} = \sqrt{136} = 2\sqrt{34}$

$\theta_r = \tan^{-1}\left(\dfrac{10}{-6}\right) \approx -1.0304$. In QII,

$\theta = 2.1112$

$z = 2\sqrt{34}\,\text{cis}\left[\pi + \tan^{-1}\left(-\dfrac{5}{3}\right)\right] \approx 2\sqrt{34}\,\text{cis}\, 2.112$

27. $r = 2, \theta = \dfrac{\pi}{4}$

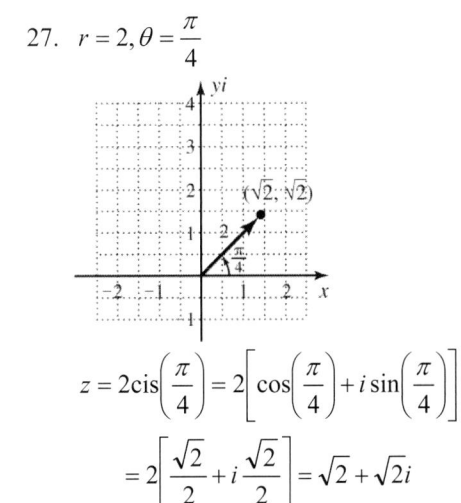

$z = 2\text{cis}\left(\dfrac{\pi}{4}\right) = 2\left[\cos\left(\dfrac{\pi}{4}\right) + i\sin\left(\dfrac{\pi}{4}\right)\right]$

$= 2\left[\dfrac{\sqrt{2}}{2} + i\dfrac{\sqrt{2}}{2}\right] = \sqrt{2} + \sqrt{2}i$

7.5 Exercises

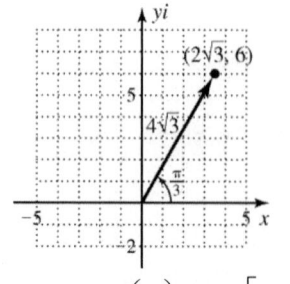

29. $r = 4\sqrt{3}, \theta = \dfrac{\pi}{3}$

$z = 4\sqrt{3}\operatorname{cis}\left(\dfrac{\pi}{3}\right) = 4\sqrt{3}\left[\cos\left(\dfrac{\pi}{3}\right) + i\sin\left(\dfrac{\pi}{3}\right)\right]$

$= 4\sqrt{3}\left[\dfrac{1}{2} + i\dfrac{\sqrt{3}}{2}\right] = 2\sqrt{3} + 6i$

31. $r = 17, \theta = \tan^{-1}\left(\dfrac{15}{8}\right)$

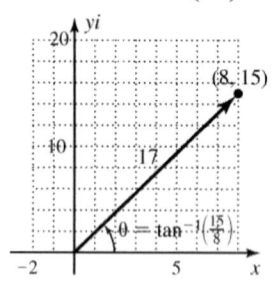

$z = 17\operatorname{cis}\left[\tan^{-1}\left(\dfrac{15}{8}\right)\right]$

$= 17\left[\cos\left(\tan^{-1}\left(\dfrac{15}{8}\right)\right) + i\sin\left(\tan^{-1}\left(\dfrac{15}{8}\right)\right)\right]$

$= 17\left[\dfrac{8}{17} + i\dfrac{15}{17}\right] = 8 + 15i$

33. $r = 6, \theta = \pi - \tan^{-1}\left(\dfrac{5}{\sqrt{11}}\right)$

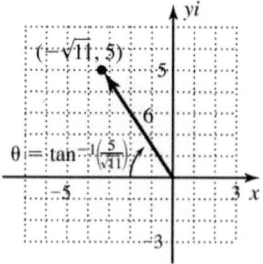

First, pretend that the "$\pi -$" is not there:

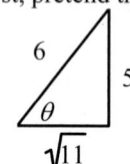

$\cos\left[\tan^{-1}\left(\dfrac{5}{\sqrt{11}}\right)\right] = \dfrac{\sqrt{11}}{6}$

$\sin\left[\tan^{-1}\left(\dfrac{5}{\sqrt{11}}\right)\right] = \dfrac{5}{6}$

Now use subtraction identities: For convenience, let $\theta = \tan^{-1}\left(\dfrac{5}{\sqrt{11}}\right)$.

$\cos(\pi - \theta) = \cos\pi\cos\theta + \sin\pi\sin\theta$

$= -1\left(\dfrac{\sqrt{11}}{6}\right) + 0 = -\dfrac{\sqrt{11}}{6}$

$\sin(\pi - \theta) = \sin\pi\cos\theta - \cos\pi\sin\theta$

$= 0 - (-1)\dfrac{5}{6} = \dfrac{5}{6}$

$z = 6\operatorname{cis}\left[\pi - \tan^{-1}\dfrac{5}{\sqrt{11}}\right]$

$= 6\left[\cos(\pi - \theta) + i\sin(\pi - \theta)\right]$

$= 6\left[-\dfrac{\sqrt{11}}{6} + i\dfrac{5}{6}\right] = -\sqrt{11} + 5i$

Chapter 7: Applications of Trigonometry

35. $r_1 = \sqrt{(-2)^2 + 2^2} = \sqrt{8} = 2\sqrt{2}$

    $\theta_{1r} = \tan^{-1}\left(\dfrac{2}{-2}\right) = -45°$. In QII, $\theta_1 = 135°$

    $r_2 = \sqrt{3^2 + (-3)^2} = \sqrt{18} = 3\sqrt{2}$

    $\theta_2 = \tan^{-1}\left(\dfrac{3}{3}\right) = 45°$

    $(-2 + 2i)(3 + 3i) = -6 - 6i + 6i + 6i^2$
    $= -12 + 0i$

    $r_1 r_2 = (2\sqrt{2})(3\sqrt{2}) = 12$;

    $\theta_1 + \theta_2 = 135 + 45 = 180°$

    $12(\cos 180° + i\sin 180°) = -12 + 0i$

37. $r_1 = \sqrt{\sqrt{3}^2 + 1^2} = \sqrt{4} = 2$

    $\theta_1 = \tan^{-1}\left(\dfrac{1}{\sqrt{3}}\right) = 30°$

    $r_2 = \sqrt{1^2 + \sqrt{3}^2} = \sqrt{4} = 2$

    $\theta_2 = \tan^{-1}\left(\dfrac{\sqrt{3}}{1}\right) = 60°$

    $\dfrac{\sqrt{3}+i}{1+\sqrt{3}i} \cdot \dfrac{1-\sqrt{3}i}{1-\sqrt{3}i} = \dfrac{\sqrt{3}-3i+i-\sqrt{3}i^2}{1-\sqrt{3}i+\sqrt{3}i-3i^2}$

    $= \dfrac{2\sqrt{3}-2i}{4} = \dfrac{\sqrt{3}}{2} - \dfrac{1}{2}i$;

    $\dfrac{r_1}{r_2} = \dfrac{2}{2} = 1$; $\theta_1 - \theta_2 = 30 - 60 = -30°$

    $1(\cos(-30°) + i\sin(-30°)) = \dfrac{\sqrt{3}}{2} - \dfrac{1}{2}i$

39. $r_1 r_2 = 24$; $\theta_1 + \theta_2 = \dfrac{5\pi}{6} + \dfrac{\pi}{6} = \pi$

    $z_1 z_2 = 24\operatorname{cis}\pi = -24 + 0i$;

    $\dfrac{r_1}{r_2} = \dfrac{8}{3}$; $\theta_1 - \theta_2 = \dfrac{5\pi}{6} - \dfrac{\pi}{6} = \dfrac{2\pi}{3}$

    $\dfrac{z_1}{z_2} = \dfrac{8}{3}\operatorname{cis}\dfrac{2\pi}{3} = \dfrac{8}{3}\left(-\dfrac{1}{2}+i\dfrac{\sqrt{3}}{2}\right) = -\dfrac{4}{3} + \dfrac{4\sqrt{3}}{3}i$

41. $r_1 r_2 = (2\sqrt{3})(7\sqrt{3}) = 42$

    $\theta_1 + \theta_2 = \pi + \dfrac{5\pi}{6} = \dfrac{11\pi}{6}$

    $z_1 z_2 = 42\operatorname{cis}\dfrac{11\pi}{6} = 42\left(\dfrac{\sqrt{3}}{2} - i\dfrac{1}{2}\right)$
    $= 21\sqrt{3} - 21i$;

    $\dfrac{r_1}{r_2} = \dfrac{2\sqrt{3}}{7\sqrt{3}} = \dfrac{2}{7}$; $\theta_1 - \theta_2 = \pi - \dfrac{5\pi}{6} = \dfrac{\pi}{6}$

    $\dfrac{z_1}{z_2} = \dfrac{2}{7}\operatorname{cis}\dfrac{\pi}{6} = \dfrac{2}{7}\left(\dfrac{\sqrt{3}}{2} + i\dfrac{1}{2}\right) = \dfrac{\sqrt{3}}{7} + \dfrac{1}{7}i$

43. $r_1 r_2 = 9(1.8) = 16.2$

    $\theta_1 + \theta_2 = \dfrac{\pi}{15} + \dfrac{2\pi}{3} = \dfrac{11\pi}{15}$

    $z_1 z_2 = 16.2\left[\cos\left(\dfrac{11\pi}{15}\right) + i\sin\left(\dfrac{11\pi}{15}\right)\right]$
    $\approx -10.84 + 12.04i$;

    $\dfrac{r_1}{r_2} = \dfrac{9}{1.8} = 5$; $\theta_1 - \theta_2 = \dfrac{\pi}{15} - \dfrac{2\pi}{3} = -\dfrac{3\pi}{5}$

    $\dfrac{z_1}{z_2} = 5\left[\cos\left(-\dfrac{3\pi}{5}\right) + i\sin\left(-\dfrac{3\pi}{5}\right)\right]$
    $\approx -1.55 - 4.76i$

45. $r_1 r_2 = 40$; $\theta_1 + \theta_2 = 60 + 30 = 90°$

    $z_1 z_2 = 40\operatorname{cis}90° = 0 + 40i$;

    $\dfrac{r_1}{r_2} = \dfrac{10}{4} = \dfrac{5}{2}$; $\theta_1 - \theta_2 = 60 - 30 = 30°$

    $\dfrac{z_1}{z_2} = \dfrac{5}{2}\operatorname{cis}30° = \dfrac{5}{2}\left(\dfrac{\sqrt{3}}{2} + i\dfrac{1}{2}\right) = \dfrac{5\sqrt{3}}{4} + \dfrac{5}{4}i$

47. $r_1 r_2 = (5\sqrt{2})(2\sqrt{2}) = 20$

    $\theta_1 + \theta_2 = 210 + 30 = 240°$

    $z_1 z_2 = 20\operatorname{cis}240° = 20\left(-\dfrac{1}{2} - i\dfrac{\sqrt{3}}{2}\right)$
    $= -10 - 10\sqrt{3}i$;

    $\dfrac{r_1}{r_2} = \dfrac{5\sqrt{2}}{2\sqrt{2}} = \dfrac{5}{2}$; $\theta_1 - \theta_2 = 210 - 30 = 180°$

    $\dfrac{z_1}{z_2} = \dfrac{5}{2}\operatorname{cis}180° = -\dfrac{5}{2} + 0i$

7.5 Exercises

49. $r_1 r_2 = 6(1.5) = 9; \theta_1 + \theta_2 = 82 + 27 = 109°$
$z_1 z_2 = 9(\cos 109° + i \sin 109°) \approx -2.93 + 8.5i$;

$\dfrac{r_1}{r_2} = \dfrac{6}{1.5} = 4; \quad \theta_1 - \theta_2 = 82 - 27 = 55°$

$\dfrac{z_1}{z_2} = 4(\cos 55° + i \sin 55°) \approx 2.29 + 3.28i$

51. Distance from u to v:
$d = \sqrt{(10-2)^2 + (\sqrt{3} - \sqrt{3})^2} = 8$
From v to w:
$d = \sqrt{(6-10)^2 + (5\sqrt{3} - \sqrt{3})^2} = \sqrt{16 + 48} = 8$
From w to u:
$d = \sqrt{(2-6)^2 + (\sqrt{3} - 5\sqrt{3})^2} = \sqrt{16 + 48} = 8$
All sides have length 8.
$u^2 = (2 + \sqrt{3}i)(2 + \sqrt{3}i) = 4 + 4\sqrt{3}i + 3i^2$
$u^2 = 1 + 4\sqrt{3}i$;
$v^2 = (10 + \sqrt{3}i)(10 + \sqrt{3}i) = 100 + 20\sqrt{3}i + 3i^2$
$v^2 = 97 + 20\sqrt{3}i$;

$w^2 = (6 + 5\sqrt{3}i)(6 + 5\sqrt{3}i) = 36 + 60\sqrt{3}i + 75i^2$

$w^2 = -39 + 60\sqrt{3}i$;
$uv = (2 + \sqrt{3}i)(10 + \sqrt{3}i) = 20 + 12\sqrt{3}i + 3i^2$

$uv = 17 + 12\sqrt{3}i$;
$uw = (2 + \sqrt{3}i)(6 + 5\sqrt{3}i) = 12 + 16\sqrt{3}i + 15i^2$

$uw = -3 + 16\sqrt{3}i$;
$vw = (10 + \sqrt{3}i)(6 + 5\sqrt{3}i) = 60 + 56\sqrt{3}i + 15i^2$

$vw = 45 + 56\sqrt{3}i$;
$u^2 + v^2 + w^2 = (1 + 4\sqrt{3}i) + (97 + 20\sqrt{3}i)$
$\quad + (-39 + 60\sqrt{3}i) = 59 + 84\sqrt{3}i$;

$uv + uw + vw = (17 + 12\sqrt{3}i) + (-3 + 16\sqrt{3}i)$
$\quad + 45 + 56\sqrt{3}i = 59 + 84\sqrt{3}i$

53. a. $A = 170; \quad V(t) = 170 \sin(f(2\pi t))$
$V(t) = 170 \sin(60(2\pi t)) = 170 \sin(120\pi t)$

b. One cycle is $1/6 = 0.0167$ seconds, so our table should go up to 0.008.

t	V	t	V
0	0	0.005	161.7
0.001	62.6	0.006	131.0
0.002	116.4	0.007	81.9
0.003	153.8	0.008	21.3
0.004	169.7		

c. The graph of V is at height 140 at about $t = 0.00257$ sec.

55. a. $Z = 15 + j(12 - 4) = 15 + 8j$ (QI)
$|Z| = \sqrt{15^2 + 8^2} = 17$
$\theta = \tan^{-1}\left(\dfrac{8}{15}\right) \approx 28.1°$
$Z = 17 \text{ cis } 28.1°$

b. $V_{RLC} = I|Z| = 3(17) = 51$ V

57. a. $Z = 7 + j(6 - 11) = 7 - 5j$ (QIV)
$|Z| = \sqrt{7^2 + (-5)^2} = \sqrt{74} \approx 8.60$;
$\theta_r = \tan^{-1}\left(\dfrac{-5}{7}\right) \approx -35.5°$. In QIV,
$\theta = 324.5°$
$Z = 8.60 \text{ cis } 324.5°$

b. $V_{RLC} = I|Z| = 1.8(8.60) = 15.48$ V

59. a. $Z = 12 + j(5 - 0) = 12 + 5j$ (QI)
$|Z| = \sqrt{12^2 + 5^2} = 13$;
$\theta = \tan^{-1}\left(\dfrac{5}{12}\right) \approx 22.6°$
$Z = 13 \text{ cis } 22.6°$

b. $V_{RLC} = I|Z| = 1.7(13) = 22.1$ V

Chapter 7: Applications of Trigonometry

61. Both are in QI.
$r_I = \sqrt{\sqrt{3}^2 + 1^2} = \sqrt{4} = 2$
$\theta_I = \tan^{-1}\left(\dfrac{1}{\sqrt{3}}\right) = 30°$
$r_Z = \sqrt{5^2 + 5^2} = \sqrt{50} = 5\sqrt{2}$
$\theta_Z = \tan^{-1}\left(\dfrac{5}{5}\right) = 45°$
$I = 2\text{cis}30°$;
$Z = 5\sqrt{2}\text{cis}45°$
$V = IZ = 2(5\sqrt{2})\text{cis}(30° + 45°)$
$\quad = 10\sqrt{2}\,\text{cis}\,75°$

63. $r_I = \sqrt{3^2 + 2^2} = \sqrt{13}$
$\theta_I = \tan^{-1}\left(-\dfrac{2}{3}\right) \approx -33.7°$ or $326.3°$
$r_Z = \sqrt{2^2 + 3.75^2} = 4.25 = \dfrac{17}{4}$
$\theta_Z = \tan^{-1}\left(\dfrac{3.75}{2}\right) = 61.9°$
$I = \sqrt{13}\,\text{cis}\,326.3°$;
$Z = \dfrac{17}{4}\text{cis}\,61.9°$
$V = IZ = \sqrt{13}\left(\dfrac{17}{4}\right)\text{cis}(326.3° + 61.9°)$
$\quad = \dfrac{17\sqrt{13}}{4}\text{cis}\,388.2° = \dfrac{17\sqrt{13}}{4}\text{cis}\,28.2°$

65. $r_V = \sqrt{2^2 + 2\sqrt{3}^2} = \sqrt{16} = 4$
$\theta_V = \tan^{-1}\left(\dfrac{2\sqrt{3}}{2}\right) = 60°$
$r_Z = \sqrt{4^2 + (-4)^2} = \sqrt{32} = 4\sqrt{2}$
$\theta_Z = \tan^{-1}\left(\dfrac{-4}{4}\right) = -45°$ or $315°$
$V = 4\text{cis}60°$;
$Z = 4\sqrt{2}\,\text{cis}315°$
$I = \dfrac{V}{Z} = \dfrac{4}{4\sqrt{2}}\text{cis}(60° - (-45°))$
$\quad = \dfrac{\sqrt{2}}{2}\text{cis}\,105°$

67. $r_V = \sqrt{3^2 + (-4)^2} = \sqrt{25} = 5$
$\theta_V = \tan^{-1}\left(\dfrac{-4}{3}\right) = -53.1°$ or $306.9°$
$r_Z = \sqrt{4^2 + 7.5^2} = 8.5$
$\theta_Z = \tan^{-1}\left(\dfrac{7.5}{4}\right) = 61.9°$
$V = 5\text{cis}306.9°$;
$Z = 8.5\text{cis}61.9°$
$I = \dfrac{V}{Z} = \dfrac{5}{8.5}\text{cis}(306.9° - 61.9°)$
$\quad = \dfrac{10}{17}\text{cis}\,245°$

69. $r_1 = \sqrt{1^2 + 2^2} = \sqrt{5}$
$\theta_1 = \tan^{-1}\left(\dfrac{2}{1}\right) \approx 63.4°$ (Q1)
$r_2 = \sqrt{3^2 + 2^2} = \sqrt{13}$
$\theta_{2r} = \tan^{-1}\left(\dfrac{-2}{3}\right) \approx -33.7°$. In QIV,
$\theta_2 = 326.3°$
$Z_1 Z_2 = \sqrt{5}\sqrt{13}\,\text{cis}(63.4° + 326.3°)$
$\quad = \sqrt{65}\,\text{cis}\,389.7° = \sqrt{65}\,\text{cis}\,29.7°$
$Z_1 + Z_2 = (1 + 2j) + (3 - 2j) = 4$
$Z = \dfrac{Z_1 Z_2}{Z_1 + Z_2} = \dfrac{\sqrt{65}\,\text{cis}\,29.7°}{4}$

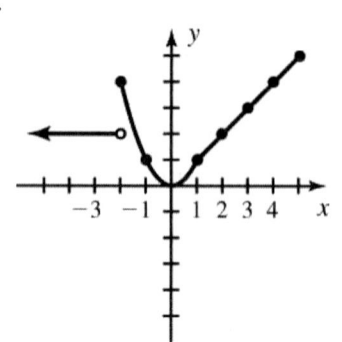

7.5 Exercises

71. $\dfrac{r_1}{r_2}[\cos(\alpha-\beta)+i\sin(\alpha-\beta)]$

$= \dfrac{r_1}{r_2}(\cos\alpha\cos\beta+\sin\alpha\sin\beta)$

$\quad + i\dfrac{r_1}{r_2}(\sin\alpha\cos\beta+\cos\alpha\sin\beta)$

$\dfrac{\cos\alpha+i\sin\alpha}{\cos\beta+i\sin\beta} \cdot \dfrac{\cos\beta-i\sin\beta}{\cos\beta-i\sin\beta}$

$= \dfrac{\cos\alpha\cos\beta - i\cos\alpha\sin\beta + i\cos\beta\sin\alpha - i^2\sin\alpha\sin\beta}{\cos^2\beta - i^2\sin^2\beta}$

$= \dfrac{\cos\alpha\cos\beta + \sin\alpha\sin\beta}{\cos^2\beta + \sin^2\beta} + i\dfrac{\sin\alpha\cos\beta + \cos\alpha\sin\beta}{\cos^2\beta + \sin^2\beta}$

$= \dfrac{\cos\alpha\cos\beta + \sin\alpha\sin\beta}{1} + i\dfrac{\sin\alpha\cos\beta + \cos\alpha\sin\beta}{1}$

Note that $\dfrac{r_1}{r_2}$ times this expression is equal to $\dfrac{z_1}{z_2}$, and is also equal to the expanded version of the right side, and we're done.

73. The slope for segment 1 is $\dfrac{\Delta y}{\Delta x} = \dfrac{24}{7}$, so we need slope $-\dfrac{7}{24}$. We can accomplish this with $y = -7, x = 24$, or $y = 7, x = -24$. This gives us $-24 + 7i$ and $24 - 7i$. The magnitude of each is the same as the magnitude of z_1, so we need to divide each by 5 to get magnitude one-fifth as great:

$z_2 = \dfrac{24}{5} - \dfrac{7}{5}i, \; z_3 = -\dfrac{24}{5} + \dfrac{7}{5}i$

75. $350 = 750\sin\left(2x - \dfrac{\pi}{4}\right) - 25$

$375 = 750\sin\left(2x - \dfrac{\pi}{4}\right)$

$\dfrac{1}{2} = \sin\left(2x - \dfrac{\pi}{4}\right)$

For $x \in [0, 2\pi)$, $2x \in [0, 4\pi)$ so we need all numbers in $[0, 4\pi)$ for which sine is ½.

$2x - \dfrac{\pi}{4} = \dfrac{\pi}{6}, \dfrac{5\pi}{6}, \dfrac{13\pi}{6}, \dfrac{17\pi}{6}$

(Add $\dfrac{\pi}{4}$ to each side)

$2x = \dfrac{\pi}{6} + \dfrac{\pi}{4}, \dfrac{5\pi}{6} + \dfrac{\pi}{4}, \dfrac{13\pi}{6} + \dfrac{\pi}{4}, \dfrac{17\pi}{6} + \dfrac{\pi}{4}$

$2x = \dfrac{5\pi}{12}, \dfrac{13\pi}{12}, \dfrac{29\pi}{12}, \dfrac{37\pi}{12}$

$x = \dfrac{5\pi}{24}, \dfrac{13\pi}{24}, \dfrac{29\pi}{24}, \dfrac{37\pi}{24}$

77.

Chapter 7: Applications of Trigonometry

7.6 Exercises

1. $r^5[\cos(5\theta) + i\sin(5\theta)]$; DeMoivre's

3. complex

5. $z_5 = 2\text{cis}366° = 2\text{cis}6°$
   $z_6 = 2\text{cis}438° = 2\text{cis}78°$
   $z_7 = 2\text{cis}510° = 2\text{cis}150°$
   These are equal to $z_0, z_1,$ and z_2.

7. $r = \sqrt{3^2 + 3^2} = \sqrt{18} = 3\sqrt{2}$
   $\theta = \tan^{-1}\left(\frac{3}{3}\right) = 45°$ (QI); $n = 4$
   $(3+3i)^4 = (3\sqrt{2})^4[\cos(180°) + i\sin 180°]$
   $= 324[-1+0] = -324$

9. $r = \sqrt{(-1)^2 + (\sqrt{3})^2} = \sqrt{4} = 2$; $n = 3$
   $\theta_r = \tan^{-1}\left(\frac{\sqrt{3}}{-1}\right) = -60°$; $\theta = 120°$ (QII)
   $(-1+\sqrt{3}i)^3 = 2^3[\cos 360° + i\sin 360°]$
   $= 8[1+0] = 8$

11. $r = \sqrt{\left(\frac{1}{2}\right)^2 + \left(-\frac{\sqrt{3}}{2}\right)^2} = 1$; $n = 5$
    $\theta = \tan^{-1}\left(\frac{-\sqrt{3}/2}{1/2}\right) = -60°$ (QIV)
    $\left(\frac{1}{2} - \frac{\sqrt{3}}{2}i\right)^5 = 1^5[\cos(-300°) + i\sin(-300°)]$
    $= 1\left[-\frac{1}{2} + i\frac{\sqrt{3}}{2}\right] = -\frac{1}{2} + \frac{\sqrt{3}}{2}i$

13. $r = \sqrt{\left(\frac{\sqrt{2}}{2}\right)^2 + \left(-\frac{\sqrt{2}}{2}\right)^2} = 1$; $n = 6$
    $\theta = \tan^{-1}\left(\frac{-\sqrt{2}/2}{\sqrt{2}/2}\right) = -45°$ (QIV)
    $\left(\frac{\sqrt{2}}{2} - \frac{\sqrt{2}}{2}i\right)^6 = 1^6[\cos(-270°) + i\sin(-270°)]$
    $= 1[0+i] = i$

15. $r = \sqrt{(2\sqrt{3})^2 + (-2)^2} = \sqrt{16} = 4$; $n = 3$
    $\theta = \tan^{-1}\left(\frac{-2}{2\sqrt{3}}\right) = -30°$ or $330°$ (QIV)
    $(2\sqrt{3} - 2i)^3 = 4^3[\cos(-90°) + i\sin(-90°)]$
    $= 64[0-i] = -64i$

17. $r = \sqrt{\left(-\frac{1}{2}\right)^2 + \left(\frac{1}{2}\right)^2} = \sqrt{\frac{1}{2}} = \frac{\sqrt{2}}{2}$; $n = 5$
    $\theta_r = \tan^{-1}(-1) = -45°$; $\theta = 135°$ in QII
    $5(135°) = 675°$; θ coterminal with $315°$
    $\left(-\frac{1}{2} + \frac{1}{2}i\right)^5 = \left(\frac{\sqrt{2}}{2}\right)^5[\cos 315° + i\sin 315°]$
    $= \frac{\sqrt{2}}{8}\left[\frac{\sqrt{2}}{2} - i\frac{\sqrt{2}}{2}\right] = \frac{1}{8} - \frac{1}{8}i$

19. $r = 2$, $\theta = 90°$
    $z^4 = 2^4[\cos 360° + i\sin 360°] = 16$
    $z^3 = 2^3[\cos 270° + i\sin 270°] = 8[0-i] = -8i$
    $z^2 = 4i^2 = -4$
    $z^4 + 3z^3 - 6z^2 + 12z - 40$
    $= 16 + 3(-8i) - 6(-4) + 12(2i) - 40$
    $= 16 - 24i + 24 + 24i - 40 = 0$

7.6 Exercises

21. $r = \sqrt{(-3)^2 + (-3)^2} = \sqrt{18} = 3\sqrt{2}$

    $\theta_r = \tan^{-1}\left(\dfrac{-3}{-3}\right) = 45°; \quad \theta = 225°$ (QIII)

    $4(225°) = 900°$, coterminal with $180°$
    $3(225°) = 675°$, coterminal with $315°$
    $2(225°) = 450°$, coterminal with $90°$

    $z^4 = \left(3\sqrt{2}\right)^4 [\cos 180° + i\sin 180°]$
    $= 324[-1 + 0i] = -324$

    $z^3 = \left(3\sqrt{2}\right)^3 [\cos 315° + i\sin 315°]$
    $= 54\sqrt{2}\left[\dfrac{\sqrt{2}}{2} - i\dfrac{\sqrt{2}}{2}\right] = 54 - 54i$

    $z^2 = \left(3\sqrt{2}\right)^2 [\cos 90° + i\sin 90°]$
    $= 18[0 + i] = 18i$

    $z^4 + 6z^3 + 19z^2 + 6z + 18$
    $= -324 + 6(54 - 54i) + 19(18i) + 6(-3 - 3i) + 18$
    $= -324 + 324 - 324i + 342i - 18 - 18i + 18 = 0$
    Verified

22. $r = \sqrt{1^2 + (-1)^2} = \sqrt{2}; \quad \theta = \tan^{-1}(-1) = -45°$

    $z^4 = \sqrt{2}^4 [\cos(-180°) + i\sin(-180°)] = -4$

    $z^3 = \sqrt{2}^3 [\cos(-135°) + i\sin(-135°)]$
    $= 2\sqrt{2}\left[-\dfrac{\sqrt{2}}{2} - i\dfrac{\sqrt{2}}{2}\right] = -2 - 2i$

    $z^2 = \sqrt{2}^2 [\cos(-90°) + i\sin(-90°)] = -2i$

    $2z^4 + 3z^3 - 4z^2 + 2z + 12$
    $= 2(-4) + 3(-2 - 2i) - 4(-2i) + 2(1 - i) + 12$
    $= -8 - 6 - 6i + 8i + 2 - 2i + 12 = 0$
    Verified

23. $r = \sqrt{\sqrt{3}^2 + (-1)^2} = 2; \quad \theta = \tan^{-1}\left(\dfrac{-1}{\sqrt{3}}\right) = -30°$

    $z^5 = 2^5 [\cos(-150°) + i\sin(-150°)]$
    $= 32\left[-\dfrac{\sqrt{3}}{2} - i\dfrac{1}{2}\right] = -16\sqrt{3} - 16i$

    $z^4 = 2^4 [\cos(-120°) + i\sin(-120°)]$
    $= 16\left[-\dfrac{1}{2} - i\dfrac{\sqrt{3}}{2}\right] = -8 - 8\sqrt{3}i$

    $z^3 = 2^3 [\cos(-90°) + i\sin(-90°)] = -8i$

    $z^2 = 2^2 [\cos(-60°) + i\sin(-60°)]$
    $= 4\left[\dfrac{1}{2} - i\dfrac{\sqrt{3}}{2}\right] = 2 - 2\sqrt{3}i$

    $z^5 + z^4 - 4z^3 - 4z^2 + 16z + 16$
    $= -16\sqrt{3} - 16i - 8 - 8\sqrt{3}i - 4(-8i)$
    $\quad -4(2 - 2\sqrt{3}i) + 16(\sqrt{3} - i) + 16$
    $= -16\sqrt{3} - 16i - 8 - 8\sqrt{3}i + 32i - 8$
    $\quad + 8\sqrt{3}i + 16\sqrt{3} - 16i + 16 = 0$
    Verified

25. $r = \sqrt{1^2 + (2)^2} = \sqrt{5}; \quad \theta = \tan^{-1}(2)$

    $z^4 = \sqrt{5}^4 [\cos(4\tan^{-1}(2)) + i\sin(4\tan^{-1}(2))]$
    $= -7 - 24i$

    $z^3 = \sqrt{5}^3 [\cos(3\tan^{-1}(2)) + i\sin(3\tan^{-1}(2))]$
    $= -11 - 2i$

    $z^2 = \sqrt{5}^2 [\cos(2\tan^{-1}(2)) + i\sin(2\tan^{-1}(2))]$
    $= -3 + 4i$

    $z^4 - 4z^3 + 7z^2 - 6z - 10$
    $= -7 - 24i - 4(-11 - 2i) + 7(-3 + 4i)$
    $\quad -6(1 + 2i) - 10$
    $= -7 - 24i + 44 + 8i - 21 + 28i - 6 - 12i - 10$
    $= 0$
    Verified

27. $r = 1, \quad \theta = 0°, \quad n = 5$

    $\sqrt[5]{1} = 1, \quad \dfrac{0°}{5} + \dfrac{360°k}{5} = 72°k$

    $z_0 = \text{cis } 0° = 1$
    $z_1 = \text{cis } 72° \approx 0.3090 + 0.9511i$
    $z_2 = \text{cis } 144° \approx -0.8090 + 0.5878i$
    $z_3 = \text{cis } 216° \approx -0.8090 - 0.5878i$
    $z_4 = \text{cis } 288° \approx 0.3090 - 0.9511i$

Chapter 7: Applications of Trigonometry

29. $r = 243$, $\theta = 0°$, $n = 5$

    $\sqrt[5]{243} = 3$; $\dfrac{0°}{5} + \dfrac{360°k}{5} = 72°k$

    $z_0 = 3\text{cis}\, 0° = 3$

    $z_1 = 3\text{cis}\, 72° \approx 0.9271 + 2.8532i$

    $z_2 = 3\text{cis}\, 144° \approx -2.4271 + 1.7634i$

    $z_3 = 3\text{cis}\, 216° \approx -2.4271 - 1.7634i$

    $z_4 = 3\text{cis}\, 288° \approx 0.9271 - 2.8532i$

31. $r = 27$, $\theta = 270°$, $n = 3$

    $\sqrt[3]{27} = 3$; $\dfrac{270°}{3} + \dfrac{360°k}{3} = 90° + 120°k$

    $z_0 = 3\text{cis}\, 90° = 3[0 + i] = 3i$

    $z_1 = 3\text{cis}\, 210° = 3\left(-\dfrac{\sqrt{3}}{2} - \dfrac{1}{2}i\right) = -\dfrac{3\sqrt{3}}{2} - \dfrac{3}{2}i$

    $z_2 = 3\text{cis}\, 330° = 3\left(\dfrac{\sqrt{3}}{2} - \dfrac{1}{2}i\right) = \dfrac{3\sqrt{3}}{2} - \dfrac{3}{2}i$

33. $x^5 - 32 = 0$; $x^5 = 32$; For $z = 32$, $r = 32$,

    $\theta = 0°$; $\sqrt[5]{32} = 2$, $\dfrac{0°}{5} + \dfrac{360°k}{5} = 72°k$

    $z_0 = 2\text{cis}[0°] = 2$

    $z_1 = 2\text{cis}[72°] \approx 0.6180 + 1.9021i$

    $z_2 = 2\text{cis}[144°] \approx -1.6180 + 1.1756i$

    $z_3 = 2\text{cis}[216°] \approx -1.6780 - 1.1756i$

    $z_4 = 2\text{cis}[288°] \approx 0.6180 - 1.9021i$

35. $x^3 - 27i = 0$; $x^3 = 27i$; For $z = 27i$, $r = 27$,

    $\theta = 90°$, $\sqrt[3]{27} = 3$,

    $\dfrac{90°}{3} + \dfrac{360°k}{3} = 30° + 120°k$

    $z_0 = 3\text{cis}\, 30° = 3\left[\dfrac{\sqrt{3}}{2} + i\dfrac{1}{2}\right] = \dfrac{3\sqrt{3}}{2} + \dfrac{3}{2}i$

    $z_1 = 3\text{cis}\, 150° = 3\left[-\dfrac{\sqrt{3}}{2} + i\dfrac{1}{2}\right] = -\dfrac{3\sqrt{3}}{2} + \dfrac{3}{2}i$

    $z_2 = 3\text{cis}\, 270° = 3[0 - i] = -3i$

37. $x^5 - \sqrt{2} - \sqrt{2}i = 0$; $x^5 = \sqrt{2} + \sqrt{2}i$. For

    $z = \sqrt{2} + \sqrt{2}i$, $r = 2$, $\theta = 45°$

    $\sqrt[5]{2}$; $\dfrac{45°}{5} + \dfrac{360°k}{5} = 9° + 72°k$

    $z_0 = \sqrt[5]{2}\, \text{cis}\, 9° \approx 1.1346 + 1.1797i$

    $z_1 = \sqrt[5]{2}\, \text{cis}\, 81° \approx 0.1797 + 1.1346i$

    $z_2 = \sqrt[5]{2}\, \text{cis}\, 153° \approx -1.0235 + 0.5215i$

    $z_3 = \sqrt[5]{2}\, \text{cis}\, 225° \approx -0.8123 - 0.8123i$

    $z_4 = \sqrt[5]{2}\, \text{cis}\, 297° \approx 0.5215 - 1.0235i$

39. $x^3 - 1 = (x - 1)(x^2 + x + 1) = 0$

    $x - 1 = 0 \Rightarrow x = 1$

    $x^2 + x + 1 = 0 \Rightarrow$

    $x = \dfrac{-1 \pm \sqrt{1 - 4(1)(1)}}{2} = -\dfrac{1}{2} \pm \dfrac{\sqrt{3}}{2}i$

    These are the same results as in Ex. 3.

41. $r = \sqrt{(-8)^2 + \left(8\sqrt{3}\right)^2} = \sqrt{256} = 16$; $n = 4$

    $\theta_r = \tan^{-1}\left(\dfrac{8\sqrt{3}}{-8}\right) = -60°$; $\theta = 120°$ (QII)

    $\sqrt[4]{16} = 2$; $\dfrac{120°}{4} + \dfrac{360°k}{4} = 30° + 90°k$

    $z_0 = 2[\cos 30° + i \sin 30°] = 2\left[\dfrac{\sqrt{3}}{2} + i\dfrac{1}{2}\right]$

    $= \sqrt{3} + i$

    $z_1 = 2[\cos 120° + i \sin 120°] = 2\left[-\dfrac{1}{2} + i\dfrac{\sqrt{3}}{2}\right]$

    $= -1 + \sqrt{3}i$

    $z_2 = 2[\cos 210° + i \sin 210°] = 2\left[-\dfrac{\sqrt{3}}{2} - i\dfrac{1}{2}\right]$

    $= -\sqrt{3} - i$

    $z_3 = 2[\cos 300° + i \sin 300°] = 2\left[\dfrac{1}{2} - i\dfrac{\sqrt{3}}{2}\right]$

    $= 1 - \sqrt{3}i$

7.6 Exercises

43. $r = \sqrt{(-7)^2 + (-7)^2} = \sqrt{98} = 7\sqrt{2}$; $n = 4$

$\theta_r = \tan^{-1}\left(\dfrac{-7}{-7}\right) = 45°$; $\theta = 225°$ (QIII)

$\sqrt[4]{7\sqrt{2}} \approx 1.7738$;

$\dfrac{225°}{4} + \dfrac{360°k}{4} = 56.25° + 90°k$

$z_0 = 1.7738 \text{ cis } 56.25° \approx 0.9855 + 1.4749i$
$z_1 = 1.7738 \text{ cis } 146.25° \approx -1.4749 + 0.9855i$
$z_2 = 1.7738 \text{ cis } 236.25° \approx -0.9855 - 1.4749i$
$z_3 = 1.7738 \text{ cis } 326.25° \approx 1.4749 - 0.9855i$

45. $z^3 - 6z + 4 = 0$, $p = -6$, $q = 4$

$D = \dfrac{4(-6)^3 + 27(4)^2}{108} = \dfrac{-864 + 432}{108} = -4$

$-\dfrac{q}{2} + \sqrt{D} = -2 + 2i$; $r = \sqrt{8}$, $\theta = 135°$ (QII)

$\sqrt[3]{r} = 8^{\frac{1}{6}}$; $\dfrac{135°}{3} + \dfrac{360°k}{3} = 45° + 120°k$

$z_0 = 8^{\frac{1}{6}} \text{ cis } 45°$; $z_1 = 8^{1/6} \text{ cis } 165°$

$z_2 = 8^{\frac{1}{6}} \text{ cis } 285°$

$-\dfrac{q}{2} - \sqrt{D} = -2 - 2i$; $r = \sqrt{8}$, $\theta = 225°$ (QIV)

$\sqrt[3]{r} = 8^{\frac{1}{6}}$; $\dfrac{225°}{3} + \dfrac{360°k}{3} = 75° + 120°k$

$z_0 = 8^{\frac{1}{6}} \text{ cis } 75°$; $z_1 = 8^{\frac{1}{6}} \text{ cis } 195°$

$z_2 = 8^{\frac{1}{6}} \text{ cis } 315°$

47. We'll need four times each of the angles given to use DeMoivre's Theorem: $4(15) = 60°$; $4(105) = 420°$, coterminal with $60°$; $4(195) = 780°$, coterminal with $60°$; $4(285) = 1140°$, coterminal with $60°$. So raising all four given z's to the fourth power results in

$2^4 \text{ cis } 60° = 16\left[\dfrac{1}{2} + i\dfrac{\sqrt{3}}{2}\right] = 8 + 8\sqrt{3}i$.

Verified

49. a. $Z = 3 + 4j$; $r = 5$, $\theta = \tan^{-1}\left(\dfrac{4}{3}\right)$

$Z^3 = 5^3\left(\cos\left(3\tan^{-1}\dfrac{4}{3}\right) + j\sin\left(3\tan^{-1}\dfrac{4}{3}\right)\right)$
$= -117 + 44j$;

$Z^2 = 5^3\left(\cos\left(2\tan^{-1}\dfrac{4}{3}\right) + j\sin\left(2\tan^{-1}\dfrac{4}{3}\right)\right)$
$= -7 + 24j$

$3Z^2 = -21 + 72j$

b. $\dfrac{Z^3}{3Z^2} = \dfrac{-117 + 44j}{-21 + 72j} \cdot \dfrac{-21 - 72j}{-21 - 72j}$

$= \dfrac{2457 + 8424j - 924j - 3168j^2}{441 - 5184j^2}$

$= \dfrac{5625 + 7500i}{5625} = 1 + \dfrac{4}{3}j$

c. $\dfrac{Z}{3} = \dfrac{3 + 4j}{3} = 1 + \dfrac{4}{3}j$; Verified

51. Answers will vary.

Chapter 7: Applications of Trigonometry

53. For $1 + 2i$, $r = \sqrt{5}$, $\theta = \tan^{-1}\left(\frac{2}{1}\right)$. The related right triangle is:

$\sin\theta = \frac{2}{\sqrt{5}}$, $\cos\theta = \frac{1}{\sqrt{5}}$

$\sin(4\theta) = \sin(2(2\theta)) = 2\sin(2\theta)\cos(2\theta)$
$= 2(2\sin\theta\cos\theta)(\cos^2\theta - \sin^2\theta)$
$= 2\left(2\left(\frac{2}{\sqrt{5}}\right)\left(\frac{1}{\sqrt{5}}\right)\right)\left(\left(\frac{1}{\sqrt{5}}\right)^2 - \left(\frac{2}{\sqrt{5}}\right)^2\right)$
$= \frac{8}{5}\left(-\frac{3}{5}\right) = -\frac{24}{25}$

$\cos^2(4\theta) = 1 - \sin^2(4\theta) = 1 - \left(-\frac{24}{25}\right)^2$
$= 1 - \frac{576}{625} = \frac{49}{625}$; $\cos(4\theta) = -\frac{7}{25}$ (Note that a quick approximation on the calculator shows us that $\theta = \tan^{-1}(2) \approx 63°$, so $4\theta \approx 252°$, and is in QIII).

$z^4 = \sqrt{5}^4[\cos(4\theta) + i\sin(4\theta)] = 25\left[-\frac{7}{25} - i\frac{24}{25}\right]$
$= -7 - 24i$

55. Look at the solutions to 45, and note that
$8^{\frac{1}{4}} = (2^3)^{\frac{1}{4}} = 2^{\frac{3}{4}} = \sqrt{2}$

Add the roots from 45 whose angles add to 360°:

$8^{\frac{1}{6}} \operatorname{cis} 45° + 8^{\frac{1}{6}} \operatorname{cis} 315°$
$= \sqrt{2}\left[\frac{\sqrt{2}}{2} + i\frac{\sqrt{2}}{2}\right] + \sqrt{2}\left[\frac{\sqrt{2}}{2} - i\frac{\sqrt{2}}{2}\right]$
$= \frac{2}{2} + \frac{2}{2}i + \frac{2}{2} - \frac{2}{2}i = 2;$

$8^{\frac{1}{6}} \operatorname{cis} 165° + 8^{\frac{1}{6}} \operatorname{cis} 195°$
$\approx (-1.3660 + 0.3660i) + (-1.3660 - 03.660i)$
$= -2.7320$

$8^{\frac{1}{6}} \operatorname{cis} 285° + 8^{\frac{1}{6}} \operatorname{cis} 75°$
$\approx (0.3660 - 1.3660i) + (0.3660 + 1.3660i)$
$= 0.7320;$

Note: Using sum and difference identities, all three solutions can actually be found in exact form. The latter two are $-1 - \sqrt{3}$ and $-1 + \sqrt{3}$.

57. $\dfrac{\tan^2 x}{\sec x + 1} = \dfrac{\sec^2 x - 1}{\sec x + 1} = \dfrac{(\sec x + 1)(\sec x - 1)}{\sec x + 1}$
$= \sec x - 1 = \dfrac{1}{\cos x} - 1 = \dfrac{1}{\cos x} - \dfrac{\cos x}{\cos x}$
$= \dfrac{1 - \cos x}{\cos x}$

59. Goes through $(-2, 4)$ and $(3, 0)$:
$m = \dfrac{0 - 4}{3 - (-2)} = -\dfrac{4}{5}$
$y - 0 = -\dfrac{4}{5}(x - 3)$; $y = -\dfrac{4}{5}x + \dfrac{12}{5}$

Summary and Concept Review

Summary and Concept Review

1. $A = 180 - (21 + 123) = 36°$
    $\dfrac{\sin 123°}{293} = \dfrac{\sin 21°}{b}$; $b\sin 123° = 293\sin 21°$
    $b = \dfrac{293\sin 21°}{\sin 123°} \approx 125.20$ cm
    $\dfrac{\sin 123°}{293} = \dfrac{\sin 36°}{a}$; $a\sin 123° = 293\sin 36°$
    $a = \dfrac{293\sin 36°}{\sin 123°} \approx 205.35$ cm

3. The third angle is $180 - (110 + 25) = 45°$.
    $\dfrac{\sin 45°}{70} = \dfrac{\sin 25°}{h}$; $h\sin 45° = 70\sin 25°$
    $h = \dfrac{70\sin 25°}{\sin 45°} \approx 41.84$ ft

5. $\dfrac{\sin 35°}{67} = \dfrac{\sin B}{105}$; $67\sin B = 105\sin 35°$
    $\sin B = \dfrac{105\sin 35°}{67}$; $B = \sin^{-1}\left(\dfrac{105\sin 35°}{67}\right)$
    $B \approx 64.0°$ or $180 - 64.0 = 116.0°$
    For $B_1 = 64.0°$:
    $C_1 = 180 - (35 + 64.0) = 81.0°$
    $\dfrac{\sin 35°}{67} = \dfrac{\sin 81.0°}{c_1}$; $c_1 \sin 35° = 67\sin 81.0°$
    $c_1 = \dfrac{67\sin 81.0°}{\sin 35°} \approx 115.37$ cm
    For $B_2 = 116.0°$:
    $C_2 = 180 - (35 + 116.0) = 29.0°$
    $\dfrac{\sin 35°}{67} = \dfrac{\sin 29°}{c_2}$; $c_2 \sin 35° = 67\sin 29°$
    $c_2 = \dfrac{67\sin 29°}{\sin 35°} \approx 56.63$ cm

7. $81 = 369 - 360\cos B$; $-360\cos B = -288$
    $\cos B = \dfrac{-288}{-360}$; $B = \cos^{-1} 0.8 \approx 36.9°$

9. Let A, B and C be the angles from largest to smallest.
    $1820^2 = 1250^2 + 720^2 - 2(720)(1250)\cos C$
    $3{,}312{,}400 = 2{,}080{,}900 - 1{,}800{,}000\cos C$
    $1{,}231{,}500 = -1{,}800{,}000\cos C$
    $\cos C = \dfrac{1{,}231{,}500}{-1{,}800{,}000}$; $C \approx 133.2°$
    $\dfrac{\sin B}{1250} = \dfrac{\sin 133.2°}{1820}$
    $1820\sin B = 1250\sin 133.2°$
    $\sin B = \dfrac{1250\sin 133.2°}{1820}$; $B \approx 30.1°$
    $A = 180 - (133.2 + 30.1) = 16.7°$

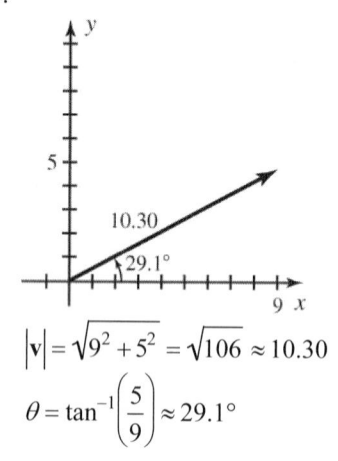

11.

    $|\mathbf{v}| = \sqrt{9^2 + 5^2} = \sqrt{106} \approx 10.30$
    $\theta = \tan^{-1}\left(\dfrac{5}{9}\right) \approx 29.1°$

13. Horiz. component $= 18\cos 52° \approx 11.08$
    Vert. component $= 18\sin 52° \approx 14.18$

15. $|\mathbf{u}| = \sqrt{7^2 + 12^2} = \sqrt{193}$
    $\dfrac{7}{\sqrt{193}}\mathbf{i} + \dfrac{12}{\sqrt{193}}\mathbf{j}$

17. Karl's velocity in the direction across the stream is 3 mi/hr, so he'll make it ½ mile in 1/6 hours. The current will carry him $\dfrac{1}{6}$ mile downstream.

Chapter 7: Applications of Trigonometry

19. Resultant: $\langle -20+45, 70+53 \rangle = \langle 25, 123 \rangle$
    Additional: $\langle -25, -123 \rangle$

21. $2(-18)+9d=0;\ 9d=36;\ d=4$

23. $\mathbf{W} = \mathbf{F}\cdot\mathbf{V} = 50(85)+15(6) = 4340$ ft-lb

25. $\mathbf{F} = 75\cos 25°$
    $\mathbf{W} = (75\cos 25°)(120) = 8156.77$ ft-lb

27. $r = \sqrt{(-1)^2+(-\sqrt{3})^2} = \sqrt{4} = 2$
    $\theta_r = \tan^{-1}\left(\dfrac{-\sqrt{3}}{-1}\right) = 60°;\ \theta = 240°$ (QIII)
    $z = 2[\cos 240° + i\sin 240°]$

29.

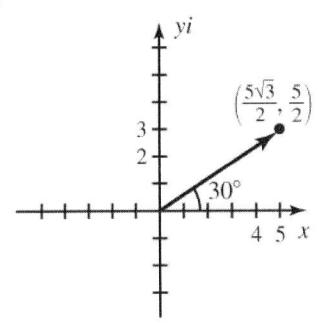

31. $I = \dfrac{V}{Z} = \dfrac{4\sqrt{3}-4j}{1-\sqrt{3}j}\cdot\dfrac{1+\sqrt{3}j}{1+\sqrt{3}j}$
    $= \dfrac{4\sqrt{3}+12j-4j-4\sqrt{3}j^2}{1-3j^2}$
    $= \dfrac{8\sqrt{3}+8j}{4} = 2\sqrt{3}+2j$

33. $r = \sqrt{(-1)^2+\sqrt{3}^2} = \sqrt{4} = 2$
    $\theta_r = \tan^{-1}\left(\dfrac{\sqrt{3}}{-1}\right) = -60°;\ \theta = 120°$ (QII)
    $(-1+\sqrt{3}i)^5 = 2^5[\cos(5(120°))+i\sin(5(120°))]$
    $= 32[\cos 240°+i\sin 240°]$ (240° coterminal with 600°)
    $32\left[-\dfrac{1}{2}-i\dfrac{\sqrt{3}}{2}\right] = -16-16\sqrt{3}i$

35. $r = 125;\ \theta = 90°;\ \sqrt[3]{125} = 5$
    $\dfrac{90°}{3}+\dfrac{360°k}{3} = 30°+120°k$
    $z_0 = 5[\cos 30°+i\sin 30°] = 5\left[\dfrac{\sqrt{3}}{2}+i\dfrac{1}{2}\right]$
    $= \dfrac{5\sqrt{3}}{2}+\dfrac{5}{2}i$ or $4.3301+2.5i$
    $z_1 = 5[\cos 150°+i\sin 250°] = 5\left[-\dfrac{\sqrt{3}}{2}-i\dfrac{1}{2}\right]$
    $= -\dfrac{5\sqrt{3}}{2}+\dfrac{5}{2}i$ or $-4.3301+2.5i$
    $z_2 = 5[\cos 270°+i\sin 270°] = 5[0-i] = -5i$

37. $r = \sqrt{2^2+2^2} = \sqrt{8};\ \theta = \tan^{-1}(1) = 45°$
    The other roots will have the same r and will be spaced 90° apart.
    $2\sqrt{2}\,\text{cis}\,135° = 2\sqrt{2}\left[-\dfrac{\sqrt{2}}{2}+i\dfrac{\sqrt{2}}{2}\right] = -2+2i$
    The remaining two must be conjugates of the two we have: $2-2i$ and $-2-2i$

39. $\dfrac{5\sqrt{3}}{2}+\dfrac{5}{2}i;\ r = \sqrt{\left(\dfrac{5\sqrt{3}}{2}\right)^2+\left(\dfrac{5}{2}\right)^2} = 5$
    $\theta = \tan^{-1}\left(\dfrac{\frac{5}{2}}{\frac{5\sqrt{3}}{2}}\right) = 30°$
    $\left(\dfrac{5\sqrt{3}}{2}+\dfrac{5}{2}i\right)^3 = 5^3\,\text{cis}\,90° = 125i$
    $-\dfrac{5\sqrt{3}}{2}+\dfrac{5}{2}i;\ r = \sqrt{\left(\dfrac{5\sqrt{3}}{2}\right)^2+\left(\dfrac{5}{2}\right)^2} = 5$
    $\theta_r = \tan^{-1}\left(\dfrac{\frac{5}{2}}{-\frac{5\sqrt{3}}{2}}\right) = -30°;\ \theta = 150°$ (QII)
    $\left(-\dfrac{5\sqrt{3}}{2}+\dfrac{5}{2}i\right)^3 = 5^3\,\text{cis}\,450° = 125i$
    $(-5i)^3 = -125i^3 = 125i$

Mixed Review

Mixed Review

1. $A = 180 - (27 + 112) = 41°$

   $\dfrac{\sin 112°}{19} = \dfrac{\sin 27°}{b}$; $b \sin 112° = 19 \sin 27°$

   $b = \dfrac{19 \sin 27°}{\sin 112°} \approx 9.30$ in.

   $\dfrac{\sin 112°}{19} = \dfrac{\sin 41°}{a}$; $a \sin 112° = 19 \sin 41°$

   $a = \dfrac{19 \sin 41°}{\sin 112°} \approx 13.44$ in.

Angles	Sides
$A = 41°$	$a \approx 13.44$ in.
$B = 27°$	$b \approx 9.30$ in.
$C = 112°$	$c = 19$ in.

   $A = \dfrac{19^2 \sin 27° \sin 41°}{2 \sin 112°}$

   Area ≈ 58 in.^{2}

3. $x = 21 \cos 40° \approx 16.09$
   $y = 21 \sin 40 \approx 13.50$

5. Missing angle $= 180 - (35 + 122) = 23°$

   $\dfrac{\sin 23°}{120} = \dfrac{\sin 35°}{h}$; $h \sin 23° = 120 \sin 35°$

   $h = \dfrac{120 \sin 35°}{\sin 23°} \approx 176.15$ ft

7. The plane's velocity vector makes an angle of 60° with the pos. x-axis, so it's components are $x = 750 \cos 60° = 375$, $y = 750 \sin 60° \approx 649.52$. The wind vector is $\langle 0, 50 \rangle$. The resultant is
   $\mathbf{v} = \langle 375, 699.52 \rangle$.
   Mag. $= \sqrt{375^2 + 699.52^2} \approx 793.70$ mph;
   $\theta = \tan^{-1}\left(\dfrac{699.52}{375}\right) \approx 61.8°$. An angle of 61.8° with the x-axis is a heading of 28.2°

9. $\dfrac{\sin 31°}{36} = \dfrac{\sin B}{24}$; $36 \sin B = 24 \sin 31°$

   $\sin B = \dfrac{24 \sin 31°}{36}$; $B = \sin^{-1}\left(\dfrac{24 \sin 31°}{36}\right)$

   $B \approx 20.1°$ or $180 - 20.1 = 159.9°$
   Second one not possible since its sum with 31° is over 180°. So $B \approx 20.1°$, and
   $C = 180 - (31 + 20.1) = 128.9°$

   $\dfrac{\sin 128.9°}{c} = \dfrac{\sin 31°}{36}$

   $c \sin 31° = 36 \sin 128.9°$

   $c = \dfrac{36 \sin 128.9°}{\sin 31°} \approx 54.4$ m

Angles	Sides
$A = 31°$	$a = 36$ m
$B \approx 20.1°$	$b = 24$ m
$C \approx 128.9°$	$c \approx 54.4$ m

11. $\mathbf{p} \cdot \mathbf{q} = -5(4) + (2)(7) = -6$

    $|\mathbf{p}| = \sqrt{(-5)^2 + 2^2} = \sqrt{29}$

    $|\mathbf{q}| = \sqrt{4^2 + 7^2} = \sqrt{65}$

    $\cos \theta = \dfrac{-6}{\sqrt{29}\sqrt{65}}$

    $\theta = \cos^{-1}\left(\dfrac{-6}{\sqrt{29}\sqrt{65}}\right) \approx 97.9°$

Chapter 7: Applications of Trigonometry

13. a.

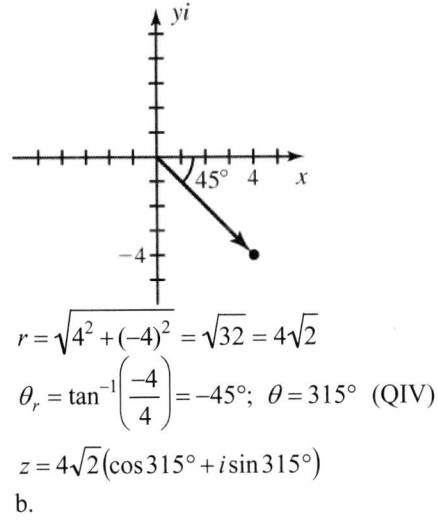

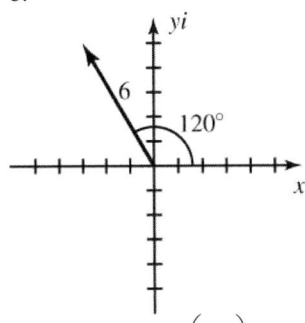

$r = \sqrt{4^2 + (-4)^2} = \sqrt{32} = 4\sqrt{2}$

$\theta_r = \tan^{-1}\left(\dfrac{-4}{4}\right) = -45°; \;\; \theta = 315°$ (QIV)

$z = 4\sqrt{2}(\cos 315° + i \sin 315°)$

b.

$x = 6\cos 120° = 6\left(-\dfrac{1}{2}\right) = -3$

$y = 6\sin 120° = 6\left(\dfrac{\sqrt{3}}{2}\right) = 3\sqrt{3}$

$z = -3 + 3\sqrt{3}i$

15. Set vertical components equal:

$418 \sin 10° = 320 \sin \theta; \;\; \sin\theta = \dfrac{418 \sin 10°}{320}$

$\theta = \sin^{-1}\left(\dfrac{418 \sin 10°}{320}\right) \approx 13.1°$

17. $\mathbf{u} \cdot \mathbf{v} = -12(19) + (-16)(-13) = -20$

$|\mathbf{v}| = \sqrt{19^2 + (-13)^2} = \sqrt{530}$

$\text{comp}_{\mathbf{v}} \mathbf{u} = \dfrac{-20}{\sqrt{530}} \approx -0.87$

$\text{proj}_{\mathbf{v}} \mathbf{u} = \dfrac{-20}{530}\langle 19, -13\rangle = -\dfrac{38}{53}\mathbf{i} + \dfrac{26}{53}\mathbf{j}$

19. $r = \sqrt{(-2)^2 + (2\sqrt{3})^2} = 4$

$\theta_r = \tan^{-1}\left(\dfrac{2\sqrt{3}}{-2}\right) = -60°; \;\; \theta = 120°$ (QII)

$\sqrt[4]{4} = \sqrt{2}; \;\; \dfrac{120°}{4} + \dfrac{360°k}{4} = 30° + 90°k$

$z_0 = \sqrt{2}\,\text{cis}\,30° = \sqrt{2}\left(\dfrac{\sqrt{3}}{2} + i\dfrac{1}{2}\right) = \dfrac{\sqrt{6}}{2} + \dfrac{\sqrt{2}}{2}i$

$z_1 = \sqrt{2}\,\text{cis}\,120° = \sqrt{2}\left(-\dfrac{1}{2} + i\dfrac{\sqrt{3}}{2}\right)$

$= -\dfrac{\sqrt{2}}{2} + \dfrac{\sqrt{6}}{2}i$

$z_2 = \sqrt{2}\,\text{cis}\,210° = \sqrt{2}\left(-\dfrac{\sqrt{3}}{2} - i\dfrac{1}{2}\right)$

$= -\dfrac{\sqrt{6}}{2} - \dfrac{\sqrt{2}}{2}i$

$z_3 = \sqrt{2}\,\text{cis}\,300° = \sqrt{2}\left(\dfrac{1}{2} - i\dfrac{\sqrt{3}}{2}\right)$

$= \dfrac{\sqrt{2}}{2} - \dfrac{\sqrt{6}}{2}i$

Practice Test

Practice Test

1. The angle at the fire is 73°.
$$\frac{\sin 39°}{d} = \frac{\sin 73°}{10}; \quad d\sin 73° = 10\sin 39°$$
$$d = \frac{10\sin 39°}{\sin 73°} \approx 6.58 \text{ mi}$$

3. Let $b = 6$, $a = 15$, $B = 20°$
$$\frac{\sin 20°}{6} = \frac{\sin A}{15}; \quad 6\sin A = 15\sin 20°$$
$$\sin A = \frac{15\sin 20°}{6}; \quad A = \sin^{-1}\left(\frac{15\sin 20°}{6}\right)$$
$A \approx 58.8°$ or $121.2°$
For $A_1 = 58.8°$:
$C_1 = 180 - (20 + 58.8) = 101.2°$
$$\frac{\sin 101.2°}{c_1} = \frac{\sin 20°}{6}; \quad c_1\sin 20° = 6\sin 101.2°$$
$$c_1 = \frac{6\sin 101.2°}{\sin 20°} \approx 17.2 \text{ in}$$

For $A_2 = 121.2°$:
$C_2 = 180 - (20 + 121.2) = 38.8°$
$$\frac{\sin 38.8°}{c_2} = \frac{\sin 20°}{6}; \quad c_2\sin 20° = 6\sin 38.8°$$
$$c_2 = \frac{6\sin 38.8°}{\sin 20°} \approx 10.99 \text{ in}$$

Angles	Sides (in.)
$A_1 \approx 58.8°$	$a = 15$
$B = 20°$	$b = 6$
$C_1 \approx 101.2°$	$c_1 \approx 17.21$

Angles	Sides
$A_2 \approx 121.2°$	$a = 15$
$B = 20°$	$b = 6$
$C_2 \approx 38.8°$	$c_2 \approx 11.0$

5. a. $\dfrac{\sin 53°}{25} = \dfrac{\sin\theta}{35}; \quad 25\sin\theta = 35\sin 53°$
$$\sin\theta = \frac{35\sin 53°}{25} = 1.11; \quad \text{No}$$

b. $\dfrac{\sin 53°}{28} = \dfrac{\sin\theta}{35}; \quad 28\sin\theta = 35\sin 53°$
$$\sin\theta = \frac{35\sin 53°}{25} \approx 1; \quad \text{Only 1 throw}$$

c. With a range of 35 yd, the target is in range from the bottom left corner of the triangle, and we'll get an isosceles triangle with angles 53°, 53° and 74°.
$$\frac{\sin 74°}{d} = \frac{\sin 53°}{35}; \quad d\sin 53° = 35\sin 74°$$
$$d = \frac{35\sin 74°}{\sin 53°} \approx 42.13 \text{ yd}$$
$$42.13 \text{ yd} \cdot \frac{1\text{ sec}}{5\text{ yd}} \approx 8.43 \text{ sec}$$

7. $1025^2 = 1020^2 + 977^2 - 2(1020)(977)\cos P$
$1,050,625 = 1,994,929 - 1,993,080\cos P$
$-944,304 = -1,993,080\cos P$
$$\cos P = \frac{944,304}{1,993,080}$$
$$P = \cos^{-1}\left(\frac{944,304}{1,993,080}\right) \approx 61.7°;$$
$$\frac{\sin 61.7°}{1025} = \frac{\sin B}{1020}$$
$1025\sin B = 1020\sin 61.7°$
$$\sin B = \frac{1020\sin 61.7°}{1025}$$
$$B = \sin^{-1}\left(\frac{1020\sin 61.7°}{1025}\right) \approx 61.2°;$$
$M = 180 - (61.7 + 61.2) = 57.1°;$
$$p = \frac{1020 + 1025 + 977}{2} = 1511$$
$$A = \sqrt{1511(1511-1020)(1511-1025)(1511-977)}$$
Area about $438,795 \text{ mi}^2$

Chapter 7: Applications of Trigonometry

9. Set vert. components equal:
$$250\sin 30° = 210\sin\theta$$
$$\sin\theta = \frac{250\sin 30°}{210}$$
$$\theta = \sin^{-1}\left(\frac{250\sin 30°}{210}\right) \approx 36.5°$$

11. $\mathbf{F}_1 = \langle 150\cos 42°, 150\sin 42°\rangle$
$= \langle 111.47, 100.37\rangle$
$\mathbf{F}_2 = \langle 110\cos 113°, 110\sin 113°\rangle$
$= \langle -42.98, 101.26\rangle$
Resultant $= \langle 68.49, 201.63\rangle$
$\mathbf{F} = \langle -68.49, -201.63\rangle$
$|\mathbf{F}| = \sqrt{68.49^2 + 201.63^2} \approx 212.94\,\text{N}$
$\theta_r = \tan^{-1}\left(\frac{201.63}{68.49}\right) \approx 71.2°;\ \theta = 251.2°$

13. $y = 110\sin 50°(2) - 16(2)^2 \approx 104.53$ ft;
$-16t^2 + 110\sin 50° t = 104.53$
$-16t^2 + 110\sin 50° t - 104.53 = 0$
Quadratic formula: $t \approx 1.2,\ 3.27$. It will be at that height again after 3.27 sec.

15. $|z_1| = \sqrt{(-6)^2 + 6^2} = \sqrt{72} = 6\sqrt{2}$
$|z_2| = \sqrt{4^2 + (-4\sqrt{3})^2} = 8$
$\theta_{1r} = \tan^{-1}\left(\frac{6}{-6}\right) = -45°;\ \theta_1 = 135°$ (QII)
$\theta_2 = \tan^{-1}\left(\frac{-4\sqrt{3}}{4}\right) = -60°$ (QIV)
$z = z_1 z_2 = 6\sqrt{2}(8)\,\text{cis}(135° + (-60°))$
$= 48\sqrt{2}\,\text{cis}\,75° \approx 17.57 + 65.57i$
$|z| = \sqrt{17.57^2 + 65.57^2} \approx 67.88$
$|z_1||z_2| = 48\sqrt{2} \approx 67.88$
$\theta = \tan^{-1}\left(\frac{65.57}{17.57}\right) \approx 75° = \theta_1 + \theta_2$

17. $r = \sqrt{2^2 + 2\sqrt{3}^2} = \sqrt{16} = 4$
$\theta = \tan^{-1}\left(\frac{2\sqrt{3}}{2}\right) = 60°$ (QI)
$z^5 = 4^5\,\text{cis}\,300° = 1024\left(\frac{1}{2} - i\frac{\sqrt{3}}{2}\right)$
$= 512 - 512\sqrt{3}i$
$z^3 = 4^3\,\text{cis}\,180° = 64(-1 + 0i) = -64$
$z^2 = 4^2\,\text{cis}\,120° = 16\left(-\frac{1}{2} + i\frac{\sqrt{3}}{2}\right)$
$= -8 + 8\sqrt{3}i$
$z^5 + 3z^3 + 64z^2 + 192$
$= 512 - 512\sqrt{3}i + 3(-64) + 64(-8 + 8\sqrt{3}i) + 192$
$= 512 - 512\sqrt{3}i - 192 - 512 + 512\sqrt{3}i - 192$
$= 0$
Verified

19. $u = z^2$; $u^2 - 6u + 58 = 0$

$$u = \frac{6 \pm \sqrt{6^2 - 4(1)(58)}}{2} = \frac{6 \pm 14i}{2} = 3 \pm 7i$$

So $z^2 = 3 \pm 7i$, and we need the square roots of $3 + 7i$ and $3 - 7i$. For both,
$r = \sqrt{3^2 + 7^2} = \sqrt{58}$, and $\sqrt{r} = 58^{1/4}$

For $3 + 7i$: $\theta = \tan^{-1}\frac{7}{3} \approx 66.8°$

$\frac{66.8°}{2} + \frac{360°k}{2} = 33.4° + 180°k$

$z_0 = 58^{1/4} \operatorname{cis} 33.4° \approx 2.3039 + 1.5192i$;
$z_1 = 58^{1/4} \operatorname{cis} 213.4° \approx -2.3039 - 1.5192i$;
For $3 - 7i$, $\theta = -66.8°$ (QIV)
$z_0 = 58^{1/4} \operatorname{cis} -33.4° \approx 2.3039 - 1.5192i$;
$z_1 = 58^{1/4} \operatorname{cis} 146.6° \approx -2.3039 + 1.5192i$

Calculator Exploration and Discovery

1. a. Approx. 50.5 ft
   b. Approx. 50.5 ft
   c. Approx. 224.54 ft
   d. Approx. 3.55 sec

3. a. 111.87 ft
   b. 132.04 ft
   c. 443.16 ft
   d. 5.75 sec
   It will clear the fence.

Strengthening Core Skills

1. Let **u** and **v** be the force vectors for the ropes, and **w** for the weight.

   $\mathbf{u} = -|\mathbf{u}|\cos 25°\mathbf{i} + |\mathbf{u}|\sin 25°\mathbf{j}$
   $\approx -0.9063|\mathbf{u}|\mathbf{i} + 0.4226|\mathbf{u}|\mathbf{j}$
   $\mathbf{v} = |\mathbf{v}|\cos 20°\mathbf{i} + |\mathbf{v}|\sin 20°\mathbf{j}$
   $\approx 0.9397|\mathbf{v}|\mathbf{i} + 0.3420|\mathbf{v}|\mathbf{j}$
   $\mathbf{w} = -500\mathbf{j}$

   The sum of all first components and all second components must be zero.

   $$\begin{cases} -0.9063|\mathbf{u}| + 0.9397|\mathbf{v}| = 0 \\ 0.4226|\mathbf{u}| + 0.3429|\mathbf{v}| - 500 = 0 \end{cases}$$

   Solving this system, we get
   $|\mathbf{u}| = 664.46$ lb, $|\mathbf{v}| = 640.86$ lb

3. The system remains the same as in the example, except the 180 in the second equation is replaced with 200. The solution is now $x = 537.49$ lb, $y = 547.13$ lb. The rope will hold.

Chapter 7: Applications of Trigonometry

Cumulative Review

1. This is a 30-60-90 triangle: $\beta = 60°$, c is twice a, or 40 m, and b is $\sqrt{3}$ times a, or $20\sqrt{3}$ m.

3. $A = \pi^2(R^2 - r^2) = \pi^2 R^2 - \pi^2 r^2$
   $\pi^2 R^2 = A + \pi^2 r^2$; $R^2 = \dfrac{1}{\pi^2}\left(A + (\pi r)^2\right)$
   $R = \dfrac{1}{\pi}\sqrt{A + (\pi r)^2}$

5.

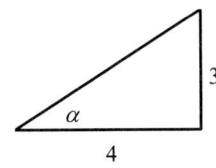

   (triangle with legs 4 and 3, angle α)

   The third side is length 5 (Pythagorean triple), and since cosine is positive, sine is negative.
   $\sin\alpha = -\dfrac{3}{5}$; $\csc\alpha = -\dfrac{5}{3}$; $\cos\alpha = \dfrac{4}{5}$
   $\sec\alpha = \dfrac{5}{4}$; $\tan\alpha = -\dfrac{3}{4}$; $\cot\alpha = -\dfrac{4}{3}$

7. $x = \dfrac{-8 \pm \sqrt{64 - 4(5)(2)}}{10} = \dfrac{-8 \pm \sqrt{24}}{10}$
   $= -\dfrac{8}{10} \pm \dfrac{2\sqrt{6}}{10} = -\dfrac{4}{5} \pm \dfrac{\sqrt{6}}{5}$

9. Using a right triangle, or the Pythagorean Identity, we find that if
   $\cos 53° \approx 0.6$, $\sin 53° \approx 0.8$ and if
   $\cos 72° \approx 0.3$, $\sin 72° \approx 0.95$
   $19° = 72° - 53°$, so $\cos 19° = \cos(72° - 53°)$
   $= \cos 72° \cos 53° + \sin 72° \sin 53°$
   $\approx (0.3)(0.60) + (0.95)(0.8) = 0.94$
   Similarly, $\cos 125° = \cos(72° + 53°)$
   $= \cos 72° \cos 53° - \sin 72° \sin 53° = -0.58$

11. a. $A = \dfrac{1}{2}(1475)(2008)\sin 25.9°$
    $A = 646859.7684 \text{ ft}^2$
    $\dfrac{A}{43560} \approx 14.85$ acres
    $(1485 \text{ acres})(\$4500/\text{acre}) = \$66,825$

    b. Pythagorean triple 5, 12, 13.
    $d = \sqrt{7^2 + 7^2} = 7\sqrt{2}$;
    From origin to (5, 12), 13 units
    From origin to (12, 5), 13 units
    From (5, 12) to (12, 5), $7\sqrt{2}$ units;
    $p = \dfrac{13 + 13 + 7\sqrt{2}}{2} = 13 + \dfrac{7\sqrt{2}}{2}$
    $A = \sqrt{\left(13 + \dfrac{7\sqrt{2}}{2}\right)\left(13 + \dfrac{7\sqrt{2}}{2} - 13\right)\left(13 + \dfrac{7\sqrt{2}}{2} - 13\right)\left(13 + \dfrac{7\sqrt{2}}{2} - 7\sqrt{2}\right)}$
    $A = \sqrt{\left(13 + \dfrac{7\sqrt{2}}{2}\right)\left(\dfrac{7\sqrt{2}}{2}\right)\left(\dfrac{7\sqrt{2}}{2}\right)\left(13 - \dfrac{7\sqrt{2}}{2}\right)}$
    $A \approx 59.5 \text{ mi}^2$

13. a. $m = \dfrac{y_2 - y_1}{x_2 - x_1}$

    b. $\left(\dfrac{x_2 + x_1}{2}, \dfrac{y_2 + y_1}{2}\right)$

    c. $x = \dfrac{-b \pm \sqrt{b^2 - 4ac}}{2a}$

    d. $d = \sqrt{(x_2 - x_1)^2 + (y_2 - y_1)^2}$

    e. $A = Pe^{rt}$

423

Cumulative Review

15. $a^2 = 31^2 + 52^2 - 2(31)(52)\cos 37°$
    $a^2 \approx 1090.1991;\quad a \approx 33$ cm
    $\dfrac{\sin 37°}{33} = \dfrac{\sin B}{31};\quad 33\sin B = 31\sin 37°$
    $\sin B = \dfrac{31\sin 37°}{33};\quad B = \sin^{-1}\left(\dfrac{31\sin 37°}{33}\right)$
    $B \approx 34.4°;\quad C = 180 - (37 + 34.4) = 108.6°$

17. Complement of 28° is 62°.
    $F = 900\cos 62° \approx 422.5$ lb

19.

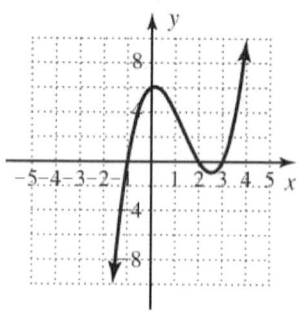

$f(x) < 0$ for $x \in (-\infty, -1)$ and $x \in (2, 3)$.

21. $r = \sqrt{1^2 + \left(-\sqrt{3}\right)^2} = \sqrt{4} = 2$
    $\theta = \tan^{-1}\left(\dfrac{-\sqrt{3}}{1}\right) = -60°$ (QIV)
    $(1 - \sqrt{3}i)^8 = 2^8\text{cis}(8(-60°)) = 256\text{cis}(-480°)$
    $= 256\text{cis}\,240° = 256\left(-\dfrac{1}{2} - i\dfrac{\sqrt{3}}{2}\right)$
    $= -128 - 128i\sqrt{3}$

23. $R = 0.08/12 \approx 0.00667$
    $P = \dfrac{AR}{(1+R)^{nt} - 1} = \dfrac{10{,}000\left(\frac{0.08}{12}\right)}{(1.00667)^{12t} - 1}$
    $200 = \dfrac{66.67}{(1.00667)^{12t} - 1}$
    $200\left((1.00667)^{12t} - 1\right) = 66.67$
    $200(1.00667)^{12t} - 200 = 66.67$
    $200(1.00667)^{12t} = 266.67$
    $1.00667^{12t} = 1.33;\quad 12t\ln 1.00667 = \ln(1.33)$
    $t = \dfrac{\ln(1.33)}{12\ln 1.00667} \approx 3.6$ yr

25. $A = 2;\ P = 2\pi$, so $B = 1$; the graph is shifted $\dfrac{\pi}{4}$ units left, so $C = \dfrac{\pi}{4}$.

Chapter 8: Systems of Equations and Inequalities

8.1 Technology Highlight

1. $(-1, 4)$

8.1 Exercises

1. Inconsistent

3. Consistent; independent

5. Multiply the 1st equation by 6 and the 2nd equation by 10.

7. $\begin{cases} 7x - 4y = 24 \\ 4x + 3y = 15 \end{cases}$

   $\begin{cases} y = \dfrac{7}{4}x - 6 \\ y = -\dfrac{4}{3}x + 5 \end{cases}$

9. A: $y = x + 2$

11. C: $x + 3y = -3$

13. E: $y = x + 2$
    $x + 3y = -3$

15. $\begin{cases} 3x + y = 11 \\ -5x + y = -13 \end{cases}$

    $(3, 2)$

$3x + y = 11$	$-5x + y = -13$
$3(3) + 2 = 11$	$-5(3) + 2 = -13$
$9 + 2 = 11$	$-15 + 2 = -13$
$11 = 11$	$-13 = -13$

    Yes

17. $\begin{cases} 8x - 24y = -17 \\ 12x + 30y = 2 \end{cases}$

    $\left(-\dfrac{7}{8}, \dfrac{5}{12} \right)$

    $8x - 24y = -17$
    $8\left(-\dfrac{7}{8}\right) - 24\left(\dfrac{5}{12}\right) = -17$
    $-7 - 10 = -17$
    $-17 = -17;$

    $12x + 30y = 2$
    $12\left(-\dfrac{7}{8}\right) + 30\left(\dfrac{5}{12}\right) = 2$
    $-\dfrac{84}{8} + \dfrac{150}{12} = 2$
    $2 = 2$

    Yes

19. $\begin{cases} 3x + 2y = 12 \\ x - y = 9 \end{cases}$

    $\begin{cases} y = -\dfrac{3}{2}x + 6 \\ y = x - 9 \end{cases}$

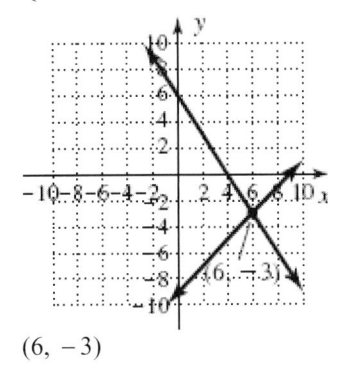

    $(6, -3)$

425

8.1 Exercises

21. $\begin{cases} 5x - 2y = 4 \\ x + 3y = -15 \end{cases}$

$\begin{cases} y = \dfrac{5}{2}x - 2 \\ y = -\dfrac{1}{3}x - 5 \end{cases}$

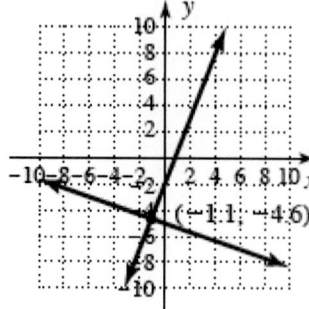

Estimate: $(-1.1, -4.6)$

23. $\begin{cases} x = 5y - 9 \\ x - 2y = -6 \end{cases}$

$x - 2y = -6$
$(5y - 9) - 2y = -6$
$5y - 9 - 2y = -6$
$3y = 3$
$y = 1;$

$x - 2y = -6$
$x - 2(1) = -6$
$x - 2 = -6$
$x = -4$
$(-4, 1)$

25. $\begin{cases} y = \dfrac{2}{3}x - 7 \\ 3x - 2y = 19 \end{cases}$

$3x - 2y = 19$
$3x - 2\left(\dfrac{2}{3}x - 7\right) = 19$
$3x - \dfrac{4}{3}x + 14 = 19$
$\dfrac{5}{3}x = 5$
$x = 3;$

$y = \dfrac{2}{3}x - 7$
$y = \dfrac{2}{3}(3) - 7$
$y = 2 - 7$
$y = -5$
$(3, -5)$

27. $\begin{cases} 3x - 4y = 24 \\ 5x + y = 17 \end{cases}$

Equation 2, variable y

$\begin{cases} 3x - 4y = 24 \\ y = -5x + 17 \end{cases}$

$3x - 4y = 24$
$3x - 4(-5x + 17) = 24$
$3x + 20x - 68 = 24$
$23x = 92$
$x = 4;$

$5x + y = 17$
$5(4) + y = 17$
$20 + y = 17$
$y = -3$
$(4, -3)$

29. $\begin{cases} 0.7x + 2y = 5 \\ x - 1.4y = 11.4 \end{cases}$

Equation 2, variable x

$\begin{cases} 0.7x + 2y = 5 \\ x = 1.4y + 11.4 \end{cases}$

$0.7x + 2y = 5$
$0.7(1.4y + 11.4) + 2y = 5$
$0.98y + 7.98 + 2y = 5$
$2.98y = -2.98$
$y = -1;$

$x - 1.4y = 11.4$
$x - 1.4(-1) = 11.4$
$x + 1.4 = 11.4$
$x = 10$
$(10, -1)$

426

Chapter 8: Systems of Equations and Inequalities

31. $\begin{cases} 5x - 6y = 2 \\ x + 2y = 6 \end{cases}$

    Equation 2, variable x
    $\begin{cases} 5x - 6y = 2 \\ x = -2y + 6 \end{cases}$

    $5x - 6y = 2$
    $5(-2y + 6) - 6y = 2$
    $-10y + 30 - 6y = 2$
    $-16y = -28$
    $y = \dfrac{7}{4};$

    $x + 2y = 6$
    $x + 2\left(\dfrac{7}{4}\right) = 6$
    $x + \dfrac{7}{2} = 6$
    $x = \dfrac{5}{2}$

    $\left(\dfrac{5}{2}, \dfrac{7}{4}\right)$

33. $\begin{cases} 2x - 4y = 10 \\ 3x + 4y = 5 \end{cases}$

    R1 + R2 = Sum
    $2x - 4y = 10$
    $3x + 4y = 5$
    $5x = 15$
    $x = 3;$
    $3x + 4y = 5$
    $3(3) + 4y = 5$
    $9 + 4y = 5$
    $4y = -4$
    $y = -1$
    $(3, -1)$

35. $\begin{cases} 4x - 3y = 1 \\ 3y = -5x - 19 \end{cases}$

    $\begin{cases} 4x - 3y = 1 \\ 5x + 3y = -19 \end{cases}$

    R1 + R2 = Sum
    $4x - 3y = 1$
    $5x + 3y = -19$
    $9x = -18$
    $x = -2;$
    $3y = -5x - 19$
    $3y = -5(-2) - 19$
    $3y = 10 - 19$
    $3y = -9$
    $y = -3$
    $(-2, -3)$

37. $\begin{cases} 2x = -3y + 17 \\ 4x - 5y = 12 \end{cases}$

    $\begin{cases} 2x + 3y = 17 \\ 4x - 5y = 12 \end{cases}$

    -2R1 + R2 = Sum
    $-4x - 6y = -34$
    $4x - 5y = 12$
    $-11y = -22$
    $y = 2;$
    $2x = -3y + 17$
    $2x = -3(2) + 17$
    $2x = -6 + 17$
    $2x = 11$
    $x = \dfrac{11}{2}$
    $\left(\dfrac{11}{2}, 2\right)$

8.1 Exercises

39. $\begin{cases} 0.5x + 0.4y = 0.2 \\ 0.3y = 1.3 + 0.2x \end{cases}$

$\begin{cases} 0.5x + 0.4y = 0.2 \\ -0.2x + 0.3y = 1.3 \end{cases}$

20R1 + 50 R2 = Sum
$10x + 8y = 4$
$-10x + 15y = 65$
$23y = 69$
$y = 3;$
$0.5x + 0.4y = 0.2$
$0.5x + 0.4(3) = 0.2$
$0.5x + 1.2 = 0.2$
$0.5x = -1$
$x = -2$
$(-2, 3)$

41. $\begin{cases} 0.32m - 0.12n = -1.44 \\ -0.24m + 0.08n = 1.04 \end{cases}$

200 R1 + 300 R2 = Sum
$64m - 24n = -288$
$-72m + 24n = 312$
$-8m = 24$
$m = -3;$
$0.32m - 0.12n = -1.44$
$0.32(-3) - 0.12n = -1.44$
$-0.96 - 0.12n = -1.44$
$-0.12n = -0.48$
$n = 4$
$(-3, 4)$

43. $\begin{cases} -\dfrac{1}{6}u + \dfrac{1}{4}v = 4 \\ \dfrac{1}{2}u - \dfrac{2}{3}v = -11 \end{cases}$

18R1 + 6R2 = Sum
$-3u + 4.5v = 72$
$3u - 4v = -66$
$0.5v = 6$
$v = 12;$
$-\dfrac{1}{6}u + \dfrac{1}{4}v = 4$
$-\dfrac{1}{6}u + \dfrac{1}{4}(12) = 4$
$-\dfrac{1}{6}u + 3 = 4$
$-\dfrac{1}{6}u = 1$
$u = -6$
$(-6, 12)$

45. $\begin{cases} 4x + \dfrac{3}{4}y = 14 \\ -9x + \dfrac{5}{8}y = -13 \end{cases}$

9R1 + 4R2 = Sum
$36x + \dfrac{27}{4}y = 126$
$-36x + \dfrac{5}{2}y = -52$
$\dfrac{37}{4}y = 74$
$y = 8;$
$4x + \dfrac{3}{4}y = 14$
$4x + \dfrac{3}{4}(8) = 14$
$4x + 6 = 14$
$4x = 8$
$x = 2$
$(2, 8)$; Consistent/independent

Chapter 8: Systems of Equations and Inequalities

47. $\begin{cases} 0.2y = 0.3x + 4 \\ 0.6x - 0.4y = -1 \end{cases}$

$\begin{cases} -0.3x + 0.2y = 4 \\ 0.6x - 0.4y = -1 \end{cases}$

2R1 + R2 = Sum
$-0.6x + 0.4y = 8$
$0.6x - 0.4y = -1$
$ 0 \neq 7$

No Solution; Inconsistent

49. $\begin{cases} 6x - 22 = -y \\ 3x + \dfrac{1}{2}y = 11 \end{cases}$

$\begin{cases} 6x + y = 22 \\ 3x + \dfrac{1}{2}y = 11 \end{cases}$

R1 − 2R2 = Sum
$6x + y = 22$
$-6x - y = -22$
$ 0 = 0$

$\{(x, y) | 6x + y = 22\}$
Consistent/dependent

51. $\begin{cases} -10x + 35y = -5 \\ y = 0.25x \end{cases}$

$-10x + 35y = -5$
$-10x + 35(0.25x) = -5$
$-10x + 8.75x = -5$
$-1.25x = -5$
$x = 4;$

$y = 0.25x$
$y = 0.25(4)$
$y = 1$

(4, 1); Consistent/Independent

53. $\begin{cases} 7a + b = -25 \\ 2a - 5b = 14 \end{cases}$

5R1 + R2 = Sum
$35a + 5b = -125$
$2a - 5b = 14$
$37a = -111$
$a = -3;$
$2a - 5b = 14$
$2(-3) - 5b = 14$
$-6 - 5b = 14$
$-5b = 20$
$b = -4$

$(-3, -4);$ Consistent/Independent

55. $\begin{cases} 4a = 2 - 3b \\ 6b + 2a = 7 \end{cases}$

$\begin{cases} 4a + 3b = 2 \\ 2a + 6b = 7 \end{cases}$

R1 − 2R2 = Sum
$4a + 3b = 2$
$-4a - 12b = -14$
$-9b = -12$
$b = \dfrac{4}{3};$

$4a + 3b = 2$
$4a + 3\left(\dfrac{4}{3}\right) = 2$
$4a + 4 = 2$
$4a = -2$
$a = -\dfrac{1}{2}$

$\left(-\dfrac{1}{2}, \dfrac{4}{3}\right);$ Consistent/Independent

57. $\begin{cases} 2x + 4y = 6 \\ x + 12 = 4y \end{cases}$

$2x + 4y = 6$
$2x + x + 12 = 6$
$3x = -6$
$x = -2;$
$x + 12 = 4y$
$-2 + 12 = 4y$
$10 = 4y$
$\dfrac{5}{2} = y$

$\left(-2, \dfrac{5}{2}\right)$

59. $\begin{cases} 5x - 11y = 21 \\ 11y = 5 - 8x \end{cases}$

$5x - 11y = 21$
$5x - (5 - 8x) = 21$
$5x - 5 + 8x = 21$
$13x = 26$
$x = 2;$
$11y = 5 - 8x$
$11y = 5 - 8(2)$
$11y = 5 - 16$
$11y = -11$
$y = -1$

$(2, -1)$

429

8.1 Exercises

61. $\begin{cases} (R+C)T_1 = D_1 \\ (R-C)T_2 = D_2 \end{cases}$

$\begin{cases} (R+C)1 = 5 \\ (R-C)3 = 9 \end{cases}$

$\begin{cases} R+C = 5 \\ 3R - 3C = 9 \end{cases}$

3R1 + R2 = Sum
$3R + 3C = 15$
$3R - 3C = 9$
$6R = 24$
$R = 4;$
$R + C = 5$
$4 + C = 5$
$C = 1$

The current was 1 mph.
He can row 4 mph in still water.

63. Let a represent the number of adult tickets.
Let c represent the number of child tickets.

$\begin{cases} 9a + 6.50c = 30495 \\ a + c = 3800 \end{cases}$

Multiply the second equation by -9.

$\begin{cases} 9a + 6.50c = 30495 \\ -9a - 9c = -34200 \end{cases}$

$-2.5c = -3705$

$c = \dfrac{-3705}{-2.5}$

$c = 1482;$

$a + 1482 = 3800$

$a = 3800 - 1482$

$a = 2318$

2318 adult tickets and 1482 child tickets were sold.

65. Let r represent the price per gallon of regular unleaded gasoline.
Let p represent represent the price per gallon of premium gasoline.

$\begin{cases} 20r + 17p = 144.89 \\ p = 0.10 + r \end{cases}$

$20r + 17(0.10 + r) = 144.89$

$20r + 1.7 + 17r = 144.89$

$37r = 144.89 - 1.7$

$r = \$3.87$

$p = 0.10 + 3.87 = \$3.97$

Premium: $3.97, Regular: $3.87.

67. Let s represent the loan made to the science major.
Let n represent the loan made to the nursing student.

$\begin{cases} 0.07s + 0.06n = 635 \\ s + n = 10000 \end{cases}$

$s = 10000 - n$

$0.07(10000 - n) + 0.06n = 635$

$700 - 0.07n + 0.06n = 635$

$-0.01n = 635 - 700$

$-0.01n = -65$

$n = \dfrac{-65}{-0.01}$

$n = 6500;$

$s = 10000 - 65000 = 3500$

$6500 was loaned to the nursing student.
$3500 was loaned to the science major.

69. Let q represent the number of quarters.
Let d represent represent the number of dimes.

$\begin{cases} q + d = 225 \\ 0.25q + 0.10d = 45 \end{cases}$

$q = 225 - d;$

$0.25(225 - d) + 0.10d = 45$

$56.25 - 0.25d + 0.10d = 45$

$-0.15d = 45 - 56.25$

$-0.15d = -11.25$

$d = 75;$

$q = 225 - 75 = 150$

150 quarters, 75 dimes

Chapter 8: Systems of Equations and Inequalities

71. Let x represent the number of lawns serviced each month.
    (a) Total Cost: $C(x) = 75x + 4000$
        Projected Revenue: $R(x) = 115x$
        $$\begin{cases} y = 75x + 4000 \\ y = 115x \end{cases}$$
        $75x + 4000 = 115x$
        $4000 = 40x$
        $100 = x$
        100 lawns/month
    (b) $115(100) = \$11,500$/month.

73. $y = 1.5x + 3$
    (a) $5.40 = 1.5x + 3$
        $2.40 = 1.5x$
        $1.6 = x$
        Supply: 1.6 billion bu;
        $y = -2.20x + 12$
        $5.40 = -2.20x + 12$
        $-6.6 = -2.20x$
        $3 = x$
        Demand: 3 billion bu.
        Yes, supply is less than demand.
    (b) $7.05 = 1.5x + 3$
        $4.05 = 1.5x$
        $2.7 = x$
        Supply: 2.7 billion bu;
        $7.05 = -2.20x + 12$
        $-4.95 = -2.20x$
        $2.25 = x$
        Demand: 2.25 billion bu.
        Yes, demand is less than supply.
    (c) $1.5x + 3 = -2.20x + 12$
        $3.70x = 9$
        $x \approx 2.43$ billion bu;
        $y = 1.5(2.43) + 3$
        $y \approx \$6.65$

75. Let c represent the speed of the current.
    Let b represent the speed of the boat in still water.
    To the drop point: $4 = (b-c)2$
    Return to the drop point: $4 = (b+c)\dfrac{1}{2}$
    $$\begin{cases} 4 = 2b - 2c \\ 4 = \dfrac{1}{2}b + \dfrac{1}{2}c \end{cases}$$
    4R2
    $$\begin{cases} 4 = 2b - 2c \\ 4(4) = 4\left(\dfrac{1}{2}b + \dfrac{1}{2}c\right) \end{cases}$$
    $$\begin{cases} 4 = 2b - 2c \\ 16 = 2b + 2c \end{cases}$$
    R1 + R2
    $20 = 4b$
    $5 = b$
    5 mph;
    $4 = (b-c)2$
    $4 = (5-c)2$
    $4 = 10 - 2c$
    $-6 = -2c$
    $3 = c$
    3 mph
    (a) Speed of current, 3 mph
    (b) Speed of boat in still water, 5 mph

8.1 Exercises

77. (a) Let w represent the speed of the walkway.
Let j represent Jason's walking speed.
With walkway: $256 = (j+w)32$
Opposite direction: $256 = (j-w)320$

$\begin{cases} 256 = 32j + 32w \\ 256 = 320j - 320w \end{cases}$

$\dfrac{R1}{32}, \dfrac{R2}{32}$

$\begin{cases} 8 = j + w \\ 8 = 10j - 10w \end{cases}$

$-10R1$

$\begin{cases} -80 = -10j - 10w \\ 8 = 10j - 10w \end{cases}$

$-72 = -20w$

$3.6 = w$

3.6 ft/sec

(b) $8 = j + w$
$8 = j + 3.6$
$j = 4.4$ ft/sec

79. Let d represent the year the Declaration was signed. Let c represent the year the Civil War ended.

$\begin{cases} c + d = 3641 \\ c - d = 89 \end{cases}$

$2c = 3730$

$c = \dfrac{3730}{2}$

$c = 1865$

$1865 + d = 3641$

$d = 3641 - 1865$

$d = 1776$

The Declaration was signed in 1776.
The Civil War ended in 1865.

81. Let x represent Tahiti's land area.
Let y represent Tonga's land area.

$\begin{cases} x + y = 692 \\ x = 112 + y \end{cases}$

$112 + y + y = 692$

$112 + 2y = 692$

$2y = 580$

$y = 290 \text{ mi}^2;$

$x + y = 692$

$x + 290 = 692$

$x = 402 \text{ mi}^2;$

Tahiti: 402 mi^2

Tonga: 290 mi^2

83. Different slopes so they cannot be the same line or parallel lines. Therefore the system is consistent and the equations are independent.

85. Let x represent the amount invested at 6%. Let y represent the amount invested at 8.5%.

$\begin{cases} 0.06x + 0.085y = 1250 \\ 0.085x + 0.06y = 1375 \end{cases}$

Multiply both equations by 1000.

$\begin{cases} 60x + 85y = 1250000 \\ 85x + 60y = 1375000 \end{cases}$

Multiply the first equation by -85 and the second equation by 60.

$\begin{cases} -5100x - 7225y = -106250000 \\ 5100x + 3600y = 82500000 \end{cases}$

$-3625y = -23750000$

$y = \dfrac{-23750000}{-3625}$

$y \approx 6552$

$60x + 85(6552) = 1250000$

$60x + 556920 = 1250000$

$60x = 1250000 - 556920$

$60x = 693080$

$x = \dfrac{693080}{60}$

$x \approx 11551$

$6,552 invested at 8.5%.
$11,551 invested at 6%.

Chapter 8: Systems of Equations and Inequalities

87. $\theta = 112°$
$112° + 360° = 472°$;
$472° + 360° = 832°$;
$112° - 360° = -248°$;
$-248° - 360° = -608°$

89. $\dfrac{\sin x - \csc x}{\csc x} = -\cos^2 x$

$\dfrac{\sin x}{\csc x} - \dfrac{\csc x}{\csc x} = -\cos^2 x$

$\dfrac{\sin x}{\csc x} - 1 = -\cos^2 x$

$\sin^2 x - 1 = -\cos^2 x$

$-1(1 - \sin^2 x) = -\cos^2 x$

$-\cos^2 x = -\cos^2 x$

Technology Highlight

1. a. Answers will vary.
   b. Answers will vary.
   c. $(-9, -6, -5)$ and $(-2, 1, 2)$ are solutions and $(6, 2, 4)$ is not a solution.

8.2 Exercises

1. Triple

3. Equivalent systems

5. $2(2) + (-5) + z = 4$
$4 + (-5) + z = 4$
$-1 + z = 4$
$z = 5$;
Substitute and solve for the remaining variable.

7. $x + 2y + z = 9$
Answers will vary.

9. $-x + y + 2z = -6$
Answers will vary.

11. $\begin{cases} x + y - 2z = -1 \\ 4x - y + 3z = 3 \\ 3x + 2y - z = 4 \end{cases}$

$x + y - 2z = -1$
$0 + 3 - 2(2) = -1$
$3 - 4 = -1$
$-1 = -1$;
$4x - y + 3z = 3$
$4(0) - 3 + 3(2) = 3$
$-3 + 6 = 3$
$3 = 3$;
$3x + 2y - z = 4$
$3(0) + 2(3) - 2 = 4$
$6 - 2 = 4$
$4 = 4$
Yes

$x + y - 2z = -1$
$-3 + 4 - 2(1) = -1$
$1 - 2 = -1$
$-1 = -1$;
$4x - y + 3z = 3$
$4(-3) - 4 + 3(1) = 3$
$-12 - 4 + 3 = 3$
$-13 \ne 3$
No

13. $\begin{cases} x - y - 2z = -10 \\ x - z = 1 \\ z = 4 \end{cases}$

$x - z = 1$
$x - 4 = 1$
$x = 5$;
$x - y - 2z = -10$
$5 - y - 2(4) = -10$
$5 - y - 8 = -10$
$-y - 3 = -10$
$-y = -7$
$y = 7$
$(5, 7, 4)$

8.2 Exercises

15. $\begin{cases} x + 3y + 2z = 16 \\ -2y + 3z = 1 \\ 8y - 13z = -7 \end{cases}$

    4R2 + R3 = Sum
    $-8y + 12z = 4$
    $8y - 13z = -7$
    $-z = -3$
    $z = 3;$
    $-2y + 3z = 1$
    $-2y + 3(3) = 1$
    $-2y + 9 = 1$
    $-2y = -8$
    $y = 4;$
    $x + 3y + 2z = 16$
    $x + 3(4) + 2(3) = 16$
    $x + 12 + 6 = 16$
    $x + 18 = 16$
    $x = -2$
    $(-2, 4, 3)$

17. $\begin{cases} 2x - y + 4z = -7 \\ x + 2y - 5z = 13 \\ y - 4z = 9 \end{cases}$

    R1 + R3 = Sum
    $2x - y + 4z = -7$
    $y - 4z = 9$
    $2x = 2$
    $x = 1$
    Substitute $x = 1$ into R2 then new
    R2 − 2R3 = Sum
    $1 + 2y - 5z = 13$
    $2y - 5z = 12$
    $-2y + 8z = -18$
    $3z = -6$
    $z = -2;$
    $2x - y + 4z = -7$
    $2(1) - y + 4(-2) = -7$
    $2 - y - 8 = -7$
    $-y - 6 = -7$
    $-y = -1$
    $y = 1$
    $(1, 1, -2)$

19. $\begin{cases} -x + y + 2z = -10 \\ x + y - z = 7 \\ 2x + y + z = 5 \end{cases}$

    R1 + R2 = Sum
    $-x + y + 2z = -10$
    $x + y - z = 7$
    $2y + z = -3$
    2R1 + R2 = Sum
    $-2x + 2y + 4z = -20$
    $2x + y + z = 5$
    $3y + 5z = -15$
    $\begin{cases} 2y + z = -3 \\ 3y + 5z = -15 \end{cases}$
    −5R1 + R2 = Sum
    $-10y - 5z = 15$
    $3y + 5z = -15$
    $-7y = 0$
    $y = 0;$
    $2y + z = -3$
    $2(0) + z = -3$
    $z = -3;$
    $x + y - z = 7$
    $x + 0 - (-3) = 7$
    $x + 3 = 7$
    $x = 4$
    $(4, 0, -3)$

Chapter 8: Systems of Equations and Inequalities

21. $\begin{cases} 3x + y - 2z = 3 \\ x - 2y + 3z = 10 \\ 4x - 8y + 5z = 5 \end{cases}$

$-4R2 + R3 =$ Sum
$-4x + 8y - 12z = -40$
$4x - 8y + 5z = 5$
$-7z = -35$
$z = 5$

Substitute into R1 and R2
$3x + y - 2(5) = 3$
$3x + y - 10 = 3$
$3x + y = 13$
$x - 2y + 3(5) = 10$
$x - 2y + 15 = 10$
$x - 2y = -5$

$\begin{cases} 3x + y = 13 \\ x - 2y = -5 \end{cases}$

$2R1 + R2 =$ Sum
$6x + 2y = 26$
$x - 2y = -5$
$7x = 21$
$x = 3;$

$3x + y - 2z = 3$
$3(3) + y - 2(5) = 3$
$9 + y - 10 = 3$
$y - 1 = 3$
$y = 4$

$(3, 4, 5)$

23. $\begin{cases} 3x - y + z = 6 \\ 2x + 2y - z = 5 \\ 2x - y + z = 5 \end{cases}$

R1 + R2 = Sum
$\begin{cases} 3x - y + z = 6 \\ 2x + 2y - z = 5 \end{cases}$
$5x + y = 11;$

R2 + R3 = Sum
$\begin{cases} 2x + 2y - z = 5 \\ 2x - y + z = 5 \end{cases}$
$4x + y = 10$

$\begin{cases} 5x + y = 11 \\ 4x + y = 10 \end{cases}$

$-R1 + R2 =$ Sum

$\begin{cases} -5x - y = -11 \\ 4x + y = 10 \end{cases}$
$-x = -1$
$x = 1;$
$5x + y = 11$
$5(1) + y = 11$
$y = 6;$
$3x - y + z = 6$
$3(1) - 6 + z = 6$
$3 - 6 + z = 6$
$-3 + z = 6$
$z = 9$

$(1, 6, 9)$

25. $\begin{cases} 3x + y + 2z = 3 \\ x - 2y + 3z = 1 \\ 4x - 8y + 12z = 7 \end{cases}$

2R1 + R2 = Sum
$6x + 2y + 4z = 6$
$x - 2y + 3z = 1$
$7x + 7z = 7$

8R1 + R3 = Sum
$24x + 8y + 16z = 24$
$4x - 8y + 12z = 7$
$28x + 28z = 31$

$\begin{cases} 7x + 7z = 7 \\ 28x + 28z = 31 \end{cases}$

$-4R1 + R2 =$ Sum
$-28x - 28z = -28$
$28x + 28z = 31$
$0 \neq 3$

No solution; inconsistent

8.2 Exercises

27. $\begin{cases} 4x+y+3z=8 \\ x-2y+3z=2 \end{cases}$

2R1
$\begin{cases} 8x+2y+6z=8 \\ x-2y+3z=2 \end{cases}$
R1 + R2 = Sum
$9x+9z=18$
$9z=18-9x$
$z=2-x;$
$x-2y+3z=2$
$x-2y+3(2-x)=2$
$x-2y+6-3x=2$
$-2x+6-2y=2$
$-2y=2x-4$
$y=-x+2$
$y=2-x;$
$(x, 2-x, 2-x)$

Using "p" as our parameter, the solution could be written in $(p, 2-p, 2-p)$ parametric form.

29. $\begin{cases} 6x-3y+7z=2 \\ 3x-4y+z=6 \end{cases}$

R1 − 2R2 = Sum
$6x-3y+7z=2$
$-6x+8y-2z=-12$
$5y+5z=-10$
$5y=-5z-10$
$y=-z-2;$
$3x-4y+z=6$
$3x-4(-z-2)+z=6$
$3x+4z+8+z=6$
$3x+5z=-2$
$3x=-5z-2$
$x=-\dfrac{5}{3}z-\dfrac{2}{3}$

$\left(-\dfrac{5}{3}z-\dfrac{2}{3}, -z-2, z\right)$

Using "p" as our parameter, the solution could be written in
$\left(-\dfrac{5}{3}p-\dfrac{2}{3}, -p-2, p\right)$ parametric form.
Other solutions are possible.

31. $\begin{cases} 3x-4y+5z=5 \\ -x+2y-3z=-3 \\ 3x-2y+z=1 \end{cases}$

R2 + R3 = Sum
$-x+2y-3z=-3$
$3x-2y+z=1$
$2x-2z=-2$
$-2z=-2x-2$
$z=x+1;$
$-x+2y-3z=-3$
$-x+2y-3(x+1)=-3$
$-x+2y-3x-3=-3$
$2y-4x=0$
$2y=4x$
$y=2x;$
$(x, 2x, x+1)$

Using "p" as our parameter, the solution could be written in $(p, 2p, p+1)$ parametric form. Other solutions are possible.

33. $\begin{cases} x+2y-3z=1 \\ 3x+5y-8z=7 \\ x+y-2z=5 \end{cases}$

R1 − R3 = Sum
$x+2y-3z=1$
$-x-y+2z=-5$
$y-z=-4$
$y-z=-4$
$y=z-4;$
$x+y-2z=5$
$x+z-4-2z=5$
$x-z=9$
$x=z+9$
$(z+9, z-4, z)$

Using "p" as our parameter, the solution could be written in $(p+9, p-4, p)$ parametric form. Other solutions are possible.

436

Chapter 8: Systems of Equations and Inequalities

35. $\begin{cases} -0.2x + 1.2y - 2.4z = -1 \\ 0.5x - 3y + 6z = 2.5 \\ x - 6y + 12z = 5 \end{cases}$

$-2R2 + R3 =$ Sum
$-1x + 6y - 12z = -5$
$x - 6y + 12z = 5$
$0 = 0$
$\{(x, y, z) | x - 6y + 12z = 5\}$

37. $\begin{cases} x + 2y - z = 1 \\ x + z = 3 \\ 2x - y + z = 3 \end{cases}$

$R1 + 2R3 =$ Sum
$x + 2y - z = 1$
$4x - 2y + 2z = 6$
$5x + z = 7$

$\begin{cases} x + z = 3 \\ 5x + z = 7 \end{cases}$

$-R1 + R2 =$ Sum
$-x - z = -3$
$5x + z = 7$
$4x = 4$
$x = 1;$
$x + z = 3$
$1 + z = 3$
$z = 2;$
$x + 2y - z = 1$
$1 + 2y - 2 = 1$
$2y - 1 = 1$
$2y = 2$
$y = 1$
(1, 1, 2)

39. $\begin{cases} 2x - 5y - 4z = 6 \\ x - 2.5y - 2z = 3 \\ -3x + 7.5y + 6z = -9 \end{cases}$

$R1 - 2R2 =$ Sum
$2x - 5y - 4z = 6$
$-2x + 5y + 4z = -6$
$0 = 0$
$\{(x, y, z) | x - \dfrac{5}{2}y - 2z = 3\}$

41. $\begin{cases} 4x - 5y - 6z = 5 \\ 2x - 3y + 3z = 0 \\ x + 2y - 3z = 5 \end{cases}$

$R1 - 2R2 =$ Sum
$4x - 5y - 6z = 5$
$-4x + 6y - 6z = 0$
$y - 12z = 5$

$R1 - 4R3 =$ Sum
$4x - 5y - 6z = 5$
$-4x - 8y + 12z = -20$
$-13y + 6z = -15$

$\begin{cases} y - 12z = 5 \\ -13y + 6z = -15 \end{cases}$

$R1 + 2R2 =$ Sum
$y - 12z = 5$
$-26y + 12z = -30$
$-25y = -25$
$y = 1;$
$y - 12z = 5$
$1 - 12z = 5$
$-12z = 4$
$z = -\dfrac{1}{3};$
$x + 2y - 3z = 5$
$x + 2(1) - 3\left(-\dfrac{1}{3}\right) = 5$
$x + 2 + 1 = 5$
$x + 3 = 5$
$x = 2$

$\left(2, 1, -\dfrac{1}{3}\right)$

437

8.2 Exercises

43. $\begin{cases} 2x+3y-5z=4 \\ x+y-2z=3 \\ x+3y-4z=-1 \end{cases}$

R1 − 2R2 = Sum
$2x+3y-5z=4$
$-2x-2y+4z=-6$
$y-z=-2$

R1 − 2R3 = Sum
$2x+3y-5z=4$
$-2x-6y+8z=-2$
$-3y+3z=6$
$y-z=-2;$

$y-z=-2$
$y=z-2;$

$x+y-2z=3$
$x+z-2-2z=3$
$x-z=5$
$x=z+5$

$(z+5, z-2, z)$

Using "p" as our parameter, the solution could be written in $(p+5, p-2, p)$ parametric form. Other solutions are possible.

45. $\begin{cases} \dfrac{x}{2}+\dfrac{y}{3}-\dfrac{z}{2}=2 \\ \dfrac{2x}{3}-y-z=8 \\ \dfrac{x}{6}+2y+\dfrac{3z}{2}=6 \end{cases}$

3R1 + R2 = Sum
$\dfrac{3}{2}x+y-\dfrac{3}{2}z=6$
$\dfrac{2x}{3}-y-z=8$
$\dfrac{13}{6}x-\dfrac{5}{2}z=14$

2R2 + R3 = Sum
$\dfrac{4}{3}x-2y-2z=16$
$\dfrac{x}{6}+2y+\dfrac{3z}{2}=6$
$\dfrac{3}{2}x-\dfrac{1}{2}z=22$

$\begin{cases} \dfrac{13}{6}x-\dfrac{5}{2}z=14 \\ \dfrac{3}{2}x-\dfrac{1}{2}z=22 \end{cases}$

R1 − 5R2 = Sum
$\dfrac{13}{6}x-\dfrac{5}{2}z=14$
$-\dfrac{15}{2}x+\dfrac{5}{2}z=-110$
$-\dfrac{16}{3}x=-96$
$x=18;$

$\dfrac{3}{2}x-\dfrac{1}{2}z=22$
$\dfrac{3}{2}(18)-\dfrac{1}{2}z=22$
$27-\dfrac{1}{2}z=22$
$-\dfrac{1}{2}z=-5$
$z=10;$

$\dfrac{2}{3}x-y-z=8$
$\dfrac{2}{3}(18)-y-10=8$
$12-y-10=8$
$2-y=8$
$-y=6$
$y=-6$

$(18, -6, 10)$

Chapter 8: Systems of Equations and Inequalities

47. $\begin{cases} -A+3B+2C=11 \\ 2B+C=9 \\ B+2C=8 \end{cases}$

R2 − 2R3
$2B+C=9$
$-2B-4C=-16$
$-3C=-7$
$C=\dfrac{7}{3};$
$2B+C=9$
$2B+\dfrac{7}{3}=9$
$2B=\dfrac{20}{3}$
$B=\dfrac{10}{3};$
$-A+3B+2C=11$
$-A+3\left(\dfrac{10}{3}\right)+2\left(\dfrac{7}{3}\right)=11$
$-A+10+\dfrac{14}{3}=11$
$-A+\dfrac{44}{3}=11$
$-A=-\dfrac{11}{3}$
$A=\dfrac{11}{3}$
$\left(\dfrac{11}{3},\dfrac{10}{3},\dfrac{7}{3}\right)$

49. $\begin{cases} A-2B=5 \\ B+3C=7 \\ 2A-B-C=1 \end{cases}$

−2R1 + R3 = Sum
$-2A+4B=-10$
$-2A-B-C=1$
$3B-C=-9$
$\begin{cases} B+3C=7 \\ 3B-C=-9 \end{cases}$
−3R1 + R2 = Sum
$-3B-9C=-21$
$3B-C=-9$
$-10C=-30$
$C=3;$
$B+3C=7$
$B+3(3)=7$
$B+9=7$
$B=-2;$
$A-2B=5$
$A-2(-2)=5$
$A+4=5$
$A=1$
$(1,-2,3)$

439

8.2 Exercises

51. $\begin{cases} C = 3 \\ 2A + 3C = 10 \\ 3B - 4C = -11 \end{cases}$

$2A + 3C = 10$
$2A + 3(3) = 10$
$2A + 9 = 10$
$2A = 1$
$A = \dfrac{1}{2}$;

$3B - 4C = -11$
$3B - 4(3) = -11$
$3B - 12 = -11$
$3B = 1$
$B = \dfrac{1}{3}$

$\left(\dfrac{1}{2}, \dfrac{1}{3}, 3\right)$

53. $\left|\dfrac{Ax + By + Cz - D}{\sqrt{A^2 + B^2 + C^2}}\right|$

$A = 1, B = 1, C = 1, D = 6;$
$x = 3, y = 4, z = 5;$

$\left|\dfrac{1(3) + 1(4) + 1(5) - 6}{\sqrt{1^2 + 1^2 + 1^2}}\right| = \dfrac{6}{\sqrt{3}} \approx 3.464$ units

55. Let M represent the amount paid for the Monet. Let P represent the amount paid for the Picasso. Let V represent the amount paid for the Van Gogh.

$\begin{cases} M + P + V = 7 \\ M = P + 0.8 \\ V = 2M + 0.2 \end{cases}$

$\begin{cases} M + P + V = 7 \\ M - P = 0.8 \\ V - 2M = 0.2 \end{cases}$

R1 + R2 = Sum
$M + P + V = 7$
$M - P = 0.8$
$2M + V = 7.8$

$\begin{cases} -2M + V = 0.2 \\ 2M + V = 7.8 \end{cases}$

R1 + R2 = Sum

$-2M + V = 0.2$
$2M + V = 7.8$
$2V = 8$
$V = 4;$

$V = 2M + 0.2$
$4 = 2M + 0.2$
$3.8 = 2M$
$1.9 = M;$

$M = P + 0.8$
$1.9 = P + 0.8$
$1.1 = P$

Monet: $1,900,000
Picasso: $1,100,000
Van Gogh: $4,000,000

57. Let c represent the gestation period of a camel. Let e represent the gestation period of an elephant. Let r represent the gestation period of a rhinoceros.

$\begin{cases} c + e + r = 1520 \\ r = c + 58 \\ 2c - 162 = e \end{cases}$

$c + e + r = 1520$
$c + e + c + 58 = 1520$
$2c + e = 1462$

$\begin{cases} 2c - e = 162 \\ 2c + e = 1462 \end{cases}$

R1 + R2 = Sum
$2c - e = 162$
$2c + e = 1462$
$4c = 1624$
$c = 406;$

$r = c + 58$
$r = 406 + 58$
$r = 464;$

$2c - 162 = e$
$2(406) - 162 = e$
$812 - 162 = e$
$650 = e$

Camel: 406 days
Elephant: 650 days
Rhinoceros: 464 days

Chapter 8: Systems of Equations and Inequalities

59. Let x represent the wingspan of the California Condor. Let y represent the wingspan of the Wandering Albatross. Let z represent the wingspan of the prehistoric Quetzalcoatlus.
$$\begin{cases} x+y+z=18.6 \\ z=5y-2x \\ 6x=5y \end{cases}$$
$$\begin{cases} x+y+z=18.6 \\ 2x-5y+z=0 \\ 6x-5y=0 \end{cases}$$
$-R1$
$$\begin{cases} -x-y-z=-18.6 \\ 2x-5y+z=0 \\ 6x-5y=0 \end{cases}$$
R1 + R2 yields $x-6y=-18.6$
Sub-system
$$\begin{cases} x-6y=-18.6 \\ 6x-5y=0 \end{cases}$$
$-6R1$
$$\begin{cases} -6x+36y=111.6 \\ 6x-5y=0 \end{cases}$$
R1 + R2
$31y=111.6$
$y=3.6;$
Solve for x in R3
$6x=5y$
$6x=5(3.6)$
$x=3;$
$x+y+z=18.6$
$3.6+3+z=18.6$
$z=12;$
Albatross: 3.6 m
Condor: 3.0 m
Quetzalcoatlus: 12.0 m

61. Let f represent the number of $5 gold pieces.
Let t represent the number of $10 gold pieces.
Let w represent the number of $20 gold pieces.
$$\begin{cases} f+t+w=250 \\ 5f+10t+20w=1875 \\ f=7w \end{cases}$$
$-10R1 + R2 = $ Sum
$-10f-10t-10w=-2500$
$5f+10t+20w=1875$
$-5f+10w=-625$
$$\begin{cases} -5f+10w=-625 \\ f-7w=0 \end{cases}$$
R1 + 5R2 = Sum
$-5f+10w=-625$
$5f-35w=0$
$-25w=-625$
$w=25;$
$f=7w$
$f=7(25)$
$f=175;$
$f+t+w=250$
$175+t+25=250$
$200+t=250$
$t=50$
175 $5 gold pieces
50 $10 gold pieces
25 $20 gold pieces

441

8.2 Exercises

63. $\begin{cases} A + B = 0 \\ -6A - 3B + C = 1 \\ 9A = -9 \end{cases}$

Solve for A in R3
$9A = -9$
$A = -1$;
Solve for B in R1
$A + B = 0$
$-1 + B = 0$
$B = 1$;
Solve for C in R2
$-6A - 3B + C = 1$
$-6(-1) - 3(1) + C = 1$
$6 - 3 + C = 1$
$C = -2$;
$A = -1, B = 1, C = -2$;

$\dfrac{A}{x} + \dfrac{B}{x-3} + \dfrac{C}{(x-3)^2}$

$= \dfrac{-1}{x} + \dfrac{1}{x-3} - \dfrac{2}{(x-3)^2}$

$= \dfrac{-1(x-3)^2}{x(x-3)^2} + \dfrac{1x(x-3)}{x(x-3)^2} - \dfrac{2x}{x(x-3)^2}$

$= \dfrac{-x^2 + 6x - 9 + x^2 - 3x - 2x}{x(x-3)^2}$

$= \dfrac{x-9}{x(x-3)^2}$

Verified

65. $x^2 + y^2 + Dx + Ey + F = 0$

$\begin{cases} (2)^2 + (-1)^2 + D(2) + E(-1) + F = 0 \\ (4)^2 + (-3)^2 + D(4) + E(-3) + F = 0 \\ (2)^2 + (-5)^2 + D(2) + E(-5) + F = 0 \end{cases}$

$\begin{cases} 2D - E + F = -5 \\ 4D - 3E + F = -25 \\ 2D - 5E + F = -29 \end{cases}$

R1 + (-1)R3
$4E = 24$
$E = 6$;
R1 - R2
$-2D + 2E = 20$;
$-2D + 2(6) = 20$
$-2D = 8$
$D = -4$;
$2D - E + F = -5$
$2(-4) - 6 + F = -5$
$F = 9$;
$x^2 + y^2 - 4x + 6y + 9 = 0$

67. $\mathbf{u} = \langle 1, -7 \rangle, \mathbf{v} = \left\langle -3, \dfrac{1}{2} \right\rangle$

$\mathbf{u} + 4\mathbf{v} = \left\langle 1 + 4(-3), -7 + 4\left(\dfrac{1}{2}\right) \right\rangle$

$= \langle -11, -5 \rangle$;

$3\mathbf{u} - \mathbf{v} = \left\langle 3 - (-3), 3(-7) - \left(\dfrac{1}{2}\right) \right\rangle$

$= \left\langle 6, -\dfrac{43}{2} \right\rangle$;

69. $\log(x+2) + \log(x) = \log(3)$
$\log x(x+2) = \log 3$
$x^2 + 2x - 3 = 0$
$(x+3)(x-1) = 0$
$x = -3$ or $x = 1$
$x = 1$ since $x = -3$ will not check.

Chapter 8: Systems of Equations and Inequalities

Chapter 8 Mid-Chapter Check

1. $\begin{cases} x - 3y = -2 \\ 2x + y = 3 \end{cases}$

   $x = 3y - 2$

   $2x + y = 3$

   $2(3y - 2) + y = 3$

   $6y - 4 + y = 3$

   $7y = 7$

   $y = 1$

   $x - 3y = -2$

   $x - 3(1) = -2$

   $x - 3 = -2$

   $x = 1$

   (1, 1); Consistent

3. Let x represent the amount of 40% acid.
   Let y represent the amount of 48% acid.

   $\begin{cases} x + 10 = y \\ 0.40x + 0.64(10) = 0.48y \end{cases}$

   $\begin{cases} x + 10 = y \\ 40x + 64(10) = 48y \end{cases}$

   $40x + 640 = 48(x + 10)$

   $40x + 640 = 48x + 480$

   $-8x = -160$

   $x = 20$

   20 ounces

5. $\begin{cases} x + 2y - 3z = 3 \\ 2x + 4y - 6z = 6 \\ x - 2y + 5z = -1 \end{cases}$

   The second equation is a multiple of the first equation; 2R1 = R2.

7. $\begin{cases} 2x + 3y - 4z = -4 \\ x - 2y + z = 0 \\ -3x - 2y + 2z = -1 \end{cases}$

   R1 + 4R2 = Sum

   $2x + 3y - 4z = -4$

   $4x - 8y + 4z = 0$

   $6x - 5y = -4$

   R1 + 2R3 = Sum

   $2x + 3y - 4z = -4$

   $-6x - 4y + 4z = -2$

   $-4x - y = -6$

   $\begin{cases} 6x - 5y = -4 \\ -4x - y = -6 \end{cases}$

   R1 − 5R2 = Sum

   $6x - 5y = -4$

   $20x + 5y = 30$

   $26x = 26$

   $x = 1$;

   $-4x - y = -6$

   $-4(1) - y = -6$

   $-4 - y = -6$

   $-y = -2$

   $y = 2$;

   $x - 2y + z = 0$

   $1 - 2(2) + z = 0$

   $1 - 4 + z = 0$

   $-3 + z = 0$

   $z = 3$

   (1, 2, 3)

Chapter 8 Mid Chapter Check

9. Let x represent Mozart's age.
   Let y represent Morphy's age.
   Let z represent Pascal's age.
   $$\begin{cases} x+y+z=37 \\ y=2x-3 \\ z=y+3 \end{cases}$$
   $$\begin{cases} x+y+z=37 \\ -2x+y=-3 \\ -y+z=3 \end{cases}$$
   $-R1 + R2 =$ Sum
   $-x-y-z=-37$
   $-2x+y=-3$
   $-3x-z=-40$
   $R1 + R3 =$ Sum
   $x+y+z=37$
   $-y+z=3$
   $x+2z=40$
   $$\begin{cases} -3x-z=-40 \\ x+2z=40 \end{cases}$$
   $2R1 + R2 =$ Sum
   $-6x-2z=-80$
   $x+2z=40$
   $-5x=-40$
   $x=8;$
   $y=2x-3$
   $y=2(8)-3$
   $y=16-3$
   $y=13;$
   $z=y+3$
   $z=13+3$
   $z=16$
   Mozart: 8 years
   Morphy: 13 years
   Pascal: 16 years

Reinforcing Basic Concepts

1. $\begin{cases} 15.3R + 35.7P = 211.14 \\ P = R + 0.10 \end{cases}$
   Premium: \$4.17/gal
   Regular: \$4.07/gal

2. $\begin{cases} 9a + 6.50c = 30495 \\ a + c = 3800 \end{cases}$
   2318 adult tickets
   1482 child tickets
   Verified.
   $\begin{cases} x + y = 10 = 30495 \\ 0.015x + 0.04y = 0.025(10) \end{cases}$
   6 gallons $1\frac{1}{2}$% milk fat
   4 gallons 4% milk fat
   Verified.

Chapter 8: Systems of Equations and Inequalities

8.3 Exercises

1. a. Circle and Line
      3 or 4 not possible

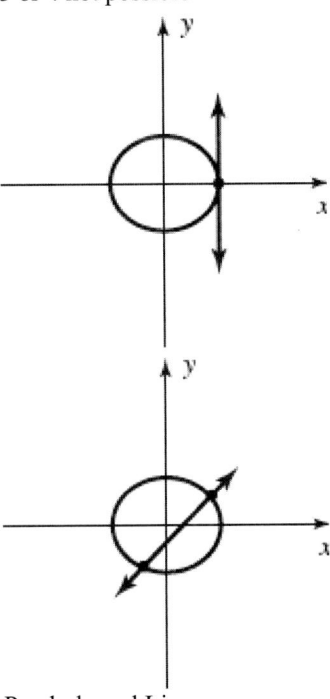

   b. Parabola and Line
      3 or 4 not possible

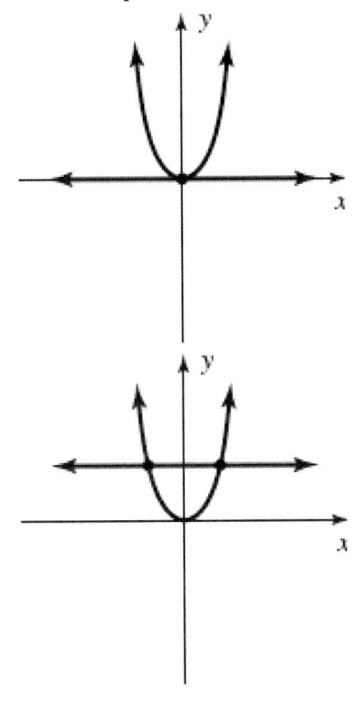

   c. Circle and Parabola

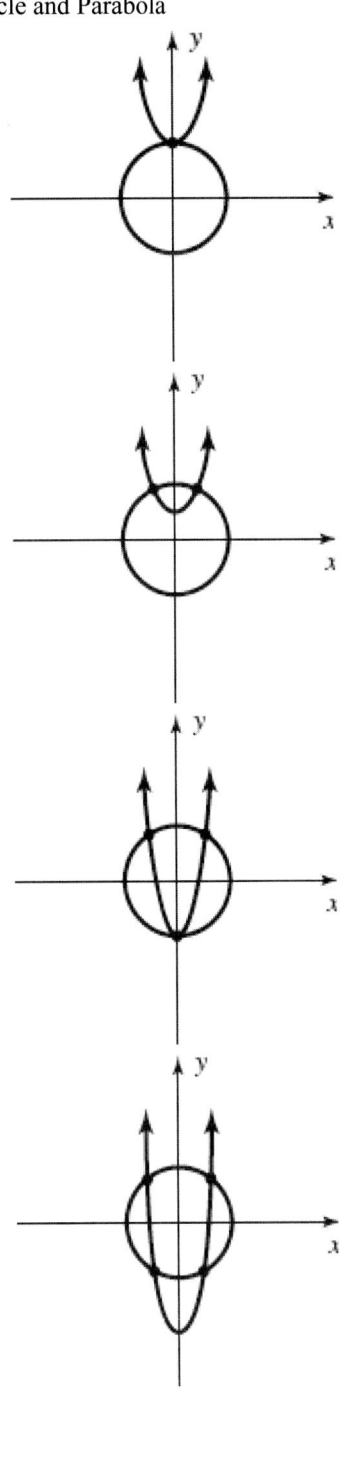

8.3 Exercises

d. Circle and Absolute Value Function

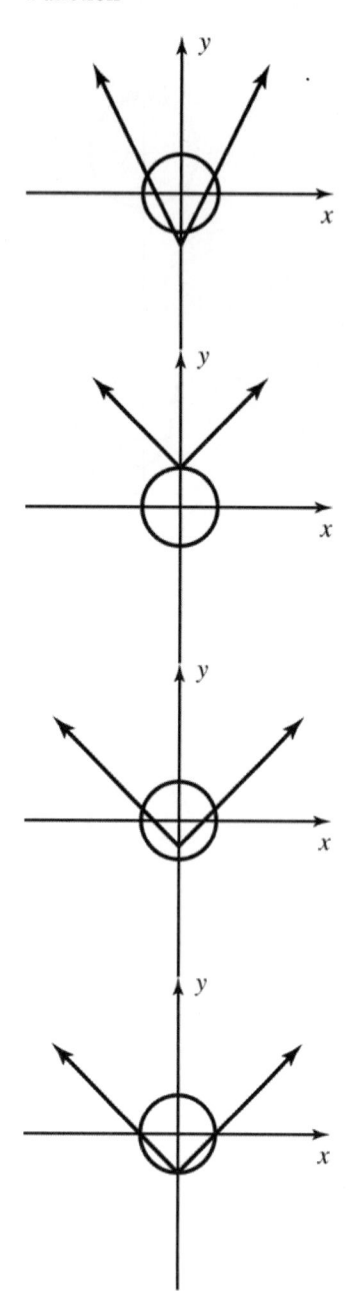

e. Absolute Value Function and Line

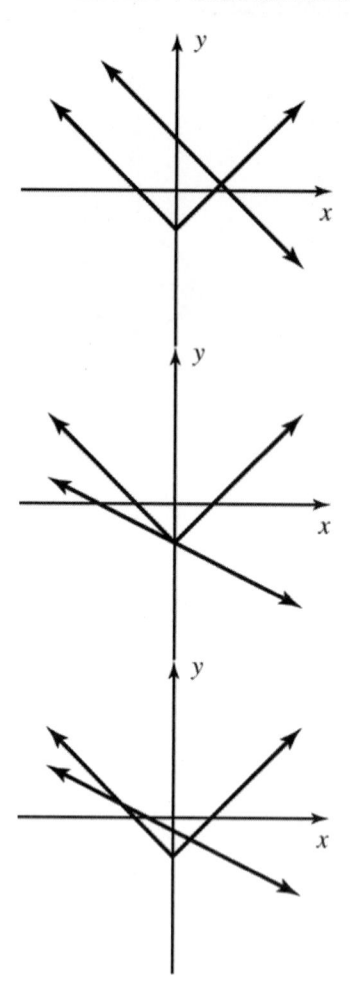

446

Chapter 8: Systems of Equations and Inequalities

f. Absolute Value Function and Parabola

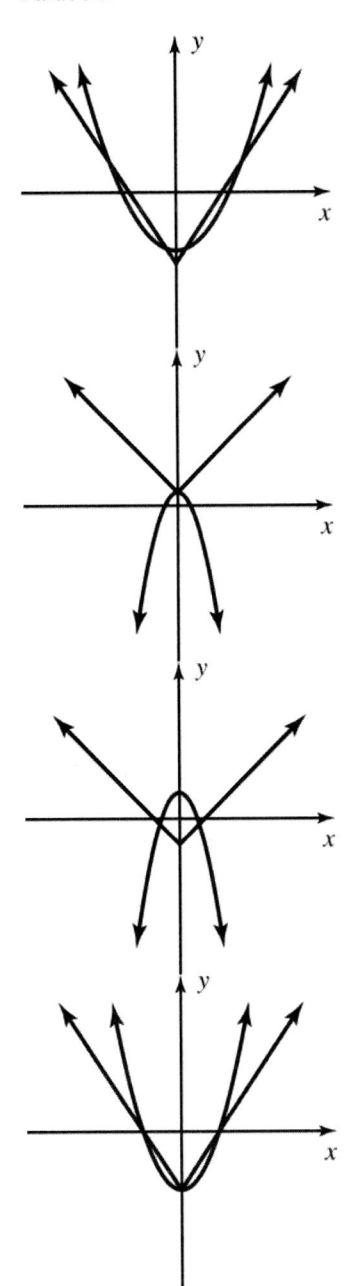

3. Region, solutions

5. Answers will vary.

7. $\begin{cases} x^2 + y = 6 & \text{Parabola} \\ x + y = 4 & \text{Line} \end{cases}$

   Solutions: $(-1,5), (2,2)$

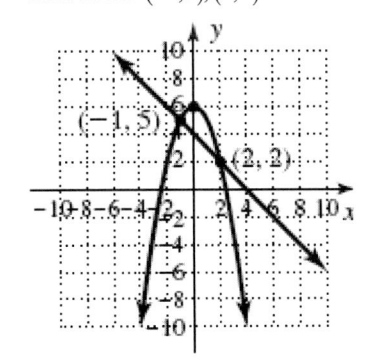

9. $\begin{cases} y^2 + x^2 = 100 & \text{Circle} \\ y = |x-2| & \text{Absolute value} \end{cases}$

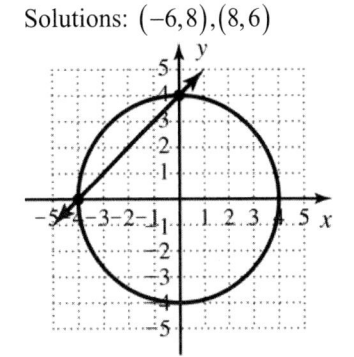

   Solutions: $(-6,8), (8,6)$

11. $\begin{cases} -(x-1)^2 + 2 = y & \text{Parabola} \\ y - x^2 = -3 & \text{Parabola} \end{cases}$

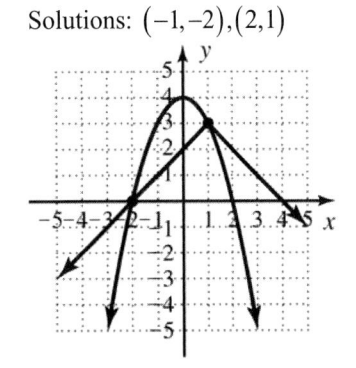

    Solutions: $(-1,-2), (2,1)$

447

8.3 Exercises

13. $\begin{cases} x^2 + y^2 = 25 \\ y - x = 1 \end{cases}$

    2nd equation: $y = x + 1$

    $x^2 + (x+1)^2 = 25$
    $x^2 + x^2 + 2x + 1 = 25$
    $2x^2 + 2x - 24 = 0$
    $x^2 + x - 12 = 0$
    $(x+4)(x-3) = 0$
    $x = -4, x = 3$;
    $y = -4 + 1 = -3$;
    $y = 3 + 1 = 4$
    Solutions: $(-4,-3), (3,4)$

15. $\begin{cases} x^2 + y = 9 \\ -2x + y = 1 \end{cases}$

    $-2x + y = 1$
    $y = 2x + 1$;
    Substitute in Equation 2.
    $x^2 + 2x + 1 = 9$
    $x^2 + 2x - 8 = 0$
    $(x+4)(x-2) = 0$
    $x + 4 = 0$ or $x - 2 = 0$
    $x = -4$ or $x = 2$
    If $x = -4, -2x + y = 1$
    $-2(-4) + y = 1$
    $y = -7$;
    If $x = 2, -2x + y = 1$
    $-2(2) + y = 1$
    $y = 5$;
    Solutions: $(2,5), (-4,-7)$

17. $\begin{cases} x^2 + y = 13 \\ x^2 + y^2 = 25 \end{cases}$

    $x^2 + y = 13$
    $x^2 = 13 - y$;
    $13 - y + y^2 = 25$
    $y^2 - y - 12 = 0$
    $(y-4)(y+3) = 0$
    $y = 4$ or $y = -3$;
    If $y = 4, x^2 + y = 13$
    $x^2 + 4 = 13$
    $x^2 = 9$
    $x = \pm 3$;
    If $y = -3, x^2 + y = 13$
    $x^2 - 3 = 13$
    $x^2 = 16$
    $x = \pm 4$;
    Solutions: $(-3,4), (-4,-3),$
    $(3,4), (4,-3)$

19. $\begin{cases} x^2 + y^2 = 25 \\ \dfrac{1}{4}x^2 + y = 1 \end{cases}$

    $-4R2$
    $\begin{cases} x^2 + y^2 = 25 \\ -x^2 - 4y = -4 \end{cases}$
    R1+R2
    $y^2 - 4y = 21$
    $y^2 - 4y - 21 = 0$
    $(y-7)(y+3) = 0$
    $y - 7 = 0$ or $y + 3 = 0$
    $y = 7$ or $y = -3$;
    If $y = 7, x^2 + y^2 = 25$
    $x^2 + 7^2 = 25$
    $x^2 = -24$
    Not real;
    If $y = -3, x^2 + y^2 = 25$
    $x^2 + (-3)^2 = 25$
    $x^2 = 16$
    $x = \pm 4$;
    Solutions: $(4,-3), (-4,-3)$

448

Chapter 8: Systems of Equations and Inequalities

21. $\begin{cases} x^2 + y^2 = 4 \\ y + x^2 = 5 \end{cases}$
    $-1R1$
    $\begin{cases} -x^2 - y^2 = -4 \\ x^2 + y = 5 \end{cases}$
    R1 + R2
    $-y^2 + y = 1$
    $0 = y^2 - y + 1$
    $a = 1, b = -1, c = 1$
    $b^2 - 4ac = (-1)^2 - 4(1)(1) = -3;$
    $y = \dfrac{1 \pm \sqrt{-3}}{2}$
    No real solutions.
    No solution.

23. $\begin{cases} x^2 + y^2 = 65 \\ y = 3x + 25 \end{cases}$
    $x^2 + (3x + 25)^2 = 65$
    $x^2 + 9x^2 + 150x + 625 = 65$
    $10x^2 + 150x + 560 = 0$
    $x^2 + 15x + 56 = 0$
    $(x + 8)(x + 7) = 0$
    $x = -8 \text{ or } x = -7;$
    If $x = -8, y = 3(-8) + 25 = 1$;
    If $x = -7, y = 3(-7) + 25 = 4$;
    $(-8, 1), (-7, 4)$

25. $\begin{cases} y - 5 = \log x \\ y = 6 - \log(x - 3) \end{cases}$
    $\begin{cases} y = \log x + 5 \\ y = 6 - \log(x - 3) \end{cases}$
    $\log x + 5 = 6 - \log(x - 3)$
    $\log x + \log(x - 3) = 1$
    $\log x(x - 3) = 1$
    $10 = x^2 - 3x$
    $0 = x^2 - 3x - 10$
    $0 = (x - 5)(x + 2)$
    $x = 5 \text{ or } x = -2$
    $x = -2$ is extraneous
    $y = \log 5 + 5$;
    Solution: $(5, \log 5 + 5)$

27. $\begin{cases} y = \ln(x^2) + 1 \\ y - 1 = \ln(x + 12) \end{cases}$
    Substitute in Equation 2
    $y = \ln(x^2) + 1$
    $\ln(x^2) + 1 - 1 = \ln(x + 12)$
    $\ln(x^2) = \ln(x + 12)$
    $x^2 = x + 12$
    $x^2 - x - 12 = 0$
    $(x - 4)(x + 3) = 0$
    $x = 4 \text{ or } x = -3;$
    If $x = 4, y = \ln(4^2) + 1$
    $y = \ln 16 + 1;$
    If $x = -3, y = \ln\left((-3)^2\right) + 1$
    $y = \ln 9 + 1;$
    Solutions: $(-3, \ln 9 + 1), (4, \ln 16 + 1)$

29. $\begin{cases} y - 9 = e^{2x} \\ 3 = y - 7e^x \end{cases}$
    $\begin{cases} y - 9 = e^{2x} \\ -y + 3 = -7e^x \end{cases}$
    R1 + R2
    $-6 = e^{2x} - 7e^x$
    $0 = e^{2x} - 7e^x + 6$
    $(e^x - 6)(e^x - 1) = 0$
    $e^x = 6 \text{ or } e^x = 1$
    $\ln e^x = \ln 6 \text{ or } \ln e^x = \ln 1$
    $x = \ln 6 \quad \text{or } x = 0$
    If $x = \ln 6, y - 9 = e^{2x}$
    $y - 9 = e^{2\ln 6}$
    $y - 9 = e^{\ln 36}$
    $y - 9 = 36$
    $y = 45$;
    If $x = 0, y - 9 = e^{2(0)}$
    $y - 9 = e^0$
    $y - 9 = 1$
    $y = 10$;
    Solutions: $(0, 10), (\ln 6, 45)$

8.3 Exercises

31. $\begin{cases} y = 4^{x+3} \\ y - 2^{x^2+3x} = 0 \end{cases}$

$4^{x+3} = 2^{x^2+3x}$
$2^{2x+6} = 2^{x^2+3x}$
$2x + 6 = x^2 + 3x$
$0 = x^2 + x - 6$
$(x+3)(x-2) = 0$
$x = -3$ or $x = 2$;
$y = 4^{-3+3} = 1$;
$y = 4^{2+3} = 1024$;
Solutions: $(-3, 1), (2, 1024)$

33. $\begin{cases} x^3 - y = 2x \\ y - 5x = -6 \end{cases}$

$y = 5x - 6$
$x^3 - 5x + 6 = 2x$
$x^3 - 7x + 6 = 0$
Possible rational roots: $\dfrac{\pm 1, \pm 6, \pm 2, \pm 3}{\pm 1}$
$\{\pm 1, \pm 6, \pm 2, \pm 3\}$;
$(x+3)(x-2)(x-1) = 0$
$x = -3$ or $x = 2$ or $x = 1$;
$y = 5(-3) - 6 = -21$;
$y = 5(2) - 6 = 4$;
$y = 5(1) - 6 = -1$;
Solutions: $(-3, -21), (2, 4), (1, -1)$

35. $\begin{cases} x^2 - 6x = y - 4 \\ y - 2x = -8 \end{cases}$

Solve for y in Equation 2.
$y = 2x - 8$, Substitute in Equation 1.
$x^2 - 6x = 2x - 8 - 4$
$x^2 - 8x + 12 = 0$
$(x-6)(x-2) = 0$
$x - 6 = 0$ or $x - 2 = 0$
$x = 6$ or $x = 2$;
If $x = 6$, $y - 2x = -8$
$y - 2(6) = -8$
$y = 4$;
If $x = 2$, $y - 2x = -8$
$y - 2(2) = -8$
$y = -4$;
Solutions: $(2, -4), (6, 4)$

37. $\begin{cases} x^2 + y^2 = 34 \\ y^2 + (x-3)^2 = 25 \end{cases}$

Solve for y in Equation 1.
$y^2 = -x^2 + 34$
$y = \pm\sqrt{-x^2 + 34}$;
Solve for y in Equation 2.
$y^2 + (x-3)^2 = 25$
$y^2 = -(x-3)^2 + 25$
$y = \pm\sqrt{-(x-3)^2 + 25}$;
Using a graphing calculator:
Solutions: $(3, 5), (3, -5)$

39. $\begin{cases} y = 2^x - 3 \\ y + 2x^2 = 9 \end{cases}$

$y1 = 2^x - 3$;
$y2 = -2x^2 + 9$;
Solutions: $(-2.43, -2.81), (2, 1)$

41. $\begin{cases} y = \dfrac{1}{(x-3)^2} + 2 \\ (x-3)^2 + y^2 = 10 \end{cases}$

$y1 = \dfrac{1}{(x-3)^2} + 2$;
$y^2 = -(x-3)^2 + 10$
$y2 = \pm\sqrt{-(x-3)^2 + 10}$;
Solutions:
$(0.72, 2.19), (2, 3), (4, 3), (5.28, 2.19)$

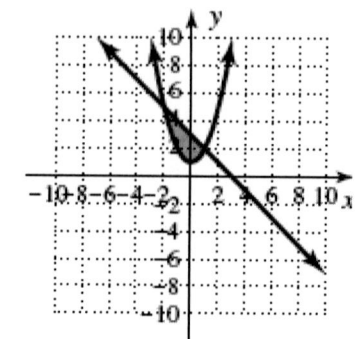

43. $\begin{cases} y - x^2 \geq 1 \text{ parabola} \\ x + y \leq 3 \text{ line} \end{cases}$

Chapter 8: Systems of Equations and Inequalities

45. $\begin{cases} x^2 + y^2 > 16 & \text{circle} \\ x^2 + y^2 \leq 64 & \text{circle} \end{cases}$

    Inequality 1, circle with center (0,0), radius 4.
    Inequality 2, circle with center (0,0), radius 8.

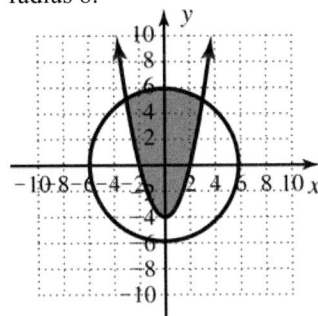

47. $\begin{cases} y - x^2 \leq -16 & \text{parabola} \\ y^2 + x^2 < 9 & \text{circle} \end{cases}$

    $y \leq x^2 - 16$
    $x^2 + y^2 < 9$
    No solution.

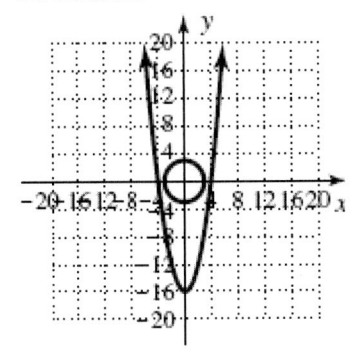

49. $\begin{cases} y^2 + x^2 \leq 25 & \text{circle} \\ |x| - 1 > -y & \text{absolute value} \end{cases}$

    Inequality 1, circle with center (0,0), radius 5.
    Inequality 2, absolute value with vertex (0,1).

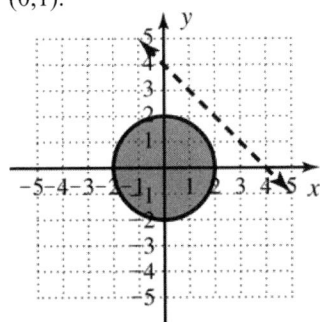

51. $h = \sqrt{r^2 - d^2}$;
    If $r = 50, d = 20$
    $h = \sqrt{50^2 - 20^2}$
    $h \approx 45.8$ ft.;
    If $r = 50, d = 30$
    $h = \sqrt{50^2 - 30^2}$
    $h = 40$ ft.;
    If $r = 50, d = 40$
    $h = \sqrt{50^2 - 40^2}$
    $h = 30$ ft

53. $C(x) = 2.5x^2 - 120x + 3500$
    $R(x) = -2x^2 + 180x - 500$
    $C(x) = R(x)$
    $2.5x^2 - 120x + 3500 = -2x^2 + 180x - 500$
    $4.5x^2 - 300x + 4000 = 0$
    Using a graphing calculator,
    $x \approx 18.426$ or $x \approx 48.241$
    The company breaks even if either 18,400 or 48,200 cars are sold.

55. a. $8P^2 - 8P - 4D = 12$
    $-4D = -8P^2 + 8P + 12$
    $D = 2P^2 - 2P - 3$
    minimum: $1.83 (when $D = 0$)

    b. $\begin{cases} 10P^2 + 6D = 144 \\ 8P^2 - 8P - 4D = 12 \end{cases}$

    $10P^2 + 6D = 144$
    $\dfrac{144 - 10P^2}{6} = D$;
    $8P^2 - 8P - 4D = 12$
    $8P^2 - 8P - 4\left(\dfrac{144 - 10P^2}{6}\right) = 12$
    $2P^2 - 2P - \left(\dfrac{144 - 10P^2}{6}\right) = 3$
    $12P^2 - 12P - 144 + 10P^2 = 18$
    $22P^2 - 12P - 162 = 0$
    $11P^2 - 6P - 81 = 0$
    $(11P + 27)(P - 3) = 0$
    $P = -\dfrac{27}{11}$ or $P = \$3$;
    $10(3)^2 + 6D = 144$
    $6D = 54$
    $D = 9$
    90,000 gallons

8.3 Exercises

57. $85 = lw$
$37 = 2l + 2w$;
$\dfrac{85}{l} = w$

$37 = 2l + 2\left(\dfrac{85}{l}\right)$
$37l = 2l^2 + 170$
$0 = 2l^2 - 37l + 170$
$0 = (2l - 17)(l - 10)$
$l = \dfrac{17}{2}, l = 10$;

$w = \dfrac{85}{\left(\dfrac{17}{2}\right)} = 10$;

$w = \dfrac{85}{(10)} = 8.5$;

$8.5\,m \times 10\,m$

59. Area: $45\,km^2$
Diagonal: $\sqrt{106}$ km
$45 = lw$
$l = \dfrac{45}{w}$
$l^2 + w^2 = 106$
$\left(\dfrac{45}{w}\right)^2 + w^2 = 106$
$2025 + w^4 = 106w^2$
$w^4 - 106w^2 + 2025 = 0$
$(w^2 - 25)(w^2 - 81) = 0$
$w = \pm 5, \pm 9$
$5\,km, 9\,km$

61. Surface Area = $928\,ft^2$
Edges = $164\,ft$
$4w + 4l + 4w = 164$
$4l + 8w = 164$
$4l = 164 - 8w$
$l = 41 - 2w$;

$928 = 4lw + 2w^2$
$928 = 4(41 - 2w)w + 2w^2$
$928 = 164w - 8w^2 + 2w^2$
$6w^2 - 164w + 928 = 0$
$3w^2 - 82w + 464 = 0$
$(3w - 58)(w - 8) = 0$
$w = \dfrac{58}{3}$ or $w = 8$;
$w = 8, l = 41 - 2(8) = 25$
$8\,ft \times 8\,ft \times 25\,ft$

63. Answers will vary.

65. Height: 18 inches
Surface Area: $4806\,in^2$
$4806 = lw + 2(18l) + 2(18w)$
$4806 = lw + 36l + 36w$
$4806 - 36l = lw + 36w$
$4806 - 36l = w(l + 36)$
$\dfrac{4806 - 36l}{l + 36} = w$;

$108(231) = 18(l)w$
$108(231) = 18l\left(\dfrac{4806 - 36l}{l + 36}\right)$
$24948(l + 36) = 18l(4806 - 36l)$
$24948l + 898128 = 86508l - 648l^2$
$648l^2 - 61560l + 898128 = 0$
$l^2 - 95l + 1386 = 0$
$(l - 18)(l - 77) = 0$
18 in. x 18 in. x 77 in.

67. $\cos\left(\dfrac{5\pi}{12}\right) = \cos\left(\dfrac{3\pi}{12} + \dfrac{2\pi}{12}\right)$
$\cos\left(\dfrac{\pi}{4} + \dfrac{\pi}{6}\right) = \cos\dfrac{\pi}{4}\cos\dfrac{\pi}{6} - \sin\dfrac{\pi}{4}\sin\dfrac{\pi}{6}$
$= \dfrac{\sqrt{2}}{2} \cdot \dfrac{\sqrt{3}}{2} - \dfrac{\sqrt{2}}{2} \cdot \dfrac{1}{2}$
$= \dfrac{\sqrt{6} - \sqrt{2}}{4}$

69. $W = (20\cos 37°)12$
$W \approx 191.7$ ft-lbs

452

Chapter 8: Systems of Equations and Inequalities

8.4 Technology Highlight:

Exercise 1:

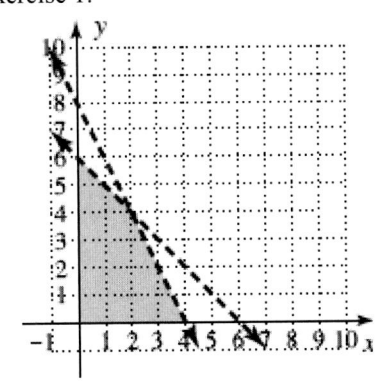

Exercise 3:

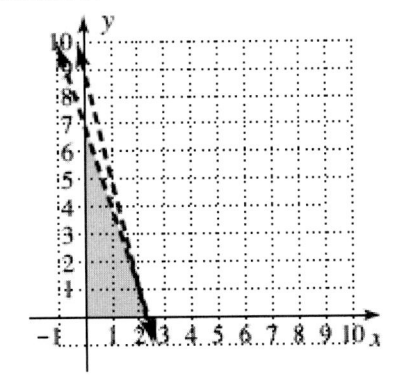

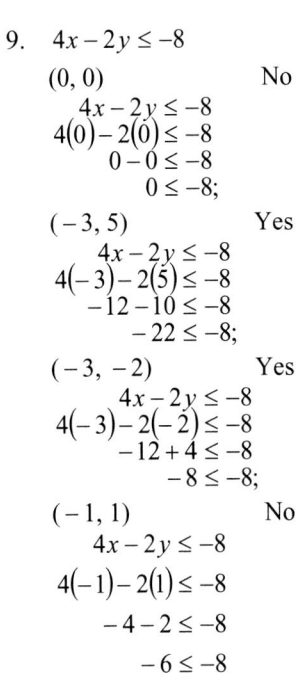

8.4 Exercises

1. Half planes

3. Solution

5. The feasible region may be bordered by three or more oblique lines, with two of them intersecting outside and away from the feasible region.

7. $2x + y > 3$

$(0, 0)$ No
$2x + y > 3$
$2(0) + 0 > 3$
$0 + 0 > 3$
$0 > 3;$

$(3, -5)$ No
$2x + y > 3$
$2(3) + (-5) > 3$
$6 - 5 > 3$
$1 > 3;$

$(-3, -4)$ No
$2x + y > 3$
$2(-3) + (-4) > 3$
$-6 - 4 > 3$
$-10 > 3;$

$(-3, 9)$ No
$2x + y > 3$
$2(-3) + 9 > 3$
$-6 + 9 > 3$
$3 > 3$

9. $4x - 2y \leq -8$

$(0, 0)$ No
$4x - 2y \leq -8$
$4(0) - 2(0) \leq -8$
$0 - 0 \leq -8$
$0 \leq -8;$

$(-3, 5)$ Yes
$4x - 2y \leq -8$
$4(-3) - 2(5) \leq -8$
$-12 - 10 \leq -8$
$-22 \leq -8;$

$(-3, -2)$ Yes
$4x - 2y \leq -8$
$4(-3) - 2(-2) \leq -8$
$-12 + 4 \leq -8$
$-8 \leq -8;$

$(-1, 1)$ No
$4x - 2y \leq -8$
$4(-1) - 2(1) \leq -8$
$-4 - 2 \leq -8$
$-6 \leq -8$

8.4 Exercises

11. $x + 2y < 8$
$2y < -x + 8$
$y < -\dfrac{1}{2}x + 4$

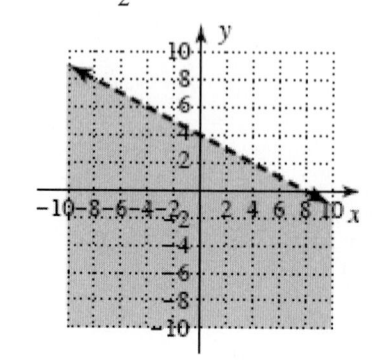

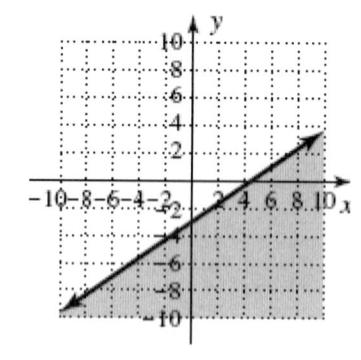

13. $2x - 3y \geq 9$
$-3y \geq -2x + 9$
$y \leq \dfrac{2}{3}x - 3$

15. $\begin{cases} 5y - x \geq 10 \\ 5y + 2x \leq -5 \end{cases}$

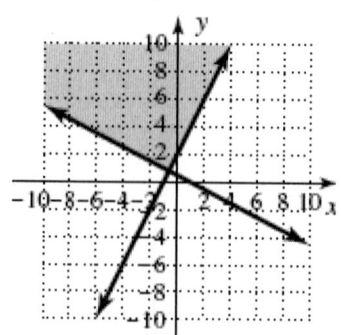

$(-2, 1)$ No
$5y - x \geq 10$
$5(1) - (-2) \geq 10$
$5 + 2 \geq 10$
$7 \geq 10;$

$(-5, -4)$ No
$5y - x \geq 10$
$5(-4) - (-5) \geq 10$
$-20 + 5 \geq 10$
$-15 \geq 10;$

$(-6, 2)$ No

$5y - x \geq 10$
$5(2) - (-6) \geq 10$
$10 + 6 \geq 10$
$16 \geq 10;$

$5y + 2x \leq -5$
$5(2) + 2(-6) \leq -5$
$10 - 12 \leq -5$
$-2 \leq -5;$

$(-8, 2.2)$ Yes
$5y - x \geq 10$
$5(2.2) - (-8) \geq 10$
$11 + 8 \geq 10$
$19 \geq 10;$

$5y + 2x \leq -5$
$5(2.2) + 2(-8) \leq -5$
$11 - 16 \leq -5$
$-5 \leq -5$

17. $\begin{cases} x + 2y \geq 1 \\ 2x - y \leq -2 \end{cases}$

$\begin{cases} y \geq -\dfrac{1}{2}x + \dfrac{1}{2} \\ y \geq 2x + 2 \end{cases}$

Test Point: $(-1, 2)$
$x + 2y \geq 1$
$-1 + 2(2) \geq 1$
$-1 + 4 \geq 1$
$3 \geq 1;$

$2x - y \leq -2$
$2(-1) - 2 \leq -2$
$-2 - 2 \leq -2$
$-4 \leq -2$

454

Chapter 8: Systems of Equations and Inequalities

19. $\begin{cases} 3x + y > 4 \\ x > 2y \end{cases}$

$\begin{cases} y > -3x + 4 \\ y < \dfrac{1}{2}x \end{cases}$

Test Point: $(3, 0)$
$3x + y > 4$
$3(3) + 0 > 4$
$9 > 4;$
$x > 2y$
$3 > 2(0)$
$3 > 0$

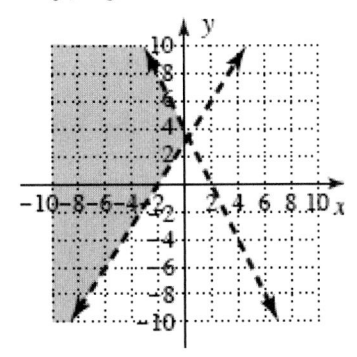

23. $\begin{cases} x > -3y - 2 \\ x + 3y \le 6 \end{cases}$

$\begin{cases} y > -\dfrac{1}{3}x - \dfrac{2}{3} \\ y \le -\dfrac{1}{3}x + 2 \end{cases}$

Test Point: $(0, 0)$
$x > -3y - 2$
$0 > -3(0) - 2$
$0 > -2;$
$x + 3y \le 6$
$0 + 3(0) \le 6$
$0 \le 6$

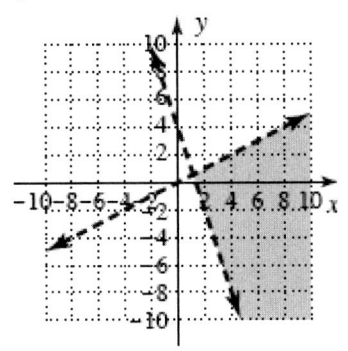

21. $\begin{cases} 2x + y < 4 \\ 2y > 3x + 6 \end{cases}$

$\begin{cases} y < -2x + 4 \\ y > \dfrac{3}{2}x + 3 \end{cases}$

Test Point: $(-3, 3)$
$2x + y < 4$
$2(-3) + 3 < 4$
$-6 + 3 < 4$
$-3 < 4;$
$2y > 3x + 6$
$2(3) > 3(-3) + 6$
$6 > -9 + 6$
$6 > -3$

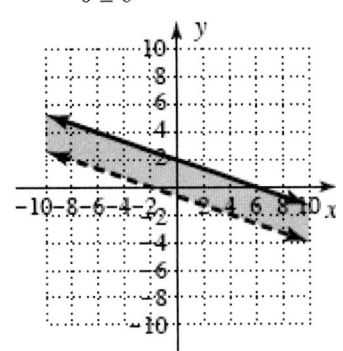

25. $\begin{cases} 5x + 4y \ge 20 \\ x - 1 \ge y \end{cases}$

$\begin{cases} y \ge -\dfrac{5}{4}x + 5 \\ y \le x - 1 \end{cases}$

Test Point: $(6, 0)$
$5x + 4y \ge 20$
$5(6) + 4(0) \ge 20$
$30 \ge 20;$
$x - 1 \ge y$
$6 - 1 \ge 0$
$5 \ge 0$

455

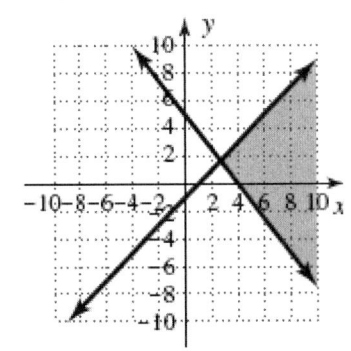

8.4 Exercises

27. $\begin{cases} 0.2x > -0.3y - 1 \\ 0.3x + 0.5y \le 0.6 \end{cases}$

$\begin{cases} y > -\dfrac{2}{3}x - \dfrac{10}{3} \\ y \le -\dfrac{3}{5}x + \dfrac{6}{5} \end{cases}$

Test Point: (0, 0)
$0.2x > -0.3y - 1$
$0.2(0) > -0.3(0) - 1$
$0 > -1;$

$0.3x + 0.5y \le 0.6$
$0.3(0) + 0.5(0) \le 0.6$
$0 \le 0.6$

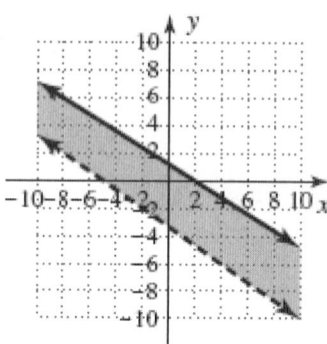

29. $\begin{cases} y \le \dfrac{3}{2}x \\ 4y \ge 6x - 12 \end{cases}$

$\begin{cases} y \le \dfrac{3}{2}x \\ y \ge \dfrac{3}{2}x - 3 \end{cases}$

Test Point: (1, 0)
$y \le \dfrac{3}{2}x$
$0 \le \dfrac{3}{2}(1)$
$0 \le \dfrac{3}{2};$

$4y \ge 6x - 12$
$4(0) \ge 6(1) - 12$
$0 \ge -6$

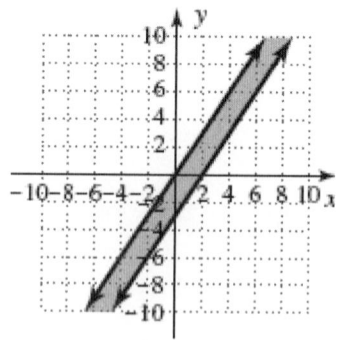

31. $\begin{cases} \dfrac{-2}{3}x + \dfrac{3}{4}y \le 1 \\ \dfrac{1}{2}x + 2y \ge 3 \end{cases}$

$\begin{cases} y \le \dfrac{8}{9}x + \dfrac{4}{3} \\ y \ge -\dfrac{1}{4}x + \dfrac{3}{2} \end{cases}$

Test Point: (6, 4)
$-\dfrac{2}{3}x + \dfrac{3}{4}y \le 1$
$-\dfrac{2}{3}(6) + \dfrac{3}{4}(4) \le 1$
$-4 + 3 \le 1$
$-1 \le 1;$

$\dfrac{1}{2}x + 2y \ge 3$
$\dfrac{1}{2}(6) + 2(4) \ge 3$
$3 + 8 \ge 3$
$11 \ge 3$

Chapter 8: Systems of Equations and Inequalities

33. $\begin{cases} x - y \geq -4 \\ 2x + y \leq 4 \\ x \geq 1 \end{cases}$

$\begin{cases} y \leq x + 4 \\ y \leq -2x + 4 \\ x \geq 1 \end{cases}$

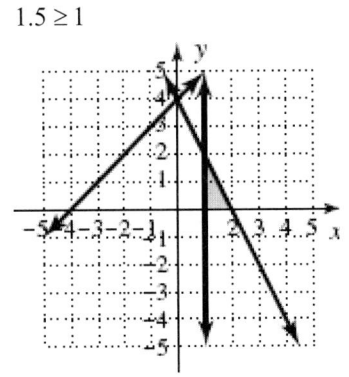

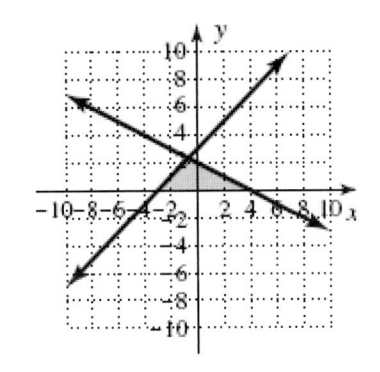

Test Point: (1.5, 0.5)
$x - y \geq -4$
$1.5 - 0.5 \geq -4$
$1 \geq -4;$
$2x + y \leq 4$
$2(1.5) + 0.5 \leq 4$
$3 + 0.5 \leq 4$
$3.5 \leq 4;$
$x \geq 1$
$1.5 \geq 1$

35. $\begin{cases} y \leq x + 3 \\ x + 2y \leq 4 \\ y \geq 0 \end{cases}$

$\begin{cases} y \leq x + 3 \\ y \leq -\dfrac{1}{2}x + 2 \\ y \geq 0 \end{cases}$

Test Point: (1, 1)
$y \leq x + 3$
$1 \leq 1 + 3$
$1 \leq 4;$
$x + 2y \leq 4$
$1 + 2(1) \leq 4$
$1 + 2 \leq 4$
$3 \leq 4;$
$y \geq 0$
$1 \geq 0$

37. $\begin{cases} 2x + 3y \leq 18 \\ x \geq 0 \\ y \geq 0 \end{cases}$

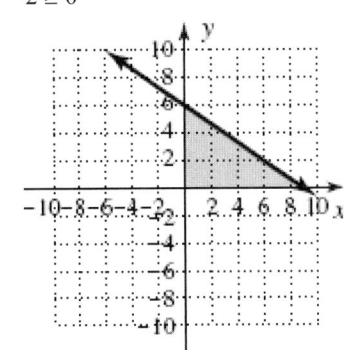

$\begin{cases} y \leq -\dfrac{2}{3}x + 6 \\ x \geq 0 \\ y \geq 0 \end{cases}$

Test Point: (2, 2)
$2x + 3y \leq 18$
$2(2) + 3(2) \leq 18$
$4 + 6 \leq 18$
$10 \leq 18;$
$x \geq 0$
$2 \geq 0;$
$y \geq 0$
$2 \geq 0$

39. $\begin{cases} y - x \leq 1 \\ x + y > 3 \end{cases}$

41. $\begin{cases} y - x \leq 1 \\ x + y < 3 \\ y \geq 0 \end{cases}$

457

8.4 Exercises

43.

Point	Objective Function $f(x,y) = 12x + 10y$	Result
(0, 0)	$f(0,0) = 12(0) + 10(0)$	0
(0, 8.5)	$f(0,8.5) = 12(0) + 10(8.5)$	85
(7, 0)	$f(7,0) = 12(7) + 10(0)$	84
(5, 3)	$f(5,3) = 12(5) + 10(3)$	90

Maximum value occurs at (5, 3).

45.

Point	Objective Function $f(x,y) = 8x + 15y$	Result
(0, 20)	$f(0,20) = 8(0) + 15(20)$	300
(35, 0)	$f(35,0) = 8(35) + 15(0)$	280
(5, 15)	$f(5,15) = 8(5) + 15(15)$	265
(12, 11)	$f(12,11) = 8(12) + 15(11)$	261

Minimum value occurs at (12, 11).

47. $\begin{cases} x + 2y \leq 6 \\ 3x + y \leq 8 \\ x \geq 0 \\ y \geq 0 \end{cases}$

$\begin{cases} y \leq -\dfrac{1}{2}x + 3 \\ y \leq -3x + 8 \\ x \geq 0 \\ y \geq 0 \end{cases}$

Corner Point	Objective Function $f(x,y) = 8x + 5y$	Result
(0, 0)	$f(0,0) = 8(0) + 5(0)$	0
(0, 3)	$f(0,3) = 8(0) + 5(3)$	15
$\left(\dfrac{8}{3}, 0\right)$	$f\left(\dfrac{8}{3},0\right) = 8\left(\dfrac{8}{3}\right) + 5(0)$	$\dfrac{64}{3}$
(2, 2)	$f(2,2) = 8(2) + 5(2)$	26

Maximum value: (2, 2)

49. $\begin{cases} 3x + 2y \geq 18 \\ 3x + 4y \geq 24 \\ x \geq 0 \\ y \geq 0 \end{cases}$

$\begin{cases} y \geq -\dfrac{3}{2}x + 9 \\ y \geq -\dfrac{3}{4}x + 6 \\ x \geq 0 \\ y \geq 0 \end{cases}$

Corner Point	Objective Function $f(x,y) = 36x + 40y$	Result
(0, 9)	$f(0,9) = 36(0) + 40(9)$	360
(4, 3)	$f(4,3) = 36(4) + 40(3)$	264
(8, 0)	$f(8,0) = 36(8) + 40(0)$	288

Minimum value: (4, 3)

51. $\begin{cases} 20H < 200 \\ \dfrac{1}{2}(20)H > 50 \\ H > 0 \end{cases}$

$20H < 200$

$H < 10;$

$10H > 50$

$H > 5;$

$5 < H < 10$

458

Chapter 8: Systems of Equations and Inequalities

53. Let J represent the amount of money given to Julius.
Let A represent the amount of money given to Anthony.
$$\begin{cases} J + A \leq 50000 \\ J \geq 20000 \\ A \leq 25000 \end{cases}$$

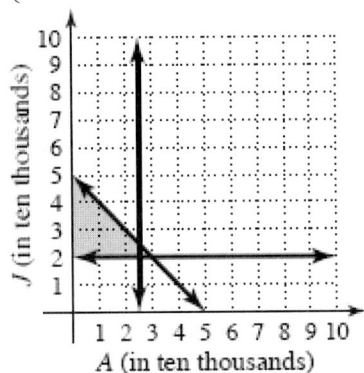

55. Let C represent the number of acres of corn.
Let S represent the number of acres of soybeans.
$$\begin{cases} C + S \leq 500 \\ 3C + 2S \leq 1300 \end{cases}$$
$P = 900C + 800S$
$$\begin{cases} S \leq -C + 500 \\ 2S \leq -3C + 1300 \end{cases}$$
$$\begin{cases} S \leq -C + 500 \\ S \leq \dfrac{-3}{2}C + 650 \end{cases}$$
Using a grapher, the corner points are:
$(0, 500), \left(433\dfrac{1}{3}, 0\right), (300, 200)$
$P = 900(0) + 800(500) = 400{,}000;$
$P = 900\left(433\dfrac{1}{3}\right) + 800(0) = 390{,}000;$
$P = 900(300) + 800(200) = 430{,}000;$
300 acres of corn, 200 acres of soybeans

57. Let x represent the number of sheet metal screws.
Let y represent the number of wood screws.
$$\begin{cases} 20x + 5y \leq 3(60)(60) \\ 15x + 15y \leq 3(60)(60) \\ 5x + 20y \leq 3(60)(60) \end{cases}$$
$R = 0.10x + 0.12y$
$$\begin{cases} 5y \leq -20x + 10800 \\ 15y \leq -15x + 10800 \\ 20y \leq -5x + 10800 \end{cases}$$
$$\begin{cases} y \leq -4x + 2160 \\ y \leq -1x + 720 \\ y \leq \dfrac{-1}{4}x + 540 \end{cases}$$
Using a grapher, the corner points are:
$(0, 540), (240, 480), (480, 240), (540, 0)$
$R = 0.10(0) + 0.12(540) = 64.80;$
$R = 0.10(240) + 0.12(480) = 81.60;$
$R = 0.10(480) + 0.12(240) = 76.80;$
$R = 0.10(540) + 0.12(0) = 54;$
240 sheet metal screws; 480 wood screws

59. Let t represent the number of ounces of traditional sandwiches.
Let d represent the number of ounces of Double-T's.
$$\begin{cases} 2t + 4d \leq 250 \\ 3t + 5d \leq 345 \\ t \geq 0 \\ d \geq 0 \end{cases}$$
$R = 2t + 3.50d$
$$\begin{cases} 2t \leq -4d + 250 \\ 3t \leq -5d + 345 \end{cases}$$
$$\begin{cases} t \leq -2d + 125 \\ t \leq -\dfrac{5}{3}d + 115 \end{cases}$$
Using a grapher, the pt of intersection is $(30, 65)$.
$R = 2(65) + 3.50(30) = 235$
65 traditionals, 30 Double-T's.

8.4 Exercises

61. Let A represent the number of thousand gallons shipped from OK to CO.
Let B represent the number of thousand gallons shipped from OK to MS.
Let C represent the number of thousand gallons shipped from TX to CO.
Let D represent the number of thousand gallons shipped from TX to MS.
Cost $= 0.05A + 0.075C + 0.06B + 0.065D$

$$\begin{cases} A + C = 220 \Rightarrow C = 220 - A \\ B + D = 250 \Rightarrow D = 250 - B \end{cases}$$

Cost
$= 0.05A + 0.075(220 - A) + 0.06B + 0.065(250 - B)$
$= 0.05A + 16.5 - 0.75A + 0.06B + 16.25 - 0.065B$
$= -0.25A - 0.005B + 32.75$;
$A + B \leq 320$;
$C + D \leq 240$
but $C = 220 - A$ and $D = 250 - B$
Thus,
$220 - A + 250 - B \leq 240$
$-A - B \leq -230$
$A + B \geq 230$;
$A \geq 0, B \geq 0, C \geq 0, D \geq 0$
$220 - A \geq 0, 250 - B \geq 0$
$A \leq 220, B \leq 250$;

$$\begin{cases} A + B \leq 320 \\ A + B \geq 230 \\ A \leq 220 \\ B \leq 250 \end{cases}$$

$$\begin{cases} B \leq -A + 320 \\ B \geq -A + 230 \\ A \leq 220 \\ B \leq 250 \end{cases}$$

Using a grapher, the corner points are:
$(220,100), (220,10), (70,250), (0,250)$

Cost $= -0.7(220) - 0.005(100) + 32.75 = -121.75$

Cost $= -0.7(220) - 0.005(10) + 32.75 = -121.30$;

Cost $= -0.7(70) - 0.005(250) + 32.75 = -17.5$;

Cost $= -0.7(0) - 0.005(250) + 32.75 = 31.5$

$A = 220, B = 100$,
$C = 220 - A = 0, D = 250 - B = 150$;
220,000 gallons from OK to CO,
100,000 gallons from OK to MS,
0 thousand gallons from TX to CO,
150,000 gallons from TX to MS

63. $\begin{cases} x \geq 0 \\ y \geq 0 \\ y \leq 3 \\ x \leq 3 \end{cases}$

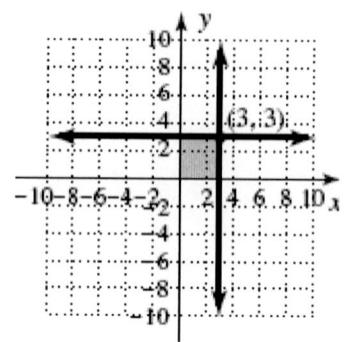

The graph is a rectangle.

Corner Point	Objective Function $f(x,y) = 4.5x + 7.2y$	Result
(0, 0)	$f(0,0) = 4.5(0) + 7.2(0)$	0
(0, 3)	$f(0,3) = 4.5(0) + 7.2(3)$	21.6
(3, 3)	$f(3,3) = 4.5(3) + 7.2(3)$	35.1
(3, 0)	$f(3,0) = 4.5(3) + 7.2(0)$	13.5

Maximum value: (3, 3)
Optimal solutions occur at vertices.

65. $\sqrt{3^2 + 4^2} = 5$;
$\cos\theta = -\dfrac{3}{5}; \csc\theta = \dfrac{5}{4}; \cot\theta = -\dfrac{3}{4}$

67. $r = \dfrac{kl}{d^2}$

$1500 = \dfrac{k(8)}{(0.004)^2}$

$0.024 = 8k$

$0.003 = k$

$r = \dfrac{0.003l}{d^2}$

$r = \dfrac{0.003(2.7)}{(0.005)^2}$

$r = \dfrac{0.0081}{0.000025}$

$r = 324 \, \Omega$

460

Chapter 8: Systems of Equations and Inequalities

Chapter 8 Summary and Review

1. $\begin{cases} 3x - 2y = 4 \\ -x + 3y = 8 \end{cases}$

   $\begin{cases} y = \dfrac{3}{2}x - 2 \\ y = \dfrac{1}{3}x + \dfrac{8}{3} \end{cases}$

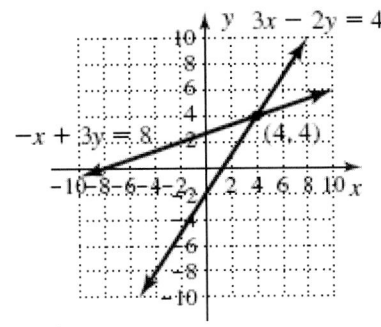

   (4,4)

3. $\begin{cases} 2x + y = 2 \\ x - 2y = 4 \end{cases}$

   $\begin{cases} y = -2x + 2 \\ y = \dfrac{1}{2}x - 2 \end{cases}$

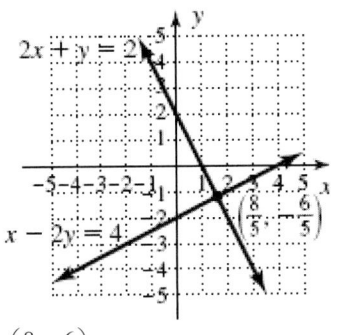

   $\left(\dfrac{8}{5}, -\dfrac{6}{5}\right)$

5. $\begin{cases} x + y = 4 \\ 0.4x + 0.3y = 1.7 \end{cases}$

   $x = 4 - y$

   $0.4x + 0.3y = 1.7$
   $0.4(4 - y) + 0.3y = 1.7$
   $1.6 - 0.4y + 0.3y = 1.7$
   $\qquad\qquad -0.1y = 0.1$
   $\qquad\qquad\quad y = -1;$

   $x + y = 4$
   $x + (-1) = 4$
   $x - 1 = 4$
   $\quad x = 5$

   $(5, -1)$; consistent

7. $\begin{cases} 2x - 4y = 10 \\ 3x + 4y = 5 \end{cases}$

   R1 + R2 = Sum
   $2x - 4y = 10$
   $3x + 4y = 5$
   _____
   $5x = 15$
   $x = 3;$

   $2x - 4y = 10$
   $2(3) - 4y = 10$
   $6 - 4y = 10$
   $-4y = 4$
   $y = -1$

   $(3, -1)$; consistent

461

Chapter 8 Summary and Review

9. $\begin{cases} 2x = 3y + 6 \\ 2.4x + 3.6y = 6 \end{cases}$

$\begin{cases} 2x - 3y = 6 \\ 24x + 36y = 60 \end{cases}$

12R1 + R2 = Sum
$24x - 36y = 72$
$\underline{24x + 36y = 60}$
$48x = 132$
$x = \dfrac{11}{4};$

$2x = 3y + 6$

$2\left(\dfrac{11}{4}\right) = 3y + 6$

$\dfrac{11}{2} = 3y + 6$

$-\dfrac{1}{2} = 3y$

$-\dfrac{1}{6} = y$

$\left(\dfrac{11}{4}, -\dfrac{1}{6}\right);$ consistent

11. $\begin{cases} x + y - 2z = -1 \\ 4x - y + 3z = 3 \\ 3x + 2y - z = 4 \end{cases}$

R1 + R2 = Sum
$x + y - 2z = -1$
$\underline{4x - y + 3z = 3}$
$5x + z = 2$

-2R1 + R3 = Sum
$-2x - 2y + 4z = 2$
$\underline{3x + 2y - z = 4}$
$x + 3z = 6$

$\begin{cases} 5x + z = 2 \\ x + 3z = 6 \end{cases}$

-3R1 + R2 = Sum
$-15x - 3z = -6$
$\underline{x + 3z = 6}$
$-14x = 0$
$x = 0;$

$x + 3z = 6$
$0 + 3z = 6$
$3z = 6$
$z = 2;$

$x + y - 2z = -1$
$0 + y - 2(2) = -1$
$y - 4 = -1$
$y = 3$

$(0, 3, 2)$

13. $\begin{cases} 3x + y + 2z = 3 \\ x - 2y + 3z = 1 \\ 4x - 8y + 12z = 7 \end{cases}$

-4R2 + R3 = Sum
$-4x + 8y - 12z = -4$
$\underline{4x - 8y + 12z = 7}$
$0 \neq 3$

No solution; inconsistent

Chapter 8: Systems of Equations and Inequalities

15. Let n represent the number of nickels.
    Let d represent the number of dimes.
    Let q represent the number of quarters.
    $$\begin{cases} 0.05n + 0.10d + 0.25q = 536 \\ n + d = 360 + q \\ q = 110 + 2n \end{cases}$$
    $$\begin{cases} 0.05n + 0.10d + 0.25q = 536 \\ n + d - q = 360 \\ -2n + q = 110 \end{cases}$$
    R1 − 0.10R2 = Sum
    $-0.05n + 0.35q = 500$
    $$\begin{cases} -0.05n + 0.35q = 500 \\ -2n + q = 110 \end{cases}$$
    R1 − 0.35R2 = Sum
    $0.65n = 461.50$
    $n = 710$;
    $-2n + q = 110$
    $-2(710) + q = 110$
    $q = 1530$;
    $n + d = 360 + q$
    $710 + d = 360 + 1530$
    $710 + d = 1890$
    $d = 1180$;
    710 nickels, 1180 dimes, 1530 quarters

17. $\begin{cases} x = y^2 - 1 & \text{Parabola} \\ x + 4y = -5 & \text{Line} \end{cases}$
    $y^2 - 1 + 4y = -5$
    $y^2 + 4y + 4 = 0$
    $(y+2)^2 = 0$
    $y = -2$;
    $x = (-2)^2 - 1 = 3$
    Solution: $(3, -2)$

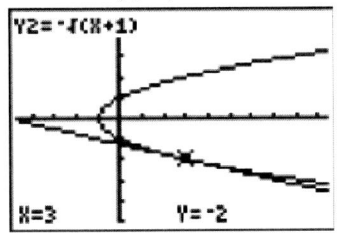

19. $\begin{cases} x^2 + y^2 = 10 & \text{Circle} \\ y - 3x^2 = 0 & \text{Parabola} \end{cases}$
    $x^2 = \dfrac{y}{3}$
    $\dfrac{y}{3} + y^2 = 10$
    $3y^2 + y - 30 = 0$
    $(3y + 10)(y - 3) = 0$
    $3y + 10 = 0$ or $y - 3 = 0$
    $y \neq -\dfrac{10}{3}$ or $y = 3$
    Solutions: $(1, 3), (-1, 3)$

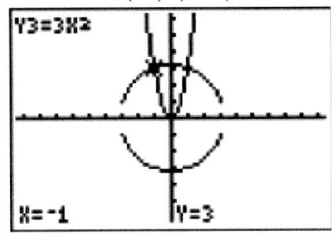

21. $\begin{cases} x^2 + y^2 > 9 \\ x^2 + y \leq -3 \end{cases}$
    Inequality 1 is a circle with center (0,0), radius 3.
    Inequality 2 is a parabola with vertex $(0, -3)$
    Note the open circle showing non-inclusion at $(0, -3)$

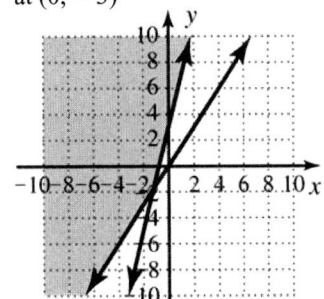

463

Chapter 8 Summary and Review

23. $\begin{cases} x - 4y \leq 5 \\ -x + 2y \leq 0 \end{cases}$

$\begin{cases} y \geq \dfrac{1}{4}x - \dfrac{5}{4} \\ y \leq \dfrac{1}{2}x \end{cases}$

Test point: (1, 0)
$x - 4y \leq 5$
$1 - 4(0) \leq 5$
$1 \leq 5$
$-x + 2y \leq 0$
$-1 + 2(0) \leq 0$
$-1 \leq 0$

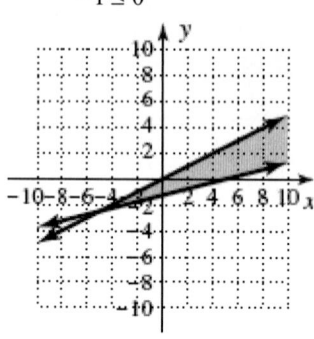

25. $\begin{cases} x + y \leq 7 \\ 2x + y \leq 10 \\ 2x + 3y \leq 18 \\ x \geq 0 \\ y \geq 0 \end{cases}$

$\begin{cases} y \leq -x + 7 \\ y \leq -2x + 10 \\ y \leq -\dfrac{2}{3}x + 6 \\ x \geq 0 \\ y \geq 0 \end{cases}$

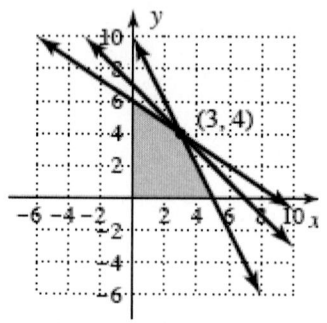

Maximum Objective Function:
$f(x, y) = 30x + 45y$

Corner Point	Objective Function $f(x, y) = 30x + 45y$	Result
(0, 0)	$f(0,0) = 30(0) + 45(0)$	0
(0, 6)	$f(0,6) = 30(0) + 45(6)$	270
(3, 4)	$f(3,4) = 30(3) + 45(4)$	270
(5, 0)	$f(5,0) = 30(5) + 45(0)$	150

Maximum value: (3, 4) and (0, 6)

Chapter 8: Systems of Equations and Inequalities

Chapter 8 Mixed Review

1. a. $\begin{cases} -3x+5y=10 \\ 6x+20=10y \end{cases}$

   $\begin{cases} y=\dfrac{3}{5}x+2 \\ y=\dfrac{3}{5}x+2 \end{cases}$

   Consistent/dependent

   b. $\begin{cases} 4x-3y=9 \\ -2x+5y=-10 \end{cases}$

   $\begin{cases} y=\dfrac{4}{3}x-3 \\ y=\dfrac{2}{5}x-2 \end{cases}$

   Consistent/independent

   c. $\begin{cases} x-3y=9 \\ -6y+2x=10 \end{cases}$

   $\begin{cases} y=\dfrac{1}{3}x-3 \\ y=\dfrac{1}{3}x-\dfrac{5}{3} \end{cases}$

   Inconsistent

3. $\begin{cases} 2x+3y=5 \\ -x+5y=17 \end{cases}$

   $x=5y-17$
   $2x+3y=5$
   $2(5y-17)+3y=5$
   $10y-34+3y=5$
   $13y=39$
   $y=3;$
   $-x+5y=17$
   $-x+5(3)=17$
   $-x+15=17$
   $-x=2$
   $x=-2$
   $(-2, 3)$

5. Let v represent the number of veggie burritos sold. Let b represent the number of beef burritos sold.

   $\begin{cases} 2.45v+2.95b=148.80 \\ v+b=54 \end{cases}$

   $v=54-b;$
   $2.45(54-b)+2.95b=148.80$
   $132.30-2.45b+2.95b=148.80$
   $0.50b=16.50$
   $b=33;$
   $v=54-b=54-33=21;$
   21 veggie, 33 beef

7. $\begin{cases} 0.1x-0.2y+z=1.7 \\ 0.3x+y-0.1z=3.6 \\ -0.2x-0.1y+0.2z=-1.7 \end{cases}$

   $\begin{cases} x-2y+10z=17 \\ 3x+10y-z=36 \\ -2x-y+2z=-17 \end{cases}$

   $-3R1 + R2 =$ Sum
   $-3x+6y-30z=-51$
   $\underline{3x+10y-z=36}$
   $16y-31z=-15$

   $2R1 + R3 =$ Sum
   $2x-4y+20z=34$
   $\underline{-2x-y+2z=-17}$
   $-5y+22z=17$

   $\begin{cases} 16y-31z=-15 \\ -5y+22z=17 \end{cases}$

   $5R1 + 16R2 =$ Sum
   $80y-155z=-75$
   $\underline{-80y+352z=272}$
   $197z=197$
   $z=1;$
   $-5y+22z=17$
   $-5y+22(1)=17$
   $-5y+22=17$
   $-5y=-5$
   $y=1;$
   $x-2y+10z=17$
   $x-2(1)+10(1)=17$
   $x-2+10=17$
   $x+8=17$
   $x=9$
   $(9, 1, 1)$

Chapter 8 Mixed Review

9. $\begin{cases} x - 2y + 3z = 4 \\ 2x + y - z = 1 \\ 5x + z = 6 \end{cases}$

R1 + 2R2 = Sum
$5x + z = 6$
$\begin{cases} 5x + z = 6 \\ 5x + z = 6 \end{cases}$
Dependent
$z = -5x + 6$;
Equation 1
$x - 2y + 3(-5x + 6) = 4$
$x - 2y - 15x + 18 = 4$
$-2y - 14x + 18 = 4$
$-2y = 14x - 14$
$y = -7x + 7$;
$\{(x, y, z) | x \in \square, y = -7x + 7, z = -5x + 6\}$

11. $\begin{cases} 2x + y \leq 4 \\ x - 3y > 6 \end{cases}$

$\begin{cases} y \leq -2x + 4 \\ -3y > -x + 6 \end{cases}$

$\begin{cases} y \leq -2x + 4 \\ y < \dfrac{1}{3}x - 2 \end{cases}$

Inequality 1, line with y-intercept (0, 4), slope -2.
Inequality 2, line with y-intercept (0, -2), slope $\dfrac{1}{3}$.

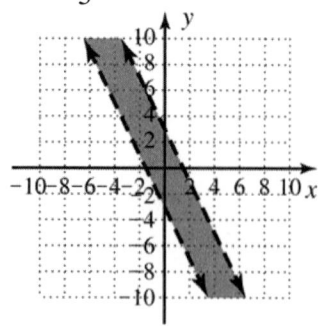

13. $\begin{cases} x - 2y \geq 5 \\ x \leq 2y \end{cases}$

$\begin{cases} -2y \geq -x + 5 \\ 2y \geq x \end{cases}$

$\begin{cases} y \leq \dfrac{1}{2}x - \dfrac{5}{2} \\ y \geq \dfrac{1}{2}x \end{cases}$

Inequality 1, line with y-intercept $\left(0, \dfrac{5}{2}\right)$, slope $\dfrac{1}{2}$.

Inequality 2, line with y-intercept (0,0), slope $\dfrac{1}{2}$.

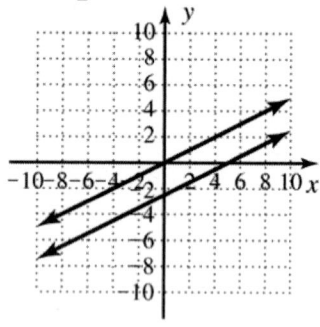

Chapter 8: Systems of Equations and Inequalities

15. $P(x, y) = 2.5x + 3.75y$

$$\begin{cases} x + y \leq 8 \\ x + 2y \leq 14 \\ 4x + 3y \leq 30 \\ x, y \geq 0 \end{cases}$$

$$\begin{cases} y \leq -x + 8 \\ y \leq -\frac{1}{2}x + 7 \\ y \leq -\frac{4}{3}x + 10 \\ x, y \geq 0 \end{cases}$$

Corner Point	Objective Function $P(x, y) = 2.5x + 3.75y$	Result
(0, 0)	$P(0,0) = 2.5(0) + 3.75(0)$	0
(0, 7)	$P(0,7) = 2.5(0) + 3.75(7)$	26.25
(7.5, 0)	$P(7.5, 0)$ $= 2.5(7.5) + 3.75(0)$	18.75
(2, 6)	$P(2,6) = 2.5(2) + 3.75(6)$	27.5
(6, 2)	$P(6,2) = 2.5(6) + 3.75(2)$	22.5

Maximum value occurs at (2, 6): 27.5

17. $\begin{cases} 4x^2 - y^2 = -9 \\ x^2 + 3y^2 = 79 \end{cases}$

$\begin{cases} 12x^2 - 3y^2 = -27 \\ x^2 + 3y^2 = 79 \end{cases}$

$13x^2 = 52$

$x^2 = 4$

$x = \pm 2$;

$4(\pm 2)^2 + 9 = y^2$

$25 = y^2$

$y = \pm 5$;

$(2,5), (2,-5), (-2,5), (-2,-5)$

19. $\begin{cases} x + y > 1 \\ x^2 + y^2 \geq 16 \end{cases}$

Solve for y in Inequality 1.

$\begin{cases} y > -x + 1 \\ x^2 + y^2 \geq 16 \end{cases}$

Inequality 1 is a line with y-intercept $(0,1)$, slope -1.
Inequality 2 is a circle with center $(0,0)$, radius 4.

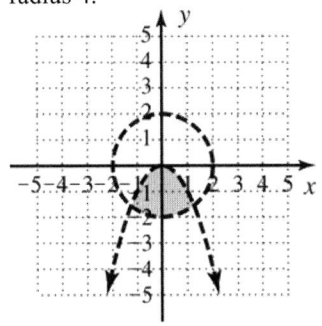

467

Chapter 8 Practice Test

1. $\begin{cases} 3x+2y=12 \\ -x+4y=10 \end{cases}$

   $\begin{cases} y=-\dfrac{3}{2}x+6 \\ y=\dfrac{1}{4}x+\dfrac{5}{2} \end{cases}$

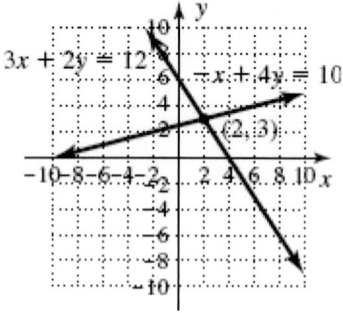

   (2, 3)

3. $\begin{cases} 5x+8y=1 \\ 3x+7y=5 \end{cases}$

   $-3R1+5R2 = \text{Sum}$
   $-15x-24y=-3$
   $\underline{15x+35y=25}$
   $11y=22$
   $y=2;$
   $3x+7y=5$
   $3x+7(2)=5$
   $3x+14=5$
   $3x=-9$
   $x=-3$
   $(-3, 2)$

5. $\begin{cases} 2x-y+z=4 \\ -x\quad\ \ +2z=1 \\ x-2y+8z=11 \end{cases}$

   $-2R1+R3 = \text{Sum}$
   $-3x+6z=3$
   $\dfrac{R1}{-3}$
   $x-2z=-1$
   $\begin{cases} x-2z=-1 \\ -x+2z=1 \end{cases}$
   $R1+R2=\text{Sum}$
   $0=0;$
   Dependent
   $-x+2z=1$
   $-x=-2z+1$
   $x=2z-1;$
   $2x-y+z=4$
   $2(2z-1)-y+z=4$
   $4z-2-y+z=4$
   $-y=-5z+6$
   $y=5z-6;$
   $\{(x,y,z)\,|\,x=2z-1, y=5z-6, z\in\mathbb{R}\}$

7. Let l represent the length of the paper. Let w represent the width of the paper.
   $\begin{cases} 2l+2w=114.3 \\ l=2w-7.62 \end{cases}$
   $2l+2w=114.3$
   $2(2w-7.62)+2w=114.3$
   $4w-15.24+2w=114.3$
   $6w=129.54$
   $w=21.59;$
   $l=2w-7.62$
   $l=2(21.59)-7.62$
   $l=43.18-7.62$
   $l=35.56$
   21.59 cm by 35.56 cm

Chapter 8: Systems of Equations and Inequalities

9. $\begin{cases} 2C+3B+P=1.39 \\ 3C+2B+2P=1.73 \\ C+4B+3P=1.92 \end{cases}$

$-2R1 + R2 = \text{Sum}$

$\underline{\begin{array}{r} -4C-6B-2P=-2.78 \\ 3C+2B+2P=1.73 \end{array}}$

$-C-4B=-1.05$

$-3R1 + R3 = \text{Sum}$

$\underline{\begin{array}{r} -6C-9B-3P=-4.17 \\ C+4B+3P=1.92 \end{array}}$

$-5C-5B=-2.25$

$\begin{cases} -C-4B=-1.05 \\ -5C-5B=-2.25 \end{cases}$

$-5R1 + R2 = \text{Sum}$

$\underline{\begin{array}{r} 5C+20B=5.25 \\ -5C-5B=-2.25 \end{array}}$

$15B=3$

$B=0.20;$

$-C-4B=-1.05$

$-C-4(0.20)=-1.05$

$-C-0.80=-1.05$

$-C=-0.25$

$C=0.25;$

$2C+3B+P=1.39$

$2(0.25)+3(0.2)+P=1.39$

$0.50+0.60+P=1.39$

$1.10+P=1.39$

$P=0.29$

Corn: 25¢
Beans: 20¢
Peas: 29¢

11. $\begin{cases} x-y \le 2 \\ x+2y \ge 8 \end{cases}$

$\begin{cases} y \ge x-2 \\ y \ge -\dfrac{1}{2}x+4 \end{cases}$

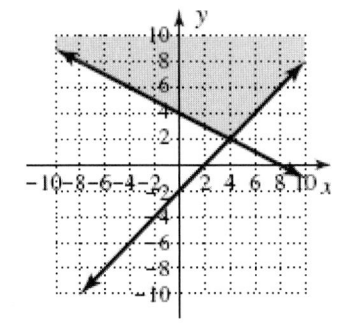

13. $P(x,y)=4.25x+5y$

$\begin{cases} x+y \le 50 \\ 2x+3y \le 120 \end{cases}$

Corner Point	Objective Function $P(x,y)=4.25x+5y$	Result
(0, 0)	$P(0,0)=4.25(0)+5(0)$	0
(0, 40)	$P(0,40)=4.25(0)+5(40)$	200
(30, 20)	$P(30,20)=4.25(30)+5(20)$	227.5
(50, 0)	$P(50,0)=4.25(50)+5(0)$	212.50

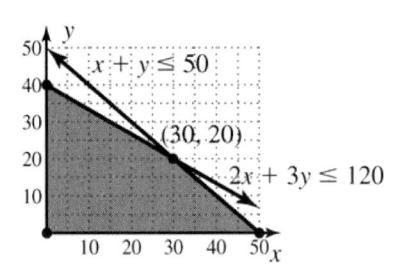

30 plain, 20 deluxe

Chapter 8 Practice Test

15. $\begin{cases} 4y - x^2 = 1 \\ y^2 + x^2 = 4 \end{cases}$

R1 + R2

$y^2 + 4y = 5$

$y^2 + 4y - 5 = 0$

$(y+5)(y-1) = 0$

$y + 5 = 0$ or $y - 1 = 0$

$y = -5$ or $y = 1$;

If $y = -5, 4y - x^2 = 1$

$\qquad 4(-5) - x^2 = 1$

$\qquad -20 - x^2 = 1$

$\qquad x^2 = -21$ not real;

If $y = 1, 4y - x^2 = 1$

$\qquad 4(1) - x^2 = 1$

$\qquad 4 - x^2 = 1$

$\qquad x^2 = 3$

$\qquad x = \pm\sqrt{3}$;

$(\sqrt{3}, 1), (-\sqrt{3}, 1)$

17. $\begin{cases} x^2 - y \le 2 \\ x - y^2 \ge -2 \end{cases}$

$\begin{cases} -y \le -x^2 + 2 \\ x \ge y^2 - 2 \end{cases}$

$\begin{cases} y \ge x^2 - 2 \\ x \ge y^2 - 2 \end{cases}$

Inequality 1 is a parabola, vertex $(0, -2)$, opens up;
Inequality 2 is a parabola, vertex $(-2, 0)$, opens right.

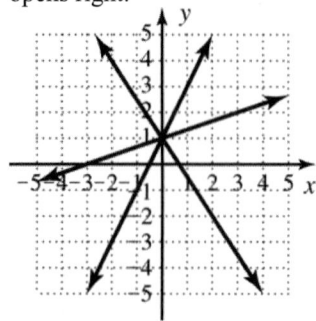

19. $\begin{cases} 2x - y \le -1 \\ 3x + 2y \ge 2 \\ x - 3y \ge -3 \end{cases}$

$\begin{cases} -y \le -2x - 1 \\ 2y \ge -3x + 2 \\ -3y \ge -x - 3 \end{cases}$

$\begin{cases} y \ge 2x + 1 \\ y \ge -\dfrac{3}{2}x + 1 \\ y \le \dfrac{1}{3}x + 1 \end{cases}$

Calculator Exploration and Discovery

Exercise 1: $\begin{cases} 2x + 2y = 15 \\ x + y = 6 \\ x + 4y = 9 \\ x, y \ge 0 \end{cases}$

(5, 1)

Strengthening Core Skills

Exercise 1:
{-1, 4}; elimination.

Chapter 8: Systems of Equations and Inequalities

Chapter 1-8 Cumulative Review

1. $y = \dfrac{2}{3}x + 2$

   x-intercept:
   $$0 = \dfrac{2}{3}x + 2$$
   $$-2 = \dfrac{2}{3}x$$
   $$-3 = x$$
   $(-3, 0)$

   y-intercept:
   $$y = \dfrac{2}{3}(0) + 2$$
   $$y = 2$$
   $(0, 2)$

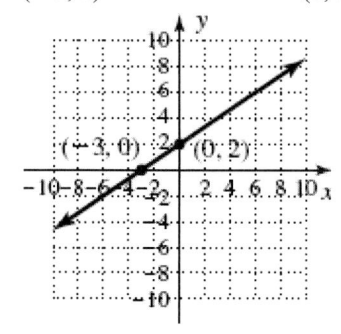

3. $g(x) = \sqrt{x-3} + 1$

   x-intercept: None
   y-intercept: None
   Shifts right 3, up 1

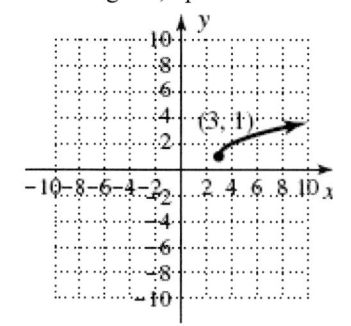

5. $g(x) = (x-3)(x+1)(x+4)$

   x-intercepts: (3, 0), (−1, 0), (−4, 0)
   y-intercept: (0, −12)

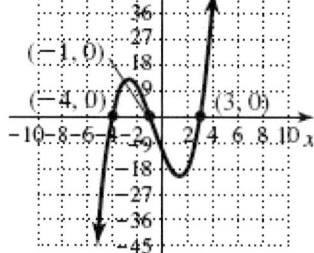

7. $y = 2\sin\left(x - \dfrac{\pi}{4}\right)$

   Amplitude: 2

   Phase Shift: Right $\dfrac{\pi}{4}$

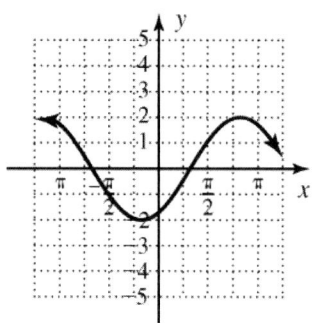

   x-intercepts: $\left(\dfrac{\pi}{4} + \pi n, 0\right)$, $\left(\dfrac{\pi}{4}, 0\right)$, $\left(\dfrac{5\pi}{4}, 0\right)$, $\left(\dfrac{-3\pi}{4}, 0\right)$

Chapter 1-8 Cumulative Review

9. $h(x) = \dfrac{9-x^2}{x^2-4} = \dfrac{(3-x)(3+x)}{(x-2)(x+2)}$

    Vertical asymptotes: $x = -2, x = 2$
    x-intercepts: $(3, 0), (-3, 0)$
    y-intercept: $(0, -2.25)$

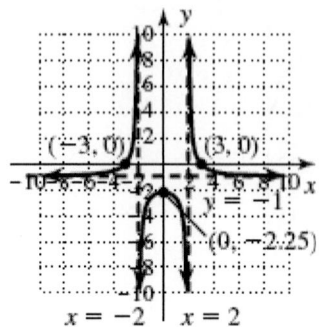

11. a) Domain: $x \in (-\infty, \infty)$
    b) Range: $y \in (-\infty, 4]$
    c) $f(x) \uparrow : (-\infty, -1)$
       $f(x) \downarrow : (-1, \infty)$
    d) N/A
    e) Maximum: $(-1, 4)$
    f) $f(x) > 0 : (-4, 2)$
       $f(x) < 0 : (-\infty, -4) \cup (2, \infty)$
    g) $\dfrac{\Delta y}{\Delta x} = \dfrac{7}{4}$

13. a. $\sqrt{x} - 2 = \sqrt{3x+4}$
    $(\sqrt{x}-2)^2 = (\sqrt{3x+4})^2$
    $x - 4\sqrt{x} + 4 = 3x + 4$
    $-4\sqrt{x} = 2x$
    $16x = 4x^2$
    $0 = 4x^2 - 16x$
    $0 = 4x(x-4)$
    $x = 4; \ x = 0$ both are extraneous solutions; no solution

    b. $x^{\frac{3}{2}} + 8 = 0$
    $\sqrt{x^3} = -8$
    Not possible, no solution

    c. $2|n+4| + 3 = 13$
    $2|n+4| = 10$
    $|n+4| = 5$
    $n + 4 = 5$ and $n + 4 = -5$
    $n = 1$ $\qquad$ $n = -9$

    d. $x^2 - 6x + 13 = 0$
    $x = \dfrac{6 \pm \sqrt{(-6)^2 - 4(1)(13)}}{2(1)}$
    $x = \dfrac{6 \pm \sqrt{36-52}}{2}$
    $x = \dfrac{6 \pm \sqrt{-16}}{2}$
    $x = \dfrac{6 \pm 4i}{2}$
    $x = 3 \pm 2i$

    e. $x^{-2} - 3x^{-1} - 40 = 0$
    Let $u = x^{-1}$ and $u^2 = x^{-2}$
    $u^2 - 3u - 40 = 0$
    $(u-8)(u+5) = 0$
    $u = 8$ $\qquad$ $u = -5$
    $x^{-1} = 8$ and $x^{-1} = -5$
    $x = \dfrac{1}{8}$ $\qquad$ $x = \dfrac{-1}{5}$

Chapter 8: Systems of Equations and Inequalities

f. $4 \cdot 2^{x+1} = \dfrac{1}{8}$

$2^{x+1} = \dfrac{1}{32}$

$2^{x+1} = \left(\dfrac{1}{2}\right)^5$

$2^{x+1} = (2)^{-5}$

$x+1 = -5$

$x = -6$

g. $3^{x-2} = 7$

$(x-2)\ln 3 = \ln 7$

$x - 2 = \dfrac{\ln 7}{\ln 3}$

$x = \dfrac{\ln 7}{\ln 3} + 2$

h. $\log_3 81 = x$

$3^x = 81$

$3^x = 3^4$

$x = 4$

i. $\log_3 x + \log_3 (x-2) = 1$

$\log_3 (x(x-2)) = 1$

$\log_3 (x^2 - 2x) = 1$

$3 = x^2 - 2x$

$0 = x^2 - 2x - 3$

$0 = (x-3)(x+1)$

$x = 3 \quad (x = -1 \text{ is extraneous})$

15. $a = 20$

$b = a\sqrt{3} = 20\sqrt{3}$

$c = 2a = 2(20) = 40$

$A = 30°$

$B = 90° - 30° = 60°$

$C = 90°$

17. $\sin^2 \theta + \cos^2 \theta = 1$

$\tan^2 \theta + 1 = \sec^2 \theta$

$1 + \cot^2 \theta = \csc^2 \theta$

19. $\tan \alpha = -\dfrac{3}{4}, \ \cos \alpha > 0$

$(-3)^2 + 4^2 = r^2$

$9 + 16 = r^2$

$25 = r^2$

$5 = r$

$\sin \alpha = \dfrac{-3}{5}$

$\cos \alpha = \dfrac{4}{5}$

$\tan \alpha = \dfrac{-3}{4}$

$\cot \alpha = \dfrac{-4}{3}$

$\sec \alpha = \dfrac{5}{4}$

$\csc \alpha = \dfrac{-5}{3}$

Chapter 1-8 Cumulative Review

21. [1.1,1.2] $f(x) = x^2 - 3x$

$$\frac{\Delta y}{\Delta x} \frac{f(x_2)-f(x_1)}{x_2-x_1} = \frac{((1.2)^2 - 3(1.2)) - ((1.1)^2 - 3(1.1))}{1.2 - 1.1}$$

$$= \frac{-2.16 - (-2.09)}{0.1} = \frac{-0.07}{0.1} = -\frac{7}{10}$$

23. $x^2 - 3x - 10 < 0$
$(x-5)(x+2) = 0$
$x = 5; \; x = -2$
$x \in (-2, 5)$

25.

$C = 180° - 41° - 112° = 180° - 153° = 27°$

$$\frac{\sin 41°}{a} = \frac{\sin 112°}{19}$$

$$a = \frac{19 \sin 41°}{\sin 112°} \approx 13.4$$

$$\frac{\sin 27°}{c} = \frac{\sin 112°}{19}$$

$$c = \frac{19 \sin 27°}{\sin 112°} \approx 9.3$$

27. $\begin{cases} 4x + 3y = 13 \\ -9x + 5y = 6 \end{cases}$

$$\begin{bmatrix} 4 & 3 & | & 13 \\ -9 & 5 & | & 6 \end{bmatrix} \frac{1}{4}R1 \to R1$$

$$\begin{bmatrix} 1 & \frac{3}{4} & | & \frac{13}{4} \\ -9 & 5 & | & 6 \end{bmatrix} 9R1 + R2 \to R2$$

$$\begin{bmatrix} 1 & \frac{3}{4} & | & \frac{13}{4} \\ 0 & \frac{47}{4} & | & \frac{141}{4} \end{bmatrix} \frac{4}{47} R2 \to R2$$

$$\begin{bmatrix} 1 & \frac{3}{4} & | & \frac{13}{4} \\ 0 & 1 & | & 3 \end{bmatrix}$$

$y = 3$;

$x + \frac{3}{4}y = \frac{13}{4}$

$x + \frac{3}{4}(3) = \frac{13}{4}$

$x + \frac{9}{4} = \frac{13}{4}$

$x = 1$

(1, 3)

29. $\cos 69° = \frac{x}{900}$

$x = 900 \cos 69°$

$x \approx 322.5$ lb

Chapter 9: Matrices and Matrix Applications

9.1 Technology Highlight

Exercise 1: (10, 12)

9.1 Exercises

1. Square

3. 2 by 3, 1

5. Multiply R_1 by -2 and add that result to R_2. This sum will be the new R_2.

7. $\begin{bmatrix} 1 & 0 \\ 2.1 & 1 \\ -3 & 5.8 \end{bmatrix}$
   3×2, 5.8

9. $\begin{bmatrix} 1 & 0 & 4 \\ 1 & 3 & -7 \\ 5 & -1 & 2 \\ 2 & -3 & 9 \end{bmatrix}$
   4×3, -1

11. $\begin{cases} x + 2y - z = 1 \\ x + z = 3 \\ 2x - y + z = 3 \end{cases}$

    $\begin{bmatrix} 1 & 2 & -1 & | & 1 \\ 1 & 0 & 1 & | & 3 \\ 2 & -1 & 1 & | & 3 \end{bmatrix}$

    Diagonal entries 1, 0, 1

13. $\begin{bmatrix} 1 & 4 & | & 5 \\ 0 & 1 & | & \frac{1}{2} \end{bmatrix}$

    $\begin{cases} x + 4y = 5 \\ y = \dfrac{1}{2} \end{cases}$

    $x + 4y = 5$
    $x + 4\left(\dfrac{1}{2}\right) = 5$
    $x + 2 = 5$
    $x = 3$

    $\left(3, \dfrac{1}{2}\right)$

15. $\begin{bmatrix} 1 & 2 & -1 & | & 0 \\ 0 & 1 & 2 & | & 2 \\ 0 & 0 & 1 & | & 3 \end{bmatrix}$

    $\begin{cases} x + 2y - z = 0 \\ y + 2z = 2 \\ z = 3 \end{cases}$

    $y + 2z = 2$
    $y + 2(3) = 2$
    $y + 6 = 2$
    $y = -4$;

    $x + 2y - z = 0$
    $x + 2(-4) - (3) = 0$
    $x - 8 - 3 = 0$
    $x - 11 = 0$
    $x = 11$

    $(11, -4, 3)$

17. $\begin{bmatrix} 1 & 3 & -4 & | & 29 \\ 0 & 1 & -\dfrac{3}{2} & | & \dfrac{21}{2} \\ 0 & 0 & 1 & | & 3 \end{bmatrix}$

    $\begin{cases} x + 3y - 4z = 29 \\ y - \dfrac{3}{2}z = \dfrac{21}{2} \\ z = 3 \end{cases}$

    $y - \dfrac{3}{2}z = \dfrac{21}{2}$
    $y - \dfrac{3}{2}(3) = \dfrac{21}{2}$
    $y - \dfrac{9}{2} = \dfrac{21}{2}$
    $y = \dfrac{30}{2}$
    $y = 15$;

    $x + 3y - 4z = 29$
    $x + 3(15) - 4(3) = 29$
    $x + 45 - 12 = 29$
    $x + 33 = 29$
    $x = -4$

    $(-4, 15, 3)$

475

9.1 Exercises

19. $\begin{bmatrix} \frac{1}{2} & -3 & | & -1 \\ -5 & 2 & | & 4 \end{bmatrix}$ $2R1 \to R1$

$\begin{bmatrix} 1 & -6 & | & -2 \\ -5 & 2 & | & 4 \end{bmatrix}$ $5R1 + R2 \to R2$

$\begin{bmatrix} 1 & -6 & | & -2 \\ 0 & -28 & | & -6 \end{bmatrix}$

21. $\begin{bmatrix} -2 & 1 & 0 & | & 4 \\ 5 & 8 & 3 & | & -5 \\ 1 & -3 & 3 & | & 2 \end{bmatrix}$ $R1 \leftrightarrow R3$

$\begin{bmatrix} 1 & -3 & 3 & | & 2 \\ 5 & 8 & 3 & | & -5 \\ -2 & 1 & 0 & | & 4 \end{bmatrix}$ $-5R1 + R2 \to R2$

$\begin{bmatrix} 1 & -3 & 3 & | & 2 \\ 0 & 23 & -12 & | & -15 \\ -2 & 1 & 0 & | & 4 \end{bmatrix}$

23. $\begin{bmatrix} 3 & 1 & 1 & | & 8 \\ 6 & -1 & -1 & | & 10 \\ 4 & -2 & -3 & | & 22 \end{bmatrix}$ $-2R1 + R2 \to R2$

$\begin{bmatrix} 3 & 1 & 1 & | & 8 \\ 0 & -3 & -3 & | & -6 \\ 4 & -2 & -3 & | & 34 \end{bmatrix}$ $-4R1 + 3R3 \to R3$

$\begin{bmatrix} 3 & 1 & 1 & | & 8 \\ 0 & -3 & -3 & | & -6 \\ 0 & -10 & -13 & | & 34 \end{bmatrix}$

25. $\begin{bmatrix} 1 & 3 & 0 & | & 2 \\ -2 & 4 & 1 & | & 1 \\ 3 & -1 & -2 & | & 9 \end{bmatrix}$

$2R1 + R2 \to R2$
$-3R1 + R3 \to R3$

27. $\begin{bmatrix} 1 & 2 & 0 & | & 10 \\ 5 & 1 & 2 & | & 6 \\ -4 & 3 & -3 & | & 2 \end{bmatrix}$

$-5R1 + R2 \to R2$
$4R1 + R3 \to R3$

29. $\begin{cases} 0.15g - 0.35h = -0.5 \\ -0.12g + 0.25h = 0.1 \end{cases}$

$\begin{cases} 15g - 35h = -50 \\ -12g + 25h = 10 \end{cases}$

$\begin{bmatrix} 15 & -35 & | & -50 \\ -12 & 25 & | & 10 \end{bmatrix}$ $\frac{1}{15}R1 \to R1$

$\begin{bmatrix} 1 & -\frac{7}{3} & | & -\frac{10}{3} \\ -12 & 25 & | & 10 \end{bmatrix}$ $12R1 + R2 \to R2$

$\begin{bmatrix} 1 & -\frac{7}{3} & | & -\frac{10}{3} \\ 0 & -3 & | & -30 \end{bmatrix}$ $-\frac{1}{3}R2 \to R2$

$\begin{bmatrix} 1 & -\frac{7}{3} & | & -\frac{10}{3} \\ 0 & 1 & | & 10 \end{bmatrix}$

$h = 10$;
$0.15g - 0.35h = -0.5$
$0.15g - 0.35(10) = -0.5$
$0.15g - 3.5 = -0.5$
$0.15g = 3$
$g = 20$

$(20, 10)$

Chapter 9: Matrices and Matrix Applications

31. $\begin{cases} x-2y+2z=7 \\ 2x+2y-z=5 \\ 3x-y+z=6 \end{cases}$

$\begin{bmatrix} 1 & -2 & 2 & | & 7 \\ 2 & 2 & -1 & | & 5 \\ 3 & -1 & 1 & | & 6 \end{bmatrix}$ $-2R1+R2 \to R2$

$\begin{bmatrix} 1 & -2 & 2 & | & 7 \\ 0 & 6 & -5 & | & -9 \\ 3 & -1 & 1 & | & 6 \end{bmatrix}$ $-3R1+R3 \to R3$

$\begin{bmatrix} 1 & -2 & 2 & | & 7 \\ 0 & 6 & -5 & | & -9 \\ 0 & 5 & -5 & | & -15 \end{bmatrix}$ $-\dfrac{5}{6}R2+R3 \to R3$

$\begin{bmatrix} 1 & -2 & 2 & | & 7 \\ 0 & 6 & -5 & | & -9 \\ 0 & 0 & -\dfrac{5}{6} & | & -\dfrac{15}{2} \end{bmatrix}$ $-\dfrac{6}{5}R3 \to R3$

$\begin{bmatrix} 1 & -2 & 2 & | & 7 \\ 0 & 6 & -5 & | & -9 \\ 0 & 0 & 1 & | & 9 \end{bmatrix}$

$z=9$;
$6y-5z=-9$
$6y-5(9)=-9$
$6y-45=-9$
$6y=36$
$y=6$;
$x-2y+2z=7$
$x-2(6)+2(9)=7$
$x-12+18=7$
$x+6=7$
$x=1$

$(1,6,9)$

33. $\begin{cases} x+2y-z=1 \\ x+z=3 \\ 2x-y+z=3 \end{cases}$

$\begin{bmatrix} 1 & 2 & -1 & | & 1 \\ 1 & 0 & 1 & | & 3 \\ 2 & -1 & 1 & | & 3 \end{bmatrix}$ $-R1+R2 \to R2$

$\begin{bmatrix} 1 & 2 & -1 & | & 1 \\ 0 & -2 & 2 & | & 2 \\ 2 & -1 & 1 & | & 3 \end{bmatrix}$ $-2R1+R3 \to R3$

$\begin{bmatrix} 1 & 2 & -1 & | & 1 \\ 0 & -2 & 2 & | & 2 \\ 0 & -5 & 3 & | & 1 \end{bmatrix}$ $-\dfrac{5}{2}R2+R3 \to R3$

$\begin{bmatrix} 1 & 2 & -1 & | & 1 \\ 0 & -2 & 2 & | & 2 \\ 0 & 0 & -2 & | & -4 \end{bmatrix}$ $-\dfrac{1}{2}R3 \to R3$

$\begin{bmatrix} 1 & 2 & -1 & | & 1 \\ 0 & -2 & 2 & | & 2 \\ 0 & 0 & 1 & | & 2 \end{bmatrix}$

$z=2$;
$x+z=3$
$x+2=3$
$x=1$;
$x+2y-z=1$
$1+2y-2=1$
$2y-1=1$
$2y=2$
$y=1$

$(1,1,2)$

9.1 Exercises

35. $\begin{cases} -x+y+2z=2 \\ x+y-z=1 \\ 2x+y+z=4 \end{cases}$

$\begin{bmatrix} -1 & 1 & 2 & | & 2 \\ 1 & 1 & -1 & | & 1 \\ 2 & 1 & 1 & | & 4 \end{bmatrix}$ $R1 \leftrightarrow R2$

$\begin{bmatrix} 1 & 1 & -1 & | & 1 \\ -1 & 1 & 2 & | & 2 \\ 2 & 1 & 1 & | & 4 \end{bmatrix}$ $R1+R2 \to R2$

$\begin{bmatrix} 1 & 1 & -1 & | & 1 \\ 0 & 2 & 1 & | & 3 \\ 2 & 1 & 1 & | & 4 \end{bmatrix}$ $-2R1+R3 \to R3$

$\begin{bmatrix} 1 & 1 & -1 & | & 1 \\ 0 & 2 & 1 & | & 3 \\ 0 & -1 & 3 & | & 2 \end{bmatrix}$ $\frac{1}{2}R2+R3 \to R3$

$\begin{bmatrix} 1 & 1 & -1 & | & 1 \\ 0 & 2 & 1 & | & 3 \\ 0 & 0 & \frac{7}{2} & | & \frac{7}{2} \end{bmatrix}$ $\frac{2}{7}R3 \to R3$

$\begin{bmatrix} 1 & 1 & -1 & | & 1 \\ 0 & 2 & 1 & | & 3 \\ 0 & 0 & 1 & | & 1 \end{bmatrix}$

$z=1$;
$2y+z=3$
$2y+1=3$
$2y=2$
$y=1$;
$x+y-z=1$
$x+1-1=1$
$x=1$
$(1,1,1)$

37. $\begin{cases} 4x-8y+8z=24 \\ 2x-6y+3z=13 \\ 3x+4y-z=-11 \end{cases}$

$\begin{bmatrix} 4 & -8 & 8 & | & 24 \\ 2 & -6 & 3 & | & 13 \\ 3 & 4 & -1 & | & -11 \end{bmatrix}$ $\frac{1}{4}R1 \to R1$

$\begin{bmatrix} 1 & -2 & 2 & | & 6 \\ 2 & -6 & 3 & | & 13 \\ 3 & 4 & -1 & | & -11 \end{bmatrix}$ $-2R1+R2 \to R2$

$\begin{bmatrix} 1 & -2 & 2 & | & 6 \\ 0 & -2 & -1 & | & 1 \\ 3 & 4 & -1 & | & -11 \end{bmatrix}$ $-3R1+R3 \to R3$

$\begin{bmatrix} 1 & -2 & 2 & | & 6 \\ 0 & -2 & -1 & | & 1 \\ 0 & 10 & -7 & | & -29 \end{bmatrix}$ $5R2+R3 \to R3$

$\begin{bmatrix} 1 & -2 & 2 & | & 6 \\ 0 & -2 & -1 & | & 1 \\ 0 & 0 & -12 & | & -24 \end{bmatrix}$ $-\frac{1}{12}R3 \to R3$

$\begin{bmatrix} 1 & -2 & 2 & | & 6 \\ 0 & -2 & -1 & | & 1 \\ 0 & 0 & 1 & | & 2 \end{bmatrix}$

$z=2$;
$-2y-z=1$
$-2y-2=1$
$-2y=3$
$y=-\frac{3}{2}$;
$3x+4y-z=-11$
$3x+4\left(-\frac{3}{2}\right)-2=-11$
$3x-6-2=-11$
$3x-8=-11$
$3x=-3$
$x=-1$
$\left(-1, \frac{-3}{2}, 2\right)$

Chapter 9: Matrices and Matrix Applications

39. $\begin{cases} x+3y+5z = 20 \\ 2x+3y+4z = 16 \\ x+2y+3z = 12 \end{cases}$

$\begin{bmatrix} 1 & 3 & 5 & | & 20 \\ 2 & 3 & 4 & | & 16 \\ 1 & 2 & 3 & | & 12 \end{bmatrix}$ $R2 - R1 \to R2$

$\begin{bmatrix} 1 & 3 & 5 & | & 20 \\ 1 & 0 & -1 & | & -4 \\ 1 & 2 & 3 & | & 12 \end{bmatrix}$ $R3 - R1 \to R3$

$\begin{bmatrix} 1 & 3 & 5 & | & 20 \\ 1 & 0 & -1 & | & -4 \\ 0 & -1 & -2 & | & -8 \end{bmatrix}$ $R2 \leftrightarrow R3$

$\begin{bmatrix} 1 & 3 & 5 & | & 20 \\ 0 & -1 & -2 & | & -8 \\ 1 & 0 & -1 & | & -4 \end{bmatrix}$ $3R2 + R1 \to R1$

$\begin{bmatrix} 1 & 0 & -1 & | & -4 \\ 0 & -1 & -2 & | & -8 \\ 1 & 0 & -1 & | & -4 \end{bmatrix}$ $-R1 + R3 \to R3$

$\begin{bmatrix} 1 & 0 & -1 & | & -4 \\ 0 & -1 & -2 & | & -8 \\ 0 & 0 & 0 & | & 0 \end{bmatrix}$

$x - z = -4$
$x = z - 4$;
$-y - 2z = -8$
$-y = 2z - 8$
$y = -2z + 8$;

Linear dependence; $(p-4, -2p+8, p)$

41. $\begin{cases} 3x - 4y + 2z = -2 \\ \dfrac{3}{2}x - 2y + z = -1 \\ -6x + 8y - 4z = 4 \end{cases}$

$\begin{bmatrix} 3 & -4 & 2 & | & -2 \\ \dfrac{3}{2} & -2 & 1 & | & -1 \\ -6 & 8 & -4 & | & 4 \end{bmatrix}$ $\dfrac{1}{3}R1 \to R1$

$\begin{bmatrix} 1 & -\dfrac{4}{3} & \dfrac{2}{3} & | & -\dfrac{2}{3} \\ \dfrac{3}{2} & -2 & 1 & | & -1 \\ -6 & 8 & -4 & | & 4 \end{bmatrix}$ $-\dfrac{3}{2}R1 + R2 \to R2$

$\begin{bmatrix} 1 & -\dfrac{4}{3} & \dfrac{2}{3} & | & -\dfrac{2}{3} \\ 0 & 0 & 0 & | & 0 \\ -6 & 8 & -4 & | & 4 \end{bmatrix}$ $6R1 + R3 \to R3$

$\begin{bmatrix} 1 & -\dfrac{4}{3} & \dfrac{2}{3} & | & -\dfrac{2}{3} \\ 0 & 0 & 0 & | & 0 \\ 0 & 0 & 0 & | & 0 \end{bmatrix}$ $3R1 \to R1$

$\begin{bmatrix} 3 & -4 & 2 & | & -2 \\ 0 & 0 & 0 & | & 0 \\ 0 & 0 & 0 & | & 0 \end{bmatrix}$

Coincident dependence;
$\{(x, y, z) | 3x - 4y + 2z = -2\}$

9.1 Exercises

43. $\begin{cases} 2x - y + 3z = 1 \\ 2y + 6z = 2 \\ x - \frac{1}{2}y + \frac{3}{2}z = 5 \end{cases}$

In terms of z:

$\begin{bmatrix} 2 & -1 & 3 & | & 1 \\ 0 & 2 & 6 & | & 2 \\ 1 & -\frac{1}{2} & \frac{3}{2} & | & 5 \end{bmatrix}$ $R1 \leftrightarrow R3$

$\begin{bmatrix} 1 & -\frac{1}{2} & \frac{3}{2} & | & 5 \\ 0 & 2 & 6 & | & 2 \\ 2 & -1 & 3 & | & 1 \end{bmatrix}$ $-2R1 + R3 \to R3$

$\begin{bmatrix} 1 & -\frac{1}{2} & \frac{3}{2} & | & 5 \\ 0 & 2 & 6 & | & 2 \\ 0 & 0 & 0 & | & -9 \end{bmatrix}$

$0 \neq -9$

No solution

45. $\begin{cases} -2x + 4y - 3z = 4 \\ 5x - 6y + 7z = -12 \\ x + 2y + z = -4 \end{cases}$

In terms of z:

$\begin{bmatrix} -2 & 4 & -3 & | & 4 \\ 5 & -6 & 7 & | & -12 \\ 1 & 2 & 1 & | & -4 \end{bmatrix}$ $R1 \leftrightarrow R3$

$\begin{bmatrix} 1 & 2 & 1 & | & -4 \\ 5 & -6 & 7 & | & -12 \\ -2 & 4 & -3 & | & 4 \end{bmatrix}$ $-5R1 + R2 \leftrightarrow R2$

$\begin{bmatrix} 1 & 2 & 1 & | & -4 \\ 0 & -16 & 2 & | & 8 \\ -2 & 4 & -3 & | & 4 \end{bmatrix}$ $2R1 + R3 \to R3$

$\begin{bmatrix} 1 & 2 & 1 & | & -4 \\ 0 & -16 & 2 & | & 8 \\ 0 & 8 & -1 & | & -4 \end{bmatrix}$ $-\frac{1}{16}R2 \to R2$

$\begin{bmatrix} 1 & 2 & 1 & | & -4 \\ 0 & 1 & -\frac{1}{8} & | & -\frac{1}{2} \\ 0 & 8 & -1 & | & -4 \end{bmatrix}$ $-8R2 + R3 \to R3$

$\begin{bmatrix} 1 & 2 & 1 & | & -4 \\ 0 & 1 & -\frac{1}{8} & | & -\frac{1}{2} \\ 0 & 0 & 0 & | & 0 \end{bmatrix}$ $-2R2 + R1 \to R1$

$\begin{bmatrix} 1 & 0 & \frac{5}{4} & | & -3 \\ 0 & 1 & -\frac{1}{8} & | & -\frac{1}{2} \\ 0 & 0 & 0 & | & 0 \end{bmatrix}$

$x + \frac{5}{4}z = -3$

$x = -\frac{5}{4}z - 3;$

$y - \frac{1}{8}z = -\frac{1}{2}$

$y = \frac{1}{8}z - \frac{1}{2}$

$\left(-\frac{5}{4}p - 3, \frac{1}{8}p - \frac{1}{2}, p\right)$

47.

$A = \pm\frac{1}{2}(x_1y_2 - x_2y_1 + x_2y_3 - x_3y_2 + x_3y_1 - x_1y_3)$

$(6, -2), (-5, 4), (-1, 7)$

$A = \pm\frac{1}{2}(6(4) - (-5)(-2) + (-5)(7) - (-1)(4) + (-1)(-2) - 6(7))$

$= \pm\frac{1}{2}(24 - 10 - 35 + 4 + 2 - 42)$

$= \pm\frac{1}{2}(-57)$

$= 28.5$

28.5 units^2

Chapter 9: Matrices and Matrix Applications

49. Let x represent the Heat's score.
Let y represent the Maverick's score.
$$\begin{cases} x - y = 3 \\ x + y = 187 \end{cases}$$
$$\begin{bmatrix} 1 & -1 & | & 3 \\ 1 & 1 & | & 187 \end{bmatrix} -R1 + R2 \to R2$$
$$\begin{bmatrix} 1 & -1 & | & 1 \\ 0 & 2 & | & 184 \end{bmatrix} \frac{1}{2} R2 \to R2$$
$$\begin{bmatrix} 1 & -1 & | & 1 \\ 0 & 1 & | & 92 \end{bmatrix}$$
$y = 92$;
$x - y = 3$
$x - 92 = 3$
$x = 95$
Heat: 95, Mavericks: 92

51. Let x represent Poe's book.
Let y represent Baum's book.
Let z represent Wouk's book.
$$\begin{cases} x + y + z = 100000 \\ x + 2z = y \\ z = 2x \end{cases}$$
$$\begin{cases} x + y + z = 100000 \\ x - y + 2z = 0 \\ -2x + z = 0 \end{cases}$$
$$\begin{bmatrix} 1 & 1 & 1 & | & 100000 \\ 1 & -1 & 2 & | & 0 \\ -2 & 0 & 1 & | & 0 \end{bmatrix} -R1 + R2 \to R2$$
$$\begin{bmatrix} 1 & 1 & 1 & | & 100000 \\ 0 & -2 & 1 & | & -100000 \\ -2 & 0 & 1 & | & 0 \end{bmatrix} 2R1 + R3 \to R3$$
$$\begin{bmatrix} 1 & 1 & 1 & | & 100000 \\ 0 & -2 & 1 & | & -100000 \\ 0 & 2 & 3 & | & 200000 \end{bmatrix} -\frac{1}{2} R2 \to R2$$
$$\begin{bmatrix} 1 & 1 & 1 & | & 100000 \\ 0 & 1 & -\frac{1}{2} & | & 50000 \\ 0 & 2 & 3 & | & 200000 \end{bmatrix} -2R2 + R3 \to R3$$
$$\begin{bmatrix} 1 & 1 & 1 & | & 100000 \\ 0 & 1 & -\frac{1}{2} & | & 50000 \\ 0 & 0 & 4 & | & 100000 \end{bmatrix} \frac{1}{4} R3 \to R3$$

$$\begin{bmatrix} 1 & 1 & 1 & | & 100000 \\ 0 & 1 & -\frac{1}{2} & | & 50000 \\ 0 & 0 & 1 & | & 25000 \end{bmatrix}$$
$z = 25000$;
$y - \frac{1}{2} z = 50000$
$y - \frac{1}{2}(25000) = 50000$
$y - 12500 = 50000$
$y = 62500$;
$x + y + z = 100000$
$x + 62500 + 25000 = 100000$
$x + 87500 = 100000$
$x = 12500$
Poe: $12,500
Baum: $62,500
Wouk: $25,000

53. Let A represent the measure of angle A.
Let B represent the measure of angle B.
Let C represent the measure of angle C.
$$\begin{cases} A + B + C = 180 \\ A + C = 3B \\ C = 2B + 10 \end{cases}$$
$$\begin{cases} A + B + C = 180 \\ -A + 3B - C = 0 \\ -2B + C = 10 \end{cases}$$
$$\begin{bmatrix} 1 & 1 & 1 & | & 180 \\ -1 & 3 & -1 & | & 0 \\ 0 & -2 & 1 & | & 10 \end{bmatrix} R1 + R2 \to R2$$
$$\begin{bmatrix} 1 & 1 & 1 & | & 180 \\ 0 & 4 & 0 & | & 180 \\ 0 & -2 & 1 & | & 10 \end{bmatrix} \frac{1}{2} R2 + R3 \to R3$$
$$\begin{bmatrix} 1 & 1 & 1 & | & 180 \\ 0 & 4 & 0 & | & 180 \\ 0 & 0 & 1 & | & 100 \end{bmatrix}$$
$C = 100$;
$4B = 180$
$B = 45$;
$A + B + C = 180$
$A + 45 + 100 = 180$
$A + 145 = 180$
$A = 35$
$A = 35°, B = 45°, C = 100°$

481

9.1 Exercises

55. Let x represent the amount of money invested in the 4% savings fund.
Let y represent the amount of money invested in the 7% money market.
Let z represent the amount of money invested in the 8% government bonds.

$\begin{cases} x+y+z = 2.5 \\ 0.04x+0.07y+0.08z = 0.178 \\ z = 2y+0.3 \end{cases}$

$\begin{cases} x+y+z = 2.5 \\ 40x+70y+80z = 178 \\ -20y+10z = 3 \end{cases}$

$\begin{bmatrix} 1 & 1 & 1 & | & 2.5 \\ 40 & 70 & 80 & | & 178 \\ 0 & -20 & 10 & | & 3 \end{bmatrix} \; -40R1+R2 \to R2$

$\begin{bmatrix} 1 & 1 & 1 & | & 2.5 \\ 0 & 30 & 40 & | & 78 \\ 0 & -20 & 10 & | & 3 \end{bmatrix} \; \frac{1}{30}R2 \to R2$

$\begin{bmatrix} 1 & 1 & 1 & | & 2.5 \\ 0 & 1 & \frac{4}{3} & | & 2.6 \\ 0 & -20 & 10 & | & 3 \end{bmatrix} \; 20R2+R3 \to R3$

$\begin{bmatrix} 1 & 1 & 1 & | & 2.5 \\ 0 & 1 & \frac{4}{3} & | & 2.6 \\ 0 & 0 & \frac{110}{3} & | & 55 \end{bmatrix} \; \frac{3}{110}R3 \to R3$

$\begin{bmatrix} 1 & 1 & 1 & | & 2.5 \\ 0 & 1 & \frac{4}{3} & | & 2.6 \\ 0 & 0 & 1 & | & 1.5 \end{bmatrix}$

$z = 1.5;$

$y + \frac{4}{3}z = 2.6$

$y + \frac{4}{3}(1.5) = 2.6$

$y + 2 = 2.6$

$y = 0.6;$

$x+y+z = 2.5$

$x+0.6+1.5 = 2.5$

$x+2.1 = 2.5$

$x = 0.4$

$0.4 million at 4%
$0.6 million at 7%
$1.5 million at 8%

57. $\begin{cases} x+y = 180-71 \\ x-59 = y \end{cases}$

$\begin{cases} x+y = 109 \\ x-y = 59 \end{cases}$

$\begin{bmatrix} 1 & 1 & | & 109 \\ 1 & -1 & | & 59 \end{bmatrix} \; -R1+R2 \to R2$

$\begin{bmatrix} 1 & 1 & | & 109 \\ 0 & -2 & | & -50 \end{bmatrix} \; -\frac{1}{2}R2 \to R2$

$\begin{bmatrix} 1 & 1 & | & 109 \\ 0 & 1 & | & 25 \end{bmatrix}$

$y = 25;$

$x+y = 109$

$x+25 = 109$

$x = 84$

$x = 84°; y = 25°$

59. a. $z_1 = -1-3i$ to trig form

$r = \sqrt{(-1)^2+(-3)^2} = \sqrt{1+9} = \sqrt{10}$

$\theta = \tan^{-1}\left(\frac{3}{1}\right)+\pi$

$z_1 = \sqrt{10} \text{ cis}\left[\pi+\tan^{-1}(3)\right]$

b. $z_2 = 5\text{cis}\left(\frac{2\pi}{3}\right)$

$z_2 = 5\left[\cos\left(\frac{2\pi}{3}\right)+i\sin\left(\frac{2\pi}{3}\right)\right]$

$z_2 = 5\left[-\frac{1}{2}+i\left(\frac{\sqrt{3}}{2}\right)\right]$

$z_2 = -\frac{5}{2}+\frac{5\sqrt{3}}{2}i$

61. $C(t) = 15\ln(t+1)$

$30 = 15\ln(t+1)$

$2 = \ln(t+1)$

$e^2 = e^{\ln(t+1)}$

$e^2 = t+1$

$e^2-1 = t$

$t \approx 6.39$

$C > 30,000$ in the year 2011.

Chapter 9: Matrices and Matrix Applications

9.2 Exercises

1. $a_{ij} = b_{ij}$

3. Scalar

5. Answers will vary.

7. $\begin{bmatrix} 1 & -3 \\ 5 & -7 \end{bmatrix}$
   2×2, $a_{12} = -3$, $a_{21} = 5$

9. $\begin{bmatrix} 2 & -3 & 0.5 \\ 0 & 5 & 6 \end{bmatrix}$
   2×3, $a_{12} = -3$, $a_{23} = 6$, $a_{22} = 5$

11. $\begin{bmatrix} -2 & 1 & -7 \\ 0 & 8 & 1 \\ 5 & -1 & 4 \end{bmatrix}$
    3×3, $a_{12} = 1$, $a_{23} = 1$, $a_{31} = 5$

13. $\begin{bmatrix} \sqrt{1} & \sqrt{4} & \sqrt{8} \\ \sqrt{16} & \sqrt{32} & \sqrt{64} \end{bmatrix} = \begin{bmatrix} 1 & 2 & 2\sqrt{2} \\ 4 & 4\sqrt{2} & 8 \end{bmatrix}$
    True.

15. $\begin{bmatrix} -2 & 3 & a \\ 2b & -5 & 4 \\ 0 & -9 & 3c \end{bmatrix} = \begin{bmatrix} c & 3 & -4 \\ 6 & -5 & -a \\ 0 & -3b & -6 \end{bmatrix}$
    Conditional, $c = -2$, $a = -4$, $b = 3$

17. $A + H$
    $= \begin{bmatrix} 2 & 3 \\ 5 & 8 \end{bmatrix} + \begin{bmatrix} 8 & -3 \\ -5 & 2 \end{bmatrix}$
    $= \begin{bmatrix} 2+8 & 3+(-3) \\ 5+(-5) & 8+2 \end{bmatrix}$
    $= \begin{bmatrix} 10 & 0 \\ 0 & 10 \end{bmatrix}$

19. $F + H$
    $= \begin{bmatrix} 6 & -3 & 9 \\ 12 & 0 & -6 \end{bmatrix} + \begin{bmatrix} 8 & -3 \\ -5 & 2 \end{bmatrix}$
    Not possible, different order.

21. $3H - 2A$
    $= 3\begin{bmatrix} 8 & -3 \\ -5 & 2 \end{bmatrix} - 2\begin{bmatrix} 2 & 3 \\ 5 & 8 \end{bmatrix}$
    $= \begin{bmatrix} 24 & -9 \\ -15 & 6 \end{bmatrix} - \begin{bmatrix} 4 & 6 \\ 10 & 16 \end{bmatrix}$
    $= \begin{bmatrix} 24-4 & -9-6 \\ -15-10 & 6-16 \end{bmatrix}$
    $= \begin{bmatrix} 20 & -15 \\ -25 & -10 \end{bmatrix}$

23. $\dfrac{1}{2}E - 3D$
    $= \dfrac{1}{2}\begin{bmatrix} 1 & -2 & 0 \\ 0 & -1 & 2 \\ 4 & 3 & -6 \end{bmatrix} - 3\begin{bmatrix} 1 & 0 & 0 \\ 0 & 1 & 0 \\ 0 & 0 & 1 \end{bmatrix}$
    $= \begin{bmatrix} \frac{1}{2} & -1 & 0 \\ 0 & -\frac{1}{2} & 1 \\ 2 & \frac{3}{2} & -3 \end{bmatrix} - \begin{bmatrix} 3 & 0 & 0 \\ 0 & 3 & 0 \\ 0 & 0 & 3 \end{bmatrix}$
    $= \begin{bmatrix} \frac{1}{2}-3 & -1-0 & 0-0 \\ 0-0 & -\frac{1}{2}-3 & 1-0 \\ 2-0 & \frac{3}{2}-0 & -3-3 \end{bmatrix}$
    $= \begin{bmatrix} \frac{-5}{2} & -1 & 0 \\ 0 & \frac{-7}{2} & 1 \\ 2 & \frac{3}{2} & -6 \end{bmatrix}$

25. ED
    $= \begin{bmatrix} 1 & -2 & 0 \\ 0 & -1 & 2 \\ 4 & 3 & -6 \end{bmatrix}\begin{bmatrix} 1 & 0 & 0 \\ 0 & 1 & 0 \\ 0 & 0 & 1 \end{bmatrix}$
    $= \begin{bmatrix} 1+0+0 & 0+(-2)+0 & 0+0+0 \\ 0+0+0 & 0+(-1)+0 & 0+0+2 \\ 4+0+0 & 0+3+0 & 0+0+(-6) \end{bmatrix}$
    $= \begin{bmatrix} 1 & -2 & 0 \\ 0 & -1 & 2 \\ 4 & 3 & -6 \end{bmatrix}$

9.2 Exercises

27. AH

$= \begin{bmatrix} 2 & 3 \\ 5 & 8 \end{bmatrix} \begin{bmatrix} 8 & -3 \\ -5 & 2 \end{bmatrix}$

$= \begin{bmatrix} 2(8)+3(-5) & 2(-3)+3(2) \\ 5(8)+8(-5) & 5(-3)+8(2) \end{bmatrix}$

$= \begin{bmatrix} 16-15 & -6+6 \\ 40-40 & -15+16 \end{bmatrix}$

$= \begin{bmatrix} 1 & 0 \\ 0 & 1 \end{bmatrix}$

29. FD

$= \begin{bmatrix} 6 & -3 & 9 \\ 12 & 0 & -6 \end{bmatrix} \begin{bmatrix} 1 & 0 & 0 \\ 0 & 1 & 0 \\ 0 & 0 & 1 \end{bmatrix}$

$= \begin{bmatrix} 6+0+0 & 0+(-3)+0 & 0+0+9 \\ 12+0+0 & 0+0+0 & 0+0+(-6) \end{bmatrix}$

$= \begin{bmatrix} 6 & -3 & 9 \\ 12 & 0 & -6 \end{bmatrix}$

31. HF

$= \begin{bmatrix} 8 & -3 \\ -5 & 2 \end{bmatrix} \begin{bmatrix} 6 & -3 & 9 \\ 12 & 0 & -6 \end{bmatrix}$

$= \begin{bmatrix} 8(6)+(-3)(12) & 8(-3)+(-3)(0) & 8(9)+(-3)(-6) \\ -5(6)+2(12) & -5(-3)+2(0) & -5(9)+2(-6) \end{bmatrix}$

$= \begin{bmatrix} 48-36 & -24+0 & 72+18 \\ -30+24 & 15+0 & -45-12 \end{bmatrix}$

$= \begin{bmatrix} 12 & -24 & 90 \\ -6 & 15 & -57 \end{bmatrix}$

33. H^2

$= \begin{bmatrix} 8 & -3 \\ -5 & 2 \end{bmatrix} \begin{bmatrix} 8 & -3 \\ -5 & 2 \end{bmatrix}$

$= \begin{bmatrix} 8(8)+(-3)(-5) & 8(-3)+(-3)(2) \\ -5(8)+2(-5) & -5(-3)+2(2) \end{bmatrix}$

$= \begin{bmatrix} 64+15 & -24-6 \\ -40-10 & 15+4 \end{bmatrix}$

$= \begin{bmatrix} 79 & -30 \\ -50 & 19 \end{bmatrix}$

35. FE

$= \begin{bmatrix} 6 & -3 & 9 \\ 12 & 0 & -6 \end{bmatrix} \begin{bmatrix} 1 & -2 & 0 \\ 0 & -1 & 2 \\ 4 & 3 & -6 \end{bmatrix}$

$= \begin{bmatrix} 6+0+36 & -12+3+27 & 0+-6-54 \\ 12+0-24 & -24+0-18 & 0+0+36 \end{bmatrix}$

$= \begin{bmatrix} 42 & 18 & -60 \\ -12 & -42 & 36 \end{bmatrix}$

37. $C+H$

$= \begin{bmatrix} \dfrac{\sqrt{3}}{2} & \dfrac{\sqrt{3}}{3} \\ \sqrt{3} & 2\sqrt{3} \end{bmatrix} + \begin{bmatrix} -\dfrac{3}{19} & \dfrac{4}{57} \\ \dfrac{1}{19} & \dfrac{5}{57} \end{bmatrix}$

$= \begin{bmatrix} \dfrac{\sqrt{3}}{2}+\left(-\dfrac{3}{19}\right) & \dfrac{\sqrt{3}}{3}+\dfrac{4}{57} \\ \sqrt{3}+\dfrac{1}{19} & 2\sqrt{3}+\dfrac{5}{57} \end{bmatrix}$

$\approx \begin{bmatrix} 0.71 & 0.65 \\ 1.78 & 3.55 \end{bmatrix}$

39. $E+G$

$= \begin{bmatrix} 1 & -2 & 0 \\ 0 & -1 & 2 \\ 4 & 3 & -6 \end{bmatrix} + \begin{bmatrix} 0 & \dfrac{3}{4} & \dfrac{1}{4} \\ -\dfrac{1}{2} & \dfrac{3}{8} & \dfrac{1}{8} \\ -\dfrac{1}{4} & \dfrac{11}{16} & \dfrac{1}{16} \end{bmatrix}$

$= \begin{bmatrix} 1+0 & -2+\dfrac{3}{4} & 0+\dfrac{1}{4} \\ 0+\left(-\dfrac{1}{2}\right) & -1+\dfrac{3}{8} & 2+\dfrac{1}{8} \\ 4+\left(-\dfrac{1}{4}\right) & 3+\dfrac{11}{16} & -6+\dfrac{1}{16} \end{bmatrix}$

$\approx \begin{bmatrix} 1 & -1.25 & 0.25 \\ -0.5 & -0.63 & 2.13 \\ 3.75 & 3.69 & -5.94 \end{bmatrix}$

Chapter 9: Matrices and Matrix Applications

41. AH

$$= \begin{bmatrix} -5 & 4 \\ 3 & 9 \end{bmatrix} \begin{bmatrix} -\dfrac{3}{19} & \dfrac{4}{57} \\ \dfrac{1}{19} & \dfrac{5}{57} \end{bmatrix}$$

$$= \begin{bmatrix} -5\left(-\dfrac{3}{19}\right)+4\left(\dfrac{1}{19}\right) & -5\left(\dfrac{4}{57}\right)+4\left(\dfrac{5}{57}\right) \\ 3\left(-\dfrac{3}{19}\right)+9\left(\dfrac{1}{19}\right) & 3\left(\dfrac{4}{57}\right)+9\left(\dfrac{5}{57}\right) \end{bmatrix}$$

$$= \begin{bmatrix} 1 & 0 \\ 0 & 1 \end{bmatrix}$$

43. EG

$$= \begin{bmatrix} 1 & -2 & 0 \\ 0 & -1 & 2 \\ 4 & 3 & -6 \end{bmatrix} \begin{bmatrix} 0 & \dfrac{3}{4} & \dfrac{1}{4} \\ -\dfrac{1}{2} & \dfrac{3}{8} & \dfrac{1}{8} \\ -\dfrac{1}{4} & \dfrac{11}{16} & \dfrac{1}{16} \end{bmatrix}$$

$$= \begin{bmatrix} 0+1+0 & \dfrac{3}{4}-\dfrac{3}{4}+0 & \dfrac{1}{4}-\dfrac{1}{4}+0 \\ 0+\dfrac{1}{2}-\dfrac{1}{2} & 0-\dfrac{3}{8}+\dfrac{11}{8} & 0-\dfrac{1}{8}+\dfrac{1}{8} \\ 0-\dfrac{3}{2}+\dfrac{3}{2} & 3+\dfrac{9}{8}-\dfrac{33}{8} & 1+\dfrac{3}{8}-\dfrac{3}{8} \end{bmatrix}$$

$$= \begin{bmatrix} 1 & 0 & 0 \\ 0 & 1 & 0 \\ 0 & 0 & 1 \end{bmatrix}$$

45. HB

$$= \begin{bmatrix} -\dfrac{3}{19} & \dfrac{4}{57} \\ \dfrac{1}{19} & \dfrac{5}{57} \end{bmatrix} \begin{bmatrix} 1 & 0 \\ 0 & 1 \end{bmatrix}$$

$$= \begin{bmatrix} -\dfrac{3}{19} & \dfrac{4}{57} \\ \dfrac{1}{19} & \dfrac{5}{57} \end{bmatrix}$$

47. DG

$$= \begin{bmatrix} 1 & 0 & 0 \\ 0 & 1 & 0 \\ 0 & 0 & 1 \end{bmatrix} \begin{bmatrix} 0 & \dfrac{3}{4} & \dfrac{1}{4} \\ -\dfrac{1}{2} & \dfrac{3}{8} & \dfrac{1}{8} \\ -\dfrac{1}{4} & \dfrac{11}{16} & \dfrac{1}{16} \end{bmatrix}$$

$$= \begin{bmatrix} 0 & \dfrac{3}{4} & \dfrac{1}{4} \\ -\dfrac{1}{2} & \dfrac{3}{8} & \dfrac{1}{8} \\ -\dfrac{1}{4} & \dfrac{11}{16} & \dfrac{1}{16} \end{bmatrix}$$

49. C^2

$$= \begin{bmatrix} \dfrac{\sqrt{3}}{2} & \dfrac{\sqrt{3}}{3} \\ \sqrt{3} & 2\sqrt{3} \end{bmatrix} \begin{bmatrix} \dfrac{\sqrt{3}}{2} & \dfrac{\sqrt{3}}{3} \\ \sqrt{3} & 2\sqrt{3} \end{bmatrix}$$

$$= \begin{bmatrix} \dfrac{3}{4}+1 & \dfrac{1}{2}+2 \\ \dfrac{3}{2}+6 & 1+12 \end{bmatrix}$$

$$= \begin{bmatrix} 1.75 & 2.5 \\ 7.5 & 13 \end{bmatrix}$$

51. FG

$$= \begin{bmatrix} -0.52 & 0.002 & 1.032 \\ 1.021 & -1.27 & 0.019 \end{bmatrix} \begin{bmatrix} 0 & \dfrac{3}{4} & \dfrac{1}{4} \\ -\dfrac{1}{2} & \dfrac{3}{8} & \dfrac{1}{8} \\ -\dfrac{1}{4} & \dfrac{11}{16} & \dfrac{1}{16} \end{bmatrix}$$

$$\approx \begin{bmatrix} -0.26 & 0.32 & -0.07 \\ 0.63 & 0.30 & 0.10 \end{bmatrix}$$

9.2 Exercises

53. (a) $AB \neq BA$

$$AB = \begin{bmatrix} -1 & 3 & 5 \\ 2 & 7 & -1 \\ 4 & 0 & 6 \end{bmatrix} \begin{bmatrix} 0.3 & -0.4 & 1.2 \\ -2.5 & 2 & 0.9 \\ 1 & -0.5 & 0.2 \end{bmatrix}$$

$$= \begin{bmatrix} -2.8 & 3.9 & 2.5 \\ -17.9 & 13.7 & 8.5 \\ 7.2 & -4.6 & 6 \end{bmatrix}$$

$$BA = \begin{bmatrix} 0.3 & -0.4 & 1.2 \\ -2.5 & 2 & 0.9 \\ 1 & -0.5 & 0.2 \end{bmatrix} \begin{bmatrix} -1 & 3 & 5 \\ 2 & 7 & -1 \\ 4 & 0 & 6 \end{bmatrix}$$

$$= \begin{bmatrix} 3.7 & -1.9 & 9.1 \\ 10.1 & 6.5 & -9.1 \\ -1.2 & -0.5 & 6.7 \end{bmatrix}$$

$AB \neq BA$; Verified

(b) $AC \neq CA$

$$AC = \begin{bmatrix} -1 & 3 & 5 \\ 2 & 7 & -1 \\ 4 & 0 & 6 \end{bmatrix} \begin{bmatrix} 45 & -1 & 3 \\ -6 & 10 & -15 \\ 21 & -28 & 36 \end{bmatrix}$$

$$= \begin{bmatrix} 42 & -109 & 132 \\ 27 & 96 & -135 \\ 306 & -172 & 228 \end{bmatrix}$$

$$CA = \begin{bmatrix} 45 & -1 & 3 \\ -6 & 10 & -15 \\ 21 & -28 & 36 \end{bmatrix} \begin{bmatrix} -1 & 3 & 5 \\ 2 & 7 & -1 \\ 4 & 0 & 6 \end{bmatrix}$$

$$= \begin{bmatrix} -35 & 128 & 244 \\ -34 & 52 & -130 \\ 67 & -133 & 349 \end{bmatrix}$$

$AC \neq CA$; Verified

(c) $BC \neq CB$

BC

$$= \begin{bmatrix} 0.3 & -0.4 & 1.2 \\ -2.5 & 2 & 0.9 \\ 1 & -0.5 & 0.2 \end{bmatrix} \begin{bmatrix} 45 & -1 & 3 \\ -6 & 10 & -15 \\ 21 & -28 & 36 \end{bmatrix}$$

$$= \begin{bmatrix} 41.1 & -37.9 & 50.1 \\ -105.6 & -2.7 & -5.1 \\ 52.2 & -11.6 & 17.7 \end{bmatrix}$$

CB

$$= \begin{bmatrix} 45 & -1 & 3 \\ -6 & 10 & -15 \\ 21 & -28 & 36 \end{bmatrix} \begin{bmatrix} 0.3 & -0.4 & 1.2 \\ -2.5 & 2 & 0.9 \\ 1 & -0.5 & 0.2 \end{bmatrix}$$

$$= \begin{bmatrix} 19 & -21.5 & 53.7 \\ -41.8 & 29.9 & -1.2 \\ 112.3 & -82.4 & 7.2 \end{bmatrix}$$

$BC \neq CB$; Verified

55. $(B+C)A = BA + CA$

$$(B+C)A = \begin{bmatrix} 45.3 & -1.4 & 4.2 \\ -8.5 & 12 & -14.1 \\ 22 & -28.5 & 36.2 \end{bmatrix} A$$

$$= \begin{bmatrix} -31.3 & 126.1 & 253.1 \\ -23.9 & 58.5 & -139.1 \\ 65.8 & -133.5 & 355.7 \end{bmatrix}$$

$BA + CA$

$$= \begin{bmatrix} 3.7 & -1.9 & 9.1 \\ 10.1 & 6.5 & -9.1 \\ -1.2 & -0.5 & 6.7 \end{bmatrix} + \begin{bmatrix} -35 & 128 & 244 \\ -34 & 52 & -130 \\ 67 & -133 & 349 \end{bmatrix}$$

$$= \begin{bmatrix} -31.3 & 26.1 & 253.1 \\ -23.9 & 58.5 & -139.1 \\ 65.8 & -133.5 & 355.7 \end{bmatrix}$$

$(B+C)A = BA + CA$; Verified

Chapter 9: Matrices and Matrix Applications

57. $\begin{bmatrix} 2 & 2 \\ 4.35 & 0 \end{bmatrix} \cdot \begin{bmatrix} 6.374 \\ 4.35 \end{bmatrix}$

$= \begin{bmatrix} 2(6.374) + 2(4.35) \\ 4.35(6.374) + 0(4.35) \end{bmatrix}$

$= \begin{bmatrix} 21.448 \\ 27.7269 \end{bmatrix}$

$P = 2l + 2w$
$P = 2(6.374) + 2(4.35)$
$P = 12.748 + 8.7$
$P = 21.448;$
$A = lw$
$A = 6.374(4.35)$
$A = 27.7269$
$P = 21.448 \text{ cm}, \quad A = 27.7269 \text{ cm}^2$

59. a. $\begin{array}{c} \quad\quad T \quad\ S \\ V \to D \begin{array}{c} S \\ P \end{array}\!\!\begin{bmatrix} 3820 & 1960 \\ 2460 & 1240 \\ 1540 & 920 \end{bmatrix} \end{array}$

$\begin{array}{c} \quad\quad T \quad\ S \\ M \to D \begin{array}{c} S \\ P \end{array}\!\!\begin{bmatrix} 4220 & 2960 \\ 2960 & 3240 \\ 1640 & 820 \end{bmatrix} \end{array}$

b. $\begin{bmatrix} 4220 & 2960 \\ 2960 & 3240 \\ 1640 & 820 \end{bmatrix} - \begin{bmatrix} 3820 & 1960 \\ 2460 & 1240 \\ 1540 & 920 \end{bmatrix}$

$= \begin{bmatrix} 4220-3820 & 2960-1960 \\ 2960-2460 & 3240-1240 \\ 1640-1540 & 820-920 \end{bmatrix}$

$= \begin{bmatrix} 400 & 1000 \\ 500 & 2000 \\ 100 & -100 \end{bmatrix}$

$400 + 1000 + 500 + 2000 + 100 - 100$
$= 3900$
3,900 more by Minsk

c. $V \to 1.04 \begin{bmatrix} 3820 & 1960 \\ 2460 & 1240 \\ 1540 & 920 \end{bmatrix}$

$= \begin{bmatrix} 3972.8 & 2038.4 \\ 2558.4 & 1289.6 \\ 1601.6 & 956.8 \end{bmatrix};$

$M \to 1.04 \begin{bmatrix} 4220 & 2960 \\ 2960 & 3240 \\ 1640 & 820 \end{bmatrix}$

$= \begin{bmatrix} 4388.8 & 3078.4 \\ 3078.4 & 3369.6 \\ 1705.6 & 852.8 \end{bmatrix}$

d. $\begin{bmatrix} 3972.8 & 2038.4 \\ 2558.4 & 1289.6 \\ 1601.6 & 956.8 \end{bmatrix} + \begin{bmatrix} 4388.8 & 3078.4 \\ 3078.4 & 3369.6 \\ 1705.6 & 852.8 \end{bmatrix}$

$= \begin{bmatrix} 8361.6 & 5116.8 \\ 5636.8 & 4659.2 \\ 3307.2 & 1809.6 \end{bmatrix}$

61. $\begin{bmatrix} 1500 & 500 & 2500 \end{bmatrix} \begin{bmatrix} 9 & 6 & 5 & 4 \\ 7 & 5 & 7 & 6 \\ 2 & 3 & 5 & 2 \end{bmatrix}$

$= \begin{bmatrix} 22000 & 19000 & 23500 & 14000 \end{bmatrix}$

Total profit for north: $22,000.
Total profit for south: $19,000.
Total profit for east: $23,500.
Total profit for west: $14,000.

9.2 Exercises

63. a. $10(8)+8(1.5)+18(0.9)=\$108.20$
    b. $8(7.5)+12(1.75)+20(1)=\$101.00$
    c. $\begin{bmatrix} 8 & 12 & 20 \\ 10 & 8 & 18 \end{bmatrix} \begin{bmatrix} 8 & 7.5 & 10 \\ 1.5 & 1.75 & 2 \\ 0.9 & 1 & 0.75 \end{bmatrix}$
    $= \begin{matrix} \text{Science} \\ \text{Math} \end{matrix} \begin{bmatrix} 100 & 101 & 119 \\ 108.2 & 107 & 129.5 \end{bmatrix}$

    1st row, total cost for science from each restaurant.
    2nd row, Total cost for math from each restaurant.

65. $\begin{bmatrix} 25 & 18 & 21 \\ 22 & 19 & 18 \end{bmatrix} \begin{bmatrix} 0.6 & 0.1 & 0.3 \\ 0.5 & 0.2 & 0.3 \\ 0.4 & 0.2 & 0.4 \end{bmatrix}$
    $= \begin{bmatrix} 32.4 & 10.3 & 21.3 \\ 29.9 & 9.6 & 19.5 \end{bmatrix}$

    a. Approximately 10 females
    b. Approximately 20 males
    c. The approximate number of females expected to join the writing club

67. 1st, 3rd rows entries double, 2nd row entries double and increase by 1 in a_{21}, a_{23} positions, and a_{22} stays a 1.
    $\begin{bmatrix} 2^{n-1} & 0 & 2^{n-1} \\ 2^n - 1 & 1 & 2^n - 1 \\ 2^{n-1} & 0 & 2^{n-1} \end{bmatrix}$

69. $\begin{bmatrix} 2 & 1 \\ -3 & -2 \end{bmatrix} \cdot \begin{bmatrix} a & b \\ c & d \end{bmatrix} = \begin{bmatrix} 1 & 0 \\ 0 & 1 \end{bmatrix}$

$\begin{cases} 2a+c=1 \\ -3a-2c=0 \end{cases}$ $\quad \begin{cases} 2b+d=0 \\ -3b-2d=1 \end{cases}$

2R1 + R2 = Sum $\qquad$ 2R1 + R2 = Sum
$4a+2c=2 \qquad\qquad 4b+2d=0$
$-3a-2c=0 \qquad\quad -3b-2d=1$
$a=2 \qquad\qquad\qquad b=1$
$2a+c=1 \qquad\qquad 2b+d=0$
$2(2)+c=1 \qquad\quad 2(1)+d=0$
$4+c=1 \qquad\qquad 2+d=0$
$c=-3 \qquad\qquad\quad d=-2$
$a=2, b=1, c=-3, d=-2$

71. $\cos(\cos^{-1} 0.3211) = 0.3211$

73. $\dfrac{x^3 - 9x + 10}{x - 2}$

$\begin{array}{r|rrrr} 2 & 1 & 0 & -9 & 10 \\ & & 2 & 4 & -10 \\ \hline & 1 & 2 & -5 & \vert\,0 \end{array}$

$= x^2 + 2x - 5$

Chapter 9: Matrices and Matrix Applications

Mid-Chapter Check

1. $\begin{bmatrix} 0.4 & 1.1 & 0.2 \\ -0.2 & 0.1 & -0.9 \\ 0.7 & 0.4 & 0.8 \end{bmatrix}$

   $3 \times 3, -0.9$

3. $\begin{cases} 2x + 3y = -5 \\ -5x - 4y = 2 \end{cases}$

   $\begin{bmatrix} 2 & 3 & | & -5 \\ -5 & -4 & | & 2 \end{bmatrix}$ $R1 + R2 \to R2$

   $\begin{bmatrix} 2 & 3 & | & -5 \\ -3 & -1 & | & -3 \end{bmatrix}$ $3R2 + R1 \to R1$

   $\begin{bmatrix} -7 & 0 & | & -14 \\ -3 & -1 & | & -3 \end{bmatrix}$ $-\dfrac{1}{7} R1 \to R1$

   $\begin{bmatrix} 1 & 0 & | & 2 \\ -3 & -1 & | & -3 \end{bmatrix}$ $3R1 + R2 \to R2$

   $\begin{bmatrix} 1 & 0 & | & 2 \\ 0 & -1 & | & 3 \end{bmatrix}$ $-1R2 \to R2$

   $\begin{bmatrix} 1 & 0 & | & 2 \\ 0 & 1 & | & -3 \end{bmatrix}$

   $(2, -3)$

5. $\begin{cases} x + y - 3z = -11 \\ 4x - y - 2z = -4 \\ 3x - 2y + z = 7 \end{cases}$

   $\begin{bmatrix} 1 & 1 & -3 & | & -11 \\ 4 & -1 & -2 & | & -4 \\ 3 & -2 & 1 & | & 7 \end{bmatrix}$ $-4R1 + R2 \to R2$

   $\begin{bmatrix} 1 & 1 & -3 & | & -11 \\ 0 & -5 & 10 & | & 40 \\ 3 & -2 & 1 & | & 7 \end{bmatrix}$ $-\dfrac{1}{5} R2 \leftrightarrow R2$

   $\begin{bmatrix} 1 & 1 & -3 & | & -11 \\ 0 & 1 & -2 & | & -8 \\ 3 & -2 & 1 & | & 7 \end{bmatrix}$ $-3R1 + R3 \to R3$

   $\begin{bmatrix} 1 & 1 & -3 & | & -11 \\ 0 & 1 & -2 & | & -8 \\ 0 & -5 & 10 & | & 40 \end{bmatrix}$ $5R2 + R3 \to R3$

   $\begin{bmatrix} 1 & 1 & -3 & | & -11 \\ 0 & 1 & -2 & | & -8 \\ 0 & 0 & 0 & | & 0 \end{bmatrix}$ $R1 - R2 \to R1$

   $\begin{bmatrix} 1 & 0 & -1 & | & -3 \\ 0 & 1 & -2 & | & -8 \\ 0 & 0 & 0 & | & 0 \end{bmatrix}$

   $x - z = -3$
   $x = z - 3;$
   $y - 2z = -8$
   $y = 2z - 8$
   $(p - 3, 2p - 8, p)$

Mid Chapter Check

7. $C = \begin{bmatrix} -0.2 & 0 & 0.2 \\ 0.4 & 0.8 & 0 \\ 0.1 & -0.2 & -0.1 \end{bmatrix}$,

$D = \begin{bmatrix} 5 & 2.5 & 10 \\ -2.5 & 0 & -5 \\ 10 & 2.5 & 10 \end{bmatrix}$

a. $C + \dfrac{1}{5}D =$

$\begin{bmatrix} -0.2 + \dfrac{5}{5} & 0 + \dfrac{2.5}{5} & 0.2 + \dfrac{10}{5} \\ 0.4 + \dfrac{-2.5}{5} & 0.8 + \dfrac{0}{5} & 0 + \dfrac{-5}{5} \\ 0.1 + \dfrac{10}{5} & -0.2 + \dfrac{2.5}{5} & -0.1 + \dfrac{10}{5} \end{bmatrix}$

$= \begin{bmatrix} 0.8 & 0.5 & 2.2 \\ -0.1 & 0.8 & -1 \\ 2.1 & 0.3 & 1.9 \end{bmatrix}$

b. $-0.6\,D = \begin{bmatrix} -3 & -1.5 & -6 \\ 1.5 & 0 & 3 \\ -6 & -1.5 & -6 \end{bmatrix}$

c. $CD =$

$\begin{bmatrix} -0.2 & 0 & 0.2 \\ 0.4 & 0.8 & 0 \\ 0.1 & -0.2 & -0.1 \end{bmatrix} \begin{bmatrix} 5 & 2.5 & 10 \\ -2.5 & 0 & -5 \\ 10 & 2.5 & 10 \end{bmatrix}$

$= \begin{bmatrix} 1 & 0 & 0 \\ 0 & 1 & 0 \\ 0 & 0 & 1 \end{bmatrix}$

9. $\begin{bmatrix} 14 & 10 & | & 2370 \\ 2 & 4 & | & 660 \end{bmatrix}$ $-7R2 + R1 \to R1$

$\begin{bmatrix} 0 & -18 & | & -2250 \\ 2 & 4 & | & 660 \end{bmatrix}$ $\dfrac{1}{2}R2 \to R2$

$\begin{bmatrix} 0 & -18 & | & -2250 \\ 1 & 2 & | & 330 \end{bmatrix}$ $\dfrac{1}{-18}R1 \to R1$

$\begin{bmatrix} 0 & 1 & | & 125 \\ 1 & 2 & | & 330 \end{bmatrix}$ $-2R1 + R2 \to R2$

$\begin{bmatrix} 0 & 1 & | & 125 \\ 1 & 0 & | & 80 \end{bmatrix}$ $R1 \leftrightarrow R2$

$\begin{bmatrix} 1 & 0 & | & 80 \\ 0 & 1 & | & 125 \end{bmatrix}$

Used: $80, New: $125

Reinforcing Basic Concepts

1. P_{32}

3. $[A] \to 3\text{x}1; [B] \to 1\text{x}3;$
   $[A] \to 3\text{x}2; [B] \to 2\text{x}3;$
   $[A] \to 3\text{x}3; [B] \to 3\text{x}3;$
   $[A] \to 3\text{x}n; [B] \to n\text{x}3; n \in \square$

4. only $[F][E] = [P]$

Chapter 9: Matrices and Matrix Applications

9.3 Exercises

1. Main diagonal; zeroes

3. Identity

5. Answers will vary.

7. $A = \begin{bmatrix} 2 & 5 \\ -3 & -7 \end{bmatrix} \cdot \begin{bmatrix} a & b \\ c & d \end{bmatrix} = \begin{bmatrix} 2 & 5 \\ -3 & -7 \end{bmatrix}$

$\begin{bmatrix} 2a+5c & 2b+5d \\ -3a-7c & -3b-7d \end{bmatrix} = \begin{bmatrix} 2 & 5 \\ -3 & -7 \end{bmatrix}$

$\begin{cases} 2a+5c = 2 \\ -3a-7c = -3 \end{cases}$

3R1 + 2R2

$\begin{cases} 6a+15c = 6 \\ -6a-14c = -6 \end{cases}$

$c = 0$;

$2a + 5c = 2$
$2a + 5(0) = 2$
$2a = 2$
$a = 1$

$\begin{cases} 2b+5d = 5 \\ -3b-7d = -7 \end{cases}$

3R1 + 2R2

$\begin{cases} 6b+15d = 15 \\ -6b-14d = -14 \end{cases}$

$d = 1$;

$2b + 5d = 5$
$2b + 5(1) = 5$
$2b + 5 = 5$
$2b = 0$
$b = 0$

$\begin{bmatrix} a & b \\ c & d \end{bmatrix} = \begin{bmatrix} 1 & 0 \\ 0 & 1 \end{bmatrix}$

9. $A = \begin{bmatrix} 0.4 & 0.6 \\ 0.3 & 0.2 \end{bmatrix} \cdot \begin{bmatrix} a & b \\ c & d \end{bmatrix} = \begin{bmatrix} 0.4 & 0.6 \\ 0.3 & 0.2 \end{bmatrix}$

$\begin{bmatrix} 0.4a+0.6c & 0.4b+0.6d \\ 0.3a+0.2c & 0.3b+0.2d \end{bmatrix} = \begin{bmatrix} 0.4 & 0.6 \\ 0.3 & 0.2 \end{bmatrix}$

$\begin{cases} 0.4a+0.6c = 0.4 \\ 0.3a+0.2c = 0.3 \end{cases}$

30R1 + (−40)R2

$\begin{cases} 12a+18c = 12 \\ -12a-8c = -12 \end{cases}$

$10c = 0$
$c = 0$;

$0.4a + 0.6c = 0.4$
$0.4a + 0.6(0) = 0.4$
$0.4a = 0.4$
$a = 1$;

$\begin{cases} 0.4b+0.6d = 0.6 \\ 0.3b+0.2d = 0.2 \end{cases}$

30R1 + (−40)R2

$\begin{cases} 12b+18d = 18 \\ -12b-8d = -8 \end{cases}$

$10d = 10$
$d = 1$;

$0.4b + 0.6d = 0.6$
$0.4b + 0.6(1) = 0.6$
$0.4b + 0.6 = 0.6$
$0.4b = 0$
$b = 0$;

$\begin{bmatrix} a & b \\ c & d \end{bmatrix} = \begin{bmatrix} 1 & 0 \\ 0 & 1 \end{bmatrix}$

9.3 Exercises

11. $\begin{bmatrix} -3 & 8 \\ -4 & 10 \end{bmatrix} \cdot \begin{bmatrix} 1 & 0 \\ 0 & 1 \end{bmatrix}$

$= \begin{bmatrix} -3(1)+8(0) & -3(0)+8(1) \\ -4(1)+10(0) & -4(0)+10(1) \end{bmatrix}$

$= \begin{bmatrix} -3 & 8 \\ -4 & 10 \end{bmatrix};$

$\begin{bmatrix} 1 & 0 \\ 0 & 1 \end{bmatrix} \cdot \begin{bmatrix} -3 & 8 \\ -4 & 10 \end{bmatrix}$

$= \begin{bmatrix} 1(-3)+0(-4) & 1(8)+0(10) \\ 0(-3)+1(-4) & 0(8)+1(10) \end{bmatrix}$

$= \begin{bmatrix} -3 & 8 \\ -4 & 10 \end{bmatrix}$

$AI = IA = A$

13. $\begin{bmatrix} -4 & 1 & 6 \\ 9 & 5 & 3 \\ 0 & -2 & 1 \end{bmatrix} \cdot \begin{bmatrix} 1 & 0 & 0 \\ 0 & 1 & 0 \\ 0 & 0 & 1 \end{bmatrix}$

$= \begin{bmatrix} -4 & 1 & 6 \\ 9 & 5 & 3 \\ 0 & -2 & 1 \end{bmatrix};$

$\begin{bmatrix} 1 & 0 & 0 \\ 0 & 1 & 0 \\ 0 & 0 & 1 \end{bmatrix} \cdot \begin{bmatrix} -4 & 1 & 6 \\ 9 & 5 & 3 \\ 0 & -2 & 1 \end{bmatrix}$

$= \begin{bmatrix} -4 & 1 & 6 \\ 9 & 5 & 3 \\ 0 & -2 & 1 \end{bmatrix}$

$AI = IA = A$

15. $\begin{bmatrix} 5 & -4 \\ 2 & 2 \end{bmatrix}$

$A^{-1} = \frac{1}{ad-bc} \begin{bmatrix} d & -b \\ -c & a \end{bmatrix}$

$A^{-1} = \frac{1}{5(2)-(-4)(2)} \begin{bmatrix} 2 & 4 \\ -2 & 5 \end{bmatrix}$

$A^{-1} = \frac{1}{18} \begin{bmatrix} 2 & 4 \\ -2 & 5 \end{bmatrix}$

$A^{-1} = \begin{bmatrix} \frac{1}{9} & \frac{2}{9} \\ \frac{-1}{9} & \frac{5}{18} \end{bmatrix}$

17. $\begin{bmatrix} 1 & -3 \\ 4 & -10 \end{bmatrix}$

$A^{-1} = \frac{1}{ad-bc} \begin{bmatrix} d & -b \\ -c & a \end{bmatrix}$

$A^{-1} = \frac{1}{1(-10)-(-3)(4)} \begin{bmatrix} -10 & 3 \\ -4 & 1 \end{bmatrix}$

$A^{-1} = \frac{1}{2} \begin{bmatrix} -10 & 3 \\ -4 & 1 \end{bmatrix}$

$A^{-1} = \begin{bmatrix} -5 & \frac{3}{2} \\ -2 & \frac{1}{2} \end{bmatrix}$

19. $A = \begin{bmatrix} 1 & 5 \\ -2 & -9 \end{bmatrix} \quad B = \begin{bmatrix} -9 & -5 \\ 2 & 1 \end{bmatrix}$

$AB = \begin{bmatrix} 1 & 5 \\ -2 & -9 \end{bmatrix} \begin{bmatrix} -9 & -5 \\ 2 & 1 \end{bmatrix}$

$= \begin{bmatrix} 1(-9)+5(2) & 1(-5)+5(1) \\ -2(-9)-9(2) & -2(-5)-9(1) \end{bmatrix}$

$= \begin{bmatrix} 1 & 0 \\ 0 & 1 \end{bmatrix};$

$BA = \begin{bmatrix} -9 & -5 \\ 2 & 1 \end{bmatrix} \begin{bmatrix} 1 & 5 \\ -2 & -9 \end{bmatrix}$

$= \begin{bmatrix} -9(1)-5(-2) & -9(5)-5(-9) \\ 2(1)+1(-2) & 2(5)+1(-9) \end{bmatrix}$

$= \begin{bmatrix} 1 & 0 \\ 0 & 1 \end{bmatrix}$

$AB = BA = I$

Chapter 9: Matrices and Matrix Applications

21. $A = \begin{bmatrix} 4 & -5 \\ 0 & 2 \end{bmatrix}$ $B = \begin{bmatrix} \frac{1}{4} & \frac{5}{8} \\ 0 & \frac{1}{2} \end{bmatrix}$

$AB = \begin{bmatrix} 4 & -5 \\ 0 & 2 \end{bmatrix} \begin{bmatrix} \frac{1}{4} & \frac{5}{8} \\ 0 & \frac{1}{2} \end{bmatrix}$

$= \begin{bmatrix} 4\left(\frac{1}{4}\right) - 5(0) & 4\left(\frac{5}{8}\right) - 5\left(\frac{1}{2}\right) \\ 0\left(\frac{1}{4}\right) + 2(0) & 0\left(\frac{5}{8}\right) + 2\left(\frac{1}{2}\right) \end{bmatrix}$

$= \begin{bmatrix} 1 & 0 \\ 0 & 1 \end{bmatrix}$;

$BA = \begin{bmatrix} \frac{1}{4} & \frac{5}{8} \\ 0 & \frac{1}{2} \end{bmatrix} \begin{bmatrix} 4 & -5 \\ 0 & 2 \end{bmatrix}$

$= \begin{bmatrix} \frac{1}{4}(4) + \frac{5}{8}(0) & \frac{1}{4}(-5) + \frac{5}{8}(2) \\ 0(4) + \frac{1}{2}(0) & 0(-5) + \frac{1}{2}(2) \end{bmatrix}$

$= \begin{bmatrix} 1 & 0 \\ 0 & 1 \end{bmatrix}$

$AB = BA = I$

23. $A = \begin{bmatrix} -2 & 3 & 1 \\ 5 & 2 & 4 \\ 2 & 0 & -1 \end{bmatrix}$

$A^{-1} = B = \begin{bmatrix} -\frac{2}{39} & \frac{1}{13} & \frac{10}{39} \\ \frac{1}{3} & 0 & \frac{1}{3} \\ -\frac{4}{39} & \frac{2}{13} & -\frac{19}{39} \end{bmatrix}$;

$AB = \begin{bmatrix} -2 & 3 & 1 \\ 5 & 2 & 4 \\ 2 & 0 & -1 \end{bmatrix} \begin{bmatrix} -\frac{2}{39} & \frac{1}{13} & \frac{10}{39} \\ \frac{1}{3} & 0 & \frac{1}{3} \\ -\frac{4}{39} & \frac{2}{13} & -\frac{19}{39} \end{bmatrix}$

$= \begin{bmatrix} 1 & 0 & 0 \\ 0 & 1 & 0 \\ 0 & 0 & 1 \end{bmatrix}$

$BA = \begin{bmatrix} -\frac{2}{39} & \frac{1}{13} & \frac{10}{39} \\ \frac{1}{3} & 0 & \frac{1}{3} \\ -\frac{4}{39} & \frac{2}{13} & -\frac{19}{39} \end{bmatrix} \begin{bmatrix} -2 & 3 & 1 \\ 5 & 2 & 4 \\ 2 & 0 & -1 \end{bmatrix}$

$= \begin{bmatrix} 1 & 0 & 0 \\ 0 & 1 & 0 \\ 0 & 0 & 1 \end{bmatrix}$

$AB = BA = I$

25. $A = \begin{bmatrix} -7 & 5 & -3 \\ 1 & 9 & 0 \\ 2 & -2 & -5 \end{bmatrix}$

$A^{-1} = B = \begin{bmatrix} -\frac{9}{80} & \frac{31}{400} & \frac{27}{400} \\ \frac{1}{80} & \frac{41}{400} & -\frac{3}{400} \\ -\frac{1}{20} & -\frac{1}{100} & -\frac{17}{100} \end{bmatrix}$;

$AB = \begin{bmatrix} -7 & 5 & -3 \\ 1 & 9 & 0 \\ 2 & -2 & -5 \end{bmatrix} \begin{bmatrix} -\frac{9}{80} & \frac{31}{400} & \frac{27}{400} \\ \frac{1}{80} & \frac{41}{400} & -\frac{3}{400} \\ -\frac{1}{20} & -\frac{1}{100} & -\frac{17}{100} \end{bmatrix}$

$= \begin{bmatrix} 1 & 0 & 0 \\ 0 & 1 & 0 \\ 0 & 0 & 1 \end{bmatrix}$;

$BA = \begin{bmatrix} -\frac{9}{80} & \frac{31}{400} & \frac{27}{400} \\ \frac{1}{80} & \frac{41}{400} & -\frac{3}{400} \\ -\frac{1}{20} & -\frac{1}{100} & -\frac{17}{100} \end{bmatrix} \begin{bmatrix} -7 & 5 & -3 \\ 1 & 9 & 0 \\ 2 & -2 & -5 \end{bmatrix}$

$= \begin{bmatrix} 1 & 0 & 0 \\ 0 & 1 & 0 \\ 0 & 0 & 1 \end{bmatrix}$

$AB = BA = I$

9.3 Exercises

27. $\begin{cases} 2x - 3y = 9 \\ -5x + 7y = 8 \end{cases}$

$\begin{bmatrix} 2 & -3 \\ -5 & 7 \end{bmatrix} \begin{bmatrix} x \\ y \end{bmatrix} = \begin{bmatrix} 9 \\ 8 \end{bmatrix}$

29. $\begin{cases} x + 2y - z = 1 \\ x + z = 3 \\ 2x - y + z = 3 \end{cases}$

$\begin{bmatrix} 1 & 2 & -1 \\ 1 & 0 & 1 \\ 2 & -1 & 1 \end{bmatrix} \begin{bmatrix} x \\ y \\ z \end{bmatrix} = \begin{bmatrix} 1 \\ 3 \\ 3 \end{bmatrix}$

31. $\begin{cases} -2w + x - 4y + 5 = -3 \\ 2w - 5x + y - 3z = 4 \\ -3w + x + 6y + z = 1 \\ w + 4x - 5y + z = -9 \end{cases}$

$\begin{bmatrix} -2 & 1 & -4 & 5 \\ 2 & -5 & 1 & -3 \\ -3 & 1 & 6 & 1 \\ 1 & 4 & -5 & 1 \end{bmatrix} \begin{bmatrix} w \\ x \\ y \\ z \end{bmatrix} = \begin{bmatrix} -3 \\ 4 \\ 1 \\ -9 \end{bmatrix}$

33. $\begin{cases} 0.05x - 3.2y = -15.8 \\ 0.02x + 2.4y = 12.08 \end{cases}$

$\begin{bmatrix} 0.05 & -3.2 \\ 0.02 & 2.4 \end{bmatrix} \begin{bmatrix} x \\ y \end{bmatrix} = \begin{bmatrix} -15.8 \\ 12.08 \end{bmatrix}$

Using the grapher,

$A^{-1} = \begin{bmatrix} \frac{300}{23} & \frac{400}{23} \\ -\frac{5}{46} & \frac{25}{92} \end{bmatrix}$;

$A^{-1} \left(\begin{bmatrix} 0.05 & -3.2 \\ 0.02 & 2.4 \end{bmatrix} \begin{bmatrix} x \\ y \end{bmatrix} \right) = A^{-1} \begin{bmatrix} -15.8 \\ 12.08 \end{bmatrix}$

$\left(A^{-1} \begin{bmatrix} 0.05 & -3.2 \\ 0.02 & 2.4 \end{bmatrix} \right) \begin{bmatrix} x \\ y \end{bmatrix} = A^{-1} \begin{bmatrix} -15.8 \\ 12.08 \end{bmatrix}$

$\begin{bmatrix} 1 & 0 \\ 0 & 1 \end{bmatrix} \begin{bmatrix} x \\ y \end{bmatrix} = A^{-1} \begin{bmatrix} -15.8 \\ 12.08 \end{bmatrix}$

$\begin{bmatrix} x \\ y \end{bmatrix} = \begin{bmatrix} 4 \\ 5 \end{bmatrix}$

(4,5)

35. $\begin{cases} -\frac{1}{6}u + \frac{1}{4}v = 1 \\ \frac{1}{2}u - \frac{2}{3}v = -2 \end{cases}$

$\begin{bmatrix} -\frac{1}{6} & \frac{1}{4} \\ \frac{1}{2} & -\frac{2}{3} \end{bmatrix} \begin{bmatrix} u \\ v \end{bmatrix} = \begin{bmatrix} 1 \\ -2 \end{bmatrix}$

$A^{-1} = \begin{bmatrix} 48 & 18 \\ 36 & 12 \end{bmatrix}$;

$\begin{bmatrix} 48 & 18 \\ 36 & 12 \end{bmatrix} \left(\begin{bmatrix} -\frac{1}{6} & \frac{1}{4} \\ \frac{1}{2} & -\frac{2}{3} \end{bmatrix} \begin{bmatrix} u \\ v \end{bmatrix} \right) = \begin{bmatrix} 48 & 18 \\ 36 & 12 \end{bmatrix} \begin{bmatrix} 1 \\ -2 \end{bmatrix}$

$\left(\begin{bmatrix} 48 & 18 \\ 36 & 12 \end{bmatrix} \begin{bmatrix} -\frac{1}{6} & \frac{1}{4} \\ \frac{1}{2} & -\frac{2}{3} \end{bmatrix} \right) \begin{bmatrix} u \\ v \end{bmatrix} = \begin{bmatrix} 48 & 18 \\ 36 & 12 \end{bmatrix} \begin{bmatrix} 1 \\ -2 \end{bmatrix}$

$\begin{bmatrix} 1 & 0 \\ 0 & 1 \end{bmatrix} \begin{bmatrix} u \\ v \end{bmatrix} = \begin{bmatrix} 48 & 18 \\ 36 & 12 \end{bmatrix} \begin{bmatrix} 1 \\ -2 \end{bmatrix}$

$\begin{bmatrix} u \\ v \end{bmatrix} = \begin{bmatrix} 12 \\ 12 \end{bmatrix}$

(12,12)

37. $\begin{cases} -\frac{1}{8}a + \frac{3}{5}b = \frac{5}{6} \\ \frac{5}{16}a - \frac{3}{2}b = \frac{-4}{5} \end{cases}$

$\begin{bmatrix} -\frac{1}{8} & \frac{3}{5} \\ \frac{5}{16} & -\frac{3}{2} \end{bmatrix} \begin{bmatrix} a \\ b \end{bmatrix} = \begin{bmatrix} \frac{5}{6} \\ -\frac{4}{5} \end{bmatrix}$

No Solution; matrix is singular

494

Chapter 9: Matrices and Matrix Applications

39. $\begin{cases} 0.2x - 1.6y + 2z = -1.9 \\ -0.4x - y + 0.6z = -1 \\ 0.8x + 3.2y - 0.4z = 0.2 \end{cases}$

$\begin{bmatrix} 0.2 & -1.6 & 2 \\ -0.4 & -1 & 0.6 \\ 0.8 & 3.2 & -0.4 \end{bmatrix} \begin{bmatrix} x \\ y \\ z \end{bmatrix} = \begin{bmatrix} -1.9 \\ -1 \\ 0.2 \end{bmatrix}$

Using the grapher,

$A^{-1} = \begin{bmatrix} \dfrac{95}{111} & -\dfrac{120}{37} & -\dfrac{65}{111} \\ \dfrac{20}{111} & \dfrac{35}{37} & \dfrac{115}{222} \\ \dfrac{10}{37} & \dfrac{40}{37} & \dfrac{35}{74} \end{bmatrix}$;

$A^{-1}\left(\begin{bmatrix} 0.2 & -1.6 & 2 \\ -0.4 & -1 & 0.6 \\ 0.8 & 3.2 & -0.4 \end{bmatrix} \begin{bmatrix} x \\ y \\ z \end{bmatrix}\right) = A^{-1}\begin{bmatrix} -1.9 \\ -1 \\ 0.2 \end{bmatrix}$

$\left(A^{-1}\begin{bmatrix} 0.2 & -1.6 & 2 \\ -0.4 & -1 & 0.6 \\ 0.8 & 3.2 & -0.4 \end{bmatrix}\right)\begin{bmatrix} x \\ y \\ z \end{bmatrix} = A^{-1}\begin{bmatrix} -1.9 \\ -1 \\ 0.2 \end{bmatrix}$

$\begin{bmatrix} 1 & 0 & 0 \\ 0 & 1 & 0 \\ 0 & 0 & 1 \end{bmatrix}\begin{bmatrix} x \\ y \\ z \end{bmatrix} = A^{-1}\begin{bmatrix} -1.9 \\ -1 \\ 0.2 \end{bmatrix}$

$\begin{bmatrix} x \\ y \\ z \end{bmatrix} = \begin{bmatrix} 1.5 \\ -0.5 \\ -1.5 \end{bmatrix}$

$(1.5, -0.5, -1.5)$

41. $\begin{cases} x - 2y + 2z = 6 \\ 2x - 1.5y + 1.8z = 2.8 \\ \dfrac{-2}{3}x + \dfrac{1}{2}y - \dfrac{3}{5}z = -\dfrac{11}{30} \end{cases}$

$\begin{bmatrix} 1 & -2 & 2 \\ 2 & -1.5 & 1.8 \\ -\dfrac{2}{3} & \dfrac{1}{2} & -\dfrac{3}{5} \end{bmatrix}\begin{bmatrix} x \\ y \\ z \end{bmatrix} = \begin{bmatrix} 6 \\ 2.8 \\ -\dfrac{11}{30} \end{bmatrix}$

Singular; no solution

43. $\begin{cases} -2w + 3x - 4y + 5z = -3 \\ 0.2w - 2.6x + y - 0.4z = 2.4 \\ -3w + 3.2x + 2.8y + z = 6.1 \\ 1.6w + 4x - 5y + 2.6z = -9.8 \end{cases}$

$\begin{bmatrix} -2 & 3 & -4 & 5 \\ 0.2 & -2.6 & 1 & -0.4 \\ -3 & 3.2 & 2.8 & 1 \\ 1.6 & 4 & -5 & 2.6 \end{bmatrix}\begin{bmatrix} w \\ x \\ y \\ z \end{bmatrix} = \begin{bmatrix} -3 \\ 2.4 \\ 6.1 \\ -9.8 \end{bmatrix}$

Using the grapher,

$A^{-1} = \begin{bmatrix} -0.35859 & 1.15741 & 0.36978 & 0.72543 \\ -0.10811 & -0.13514 & 0.13514 & 0.13514 \\ -0.23646 & 0.933507 & 0.44725 & 0.42633 \\ -0.06774 & 1.290852 & 0.42463 & 0.55015 \end{bmatrix}$

$A^{-1}\left(\begin{bmatrix} -2 & 3 & -4 & 5 \\ 0.2 & -2.6 & 1 & -0.4 \\ -3 & 3.2 & 2.8 & 1 \\ 1.6 & 4 & -5 & 2.6 \end{bmatrix}\begin{bmatrix} w \\ x \\ y \\ z \end{bmatrix}\right) = A^{-1}\begin{bmatrix} -3 \\ 2.4 \\ 6.1 \\ -9.8 \end{bmatrix}$

$\left(A^{-1}\begin{bmatrix} -2 & 3 & -4 & 5 \\ 0.2 & -2.6 & 1 & -0.4 \\ -3 & 3.2 & 2.8 & 1 \\ 1.6 & 4 & -5 & 2.6 \end{bmatrix}\right)\begin{bmatrix} w \\ x \\ y \\ z \end{bmatrix} = A^{-1}\begin{bmatrix} -3 \\ 2.4 \\ 6.1 \\ -9.8 \end{bmatrix}$

$\begin{bmatrix} 1 & 0 & 0 & 0 \\ 0 & 1 & 0 & 0 \\ 0 & 0 & 1 & 0 \\ 0 & 0 & 0 & 1 \end{bmatrix}\begin{bmatrix} w \\ x \\ y \\ z \end{bmatrix} = A^{-1}\begin{bmatrix} -3 \\ 2.4 \\ 6.1 \\ -9.8 \end{bmatrix}$

$\begin{bmatrix} w \\ x \\ y \\ z \end{bmatrix} = \begin{bmatrix} -1 \\ -0.5 \\ 1.5 \\ 0.5 \end{bmatrix}$

$(-1, -0.5, 1.5, 0.5)$

45. $\begin{bmatrix} 4 & -7 \\ 3 & -5 \end{bmatrix}$

$\det A = 4(-5) - 3(-7) = -20 + 21 = 1$

yes

47. $\begin{bmatrix} 1.2 & -0.8 \\ 0.3 & -0.2 \end{bmatrix}$

$\det A = 1.2(-0.2) - (0.3)(-0.8)$
$= -0.24 + 0.24 = 0$

no

9.3 Exercises

49. $A = \begin{bmatrix} 1 & 0 & -2 \\ 0 & -1 & -1 \\ 2 & 1 & -4 \end{bmatrix}$

 det A

 $= 1\begin{vmatrix} -1 & -1 \\ 1 & -4 \end{vmatrix} - 0\begin{vmatrix} 0 & -1 \\ 2 & -4 \end{vmatrix} + (-2)\begin{vmatrix} 0 & -1 \\ 2 & 1 \end{vmatrix}$

 $= 1(4+1) - 0 - 2(0+2)$

 $= 5 - 0 - 4$

 $= 1$

51. $C = \begin{bmatrix} -2 & 3 & 4 \\ 0 & 6 & 2 \\ 1 & -1.5 & -2 \end{bmatrix}$

 det C

 $= 0\begin{vmatrix} 3 & 4 \\ -1.5 & -2 \end{vmatrix} + 6\begin{vmatrix} -2 & 4 \\ 1 & -2 \end{vmatrix} - 2\begin{vmatrix} -2 & 3 \\ 1 & -1.5 \end{vmatrix}$

 $= 0 + 6(4-4) - 2(3-3)$

 $= 0$

 Singular Matrix

53. $A = \begin{bmatrix} 1 & 0 & 3 & -4 \\ 2 & 5 & 0 & 1 \\ 8 & 15 & 6 & -5 \\ 0 & 8 & -4 & 1 \end{bmatrix}$

 det $A = 0$

 Singular

55. $\begin{bmatrix} 2 & -3 & 1 \\ 4 & -1 & 5 \\ 1 & 0 & -2 \end{bmatrix}$

 $\begin{bmatrix} 2 & -3 & 1 \\ 4 & -1 & 5 \\ 1 & 0 & -2 \end{bmatrix} \begin{matrix} 2 & -3 \\ 4 & -1 \\ 1 & 0 \end{matrix}$

 $2(-1)(-2) = 4$,
 $(-3)(5)(1) = -15$,
 $1(4)(0) = 0$,
 $4 + (-15) + 0 = -11$;
 $(1)(-1)(1) = -1$,
 $(0)(5)(2) = 0$,
 $(-2)(4)(-3) = 24$,
 $-1 + 0 + 24 = -23$;
 $-11 - 23 = -34$

57. $\begin{bmatrix} 1 & -1 & 2 \\ 3 & -2 & 4 \\ 4 & 3 & 1 \end{bmatrix}$

 $\begin{bmatrix} 1 & -1 & 2 \\ 3 & -2 & 4 \\ 4 & 3 & 1 \end{bmatrix} \begin{matrix} 1 & -1 \\ 3 & -2 \\ 4 & 3 \end{matrix}$

 $1(-2)(1) = -2$,
 $(-1)(4)(4) = -16$,
 $2(3)(3) = 18$,
 $-2 + (-16) + 18 = 0$;
 $(4)(-2)(2) = -16$,
 $(3)(4)(1) = 12$,
 $(1)(3)(-1) = -3$,
 $-16 + 12 + (-3) = -7$;
 $0 - (-7) = 7$

59. $\begin{cases} x - 2y + 2z = 7 \\ 2x + 2y - z = 5 \\ 3x - y + z = 6 \end{cases}$

 (1) $\begin{bmatrix} 1 & -2 & 2 \\ 2 & 2 & -1 \\ 3 & -1 & 1 \end{bmatrix} \begin{bmatrix} x \\ y \\ z \end{bmatrix} = \begin{bmatrix} 7 \\ 5 \\ 6 \end{bmatrix}$

 (2) det A

 $= 1\begin{vmatrix} 2 & -1 \\ -1 & 1 \end{vmatrix} - (-2)\begin{vmatrix} 2 & -1 \\ 3 & 1 \end{vmatrix} + 2\begin{vmatrix} 2 & 2 \\ 3 & -1 \end{vmatrix}$

 $= 1(2-1) + 2(2+3) + 2(-2-6)$

 $= 1 + 10 - 16$

 $= -5$

 (3) $A^{-1} = \begin{bmatrix} -0.2 & 0 & 0.4 \\ 1 & 1 & -1 \\ 1.6 & 1 & -1.2 \end{bmatrix}$

 $X = A^{-1}B$

 $X = \begin{bmatrix} -0.2 & 0 & 0.4 \\ 1 & 1 & -1 \\ 1.6 & 1 & -1.2 \end{bmatrix} \begin{bmatrix} 7 \\ 5 \\ 6 \end{bmatrix}$

 $X = \begin{bmatrix} 1 \\ 6 \\ 9 \end{bmatrix}$

 $(1, 6, 9)$

Chapter 9: Matrices and Matrix Applications

61. $\begin{cases} x - 3y + 4z = -1 \\ 4x - y + 5z = 7 \\ 3x + 2y + z = -3 \end{cases}$

   (1) $\begin{bmatrix} 1 & -3 & 4 \\ 4 & -1 & 5 \\ 3 & 2 & 1 \end{bmatrix} \begin{bmatrix} x \\ y \\ z \end{bmatrix} = \begin{bmatrix} -1 \\ 7 \\ -3 \end{bmatrix}$

   (2) det A

   $= 1 \begin{vmatrix} -1 & 5 \\ 2 & 1 \end{vmatrix} - (-3) \begin{vmatrix} 4 & 5 \\ 3 & 1 \end{vmatrix} + 4 \begin{vmatrix} 4 & -1 \\ 3 & 2 \end{vmatrix}$

   $= 1(-1 - 10) + 3(4 - 15) + 4(8 + 3)$

   $= -11 - 33 + 44$

   $= 0$

   Singular

63. $A = \begin{bmatrix} 3 & -5 \\ 2 & 1 \end{bmatrix}$

    $A^{-1} = \frac{1}{ad - bc} \begin{bmatrix} d & -b \\ -c & a \end{bmatrix}$

    $A^{-1} = \frac{1}{3(1) - (-5)(2)} \begin{bmatrix} 1 & 5 \\ -2 & 3 \end{bmatrix}$

    $A^{-1} = \frac{1}{13} \begin{bmatrix} 1 & 5 \\ -2 & 3 \end{bmatrix}$

    $A^{-1} = \begin{bmatrix} \frac{1}{13} & \frac{5}{13} \\ \frac{-2}{13} & \frac{3}{13} \end{bmatrix}$;

    $AA^{-1} = \begin{bmatrix} 3 & -5 \\ 2 & 1 \end{bmatrix} \begin{bmatrix} \frac{1}{13} & \frac{5}{13} \\ \frac{-2}{13} & \frac{3}{13} \end{bmatrix} = \begin{bmatrix} 1 & 0 \\ 0 & 1 \end{bmatrix}$

    $A^{-1}A = \begin{bmatrix} \frac{1}{13} & \frac{5}{13} \\ \frac{-2}{13} & \frac{3}{13} \end{bmatrix} \begin{bmatrix} 3 & -5 \\ 2 & 1 \end{bmatrix} = \begin{bmatrix} 1 & 0 \\ 0 & 1 \end{bmatrix}$

    $AA^{-1} = A^{-1}A = I$

65. $C = \begin{bmatrix} 0.3 & -0.4 \\ -0.6 & 0.8 \end{bmatrix}$

    $C^{-1} = \frac{1}{ad - bc} \begin{bmatrix} d & -b \\ -c & a \end{bmatrix}$

    $C^{-1} = \frac{1}{0.3(0.8) - (-0.4)(-0.6)} \begin{bmatrix} 0.8 & 0.4 \\ 0.6 & 0.3 \end{bmatrix}$

    $C^{-1} = \frac{1}{0} \begin{bmatrix} 0.8 & 0.4 \\ 0.6 & 0.3 \end{bmatrix}$

    Singular

67. Let B represent the number of behemoth slushies sold.
    Let G represent the number of gargantuan slushies sold.
    Let M represent the number of mammoth slushies sold.
    Let J represent the number of jumbo slushies sold.

    $\begin{cases} 2.59B + 2.29G + 1.99M + 1.59J = 402.29 \\ 60B + 48G + 36M + 24J = 7884 \\ B + G + M + J = 191 \\ B = J + 1 \end{cases}$

    $\begin{cases} 2.59B + 2.29G + 1.99M + 1.59J = 402.29 \\ 60B + 48G + 36M + 24J = 7884 \\ B + G + M + J = 191 \\ B - J = 1 \end{cases}$

    $\begin{bmatrix} 2.59 & 2.29 & 1.99 & 1.59 \\ 60 & 48 & 36 & 24 \\ 1 & 1 & 1 & 1 \\ 1 & 0 & 0 & -1 \end{bmatrix} \begin{bmatrix} B \\ G \\ M \\ J \end{bmatrix} = \begin{bmatrix} 402.29 \\ 7884 \\ 191 \\ 1 \end{bmatrix}$

    $A^{-1} = \begin{bmatrix} -10 & \frac{1}{4} & \frac{109}{10} & 1 \\ 10 & -\frac{1}{6} & -\frac{139}{10} & -2 \\ 10 & -\frac{1}{3} & -\frac{69}{10} & 1 \\ -10 & \frac{1}{4} & \frac{109}{10} & 0 \end{bmatrix}$;

    $X = A^{-1}B$

    $X = \begin{bmatrix} -10 & \frac{1}{4} & \frac{109}{10} & 1 \\ 10 & -\frac{1}{6} & -\frac{139}{10} & -2 \\ 10 & -\frac{1}{3} & -\frac{69}{10} & 1 \\ -10 & \frac{1}{4} & \frac{109}{10} & 0 \end{bmatrix} \begin{bmatrix} 402.29 \\ 7884 \\ 191 \\ 1 \end{bmatrix}$

    $X = \begin{bmatrix} 31 \\ 52 \\ 78 \\ 30 \end{bmatrix}$

    31 behemoth
    52 gargantuan
    78 mammoth
    30 jumbo

9.3 Exercises

69. Let J represent the playing time of *Jumpin' Jack Flash*.
Let T represent the playing time of *Tumbling Dice*.
Let W represent the playing time of *Wild Horses*.
Let Y represent the playing time of *You Can't Always Get What You Want*.

$$\begin{cases} J+T+W+Y = 20.75 \\ J+T = Y \\ W = J+2 \\ Y = 2T \end{cases}$$

$$\begin{cases} J+T+W+Y = 20.75 \\ J+T-Y = 0 \\ -J+W = 2 \\ -2T+Y = 0 \end{cases}$$

$$\begin{bmatrix} 1 & 1 & 1 & 1 \\ 1 & 1 & 0 & -1 \\ -1 & 0 & 1 & 0 \\ 0 & -2 & 0 & 1 \end{bmatrix} \begin{bmatrix} J \\ T \\ W \\ Y \end{bmatrix} = \begin{bmatrix} 20.75 \\ 0 \\ 2 \\ 0 \end{bmatrix}$$

$$A^{-1} = \begin{bmatrix} 0.2 & 0.6 & -0.2 & 0.4 \\ 0.2 & -0.4 & -0.2 & -0.6 \\ 0.2 & 0.6 & 0.8 & 0.4 \\ 0.4 & -0.8 & -0.4 & -0.2 \end{bmatrix};$$

$X = A^{-1}B$

$$X = \begin{bmatrix} 0.2 & 0.6 & -0.2 & 0.4 \\ 0.2 & -0.4 & -0.2 & -0.6 \\ 0.2 & 0.6 & 0.8 & 0.4 \\ 0.4 & -0.8 & -0.4 & -0.2 \end{bmatrix} \begin{bmatrix} 20.75 \\ 0 \\ 2 \\ 0 \end{bmatrix}$$

$$X = \begin{bmatrix} 3.75 \\ 3.75 \\ 5.75 \\ 7.5 \end{bmatrix}$$

Jumpin' Jack Flash: 3.75 min
Tumbling Dice: 3.75 min
Wild Horses: 5.75 min
You Can't Always Get What You Want: 7.5 min

71. Let A represent the number of Clock A manufactured.
Let B represent the number of Clock B manufactured.
Let C represent the number of Clock C manufactured.
Let D represent the number of Clock D manufactured.

$$\begin{cases} 2.2A+2.5B+2.75C+3D = 262 \\ 1.2A+1.4B+1.8C+2D = 160 \\ 0.2A+0.25B+0.3C+0.5D = 29 \\ 0.5A+0.55B+0.75C+D = 68 \end{cases}$$

$$\begin{bmatrix} 2.2 & 2.5 & 2.75 & 3 \\ 1.2 & 1.4 & 1.8 & 2 \\ 0.2 & 0.25 & 0.3 & 0.5 \\ 0.5 & 0.55 & 0.75 & 1 \end{bmatrix} \begin{bmatrix} A \\ B \\ C \\ D \end{bmatrix} = \begin{bmatrix} 262 \\ 160 \\ 29 \\ 68 \end{bmatrix}$$

$$A^{-1} = \begin{bmatrix} \frac{30}{11} & -\frac{205}{22} & -\frac{210}{11} & 20 \\ 0 & 5 & 20 & -20 \\ -\frac{20}{11} & \frac{50}{11} & -\frac{80}{11} & 0 \\ 0 & -\frac{3}{2} & 4 & 2 \end{bmatrix};$$

$X = A^{-1}B$

$$X = \begin{bmatrix} \frac{30}{11} & -\frac{205}{22} & -\frac{210}{11} & 20 \\ 0 & 5 & 20 & -20 \\ -\frac{20}{11} & \frac{50}{11} & -\frac{80}{11} & 0 \\ 0 & -\frac{3}{2} & 4 & 2 \end{bmatrix} \begin{bmatrix} 262 \\ 160 \\ 29 \\ 68 \end{bmatrix}$$

$$X = \begin{bmatrix} 30 \\ 20 \\ 40 \\ 12 \end{bmatrix}$$

30 of clock A
20 of clock B
40 of clock C
12 of clock D

Chapter 9: Matrices and Matrix Applications

73.
$$\begin{cases} p_1 = \dfrac{70+64+p_2+p_3}{4} \\ p_2 = \dfrac{80+64+p_4+p_1}{4} \\ p_3 = \dfrac{70+96+p_1+p_4}{4} \\ p_4 = \dfrac{96+80+p_2+p_3}{4} \end{cases}$$

$$\begin{cases} 4p_1 - p_2 - p_3 = 134 \\ -p_1 + 4p_2 - p_4 = 144 \\ -p_1 + 4p_3 - p_4 = 166 \\ -p_2 - p_3 + 4p_4 = 176 \end{cases}$$

$$\begin{bmatrix} 4 & -1 & -1 & 0 \\ -1 & 4 & 0 & -1 \\ -1 & 0 & 4 & -1 \\ 0 & -1 & -1 & 4 \end{bmatrix} \begin{bmatrix} p_1 \\ p_2 \\ p_3 \\ p_4 \end{bmatrix} = \begin{bmatrix} 134 \\ 144 \\ 166 \\ 176 \end{bmatrix}$$

$$A^{-1} = \begin{bmatrix} \dfrac{7}{24} & \dfrac{1}{12} & \dfrac{1}{12} & \dfrac{1}{24} \\ \dfrac{1}{12} & \dfrac{7}{24} & \dfrac{1}{24} & \dfrac{1}{12} \\ \dfrac{1}{12} & \dfrac{1}{24} & \dfrac{7}{24} & \dfrac{1}{12} \\ \dfrac{1}{24} & \dfrac{1}{12} & \dfrac{1}{12} & \dfrac{7}{24} \end{bmatrix}$$

$$A^{-1} \begin{bmatrix} 4 & -1 & -1 & 0 \\ -1 & 4 & 0 & -1 \\ -1 & 0 & 4 & -1 \\ 0 & -1 & -1 & 4 \end{bmatrix} \begin{bmatrix} p_1 \\ p_2 \\ p_3 \\ p_4 \end{bmatrix} = A^{-1} \begin{bmatrix} 134 \\ 144 \\ 166 \\ 176 \end{bmatrix}$$

$$\begin{bmatrix} 1 & 0 & 0 & 0 \\ 0 & 1 & 0 & 0 \\ 0 & 0 & 1 & 0 \\ 0 & 0 & 0 & 1 \end{bmatrix} \begin{bmatrix} p_1 \\ p_2 \\ p_3 \\ p_4 \end{bmatrix} = \begin{bmatrix} 72.25 \\ 74.75 \\ 80.25 \\ 82.75 \end{bmatrix}$$

$p_1 = 72.25°, p_2 = 74.75°, p_3 = 80.25°, p_4 = 82.75°$

75. $ax^3 + bx^2 + cx + d = 0$
$(-4, -6), (-1, 0), (1, -16)$ and $(3, 8)$
$a(-4)^3 + b(-4)^2 + c(-4) + d = -6$
$-64a + 16b - 4c + d = -6;$

$a(-1)^3 + b(-1)^2 + c(-1) + d = 0$
$-a + b - c + d = 0;$

$a(1)^3 + b(1)^2 + c(1) + d = -16$
$a + b + c + d = -16;$

$a(3)^3 + b(3)^2 + c(3) + d = 8$
$27a + 9b + 3c + d = 8;$

$$\begin{cases} -64a + 16b - 4c + d = -6 \\ -a + b - c + d = 0 \\ a + b + c + d = -16 \\ 27a + 9b + 3c + d = 8 \end{cases}$$

$$\begin{bmatrix} -64 & 16 & -4 & 1 \\ -1 & 1 & -1 & 1 \\ 1 & 1 & 1 & 1 \\ 27 & 9 & 3 & 1 \end{bmatrix} \begin{bmatrix} a \\ b \\ c \\ d \end{bmatrix} = \begin{bmatrix} -6 \\ 0 \\ -16 \\ 8 \end{bmatrix}$$

$$A^{-1} = \begin{bmatrix} -\dfrac{1}{105} & \dfrac{1}{24} & -\dfrac{1}{20} & \dfrac{1}{56} \\ \dfrac{1}{35} & 0 & -\dfrac{1}{10} & \dfrac{1}{14} \\ \dfrac{1}{105} & -\dfrac{13}{24} & \dfrac{11}{20} & -\dfrac{1}{56} \\ -\dfrac{1}{35} & \dfrac{1}{2} & \dfrac{3}{5} & -\dfrac{1}{14} \end{bmatrix};$$

$X = A^{-1}B$

$$X = \begin{bmatrix} -\dfrac{1}{105} & \dfrac{1}{24} & -\dfrac{1}{20} & \dfrac{1}{56} \\ \dfrac{1}{35} & 0 & -\dfrac{1}{10} & \dfrac{1}{14} \\ \dfrac{1}{105} & -\dfrac{13}{24} & \dfrac{11}{20} & -\dfrac{1}{56} \\ -\dfrac{1}{35} & \dfrac{1}{2} & \dfrac{3}{5} & -\dfrac{1}{14} \end{bmatrix} \begin{bmatrix} -6 \\ 0 \\ -16 \\ 8 \end{bmatrix}$$

$$X = \begin{bmatrix} 1 \\ 2 \\ -9 \\ -10 \end{bmatrix}$$

$y = x^3 + 2x^2 - 9x - 10$

9.3 Exercises

77. Let x represent the number of ounces of food for Food I.
Let y represent the number of ounces of food for Food II.
Let z represent the number of ounces of food for Food III.

$$\begin{cases} 2x+4y+3z=20 \\ 4x+2y+5z=30 \\ 5x+6y+7z=44 \end{cases}$$

$$\begin{bmatrix} 2 & 4 & 3 \\ 4 & 2 & 5 \\ 5 & 6 & 7 \end{bmatrix} \begin{bmatrix} x \\ y \\ z \end{bmatrix} = \begin{bmatrix} 20 \\ 30 \\ 44 \end{bmatrix}$$

$$A^{-1} = \begin{bmatrix} 8 & 5 & -7 \\ 1.5 & 0.5 & -1 \\ -7 & -4 & 6 \end{bmatrix};$$

$X = A^{-1}B$

$$X = \begin{bmatrix} 8 & 5 & -7 \\ 1.5 & 0.5 & -1 \\ -7 & -4 & 6 \end{bmatrix} \begin{bmatrix} 20 \\ 30 \\ 44 \end{bmatrix}$$

$$X = \begin{bmatrix} 2 \\ 1 \\ 4 \end{bmatrix}$$

2 oz food I
1 oz food II
4 oz food III

79. Answers will vary.

81. a. $\begin{bmatrix} 1 & -2 & 3 \\ -4 & 5 & -6 \\ 2 & 5 & 3 \end{bmatrix}$ $4R1+R2 \to R2$

$\begin{bmatrix} 1 & -2 & 3 \\ 0 & -3 & 6 \\ 2 & 5 & 3 \end{bmatrix}$ $-2R1+R3 \to R3$

$\begin{bmatrix} 1 & -2 & 3 \\ 0 & -3 & 6 \\ 0 & 9 & -3 \end{bmatrix}$ $3R2+R3 \to R3$

$\begin{bmatrix} 1 & -2 & 3 \\ 0 & -3 & 6 \\ 0 & 0 & 15 \end{bmatrix}$ $-\dfrac{2}{3}R2+R1 \to R1$

$\begin{bmatrix} 1 & 0 & -1 \\ 0 & -3 & 6 \\ 0 & 0 & 15 \end{bmatrix}$ $\dfrac{1}{15}R3+R1 \to R1$

$\begin{bmatrix} 1 & 0 & 0 \\ 0 & -3 & 6 \\ 0 & 0 & 15 \end{bmatrix}$ $-\dfrac{2}{5}R3+R2 \to R2$

$\begin{bmatrix} 1 & 0 & 0 \\ 0 & -3 & 0 \\ 0 & 0 & 15 \end{bmatrix}$

$(1)(-3)(15) = -45$

b. $\begin{bmatrix} 2 & 5 & -1 \\ -2 & -3 & 4 \\ 4 & 6 & 5 \end{bmatrix}$ $R1+R2 \to R2$

$\begin{bmatrix} 2 & 5 & -1 \\ 0 & 2 & 3 \\ 4 & 6 & 5 \end{bmatrix}$ $-2R1+R3 \to R3$

$\begin{bmatrix} 2 & 5 & -1 \\ 0 & 2 & 3 \\ 0 & -4 & 7 \end{bmatrix}$ $2R2+R3 \to R3$

$\begin{bmatrix} 2 & 5 & -1 \\ 0 & 2 & 3 \\ 0 & 0 & 13 \end{bmatrix}$ $-\dfrac{5}{2}R2+R1 \to R1$

$\begin{bmatrix} 2 & 0 & -\dfrac{17}{2} \\ 0 & 2 & 3 \\ 0 & 0 & 13 \end{bmatrix}$ $\dfrac{17}{26}R3+R1 \to R1$

Chapter 9: Matrices and Matrix Applications

$\begin{bmatrix} 2 & 0 & 0 \\ 0 & 2 & 3 \\ 0 & 0 & 13 \end{bmatrix} -\dfrac{3}{13}R3 + R2 \to R2$

$\begin{bmatrix} 2 & 0 & 0 \\ 0 & 2 & 0 \\ 0 & 0 & 13 \end{bmatrix}$

$(2)(2)(13) = 52$

c. $\begin{bmatrix} -2 & 4 & 1 \\ 5 & 7 & -2 \\ 3 & -8 & -1 \end{bmatrix} R1 + R3 \to R1$

$\begin{bmatrix} 1 & -4 & 0 \\ 5 & 7 & -2 \\ 3 & -8 & -1 \end{bmatrix} -5R1 + R2 \to R2$

$\begin{bmatrix} 1 & -4 & 0 \\ 0 & 27 & -2 \\ 3 & -8 & -1 \end{bmatrix} -3R1 + R3 \to R3$

$\begin{bmatrix} 1 & -4 & 0 \\ 0 & 27 & -2 \\ 0 & 4 & -1 \end{bmatrix} -2R3 + R2 \to R2$

$\begin{bmatrix} 1 & -4 & 0 \\ 0 & 19 & 0 \\ 0 & 4 & -1 \end{bmatrix} -\dfrac{4}{19}R2 + R3 \to R3$

$\begin{bmatrix} 1 & -4 & 0 \\ 0 & 19 & 0 \\ 0 & 0 & -1 \end{bmatrix} \dfrac{4}{19}R2 + R1 \to R1$

$\begin{bmatrix} 1 & 0 & 0 \\ 0 & 19 & 0 \\ 0 & 0 & -1 \end{bmatrix}$

$(1)(19)(-1) = -19$

d. $\begin{bmatrix} 3 & -1 & 4 \\ 0 & -2 & 6 \\ -2 & 1 & -3 \end{bmatrix} R1 + R3 \to R1$

$\begin{bmatrix} 1 & 0 & 1 \\ 0 & -2 & 6 \\ -2 & 1 & -3 \end{bmatrix} 2R1 + R3 \to R3$

$\begin{bmatrix} 1 & 0 & 1 \\ 0 & -2 & 6 \\ 0 & 1 & -1 \end{bmatrix} \dfrac{1}{2}R2 + R3 \to R3$

$\begin{bmatrix} 1 & 0 & 1 \\ 0 & -2 & 6 \\ 0 & 0 & 2 \end{bmatrix} -3R3 + R2 \to R2$

$\begin{bmatrix} 1 & 0 & 1 \\ 0 & -2 & 0 \\ 0 & 0 & 2 \end{bmatrix} -\dfrac{1}{2}R3 + R1 \to R1$

$\begin{bmatrix} 1 & 0 & 0 \\ 0 & -2 & 0 \\ 0 & 0 & 2 \end{bmatrix}$

$(1)(-2)(2) = -4$

83. $y = -125\cos(3t)$

Amplitude $= |-125| = 125$

Period $= \dfrac{2\pi}{3}$

85. $-3|2x+5| - 7 \le -19$

$-3|2x+5| \le -12$

$|2x+5| \ge 4$

$2x + 5 \ge 4$ or $2x + 5 \le -4$

$2x \ge -1$ or $2x \le -9$

$x \ge -\dfrac{1}{2}$ or $x \le -\dfrac{9}{2}$

$x \in \left(-\infty, -\dfrac{9}{2}\right] \cup \left[-\dfrac{1}{2}, \infty\right)$

9.4 Exercises

1. $a_{11}a_{22} - a_{21}a_{12}$

3. Constant

5. Answers will vary.

7. $\begin{cases} 2x+5y=7 \\ -3x+4y=1 \end{cases}$

   $D = \begin{vmatrix} 2 & 5 \\ -3 & 4 \end{vmatrix}$; $D_x = \begin{vmatrix} 7 & 5 \\ 1 & 4 \end{vmatrix}$; $D_y = \begin{vmatrix} 2 & 7 \\ -3 & 1 \end{vmatrix}$

9. $\begin{cases} 4x+y=-11 \\ 3x-5y=-60 \end{cases}$

   $D = \begin{vmatrix} 4 & 1 \\ 3 & -5 \end{vmatrix} = -20-3 = -23$;

   $D_x = \begin{vmatrix} -11 & 1 \\ -60 & -5 \end{vmatrix} = 55+60 = 115$;

   $D_y = \begin{vmatrix} 4 & -11 \\ 3 & -60 \end{vmatrix} = -240+33 = -207$;

   $x = \dfrac{D_x}{D} = \dfrac{115}{-23} = -5$;

   $y = \dfrac{D_y}{D} = \dfrac{-207}{-23} = 9$

   $(-5, 9)$

11. $\begin{cases} \dfrac{x}{8}+\dfrac{y}{4}=1 \\ \dfrac{y}{5}=\dfrac{x}{2}+6 \end{cases}$

    $\begin{cases} \dfrac{x}{8}+\dfrac{y}{4}=1 \\ -\dfrac{x}{2}+\dfrac{y}{5}=6 \end{cases}$

    $D = \begin{vmatrix} \dfrac{1}{8} & \dfrac{1}{4} \\ -\dfrac{1}{2} & \dfrac{1}{5} \end{vmatrix} = \dfrac{1}{40}+\dfrac{1}{8} = \dfrac{3}{20}$;

    $D_x = \begin{vmatrix} 1 & \dfrac{1}{4} \\ 6 & \dfrac{1}{5} \end{vmatrix} = \dfrac{1}{5}-\dfrac{3}{2} = -\dfrac{13}{10}$;

    $D_y = \begin{vmatrix} \dfrac{1}{8} & 1 \\ -\dfrac{1}{2} & 6 \end{vmatrix} = \dfrac{3}{4}+\dfrac{1}{2} = \dfrac{5}{4}$;

    $x = \dfrac{D_x}{D} = \dfrac{-\dfrac{13}{10}}{\dfrac{3}{20}} = -\dfrac{260}{30} = -\dfrac{26}{3}$;

    $y = \dfrac{D_y}{D} = \dfrac{\dfrac{5}{4}}{\dfrac{3}{20}} = \dfrac{100}{12} = \dfrac{25}{3}$

    $\left(-\dfrac{26}{3}, \dfrac{25}{3}\right)$

13. $\begin{cases} 0.6x-0.3y=8 \\ 0.8x-0.4y=-3 \end{cases}$

    $D = \begin{vmatrix} 0.6 & -0.3 \\ 0.8 & -0.4 \end{vmatrix} = -0.24+0.24 = 0$

    No Solution; determinant cannot be zero.

15. a. $\begin{cases} 4x-y+2z=-5 \\ -3x+2y-z=8 \\ x-5y+3z=-3 \end{cases}$

    $D = \begin{vmatrix} 4 & -1 & 2 \\ -3 & 2 & -1 \\ 1 & -5 & 3 \end{vmatrix}$

    $D = 4\begin{vmatrix} 2 & -1 \\ -5 & 3 \end{vmatrix} + 1\begin{vmatrix} -3 & -1 \\ 1 & 3 \end{vmatrix} + 2\begin{vmatrix} -3 & 2 \\ 1 & -5 \end{vmatrix}$

    $D = 4(1)+1(-8)+2(13) = 22$; solutions possible

    $D_x = \begin{vmatrix} -5 & -1 & 2 \\ 8 & 2 & -1 \\ -3 & -5 & 3 \end{vmatrix}$;

    $D_y = \begin{vmatrix} 4 & -5 & 2 \\ -3 & 8 & -1 \\ 1 & -3 & 3 \end{vmatrix}$;

    $D_z = \begin{vmatrix} 4 & -1 & -5 \\ -3 & 2 & 8 \\ 1 & -5 & -3 \end{vmatrix}$

Chapter 9: Matrices and Matrix Applications

b. $\begin{cases} 4x - y + 2z = -5 \\ -3x + 2y - z = 8 \\ x + y + z = -3 \end{cases}$

$D = \begin{vmatrix} 4 & -1 & 2 \\ -3 & 2 & -1 \\ 1 & 1 & 1 \end{vmatrix}$

$D = 4\begin{vmatrix} 2 & -1 \\ 1 & 1 \end{vmatrix} + 1\begin{vmatrix} -3 & -1 \\ 1 & 1 \end{vmatrix} + 2\begin{vmatrix} -3 & 2 \\ 1 & 1 \end{vmatrix}$

$D = 4(3) + 1(-2) + 2(-5) = 0$

$D = 0$; Cramer's Rule cannot be used.

17. $\begin{cases} x + 2y + 5z = 10 \\ 3x + 4y - z = 10 \\ x - y - z = -2 \end{cases}$

$D = \begin{vmatrix} 1 & 2 & 5 \\ 3 & 4 & -1 \\ 1 & -1 & -1 \end{vmatrix} = -36$;

$D_x = \begin{vmatrix} 10 & 2 & 5 \\ 10 & 4 & -1 \\ -2 & -1 & -1 \end{vmatrix} = -36$;

$D_y = \begin{vmatrix} 1 & 10 & 5 \\ 3 & 10 & -1 \\ 1 & -2 & -1 \end{vmatrix} = -72$;

$D_z = \begin{vmatrix} 1 & 2 & 10 \\ 3 & 4 & 10 \\ 1 & -1 & -2 \end{vmatrix} = -36$;

$x = \dfrac{D_x}{D} = \dfrac{-36}{-36} = 1$;

$y = \dfrac{D_y}{D} = \dfrac{-72}{-36} = 2$;

$z = \dfrac{D_z}{D} = \dfrac{-36}{-36} = 1$

$(1, 2, 1)$

19. $\begin{cases} y + 2z = 1 \\ 4x - 5y + 8z = -8 \\ 8x - 9z = 9 \end{cases}$

$D = \begin{vmatrix} 0 & 1 & 2 \\ 4 & -5 & 8 \\ 8 & 0 & -9 \end{vmatrix} = 180$;

$D_x = \begin{vmatrix} 1 & 1 & 2 \\ -8 & -5 & 8 \\ 9 & 0 & -9 \end{vmatrix} = 135$;

$D_y = \begin{vmatrix} 0 & 1 & 2 \\ 4 & -8 & 8 \\ 8 & 9 & -9 \end{vmatrix} = 300$;

$D_z = \begin{vmatrix} 0 & 1 & 1 \\ 4 & -5 & -8 \\ 8 & 0 & 9 \end{vmatrix} = -60$;

$x = \dfrac{D_x}{D} = \dfrac{135}{180} = \dfrac{3}{4}$;

$y = \dfrac{D_y}{D} = \dfrac{300}{180} = \dfrac{5}{3}$;

$z = \dfrac{D_z}{D} = \dfrac{-60}{180} = -\dfrac{1}{3}$

$\left(\dfrac{3}{4}, \dfrac{5}{3}, -\dfrac{1}{3}\right)$

9.4 Exercises

21. $\begin{cases} w+2x-3y=-8 \\ x-3y+5z=-22 \\ 4w-5x=5 \\ -y+3z=-11 \end{cases}$

$D = \begin{vmatrix} 1 & 2 & -3 & 0 \\ 0 & 1 & -3 & 5 \\ 4 & -5 & 0 & 0 \\ 0 & 0 & -1 & 3 \end{vmatrix} = -16;$

$D_w = \begin{vmatrix} -8 & 2 & -3 & 0 \\ -22 & 1 & -3 & 5 \\ 5 & -5 & 0 & 0 \\ -11 & 0 & -1 & 3 \end{vmatrix} = 0;$

$D_x = \begin{vmatrix} 1 & -8 & -3 & 0 \\ 0 & -22 & -3 & 5 \\ 4 & 5 & 0 & 0 \\ 0 & -11 & -1 & 3 \end{vmatrix} = 16;$

$D_y = \begin{vmatrix} 1 & 2 & -8 & 0 \\ 0 & 1 & -22 & 5 \\ 4 & -5 & 5 & 0 \\ 0 & 0 & -11 & 3 \end{vmatrix} = -32;$

$D_z = \begin{vmatrix} 1 & 2 & -3 & -8 \\ 0 & 1 & -3 & -22 \\ 4 & -5 & 0 & 5 \\ 0 & 0 & -1 & -11 \end{vmatrix} = 48;$

$w = \dfrac{D_w}{D} = \dfrac{0}{-16} = 0;$

$x = \dfrac{D_x}{D} = \dfrac{16}{-16} = -1;$

$y = \dfrac{D_y}{D} = \dfrac{-32}{-16} = 2;$

$z = \dfrac{D_z}{D} = \dfrac{48}{-16} = -3$

$(0, -1, 2, -3)$

23. $\dfrac{3x+2}{(x+3)(x-2)}$

$= \dfrac{A}{x+3} + \dfrac{B}{x-2}$

25. $\dfrac{3x^2-2x+5}{(x-1)(x+2)(x-3)}$

$= \dfrac{A}{x-1} + \dfrac{B}{x+2} + \dfrac{C}{x-3}$

27. $\dfrac{x^2+5}{x(x-3)(x+1)}$

$= \dfrac{A}{x} + \dfrac{B}{x-3} + \dfrac{C}{x+1}$

29. $\dfrac{x^2+x-1}{x^2(x+2)}$

$= \dfrac{A}{x} + \dfrac{B}{x^2} + \dfrac{C}{x+2}$

31. $\dfrac{x^3+3x-2}{(x+1)(x^2+2)^2}$

$= \dfrac{A}{x+1} + \dfrac{Bx+C}{(x^2+2)} + \dfrac{Dx+E}{(x^2+2)^2}$

33. $\dfrac{4-x}{x^2+x} = \dfrac{4-x}{x(x+1)} = \dfrac{A}{x} + \dfrac{B}{x+1}$

$4-x = A(x+1) + Bx$

$4-x = Ax + A + Bx$

$4-x = (A+B)x + A$

$\begin{cases} A+B = -1 \\ A = 4 \end{cases}$

$\begin{bmatrix} 1 & 1 \\ 1 & 0 \end{bmatrix} \begin{bmatrix} A \\ B \end{bmatrix} = \begin{bmatrix} -1 \\ 4 \end{bmatrix}$

$A^{-1} = \begin{bmatrix} 0 & 1 \\ 1 & -1 \end{bmatrix}$

$X = A^{-1}B$

$X = \begin{bmatrix} 4 \\ -5 \end{bmatrix}$

$\dfrac{4}{x} - \dfrac{5}{x+1}$

Chapter 9: Matrices and Matrix Applications

35. $\dfrac{2x-27}{2x^2+x-15} = \dfrac{2x-27}{(2x-5)(x+3)}$

$= \dfrac{A}{2x-5} + \dfrac{B}{x+3}$

$2x - 27 = A(x+3) + B(2x-5)$

$2x - 27 = Ax + 3A + B2x - 5B$

$2x - 27 = (A+2B)x + 3A - 5B$

$\begin{cases} A + 2B = 2 \\ 3A - 5B = -27 \end{cases}$

$\begin{bmatrix} 1 & 2 \\ 3 & -5 \end{bmatrix} \begin{bmatrix} A \\ B \end{bmatrix} = \begin{bmatrix} 2 \\ -27 \end{bmatrix}$

$A^{-1} = \begin{bmatrix} \dfrac{5}{11} & \dfrac{2}{11} \\ \dfrac{3}{11} & \dfrac{-1}{11} \end{bmatrix}$

$X = A^{-1}B$

$X = \begin{bmatrix} -4 \\ 3 \end{bmatrix}$

$\dfrac{-4}{2x-5} + \dfrac{3}{x+3}$

37. $\dfrac{8x^2-3x-7}{x^3-x} = \dfrac{8x^2-3x-7}{x(x^2-1)}$

$= \dfrac{8x^2-3x-7}{x(x-1)(x+1)} = \dfrac{A}{x} + \dfrac{B}{x+1} + \dfrac{C}{x-1}$

$8x^2 - 3x - 7 = A(x+1)(x-1) + Bx(x-1) + Cx(x+1)$

$8x^2 - 3x - 7 = Ax^2 - A + Bx^2 - Bx + Cx^2 + Cx$

$8x^2 - 3x - 7 = x^2(A+B+C) + x(-B+C) - A$

$\begin{cases} A + B + C = 8 \\ -B + C = -3 \\ -A = -7 \end{cases}$

$\begin{bmatrix} 1 & 1 & 1 \\ 0 & -1 & 1 \\ -1 & 0 & 0 \end{bmatrix} \begin{bmatrix} A \\ B \\ C \end{bmatrix} = \begin{bmatrix} 8 \\ -3 \\ -7 \end{bmatrix}$

$A^{-1} = \begin{bmatrix} 0 & 0 & -1 \\ \dfrac{1}{2} & \dfrac{-1}{2} & \dfrac{1}{2} \\ \dfrac{1}{2} & \dfrac{1}{2} & \dfrac{1}{2} \end{bmatrix}$

$X = A^{-1}B$

$X = \begin{bmatrix} 7 \\ 2 \\ -1 \end{bmatrix}$

$\dfrac{7}{x} + \dfrac{2}{x+1} - \dfrac{1}{x-1}$

39. $\dfrac{3x^2+7x-1}{x^3+2x^2+x} = \dfrac{3x^2+7x-1}{x(x^2+2x+1)}$

$= \dfrac{3x^2+7x-1}{x(x+1)^2} = \dfrac{A}{x} + \dfrac{B}{x+1} + \dfrac{C}{(x+1)^2}$

$3x^2 + 7x - 1 = A(x+1)^2 + Bx(x+1) + Cx$

$3x^2 + 7x - 1 = Ax^2 + 2Ax + A + Bx^2 + Bx + Cx$

$3x^2 + 7x - 1 = x^2(A+B) + x(2A+B+C) + A$

$\begin{cases} A + B = 3 \\ 2A + B + C = 7 \\ A = -1 \end{cases}$

$\begin{bmatrix} 1 & 1 & 0 \\ 2 & 1 & 1 \\ 1 & 0 & 0 \end{bmatrix} \begin{bmatrix} A \\ B \\ C \end{bmatrix} = \begin{bmatrix} 3 \\ 7 \\ -1 \end{bmatrix}$

$A^{-1} = \begin{bmatrix} 0 & 0 & 1 \\ 1 & 0 & -1 \\ -1 & 1 & -1 \end{bmatrix}$

$X = A^{-1}B$

$X = \begin{bmatrix} -1 \\ 4 \\ 5 \end{bmatrix}$

$\dfrac{-1}{x} + \dfrac{4}{x+1} + \dfrac{5}{(x+1)^2}$

9.4 Exercises

41. $\dfrac{3x^2+10x+4}{8-x^3} = \dfrac{3x^2+10x+4}{(2-x)(4+2x+x^2)}$

$= \dfrac{A}{2-x} + \dfrac{Bx+C}{4+2x+x^2}$

$3x^2+10x+4 = A(4+2x+x^2)+(Bx+C)(2-x)$

$3x^2+10x+4$
$= 4A+2Ax+Ax^2+2Bx-Bx^2+2C-Cx$

$3x^2+10x+4$
$= x^2(A-B)+x(2A+2B-C)+4A+2C$

$\begin{cases} A-B=3 \\ 2A+2B-C=10 \\ 4A+2C=4 \end{cases}$

$\begin{bmatrix} 1 & -1 & 0 \\ 2 & 2 & -1 \\ 4 & 0 & 2 \end{bmatrix} \begin{bmatrix} A \\ B \\ C \end{bmatrix} = \begin{bmatrix} 3 \\ 10 \\ 4 \end{bmatrix}$

$A^{-1} = \begin{bmatrix} \frac{1}{3} & \frac{1}{6} & \frac{1}{12} \\ \frac{-2}{3} & \frac{1}{6} & \frac{1}{12} \\ \frac{-2}{3} & \frac{-1}{3} & \frac{1}{3} \end{bmatrix}$

$X = A^{-1}B$

$X = \begin{bmatrix} 3 \\ 0 \\ -4 \end{bmatrix}$

$\dfrac{3}{2-x} - \dfrac{4}{4+2x+x^2}$

43. $\dfrac{6x^2+x+13}{x^3+2x^2+3x+6} = \dfrac{6x^2+x+13}{(x+2)(x^2+3)}$

$= \dfrac{A}{x+2} + \dfrac{Bx+C}{x^2+3}$

$6x^2+x+13 = A(x^2+3)+(Bx+C)(x+2)$

$6x^2+x+13$
$= Ax^2+3A+Bx^2+2Bx+Cx+2C$

$6x^2+x+13$
$= x^2(A+B)+x(2B+C)+3A+2C$

$\begin{cases} A+B=6 \\ 2B+C=1 \\ 3A+2C=13 \end{cases}$

$\begin{bmatrix} 1 & 1 & 0 \\ 0 & 2 & 1 \\ 3 & 0 & 2 \end{bmatrix} \begin{bmatrix} A \\ B \\ C \end{bmatrix} = \begin{bmatrix} 6 \\ 1 \\ 13 \end{bmatrix}$

$A^{-1} = \begin{bmatrix} \frac{4}{7} & \frac{-2}{7} & \frac{1}{7} \\ \frac{3}{7} & \frac{2}{7} & \frac{-1}{7} \\ \frac{-6}{7} & \frac{3}{7} & \frac{2}{7} \end{bmatrix}$

$X = A^{-1}B$

$X = \begin{bmatrix} 5 \\ 1 \\ -1 \end{bmatrix}$

$\dfrac{5}{x+2} + \dfrac{x-1}{x^2+3}$

Chapter 9: Matrices and Matrix Applications

45. $\dfrac{x^4 - x^2 - 2x + 1}{x^5 + 2x^3 + x} = \dfrac{x^4 - x^2 - 2x + 1}{x(x^4 + 2x^2 + 1)}$

$= \dfrac{x^4 - x^2 - 2x + 1}{x(x^2 + 1)^2} = \dfrac{A}{x} + \dfrac{Bx + C}{x^2 + 1} + \dfrac{Dx + E}{(x^2 + 1)^2}$

$x^4 - x^2 - 2x + 1$
$= A(x^2 + 1)^2 + x(Bx + C)(x^2 + 1) + x(Dx + E)$

$x^4 - x^2 - 2x + 1$
$= Ax^4 + 2Ax^2 + A + Bx^4 + Bx^2$
$\quad + Cx^3 + Cx + Dx^2 + Ex$

$x^4 - x^2 - 2x + 1$
$= x^4(A + B) + Cx^3 + x^2(2A + B + D)$
$\quad + x(C + E) + A$

$\begin{cases} A + B = 1 \\ C = 0 \\ 2A + B + D = -1 \\ C + E = -2 \\ A = 1 \end{cases}$

$\begin{bmatrix} 1 & 1 & 0 & 0 & 0 \\ 0 & 0 & 1 & 0 & 0 \\ 2 & 1 & 0 & 1 & 0 \\ 0 & 0 & 1 & 0 & 1 \\ 1 & 0 & 0 & 0 & 0 \end{bmatrix} \begin{bmatrix} A \\ B \\ C \\ D \\ E \end{bmatrix} = \begin{bmatrix} 1 \\ 0 \\ -1 \\ -2 \\ 1 \end{bmatrix}$

$A^{-1} = \begin{bmatrix} 0 & 0 & 0 & 0 & 1 \\ 1 & 0 & 0 & 0 & -1 \\ 0 & 1 & 0 & 0 & 0 \\ -1 & 0 & 1 & 0 & -1 \\ 0 & -1 & 0 & 1 & 0 \end{bmatrix}$

$X = A^{-1} B$

$X = \begin{bmatrix} 1 \\ 0 \\ 0 \\ -3 \\ -2 \end{bmatrix}$

$\dfrac{1}{x} + \dfrac{-3x - 2}{(x^2 + 1)^2}$

47. $\dfrac{x^3 - 17x^2 + 76x - 98}{(x^2 - 6x + 9)(x^2 - 2x - 3)}$

$= \dfrac{x^3 - 17x^2 + 76x - 98}{(x - 3)(x - 3)(x - 3)(x + 1)}$

$= \dfrac{x^3 - 17x^2 + 76x - 98}{(x - 3)^3 (x + 1)}$

$= \dfrac{A}{x + 1} + \dfrac{B}{(x - 3)} + \dfrac{C}{(x - 3)^2} + \dfrac{D}{(x - 3)^3}$

$x^3 - 17x^2 + 76x - 98$
$= A(x - 3)^3 + B(x + 1)(x - 3)^2$
$\quad + C(x + 1)(x - 3) + D(x + 1)$

$= Ax^3 - 9Ax^2 + 27Ax - 27A$
$\quad + Bx^3 - 5Bx^2 + 3Bx + 9B + Cx^2$
$\quad - 2Cx - 3C + Dx + D;$

$= x^3(A + B) + x^2(-9A - 5B + C)$
$\quad + x(27A + 3B - 2C + D)$
$\quad + (-27A + 9B - 3C + D);$

$\begin{cases} A + B = 1 \\ -9A - 5B + C = -17 \\ 27A + 3B - 2C + D = 76 \\ -27A + 9B - 3C + D = -98 \end{cases}$

$\begin{bmatrix} 1 & 1 & 0 & 0 \\ -9 & -5 & 1 & 0 \\ 27 & 3 & -2 & 1 \\ -27 & 9 & -3 & 1 \end{bmatrix} \begin{bmatrix} A \\ B \\ C \\ D \end{bmatrix} = \begin{bmatrix} 1 \\ -17 \\ 76 \\ -98 \end{bmatrix}$

$A^{-1} = \begin{bmatrix} \dfrac{1}{64} & \dfrac{-1}{64} & \dfrac{1}{64} & \dfrac{-1}{64} \\ \dfrac{63}{64} & \dfrac{1}{64} & \dfrac{-1}{64} & \dfrac{1}{64} \\ \dfrac{81}{16} & \dfrac{15}{16} & \dfrac{1}{16} & \dfrac{-1}{16} \\ \dfrac{27}{4} & \dfrac{9}{4} & \dfrac{3}{4} & \dfrac{1}{4} \end{bmatrix}$

$X = A^{-1} B$

$X = \begin{bmatrix} 3 \\ -2 \\ 0 \\ 1 \end{bmatrix}$

$= \dfrac{3}{x + 1} + \dfrac{-2}{(x - 3)} + \dfrac{0}{(x - 3)^2} + \dfrac{1}{(x - 3)^3}$

$= \dfrac{3}{x + 1} - \dfrac{2}{(x - 3)} + \dfrac{1}{(x - 3)^3}$

9.4 Exercises

49. $A = \begin{vmatrix} L & r^2 \\ -\dfrac{\pi}{2} & W \end{vmatrix}$

$A = \begin{vmatrix} 20 & 8^2 \\ -\dfrac{\pi}{2} & 16 \end{vmatrix} = 320 - 64\left(-\dfrac{\pi}{2}\right)$

$= 320 + 32\pi \approx 420.5 \text{ in}^2$

51. $(2,1), (3,7), (5,3)$

$A = \dfrac{\begin{vmatrix} x_1 & y_1 & 1 \\ x_2 & y_2 & 1 \\ x_3 & y_3 & 1 \end{vmatrix}}{2}$

$A = \dfrac{\begin{vmatrix} 2 & 1 & 1 \\ 3 & 7 & 1 \\ 5 & 3 & 1 \end{vmatrix}}{2} = \left|\dfrac{-16}{2}\right| = 8 \text{ cm}^2$

53. $(-4,2), (-6,-1), (3,-1,), (5,2)$

$A = \dfrac{\begin{vmatrix} x_1 & y_1 & 1 \\ x_2 & y_2 & 1 \\ x_3 & y_3 & 1 \end{vmatrix}}{2}$

For triangle use $(-4, 2), (-6, -1)$ and $(5, 2)$.

$A = \dfrac{\begin{vmatrix} -4 & 2 & 1 \\ -6 & -1 & 1 \\ 5 & 2 & 1 \end{vmatrix}}{2} = \left|\dfrac{27}{2}\right| = \dfrac{27}{2}$

$2\left(\dfrac{27}{2}\right) = 27 \text{ ft}^2$

55. $h = 6\text{m}$; vertices $(3,5), (-4,2), (-1,6)$

$A = \dfrac{\begin{vmatrix} 3 & 5 & 1 \\ -4 & 2 & 1 \\ -1 & 6 & 1 \end{vmatrix}}{2} = \left|\dfrac{-19}{2}\right| = 9.5$

$V = \dfrac{1}{3}Bh$

$V = \dfrac{1}{3}(9.5)(6)$

$V = 19 \text{ m}^3$

57. $(1,5), (-2,-1), (4,11)$

$|A| = \begin{vmatrix} 1 & 5 & 1 \\ -2 & -1 & 1 \\ 4 & 11 & 1 \end{vmatrix} = 0$

Yes

59. $(-2.5, 5.2), (1.2, -5.6), (2.2, -8.5)$

$|A| = \begin{vmatrix} -2.5 & 5.2 & 1 \\ 1.2 & -5.6 & 1 \\ 2.2 & -8.5 & 1 \end{vmatrix} = 0.07$

No

61. $2x - 3y = 7$; $(2, -1), (-1.3, -3.2), (-3.1, -4.4)$

$(2,-1)$ Yes

$2(2) - 3(-1) = 7$

$4 + 3 = 7$

$7 = 7$;

$(-1.3, -3.2)$ Yes

$2(-1.3) - 3(-3.2) = 7$

$-2.6 + 9.6 = 7$

$7 = 7$;

$(-3.1, -4.4)$ Yes

$|A| = \begin{vmatrix} 2 & -1 & 1 \\ -1.3 & -3.2 & 1 \\ -3.1 & -4.4 & 1 \end{vmatrix} = 0$

63. Let x represent the rate of the \$15000 investment. Let y represent the rate of the \$25000 investment.

$\begin{cases} 15000x + 25000y = 2900 \\ 25000x + 15000y = 2700 \end{cases}$

$D = \begin{vmatrix} 15000 & 25000 \\ 25000 & 15000 \end{vmatrix} = -400000000$;

$D_x = \begin{vmatrix} 2900 & 25000 \\ 2700 & 15000 \end{vmatrix} = -24000000$;

$D_y = \begin{vmatrix} 15000 & 2900 \\ 25000 & 2700 \end{vmatrix} = -32000000$;

$x = \dfrac{D_x}{D} = \dfrac{-24000000}{-400000000} = 0.06$;

$y = \dfrac{D_y}{D} = \dfrac{-32000000}{-400000000} = 0.08$

\$15000 invested at 6%
\$25000 invested at 8%

Chapter 9: Matrices and Matrix Applications

65. $\begin{cases} x+3y+5z=6 \\ 2x-4y+6z=14 \\ 9x-6y+3z=3 \end{cases}$

(1) $-2R1 + R2$
$\begin{cases} -2x-6y-10z=-12 \\ 2x-4y+6z=14 \end{cases}$
$\overline{-10y-4z=2}$
$-9R1 + R3$
$\begin{cases} -9x-27y-45z=-54 \\ 9x-6y+3z=3 \end{cases}$
$\overline{-33y-42z=-51}$
$\begin{cases} -10y-4z=2 \\ -33y-42z=-51 \end{cases}$
$-21R1 + 2R2$
$\begin{cases} 210y+84z=-42 \\ -66y-84z=-102 \end{cases}$
$\overline{144y=-144}$
$y=-1;$
$210y+84z=-42$
$210(-1)+84z=-42$
$-210+84z=-42$
$84z=168$
$z=2;$
$x+3y+5z=6$
$x+3(-1)+5(2)=6$
$x-3+10=6$
$x=-1$
$(-1,-1,2)$

(2) $\begin{bmatrix} 1 & 3 & 5 & | & 6 \\ 2 & -4 & 6 & | & 14 \\ 9 & -6 & 3 & | & 3 \end{bmatrix}$ $-2R1+R2 \to R2$

$\begin{bmatrix} 1 & 3 & 5 & | & 6 \\ 0 & -10 & -4 & | & 2 \\ 9 & -6 & 3 & | & 3 \end{bmatrix}$ $-9R1+R3 \to R3$

$\begin{bmatrix} 1 & 3 & 5 & | & 6 \\ 0 & -10 & -4 & | & 2 \\ 0 & -33 & -42 & | & -51 \end{bmatrix}$ $-\frac{1}{10}R2 \to R2$

$\begin{bmatrix} 1 & 3 & 5 & | & 6 \\ 0 & 1 & \frac{2}{5} & | & -\frac{1}{5} \\ 0 & -33 & -42 & | & -51 \end{bmatrix}$ $33R2+R3 \to R3$

$\begin{bmatrix} 1 & 3 & 5 & | & 6 \\ 0 & 1 & \frac{2}{5} & | & -\frac{1}{5} \\ 0 & 0 & -\frac{144}{5} & | & -\frac{288}{5} \end{bmatrix}$ $-\frac{5}{144}R3 \to R3$

$\begin{bmatrix} 1 & 3 & 5 & | & 6 \\ 0 & 1 & \frac{2}{5} & | & -\frac{1}{5} \\ 0 & 0 & 1 & | & 2 \end{bmatrix}$

$z=2;$
$y+\frac{2}{5}z=-\frac{1}{5}$
$y+\frac{2}{5}(2)=-\frac{1}{5}$
$y+\frac{4}{5}=-\frac{1}{5}$
$y=-1;$
$x+3y+5z=6$
$x+3(-1)+5(2)=6$
$x-3+10=6$
$x+7=6$
$x=-1$
$(-1,-1,2)$

(3) $\begin{cases} x+3y+5z=6 \\ 2x-4y+6z=14 \\ 9x-6y+3z=3 \end{cases}$

$D=\begin{vmatrix} 1 & 3 & 5 \\ 2 & -4 & 6 \\ 9 & -6 & 3 \end{vmatrix}=288;$

$D_x=\begin{vmatrix} 6 & 3 & 5 \\ 14 & -4 & 6 \\ 3 & -6 & 3 \end{vmatrix}=-288;$

$D_y=\begin{vmatrix} 1 & 6 & 5 \\ 2 & 14 & 6 \\ 9 & 3 & 3 \end{vmatrix}=-288;$

$D_z=\begin{vmatrix} 1 & 3 & 6 \\ 2 & -4 & 14 \\ 9 & -6 & 3 \end{vmatrix}=576;$

$x=\dfrac{D_x}{D}=\dfrac{-288}{288}=-1;$

$y=\dfrac{D_y}{D}=\dfrac{-288}{288}=-1;$

$z=\dfrac{D_z}{D}=\dfrac{576}{288}=2$

$(-1,-1,2)$

9.4 Exercises

(4) $\begin{bmatrix} 1 & 3 & 5 \\ 2 & -4 & 6 \\ 9 & -6 & 3 \end{bmatrix} \begin{bmatrix} x \\ y \\ z \end{bmatrix} = \begin{bmatrix} 6 \\ 14 \\ 3 \end{bmatrix}$

$A^{-1} = \begin{bmatrix} \dfrac{1}{12} & \dfrac{-13}{96} & \dfrac{19}{144} \\ \dfrac{1}{6} & \dfrac{-7}{48} & \dfrac{1}{72} \\ \dfrac{1}{12} & \dfrac{11}{96} & \dfrac{-5}{144} \end{bmatrix}$

$X = A^{-1}B$

$X = \begin{bmatrix} -1 \\ -1 \\ 2 \end{bmatrix}$

$(-1, -1, 2)$
Answers will vary.

67. $x^2 + y^2 + Dx + Ey + F = 0$
$(-1, 7), (2, 8)$ and $(5, -1)$
$x^2 + y^2 + Dx + Ey + F = 0$
$(-1)^2 + (7)^2 + D(-1) + E(7) + F = 0$
$1 + 49 - D + 7E + F = 0$
$-D + 7E + F = -50;$

$x^2 + y^2 + Dx + Ey + F = 0$
$(2)^2 + (8)^2 + D(2) + E(8) + F = 0$
$4 + 64 + 2D + 8E + F = 0$
$2D + 8E + F = -68;$

$x^2 + y^2 + Dx + Ey + F = 0$
$(5)^2 + (-1)^2 + D(5) + E(-1) + F = 0$
$25 + 1 + 5D - E + F = 0$
$5D - E + F = -26;$

$\begin{cases} -D + 7E + F = -50 \\ 2D + 8E + F = -68 \\ 5D - E + F = -26 \end{cases}$

$\begin{bmatrix} -1 & 7 & 1 \\ 2 & 8 & 1 \\ 5 & -1 & 1 \end{bmatrix} \begin{bmatrix} D \\ E \\ F \end{bmatrix} = \begin{bmatrix} -50 \\ -68 \\ -26 \end{bmatrix}$

$A^{-1} = \begin{bmatrix} -\dfrac{3}{10} & \dfrac{4}{15} & \dfrac{1}{30} \\ \dfrac{-1}{10} & \dfrac{1}{5} & \dfrac{-1}{10} \\ \dfrac{7}{5} & \dfrac{-17}{15} & \dfrac{11}{15} \end{bmatrix}$

$X = A^{-1}B$

$X = \begin{bmatrix} -4 \\ -6 \\ -12 \end{bmatrix}$

$D = -4, \ E = -6, \ F = -12$
$x^2 + y^2 - 4x - 6y - 12 = 0$

69. $a = 8.7$ in.
$b = 11.2$ in.
$\angle A = 49.0°$
Find: $\angle B, \angle C, c$

$\dfrac{\sin 49}{8.7} = \dfrac{\sin B}{11.2}$

$\sin B \approx 0.971580149252$
$\angle B \approx \sin^{-1}(0.971580149252) \approx 76.3°$
$\angle C = 180° - 49° - 76.3° = 54.7°$

$\dfrac{\sin 54.7}{c} = \dfrac{\sin 49}{8.7}$

$c = \dfrac{8.7 \sin 54.7}{\sin 49} \approx 9.4$ in.

71.

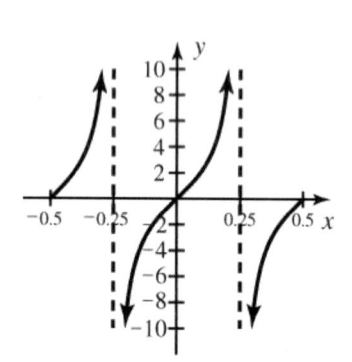

$y = 3\tan(2\pi t); \left[-\dfrac{1}{2}, \dfrac{1}{2}\right]$

$A = 3$, Period $= \dfrac{\pi}{2\pi} = \dfrac{1}{2}$

Asymptotes: $x = \pm\dfrac{1}{4}$

510

Chapter 9: Matrices and Matrix Applications

Chapter 9 Summary and Review

1. Answers will vary.

3. $\begin{cases} x - 2y + 2z = 7 \\ 2x + 2y - z = 5 \\ 3x - y + z = 6 \end{cases}$

$\begin{bmatrix} 1 & -2 & 2 & | & 7 \\ 2 & 2 & -1 & | & 5 \\ 3 & -1 & 1 & | & 6 \end{bmatrix}$ $-2R1 + R2 \to R2$

$\begin{bmatrix} 1 & -2 & 2 & | & 7 \\ 0 & 6 & -5 & | & -9 \\ 3 & -1 & 1 & | & 6 \end{bmatrix}$ $-3R1 + R3 \to R3$

$\begin{bmatrix} 1 & -2 & 2 & | & 7 \\ 0 & 6 & -5 & | & -9 \\ 0 & 5 & -5 & | & -15 \end{bmatrix}$ $R2 - R3 \to R2$

$\begin{bmatrix} 1 & -2 & 2 & | & 7 \\ 0 & 1 & 0 & | & 6 \\ 0 & 5 & -5 & | & -15 \end{bmatrix}$ $\frac{1}{5}R3 \to R3$

$\begin{bmatrix} 1 & -2 & 2 & | & 7 \\ 0 & 1 & 0 & | & 6 \\ 0 & 1 & -1 & | & -3 \end{bmatrix}$ $R3 - R2 \to R3$

$\begin{bmatrix} 1 & -2 & 2 & | & 7 \\ 0 & 1 & 0 & | & 6 \\ 0 & 0 & -1 & | & -9 \end{bmatrix}$ $2R2 + R1 \to R1$

$\begin{bmatrix} 1 & 0 & 2 & | & 19 \\ 0 & 1 & 0 & | & 6 \\ 0 & 0 & -1 & | & -9 \end{bmatrix}$ $2R3 + R1 \to R1$

$\begin{bmatrix} 1 & 0 & 0 & | & 1 \\ 0 & 1 & 0 & | & 6 \\ 0 & 0 & -1 & | & -9 \end{bmatrix}$ $-1R3 \to R3$

$\begin{bmatrix} 1 & 0 & 0 & | & 1 \\ 0 & 1 & 0 & | & 6 \\ 0 & 0 & 1 & | & 9 \end{bmatrix}$

(1, 6, 9)

5. $\begin{cases} 2x - y + 2z = -1 \\ x + 2y + 2z = -3 \\ 3x - 4y + 2z = 1 \end{cases}$

$\begin{bmatrix} 2 & -1 & 2 & | & -1 \\ 1 & 2 & 2 & | & -3 \\ 3 & -4 & 2 & | & 1 \end{bmatrix}$ $R1 - R2 \to R1$

$\begin{bmatrix} 1 & -3 & 0 & | & 2 \\ 1 & 2 & 2 & | & -3 \\ 3 & -4 & 2 & | & 1 \end{bmatrix}$ $R2 - R1 \to R2$

$\begin{bmatrix} 1 & -3 & 0 & | & 2 \\ 0 & 5 & 2 & | & -5 \\ 3 & -4 & 2 & | & 1 \end{bmatrix}$ $-3R1 + R3 \to R3$

$\begin{bmatrix} 1 & -3 & 0 & | & 2 \\ 0 & 5 & 2 & | & -5 \\ 0 & 5 & 2 & | & -5 \end{bmatrix}$ $R3 - R2 \to R3$

$\begin{bmatrix} 1 & -3 & 0 & | & 2 \\ 0 & 5 & 2 & | & -5 \\ 0 & 0 & 0 & | & 0 \end{bmatrix}$

$x - 3y = 2$
$\quad x = 3y + 2;$
$5y + 2z = -5$
$\quad 2z = -5y - 5$
$\quad z = -\frac{5}{2}y - \frac{5}{2};$

$\left(x = 3y + 2, y \in \mathbb{R}, z = -\frac{5}{2}y - \frac{5}{2} \right)$

7. $B - A$

$= \begin{bmatrix} -7 & 6 \\ 1 & -2 \end{bmatrix} - \begin{bmatrix} \frac{-1}{4} & \frac{-3}{4} \\ \frac{-1}{8} & \frac{-7}{8} \end{bmatrix}$

$= \begin{bmatrix} -7 - \left(\frac{-1}{4}\right) & 6 - \left(\frac{-3}{4}\right) \\ 1 - \left(\frac{-1}{8}\right) & -2 - \left(\frac{-7}{8}\right) \end{bmatrix}$

$= \begin{bmatrix} -6.75 & 6.75 \\ 1.125 & -1.125 \end{bmatrix}$

Chapter 9 Summary and Review

9. $8A$

$$= 8\begin{bmatrix} \dfrac{-1}{4} & \dfrac{-3}{4} \\ \dfrac{-1}{8} & \dfrac{-7}{8} \end{bmatrix}$$

$$= \begin{bmatrix} 8\left(\dfrac{-1}{4}\right) & 8\left(\dfrac{-3}{4}\right) \\ 8\left(\dfrac{-1}{8}\right) & 8\left(\dfrac{-7}{8}\right) \end{bmatrix}$$

$$= \begin{bmatrix} -2 & -6 \\ -1 & -7 \end{bmatrix}$$

11. $C + D$

$$= \begin{bmatrix} -1 & 3 & 4 \\ 5 & -2 & 0 \\ 6 & -3 & 2 \end{bmatrix} + \begin{bmatrix} 2 & -3 & 0 \\ 0.5 & 1 & -1 \\ 4 & 0.1 & 5 \end{bmatrix}$$

$$= \begin{bmatrix} -1+2 & 3+(-3) & 4+0 \\ 5+0.5 & -2+1 & 0+(-1) \\ 6+4 & -3+0.1 & 2+5 \end{bmatrix}$$

$$= \begin{bmatrix} 1 & 0 & 4 \\ 5.5 & -1 & -1 \\ 10 & -2.9 & 7 \end{bmatrix}$$

13. BC

$$= \begin{bmatrix} -7 & 6 \\ 1 & -2 \end{bmatrix}\begin{bmatrix} -1 & 3 & 4 \\ 5 & -2 & 0 \\ 6 & -3 & 2 \end{bmatrix}$$

Not possible

15. CD

$$= \begin{bmatrix} -1 & 3 & 4 \\ 5 & -2 & 0 \\ 6 & -3 & 2 \end{bmatrix}\begin{bmatrix} 2 & -3 & 0 \\ 0.5 & 1 & -1 \\ 4 & 0.1 & 5 \end{bmatrix}$$

$$= \begin{bmatrix} -1(2)+3(0.5)+4(4) & -1(-3)+3(1)+4(0.1) & -1(0)+3(-1)+4(5) \\ 5(2)+-2(0.5)+0(4) & 5(-3)+-2(1)+0(0.1) & 5(0)+-2(-1)+0(5) \\ 6(2)+-3(0.5)+2(4) & 6(-3)+-3(1)+2(0.1) & 6(0)+-3(-1)+2(5) \end{bmatrix}$$

$$= \begin{bmatrix} 15.5 & 6.4 & 17 \\ 9 & -17 & 2 \\ 18.5 & -20.8 & 13 \end{bmatrix}$$

17. $AB = \begin{bmatrix} 1 & 0 \\ 0 & 1 \end{bmatrix}\begin{bmatrix} 0.2 & 0.2 \\ -0.6 & 0.4 \end{bmatrix} = \begin{bmatrix} 0.2 & 0.2 \\ -0.6 & 0.4 \end{bmatrix}$

$BA = \begin{bmatrix} 0.2 & 0.2 \\ -0.6 & 0.4 \end{bmatrix}\begin{bmatrix} 1 & 0 \\ 0 & 1 \end{bmatrix} = \begin{bmatrix} 0.2 & 0.2 \\ -0.6 & 0.4 \end{bmatrix}$

It is an identity matrix.

19. E

21. $EG = \begin{bmatrix} 1 & -2 & 3 \\ -2 & 1 & -5 \\ -1 & -1 & -2 \end{bmatrix}\begin{bmatrix} -1 & 0 & -1 \\ 0 & 1 & 0 \\ 2 & 1 & 1 \end{bmatrix}$

$$= \begin{bmatrix} 5 & 1 & 2 \\ -8 & -4 & -3 \\ -3 & -3 & -1 \end{bmatrix}$$

$GE = \begin{bmatrix} -1 & 0 & -1 \\ 0 & 1 & 0 \\ 2 & 1 & 1 \end{bmatrix}\begin{bmatrix} 1 & -2 & 3 \\ -2 & 1 & -5 \\ -1 & -1 & -2 \end{bmatrix}$

$$= \begin{bmatrix} 0 & 3 & -1 \\ -2 & 1 & -5 \\ -1 & -4 & -1 \end{bmatrix}$$

$EF = \begin{bmatrix} 1 & -2 & 3 \\ -2 & 1 & -5 \\ -1 & -1 & -2 \end{bmatrix}\begin{bmatrix} 1 & -1 & 1 \\ 0 & 1 & 0 \\ -2 & 1 & -1 \end{bmatrix}$

$$= \begin{bmatrix} -5 & 0 & -2 \\ 8 & -2 & 3 \\ 3 & -2 & 1 \end{bmatrix}$$

$FE = \begin{bmatrix} 1 & -1 & 1 \\ 0 & 1 & 0 \\ -2 & 1 & -1 \end{bmatrix}\begin{bmatrix} 1 & -2 & 3 \\ -2 & 1 & -5 \\ -1 & -1 & -2 \end{bmatrix}$

$$= \begin{bmatrix} 2 & -4 & 6 \\ -2 & 1 & -5 \\ -3 & 6 & -9 \end{bmatrix}$$

Matrix multiplication is not generally commutative.

Chapter 9: Matrices and Matrix Applications

23. $\begin{cases} 0.5x - 2.2y + 3z = -8 \\ -0.6x - y + 2z = -7.2 \\ x + 1.5y - 0.2z = 2.6 \end{cases}$

$\begin{bmatrix} 0.5 & -2.2 & 3 & | & -8 \\ -0.6 & -1 & 2 & | & -7.2 \\ 1 & 1.5 & -0.2 & | & 2.6 \end{bmatrix}$

$(2, 0, -3)$

25. $\begin{cases} 2x + y = -2 \\ -x + y + 5z = 12 \\ 3x - 2y + z = -8 \end{cases}$

$D = \begin{vmatrix} 2 & 1 & 0 \\ -1 & 1 & 5 \\ 3 & -2 & 1 \end{vmatrix} = 38$;

$D_x = \begin{vmatrix} -2 & 1 & 0 \\ 12 & 1 & 5 \\ -8 & -2 & 1 \end{vmatrix} = -74$;

$D_y = \begin{vmatrix} 2 & -2 & 0 \\ -1 & 12 & 5 \\ 3 & -8 & 1 \end{vmatrix} = 72$;

$D_z = \begin{vmatrix} 2 & 1 & -2 \\ -1 & 1 & 12 \\ 3 & -2 & -8 \end{vmatrix} = 62$;

$x = \dfrac{D_x}{D} = \dfrac{-74}{38} = -\dfrac{37}{19}$;

$y = \dfrac{D_y}{D} = \dfrac{72}{38} = \dfrac{36}{19}$;

$z = \dfrac{D_z}{D} = \dfrac{62}{38} = \dfrac{31}{19}$

$\left(\dfrac{-37}{19}, \dfrac{36}{19}, \dfrac{31}{19} \right)$

27. $(6, 1), (-1, -6)$ and $(-6, 2)$

$A = \dfrac{\begin{vmatrix} x_1 & y_1 & 1 \\ x_2 & y_2 & 1 \\ x_3 & y_3 & 1 \end{vmatrix}}{2}$

$A = \dfrac{\begin{vmatrix} \begin{vmatrix} 6 & 1 & 1 \\ -1 & -6 & 1 \\ -6 & 2 & 1 \end{vmatrix} \end{vmatrix}}{2} = \left| \dfrac{-91}{2} \right| = \dfrac{91}{2}$ units^2

Chapter 9 Mixed Review

1. $\begin{cases} \frac{1}{2}x + \frac{2}{3}y = 3 \\ \frac{-2}{5}x - \frac{1}{4}y = 1 \end{cases}$

$\begin{bmatrix} \frac{1}{2} & \frac{2}{3} & \bigg| & 3 \\ \frac{-2}{5} & \frac{-1}{4} & \bigg| & 1 \end{bmatrix}$ $2R1 \to R1$

$\begin{bmatrix} 1 & \frac{4}{3} & \bigg| & 6 \\ \frac{-2}{5} & \frac{-1}{4} & \bigg| & 1 \end{bmatrix}$ $\frac{2}{5}R1 + R2 \to R2$

$\begin{bmatrix} 1 & \frac{4}{3} & \bigg| & 6 \\ 0 & \frac{17}{60} & \bigg| & \frac{17}{5} \end{bmatrix}$ $\frac{60}{17}R2 \to R2$

$\begin{bmatrix} 1 & \frac{4}{3} & \bigg| & 6 \\ 0 & 1 & \bigg| & 12 \end{bmatrix}$

$y = 12$;

$x + \frac{4}{3}y = 6$
$x + \frac{4}{3}(12) = 6$
$x + 16 = 6$
$x = -10$

$(-10, 12)$

3. $\begin{cases} 3x - 4y + 5z = 5 \\ -x + 2y - 3z = -3 \\ 3x - 2y + z = 1 \end{cases}$

$\begin{bmatrix} 3 & -4 & 5 & \bigg| & 5 \\ -1 & 2 & -3 & \bigg| & -3 \\ 3 & -2 & 1 & \bigg| & 1 \end{bmatrix}$ $R1 + R2 \to R1$

$\begin{bmatrix} 2 & -2 & 2 & \bigg| & 2 \\ -1 & 2 & -3 & \bigg| & -3 \\ 3 & -2 & 1 & \bigg| & 1 \end{bmatrix}$ $\frac{1}{2}R1 \to R1$

$\begin{bmatrix} 1 & -1 & 1 & \bigg| & 1 \\ -1 & 2 & -3 & \bigg| & -3 \\ 3 & -2 & 1 & \bigg| & 1 \end{bmatrix}$ $R1 + R2 \to R2$

$\begin{bmatrix} 1 & -1 & 1 & \bigg| & 1 \\ 0 & 1 & -2 & \bigg| & -2 \\ 3 & -2 & 1 & \bigg| & 1 \end{bmatrix}$ $2R2 + R3 \to R3$

$\begin{bmatrix} 1 & -1 & 1 & \bigg| & 1 \\ 0 & 1 & -2 & \bigg| & -2 \\ 3 & 0 & -3 & \bigg| & -3 \end{bmatrix}$ $\frac{1}{3}R3 \to R3$

$\begin{bmatrix} 1 & -1 & 1 & \bigg| & 1 \\ 0 & 1 & -2 & \bigg| & -2 \\ 1 & 0 & -1 & \bigg| & -1 \end{bmatrix}$ $R1 + R2 \to R1$

$\begin{bmatrix} 1 & 0 & -1 & \bigg| & -1 \\ 0 & 1 & -2 & \bigg| & -2 \\ 1 & 0 & -1 & \bigg| & -1 \end{bmatrix}$ $R3 - R1 \to R3$

$\begin{bmatrix} 1 & 0 & -1 & \bigg| & -1 \\ 0 & 1 & -2 & \bigg| & -2 \\ 0 & 0 & 0 & \bigg| & 0 \end{bmatrix}$

$x - z = -1$
$x = z - 1$;
$y - 2z = -2$
$y = 2z - 2$;

$\{(x, y, z) \mid x = z - 1, y = 2z - 2, z \in \mathbb{R}\}$

Chapter 9: Matrices and Matrix Applications

5. a. $-2AC$

$$= -2\begin{bmatrix} 2 & -1 \\ 0 & 3 \end{bmatrix}\begin{bmatrix} 1 & -4 & 2 \\ -2 & 0 & -1 \end{bmatrix}$$

$$= -2\begin{bmatrix} 4 & -8 & 5 \\ -6 & 0 & -3 \end{bmatrix}$$

$$= \begin{bmatrix} -8 & 16 & -10 \\ 12 & 0 & 6 \end{bmatrix}$$

b. CD

$$= \begin{bmatrix} 1 & -4 & 2 \\ -2 & 0 & -1 \end{bmatrix}\begin{bmatrix} 3 & 0 & 1 \\ -1 & 2 & 0 \\ 1 & 1 & -4 \end{bmatrix}$$

$$= \begin{bmatrix} 9 & -6 & -7 \\ -7 & -1 & 2 \end{bmatrix}$$

7. a. $a_{22} = 3$
   b. $b_{21} = 3$
   c. $c_{12} = -4$
   d. $d_{32} = 1$

9. $\begin{cases} -x - 2z = 5 \\ 2y + z = -4 \\ -x + 2y = 3 \end{cases}$

$$\begin{bmatrix} -1 & 0 & -2 & | & 5 \\ 0 & 2 & 1 & | & -4 \\ -1 & 2 & 0 & | & 3 \end{bmatrix} -R1 \to R1$$

$$\begin{bmatrix} 1 & 0 & 2 & | & -5 \\ 0 & 2 & 1 & | & -4 \\ -1 & 2 & 0 & | & 3 \end{bmatrix} R1 + R3 \to R3$$

$$\begin{bmatrix} 1 & 0 & 2 & | & -5 \\ 0 & 2 & 1 & | & -4 \\ 0 & 2 & 2 & | & -2 \end{bmatrix} \frac{1}{2}R2 \to R2$$

$$\begin{bmatrix} 1 & 0 & 2 & | & -5 \\ 0 & 1 & \frac{1}{2} & | & -2 \\ 0 & 2 & 2 & | & -2 \end{bmatrix} -2R2 + R3 \to R3$$

$$\begin{bmatrix} 1 & 0 & 2 & | & -5 \\ 0 & 1 & \frac{1}{2} & | & -2 \\ 0 & 0 & 1 & | & 2 \end{bmatrix}$$

$z = 2$;

$y + \frac{1}{2}z = -2$

$y + \frac{1}{2}(2) = -2$

$y + 1 = -2$

$y = -3$;

$x + 2z = -5$

$x + 2(2) = -5$

$x + 4 = -5$

$x = -9$

$(-9, -3, 2)$

11. $A = \begin{bmatrix} 2 & 3 \\ 5 & 8 \end{bmatrix}$

$$\begin{bmatrix} 2 & 3 & | & 1 & 0 \\ 5 & 8 & | & 0 & 1 \end{bmatrix} -2R1 + R2 \to R2$$

$$\begin{bmatrix} 2 & 3 & | & 1 & 0 \\ 1 & 2 & | & -2 & 1 \end{bmatrix} R1 \leftrightarrow R2$$

$$\begin{bmatrix} 1 & 2 & | & -2 & 1 \\ 2 & 3 & | & 1 & 0 \end{bmatrix} -2R1 + R2 \to R2$$

$$\begin{bmatrix} 1 & 2 & | & -2 & 1 \\ 0 & -1 & | & 5 & -2 \end{bmatrix} 2R2 + R1 \to R1$$

$$\begin{bmatrix} 1 & 0 & | & 8 & -3 \\ 0 & -1 & | & 5 & -2 \end{bmatrix} -R2 \to R2$$

$$\begin{bmatrix} 1 & 0 & | & 8 & -3 \\ 0 & 1 & | & -5 & 2 \end{bmatrix}$$

$$A^{-1} = \begin{bmatrix} 8 & -3 \\ -5 & 2 \end{bmatrix}$$

515

Chapter 9 Mixed Review

13. $\begin{cases} x+y+2z=1 \\ 2x-z=3 \\ -x+y+z=3 \end{cases}$

15. $\begin{cases} -x+5y-2z=1 \\ 2x+3y-z=3 \\ 3x-y+3z=-2 \end{cases}$

$D = \begin{vmatrix} -1 & 5 & -2 \\ 2 & 3 & -1 \\ 3 & -1 & 3 \end{vmatrix} = -31;$

$D_x = \begin{vmatrix} 1 & 5 & -2 \\ 3 & 3 & -1 \\ -2 & -1 & 3 \end{vmatrix} = -33;$

$D_y = \begin{vmatrix} -1 & 1 & -2 \\ 2 & 3 & -1 \\ 3 & -2 & 3 \end{vmatrix} = 10;$

$D_z = \begin{vmatrix} -1 & 5 & 1 \\ 2 & 3 & 3 \\ 3 & -1 & -2 \end{vmatrix} = 57;$

$x = \dfrac{D_x}{D} = \dfrac{-33}{-31} = \dfrac{33}{31};$

$y = \dfrac{D_y}{D} = \dfrac{10}{-31} = \dfrac{-10}{31};$

$z = \dfrac{D_z}{D} = \dfrac{57}{-31} = \dfrac{-57}{31}$

$\left(\dfrac{33}{31}, \dfrac{-10}{31}, \dfrac{-57}{31} \right)$

17. $T = \begin{bmatrix} -1 & 2 & 1 \\ 3 & 1 & 1 \\ 0 & 4 & 1 \end{bmatrix}$, Area $= \left| \dfrac{|T|}{2} \right|$

$D = \begin{vmatrix} -1 & 2 & 1 \\ 3 & 1 & 1 \\ 0 & 4 & 1 \end{vmatrix} = 9;$

Area $= \left| \dfrac{9}{2} \right| = 4.5$ units^2

19. $\begin{cases} 2l+2w=438 \\ l=w+55 \end{cases}$

$\begin{cases} 2w+2l=438 \\ -w+l=55 \end{cases}$

$\begin{bmatrix} 2 & 2 & | & 438 \\ -1 & 1 & | & 55 \end{bmatrix} \dfrac{1}{2}R1 \to R1$

$\begin{bmatrix} 1 & 1 & | & 219 \\ -1 & 1 & | & 55 \end{bmatrix} R1+R2 \to R2$

$\begin{bmatrix} 1 & 1 & | & 219 \\ 0 & 2 & | & 274 \end{bmatrix} \dfrac{1}{2}R2 \to R2$

$\begin{bmatrix} 1 & 1 & | & 219 \\ 0 & 1 & | & 137 \end{bmatrix} R1-R2 \to R1$

$\begin{bmatrix} 1 & 0 & | & 82 \\ 0 & 1 & | & 137 \end{bmatrix}$

137 m by 82 m

Chapter 9: Matrices and Matrix Applications

Chapter 9 Practice Test

1. $\begin{cases} 3x+8y = -5 \\ x+10y = 2 \end{cases}$

$\begin{bmatrix} 3 & 8 & | & -5 \\ 1 & 10 & | & 2 \end{bmatrix} -\frac{1}{3}R1+R2 \to R2$

$\begin{bmatrix} 3 & 8 & | & -5 \\ 0 & \frac{22}{3} & | & \frac{11}{3} \end{bmatrix} \frac{3}{22}R2 \to R2$

$\begin{bmatrix} 3 & 8 & | & -5 \\ 0 & 1 & | & \frac{1}{2} \end{bmatrix} -8R2+R1 \to R1$

$\begin{bmatrix} 3 & 0 & | & -9 \\ 0 & 1 & | & \frac{1}{2} \end{bmatrix} \frac{1}{3}R1 \to R1$

$\begin{bmatrix} 1 & 0 & | & -3 \\ 0 & 1 & | & \frac{1}{2} \end{bmatrix}$

$\left(-3, \frac{1}{2}\right)$

3. $\begin{cases} 4x-5y-6z = 5 \\ 2x-3y+3z = 0 \\ x+2y-3z = 5 \end{cases}$

$\begin{bmatrix} 4 & -5 & -6 & | & 5 \\ 2 & -3 & 3 & | & 0 \\ 1 & 2 & -3 & | & 5 \end{bmatrix} -2R3+R2 \to R2$

$\begin{bmatrix} 4 & -5 & -6 & | & 5 \\ 0 & -7 & 9 & | & -10 \\ 1 & 2 & -3 & | & 5 \end{bmatrix} -4R3+R1 \to R1$

$\begin{bmatrix} 0 & -13 & 6 & | & -15 \\ 0 & -7 & 9 & | & -10 \\ 1 & 2 & -3 & | & 5 \end{bmatrix} R3+\frac{2}{7}R2 \to R3$

$\begin{bmatrix} 0 & -13 & 6 & | & -15 \\ 0 & -7 & 9 & | & -10 \\ 1 & 0 & -\frac{3}{7} & | & \frac{15}{7} \end{bmatrix} \frac{-13}{7}R2+R1 \to R1$

$\begin{bmatrix} 0 & 0 & \frac{-75}{7} & | & \frac{25}{7} \\ 0 & -7 & 9 & | & -10 \\ 1 & 0 & -\frac{3}{7} & | & \frac{15}{7} \end{bmatrix} -\frac{7}{75}R1 \to R1$

$\begin{bmatrix} 0 & 0 & 1 & | & \frac{-1}{3} \\ 0 & -7 & 9 & | & -10 \\ 1 & 0 & -\frac{3}{7} & | & \frac{15}{7} \end{bmatrix}$

$z = -\frac{1}{3};$

$-7y+9z = -10$

$-7y+9\left(\frac{-1}{3}\right) = -10$

$-7y = -7$

$y = 1;$

$x-\frac{3}{7}z = \frac{15}{7}$

$x-\frac{3}{7}\left(\frac{-1}{3}\right) = \frac{15}{7}$

$x = 2$

$\left(2, 1, \frac{-1}{3}\right)$

5. a. $C - D$

$= \begin{bmatrix} 0.5 & 0 & 0.2 \\ 0.4 & -0.5 & 0 \\ 0.1 & -0.4 & -0.1 \end{bmatrix} - \begin{bmatrix} 0.5 & 0.1 & 0.2 \\ -0.1 & 0.1 & 0 \\ 0.3 & 0.4 & 0.8 \end{bmatrix}$

$= \begin{bmatrix} 0 & -0.1 & 0 \\ 0.5 & -0.6 & 0 \\ -0.2 & -0.8 & -0.9 \end{bmatrix}$

b. $-0.6D = -0.6 \begin{bmatrix} 0.5 & 0.1 & 0.2 \\ -0.1 & 0.1 & 0 \\ 0.3 & 0.4 & 0.8 \end{bmatrix}$

$= \begin{bmatrix} -0.3 & -0.06 & -0.12 \\ 0.06 & -0.06 & 0 \\ -0.18 & -0.24 & -0.48 \end{bmatrix}$

Chapter 9 Practice Test

c. DC

$$= \begin{bmatrix} 0.5 & 0.1 & 0.2 \\ -0.1 & 0.1 & 0 \\ 0.3 & 0.4 & 0.8 \end{bmatrix} \begin{bmatrix} 0.5 & 0 & 0.2 \\ 0.4 & -0.5 & 0 \\ 0.1 & -0.4 & -0.1 \end{bmatrix}$$

$$= \begin{bmatrix} 0.31 & -0.13 & 0.08 \\ -0.01 & -0.05 & -0.02 \\ 0.39 & -0.52 & -0.02 \end{bmatrix}$$

d. $D^{-1} = \begin{bmatrix} \dfrac{40}{17} & 0 & \dfrac{-10}{17} \\ \dfrac{40}{17} & 10 & \dfrac{-10}{17} \\ \dfrac{-35}{17} & -5 & \dfrac{30}{17} \end{bmatrix}$

e. $|D| = \dfrac{17}{500}$

7. $\begin{cases} 2x - 3y = 2 \\ x - 6y = -2 \end{cases}$

$D = \begin{vmatrix} 2 & -3 \\ 1 & -6 \end{vmatrix} = -12 - (-3) = -9;$

$D_x = \begin{vmatrix} 2 & -3 \\ -2 & -6 \end{vmatrix} = -12 - 6 = -18;$

$D_y = \begin{vmatrix} 2 & 2 \\ 1 & -2 \end{vmatrix} = -4 - 2 = -6;$

$x = \dfrac{D_x}{D} = \dfrac{-18}{-9} = 2;$

$y = \dfrac{D_y}{D} = \dfrac{-6}{-9} = \dfrac{2}{3}$

$\left(2, \dfrac{2}{3}\right)$

9. $\begin{cases} 2x - 5y = 11 \\ 4x + 7y = 4 \end{cases}$

$\begin{bmatrix} 2 & -5 & | & 11 \\ 4 & 7 & | & 4 \end{bmatrix}$

$A = \begin{bmatrix} 2 & -5 \\ 4 & 7 \end{bmatrix}; \quad B = \begin{bmatrix} 11 \\ 4 \end{bmatrix}$

$A^{-1} = \begin{bmatrix} \dfrac{7}{34} & \dfrac{5}{34} \\ \dfrac{-2}{17} & \dfrac{1}{17} \end{bmatrix}$

$A^{-1}B = \begin{bmatrix} \dfrac{97}{34} \\ \dfrac{-18}{17} \end{bmatrix}$

$\left(\dfrac{97}{34}, -\dfrac{18}{17}\right)$

11. $\begin{bmatrix} 2x+y & 3 \\ x+z & 3x+2z \end{bmatrix} = \begin{bmatrix} z-1 & 3 \\ 2y+5 & y+8 \end{bmatrix}$

$\begin{cases} 2x+y = z-1 \\ x+z = 2y+5 \\ 3x+2z = y+8 \end{cases}$

$\begin{cases} 2x+y-z = -1 \\ x-2y+z = 5 \\ 3x-y+2z = 8 \end{cases}$

$\begin{bmatrix} 2 & 1 & -1 & | & -1 \\ 1 & -2 & 1 & | & 5 \\ 3 & -1 & 2 & | & 8 \end{bmatrix} -3R2 + R3 \to R3$

$\begin{bmatrix} 2 & 1 & -1 & | & -1 \\ 1 & -2 & 1 & | & 5 \\ 0 & 5 & -1 & | & -7 \end{bmatrix} -2R2 + R1 \to R1$

$\begin{bmatrix} 0 & 5 & -3 & | & -11 \\ 1 & -2 & 1 & | & 5 \\ 0 & 5 & -1 & | & -7 \end{bmatrix} R1 - R3 \to R1$

$\begin{bmatrix} 0 & 0 & -2 & | & -4 \\ 1 & -2 & 1 & | & 5 \\ 0 & 5 & -1 & | & -7 \end{bmatrix} \dfrac{-1}{2}R1 \to R1$

$\begin{bmatrix} 0 & 0 & 1 & | & 2 \\ 1 & -2 & 1 & | & 5 \\ 0 & 5 & -1 & | & -7 \end{bmatrix} R1 + R3 \to R3$

Chapter 9: Matrices and Matrix Applications

$\begin{bmatrix} 0 & 0 & 1 & | & 2 \\ 1 & -2 & 1 & | & 5 \\ 0 & 5 & 0 & | & -5 \end{bmatrix} \frac{1}{5}R3 \to R3$

$\begin{bmatrix} 0 & 0 & 1 & | & 2 \\ 1 & -2 & 1 & | & 5 \\ 0 & 1 & 0 & | & -1 \end{bmatrix} R2 - R1 \to R2$

$\begin{bmatrix} 0 & 0 & 1 & | & 2 \\ 1 & -2 & 0 & | & 3 \\ 0 & 1 & 0 & | & -1 \end{bmatrix} R2 + 2R3 \to R2$

$\begin{bmatrix} 0 & 0 & 1 & | & 2 \\ 1 & 0 & 0 & | & 1 \\ 0 & 1 & 0 & | & -1 \end{bmatrix} R1 \leftrightarrow R2$

$\begin{bmatrix} 1 & 0 & 0 & | & 1 \\ 0 & 0 & 1 & | & 2 \\ 0 & 1 & 0 & | & -1 \end{bmatrix} R3 \leftrightarrow R2$

$\begin{bmatrix} 1 & 0 & 0 & | & 1 \\ 0 & 1 & 0 & | & -1 \\ 0 & 0 & 1 & | & 2 \end{bmatrix}$

(1, -1, 2)

13. $\begin{vmatrix} -1 & 4 & 1 \\ 2 & 1 & 1 \\ 4 & -1 & 1 \end{vmatrix}$

$= -1 \begin{vmatrix} 1 & 1 \\ -1 & 1 \end{vmatrix} - 4 \begin{vmatrix} 2 & 1 \\ 4 & 1 \end{vmatrix} + 1 \begin{vmatrix} 2 & 1 \\ 4 & -1 \end{vmatrix}$

$= -1(1+1) - 4(2-4) + 1(-2-4)$

$= -1(2) - 4(-2) + 1(-6) = 0$

$(-1, 4), (2, 1), (4, -1)$ are collinear.

15. $\begin{bmatrix} r & 2 \\ 3 & s \end{bmatrix} \begin{bmatrix} r & 2 \\ 3 & s \end{bmatrix} = \begin{bmatrix} 10 & -2 \\ -3 & 7 \end{bmatrix}$

$6 + s^2 = 7$

$s^2 = 1, s = \pm 1$

$r^2 + 6 = 10$

$r^2 = 4, r = \pm 2;$

$2r + 2s = -2$

$r + s = -1;$

If $r = -2, s = 1$,

If $r = -2, s = 1$

17. $\begin{cases} x + y = 23 \\ x = y + 8 \end{cases}$

$\begin{cases} x + y = 23 \\ x - y = 8 \end{cases}$

$\begin{bmatrix} 1 & 1 & | & 23 \\ 1 & -1 & | & 8 \end{bmatrix} R2 - R1 \to R2$

$\begin{bmatrix} 1 & 1 & | & 23 \\ 0 & -2 & | & -15 \end{bmatrix} \frac{1}{2}R2 + R1 \to R1$

$\begin{bmatrix} 1 & 0 & | & 15.5 \\ 0 & -2 & | & -15 \end{bmatrix} -\frac{1}{2}R2 \to R2$

$\begin{bmatrix} 1 & 0 & | & 15.5 \\ 0 & 1 & | & 7.5 \end{bmatrix}$

7.5 hours, 15.5 hours

19. $\begin{cases} x + y + z = 1800000 \\ 0.02x + 0.05y + 0.085z = 94500 \\ 0.02x + 0.085z = 29500 \end{cases}$

$\begin{bmatrix} 1 & 1 & 1 & | & 1800000 \\ 0.02 & 0.05 & 0.085 & | & 94500 \\ 0.02 & 0 & 0.085 & | & 29500 \end{bmatrix} R2 - R3 \to R2$

$\begin{bmatrix} 1 & 1 & 1 & | & 1800000 \\ 0 & 0.05 & 0 & | & 65000 \\ 0.02 & 0 & 0.085 & | & 29500 \end{bmatrix} 20R2 \to R2$

$\begin{bmatrix} 1 & 1 & 1 & | & 1800000 \\ 0 & 1 & 0 & | & 1300000 \\ 0.02 & 0 & 0.085 & | & 29500 \end{bmatrix} R1 - R2 \to R1$

$\begin{bmatrix} 1 & 0 & 1 & | & 500000 \\ 0 & 1 & 0 & | & 1300000 \\ 0.02 & 0 & 0.085 & | & 29500 \end{bmatrix} -0.02R1 + R3 \to R3$

$\begin{bmatrix} 1 & 0 & 1 & | & 500000 \\ 0 & 1 & 0 & | & 1300000 \\ 0 & 0 & 0.065 & | & 19500 \end{bmatrix} \frac{R3}{0.065} \to R3$

$\begin{bmatrix} 1 & 0 & 1 & | & 500000 \\ 0 & 1 & 0 & | & 1300000 \\ 0 & 0 & 1 & | & 300000 \end{bmatrix} R1 - R3 \to R1$

$\begin{bmatrix} 1 & 0 & 0 & | & 200000 \\ 0 & 1 & 0 & | & 1300000 \\ 0 & 0 & 1 & | & 300000 \end{bmatrix}$

Federal program: \$200,000; municipal bonds: \$1,300,000; bank loan: \$300,000

Chapter 1-9 Cumulative Review

Calculator Exploration and Discovery

Exercise 1: Answers will vary.

Strengthening Core Skills

Exercise 1:
$$\begin{cases} 2x+y=-2 \\ -x+3y-2z=-15 \\ 3x-y+2z=9 \end{cases}$$

$$A = \begin{bmatrix} 2 & 1 & 0 \\ -1 & 3 & -2 \\ 3 & -1 & 2 \end{bmatrix};$$

$$A^{-1} = \begin{bmatrix} 1 & -0.5 & -0.5 \\ -1 & 1 & 1 \\ -2 & 1.25 & 1.75 \end{bmatrix}; B = \begin{bmatrix} -2 \\ -15 \\ 9 \end{bmatrix}$$

$$A^{-1}B = \begin{bmatrix} 1 \\ -4 \\ 1 \end{bmatrix}$$

$(1, -4, 1)$

Chapter 1-9 Cumulative Review

1. a) $9x^2 - 12x = -4$
   $9x^2 - 12x + 4 = 0$
   $(3x-2)(3x-2) = 0$
   $3x = 2$
   $x = \dfrac{2}{3}$, multiplicity 2

   b) $x^2 - 7x = 0$
   $x(x-7) = 0$
   $x = 0 \quad x - 7 = 0$
   $x = 7$

   c) $3x^3 - 15x^2 + 6x = 30$
   $3x^3 - 15x^2 + 6x - 30 = 0$
   $3x^2(x-5) + 6(x-5) = 0$
   $(3x^2 + 6)(x-5) = 0$
   $3x^2 + 6 = 0 \quad x - 5 = 0$
   $3x^2 - 6 \quad\quad x = 5$
   $x^2 = -2$
   $x = \pm\sqrt{-2}$
   $x = \pm i\sqrt{2}$

   d) $x^3 = 4x + 3x^2$
   $x^3 - 3x^2 - 4x = 0$
   $x(x^2 - 3x - 4) = 0$
   $x(x-4)(x+1) = 0$
   $x = 0 \quad x - 4 = 0 \quad x + 1 = 0$
   $x = 0 \quad\quad x = 4 \quad\quad x = -1$

520

Chapter 9: Matrices and Matrix Applications

3. $A = \pi^2(R^2 - r^2) = \pi^2 R^2 - \pi^2 r^2$
   $\pi^2 R^2 = A + \pi^2 r^2$; $R^2 = \dfrac{1}{\pi^2}\left(A + (\pi r)^2\right)$
   $R = \pm \dfrac{1}{\pi}\sqrt{A + (\pi r)^2}$

5.

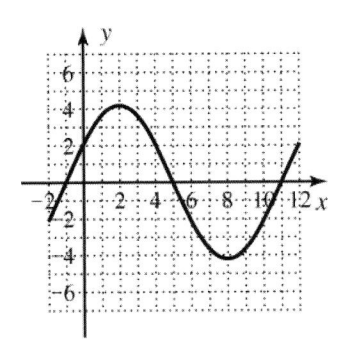

7. a. $(a+bi)+(a-bi) = 2a$ which has no imaginary part, and is real.

   b. $(a+bi)(a-bi) = a^2 + abi - abi - bi^2$
      $= a^2 + b^2$ which is also real.

9. $3x^2 - 72x + 427 = 0$
   $3(x^2 - 24x) = -427$
   $3(x^2 - 24x + 144) = -427 + 3(144)$
   $3(x-12)^2 = 5$; $(x-12)^2 = \dfrac{5}{3}$
   $x - 12 = \pm\dfrac{\sqrt{5}}{\sqrt{3}} = \pm\dfrac{\sqrt{15}}{3}$
   $x = 12 \pm \dfrac{\sqrt{15}}{3}$

11. $\left(\dfrac{\sqrt{3}}{4}, y\right)$, $y > 0$
    $\left(\dfrac{\sqrt{3}}{4}\right)^2 + y^2 = 1$
    $y^2 = 1 - \dfrac{3}{16}$
    $y^2 = \dfrac{13}{16}$
    $y^2 = \dfrac{\sqrt{13}}{4}$
    $\sin\theta = \dfrac{\sqrt{13}}{4}$
    $\cos\theta = \dfrac{\sqrt{3}}{4}$
    $\tan\theta = \dfrac{\frac{\sqrt{13}}{4}}{\frac{\sqrt{3}}{4}} = \dfrac{\sqrt{13}}{\sqrt{3}} \cdot \dfrac{\sqrt{3}}{\sqrt{3}} = \dfrac{\sqrt{39}}{3}$

13. a. $m = \dfrac{y_2 - y_1}{x_2 - x_1}$

    b. $\left(\dfrac{x_2 + x_1}{2}, \dfrac{y_2 + y_1}{2}\right)$

    c. $x = \dfrac{-b \pm \sqrt{b^2 - 4ac}}{2a}$

    d. $d = \sqrt{(x_2 - x_1)^2 + (y_2 - y_1)^2}$

    e. $A = Pe^{rt}$

Chapter 1-9 Cumulative Review

15. $-1\langle -5+8, 12+6 \rangle = \langle -3, -18 \rangle$

17. a. Sides: $x, 11, \sqrt{121+x^2}$

    $\dfrac{\sqrt{121+x^2}}{11}$

    b. Sides: $x, 3, \sqrt{9+x^2}$

    $\dfrac{x}{\sqrt{9+x^2}}$

19.

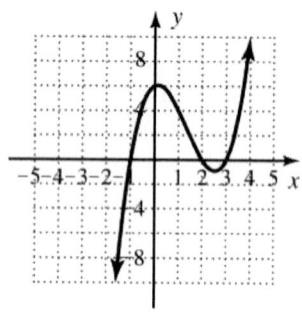

$f(x) < 0$ for $x \in (-\infty, -1)$ and $x \in (2, 3)$.

21. $r = \sqrt{1^2 + \left(-\sqrt{3}\right)^2} = \sqrt{4} = 2$

$\theta = \tan^{-1}\left(\dfrac{-\sqrt{3}}{1}\right) = -60°$ (QIV)

$\left(1-\sqrt{3}\right)^8 = 2^8 \text{cis}(8(-60°)) = 256\,\text{cis}(-480°)$

$= 256\,\text{cis}\,240° = 256\left(-\dfrac{1}{2} - i\dfrac{\sqrt{3}}{2}\right)$

$= -128 - 128i\sqrt{3}$

23. $R = 0.08/12 \approx 0.00667$

$P = \dfrac{AR}{(1+R)^{nt} - 1} = \dfrac{10{,}000\left(\frac{0.08}{12}\right)}{(1.00667)^{12t} - 1}$

$200 = \dfrac{66.67}{(1.00667)^{12t} - 1}$

$200\left(1.00667^{12t} - 1\right) = 66.67$

$200\left(1.00667^{12t}\right) - 200 = 66.67$

$200\left(1.00667^{12t}\right) = 266.67$

$1.00667^{12t} = 1.33;\quad 12t \ln 1.00667 = \ln(1.33)$

$t = \dfrac{\ln(1.33)}{12 \ln 1.00667} \approx 3.6$ yr

25. $A = 2;\ P = 2\pi$, so $B = 1$; the graph is shifted $\dfrac{\pi}{4}$ units left, so $C = \dfrac{\pi}{4}$.

Modeling with Technology 1: Matrix Applications

MWT IV

1. $Y_1 = -2.25x + 1125$
   $Y_2 = 0.75x - 75$;
   Using grapher, $(400, 225)$
   225 boards at $400 a piece.

3. $Y_1 = (-5.000 \times 10^7)x + (2.435 \times 10^8)$
   $Y_2 = (5.000 \times 10^7)x - (6.350 \times 10^7)$;
   Using grapher, $(3.07, 90000000)$
   90,000,000 gallons at $3.07 per gallon.

5. $(\approx 410.07, \approx 226.58)$
   or about 227 boards at approximately $410 a piece.

7. $(\approx 3.0442, \approx 8.9964)$
   or about 90,000,000 gallons at approximately $3.04 per gallon.

9. Let x represent the number of 22" bass drums.
   Let y represent the number of 12" toms.
   Let z represent the number of 14" snare drums.
   $$\begin{cases} 7x + 2y + 2.5z = \text{ft}^2 \text{ of skin} \\ 8.5x + 3y + 1.5z = \text{ft}^2 \text{ of wood} \\ 8x + 6y + 10z = \text{number of rods} \\ 11.5x + 6.5y + 7z = \text{number of hoops} \end{cases}$$
   $$\begin{bmatrix} 7 & 2 & 2.5 \\ 8.5 & 3 & 1.5 \\ 8 & 6 & 10 \\ 11.5 & 6.5 & 7 \end{bmatrix} \begin{bmatrix} 15 \\ 21 \\ 27 \end{bmatrix} = \begin{bmatrix} s \\ w \\ r \\ h \end{bmatrix}$$
   $$\begin{bmatrix} 214.5 \\ 231 \\ 516 \\ 498 \end{bmatrix}$$
   214.5 ft^2 of skin, 231 ft^2 of wood veneer, 516 tension rods, and 498 feet of hoop.

11. Let x represent the number of 22" bass drums.
    Let y represent the number of 12" toms.
    Let z represent the number of 14" snare drums.
    $$\begin{cases} 7x + 2y + 2.5z = \text{ft}^2 \text{ of skin} \\ 8.5x + 3y + 1.5z = \text{ft}^2 \text{ of wood} \\ 8x + 6y + 10z = \text{number of rods} \\ 11.5x + 6.5y + 7z = \text{number of hoops} \end{cases}$$
    $23 + 21 + 17 + 14 = 75$;
    $20 + 18 + 15 + 17 = 70$;
    $29 + 35 + 27 + 25 = 116$;
    $$\begin{bmatrix} 7 & 2 & 2.5 \\ 8.5 & 3 & 1.5 \\ 8 & 6 & 10 \\ 11.5 & 6.5 & 7 \end{bmatrix} \begin{bmatrix} 75 \\ 70 \\ 116 \end{bmatrix} = \begin{bmatrix} s \\ w \\ r \\ h \end{bmatrix}$$
    $$\begin{bmatrix} 955 \\ 1021.5 \\ 2180 \\ 2129.5 \end{bmatrix}$$
    955 ft^2 of skin, 1021.5 ft^2 of wood veneer, 2180 tension rods, and 2129.5 feet of hoop.

13. Let x represent the number of gallons of E10.
    Let y represent the number of gallons of E85.
    Let z represent the number of gallons of biodiesel.
    $$\begin{cases} 0.9x + 0.15y + 0z = \text{number of gal gas} \\ 2x + 17y + 20z = \text{number of lbs corn} \\ 1x + 8.5y + 0z = \text{number of oz yeast} \\ 0.5x + 4.25y + 3z = \text{number of gal water} \end{cases}$$
    $$\begin{bmatrix} 0.9 & 0.15 & 0 \\ 2 & 17 & 20 \\ 1 & 8.5 & 0 \\ 0.5 & 4.25 & 3 \end{bmatrix} \begin{bmatrix} 100000 \\ 15000 \\ 7000 \end{bmatrix} = \begin{bmatrix} g \\ c \\ y \\ w \end{bmatrix}$$
    $$\begin{bmatrix} 92250 \\ 595000 \\ 227500 \\ 134750 \end{bmatrix}$$
    92250 gallons of gasoline, 595000 lbs corn, 2275000 oz yeast, and 134750 gal water.

MWT 4 Exercises

15. Let x represent the number of Silver Clams.
    Let y represent the number of Gold Clams.
    Let z represent the number of Platinum Clams.

    $$\begin{cases} 1.2x + 0.5y + 0.2z = \text{number of oz silver} \\ 0.2x + 0.8y + 0.5z = \text{number of oz gold} \\ 0x + 0.1y + 0.7z = \text{number of oz platinum} \end{cases}$$

    $$\begin{bmatrix} 1.2 & 0.5 & 0.2 \\ 0.2 & 0.8 & 0.5 \\ 0 & 0.1 & 0.7 \end{bmatrix} \begin{bmatrix} 10.9 \\ 9.2 \\ 2.3 \end{bmatrix} = \begin{bmatrix} s \\ p \\ g \end{bmatrix}$$

    $$\begin{bmatrix} 5 \\ 9 \\ 2 \end{bmatrix}$$

    5 Silver, 9 Gold, and 2 Platinum.

17. Let x represent the measures of grain in first class bundle.
    Let y represent the measures of grain in second class bundle.
    Let z represent the measures of grain in third class bundle.

    $$\begin{cases} 3x + 2y + z = 39 \\ 2x + 3y + z = 34 \\ 1x + 2y + 3z = 26 \end{cases}$$

    $$\begin{bmatrix} 3 & 2 & 1 \\ 2 & 3 & 1 \\ 1 & 2 & 3 \end{bmatrix} \begin{bmatrix} x \\ y \\ z \end{bmatrix} = \begin{bmatrix} 39 \\ 34 \\ 26 \end{bmatrix}$$

    $$A^{-1} = \begin{bmatrix} \frac{7}{12} & \frac{-1}{3} & \frac{-1}{12} \\ \frac{-5}{12} & \frac{2}{3} & \frac{-1}{12} \\ \frac{1}{12} & \frac{-1}{3} & \frac{5}{12} \end{bmatrix}$$

    $$\begin{bmatrix} \frac{7}{12} & \frac{-1}{3} & \frac{-1}{12} \\ \frac{-5}{12} & \frac{2}{3} & \frac{-1}{12} \\ \frac{1}{12} & \frac{-1}{3} & \frac{5}{12} \end{bmatrix} \begin{bmatrix} 39 \\ 34 \\ 26 \end{bmatrix} = \begin{bmatrix} 9.25 \\ 4.25 \\ 2.75 \end{bmatrix}$$

    One bundle of first class = 9.25 measures of grain.
    One bundle of second class = 4.25 measures of grain.
    One bundle of third class = 2.75 measures of grain.

19. Answers will vary.
21. Answers will vary.
23. Answers will vary.
25. Answers will vary.
27. Answers will vary.
29. Answers will vary.
31. Answers will vary.
33. Answers will vary.
35. Answers will vary.

Chapter 10: Analytical Geometry and Conic Sections

10.1 Exercises

1. Geometry, algebra

3. Perpendicular

5. Point, intersecting

7. Hypotenuse is from $P_2(1,2)$ to $P_3(-5,-6)$
Midpoint $\left(\dfrac{1+(-5)}{2}, \dfrac{2+(-6)}{2}\right) = (-2,-2)$;
Distance: $(-2,-2),(-5,2)$
$\sqrt{(-2-(-5))^2 + (-2-2)^2}$
$= \sqrt{9+16} = 5$;
Distance: $(-5,-6),(-2,-2)$
$\sqrt{(-5-(-2))^2 + (-6-(-2))^2}$
$= \sqrt{9+16} = 5$;
Distance: $(1,2),(-2,-2)$
$\sqrt{(1-(-2))^2 + (2-(-2))^2}$
$= \sqrt{9+16} = 5$;
Verified.

9. Hypotenuse is from $P_1(-2,1)$ to $P_2(6,-5)$
Midpoint $\left(\dfrac{-2+6}{2}, \dfrac{1+(-5)}{2}\right) = (2,-2)$;
Distance: $(2,-7),(2,-2)$
$\sqrt{(2-2)^2 + (-2-(-7))^2}$
$= \sqrt{0+25} = 5$;
Distance: $(-2,1),(2,-2)$
$\sqrt{(2-(-2))^2 + (-2-1)^2}$
$= \sqrt{16+9} = 5$;
Distance: $(6,-5),(2,-2)$
$\sqrt{(2-6)^2 + (-2-(-5))^2}$
$= \sqrt{16+9} = 5$;
Verified.

11. Hypotenuse is from $P_3(3,3)$ to $P_1(10,-21)$
Midpoint $\left(\dfrac{3+10}{2}, \dfrac{3+(-21)}{2}\right) = \left(\dfrac{13}{2},-9\right)$;
Distance: $(3,3), \left(\dfrac{13}{2},-9\right)$
$\sqrt{\left(\dfrac{13}{2}-3\right)^2 + (-9-3)^2}$
$= \sqrt{\left(\dfrac{7}{2}\right)^2 + 144} = \sqrt{\dfrac{625}{4}} = \dfrac{25}{2}$;
Distance: $(-6,-9), \left(\dfrac{13}{2},-9\right)$
$\sqrt{\left(\dfrac{13}{2}-(-6)\right)^2 + (-9-(-9))^2}$
$= \sqrt{\left(\dfrac{25}{2}\right)^2 + 0} = \dfrac{25}{2}$;
Distance: $(10,-21), \left(\dfrac{13}{2},-9\right)$
$\sqrt{\left(\dfrac{13}{2}-10\right)^2 + (-9-(-21))^2}$
$= \sqrt{\left(\dfrac{-7}{2}\right)^2 + 144} = \sqrt{\dfrac{625}{4}} = \dfrac{25}{2}$;
Verified.

13. Center $(-2,-2)$, $d = 2(5) = 10$;
$(x-(-2))^2 + (y-(-2))^2 = \left(\dfrac{10}{2}\right)^2$
$(x+2)^2 + (y+2)^2 = 5^2$

15. Center $(2,-2)$, $d = 2(5) = 10$;
$(x-2)^2 + (y-(-2))^2 = \left(\dfrac{10}{2}\right)^2$
$(x-2)^2 + (y+2)^2 = 5^2$

17. Center $\left(\dfrac{13}{2},-9\right)$, $d = 2\left(\dfrac{25}{2}\right) = 25$;
$\left(x-\dfrac{13}{2}\right)^2 + (y-(-9))^2 = \left(\dfrac{25}{2}\right)^2$
$\left(x-\dfrac{13}{2}\right)^2 + (y+9)^2 = \left(\dfrac{25}{2}\right)^2$

10.1 Exercises

19. (a) $A(2,3)$ to $B(7,15)$
$\sqrt{(7-2)^2+(15-3)^2}$
$=\sqrt{5^2+12^2}=13$;
$A(2,3)$ to $C(-10,8)$
$\sqrt{(-10-2)^2+(8-3)^2}$
$=\sqrt{(-12)^2+5^2}=13$;
$A(2,3)$ to $D(9,14)$
$\sqrt{(9-2)^2+(14-3)^2}$
$=\sqrt{7^2+11^2}=\sqrt{170}$;
$A(2,3)$ to $E(-3,-9)$
$\sqrt{(-3-2)^2+(-9-3)^2}$
$=\sqrt{(-5)^2+(-12)^2}=13$;
$A(2,3)$ to $F(5,4+3\sqrt{10})$
$\sqrt{(5-2)^2+(4+3\sqrt{10}-3)^2}$
$=\sqrt{3^2+(1+3\sqrt{10})^2}$
$=\sqrt{9+1+6\sqrt{10}+3(10)}$
$=\sqrt{40+6\sqrt{10}}$;
$A(2,3)$ to $G(2-2\sqrt{30},10)$
$\sqrt{(2-2\sqrt{30}-2)^2+(10-3)^2}$
$=\sqrt{(-2\sqrt{30})^2+(7)^2}=\sqrt{169}=13$;
Points of equal distance from A are: B, C, E, and G. Distance is 13.
(b) To find other points, pick any x or y value and find the other.
Pick $x = 14$.
$A(2,3)$ to $(14,y)$
$13=\sqrt{(14-2)^2+(y-3)^2}$
$13^2=12^2+(y-3)^2$
$169=144+y^2-6y+9$
$0=y^2-6y-16$
$0=(y-8)(y+2)$
$y-8=0$ or $y+2=0$
$y=8$ or $y=-2$;
$(14,8);(14,-2)$ are both the same distance away.
Pick $x = 13$.
$A(2,3)$ to $(13,y)$

$13=\sqrt{(13-2)^2+(y-3)^2}$
$13^2=11^2+(y-3)^2$
$169=121+y^2-6y+9$
$0=y^2-6y-39$
$y=\dfrac{-(-6)\pm\sqrt{(-6)^2-4(1)(-39)}}{2(1)}$
$=\dfrac{6\pm\sqrt{36+156}}{2}=\dfrac{6\pm\sqrt{192}}{2}$
$=\dfrac{6\pm 8\sqrt{3}}{2}=3\pm 4\sqrt{3}$;
$(13,3+4\sqrt{3});(13,3-4\sqrt{3})$ are both the same distance away.

21. $d=\left|\dfrac{Ax_1+By_1+C}{\sqrt{A^2+B^2}}\right|$
$P(-6,2)$ to $y=-\dfrac{1}{2}x+3$
$y=-\dfrac{1}{2}x+3$
$2y=-x+6$
$x+2y-6=0$;
$d=\left|\dfrac{(1)(-6)+2(2)-6}{\sqrt{1^2+2^2}}\right|=\left|\dfrac{8}{\sqrt{5}}\right|$
$d=\dfrac{8}{\sqrt{5}}\cdot\dfrac{\sqrt{5}}{\sqrt{5}}=\dfrac{8\sqrt{5}}{5}$
$Q(6,4)$ to $y=-\dfrac{1}{2}x+3$
$x+2y-6=0$;
$d=\left|\dfrac{(1)(6)+2(4)-6}{\sqrt{1^2+2^2}}\right|=\left|\dfrac{8}{\sqrt{5}}\right|$
$d=\dfrac{8}{\sqrt{5}}\cdot\dfrac{\sqrt{5}}{\sqrt{5}}=\dfrac{8\sqrt{5}}{5}$
Verified.

Chapter 10: Analytical Geometry and Conic Sections

23. a. $A(0, 1)$ and $y = -1, y + 1 = 0$
    $A(0,1)$ to $B(-6,9)$
    $\sqrt{(-6-0)^2 + (9-1)^2}$
    $= \sqrt{36 + 64} = 10;$
    $B(-6,9)$ to $y + 1 = 0$
    $d = \left|\dfrac{0+9+1}{\sqrt{0^2+1^2}}\right| = 10;$
    $A(0,1)$ to $C(4,4)$
    $\sqrt{(4-0)^2 + (4-1)^2}$
    $= \sqrt{16+9} = 5;$
    $C(4,4)$ to $y + 1 = 0$
    $d = \left|\dfrac{0+4+1}{\sqrt{0^2+1^2}}\right| = 5;$
    $A(0,1)$ to $D(-2\sqrt{2},6)$
    $\sqrt{(-2\sqrt{2}-0)^2 + (6-1)^2}$
    $= \sqrt{8+25} = \sqrt{33};$
    $D(-2\sqrt{2},6)$ to $y + 1 = 0$
    $d = \left|\dfrac{0+6+1}{\sqrt{0^2+1^2}}\right| = 7;$
    $A(0,1)$ to $E(4\sqrt{2},8)$
    $\sqrt{(4\sqrt{2}-0)^2 + (8-1)^2}$
    $= \sqrt{32+49} = 9;$
    $E(4\sqrt{2},8)$ to $y + 1 = 0$
    $d = \left|\dfrac{0+8+1}{\sqrt{0^2+1^2}}\right| = 9;$
    Points B, C, and E

    b. Answers will vary.
        Pick $y = 5$
        $A(0,1)$ to $(x,5)$
        $\sqrt{(x-0)^2 + (5-1)^2}$
        $= \sqrt{x^2 + 16};$
        $(x,5)$ to $y + 1 = 0$
        $d = \left|\dfrac{0+5+1}{\sqrt{0^2+1^2}}\right| = 6;$

    $6 = \sqrt{x^2 + 16}$
    $36 = x^2 + 16$
    $20 = x^2$
    $x = \pm\sqrt{20}$
    $x = \pm 2\sqrt{5}$
    $(2\sqrt{5}, 5), (-2\sqrt{5}, 5)$

25. $(0, -4)$ and $y = 4, y - 4 = 0$
    $A(4,-1)$ to $(0,-4)$
    $\sqrt{(0-4)^2 + (-4-(-1))^2}$
    $= \sqrt{16+9} = 5;$
    $A(4,-1)$ to $y - 4 = 0$
    $d = \left|\dfrac{0+(-1)-4}{\sqrt{0^2+1^2}}\right| = 5;$ verified
    $B\left(10, -\dfrac{25}{4}\right)$ to $(0,-4)$
    $\sqrt{(0-10)^2 + \left(-4 - \dfrac{-25}{4}\right)^2}$
    $= \sqrt{100 + \dfrac{81}{16}} = \dfrac{41}{4};$
    $B\left(10, -\dfrac{25}{4}\right)$ to $y - 4 = 0$
    $d = \left|\dfrac{0 + \dfrac{-25}{4} - 4}{\sqrt{0^2+1^2}}\right| = \dfrac{41}{4};$ verified
    $C(4\sqrt{2}, -2)$ to $(0,-4)$
    $d = \sqrt{(0-4\sqrt{2})^2 + (-4-(-2))^2}$
    $= \sqrt{32+4} = 6;$
    $C(4\sqrt{2}, -2)$ to $y - 4 = 0$
    $d = \left|\dfrac{0-2-4}{\sqrt{0^2+1^2}}\right| = 6;$ verified
    $D(8\sqrt{5}, -20)$ to $(0,-4)$
    $d = \sqrt{(0-8\sqrt{5})^2 + (-4-(-20))^2}$
    $= \sqrt{320 + 256} = 24;$
    $D(8\sqrt{5}, -20)$ to $y - 4 = 0$
    $d = \left|\dfrac{0-20-4}{\sqrt{0^2+1^2}}\right| = 24;$ verified

10.1 Exercises

27. $(0,-4), y = 4$

$(x, 4)$ to (x, y) $(0, -4)$ to (x, y)

$\sqrt{(x-x)^2 + (y-4)^2} = \sqrt{(x-0)^2 + (y-(-4))^2}$

$\sqrt{(y-4)^2} = \sqrt{x^2 + (y+4)^2}$

$y - 4 = \sqrt{x^2 + y^2 + 8y + 16}$

$y^2 - 8y + 16 = x^2 + y^2 + 8y + 16$

$-16y = x^2$

$y = -\dfrac{1}{16}x^2$

29. Focus $(0, -2)$, directrix $y = -8$

$(0, -2)$ to (x, y) and $(x, -8)$ to (x, y)

$\sqrt{(x-0)^2 + (y-(-2))^2} = \dfrac{1}{2}\sqrt{(x-x)^2 + (y-(-8))^2}$

$\sqrt{x^2 + (y+2)^2} = \dfrac{1}{2}\sqrt{(y+8)^2}$

$4\left(x^2 + (y+2)^2\right) = (y+8)^2$

$4x^2 + 4y^2 + 16y + 16 = y^2 + 16y + 64$

$4x^2 + 3y^2 = 48$

31. $4x^2 + 3y^2 = 48, (-3, 2)$

$4(-3)^2 + 3(2)^2 = 48$

$36 + 12 = 48$

$48 = 48$ verified

$\left(\sqrt{12}, 0\right)$

$4\left(\sqrt{12}\right)^2 + 3(0)^2 = 48$

$48 + 0 = 48$

$48 = 48$ verified

$d_1 = \sqrt{(0-(-3))^2 + (2-2)^2} = 3;$

$d_2 = \sqrt{(0-(-3))^2 + (-2-2)^2} = 5;$

$d_3 = \sqrt{\left(\sqrt{12}-0\right)^2 + (0-2)^2}$

$= \sqrt{12 + 4} = 4;$

$d_4 = \sqrt{\left(\sqrt{12}-0\right)^2 + (0-(-2))^2}$

$\sqrt{12+4} = 4;$

$d_1 + d_2 = d_3 + d_4$

$3 + 5 = 4 + 4$

$8 = 8$ verified

33. $x = \dfrac{1}{2}, (2, 0)$

$(2, 0)$ to (x, y) and $\left(\dfrac{1}{2}, y\right)$ to (x, y)

$\sqrt{(x-2)^2 + (y-0)^2} = 2\sqrt{\left(x - \dfrac{1}{2}\right)^2 + (y-y)^2}$

$\sqrt{x^2 - 4x + 4 + y^2} = 2\sqrt{x^2 - x + \dfrac{1}{4} + 0}$

$x^2 - 4x + 4 + y^2 = 4\left(x^2 - x + \dfrac{1}{4}\right)$

$x^2 - 4x + 4 + y^2 = 4x^2 - 4x + 1$

$-3x^2 + y^2 = -3$

$3x^2 - y^2 = 3$

35. $A(-8, 2), B(-2, -6), C(4, 0)$

a. orthocenter, point where altitudes meet

$m_{\overline{AB}} = \dfrac{-6-2}{-2-(-8)} = \dfrac{-4}{3}$

Perpendicular to $\overline{AB}: m = \dfrac{3}{4}$

$m_{\overline{BC}} = \dfrac{0-(-6)}{4-(-2)} = 1$

Perpendicular to $\overline{BC}: m = -1$

$m_{\overline{CA}} = \dfrac{2-0}{-8-4} = -\dfrac{1}{6}$

Perpendicular to $\overline{CA}: m = 6$

Equation of line from A to $\overline{BC}$

$y - 2 = -1(x - (-8))$

$y - 2 = -x - 8$

$y = -x - 6$ (Eq. 1)

Equation of line from B to $\overline{CA}$

$y - (-6) = 6(x - (-2))$

$y + 6 = 6x + 12$

$y = 6x + 6$ (Eq. 2)

Set Eq. 1 = Eq. 2

$-x - 6 = 6x + 6$

$-7x = 12$

$x = -\dfrac{12}{7};$

$y = -\left(\dfrac{-12}{7}\right) - 6 = -\dfrac{30}{7}$

$\left(\dfrac{-12}{7}, \dfrac{-30}{7}\right)$

Chapter 10: Analytical Geometry and Conic Sections

b. Centroid, point where medians meet. Medians of triangle intersect in point that is two-thirds of the distance from each vertex to the midpoint of the opposite side.
$A(-8,2), B(-2,-6), C(4,0)$

Midpoint $\overline{AB}$ $\left(\dfrac{-8+(-2)}{2}, \dfrac{2+(-6)}{2}\right) = (-5,-2)$

Midpoint $\overline{BC}$ $\left(\dfrac{-2+4}{2}, \dfrac{-6+0}{2}\right) = (1,-3)$

Midpoint $\overline{CA}$ $\left(\dfrac{4+-8}{2}, \dfrac{0+2}{2}\right) = (-2,1)$

B to midpoint of $\overline{CA}$ $(-2,-6), (-2,1)$

$\dfrac{2}{3}\sqrt{(-2-(-2))^2 + (1-(-6))^2}$

$= \dfrac{2}{3} \cdot 7 = \dfrac{14}{3}$

Using $B(-2,-6)$ to midpoint of $\overline{CA}$ $(-2,1)$,
Centroid at $(-2, y)$.
Because this is a vertical distance from B,
$y = -6 + \dfrac{14}{3} = -\dfrac{4}{3}$

$\left(-2, -\dfrac{4}{3}\right)$

37. $A(-2,0), B(2,0), C(-2,3), D(2\sqrt{2}, \sqrt{6})$

$AC = \sqrt{(-2-(-2))^2 + (3-0)^2}$
$= \sqrt{0+9} = 3;$

$BC = \sqrt{(-2-2)^2 + (3-0)^2}$
$= \sqrt{16+9} = 5;$

$AD = \sqrt{(2\sqrt{2}-(-2))^2 + (\sqrt{6}-0)^2}$
$= \sqrt{8\sqrt{2}+12+6} = \sqrt{8\sqrt{2}+18};$

$BD = \sqrt{(2\sqrt{2}-2)^2 + (\sqrt{6}-0)^2}$
$= \sqrt{12-8\sqrt{2}+6} = \sqrt{18-8\sqrt{2}};$

$AC + BC = 3 + 5 = 8;$
$AD + BD$
$= \sqrt{8\sqrt{2}+18} + \sqrt{18-8\sqrt{2}} = 8$
Verified, both add to 8.

39. $-225 = 600 + 825\sin\left(x + \dfrac{\pi}{6}\right)$

$-825 = 825\sin\left(x + \dfrac{\pi}{6}\right)$

$\dfrac{-825}{825} = \sin\left(x + \dfrac{\pi}{6}\right)$

$\sin\left(x + \dfrac{\pi}{6}\right) = -1$

$x + \dfrac{\pi}{6} = \dfrac{3\pi}{2} + 2\pi n$

$x = \dfrac{4\pi}{3} + 2\pi n$

$x = \dfrac{4\pi}{3}$

41. $h(x) = \dfrac{x^2-9}{x^2-4} = \dfrac{(x+3)(x-3)}{(x+2)(x-2)}$

HA: $y = 1$
x-intercepts $(-3, 0), (3, 0)$
y-intercept: $\left(0, \dfrac{9}{4}\right)$
VA: $x = -2, x = 2$

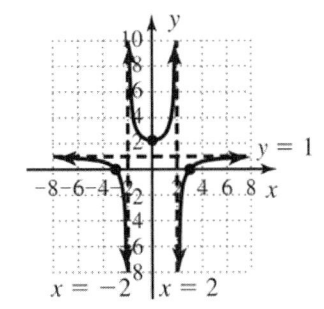

529

10.2 Exercises

1. $c^2 = |a^2 - b^2|$

3. $2a, 2b$

5. Answers will vary.

7. $(x-0)^2 + (y-0)^2 = 7^2$
   $x^2 + y^2 = 49$

9. $(x-5)^2 + (y-0)^2 = (\sqrt{3})^2$
   $(x-5)^2 + y^2 = 3$

11. Diameter endpoints: $(4, 9)$ and $(-2, 1)$
    Center = Midpoint
    $\left(\dfrac{4+(-2)}{2}, \dfrac{9+1}{2}\right) = (1, 5)$
    Radius: $\sqrt{(4-1)^2 + (9-5)^2} = \sqrt{9+16} = 5$
    $(x-1)^2 + (y-5)^2 = (5)^2$
    $(x-1)^2 + (y-5)^2 = 25$

12. Diameter endpoints: $(-2, -3)$ and $(3, 9)$
    Center = Midpoint
    $\left(\dfrac{-2+3}{2}, \dfrac{-3+9}{2}\right) = \left(\dfrac{1}{2}, 3\right)$
    Diameter:
    $\sqrt{(3-(-2))^2 + (9-(-3))^2} = \sqrt{25+144} = 13$
    Radius: $\dfrac{13}{2}$
    $\left(x - \dfrac{1}{2}\right)^2 + (y-3)^2 = \left(\dfrac{13}{2}\right)^2$
    $\left(x - \dfrac{1}{2}\right)^2 + (y-3)^2 = \dfrac{169}{4}$

13. $x^2 + y^2 - 12x - 10y + 52 = 0$
    $x^2 - 12x + y^2 - 10y = -52$
    $x^2 - 12x + 36 + y^2 - 10y + 25 = -52 + 36 + 25$
    $(x-6)^2 + (y-5)^2 = 9$
    Center: $(6, 5)$, radius: $\sqrt{9} = 3$

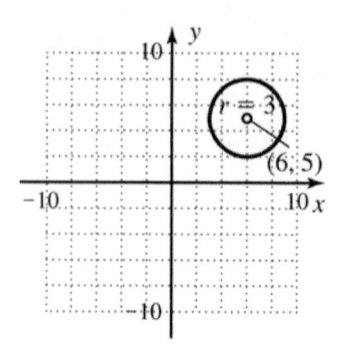

15. $x^2 + y^2 - 4x + 10y + 4 = 0$
    $x^2 - 4x + y^2 + 10y = -4$
    $x^2 - 4x + 4 + y^2 + 10y + 25 = -4 + 4 + 25$
    $(x-2)^2 + (y+5)^2 = 25$
    Center: $(2, -5)$, radius: $\sqrt{25} = 5$

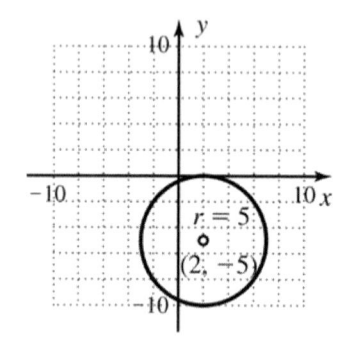

Chapter 10: Analytical Geometry and Conic Sections

17. $x^2 + y^2 + 6x - 5 = 0$
    $x^2 + 6x + y^2 = 5$
    $x^2 + 6x + 9 + y^2 = 5 + 9$
    $(x+3)^2 + y^2 = 14$
    Center: $(-3, 0)$, radius: $\sqrt{14} \approx 3.7$

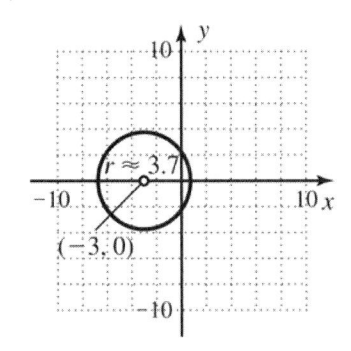

19. $\dfrac{(x-1)^2}{9} + \dfrac{(y-2)^2}{16} = 1$
    Center: $(1,2)$, $a = 3$, $b = 4$

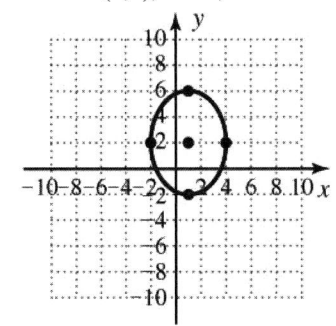

21. $\dfrac{(x-2)^2}{25} + \dfrac{(y+3)^2}{4} = 1$
    Center: $(2, -3)$, $a = 5$, $b = 2$

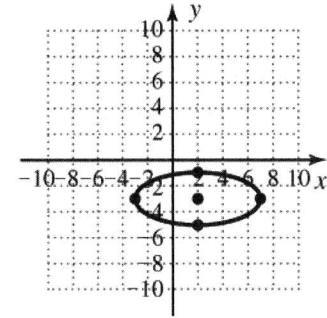

23. $\dfrac{(x+1)^2}{16} + \dfrac{(y+2)^2}{9} = 1$
    Center $(-1, -2)$, $a = 4$, $b = 3$

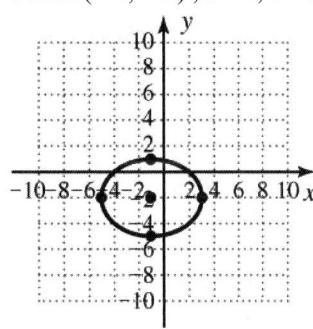

25. $x^2 + 4y^2 = 16$
    a. $\dfrac{x^2}{16} + \dfrac{y^2}{4} = 1$
       Center: $(0,0)$, $a = 4, b = 2$
    b. Vertices: $(-4,0), (4,0)$
       Endpts of minor axis: $(0,-2), (0,2)$
    c.

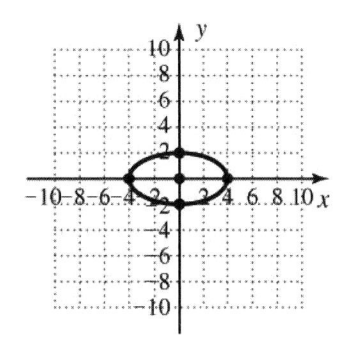

27. $16x^2 + 9y^2 = 144$
    a. $\dfrac{x^2}{9} + \dfrac{y^2}{16} = 1$
       Center: $(0,0)$, $a = 3, b = 4$
    b. Vertices: $(0,-4), (0,4)$
       Endpts of minor axis: $(-3,0), (3,0)$
    c.

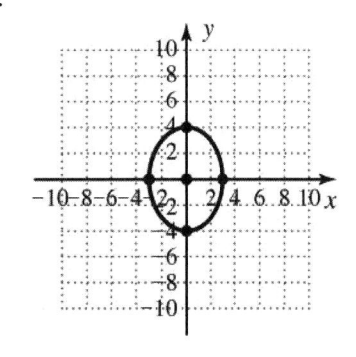

10.2 Exercises

29. $2x^2 + 5y^2 = 10$

   a. $\dfrac{x^2}{5} + \dfrac{y^2}{2} = 1$

   Center: $(0,0)$, $a = \sqrt{5}, b = \sqrt{2}$

   b. Vertices: $(-\sqrt{5}, 0), (\sqrt{5}, 0)$

   Endpts of minor axis: $(0, -\sqrt{2}), (0, \sqrt{2})$

   c.

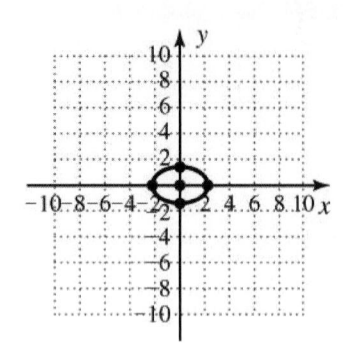

31. $(x+1)^2 + 4(y-2)^2 = 16$

   $\dfrac{(x+1)^2}{16} + \dfrac{(y-2)^2}{4} = 1$

   $\dfrac{(x+1)^2}{4^2} + \dfrac{(y-2)^2}{2^2} = 1$

   Ellipse
   Center: $(-1, 2)$, $a = 4, b = 2$
   Vertices: $(-5, 2), (3, 2)$
   Endpts of minor axis: $(-1, 0), (-1, 4)$

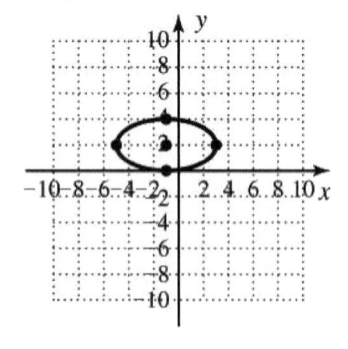

33. $2(x-2)^2 + 2(y+4)^2 = 18$

   $(x-2)^2 + (y+4)^2 = 9$

   Circle
   Center: $(2, -4)$, Radius: 3

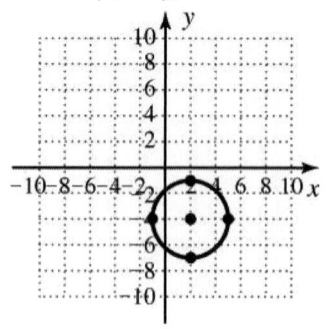

35. $4(x-1)^2 + 9(y-4)^2 = 36$

   $\dfrac{(x-1)^2}{9} + \dfrac{(y-4)^2}{4} = 1$

   $\dfrac{(x-1)^2}{3^2} + \dfrac{(y-4)^2}{2^2} = 1$

   Ellipse
   Center: $(1, 4)$, $a = 3, b = 2$
   Vertices: $(4, 4), (-2, 4)$
   Endpts of minor axis: $(1, 2), (1, 6)$

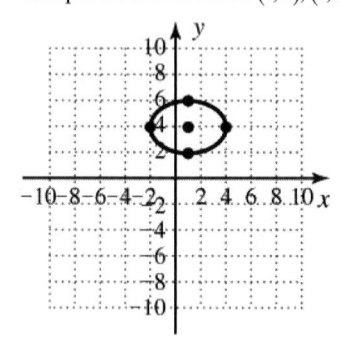

Chapter 10: Analytical Geometry and Conic Sections

37. $4x^2 + y^2 + 6y + 5 = 0$

    $4x^2 + y^2 + 6y = -5$

    $4x^2 + y^2 + 6y + 9 = -5 + 9$

    $4(x)^2 + (y+3)^2 = 4$

    $x^2 + \dfrac{(y+3)^2}{4} = 1$

    Center: $(0,-3)$

    Vertices $(0,-3-2),(0,-3+2)$;
    $(0,-5),(0,-1)$

    Endpts of minor axis: $(0-1,-3),(0+1,-3)$;
    $(-1,-3),(1,-3)$

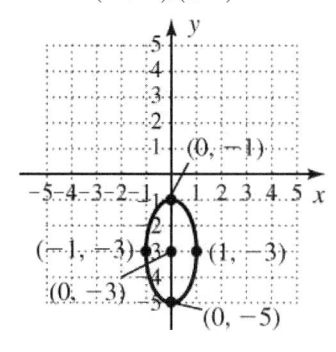

39. $x^2 + 4y^2 - 8y + 4x - 8 = 0$

    $x^2 + 4x + 4y^2 - 8y = 8$

    $x^2 + 4x + 4(y^2 - 2y) = 8$

    $x^2 + 4x + 4 + 4(y^2 - 2y + 1) = 8 + 4 + 4$

    $(x+2)^2 + 4(y-1)^2 = 16$

    $\dfrac{(x+2)^2}{16} + \dfrac{(y-1)^2}{4} = 1$

    $a = 4, \ b = 2$

    Center: $(-2,1)$

    Vertices: $(-2-4,1),(-2+4,1)$;
    $(-6,1),(2,1)$

    Endpts of minor axis: $(-2,1-2),(-2,1+2)$;
    $(-2,-1),(-2,3)$

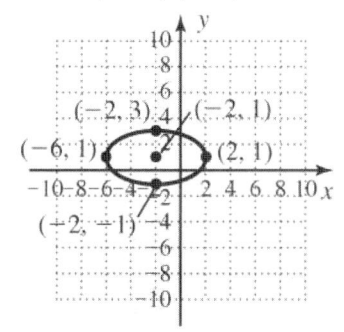

41. $5x^2 + 2y^2 + 20y - 30x + 75 = 0$

    $5x^2 - 30x + 2y^2 + 20y = -75$

    $5(x^2 - 6x) + 2(y^2 + 10y) = -75$

    $5(x^2 - 6x + 9) + 2(y^2 + 10y + 25) = -75 + 45 + 50$

    $5(x-3)^2 + 2(y+5)^2 = 20$

    $\dfrac{(x-3)^2}{4} + \dfrac{(y+5)^2}{10} = 1$

    $a = 2, \ b = \sqrt{10}$

    Center: $(3,-5)$

    Vertices: $(3,-5-\sqrt{10}),(3,-5+\sqrt{10})$

    Endpts of minor axis: $(3-2,-5),(3+2,-5)$;
    $(1,-5),(5,-5)$

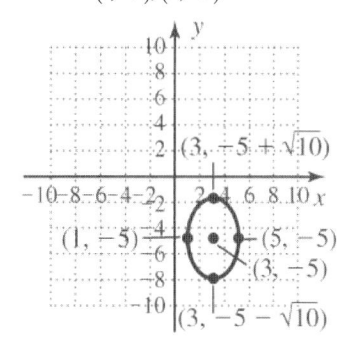

533

10.2 Exercises

43. $2x^2 + 5y^2 - 12x + 20y - 12 = 0$
$2x^2 - 12x + 5y^2 + 20y = 12$
$2(x^2 - 6x) + 5(y^2 + 4y) = 12$
$2(x^2 - 6x + 9) + 5(y^2 + 4y + 4) = 12 + 18 + 20$
$2(x-3)^2 + 5(y+2)^2 = 50$
$\dfrac{(x-3)^2}{25} + \dfrac{(y+2)^2}{10} = 1$
$a = 5,\ b = \sqrt{10}$;
Center: $(3, -2)$
Vertices $(3-5, -2), (3+5, -2)$;
$(-2, -2), (8, -2)$
Endpts of minor axis:
$(3, -2 - \sqrt{10}), (3, -2 + \sqrt{10})$

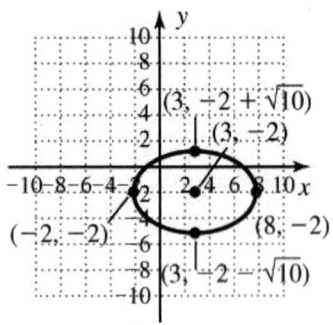

45. $c = 6, b = 8$;
$a^2 - 8^2 = 6^2$
$a^2 = 100$
$a = 10$;
$2a = 20$

47. $c = 8, b = 6$;
$a^2 - 6^2 = 8^2$
$a^2 = 100$
$a = 10$;
$2a = 20$

49. $4x^2 + 25y^2 - 16x - 50y - 59 = 0$
$4(x^2 - 4x + 4) + 25(y^2 - 2y + 1) = 59 + 16 + 25$
$4(x-2)^2 + 25(y-1)^2 = 100$
$\dfrac{(x-2)^2}{25} + \dfrac{(y-1)^2}{4} = 1$;
$a = 5,\ b = 2$
$a^2 - b^2 = c^2$
$25 - 4 = c^2$
$21 = c^2$
$c = \sqrt{21}$;
a. Center: $(2, 1)$
b. Vertices: $(2-5, 1)$ and $(2+5, 1)$
$(-3, 1)$ and $(7, 1)$
c. Foci: $(2 - \sqrt{21}, 1)$ and $(2 + \sqrt{21}, 1)$
d. Endpoint of minor axis:
$(2, 1+2)$ and $(2, 1-2)$
$(2, 3)$ and $(2, -1)$
e.

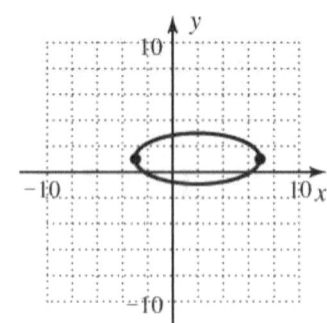

534

Chapter 10: Analytical Geometry and Conic Sections

51. $25x^2 + 16y^2 - 200x + 96y + 144 = 0$
$25(x^2 - 8x + 16) + 16(y^2 + 6y + 9) = -144 + 400 + 144$
$25(x-4)^2 + 16(y+3)^2 = 400$
$\dfrac{(x-4)^2}{16} + \dfrac{(y+3)^2}{25} = 1;$
$a = 4,\ b = 5$
$c^2 = 25 - 16 = 9$
$c = 3;$

   a. Center: $(4,-3)$
   b. Vertices: $(4, -3+5)$ and $(4, -3-5)$
      $(4, 2)$ and $(4, -8)$
   c. Foci: $(4, -3+3)$ and $(4, -3-3)$
      $(4, 0)$ and $(4, -6)$
   d. Endpoint of minor axis:
      $(4-4, -3)$ and $(4+4, -3)$
      $(0, -3)$ and $(8, -3)$
   e.

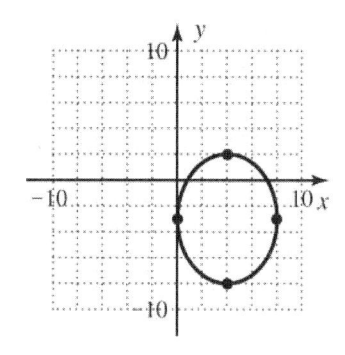

53. $6x^2 + 24x + 9y^2 + 36y + 6 = 0$
$6(x^2 + 4x + 4) + 9(y^2 + 4y + 4) = -6 + 24 + 36$
$6(x+2)^2 + 9(y+2)^2 = 54$
$\dfrac{(x+2)^2}{9} + \dfrac{(y+2)^2}{6} = 54;$
$a = 3, b = \sqrt{6}$
$c^2 = 9 - 6 = 3$
$c = \sqrt{3};$

   a. Center: $(-2, -2)$
   b. Vertices:
      $(-2-3, -2)$ and $(-2+3, -2)$
      $(-5, -2)$ and $(1, -2)$
   c. Foci: $(-2-\sqrt{3}, -2)$ and $(-2+\sqrt{3}, -2)$
   d. Endpoint of minor axis:
      $(-2, -2+\sqrt{6})$ and $(-2, -2-\sqrt{6})$
   e.

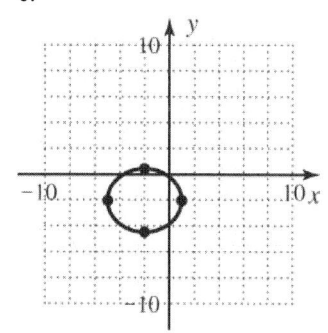

55. Vertices at $(-6, 0)$ and $(6, 0)$;
   Foci at $(-4, 0)$ and $(4, 0), \leftrightarrow$;
   V: $(-6, 0), (6, 0), a = 6$
   F: $(-4, 0), (4, 0), c = 4$
   $4^2 = 6^2 - b^2$
   $b^2 = 36 - 16 = 20$
   $b = \sqrt{20};$
   Center: $(0, 0)$
   $\dfrac{x^2}{36} + \dfrac{y^2}{20} = 1$

57. Foci at $(3, -6)$ and $(3, 2), \updownarrow$;
   Length of minor axis: 6 units
   $c = \dfrac{1}{2}\sqrt{(3-3)^2 + (2-(-6))^2} = \dfrac{1}{2}\sqrt{64} = 4;$
   $2a = 6, a = 3;$
   $4^2 = b^2 - 3^2$
   $b^2 = 25$
   $b = 5;$
   Center: $\left(\dfrac{3+3}{2}, \dfrac{-6+2}{2}\right) = (3, -2);$
   $\dfrac{(x-3)^2}{9} + \dfrac{(y+2)^2}{25} = 1$

535

10.2 Exercises

59. Center: (0, 0)
$a = 4, b = 3$
$c^2 = 4^2 - 3^2$
$c = \pm\sqrt{7}$;
$\dfrac{x^2}{4^2} + \dfrac{y^2}{3^2} = 1$
$\dfrac{x^2}{16} + \dfrac{y^2}{9} = 1$
Foci: $(-\sqrt{7}, 0), (\sqrt{7}, 0)$

61. Center: $(-3, -1)$
$a = 2, b = 4$
$c^2 = 4^2 - 2^2$
$c = \pm\sqrt{12} = \pm 2\sqrt{3}$;
$\dfrac{(x-(-3))^2}{2^2} + \dfrac{(y-(-1))^2}{4^2} = 1$
$\dfrac{(x+3)^2}{4} + \dfrac{(y+1)^2}{16} = 1$
Foci: $(-3, -1+2\sqrt{3}), (-3, -1-2\sqrt{3})$

63. $A = \pi ab$;
$16x^2 + 9y^2 = 144$
$\dfrac{x^2}{9} + \dfrac{y^2}{16} = 1$;
$A = \pi(3)(4) = 12\pi$ units^2

65. $a = 4, b = 3$
$c^2 = a^2 - b^2 = 16 - 9 = 7$
$c = \sqrt{7}$;
Spines are $\sqrt{7}$ or ≈ 2.65 ft from center.
The height of the spine occurs at $(\sqrt{7}, y)$
on the hyperbola $\dfrac{x^2}{16} + \dfrac{y^2}{9} = 1$
$\dfrac{(\sqrt{7})^2}{16} + \dfrac{y^2}{9} = 1$
$\dfrac{7}{16} + \dfrac{y^2}{9} = 1$
$\dfrac{y^2}{9} = 1 - \dfrac{7}{16}$
$y^2 = 9\left(\dfrac{9}{16}\right)$
$y = \dfrac{9}{4} = 2.25$
Height of the spine: 2.25 ft.

67. $a = 12, b = 8$;
$c = \sqrt{12^2 - 8^2}$
$c = \sqrt{80} = 4\sqrt{5} \approx 8.9$ ft
8.9 ft from center
$2(4\sqrt{5}) \approx 17.9$ ft apart

69. $\dfrac{x^2}{15^2} + \dfrac{y^2}{8^2} = 1$
$\dfrac{9^2}{15^2} + \dfrac{y^2}{8^2} = 1$
$\dfrac{y^2}{8^2} = 0.64$
$y^2 = 40.96$
$y = 6.4$ ft

71. $a = \dfrac{72}{2} = 36; b = \dfrac{70.5}{2} = 35.25$
$\dfrac{x^2}{36^2} + \dfrac{y^2}{(35.25)^2} = 1$

73. $P = 2\pi\sqrt{\dfrac{a^2 + b^2}{2}}$
Aphelion (max)
$c - (-a) = 156$ million miles
Perihelion
$a - c = 128$
$\begin{cases} a + c = 156 \\ a - c = 128 \end{cases}$
$2a = 284$
Semi major $a = 142$ million miles;
$142 - c = 128$
$c = 142 - 128 = 14$;
$14^2 = 142^2 - b^2$
$b^2 = 142^2 - 14^2 = 19968$
$b \approx 141$;
Semi minor ≈ 141 million miles;
$P = 2\pi\sqrt{\dfrac{142^2 + 141^2}{2}}$
$= 2\pi\sqrt{20022.5}$ million miles;
$\dfrac{889.076 \text{ million miles}}{1.296 \text{ million miles/day}} \approx 686$ days

Chapter 10: Analytical Geometry and Conic Sections

75. $4x^2 + 9y^2 = 900$

$\dfrac{x^2}{15^2} + \dfrac{y^2}{10^2} = 1$;

$9x^2 + 25y^2 = 900$

$\dfrac{x^2}{10^2} + \dfrac{y^2}{6^2} = 1$;

$A = \pi(15)(10) - \pi(10)(6) = 90\pi$

$= 9{,}000\pi \text{ yd}^2$

77. $\dfrac{x^2}{81} - \dfrac{y^2}{36} = 1$

$a = 9, b = 6$;

$L = \dfrac{2m^2}{n}$

$L = \dfrac{2(6)^2}{9} = 8$ units;

$81 - 36 = c^2$

$c = \sqrt{45} = 3\sqrt{5}$;

$\dfrac{\left(\sqrt{45}\right)^2}{81} - \dfrac{y^2}{36} = 1$

$\dfrac{45}{81} - \dfrac{y^2}{36} = 1$

$-\dfrac{y^2}{36} = \dfrac{4}{9}$

$y^2 = 16$

$y = \pm 4$

Verified

$(3\sqrt{5}, 4), (3\sqrt{5}, -4),$
$(-3\sqrt{5}, 4), (-3\sqrt{5}, -4)$

79. Ellipse $\dfrac{x^2}{a^2} + \dfrac{y^2}{b^2} = 1$;

$c^2 = a^2 - b^2$;

$\dfrac{a^2 - b^2}{a^2} + \dfrac{y^2}{b^2} = 1$

$b^2 a^2 - b^2 b^2 + a^2 y^2 = a^2 b^2$

$a^2 y^2 - b^2 b^2 = -a^2 b^2 + a^2 b^2$

$a^2 y^2 = b^4$

$y^2 = \dfrac{b^4}{a^2}$

$y = \dfrac{b^2}{a}$;

Focal Chord is $2y$ so $L = \dfrac{2b^2}{a}$.

Verified.

81. a. $R = \dfrac{kL}{d^2}$

b. $240 = \dfrac{k(2)}{0.005^2}$

$k = 0.003$

c. $R = \dfrac{0.003(3)}{0.006^2} = 250 \ \Omega$

83. $a^2 = 250^2 + 30^2 - 2(250)(30)(\cos 110°)$

$a^2 \approx 68530.30215$

$a^2 = \sqrt{68530.30215} \approx 261.8$ mph

$\dfrac{\sin x}{30} = \dfrac{\sin 110}{261.8}$

$\sin x = \dfrac{30 \sin 110}{261.8} \approx 0.10768$

$x = \sin^{-1}(0.10768)$

$x \approx 6.2$

Heading $20° + 6.2° \approx 26.2°$

261.8 mph

10.3 Exercises

Technology Highlight

1. $25y^2 - 4x^2 = 100$
   Vertices: $(0, 2), (0, -2)$
   When $x = 4, y = \pm 2.5612497$

10.3 Exercises

1. transverse

3. midway

5. Answers will vary.

7. $\dfrac{x^2}{9} - \dfrac{y^2}{4} = 1$
   Center: $(0,0)$
   Vertices: $(-3,0), (3,0)$

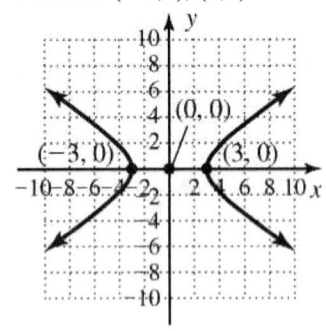

9. $\dfrac{x^2}{4} - \dfrac{y^2}{9} = 1$
   Center: $(0,0)$
   Vertices: $(-2,0), (2,0)$

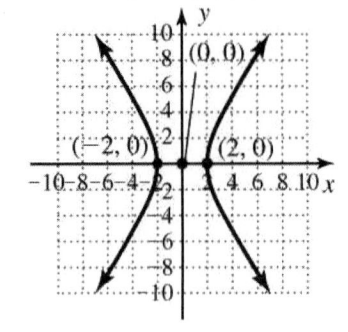

11. $\dfrac{x^2}{49} - \dfrac{y^2}{16} = 1$
    Center: $(0,0)$
    Vertices: $(-7,0), (7,0)$

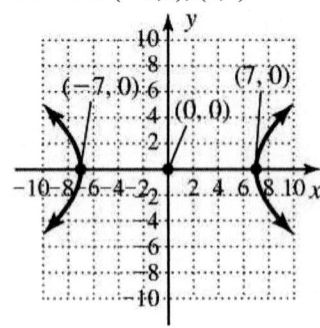

13. $\dfrac{x^2}{36} - \dfrac{y^2}{16} = 1$
    Center: $(0,0)$
    Vertices: $(-6,0), (6,0)$

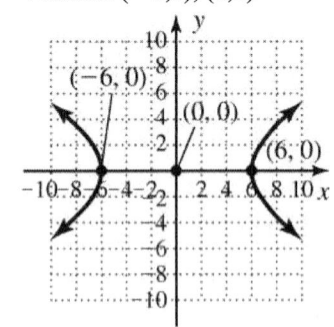

15. $\dfrac{y^2}{9} - \dfrac{x^2}{1} = 1$
    Center: $(0,0)$
    Vertices: $(0, -3), (0, 3)$

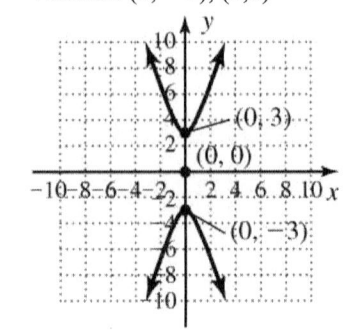

Chapter 10: Analytical Geometry and Conic Sections

17. $\dfrac{y^2}{12} - \dfrac{x^2}{4} = 1$
    Center: $(0,0)$
    Vertices: $(0, -2\sqrt{3}), (0, 2\sqrt{3})$

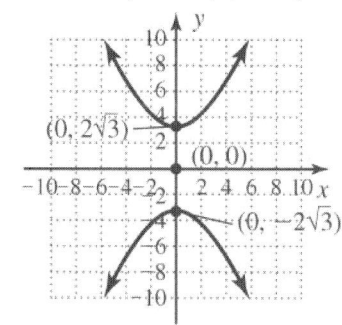

19. $\dfrac{y^2}{9} - \dfrac{x^2}{9} = 1$
    Center: $(0,0)$
    Vertices: $(0, -3), (0, 3)$

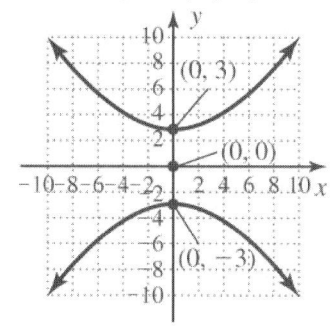

21. $\dfrac{y^2}{36} - \dfrac{x^2}{25} = 1$
    Center: $(0,0)$
    Vertices: $(0, -6), (0, 6)$

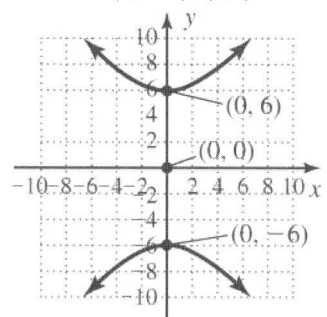

23. Vertices: $(-4, -2), (2, -2)$
    Transverse Axis: $y = -2$
    $\dfrac{-4+2}{2} = -1$
    Center: $(-1, -2)$
    Conjugate Axis: $x = -1$

25. Vertices: $(4, 1), (4, -3)$
    Transverse Axis: $x = 4$
    $\dfrac{1 + -3}{2} = -1$
    Center: $(4, -1)$
    Conjugate Axis: $y = -1$

27. $\dfrac{(y+1)^2}{4} - \dfrac{x^2}{25} = 1$
    Center: $(0, -1)$
    $a = 5, b = 2$
    Vertices: $(0, -1-2), (0, -1+2)$;
    $(0, -3), (0, 1)$
    Transverse axis: $x = 0$
    Conjugate axis: $y = -1$
    Asymptotes: Slope $= \pm \dfrac{2}{5}$

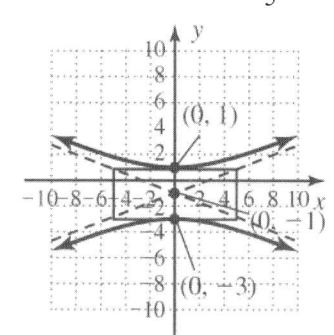

539

10.3 Exercises

29. $\dfrac{(x-3)^2}{36} - \dfrac{(y+2)^2}{49} = 1$

Center: $(3, -2)$

$a = 6$, $b = 7$

Vertices: $(3-6, -2), (3+6, -2)$;

$(-3, -2), (9, -2)$

Transverse axis: $y = -2$

Conjugate axis: $x = 3$

Asymptotes: Slope $= \pm \dfrac{7}{6}$

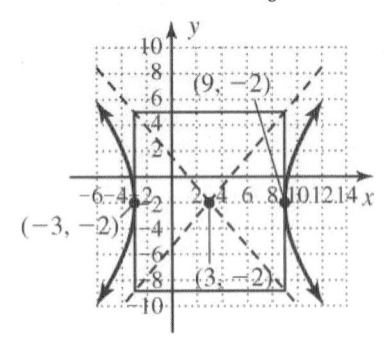

31. $\dfrac{(y+1)^2}{7} - \dfrac{(x+5)^2}{9} = 1$

Center: $(-5, -1)$

$a = 3$, $b = \sqrt{7}$

Vertices: $\left(-5, -1+\sqrt{7}\right), \left(-5, -1-\sqrt{7}\right)$

Transverse axis: $x = -5$

Conjugate axis: $y = -1$

Asymptotes: Slope $= \pm \dfrac{\sqrt{7}}{3}$

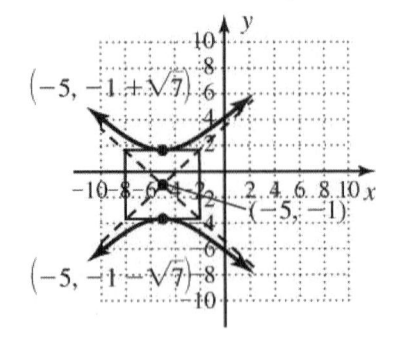

33. $(x-2)^2 - 4(y+1)^2 = 16$

$\dfrac{(x-2)^2}{16} - \dfrac{(y+1)^2}{4} = 1$

Center: $(2, -1)$

$a = 4$, $b = 2$

Vertices: $(2-4, -1), (2+4, -1)$;

$(-2, -1), (6, -1)$

Transverse axis: $y = -1$

Conjugate axis: $x = 2$

Asymptotes: Slope $= \pm \dfrac{1}{2}$

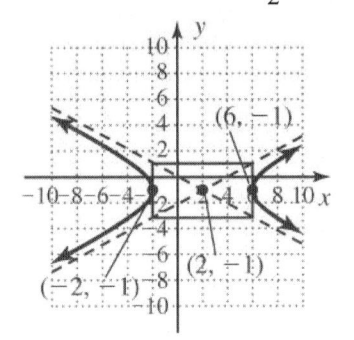

35. $2(y+3)^2 - 5(x-1)^2 = 50$

$\dfrac{(y+3)^2}{25} - \dfrac{(x-1)^2}{10} = 1$

Center: $(1, -3)$

$a = \sqrt{10}$, $b = 5$

Vertices: $(1, -3+5), (1, -3-5)$;

$(1, 2), (1, -8)$

Transverse axis: $x = 1$

Conjugate axis: $y = -3$

Asymptotes: Slope $= \pm \dfrac{5}{\sqrt{10}} = \pm \dfrac{\sqrt{10}}{2}$

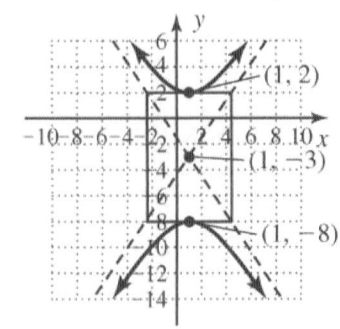

Chapter 10: Analytical Geometry and Conic Sections

37. $12(x-4)^2 - 5(y-3)^2 = 60$

    $\dfrac{(x-4)^2}{5} - \dfrac{(y-3)^2}{12} = 1$

    Center: $(4,3)$

    $a = \sqrt{5}$, $b = \sqrt{12} = 2\sqrt{3}$

    Vertices: $(4+\sqrt{5}, 3), (4-\sqrt{5}, 3)$

    Transverse axis: $y = 3$

    Conjugate axis: $x = 4$

    Asymptotes: Slope $= \pm \dfrac{2\sqrt{3}}{\sqrt{5}}$

    $= \pm \dfrac{2\sqrt{3}}{\sqrt{5}} \cdot \dfrac{\sqrt{5}}{\sqrt{5}} = \pm \dfrac{2\sqrt{15}}{5}$

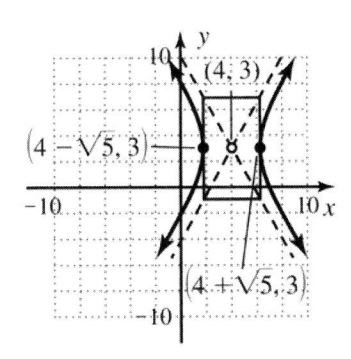

39. $16x^2 - 9y^2 = 144$

    $\dfrac{x^2}{9} - \dfrac{y^2}{16} = 1$

    Center: $(0,0)$

    $a = 3$, $b = 4$

    Vertices: $(0+3, 0), (0-3, 0)$; $(3,0), (-3,0)$

    Transverse axis: $y = 0$

    Conjugate axis: $x = 0$

    Asymptotes: Slope $= \pm \dfrac{4}{3}$

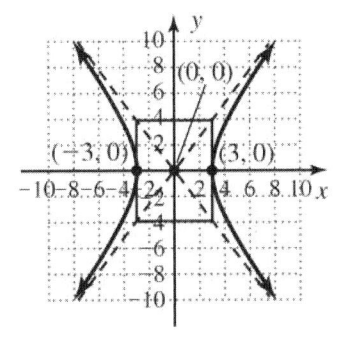

41. $9y^2 - 4x^2 = 36$

    $\dfrac{y^2}{4} - \dfrac{x^2}{9} = 1$

    Center: $(0,0)$

    $a = 3$, $b = 2$

    Vertices: $(0, 0-2), (0, 0+2)$; $(0,-2), (0,2)$

    Transverse axis: $x = 0$

    Conjugate axis: $y = 0$

    Asymptotes: Slope $= \pm \dfrac{2}{3}$

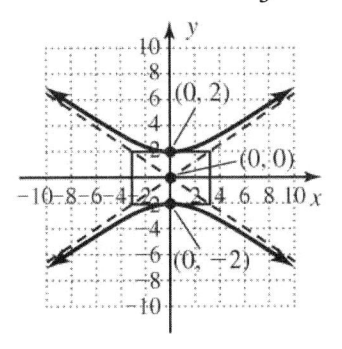

43. $12x^2 - 9y^2 = 72$

    $\dfrac{x^2}{6} - \dfrac{y^2}{8} = 1$

    Center: $(0,0)$

    $a = \sqrt{6}$, $b = \sqrt{8} = 2\sqrt{2}$

    Vertices: $(\sqrt{6}, 0), (-\sqrt{6}, 0)$

    Transverse axis: $y = 0$

    Conjugate axis: $x = 0$

    Asymptotes: Slope $= \pm \dfrac{2\sqrt{2}}{\sqrt{6}}$

    $= \pm \dfrac{2\sqrt{2}}{\sqrt{6}} \cdot \dfrac{\sqrt{6}}{\sqrt{6}} = \pm \dfrac{2\sqrt{3}}{3}$

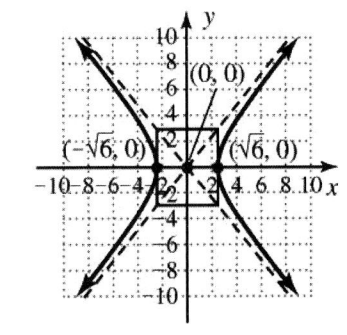

10.3 Exercises

45. $4x^2 - y^2 + 40x - 4y + 60 = 0$

$4x^2 + 40x - y^2 - 4y = -60$

$4(x^2 + 10x) - (y^2 + 4y) = -60$

$4(x^2 + 10x + 25) - (y^2 + 4y + 4) = -60 + 100 - 4$

$4(x+5)^2 - (y+2)^2 = 36$

$\dfrac{(x+5)^2}{9} - \dfrac{(y+2)^2}{36} = 1$

Center: $(-5, -2)$
$a = 3$, $b = 6$
Vertices: $(-5-3,-2), (-5+3,-2)$;
$(-8,-2), (-2,-2)$
Transverse axis: $y = -2$
Conjugate axis: $x = -5$
Asymptotes: Slope $= \pm \dfrac{6}{3} = \pm 2$

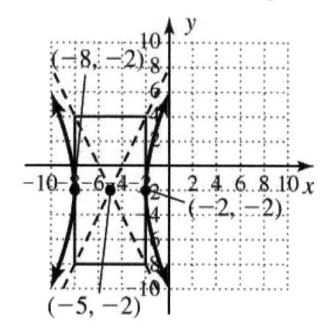

47. $x^2 - 4y^2 - 24y - 4x - 36 = 0$

$x^2 - 4x - 4y^2 - 24y = 36$

$(x^2 - 4x) - 4(y^2 + 6y) = 36$

$(x^2 - 4x + 4) - 4(y^2 + 6y + 9) = 36 + 4 - 36$

$(x-2)^2 - 4(y+3)^2 = 4$

$\dfrac{(x-2)^2}{4} - \dfrac{(y+3)^2}{1} = 1$

Center: $(2, -3)$
$a = 2$, $b = 1$
Vertices: $(2-2,-3), (2+2,-3)$;
$(0,-3), (4,-3)$
Transverse axis: $y = -3$
Conjugate axis: $x = 2$
Asymptotes: Slope $= \pm \dfrac{1}{2}$

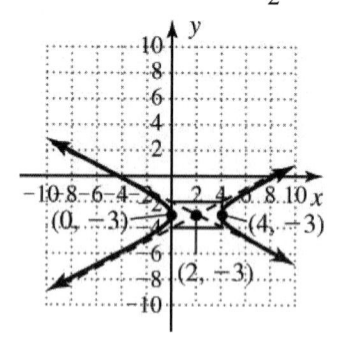

49. $-4x^2 - 4y^2 = -24$

$x^2 + y^2 = 6$

The equation contains a sum of second degree terms with equal coefficients. The equation represents a circle.

51. $x^2 + y^2 = 2x + 4y + 4$

The equation contains a sum of second degree terms with equal coefficients. The equation represents a circle.

Chapter 10: Analytical Geometry and Conic Sections

53. $2x^2 - 4y^2 = 8$

    The equation contains a difference of second degree terms. The equation represents a hyperbola.

55. $x^2 + 5 = 2y^2$

    $x^2 - 2y^2 = -5$

    $2y^2 - x^2 = 5$

    The equation contains a difference of second degree terms. The equation represents a hyperbola.

57. $2x^2 = -2y^2 + x + 20$

    $2x^2 - x + 2y^2 = 20$

    The equation contains a sum of second degree terms with equal coefficients. The equation represents a circle.

59. $16x^2 + 5y^2 - 3x + 4y = 538$

    The equation contains a sum of second degree terms with unequal coefficients. The equation represents an ellipse.

61. $\sqrt{(-5-5)^2 + (0-2.25)^2}$
    $-\sqrt{(5-5)^2 + (0-2.25)^2} = 2a$
    $\sqrt{(-5-5)^2 + (0-2.25)^2} - 2.25 = 2a$
    $\sqrt{100 + 5.0625} - 2.25 = 2a$
    $8 = 2a$
    $a = 4, c = 5$
    $25 = 4^2 + b^2$
    $9 = b^2$
    $3 = b;$
    $2b = 2(3) = 6;$
    Dimensions: 8 x 6

63. $\sqrt{(-0-6)^2 + (-10-7.5)^2} - \sqrt{(0-6)^2 + (10-7.5)^2} = 2b$
    $\sqrt{36 + (-17.5)^2} - \sqrt{36 + (2.5)^2} = 2b$
    $\sqrt{342.25} - \sqrt{42.25} = 2b$
    $12 = 2b;$
    $b = 6, c = 10$
    $100 = a^2 + 36$
    $a^2 = 64$
    $a = 8;$
    $2a = 2(8) = 16;$
    Dimensions: 16 x 12

65. $4x^2 - 9y^2 - 24x + 72y - 144 = 0, \leftrightarrow$
    $4(x^2 - 6x + 9) - 9(y^2 - 8y + 16) = 144 - 144 + 36$
    $4(x-3)^2 - 9(y-4)^2 = 36$
    $\dfrac{(x-3)^2}{9} - \dfrac{(y-4)^2}{4} = 1;$
    $a = 3, b = 2;$
    $c^2 = 9 + 4 = 13$
    $c = \sqrt{13};$

    a. Center: $(3,4)$
    b. Vertices: $(3-3, 4)$ and $(3+3, 4)$
       $(0,4)$ and $(6,4)$
    c. Foci: $(3-\sqrt{13}, 4)$ and $(3+\sqrt{13}, 4)$
    d. $2a = 6, 2b = 4;$
    e. Asymptotes: Slope $= \pm\dfrac{2}{3};$

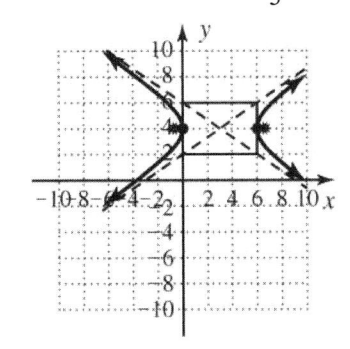

10.3 Exercises

67. $16x^2 - 4y^2 + 24y - 100 = 0, \leftrightarrow$
$16(x^2) - 4(y^2 - 6y + 9) = 100 - 36$
$16(x^2) - 4(y-3)^2 = 64$
$\dfrac{x^2}{4} - \dfrac{(y-3)^2}{16} = 1;$
$a = 2, b = 4$;
$c^2 = 4 + 16$
$c^2 = 20$
$c = 2\sqrt{5};$

a. Center: $(0, 3)$
b. Vertices: $(0-2, 3)$ and $(0+2, 3)$
$(-2, 3)$ and $(2, 3)$
c. Foci: $\left(-2\sqrt{5}, 3\right)$ and $\left(2\sqrt{5}, 3\right)$
d. $2a = 4, 2b = 8;$
e. Asymptotes: Slope $= \pm 2$

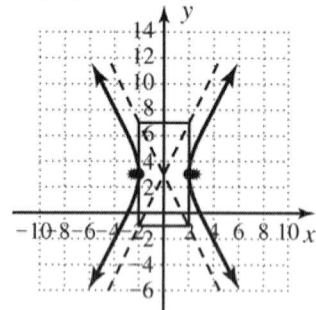

69. $9x^2 - 3y^2 - 54x - 12y + 33 = 0, \leftrightarrow$
$9(x^2 - 6x + 9) - 3(y^2 + 4y + 4) = -33 + 81 - 12$
$9(x-3)^2 - 3(y+2)^2 = 36$
$\dfrac{(x-3)^2}{4} - \dfrac{(y+2)^2}{12} = 1;$
$a = 2, b = \sqrt{12} = 2\sqrt{3}$
$c^2 = 4 + 12 = 16$
$c = 4;$

a. Center: $(3, -2)$
b. Vertices: $(3-2, -2)$ and $(3+2, -2)$
$(1, -2)$ and $(5, -2)$
c. Foci: $(-1, -2), (7, -2)$
d. $2a = 4, 2b = 4\sqrt{3};$
e. Asymptotes: Slope $= \pm\sqrt{3}$

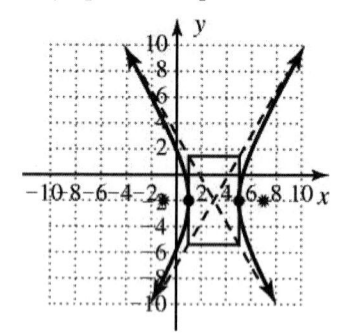

71. Vertices: $(-6, 0)$ and $(6, 0)$
Foci: $(-8, 0)$ and $(8, 0)$
$8^2 = 6^2 + b^2$
$64 = 36 + b^2$
$b^2 = 28;$
$\dfrac{x^2}{36} - \dfrac{y^2}{28} = 1$

Chapter 10: Analytical Geometry and Conic Sections

73. Foci: $(-2, -3\sqrt{2})$ and $(-2, 3\sqrt{2})$
    Length of conjugate axis: 6 units
    $2a = 6$
    $a = 3$;
    Center: $\left(\dfrac{-2+(-2)}{2}, \dfrac{-3\sqrt{2}+3\sqrt{2}}{2}\right) = (-2, 0)$
    $c = 3\sqrt{2}$;
    $(3\sqrt{2})^2 = 3^2 + b^2$
    $18 - 9 = b^2$
    $b = 3$;
    $\dfrac{(y-0)^2}{9} - \dfrac{(x-(-2))^2}{9} = 1$
    $\dfrac{y^2}{9} - \dfrac{(x+2)^2}{9} = 1$

75. Center (0, 0)
    $\dfrac{(x-0)^2}{2^2} - \dfrac{(y-0)^2}{3^2} = 1$
    $\dfrac{x^2}{4} - \dfrac{y^2}{9} = 1$;
    $c^2 = 4 + 9 = 13$
    $c = \sqrt{13}$;
    Foci: $(-\sqrt{13}, 0), (\sqrt{13}, 0)$

77. Center (2, 1)
    $c = 3$;
    $3^2 = a^2 + 2^2$
    $9 - 4 = a^2$
    $a = \sqrt{5}$;
    $4 \times 2\sqrt{5}$
    $\dfrac{(y-1)^2}{2^2} - \dfrac{(x-2)^2}{(\sqrt{5})^2} = 1$
    $\dfrac{(y-1)^2}{4} - \dfrac{(x-2)^2}{5} = 1$;

79. $y = \sqrt{\dfrac{36 - 4x^2}{-9}}$

    a. $y = \sqrt{\dfrac{-4(-9 + x^2)}{-9}}$
       $y = \sqrt{\dfrac{4(x^2 - 9)}{9}}$
       $y = \dfrac{2}{3}\sqrt{x^2 - 9}$

    b. $x^2 - 9 \geq 0$
       $(x+3)(x-3) \geq 0$

       pos   neg   pos
       ←——●———●——→
         -3   3

       $x \in (-\infty, -3] \cup [3, \infty)$

    c. $y = -\dfrac{2}{3}\sqrt{x^2 - 9}$

10.3 Exercises

81. $25y^2 - 1600x^2 = 40000$

$\dfrac{y^2}{1600} - \dfrac{x^2}{25} = 1$

$\dfrac{y^2}{40^2} - \dfrac{x^2}{5^2} = 1$

40 yards

83. $1600x^2 - 400(y-50)^2 = 640000$

$\dfrac{x^2}{400} - \dfrac{(y-50)^2}{1600} = 1$

$\dfrac{x^2}{20^2} - \dfrac{(y-50)^2}{40^2} = 1$

$20 + 20 = 40$ feet

85. 0.4 milliseconds to closer;
0.5 milliseconds to farther;
300 km/millisecond;
$0.5(300) = 150$ km; $0.4(300) = 120$ km;

$\sqrt{150^2} - \sqrt{120^2} = 2a$
$150 - 120 = 2a$
$30 = 2a$
$a = 15;$

$c = 50;$
$50^2 = 15^2 + b^2$
$2500 = 225 + b^2$
$b^2 = 2275;$

$\dfrac{x^2}{225} - \dfrac{y^2}{2275} = 1;$

$\dfrac{x^2}{225} - \dfrac{(60)^2}{2275} = 1$

$\dfrac{x^2}{225} = 1 + \dfrac{(60)^2}{2275}$

$x^2 = \dfrac{52875}{91}$

$x = \pm 24.1;$
$(24.1, 60)$ or $(-24.1, 60)$

87. a. $4x^2 - 32x - y^2 + 4y + 60 = 0$

$4(x^2 - 8x) - (y^2 - 4y) = -60$

$4(x^2 - 8x + 16) - (y^2 - 4y + 4) = -60 + 64 - 4$

$4(x-4)^2 - (y-2)^2 = 0$

$\dfrac{(x-4)^2}{\frac{1}{4}} - (y-2)^2 = 0$

b. $x^2 - 4x + 5y^2 - 40y + 84 = 0$

$(x^2 - 4x) + 5(y^2 - 8y) = -84$

$(x^2 - 4x + 4) + 5(y^2 - 8y + 16) = -84 + 4 + 80$

$(x-2)^2 + 5(y-4)^2 = 0$

$(x-2)^2 + \dfrac{(y-4)^2}{\frac{1}{5}} = 0$

Both equal 0.

89. a. $(x-5)^2 - (y+4)^2 = 57$

$\dfrac{(x-5)^2}{57} - \dfrac{(y+4)^2}{57} = 1$

Area of central rectangle:
$A = (2\sqrt{57})(2\sqrt{57}) = 228$

b. $(x-5)^2 + (y+4)^2 = 57$

$A = \pi(\sqrt{57})^2 = 57\pi \approx 179.07$

c. $9(x-5)^2 + 10(y+4)^2 = 570$

$\dfrac{(x-5)^2}{\frac{190}{3}} + \dfrac{(y+4)^2}{57} = 1$

$A = \pi\left(\sqrt{\dfrac{190}{3}}\right)(\sqrt{57}) \approx 188.76$

Choice a

Chapter 10: Analytical Geometry and Conic Sections

91. $9(x-2)^2 - 25(y-3)^2 = 225$
$\dfrac{(x-2)^2}{25} - \dfrac{(y-3)^2}{9} = 1$;
$c^2 = 25 + 9 = 34$;
$c^2 = a^2 - b^2$
$34 = a^2 - 9$
$a^2 = 43$;
$\dfrac{(x-2)^2}{43} + \dfrac{(y-3)^2}{9} = 1$

93. $\cos 65° = \dfrac{x}{700}$
$x = 700 \cos 65°$
$x \approx 295.8 < 350$
Yes

95. a. $x^4 + 4 = 0$
$(1+i\sqrt{2})^4 = 0$
$(1+i\sqrt{2})(1+i\sqrt{2})(1+i\sqrt{2})(1+i\sqrt{2}) = 0$
$(1+2i\sqrt{2}+2i^2)(1+2i\sqrt{2}+2i^2) = 0$
$(-1+2i\sqrt{2})(-1+2i\sqrt{2}) = 0$
$1 - 4i\sqrt{2} + 4i^2(2) = 0$
$-7 - 4i\sqrt{2} \neq 0$

b. $x^3 - 6x^2 + 11x - 12 = 0$
$(1+i\sqrt{2})^3 - 6(1+i\sqrt{2})^2 + 11(1+i\sqrt{2}) - 12 = 0$
$(1+i\sqrt{2})(1+i\sqrt{2})(1+i\sqrt{2}) - 6(1+i\sqrt{2})(1+i\sqrt{2}) + 11(1+i\sqrt{2}) - 12 = 0$
$(1+i\sqrt{2})(1+2i\sqrt{2}+2i^2) - 6(1+2i\sqrt{2}+2i^2) + 11 + 11i\sqrt{2} - 12 = 0$
$(1+i\sqrt{2})(-1+2i\sqrt{2}) - 6 - 12i\sqrt{2} + 12 + 11 + 11i\sqrt{2} - 12 = 0$
$-1 + i\sqrt{2} + 2i^2(2) - 6 - 12i\sqrt{2} + 12 + 11 + 11i\sqrt{2} - 12 = 0$
$-1 + i\sqrt{2} - 4 - 6 - 12i\sqrt{2} + 12 + 11 + 11i\sqrt{2} - 12 = 0$
$0 = 0$

c. $x^2 - 2x + 3 = 0$
$(1+i\sqrt{2})^2 - 2(1+i\sqrt{2}) + 3 = 0$
$1 + 2i\sqrt{2} + 2i^2 - 2 - 2i\sqrt{2} + 3 = 0$
$1 + 2i\sqrt{2} - 2 - 2 - 2i\sqrt{2} + 3 = 0$
$0 = 0$
b and c

10.4 Exercises

1. Horizontal, right, $a < 0$

3. $(p, 0)$, $x = -p$

5. Answers will vary.

7. $y = x^2 - 2x - 3$;
$0 = (x-3)(x+1)$
x-intercepts: $(-1, 0), (3, 0)$;
$y = (0)^2 - 2(0) - 3 = -3$
y-intercept: $(0, -3)$;
$x = \dfrac{-(-2)}{2(1)} = 1$
$y = (1)^2 - 2(1) - 3 = -4$
Vertex: $(1, -4)$;
Domain: $x \in (-\infty, \infty)$
Range: $y \in [-4, \infty)$
$y = (x^2 - 2x + 1) - 3 - 1$
$y = (x-1)^2 - 4$

9. $y = 2x^2 - 8x - 10$
$0 = 2(x-5)(x+1)$
x-intercepts: $(-1, 0), (5, 0)$;
$y = 2(0)^2 - 8(0) - 10 = -10$
y-intercept: $(0, -10)$;
$x = \dfrac{-(-8)}{2(2)} = 2$
$y = 2(2)^2 - 8(2) - 10 = -18$
Vertex: $(2, -18)$;
Domain: $x \in (-\infty, \infty)$
Range: $y \in [-18, \infty)$
$y = 2(x^2 - 4x + 4) - 10 - 8$
$y = 2(x-2)^2 - 18$

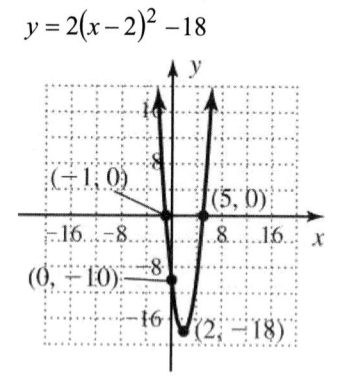

548

Chapter 10: Analytical Geometry and Conic Sections

11. $y = 2x^2 + 5x - 7$;
$0 = (2x+7)(x-1)$
x-intercepts: $(-3.5, 0), (1, 0)$;
$y = 2(0)^2 + 5(0) - 7 = -7$
y-intercept: $(0, -7)$;
$x = \dfrac{-(5)}{2(2)} = -1.25$
$y = 2(-1.25)^2 + 5(-1.25) - 7 = -10.125$
Vertex: $(-1.25, -10.125)$;
Domain: $x \in (-\infty, \infty)$
Range: $y \in [-10.125, \infty)$
$y = 2\left(x^2 + \dfrac{5}{2}x + \dfrac{25}{16}\right) - 7 - \dfrac{25}{8}$
$y = 2\left(x + \dfrac{5}{4}\right)^2 - \dfrac{81}{8}$

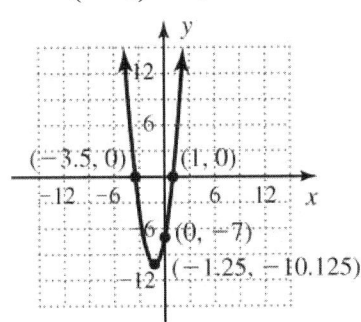

13. $x = y^2 - 2y - 3$
$x = (0)^2 - 2(0) - 3 = -3$
x-intercept: $(-3, 0)$;
$0 = (y-3)(y+1)$
y-intercepts: $(0, 3), (0, -1)$;
$y = \dfrac{-(-2)}{2(1)} = 1$
$x = (1)^2 - 2(1) - 3 = -4$
Vertex: $(-4, 1)$;
Domain: $x \in [-4, \infty)$
Range: $y \in (-\infty, \infty)$

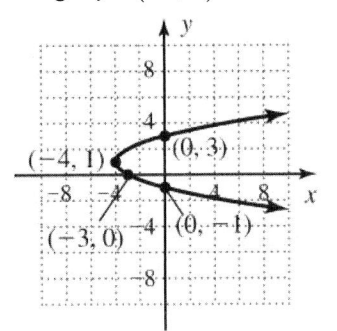

15. $x = -y^2 + 6y + 7$
$x = -(0)^2 + 6(0) + 7 = 7$
x-intercept: $(7, 0)$;
$0 = (-y+7)(y+1)$
y-intercepts: $(0, 7), (0, -1)$;
$y = \dfrac{-(6)}{2(-1)} = 3$
$x = -(3)^2 + 6(3) + 7 = 16$
Vertex: $(16, 3)$;
Domain: $x \in (-\infty, 16]$
Range: $y \in (-\infty, \infty)$

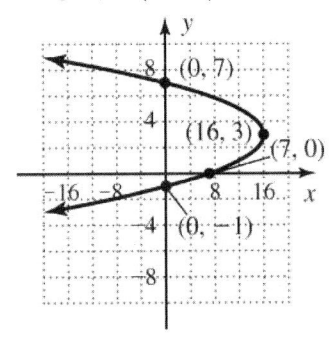

10.4 Exercises

17. $x = -y^2 + 8y - 16$
$x = -(0)^2 + 8(0) - 16 = -16$
x-intercept: $(-16, 0)$;
$0 = (-y+4)(y-4)$
y-intercept: $(0, 4)$;
$y = \dfrac{-(8)}{2(-1)} = 4$
$x = -(4)^2 + 8(4) - 16 = 0$
Vertex: $(0, 4)$;
Domain: $x \in (-\infty, 0]$
Range: $y \in (-\infty, \infty)$

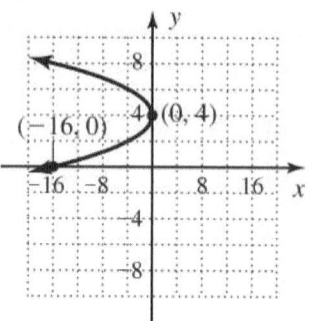

19. $x = y^2 - 6y$
$x = (y^2 - 6y + 9) - 9$
$x = (y-3)^2 - 9$
Vertex: $(-9, 3)$;
$x = (0)^2 - 6(0) = 0$
x-intercept: $(0, 0)$;
$0 = y(y-6)$
y-intercepts: $(0, 0), (0, 6)$;
Domain: $x \in [-9, \infty)$
Range: $y \in (-\infty, \infty)$

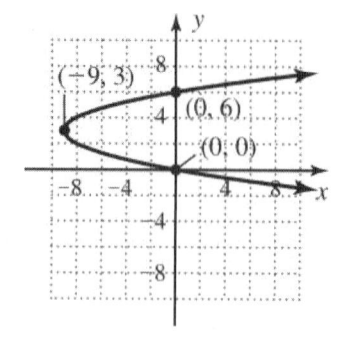

21. $x = y^2 - 4$
Vertex: $(-4, 0)$;
$x = (0)^2 - 4 = -4$
x-intercept: $(-4, 0)$;
$0 = (y+2)(y-2)$
y-intercepts: $(0, 2), (0, -2)$;
Domain: $x \in [-4, \infty)$
Range: $y \in (-\infty, \infty)$

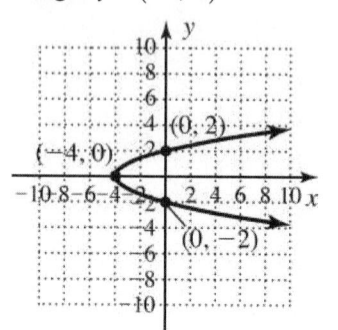

23. $x = -y^2 + 2y - 1$
$x = -(y^2 - 2y) - 1$
$x = -(y^2 - 2y + 1) - 1 + 1$
$x = -(y-1)^2 + 0$
Vertex: $(0, 1)$;
$x = -(0)^2 + 2(0) - 1 = -1$
x-intercept: $(-1, 0)$;
$0 = (-y+1)(y-1)$
y-intercept: $(0, 1)$;
Domain: $x \in (-\infty, 0]$
Range: $y \in (-\infty, \infty)$

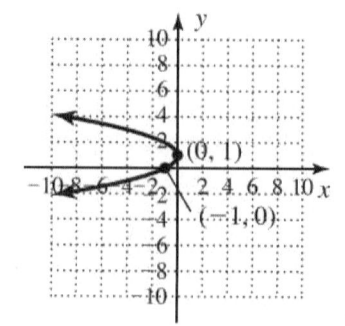

Chapter 10: Analytical Geometry and Conic Sections

25. $x = y^2 + y - 6$

$x = \left(y^2 + y + \dfrac{1}{4}\right) - 6 - \dfrac{1}{4}$

$x = \left(y + \dfrac{1}{2}\right)^2 - \dfrac{25}{4}$

Vertex: $(-6.25, -0.5)$;

$x = (0)^2 + (0) - 6 = -6$

x-intercept: $(-6, 0)$;

$0 = (y+3)(y-2)$

y-intercepts: $(0, 2), (0, -3)$;

Domain: $x \in [-6.25, \infty)$

Range: $y \in (-\infty, \infty)$

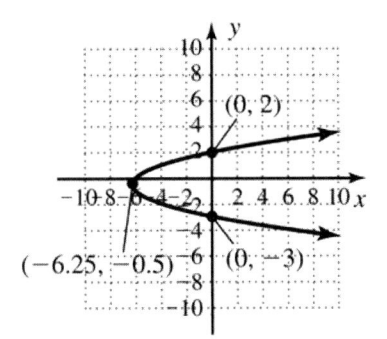

27. $x = y^2 - 10y + 4$

$x = (y^2 - 10y + 25) + 4 - 25$

$x = (y-5)^2 - 21$

Vertex: $(-21, 5)$;

$x = (0)^2 - 10(0) + 4 = 4$

x-intercept: $(4, 0)$;

$a = 1, b = -10, c = 4$

$y = \dfrac{-(-10) \pm \sqrt{(-10)^2 - 4(1)(4)}}{2(1)}$

$y = \dfrac{10 \pm \sqrt{84}}{2} = \dfrac{10 \pm 2\sqrt{21}}{2} = 5 \pm \sqrt{21}$

y-intercepts: $(0, 5 - \sqrt{21}), (0, 5 + \sqrt{21})$;

Domain: $x \in [-21, \infty)$

Range: $y \in (-\infty, \infty)$

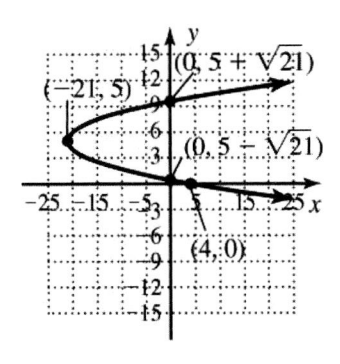

10.4 Exercises

29. $x = 3 - 8y - 2y^2$
$x = -2y^2 - 8y + 3$
$x = -2(y^2 + 4y + 4) + 3 + 8$
$x = -2(y + 2)^2 + 11$
Vertex: $(11, -2)$;
$x = 3 - 8(0) - 2(0)^2 = 3$
x-intercept: $(3, 0)$;
$a = -2, b = -8, c = 3$
$y = \dfrac{-(-8) \pm \sqrt{(-8)^2 - 4(-2)(3)}}{2(-2)}$
$y = \dfrac{8 \pm \sqrt{88}}{-4} = \dfrac{8 \pm 2\sqrt{22}}{-4} = \dfrac{-4 \pm \sqrt{22}}{2}$
y-intercepts: $\left(0, \dfrac{-4 + \sqrt{22}}{2}\right), \left(0, \dfrac{-4 - \sqrt{22}}{2}\right)$;
Domain: $x \in (-\infty, 11]$
Range: $y \in (-\infty, \infty)$

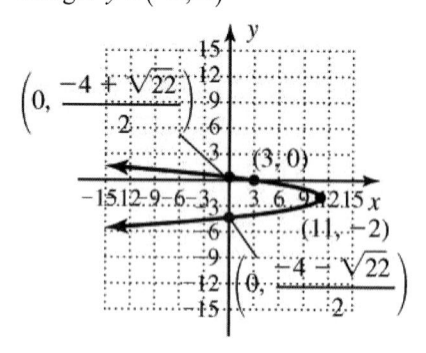

31. $y = (x - 2)^2 + 3$
Vertex: $(2, 3)$;
$0 \neq (x - 2)^2 + 3$
x-intercept: None;
$y = (0 - 2)^2 + 3 = 7$
y-intercept: $(0, 7)$;
Domain: $x \in (-\infty, \infty)$
Range: $y \in [3, \infty)$

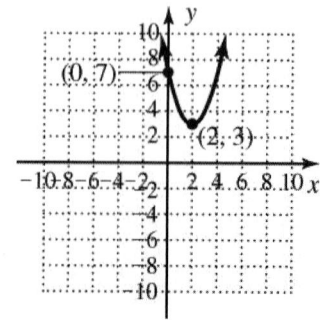

33. $x = (y - 3)^2 + 2$
Vertex: $(2, 3)$;
$x = (0 - 3)^2 + 2 = 11$
x-intercept: $(11, 0)$;
$0 \neq (y - 3)^2 + 2$
y-intercept: None;
Domain: $x \in [2, \infty)$
Range: $y \in (-\infty, \infty)$

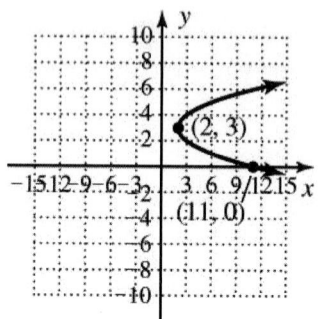

35. $x = 2(y - 3)^2 + 1$
Vertex: $(1, 3)$;
$x = 2(0 - 3)^2 + 1 = 19$
x-intercept: $(19, 0)$;
$0 \neq 2(y - 3)^2 + 1$
y-intercept: None;
Domain: $x \in [1, \infty)$
Range: $y \in (-\infty, \infty)$

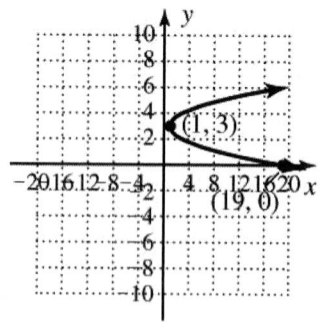

Chapter 10: Analytical Geometry and Conic Sections

37. $x^2 = 8y$
    Vertex: $(0,0)$
    $8 = 4p$
    $2 = p$
    Focus: $(0,2)$
    Directrix: $y = -2$

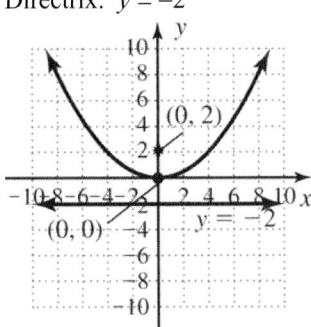

39. $x^2 = -24y$
    Vertex: $(0,0)$
    $-24 = 4p$
    $-6 = p$
    Focus: $(0,-6)$
    Directrix: $y = 6$

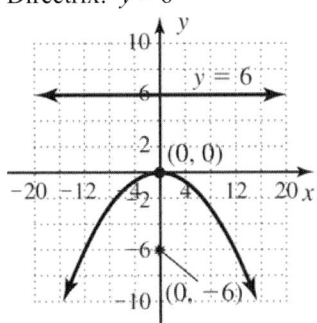

41. $x^2 = 6y$
    Vertex: $(0,0)$
    $6 = 4p$
    $\dfrac{3}{2} = p$
    Focus: $\left(0, \dfrac{3}{2}\right)$
    Directrix: $y = \dfrac{-3}{2}$

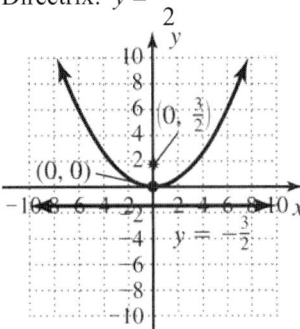

43. $y^2 = -4x$
    Vertex: $(0,0)$
    $-4 = 4p$
    $-1 = p$
    Focus: $(-1,0)$
    Length of Focal Chord: 4
    Directrix: $x = 1$

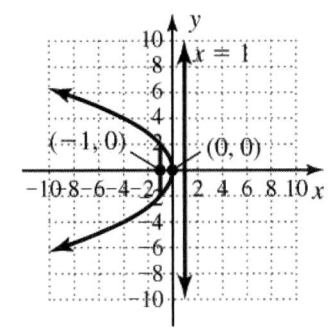

10.4 Exercises

45. $y^2 = 18x$
Vertex: $(0,0)$
$18 = 4p$
$\dfrac{9}{2} = p$
Focus: $\left(\dfrac{9}{2}, 0\right)$
Length of Focal Chord: 18
Directrix: $x = -\dfrac{9}{2}$

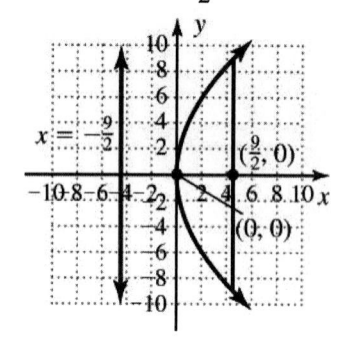

47. $y^2 = -10x$
Vertex: $(0,0)$
$-10 = 4p$
$-\dfrac{5}{2} = p$
Focus: $\left(-\dfrac{5}{2}, 0\right)$
Length of Focal Chord: 10
Directrix: $x = \dfrac{5}{2}$

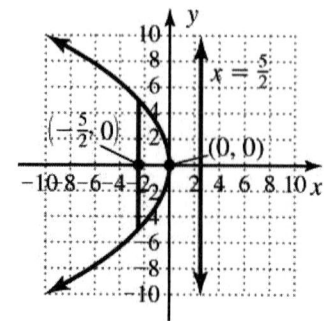

49. $x^2 - 8x - 8y + 16 = 0$
$x^2 - 8x + 16 = 8y$
$(x-4)^2 = 8y$
Vertex: $(4,0)$
$8 = 4p$
$2 = p$
Focus: $(4, 2)$
Length of Focal Chord: 8
Directrix: $y = -2$

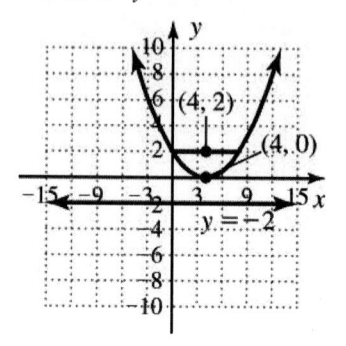

51. $x^2 - 14x - 24y + 1 = 0$
$x^2 - 14x = 24y - 1$
$x^2 - 14x + 49 = 24y - 1 + 49$
$(x-7)^2 = 24y + 48$
$(x-7)^2 = 24(y+2)$
Vertex: $(7,-2)$
$24 = 4p$
$6 = p$
Focus: $(7, -2+6) = (7, 4)$
Length of Focal Chord: 24
Directrix: $y = -2 - 6 = -8$

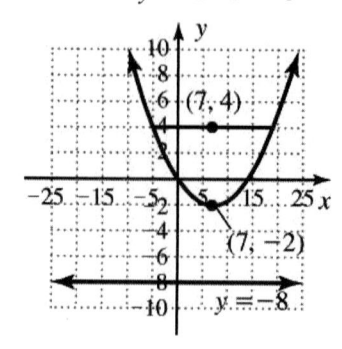

554

Chapter 10: Analytical Geometry and Conic Sections

53. $3x^2 - 24x - 12y + 12 = 0$

$3x^2 - 24x = 12y - 12$

$3(x^2 - 8x + 16) = 12y - 12 + 48$

$3(x-4)^2 = 12y + 36$

$3(x-4)^2 = 12(y+3)$

$(x-4)^2 = 4(y+3)$

Vertex: $(4,-3)$

$4 = 4p$

$1 = p$

Focus: $(4,-3+1) = (4,-2)$

Length of Focal Chord: 4

Directrix: $y = -3 - 1 = -4$

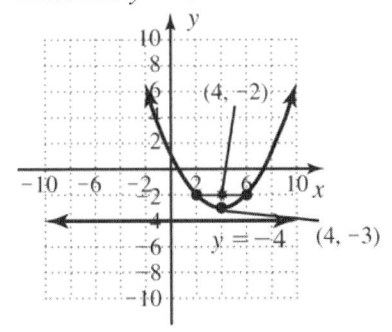

55. $y^2 - 12y - 20x + 36 = 0$

$y^2 - 12y + 36 = 20x$

$(y-6)^2 = 20x$

Vertex: $(0,6)$

$4p = 20$

$p = 5$

Focus: $(5,6)$

Length of Focal Chord: 20

Directrix: $x = -5$

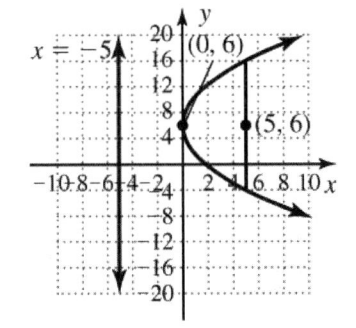

57. $y^2 - 6y + 4x + 1 = 0$

$y^2 - 6y = -4x - 1$

$y^2 - 6y + 9 = -4x - 1 + 9$

$(y-3)^2 = -4(x-2)$

Vertex: $(2,3)$

$4p = -4$

$p = -1$

Focus: $(2-1,3) = (1,3)$

Length of Focal Chord: 4

Directrix: $x = 2 - (-1) = 3$

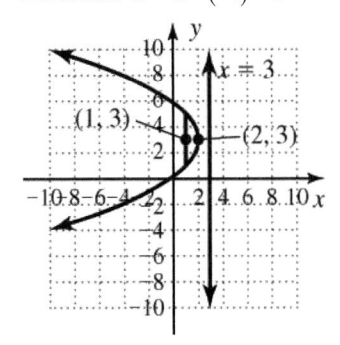

59. $2y^2 - 20y + 8x + 2 = 0$

$y^2 - 10y + 4x + 1 = 0$

$y^2 - 10y = -4x - 1$

$y^2 - 10y + 25 = -4x - 1 + 25$

$(y-5)^2 = -4(x-6)$

Vertex: $(6,5)$

$4p = -4$

$p = -1$

Focus: $(6-1,5) = (5,5)$

Length of Focal Chord: 4

Directrix: $x = 6 - (-1) = 7$

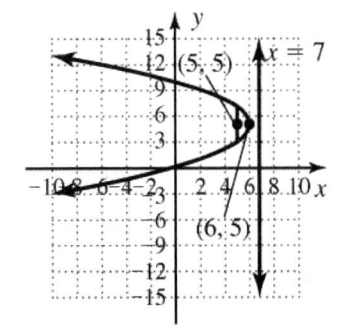

10.4 Exercises

61. Focus $(0, 2)$
Directrix $y = -2$, pt $(0, -2)$
$2p = \sqrt{(0-0)^2 + (2-(-2))^2}$
$2p = 4$
$p = 2$, opens up
Vertex: $\left(\dfrac{0+0}{2}, \dfrac{2+(-2)}{2}\right) = (0,0)$;
$(x-0)^2 = 4(2)(y-0)$
$x^2 = 8y$

63. Focus $(4, 0)$
Directrix $x = -4$, pt $(-4, 0)$
$2p = \sqrt{(4-(-4))^2 + (0-0)^2}$
$2p = 8$
$p = 4$, opens right
Vertex: $\left(\dfrac{4+(-4)}{2}, \dfrac{0+0}{2}\right) = (0,0)$;
$(y-0)^2 = 4(4)(x-0)$
$y^2 = 16x$

65. Focus $(0, -5)$
Directrix $y = 5$, pt $(0, 5)$
$2p = \sqrt{(0-0)^2 + (-5-5)^2}$
$2p = 10$
$p = -5$, opens down
Vertex: $\left(\dfrac{0+0}{2}, \dfrac{-5+5}{2}\right) = (0,0)$;
$(x-0)^2 = 4(-5)(y-0)$
$x^2 = -20y$

67. Vertex: $(2, -2)$; Focus: $(-1, -2)$
$p = \sqrt{(2-(-1))^2 + (-2-(-2))^2}$
$p = -3$, opens left
$(y-(-2))^2 = 4(-3)(x-2)$
$(y+2)^2 = -12(x-2)$

69. Vertex: $(4, -7)$; Focus: $(4, -4)$
$p = \sqrt{(4-4)^2 + (-7-(-4))^2}$
$p = 3$, opens up
$(x-4)^2 = 4(3)(y--7)$
$(x-4)^2 = 12(y+7)$

71. Focus: $(3, 4)$; Directrix: $y = 0$, $(3,0)$
$p = \sqrt{(3-3)^2 + (4-0)^2}$
$p = 2$, opens up
Vertex: $(3, 2)$
$(x-3)^2 = 4(2)(y-2)$
$(x-3)^2 = 8(y-2)$

73. $4p = 8, p = 2$
Vertex: $(-1, 0)$; Focus: $(1, 0)$
$(y-0)^2 = 4(2)(x-(-1))$
$y^2 = 8(x+1)$

75. $p = -2$, Vertex: $(-2, 2)$; Focus: $(-4, 2)$
$(y-2)^2 = 4(-2)(x-(-2))$
$(y-2)^2 = -8(x+2)$
Directrix: $x = -2-(-2) = 0$
Endpoints of focal chord: $(-4, -2)$ and $(-4, 6)$

Chapter 10: Analytical Geometry and Conic Sections

77. $\begin{cases} x^2 + y^2 = 25 \\ 2x^2 - 3y^2 = 5 \end{cases}$ 3R1

$\begin{cases} 3x^2 + 3y^2 = 75 \\ 2x^2 - 3y^2 = 5 \end{cases}$

$5x^2 = 80$

$x^2 = 16$

$x = \pm 4;$

$(4)^2 + y^2 = 25$

$y^2 = 25 - 16$

$y^2 = 9$

$y = \pm 3;$

$(4,3),(4,-3);$

$(-4)^2 + y^2 = 25$

$y^2 = 25 - 16$

$y^2 = 9$

$y = \pm 3;$

$(-4,3),(-4,-3)$

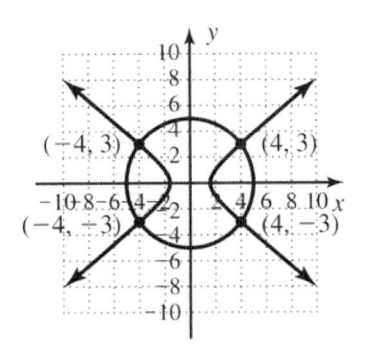

79. $\begin{cases} x^2 - y = 4 \\ y^2 - x^2 = 16 \end{cases}$

$\begin{cases} x^2 - y = 4 \\ -x^2 + y^2 = 16 \end{cases}$

$y^2 - y = 20$

$y^2 - y - 20 = 0$

$(y-5)(y+4) = 0$

$y = 5$ or $y = -4;$

If $y = 5,$

$x^2 - 5 = 4$

$x^2 = 9$

$x = \pm 3;$

$(3,5),(-3,5);$

If $y = -4,$

$x^2 - (-4) = 4$

$x^2 = 0$

$x = 0;$

$(0,-4)$

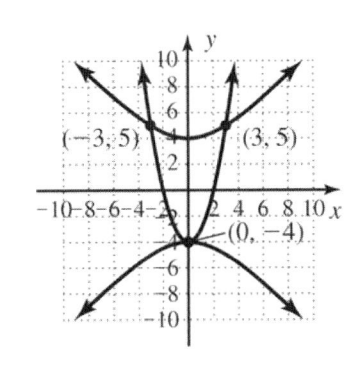

557

10.4 Exercises

81. $\begin{cases} 5x^2 - 2y^2 = 75 \\ 2x^2 + 3y^2 = 125 \end{cases}$

$\begin{cases} 15x^2 - 6y^2 = 225 \\ 4x^2 + 6y^2 = 250 \end{cases}$

$19x^2 = 475$
$x^2 = 25$
$x = \pm 5;$
If $x = 5,$
$2(5)^2 + 3y^2 = 125$
$50 + 3y^2 = 125$
$y^2 = 25$
$y = \pm 5;$
$(5,5), (5,-5);$
If $x = -5,$
$2(-5)^2 + 3y^2 = 125$
$50 + 3y^2 = 125$
$y^2 = 25$
$y = \pm 5;$
$(-5,-5), (-5,5)$

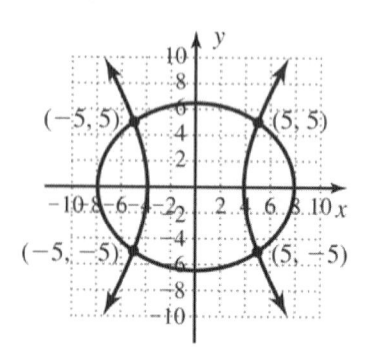

83. $A = \dfrac{2}{3} ab$

$A = \dfrac{2}{3}(3)(8) = 16 \text{ units}^2$

85. $25x = 16y^2$

$\dfrac{25}{16} x = y^2$

Vertex: $(0,0)$

$4p = \dfrac{25}{16}$

$p = \dfrac{25}{64}$

Focus: $\left(\dfrac{25}{64}, 0\right)$

Length of Focal Chord: $\dfrac{25}{16}$

Directrix: $x = -\dfrac{25}{64}$

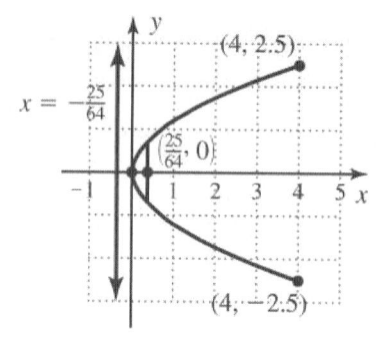

558

Chapter 10: Analytical Geometry and Conic Sections

87. $y^2 = 54x$
    $4p = 54$
    $p = 13.5$
    Focus: $(13.5, 0)$;
    36 inch diameter, $y = 18$
    $(18)^2 = 54x$
    $x = 6$
    Parabolic receiver: 6 inches

89. $x^2 = 167y$
    $4p = 167$
    $p = 41.75$
    Focus: $(0, 41.75)$
    100 feet diameter, $x = 50$
    $(50)^2 = 167y$
    $y \approx 14.97$
    Parabolic receiver: 14.97 ft

91. Diameter = 10, depth = 5
    $x^2 = 4py$
    $5^2 = 4p(5)$
    $25 = 20p$
    $\frac{5}{4} = p$;
    $x^2 = 4\left(\frac{5}{4}\right)y$
    $x^2 = 5y$
    Distance = 1.25 cm

93. $y = 2x^2 - 8x$
    $y = 2(x^2 - 4x)$
    $y + 8 = 2(x^2 - 4x + 4)$
    $y + 8 = 2(x - 2)^2$
    $(x - 2)^2 = \frac{1}{2}(y + 8)$
    Vertex: $(2, -8)$
    $4p = \frac{1}{2}$
    $p = \frac{1}{8}$

95. $A = \frac{4}{3}T$;
    Area of the triangle: $A = \left|\frac{\det(T)}{2}\right| = \left|\frac{\|T\|}{2}\right|$
    where $T = \begin{bmatrix} -3 & 5 & 1 \\ -6 & -3 & 1 \\ 0 & 4 & 1 \end{bmatrix}$
    $A = \left|\frac{\det(T)}{2}\right| = \left|\frac{\|27\|}{2}\right| = 13.5$;
    Area of oblique parabolic segment:
    $A = \frac{4}{3}(13.5) = 18$ units^2

97. $f(x) = x^5 + 2x^4 + 17x^3 + 34x^2 - 18x - 36$
    Answers will vary.

99. $9 \to -3$ $\quad$ $15 \to 3$
    $0 \to 60$ and $300 \to 360$
    $60 + 60 = 120$ days

Mid Chapter Check

Mid-Chapter Check

1. $(x-4)^2 + (y+3)^2 = 9$

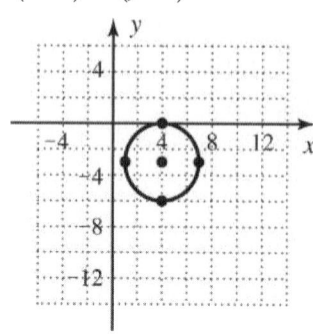

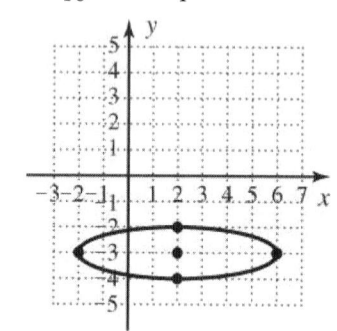

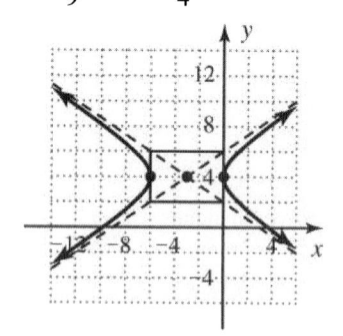

3. $\dfrac{(x-2)^2}{16} + \dfrac{(y+3)^2}{1} = 1$

5. $\dfrac{(x+3)^2}{9} - \dfrac{(y-4)^2}{4} = 1$

7. a. $\dfrac{(x+3)^2}{4} + \dfrac{(y-1)^2}{16} = 1$
   Center: $(-3, 1)$
   $a = 2$, $b = 4$
   $D: x \in [-3-2, -3+2]$
   $D: x \in [-5, -1]$;
   $R: y \in [1-4, 1+4]$
   $R: y \in [-3, 5]$

   b. $(x-3)^2 + (y-2)^2 = 16$
   Center: $(3, 2)$, $r = 4$
   $D: x \in [3-4, 3+4]$
   $D: x \in [-1, 7]$;
   $R: y \in [2-4, 2+4]$
   $R: y \in [-2, 6]$

   c. $y = (x-3)^2 - 4$
   $y + 4 = (x-3)^2$
   Vertex: $(3, -4)$
   $D: x \in (-\infty, \infty)$
   $R: y \in [-4, \infty)$

Chapter 10: Analytical Geometry and Conic Sections

9. Vertices: $(-4, 0), (4, 0)$
Center: $\left(\dfrac{-4+4}{2}, \dfrac{0+0}{2}\right) = (0,0)$;

$a = 4, c = \dfrac{4\sqrt{3}}{2} = 2\sqrt{3}$

$\left(2\sqrt{3}\right)^2 = 4^2 - b^2$

$12 = 16 - b^2$

$b^2 = 4$

$b = 2$;

$\dfrac{(x)^2}{16} + \dfrac{(y)^2}{4} = 1$

Chapter 10-Reinforcing Basic Concepts

1. $100x^2 - 400x - 18y^2 - 108y + 230 = 0$

$100(x^2 - 4x) - 18(y^2 + 6y) = -230$

$100(x^2 - 4x + 4) - 18(y^2 + 6y + 9) = -230 + 400 - 162$

$100(x-2)^2 - 18(y+3)^2 = 8$

$\dfrac{25(x-2)^2}{2} - \dfrac{9(y+3)^2}{4} = 1$

$\dfrac{(x-2)^2}{\left(\dfrac{\sqrt{2}}{5}\right)^2} - \dfrac{(y+3)^2}{\left(\dfrac{2}{3}\right)^2} = 1$

$a = \dfrac{\sqrt{2}}{5}, b = \dfrac{2}{3}$

3. $\dfrac{4(x+3)^2}{49} + \dfrac{25(y-1)^2}{36} = 1$

$\dfrac{(x+3)^2}{\dfrac{49}{4}} + \dfrac{(y-1)^2}{\dfrac{36}{25}} = 1$

$\dfrac{(x+3)^2}{\left(\dfrac{7}{2}\right)^2} + \dfrac{(y-1)^2}{\left(\dfrac{6}{5}\right)^2} = 1$

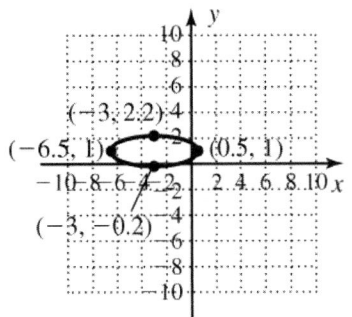

$a = \dfrac{7}{2}, b = \dfrac{6}{5}$

10.5 Exercises

1. Polar

3. II, IV

5. To plot the point (r,θ) start at the origin or pole and move $|r|$ units out along the polar axis. Then move counterclockwise an angle measure of θ. You should be r units straight out from the pole in a direction of θ from the positive polar axis. If r is negative, final resting place for the point (r,θ) will be 180° from θ.

7. $\left(4, \dfrac{\pi}{2}\right)$

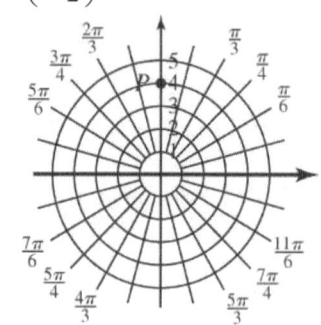

9. $\left(2, \dfrac{5\pi}{4}\right)$

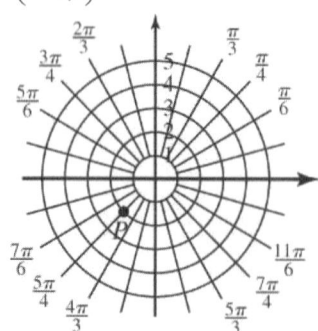

11. $\left(-5, \dfrac{5\pi}{6}\right)$

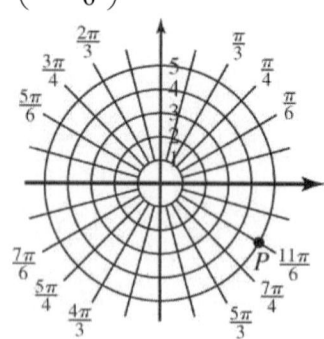

13. $\left(-3, -\dfrac{2\pi}{3}\right)$

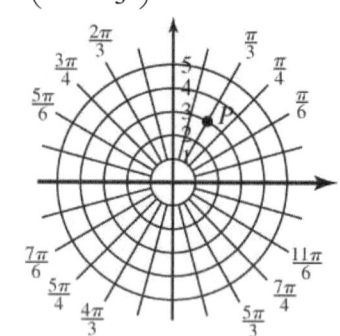

15. $P(0,4) \to \left(4, \dfrac{\pi}{2}\right)$

17. $(4,4)$

$r = \sqrt{4^2 + 4^2} = \sqrt{16+16} = \sqrt{32} = 4\sqrt{2}$;

$\theta = \tan^{-1}\left(\dfrac{4}{4}\right) = \dfrac{\pi}{4}$;

$P(4,4) \to P\left(4\sqrt{2}, \dfrac{\pi}{4}\right)$

19. $\left(-4, 4\sqrt{3}\right)$

$r = \sqrt{(-4)^2 + (4\sqrt{3})^2} = \sqrt{16+48} = \sqrt{64} = 8$;

$\theta_r = \tan^{-1}\left(\dfrac{4\sqrt{3}}{-4}\right) = \dfrac{-\pi}{3}$

$\theta = \pi - \dfrac{\pi}{3} = \dfrac{2\pi}{3}$;

$P\left(-4, 4\sqrt{3}\right) \to P\left(8, \dfrac{2\pi}{3}\right)$

Chapter 10: Analytical Geometry and Conic Sections

21. $(-4, 4)$

$r = \sqrt{(-4)^2 + 4^2} = \sqrt{32} = 4\sqrt{2}$;

$\theta_r = \tan^{-1}\left(\dfrac{4}{-4}\right) = \dfrac{-\pi}{4}$;

$\theta = \pi - \dfrac{\pi}{4} = \dfrac{3\pi}{4}$;

$P(-4, 4) \to P\left(4\sqrt{2}, \dfrac{3\pi}{4}\right)$

23. Original Point: $\left(3\sqrt{2}, \dfrac{3\pi}{4}\right)$

$\left(3\sqrt{2}, \dfrac{3\pi}{4} - 2\pi\right) \to \left(3\sqrt{2}, \dfrac{-5\pi}{4}\right)$

$\left(-3\sqrt{2}, \dfrac{3\pi}{4} + \pi\right) \to \left(-3\sqrt{2}, \dfrac{7\pi}{4}\right)$

$\left(-3\sqrt{2}, \dfrac{3\pi}{4} - \pi\right) \to \left(-3\sqrt{2}, \dfrac{-\pi}{4}\right)$

$\left(3\sqrt{2}, \dfrac{3\pi}{4} + 2\pi\right) \to \left(3\sqrt{2}, \dfrac{11\pi}{4}\right)$

25. Original Point: $\left(-2, \dfrac{11\pi}{6}\right)$

$\left(2, \dfrac{11\pi}{6} - \pi\right) \to \left(2, \dfrac{5\pi}{6}\right)$

$\left(2, \dfrac{11\pi}{6} - 3\pi\right) \to \left(2, \dfrac{-7\pi}{6}\right)$

$\left(-2, \dfrac{11\pi}{6} - 2\pi\right) \to \left(-2, \dfrac{-\pi}{6}\right)$

$\left(2, \dfrac{11\pi}{6} + \pi\right) \to \left(2, \dfrac{17\pi}{6}\right)$

27. C

29. C

31. D

33. B

35. D

37. $(-8, 0)$

$r = \sqrt{(-8)^2 + 0^2} = \sqrt{64} = 8$;

$\theta_r = 0°$, $\theta = 180°$

$P(-8, 0) \to P(8, \pi)$ or $P(8, 180°)$

39. $(4, 4)$

$r = \sqrt{4^2 + 4^2} = \sqrt{32} = 4\sqrt{2}$;

$\theta = \tan^{-1}\left(\dfrac{4}{4}\right) = \dfrac{\pi}{4}$;

$P(4, 4) \to P\left(4\sqrt{2}, \dfrac{\pi}{4}\right)$ or $P\left(4\sqrt{2}, 45°\right)$

41. $(5\sqrt{2}, 5\sqrt{2})$

$r = \sqrt{(5\sqrt{2})^2 + (5\sqrt{2})^2} = \sqrt{100} = 10$;

$\theta = \tan^{-1}\left(\dfrac{5\sqrt{2}}{5\sqrt{2}}\right) = \dfrac{\pi}{4}$;

$P(5\sqrt{2}, 5\sqrt{2}) \to P\left(10, \dfrac{\pi}{4}\right)$ or $P(10, 45°)$

43. $(-5, -12)$

$r = \sqrt{(-5)^2 + (-12)^2} = \sqrt{169} = 13$;

$\theta_r = \tan^{-1}\left(\dfrac{-12}{-5}\right) = 67.4°$;

$\theta = 67.4 + 180 = 247.4°$
or $1.176 + \pi = 4.3176$;

$P(-5, -12) \to P(13, 247.4°)$ or $P(13, 4.3176)$

10.5 Exercises

45. $(8, 45°)$

$x = 8\cos 45° = 8\left(\dfrac{\sqrt{2}}{2}\right) = 4\sqrt{2}$;

$y = 8\sin 45° = 8\left(\dfrac{\sqrt{2}}{2}\right) = 4\sqrt{2}$;

$(4\sqrt{2}, 4\sqrt{2})$

47. $\left(4, \dfrac{3\pi}{4}\right)$

$x = 4\cos\dfrac{3\pi}{4} = 4\left(\dfrac{-\sqrt{2}}{2}\right) = -2\sqrt{2}$;

$y = 4\sin\dfrac{3\pi}{4} = 4\left(\dfrac{\sqrt{2}}{2}\right) = 2\sqrt{2}$;

$(-2\sqrt{2}, 2\sqrt{2})$

49. $\left(-2, \dfrac{7\pi}{6}\right)$

$x = -2\cos\left(\dfrac{7\pi}{6}\right) = -2\left(\dfrac{-\sqrt{3}}{2}\right) = \sqrt{3}$;

$y = -2\sin\left(\dfrac{7\pi}{6}\right) = -2\left(\dfrac{-1}{2}\right) = 1$;

$(\sqrt{3}, 1)$

51. $(-5, -135°)$

$x = -5\cos(-135°) = -5\left(\dfrac{-\sqrt{2}}{2}\right) = \dfrac{5\sqrt{2}}{2}$;

$y = -5\sin(-135°) = -5\left(\dfrac{-\sqrt{2}}{2}\right) = \dfrac{5\sqrt{2}}{2}$;

$\left(\dfrac{5\sqrt{2}}{2}, \dfrac{5\sqrt{2}}{2}\right)$

53. $r = 5$

Circle, Center: $(0,0)$

Cycle	r-value analysis	Location of graph
0 to $\dfrac{\pi}{2}$	$|r|$ constant at 5	QI $(r = 5)$
$\dfrac{\pi}{2}$ to π	$|r|$ constant at 5	QII $(r = 5)$
π to $\dfrac{3\pi}{2}$	$|r|$ constant at 5	QIII $(r = 5)$
$\dfrac{3\pi}{2}$ to 2π	$|r|$ constant at 5	QIV $(r = 5)$

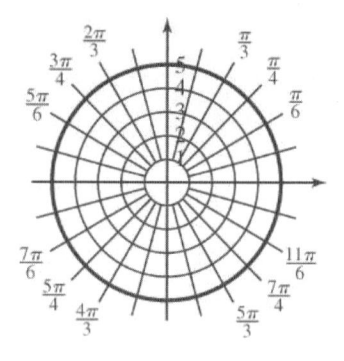

55. $\theta = \dfrac{\pi}{6}$

Straight line, points of the form $\left(r, \dfrac{\pi}{6}\right)$, $\dfrac{\pi}{6}$ constant, r varies

Cycle	r-value analysis	Location of graph
At $\dfrac{\pi}{6}$	$|r|$ increases from 0 to ∞	QI $(r > 0)$
At $\dfrac{7\pi}{6}$	$|r|$ increases from 0 to $-\infty$	QI $(r > 0)$

564

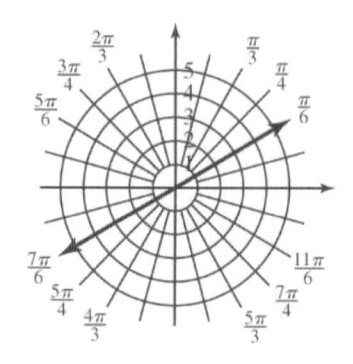

Chapter 10: Analytical Geometry and Conic Sections

57. $r = 4\cos\theta$

Circle, Center: $(2,0)$

Closed figure limited to QI and QIV

Cycle	r-value analysis	Location of graph
0 to $\dfrac{\pi}{4}$	$|r|$ decreases from 4 to 2	QI $(r>0)$
$\dfrac{\pi}{4}$ to $\dfrac{\pi}{2}$	$|r|$ decreases from 2 to 0	QII $(r<0)$
$\dfrac{3\pi}{2}$ to $\dfrac{3\pi}{4}$	$|r|$ increases from 0 to 2	QIII $(r<0)$
$\dfrac{3\pi}{4}$ to 2π	$|r|$ increases from 2 to 4	QIV $(r>0)$

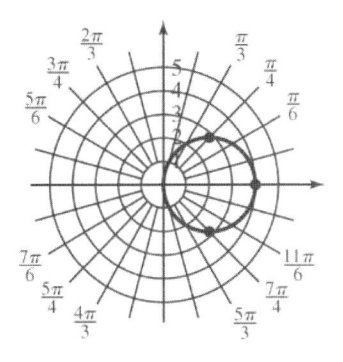

59. $r = 3 + 3\sin\theta$

Cardioid, symmetric about $\theta = \dfrac{\pi}{2}$

Cycle	r-value analysis	Location of graph
0 to $\dfrac{\pi}{2}$	$|r|$ increases from 3 to 6	QI $(r>0)$
$\dfrac{\pi}{2}$ to π	$|r|$ decreases from 6 to 3	QII $(r>0)$
π to $\dfrac{3\pi}{2}$	$|r|$ decreases from 3 to 0	QIII $(r>0)$
$\dfrac{3\pi}{2}$ to 2π	$|r|$ increases from 0 to 3	QIV $(r>0)$

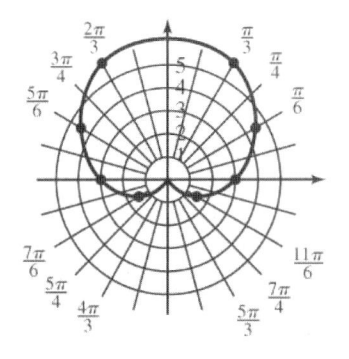

61. $r = 2 - 4\sin\theta$

Limacon, symmetric about $\theta = \dfrac{\pi}{2}$

Cycle	r-value analysis	Location of graph
0 to $\dfrac{\pi}{6}$	$|r|$ decreases from 2 to 0	QI $(r>0)$
$\dfrac{\pi}{6}$ to $\dfrac{\pi}{2}$	$|r|$ increases from 0 to 2	QIII $(r<0)$
$\dfrac{\pi}{2}$ to $\dfrac{2\pi}{3}$	$|r|$ decreases from 2 to 0	QIV $(r<0)$
$\dfrac{2\pi}{3}$ to π	$|r|$ increases from 0 to 2	QII $(r>0)$
π to $\dfrac{3\pi}{2}$	$|r|$ increases from 2 to 6	QIII $(r>0)$
$\dfrac{3\pi}{2}$ to 2π	$|r|$ decreases from 6 to 2	QIV $(r>0)$

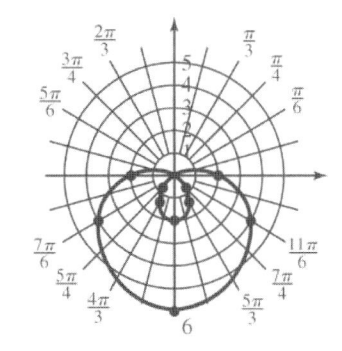

10.5 Exercises

63. $r = 5\cos(2\theta)$

Four-petal rose, symmetric about $\theta = 0$

Cycle	r-value analysis	Location of graph
0 to $\frac{\pi}{4}$	$\lvert r \rvert$ decreases from 5 to 0	QI $(r > 0)$
$\frac{\pi}{4}$ to $\frac{\pi}{2}$	$\lvert r \rvert$ increases from 0 to 5	QIII $(r < 0)$
$\frac{\pi}{2}$ to $\frac{3\pi}{4}$	$\lvert r \rvert$ decreases from 5 to 0	QIV $(r < 0)$
$\frac{3\pi}{4}$ to π	$\lvert r \rvert$ increases from 0 to 5	QII $(r > 0)$
π to $\frac{5\pi}{4}$	$\lvert r \rvert$ decreases from 5 to 0	QIII $(r > 0)$
$\frac{5\pi}{4}$ to $\frac{3\pi}{2}$	$\lvert r \rvert$ increases from 0 to 5	QI $(r < 0)$
$\frac{3\pi}{2}$ to $\frac{7\pi}{4}$	$\lvert r \rvert$ decreases from 5 to 0	QII $(r < 0)$
$\frac{7\pi}{4}$ to 2π	$\lvert r \rvert$ increases from 0 to 5	QIV $(r > 0)$

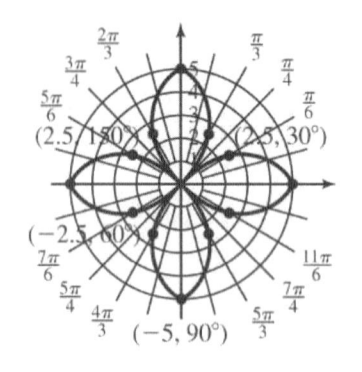

65. $r = 4\sin(2\theta)$

Four-petal rose, symmetric about $\theta = \frac{\pi}{2}$

Cycle	r-value analysis	Location of graph
0 to $\frac{\pi}{4}$	$\lvert r \rvert$ increases from 0 to 4	QI $(r > 0)$
$\frac{\pi}{4}$ to $\frac{\pi}{2}$	$\lvert r \rvert$ decreases from 4 to 0	QIII $(r > 0)$
$\frac{\pi}{2}$ to $\frac{3\pi}{4}$	$\lvert r \rvert$ increases from 0 to 4	QIV $(r < 0)$
$\frac{3\pi}{4}$ to π	$\lvert r \rvert$ decreases from 4 to 0	QII $(r < 0)$
π to $\frac{5\pi}{4}$	$\lvert r \rvert$ increases from 0 to 4	QIII $(r < 0)$
$\frac{5\pi}{4}$ to $\frac{3\pi}{2}$	$\lvert r \rvert$ decreases from 4 to 0	QI $(r < 0)$
$\frac{3\pi}{2}$ to $\frac{7\pi}{4}$	$\lvert r \rvert$ increases from 0 to 4	QII $(r > 0)$
$\frac{7\pi}{4}$ to 2π	$\lvert r \rvert$ decreases from 4 to 0	QIV $(r > 0)$

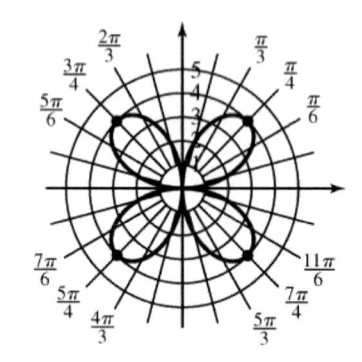

Chapter 10: Analytical Geometry and Conic Sections

67. $r^2 = 9\sin(2\theta)$

Lemniscate, symmetric about $\theta = \dfrac{\pi}{4}$

Closed image in QI & QIII

Cycle	r-value analysis	Location of graph
0 to $\dfrac{\pi}{4}$	$|r|$ increases from 0 to 3	QI $(r > 0)$
$\dfrac{\pi}{4}$ to $\dfrac{\pi}{2}$	$|r|$ decreases from 3 to 0	QI $(r > 0)$
π to $\dfrac{5\pi}{4}$	$|r|$ increases from 0 to 3	QIII $(r > 0)$
$\dfrac{5\pi}{4}$ to $\dfrac{3\pi}{2}$	$|r|$ decreases from 3 to 0	QIII $(r > 0)$

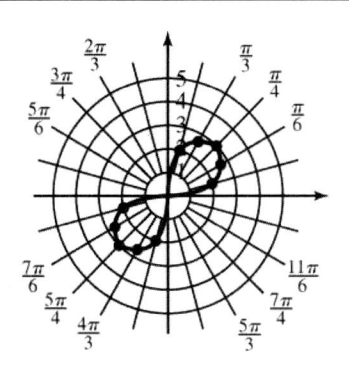

69. $r = 4\sin\left(\dfrac{\theta}{2}\right)$

Symmetric about $\theta = \dfrac{\pi}{2}$ and $\theta = 0$

Cycle	r-value analysis	Location of graph
0 to $\dfrac{\pi}{2}$	$|r|$ increases from 0 to $2\sqrt{2}$	QI $(r > 0)$
$\dfrac{\pi}{2}$ to π	$|r|$ increases from 4 to $2\sqrt{2}$	QII $(r > 0)$
π to $\dfrac{3\pi}{2}$	$|r|$ decreases from 4 to $2\sqrt{2}$	QIII $(r > 0)$
$\dfrac{3\pi}{2}$ to 2π	$|r|$ decreases from $2\sqrt{2}$ to 0	QIV $(r > 0)$
2π to $\dfrac{5\pi}{2}$	$|r|$ increases from 0 to $2\sqrt{2}$	QIII $(r < 0)$
$\dfrac{5\pi}{2}$ to 3π	$|r|$ increases from $2\sqrt{2}$ to 4	QIV $(r < 0)$
3π to $\dfrac{7\pi}{2}$	$|r|$ decreases from 4 to $2\sqrt{2}$	QI $(r < 0)$
$\dfrac{7\pi}{2}$ to 4π	$|r|$ decreases from $2\sqrt{2}$ to 0	QII $(r < 0)$

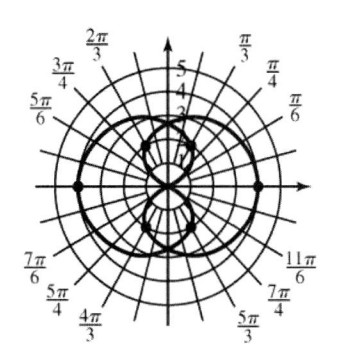

10.5 Exercises

71. $r = 4\sqrt{1 - \sin^2 \theta}$, a hippopede

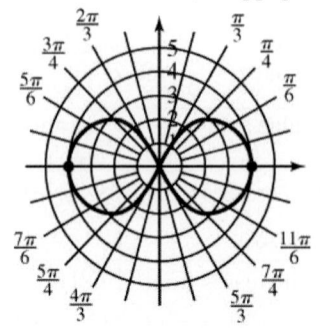

73. $r = 2\cos\theta \cot\theta$, a cissoid

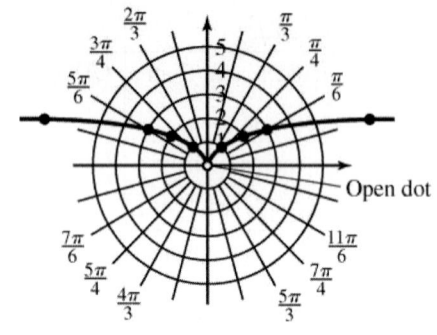

Open dot

75. $r = 8\sin\theta \cos^2\theta$, a bifoliate

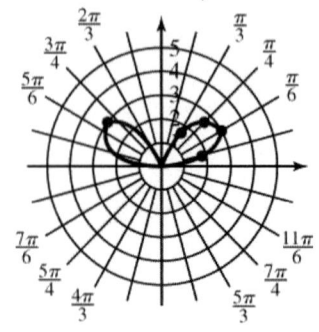

77. $M =$
$$\left(\frac{8\cos 30° + 6\cos 45°}{2}, \frac{8\sin 30° + 6\sin 45°}{2}\right)$$

$$= \left(\frac{8\left(\frac{\sqrt{3}}{2}\right) + 6\left(\frac{\sqrt{2}}{2}\right)}{2}, \frac{8\left(\frac{1}{2}\right) + 6\left(\frac{\sqrt{2}}{2}\right)}{2}\right)$$

$$= \left(\frac{4\sqrt{3} + 3\sqrt{2}}{2}, \frac{4 + 3\sqrt{2}}{2}\right)$$

$(6, 45°) \rightarrow (3\sqrt{2}, 3\sqrt{2})$

$x = 6\cos 45° = 6\left(\frac{\sqrt{2}}{2}\right) = 3\sqrt{2}$;

$y = 6\sin 45° = 6\left(\frac{\sqrt{2}}{2}\right) = 3\sqrt{2}$;

$(8, 30°) \rightarrow (4\sqrt{3}, 4)$

$x = 8\cos 30° = 8\left(\frac{\sqrt{3}}{2}\right) = 4\sqrt{3}$;

$y = 8\sin 30° = 8\left(\frac{1}{2}\right) = 4$;

$M = \left(\frac{x_1 + x_2}{2}\right), \left(\frac{y_1 + y_2}{2}\right)$

$= \left(\frac{3\sqrt{2} + 4\sqrt{3}}{2}, \frac{3\sqrt{2} + 4}{2}\right)$, yes

568

Chapter 10: Analytical Geometry and Conic Sections

79. $r = 4 + 4\cos\theta$

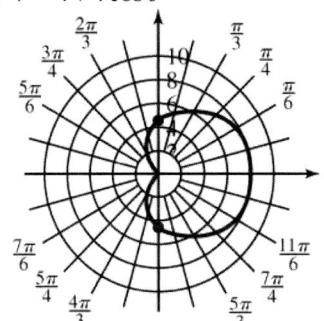

81. $r = 4\cos(5\theta)$

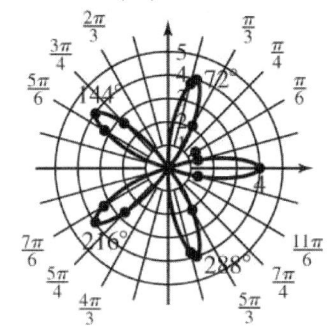

83. $r^2 = 16\cos(2\theta)$

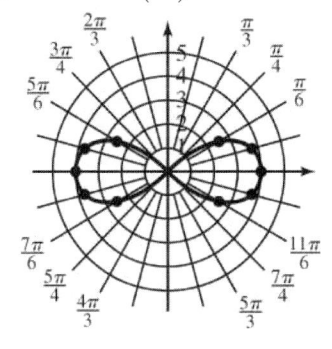

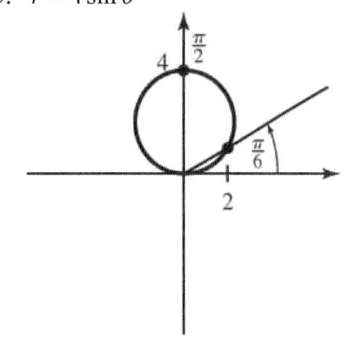

85. $r = 4\sin\theta$

87. a: This is a circle through $(6, 0°)$ symmetric about the polar axis.

89. g: This is a circle through $\left(6, \dfrac{\pi}{2}\right)$ symmetric about $\theta = \dfrac{\pi}{2}$.

91. f: This is a limacon symmetric about $\theta = \dfrac{\pi}{2}$ with an inner loop. Thus $a < b$.

93. b: This is a cardoid symmetric about $\theta = \dfrac{\pi}{2}$ through $\left(6, \dfrac{3\pi}{2}\right)$.

95. $(7200, 45°)$ and $(0, 90°)$
    $a = 7200$
    $r^2 = 7200^2 \sin(2\theta)$

97. 5 blades; $r = 15$ mm
    $r = 15\cos(5\theta)$ or $r = 15\sin(5\theta)$

99. $r = a\theta; r = \dfrac{1}{2}\theta$
    π, π, π, Answers will vary.

10.5 Exercises

101. Consider $r = a\sqrt{\cos(2\theta)}$ and
$r = -a\sqrt{\cos(2\theta)}$; both satisfy
$r^2 = a^2 \cos(2\theta)$. Thus, (r, θ) and $(-r, \theta)$
will both be on the curve. The same is true
with $r = a\sqrt{\sin(2\theta)}$ and $r = -a\sqrt{\sin(2\theta)}$.

103. $A = \pi r^2$; $r = 6$
$A = \pi(6)^2$
$A = 36\pi$
Area $= (0.25)36\pi = 9\pi$ units^2

105. $r = \dfrac{6}{2 + 4\sin\theta}$
$2r + 4r\sin\theta = 6$
$r + 2r\sin\theta = 3$
$\sqrt{x^2 + y^2} + 2y = 3$
$\left(\sqrt{x^2 + y^2}\right)^2 = (3 - 2y)$
$x^2 + y^2 = 9 - 12y + 4y^2$
$3y^2 - x^2 - 12y + 9 = 0$

107. $20 = 5 - 30\sin\left(2t - \dfrac{\pi}{6}\right)$
$\dfrac{15}{-30} = \dfrac{-30}{-30}\sin\left(2t - \dfrac{\pi}{6}\right)$
$\dfrac{-1}{2} = \sin\left(2t - \dfrac{\pi}{6}\right)$

Since $\sin^{-1}\left(\dfrac{1}{2}\right) = \dfrac{\pi}{6}$ and because r is
negative $\theta \in$ QIII & $\theta \in$ QIV,
$\theta = \dfrac{7\pi}{6}$ or $\theta = \dfrac{11\pi}{6}$

$2t - \dfrac{\pi}{6} = \dfrac{7\pi}{6} + 2\pi k$
$2t = \dfrac{8\pi}{6} + 2\pi k$
$t = \dfrac{2\pi}{3} + \pi k$;

If $k = 0, t = \dfrac{2\pi}{3}$; If $k = 1, t = \dfrac{2\pi}{3} + \pi = \dfrac{5\pi}{3}$;

$2t - \dfrac{\pi}{6} = \dfrac{11\pi}{6} + 2\pi k$
$2t = \dfrac{12\pi}{6} + 2\pi k$
$t = \dfrac{2\pi}{2} + \pi k = \pi + \pi k$;
If $k = -1, t = \pi - \pi = 0$;
If $k = 0, t = \pi + 0 = \pi$;
$x \in \left\{0, \dfrac{2\pi}{3}, \pi, \dfrac{5\pi}{3}\right\}$

109. $D: x \in [-5, 2) \cup (2, 5]$
$R: y \in [-3, 2) \cup \{4\}$

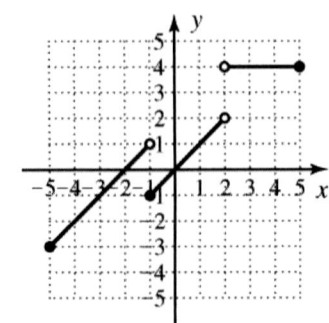

Chapter 10: Analytical Geometry and Conic Sections

Technology Highlight

1. Verified.

10.6 Exercises

1. Rotation of axes; $\dfrac{B}{A-C}$

3. Invariants

5. If you use rotation of axes, the equation can be written more simply lacking the xy-term. The simpler form allows one to look at the equation and understand what type of graph it represents and important features of the graph.

7. Hyperbola, $xy = -4$

   Asymptotes: $y = \pm \dfrac{b}{a} x$

   Because rotation is $45°$ and $\tan 45° = 1$
   $\dfrac{b}{a} = 1$
   $2^2 + (-2)^2 = a^2$
   $4 + 4 = a^2$
   $8 = a^2$
   $a = \sqrt{8} = 2\sqrt{2}$;
   $a = 2\sqrt{2}$ so $b = 2\sqrt{2}$
   $\dfrac{Y^2}{(2\sqrt{2})^2} - \dfrac{X^2}{(2\sqrt{2})^2} = 1$
   $\dfrac{Y^2}{8} - \dfrac{X^2}{8} = 1$

9. $(6\sqrt{2}, 6)$
   $X = x \cos \beta + y \sin \beta$
   $X = 6\sqrt{2} \cos 45° + 6 \sin 45°$
   $X = 6\sqrt{2}\left(\dfrac{1}{\sqrt{2}}\right) + 6\left(\dfrac{1}{\sqrt{2}}\right) = 6 + \dfrac{6}{\sqrt{2}}$
   $X = 6 + \dfrac{6}{\sqrt{2}} \cdot \dfrac{\sqrt{2}}{\sqrt{2}} = 6 + \dfrac{6\sqrt{2}}{2} = 6 + 3\sqrt{2}$;
   $Y = -x \sin \beta + y \cos \beta$
   $Y = -6\sqrt{2} \sin 45° + 6 \cos 45°$
   $Y = -6\sqrt{2}\left(\dfrac{1}{\sqrt{2}}\right) + 6\left(\dfrac{1}{\sqrt{2}}\right)$
   $Y = -6 + \dfrac{6}{\sqrt{2}} = -6 + \dfrac{6\sqrt{2}}{2} = -6 + 3\sqrt{2}$;
   $X = 6 + 3\sqrt{2}$; $Y = -6 + 3\sqrt{2}$

11. $(0, 5)$
    $X = x \cos \beta + y \sin \beta$
    $X = 0 \cos 45° + 5 \sin 45°$
    $X = 0 + 5\left(\dfrac{1}{\sqrt{2}}\right) = \dfrac{5\sqrt{2}}{2}$;
    $Y = -x \sin \beta + y \cos \beta$
    $Y = 0 \sin 45° + 5 \cos 45°$
    $Y = 5\left(\dfrac{1}{\sqrt{2}}\right) = \dfrac{5\sqrt{2}}{2}$;
    $X = \dfrac{5\sqrt{2}}{2}$; $Y = \dfrac{5\sqrt{2}}{2}$

13. $\beta = 30°$; $(X, Y) = (2, 2\sqrt{3})$
    $x = X \cos \beta - Y \sin \beta$
    $x = 2 \cos 30° - 2\sqrt{3} \sin 30°$
    $x = 2\left(\dfrac{\sqrt{3}}{2}\right) - 2\sqrt{3}\left(\dfrac{1}{2}\right) = \sqrt{3} - \sqrt{3} = 0$;
    $y = X \sin \beta + Y \cos \beta$
    $y = 2 \sin 30° + 2\sqrt{3} \cos 30°$
    $y = 2\left(\dfrac{1}{2}\right) + 2\sqrt{3}\left(\dfrac{\sqrt{3}}{2}\right) = 1 + 3 = 4$;
    $x = 0, y = 4$

10.6 Exercises

15. $\beta = 30°$; $(X,Y) = (3, 4)$
$x = X \cos \beta - Y \sin \beta$
$x = 3 \cos 30° - 4 \sin 30°$
$x = 3\left(\frac{\sqrt{3}}{2}\right) - 4\left(\frac{1}{2}\right) = \frac{3\sqrt{3}}{2} - 2$;
$y = X \sin \beta + Y \cos \beta$
$y = 3 \sin 30° + 4 \cos 30°$
$y = 3\left(\frac{1}{2}\right) + 4\left(\frac{\sqrt{3}}{2}\right) = \frac{3}{2} + 2\sqrt{3}$;
$x = \frac{3\sqrt{3}}{2} - 2$; $y = \frac{3}{2} + 2\sqrt{3}$

17. $X^2 - Y^2 = 9$; $60°$
$\cos 60° = \frac{1}{2}$; $\sin 60° = \frac{\sqrt{3}}{2}$
$(x \cos \beta + y \sin \beta)^2$
$- (y \cos \beta - x \sin \beta)^2 = 9$
$\left(\frac{1}{2}x + \frac{\sqrt{3}}{2}y\right)^2 - \left(\frac{1}{2}y - \frac{\sqrt{3}}{2}x\right)^2 = 9$
$\left(\frac{1}{4}x^2 + \frac{\sqrt{3}}{2}xy + \frac{3}{4}y^2\right)$
$-\left(\frac{1}{4}y^2 - \frac{\sqrt{3}}{2}xy + \frac{3}{4}x^2\right) = 9$
$\frac{1}{4}x^2 + \frac{\sqrt{3}}{2}xy + \frac{3}{4}y^2 - \frac{1}{4}y^2$
$+ \frac{\sqrt{3}}{2}xy - \frac{3}{4}x^2 = 9$
$\frac{-x^2}{2} + xy\sqrt{3} + \frac{y^2}{2} = 9$

19. $3x^2 + 2xy + 3y^2 = 9$; $45°$
$\beta = 45°$; $\cos 45° = \sin 45° = \frac{\sqrt{2}}{2}$
$x = \frac{\sqrt{2}}{2}X - \frac{\sqrt{2}}{2}Y$; $y = \frac{\sqrt{2}}{2}X + \frac{\sqrt{2}}{2}Y$;
$3\left(\frac{\sqrt{2}}{2}X - \frac{\sqrt{2}}{2}Y\right)^2 + 2\left(\frac{\sqrt{2}}{2}X - \frac{\sqrt{2}}{2}Y\right)$
$\cdot \left(\frac{\sqrt{2}}{2}X + \frac{\sqrt{2}}{2}Y\right) + 3\left(\frac{\sqrt{2}}{2}X + \frac{\sqrt{2}}{2}Y\right)^2 = 9$
$3\left(\frac{1}{2}X^2 - XY + \frac{1}{2}Y^2\right) + 2\left(\frac{1}{2}X^2 - \frac{1}{2}Y^2\right)$
$+ 3\left(\frac{1}{2}X^2 + XY + \frac{1}{2}Y^2\right) = 9$
$\frac{3}{2}X^2 - 3XY + \frac{3}{2}Y^2 + X^2 - Y^2$
$+ \frac{3}{2}X^2 + 3XY + \frac{3}{2}Y^2 = 9$
$4X^2 + 2Y^2 = 9$

21. (a) $x^2 + 4xy + y^2 - 2 = 0$
$A = 1, C = 1, B = 4$
$\tan(2\beta) = \frac{B}{A-C}$
$\tan(2\beta) = \frac{4}{1-1}$ Undefined
$2\beta = \frac{\pi}{2}$; $\beta = \frac{\pi}{4}$
$\sin \frac{\pi}{4} = \cos \frac{\pi}{4} = \frac{\sqrt{2}}{2}$
$x = \frac{\sqrt{2}}{2}X - \frac{\sqrt{2}}{2}Y$; $y = \frac{\sqrt{2}}{2}X + \frac{\sqrt{2}}{2}Y$
$\left(\frac{\sqrt{2}}{2}X - \frac{\sqrt{2}}{2}Y\right)^2 + 4\left(\frac{\sqrt{2}}{2}X - \frac{\sqrt{2}}{2}Y\right)$
$\cdot \left(\frac{\sqrt{2}}{2}X + \frac{\sqrt{2}}{2}Y\right) + \left(\frac{\sqrt{2}}{2}X + \frac{\sqrt{2}}{2}Y\right)^2 = 2$
$\left(\frac{1}{2}X^2 - XY + \frac{1}{2}Y^2\right) + 4\left(\frac{1}{2}X^2 - \frac{1}{2}Y^2\right)$
$+ \left(\frac{1}{2}X^2 + XY + \frac{1}{2}Y^2\right) = 2$
$3X^2 - Y^2 = 2$

572

Chapter 10: Analytical Geometry and Conic Sections

(b)

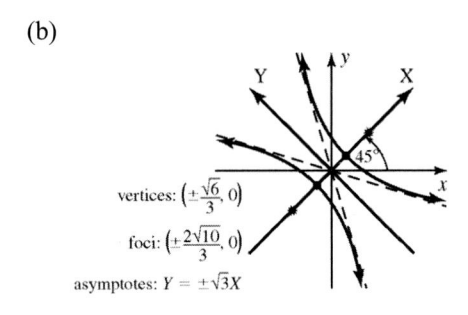

vertices: $\left(\pm\frac{\sqrt{6}}{3}, 0\right)$

foci: $\left(\pm\frac{2\sqrt{10}}{3}, 0\right)$

asymptotes: $Y = \pm\sqrt{3}X$

23. (a) $5x^2 + 6xy + 5y^2 = 16$

$A = 5, B = 6, C = 5$

$\tan(2\beta) = \dfrac{6}{5-5} =$ Undefined

$2\beta = \dfrac{\pi}{2}$; $\beta = \dfrac{\pi}{4}$

$\sin\dfrac{\pi}{4} = \cos\dfrac{\pi}{4} = \dfrac{\sqrt{2}}{2}$;

$x = \dfrac{\sqrt{2}}{2}X - \dfrac{\sqrt{2}}{2}Y$; $y = \dfrac{\sqrt{2}}{2}X + \dfrac{\sqrt{2}}{2}Y$;

$5\left(\dfrac{\sqrt{2}}{2}X - \dfrac{\sqrt{2}}{2}Y\right)^2 + 6\left(\dfrac{\sqrt{2}}{2}X - \dfrac{\sqrt{2}}{2}Y\right)$

$\cdot \left(\dfrac{\sqrt{2}}{2}X + \dfrac{\sqrt{2}}{2}Y\right) + 5\left(\dfrac{\sqrt{2}}{2}X + \dfrac{\sqrt{2}}{2}Y\right)^2 = 16$

$5\left(\dfrac{1}{2}X^2 - XY + \dfrac{1}{2}Y^2\right) + 6\left(\dfrac{1}{2}X^2 - \dfrac{1}{2}Y^2\right)$

$+ 5\left(\dfrac{1}{2}X^2 + XY + \dfrac{1}{2}Y^2\right) = 16$

$\dfrac{5}{2}X^2 - 5XY + \dfrac{5}{2}Y^2 + 3X^2 - 3Y^2$

$+ \dfrac{5}{2}X^2 + 5XY + \dfrac{5}{2}Y^2 = 16$

$8X^2 + 2Y^2 = 16$

$4X^2 + Y^2 = 8$

(b)

vertices: $(0, \pm 2\sqrt{2})$

foci: $(0, \pm\sqrt{6})$

minor axis endpoints: $(\pm\sqrt{6}, 0)$

25. (a) $x^2 + 10\sqrt{3}xy + 11y^2 = -64$

$A = 1, B = 10\sqrt{3}, C = 11$

$\tan(2\beta) = \dfrac{10\sqrt{3}}{1-11} = -\sqrt{3}$

$2\beta = 120°$; $\beta = 60°$

$\sin 60° = \dfrac{\sqrt{3}}{2}$; $\cos 60° = \dfrac{1}{2}$;

$x = \left(\dfrac{1}{2}X - \dfrac{\sqrt{3}}{2}Y\right)$; $y = \left(\dfrac{\sqrt{3}}{2}X + \dfrac{1}{2}Y\right)$

$\left(\dfrac{1}{2}X - \dfrac{\sqrt{3}}{2}Y\right)^2 + 10\sqrt{3}\left(\dfrac{1}{2}X - \dfrac{\sqrt{3}}{2}Y\right)$

$\cdot \left(\dfrac{\sqrt{3}}{2}X + \dfrac{1}{2}Y\right) + 11\left(\dfrac{\sqrt{3}}{2}X + \dfrac{1}{2}Y\right)^2 = -64$

$\dfrac{1}{4}X^2 - \dfrac{\sqrt{3}}{2}XY + \dfrac{3}{4}Y^2$

$+ 10\sqrt{3}\left(\dfrac{\sqrt{3}}{4}X^2 - \dfrac{1}{2}XY - \dfrac{\sqrt{3}}{4}Y^2\right)$

$+ 11\left(\dfrac{3}{4}X^2 + \dfrac{\sqrt{3}}{2}XY + \dfrac{1}{4}Y^2\right) = -64$

$\dfrac{1}{4}X^2 - \dfrac{\sqrt{3}}{2}XY + \dfrac{3}{4}Y^2 + \dfrac{30}{4}X^2$

$- \dfrac{10\sqrt{3}}{2}XY^2 - \dfrac{30}{4}Y^2 + \dfrac{33}{4}X^2$

$+ \dfrac{11\sqrt{3}}{2}XY + \dfrac{11}{4}Y^2 = -64$

$16X^2 - 4Y^2 = -64$

$Y^2 - 4X^2 = 16$

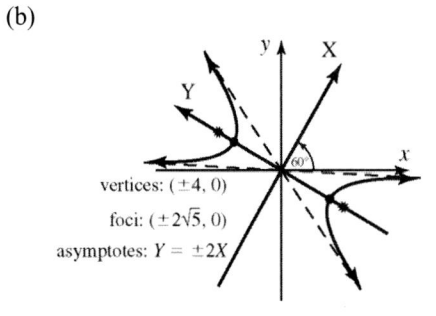

(b)

vertices: $(\pm 4, 0)$

foci: $(\pm 2\sqrt{5}, 0)$

asymptotes: $Y = \pm 2X$

10.6 Exercises

27. (a) $3x^2 - 2\sqrt{3}xy + y^2 - 8x - 8\sqrt{3}y = 0$

$A = 3, B = -2\sqrt{3}, C = 1$

$\tan(2\beta) = \dfrac{-2\sqrt{3}}{3-1} = -\sqrt{3}$

$2\beta = 120°; \ \beta = 60°$

$\sin 60° = \dfrac{\sqrt{3}}{2}; \cos 60° = \dfrac{1}{2}$

$x = \dfrac{1}{2}X - \dfrac{\sqrt{3}}{2}Y; \ y = \dfrac{\sqrt{3}}{2}X + \dfrac{1}{2}Y;$

$3\left(\dfrac{1}{2}X - \dfrac{\sqrt{3}}{2}Y\right)^2$

$-2\sqrt{3}\left(\dfrac{1}{2}X - \dfrac{\sqrt{3}}{2}Y\right)\cdot\left(\dfrac{\sqrt{3}}{2}X + \dfrac{1}{2}Y\right)$

$+\left(\dfrac{\sqrt{3}}{2}X + \dfrac{1}{2}Y\right)^2 - 8\left(\dfrac{1}{2}X - \dfrac{\sqrt{3}}{2}Y\right)$

$-8\sqrt{3}\left(\dfrac{\sqrt{3}}{2}X + \dfrac{1}{2}Y\right) = 0$

$3\left(\dfrac{1}{4}X^2 - \dfrac{\sqrt{3}}{2}XY + \dfrac{3}{4}Y^2\right)$

$-2\sqrt{3}\left(\dfrac{\sqrt{3}}{4}X^2 - \dfrac{1}{2}XY - \dfrac{\sqrt{3}}{4}Y^2\right)$

$+\left(\dfrac{3}{4}X^2 + \dfrac{\sqrt{3}}{2}XY + \dfrac{1}{4}Y^2\right)$

$-8\left(\dfrac{1}{2}X - \dfrac{\sqrt{3}}{2}Y\right)$

$-8\sqrt{3}\left(\dfrac{\sqrt{3}}{2}X + \dfrac{1}{2}Y\right) = 0$

$\dfrac{3}{4}X^2 - \dfrac{3\sqrt{3}}{2}XY + \dfrac{9}{4}Y^2 - \dfrac{6}{4}X^2$

$+\dfrac{2\sqrt{3}}{2}XY + \dfrac{6}{4}Y^2 + \dfrac{3}{4}X^2 + \dfrac{\sqrt{3}}{2}XY$

$+\dfrac{1}{4}Y^2 - \dfrac{8}{2}X + \dfrac{8\sqrt{3}}{2}Y$

$-\dfrac{24}{2}X - \dfrac{8\sqrt{3}}{2}Y = 0$

$\dfrac{16Y^2}{4} - 16X = 0$

$4Y^2 - 16X = 0$

$Y^2 - 4X = 0$

(b)

vertex: (0, 0)
foci: (1, 0)
directrix: $X = -1$

29. (a) $13x^2 - 6\sqrt{3}xy + 7y^2 - 100 = 0$

$A = 13, B = -6\sqrt{3}, C = 7$

$\tan(2\beta) = \dfrac{-6\sqrt{3}}{13-7} = -\sqrt{3}$

$2\beta = 120°; \ \beta = 60°$

$\sin 60° = \dfrac{\sqrt{3}}{2}; \cos 60° = \dfrac{1}{2};$

$x = \dfrac{1}{2}X - \dfrac{\sqrt{3}}{2}Y; \ y = \dfrac{\sqrt{3}}{2}X + \dfrac{1}{2}Y;$

$13\left(\dfrac{1}{2}X - \dfrac{\sqrt{3}}{2}Y\right)^2 - 6\sqrt{3}\left(\dfrac{1}{2}X - \dfrac{\sqrt{3}}{2}Y\right)$

$\cdot\left(\dfrac{\sqrt{3}}{2}X + \dfrac{1}{2}Y\right) + 7\left(\dfrac{\sqrt{3}}{2}X + \dfrac{1}{2}Y\right)^2 = 100$

$13\left(\dfrac{1}{4}X^2 - \dfrac{\sqrt{3}}{2}XY + \dfrac{3}{4}Y^2\right)$

$-6\sqrt{3}\left(\dfrac{\sqrt{3}}{4}X^2 - \dfrac{1}{2}XY + \dfrac{\sqrt{3}}{4}Y^2\right)$

$+7\left(\dfrac{3}{4}X^2 + \dfrac{\sqrt{3}}{2}XY + \dfrac{1}{4}Y^2\right) = 100$

$\dfrac{13}{4}X^2 - \dfrac{13\sqrt{3}}{2}XY + \dfrac{39}{4}Y^2 - \dfrac{18}{4}X^2$

$+\dfrac{6\sqrt{3}}{2}XY + \dfrac{18}{4}Y^2 + \dfrac{21}{4}X^2$

$+\dfrac{7\sqrt{3}}{2}XY + \dfrac{7}{4}Y^2 = 100$

$\dfrac{16}{4}X^2 + \dfrac{64}{4}Y^2 = 100$

$4X^2 + 16Y = 100$

$X^2 + 4Y = 25$

574

Chapter 10: Analytical Geometry and Conic Sections

(b)

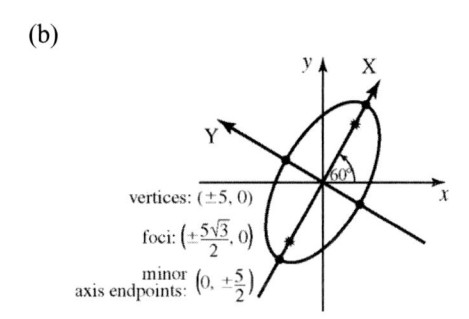

vertices: $(\pm 5, 0)$
foci: $\left(\pm\frac{5\sqrt{3}}{2}, 0\right)$
minor axis endpoints: $\left(0, \pm\frac{5}{2}\right)$

31. $12x^2 + 24xy + 5y^2 - 40x - 30y = 25$
    $A = 12, B = 24, C = 5$
    $B^2 - 4AC = 24^2 - 4(12)(5) = 336$
    $336 > 0$; Hyperbola;
    $\tan(2\beta) = \dfrac{B}{A-C} = \dfrac{24}{12-5} = \dfrac{24}{7}$;
    $\sqrt{24^2 + 7^2} = 25$; $\cos(2\beta) = \dfrac{7}{25}$;
    $\cos\beta = \sqrt{\dfrac{1+\cos(2\beta)}{2}} = \sqrt{\dfrac{1+\frac{7}{25}}{2}} = \dfrac{4}{5}$;
    $\sin\beta = \sqrt{\dfrac{1-\cos(2\beta)}{2}} = \sqrt{\dfrac{1-\frac{7}{25}}{2}} = \dfrac{3}{5}$

33. $x^2 - 2xy + y^2 - 5 = 0$
    (a) $A = 1, B = -2, C = 1$
    $B^2 - 4AC = (-2)^2 - 4(1)(1) = 0$
    Parabola
    (b) $\tan 2\beta = \dfrac{2}{1-1} =$ undefined
    $2\beta = \dfrac{\pi}{2}, \beta = \dfrac{\pi}{4}$; $\beta = 45°$
    $\sin 45° = \dfrac{\sqrt{2}}{2}$; $\cos 45° = \dfrac{\sqrt{2}}{2}$;
    $x^2 = \left(\dfrac{\sqrt{2}}{2}X - \dfrac{\sqrt{2}}{2}Y\right)^2 = \dfrac{X^2}{2} - XY + \dfrac{Y^2}{2}$;
    $-2xy = -2\left(\dfrac{X\sqrt{2}}{2} - \dfrac{Y\sqrt{2}}{2}\right)\cdot\left(\dfrac{X\sqrt{2}}{2} + \dfrac{Y\sqrt{2}}{2}\right)$
    $= -2\left(\dfrac{X^2}{2} - \dfrac{Y^2}{2}\right) = -X^2 + Y^2$;

$y^2 = \left(\dfrac{\sqrt{2}}{2}X + \dfrac{\sqrt{2}}{2}Y\right)^2 = \dfrac{X^2}{2} + XY + \dfrac{Y^2}{2}$;

$\dfrac{X^2}{2} - XY + \dfrac{Y^2}{2} - X^2 + Y^2$
$+ \dfrac{X^2}{2} + XY + \dfrac{Y^2}{2} = 5$
$\dfrac{4Y^2}{2} = 5$
$2Y^2 = 5$

c. Invariants: $F = f = -5$;
   $A + C = a + c \Rightarrow 1 + 1 = 0 + 2$;
   $B^2 - 4AC = b^2 - 4ac$
   $(-2)^2 - 4\cdot 1\cdot 1 = (0)^2 - 4\cdot 0\cdot 2$
   $0 = 0$

35. $3x^2 + \sqrt{3}xy + 4y^2 + 4x = 1$
    (a) $A = 3, B = \sqrt{3}, C = 4$
    $B^2 - 4AC = (\sqrt{3})^2 - 4(3)(4) = -45$
    Circle or Ellipse
    (b) $\tan(2\beta) = \dfrac{\sqrt{3}}{3-4} = \dfrac{-\sqrt{3}}{1}$
    $2\beta = 120°$; $\beta = 60°$
    $\sin 60° = \dfrac{\sqrt{3}}{2}$, $\cos 60° = \dfrac{1}{2}$;
    $y = \dfrac{\sqrt{3}}{2}X + \dfrac{1}{2}Y$; $x = \dfrac{1}{2}X - \dfrac{\sqrt{3}}{2}Y$;
    $3\left(\dfrac{1}{2}X - \dfrac{\sqrt{3}}{2}Y\right)^2 + \sqrt{3}\left(\dfrac{1}{2}X - \dfrac{\sqrt{3}}{2}Y\right)$
    $\cdot\left(\dfrac{\sqrt{3}}{2}X + \dfrac{1}{2}Y\right) + 4\left(\dfrac{\sqrt{3}}{2}X + \dfrac{1}{2}Y\right)^2$
    $+ 4\left(\dfrac{1}{2}X - \dfrac{\sqrt{3}}{2}Y\right) = 1$
    $3\left(\dfrac{1}{4}X^2 - \dfrac{\sqrt{3}}{2}XY + \dfrac{3}{4}Y^2\right)$
    $+ \sqrt{3}\left(\dfrac{\sqrt{3}}{4}X^2 - \dfrac{1}{2}XY - \dfrac{\sqrt{3}}{4}Y^2\right)$
    $+ 4\left(\dfrac{3}{4}X^2 + \dfrac{\sqrt{3}}{2}XY + \dfrac{1}{4}Y^2\right)$

575

10.6 Exercises

$+2X - 2\sqrt{3}Y = 1$

$\frac{3}{4}X^2 - \frac{3\sqrt{3}}{2}XY + \frac{9}{4}Y^2 + \frac{3}{4}X^2$

$-\frac{\sqrt{3}}{2}XY - \frac{3}{4}Y^2 + \frac{12X^2}{4} + \frac{4\sqrt{3}}{2}XY$

$+\frac{4}{4}Y^2 + 2X - 2\sqrt{3}Y = 1$

$\frac{18}{4}X^2 + \frac{10}{4}Y^2 + 2X - 2\sqrt{3}Y = 1$

$\frac{9}{2}X^2 + \frac{5}{2}Y^2 + 2x - 2\sqrt{3}Y = 1$

(c) Invariants: $F = f = -1$;

$A + C = a + c \Rightarrow \frac{9}{2} + \frac{5}{2} = 3 + 4 = 7$;

$B^2 - 4AC = b^2 - 4ac$

$(0)^2 - 4 \cdot \frac{9}{2} \cdot \frac{5}{2} = (\sqrt{3})^2 - 4 \cdot 3 \cdot 4$

$-45 = -45$

37. f

39. g

41. h

43. $r = \dfrac{4}{2 + 2\sin\theta} = \dfrac{2}{1 + 1\sin\theta}$
$e = 1$; Parabola

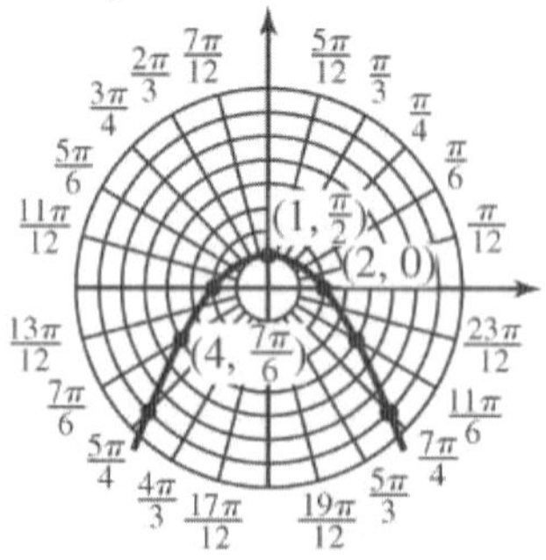

45. $r = \dfrac{12}{6 - 3\sin\theta} = \dfrac{2}{1 - \dfrac{1}{2}\sin\theta}$

$e = \dfrac{1}{2}$; $0 < \dfrac{1}{2} < 1$; Ellipse

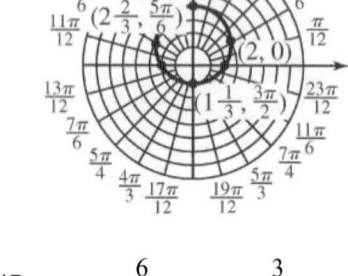

47. $r = \dfrac{6}{2 + 4\cos\theta} = \dfrac{3}{1 + 2\cos\theta}$
$e = 2$; $2 > 1$; Hyperbola

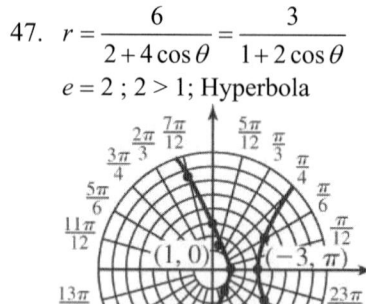

49. $r = \dfrac{5}{5 + 4\cos\theta} = \dfrac{1}{1 + 0.8\cos\theta}$
$e = 0.8$; $0 < 0.8 < 1$; Ellipse

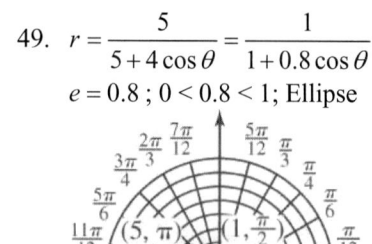

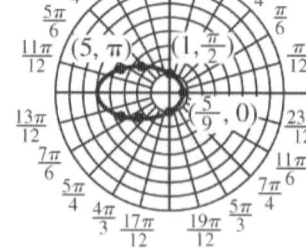

Chapter 10: Analytical Geometry and Conic Sections

51. Ellipse, $e = 0.8$
    Directrix to focus: $d = 4$
    $$r = \frac{de}{1 \pm e\cos\theta}$$
    $$= \frac{4(0.8)}{1 - 0.8\cos\theta}$$
    $$= \frac{3.2}{1 - 0.8\cos\theta}$$
    Answers may vary.
    $de = 3.2$ and $e = 0.8$

53. Parabola, vertex at $(2, \pi)$
    $e = 1$ at $(2, \pi)$;
    $$2 = \frac{d}{1 - \cos\pi}$$
    $$2 = \frac{d}{1 - (-1)}$$
    $$2 = \frac{d}{2}$$
    $d = 4$;
    $$r = \frac{de}{1 \pm \cos\theta} = \frac{4}{1 - \cos\theta}$$

55. Hyperbola, $e = 1.5$, vertex at $\left(3, \dfrac{\pi}{2}\right)$
    $$3 = \frac{d(1.5)}{1 + 1.5\sin\dfrac{\pi}{2}}$$
    $$3 = \frac{d(1.5)}{2.5}$$
    $7.5 = d(1.5)$
    $$r = \frac{7.5}{1 + 1.5\sin\theta}$$

57. $r = \dfrac{C}{A\cos\theta + B\sin\theta}$; $2x + 3y = 12$
    $A = 2, B = 3, C = 12$

    (a) $r = \dfrac{12}{2\cos\theta + 3\sin\theta}$

    (b)
    $$-\frac{r\left(\dfrac{\pi}{2}\right)}{r(0)} = -\frac{\dfrac{12}{2\cos\left(\dfrac{\pi}{2}\right) + 3\sin\left(\dfrac{\pi}{2}\right)}}{\dfrac{12}{2\cos(0) + 3\sin(0)}} = \frac{-2}{3}$$

59. $L = 2\pi\sqrt{0.5(a^2 + b^2)}$

    Jupiter: aphelion: 507; perihelion: 460
    Length of major axes:
    $2a = (507 + 460)$
    $2a = 967$
    $a = 483.5$
    $a = c + \text{perihelion}$
    $483.5 = c + 460$
    $23.5 = c$
    Eccentricity: $e = \dfrac{c}{a}$
    $$e = \frac{23.5}{483.5}$$
    $e \approx 0.04836$;

    Saturn: aphelion: 941; perihelion: 840
    Length of major axes:
    $2a = 941 + 840$
    $2a = 1781$
    $a = 890.5$
    $a = c + \text{perihelion}$
    $890.5 = c + 840$
    $50.5 = c$
    Eccentricity: $e = \dfrac{c}{a}$
    $$e = \frac{50.5}{890.5}$$
    $e \approx 0.0567$

10.6 Exercises

61. Pluto: semi major axis $= 3647; e = 0.244$
Perihelion $a = (1-e)$
$= 3647(1 - 0.244)$
$= 3647(0.756)$
≈ 2757.1 million miles

63. $L = 2\pi\sqrt{0.5(a^2 + b^2)}$

Jupiter: aphelion: 507; perihelion: 460
Length of major axes:
$2a = (507 + 460)$
$2a = 967$
$a = 483.5$
$a = c + \text{perihelion}$
$483.5 = c + 460$
$23.5 = c$

Eccentricity: $e = \dfrac{c}{a}$

$e = \dfrac{23.5}{483.5}$

$e \approx 0.04836$;

Saturn: aphelion: 941; perihelion: 840
Length of major axes:
$2a = 941 + 840$
$2a = 1781$
$a = 890.5$
$a = c + \text{perihelion}$
$890.5 = c + 840$
$50.5 = c$

Eccentricity: $e = \dfrac{c}{a}$

$e = \dfrac{50.5}{890.5}$

$e \approx 0.0567$

$L = 2\pi\sqrt{0.5(a^2 + b^2)}$

Uranus: aphelion: 1866; perihelion: 1703
Length of major axes:
$2a = 1866 + 1703$
$2a = 3569$
$a = 1784.5$
$a = c + \text{perihelion}$
$1784.5 = c + 1703$
$81.5 = c$

Eccentricity: $e = \dfrac{c}{a}$

$e = \dfrac{81.5}{1784.5}$

$e \approx 0.0457$;

Neptune: aphelion: 2824; perihelion: 2762
Length of major axes:
$2a = 2824 + 2762$
$2a = 5586$
$a = 2793$
$a = c + \text{perihelion}$
$2793 = c + 2762$
$31 = c$

Eccentricity: $e = \dfrac{c}{a}$

$e = \dfrac{31}{2793}$

$e \approx 0.0111$

Saturn has the greatest orbital eccentricity:
$e \approx 0.0567$

65. Jupiter: major axes $2a = 460 + 507$
$2a = 967$
$a = 483.5$;
$a = c + \text{perihelion}$
$483.5 = c + 460$
$23.5 = c$;

$e = \dfrac{23.5}{483.5} \approx 0.0486$

Polar equation:

$r = \dfrac{a(1-e^2)}{1 - e\cos\theta}$

$r = \dfrac{483.5(1 - 0.0486^2)}{1 - 0.0486\cos\theta}$

$r \approx \dfrac{482.36}{1 - 0.0486\cos\theta}$

67. Uranus:
Length of major axes:
$2a = 1866 + 1703$
$2a = 3569$
$a = 1784.5$;
$a = c + \text{perihelion}$
$1784.5 = c + 1703$
$81.5 = c$;

Eccentricity: $e = \dfrac{c}{a}$

$e = \dfrac{81.5}{1784.5} \approx 0.0457$;

Polar equation:

$r = \dfrac{a(1-e^2)}{1 - e\cos\theta}$

$r = \dfrac{1784.5(1 - 0.0457^2)}{1 - 0.0457\cos\theta} \approx \dfrac{1780.77}{1 - 0.0457\cos\theta}$

Chapter 10: Analytical Geometry and Conic Sections

69. Jupiter: $r \approx \dfrac{482.36}{1-0.0486\cos\theta}$

    $r \approx \dfrac{482.36}{1-0.0486\cos\left(\dfrac{\pi}{2}\right)} \approx 482.3$

    Saturn: $r \approx \dfrac{887.64}{1-0.0567\cos\theta}$

    $r \approx \dfrac{887.64}{1-0.0567\cos\left(\dfrac{\pi}{2}\right)} \approx 887.6$

    Uranus: $r \approx \dfrac{1780.77}{1-0.0457\cos\theta}$

    $r \approx \dfrac{1780.77}{1-0.0457\cos\left(\dfrac{\pi}{2}\right)} \approx 1780.7$

    Neptune: $r \approx \dfrac{2792.66}{1-0.0111\cos\theta}$

    $r \approx \dfrac{2792.66}{1-0.0111\cos\left(\dfrac{\pi}{2}\right)} \approx 2792.6$

    Distance from Jupiter to Saturn:
    887.6 – 482.3 = 405.3 million mi
    Distance from Jupiter to Uranus:
    1780.7 – 482.3 = 1298.4 million mi
    Distance from Jupiter to Neptune:
    2792.6 – 482.3 = 2310.3 million mi
    Distance from Saturn to Uranus:
    1780.7 – 887.6 = 893.1 million mi
    Distance from Saturn to Neptune:
    2792.6 – 887.6 = 1905.0 million mi
    Distance from Uranus to Neptune:
    2792.6 – 1780.7 =1011.9 million mi

71. $L = 4$ ft, $w = 4(0.618) = 2.472$ ft

    $a = 2, b = \dfrac{2.472}{2} = 1.236$

    $c^2 = a^2 - b^2$
    $c^2 = 2^2 - 1.236^2$
    $c^2 = 2.472304$
    $c \approx 1.57236$;

    $e = \dfrac{c}{a} = \dfrac{1.57236}{2} = 0.7862$

    $de = 2(1-0.7862)^2 = 0.7638$

    $r = \dfrac{de}{1 \pm e\cos\theta}$

    $r = \dfrac{0.7638}{1 \pm 0.7862\cos\theta}$

73. $L = 1.5$m, $w = 1.5(0.618) = 0.927$m

    $a = \dfrac{1.5}{2} = 0.75, b = \dfrac{0.927}{2} = 0.4635$

    $c^2 = a^2 - b^2$
    $c^2 = 0.75^2 - 0.4635^2$
    $c \approx 0.58963$;

    $e = \dfrac{c}{a} = \dfrac{0.58963}{0.75} = 0.7862$;

    $de = 0.75(1-0.7862^2) = 0.2864$

    $r = \dfrac{de}{1 \pm e\cos\theta}$

    $r = \dfrac{0.2864}{1 \pm 0.7862\cos\theta}$

75. $A = \pi ab$; Price: \$75; Cost = $75\pi ab$
    a) $L = 4, a = 2, b = 1.236$
       Cost $= 75\pi(2)(1.236) = \$582.45$
    b) $L = 3.5, a = 1.75, b = 1.0815$
       Cost $= 75\pi(1.75)(1.0815) = \$445.94$
    c) $L = 1.5, a = 0.75, b = 0.4635$
       Cost $= 807\pi(0.75)(0.4635) = \$881.32$
    d) $L = 0.5, a = 0.25, b = 0.1545$
       Cost $= 807\pi(0.25)(0.1545) = \$97.92$

77. $d = 3, e = 1$

    $r = \dfrac{3}{1-\cos\theta}$

79. $\begin{cases} X = x\cos\beta + y\sin\beta \\ Y = y\cos\beta - x\sin\beta \end{cases}$

    Solve for y:
    Multiply 1st equation by $\sin\beta$:
    $X\sin\beta = x\sin\beta\cos\beta + y\sin^2\beta$
    Multiply 2nd equation by $\cos\beta$:
    $Y\cos\beta = y\cos^2\beta - x\sin\beta\cos\beta$
    Equation 1 + Equation 2:
    $X\sin\beta + Y\cos\beta = y\sin^2\beta + y\cos^2\beta$
    $X\sin\beta + Y\cos\beta = y(\sin^2\beta + \cos^2\beta)$
    $X\sin\beta + Y\cos\beta = y$

10.6 Exercises

81. $a \to A\cos^2\beta + B\sin\beta\cos\beta + C\sin^2\beta$
    $b \to -2A\sin\beta\cos\beta + B(\cos^2\beta - \sin^2\beta)$
    $ + 2C\sin\beta\cos\beta$
    $c \to A\sin^2\beta - B\sin\beta\cos\beta + C\cos^2\beta$
    $f \to F$

a. $b^2 - 4ac = B^2 - 4AC$
$(-2A\sin\beta\cos\beta + B(\cos^2\beta - \sin^2\beta)$
$ + 2C\sin\beta\cos\beta)^2 - 4(A\cos^2\beta$
$ + B\sin\beta\cos\beta + C\sin^2\beta)$
$ \cdot (A\sin^2\beta - B\sin\beta\cos\beta$
$ + C\cos^2\beta) =$
$4A^2\sin^2\beta\cos^2\beta - 2AB\sin\beta\cos\beta$
$ \cdot (\cos^2\beta - \sin^2\beta)$
$- 4AC\sin^2\beta\cos^2\beta$
$- 2AB\sin\beta\cos\beta(\cos^2\beta - \sin^2\beta)$
$+ B^2(\cos^2\beta - \sin^2\beta)^2$
$+ 2BC\sin\beta\cos\beta(\cos^2\beta - \sin^2\beta)$
$- 4AC\sin^2\beta\cos^2\beta$
$+ 2BC\sin\beta\cos\beta(\cos^2\beta - \sin^2\beta)$
$+ 4C^2\sin^2\beta\cos^2\beta$
$- 4(A^2\sin^2\beta\cos^2\beta$
$ - AB\sin\beta\cos^3\beta + AC\cos^4\beta$
$ + AB\sin^3\beta\cos\beta - B^2\sin^2\beta\cos^2\beta$
$ + BC\sin\beta\cos^3\beta + AC\sin^4\beta$
$ - BC\sin^3\beta\cos\beta$
$ + C^2\sin^2\beta\cos^2\beta) =$
$4A^2\sin^2\beta\cos^2\beta - 2AB\sin\beta\cos\beta$
$ \cdot (\cos^2\beta - \sin^2\beta)$
$- 4AC\sin^2\beta\cos^2\beta$
$- 2AB\sin\beta\cos\beta(\cos^2\beta - \sin^2\beta)$
$+ B^2(\cos^2\beta - \sin^2\beta)^2$
$+ 2BC\sin\beta\cos\beta(\cos^2\beta - \sin^2\beta)$
$- 4AC\sin^2\beta\cos^2\beta$
$+ 2BC\sin\beta\cos\beta(\cos^2\beta - \sin^2\beta)$
$+ 4C^2\sin^2\beta\cos^2\beta$
$- 4A^2\sin^2\beta\cos^2\beta$

$+ 4AB\sin\beta\cos^3\beta - 4AC\cos^4\beta$
$- 4AB\sin^3\beta\cos\beta$
$+ 4B^2\sin^2\beta\cos^2\beta$
$- 4BC\sin\beta\cos^3\beta - 4AC\sin^4\beta$
$+ 4BC\sin^3\beta\cos\beta$
$- 4C^2\sin^2\beta\cos^2\beta =$
$B^2\Big[(\cos^2\beta - \sin^2\beta)^2$
$ + 4\sin^2\beta\cos^2\beta\Big]$
$- 4AC\big[\sin^2\beta\cos^2\beta$
$ + \sin^2\beta\cos^2\beta$
$ + \cos^4\beta + \sin^4\beta\big]$
$- 2AB\big[\sin\beta\cos\beta(\cos^2\beta - \sin^2\beta)$
$ + \sin\beta\cos\beta(\cos^2\beta - \sin^2\beta)$
$ - 2\sin\beta\cos^3\beta - 2\sin^3\beta\cos\beta\big]$
$+ 2BC\big[\sin\beta\cos\beta(\cos^2\beta - \sin^2\beta)$
$ + \sin\beta\cos\beta(\cos^2\beta - \sin^2\beta)$
$ - 2\sin\beta\cos^3\beta + 2\sin^3\beta\cos\beta\big] =$
$B^2\Big[(\cos^2\beta - \sin^2\beta)^2 + 4\sin^2\beta\cos^2\beta\Big]$
$- 4AC\big[\sin^4\beta + 2\sin^2\beta + \cos^4\beta\big]$
$- 2AB\big[2\sin\beta\cos^3\beta + 2\sin^3\beta\cos\beta$
$ - 2\sin\beta\cos^3\beta - 2\sin^3\beta\cos\beta\big]$
$+ 2BC\big[2\sin\beta\cos^3\beta$
$ + 2\sin^3\beta\cos\beta - 2\sin\beta\cos^3\beta$
$ - 2\sin^3\beta\cos\beta\big] =$
$B^2\big[\cos^4\beta - 2\cos^2\beta\sin^2\beta + \sin^4\beta$
$ + 4\sin^2\beta\cos^2\beta\big]$
$- 4AC\Big[(\sin^2\beta + \cos^2\beta)^2\Big] =$
$B^2\big[\cos^4\beta + 2\cos^2\beta\sin^2\beta + \sin^4\beta\big]$
$- 4AC[1] =$
$B^2\Big[(\cos^2\beta + \sin^2\beta)^2\Big] - 4AC =$
$B^2 - 4AC =$

Chapter 10: Analytical Geometry and Conic Sections

b. $a + c = A + C$
$A\cos^2\beta + B\sin\beta\cos\beta + C\sin^2\beta$
$\quad + A\sin^2\beta - B\sin\beta\cos\beta$
$\quad + C\cos^2\beta =$
$A(\cos^2\beta + \sin^2\beta) + C(\sin^2\beta + \cos^2\beta) =$
$A + C = A + C$

c. $f = F$. The rotation formulas affect only those terms having xy-variables. The constant term is not affected.

83. Equation of hyperbola with center at pole:
$r = 2R\cos(\theta - \beta)$;
$0^2 + 0^2 - 6\sqrt{2}(0) - 6\sqrt{2}(0) = 0$
$0 = 0$; verified
$x^2 + y^2 - 6\sqrt{2}x - 6\sqrt{2}y = 0$
$x^2 - 6\sqrt{2}x + 18 + y^2 - 6\sqrt{2}y + 18$
$\quad = 0 + 18 + 18$
$(x - 3\sqrt{2})^2 + (y - 3\sqrt{2})^2 = 36$
Center $(3\sqrt{2}, 3\sqrt{2})$
Radius $= R = \sqrt{36} = 6$
$r = 2 \cdot 6\cos(\theta - \beta)$; $\beta = \dfrac{\pi}{4}$;
$\cos\left(\theta - \dfrac{\pi}{4}\right) = \cos\theta\cos\dfrac{\pi}{4} + \sin\theta\sin\dfrac{\pi}{4}$
$= \dfrac{\sqrt{2}}{2}(\cos\theta + \sin\theta)$;
$r = 2R\cos(\theta - \beta)$
$r = 2(6)\left[\dfrac{\sqrt{2}}{2}(\cos\theta + \sin\theta)\right]$
$r = 12\left[\dfrac{\sqrt{2}}{2}(\cos\theta + \sin\theta)\right]$
$r = 6\sqrt{2}(\cos\theta + \sin\theta)$

85. $25x^2 + 840xy - 16y^2 = 400$
$\tan(2\beta) = \dfrac{B}{A-C} = \dfrac{840}{81}$;
$\sqrt{840^2 + 41^2} = 841$; $\cos(2\beta) = \dfrac{41}{841}$;
$\cos\beta = \sqrt{\dfrac{1+\cos(2\beta)}{2}} = \sqrt{\dfrac{1+\dfrac{41}{841}}{2}} = \dfrac{21}{29}$;
$\sin\beta = \sqrt{\dfrac{1-\cos(2\beta)}{2}} = \sqrt{\dfrac{1-\dfrac{41}{841}}{2}} = \dfrac{20}{29}$;
$x = \dfrac{21}{29}X - \dfrac{20}{29}Y$; $y = \dfrac{20}{29}X + \dfrac{21}{29}Y$;
$25\left(\dfrac{21}{29}X - \dfrac{20}{29}Y\right)^2$
$\quad + 840\left(\dfrac{21}{29}X - \dfrac{20}{29}Y\right)\left(\dfrac{20}{29}X + \dfrac{21}{29}Y\right)$
$\quad - 16\left(\dfrac{20}{29}X + \dfrac{21}{29}Y\right)^2 = 400$
$25\left(\dfrac{441}{841}X^2 - \dfrac{840}{841}XY + \dfrac{400}{841}Y^2\right)$
$\quad + 840\left(\dfrac{420}{841}X^2 + \dfrac{441}{841}XY\right.$
$\quad\quad \left. - \dfrac{400}{841}XY - \dfrac{420}{841}Y^2\right)$
$\quad - 16\left(\dfrac{400}{841}X^2 + \dfrac{840}{841}XY + \dfrac{441}{841}Y^2\right)$
$= 400$
$\dfrac{11025}{841}X^2 - \dfrac{25 \cdot 840}{841}XY + \dfrac{10000}{841}Y^2$
$\quad + \dfrac{352800}{841}X^2 + \dfrac{840(41)}{841}XY$
$\quad - \dfrac{352800}{841}Y^2 - \dfrac{6400}{841}X^2$
$\quad - \dfrac{16 \cdot 840}{841}XY + \dfrac{7056}{841}Y^2 = 400$
$\dfrac{35712}{841}X^2 - 416Y^2 - 400 = 0$
$425X^2 - 416Y^2 = 400$

581

10.6 Exercises

87. $(0,0), (2\sqrt{3}, 2), (2\sqrt{3}-2, 2+2\sqrt{3}), (-2, 2\sqrt{3})$

$\begin{bmatrix} \cos(-30°) & -\sin(-30°) \\ \sin(-30°) & \cos(-30°) \end{bmatrix} \cdot \begin{bmatrix} 0 \\ 0 \end{bmatrix} = \begin{bmatrix} 0 \\ 0 \end{bmatrix}$

$\begin{bmatrix} \cos(-30°) & -\sin(-30°) \\ \sin(-30°) & \cos(-30°) \end{bmatrix} \cdot \begin{bmatrix} 2\sqrt{3} \\ 2 \end{bmatrix} = \begin{bmatrix} 4 \\ 0 \end{bmatrix}$

$\begin{bmatrix} \cos(-30°) & -\sin(-30°) \\ \sin(-30°) & \cos(-30°) \end{bmatrix} \cdot \begin{bmatrix} 2\sqrt{3}-2 \\ 2+2\sqrt{3} \end{bmatrix} = \begin{bmatrix} 4 \\ 4 \end{bmatrix}$

$\begin{bmatrix} \cos(-30°) & -\sin(-30°) \\ \sin(-30°) & \cos(-30°) \end{bmatrix} \cdot \begin{bmatrix} -2 \\ 2\sqrt{3} \end{bmatrix} = \begin{bmatrix} 0 \\ 4 \end{bmatrix}$

$(0,0), (4,0), (4,4)$ and $(0,4)$

89. $21.7 = 77.5 e^{-0.0052x} - 44.95$

$66.65 = 77.5 e^{-0.0052x}$

$\dfrac{66.65}{77.5} = e^{-0.0052x}$

$\ln\left(\dfrac{66.65}{77.5}\right) = \ln e^{-0.0052x}$

$\ln\left(\dfrac{66.65}{77.5}\right) = -0.0052x$

$x = \dfrac{\ln\left(\dfrac{66.65}{77.5}\right)}{-0.0052}$

$x \approx 29.0$

91. $360° - 325° = 35°$; $35° + 90° = 125°$;

$360° - 10° = 350°$;

Vector coordinates: $\langle 12\cos 125°, 12\sin 125° \rangle$,

$\langle 5\cos 350°, 5\sin 350° \rangle$

Resultant:

$\langle 12\cos 125° + 5\cos 350°, 12\sin 125° + 5\sin 350° \rangle$

$= \langle -1.9589, 8.9616 \rangle$;

$\sqrt{(-1.9589)^2 + (8.9616)^2} \approx 9.2$;

$\tan^{-1}\left(-\dfrac{8.9616}{1.9589}\right) \approx -77.7$;

$360° - 77.7° = 282.3°$ in QIV or

$180° - 77.7° = 102.3°$ in QII

Heading: $360° - (102.3° - 90°) = 347.7°$

Magnitude 9.2, heading 347.7°

Chapter 10: Analytical Geometry and Conic Sections

Technology Highlights

1. Verified.

10.7 Exercises

1. Parameter

3. Direction

5. Answers will vary.

7. $x = t + 2; t \in [-3,3]$
   $y = t^2 - 1$
   a) A parabola with vertex at $(2, -1)$.

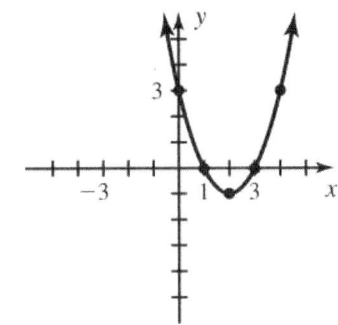

   b) $x - 2 = t$;
   $y = (x-2)^2 - 1$
   $y = x^2 - 4x + 4 - 1$
   $y = x^2 - 4x + 3$

9. $x = (2-t)^2$; $t \in [0, 5]$
   $y = (t-3)^2$
   a) A parabola

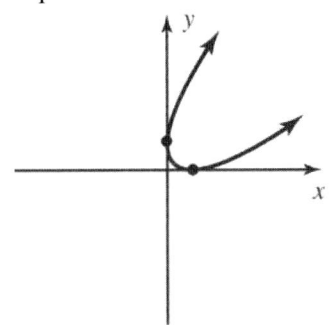

   b) $\pm\sqrt{x} = 2 - t$
   $t = 2 \pm \sqrt{x}$;
   $y = (2 \pm \sqrt{x} - 3)^2$
   $y = (\pm\sqrt{x} - 1)^2$
   $y = x \pm 2\sqrt{x} + 1$

11. $x = \dfrac{5}{t}; t \neq 0$; $t \in [-3.5, 3.5]$
    $y = t^2$
    a) Power function with $p = -2$

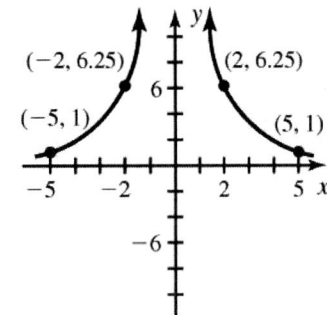

    b) $x = \dfrac{5}{t}$
    $xt = 5$
    $t = \dfrac{5}{x}$;
    $y = \left(\dfrac{5}{x}\right)^2$
    $y = \dfrac{25}{x^2}, x \neq 0$

583

10.7 Exercises

13. $x = 4\cos t$, $t \in [0, 2\pi)$
    $y = 3\sin t$
    a) Ellipse

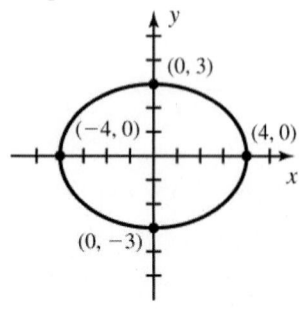

    (0, 3), (−4, 0), (4, 0), (0, −3)

    b) $x^2 = (4\cos t)^2$; $y^2 = (3\sin t)^2$
    $\begin{cases} x^2 = 16\cos^2 t \\ y^2 = 9\sin^2 t \end{cases}$
    $\begin{cases} \dfrac{x^2}{16} = \cos^2 t \\ \dfrac{y^2}{9} = \sin^2 t \end{cases}$
    $\dfrac{x^2}{16} + \dfrac{y^2}{9} = \cos^2 t + \sin^2 t$
    $\dfrac{x^2}{16} + \dfrac{y^2}{9} = 1$

15. $x = 4\sin(2t)$, $t \in [0, 2\pi)$
    $y = 6\cos t$
    a) Lissajous figure

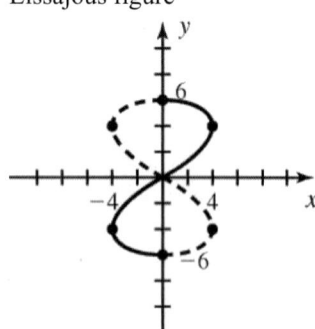

    b) $x = 4\sin 2t$
    $\dfrac{x}{4} = \sin 2t$;
    $\sin^{-1}\left(\dfrac{x}{4}\right) = 2t$
    $\dfrac{1}{2}\sin^{-1}\left(\dfrac{x}{4}\right) = t$
    $y = 6\cos t$
    $y = 6\cos\left[\dfrac{1}{2}\sin^{-1}\left(\dfrac{x}{4}\right)\right]$

17. $\begin{cases} x = \dfrac{-3}{\tan t}, \; t \in (0, \pi) \\ y = 5\sin(2t) \end{cases}$

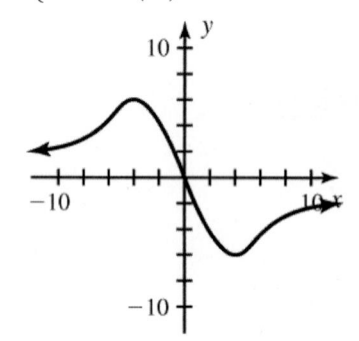

19. $y = 3x - 2$
    i) $x = t$
    $y = 3t - 2$
    ii) $x = \dfrac{1}{3}t$
    $y = 3\left(\dfrac{1}{3}t\right) - 2$
    $y = t - 2$
    iii) $x = \cos t$
    $y = 3\cos t - 2$

21. $y = (x + 3)^2 + 1$
    i) $x = t$
    $y = (t + 3)^2 + 1$
    ii) $x = t - 3$
    $y = [(t - 3) + 3]^2 + 1$
    $y = t^2 + 1$
    iii) $x = \tan t - 3$
    $\tan t = x + 3$
    $x = \tan t - 3$
    $y = \tan^2 t + 1 = \sec^2 t$
    $t \notin \left\{\left(k + \dfrac{1}{2}\right)\pi, k \in \mathbb{Z}\right\}$
    $t \notin \left\{\dfrac{(2k+1)\pi}{2}, k \in \mathbb{Z}\right\}$

Chapter 10: Analytical Geometry and Conic Sections

23. $y = \tan^2(x-2)+1$
   1) $x = t;$
      $y = \tan^2(t-2)+1$
      $t \notin \left\{\pi k + \dfrac{\pi}{2} + 2, k \in Z\right\}$
   2) $t = x-2$
      $x = t+2;$
      $y = \tan^2(t+2-2)+1$
      $y = \tan^2 t + 1$
      $y = \sec^2 t$
      $t \notin \left\{\left(k+\dfrac{1}{2}\right)\pi, k \in Z\right\}$
   3) $x = \tan^{-1} t + 2$
      $y = \tan^2(\tan^{-1} t + 2 - 2)+1$
      $y = \tan^2(\tan^{-1} t)+1$
      $y = t^2 + 1$
      $t \in R$

25. $y = 4(x-3)^2 + 1$
   1) $x = t$
      $y = 4(t-3)^2 + 1$
   2) $x = t+3$
      $y = 4t^2 + 1$
   3) $x = \dfrac{1}{2}\tan t + 3$
      $y = \sec^2 t$
   Using grapher, verified.

27. $x = 8\cos t + 2\cos(4t);$
    $y = 8\sin t - 2\sin(4t);$
    a) Hypocycloid (5-cusp)

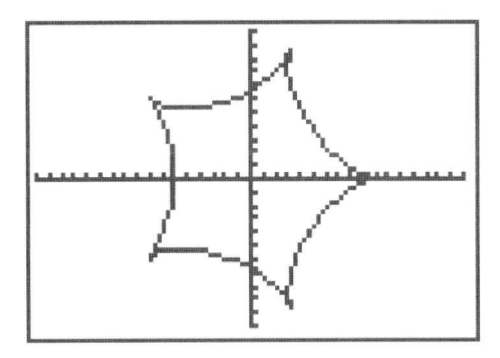

    b) x-intercepts:
       $t = 0, x = 10, y = 0$ and
       $t = \pi, x = -6, y = 0;$
       y-intercepts:
       $t \approx 1.757, x = 0, y \approx 6.5$
       $t \approx 4.527, x = 0, y \approx -6.5$
       Min x-value: -8.1
       Max x-value: 10
       Min y-value: -9.5
       Max y-value: 9.5

29. $\begin{cases} x = \dfrac{2}{\tan t} \\ y = 8\sin t \cos t \end{cases}$
    a) Serpentine curve

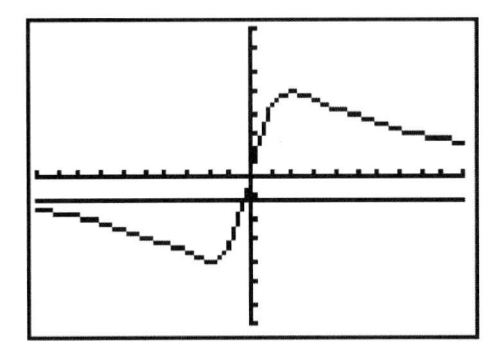

    b) x-intercept: none
       y-intercept: none
       Min x-value: none
       Max x-value: none
       Min y-value: -4
       Max y-value: 4

585

10.7 Exercises

31. $\begin{cases} x = 2(\cos t + t \sin t) \\ y = 2(\sin t - t \cos t) \end{cases}$
   a) Involute of a circle

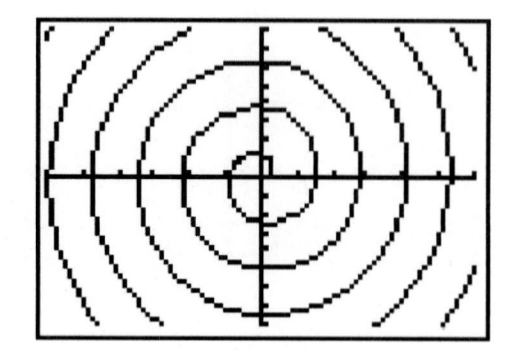

   b) x-intercepts:
      $t = 0, x = 2, y = 0$
      $t \approx 4.493, x = -9.2, y = 0$
      Infinitely many others.
      y-intercepts:
      $t \approx 2.79, x = 0, y = 5.9$
      $t \approx 6.12, x = 0, y \approx -12.4$
      Infinitely many others.
      No minimum or maximum values for x or y.

33. $\begin{cases} x = 3t - \sin t \\ y = 3 - \cos t \end{cases}$
   a) Curtate cycloid

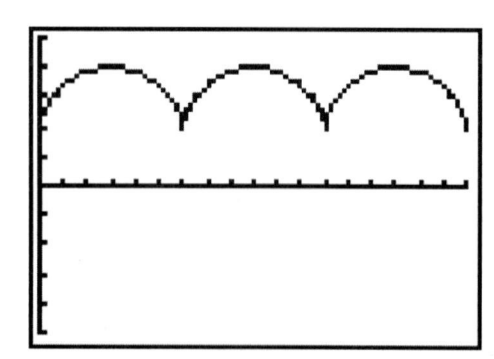

   b) x-intercept: none
      y-intercept: $t = 0, x = 0, y = 2$
      Min x-value: none
      Max x-value: none
      Min y-value: 2
      Max y-value: 4

35. $x = 2[3 \cos t - \cos(3t)]$
    $y = 2[3 \sin t - \sin(3t)]$
   a) Nephroid

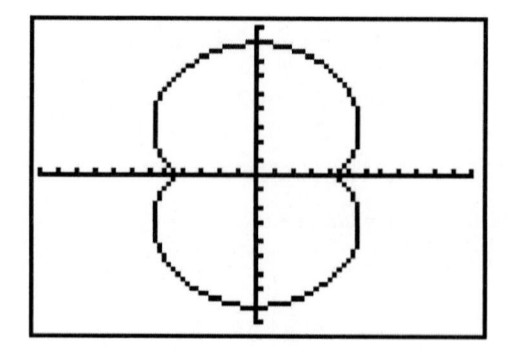

   b) x-intercepts: $t = 0, (4, 0)$
      $t = \pi, (-4, 0)$
      y-intercepts: $t = \dfrac{\pi}{2}, (0, 8)$
      $t = \dfrac{3\pi}{2}, (0, -8)$
      Min x-value: ≈ -5.657
      Max x-value: ≈ 5.657
      Min y-value: -8
      Max y-value: 8

37. $x = 6 \sin(2t)$
    $y = 8 \cos(t)$

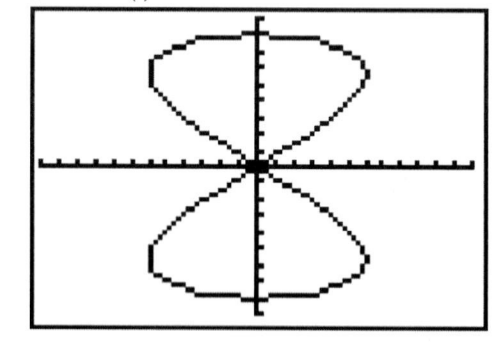

   Box to frame curve: width 12, length 16.
   Over interval $[0, 2\pi]$ graph crosses itself 2 times.

586

Chapter 10: Analytical Geometry and Conic Sections

39. $x = 5\sin(7t)$
    $y = 7\cos(4t)$

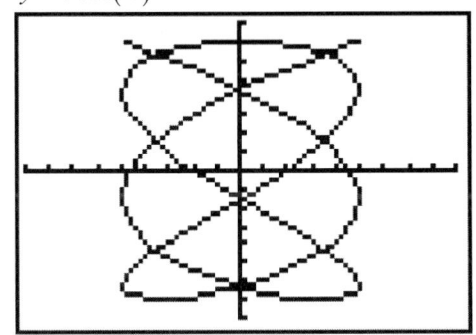

Box to frame curve: width 10, length 14. Over interval $[0, 2\pi]$ graph crosses itself 9 times.

41. $x = 10\sin(1.5t)$
    $y = 10\cos(2.5t)$

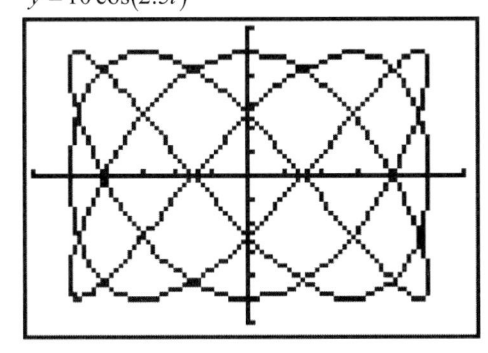

Box to frame curve: width 20, length 20. Over interval $[0, 4\pi]$ graph crosses itself 23 times.

43. $\begin{cases} x = \dfrac{a}{\tan t} \\ y = b\sin t \cos t \end{cases}$

The maximum value as graph swells is at $(x, y) = \left(a, \dfrac{b}{2}\right)$.

The minimum value as graph dips to the valley is at $(x, y) = \left(-a, \dfrac{-b}{2}\right)$.

45. $x(t) = 2kt$, $y(t) = \dfrac{2k}{1+t^2}$

   a) The curve is approaching $y = 2$ as t approaches $\dfrac{3\pi}{2}$, but $\cot\left(\dfrac{3\pi}{2}\right)$ is undefined, and the trig form seems to indicate a "hole" at $t = \dfrac{3\pi}{2}$, $x = 0$, $y = 2$. The algebraic form does not have this problem and shows a maximum defined at $t = 0$, $x = 0$, $y = 2$.

   b) As $|t| \to \infty$, $y(t) \to 0$

   c) The maximum value occurs at $(0, 2k)$.

47. $x = 75t \cos 36$
    $y = 75t \sin 36 - 16t^2$

   a) At $t = 1.24$
      $x = 75.239$
      $y = 30.062$
      Yes, goes through hoop.

   b) At $t = 2.7552$
      $x = 167.1779$
      $y = 0$
      Yes.

   c) $168 - 167.18 = 0.82$ ft

49. $x = 80t \cos 29°$
    $y = 80t \sin 29° - 16t^2$;
    $150 = 80t \cos 29°$;
    $2.144 \approx t$;
    $y = 80(2.144)\sin 29° - 16(2.144)^2$
    $y = 9.5769 < 10$
    Will not clear goal post. The kick is short.

51. $x = 6\cos t$; $y = 2\sin t$; $t = 2$ to 3

t	x	y
2	-2.50	1.82
2.09	-2.98	1.74
2.225	-3.65	1.59
3	-5.94	0.28

Left and downward

10.7 Exercises

53. $\begin{cases} x - 5y + z = 3 \\ 5x + y - 7z = -9 \\ 2x + 3y - 4z = -6 \end{cases}$

$7R_1 + R_2$

$\begin{cases} 7x - 35y + 7z = 21 \\ 5x + y - 7z = -9 \end{cases}$

$12x - 34y = 12$ (equation 4)

$4R_1 + R_3$

$\begin{cases} 4x - 20y + 4z = 12 \\ 2x + 3y - 4z = -6 \end{cases}$

$6x - 17y = 6$ (equation 5)

$-2R_5 + R_4$

$-12x + 34y = -12$
$12x - 34y = 12$
$\overline{0 = 0}$

dependent equations

$\dfrac{34y}{34} = \dfrac{12x}{34} - \dfrac{12}{34}$

$y = \dfrac{6}{17}x - \dfrac{6}{17}$;

$x - 5\left(\dfrac{6}{17}x - \dfrac{6}{17}\right) + z = 3$

$x - \dfrac{30x}{17} + \dfrac{30}{17} + z = 3$

$\dfrac{-13x}{17} + z = \dfrac{21}{17}$

$z = \dfrac{13}{17}x + \dfrac{21}{17}$;

$\left(x, \dfrac{6}{17}x - \dfrac{6}{17}, \dfrac{13}{17}x + \dfrac{21}{17}\right)$

$\left(t, \dfrac{6}{17}t - \dfrac{6}{17}, \dfrac{13}{17}t + \dfrac{21}{17}\right)$

55. $\begin{cases} x + y - 5z = -4 \\ 2y - 3z = -1 \\ x - 3y + z = -3 \end{cases}$

$-R_1 + R_3$

$\begin{cases} -x - y + 5z = 4 \\ x - 3y + z = -3 \end{cases}$

$-4y + 6z = 1$ (equation 4)

$2R_2 + R_4$

$\begin{cases} 4y - 6z = -2 \\ -4y + 6z = 1 \end{cases}$

$0 \neq -1$

Inconsistent; no solution.

57.

$x = 1.22475^t$

$y = 0.25t^2 - 2t$

The parametric equations fit the data very well.

Chapter 10: Analytical Geometry and Conic Sections

59. Graphing both functions on the same screen, we note that although the paths intersect at approximately (5.3, 3.7) and (4.1, 1.5), the first particle arrives at these locations for T = 5.00 and T = 4.90 respectively, while the second particle arrives at T = 2.17 and T = 3.40. No, the particles would not collide.

61. $(1-0.20)x = 39.96$
    $0.80x = 39.96$
    $x = \dfrac{39.96}{.8} = 49.95$
    $49.95 - 39.96 = 9.99$
    $\dfrac{9.99}{39.96} = 0.25$ or 25%

63. $f(x) = x^3 + 2x^2 - 5x - 6$
    End behavior: left falls $(\downarrow)$
    Right rises $(\uparrow)$
    y-intercept $(0,-6)$
    $f(0) = 0^3 + 2(0)^2 - 5(0) - 6 = -6$
    x-intercepts $(2,0)(-3,0)(-1,0)$

    $\underline{2|}\ 1\quad 2\quad -5\quad -6$
    $\phantom{\underline{2|}\ 1}\quad\ \ 2\quad\ \ 8\quad\ \ 6$
    $\phantom{\underline{2|}\ }\ 1\quad 4\quad\ \ 3\quad |\underline{0}$

    $x^2 + 4x + 3$
    $(x+3)(x+1)$
    $x = -3\quad x = -1$
    Mid-interval points
    $x = -4$
    $f(x) = (x-2)(x+3)(x+1)$
    $f(-4) = (-4-2)(-4+3)(-4+1)$
    $= (-6)(-1)(-3) = -18$
    $x = -2$
    $f(-2) = (-2-2)(-2+3)(-2+1)$
    $= (-4)(1)(-1) = 6$

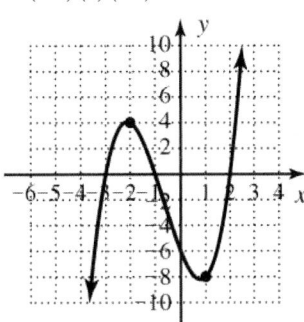

Chapter 10 Summary and Concept Review

Chapter 10 Summary and Concept Review

1. $(-3,-4),(-5,4),(3,6),(5,-2)$
    $(-3,-4),(-5,4)$
    $m = \dfrac{4-(-4)}{-5-(-3)} = -4;$
    $d = \sqrt{(-3-(-5))^2 + (-4-4)^2}$
    $= \sqrt{4+64} = \sqrt{68} = 2\sqrt{17};$
    $(-5,4),(3,6)$
    $m = \dfrac{6-4}{3-(-5)} = \dfrac{1}{4};$
    $d = \sqrt{(3--5)^2 + (6-4)^2}$
    $= \sqrt{64+4} = \sqrt{68} = 2\sqrt{17};$
    $(3,6),(5,-2)$
    $m = \dfrac{-2-6}{5-3} = -4;$
    $d = \sqrt{(5-3)^2 + (-2-6)^2}$
    $= \sqrt{4+64} = \sqrt{68} = 2\sqrt{17};$
    $(5,-2),(-3,-4)$
    $m = \dfrac{-4-(-2)}{-3-5} = \dfrac{1}{4};$
    $d = \sqrt{(-3-5)^2 + (-4-(-2))^2}$
    $= \sqrt{64+4} = \sqrt{68} = 2\sqrt{17};$
    Figure is a square, all sides are equal in length and consecutive segments are perpendicular.
    Verified.

3. $(-3,6)$ to $(6,-9)$ and $(-5,-2)$ to $(5,4)$
    Midpoint $(-5,-2)$ to $(5,4)$
    $\left(\dfrac{-5+5}{2}, \dfrac{-2+4}{2}\right) = (0,1);$
    Slope $(-5,-2)$ to $(5,4)$
    $m = \dfrac{4-(-2)}{5-(-5)} = \dfrac{3}{5};$
    Slope $(-3,6)$ to $(6,-9)$
    $m = \dfrac{-9-6}{6-(-3)} = -\dfrac{5}{3};$
    The two segments are perpendicular.
    The equation of the line through $(-3, 6)$ and $(6, -9)$:
    $y - 6 = -\dfrac{5}{3}(x-(-3))$
    $y - 6 = -\dfrac{5}{3}x - 5$
    $y = -\dfrac{5}{3}x + 1;$
    At $x = 0, y = 1$
    Line containing $(-3, 6)$ and $(6, -9)$ contains $(0, 1)$.
    $(-3, 6)$ to $(6, -9)$ is perpendicular bisector to $(-5, -2)$ to $(-5, -4)$.

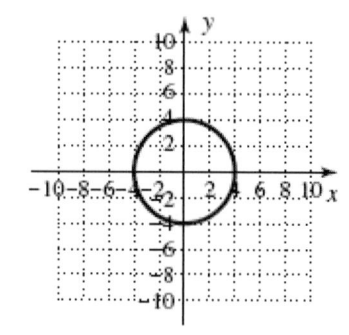

5. $x^2 + y^2 = 16$

Chapter 10: Analytical Geometry and Conic Sections

7. $9x^2 + y^2 - 18x - 27 = 0$
$9x^2 - 18x + y^2 = 27$
$9(x^2 - 2x) + y^2 = 27$
$9(x^2 - 2x + 1) + y^2 = 27 + 9$
$9(x-1)^2 + y^2 = 36$
$\dfrac{(x-1)^2}{4} + \dfrac{y^2}{36} = 1$

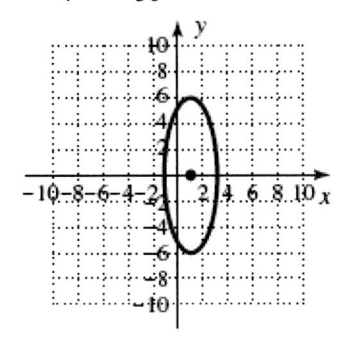

9. $\dfrac{(x+3)^2}{16} + \dfrac{(y-2)^2}{9} = 1$

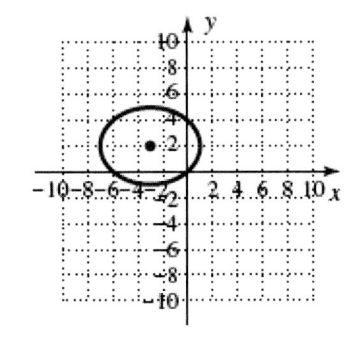

11. a. Vertices: $(-13, 0), (13, 0)$
    Foci: $(-12, 0), (12, 0)$
    Center: $\left(\dfrac{-13+13}{2}, \dfrac{0+0}{2}\right) = (0, 0)$
    $a = 13, c = 12$
    $12^2 = 13^2 - b^2$
    $144 = 169 - b^2$
    $b = 5;$
    $\dfrac{(x-0)^2}{13^2} + \dfrac{(y-0)^2}{5^2} = 1$
    $\dfrac{x^2}{169} + \dfrac{y^2}{25} = 1$

    b. Foci: $(0, -16), (0, 16)$
    Major axis: $2a = 40, a = 20, c = 16$
    Center: $\left(\dfrac{0+0}{2}, \dfrac{-16+16}{2}\right) = (0, 0)$
    $16^2 = 20^2 - b^2$
    $256 = 400 - b^2$
    $b = 12;$
    $\dfrac{(x-0)^2}{20^2} + \dfrac{(y-0)^2}{12^2} = 1$
    $\dfrac{x^2}{400} + \dfrac{y^2}{144} = 1$

Chapter 10 Summary and Concept Review

13. $4y^2 - 25x^2 = 100$

$\dfrac{y^2}{25} - \dfrac{x^2}{4} = 1$

$a = 2$, $b = 5$

Hyperbola

Center: $(0, 0)$

Vertices: $(0, 5), (0, -5)$

$a^2 + b^2 = c^2$

$25 + 4 = c^2$

$\sqrt{29} = c$

Foci: $(0, \sqrt{29}), (0, -\sqrt{29})$

Asymptotes: Slope $= \pm \dfrac{5}{2}$

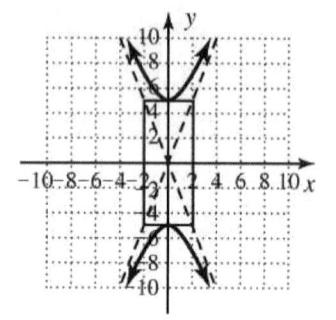

15. $\dfrac{(x+2)^2}{9} - \dfrac{(y-1)^2}{4} = 1$

Hyperbola

Center: $(-2, 1)$

$a = 3$, $b = 2$

Vertices: $(-2-3, 1), (-2+3, 1)$

$(-5, 1), (1, 1)$;

$a^2 + b^2 = c^2$

$9 + 4 = c^2$

$\sqrt{13} = c$

Foci: $(-2-\sqrt{13}, 1), (-2+\sqrt{13}, 1)$

Asymptotes: Slope $= \pm \dfrac{2}{3}$

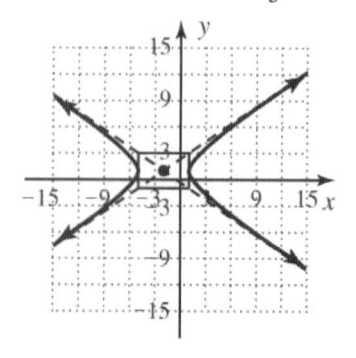

17. $x^2 - 4y^2 - 12x - 8y + 16 = 0$

$x^2 - 12x - 4y^2 - 8y = -16$

$(x^2 - 12x) - 4(y^2 + 2y) = -16$

$(x^2 - 12x + 36) - 4(y^2 + 2y + 1) = -16 + 36 - 4$

$(x-6)^2 - 4(y+1)^2 = 16$

$\dfrac{(x-6)^2}{16} - \dfrac{(y+1)^2}{4} = 1$

Hyperbola

Center: $(6, -1)$

$a = 4$, $b = 2$

Vertices: $(6+4, -1), (6-4, -1)$

$(10, -1), (2, -1)$;

$a^2 + b^2 = c^2$

$16 + 4 = c^2$

$2\sqrt{5} = c$

Foci: $(6+2\sqrt{5}, -1), (6-2\sqrt{5}, -1)$

Asymptotes: Slope $= \pm \dfrac{1}{2}$

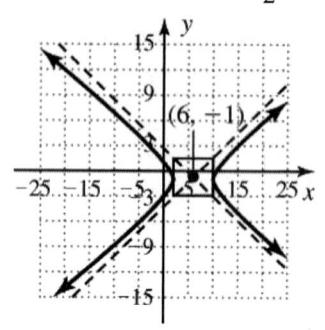

Chapter 10: Analytical Geometry and Conic Sections

19. a. Vertices: $(\pm 15, 0)$; Foci: $(\pm 17, 0)$
    $a = 15, c = 17$
    $17^2 = 15^2 + b^2$
    $17^2 - 15^2 = b^2$
    $64 = b^2$
    $b = 8$;
    Center (0, 0);
    $\dfrac{(x-0)^2}{15^2} - \dfrac{(y-0)^2}{8^2} = 1$
    $\dfrac{x^2}{225} - \dfrac{y^2}{64} = 1$

    b. Foci: $(0, \pm 5)$
    $2b = 8, b = 4$
    $c = 5$
    $5^2 = 4^2 + a^2$
    $5^2 - 4^2 = a^2$
    $9 = a^2$
    $a = 3$;
    Center (0, 0);
    $\dfrac{(y-0)^2}{4^2} - \dfrac{(x-0)^2}{3^2} = 1$
    $\dfrac{y^2}{16} - \dfrac{x^2}{9} = 1$

21. $x = y^2 - 4$
    Parabola
    x-intercept: (−4, 0)
    y-intercepts: (0, 2), (0, −2)
    Vertex: $(-4, 0)$

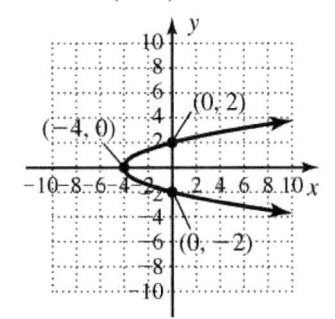

23. $x^2 = -20y$
    $4p = -20$
    $p = -5$
    Parabola
    Vertex: $(0, 0)$
    Focus: $(0, -5)$
    Length of Focal Chord: 20
    Directrix: $y = 5$

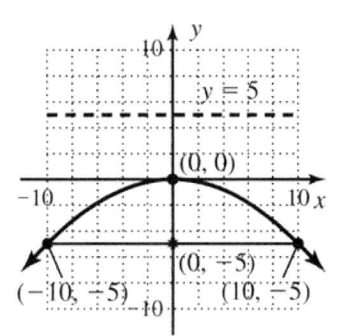

25. $r = 5 \sin \theta$
    Circle, Center $\left(0, \dfrac{5}{2}\right)$
    Symmetric about $\theta = \dfrac{\pi}{2}$

Cycle	r-value analysis	Location of graph
0 to $\dfrac{\pi}{2}$	$\|r\|$ increases from 0 to 5	QI $(r > 0)$
$\dfrac{\pi}{2}$ to π	$\|r\|$ decreases from 5 to 0	QI $(r > 0)$
π to $\dfrac{3\pi}{2}$	$\|r\|$ increases from 0 to 5	QII $(r < 0)$
$\dfrac{3\pi}{2}$ to 2π	$\|r\|$ decreases from 5 to 0	QII $(r < 0)$

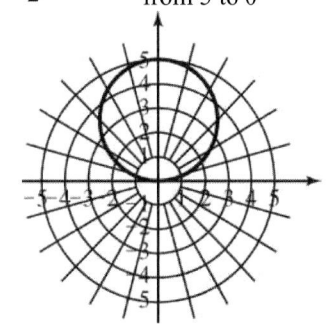

Chapter 10 Summary and Concept Review

27. $r = 2 + 4\cos\theta$
Limacon, Symmetric about $\theta = 0$

Cycle	r-value analysis	Location of graph
0 to $\dfrac{\pi}{2}$	$\|r\|$ decreases from 6 to 2	QI $(r > 0)$
$\dfrac{\pi}{2}$ to $\dfrac{2\pi}{3}$	$\|r\|$ decreases from 2 to 0	QII $(r > 0)$
$\dfrac{2\pi}{3}$ to π	$\|r\|$ increases from 0 to 2	QIV $(r < 0)$
π to $\dfrac{4\pi}{3}$	$\|r\|$ decreases from 2 to 0	QII $(r < 0)$
$\dfrac{4\pi}{3}$ to $\dfrac{3\pi}{2}$	$\|r\|$ increases from 0 to 2	QIII $(r > 0)$
$\dfrac{3\pi}{2}$ to 2π	$\|r\|$ increases from 2 to 6	QIV $(r > 0)$

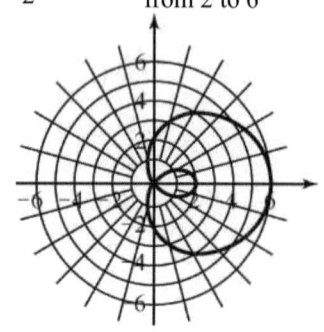

29. $2x^2 - 4xy + 2y^2 - 8\sqrt{2}y - 24 = 0$

$\theta = 45°$, $\tan(2\beta) = \dfrac{-4}{2-2} = $ undefined;

$2\beta = \dfrac{\pi}{2}, \beta = \dfrac{\pi}{4}$;

$x = \dfrac{\sqrt{2}}{2}X - \dfrac{\sqrt{2}}{2}Y$; $y = \dfrac{\sqrt{2}}{2}X + \dfrac{\sqrt{2}}{2}Y$;

$2\left(\dfrac{\sqrt{2}}{2}X - \dfrac{\sqrt{2}}{2}Y\right)^2$

$-4\left(\dfrac{\sqrt{2}}{2}X - \dfrac{\sqrt{2}}{2}Y\right)\left(\dfrac{\sqrt{2}}{2}X + \dfrac{\sqrt{2}}{2}Y\right)$

$+2\left(\dfrac{\sqrt{2}}{2}X + \dfrac{\sqrt{2}}{2}Y\right)^2$

$-8\sqrt{2}\left(\dfrac{\sqrt{2}}{2}X + \dfrac{\sqrt{2}}{2}Y\right) = 24$

$2\left(\dfrac{1}{2}X^2 - XY + \dfrac{1}{2}Y^2\right)$

$-4\left(\dfrac{1}{2}X^2 - \dfrac{1}{2}Y^2\right) + 2\left(\dfrac{1}{2}X^2 + XY + \dfrac{1}{2}Y^2\right)$

$-\dfrac{16}{2}X - \dfrac{16}{2}X = 24$

$X^2 - 2XY + Y^2 - 2X^2 + 2Y^2 + X^2$
$\quad + 2XY + Y^2 - 8X - 8Y = 24$

$4Y^2 - 8X - 8Y = 24$

$Y^2 - 2X - 2Y = 6$

$Y^2 - 2Y = 2X + 6$

$Y^2 - 2Y + 1 = 2X + 6 + 1$

$(Y-1)^2 = 2X + 7$

$(Y-1)^2 = 2\left(X + \dfrac{7}{2}\right)$

vertex: $\left(-\dfrac{7}{2}, 1\right)$

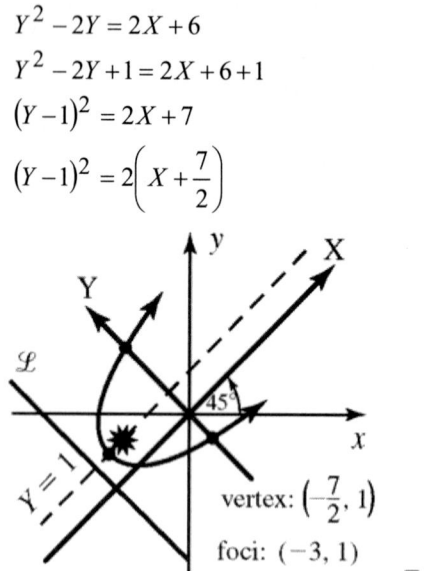

foci: $(-3, 1)$

y-intercepts: $(0, \sqrt{7})$ and $(0, -\sqrt{7} + 1)$

31. $r = \dfrac{9}{3 - 2\cos\theta} = \dfrac{3}{1 - \dfrac{2}{3}\cos\theta}$

$e = \dfrac{2}{3}$, Ellipse

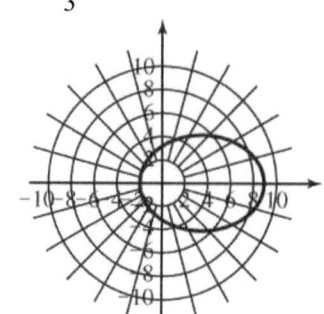

Chapter 10: Analytical Geometry and Conic Sections

33. $r = \dfrac{4}{3+3\sin\theta} = \dfrac{\frac{4}{3}}{1+\sin\theta}$
    $e=1$, Parabola

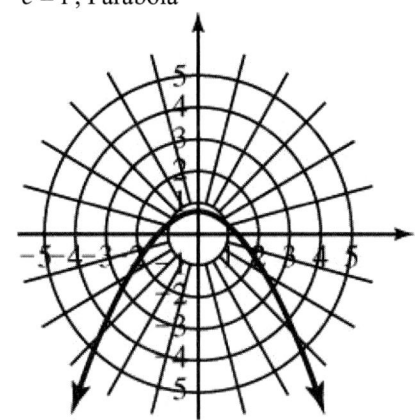

35. $x = t-4$; $t \in [-3,3]$; $y = -2t^2 + 3$
    $t = x+4$;
    $y = -2(x+4)^2 + 3$

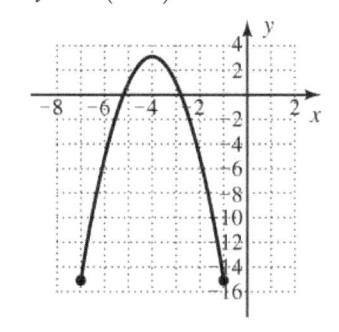

37. $x = -3\sin t$; $t \in [0, 2\pi)$
    $y = 4\cos t$

    $\dfrac{x}{-3} = \sin t \rightarrow \dfrac{x^2}{9} = \sin^2 t$

    $\dfrac{y}{4} = \cos t \rightarrow \dfrac{y^2}{16} = \cos^2 t$

    $\dfrac{x^2}{9} + \dfrac{y^2}{16} = \sin^2 t + \cos^2 t$

    $\dfrac{x^2}{9} + \dfrac{y^2}{16} = 1$

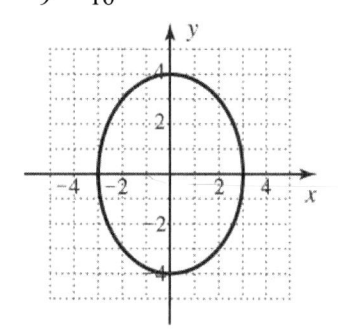

39. $x = 4\sin(5t)$; $y = 8\cos t$

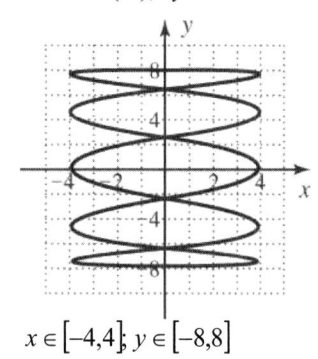

    $x \in [-4, 4]$; $y \in [-8, 8]$

Mixed Review

Mixed Review

1. $9x^2 + 9y^2 = 54$
   $x^2 + y^2 = 6$
   Circle
   Center: $(0,0)$, Radius: $r = \sqrt{6}$

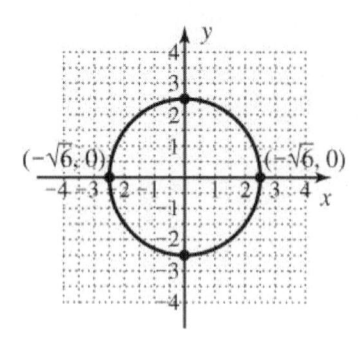

3. $9y^2 - 25x^2 = 225$
   $\dfrac{y^2}{25} - \dfrac{x^2}{9} = 1$
   Hyperbola
   Center: $(0,0)$
   Vertices: $(0,5), (0,-5)$
   $a = 3, b = 5$;
   $a^2 + b^2 = c^2$
   $25 + 9 = c^2$
   $\sqrt{34} = c$
   Foci: $(0, \sqrt{34}), (0, -\sqrt{34})$
   CA: $(3,0), (-3,0)$
   Asymptotes: $y = \pm \dfrac{5}{3}x$
   $L = \dfrac{2 \cdot 9}{5} = 3\dfrac{3}{5} = 3.6$

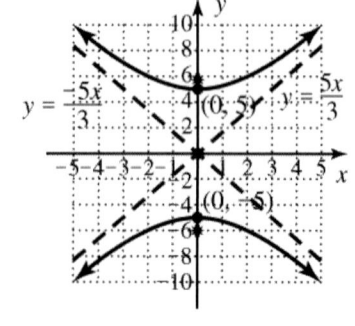

5. $4(x-1)^2 - 36(y+2)^2 = 144$
   $\dfrac{(x-1)^2}{36} - \dfrac{(y+2)^2}{4} = 1$
   Hyperbola
   Center: $(1,-2)$
   $a = 6, b = 2$
   Vertices: $(-5,-2), (7,-2)$
   $a^2 + b^2 = c^2$
   $36 + 4 = c^2$
   $2\sqrt{10} = c$
   Foci: $(1 - 2\sqrt{10}, -2), (1 + 2\sqrt{10}, -2)$
   CA: $(1, -2+2), (1, -2-2)$
   $(1,0), (1,-4)$
   Asymptotes: $y + 2 = \pm \dfrac{1}{3}(x-1)$
   $y + 2 = \dfrac{1}{3}(x-1); y + 2 = -\dfrac{1}{3}(x-1)$
   $y + 2 = \dfrac{1}{3}x - \dfrac{1}{3}; y + 2 = -\dfrac{1}{3}x + \dfrac{1}{3}$
   $y = \dfrac{1}{3}x - \dfrac{7}{3}; y = -\dfrac{1}{3}x - \dfrac{5}{3};$
   $L = \dfrac{2 \cdot 4}{6} = \dfrac{4}{3}$

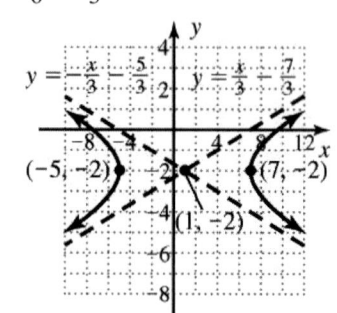

596

Chapter 10: Analytical Geometry and Conic Sections

7. $y = -2x^2 - 10x + 15$

   $y = -2(x^2 + 5x) + 15$

   $y = -2\left(x^2 + 5x + \dfrac{25}{4}\right) + 15 + \dfrac{25}{2}$

   $y = -2\left(x + \dfrac{5}{2}\right)^2 + \dfrac{55}{2}$;

   $y - \dfrac{55}{2} = -2\left(x + \dfrac{5}{2}\right)^2$

   $-\dfrac{1}{2}\left(y - \dfrac{55}{2}\right) = \left(x + \dfrac{5}{2}\right)^2$;

   $4p = -\dfrac{1}{2}$

   $p = -\dfrac{1}{8}$

   Parabola

   Vertex: $\left(-\dfrac{5}{2}, \dfrac{55}{2}\right)$

   Focus: $\left(-\dfrac{5}{2}, \dfrac{55}{2} - \dfrac{1}{8}\right) = \left(-\dfrac{5}{2}, \dfrac{219}{8}\right)$

   Directrix: $y = \dfrac{55}{2} + \dfrac{1}{8} = \dfrac{221}{8}$

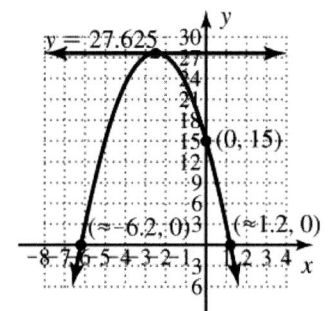

9. $x = y^2 + 2y + 3$

   $x = (y^2 + 2y + 1) + 3 - 1$

   $x = (y + 1)^2 + 2$;

   $(x - 2) = (y + 1)^2$;

   $4p = 1$

   $p = \dfrac{1}{4}$

   Parabola

   Vertex: $(2, 1)$

   Focus: $\left(2 + \dfrac{1}{4}, 1\right) = \left(\dfrac{9}{4}, 1\right)$

   Directrix: $x = 2 - \dfrac{1}{4} = \dfrac{7}{4}$

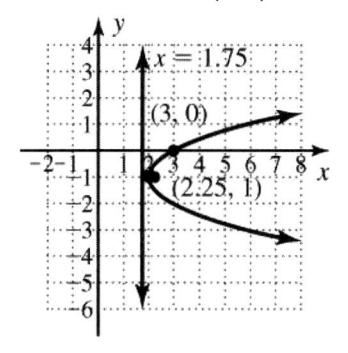

11. $x^2 - 8x - 8y + 16 = 0$

    $x^2 - 8x + 16 = 8y$

    $(x - 4)^2 = 8y$;

    $4p = 8$

    $p = 2$

    Parabola

    Vertex: $(4, 0)$

    Focus: $(4, 0 + 2) = (4, 2)$

    Directrix: $y = 0 - 2 = -2$

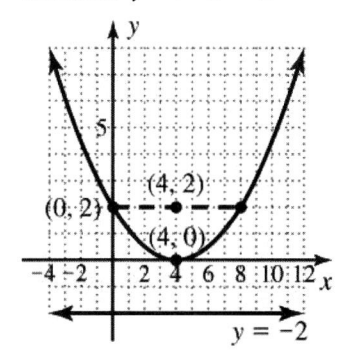

597

Mixed Review

13. $4x^2 - 25y^2 - 24x + 150y - 289 = 0$
    $4x^2 - 24x - 25y^2 + 150y = 289$
    $4(x^2 - 6x) - 25(y^2 - 6y) = 289$
    $4(x^2 - 6x + 9) - 25(y^2 - 6y + 9) = 289 + 36 - 225$
    $4(x-3)^2 - 25(y-3)^2 = 100$
    $\dfrac{(x-3)^2}{25} - \dfrac{(y-3)^2}{4} = 1$
    Hyperbola
    Center: $(3,3)$
    Vertices: $(3+5, 3), (3-5, 3)$
    $(8,3), (-2,3)$
    $a^2 + b^2 = c^2$
    $25 + 4 = c^2$
    $\sqrt{29} = c$
    Foci: $(3+\sqrt{29}, 3), (3-\sqrt{29}, 3)$
    CA: $(3, 3+2), (3, 3-2)$
    $(3,5), (3,1)$
    Asymptotes: $y - 3 = \pm \dfrac{2}{5}(x-3)$

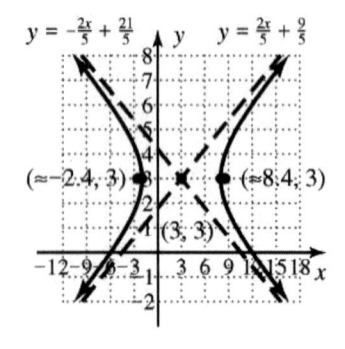

    $y = -\frac{2x}{5} + \frac{21}{5}$ $y = \frac{2x}{5} + \frac{9}{5}$

15. $49(x+2)^2 + (y-3)^2 = 49$
    $\dfrac{(x+2)^2}{1} + \dfrac{(y-3)^2}{49} = 1$
    Ellipse
    Center: $(-2, 3)$
    Vertices: $(-2, 3+7), (-2, 3-7)$
    $(-2, 10), (-2, -4)$
    $a^2 = b^2 + c^2$
    $49 = 1 + c^2$
    $4\sqrt{3} = c$
    Foci: $(-2, 3 - 4\sqrt{3}), (-2, 3 + 4\sqrt{3})$
    CA: $(-2+1, 3), (-2-1, 3)$
    $(-1, 3), (-3, 3)$
    $L = \dfrac{2 \cdot 1}{7} = \dfrac{2}{7}$

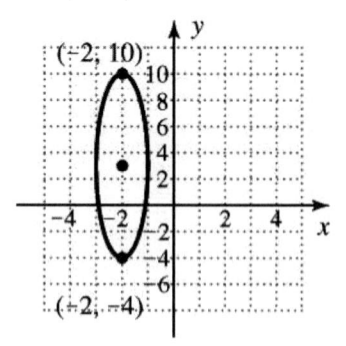

17. $x = (t-2)^2 \; ; \; y = (t-4)^2$
    Parabola

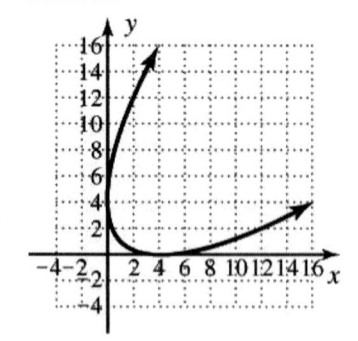

598

Chapter 10: Analytical Geometry and Conic Sections

19. a. $\begin{cases} 4x^2 - y^2 = -9 \\ x^2 + 3y^2 = 79 \end{cases}$

    Multiply first equation by 3.
    $\begin{cases} 12x^2 - 3y^2 = -27 \\ x^2 + 3y^2 = 79 \end{cases}$
    $13x^2 = 52$
    $x^2 = 4$
    $x = \pm 2$;
    $4(\pm 2)^2 + 9 = y^2$
    $25 = y^2$
    $y = \pm 5$;
    $(2, 5), (2, -5), (-2, 5), (-2, -5)$

    b. $\begin{cases} 4x^2 + 9y^2 = 36 \\ x^2 + 3y = 6 \end{cases}$

    Multiply the 2nd equation by -4.
    $\begin{cases} 4x^2 + 9y^2 = 36 \\ -4x^2 - 12y = -24 \end{cases}$
    $9y^2 - 12y = 12$
    $3y^2 - 4y - 4 = 0$
    $(3y + 2)(y - 2) = 0$
    $y = -\frac{2}{3}; y = 2$;
    $x^2 + 3y = 6$
    $x^2 + 3\left(\frac{-2}{3}\right) = 6$
    $x^2 = 8$
    $x = \pm 2\sqrt{2}$;
    $x^2 + 3y = 6$
    $x^2 + 3(2) = 6$
    $x^2 = 0$
    $x = 0$;
    $(0, 2), \left(2\sqrt{2}, \frac{-2}{3}\right), \left(-2\sqrt{2}, \frac{-2}{3}\right)$

21. $2a = 100; a = 50$
    $2b = 60; b = 30$
    $x = 50 \cos \theta; x = 50 \cos t$
    $y = 30 \sin \theta; y = 30 \sin t$

23. a) $r = \dfrac{84}{100 + 70 \cos \theta} = \dfrac{0.84}{1 + 0.7 \cos \theta}$

    $e = \dfrac{c}{a} = \dfrac{70}{100}$; Elliptic
    $a(1 - e^2) = 0.84$
    $a(1 - 0.7^2) = 0.84$
    $a = \dfrac{0.84}{1 - 0.7^2} = 1.64716$;
    $e \cdot a = c$
    $0.7(1.64716) = c$
    $1.153012 = c$
    $a - c = 1.64716 - 1.153012 = 0.494148$
    perihelion = 0.494 million mi

    b) $r = \dfrac{31}{5 - 5 \sin \theta} = \dfrac{\frac{31}{5}}{1 - \sin \theta}$

    $e = \dfrac{5}{5} = 1$; Parabolic
    $d = \dfrac{31}{5} = 6.2$
    Perihelion = 3.1 million mi

599

Practice Test

25. $\dfrac{X^2}{80^2} - \dfrac{Y^2}{400^2} = 1$; $\beta = 45°$

$X = x\cos\beta + y\sin\beta$

$Y = -x\sin\beta + y\cos\beta$

$\dfrac{(x\cos\beta + y\sin\beta)^2}{80^2} - \dfrac{(-x\sin\beta + y\cos\beta)^2}{400^2} = 1$

$\dfrac{(x\cos 45° + y\sin 45°)^2}{80^2} - \dfrac{(-x\sin 45° + y\cos 45°)^2}{400^2} = 1$

$\dfrac{\left(x\left(\tfrac{\sqrt{2}}{2}\right) + y\left(\tfrac{\sqrt{2}}{2}\right)\right)^2}{80^2} - \dfrac{\left(-x\sin\left(\tfrac{\sqrt{2}}{2}\right) + y\left(\tfrac{\sqrt{2}}{2}\right)\right)^2}{400^2} = 1$

$\dfrac{\tfrac{1}{2}x^2 + xy + \tfrac{1}{2}y^2}{80^2} - \dfrac{\tfrac{1}{2}x^2 - xy + \tfrac{1}{2}y^2}{400^2} = 1$

$25\left(\tfrac{1}{2}x^2 + xy + \tfrac{1}{2}y^2\right)$

$\qquad -\tfrac{1}{2}x^2 + xy - \tfrac{1}{2}y^2 = 400^2$

$\tfrac{25}{2}x^2 + 25xy + \tfrac{25}{2}y^2 - \tfrac{1}{2}x^2 + xy - \tfrac{1}{2}y^2 = 400^2$

$\tfrac{24}{2}x^2 + 26xy + \tfrac{24}{2}y^2 = 160{,}000$

$12x^2 + 26xy + 12y^2 = 160{,}000$

Practice Test

1. Circle (c)

3. Hyperbola (b)

5. $x^2 + y^2 - 4x + 10y + 20 = 0$

$x^2 - 4x + y^2 + 10y = -20$

$(x^2 - 4x + 4) + (y^2 + 10y + 25) = -20 + 4 + 25$

$(x-2)^2 + (y+5)^2 = 9$

Center: $(2, -5)$, $r = 3$

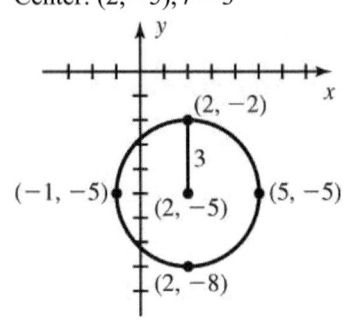

7. $r = \dfrac{10}{5 - 4\cos\theta} = \dfrac{2}{1 - \tfrac{4}{5}\cos\theta}$

$e = \dfrac{4}{5}$

Ellipse;

If $\theta = 0, r = 10$; If $\theta = \pi, r = \dfrac{10}{9}$;

If $\theta = \dfrac{\pi}{2}, r = 2$; If $\theta = \dfrac{3\pi}{2}, r = 2$

Major vertices: $\left(\dfrac{-10}{9}, 0\right), (10, 0)$

Center $(x, y) = \left(\dfrac{40}{9}, 0\right)$

Foci: $(0, 0), \left(\dfrac{80}{9}, 0\right)$

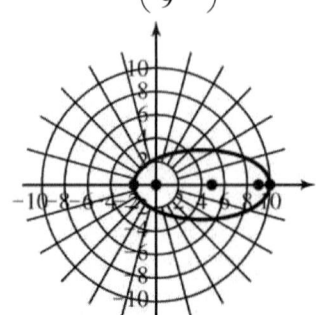

Chapter 10: Analytical Geometry and Conic Sections

9. $\dfrac{(y+3)^2}{9} - \dfrac{(x-2)^2}{16} = 1$

   Hyperbola
   Center: $(2,-3)$
   Vertices:
   $(2,-3+3) = (2,0)$
   $(2,-3-3) = (2,-6)$
   Foci:
   $(2,-3+5) = (2,2)$
   $(2,-3-5) = (2,-8)$
   Asymptotes:
   $(y+3) = \pm\dfrac{3}{4}(x-2)$
   $y = -\dfrac{3}{4}x - \dfrac{3}{2}$; $y = \dfrac{3}{4}x - \dfrac{9}{2}$

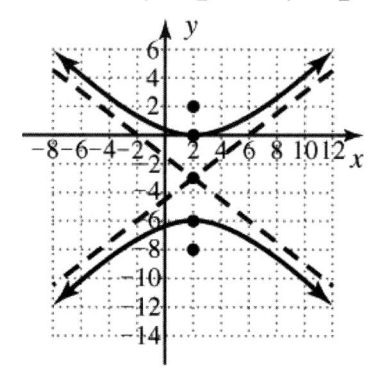

11. $80x^2 + 120xy + 45y^2 - 100y - 44 = 0$
    $B^2 - 4AC = 120^2 - 4(80)45 = 0$; Parabola
    $\tan(2\beta) = \dfrac{120}{80-45} = \dfrac{24}{7}$; $2\beta = \tan^{-1}\left(\dfrac{24}{7}\right)$
    $2\beta = 73.74°$; $\beta = 36.87°$;
    $\tan(2\beta) = \dfrac{24}{7}$;
    $\sqrt{24^2 + 7^2} = 25$; $\cos(2\beta) = \dfrac{7}{25}$;
    $\cos\beta = \sqrt{\dfrac{1+\dfrac{7}{25}}{2}} = \sqrt{\dfrac{32}{25} \cdot \dfrac{1}{2}} = \sqrt{\dfrac{16}{25}} = \dfrac{4}{5}$;
    $\sqrt{5^2 - 4^2} = 3$;
    $\cos\beta = \dfrac{4}{5}$; $\sin\beta = \dfrac{3}{5}$

13. $r = 3 + 3\cos\theta$
    Cardioid

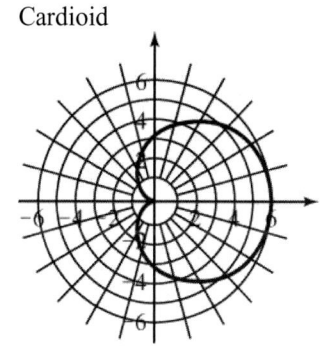

15. $r = 6\sin(2\theta)$
    Four-petal rose

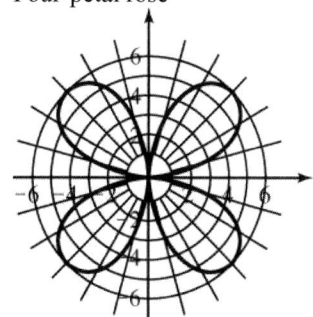

17. $x = (t-3)^2 + 1$; $y = t+2$; $y - 2 = t$
    $x = (y-2-3)^2 + 1$
    $x = (y-5)^2 + 1$
    Parabola, opens right

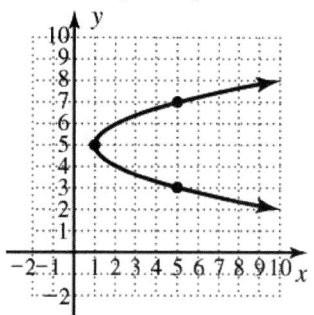

601

Practice Test

19. a. $\begin{cases} 4x^2 - y^2 = 16 & \text{Hyperbola} \\ y - x = 2 & \text{Line} \end{cases}$

   2nd equation: $y = x + 2$

   $4x^2 - (x+2)^2 = 16$
   $4x^2 - x^2 - 4x - 4 = 16$
   $3x^2 - 4x - 20 = 0$
   $(3x - 10)(x + 2) = 0$
   $x = \dfrac{10}{3}, x = -2$;

   $y = \dfrac{10}{3} + 2 = \dfrac{16}{3}$;
   $y = -2 + 2 = 0$

   Solutions: $\left(\dfrac{10}{3}, \dfrac{16}{3}\right), (-2, 0)$

   b. $\begin{cases} 4y^2 - x^2 = 4 & \text{Hyperbola} \\ x^2 + y^2 = 4 & \text{Circle} \end{cases}$

   $5y^2 = 8$
   $y^2 = \dfrac{8}{5}$
   $y = \pm\sqrt{\dfrac{8}{5}}$;

   $4\left(\pm\dfrac{2\sqrt{10}}{5}\right)^2 - x^2 = 4$

   $-x^2 = 4 - 4\left(\dfrac{8}{5}\right)$
   $x^2 = \dfrac{12}{5}$
   $x = \pm\sqrt{\dfrac{12}{5}}$;

   Solutions: $\left(\sqrt{\dfrac{12}{5}}, \sqrt{\dfrac{8}{5}}\right), \left(\sqrt{\dfrac{12}{5}}, -\sqrt{\dfrac{8}{5}}\right),$
   $\left(-\sqrt{\dfrac{12}{5}}, \sqrt{\dfrac{8}{5}}\right), \left(-\sqrt{\dfrac{12}{5}}, -\sqrt{\dfrac{8}{5}}\right)$

21. $x = v_0 t \cos\theta$
    $x = 80t \cos 28°$;
    $y = v_0 t \sin\theta - 16t^2$
    $y = 80t \sin 28° - 16t^2$;
    At $x = 165$, $y \approx 0.43$
    The ball is 0.43 ft above the ground at $x = 165$ feet, and will likely go into the goal.

23. $y = (x - 1)^2 - 4$;
    $D: x \in (-\infty, \infty)$
    $R: y \in [-4, \infty)$
    Focus: $\left(1, -\dfrac{15}{4}\right)$

25. $\dfrac{(x+2)^2}{9} + \dfrac{(y-1)^2}{25} = 1$
    Domain: $x \in [-5, 1]$
    Range: $y \in [-4, 6]$

Calculator Exploration & Discovery

1. A rotation of π or $-\pi$ causes a reflection about the line $\theta = \dfrac{\pi}{2}$.

3. If the numerator is changed to a negative, the radii are all opposite of the original, thus there is a rotation of $\pm\pi$. The graph overlaps those created by a reflection about $\theta = \dfrac{\pi}{2}$.

5. A rotation around $\dfrac{2\pi}{5}$ causes Galois to intersect both Agnesi and Erdős.

Chapter 10: Analytical Geometry and Conic Sections

Strengthening Core Skills

1. #31 from 10.4
$12x^2 + 24xy + 5y^2 - 40x - 30y = 25$
$A = 12, B = 24, C = 5$
$B^2 - 4AC = 24^2 - 4(12)(5) = 336$
Hyperbola
$\tan(2\beta) = \dfrac{B}{A-C} = \dfrac{24}{12-5} = \dfrac{24}{7}$;
$\cos(2\beta) = \dfrac{7}{25}$;

$\cos\beta = \sqrt{\dfrac{1+\cos(2\beta)}{2}} = \sqrt{\dfrac{1+\dfrac{7}{25}}{2}}$
$= \sqrt{\dfrac{\dfrac{32}{25}}{\dfrac{2}{1}}} = \sqrt{\dfrac{16}{25}} = \dfrac{4}{5}$;

$\sin\beta = \sqrt{\dfrac{1-\cos(2\beta)}{2}} = \sqrt{\dfrac{1-\dfrac{7}{25}}{2}}$
$= \sqrt{\dfrac{\dfrac{18}{25}}{\dfrac{2}{1}}} = \sqrt{\dfrac{9}{25}} = \dfrac{3}{5}$;

$x = X\cos\beta - Y\sin\beta$
$x = \dfrac{4}{5}X - \dfrac{3}{5}Y = \dfrac{4X-3Y}{5}$;
$y = X\sin\beta + Y\cos\beta$
$y = \dfrac{3}{5}X + \dfrac{4}{5}Y = \dfrac{3X+4Y}{5}$;

$x^2 = \left(\dfrac{4X-3Y}{5}\right)^2 = \dfrac{16X^2 - 24XY + 9Y^2}{25}$;
$y^2 = \left(\dfrac{3X+4Y}{5}\right)^2 = \dfrac{9X^2 + 24XY + 16Y^2}{25}$;
$xy = \left(\dfrac{4X-3Y}{5}\right)\left(\dfrac{3X+4Y}{5}\right)$

$xy = \dfrac{12X^2 + 16XY - 9XY - 12Y^2}{25}$
$xy = \dfrac{12X^2 + 7XY - 12Y^2}{25}$;
$25 = 12x^2 + 24xy + 5y^2 - 40x - 30y$
$25 = 12\left(\dfrac{16X^2 - 24XY + 9Y^2}{25}\right)$
$+ 24\left(\dfrac{12X^2 + 7XY - 12Y^2}{25}\right)$
$+ 5\left(\dfrac{9X^2 + 24XY + 16Y^2}{25}\right)$
$- 40\left(\dfrac{4X-3Y}{5}\right) - 3\left(\dfrac{3X+4Y}{5}\right)$
$625 = 192X^2 - 288XY + 108Y^2 + 288X^2$
$+ 168XY - 288Y^2 + 456X^2 + 120XY$
$+ 80Y^2 - 800X + 600Y - 45X - 60Y$
$625 = 525X^2 - 100Y^2 - 845X + 540Y$
$1 = \dfrac{21X^2}{25} - \dfrac{4Y^2}{25} - \dfrac{169X}{125} + \dfrac{108Y}{125}$

#32 from 10.4
$25x^2 + 840xy - 16y^2 - 400 = 0$
$A = 25, B = 840, C = -16$
$B^2 - 4AC = 840^2 - 4(25)(-16) = 707200$
$707,200 > 0$; Hyperbola;
$\tan(2\beta) = \dfrac{B}{A-C} = \dfrac{840}{25+16} = \dfrac{840}{41}$;
$\sqrt{840^2 + 41^2} = 841$; $\cos(2\beta) = \dfrac{41}{841}$;

$\cos\beta = \sqrt{\dfrac{1+\cos 2\beta}{2}} = \sqrt{\dfrac{1+\dfrac{41}{841}}{2}} = \dfrac{21}{29}$;

$\sin\beta = \sqrt{\dfrac{1-\cos(2\beta)}{2}} = \sqrt{\dfrac{1-\dfrac{41}{841}}{2}} = \dfrac{20}{29}$;

$x = X\cos\beta - Y\sin\beta$
$x = \dfrac{21}{29}X - \dfrac{20}{29}Y = \dfrac{21X - 20Y}{29}$;
$y = X\sin\beta + Y\cos\beta$
$y = \dfrac{20}{29}X + \dfrac{21}{29}Y = \dfrac{20X + 21Y}{29}$;

Strengthening Core Skills

$$x^2 = \left(\frac{21X - 20Y}{29}\right)^2 = \frac{441X^2 - 840XY + 400Y^2}{841};$$

$$y^2 = \left(\frac{20X + 21Y}{29}\right)^2 = \frac{400X^2 + 840XY + 441Y^2}{841};$$

$$xy = \left(\frac{21X - 20Y}{29}\right)\left(\frac{20X + 21Y}{29}\right)$$

$$xy = \frac{420X^2 + 441XY - 400XY - 420Y^2}{841}$$

$$xy = \frac{420X^2 + 41XY - 420Y^2}{841};$$

$$400 = 25x^2 + 840xy - 16y^2$$

$$400 = 25\left(\frac{441X^2 - 840XY + 400Y^2}{841}\right)$$

$$+ 840\left(\frac{420X^2 + 41XY - 420Y^2}{841}\right)$$

$$- 16\left(\frac{400X^2 + 840XY + 441Y^2}{841}\right)$$

$$336400 = 11025X^2 - 21000XY + 10000Y^2$$
$$+ 352800X^2 + 34440XY - 352800Y^2$$
$$- 6400X^2 - 13440XY - 7056Y^2$$

$$3364000 = 357425X^2 - 349856Y^2$$

$$1 = \frac{17X^2}{16} - \frac{26Y^2}{25}$$

Yes, the calculations are much "cleaner" with the right triangle definitions.

Chapter 10: Analytical Geometry and Conic Sections

Cumulative Review

1. $\sqrt{x+2}+2=\sqrt{3x+4}$
$\left(\sqrt{x+2}+2\right)^2=\left(\sqrt{3x+4}\right)^2$
$x+2+4\sqrt{x+2}+4=3x+4$
$4\sqrt{x+2}=2x-2$
$\left(4\sqrt{x+2}\right)^2=(2x-2)^2$
$16(x+2)=4x^2-8x+4$
$16x+32=4x^2-8x+4$
$0=4x^2-24x-28$
$0=4\left(x^2-6x-7\right)$
$(x-7)(x+1)=0$
$x-7=0$ or $x+1=0$
$x=7$ or $x=-1$
$x=7, x=-1$ is extraneous.

3. $4\cdot 2^{x+1}=\dfrac{1}{8}$
$2^2\cdot 2^{x+1}=2^{-3}$
$2^{x+3}=2^{-3}$
$x+3=-3$
$x=-6$

5. $\log_3 81=x$
$3^x=81$
$3^x=3^4$
$x=4$

7. $-6\tan x=2\sqrt{3}$
$\dfrac{-6}{-6}\tan x=\dfrac{2\sqrt{3}}{-6}$
$\tan x=\dfrac{-\sqrt{3}}{3}$
$x=\dfrac{5\pi}{6}+\pi k, k\in Z$

9. $\dfrac{\sin 27°}{18}=\dfrac{\sin x}{35}$
$\dfrac{35\sin 27°}{18}=\sin x$
$0.882759305\approx\sin x$
$\sin^{-1}(0.882759305)=x$
$x\approx 61.98°+360°k, k\in Z$ (QI)
$x\approx 180°-61.98°=118.02°$ (QII)
$x\approx 118.02°+360°k, k\in Z$

11. $P=\dfrac{Kd}{S}$
$18=\dfrac{K850}{1000}$
$\dfrac{18000}{850}=k$
$k=\dfrac{360}{17}$
$P=\dfrac{\left(\dfrac{360}{17}\right)d}{S}$
$P=\dfrac{\left(\dfrac{360}{17}\right)1400}{1200}$
$P=24.7$ peso/kg

Cumulative Review

13. $x^2 = 540^2 + 850^2 - 2(540)(850)\cos 110°$
    $x^2 = 1328074.492$
    $x = 1152.4$ yards wide

15. $y = \sqrt{x-3} + 1$
    Node: $(3,1)$

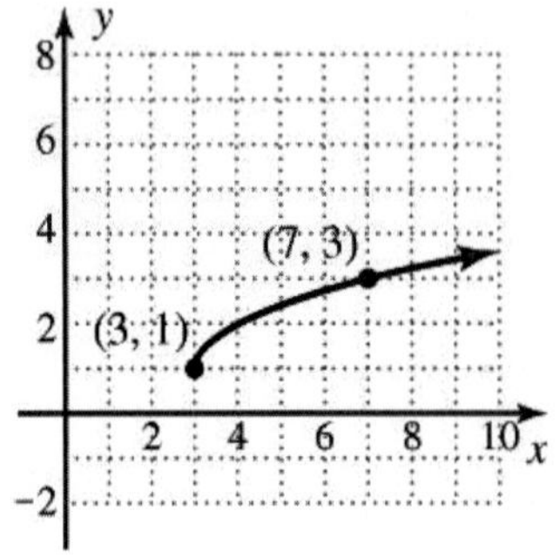

17. $h(x) = \dfrac{x-2}{x^2-9}$
    Horizontal asymptote: $y = 0$
    (deg num < deg den)
    $h(x) = \dfrac{x-2}{(x+3)(x-3)}$
    Vertical asymptotes: $x = 3$ or $x = -3$;
    $h(0) = \dfrac{0-2}{0^2-9} = \dfrac{2}{9} \approx 0.22$
    y-intercept: $(0, 0.22)$;
    $0 = \dfrac{x-2}{x^2-9}$
    x-intercept: $(2, 0)$;

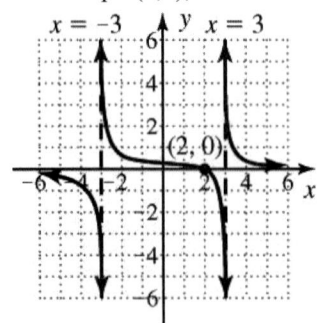

19. $f(x) = \log_2(x+1)$
    $f(0) = \log_2(0+1) = 0$
    y-intercept: $(0,0)$;
    $x + 1 = 0$
    Vertical asymptote: $x = -1$

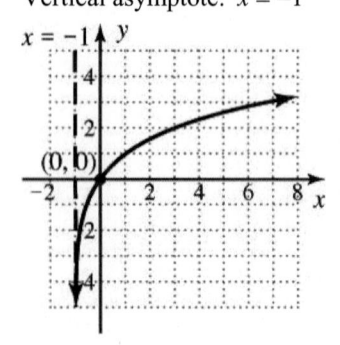

21. $4(x-1)^2 - 36(y+2)^2 = 144$
    $\dfrac{(x-1)^2}{36} - \dfrac{(y+2)^2}{4} = 1$
    Hyperbola
    Center: $(1, -2)$
    $a = 6,\ b = 2$
    Vertices: $(1-6, -2), (1+6, -2)$
    $(-5, -2), (7, -2)$;
    $a^2 + b^2 = c^2$
    $36 + 4 = c^2$
    $2\sqrt{10} = c$
    Foci: $(1 - 2\sqrt{10}, -2), (1 + 2\sqrt{10}, -2)$
    CA: $(1, -2+2), (1, -2-2)$
    $(1, 0), (1, -4)$
    Asymptotes: $y + 2 = \pm \dfrac{1}{3}(x - 1)$
    $y + 2 = \dfrac{1}{3}x - \dfrac{1}{3};\ y + 2 = -\dfrac{1}{3}x + \dfrac{1}{3}$
    $y = \dfrac{1}{3}x - \dfrac{7}{3};\ y = -\dfrac{1}{3}x - \dfrac{5}{3}$

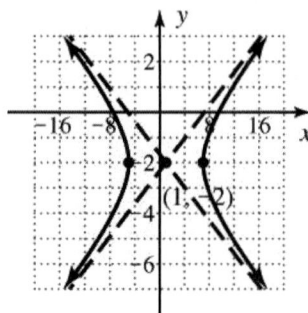

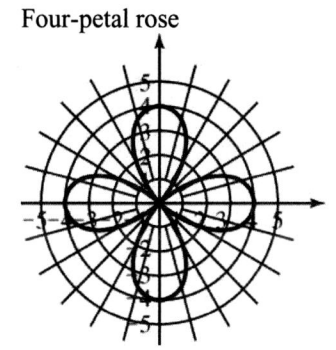

Chapter 10: Analytical Geometry and Conic Sections

23. $r = \cos 2\theta$
Four-petal rose

25. $\cos\theta = \dfrac{\mathbf{u}\cdot\mathbf{v}}{\|\mathbf{u}\|\cdot\|\mathbf{v}\|} = \dfrac{-4(3)+5(7)}{\sqrt{(-4)^2+5^2}\sqrt{3^2+7^2}}$

$\cos\theta = \dfrac{23}{\sqrt{41\cdot 58}}$

$\theta \approx 61.9°$

27. $\begin{cases} x^2 + y^2 = 25 \\ 64x^2 + 12y^2 = 768 \end{cases}$

$\begin{cases} -12x^2 - 12y^2 = -300 \\ 64x^2 + 12y^2 = 768 \end{cases}$

$52x^2 = 468$

$x^2 = 9$

$x = \pm 3$;

$(\pm 3)^2 + y^2 = 25$

$y^2 = 16$

$y = \pm 4$;

$(3,4),(3,-4),(-3,4),(-3,-4)$

29. $y = \dfrac{3x^3 - 2x^2 + x - 3}{x^4 + x^2}$

$\dfrac{3x^3 - 2x^2 + x - 3}{x^2(x^2+1)} = \dfrac{A}{x} + \dfrac{B}{x^2} + \dfrac{Cx+D}{x^2+1}$

$3x^3 - 2x^2 + x - 3 = Ax(x^2+1) + B(x^2+1) + (Cx+D)x^2$

$= Ax^3 + Ax + Bx^2 + B + Cx^3 + Dx^2$

$= (A+C)x^3 + (B+D)x^2 + Ax + B$

$3 = A+C \quad B+D = -2 \quad A = 1 \quad B = -3$

$3 = 1+C \quad -3+D = -2$

$C = 2 \quad\quad D = 1$

$= \dfrac{1}{x} + \dfrac{3}{x^2} + \dfrac{2x+1}{x^2+1}$

11.1 Exercises

11.1 Technology Highlight

Exercise 1: $a_n = \dfrac{1}{3^n}$

First 10 terms:

$\dfrac{1}{3}, \dfrac{1}{9}, \dfrac{1}{27}, \dfrac{1}{81}, \dfrac{1}{243}, \dfrac{1}{729}, \dfrac{1}{2187},$
$\dfrac{1}{6561}, \dfrac{1}{19683}, \dfrac{1}{59049}$

Sum of first 10 terms: sum → 0.5

Exercise 3: $a_n = \dfrac{1}{(2n-1)(2n+1)}$

First 10 terms:

$\dfrac{1}{3}, \dfrac{1}{15}, \dfrac{1}{35}, \dfrac{1}{63}, \dfrac{1}{99}, \dfrac{1}{143}, \dfrac{1}{195}, \dfrac{1}{255}, \dfrac{1}{323}, \dfrac{1}{399}$

Sum of first 10 terms: sum → 0.5

11.1 Exercises

1. Pattern; order

3. Increasing

5. Formula defining the sequence uses the preceding term. Answers will vary.

7. $a_n = 2n - 1$
$a_1 = 2(1) - 1 = 2 - 1 = 1$;
$a_2 = 2(2) - 1 = 4 - 1 = 3$;
$a_3 = 2(3) - 1 = 6 - 1 = 5$;
$a_4 = 2(4) - 1 = 8 - 1 = 7$;
$a_8 = 2(8) - 1 = 16 - 1 = 15$;
$a_{12} = 2(12) - 1 = 24 - 1 = 23$;
1, 3, 5, 7; $a_8 = 15$; $a_{12} = 23$

9. $a_n = 3n^2 - 3$
$a_1 = 3(1)^2 - 3 = 3(1) - 3 = 3 - 3 = 0$;
$a_2 = 3(2)^2 - 3 = 3(4) - 3 = 12 - 3 = 9$;
$a_3 = 3(3)^2 - 3 = 3(9) - 3 = 27 - 3 = 24$;
$a_4 = 3(4)^2 - 3 = 3(16) - 3 = 48 - 3 = 45$;
$a_8 = 3(8)^2 - 3 = 3(64) - 3 = 192 - 3 = 189$;
$a_{12} = 3(12)^2 - 3 = 3(144) - 3 = 432 - 3 = 429$;
0, 9, 24, 45; $a_8 = 189$; $a_{12} = 429$

11. $a_n = (-1)^n n$
$a_1 = (-1)^1 (1) = -1(1) = -1$;
$a_2 = (-1)^2 (2) = 1(2) = 2$;
$a_3 = (-1)^3 (3) = -1(3) = -3$;
$a_4 = (-1)^4 (4) = 1(4) = 4$;
$a_8 = (-1)^8 (8) = 1(8) = 8$;
$a_{12} = (-1)^{12} (12) = 1(12) = 12$;
-1, 2, -3, 4; $a_8 = 8$; $a_{12} = 12$

13. $a_n = \dfrac{n}{n+1}$

$a_1 = \dfrac{1}{1+1} = \dfrac{1}{2}$;

$a_2 = \dfrac{2}{2+1} = \dfrac{2}{3}$;

$a_3 = \dfrac{3}{3+1} = \dfrac{3}{4}$;

$a_4 = \dfrac{4}{4+1} = \dfrac{4}{5}$;

$a_8 = \dfrac{8}{8+1} = \dfrac{8}{9}$;

$a_{12} = \dfrac{12}{12+1} = \dfrac{12}{13}$;

$\dfrac{1}{2}, \dfrac{2}{3}, \dfrac{3}{4}, \dfrac{4}{5}$; $a_8 = \dfrac{8}{9}$; $a_{12} = \dfrac{12}{13}$

Chapter 11: Additional Topics in Algebra

15. $a_n = \left(\dfrac{1}{2}\right)^n$

    $a_1 = \left(\dfrac{1}{2}\right)^1 = \dfrac{1}{2}$;

    $a_2 = \left(\dfrac{1}{2}\right)^2 = \dfrac{1}{4}$;

    $a_3 = \left(\dfrac{1}{2}\right)^3 = \dfrac{1}{8}$;

    $a_4 = \left(\dfrac{1}{2}\right)^4 = \dfrac{1}{16}$;

    $a_8 = \left(\dfrac{1}{2}\right)^8 = \dfrac{1}{256}$;

    $a_{12} = \left(\dfrac{1}{2}\right)^{12} = \dfrac{1}{4096}$;

    $\dfrac{1}{2}, \dfrac{1}{4}, \dfrac{1}{8}, \dfrac{1}{16}$; $a_8 = \dfrac{1}{256}$; $a_{12} = \dfrac{1}{4096}$

17. $a_n = \dfrac{1}{n}$

    $a_1 = \dfrac{1}{1} = 1$;

    $a_2 = \dfrac{1}{2}$;

    $a_3 = \dfrac{1}{3}$;

    $a_4 = \dfrac{1}{4}$;

    $a_8 = \dfrac{1}{8}$;

    $a_{12} = \dfrac{1}{12}$;

    $1, \dfrac{1}{2}, \dfrac{1}{3}, \dfrac{1}{4}$; $a_8 = \dfrac{1}{8}$; $a_{12} = \dfrac{1}{12}$

19. $a_n = \dfrac{(-1)^n}{n(n+1)}$

    $a_1 = \dfrac{(-1)^1}{1(1+1)} = \dfrac{-1}{2}$;

    $a_2 = \dfrac{(-1)^2}{2(2+1)} = \dfrac{1}{2(3)} = \dfrac{1}{6}$;

    $a_3 = \dfrac{(-1)^3}{3(3+1)} = \dfrac{-1}{3(4)} = \dfrac{-1}{12}$;

    $a_4 = \dfrac{(-1)^4}{4(4+1)} = \dfrac{1}{4(5)} = \dfrac{1}{20}$;

    $a_8 = \dfrac{(-1)^8}{8(8+1)} = \dfrac{1}{8(9)} = \dfrac{1}{72}$;

    $a_{12} = \dfrac{(-1)^{12}}{12(12+1)} = \dfrac{1}{12(13)} = \dfrac{1}{156}$;

    $\dfrac{-1}{2}, \dfrac{1}{6}, \dfrac{-1}{12}, \dfrac{1}{20}$; $a_8 = \dfrac{1}{72}$; $a_{12} = \dfrac{1}{156}$

21. $a_n = (-1)^n 2^n$

    $a_1 = (-1)^1 2^1 = -1(2) = -2$;

    $a_2 = (-1)^2 2^2 = 1(4) = 4$;

    $a_3 = (-1)^3 2^3 = -1(8) = -8$;

    $a_4 = (-1)^4 2^4 = 1(16) = 16$;

    $a_8 = (-1)^8 2^8 = 1(256) = 256$;

    $a_{12} = (-1)^{12} 2^{12} = 1(4096) = 4096$;

    -2, 4, -8, 16; $a_8 = 256$; $a_{12} = 4096$

23. $a_n = n^2 - 2$

    $a_9 = (9)^2 - 2 = 81 - 2 = 79$

25. $a_n = \dfrac{(-1)^{n+1}}{n}$

    $a_5 = \dfrac{(-1)^{5+1}}{5} = \dfrac{(-1)^6}{5} = \dfrac{1}{5}$

27. $a_n = 2\left(\dfrac{1}{2}\right)^{n-1}$

    $a_7 = 2\left(\dfrac{1}{2}\right)^{7-1} = 2\left(\dfrac{1}{2}\right)^6 = 2\left(\dfrac{1}{64}\right) = \dfrac{1}{32}$

11.1 Exercises

29. $a_n = \left(1 + \dfrac{1}{n}\right)^n$

    $a_{10} = \left(1 + \dfrac{1}{10}\right)^{10} = \left(\dfrac{11}{10}\right)^{10}$

31. $a_n = \dfrac{1}{(n)(2n+1)}$

    $a_4 = \dfrac{1}{(4)[2(4)+1]} = \dfrac{1}{4(9)} = \dfrac{1}{36}$

33. $\begin{cases} a_1 = 2 \\ a_n = 5a_{n-1} - 3 \end{cases}$

    $a_2 = 5a_{2-1} - 3 = 5a_1 - 3$
    $= 5(2) - 3 = 10 - 3 = 7;$
    $a_3 = 5a_{3-1} - 3 = 5a_2 - 3$
    $= 5(7) - 3 = 35 - 3 = 32;$
    $a_4 = 5a_{4-1} - 3 = 5a_3 - 3$
    $= 5(32) - 3 = 160 - 3 = 157;$
    $a_5 = 5a_{5-1} - 3 = 5a_4 - 3$
    $= 5(157) - 3 = 785 - 3 = 782;$
    $2, 7, 32, 157, 782$

35. $\begin{cases} a_1 = -1 \\ a_n = (a_{n-1})^2 + 3 \end{cases}$

    $a_2 = (a_{2-1})^2 + 3 = (a_1)^2 + 3$
    $= (-1)^2 + 3 = 1 + 3 = 4;$
    $a_3 = (a_{3-1})^2 + 3 = (a_2)^2 + 3$
    $= (4)^2 + 3 = 16 + 3 = 19;$
    $a_4 = (a_{4-1})^2 + 3 = (a_3)^2 + 3$
    $= (19)^2 + 3 = 361 + 3 = 364;$
    $a_5 = (a_{5-1})^2 + 3 = (a_4)^2 + 3$
    $= (364)^2 + 3 = 132496 + 3 = 132499;$
    $-1, 4, 19, 364, 132499$

37. $\begin{cases} c_1 = 64, c_2 = 32 \\ c_n = \dfrac{c_{n-2} - c_{n-1}}{2} \end{cases}$

    $c_3 = \dfrac{c_{3-2} - c_{3-1}}{2} = \dfrac{c_1 - c_2}{2}$
    $= \dfrac{64 - 32}{2} = \dfrac{32}{2} = 16;$
    $c_4 = \dfrac{c_{4-2} - c_{4-1}}{2} = \dfrac{c_2 - c_3}{2}$
    $= \dfrac{32 - 16}{2} = \dfrac{16}{2} = 8;$
    $c_5 = \dfrac{c_{5-2} - c_{5-1}}{2} = \dfrac{c_3 - c_4}{2}$
    $= \dfrac{16 - 8}{2} = \dfrac{8}{2} = 4;$
    $64, 32, 16, 8, 4$

39. $\dfrac{8!}{5!} = \dfrac{8 \cdot 7 \cdot 6 \cdot 5!}{5!} = 8 \cdot 7 \cdot 6 = 336$

41. $\dfrac{9!}{7!\,2!} = \dfrac{9 \cdot 8 \cdot 7!}{7!\,2!} = \dfrac{9 \cdot 8}{2 \cdot 1} = \dfrac{72}{2} = 36$

43. $\dfrac{8!}{2!\,6!} = \dfrac{8 \cdot 7 \cdot 6!}{2!\,6!} = \dfrac{8 \cdot 7}{2 \cdot 1} = \dfrac{56}{2} = 28$

45. $a_n = \dfrac{n!}{(n+1)!}$

    $a_1 = \dfrac{1!}{(1+1)!} = \dfrac{1!}{2!} = \dfrac{1!}{2 \cdot 1!} = \dfrac{1}{2}$

    $a_2 = \dfrac{2!}{(2+1)!} = \dfrac{2!}{3!} = \dfrac{2!}{3 \cdot 2!} = \dfrac{1}{3}$

    $a_3 = \dfrac{3!}{(3+1)!} = \dfrac{3!}{4!} = \dfrac{3!}{4 \cdot 3!} = \dfrac{1}{4}$

    $a_4 = \dfrac{4!}{(4+1)!} = \dfrac{4!}{5!} = \dfrac{4!}{5 \cdot 4!} = \dfrac{1}{5}$

    $\dfrac{1}{2}, \dfrac{1}{3}, \dfrac{1}{4}, \dfrac{1}{5}$

Chapter 11: Additional Topics in Algebra

47. $a_n = \dfrac{(n+1)!}{(3n)!}$

$a_1 = \dfrac{(1+1)!}{(3 \cdot 1)!} = \dfrac{2!}{3!} = \dfrac{2!}{3 \cdot 2!} = \dfrac{1}{3}$

$a_2 = \dfrac{(2+1)!}{(3 \cdot 2)!} = \dfrac{3!}{6!} = \dfrac{3!}{6 \cdot 5 \cdot 4 \cdot 3!} = \dfrac{1}{120}$

$a_3 = \dfrac{(3+1)!}{(3 \cdot 3)!} = \dfrac{4!}{9!} = \dfrac{4!}{9 \cdot 8 \cdot 7 \cdot 6 \cdot 5 \cdot 4!} = \dfrac{1}{15120}$

$a_4 = \dfrac{(4+1)!}{(3 \cdot 4)!} = \dfrac{5!}{12!}$

$= \dfrac{5!}{12 \cdot 11 \cdot 10 \cdot 9 \cdot 8 \cdot 7 \cdot 6 \cdot 5!} = \dfrac{1}{3991680}$

$\dfrac{1}{3}, \dfrac{1}{120}, \dfrac{1}{15120}, \dfrac{1}{3991680}$

49. $a_n = \dfrac{n^n}{n!}$

$a_1 = \dfrac{1^1}{1!} = \dfrac{1}{1} = 1$

$a_2 = \dfrac{2^2}{2!} = \dfrac{4}{2!} = \dfrac{4}{2 \cdot 1} = \dfrac{4}{2} = 2$

$a_3 = \dfrac{3^3}{3!} = \dfrac{27}{3 \cdot 2 \cdot 1} = \dfrac{27}{6} = \dfrac{9}{2}$

$a_4 = \dfrac{4^4}{4!} = \dfrac{256}{4 \cdot 3 \cdot 2 \cdot 1} = \dfrac{256}{24} = \dfrac{32}{3}$

$1, 2, \dfrac{9}{2}, \dfrac{32}{3}$

51. $a_n = n$

$S_5 = a_1 + a_2 + a_3 + a_4 + a_5$

$S_5 = 1 + 2 + 3 + 4 + 5$

$S_5 = 15$

53. $a_n = 2n - 1$

$S_8 = a_1 + a_2 + a_3 + a_4 + a_5 + a_6 + a_7 + a_8$

$S_8 = 1 + 3 + 5 + 7 + 9 + 11 + 13 + 15$

$S_8 = 64$

55. $a_n = \dfrac{1}{n}$

$S_5 = a_1 + a_2 + a_3 + a_4 + a_5$

$S_5 = 1 + \dfrac{1}{2} + \dfrac{1}{3} + \dfrac{1}{4} + \dfrac{1}{5}$

$S_5 = \dfrac{137}{60}$

57. $\displaystyle\sum_{i=1}^{4} (3i - 5)$

$= (3(1) - 5) + (3(2) - 5) + (3(3) - 5) + (3(4) - 5)$

$= -2 + 1 + 4 + 7 = 10$

59. $\displaystyle\sum_{k=1}^{5} (2k^2 - 3)$

$= (2(1)^2 - 3) + (2(2)^2 - 3) + (2(3)^2 - 3) +$
$(2(4)^2 - 3) + (2(5)^2 - 3)$

$= (2 - 3) + (8 - 3) + (18 - 3) + (32 - 3) + (50 - 3)$

$= -1 + 5 + 15 + 29 + 47 = 95$

61. $\displaystyle\sum_{k=1}^{7} (-1)^k k$

$= (-1)^1(1) + (-1)^2(2) + (-1)^3(3) + (-1)^4(4) +$
$(-1)^5(5) + (-1)^6(6) + (-1)^7(7)$

$= -1 + 2 - 3 + 4 - 5 + 6 - 7 = -4$

63. $\displaystyle\sum_{i=1}^{4} \dfrac{i^2}{2}$

$= \dfrac{1^2}{2} + \dfrac{2^2}{2} + \dfrac{3^2}{2} + \dfrac{4^2}{2}$

$= \dfrac{1}{2} + \dfrac{4}{2} + \dfrac{9}{2} + \dfrac{16}{2} = 15$

65. $\displaystyle\sum_{j=3}^{7} 2j$

$= 2(3) + 2(4) + 2(5) + 2(6) + 2(7)$

$= 6 + 8 + 10 + 12 + 14 = 50$

67. $\displaystyle\sum_{k=3}^{8} \dfrac{(-1)^k}{k(k-2)}$

$= \dfrac{(-1)^3}{3(3-2)} + \dfrac{(-1)^4}{4(4-2)} + \dfrac{(-1)^5}{5(5-2)} + \dfrac{(-1)^6}{6(6-2)} +$

$\dfrac{(-1)^7}{7(7-2)} + \dfrac{(-1)^8}{8(8-2)}$

$= \dfrac{-1}{3} + \dfrac{1}{8} - \dfrac{1}{15} + \dfrac{1}{24} - \dfrac{1}{35} + \dfrac{1}{48}$

$= \dfrac{-27}{112}$

611

11.1 Exercises

69. $4+8+12+16+20$

$$\sum_{n=1}^{5}(4n)$$

71. $-1+4-9+16-25+36$

$$\sum_{n=1}^{6}(-1)^n n^2$$

73. $a^n = n+3; S_5$

$$\sum_{n=1}^{5}(n+3)$$

75. $a^n = \dfrac{n^2}{3}$; third partial sum

$$\sum_{n=1}^{3}\dfrac{n^2}{3}$$

77. $a^n = \dfrac{n}{2^n}$; sum for $n = 3$ to 7

$$\sum_{n=3}^{7}\dfrac{n}{2^n}$$

79. $\sum_{i=1}^{5}(4i-5) = \sum_{i=1}^{5}4i + \sum_{i=1}^{5}(-5)$

$= 4\sum_{i=1}^{5}i + \sum_{i=1}^{5}(-5)$

$= 4(15)+(-5)(5) = 35$

81. $\sum_{k=1}^{4}(3k^2+k) = \sum_{k=1}^{4}3k^2 + \sum_{k=1}^{4}k$

$= 3\sum_{k=1}^{4}k^2 + \sum_{k=1}^{4}k$

$= 3(30)+10 = 100$

83. $a_n = 3n-2 : S_n = \dfrac{n(3n-1)}{2}$

$a_n = 3n-2 = 1, 4, 7, 10..., (3n-2),...$

$S_5 = \dfrac{5(3(5)-1)}{2} = \dfrac{5(14)}{2} = \dfrac{70}{2} = 35$;

$a_1 = 3(1)-2 = 1$;
$a_2 = 3(2)-2 = 4$;
$a_3 = 3(3)-2 = 7$;
$a_4 = 3(4)-2 = 10$;
$a_5 = 3(5)-2 = 13$;
$1+4+7+10+13 = 35$

85. $a_n = (0.8)^{n-1}(6000)$

$a_1 = (0.8)^{1-1}(6000) = 6000$;
$a_2 = (0.8)^{2-1}(6000) = 0.8(6000) = 4800$;
$a_3 = (0.8)^{3-1}(6000) = (0.8)^2(6000) = 3840$;
$a_4 = (0.8)^{4-1}(6000) = (0.8)^3(6000) = 3072$;
$a_5 = (0.8)^{5-1}(6000) = (0.8)^4(6000) = 2457.60$;
$a_6 = (0.8)^{6-1}(6000) = (0.8)^5(6000) = 1966.08$

$6000; $4800; $3840; $3072; $2457.60; $1966.08

87. $5.20, 5.70, 6.20, 6.70, 7.20$

$8(7.20)(240) = \$13,824$

89. $b_0 = 1500; \; b_n = 1.05b_{n-1}+100$

$b_1 = 1.05b_{1-1}+100 = 1.05(1500)+100 = 1675$;
$b_2 = 1.05b_{2-1}+100 = 1.05b_1+100$
$\quad = 1.05(1675)+100 = 1858.75$;
$b_3 = 1.05b_{3-1}+100 = 1.05b_2+100$
$\quad = 1.05(1858.75)+100 = 2051.69$;
$b_4 = 1.05b_{4-1}+100 = 1.05b_3+100$
$\quad = 1.05(2051.69)+100 = 2254.27$;
$b_5 = 1.05b_{5-1}+100 = 1.05b_4+100$
$\quad = 1.05(2254.27)+100 = 2466.98$;
$b_6 = 1.05b_{6-1}+100 = 1.05b_6+100$
$\quad = 1.05(2466.98)+100 = 2690.33$

Approximately 2690

Chapter 11: Additional Topics in Algebra

91. $\sum_{i=1}^{n}(a_i \pm b_i) = \sum_{i=1}^{n} a_i \pm \sum_{i=1}^{n} b_i$

$\sum_{i=1}^{n}(a_i \pm b_i)$
$= [a_1 \pm b_1] + [a_2 \pm b_2] + \ldots + [a_n \pm b_n]$
$= [a_1 + a_2 + \ldots + a_n] \pm [b_1 + b_2 + \ldots + b_n]$
$= \sum_{i=1}^{n} a_i \pm \sum_{i=1}^{n} b_i$

Verified

93. $\sum_{k=1}^{n} \frac{1}{3^k}$

$\sum_{k=1}^{4} \frac{1}{3^k}$

$S_4 = a_1 + a_2 + a_3 + a_4$

$= \frac{1}{3} + \frac{1}{9} + \frac{1}{27} + \frac{1}{81} = \frac{40}{81}$

$\sum_{k=1}^{8} \frac{1}{3^k}$

$S_8 = S_4 + a_5 + a_6 + a_7 + a_8$

$= \frac{40}{81} + \frac{1}{243} + \frac{1}{729} + \frac{1}{2187} + \frac{1}{6561} \approx 0.5$;

$\sum_{k=1}^{12} \frac{1}{3^k}$

$S_{12} = S_8 + a_9 + a_{10} + a_{11} + a_{12}$

$= 0.5 + \frac{1}{19,683} + \frac{1}{59,049} + \frac{1}{177,147} + \frac{1}{531,441}$

$\approx \frac{1}{2}$

Approaches $\frac{1}{2}$

95. $\csc x \sin\left(\frac{\pi}{2} - x\right) = -1$

$\csc x (\cos x) = -1$

$\frac{1}{\sin x} \cdot \frac{\cos x}{1} = -1$

$\frac{\cos x}{\sin x} = -1$

$\cot x = -1$

$\theta_R = \frac{\pi}{4}$

$x = \left\{\frac{3\pi}{4}, \frac{7\pi}{4}\right\}$

97. $a = 0.4\text{m} \quad b = 0.5\text{m} \quad c = 0.3\text{m}$

$(0.5)^2 = (0.4)^2 + (0.3)^2 - 2(0.4)(0.3)\cos B$

$\frac{0.5^2 - 0.4^2 - 0.3^2}{-2(0.4)(0.3)} = \cos B$

$0 = \cos B$

$\angle B = 90°$

$\frac{\sin A}{0.4} = \frac{\sin 90°}{0.5}$

$\sin A = \frac{0.4 \sin 90°}{0.5}$

$\sin A = 0.8$

$\angle A = \sin^{-1}(0.8) \approx 53.1°$

$\angle C = 180° - 90° - 53.1° = 36.9°$

$\angle A \approx 53.1° \quad \angle B = 90° \quad \angle C \approx 36.9°$

11.2 Exercises

1. Common difference.

3. $\dfrac{n(a_1+a_n)}{2}$; n^{th}

5. Answers will vary.

7. $-5,-2,1,4,7,10,\ldots$
   $-2-(-5)=-2+5=3$;
   $1-(-2)=1+2=3$;
   $4-1=3$;
   $7-4=3$;
   $10-7=3$;
   Arithmetic; $d=3$

9. $-0.5,3,5.5,8,10.5,\ldots$
   $3-(-0.5)=3+0.5=3.5$;
   $5.5-3=2.5$;
   $8-5.5=2.5$;
   $10.5-8=2.5$;
   Arithmetic; $d=2.5$

11. $2,3,5,7,11,13,17,\ldots$
    $3-2=1$;
    $5-3=2$;
    Not arithmetic; all prime.

13. $\dfrac{1}{24},\dfrac{1}{12},\dfrac{1}{8},\dfrac{1}{6},\dfrac{5}{24},\ldots$
    $\dfrac{1}{12}-\dfrac{1}{24}=\dfrac{2}{24}-\dfrac{1}{24}=\dfrac{1}{24}$;
    $\dfrac{1}{8}-\dfrac{1}{12}=\dfrac{3}{24}-\dfrac{2}{24}=\dfrac{1}{24}$;
    $\dfrac{1}{6}-\dfrac{1}{8}=\dfrac{4}{24}-\dfrac{3}{24}=\dfrac{1}{24}$;
    $\dfrac{5}{24}-\dfrac{1}{6}=\dfrac{5}{24}-\dfrac{4}{24}=\dfrac{1}{24}$;
    Arithmetic; $d=\dfrac{1}{24}$

15. $1,2,4,9,16,25,36,\ldots$
    $2-1=1$;
    $4-2=2$;
    Not arithmetic; $a_n=n^2$

17. $\pi,\dfrac{5\pi}{6},\dfrac{2\pi}{3},\dfrac{\pi}{2},\dfrac{\pi}{3},\dfrac{\pi}{6},\ldots$
    $\dfrac{5\pi}{6}-\pi=\dfrac{5\pi}{6}-\dfrac{6\pi}{6}=\dfrac{-\pi}{6}$;
    $\dfrac{2\pi}{3}-\dfrac{5\pi}{6}=\dfrac{4\pi}{6}-\dfrac{5\pi}{6}=\dfrac{-\pi}{6}$;
    $\dfrac{\pi}{2}-\dfrac{2\pi}{3}=\dfrac{3\pi}{6}-\dfrac{4\pi}{6}=\dfrac{-\pi}{6}$;
    $\dfrac{\pi}{3}-\dfrac{\pi}{2}=\dfrac{2\pi}{6}-\dfrac{3\pi}{6}=\dfrac{-\pi}{6}$;
    $\dfrac{\pi}{6}-\dfrac{\pi}{3}=\dfrac{\pi}{6}-\dfrac{2\pi}{6}=\dfrac{-\pi}{6}$;
    Arithmetic; $d=\dfrac{-\pi}{6}$

19. $a_1=2, d=3$
    $2+3=5$;
    $5+3=8$;
    $8+3=11$;
    $2, 5, 8, 11$

21. $a_1=7, d=-2$
    $7-2=5$;
    $5-2=3$;
    $3-2=1$;
    $7, 5, 3, 1$

23. $a_1=0.3, d=0.03$
    $0.3+0.03=0.33$;
    $0.33+0.03=0.36$;
    $0.36+0.03=0.39$;
    $0.3, 0.33, 0.36, 0.39$

25. $a_1=\dfrac{3}{2}, d=\dfrac{1}{2}$
    $\dfrac{3}{2}+\dfrac{1}{2}=\dfrac{4}{2}=2$;
    $2+\dfrac{1}{2}=\dfrac{4}{2}+\dfrac{1}{2}=\dfrac{5}{2}$;
    $\dfrac{5}{2}+\dfrac{1}{2}=\dfrac{6}{2}=3$;
    $\dfrac{3}{2}, 2, \dfrac{5}{2}, 3$

Chapter 11: Additional Topics in Algebra

27. $a_1 = \dfrac{3}{4}, d = -\dfrac{1}{8}$

    $\dfrac{3}{4} - \dfrac{1}{8} = \dfrac{6}{8} - \dfrac{1}{8} = \dfrac{5}{8}$;

    $\dfrac{5}{8} - \dfrac{1}{8} = \dfrac{4}{8} = \dfrac{1}{2}$;

    $\dfrac{1}{2} - \dfrac{1}{8} = \dfrac{4}{8} - \dfrac{1}{8} = \dfrac{3}{8}$;

    $\dfrac{3}{4}, \dfrac{5}{8}, \dfrac{1}{2}, \dfrac{3}{8}$

29. $a_1 = -2, d = -3$

    $-2 - 3 = -5$;
    $-5 - 3 = -8$;
    $-8 - 3 = -11$;
    $-2, -5, -8, -11$

31. $2, 7, 12, 17, \ldots$

    $a_1 = 2, d = 5$
    $a_n = a_1 + (n-1)d$
    $a_n = 2 + (n-1)5$
    $a_n = 2 + 5n - 5$
    $a_n = 5n - 3$;
    $a_6 = 5(6) - 3 = 30 - 3 = 27$;
    $a_{10} = 5(10) - 3 = 50 - 3 = 47$;
    $a_{12} = 5(12) - 3 = 60 - 3 = 57$

33. $\$5.10, \$5.25, \$5.40, \ldots$

    $a_1 = 5.10, d = 0.15$
    $a_n = a_1 + (n-1)d$
    $a_n = 5.10 + (n-1)(0.15)$
    $a_n = 5 + 0.15n - 0.15$
    $a_n = 0.15n + 4.95$;
    $a_6 = 0.15(6) + 4.95 = 0.90 + 4.95 = 5.85$;
    $a_{10} = 0.15(10) + 4.95 = 1.50 + 4.95 = 6.45$;
    $a_{12} = 0.15(12) + 4.95 = 1.80 + 4.95 = 6.75$
    $\$5.85, \$6.45, \$6.75$

35. $\dfrac{3}{2}, \dfrac{9}{4}, 3, \dfrac{15}{4}, \ldots$

    $a_1 = \dfrac{3}{2}, d = \dfrac{3}{4}$
    $a_n = a_1 + (n-1)d$
    $a_n = \dfrac{3}{2} + (n-1)\left(\dfrac{3}{4}\right)$
    $a_n = \dfrac{3}{2} + \dfrac{3}{4}n - \dfrac{3}{4}$

    $a_n = \dfrac{3}{4}n + \dfrac{3}{4}$;
    $a_6 = \dfrac{3}{4}(6) + \dfrac{3}{4} = \dfrac{9}{2} + \dfrac{3}{4} = \dfrac{18}{4} + \dfrac{3}{4} = \dfrac{21}{4}$;
    $a_{10} = \dfrac{3}{4}(10) + \dfrac{3}{4} = \dfrac{15}{2} + \dfrac{3}{4} = \dfrac{30}{4} + \dfrac{3}{4} = \dfrac{33}{4}$;
    $a_{12} = \dfrac{3}{4}(12) + \dfrac{3}{4} = 9 + \dfrac{3}{4} = \dfrac{36}{4} + \dfrac{3}{4} = \dfrac{39}{4}$

37. $a_1 = 5, d = 4$; Find a_{15}

    $a_n = a_1 + (n-1)d$
    $a_n = 5 + (n-1)4$
    $a_n = 5 + 4n - 4$
    $a_n = 4n + 1$;
    $a_{15} = 4(15) + 1 = 60 + 1 = 61$

39. $a_1 = \dfrac{3}{2}, d = -\dfrac{1}{12}$; Find a_7

    $a_n = a_1 + (n-1)d$
    $a_n = \dfrac{3}{2} + (n-1)\left(-\dfrac{1}{12}\right)$
    $a_n = \dfrac{3}{2} - \dfrac{1}{12}n + \dfrac{1}{12}$
    $a_n = \dfrac{18}{12} - \dfrac{1}{12}n + \dfrac{1}{12}$
    $a_n = -\dfrac{1}{12}n + \dfrac{19}{12}$;
    $a_7 = -\dfrac{1}{12}(7) + \dfrac{19}{12} = \dfrac{-7}{12} + \dfrac{19}{12} = \dfrac{12}{12} = 1$

41. $a_1 = -0.025, d = 0.05$; Find a_{50}

    $a_n = a_1 + (n-1)d$
    $a_n = -0.025 + (n-1)(0.05)$
    $a_n = -0.025 + 0.05n - 0.05$
    $a_n = 0.05n - 0.075$;
    $a_{50} = 0.05(50) - 0.075 = 2.5 - 0.075 = 2.425$

43. $a_1 = 2, a_n = -22, d = -3$

    $a_n = a_1 + (n-1)d$
    $-22 = 2 + (n-1)(-3)$
    $-22 = 2 - 3n + 3$
    $-22 = -3n + 5$
    $-27 = -3n$
    $9 = n$

11.2 Exercises

45. $a_1 = 0.4, a_n = 10.9, d = 0.25$
$a_n = a_1 + (n-1)d$
$10.9 = 0.4 + (n-1)(0.25)$
$10.9 = 0.4 + 0.25n - 0.25$
$10.9 = 0.15 + 0.25n$
$10.75 = 0.25n$
$43 = n$

47. $-3, -0.5, 2, 4.5, 7, \ldots, 47$
$a_1 = -3, a_n = 47, d = 2.5$
$a_n = a_1 + (n-1)d$
$47 = -3 + (n-1)(2.5)$
$47 = -3 + 2.5n - 2.5$
$47 = -5.5 + 2.5n$
$52.5 = 2.5n$
$21 = n$

49. $\dfrac{1}{12}, \dfrac{1}{8}, \dfrac{1}{6}, \dfrac{5}{24}, \dfrac{1}{4}, \ldots, \dfrac{9}{8}$
$a_1 = \dfrac{1}{12}, a_n = \dfrac{9}{8}, d = \dfrac{1}{24}$
$a_n = a_1 + (n-1)d$
$\dfrac{9}{8} = \dfrac{1}{12} + (n-1)\left(\dfrac{1}{24}\right)$
$\dfrac{9}{8} = \dfrac{1}{12} + \dfrac{1}{24}n - \dfrac{1}{24}$
$\dfrac{9}{8} = \dfrac{1}{24} + \dfrac{1}{24}n$
$\dfrac{13}{12} = \dfrac{1}{24}n$
$26 = n$

51. $a_3 = 7, a_7 = 19$
$a_7 = a_3 + 4d$
$19 = 7 + 4d$
$12 = 4d$
$3 = d$;
$a_7 = a_1 + 6d$
$19 = a_1 + 6(3)$
$19 = a_1 + 18$
$1 = a_1$;
$d = 3, a_1 = 1$

53. $a_2 = 1.025, a_{26} = 10.125$
$a_{26} = a_2 + 24d$
$10.125 = 1.025 + 24d$
$9.1 = 24d$
$\dfrac{91}{240} = d$;
$a_{26} = a_1 + 25d$
$10.125 = a_1 + 25\left(\dfrac{91}{240}\right)$
$10.125 = a_1 + \dfrac{455}{48}$
$\dfrac{31}{48} = a_1$;
$d = \dfrac{91}{240}, a_1 = \dfrac{31}{48}$

55. $a_{10} = \dfrac{13}{18}, a_{24} = \dfrac{27}{2}$
$a_{24} = a_{10} + 14d$
$\dfrac{27}{2} = \dfrac{13}{18} + 14d$
$\dfrac{115}{9} = 14d$
$\dfrac{115}{126} = d$;
$a_{24} = a_1 + 23d$
$\dfrac{27}{2} = a_1 + 23\left(\dfrac{115}{126}\right)$
$\dfrac{27}{2} = a_1 + \dfrac{2645}{126}$
$\dfrac{-472}{63} = a_1$;
$d = \dfrac{115}{126}, a_1 = \dfrac{-472}{63}$

Chapter 11: Additional Topics in Algebra

57. $\sum_{n=1}^{30}(3n-4)$

   Initial terms: 1, 2, 5, ...
   $a_1 = -1; d = 3; n = 30$
   $a_{30} = a_1 + 29d$
   $a_{30} = -1 + 29(3) = -1 + 87 = 86$;
   $S_{30} = n\left(\dfrac{a_1 + a_n}{2}\right)$
   $S_{30} = 30\left(\dfrac{-1 + 86}{2}\right)$
   $S_{30} = 30\left(\dfrac{85}{2}\right)$
   $S_{30} = 1275$

59. $\sum_{n=1}^{37}\left(\dfrac{3}{4}n+2\right)$

   Initial terms: $\dfrac{11}{4}, \dfrac{7}{2}, \dfrac{17}{4}, ...$
   $a_1 = \dfrac{11}{4}; d = \dfrac{3}{4}; n = 37$
   $a_{37} = a_1 + 36d$
   $a_{37} = \dfrac{11}{4} + 36\left(\dfrac{3}{4}\right) = \dfrac{11}{4} + 27 = \dfrac{119}{4}$;
   $S_{37} = n\left(\dfrac{a_1 + a_{37}}{2}\right)$
   $S_{37} = 37\left(\dfrac{\frac{11}{4}+\frac{119}{4}}{2}\right)$
   $S_{37} = 37\left(\dfrac{\frac{65}{2}}{2}\right)$
   $S_{37} = 601.25$

61. $\sum_{n=4}^{15}(3-5n)$

   Initial terms: ...,-17, -22, -27, ...
   $a_4 = -17; d = -5; n = 12$
   $a_{15} = a_4 + 11d$
   $a_{15} = -17 + 11(-5) = -17 - 55 = -72$;
   $S_{12} = n\left(\dfrac{a_4 + a_{15}}{2}\right)$

$S_{12} = 12\left(\dfrac{-17 + (-72)}{2}\right)$
$S_{12} = 12\left(\dfrac{-89}{2}\right)$
$S_{12} = -534$
-534

63. $-12 + (-9.5) + (-7) + (-4.5) + ...$

   Find S_{15}; $a_1 = -12$; $d = 2.5$; $n = 15$
   $S_n = \dfrac{n}{2}[2a_1 + (n-1)d]$
   $S_{15} = \dfrac{15}{2}[2(-12) + (15-1)(2.5)]$
   $S_{15} = \dfrac{15}{2}[-24 + 14(2.5)]$
   $S_{15} = \dfrac{15}{2}[-24 + 35]$
   $S_{15} = \dfrac{15}{2}[11]$
   $S_{15} = 82.5$

65. $0.003 + 0.173 + 0.343 + 0.513 + ...$

   Find S_{30}; $a_1 = 0.003$; $d = 0.17$; $n = 30$
   $S_n = \dfrac{n}{2}[2a_1 + (n-1)d]$
   $S_{30} = \dfrac{30}{2}[2(0.003) + (30-1)(0.17)]$
   $S_{30} = 15[0.006 + (29)(0.17)]$
   $S_{30} = 15[0.006 + 4.93]$
   $S_{30} = 15[4.936]$
   $S_{30} = 74.04$

67. $\sqrt{2} + 2\sqrt{2} + 3\sqrt{2} + 4\sqrt{2} + ...$

   Find S_{20}; $a_1 = \sqrt{2}$; $d = \sqrt{2}$; $n = 20$
   $S_n = \dfrac{n}{2}[2a_1 + (n-1)d]$
   $S_{20} = \dfrac{20}{2}[2\sqrt{2} + (20-1)\sqrt{2}]$
   $S_{20} = 10(2\sqrt{2} + 19\sqrt{2})$
   $S_{20} = 10(21\sqrt{2})$
   $S_{20} = 210\sqrt{2}$

11.2 Exercises

69. $S_n = \dfrac{n(n+1)}{2}$

    $1+2+3+4+5+6 = 21$;

    $S_6 = \dfrac{6(6+1)}{2} = \dfrac{6(7)}{2} = \dfrac{42}{2} = 21$;

    $S_{75} = \dfrac{75(75+1)}{2} = \dfrac{75(76)}{2} = \dfrac{5700}{2} = 2850$

71. $a_1 = 33$; $d = -3$; $a_n = 0$

    $a_n = a_1 + (n-1)d$

    $0 = 33 + (n-1)(-3)$

    $0 = 33 - 3n + 3$

    $0 = 36 - 3n$

    $-36 = -3n$

    $12 = n$

    12 half-hours after 5 P.M. is 11 P.M.

73. (a) $a_1 = 10$; $d = \dfrac{-3}{4}$; $n = 7$

    $a_n = a_1 + (n-1)d$

    $a_7 = 10 + (7-1)\left(\dfrac{-3}{4}\right)$

    $a_7 = 10 + 6\left(\dfrac{-3}{4}\right)$

    $a_7 = 10 - \dfrac{9}{2}$

    $a_7 = 5.5$;

    5.5 inches

    (b) $S_n = \dfrac{n(a_1 + a_n)}{2}$

    $S_7 = \dfrac{7(10+5.5)}{2} = \dfrac{7(15.5)}{2} = 54.25$;

    54.25 inches

75. $a_1 = 100$; $d = 20$; $a_n = 2500$

    $a_n = a_1 + (n-1)d$

    $a_7 = 100 + (7-1)(20) = 100 + 6(20) = 220$;

    $220;

    $a_{12} = 100 + (12-1)(20) = 100 + 11(20) = 320$;

    $S_n = \dfrac{n(a_1 + a_n)}{2}$

    $S_{12} = \dfrac{12(100+320)}{2} = \dfrac{12(420)}{2} = 2520$

    $2520; yes

77. (a) $19, 11.8, 4.6, -2.6, -9.8, -17, -24.2$

    1st difference:

    $11.8 - 19 = -7.2$

    $4.6 - 11.8 = -7.2$

    $-2.6 - 4.6 = -7.2$

    $-9.8 - (-2.6) = -7.2$

    $-17 - (-9.8) = -7.2$

    $-24.2 - (-17) = -7.2$

    Linear function.

    (b) $-10.31, -10.94, -11.99, -13.46, -15.35...$

    1st difference:

    $-10.94 + 10.31 = -0.63$

    $-11.99 + 10.94 = -1.05$

    $-13.46 + 11.99 = -1.47$

    $-15.35 + 13.46 = -1.89$;

    -0.63, -1.05, -1.47, -1.89

    2nd difference:

    $-1.05 + 0.63 = -0.42$

    $-1.47 + 1.05 = -0.42$

    $-1.89 + 1.47 = -0.42$

    Quadratic.

79. $f(t) = 7\sin\left(\dfrac{\pi}{3}t - \dfrac{\pi}{6}\right) + 10$

    $= 7\sin\left(\dfrac{\pi}{3}\left(t - \dfrac{1}{2}\right)\right) + 10$

    $A: |7| = 7$

    $P: \dfrac{2\pi}{\left(\dfrac{\pi}{3}\right)} = 2\pi \cdot \dfrac{3}{\pi} = 6$

    $HS:$ Right $\dfrac{1}{2}$ unit

    $VS:$ up 10 units

    $PI: \dfrac{1}{2} \le t \le 6 + \dfrac{1}{2}$

    $\dfrac{1}{2} \le t \le \dfrac{13}{2}$

81. $(0, 972), (5, 1217)$

    $m = \dfrac{1217 - 972}{5 - 0} = \dfrac{245}{5} = 49$

    $y - y_1 = m(x - x_1)$

    $y - 972 = 49(x - 0)$

    $y - 972 = 49x$

    $y = 49x + 972$;

    $f(x) = 49x + 972$;

    $f(8) = 49(8) + 972 = 392 + 972 = 1364$

Chapter 11: Additional Topics in Algebra

11.3 Exercises

1. Multiplying.

3. $a_1 r^{n-1}$

5. Answers will vary.

7. $4, 8, 16, 32, \ldots$
   $\frac{8}{4} = 2;\ \frac{16}{8} = 2;\ \frac{32}{16} = 2$
   $r = 2$

9. $3, -6, 12, -24, 48, \ldots$
   $\frac{-6}{3} = -2;\ \frac{12}{-6} = -2;\ \frac{-24}{12} = -2;\ \frac{48}{-24} = -2$
   $r = -2$

11. $2, 5, 10, 17, 26, \ldots$
    $\frac{5}{2};\ \frac{10}{5} = 2;\ \frac{17}{10};\ \frac{26}{17}$; not geometric
    $a_n = n^2 + 1$

13. $3, 0.3, 0.03, 0.003, \ldots$
    $\frac{0.3}{3} = 0.1;\ \frac{0.03}{0.3} = 0.1;\ \frac{0.003}{0.03} = 0.1$
    $r = 0.1$

15. $-1, 3, -12, 60, -360, \ldots$
    $\frac{3}{-1} = -3;\ \frac{-12}{3} = -4;\ \frac{60}{-12} = -5;\ \frac{-360}{60} = -6$
    Not geometric; ratio of terms decreases by 1.

17. $25, 10, 4, \frac{8}{5}, \ldots$
    $\frac{10}{25} = \frac{2}{5};\ \frac{4}{10} = \frac{2}{5};\ \frac{\frac{8}{5}}{4} = \frac{8}{20} = \frac{2}{5}$
    $r = \frac{2}{5}$

19. $\frac{1}{2}, \frac{1}{4}, \frac{1}{8}, \frac{1}{16}, \ldots$
    $\frac{\frac{1}{4}}{\frac{1}{2}} = \frac{1}{2};\ \frac{\frac{1}{8}}{\frac{1}{4}} = \frac{1}{2};\ \frac{\frac{1}{16}}{\frac{1}{8}} = \frac{1}{2}$
    $r = \frac{1}{2}$

21. $3, \frac{12}{x}, \frac{48}{x^2}, \frac{192}{x^3}, \ldots$
    $\frac{\frac{12}{x}}{3} = \frac{12}{3x} = \frac{4}{x};\ \frac{\frac{48}{x^2}}{\frac{12}{x}} = \frac{48x}{12x^2} = \frac{4}{x};$
    $\frac{\frac{192}{x^3}}{\frac{48}{x^2}} = \frac{192x^2}{48x^3} = \frac{4}{x}$
    $r = \frac{4}{x}$

23. $240, 120, 40, 10, 2, \ldots$
    $\frac{120}{240} = \frac{1}{2};\ \frac{40}{120} = \frac{1}{3};\ \frac{10}{40} = \frac{1}{4};\ \frac{2}{10} = \frac{1}{5}$
    Not geometric $a_n = \frac{240}{n!}$

25. $a_1 = 5, r = 2$
    $a_2 = 5 \cdot 2 = 10$;
    $a_3 = 10 \cdot 2 = 20$;
    $a_4 = 20 \cdot 2 = 40$;
    $5, 10, 20, 40$

27. $a_1 = -6, r = -\frac{1}{2}$
    $a_2 = -6\left(\frac{-1}{2}\right) = 3$;
    $a_3 = 3\left(\frac{-1}{2}\right) = \frac{-3}{2}$;
    $a_4 = \frac{-3}{2}\left(\frac{-1}{2}\right) = \frac{3}{4}$;
    $-6, 3, \frac{-3}{2}, \frac{3}{4}$

619

11.3 Exercises

29. $a_1 = 4, r = \sqrt{3}$
$a_2 = 4\sqrt{3}$;
$a_3 = 4\sqrt{3}(\sqrt{3}) = 12$;
$a_4 = 12\sqrt{3}$;
$4, 4\sqrt{3}, 12, 12\sqrt{3}$

31. $a_1 = 0.1, r = 0.1$
$a_2 = 0.1(0.1) = 0.01$;
$a_3 = 0.01(0.1) = 0.001$;
$a_4 = 0.001(0.1) = 0.0001$;
$0.1, 0.01, 0.001, 0.0001$

33. $a_1 = -24, r = \dfrac{1}{2}$; find a_7
$a_n = a_1 r^{n-1}$
$a_7 = -24\left(\dfrac{1}{2}\right)^{7-1} = -24\left(\dfrac{1}{2}\right)^6$
$= -24\left(\dfrac{1}{64}\right) = -\dfrac{3}{8}$

35. $a_1 = -\dfrac{1}{20}, r = -5$; find a_4
$a_n = a_1 r^{n-1}$
$a_4 = -\dfrac{1}{20}(-5)^{4-1} = -\dfrac{1}{20}(-5)^3$
$= -\dfrac{1}{20}(-125) = \dfrac{25}{4}$

37. $a_1 = 2, r = \sqrt{2}$; find a_7
$a_n = a_1 r^{n-1}$
$a_7 = 2(\sqrt{2})^{7-1} = 2(\sqrt{2})^6 = 2(8) = 16$

39. $\dfrac{1}{27}, -\dfrac{1}{9}, \dfrac{1}{3}, -1, 3, \ldots$

$r = \dfrac{\,-\dfrac{1}{9}\,}{\dfrac{1}{27}} = \dfrac{-27}{9} = -3$

$a_1 = \dfrac{1}{27}; \ r = -3$

$a_n = \dfrac{1}{27}(-3)^{n-1}$

$a_6 = \dfrac{1}{27}(-3)^{6-1} = \dfrac{1}{27}(-3)^5 = \dfrac{1}{27}(-243) = -9$;

$a_{10} = \dfrac{1}{27}(-3)^{10-1} = \dfrac{1}{27}(-3)^9$
$= \dfrac{1}{27}(-19683) = -729$;

$a_{12} = \dfrac{1}{27}(-3)^{12-1} = \dfrac{1}{27}(-3)^{11}$
$= \dfrac{1}{27}(-177147) = -6561$

41. $729, 243, 81, 27, 9, \ldots$

$r = \dfrac{243}{729} = \dfrac{1}{3}$

$a_1 = 729; \ r = \dfrac{1}{3}$

$a_n = 729\left(\dfrac{1}{3}\right)^{n-1}$

$a_6 = 729\left(\dfrac{1}{3}\right)^{6-1} = 729\left(\dfrac{1}{3}\right)^5 = 729\left(\dfrac{1}{243}\right) = 3$;

$a_{10} = 729\left(\dfrac{1}{3}\right)^{10-1} = 729\left(\dfrac{1}{3}\right)^9$
$= 729\left(\dfrac{1}{19683}\right) = \dfrac{1}{27}$;

$a_{12} = 729\left(\dfrac{1}{3}\right)^{12-1} = 729\left(\dfrac{1}{3}\right)^{11}$
$= 729\left(\dfrac{1}{177147}\right) = \dfrac{1}{243}$

Chapter 11: Additional Topics in Algebra

43. $\frac{1}{2}, \frac{\sqrt{2}}{2}, 1, \sqrt{2}, 2, \ldots$

$r = \frac{\frac{\sqrt{2}}{2}}{\frac{1}{2}} = \frac{2\sqrt{2}}{2} = \sqrt{2}$

$a_1 = \frac{1}{2};\ r = \sqrt{2}$

$a_n = \frac{1}{2}(\sqrt{2})^{n-1}$

$a_6 = \frac{1}{2}(\sqrt{2})^{6-1} = \frac{1}{2}(\sqrt{2})^5 = \frac{1}{2}(4\sqrt{2}) = 2\sqrt{2}$;

$a_{10} = \frac{1}{2}(\sqrt{2})^{10-1} = \frac{1}{2}(\sqrt{2})^9 = \frac{1}{2}(16\sqrt{2}) = 8\sqrt{2}$;

$a_{12} = \frac{1}{2}(\sqrt{2})^{12-1} = \frac{1}{2}(\sqrt{2})^{11} = \frac{1}{2}(32\sqrt{2}) = 16\sqrt{2}$

45. $0.2, 0.08, 0.032, 0.0128, \ldots$

$r = \frac{0.08}{0.2} = 0.4$

$a_1 = 0.2;\ r = 0.4$

$a_n = 0.2(0.4)^{n-1}$

$a_6 = 0.2(0.4)^{6-1} = 0.2(0.4)^5$
$= 0.2(0.01024) = 0.002048$;

$a_{10} = 0.2(0.4)^{10-1} = 0.2(0.4)^9$
$= 0.2(0.000261244) = 0.0000524288$;

$a_{12} = 0.2(0.4)^{12-1} = 0.2(0.4)^{11}$
$= 0.2(0.00004194304)$
$= 0.000008388608$

47. $a_1 = 9,\ a_n = 729,\ r = 3$

$a_n = a_1 r^{n-1}$

$729 = 9(3)^{n-1}$

$81 = 3^{n-1}$

$3^4 = 3^{n-1}$

$4 = n - 1$

$5 = n$

49. $a_1 = 16,\ a_n = \frac{1}{64},\ r = \frac{1}{2}$

$a_n = a_1 r^{n-1}$

$\frac{1}{64} = 16\left(\frac{1}{2}\right)^{n-1}$

$\frac{1}{1024} = \left(\frac{1}{2}\right)^{n-1}$

$\left(\frac{1}{2}\right)^{10} = \left(\frac{1}{2}\right)^{n-1}$

$10 = n - 1$

$11 = n$

51. $a_1 = -1,\ a_n = -1296,\ r = \sqrt{6}$

$a_n = a_1 r^{n-1}$

$-1296 = -1(\sqrt{6})^{n-1}$

$1296 = (\sqrt{6})^{n-1}$

$(\sqrt{6})^8 = (\sqrt{6})^{n-1}$

$8 = n - 1$

$9 = n$

53. $2, -6, 18, -54, \ldots, -4374$

$r = \frac{-6}{2} = -3;\ a_1 = 2;\ a_n = -4374$

$a_n = a_1 r^{n-1}$

$-4374 = 2(-3)^{n-1}$

$-2187 = (-3)^{n-1}$

$(-3)^7 = (-3)^{n-1}$

$7 = n - 1$

$8 = n$

11.3 Exercises

55. $64, 32\sqrt{2}, 32, 16\sqrt{2}, \ldots, 1$

$r = \dfrac{32\sqrt{2}}{64} = \dfrac{\sqrt{2}}{2}; \ a_1 = 64; \ a_n = 1$

$a_n = a_1 r^{n-1}$

$1 = 64 \left(\dfrac{\sqrt{2}}{2}\right)^{n-1}$

$\dfrac{1}{64} = \left(\dfrac{\sqrt{2}}{2}\right)^{n-1}$

$\left(\dfrac{\sqrt{2}}{2}\right)^{12} = \left(\dfrac{\sqrt{2}}{2}\right)^{n-1}$

$12 = n - 1$

$13 = n$

57. $\dfrac{3}{8}, -\dfrac{3}{4}, \dfrac{3}{2}, -3, \ldots, 96$

$r = \dfrac{-\tfrac{3}{4}}{\tfrac{3}{8}} = \dfrac{-24}{12} = -2; \ a_1 = \dfrac{3}{8}; \ a_n = 96$

$a_n = a_1 r^{n-1}$

$96 = \dfrac{3}{8}(-2)^{n-1}$

$256 = (-2)^{n-1}$

$(-2)^8 = (-2)^{n-1}$

$8 = n - 1$

$9 = n$

59. $a_3 = 324, \ a_7 = 64$

$a_7 = a_3 \cdot r^4$

$64 = 324 r^4$

$\dfrac{64}{324} = r^4$

$\sqrt[4]{\dfrac{16}{81}} = r$

$\dfrac{2}{3} = r;$

$a_7 = a_1 \cdot \left(\dfrac{2}{3}\right)^6$

$64 = a_1 \left(\dfrac{2}{3}\right)^6$

$64 = a_1 \left(\dfrac{64}{729}\right)$

$729 = a_1$

$r = \dfrac{2}{3}, \ a_1 = 729$

61. $a_4 = \dfrac{4}{9}, \ a_8 = \dfrac{9}{4}$

$a_8 = a_4 \cdot r^4$

$\dfrac{9}{4} = \dfrac{4}{9}(r)^4$

$\dfrac{81}{16} = r^4$

$\sqrt[4]{\dfrac{81}{16}} = r$

$\dfrac{3}{2} = r;$

$a_8 = a_1 \left(\dfrac{3}{2}\right)^7$

$\dfrac{9}{4} = a_1 \left(\dfrac{3}{2}\right)^7$

$\dfrac{9}{4} = a_1 \left(\dfrac{2187}{128}\right)$

$\dfrac{32}{243} = a_1$

$r = \dfrac{3}{2}, \ a_1 = \dfrac{32}{243}$

Chapter 11: Additional Topics in Algebra

63. $a_4 = \dfrac{32}{3}$, $a_8 = 54$

    $a_8 = a_4 \cdot r^4$

    $54 = \left(\dfrac{32}{3}\right)r^4$

    $\dfrac{81}{16} = r^4$

    $\sqrt[4]{\dfrac{81}{16}} = r$

    $\dfrac{3}{2} = r;$

    $a_8 = a_1\left(\dfrac{3}{2}\right)^7$

    $54 = a_1\left(\dfrac{3}{2}\right)^7$

    $54 = a_1\left(\dfrac{2187}{128}\right)$

    $\dfrac{256}{81} = a_1$

    $r = \dfrac{3}{2},\ a_1 = \dfrac{256}{81}$

65. $a_1 = 8, r = -2$, find S_{12}

    $S_n = \dfrac{a_1(1-r^n)}{1-r}$

    $S_{12} = \dfrac{8(1-(-2)^{12})}{1+3} = \dfrac{8(1-4096)}{1+2}$

    $= \dfrac{8(-4095)}{3} = -10{,}920$

67. $a_1 = 96, r = \dfrac{1}{3}$, find S_5

    $S_n = \dfrac{a_1(1-r^n)}{1-r}$

    $S_5 = \dfrac{96\left(1-\left(\dfrac{1}{3}\right)^5\right)}{1-\dfrac{1}{3}} = \dfrac{96\left(1-\dfrac{1}{243}\right)}{\dfrac{2}{3}}$

    $= \dfrac{96\left(\dfrac{242}{243}\right)}{\dfrac{2}{3}} = \dfrac{3872}{27} \approx 143.41$

69. $a_1 = 8, r = \dfrac{3}{2}$, find S_7

    $S_n = \dfrac{a_1(1-r^n)}{1-r}$

    $S_7 = \dfrac{8\left(1-\left(\dfrac{3}{2}\right)^7\right)}{1-\dfrac{3}{2}} = \dfrac{8\left(1-\dfrac{2187}{128}\right)}{-\dfrac{1}{2}}$

    $= \dfrac{8\left(\dfrac{-2059}{128}\right)}{-\dfrac{1}{2}} = \dfrac{2059}{8} = 257.375$

71. $2 + 6 + 18 + \ldots$; find S_6

    $a_1 = 2;\ r = \dfrac{6}{2} = 3$

    $S_n = \dfrac{a_1(1-r^n)}{1-r}$

    $S_6 = \dfrac{2(1-3^6)}{1-3} = \dfrac{2(1-729)}{-2} = \dfrac{2(-728)}{-2} = 728$

73. $16 - 8 + 4 - \ldots$; find S_8

    $a_1 = 16;\ r = \dfrac{-8}{16} = \dfrac{-1}{2}$

    $S_n = \dfrac{a_1(1-r^n)}{1-r}$

    $S_8 = \dfrac{16\left(1-\left(\dfrac{-1}{2}\right)^8\right)}{1-\left(-\dfrac{1}{2}\right)} = \dfrac{16\left(1-\dfrac{1}{256}\right)}{\dfrac{3}{2}}$

    $= \dfrac{16\left(\dfrac{255}{256}\right)}{\dfrac{3}{2}} = \dfrac{85}{8} = 10.625$

623

11.3 Exercises

75. $\dfrac{4}{3} + \dfrac{2}{9} + \dfrac{1}{27} + \ldots$; find S_9

$a_1 = \dfrac{4}{3};\ r = \dfrac{1}{6}$

$S_n = \dfrac{a_1(1 - r^n)}{1 - r}$

$S_9 = \dfrac{\dfrac{4}{3}\left(1 - \left(\dfrac{1}{6}\right)^9\right)}{1 - \dfrac{1}{6}} = \dfrac{\dfrac{4}{3}\left(1 - \dfrac{1}{10077696}\right)}{\dfrac{5}{6}}$

$= \dfrac{\dfrac{4}{3}\left(\dfrac{10077695}{10077696}\right)}{\dfrac{5}{6}} \approx 1.60$

77. $\displaystyle\sum_{j=1}^{5} 4^j$

Initial terms: 4, 16, 64, ...

$a_1 = 4;\ r = \dfrac{16}{4} = 4;\ n = 5$

$S_n = \dfrac{a_1(1 - r^n)}{1 - r}$

$S_5 = \dfrac{4(1 - 4^5)}{1 - 4} = \dfrac{4(1 - 1024)}{-3}$

$= \dfrac{4(-1023)}{-3} = 1{,}364$

79. $\displaystyle\sum_{k=1}^{8} 5\left(\dfrac{2}{3}\right)^{k-1}$

$5\left(\dfrac{2}{3}\right)^0 = 5$;

$5\left(\dfrac{2}{3}\right)^1 = \dfrac{10}{3}$;

$5\left(\dfrac{2}{3}\right)^2 = \dfrac{20}{9}$;

$5\left(\dfrac{2}{3}\right)^3 = \dfrac{40}{27}$

Initial terms: $5, \dfrac{10}{3}, \dfrac{20}{9}, \dfrac{40}{27}, \ldots$

$a_1 = 5;\ r = \dfrac{\dfrac{20}{9}}{\dfrac{10}{3}} = \dfrac{2}{3};\ n = 8$

$S_n = \dfrac{a_1(1 - r^n)}{1 - r}$

$S_8 = \dfrac{5\left(1 - \left(\dfrac{2}{3}\right)^8\right)}{1 - \dfrac{2}{3}} = \dfrac{5\left(1 - \dfrac{256}{6561}\right)}{\dfrac{1}{3}}$

$= \dfrac{5\left(\dfrac{6305}{6561}\right)}{\dfrac{1}{3}} = \dfrac{31525}{2187} \approx 14.41$

81. $\displaystyle\sum_{i=4}^{10} 9\left(-\dfrac{1}{2}\right)^{i-1}$

$9\left(\dfrac{-1}{2}\right)^3 = \dfrac{-9}{8}$;

$9\left(\dfrac{-1}{2}\right)^4 = \dfrac{9}{16}$;

$9\left(\dfrac{-1}{2}\right)^5 = \dfrac{-9}{32}$;

$9\left(\dfrac{-1}{2}\right)^6 = \dfrac{9}{64}$

Initial terms: $\dfrac{-9}{8}, \dfrac{9}{16}, \dfrac{-9}{32}, \dfrac{9}{64}, \ldots$

$a_1 = \dfrac{-9}{8};\ r = \dfrac{\dfrac{-9}{32}}{\dfrac{9}{16}} = \dfrac{-1}{2};\ n = 7$

$S_n = \dfrac{a_1(1 - r^n)}{1 - r}$

$S_7 = \dfrac{\dfrac{-9}{8}\left(1 - \left(\dfrac{-1}{2}\right)^7\right)}{1 - \left(\dfrac{-1}{2}\right)} = \dfrac{\dfrac{-9}{8}\left(1 + \dfrac{1}{128}\right)}{\dfrac{3}{2}}$

$= \dfrac{\dfrac{-9}{8}\left(\dfrac{129}{128}\right)}{\dfrac{3}{2}} = \dfrac{-387}{512} \approx -0.76$

Chapter 11: Additional Topics in Algebra

83. $a_2 = -5, a_5 = \dfrac{1}{25}$, find S_5

    Find r:
    $a_5 = a_2 r^3$
    $\dfrac{1}{25} = -5r^3$
    $\dfrac{-1}{125} = r^3$
    $\sqrt[3]{\dfrac{-1}{125}} = r$
    $\dfrac{-1}{5} = r$;

    Find a_1:
    $a_5 = a_1 r^4$
    $\dfrac{1}{25} = a_1\left(\dfrac{-1}{5}\right)^4$
    $\dfrac{1}{25} = a_1\left(\dfrac{1}{625}\right)$
    $25 = a_1$;

    $a_1 = 25; \; r = \dfrac{-1}{5}$

    $S_n = \dfrac{a_1(1 - r^n)}{1 - r}$

    $S_5 = \dfrac{25\left(1 - \left(\dfrac{-1}{5}\right)^5\right)}{1 - \left(\dfrac{-1}{5}\right)} = \dfrac{25\left(1 + \dfrac{1}{3125}\right)}{\dfrac{6}{5}}$

    $= \dfrac{25\left(\dfrac{3126}{3125}\right)}{\dfrac{6}{5}} = \dfrac{521}{25}$

85. $a_3 = \dfrac{4}{9}, a_7 = \dfrac{9}{64}$, find S_6

    Find r:
    $a_7 = a_3 r^4$
    $\dfrac{9}{64} = \dfrac{4}{9} r^4$
    $\dfrac{81}{256} = r^4$
    $\sqrt[4]{\dfrac{81}{256}} = r$
    $\dfrac{3}{4} = r$;

    Find a_1:
    $a_7 = a_1 r^6$
    $\dfrac{9}{64} = a_1\left(\dfrac{3}{4}\right)^6$
    $\dfrac{9}{64} = a_1\left(\dfrac{729}{4096}\right)$
    $\dfrac{64}{81} = a_1$;

    $a_1 = \dfrac{64}{81}; \; r = \dfrac{3}{4}$

    $S_n = \dfrac{a_1(1 - r^n)}{1 - r}$

    $S_6 = \dfrac{\dfrac{64}{81}\left(1 - \left(\dfrac{3}{4}\right)^6\right)}{1 - \dfrac{3}{4}} = \dfrac{\dfrac{64}{81}\left(1 - \dfrac{729}{4096}\right)}{\dfrac{1}{4}}$

    $= \dfrac{\dfrac{64}{81}\left(\dfrac{3367}{4096}\right)}{\dfrac{1}{4}} = \dfrac{3367}{1296}$

11.3 Exercises

87. $a_3 = 2\sqrt{2}, a_6 = 8$, find S_7
Find r:
$a_6 = a_3 r^3$
$8 = 2\sqrt{2}(r)^3$
$\dfrac{4}{\sqrt{2}} = r^3$
$2\sqrt{2} = r^3$
$2 \cdot 2^{\frac{1}{2}} = r^3$
$2^{\frac{3}{2}} = r^3$
$\left(2^{\frac{3}{2}}\right)^{\frac{1}{3}} = r$
$\sqrt{2} = r$;
Find a_1:
$a_6 = a_1 r^5$
$8 = a_1 (\sqrt{2})^5$
$8 = a_1 \left(2^{\frac{5}{2}}\right)$
$\dfrac{2^3}{2^{\frac{5}{2}}} = a_1$
$2^{3-\frac{5}{2}} = a_1$
$\sqrt{2} = a_1$
$a_1 = \sqrt{2};\ r = \sqrt{2}$
$S_n = \dfrac{a_1(1-r^n)}{1-r}$
$S_7 = \dfrac{\sqrt{2}\left(1-(\sqrt{2})^7\right)}{1-\sqrt{2}} = \dfrac{\sqrt{2}\left(1-(\sqrt{2})^6(\sqrt{2})\right)}{1-\sqrt{2}}$
$= \dfrac{\sqrt{2}(1-8(\sqrt{2}))}{1-\sqrt{2}} = \dfrac{\sqrt{2}-16}{1-\sqrt{2}}$
$= \dfrac{\sqrt{2}-16}{1-\sqrt{2}} \cdot \dfrac{1+\sqrt{2}}{1+\sqrt{2}}$
$= \dfrac{\sqrt{2}+2-16-16\sqrt{2}}{1-2}$
$= \dfrac{-14-15\sqrt{2}}{-1} = 14 + 15\sqrt{2}$

89. $3 + 6 + 12 + 24 + \ldots$
$\dfrac{6}{3} = 2$; No

91. $9 + 3 + 1 + \ldots$
$\dfrac{3}{9} = \dfrac{1}{3};\ \left|\dfrac{1}{3}\right| < 1$
$a_1 = 9;\ r = \dfrac{1}{3}$
$S_\infty = \dfrac{a_1}{1-r}$
$S_\infty = \dfrac{9}{1-\dfrac{1}{3}} = \dfrac{9}{\dfrac{2}{3}} = \dfrac{27}{2}$

93. $25 + 10 + 4 + \dfrac{8}{5} + \ldots$
$\dfrac{10}{25} = \dfrac{2}{5};\ \left|\dfrac{2}{5}\right| < 1$
$a_1 = 25;\ r = \dfrac{2}{5}$
$S_\infty = \dfrac{a_1}{1-r}$
$S_\infty = \dfrac{25}{1-\dfrac{2}{5}} = \dfrac{25}{\dfrac{3}{5}} = \dfrac{125}{3}$

95. $6 + 3 + \dfrac{3}{2} + \dfrac{3}{4} + \ldots$
$\dfrac{3}{6} = \dfrac{1}{2};\ \left|\dfrac{1}{2}\right| < 1$
$a_1 = 6;\ r = \dfrac{1}{2}$
$S_\infty = \dfrac{a_1}{1-r}$
$S_\infty = \dfrac{6}{1-\dfrac{1}{2}} = \dfrac{6}{\dfrac{1}{2}} = 12$

Chapter 11: Additional Topics in Algebra

97. $6 - 3 + \dfrac{3}{2} - \dfrac{3}{4} + \ldots$

$\dfrac{-3}{6} = \dfrac{-1}{2}; \left|\dfrac{-1}{2}\right| < 1$

$a_1 = 6; \; r = \dfrac{-1}{2}$

$S_\infty = \dfrac{a_1}{1-r}$

$S_\infty = \dfrac{6}{1 - \dfrac{-1}{2}} = \dfrac{6}{\dfrac{3}{2}} = \dfrac{12}{3} = 4$

99. $0.3 + 0.03 + 0.003 + \ldots$

$\dfrac{0.03}{0.3} = \dfrac{1}{10}; \left|\dfrac{1}{10}\right| < 1$

$a_1 = 0.3; \; r = \dfrac{1}{10}$

$S_\infty = \dfrac{a_1}{1-r}$

$S_\infty = \dfrac{0.3}{1 - \dfrac{1}{10}} = \dfrac{0.3}{\dfrac{9}{10}} = \dfrac{3}{9} = \dfrac{1}{3}$

101. $\sum\limits_{k=1}^{\infty} \dfrac{3}{4}\left(\dfrac{2}{3}\right)^k$

$\dfrac{3}{4}\left(\dfrac{2}{3}\right)^1 = \dfrac{1}{2};$

$\dfrac{3}{4}\left(\dfrac{2}{3}\right)^2 = \dfrac{3}{4}\left(\dfrac{4}{9}\right) = \dfrac{1}{3};$

$\dfrac{3}{4}\left(\dfrac{2}{3}\right)^3 = \dfrac{3}{4}\left(\dfrac{8}{27}\right) = \dfrac{2}{9};$

Initial terms: $\dfrac{1}{2} + \dfrac{1}{3} + \dfrac{2}{9} + \ldots$

$\dfrac{\frac{1}{3}}{\frac{1}{2}} = \dfrac{2}{3}; \left|\dfrac{2}{3}\right| < 1$

$a_1 = \dfrac{1}{2}; \; r = \dfrac{2}{3}$

$S_\infty = \dfrac{a_1}{1-r}$

$S_\infty = \dfrac{\frac{1}{2}}{1 - \frac{2}{3}} = \dfrac{\frac{1}{2}}{\frac{1}{3}} = \dfrac{3}{2}$

103. $\sum\limits_{j=1}^{\infty} 9\left(-\dfrac{2}{3}\right)^j$

$9\left(\dfrac{-2}{3}\right)^1 = -6;$

$9\left(\dfrac{-2}{3}\right)^2 = 9\left(\dfrac{4}{9}\right) = 4;$

$9\left(\dfrac{-2}{3}\right)^3 = 9\left(\dfrac{-8}{27}\right) = \dfrac{-8}{3}$

Initial terms: $-6 + 4 - \dfrac{8}{3} + \ldots$

$\dfrac{4}{-6} = \dfrac{2}{-3}; \left|\dfrac{-2}{3}\right| < 1$

$a_1 = -6; \; r = \dfrac{-2}{3}$

$S_\infty = \dfrac{a_1}{1-r}$

$S_\infty = \dfrac{-6}{1 - \frac{-2}{3}} = \dfrac{-6}{\frac{5}{3}} = \dfrac{-18}{5}$

105. $S_n = \dfrac{n^2(n+1)^2}{4}; \; 1^3 + 2^3 + 3^3 + \ldots 8^3$

$S_8 = \dfrac{8^2(8+1)^2}{4} = \dfrac{64(9)^2}{4} = \dfrac{64(81)}{4} = 1296$

$1^3 + 2^3 + 3^3 + 4^3 + 5^3 + 6^3 + 7^3 + 8^3$
$= 1 + 8 + 27 + 64 + 125 + 216 + 343 + 512$
$= 1296$

107. $a_1 = 24; \; r = 0.8; \; n = 7$

Initial terms: 24, 19.2, 15.36, …

$a_n = a_1(r)^{n-1}$

$a_7 = 24(0.8)^6 = 24(0.262144) \approx 6.3;$

$S_\infty = \dfrac{a_1}{1-r}$

$S_\infty = \dfrac{24}{1 - 0.8} = \dfrac{24}{0.2} = 120$

about 6.3 ft; 120 ft

11.3 Exercises

109. $a_1 = 46000$; $r = 0.20$; $n = 4$

$a_n = a_1(1-r)^n$

$a_4 = 46000(1-0.2)^4$

$a_4 = 46000(0.8)^4$

$a_4 = 46000(0.4096)$

$a_4 = 18841.60$;

$5000 = 46000(1-0.2)^n$

$0.1086956522 = 0.8^n$

$\ln 0.1086956522 = n \ln 0.8$

$\dfrac{\ln 0.1086956522}{\ln 0.8} = n$

$10 \approx n$;

about $18841.60; 10 years

111. $a_0 = 160$; $a_1 = 160(0.97) = 155.2$;

$r = 0.03$; $n = 8$

$a_n = a_1(1-r)^{n-1}$

$a_8 = 155.2(1-0.03)^{8-1}$

$a_8 = 155.2(0.97)^7$

$a_8 \approx 125.4$;

$118 = 155.2(0.97)^{n-1}$

$\dfrac{118}{155.2} = 0.97^{n-1}$

$\ln \dfrac{118}{155.2} = (n-1)\ln 0.97$

$\dfrac{\ln \dfrac{118}{155.2}}{\ln 0.97} = n - 1$

$9 \approx n - 1$

$10 \approx n$

about 125.4 gpm; about 10 months

113. $a_1 = 277$; $r = 0.023$; $n = 10$

$a_n = a_1(1+r)^n$

$a_{10} = 277(1+0.023)^{10}$

$a_{10} = 277(1.023)^{10}$

$a_{10} \approx 347.7$

about 347.7 million

115. $a_1 = 50$; $r = 2$; $n = 10$

10 half-hours in 5 hours

$a_n = a_1(r)^n$

$a_{10} = 50(2)^{10} = 50(1024) = 51200$;

$204800 = 50(2)^n$

$4096 = 2^n$

$(2)^{12} = 2^n$

$12 = n$

51,200 bacteria; 12 half hours later or 6 hours

117. $a_1 = \dfrac{4}{5}(20) = 16$; $r = \dfrac{4}{5}$; $n = 7$

$a_n = a_1(r)^{n-1}$

$a_7 = 16\left(\dfrac{4}{5}\right)^6 = 16\left(\dfrac{4096}{15625}\right) \approx 4.2$;

$S_\infty = \dfrac{a_1}{1-r}$

$S_\infty = \dfrac{16}{1-\dfrac{4}{5}} = \dfrac{16}{\dfrac{1}{5}} = 80$ up

Down: $S = \dfrac{20}{1-\dfrac{4}{5}} = \dfrac{20}{\dfrac{1}{5}} = 100$

approximately 4.2 m; 180 m

Chapter 11: Additional Topics in Algebra

119. $a_1 = 462$; $r = \dfrac{2}{5}$; $n = 5$

$a_n = a_1(1-r)^n$

$a_5 = 462\left(1-\dfrac{2}{5}\right)^5$

$a_5 = 462\left(\dfrac{3}{5}\right)^5$

$a_5 = 462\left(\dfrac{243}{3125}\right)$

$a_5 = 35.9$

$12.9 = 462\left(\dfrac{3}{5}\right)^n$

$0.0279 = \left(\dfrac{3}{5}\right)^n$

$\ln 0.0279 = n \ln 0.6$

$\dfrac{\ln 0.0279}{\ln 0.6} = n$

35.9 in³; about 7 strokes

121. $a_0 = 40000$; $d = 1750$; $r = 0.96$

$40000 + 1750n = 40000(1.04)^n$

$Y_1 = Y_2$

Using a grapher: about 6 years

123. $S_n = \displaystyle\sum_{k=1}^{n} \log(k)$

$S_n = \log n!$

125. $f(x) = x^2 + 5x + 9$

$x = \dfrac{-5 \pm \sqrt{(5)^2 - 4(1)(9)}}{2(1)}$

$x = \dfrac{-5 \pm \sqrt{25 - 36}}{2}$

$x = \dfrac{-5 \pm \sqrt{-11}}{2}$

$x = \dfrac{-5}{2} \pm \dfrac{\sqrt{11}}{2} i$

127. $h(x) = \dfrac{x^2}{x-1}$

Vertical asymptote: $x = 1$
Horizontal asymptote: none
(deg num > deg den)
Oblique asymptote: $y = x$

$$\begin{array}{r} x \\ x-1\overline{)x^2} \\ \underline{-(x^2-x)} \\ x \end{array}$$

y-intercept: $(0,0)$

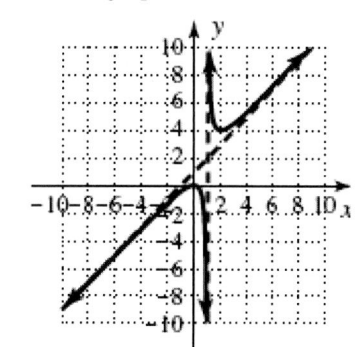

$h(0) = \dfrac{0^2}{0-1} = 0$

629

11.4 Exercises

11.4 Exercises

1. Finite; universally

3. Induction hypothesis

5. Answers will vary.

7. $a_n = 10n - 6$
$a_4 = 10(4) - 6 = 40 - 6 = 34$;
$a_5 = 10(5) - 6 = 50 - 6 = 44$;
$a_k = 10k - 6$;
$a_{k+1} = 10(k+1) - 6 = 10k + 10 - 6 = 10k + 4$

9. $a_n = n$
$a_4 = 4$;
$a_5 = 5$;
$a_k = k$;
$a_{k+1} = k + 1$

11. $a_n = 2^{n-1}$
$a_4 = 2^{4-1} = 2^3 = 8$;
$a_5 = 2^{5-1} = 2^4 = 16$;
$a_k = 2^{k-1}$;
$a_{k+1} = 2^{k+1-1} = 2^k$

13. $S_n = n(5n - 1)$
$S_4 = 4(5(4) - 1) = 4(20 - 1) = 4(19) = 76$;
$S_5 = 5(5(5) - 1) = 5(25 - 1) = 5(24) = 120$;
$S_k = k(5k - 1)$;
$S_{k+1} = (k+1)(5(k+1) - 1) = (k+1)(5k + 5 - 1)$
$= (k+1)(5k + 4)$

15. $S_n = \dfrac{n(n+1)}{2}$
$S_4 = \dfrac{4(4+1)}{2} = \dfrac{4(5)}{2} = 10$;
$S_5 = \dfrac{5(5+1)}{2} = \dfrac{5(6)}{2} = 15$;
$S_k = \dfrac{k(k+1)}{2}$;
$S_{k+1} = \dfrac{(k+1)(k+1+1)}{2} = \dfrac{(k+1)(k+2)}{2}$

17. $S_n = 2^n - 1$
$S_4 = 2^4 - 1 = 16 - 1 = 15$;
$S_5 = 2^5 - 1 = 32 - 1 = 31$;
$S_k = 2^k - 1$;
$S_{k+1} = 2^{k+1} - 1$

19. $a_n = 10n - 6$; $S_n = n(5n - 1)$
$S_4 = 4(5(4) - 1) = 4(20 - 1) = 4(19) = 76$;
$a_5 = 10(5) - 6 = 50 - 6 = 44$;
$S_5 = 5(5(5) - 1) = 5(25 - 1) = 5(24) = 120$;
$S_4 + a_5 = S_5$
$76 + 44 = 120$
$\qquad 120 = 120$
Verified

21. $a_n = n$; $S_n = \dfrac{n(n+1)}{2}$
$S_4 = \dfrac{4(4+1)}{2} = \dfrac{4(5)}{2} = 10$;
$a_5 = 5$;
$S_5 = \dfrac{5(5+1)}{2} = \dfrac{5(6)}{2} = 15$;
$S_4 + a_5 = S_5$
$10 + 5 = 15$
$\qquad 15 = 15$
Verified

23. $a_n = 2^{n-1}$; $S_n = 2^n - 1$
$S_4 = 2^4 - 1 = 16 - 1 = 15$;
$a_5 = 2^{5-1} = 2^4 = 16$;
$S_5 = 2^5 - 1 = 32 - 1 = 31$;
$S_4 + a_5 = S_5$
$15 + 16 = 31$
$\qquad 31 = 31$
Verified

Chapter 11: Additional Topics in Algebra

25. $a_n = n^3$; $S_n = (1+2+3+4+...+n)^2$

   a. for $n = 1$, $1 = (1)^2$;

   for $n = 5$,
   $$1+8+27+64+125 = (1+2+3+4+5)^2$$
   $$225 = = (15)^2;$$
   for $n = 9$,
   $$1+8+27+64+125+216+343+512+729$$
   $$= (1+2+3+4+5+6+7+8+9)^2$$
   $$2025 = (45)^2$$
   $$2025 = 2025$$

   b. The needed components are:
   $a_n = n^3$; $a_k = k^3$; $a_{k+1} = (k+1)^3$
   $S_k = (1+2+3+4+...+k)^2$;
   $S_{k+1} = (1+2+3+4+...+k+(k+1))^2$

   1. Show S_n is true for $n = 1$.
   $$S_1 = (1)^2 = 1$$
   Verified

   2. Assume S_k is true:
   $$1+8+27+...+k^3 = (1+2+3+4+...+k)^2$$
   and use it to show the truth of S_{k+1} follows. That is:
   $$1+8+27+...+k^3 + (k+1)^3$$

   $$= (1+2+3+...+k+(k+1))^2$$
   $S_k + a_{k+1} = S_{k+1}$
   Working with the left hand side:
   $$1+8+27+...+k^3+(k+1)^3$$
   $$= 1+8+27+...+k^3+(k+1)^2(k+1)$$
   $$= 1+8+27+...+k^3+k(k+1)^2+(k+1)^2$$
   $$= 1+8+27+...+k^3+k(k+1)(k+1)+(k+1)^2$$
   $$= 1+8+27+...+k^3$$
   $$\quad + 2\frac{k(k+1)}{2}(k+1)+(k+1)^2$$
   $$= (1+2+3+...+k)^2$$
   $$\quad + 2(1+2+3+...+k)(k+1)+(k+1)^2$$
   Factoring as a trinomial:
   $$= ((1+2+3+...+k)+(k+1))^2$$
   Since the truth of S_{k+1} follows from S_k, the formula is true for all n.

27. $2+4+6+8+10+...+2n$;
   The needed components are:
   $a_n = 2n$; $a_k = 2k$; $a_{k+1} = 2(k+1)$
   $S_n = n(n+1)$; $S_k = k(k+1)$;
   $S_{k+1} = (k+1)(k+1+1) = (k+1)(k+2)$

   1. Show S_n is true for $n = 1$.
   $$S_1 = 1(1+1) = 1(2) = 2$$
   Verified

   2. Assume S_k is true:
   $$2+4+6+8+10+...+2k = k(k+1)$$
   and use it to show the truth of S_{k+1} follows. That is:
   $$2+4+6+...+2k+2(k+1) = (k+1)(k+2)$$
   $S_k + a_{k+1} = S_{k+1}$
   Working with the left hand side:
   $$2+4+6+...+2k+2(k+1)$$
   $$= k(k+1)+2(k+1)$$
   $$= k^2+k+2k+2$$
   $$= k^2+3k+2$$
   $$= (k+1)(k+2)$$
   $$= S_{k+1}$$
   Since the truth of S_{k+1} follows from S_k, the formula is true for all n.

631

11.4 Exercises

29. $5+10+15+20+25+...+5n$

The needed components are:
$a_n = 5n$; $a_k = 5k$; $a_{k+1} = 5(k+1)$;
$S_n = \dfrac{5n(n+1)}{2}$; $S_k = \dfrac{5k(k+1)}{2}$;
$S_{k+1} = \dfrac{5(k+1)(k+1+1)}{2} = \dfrac{5(k+1)(k+2)}{2}$

1. Show S_n is true for $n = 1$.
$$S_1 = \dfrac{5(1)(1+1)}{2} = \dfrac{5(2)}{2} = 5$$
Verified

2. Assume S_k is true:
$$5+10+15+...+5k = \dfrac{5k(k+1)}{2}$$
and use it to show the truth of S_{k+1} follows. That is:
$5+10+15+...+5k+5(k+1)$
$= \dfrac{5(k+1)(k+1+1)}{2}$
$S_k + a_{k+1} = S_{k+1}$
Working with the left hand side:
$5+10+15+...+5k+5(k+1)$
$= \dfrac{5k(k+1)}{2} + 5(k+1)$
$= \dfrac{5k(k+1)+10(k+1)}{2}$
$= \dfrac{(k+1)(5k+10)}{2}$
$= \dfrac{5(k+1)(k+2)}{2}$
$= S_{k+1}$

Since the truth of S_{k+1} follows from S_k, the formula is true for all n.

31. $5+9+13+17+...+4n+1$

The needed components are:
$a_n = 4n+1$; $a_k = 4k+1$;
$a_{k+1} = 4(k+1)+1 = 4k+4+1 = 4k+5$;
$S_n = n(2n+3)$; $S_k = k(2k+3)$;
$S_{k+1} = (k+1)(2(k+1)+3) = (k+1)(2k+5)$

1. Show S_n is true for $n = 1$.
$S_1 = 1(2(1)+3) = 5$
Verified

2. Assume S_k is true:
$5+9+13+17+...+4k+1 = k(2k+3)$
and use it to show the truth of S_{k+1} follows. That is:
$5+9+13+17+...+4k+1+4(k+1)+1$
$= (k+1)(2(k+1)+3)$
$S_k + a_{k+1} = S_{k+1}$
Working with the left hand side:
$5+9+13+17+...+4k+1+4k+5$
$= k(2k+3)+4k+5$
$= 2k^2+3k+4k+5 = 2k^2+7k+5$
$= (k+1)(2k+5) = S_{k+1}$

Since the truth of S_{k+1} follows from S_k, the formula is true for all n.

Chapter 11: Additional Topics in Algebra

33. $3+9+27+81+243+\ldots+3^n$
The needed components are:
$a_n = 3^n$; $a_k = 3^k$; $a_{k+1} = 3^{k+1}$;
$S_n = \dfrac{3(3^n - 1)}{2}$; $S_k = \dfrac{3(3^k - 1)}{2}$;
$S_{k+1} = \dfrac{3(3^{k+1} - 1)}{2}$

1. Show S_n is true for $n = 1$.
$S_1 = \dfrac{3(3^1 - 1)}{2} = \dfrac{3(3-1)}{2} = \dfrac{3(2)}{2} = 3$
Verified

2. Assume S_k is true:
$3+9+27+\ldots+3^k = \dfrac{3(3^k - 1)}{2}$
and use it to show the truth of S_{k+1} follows. That is:
$3+9+27+\ldots+3^k + 3^{k+1} = \dfrac{3(3^{k+1} - 1)}{2}$
$S_k + a_{k+1} = S_{k+1}$
Working with the left hand side:
$3+9+27+\ldots+3^k + 3^{k+1}$
$= \dfrac{3(3^k - 1)}{2} + 3^{k+1}$
$= \dfrac{3(3^k - 1) + 2(3^{k+1})}{2}$
$= \dfrac{3^{k+1} - 3 + 2(3^{k+1})}{2}$
$= \dfrac{3(3^{k+1}) - 3}{2}$
$= \dfrac{3(3^{k+1} - 1)}{2}$
$= S_{k+1}$
Since the truth of S_{k+1} follows from S_k, the formula is true for all n.

35. $2+4+8+16+32+64+\ldots+2^n$
The needed components are:
$a_n = 2^n$; $a_k = 2^k$; $a_{k+1} = 2^{k+1}$;
$S_n = 2^{n+1} - 2$; $S_k = 2^{k+1} - 2$;
$S_{k+1} = 2^{k+1+1} - 2 = 2^{k+2} - 2$

1. Show S_n is true for $n = 1$.
$S_n = 2^{n+1} - 2$
$S_1 = 2^{1+1} - 2 = 2^2 - 2 = 4 - 2 = 2$
Verified

2. Assume S_k is true:
$2+4+8+\ldots+2^k = 2^{k+1} - 2$
and use it to show the truth of S_{k+1} follows. That is:
$2+4+8+\ldots+2^k + 2^{k+1} = 2^{k+1} - 2$
$S_k + a_{k+1} = S_{k+1}$
Working with the left hand side:
$2+4+8+\ldots+2^k + 2^{k+1}$
$= 2^{k+1} - 2 + 2^{k+1}$
$= 2(2^{k+1}) - 2$
$= 2^{k+2} - 2$
$= S_{k+1}$
Since the truth of S_{k+1} follows from S_k, the formula is true for all n.

11.4 Exercises

37. $\dfrac{1}{1(3)} + \dfrac{1}{3(5)} + \dfrac{1}{5(7)} + \ldots + \dfrac{1}{(2n-1)(2n+1)}$

The needed components are:

$a_n = \dfrac{1}{(2n-1)(2n+1)}$; $a_k = \dfrac{1}{(2k-1)(2k+1)}$;

$a_{k+1} = \dfrac{1}{(2(k+1)-1)(2(k+1)+1)} = \dfrac{1}{(2k+1)(2k+3)}$;

$S_n = \dfrac{n}{2n+1}$; $S_k = \dfrac{k}{2k+1}$;

$S_{k+1} = \dfrac{k+1}{2(k+1)+1} = \dfrac{k+1}{2k+3}$

1. Show S_n is true for $n = 1$.

$S_n = \dfrac{n}{2n+1}$

$S_1 = \dfrac{1}{2(1)+1} = \dfrac{1}{2+1} = \dfrac{1}{3}$

Verified

2. Assume S_k is true:

$\dfrac{1}{3} + \dfrac{1}{15} + \dfrac{1}{35} + \ldots + \dfrac{1}{(2k-1)(2k+1)} = \dfrac{k}{2k+1}$

and use it to show the truth of S_{k+1} follows. That is:

$\dfrac{1}{3} + \dfrac{1}{15} + \dfrac{1}{35} + \ldots + \dfrac{1}{(2k-1)(2k+1)}$

$+ \dfrac{1}{(2(k+1)-1)(2(k+1)+1)} = \dfrac{k+1}{2(k+1)+1}$

$S_k + a_{k+1} = S_{k+1}$

Working with the left hand side:

$\dfrac{1}{3} + \dfrac{1}{15} + \dfrac{1}{35} + \ldots + \dfrac{1}{(2k-1)(2k+1)} + \dfrac{1}{(2k+1)(2k+3)}$

$= \dfrac{k}{2k+1} + \dfrac{1}{(2k+1)(2k+3)}$

$= \dfrac{k(2k+3)+1}{(2k+1)(2k+3)}$

$= \dfrac{2k^2+3k+1}{(2k+1)(2k+3)}$

$= \dfrac{(2k+1)(k+1)}{(2k+1)(2k+3)}$

$= \dfrac{k+1}{2k+3}$

$= S_{k+1}$

Since the truth of S_{k+1} follows from S_k, the formula is true for all n.

39. $S_n : 3^n \geq 2n+1$

$S_k : 3^k \geq 2k+1$

$S_{k+1} : 3^{k+1} \geq 2(k+1)+1$

1. Show S_n is true for $n = 1$.

$S_1 :$

$3^1 \geq 2(1)+1$

$3 \geq 2+1$

$3 \geq 3$

Verified

2. Assume $S_k : 3^k \geq 2k+1$ is true and use it to show the truth of S_{k+1} follows. That is: $3^{k+1} \geq 2k+3$.

Working with the left hand side:

$3^{k+1} = 3(3^k)$
$\geq 3(2k+1)$
$\geq 6k+3$

Since k is a positive integer,

$6k+3 \geq 2k+3$

Showing $S_{k+1} : 3^{k+1} \geq 2k+3$

Verified

634

Chapter 11: Additional Topics in Algebra

41. $S_n : 3 \cdot 4^{n-1} \leq 4^n - 1$

    $S_k : 3 \cdot 4^{k-1} \leq 4^k - 1$

    $S_{k+1} : 3 \cdot 4^k \leq 4^{k+1} - 1$

    1. Show S_n is true for $n = 1$.

        S_1:

        $3 \cdot 4^{1-1} \leq 4^1 - 1$

        $3 \cdot 4^0 \leq 4 - 1$

        $3 \cdot 1 \leq 3$

        $3 \leq 3$

        Verified

    2. Assume $S_k : 3 \cdot 4^{k-1} \leq 4^k - 1$ is true. and use it to show the truth of S_{k+1} follows. That is: $3 \cdot 4^k \leq 4^{k+1} - 1$.

        Working with the left hand side:

        $3 \cdot 4^k = 3 \cdot 4(4^{k-1})$

        $= 4 \cdot 3(4^{k-1})$

        $\leq 4(4^k - 1)$

        $\leq 4^{k+1} - 4$

        Since k is a positive integer,

        $4^{k+1} - 4 \leq 4^{k+1} - 1$

        Showing that $3 \cdot 4^k \leq 4^{k+1} - 1$

43. $n^2 - 7n$ is divisible by 2

    1. Show S_n is true for $n = 1$.

        $S_n : n^2 - 7n = 2m$

        S_1:

        $(1)^2 - 7(1) = 2m$

        $1 - 7 = 2m$

        $-6 = 2m$

        Verified

    2. Assume $S_k : k^2 - 7k = 2m$ for $m \in Z$. and use it to show the truth of S_{k+1} follows. That is:

        $(k+1)^2 - 7(k+1) = 2p$ for $p \in Z$.

        Working with the left hand side:

        $= (k+1)^2 - 7(k+1)$

        $= k^2 + 2k + 1 - 7k - 7$

        $= k^2 - 7k + 2k - 6$

        $= 2m + +2k - 6$

        $= 2(m + k - 3)$

        is divisible by 2.

45. $n^3 + 3n^2 + 2n$ is divisible by 3

    1. Show S_n is true for $n = 1$.

        $S_n : n^3 + 3n^2 + 2n = 3m$

        S_1:

        $(1)^3 + 3(1)^2 + 2(1) = 3m$

        $1 + 3 + 2 = 3m$

        $6 = 3m$

        $2 = m$

        Verified

    2. Assume $S_k : k^3 + 3k^2 + 2k = 3m$ for $m \in Z$ and use it to show the truth of S_{k+1} follows.

        That is:

        $S_{k+1} : (k+1)^3 + 3(k+1)^2 + 2(k+1) = 3p$

        for $p \in Z$.

        Working with the left hand side:

        $(k+1)^3 + 3(k+1)^2 + 2(k+1)$ is true.

        $= k^3 + 3k^2 + 3k + 1 + 3(k^2 + 2k + 1) + 2k + 2$

        $= k^3 + 3k^2 + 2k + 3(k^2 + 2k + 1) + 3k + 3$

        $= k^3 + 3k^2 + 2k + 3(k^2 + 2k + 1) + 3(k + 1)$

        $= 3m + 3(k^2 + 2k + 1) + 3(k + 1)$

        is divisible by 3.

11.4 Exercises

47. $6^n - 1$ is divisible by 5
 1. Show S_n is true for $n = 1$.
 $S_n : 6^n - 1 = 5m$
 $S_1 :$
 $6^1 - 1 = 5m$
 $6 - 1 = 5m$
 $5 = 5m$
 $1 = m$
 Verified
 2. Assume $S_k : 6^k - 1 = 5m$ for $m \in Z$ and use it to show the truth of S_{k+1} follows.
 That is: $S_{k+1} : 6^{k+1} - 1 = 5p$ for $p \in Z$.
 Working with the left hand side:
 $= 6^k - 1$
 $= 6(6^k) - 1$
 $= 6(5m + 1) - 1$
 $= 30m + 6 - 1$
 $= 30m + 5$
 $= 5(6m + 1)$
 is divisible by 5,
 Verified

49. $\dfrac{x^n - 1}{x - 1} = (1 + x + x^2 + x^3 + \ldots + x^{n-1})$
 The needed components are:
 $a_k = x^{k-1}$, $S_k = \dfrac{x^k - 1}{x - 1}$, $S_{k+1} = \dfrac{x^{k+1} - 1}{x - 1}$
 1. Show S_n is true for $n = 1$.
 $S_k = \dfrac{x^k - 1}{x - 1}$
 $S_1 = \dfrac{x^1 - 1}{x - 1} = 1$
 Verified

2. Assume S_k is true:
 $1 + x + x^2 + x^3 + \ldots + x^{k-1}$
 $= \dfrac{x^k - 1}{x - 1}$
 and use it to show the truth of S_{k+1} follows. That is:
 $1 + x + x^2 + x^3 + \ldots + x^{k-1} + x^{k+1-1}$
 $= \dfrac{x^{k+1} - 1}{x - 1}$
 $S_k + a_{k+1} = S_{k+1}$
 Working with the left hand side:
 $1 + x + x^2 + x^3 + \ldots + x^{k-1} + x^{k+1-1}$
 $= \dfrac{x^k - 1}{x - 1} + x^k$
 $= \dfrac{x^k - 1}{x - 1} + \dfrac{x^k(x - 1)}{x - 1}$
 $= \dfrac{x^k - 1 + x^k(x - 1)}{x - 1}$
 $= \dfrac{x^k - 1 + x^{k+1} - x^k}{x - 1}$
 $= \dfrac{x^{k+1} - 1}{x - 1}$
 $= S_{k+1}$
 Since the truth of S_{k+1} follows from S_k, the formula is true for all n.

51. $(\sin\theta + \cos\theta)^2 + (\sin\theta - \cos\theta)^2 = 2$
 $\sin^2\theta + 2\sin\theta\cos\theta + \cos^2\theta + \sin^2\theta - 2\sin\theta\cos\theta + \cos^2\theta = 2$
 $\sin^2\theta + \cos^2\theta + \sin^2\theta + \cos^2\theta = 2$
 $1 + 1 = 2$
 $2 = 2$

53. Center: (4, 3); Point on circle: (1, 7);
 $d = \sqrt{(4-1)^2 + (3-7)^2} = 5$, $r = 5$
 $(y - 3)^2 + (x - 4)^2 = 25$

Chapter 11: Additional Topics in Algebra

Mid-Chapter Check

1. $a_n = 7n - 4$
   $a_1 = 7(1) - 4 = 7 - 4 = 3$;
   $a_2 = 7(2) - 4 = 14 - 4 = 10$;
   $a_3 = 7(3) - 4 = 21 - 4 = 17$;
   $a_9 = 7(9) - 4 = 63 - 4 = 59$

3. $a_n = (-1)^n(2n-1)$
   $a_1 = (-1)^1(2(1)-1) = -1(2-1) = -1(1) = -1$;
   $a_2 = (-1)^2(2(2)-1) = 1(4-1) = 1(3) = 3$;
   $a_3 = (-1)^3(2(3)-1) = -1(6-1) = -1(5) = -5$;
   $a_9 = (-1)^9(2(9)-1) = -1(18-1) = -17$

5. $1 + 4 + 7 + 10 + 13 + 16$
   $\sum_{n=1}^{6}(3k-2)$

7. $a_n = a_1 r^{n-1}$; e
   nth term formula for a geometric series

9. $a_n = a_1 + (n-1)d$; b
   nth term formula for an arithmetic series

11. (a) $2, 5, 8, 11, \ldots$
    $a_1 = 2$; $d = 5 - 2 = 3$
    $a_n = 2 + (n-1)3$
    $a_n = 2 + 3n - 3$
    $a_n = 3n - 1$

    (b) $\dfrac{3}{2}, \dfrac{9}{4}, 3, \dfrac{15}{4}, \ldots$
    $a_1 = \dfrac{3}{2}$; $d = \dfrac{9}{4} - \dfrac{3}{2} = \dfrac{3}{4}$
    $a_n = \dfrac{3}{2} + (n-1)\dfrac{3}{4}$
    $a_n = \dfrac{3}{2} + \dfrac{3}{4}n - \dfrac{3}{4}$
    $a_n = \dfrac{3}{4}n + \dfrac{3}{4}$

13. $\dfrac{1}{2} + \dfrac{3}{2} + \dfrac{5}{2} + \dfrac{7}{2} + \ldots + \dfrac{31}{2}$
    $a_1 = \dfrac{1}{2}$; $d = 1$
    $\dfrac{31}{2} = \dfrac{1}{2} + (n-1)(1)$
    $\dfrac{31}{2} = \dfrac{1}{2} + n - 1$
    $\dfrac{31}{2} = n - \dfrac{1}{2}$
    $16 = n$;
    $S_{16} = \dfrac{16\left(\dfrac{1}{2} + \dfrac{31}{2}\right)}{2} = \dfrac{16(16)}{2} = 128$

Mid Chapter Check

15. $a_3 = -81;\ a_7 = -1$
$a_7 = a_3 \cdot r^4$
$-1 = -81r^4$
$\frac{1}{81} = r^4$
$\frac{1}{3} = r;$
$a_7 = a_1 r^6$
$-1 = a_1\left(\frac{1}{3}\right)^6$
$-1 = \frac{1}{729}a_1$
$-729 = a_1;$

$S_{10} = \dfrac{-729\left(1-\left(\frac{1}{3}\right)^{10}\right)}{1-\frac{1}{3}}$

$= \dfrac{-729\left(1-\frac{1}{59049}\right)}{\frac{2}{3}}$

$= \dfrac{-729\left(\frac{59048}{59049}\right)}{\frac{2}{3}}$

$= \dfrac{-29524}{27}$

17. $\dfrac{1}{54} + \dfrac{1}{18} + \dfrac{1}{6} + \ldots + \dfrac{81}{2}$

$a_1 = \dfrac{1}{54};\ r = \dfrac{\frac{1}{18}}{\frac{1}{54}} = 3$

$\dfrac{81}{2} = \dfrac{1}{54}(3)^{n-1}$
$2187 = 3^{(n-1)}$
$3^7 = 3^{(n-1)}$
$7 = n-1$
$n = 8;$

$S_8 = \dfrac{\frac{1}{54}(1-3^8)}{1-3} = \dfrac{\frac{1}{54}(1-6561)}{-2}$

$= \dfrac{\frac{1}{54}(-6560)}{-2} = \dfrac{6560}{108} = \dfrac{1640}{27}$

19. $60, 59, 58, \ldots, 10$
$a_1 = 60;\ d = -1$
$10 = 60 + (n-1)(-1)$
$10 = 60 - n + 1$
$10 = 61 - n$
$-51 = -n$
$51 = n;$

$S_{51} = \dfrac{51(60+10)}{2} = \dfrac{51(70)}{2} = 1785$

Reinforcing Basic Concepts

1. $a_n = 0.125x^3 - 2.5x^2 + 12x$
$\$71,500$

Chapter 11: Additional Topics in Algebra

11.5 Technology Highlight

Exercise 1:
(a) $_9C_2 = 36$
(b) $_9C_3 = 84$
(c) $_9C_4 = 126$
(d) $_9C_5 = 126$

Exercise 3: $_6C_3 = 20$

11.5 Exercises

1. Experiment, well defined.

3. Distinguishable.

5. Answers will vary.

7. (a)

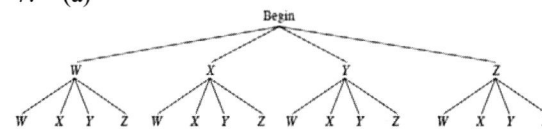

(b) $WW, WX, WY, WZ,$
$XW, XX, XY, XZ,$
$YW, YX, YY, YZ,$
ZW, ZX, ZY, ZZ

9. 32

11. $25^3 = 15{,}625$

13. $26 \cdot 26 \cdot 4 \cdot 10 \cdot 10 \cdot 10 = 2{,}704{,}000$

15. (a) $9^5 = 59{,}049$
(b) $9 \cdot 8 \cdot 7 \cdot 6 \cdot 5 = 15{,}120$

17. $4 \cdot 6 \cdot 5 \cdot 3 = 360$
360 if double vegetables are not allowed,
$4 \cdot 6 \cdot 6 \cdot 3 = 432$
432 if double vegetables are allowed.

19. (a) $5 \cdot 4 \cdot 3 \cdot 2 = 120$
(b) $5^4 = 625$
(c) $2 \cdot 3 \cdot 2 \cdot 1 = 12$

21. $4 \cdot 3 \cdot 2 \cdot 1 = 24$

23. $2 \cdot 2 \cdot 1 \cdot 1 = 4$

25. $5 \cdot 4 \cdot 3 \cdot 2 \cdot 1 = 120$

27. $1 \cdot 3 \cdot 2 \cdot 1 = 6$

29. $_{10}P_3 = 10 \cdot 9 \cdot 8 = 720$;
$_nP_r = \dfrac{n!}{(n-r)!}$
$_{10}P_3 = \dfrac{10!}{(10-3)!} = \dfrac{10 \cdot 9 \cdot 8 \cdot 7!}{7!} = 720$

31. $_9P_4 = 9 \cdot 8 \cdot 7 \cdot 6 = 3024$;
$_nP_r = \dfrac{n!}{(n-r)!}$
$_9P_4 = \dfrac{9!}{(9-4)!} = \dfrac{9 \cdot 8 \cdot 7 \cdot 6 \cdot 5!}{5!} = 3024$

11.5 Exercises

33. $_8P_7 = 8\cdot 7\cdot 6\cdot 5\cdot 4\cdot 3\cdot 2 = 40320$

$$_nP_r = \frac{n!}{(n-r)!}$$

$$_8P_7 = \frac{8!}{(8-7)!}$$

$$= \frac{8\cdot 7\cdot 6\cdot 5\cdot 4\cdot 3\cdot 2\cdot 1!}{1!} = 40320$$

35. T, R and A

$_3P_3 = 3\cdot 2\cdot 1 = 6$

TRA, TAR, RTA, RAT, ART, ATR

3 actual words

37. $_{10}P_2 = 10\cdot 9 = 90$

39. $_8P_3 = 8\cdot 7\cdot 6 = 336$

41. (a) $_6P_6 = 6\cdot 5\cdot 4\cdot 3\cdot 2\cdot 1 = 720$

(b) $_6P_3 = 6\cdot 5\cdot 4 = 120$

(c) $_4P_4 = 4\cdot 3\cdot 2\cdot 1 = 24$

43. $\dfrac{_nP_n}{p!} = \dfrac{_6P_6}{2!} = \dfrac{6\cdot 5\cdot 4\cdot 3\cdot 2\cdot 1}{2\cdot 1} = 360$

45. $\dfrac{_nP_n}{p!q!} = \dfrac{_6P_6}{2!3!} = \dfrac{6\cdot 5\cdot 4\cdot 3\cdot 2\cdot 1}{2\cdot 1\cdot 3\cdot 2\cdot 1} = \dfrac{120}{2} = 60$

47. $\dfrac{_nP_n}{p!q!} = \dfrac{_6P_6}{2!3!} = \dfrac{6\cdot 5\cdot 4\cdot 3\cdot 2\cdot 1}{2\cdot 1\cdot 3\cdot 2\cdot 1} = \dfrac{120}{2} = 60$

49. Logic

$\dfrac{_nP_n}{p!} = \dfrac{_5P_5}{1!} = \dfrac{5\cdot 4\cdot 3\cdot 2\cdot 1}{1} = 120$

51. Lotto

$\dfrac{_nP_n}{p!q!} = \dfrac{_5P_5}{2!2!} = \dfrac{5\cdot 4\cdot 3\cdot 2\cdot 1}{2\cdot 1\cdot 2\cdot 1} = \dfrac{60}{2} = 30$

53. A, A, A, N, N, B

$\dfrac{_nP_n}{p!q!} = \dfrac{_6P_6}{3!2!} = \dfrac{6\cdot 5\cdot 4\cdot 3\cdot 2\cdot 1}{3\cdot 2\cdot 1\cdot 2\cdot 1} = \dfrac{120}{2} = 60$

BANANA

55. $_9C_4$

(a) $_nC_r = \dfrac{_nP_r}{r!}$

$_9C_4 = \dfrac{_9P_4}{4!} = \dfrac{9\cdot 8\cdot 7\cdot 6}{4\cdot 3\cdot 2\cdot 1} = \dfrac{3024}{24} = 126$;

(b) $_nC_r = \dfrac{n!}{r!(n-r)!}$

$_9C_4 = \dfrac{9!}{4!(9-4)!} = \dfrac{9\cdot 8\cdot 7\cdot 6\cdot 5!}{4\cdot 3\cdot 2\cdot 1\cdot 5!}$

$= \dfrac{3024}{24} = 126$

57. $_8C_5$

(a) $_nC_r = \dfrac{_nP_r}{r!}$

$_8C_5 = \dfrac{_8P_5}{5!} = \dfrac{8\cdot 7\cdot 6\cdot 5\cdot 4}{5\cdot 4\cdot 3\cdot 2\cdot 1}$

$= \dfrac{6720}{120} = 56$;

(b) $_nC_r = \dfrac{n!}{r!(n-r)!}$

$_8C_5 = \dfrac{8!}{5!(8-5)!} = \dfrac{8\cdot 7\cdot 6\cdot 5!}{5!\cdot 3\cdot 2\cdot 1}$

$= \dfrac{336}{6} = 56$

59. $_6C_6$

(a) $_nC_r = \dfrac{_nP_r}{r!}$

$_6C_6 = \dfrac{_6P_6}{6!} = \dfrac{6\cdot 5\cdot 4\cdot 3\cdot 2\cdot 1}{6\cdot 5\cdot 4\cdot 3\cdot 2\cdot 1} = 1$;

(b) $_nC_r = \dfrac{n!}{r!(n-r)!}$

$_6C_6 = \dfrac{6!}{6!(6-6)!} = \dfrac{6!}{6!} = 1$

Chapter 11: Additional Topics in Algebra

61. $_9C_4, _9C_5$

$_9C_4 = \dfrac{9!}{4!(9-4)!} = \dfrac{9!}{4!5!} = \dfrac{9 \cdot 8 \cdot 7 \cdot 6 \cdot 5!}{4 \cdot 3 \cdot 2 \cdot 1 \cdot 5!}$

$_9C_4 = \dfrac{3024}{24} = 126$;

$_9C_5 = \dfrac{9!}{5!(9-5)!} = \dfrac{9!}{5!4!} = \dfrac{9 \cdot 8 \cdot 7 \cdot 6 \cdot 5!}{5! \cdot 4 \cdot 3 \cdot 2 \cdot 1}$

$_9C_5 = \dfrac{3024}{24} = 126$

Verified

63. $_8C_5, _8C_3$

$_8C_5 = \dfrac{8!}{5!(8-5)!} = \dfrac{8!}{5!3!}$

$= \dfrac{8 \cdot 7 \cdot 6 \cdot 5!}{5! \cdot 3 \cdot 2 \cdot 1} = \dfrac{336}{6} = 56$;

$_8C_3 = \dfrac{8!}{3!(8-3)!} = \dfrac{8!}{3!5!}$

$= \dfrac{8 \cdot 7 \cdot 6 \cdot 5!}{3 \cdot 2 \cdot 1 \cdot 5!} = \dfrac{336}{6} = 56$

Verified

65. $_{12}C_4 = \dfrac{12!}{4!(12-4)!} = \dfrac{12!}{12!8!} = \dfrac{12 \cdot 11 \cdot 10 \cdot 9 \cdot 8!}{4 \cdot 3 \cdot 2 \cdot 1 \cdot 8!}$

$= \dfrac{11880}{24} = 495$

67. $_{14}C_3 = \dfrac{14!}{3!(14-3)!} = \dfrac{14!}{3!11!} = \dfrac{14 \cdot 13 \cdot 12 \cdot 11!}{3 \cdot 2 \cdot 1 \cdot 11!}$

$= \dfrac{2184}{6} = 364$

69. $_{10}C_5 = \dfrac{10!}{5!(10-5)!} = \dfrac{10!}{5!5!} = \dfrac{10 \cdot 9 \cdot 8 \cdot 7 \cdot 6 \cdot 5!}{5 \cdot 4 \cdot 3 \cdot 2 \cdot 1 \cdot 5!}$

$= \dfrac{30240}{120} = 252$

71. $8! = 40,320$

73. $_nP_r = \dfrac{n!}{(n-r)!}$

$_8P_3 = \dfrac{8!}{(8-3)!} = \dfrac{8!}{5!} = \dfrac{8 \cdot 7 \cdot 6 \cdot 5!}{5!} = 336$

75. $_{20}C_5 = \dfrac{20!}{5!(20-5)!} = \dfrac{20!}{5!15!}$

$= \dfrac{20 \cdot 19 \cdot 18 \cdot 17 \cdot 16 \cdot 15!}{5 \cdot 4 \cdot 3 \cdot 2 \cdot 1 \cdot 15!} = \dfrac{1860480}{120} = 15,504$

77. $_8C_4 = \dfrac{8!}{4!(8-4)!} = \dfrac{8 \cdot 7 \cdot 6 \cdot 5 \cdot 4!}{4 \cdot 3 \cdot 2 \cdot 1 \cdot 4!}$

$= \dfrac{1680}{24} = 70$

79. (a) $7! = 5,040$;

$n! \approx \sqrt{2\pi} \cdot (n^{n+0.5}) \cdot e^{-n}$

$7! \approx \sqrt{2\pi} \cdot (7^{7+0.5}) \cdot e^{-7}$

$7! \approx \sqrt{2\pi} \cdot (7^{7.5})(e^{-7})$

$7! \approx 4980.395832$;

$\dfrac{5040 - 4980}{5040} = 0.0119 \approx 1.2\%$

(b) $10! = 3,628,800$;

$10! \approx \sqrt{2\pi} \cdot (10^{10+0.5}) \cdot e^{-10}$

$10! \approx \sqrt{2\pi} \cdot (10^{10.5}) \cdot e^{-10}$

$10! \approx 3598695.619$;

$\dfrac{3,628,800 - 3,598,696}{3,628,800} \approx 0.83\%$

81. $6^5 = 7776$

83. $9 \cdot 6 \cdot 6 = 324$

85. $8 \cdot 10 \cdot 10 = 800$

87. Exchanges: $8 \cdot 10 \cdot 10 = 800$
    Area Codes: $8 \cdot 10 \cdot 10 = 800 - 16 = 784$
    Final digits: $10 \cdot 10 \cdot 10 \cdot 10 = 10000$
    $784 \cdot 800 \cdot 10000 = 6,272,000,000$

11.5 Exercises

89. $9 \cdot 10 \cdot 10 \cdot 24 \cdot 24 = 518{,}400$

91. $9 \cdot 9 \cdot 8 \cdot 24 \cdot 23 = 357{,}696$

93. Five

$$_8P_5 = \frac{8!}{(8-5)!} = \frac{8 \cdot 7 \cdot 6 \cdot 5 \cdot 4 \cdot 3!}{3!} = 6{,}720$$

95. One

$$_8P_1 = \frac{8!}{(8-1)!} = \frac{8 \cdot 7!}{7!} = 8$$

97. $7 \cdot 2 \cdot 6! = 10{,}080$

7 ways they can sit side by side;
2 ways they can sit together, teacher 1 on the left and teacher 2 on the right, or teacher 2 on the left and teacher 1 on the right;
the students can be seated randomly.

99. $1 \cdot 7! = 1 \cdot 7 \cdot 6 \cdot 5 \cdot 4 \cdot 3 \cdot 2 \cdot 1 = 5{,}040$

101. $2 \cdot 2 \cdot 6 \cdot 5 \cdot 4 \cdot 3 \cdot 2 \cdot 1 = 2880$

103. $_{15}C_6 = \dfrac{15!}{6!(15-6)!}$

$= \dfrac{15 \cdot 14 \cdot 13 \cdot 12 \cdot 11 \cdot 10 \cdot 9!}{6 \cdot 5 \cdot 4 \cdot 3 \cdot 2 \cdot 1 \cdot 9!}$

$_{15}C_6 = \dfrac{3603600}{720} = 5005$

105. $_{10}P_3 = \dfrac{10 \cdot 9 \cdot 8 \cdot 7!}{7!} = 720$

107. $26 \cdot 25 \cdot 9 \cdot 9 = 52{,}650$; no

109. (a) $_{10}C_3 \cdot _7C_2 = _{10}C_2 \cdot _8C_5$

$\dfrac{10!}{7!3!} \cdot \dfrac{7!}{5!2!} = \dfrac{10!}{2!3!5!}$

$\dfrac{10!}{2!8!} \cdot \dfrac{8!}{5!3!} = \dfrac{10!}{2!3!5!}$

(b) $_9C_3 \cdot _6C_2 = _9C_2 \cdot _7C_4$

$\dfrac{9!}{3!6!} \cdot \dfrac{6!}{2!4!} = \dfrac{9!}{2!3!4!}$

$\dfrac{9!}{2!7!} \cdot \dfrac{7!}{4!3!} = \dfrac{9!}{2!3!4!}$

(c) $_{11}C_4 \cdot _7C_5 = _{11}C_5 \cdot _6C_4$

$\dfrac{11!}{4!7!} \cdot \dfrac{7!}{5!2!} = \dfrac{11!}{2!4!5!}$

$\dfrac{11!}{5!6!} \cdot \dfrac{6!}{4!2!} = \dfrac{11!}{2!4!5!}$

(d) $_8C_3 \cdot _5C_2 = _8C_2 \cdot _6C_3$

$\dfrac{8!}{3!5!} \cdot \dfrac{5!}{2!3!} = \dfrac{8!}{2!3!3!}$

$\dfrac{8!}{2!6!} \cdot \dfrac{6!}{3!3!} = \dfrac{8!}{2!3!3!}$

111. $\begin{cases} 2x + y < 6 \\ x + 2y < 6 \\ x \geq 0 \\ y \geq 0 \end{cases}$

$\begin{cases} y < -2x + 6 \\ y < -\dfrac{1}{2}x + 6 \\ x \geq 0 \\ y \geq 0 \end{cases}$

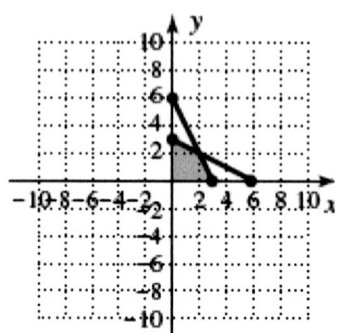

113. $\cos(2\alpha)\cos(3\alpha) - \sin(2\alpha)\sin(3\alpha)$
$= \cos(2\alpha + 3\alpha)$
$= \cos(5\alpha)$

Chapter 11: Additional Topics in Algebra

11.6 Technology Highlight

Exercise 1: The "middle values" are repeated for $n=7$ and $n=5$ but not $n=6$ because of the symmetry of $_nC_r$.

Exercise 2: $(_{10}C_4)(_8C_3) = 11,760$

11.6 Exercises

1. $P(E) = \dfrac{n(E)}{n(S)}$

3. $0 \le P(E) \le 1$
   $P(S) = 1$, and $P(\sim S) = 0$

5. Answers will vary.

7. $S = \{HH, HT, TH, TT\}$; $\dfrac{1}{4}$

9. $S = \{\text{coach of Patriots, Cougars, Angels, Sharks, Eagles, Stars}\}$; $\dfrac{1}{6}$

11. $S = \{\text{nine index cards 1-9}\}$
    $P(E) = \dfrac{4}{9}$

13. $S = \{52 \text{ cards}\}$
    a. drawing a Jack: $\dfrac{4}{52} = \dfrac{1}{13}$
    b. drawing a spade: $\dfrac{13}{52} = \dfrac{1}{4}$
    c. drawing a black card: $\dfrac{26}{52} = \dfrac{1}{2}$
    d. drawing a red three: $\dfrac{2}{52} = \dfrac{1}{26}$

15. $S = \{\text{three males, five females}\}$
    $P(E_1) = \dfrac{1}{8}$;
    $P(E_2) = \dfrac{5}{8}$;
    $P(E_3) = \dfrac{6}{8} = \dfrac{3}{4}$

17. $S = \{\text{Spinner 1-4}\}$
    a. P(green): $\dfrac{3}{4}$
    b. P(less than 5): $\dfrac{4}{4} = 1$
    c. P(2): $\dfrac{1}{4}$
    d. P(prime number): $\dfrac{2}{4} = \dfrac{1}{2}$
    (1 is not considered a prime number)

19. $P(\sim C) = 1 - P(C) = 1 - \dfrac{13}{52} = \dfrac{39}{52} = \dfrac{3}{4}$

21. $10! = 3,628,800$
    $P(\sim 2) = 1 - P(2) = 1 - \dfrac{1}{7} = \dfrac{6}{7}$

23. $P(\sim F) = 1 - P(F) = 1 - 0.009 = 0.991$

25. a. $P(\text{Sum} < 4) = \dfrac{3}{36} = \dfrac{1}{12}$
    b. $P(\sim \text{Sum} < 11) = 1 - P(\text{Sum} > 10) = 1 - \dfrac{3}{36}$
       $= \dfrac{33}{36} = \dfrac{11}{12}$
    c. $P(\sim \text{Sum}9) = 1 - P(9) = 1 - \dfrac{4}{36} = \dfrac{32}{36} = \dfrac{8}{9}$
    d. $P(\sim D) = 1 - P(D) = 1 - \dfrac{6}{36} = \dfrac{30}{36} = \dfrac{5}{6}$

27. $n(E) = {_6C_3} \cdot {_4C_2}; n(S) = {_{10}C_5}$
    $P(E) = \dfrac{{_6C_3} \cdot {_4C_2}}{{_{10}C_5}} = \dfrac{120}{252} = \dfrac{10}{21}$

11.6 Exercises

29. $n(E) = {}_9C_6 \cdot {}_5C_3; n(S) = {}_{14}C_9$

    $P(E) = \dfrac{{}_9C_6 \cdot {}_5C_3}{{}_{14}C_9} = \dfrac{840}{2002} = \dfrac{60}{143}$

31. a. $P(\text{all red}) = \dfrac{{}_{26}C_5}{{}_{52}C_5}$

    $= \dfrac{65780}{2598960} = \dfrac{253}{9996} \approx 0.025$

    b. $P(\text{all numbered}) = \dfrac{{}_{36}C_5}{{}_{52}C_5}$

    $= \dfrac{376992}{2598960} = \dfrac{66}{455} \approx 0.145$

    b; $0.145 - 0.025 = 0.12$
    about 12 %

33. a. exactly two vegetarians

    $P(E) = \dfrac{{}_9C_2 \cdot {}_{15}C_4}{{}_{24}C_6} = \dfrac{49140}{134596} = 0.3651$

    b. exactly four non-vegetarians

    $P(E) = \dfrac{{}_{15}C_4 \cdot {}_9C_2}{{}_{24}C_6} = \dfrac{49140}{134596} = 0.3651$

    c. at least three vegetarians
    $1 - (P(0\text{veg}) + P(1\text{veg}) + P(2\text{veg}))$

    $= 1 - \left(\dfrac{{}_9C_0 \cdot {}_{15}C_6 + {}_9C_1 \cdot {}_{15}C_5 + {}_9C_2 \cdot {}_{15}C_4}{{}_{24}C_6}\right)$

    $= 1 - \left(\dfrac{81172}{134596}\right) = 0.3969$

35. $P(E_1) = 0.7; P(E_2) = 0.5; P(E_1 \cap E_2) = 0.3$
    $P(E_1 \cup E_2) = P(E_1) + P(E_2) - P(E_1 \cap E_2)$
    $P(E_1 \cup E_2) = 0.7 + 0.5 - 0.3 = 0.9$

37. $P(E_1) = \dfrac{3}{8}; P(E_2) = \dfrac{3}{4}; P(E_1 \cup E_2) = \dfrac{15}{18}$

    $P(E_1 \cup E_2) = P(E_1) + P(E_2) - P(E_1 \cap E_2)$

    $\dfrac{15}{18} = \dfrac{3}{8} + \dfrac{3}{4} - P(E_1 \cap E_2)$

    $\dfrac{15}{18} = \dfrac{9}{8} - P(E_1 \cap E_2)$

    $-\dfrac{7}{24} = -P(E_1 \cap E_2)$

    $\dfrac{7}{24} = P(E_1 \cap E_2)$

39. $P(E_1 \cup E_2) = 0.72; P(E_2) = 0.56;$
    $P(E_1 \cap E_2) = 0.43$
    $P(E_1 \cup E_2) = P(E_1) + P(E_2) - P(E_1 \cap E_2)$
    $0.72 = P(E_1) + 0.56 - 0.43$
    $0.72 = P(E_1) + 0.13$
    $0.59 = P(E_1)$

41. a. $P(\text{multiple of 3 and odd}) = \dfrac{6}{36} = \dfrac{1}{6}$

    b. $P(\text{sum} > 5 \text{ and a } 3) = \dfrac{7}{36}$

    c. $P(\text{even and} > 9) = \dfrac{4}{36} = \dfrac{1}{9}$

    d. $P(\text{odd and} < 10) = \dfrac{16}{36} = \dfrac{4}{9}$

43. a. $P(\text{woman and sergeant}) = \dfrac{4}{50} = \dfrac{2}{25}$

    b. $P(\text{man and private}) = \dfrac{9}{50}$

    c. $P(\text{private and sergeant}) = \dfrac{0}{50} = 0$

    d. $P(\text{woman and officer}) = \dfrac{4}{50} = \dfrac{2}{25}$

    e. $P(\text{person in military}) = \dfrac{50}{50} = 1$

45. $\dfrac{9 \cdot 5 \cdot 10 + 9 \cdot 5 \cdot 10 - 9 \cdot 5 \cdot 5}{9 \cdot 10 \cdot 10} = \dfrac{3}{4}$

Chapter 11: Additional Topics in Algebra

47. A number greater than 4000 can have digits 4, 5, 6, 7, 8, or 9 in the first position.
    (6 choices)
    Multiples of 5 must end in 0 or 5.
    (2 choices)
    $$\frac{6\cdot 10\cdot 10\cdot 10}{9\cdot 10\cdot 10\cdot 10}+\frac{9\cdot 10\cdot 10\cdot 2}{9\cdot 10\cdot 10\cdot 10}-\frac{6\cdot 10\cdot 10\cdot 2}{9\cdot 10\cdot 10\cdot 10}$$
    $$=\frac{6}{9}+\frac{1}{5}-\frac{6}{45}=\frac{11}{15}$$

49. a. E_1 = boxcars; E_2 = snake eyes
    $P(E_1\cup E_2)=P(E_1)+P(E_2)$
    $P(E_1\cup E_2)=\frac{1}{36}+\frac{1}{36}=\frac{2}{36}=\frac{1}{18}$

    b. E_1 = sum of 7; E_2 = sum of 11
    $P(E_1\cup E_2)=P(E_1)+P(E_2)$
    $P(E_1\cup E_2)=\frac{6}{36}+\frac{2}{36}=\frac{8}{36}=\frac{2}{9}$

    c. E_1 = even numbered sum;
    E_2 = prime sum
    $P(E_1\cup E_2)$
    $=P(E_1)+P(E_2)-P(E_1\cap E_2)$
    $P(E_1\cup E_2)=\frac{18}{36}+\frac{15}{36}-\frac{1}{36}=\frac{32}{36}=\frac{8}{9}$

    d. E_1 = odd numbered sum;
    E_2 = multiple of four
    $P(E_1\cup E_2)=P(E_1)+P(E_2)$
    $P(E_1\cup E_2)=\frac{18}{36}+\frac{9}{36}=\frac{27}{36}=\frac{3}{4}$

    e. E_1 = a sum of 15; E_2 = multiple of 12
    $P(E_1\cup E_2)=P(E_1)+P(E_2)$
    $P(E_1\cup E_2)=\frac{0}{36}+\frac{1}{36}=\frac{1}{36}$

    f. E = prime number sum
    $P(E)=\frac{15}{36}=\frac{5}{12}$

51. $P(n)=\left(\frac{1}{4}\right)^n$

    a. $P(\text{spins a 2})=\left(\frac{1}{4}\right)^1=\frac{1}{4}$

    b. $P(\text{all 4 spin a 2})=\left(\frac{1}{4}\right)^4=\frac{1}{256}$

    c. Answers will vary.

53. a. $P(x\geq 2)=0.25+0.08=0.33$
    b. $P(x<2)=0.07+0.28+0.32=0.67$
    c. $P(x\leq 4)$
       $=0.08+0.25+0.32+0.28+0.07=1$
    d. $P(x>4)=0$
    e. $P(x<2\text{ or }x>4)=0.67+0=0.67$
    f. $P(x\geq 3)=0.08$

55. Total = 200

    a. $P(\text{Isosceles})=\frac{\frac{1}{2}(200)}{200}=\frac{1}{2}$

    b. $P(\text{Right triangle})=\frac{\frac{1}{2}(200)}{200}=\frac{1}{2}$

    c. $5^2+h^2=10^2$
       $h^2=75$
       $h=5\sqrt{3}$;
       $P(\text{Equilateral})=\frac{\frac{1}{2}(10)5\sqrt{3}}{200}=\frac{\sqrt{3}}{8}$
       ≈ 0.2165

11.6 Exercises

57. a. $P(x \geq 4) = \dfrac{\pi(6)^2}{\pi(8)^2} = \dfrac{36}{64} = \dfrac{9}{16}$

b. $P(x \geq 6) = \dfrac{\pi(4)^2}{\pi(8)^2} = \dfrac{16}{64} = \dfrac{1}{4}$

c. $P(\text{exactly } 8) = \dfrac{\pi(2)^2}{\pi(8)^2} = \dfrac{4}{64} = \dfrac{1}{16}$

d. $P(x = 4) = \dfrac{\pi(6)^2 - \pi(4)^2}{\pi(8)^2} = \dfrac{20\pi}{64\pi} = \dfrac{5}{16}$

59. n = 13, 3R, 6B, 4W

a. $P(\text{red, blue}) = \dfrac{3}{13} \cdot \dfrac{6}{12} = \dfrac{3}{26}$

b. $P(\text{blue, red}) = \dfrac{6}{13} \cdot \dfrac{3}{12} = \dfrac{3}{26}$

c. $P(\text{white, white}) = \dfrac{4}{13} \cdot \dfrac{3}{12} = \dfrac{1}{13}$

d. $P(\text{blue, not red}) = \dfrac{6}{13} \cdot \dfrac{9}{12} = \dfrac{9}{26}$

e. $P(\text{white, not blue}) = \dfrac{4}{13} \cdot \dfrac{6}{12} = \dfrac{2}{13}$

f. $P(\text{not red, not blue})$

$= \dfrac{6}{13} \cdot \dfrac{3}{12} + \dfrac{6}{13} \cdot \dfrac{4}{12} + \dfrac{4}{13} \cdot \dfrac{3}{12} + \dfrac{4}{13} \cdot \dfrac{3}{12}$

$= \dfrac{3}{26} + \dfrac{4}{26} + \dfrac{2}{26} + \dfrac{2}{26} = \dfrac{11}{26}$

61. Let C represent correct.
Let W represent wrong.

a. $P(\text{Grade} \geq 80\%) = \left(\dfrac{1}{2}\right)^3 = \dfrac{1}{8}$

With 3 questions, the only grade greater than or equal to 80% would be a 100% since 2 out of three questions correct only give 67%.
Possible outcomes: CCC, CCW, CWW, CWC, WCC, WCW, WWC, WWW

b. $P(\text{Grade} \geq 80\%) = \left(\dfrac{1}{2}\right)^4 = \dfrac{1}{16}$

With 4 questions, the only grade greater than or equal to 80% would be a 100% since 3 out of four questions correct only give 75%. Possible outcomes: CCCC, CCCW, CCWC, CCWW, CWCC, CWCW, CWWC, CWWW, WCCW, WCCC, WCWC, WCWW, WWCC, WWCW, WWWC, WWWW.

c. $P(\text{Grade} \geq 80\%) = \dfrac{1}{32} + \dfrac{5}{32} = \dfrac{6}{32} = \dfrac{3}{16}$

With 5 questions, the only grade greater than 80% would be a 100% but 4 out of five questions would give 80%. Thus, we need 5 or 4 correct answers.
Possible outcomes: CCCCC, CCCCW, CCCWC, CCWW, CCWCC, CCWCW, CCWWC, CCWWW, CWCCC, CWCCW, CWCWC, CWCWW, CWWCC, CWWCW, CWWWC, CWWWW, WCCCC, WCCCW, WCCWC, WCWW, WCWCC, WCWCW, WCWWC, WCWWW, WWCCC, WWCCW, WWCWC, WWCWW, WWWCC, WWWCW, WWWWC, WWWWW.

Chapter 11: Additional Topics in Algebra

63. a. $P(\text{career and opposed}) = \dfrac{47}{100}$

   b. $P(\text{medical and supported}) = \dfrac{8}{100} = \dfrac{2}{25}$

   c. $P(\text{military and opposed}) = \dfrac{3}{100}$

   d. $P(\text{legal or business and opposed})$
   $= \dfrac{18}{100} = \dfrac{9}{50}$

   e. $P(\text{academic or medical and supported})$
   $= \dfrac{11}{100}$

65. a. $\dfrac{{}_6C_4 \cdot {}_5C_4}{{}_{15}C_8} = \dfrac{5}{429}$

   b. $\dfrac{{}_4C_3 \cdot {}_6C_5}{{}_{15}C_8} = \dfrac{8}{2145}$

67. $\dfrac{8!}{2!3!} = \dfrac{8 \cdot 7 \cdot 6 \cdot 5 \cdot 4 \cdot 3!}{2 \cdot 3!} = 3360$;

   $P(\text{parallel}) = \dfrac{1}{3360}$

69. $\left(\dfrac{1}{2}\right)^x$ where x = number of flips

   $P(\text{exactly 20 heads}) = \left(\dfrac{1}{2}\right)^{20} = \dfrac{1}{1048576}$

   $P(\text{winning the lottery})$ = will vary; but $P(\text{exactly 20 heads}) > P(\text{winning the lottery})$.

71. $\csc\theta = 3 \quad \cos\theta < 0 \to \theta \in \text{QII}$
   $1^2 + b^2 = 3^2$
   $b^2 = 9 - 1$
   $b^2 = 8$
   $b = 2\sqrt{2}$
   $\sin\theta = \dfrac{1}{3}$
   $\cos\theta = \dfrac{-2\sqrt{2}}{3}$
   $\tan\theta = -\dfrac{1}{2\sqrt{2}}$
   $\cot\theta = -2\sqrt{2}$
   $\sec\theta = -\dfrac{3}{2\sqrt{2}}$

73. $\cos\theta = \dfrac{-21}{29} \quad \theta \in \text{QII}$
   $a^2 + (-21)^2 = 29^2$
   $a^2 = 841 - 441$
   $a^2 = 400$
   $a = 20$

   $\cos(2\theta) = \cos^2\theta - \sin^2\theta = \left(\dfrac{-21}{29}\right)^2 - \left(\dfrac{20}{29}\right)^2$
   $= \dfrac{441}{841} - \dfrac{400}{841} = \dfrac{41}{841}$

   $\sin(2\theta) = 2\sin\theta\cos\theta = 2\left(\dfrac{20}{29}\right)\left(\dfrac{-21}{29}\right)$
   $= \dfrac{-840}{841}$

   $\tan(2\theta) = \dfrac{2\tan\theta}{1 - \tan^2\theta}$
   $= \dfrac{2\left(\dfrac{20}{-21}\right)}{1 - \left(\dfrac{-20}{21}\right)^2}$
   $= \dfrac{\dfrac{40}{-21}}{1 - \dfrac{400}{441}}$
   $= \dfrac{-40}{21} \div \left(\dfrac{441 - 400}{441}\right)$
   $= \dfrac{-40}{21} \cdot \dfrac{441}{41} = \dfrac{-840}{41}$

11.7 Exercises

1. One

3. $(a+(-2b))^5$

5. Answers will vary.

7. $(x+y)^5$
$x^5 + 5x^4y + 10x^3y^2 + 10x^2y^3 + 5xy^4 + y^5$

9. $(2x+3)^4$
$= (2x)^4 + 4(2x)^3(3) + 6(2x)^2(3)^2$
$\quad + 4(2x)(3)^3 + 3^4$
$= 16x^4 + 4(24x^3) + 6(36x^2) + 4(54x) + 81$
$= 16x^4 + 96x^3 + 216x^2 + 216x + 81$

11. $(1-2i)^5$
$= 1^5 + 5(1)^4(-2i) + 10(1)^3(-2i)^2$
$\quad + 10(1)^2(-2i)^3 + 5(1)(-2i)^4 + (-2i)^5$
$= 1 - 10i - 40 + 80i + 80 - 32i$
$= 41 + 38i$

13. $\binom{n}{r} = \dfrac{n!}{r!(n-r)!}$
$\binom{7}{4} = \dfrac{7!}{4!(7-4)!} = \dfrac{7 \cdot 6 \cdot 5 \cdot 4!}{4! \cdot 3 \cdot 2 \cdot 1} = \dfrac{210}{6} = 35$

15. $\binom{n}{r} = \dfrac{n!}{r!(n-r)!}$
$\binom{5}{3} = \dfrac{5!}{3!(5-3)!} = \dfrac{5 \cdot 4 \cdot 3!}{3! 2 \cdot 1} = \dfrac{20}{2} = 10$

17. $\binom{n}{r} = \dfrac{n!}{r!(n-r)!}$
$\binom{20}{17} = \dfrac{20!}{17!(20-17)!} = \dfrac{20 \cdot 19 \cdot 18 \cdot 17!}{17! 3 \cdot 2 \cdot 1}$
$= \dfrac{6840}{6} = 1140$

19. $\binom{n}{r} = \dfrac{n!}{r!(n-r)!}$
$\binom{40}{3} = \dfrac{40!}{3!(40-3)!} = \dfrac{40 \cdot 39 \cdot 38 \cdot 37!}{3 \cdot 2 \cdot 1 \cdot 37!}$
$= \dfrac{59280}{6} = 9880$

21. $\binom{n}{r} = \dfrac{n!}{r!(n-r)!}$
$\binom{6}{0} = \dfrac{6!}{0!(6-0)!} = \dfrac{6!}{6!} = 1$

23. $\binom{n}{r} = \dfrac{n!}{r!(n-r)!}$
$\binom{15}{15} = \dfrac{15!}{15!(15-15)!} = \dfrac{15!}{15!(0)!} = 1$

25. $(c+d)^5$; $a=c$; $b=d$; $n=5$
$(c+d)^5$
$= \binom{5}{0}c^5d^0 + \binom{5}{1}c^4d + \binom{5}{2}c^3d^2 + \binom{5}{3}c^2d^3$
$\quad + \binom{5}{4}cd^4 + \binom{5}{5}c^0d^5$
$= 1c^5 + 5c^4d + \dfrac{5!}{2!3!}c^3d^2 + \dfrac{5!}{3!2!}c^2d^3$
$\quad + \dfrac{5!}{4!1!}cd^4 + 1d^5$
$= c^5 + 5c^4d + 10c^3d^2 + 10c^2d^3 + 5cd^4 + d^5$

Chapter 11: Additional Topics in Algebra

27. $(a-b)^6$; $a=a$; $b=b$; $n=6$

$(a-b)^6$

$= \binom{6}{0}a^6 b^0 - \binom{6}{1}a^5 b^1 + \binom{6}{2}a^4 b^2 - \binom{6}{3}a^3 b^3$
$\quad + \binom{6}{4}a^2 b^4 - \binom{6}{5}ab^5 + \binom{6}{6}a^0 b^6$

$= 1a^6 b^0 - 6a^5 b + \dfrac{6!}{2!4!}a^4 b^2 - \dfrac{6!}{3!3!}a^3 b^3$
$\quad + \dfrac{6!}{2!4!}a^2 b^4 - \dfrac{6!}{1!5!}ab^5 + 1a^0 b^6$

$= a^6 - 6a^5 b + 15a^4 b^2 - 20a^3 b^3$
$\quad + 15a^2 b^4 - 6ab^5 + b^6$

29. $(2x-3)^4$; $a=2x$; $b=3$; $n=4$

$= \binom{4}{0}(2x)^4(3)^0 - \binom{4}{1}(2x)^3(3)^1 + \binom{4}{2}(2x)^2(3)^2$
$\quad - \binom{4}{3}(2x)^1(3)^3 + \binom{4}{4}(2x)^0(3)^4$

$= 1(16x^4) - 4(8x^3)(3) + \dfrac{4!}{2!2!}(4x^2)(9)$
$\quad - \dfrac{4!}{3!1!}(2x)(27) + 1(1)(81)$

$= 16x^4 - 96x^3 + 6(36x^2) - 4(54x) + 81$

$= 16x^4 - 96x^3 + 216x^2 - 216x + 81$

31. $(1-2i)^3$; $a=1$; $b=2i$; $n=3$

$(1-2i)^3$

$= \binom{3}{0}1^3(2i)^0 - \binom{3}{1}1^2(2i) + \binom{3}{2}1(2i)^2 - \binom{3}{3}1^0(2i)^3$

$= 1(1) - 3(1)(2i) + \dfrac{3!}{2!1!}(4i^2) - (8i^3)$

$= 1 - 6i + 3(-4) + 8i$

$= 1 - 6i - 12 + 8i$

$\quad = -11 + 2i$

33. $(x+2y)^9$; $a=x$; $b=2y$; $n=9$

$= \binom{9}{0}x^9(2y)^0 + \binom{9}{1}x^8(2y)^1 + \binom{9}{2}x^7(2y)^2$

$= 1(x^9)(1) + 9x^8(2y) + \dfrac{9!}{2!7!}x^7(4y^2)$

$= x^9 + 18x^8 y + 36x^7(4y^2)$

$= x^9 + 18x^8 y + 144x^7 y^2$

35. $\left(v^2 - \dfrac{1}{2}w\right)^{12}$; $a=v^2$; $b=\dfrac{1}{2}w$; $n=12$

$= \binom{12}{0}(v^2)^{12}\left(\dfrac{1}{2}w\right)^0 - \binom{12}{1}(v^2)^{11}\left(\dfrac{1}{2}w\right)^1$
$\quad + \binom{12}{2}(v^2)^{10}\left(\dfrac{1}{2}w\right)^2$

$= v^{24} - 12(v^{22})\left(\dfrac{1}{2}w\right) + \dfrac{12!}{2!10!}v^{20}\left(\dfrac{1}{4}w^2\right)$

$= v^{24} - 6v^{22}w + 66v^{20}\left(\dfrac{1}{4}w^2\right)$

$= v^{24} - 6v^{22}w + \dfrac{33}{2}v^{20}w^2$

37. $(x+y)^7$; 4th term

$a=x$; $b=y$; $n=7$; $r=3$

$\binom{n}{r}a^{n-r}b^r$

$\binom{7}{3}(x)^{7-3} y^3 = \dfrac{7!}{3!4!}x^4 y^3 = 35x^4 y^3$

649

11.7 Exercises

39. $(p-2)^8$; 7th term

$a = p;\ b = 2;\ n = 8;\ r = 6$

$\binom{n}{r} a^{n-r} b^r$

$\binom{8}{6} p^{8-6} (2)^6 = \dfrac{8!}{6!2!} p^2 (64)$

$= 28 p^2 (64) = 1792 p^2$

41. $(2x + y)^{12}$; 11th term

$a = 2x;\ b = y;\ n = 12;\ r = 10$

$\binom{n}{r} a^{n-r} b^r$

$\binom{12}{10} (2x)^{12-10} y^{10} = \dfrac{12!}{10!2!} (2x)^2 y^{10}$

$= 66(4x^2) y^{10} = 264 x^2 y^{10}$

43. $P(k) = \binom{n}{k} \left(\dfrac{1}{2}\right)^k \left(\dfrac{1}{2}\right)^{n-k}$

$P(5) = \binom{10}{5} \left(\dfrac{1}{2}\right)^5 \left(\dfrac{1}{2}\right)^{10-5}$

$= \dfrac{10!}{5!5!} \left(\dfrac{1}{32}\right) \left(\dfrac{1}{2}\right)^5$

$= 252 \left(\dfrac{1}{32}\right)\left(\dfrac{1}{32}\right)$

$= \dfrac{252}{1024}$

≈ 0.25; Answers will vary.

45. a. $P(\text{exactly } 3)$

$= \binom{5}{3}(1 - 0.347)^{5-3}(0.347)^3$

$= 10(0.653)^2 (0.347)^3 \approx 0.178$; 17.8%

b. $P(\text{at least } 3) = P(3) + P(4) + P(5)$

$= \binom{5}{3}(0.653)^2(0.347)^3 + \binom{5}{4}(0.653)^1(0.347)^4$

$+ \binom{5}{5}(0.653)^0(0.347)^4$

$= 0.1782 + 0.0473 + 0.01449 \approx 0.2399$;
23.99%

47. a. $P(\text{exactly } 5)$

$= \binom{8}{5}(1 - 0.94)^{8-5}(0.94)^5$

$= 56(0.06)^3 (0.94)^5 \approx 0.0088$; 0.88%

b. $P(\text{exactly } 6)$

$= \binom{8}{6}(1 - 0.94)^{8-6}(0.94)^6$

$= 28(0.06)^2 (0.94)^6 \approx 0.0695$; 6.95%

c. $P(\text{at least } 6) = P(6) + P(7) + P(8)$

$= \binom{8}{6}(0.06)^2 (0.94)^6 + \binom{8}{7}(0.06)(0.94)^7$

$+ \binom{8}{8}(0.06)^0 (0.94)^8$

$= 0.0695 + 0.3113 + 0.6096$
$= 0.9904 \approx 0.99$; 99%

d. $P(\text{none}) = P(\text{all on time})$

$= \binom{8}{8}(0.06)^0 (0.94)^8 \approx 0.6096$; 60.96%

49. (a) $\%\text{error} = \dfrac{\text{approximate value}}{\text{actual value}}$

$= \dfrac{1.476}{(1.02)^{20}} = 0.9933 = 99.33\%$

(b) $\%\text{error} = \dfrac{\text{approximate value}}{\text{actual value}}$

$\dfrac{1.4}{(1.02)^{20}} = 0.94216 = 94.22\%$

Chapter 11: Additional Topics in Algebra

51. $\binom{n}{k} = \binom{n}{n-k}$

    $\binom{6}{6} = \binom{6}{0}$

    $\dfrac{6!}{6!0!} = \dfrac{6!}{0!6!}$

    $1 = 1;$

    $\binom{6}{4} = \binom{6}{2}$

    $\dfrac{6!}{4!2!} = \dfrac{6!}{2!4!}$

    $15 = 15;$

    $\binom{6}{5} = \binom{6}{1}$

    $\dfrac{6!}{5!1!} = \dfrac{6!}{1!5!}$

    $6 = 6$

53. $f(x) = \begin{cases} x+2 & x \le 2 \\ (x-4)^2 & x > 2 \end{cases}$

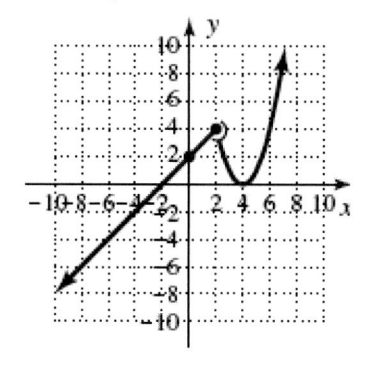

    $f(3) = (3-4)^2 = (-1)^2 = 1$

55. $g(x) = x^3 - x^2 - 6x$

    $x^3 - x^2 - 6x = 0$

    $x(x^2 - x - 6) = 0$

    $x(x-3)(x+2) = 0$

    $x = 0; \ x = 3; \ x = -2$

    x-intercepts: $(0, 0), (3, 0), (-2, 0)$

    y-intercept: $(0, 0)$

    $g(x) \uparrow: (-\infty, -1) \cup (2, \infty)$

    $g(x) \downarrow: (-1, 2)$

    $g(x) > 0 : (-2, 0) \cup (3, \infty)$

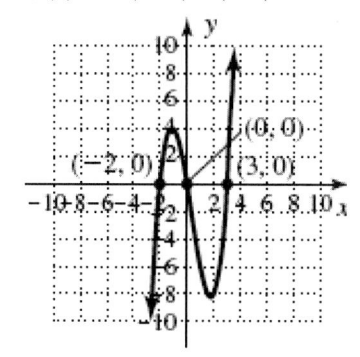

Chapter 11 Summary Exercises

1. $a_n = 5n - 4$
   $a_1 = 5(1) - 4 = 5 - 4 = 1$;
   $a_2 = 5(2) - 4 = 10 - 4 = 6$;
   $a_3 = 5(3) - 4 = 15 - 4 = 11$;
   $a_4 = 5(4) - 4 = 20 - 4 = 16$;
   $a_{10} = 5(10) - 4 = 50 - 4 = 46$
   $1, 6, 11, 16; a_{10} = 46$

3. $1, 16, 81, 256, \ldots$
   $a_n = n^4$
   $a_6 = 6^4 = 1296$

5. $\frac{1}{2}, \frac{1}{4}, \frac{1}{8}, \ldots$
   $a_n = \frac{1}{2^n}$
   $S_8 = a_1 + a_2 + a_3 + a_4 + a_5 + a_6 + a_7 + a_8$
   $S_8 = \frac{1}{2} + \frac{1}{4} + \frac{1}{8} + \frac{1}{16} + \frac{1}{32} + \frac{1}{64} + \frac{1}{128} + \frac{1}{256}$
   $S_8 = \frac{255}{256}$

7. $\sum_{n=1}^{7} n^2$
   $= 1^2 + 2^2 + 3^2 + 4^2 + 5^2 + 6^2 + 7^2$
   $= 1 + 4 + 9 + 16 + 25 + 36 + 49$
   $= 140$

9. $a_n = \frac{n!}{(n-2)!}$
   $a_2 = \frac{2!}{(2-2)!} = \frac{2!}{0!} = \frac{2 \cdot 1}{1} = 2$;
   $a_3 = \frac{3!}{(3-2)!} = \frac{3!}{1!} = \frac{3 \cdot 2}{1} = 6$;
   $a_4 = \frac{4!}{(4-2)!} = \frac{4 \cdot 3 \cdot 2!}{2!} = 12$;
   $a_5 = \frac{5!}{(5-2)!} = \frac{5 \cdot 4 \cdot 3!}{3!} = 20$;
   $a_6 = \frac{6!}{(6-2)!} = \frac{6 \cdot 5 \cdot 4!}{4!} = 30$
   $2, 6, 12, 20, 30$

11. $\sum_{n=1}^{7} n^2 + \sum_{n=1}^{7} (3n - 2)$
    $\sum_{n=1}^{7} (n^2 + 3n - 2)$
    $= (1^2 + 3(1) - 2) + (2^2 + 3(2) - 2)$
    $\quad + (3^2 + 3(3) - 2) + (4^2 + 3(4) - 2)$
    $\quad + (5^2 + 3(5) - 2) + (6^2 + 3(6) - 2)$
    $\quad + (7^2 + 3(7) - 2)$
    $= (1 + 3 - 2) + (4 + 6 - 2) + (9 + 9 - 2)$
    $\quad + (16 + 12 - 2) + (25 + 15 - 2) + (36 + 18 - 2)$
    $\quad + (49 + 21 - 2)$
    $= 2 + 8 + 16 + 26 + 38 + 52 + 68$
    $= 210$

13. $3, 1, -1, -3 \ldots$; find a_{35}
    $a_1 = 3; \quad d = -2$
    $a_n = a_1 + (n-1)d$
    $a_n = 3 + (n-1)(-2)$
    $a_{35} = 3 + (35-1)(-2) = 3 + 34(-2)$
    $= 3 - 68 = -65$

Chapter 11: Additional Topics in Algebra

15. $1 + 4 + 7 + 10 + \ldots + 88$
$a_n = a_1 + (n-1)d$
$88 = 1 + (n-1)(3)$
$88 = 1 + 3n - 3$
$88 = -2 + 3n$
$90 = 3n$
$30 = n$;
$a_1 = 1; \ d = 3; \ a_n = 88; \ n = 30$;
$S_n = \dfrac{n(a_1 + a_n)}{2}$
$S_{30} = \dfrac{30(1+88)}{2} = \dfrac{30(89)}{2} = 1335$

17. $1 + \dfrac{3}{4} + \dfrac{1}{2} + \dfrac{1}{4} + \ldots; S_{15}$
$a_n = a_1 + (n-1)d$
$a_{15} = 1 + (15-1)\left(\dfrac{-1}{4}\right) = 1 + 14\left(\dfrac{-1}{4}\right) = \dfrac{-5}{2}$;
$a_1 = 1; \ d = \dfrac{-1}{4}; \ a_{15} = \dfrac{-5}{2}; \ n = 15$
$S_n = \dfrac{n(a_1 + a_n)}{2}$
$S_{15} = \dfrac{15\left(1 - \dfrac{5}{2}\right)}{2} = \dfrac{15\left(\dfrac{-3}{2}\right)}{2} = -11.25$

19. $\displaystyle\sum_{n=1}^{40}(4n-1)$
$a_1 = 4(1) - 1 = 4 - 1 = 3$;
$a_2 = 4(2) - 1 = 8 - 1 = 7$;
$a_{40} = 4(40) - 1 = 160 - 1 = 159$;
$a_1 = 3; \ d = 4; \ a_{40} = 159; \ n = 40$;
$S_n = \dfrac{n(a_1 + a_n)}{2}$
$S_{40} = \dfrac{40(3+159)}{2} = \dfrac{40(162)}{2} = 3240$

21. $a_1 = 4, r = \sqrt{2}$; find a_7
$a_n = a_1 r^{n-1}$
$a_7 = 4\left(\sqrt{2}\right)^{7-1} = 4\left(\sqrt{2}\right)^6 = 4(8) = 32$

23. $16 - 8 + 4 - \ldots$ find S_7
$a_1 = 16; \ r = \dfrac{-1}{2}$;
$S_n = \dfrac{a_1(1 - r^n)}{1 - r}$
$S_7 = \dfrac{16\left(1 - \left(\dfrac{-1}{2}\right)^7\right)}{1 - \left(\dfrac{-1}{2}\right)} = \dfrac{16\left(1 - \left(\dfrac{-1}{128}\right)\right)}{\dfrac{3}{2}}$
$= \dfrac{16\left(\dfrac{129}{128}\right)}{\dfrac{3}{2}} = 10.75$

Chapter 11 Summary Exercises

25. $\dfrac{4}{5} + \dfrac{2}{5} + \dfrac{1}{5} + \dfrac{1}{10} + \ldots$ find S_{12}

$a_1 = \dfrac{4}{5}; \quad r = \dfrac{\frac{2}{5}}{\frac{4}{5}} = \dfrac{1}{2};$

$S_n = \dfrac{a_1(1-r^n)}{1-r}$

$S_{12} = \dfrac{\frac{4}{5}\left(1-\left(\frac{1}{2}\right)^{12}\right)}{1-\frac{1}{2}} = \dfrac{\frac{4}{5}\left(1-\frac{1}{4096}\right)}{\frac{1}{2}}$

$= \dfrac{\frac{4}{5}\left(\frac{4095}{4096}\right)}{\frac{1}{2}} = \dfrac{819}{512}$

27. $5 + 0.5 + 0.05 + 0.005 + \ldots$

$a_1 = 5; \quad r = \dfrac{0.5}{5} = \dfrac{1}{10};$

$S_\infty = \dfrac{a_1}{1-r}$

$S_\infty = \dfrac{5}{1-\frac{1}{10}} = \dfrac{5}{\frac{9}{10}} = \dfrac{50}{9}$

29. $\displaystyle\sum_{n=1}^{8} 5\left(\dfrac{2}{3}\right)^n$

$a_1 = 5\left(\dfrac{2}{3}\right) = \dfrac{10}{3};$

$a_2 = 5\left(\dfrac{2}{3}\right)^2 = 5\left(\dfrac{4}{9}\right) = \dfrac{20}{9};$

$r = \dfrac{\frac{20}{9}}{\frac{10}{3}} = \dfrac{2}{3};$

$a_1 = \dfrac{10}{3}; \quad r = \dfrac{2}{3};$

$S_n = \dfrac{a_1(1-r^n)}{1-r}$

$S_8 = \dfrac{\frac{10}{3}\left(1-\left(\frac{2}{3}\right)^8\right)}{1-\frac{2}{3}} = \dfrac{\frac{10}{3}\left(1-\frac{256}{6561}\right)}{\frac{1}{3}}$

$= \dfrac{\frac{10}{3}\left(\frac{6305}{6561}\right)}{\frac{1}{3}} = \dfrac{63050}{6561}$

31. $\displaystyle\sum_{n=1}^{\infty} 5\left(\dfrac{1}{2}\right)^n$

$a_1 = 5\left(\dfrac{1}{2}\right) = \dfrac{5}{2};$

$a_2 = 5\left(\dfrac{1}{2}\right)^2 = 5\left(\dfrac{1}{4}\right) = \dfrac{5}{4};$

$r = \dfrac{\frac{5}{4}}{\frac{5}{2}} = \dfrac{1}{2};$

$a_1 = \dfrac{5}{2}; \quad r = \dfrac{1}{2};$

$S_\infty = \dfrac{a_1}{1-r}$

$S_\infty = \dfrac{\frac{5}{2}}{1-\frac{1}{2}} = \dfrac{\frac{5}{2}}{\frac{1}{2}} = 5$

Chapter 11: Additional Topics in Algebra

33. $a_1 = 121500$; $r = \dfrac{2}{3}$

    $a_n = a_1 r^n$

    $a_7 = 121500\left(\dfrac{2}{3}\right)^7$

    $= 121500\left(\dfrac{128}{2187}\right) \approx 7111.1 \, ft^3$

35. $1 + 2 + 3 + 4 + 5 + \ldots + n$;
    The needed components are:
    $a_n = n$; $a_k = k$; $a_{k+1} = k+1$;
    $S_n = \dfrac{n(n+1)}{2}$; $S_k = \dfrac{k(k+1)}{2}$;
    $S_{k+1} = \dfrac{(k+1)(k+2)}{2}$

    1. Show S_n is true for $n = 1$.
       $S_1 = \dfrac{1(1+1)}{2} = \dfrac{2}{2} = 1$
       Verified
    2. Assume S_k is true:
       $1 + 2 + 3 + \ldots + k = \dfrac{k(k+1)}{2}$
       and use it to show the truth of S_{k+1} follows. That is:
       $1 + 2 + 3 + \ldots + k + (k+1)$
       $= \dfrac{(k+1)(k+1+1)}{2}$
       $S_k + a_{k+1} = S_{k+1}$
       Working with the left hand side:
       $1 + 2 + 3 + \ldots + k + (k+1)$
       $= \dfrac{k(k+1)}{2} + k + 1$
       $= \dfrac{k(k+1) + 2(k+1)}{2}$
       $= \dfrac{(k+1)(k+2)}{2}$
       $= S_{k+1}$
       Since the truth of S_{k+1} follows from S_k, the formula is true for all n.

37. $S_n : 3^n \geq 2n + 1$
    $S_k : 3^k \geq 2k + 1$
    $S_{k+1} : 3^{k+1} \geq 2(k+1) + 1$
    $S_{k+1} : 3^{k+1} \geq 2k + 3$

    1. Show S_n is true for $n = 1$.
       S_1:
       $3^1 \geq 2(1) + 1$
       $3 \geq 3$
    2. Assume $S_k : 3^k \geq 2k + 1$ is true and use it to show the truth of S_{k+1} follows. That is: $3^{k+1} \geq 2k + 3$.
       Working with the left hand side:
       $3^{k+1} = 3(3^k)$
       $= 3(2k+1)$
       $= 6k + 3$
       $\geq 2k + 3$
       Since k is a positive integer,
       $6k + 3 \geq 2k + 3$ showing $3^{k+1} \geq 2k + 3$.
       Verified.

Chapter 11 Summary Exercises

39. $3^n - 1$ is divisible by 2
   1. Show S_n is true for $n = 1$.
   $S_n : 3^n - 1 = 2m$
   $S_1:$
   $3^1 - 1 = 2m$
   $2 = 2m$
   2. Assume $S_k : 3^k - 1 = 2m$ for $m \in Z$.
   and use it to show the truth of S_{k+1} follows.
   That is: $S_{k+1} : 3^{k+1} - 1 = 2p$ for $p \in Z$.
   Working with the left hand side:
   $= 3^{k+1} - 1$
   $= 3(3^k) - 1$
   $= 3(2m + 1) - 1$
   $= 6m + 3 - 1$
   $= 6m + 2$
   $= 2(3m + 1)$
   $3^{k+1} - 1$ is divisible by 2,
   which is $= S_{k+1}$.
   Verified

41. (a) $10 \cdot 9 \cdot 8 = 720$
    (b) $10 \cdot 10 \cdot 10 = 1000$

43. $_{12}C_3 = \dfrac{_{12}P_3}{3!} = \dfrac{1320}{6} = 220$

45. a. $7! = 7 \cdot 6 \cdot 5 \cdot 4 \cdot 3 \cdot 2 \cdot 1 = 5040$
    b. $_7P_4 = \dfrac{7!}{(7-4)!} = \dfrac{7 \cdot 6 \cdot 5 \cdot 4 \cdot 3!}{3!} = 840$
    c. $_7C_4 = \dfrac{_7P_4}{4!} = \dfrac{840}{4 \cdot 3 \cdot 2 \cdot 1} = \dfrac{840}{24} = 35$

47. $\dfrac{_8P_8}{3!2} = \dfrac{8!}{3!2!} = \dfrac{8 \cdot 7 \cdot 6 \cdot 5 \cdot 4 \cdot 3!}{3!2 \cdot 1} = \dfrac{6720}{2} = 3360$

49. $P(\text{ten or face card}) = \dfrac{4}{52} + \dfrac{12}{52} = \dfrac{16}{52} = \dfrac{4}{13}$

51. $P(\sim 3) = 1 - P(3) = 1 - \dfrac{1}{6} = \dfrac{5}{6}$

53. $n(E) = {_7C_4} \cdot {_5C_3}; \; n(S) = {_{12}C_7}$
    $P(E) = \dfrac{n(E)}{n(S)} = \dfrac{_7C_4 \cdot {_5C_3}}{_{12}C_7} = \dfrac{350}{792} = \dfrac{175}{396}$

55. a. $\binom{7}{5} = \dfrac{7!}{5!2!} = \dfrac{7 \cdot 6 \cdot 5!}{5! \cdot 2 \cdot 1} = \dfrac{42}{2} = 21$
    b. $\binom{8}{3} = \dfrac{8!}{3!5!} = \dfrac{8 \cdot 7 \cdot 6 \cdot 5!}{3 \cdot 2 \cdot 1 \cdot 5!} = \dfrac{336}{6} = 56$

57. a. $(a + \sqrt{3})^8$
    $\binom{8}{0}a^8 + \binom{8}{1}a^7(\sqrt{3})$
    $+ \binom{8}{2}a^6(\sqrt{3})^2 + \binom{8}{3}a^5(\sqrt{3})^3$
    $= a^8 + 8a^7\sqrt{3} + \dfrac{8!}{2!6!}a^6(3)$
    $+ \dfrac{8!}{3!5!}a^5(3\sqrt{3})$
    $= a^8 + 8\sqrt{3}a^7 + 28a^6(3) + 56a^5(3\sqrt{3})$
    $= a^8 + 8\sqrt{3}a^7 + 84a^6 + 168\sqrt{3}a^5$

    b. $(5a + 2b)^7$
    $\binom{7}{0}(5a)^7 + \binom{7}{1}(5a)^6(2b)$
    $+ \binom{7}{2}(5a)^5(2b)^2 + \binom{7}{3}(5a)^4(2b)^3$
    $= 78125a^7 + 7(15625a^6)(2b)$
    $+ \dfrac{7!}{2!5!}(3125a^5)(4b^2) + \dfrac{7!}{3!4!}(625a^4)(8b^3)$
    $= 78125a^7 + 218750a^6b$
    $+ 21(12500a^5b^2) + 35(5000a^4b^3)$
    $= 78125a^7 + 218750a^6b$
    $+ 262500a^5b^2 + 175000a^4b^3$

Chapter 11: Additional Topics in Algebra

Chapter 11 Mixed Review

1. a. 120,163,206,249,...
      Arithmetic
   b. 4,4,4,4,4,4,....
      $a_n = 4$
   c. 1,2,6,24,120,720,5040,...
      $a_n = n!$
   d. 2.00,1.95,1.90,1.85,...
      Arithmetic
   e. $\frac{5}{8}, \frac{5}{64}, \frac{5}{512}, \frac{5}{4096},...$
      Geometric
   f. $-5.5, 6.05, -6.655, 7.3205,...$
      Geometric
   g. $0.\overline{1}, 0.\overline{2}, 0.\overline{3}, 0.\overline{4}$
      Arithmetic
   h. 525, 551.25, 578.8125,...
      Geometric
   i. $\frac{1}{2}, \frac{1}{4}, \frac{1}{6}, \frac{1}{8},...$
      $a_n = \frac{1}{2n}$

3. $2 \cdot 25 \cdot 24 \cdot 23 = 27600$

5. $a_1 = 0.1, r = 5$
   $a_2 = 5(0.1) = 0.5$;
   $a_3 = 5(0.5) = 2.5$;
   $a_4 = 5(2.5) = 12.5$;
   $a_5 = 5(12.5) = 62.5$;
   $a_n = a_1 r^{n-1}$
   $a_{15} = 0.1(5)^{14} = 610,351,562.5$
   $0.1, 0.5, 2.5, 12.5, 62.5; a_{20} = 1907348632812$

7. $P(\sim \text{doubles}) = 1 - P(D) = 1 - \frac{6}{36} = \frac{30}{36} = \frac{5}{6}$

Chapter 11 Mixed Review

9. a. $\sum_{n=1}^{\infty}\left(\frac{2}{3}\right)^n$

$a_1 = \frac{2}{3}; \quad a_2 = \left(\frac{2}{3}\right)^2 = \frac{4}{9}; \quad r = \frac{\frac{4}{9}}{\frac{2}{3}} = \frac{2}{3}$

$S_\infty = \frac{a_1}{1-r}$

$S_\infty = \frac{\frac{2}{3}}{1-\frac{2}{3}} = \frac{\frac{2}{3}}{\frac{1}{3}} = 2$

b. $\sum_{n=1}^{10}(9+2n)$

$a_1 = 9+2(1) = 9+2 = 11;$
$a_{10} = 9+2(10) = 9+20 = 29;$
$S_n = \frac{n(a_1+a_n)}{2}$
$S_{10} = \frac{10(11+29)}{2} = \frac{10(40)}{2} = 200$

c. $\sum_{n=1}^{5}12n + \sum_{n=1}^{5}(-5) + \sum_{n=1}^{5}n^2$

$\sum_{n=1}^{5}12n$

$a_1 = 12; \quad a_5 = 12(5) = 60;$
$S_5 = \frac{5(12+60)}{2} = \frac{5(72)}{2} = 180;$

$\sum_{n=1}^{5}(-5)$

$a_1 = -5; \quad a_5 = -5;$
$S_5 = \frac{5(-5-5)}{2} = \frac{5(-10)}{2} = -25;$

$\sum_{n=1}^{5}n^2 = 1+4+9+16+25 = 55;$

$\sum_{n=1}^{5}12n + \sum_{n=1}^{5}(-5) + \sum_{n=1}^{5}n^2$
$= 180 - 25 + 55 = 210$

11. $(a+b)^n$

a. first 3 terms for $n = 20$

$\binom{20}{0}a^{20} + \binom{20}{1}a^{19}b + \binom{20}{2}a^{18}b^2$

$= a^{20} + 20a^{19}b + \frac{20!}{2!18!}a^{18}b^2$

$= a^{20} + 20a^{19}b + 190a^{18}b^2$

b. last 3 terms for $n = 20$

$\binom{20}{18}a^2 b^{18} + \binom{20}{19}ab^{19} + \binom{20}{20}b^{20}$

$= \frac{20!}{18!2!}a^2 b^{18} + 20ab^{19} + b^{20}$

$= 190a^2 b^{18} + 20ab^{19} + b^{20}$

c. fifth term where $n = 35$

$a = a; \quad b = b; \quad n = 35; \quad r = 4$

$\binom{n}{r}a^{n-r}b^r$

$\binom{35}{4}a^{35-4}b^4 = \frac{35!}{4!31!}a^{31}b^4$

$= 52360 a^{31} b^4$

d. fifth term where $n = 35, p = 0.2, q = 0.8$

$\binom{n}{r}a^{n-r}b^r$

$\binom{35}{4}(0.2)^{35-4}(0.8)^4$

$= \frac{35!}{4!31!}(0.2)^{31}(0.8)^4$

$= 52360(0.2)^{31}(0.8)^4$

$= 4.6 \times 10^{-18}$

Chapter 11: Additional Topics in Algebra

13. $3 + 6 + 9 + \ldots + 3n = \dfrac{3n(n+1)}{2}$

    The needed components are:
    $a_n = 3n$; $a_k = 3k$; $a_{k+1} = 3(k+1)$;
    $S_n = \dfrac{3n(n+1)}{2}$; $S_k = \dfrac{3k(k+1)}{2}$;
    $S_{k+1} = \dfrac{3(k+1)(k+2)}{2}$

    1. Show S_n is true for $n = 1$.
    $S_1 = \dfrac{3(1)(1+1)}{2} = \dfrac{3(2)}{2} = 3$
    Verified

    2. Assume S_k is true:
    $3 + 6 + 9 + \ldots + 3k = \dfrac{3k(k+1)}{2}$
    and use it to show the truth of S_{k+1} follows. That is:
    $3 + 6 + 9 + \ldots + 3k + 3(k+1)$
    $= \dfrac{3(k+1)(k+1+1)}{2}$
    $S_k + a_{k+1} = S_{k+1}$
    Working with the left hand side:
    $3 + 6 + 9 + \ldots + 3k + 3(k+1)$
    $= \dfrac{3k(k+1)}{2} + 3(k+1)$
    $= \dfrac{3k(k+1) + 6(k+1)}{2}$
    $= \dfrac{(k+1)(3k+6)}{2}$
    $= \dfrac{3(k+1)(k+2)}{2}$
    $= S_{k+1}$
    Since the truth of S_{k+1} follows from S_k, the formula is true for all n.

15. $P(E_1 \text{ or } E_2) = \dfrac{15}{2000} + \dfrac{5}{550} \approx 0.01659$

17. $0.36 + 0.0036 + 0.00036 + 0.00000036 + \ldots$
    $a_1 = 0.36$; $r = 0.01$
    $S_\infty = \dfrac{a_1}{1-r}$
    $S_\infty = \dfrac{0.36}{1-0.01} = \dfrac{0.36}{0.99} = \dfrac{4}{11}$

19. $\begin{cases} a_1 = 10 \\ a_{n+1} = a_n\left(\dfrac{1}{5}\right) \end{cases}$

    $a_{1+1} = a_1\left(\dfrac{1}{5}\right)$
    $a_2 = 10\left(\dfrac{1}{5}\right) = 2$;
    $a_{2+1} = a_2\left(\dfrac{1}{5}\right)$
    $a_3 = 2\left(\dfrac{1}{5}\right) = \dfrac{2}{5}$;
    $a_{3+1} = a_3\left(\dfrac{1}{5}\right)$
    $a_4 = \dfrac{2}{5}\left(\dfrac{1}{5}\right) = \dfrac{2}{25}$;
    $a_{4+1} = a_4\left(\dfrac{1}{5}\right)$
    $a_5 = \dfrac{2}{25}\left(\dfrac{1}{5}\right) = \dfrac{2}{125}$;
    $10, 2, \dfrac{2}{5}, \dfrac{2}{25}, \dfrac{2}{125}$

Chapter 11 Practice Test

1. a. $a_n = \dfrac{2n}{n+3}$

   $a_1 = \dfrac{2(1)}{1+3} = \dfrac{2}{4} = \dfrac{1}{2}$;

   $a_2 = \dfrac{2(2)}{2+3} = \dfrac{4}{5}$;

   $a_3 = \dfrac{2(3)}{3+3} = \dfrac{6}{6} = 1$;

   $a_4 = \dfrac{2(4)}{4+3} = \dfrac{8}{7}$;

   $a_8 = \dfrac{2(8)}{8+3} = \dfrac{16}{11}$;

   $a_{12} = \dfrac{2(12)}{12+3} = \dfrac{24}{15} = \dfrac{8}{5}$

   $\dfrac{1}{2}, \dfrac{4}{5}, 1, \dfrac{8}{7}$; $a_8 = \dfrac{16}{11}, a_{12} = \dfrac{8}{5}$

   b. $a_n = \dfrac{(n+2)!}{n!}$

   $a_1 = \dfrac{(1+2)!}{1!} = \dfrac{3!}{1!} = 3 \cdot 2 \cdot 1 = 6$;

   $a_2 = \dfrac{(2+2)!}{2!} = \dfrac{4!}{2!} = \dfrac{4 \cdot 3 \cdot 2!}{2!} = 12$;

   $a_3 = \dfrac{(3+2)!}{3!} = \dfrac{5!}{3!} = \dfrac{5 \cdot 4 \cdot 3!}{3!} = 20$;

   $a_4 = \dfrac{(4+2)!}{4!} = \dfrac{6!}{4!} = \dfrac{6 \cdot 5 \cdot 4!}{4!} = 30$;

   $a_8 = \dfrac{(8+2)!}{8!} = \dfrac{10!}{8!} = \dfrac{10 \cdot 9 \cdot 8!}{8!} = 90$;

   $a_{12} = \dfrac{(12+2)!}{12!} = \dfrac{14!}{12!} = \dfrac{14 \cdot 13 \cdot 12!}{12!} = 182$;

   $6, 12, 20, 30$; $a_8 = 90, a_{12} = 182$

   c. $a_n = \begin{cases} a_1 = 3 \\ a_{n+1} = \sqrt{(a_n)^2 - 1} \end{cases}$

   $a_{1+1} = \sqrt{(a_1)^2 - 1}$

   $a_2 = \sqrt{(3)^2 - 1} = \sqrt{9-1} = \sqrt{8} = 2\sqrt{2}$;

   $a_{2+1} = \sqrt{(a_2)^2 - 1}$

   $a_3 = \sqrt{(2\sqrt{2})^2 - 1} = \sqrt{8-1} = \sqrt{7}$;

   $a_{3+1} = \sqrt{(a_3)^2 - 1}$

   $a_4 = \sqrt{(\sqrt{7})^2 - 1} = \sqrt{7-1} = \sqrt{6}$;

   $a_{7+1} = \sqrt{(a_7)^2 - 1}$

   $a_8 = \sqrt{(\sqrt{3})^2 - 1} = \sqrt{2}$;

   $a_{11+1} = \sqrt{(a_{11})^2 - 1}$

   $a_{12} = \sqrt{i^2 - 1} = \sqrt{-1-1} = \sqrt{-2} = i\sqrt{2}$;

   $3, 2\sqrt{2}, \sqrt{7}, \sqrt{6}$; $a_8 = \sqrt{2}, a_{12} = i\sqrt{2}$

3. a. $7, 4, 1, -2, \ldots$
      $a_1 = 7, d = -3, a_n = 10 - 3n$

   b. $-8, -6, -4, -2, \ldots$
      $a_1 = -8, d = 2, a_n = 2n - 10$

   c. $4, -8, 16, -32, \ldots$
      $a_1 = 4, r = -2, a_n = 4(-2)^{n-1}$

   d. $10, 4, \dfrac{8}{5}, \dfrac{16}{25}, \ldots$

      $a_1 = 10, r = \dfrac{2}{5}, a_n = 10\left(\dfrac{2}{5}\right)^{n-1}$

Chapter 11: Additional Topics in Algebra

5. a. $7+10+13+\ldots+100$
   $a_1 = 7; \ a_n = 100; \ d = 3; \ n = 32$
   $a_n = a_1 + (n-1)d$
   $100 = 7 + (n-1)(3)$
   $100 = 7 + 3n - 3$
   $100 = 4 + 3n$
   $96 = 3n$
   $32 = n;$
   $S_n = \dfrac{n(a_1 + a_n)}{2}$
   $S_{32} = \dfrac{32(7+100)}{2} = \dfrac{32(107)}{2} = 1712$

   b. $\displaystyle\sum_{k=1}^{37}(3k+2)$
   $a_1 = 3(1) + 2 = 3 + 2 = 5;$
   $a_2 = 3(2) + 2 = 6 + 2 = 8;$
   $a_{37} = 3(37) + 2 = 111 + 2 = 113;$
   $a_1 = 5; \ a_{37} = 113; \ d = 3; \ n = 37;$
   $S_n = \dfrac{n(a_1 + a_n)}{2}$
   $S_{37} = \dfrac{37(5+113)}{2} = \dfrac{37(118)}{2} = 2183$

   c. $4 - 12 + 36 - 108 + \ldots$ Find S_7
   $a_1 = 4; \ r = \dfrac{-12}{4} = -3;$
   $S_n = \dfrac{a_1(1-r^n)}{1-r}$
   $S_7 = \dfrac{4(1-(-3)^7)}{1-(-3)} = \dfrac{4(1-(-2187))}{4}$
   $= 2188$

   d. $6 + 3 + \dfrac{3}{2} + \dfrac{3}{4} + \ldots$
   $a_1 = 6; \ r = \dfrac{1}{2}$
   $S_\infty = \dfrac{a_1}{1-r}$
   $S_\infty = \dfrac{6}{1-\dfrac{1}{2}} = \dfrac{6}{\dfrac{1}{2}} = 12$

7. $a_1 = 3000; \ r = 1.07; \ n = 12$
   $a_n = a_1 r^n$
   $a_{12} = 3000(1.07)^{12} = 6756.57$
   $\$6756.57$

9. $a_n = 5n - 3; \ a_k = 5k - 3;$
   The needed components are:
   $a_{k+1} = 5(k+1) - 3 = 5k + 2;$
   $S_n = \dfrac{5n^2 - n}{2}; \ S_k = \dfrac{5k^2 - k}{2};$
   $S_{k+1} = \dfrac{5(k+1)^2 - (k+1)}{2}$

   1. Show S_n is true for $n = 1$.
      $a_1 = 5(1) - 3 = 5 - 3 = 2$
      $S_1 = \dfrac{5(1)^2 - 1}{2} = \dfrac{5-1}{2} = \dfrac{4}{2} = 2$
      Verified

   2. Assume S_k is true:
      $2 + 7 + 12 + \ldots + 5k - 3 = \dfrac{5k^2 - k}{2}$
      and use it to show the truth of S_{k+1} follows. That is:
      $2 + 7 + 12 + \ldots + 5k - 3 + (5(k+1) - 3)$
      $= \dfrac{5(k+1)^2 - (k+1)}{2}$
      $S_k + a_{k+1} = S_{k+1}$
      Working with the left hand side:
      $2 + 7 + 12 + \ldots + 5k - 3 + (5k + 2)$
      $= \dfrac{5k^2 - k}{2} + 5k + 2$
      $= \dfrac{5k^2 - k + 2(5k+2)}{2}$
      $= \dfrac{5k^2 + 10k - k + 4}{2}$
      $= \dfrac{5(k^2 + 2k) - k + 4}{2}$
      $= \dfrac{5(k+1)^2 - k + 4 - 5}{2}$
      $= \dfrac{5(k+1)^2 - k - 1}{2}$
      $= \dfrac{5(k+1)^2 - (k+1)}{2}$

      Since the truth of S_{k+1} follows from S_k, the formula is true for all n.

Chapter 11 Practice Test

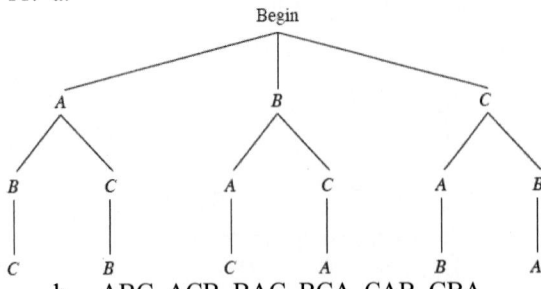

11. a.

```
                Begin
          /       |       \
         A        B        C
        / \      / \      / \
       B   C    A   C    A   B
       |   |    |   |    |   |
       C   B    C   A    B   A
```

   b. ABC, ACB, BAC, BCA, CAB, CBA

13. $_6C_6 + _6C_5 + _6C_4 + _6C_3 + _6C_2 + _6C_1 + _6C_0$

$$= \frac{6!}{6!0!} + \frac{6!}{5!1!} + \frac{6!}{4!2!} + \frac{6!}{3!3!} + \frac{6!}{2!4!} + \frac{6!}{1!5!} + \frac{6!}{0!6!}$$

$= 1 + 6 + 15 + 20 + 15 + 6 + 1$

$= 64$

15. $\dfrac{_{13}P_{13}}{2!3!4!4!} = \dfrac{6227020800}{6912} = 900900$

17. a. $(x - 2y)^4$

$= x^4 - 4x^3(2y) + 6x^2(2y)^2$
$\quad - 4x(2y)^3 + (2y)^4$

$= x^4 - 8x^3y + 6x^2(4y^2)$
$\quad - 4x(8y^3) + 16y^4$

$= x^4 - 8x^3y + 24x^2y^2 - 32xy^3 + 16y^4$

   b. $(1+i)^4$

$= 1^4 + 4(1)^3 i + 6(1)^2 i^2 + 4(1)i^3 + i^4$

$= 1 + 4i - 6 - 4i + 1$

$= -4$

19. $1 - 0.011 = 0.989$

21. a. $0.05 + 0.03 = 0.08$
    b. $0.02 + 0.30 + 0.60 = 0.92$
    c. $0.02 + 0.30 + 0.60 + 0.05 + 0.03 = 1$
    d. 0
    e. $0.02 + 0.30 + 0.60 + 0.03 = 0.95$
    f. 0.03

23. a. P(woman or craftsman)
$$= \frac{50}{100} + \frac{18}{100} - \frac{9}{100} = \frac{59}{100}$$

   b. P(man or contractor)
$$= \frac{50}{100} + \frac{7}{100} - \frac{4}{100} = \frac{53}{100}$$

   c. P(man and technician) $= \dfrac{13}{100}$

   d. P(journeyman or apprentice)
$$= \frac{13}{100} + \frac{34}{100} = \frac{47}{100}$$

25. $1 + 2 + 3 + \ldots + n = \dfrac{n(n+1)}{2}$

$a_n = n$; $a_k = k$; $a_{k+1} = k+1$

$S_n = \dfrac{n(n+1)}{2}$; $S_k = \dfrac{k(k+1)}{2}$;

$S_{k+1} = \dfrac{(k+1)(k+2)}{2}$

1. Show S_n is true for $n = 1$.

$S_1 = \dfrac{1(1+1)}{2} = \dfrac{2}{2} = 1$

Verified

2. Assume S_k is true, show
$S_k + a_{k+1} = S_{k+1}$.

$1 + 2 + 3 + \ldots + k + (k+1)$

$= \dfrac{k(k+1)}{2} + k + 1$

$= \dfrac{k(k+1) + 2(k+1)}{2}$

$= \dfrac{(k+1)(k+2)}{2}$

$= S_{k+1}$

Verified

Chapter 11: Additional Topics in Algebra

Calculator Exploration and Discovery

1. $a_1 = \dfrac{1}{3}$ and $r = \dfrac{1}{3}$

   Using a grapher: $\dfrac{1}{2}$

3. $a_n = \dfrac{1}{(n-1)!}$

   Using a grapher: e

Strengthening Core Skills

1. $\dfrac{{}_4C_1 \cdot {}_{13}C_5 - 40}{{}_{52}C_5} \approx 0.001970$

3. $\dfrac{4 \cdot {}_{13}C_4 \cdot {}_{39}C_1}{{}_{52}C_5} \approx 0.0429171669$

Chapters 1-11 Cumulative Review

1. a. (9, 52) (11, 98)

   $m = \dfrac{98 - 52}{11 - 9} = \dfrac{46}{2} = 23$

   23 cards are assembled each hour

   b. $23(8) = 184$

   184 cards

   c. $y - y_1 = m(x - x_1)$

   $y - 52 = 23(x - 9)$

   $y - 52 = 23x - 207$

   $y = 23x - 155$

   d. $\dfrac{52}{23} \approx 2.26$

   Approximately 2.25 hours before 9 am
   $\approx 6:45$ am

3. $y = \cos x$

x	y
0	1
$\dfrac{\pi}{6}$	$\dfrac{\sqrt{3}}{2}$
$\dfrac{\pi}{4}$	$\dfrac{\sqrt{2}}{2}$
$\dfrac{\pi}{3}$	$\dfrac{1}{2}$
$\dfrac{\pi}{2}$	0
$\dfrac{2\pi}{3}$	$-\dfrac{1}{2}$
$\dfrac{5\pi}{6}$	$-\dfrac{\sqrt{3}}{2}$
π	-1

Chapters 1-11 Cumulative Review

5. $3x^2 + 5x - 7 = 0$

$$x = \frac{-5 \pm \sqrt{(5)^2 - 4(3)(-7)}}{2(3)}$$

$$x = \frac{-5 \pm \sqrt{25 + 84}}{6}$$

$$x = \frac{-5 \pm \sqrt{109}}{6}$$

$x \approx 0.91; x \approx -2.57$

7. a. $g(x) = 0$
      $x = 0$
   b. $g(x) < 0: x \in (-1, 0)$
   c. $g(x) > 0: x \in (-\infty, -1) \cup (0, \infty)$
   d. $g(x) \uparrow : x \in (-\infty, -1) \cup (-1, 1)$
   e. $g(x) \downarrow : (1, \infty)$
   f. Local Max
      $y = 3$ at $x = 1$
   g. Local Min
      None
   h. $g(x) = 2$
      $x \approx -2.3, x \approx 0.4, x \approx 2$
   i. $g(4) \approx \frac{1}{4}$
   j. $g(-1)$ undefined; does not exist
   k. as $x \to -1^+$, $g(x) \to -\infty$
   l. as $x \to \infty$, $g(x) \to 0$
   m. The domain of $g(x)$:
      $x \in (-\infty, -1) \cup (-1, \infty)$

9. $y = \begin{cases} -2 & -3 \le x \le -1 \\ x & -1 \le x \le 2 \\ x^2 & 2 \le x \le 3 \end{cases}$

   Domain: $[-3, 3]$
   Range: $y \in [-2, -2] \cup (1, 2) \cup [4, 9]$

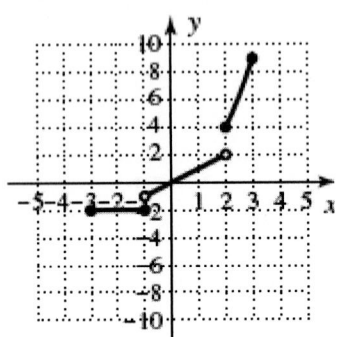

11. a. $f(x) = 2x^2 - 3x$

$$\frac{f(x+h) - f(x)}{h}$$

$$= \frac{(2(x+h)^2 - 3(x+h)) - (2x^2 - 3x)}{h}$$

$$= \frac{(2(x^2 + 2xh + h^2) - 3x - 3h) - (2x^2 - 3x)}{h}$$

$$= \frac{(2x^2 + 4xh + 2h^2 - 3x - 3h) - (2x^2 - 3x)}{h}$$

$$= \frac{2x^2 + 4xh + 2h^2 - 3x - 3h - 2x^2 + 3x}{h}$$

$$= \frac{4xh + 2h^2 - 3h}{h}$$

$$= \frac{h(4x + 2h - 3)}{h}$$

$$= 4x + 2h - 3$$

Chapter 11: Additional Topics in Algebra

b. $h(x) = \dfrac{1}{x-2}$

$\dfrac{f(x+h) - f(x)}{h}$

$= \dfrac{\dfrac{1}{x+h-2} - \dfrac{1}{x-2}}{h}$

$= \dfrac{\dfrac{x-2-(x+h-2)}{(x-2)(x+h-2)}}{h}$

$= \dfrac{\dfrac{x-2-x-h+2}{(x-2)(x+h-2)}}{h}$

$= \dfrac{\dfrac{-h}{(x-2)(x+h-2)}}{h}$

$= \dfrac{-1}{(x+h-2)(x-2)}$

13. $h(x) = \dfrac{2x^2 - 8}{x^2 - 1}$

$0 = 2x^2 - 8$
$0 = 2(x^2 - 4)$
$x^2 - 4 = 0$
$x^2 = 4$
$x = \pm 2$

x-intercepts: $(2, 0), (-2, 0)$

$h(0) = \dfrac{2(0)^2 - 8}{0^2 - 1} = 8$

y-intercept: $(0, 8)$

$0 = x^2 - 1$
$x = \pm 1$

Vertical asymptotes: $x = \pm 1$
Horizontal asymptote: $y = 2$
(deg num = deg den)

15. a. $3 = \log_x(125)$
$x^3 = 125$

b. $\ln(2x - 1) = 5$
$e^5 = 2x - 1$

17. a. $e^{2x-1} = 217$
$(2x - 1)\ln e = \ln 217$
$2x - 1 = \ln 217$
$2x = \ln 217 + 1$
$x = \dfrac{\ln 217 + 1}{2}$
$x \approx 3.19$

b. $\log(3x - 2) + 1 = 4$
$\log(3x - 2) = 3$
$10^3 = 3x - 2$
$1000 = 3x - 2$
$1002 = 3x$
$334 = x$
$x = 334$

19. $\begin{cases} 0.7x + 1.2y - 3.2z = -32.5 \\ 1.5x - 2.7y + 0.8z = -7.5 \\ 2.8x + 1.9y - 2.1z = 1.5 \end{cases}$

$A = \begin{bmatrix} 0.7 & 1.2 & -3.2 \\ 1.5 & -2.7 & 0.8 \\ 2.8 & 1.9 & -2.1 \end{bmatrix} \quad B = \begin{bmatrix} -32.5 \\ -7.5 \\ 1.5 \end{bmatrix}$

$X = A^{-1}B$

$X = \begin{bmatrix} 5 \\ 10 \\ 15 \end{bmatrix}$

$(5, 10, 15)$

Chapters 1-11 Cumulative Review

21. $x^2 + 4y^2 - 24y + 6x + 29 = 0$
$(x^2 + 6x) + 4(y^2 - 6y) = -29$
$(x+3)^2 + 4(y-3)^2 = -29 + 9 + 36$
$(x+3)^2 + 4(y-3)^2 = 16$
$\dfrac{(x+3)^2}{16} + \dfrac{(y-3)^2}{4} = 1$
Center: $(-3, 3)$
Vertices: $(-7, 3), (1, 3)$
$a = 4, \; b = 2$
$c^2 = 16 - 4 = 12$
$c = 2\sqrt{3}$
Foci: $(-3 - 2\sqrt{3}, 3)(-3 + 2\sqrt{3}, 3)$

23. a) $\cos\left(\dfrac{\pi}{2} - \theta\right) = \sin\theta$
$\cos\dfrac{\pi}{2}\cos\theta + \sin\dfrac{\pi}{2}\sin\theta = \sin\theta$
$0 \cdot \cos\theta + 1(\sin\theta) = \sin\theta$
$\sin\theta = \sin\theta$
b) $\cos 15° = \cos(45° - 30°)$
$= \cos 45°\cos 30° + \sin 45°\sin 30°$
$\dfrac{\sqrt{2}}{2} \cdot \dfrac{\sqrt{3}}{2} + \dfrac{\sqrt{2}}{2}\left(\dfrac{1}{2}\right) = \dfrac{\sqrt{6} + \sqrt{2}}{4}$

25. $a_1 = 52; \; a_n = 10; \; d = -1$
$a_n = a_1 + (n-1)d$
$10 = 52 + (n-1)(-1)$
$10 = 52 - n + 1$
$10 = 53 - n$
$-43 = -n$
$43 = n;$
$S_n = \dfrac{n(a_1 + a_n)}{2}$
$S_{43} = \dfrac{43(52 + 10)}{2} = \dfrac{43(62)}{2} = 1333$

27. $P(\text{late}) = 0.04, P(\text{on time}) = 1 - 0.04 = 0.96$
(a) $P(10) = \binom{12}{10}(0.04)^2(0.96)^{10}$
$\approx 0.07 = 7\%$
(b) $P(x \geq 11) = \binom{12}{11}(0.04)^1(0.96)^{11}$
$+ \binom{12}{12}(0.04)^0(0.96)^{12} \approx 0.919 = 91.9\%$
(c) $P(x \geq 10) = \binom{12}{10}(0.04)^2(0.96)^{10}$
$+ \binom{12}{11}(0.04)^1(0.96)^{11}$
$+ \binom{12}{12}(0.04)^0(0.96)^{12} \approx 0.989 = 98.9\%$
(d) $P(x = 10)$
$= \binom{12}{0}(0.04)^{12}(0.96)^0 \approx 1.7 \times 10^{-17}$
virtually nil

29. $\cos(2\theta) = \begin{cases} \cos^2\theta - \sin^2\theta \\ 2\cos^2\theta - 1 \\ 1 - 2\sin^2\theta \end{cases}$
$\cos(2\theta) = \dfrac{1}{2}$
$\dfrac{1}{2} = 1 - 2\sin^2\theta$
$-\dfrac{1}{2} = -2\sin^2\theta$
$\dfrac{1}{4} = \sin^2\theta$
$\sin\theta = \pm\sqrt{\dfrac{1}{4}}$
$\sin\theta = \pm\dfrac{1}{2}$
$\theta = \dfrac{\pi}{6}, \dfrac{5\pi}{6}, \dfrac{7\pi}{6}, \dfrac{13\pi}{6}$